高等数学教学指导书(上册)

毛俊超　编著

中国海洋大学出版社

·青岛·

图书在版编目(CIP)数据

高等数学教学指导书. 上册 / 毛俊超编著. — 青岛 ：中国海洋大学出版社，2023.8

ISBN 978-7-5670-3552-2

Ⅰ. ①高… Ⅱ. ①毛… Ⅲ. ①高等数学 – 教材 Ⅳ. ①O13

中国国家版本馆 CIP 数据核字(2023)第 119116 号

高等数学教学指导书(上册)

出版发行	中国海洋大学出版社
社　　址	青岛市香港东路 23 号　　邮政编码　266071
网　　址	http://pub.ouc.edu.cn
出 版 人	刘文菁
责任编辑	矫恒鹏
电　　话	0532-85902349
电子信箱	2586345806@qq.com
印　　制	青岛中苑金融安全印刷有限公司
版　　次	2023 年 8 月第 1 版
印　　次	2023 年 8 月第 1 次印刷
成品尺寸	185 mm×260 mm
印　　张	20.75
字　　数	474 千
印　　数	1～1000
定　　价	76.00 元(上下册)
订购电话	0532-82032573(传真)

发现印装质量问题,请致电 0532-85662115,由印刷厂负责调换。

内容简介

　　本书是为落实"新时代军事教育方针"，落实新"教学大纲"和生长军官新型培养模式下人才培养方案要求，落实"新基础"教学改革措施而编写的教学用书，书中包含了教研室教员们长期从事"高等数学"课程教学的经验与体会，是生长军官本科大一学员学习"高等数学"课程的教学同步指导材料，其内容与同济大学数学系编写的《高等数学》（第七版上）前六章内容相对应.章次内容包括大纲要求、学时安排、基本内容疏理、知识点思维导图和单元检测.节次内容包括教学分析（三维教学目标、知识点、学情分析、重点和难点分析）、典型例题、教学建议（基本建议、课程思政、思维培养和融合应用）和达标训练四大部分，每部分又含有不同板块，内容充实、创新，具有较强的可操作性，为我校"高等数学"课程的教与学提供了有益的理论和实践指导.

　　本书可作为高等院校理工科各专业"高等数学"课程的教与学的辅助教材.

高等数学教学指导书（上册）

编　著　毛俊超

主　审　李长文

主　校　刘　雨

☆

前　言

　　数学不仅是科学王国中重要的一员,而且是科学王国的皇后,其重要性不言而喻.数学教育的最终目标是让学习者学会用数学的眼光观察世界,进而本能地用数学的思维分析世界,用数学的语言表达世界.

　　数学中研究导数、微分及其应用的部分称为微分学,研究不定积分、定积分及其应用的部分称为积分学,微分学与积分学统称为微积分学.

　　微积分学是高等数学最基本、最重要的组成部分,是现代数学许多分支的基础,是人类认识客观世界、探索宇宙奥秘乃至人类自身的典型数学模型与方法之一.

　　恩格斯(1820—1895)曾指出:"在一切理论成就中,未必再有什么像17世纪下半叶微积分的发明那样被看作人类精神的最高胜利了."微积分的发展历史曲折跌宕,撼人心灵,是培养人们正确的世界观、科学方法论和对人们进行文化熏陶的极好素材.

　　"计算机之父"冯·诺伊曼评价微积分是近代数学中最伟大的成就,对它的重要性无论做怎样的估计都不会过分.

　　微积分又称高等数学,是生长军官本科教育工程技术类各专业学员必修的一门科学文化基础课程.是学员掌握数学工具、提高数学素养的主要课程,是学员知识结构的基础和支柱.该课程不仅能为其他学科提供语言、概念、思想、理论和方法,而且为学员学习后续课程以及未来从事潜艇指挥、工程技术等工作打下必要的数学基础,在传授知识、培养能力、提高学员综合素质方面具有不可替代的作用.生长军官新学员步入大学校园,在大一学期最先学习该课程,是后续课程的基础,基础不牢,地动山摇.学不好高等数学,难以学好专业课.基础课与专业课的关系好比斧头的斧背和斧刃的关系,斧背越厚实,斧刃越锋利.科学技术的进步、国防事业的发展,打仗打得"精",打得"准",都离不开数学,很多问题都需要去进行定量分析.这是学习数学课程看得见的"有用",其实,课程的最大用处是大家平时对数学的感觉:看不见摸不着的数学素质.无用是看不见的有用,是最大的有用.大家感觉"无用"的,恰恰能在未来的岗位工作中发挥巨大作用.

　　习主席对军校教育提出了"面向战场、面向部队、面向未来"的"三个面向"的军事教育要求.为大力推进实战化军事训练深入发展,军队院校教育肩负着实战化教学改革的历史使命.新一轮军队院校改革对生长军官实行"本科教育、首次任职培训融合培养"的新型培养模式,该模式旨在通过学历教育融合首次任职培训,培养学员具备扎实的知识、认知、素质基础,提高军人职业的发展潜力,应对未来各种不确定的安全威胁、挑战和错综复杂的战争环境. 军委训练管理部在 2018 年统一下发了新的军队院校通用基础课程教学大纲, 其中规定了"高等数学"课程的教学目标是, "通过学习, 获得极限与连续、微分学、积分学、微分方程、向量代数与空间解析几何、级数等基本概念、基本理论与基本方法, 掌握基本运算技能, 学会运用高等数学知识解决自然科学、社会科学、工程技术与军事应用中的实际问题, 提升抽象思维、逻辑推理和空间想象能力, 养成定量分析思维习惯". 与以往的教学大纲相比较, 该教学目标突出了能力和素质培养, 体现了从"重知识传授"到"重能力和素质培养"的转变, 是"知识传授（基本概念、基本理论与基本方法）、能力（运算、应用、抽象思维、逻辑推理和空间想象能力）和素质（定量分析思维习惯）"培养的有机统一体.

"高等数学"课程教学为落实生长军官本科学历教育科学文化基础课教学改革要求, 在教学实践中秉持新的教学理念, 在夯实基础、培养思维、提高军事应用能力和推进课程思政方面积极进行教学改革探索, 并逐步落实到课堂教学中. 本书既包含了教研室教员们长期从事高等数学课程教学的经验和体会, 体现了数学课程的基础、积淀性, 能为我校任课教员和学员教学相长提供一个共同使用的教学资料, 也包含了具有时代特征的教学改革元素, 对落实课程教学改革精神具有一定的参考价值.

建议教员紧扣教学大纲, 根据指导书提供的"学时安排"组织教学, 在教学理念上秉承"面向生长军官终身发展的数学素养培养". 一是强化基本概念、基本理论与基本方法的教学, 夯实数学语言和数学技能基础, 发挥基础课程为专业服务的基础作用. 二是发挥高等数学课程的方法论作用, 学员在课程学习中掌握使用数学解决实际问题的思想、方法, 形成能力, 让学员用数学的眼光认识客观世界、指导工作和生活, 养成定量分析的思维习惯. 三是要发挥高等数学的隐性功能, 利用其文化价值, 培养学员形成良好个人品格和心智模式, 为学员创新能力培养奠定坚实基础, 为学员岗位任职、终生学习和可持续发展奠定基础. 四是面向生长军官岗位任职需要, 结合高等数学教学任务和目标, 突出应用性, 让学员体验高等数学的学以致用, 提高其利用数学思考和解决军事问题的能力.

在授课中, 贯彻启发式教学原则, 根据指导书中提供的"知识背景", 还原数学知识产生过程, 帮助学员理解知识的来龙去脉. 参照指导书中的"教学分析", 针对教学重难点, 结合"学情分析""典型例题", 精讲多练保证重点内容教学, 加强对基本理论、基本方法的强化训练, 夯实基础; 坚持循序渐进, 多种方法相结合化解难点. 根据"教学建议", 落实课程思政、思维培养和融合应用等教学改革举措.

建议学员要熟知教学大纲要求, 结合教材和本指导书做好课前预习, 课前或者课后认真阅读节次内容的知识背景、教学分析（尤其是重难点分析）、典型例题, 切实掌握教学内容. 课后认真阅读章次的"知识点思维导图", 对所学内容之间的逻辑性有整体把握. 并在完成随堂书面作业外, 按照节次完成"达标训练", 巩固教学内容.

本指导书由数学教研室毛俊超教授负责全书的编写原则、指导思想和统稿, 赵建昕副教授负责应用案例的编写, 李长文副教授担任主审, 刘雨教员担任主校, 退休老教员任行者副教授为本指导书的出版提供了很大帮助. 参编本书的还有闫盼盼（负责第一至三章的达标训练、单元检测的整理校正),杨春雨(负责第四至五章的达标训练、单元检测的整理校正),祖煜然(负责第六章的达标训练、单元检测的整理校正).

限于专业水平和能力,书中不妥之处在所难免,欢迎读者批评指正.

编　者
2022 年 10 月

目　录

第一章　函数与极限

　　数学中的转折点是笛卡儿的变数,有了变数,运动进入了数学;有了变数,辩证法进入了数学;有了变数,微分和积分也就立刻成为必要的了,而它们也就立刻产生了.这里的变数就是变量,这个转折点是初等数学与高等数学的分界点.初等数学的主要研究对象为常量,而高等数学则以变量为主要研究对象.函数刻画的是变量之间的依赖关系,所以函数就是高等数学的研究对象,函数的极限、连续、导数、微分和积分是高等数学的主要内容.其中极限是研究高等数学的基本工具,也是一种重要的思想、方法.

　　本章是高等数学的基础,将介绍映射、函数和极限的概念以及它们的基本性质,并以极限为基础研究函数的连续性.可以将本章内容分为三个部分,函数、极限与连续.极限知识是微积分学的基础,也是研究导数、各种积分、级数等内容的基本工具,既是教学的重点,又是难点.

　　本章知识是由中学数学到大学数学的过渡内容,教学双方应当注意"由浅入深,由易到难,由简到繁"的循序渐进的教学原则,逐步培养由直观到抽象的思维方法,多借助实例和直观图形作解释,逐步建立极限概念,总结求极限的规律和培养利用极限定义进行逻辑推理与抽象思维的能力.

【教学大纲要求】

　　1. 理解函数的概念,掌握函数的表示方法,会建立简单实际问题中的函数关系式.

　　2. 掌握函数的一些性质(奇偶性、单调性、周期性和有界性);理解复合函数的概念,了解反函数及隐函数的概念,掌握函数的四则运算.

　　3. 理解基本初等函数的概念,掌握其性质;理解初等函数的概念.

　　4. 理解极限的概念,了解极限的 $\varepsilon\text{-}N$、$\varepsilon\text{-}\delta$ 定义,了解极限的性质(唯一性、有界性、保号性).

　　5. 掌握极限的四则运算法则,会用变量代换求某些简单的复合函数的极限.

　　6. 了解两个极限存在准则(夹逼准则和单调有界准则),掌握用两个重要极限求极限的方法.

　　7. 理解无穷小、无穷大、高阶无穷小、等价无穷小的概念,掌握无穷小比较的方法,会用等价无穷小替换求极限.

　　8. 理解函数在一点连续和在一区间连续的概念,理解函数的间断点的概念,会判断函数间断点的类型.

　　9. 理解初等函数的连续性,理解闭区间上连续函数的性质(有界性、最大值与最小值定理、介值定理).

【学时安排】

本章 22 学时(11 次课)，其中理论课 16 学时(8 次课)，习题课 6 学时(3 次课)，分别安排在极限运算法则、无穷小和最后各 1 次.

讲次	教学内容	课型
1	映射与函数	理论
2	数列的极限	理论
3	函数的极限	理论
4	无穷小与无穷大，极限运算法则	理论
5	习题课	习题
6	极限存在准则和两个重要极限	理论
7	无穷小的比较	理论
8	习题课	理论
9	函数的连续性与间断点	理论
10	连续函数的运算与初等函数的连续性，闭区间上连续函数的性质	理论
11	习题课	习题

【基本内容疏理与归纳】

1. 基本初等函数中正割、余割三角函数以及所有的反三角函数的定义、性质要重点掌握. 双曲余弦和双曲正弦函数作为重要的初等函数也要掌握(这些函数在中学没有学过).

2. 函数的有界性：

上界：$\exists$ 数 K_1，对 $\forall x \in X$，有 $f(x) \leqslant K_1$，则称函数 $f(x)$ 在 X 上有上界，而称 K_1 为函数 $f(x)$ 在 X 上的一个上界. 图形特点是 $y = f(x)$ 的图形在直线 $y = K_1$ 的下方.

下界：$\exists$ 数 K_2，对 $\forall x \in X$，有 $f(x) \geqslant K_2$，则称函数 $f(x)$ 在 X 上有下界，而称 K_2 为函数 $f(x)$ 在 X 上的一个下界. 图形特点是 $y = f(x)$ 的图形在直线 $y = K_2$ 的上方.

有界：$\exists$ 正数 M，使对 $\forall x \in X$，有 $|f(x)| \leqslant M$，则称函数 $f(x)$ 在 X 上有界；如果这样的 M 不存在，则称函数 $f(x)$ 在 X 上无界. 有界的图形特点是，函数 $y = f(x)$ 的图形在直线 $y = -M$ 和 $y = M$ 的之间.

无界：对任何正数 M，总存在 $x_1 \in X$，使 $|f(x_1)| > M$.

3. 极限的描述性和精确定义、性质：

(1) 描述性定义. 在自变量的变化趋势下，函数值无限趋近于一个确定的常数 A，则称 A 为在自变量的这种变化趋势下的极限.(数列是一种特殊的函数)若不存在这样的 A，则称发散或不收敛，也可以说极限不存在.

(2) 精确定义. $\lim\limits_{n \to \infty} x_n = a \Leftrightarrow \forall \varepsilon > 0, \exists N > 0$，当 $n > N$ 时，$|x_n - a| < \varepsilon$

$\lim\limits_{x \to 0} f(x) = A \Leftrightarrow \forall \varepsilon > 0, \exists X > 0$，当 $|x| > X$ 时，$|f(x) - A| < \varepsilon$

$$\lim_{x \to x_0} f(x) = f(x_0) \Leftrightarrow \forall \varepsilon > 0, \exists \delta > 0, 当 0 < |x - x_0| < \delta 时, |f(x) - f(x_0)| < \varepsilon$$

$$\lim_{x \to x_0} f(x) = A \Leftrightarrow \lim_{x \to x_0^+} f(x) = \lim_{x \to x_0^-} f(x) = A$$

(3) 性质.收敛数列的唯一性、有界性、保号性(某项后);函数极限的唯一性、局部有界性、局部保号性.

4. 极限存在的充要条件:

(1) $\lim\limits_{x \to \infty} f(x) = A \Leftrightarrow \lim\limits_{x \to -\infty} f(x) = A$ 且 $\lim\limits_{x \to +\infty} f(x) = A$

(2) $\lim\limits_{x \to x_0} f(x) = A \Leftrightarrow \lim\limits_{x \to x_0^-} f(x) = A$ 且 $\lim\limits_{x \to x_0^+} f(x) = A$. 或者 $f(x_0^+) = f(x_0^-) = A$

5. 极限的四则运算法则(对数列的极限运算也成立):

设 $\lim f(x) = A$,$\lim g(x) = B$,那么,

$$\lim[f(x) \pm g(x)] = \lim f(x) \pm \lim g(x) = A \pm B$$

$$\lim[f(x) \cdot g(x)] = \lim f(x) \cdot \lim g(x) = A \cdot B$$

若 $B \neq 0$,则有 $\lim \dfrac{f(x)}{g(x)} = \dfrac{\lim f(x)}{\lim g(x)} = \dfrac{A}{B}$

6. 夹逼准则:

(1) 如果数列 $\{x_n\}$,$\{y_n\}$ 及 $\{z_n\}$ 满足下列条件:$y_n \leqslant x_n \leqslant z_n$;$\lim\limits_{n \to \infty} y_n = a$,$\lim\limits_{n \to \infty} z_n = a$;那么数列 $\{x_n\}$ 的极限存在,且 $\lim\limits_{n \to \infty} x_n = a$.

(2) 如果函数 $f(x)$,$g(x)$ 及 $h(x)$ 满足下列条件:$g(x) \leqslant f(x) \leqslant h(x)$;$\lim g(x) = A$,$\lim h(x) = A$;那么 $\lim f(x)$ 存在,且 $\lim f(x) = A$.

7. 单调有界收敛准则:

若递增数列 x_n 有上界,即存在数 M,使得 $x_n \leqslant M (n = 1, 2, \cdots)$,则 $\lim\limits_{n \to \infty} x_n$ 存在且不大于 M;若递减数列 x_n 有下界,即存在数 L,使得 $x_n \geqslant L (n = 1, 2, \cdots)$,则 $\lim\limits_{n \to \infty} x_n$ 存在且不小于 L.

8. 无穷小的概念:

(1) 无穷小的定义. 若 $\lim\limits_{变化趋势} f(x) = 0$,则 $f(x)$ 为该变化趋势下的无穷小.

(2) 无穷小的性质. 有限个无穷小的和也是无穷小;有限个无穷小的乘积也是无穷小;有界函数与无穷小的乘积是无穷小;无穷小的比较(高阶、低阶、同阶、k 阶、等价);等价无穷小代换.

9. 无穷大的概念:

(1) 描述性定义:在 x 的某种变化趋势下,$|f(x)|$ 大于预先给定的任意大的正数 M.

(2) 极限式定义:若 $\lim\limits_{x \to \square} f(x) = \infty$,称 $f(x)$ 为 $x \to \square$ 时的无穷大量.

(3) "M-δ"和"M-X"语言定义. $\forall M > 0, \exists \delta > 0$,当 $0 < |x - x_0| < \delta$ 时,有 $|f(x)| > M$;$\forall M > 0, \exists X > 0$,当 $|x| > X$ 时,有 $|f(x)| > M$.

10. 重要极限:

(1) $\lim\limits_{x \to 0} \dfrac{\sin x}{x} = 1$. 在极限 $\lim \dfrac{\sin \alpha(x)}{\alpha(x)}$ 中,只要 $\alpha(x)$ 是无穷小,就有 $\lim \dfrac{\sin \alpha(x)}{\alpha(x)} = 1$.

(2) $\lim\limits_{x\to\infty}\left(1+\dfrac{1}{x}\right)^x=\mathrm{e},\lim\limits_{x\to 0}(1+x)^{\frac{1}{x}}=\mathrm{e}$. 在极限 $\lim[1+\alpha(x)]^{\frac{1}{\alpha(x)}}$ 中，只要 $\alpha(x)$ 是无穷小，就有 $\lim[1+\alpha(x)]^{\frac{1}{\alpha(x)}}=\mathrm{e}$.

11. 连续函数的概念：

(1) 函数在一点处连续的实质：当自变量改变量微小时，函数的改变量也很微小.

(2) 连续的四种等价定义.

(3) 间断的定义.

12. 连续函数的运算：

(1) 四则运算法则：连续函数的和、差、积、商（分母不为 0）也连续.

(2) 反函数的连续性：单调连续函数的反函数也在对应的区间上单调且连续.

(3) 复合函数的连续性：连续函数的复合函数也是连续函数.

13. 连续函数性质：

(1) 最大值与最小值定理：闭区间上的连续函数一定能取到它的最值.

(2) 介值定理：设函数 $f(x)$ 在闭区间 $[a,b]$ 上连续，则对于 $f(a),f(b)$ 之间的任何数 C，至少存在一点 $\xi\in(a,b)$，使 $f(\xi)=C$.

(3) 根的存在定理：区间端点函数值异号的闭区间上连续函数至少有一个零点.

设函数 $f(x)$ 在 $[a,b]$ 上连续，且 $f(a)f(b)<0\Leftrightarrow$ 至少存在一点 $c\in(a,b)$ 使 $f(c)=0$.

14. 求极限的一般程序：

(1) 若连续，函数值为极限值.

(2) 若是未定式，用洛必达法则（每用一次后，将好求的因式的极限先求出来，再化简整理，回到第(1)步）或用因式分解、同乘共轭因式、同除最高次幂、等价代换、重要极限等方法求极限.

(3) 用极限的四则运算法则、复合函数的极限法则、有界量与无穷小量的乘积仍是无穷小结论、无穷小与无穷大的倒数关系等方法求极限.

(4) 利用极限存在的两个准则求极限.

(5) 利用定积分等其他方法求极限.

15. 初等函数在其定义区间（不是其定义域）内都是连续的：

例如，函数 $y=\sqrt{\cos x-1}$，定义域为 $D=\{x\mid x=2k\pi,k=0,\pm 1,\pm 2,\cdots\}$，函数在定义域每一点都不连续. 函数 $y=\sqrt{\sin x}+\sqrt{16-x^2}+\sqrt{-x}$，定义域 $D=[-4,-\pi]\cup\{0\}$，函数在 $x=0$ 处不连续，在定义区间 $[-4,-\pi]$ 上连续.

16. 无穷大量必是无界函数，无界函数不一定是无穷大：

如函数 $y=x\cos x$，取 $x=2k\pi,k\in\mathbf{Z}$ 时，有 $y=2k\pi$，所以函数 $y=x\cos x$ 在 $(-\infty,+\infty)$ 内无界. 又取 $x=2k\pi+\dfrac{\pi}{2},k\in\mathbf{Z}$ 时，从而有 $y=0$. 这个例子说明无界函数不一定是无穷大.

17. 间断点定义及分类：

(1) 定义：若函数 $y=f(x)$ 在点 x_0 处不连续，则称 x_0 为间断点.

（2）分类：间断就是不连续，根据左右极限是否都存在分为第一类间断点和第二类间断点。第一类间断点是左右极限都存在的间断点，其中左右极限都存在且相等但不等于函数值或在该点无定义的是可去间断点；左右极限都存在但不相等的是跳跃间断点间断点。第二类间断点是左右极限不都存在的间断点，其中至少有一个为无穷大的是无穷间断点；至少有一个不存在的是震荡间断点。

【知识点思维导图】

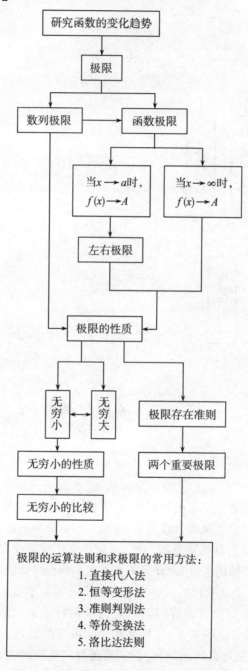

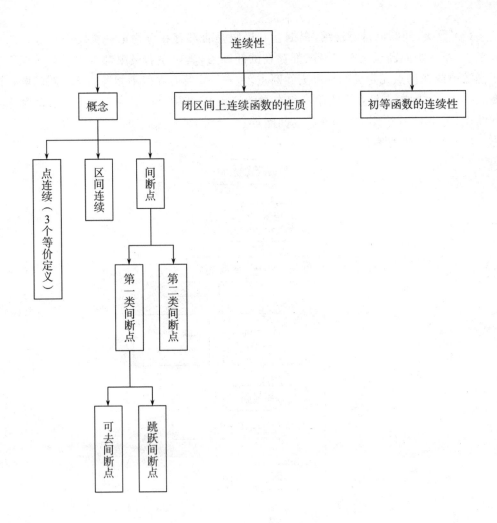

第一节　映射与函数

知识背景

16 世纪的欧洲,处于资本主义的萌芽时期,资本的扩张需要发展航海业和武器,航海业要求研究天体的运动并定制精确的时钟,而武器则研究抛射体运动,描述运动就需要有变量的概念以及它们之间的依赖关系,这就是函数最早的起源.

直到 18 世纪初,微积分迅速发展时期,函数概念还停留在变量间的依赖关系,或者由运算得到的量这种模糊的表示,大部分函数被当作曲线来研究的.

18 世纪中叶,由于上述模糊的函数概念引起了一场关于弦振动的讨论(描述弦振动的数学形式是一个二阶偏微分方程,其解(达朗贝尔行波解)是一般函数 $f(x-at)+f(x+at)$,就不能用某个曲线来表示,后来傅立叶用三角级数表示这个解,让大家认识到,解析表达式和曲线是可以转化的,它们只是函数的表现形式,不是函数的本质.而且数学家越来越发现,由于分析的急速发展,概念和证明中很多不严密性都是由于函数概念本身不清楚造成的.最终由柯西和维尔斯特拉斯给出了函数概念的明确描述,即函数的严格定义,从而揭示出了函数的本质,就是一种映射.

从微积分诞生,大概经历了150年,人们才弄清楚这个最基本的函数概念.函数严格定义的给出,是整个分析精密化很重要的一步.分析严密化,与群论、非欧几何一起,被誉为19世纪数学的三大发现,它们改变了整个数学的发展进程,形成了近代数学和现代数学.

一、教学分析

（一）教学目标

1. 知识与技能：

（1）能够阐述函数、复合函数、分段函数、基本初等函数、初等函数的概念,能描述反函数的概念,会用常见的几种表达方法表示函数.

（2）会分析、讨论基本初等函数、初等函数的几种特性（奇偶、单调、周期和有界性）.

（3）会运用四则运算法进行函数的运算,会建立简单实际问题中的函数关系式.

2. 过程与方法：

体验函数概念产生的过程,掌握用函数思想与方法描述两个变量之间关系,体会数形结合的思想,强化数字感和符号感,发展抽象思维,体验特殊到一般的思维方法.

3. 情感态度与价值观：

形成用联系的、运动的观点去分析事物间量的变化规律的意识.学会用数学的眼光观察世界,进而本能地用数学的思维分析世界,用数学的语言表达世界.

（二）学时安排

本节内容教学需要2学时,对应课次教学进度中的第1讲.

（三）教学内容

函数的概念,表示方法；函数的一些性质（奇偶性、单调性、周期性和有界性）,复合函数的概念,反函数及隐函数的概念,函数的四则运算；基本初等函数的概念、性质,初等函数的概念.

（四）学情分析

1. 学员在中学学习过函数的概念和性质,应该在原来知识基础上加深理解,明确映射与函数的关系,抓住函数的本质.

2. 中学对函数有界性的内容没有涉及,该内容是用严格数学语言证明命题的开始,而学员的逻辑推理、抽象思维能力较弱,需要重点强调.

3. 大多数学员没有学过三角函数中的正割函数、余割函数,没有学习反三角函数,教员要重点介绍,学员也要引起重视.

4. 函数有界性在初等数学中没有涉及,需要学员有一定的抽象和逻辑推理思维基础,所以对有界与无界的逻辑语言表达会有一定的困难.

（五）重、难点分析

重点：复合函数及分段函数的概念；基本初等函数的性质.

难点：函数概念、反函数、复合函数的理解,函数关系式的建立.

1. 函数概念的核心是函数的两要素，只有当其定义域和对应法则完全相同时，两个函数才表示同一个函数。理解函数概念应突出两个要素，对函数符号的意义和用法应有足够认识，从而能正确理解函数的概念，讨论函数的有关性质。根据实际问题建立的函数，其定义域是使自变量具有实际意义的实数集合；由解析式表示的函数，其定义域是使运算有定义的实数集合。

2. 在讨论函数奇偶性时一定要注意它们对函数定义域的要求。函数的奇偶性是相对于对称区间而说的，若函数的定义域不对称，则该函数一定不是奇函数或偶函数。判断函数的奇偶性主要是根据奇、偶函数的定义，有时也利用奇偶性的相关性质。$f(x)+f(-x)=0$ 是判断 $f(x)$ 为奇函数的有效方法。判断函数奇偶性常用的结论：

(1) 两个偶函数的和、差、积还是偶函数；

(2) 两个奇函数的和、差还是奇函数，积是偶函数；

(3) 奇函数与偶函数的乘积是奇函数；

(4) 可导奇函数的导数为偶函数，可导偶函数的导数为奇函数。

3. 对函数有界与无界的掌握，要重点强调逻辑符号语言"存在 $\exists$"和"任意 $\forall$"的辩证关系，这是高等数学进行逻辑推理语言思维训练的开始，也是很好的训练素材，同时可以借助函数图形，利用数形结合的思想进行理解。

4. 函数 $y=f(x)$ 和其反函数 $y=f^{-1}(x)$ 的图形关于直线 $y=x$ 是对称的，$y=f(x)$ 的定义域是其反函数 $y=f^{-1}(x)$ 的值域。另外需要注意，只有自变量与因变量一一对应的函数才有反函数。求反函数的步骤是，首先从方程 $y=f(x)$ 中解出 x，得到 $x=f^{-1}(y)$，然后将 x 和 y 对调，即得该函数的反函数 $y=f^{-1}(x)$。

5. 在讨论复合函数时，要注意进行复合和分解时函数的定义域。将两个或两个以上函数进行复合的方法主要有：①代入法：将一个函数中的自变量用另一个函数表达式替代，适用于初等函数的复合。②分析法：根据最外层函数定义域的各区间段，结合中间变量的表达式和定义域进行分析，从而得出复合函数，适用于初等函数与分段函数或分段函数之间的复合。

6. 六类基本初等函数（包括常量函数）是微积分学内容的基础，尤其是三角函数中的割函数和反三角函数很多学员在中学没学习过，要重点掌握。

(1) 幂函数：$y=x^a (a\in \mathbf{R}, a\neq 0)$。

(2) 指数函数：$y=a^x (a>0, a\neq 1)$，定义域为 $(-\infty, +\infty)$，值域为 $(0, +\infty)$，过定点 $(0,1)$。图像在一二象限（x 轴上方）。当 $a>1$ 时是单增函数，当 $0<a<1$ 时是单减函数。

(3) 对数函数：$y=\log_a x (a>0, a\neq 1)$：它是指数函数 $y=a^x$ 的反函数。定义域为 $(0,+\infty)$，值域为 $(-\infty, +\infty)$，过定点 $(1,0)$。图像在一四象限（y 轴的右方），当 $a>1$ 时是单增函数，当 $0<a<1$ 是单减函数。

(4) 三角函数：

正弦函数　$y=\sin x, x\in \mathbf{R}$，奇函数、以 2π 为周期、有界函数。

余弦函数　$y=\cos x, x\in \mathbf{R}$，偶函数、以 2π 为周期、有界函数。

正切函数　$y=\tan x, \{x | x\neq k\pi+\dfrac{\pi}{2}, k\in \mathbf{Z}\}$，奇函数、以 π 为周期。

余切函数 $y=\cot x,\{x\mid x\neq k\pi,k\in\mathbf{Z}\}$,奇函数、以 π 为周期.

正割函数 $y=\sec x=\dfrac{1}{\cos x},\{x\mid x\in\mathbf{R},x\neq k\pi+\dfrac{\pi}{2},k\in\mathbf{Z}\},y\in(-\infty,-1)$ $\bigcup(1,+\infty)$,偶函数、以 2π 为周期.

余割函数 $y=\csc x=\dfrac{1}{\sin x},\{x\mid x\in\mathbf{R},x\neq k\pi,k\in\mathbf{Z}\},y\in(-\infty,-1)\bigcup(1,+\infty)$, 奇函数、以 2π 为周期.

(5) 反三角函数:

反正弦函数 $y=\arcsin x,x\in[-1,1],y\in\left[-\dfrac{\pi}{2},\dfrac{\pi}{2}\right]$

反余弦函数 $y=\arccos x,x\in[-1,1],y\in[0,\pi]$

反正切函数 $y=\arctan x,x\in(-\infty,+\infty),y\in\left(-\dfrac{\pi}{2},\dfrac{\pi}{2}\right)$

反余切函数 $y=\text{arccot}\,x,x\in(-\infty,+\infty),y\in(0,\pi)$

常量函数、幂函数、指数函数、对数函数、三角函数、反三角函数统称为基本初等函数.

7. 初等函数的概念要充分理解,而"复合"运算是函数的一种基本运算,特别注意分段函数的复合,采取的方法一般应按照由自变量开始,先内层后外层的顺序逐次复合. 基本初等函数的图像要熟记于心,在基本初等函数图像的基础上进行平移后得到的函数单调性不会改变.

另外,双曲函数是新增的初等函数.

双曲余弦 $\cosh x=\dfrac{\mathrm{e}^{x}+\mathrm{e}^{-x}}{2},x\in\mathbf{R},y\in[1,+\infty]$

双曲正弦 $\sinh x=\dfrac{\mathrm{e}^{x}-\mathrm{e}^{-x}}{2},x\in\mathbf{R},y\in\mathbf{R}$

双曲正切 $\tanh x=\dfrac{\sinh x}{\cosh x}=\dfrac{\mathrm{e}^{x}-\mathrm{e}^{-x}}{\mathrm{e}^{x}+\mathrm{e}^{-x}},x\in\mathbf{R},y\in(-1,1)$

二、典型例题

(一) 有关概念

例 1 下列各组中,两个函数为同一函数的组是( ).

A. $f(x)=x^{2}+3x-1,g(t)=t^{2}+3t-1$

B. $f(x)=\dfrac{x^{2}-4}{x-2},g(x)=x+2$

C. $f(x)=\sqrt{x}\sqrt{x-1},g(x)=x+2$

D. $f(x)=3,g(x)=|x|+|3-x|$

解: 两个函数的定义域和对应法则分别相同即为同一个函数,与自变量用哪个字母表示无关. B 和 C 中定义域不同,C 和 D 的对应法则不同. 判断函数是否相同的两大要素是:定义域和对应法则,两大要素相同的函数为同一函数,缺一不可.

例 2 函数 $y=\ln[\ln(\ln x)]$ 的定义域为 _____.

解：$y=\ln[\ln(\ln x)]$ 应满足 $\begin{cases} x>0 \\ \ln x>0 \\ \ln(\ln x)>0 \end{cases}$ ，解得定义域为 $(e,+\infty)$.

例 3 已知 $f\left(x+\dfrac{1}{x}\right)=x^2+\dfrac{1}{x^2}$，则 $f(x)$ _____.

解：因为 $f\left(x+\dfrac{1}{x}\right)=x^2+\dfrac{1}{x^2}=\left(x+\dfrac{1}{x}\right)^2-2$，所以 $f(x)=x^2-2$.

（二）有关性质

例 1 $f(x)=\lg(1+x)$ 在（　　）内有界.

A. $(1,+\infty)$　　　　B. $(2,+\infty)$　　　　C. $(1,2)$　　　　D. $(-1,1)$

解：$f(x)=\lg(1+x)$ 是由 $f(x)=\lg x$ 的图像向左平移了一个单位，该函数有渐近线 $x=-1$. 通过图像可直观得看出，上述选项中该函数只在 $(1,2)$ 上是有界的，所以选 C.

例 2 函数 $f(x)=\sin\dfrac{1}{x}$ 是（　　）.

A. 单增函数　　　　B. 单减函数　　　　C. 周期函数　　　　D. 有界函数

解：由于 $\left|\sin\dfrac{1}{x}\right|\leqslant 1$，是有界函数，用定义知不是周期函数，也不是单调函数，故选 D.

例 3 函数 $f(x)=x\sin x$（　　）.

A. 在 $(-\infty,+\infty)$ 内有界　　　　B. 在 $(-\infty,+\infty)$ 内为周期函数

C. 在 $(-\infty,+\infty)$ 内无界　　　　D. 在 $(-\infty,+\infty)$ 内单调

解：取 $x_k=k\pi+\dfrac{\pi}{2}$，$f(x_k)=x_k\cdot 1=k\pi+\dfrac{\pi}{2}\to\infty$，故 $x\to\infty$ 时，函数 $f(x)=x\sin x$，在 $(-\infty,+\infty)$ 内无界.

例 4 函数 $y=|x\cos x|$ 是（　　）.

A. 有界函数　　　　B. 偶函数　　　　C. 单调函数　　　　D. 周期函数

解：因为 $f(x)=|x\cos x|$，所以 $f(-x)=|-x\cos(-x)|=|x\cos x|=f(x)$，所以该函数为偶函数.

（三）思考题

1. 确定一个函数需要有哪几个基本要素？［定义域、对应法则］

2. 思考函数的几种特性的几何意义.［奇偶性、单调性、周期性、有界性］

三、教学建议

（一）基本建议

1. 高等数学课程往往是大学一年级新生首先接触到的科学文化基础课，在帮助学员学习习惯培养、完成从中学生到大学生的转变过程中具有基础性作用. 作为课程的第一次课，教员可简要介绍高等数学的主要内容，以及与初等数学的区别，注意引导学员开始有意识掌握大学数学的学习方法，养成良好的学习习惯.

2. 函数知识是中学函数内容的复习和补充. 中学里已经比较熟悉的内容在课堂上可不组织教学,课前学员完成自学;对中学里介绍较少的内容,如分段函数、反三角函数、复合函数、邻域,应详细展开教学.

3. 函数概念应突出两要素,对函数符号的意义和用法应有足够理解,从而能正确理解函数的概念,讨论函数的有关性质. 另外,由于高等数学主要研究对象是函数,因此应注意培养列出实际问题中函数关系的能力,为应用能力培养奠定基础.

(二)课程思政

1. 树立科学的世界观,学习辩证唯物主义方法论,渗透以辩证唯物主义为核心的科学精神教育. 函数本质上是指变量间相依关系的数学模型,是事物普遍联系的定量反映;复合函数反映了事物联系的复杂性;分段函数反映事物联系的多样性.

2. 通过函数的产生、发展与应用,展示数学的文化魅力,宣扬数学家的探索和创新精神,提升对客观世界的兴趣和理解以及解决现实问题的能力与意识.

(三)思维培养

1. 高等数学课往往是大一新生首先接触到的基础课,可通过对高等数学的总体知识框架学习,初步把握课程的主要内容,建立起对高等数学的先见"森林"的整体观,随着后面学习的逐步进行,对课程得到后见"树木"的局部观,并发现其与初等数学的区别,进行大学数学学习的方法指导.

2. 函数知识是中学函数内容的复习和补充. 中学里已经比较熟悉的内容教员略讲或者学生自学,中学里介绍较少的内容如分段函数、反三角函数、复合函数、邻域应重点掌握,可结合函数图形利用"数形结合"的方法理解掌握. 数形结合的思想是重要的思想方法之一,通过函数思想与方法描述两个变量之间关系,体会数形结合的思想,体验特殊到一般的思维方法.

(1)幂函数:(如 $y=x$,$y=x^2$,$y=x^3$)

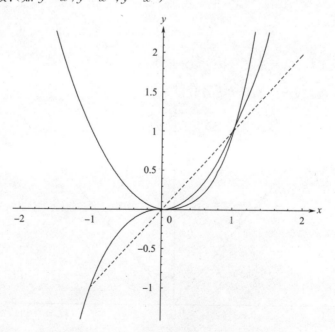

（2）指数与对数函数：（如 $y=\mathrm{e}^x$, $y=\ln x$ ）

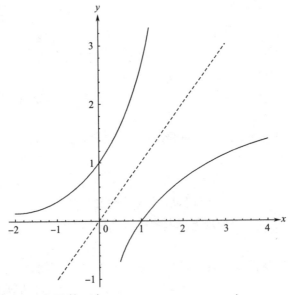

（3）三角函数与反三角函数：（如 $y=\cos x$, $y=\arccos x$ ）

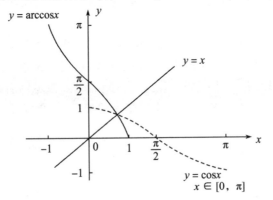

（4）多项式函数：（ $y=\dfrac{1}{3}x^3-x^2-3x+3$ ）

（5）分段函数：（ $y=|x|$, $y=\operatorname{sgn}x$ ）

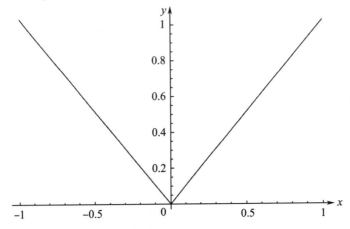

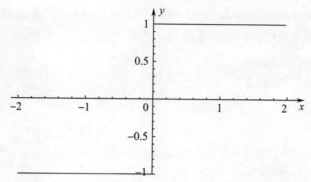

3. 结合教材中的实例,把握映射这一概念在现代数学中的重要地位.拓展了解用"一一对应"方法,比较无限集合 $A=\{1,2,3,4,\cdots,n,\cdots\}$ 与 $B=\{2,4,6,8,\cdots,2n,\cdots\}$ 的元素个数多少.

4. 规范使用数学符号,用严格的数学语言刻画问题是数学素养的内容之一.通过函数概念、性质的描述与刻画,强化数字感和符号感,发展抽象思维.具体要会用数学语言刻画函数的性质,特别注意如何用严格的数学语言描述函数的有界和函数的无界,尤其是正确理解存在"∃"与任意"∀"的含义和使用.

5. 体会数学的哲学思维,用运动的观点理解函数.函数本质上是指变量间相依关系的数学模型,是事物普遍联系的定量反映;复合函数反映了事物联系的复杂性;分段函数反映事物联系的多样性.

(四)融合应用

由于高等数学主要研究对象是函数,因此注意培养列出实际问题中函数关系的能力会建立简单实际问题中的函数关系式是本节内容的基本应用,课内可以结合简单的军事问题背景,进行融合军事专业的应用尝试.

1. 密码破译问题(反函数的应用):通过输出 y(密文)去寻找一个唯一的反函数 f^{-1},就可以回溯找到输入结果(明文) x,求得 $x=f^{-1}(y)$.这其实是一个寻找反函数的过程.

2. 锚链、缆绳等悬链线是双曲余弦函数,作战环境中海水温度函数、海水密度函数、射击提前角的描述与解算 $\psi=\arcsin\left(\dfrac{v_m}{v}\sin X_m\right)$.

四、达标训练

(一) 是非判断题

1. $f(x)$ 在 X 上有界,$g(x)$ 在 X 上无界,则 $f(x)+g(x)$ 在 X 上无界. 　　　(　　)

2. $f(x)$ 在 X 上有界的充分必要条件是存在数 A 与 B,使得对任一 $x\in X$ 都有 $A\leqslant f(x)\leqslant B$. 　　　(　　)

3. $f(x)$ 与 $g(x)$ 都在区间 I 上单调增加,则 $f(x)\cdot g(x)$ 也在 I 上单调增加. 　(　　)

4. 定义在 $(-\infty,+\infty)$ 上的常函数是周期函数. 　　　(　　)

5. 任一周期函数必有最小正周期. 　　　(　　)

6. $f(x)$ 为 $(-\infty,+\infty)$ 上的任意函数,则 $f(x^3)$ 必是奇函数. 　　　(　　)

7. 设 $f(x)$ 是定义在 $[-a,a]$ 上的函数，则 $f(x)+f(-x)$ 必是偶函数. （ ）

8. $f(x)=1+x+x^2+\cdots$ 是初等函数. （ ）

(二) 选择题

1. 下面四个函数中，与 $y=|x|$ 不同的是（ ）.

　A. $y=|e^{\ln x}|$　　　　　　　　　B. $y=\sqrt{x^2}$

　C. $y=\sqrt[4]{x^4}$　　　　　　　　　D. $y=x\,\mathrm{sgn}\,x$

2. 设 $f(x)=x^2$，$f[\varphi(x)]=2^{2x}$ 则函数 $\varphi(x)$ 是（ ）.

　A. $\log 2x$　　　　　　　　　　　B. 2^x

　C. $\log_2 x^2$　　　　　　　　　　D. x^2

3. 若 $f(x)$ 为奇函数，则 _____ 也为奇函数.

　A. $f(x)+c,(c\neq 0)$　　　　　　B. $f(-x)+c,(c\neq 0)$

　C. $f(x)+f(|x|)$　　　　　　　　D. $f[f(-x)]$

(三) 下列函数是由哪些简单初等函数复合而成

1. $y=e^{\arctan(x+1)}$

2. $y=\ln\ln\ln x$

(四) 设 $f(x)$ 的定义域 $D=[0,1]$，求下列函数的定义域

1. $f(x^2)$

2. $f(\sin x)$

3. $f(x+a)\quad(a>0)$

附：参考答案

(一) 是非题　1. 是　2. 是　3. 非　4. 是　5. 非　6. 非　7. 是　8. 非

(二) 选择题　1. A　2. B　3. D

(三) 下列函数是由哪些简单初等函数复合而成

1. $y=e^t,t=\arctan u,u=x+1$；

2. $y=\ln t,t=\ln u,u=\ln x$.

(四) 求定义域

1. 解：$D=\{x\mid-1\leqslant x\leqslant 1\}$.

2. 解：$D=\{x\mid 2k\pi\leqslant x\leqslant(2k+1)\pi,k\in\mathbf{Z}\}$.

3. 解：$D=\{x\mid-a\leqslant x\leqslant 1-a\}$.

第二节 数列的极限

知识背景

极限思想的雏形可以追溯到我国古代春秋战国时期(公元前 770—前 221)哲学家庄子的"尺棰问题"和魏晋时期(公元 3 世纪)数学家刘徽的割圆术,这两个问题已经体现了极限中无限分割的思想.在西方,科学家阿基米德(公元前 287—前 212),运用归谬法证明了使用穷竭法的结果的正确性,其中就体现了无穷小的思想.

16 世纪,西方社会处于资本主义起步时期,也是思想和科学技术的爆发时期.科学、生产、技术中出现了的许多问题,对此只研究常量的初等数学已经面临困境.大量的问题涌出,像怎样求瞬时速度、曲线弧长、曲边形面积、曲面体体积这种无限、运动等问题困扰数学家.正是在这样的时代背景下,极限概念被发展完善,微积分也形成系统的理论体系.

19 世纪,法国数学家柯西在《分析教程》中比较完整地说明了极限概念及理论.他说,当一个变量逐次所取的值无限趋于一个定值,最终使变量的值和该定值之差要多小就有多小,这个定值就叫作所有其他值的极限.柯西还指出数零是无穷小的极限.这个思想已经摆脱了常量数学的束缚,走向了变量数学,表现了无限与有限的辩证关系.柯西的定义已经用数学语言准确地表达了极限的思想,但这种表达还是定性的、描述性的.

德国数学家,被誉为"现代分析之父"的维尔斯特拉斯提出了极限的定量的定义,给微积分提供了严格的理论基础:"如果对任何的正数 $\varepsilon > 0$,总存在自然数 N,使得当 $n > N$ 时,不等式 $|x_n - A| < \varepsilon$ 恒成立."这个定义定量地具体地刻画了两个"无限过程"之间的联系,排除了以前极限概念中的直观痕迹,将极限思想转化为数学的符号语言,用数学的方法描述,完成了从思想到数学的一个转变,使得极限思想在数学理论体系中占有了合法的地位,在数学分析书籍中,这种定义一直沿用至今.

一、教学分析

(一) 教学目标

1. 知识与技能:

(1)能够准确阐述数列极限的描述性定义,说出极限定义的 $\varepsilon\text{-}N$ 语言.

(2)说出数列极限的性质(唯一性、有界性、保号性),会利用性质解决一些极限问题.

2. 过程与方法:

体验极限概念产生的过程,经历运用极限描述数学事实、做出推断的过程,建立初步微积分思想和方法.体会极限的思想,学会从近似到精确的极限方法.

3. 情感态度与价值观:

体会极限概念蕴含的无限与有限、过程与结果的辩证统一,从极限概念的产生到逐步完善的过程中学习数学家对科学真理的探索精神.

（二）学时安排

本节内容教学需要 2 学时,对应课次教学进度中的第 2 讲.

（三）教学内容

数列极限的概念,描述性定义、ε-N 定义,数列极限的性质（唯一性、有界性、保号性）.

（四）学情分析

1. 学员对数列极限由描述性定义向 ε-N 定义的引入过程理解困难.

2. 用 ε-N 定义证明数列极限时 N 的选取和 ε 之间的关系不易把握.

3. 数列极限 ε-N 定义中 ε 具有双重性:任意性和给定性,在证明中何时利用 ε 的任意性,何时利用 ε 的给定性不易把握.

（五）重、难点分析

重点:数列极限的定义、性质.

难点:对极限定义的 ε-N 语言的理解.

1. "极限"在课程内容中的地位作用:

极限是研究高等数学的主要工具,极限的概念是几乎所有高等数学内容的基础,它就像一条主线,贯穿了整个高等数学的始终,因为后面的连续、导数、微分、积分等都是以极限为基础的.

2. 对于符号 $\lim\limits_{n\to\infty}x_n=a$,注意其中三要素的含义和写法.

3. 对极限概念的理解是难点,建立极限概念时,易先从直观实例入手,建立数学模型,借助上述数学模型,先理解描述性定义,然后再过渡到精确定义,通过一步步抽象,并用数学化语言表达,就可提炼出 ε-N 定义.再辅以图表对 ε-N 等作解释,帮助理解 ε-N 定义.

4. 通过一些简单例子,利用 ε-N 定义证明,总结出使用 ε-N 方法的一般步骤.

5. 理解定义:$\lim\limits_{n\to\infty}x_n=a\Leftrightarrow\forall\varepsilon>0,\exists N>0$,当 $n>N$ 时,有 $|x_n-a|<\varepsilon$

（1）定义中,ε 表示预先给定的 x_n 与常数 a 的接近程度的要求,正整数 N 表示变量的确定的变化时刻.即无论预先要求 x_n 与常数 a 的接近程度有多高,或者说,无论给定的 ε 有多小,总可以找到一个依赖于 ε 的 N,使得对从该时刻以后即满足 $n>N$ 的一切 n,数列中的项 x_n 与常数 a 均满足接近程度的要求,即 $|x_n-a|<\varepsilon$.

（2）定义中,ε 可修改为 2ε,$k\varepsilon$（k 为某个正数）,ε^2 等,事实上,只要 ε 是任意的正数,上述那些数也是任意正数.

二、典型例题

（一）有关数列极限存在性的判定

例 1 "对任意给定的 $\varepsilon\in(0,1)$,总存在正整数 N,当 $n\geqslant N$ 时,恒有 $|x_n-a|\leqslant 2\varepsilon$" 是数列 $\{x_n\}$ 收敛于 a 的_____条件.

解:充要

例2 设 $\{a_n\},\{b_n\},\{c_n\}$ 均为非负数列，且 $\lim\limits_{n\to\infty}a_n=0,\lim\limits_{n\to\infty}b_n=1,\lim\limits_{n\to\infty}c_n=\infty$，则必有（ ）.

A. $a_n<b_n$ 对任意 n 成立   B. $b_n<c_n$ 对任意 n 成立

C. 极限 $\lim\limits_{n\to\infty}a_nc_n$ 不存在   D. 极限 $\lim\limits_{n\to\infty}b_nc_n$ 不存在

解：取 $a_n=\dfrac{2}{n},b_n=1,c_n=\dfrac{n}{2}$ 则 A、B、C 均排除. 对于 D，

$$\lim_{n\to\infty}\frac{1}{b_nc_n}=\lim_{n\to\infty}\frac{1}{b_n}\cdot\lim_{n\to\infty}\frac{1}{c_n}=0, \text{故 } \lim_{n\to\infty}b_nc_n=\infty.$$

（二）证明数列极限不存在

例1 设 $a_n=\left(1+\dfrac{1}{n}\right)\sin\dfrac{n\pi}{2}$，证明数列 $\{a_n\}$ 没有极限.

证：设 k 为正整数，若 $n=4k$，则 $a_{4k}=\left(1+\dfrac{1}{4k}\right)\sin\dfrac{4k\pi}{2}=\left(1+\dfrac{1}{4k}\right)\sin2k\pi=0$. 若 $n=4k+1$，则 $a_{4k+1}=\left(1+\dfrac{1}{4k+1}\right)\sin\left(\dfrac{4k\pi}{2}+\dfrac{\pi}{2}\right)=1+\dfrac{1}{4k+1}\to1(k\to\infty)$. 故 $\{a_n\}$ 没有极限.

例2 证明：数列 $\{a_n\}=(-1)^n\dfrac{n+1}{n}$ 是发散的.

证：$x_{2n}=\dfrac{2n+1}{2n}=1+\dfrac{1}{2n}\to1(n\to\infty)$，

$x_{2n+1}=-\dfrac{2n+2}{2n+1}=-1-\dfrac{1}{2n+1}\to-1(n\to\infty)$，故 $\{x_n\}$ 极限不存在.

（三）根据数列极限的定义证明

例1 $\lim\limits_{n\to\infty}\dfrac{2n+1}{3n+1}=\dfrac{2}{3}$

证：记 $a_n=\dfrac{2n+1}{3n+1}$，$\forall\varepsilon>0$，要使 $\left|\dfrac{2n+1}{3n+1}-\dfrac{2}{3}\right|=\left|\dfrac{1}{3(3n+1)}\right|<\dfrac{1}{n}<\varepsilon$. 只需 $\dfrac{1}{n}<\varepsilon$，即 $n>\dfrac{1}{\varepsilon}$，只要取 $N=\left[\dfrac{1}{\varepsilon}+1\right]$，则当 $n>N$ 时，有 $\left|a_n-\dfrac{2}{3}\right|<\varepsilon$，即 $\lim\limits_{n\to\infty}a_n=\dfrac{2}{3}$.

（四）思考题

1. ε 描述的是一个要多小就有多小的量，那 ε 到底是变量还是常量？

2. ε 和 N 之间有什么样的关系，N 是否唯一？

3. 极限的实质是什么？

4. 如果数列 $\{x_n\}$ 收敛，那么数列 $\{x_n\}$ 一定有界. 发散的数列是否一定无界？有界的数列是否收敛？

5. 数列的子数列如果发散，原数列是否发散？数列的两个子数列收敛，但其极限不同，原数列的收敛性如何？发散的数列的子数列都发散吗？

6. 如何判断数列 $1,-1,1,-1,\cdots,(-1)^{n+1},\cdots$，是发散的？

三、教学建议

（一）基本建议

建立极限概念时，先从直观的实例入手，建立数学模型，引入极限概念. 对极限的定义，借助上述数学模型，先掌握描述性定义，然后再过渡到精确定义，这样一步步抽象，并用数学化语言表达，就可提炼出 $\varepsilon\text{-}N$ 定义. 最后再辅以图表并对 $\varepsilon\text{-}N$ 等作解释，帮助理解 $\varepsilon\text{-}N$ 定义.

注意通过一些简单例子，利用 $\varepsilon\text{-}N$ 定义证题，并总结出使用 $\varepsilon\text{-}N$ 方法的一般步骤. $\varepsilon\text{-}N$ 方法仅要求了解，不作过高要求.

（二）课程思政

1. 极限概念蕴含的无限与有限、过程与结果的辩证统一. 极限思想和极限符号含有了数列极限定义中的变量运动过程，作为结果的极限值又具有简洁美. 数列的极限 $\lim\limits_{n\to\infty}x_n=A$ 这个符号诠释的是永远运动、无限接近的过程. 极限就如同我们最起初的理想，不忘初心，砥砺前行，精益求精，无限接近，方得始终. 极限的精确定义，也蕴含了辞海精神，即一丝不苟，字斟句酌，作风严谨.

2. 从极限概念的产生到逐步完善的过程中学习数学家对科学真理的探索精神.

可以用魏晋时期数学家刘徽的割圆术来引入数列的极限. 刘徽指出："割之弥细，所失弥少，割之又割，以至于不可割，则与圆合体而无所失矣."刘徽用割圆术将圆周率精确到小数点后三位，南北朝时期的祖冲之在刘徽研究的基础上，将圆周率精确到了小数点后 7 位，这一成就比欧洲人要早一千多年. 通过这个知识点的教学让学生学习优秀的科学家凡事追求卓越与完美的工匠精神，同时增强文化自信.

（三）思维培养

1. 无限逼近的极限思想，近似计算的思维培养.

极限思想是由于求某些实际问题的精确解答而产生的，要体会极限在方法论中实现从近似到精确的作用. 例如，我国古代数学家刘徽（公元 3 世纪）利用圆内接正多边形来推算圆面积的方法——割圆术，就是极限思想在几何学上的应用，充分体现了无限逼近的极限思想以及近似计算的思维. 又如，春秋战国时期的哲学家庄子（公元前 4 世纪）在《庄子·天下篇》一书中对"截丈问题"有一段名言："一尺之棰，日截其半，万世不竭."其中也隐含了深刻的极限思想.

2. 逻辑思维培养.

数列极限是学员入学后首次接触数学的分析推理和证明，是对学员学习习惯和方式的引导和示范的重要素材，也是培养学员数学素养的好材料，应重点把握.

（1）用极限定义验证极限时，要特别注意推理过程中的逻辑关系，证明题的一般思路是"正推过程"，即"如果……则……"这里的思维是"倒推过程"，即"欲使……要……"应通过一定数量的练习，逐渐熟悉和掌握这种新的论证思维方法. 并注意用符号语言表达这种逻辑思维：$\forall \varepsilon>0$，找到 N，使当 $n>N$ 时，$|x_n-a|<\varepsilon$ 成立.

（2）对给定的 $\varepsilon>0$，找 N 的解题思路：

首先从 $|x_n-a|<\varepsilon$ 着手，进而解出关于 n 的不等式，使其呈形如 $n>\varphi(\varepsilon)$ 的关系

式,然后可取一个 $N=[\varphi(\varepsilon)]$.

由 $|x_n-a|<\varepsilon$ 寻求保证此不等式成立的 n 与 ε 间的关系时,一定要使下一步的成立保证上一步的成立,这样才能使求得 N 后,当 $n>N$ 时,就必有 $|x_n-a|<\varepsilon$ 成立.

(3) 在具体证明中,有时会采用"放大法",即欲使 $|x_n-a|<\varepsilon$ 将 $|x_n-a|$ 适当地放大:$|x_n-a|<\psi(n)$(有时采取分子放大,分母缩小的办法将其放大),然后通过解 $\psi(n)<\varepsilon$ 找到 $N(\varepsilon)$,则原来式子 $|x_n-a|$ 小于 ε,这就是放大法的基本思想,它的根据就是 N 既不唯一,又不要求是最小的. 所谓"适当地放大"就是要求放大的 $\psi(n)$ 必须仍是无穷小量,不过形式较 $|x_n-a|$ 简单,因而 $\psi(n)<\varepsilon$ 较 $|x_n-a|<\varepsilon$ 易于求解.

(四)融合应用

(1) 用极限的方法证明 $0.\dot{3}=\dfrac{1}{3}$,或者 $0.\dot{9}=1$.

(2) 直线运动中,由某时刻附近的平均速度序列,利用极限描述该时刻的瞬时速度.

(3)"目标运动要素收敛性判定"问题,即艇上常用的对目标运动要素收敛性的判定问题,实际上是一个极限的问题.(若学员的军事背景知识欠缺,不便于理解该实例,可作为课外拓展内容,课内不作要求)

四、达标训练

(一)是非判断题

1. 当 n 充分大后,数列 x_n 与常数 A 越来接近,则 $\lim\limits_{n\to\infty}x_n=A$. ( )

2. 如果数列 x_n 发散,则 x_n 必是无界数列. ( )

3. 如果对任意 $\varepsilon>0$,存在正整数 N,使得当 $n>N$ 时总有无穷多个 x_n 满足 $|x_n-a|<\varepsilon$,则 $\lim\limits_{n\to\infty}x_n=a$. ( )

4. 如果对任意 $\varepsilon>0$,数列 x_n 中只有有限项不满足 $|x_n-a|<\varepsilon$,则 $\lim\limits_{n\to\infty}x_n=a$.

( )

5. 若数列 $\{x_n\}$ 收敛,数列 $\{y_n\}$ 发散,则数列 $\{x_n+y_n\}$ 发散. ( )

(二)单项选择题

1. 根据 $\lim\limits_{n\to\infty}x_n=a$ 的定义,对任给 $\varepsilon>0$,存在正整数 N,使得对 $n>N$ 的一切 x_n,

  不等式 $|x_n-a|<\varepsilon$ 都成立,这里的 $N($ $)$.

  A. 是 ε 的函数 $N(\varepsilon)$,且当 ε 减少时 $N(\varepsilon)$ 增大

  B. 是由 ε 所唯一确定的

  C. 与 ε 有关,但 ε 给定时 N 并不唯一确定

  D. 是一个很大的常数,与 ε 无关

2. $x_n=\begin{cases}\dfrac{1}{n},&\text{当 }n\text{ 为奇数}\\[2mm]10^{-7},&\text{当 }n\text{ 为偶数}\end{cases}$,则( ).

  A. $\lim\limits_{n\to\infty}x_n=0$ B. $\lim\limits_{n\to\infty}x_n=10^{-7}$

  C. $\lim\limits_{n\to\infty}x_n=\begin{cases}0,&n\text{ 为奇数}\\10^{-7},&n\text{ 为偶数}\end{cases}$ D. $\lim\limits_{n\to\infty}x_n$ 不存在

3. 数列有界是数列收敛的（　　）.

　　A. 充分条件　　　　　　　　　　B. 必要条件

　　C. 充分必要条件　　　　　　　　D. 既非充分又非必要条件

4. 下列数列 x_n 中,收敛的是（　　）.

　　A. $x_n = (-1)^n \dfrac{n-1}{n}$　　　　　　　B. $x_n = \dfrac{n}{n+1}$

　　C. $x_n = \sin \dfrac{n\pi}{2}$　　　　　　　　D. $x_n = n - (-1)^n$

（三）根据数列极限的定义证明

1. $\lim\limits_{n\to\infty} \dfrac{\sin n}{n} = 0$

2. $\lim\limits_{n\to\infty}\left(\dfrac{1}{n^2} + \dfrac{2}{n^2} + \cdots + \dfrac{n}{n^2}\right) = \dfrac{1}{2}$

附：参考答案

（一）是非题　1. 非　2. 非　3. 非　4. 是　5. 是

（二）选择题　1. C　2. D　3. B　4. B

（三）1. 证：记 $a_n = \dfrac{\sin n}{n}$, $\forall \varepsilon > 0$, 要使 $|a_n - 0| = \left|\dfrac{\sin n}{n} - 0\right| < \dfrac{1}{n} < \varepsilon$, 只需 $\dfrac{1}{n} < \varepsilon$, 即 $n > \dfrac{1}{\varepsilon}$, 所以取 $N = \left[\dfrac{1}{\varepsilon} + 1\right]$, 则当 $n > N$ 时,有 $|a_n - 0| < \varepsilon$, 即 $\lim\limits_{n\to\infty} a_n = 0$.

2. 证：记 $a_n = \dfrac{1}{n^2} + \dfrac{2}{n^2} + \cdots + \dfrac{n}{n^2}$, $\forall \varepsilon > 0$, 要使 $\left|a_n - \dfrac{1}{2}\right| = \left|\dfrac{1}{2n}\right| < \dfrac{1}{2n} < \varepsilon$. 只需 $\dfrac{1}{2n} < \varepsilon$, 即 $n > \dfrac{1}{2\varepsilon}$, 取 $N = \left[\dfrac{1}{2\varepsilon} + 1\right]$, 则当 $n > N$ 时,有 $\left|a_n - \dfrac{1}{2}\right| < \varepsilon$, 即 $\lim\limits_{n\to\infty} a_n = \dfrac{1}{2}$.

第三节　函数的极限

　　数列的极限与函数的极限的差异仅在于自变量的类型及变化方式,前者是趋于 $+\infty$ 的离散变量 n,后者是趋于无穷或某一定数的连续变量 x,数列可以看作是以正整数集合为定义域的一种特殊函数,因此,极限概念很自然地推广到函数的范围.

一、教学分析

（一）教学目标

1. 知识与技能：

（1）能够说出连续变量的六种变化趋势，在这六种变化趋势下能正确阐述函数极限的定义. 当自变量趋于有限值和无穷大时，能用 $\varepsilon\text{-}X$ 和 $\varepsilon\text{-}\delta$ 语言描述函数极限的定义.

（2）阐述函数左、右极限的定义，会应用极限存在的充要条件.

（3）说出函数极限的性质（唯一性、局部有界性、局部保号性）.

2. 过程与方法：

体验函数极限概念产生的过程，初步建立微积分思想和方法. 通过对极限定义的描述与理解，强化数学符号感，提高数学抽象和逻辑思维能力；通过体会极限的思想，初步形成用极限的思想、方法去分析和表达问题的能力.

类比对数列极限的理解，深入学习函数极限；对照收敛数列的性质，运用类比方法学习函数极限的性质.

3. 情感态度与价值观：

经历函数极限概念的产生过程，感受极限的思想、方法和意义；通过问题探究，增强学习兴趣和信心，初步形成独立思考的意识和习惯.

（二）学时安排

本节内容教学需要 2 学时，对应课次教学进度中的第 3 讲.

（三）教学内容

连续变量变化趋势，函数极限的概念，函数极限的性质（唯一性、局部有界性、局部保号性）.

（四）学情分析

1. 学员已学习数列的极限，对极限思想的理解有一定的基础，有助于理解函数的极限，但函数极限更为复杂，完整掌握对应自变量的两类情形、六种变化趋势下的极限有一定难度.

2. 把握函数在一点处极限值与该点的函数值的关系.

（五）重、难点分析

重点：从函数自变量的变化趋势来理解函数极限的概念.

难点：对极限定义的 $\varepsilon\text{-}X$ 和 $\varepsilon\text{-}\delta$ 语言的理解.

1. 首先要准确把握函数自变量的两类情形、六种变化趋势. 其次，对函数极限的数学定义需充分理解，熟练使用数学符号表示，为后续知识如函数的导数、微分、定积分等概念的学习奠定基础.

2. 对于 $x\to+\infty$ 变化趋势下的极限，可从数列与函数关系，通过数列极限定义过渡来得到 $x\to+\infty$ 下函数极限定义，再拓展到 $x\to\pm\infty$ 情形.

3. 对于函数极限中 $x\to x_0$ 情形，先从简单具体函数求极限的例子，理解描述性定义，再抽象到精确定义 $\varepsilon\text{-}\delta$ 方式. 再以分段函数为例，理解规定（$|x-x_0|>0$，即 $x\neq x_0$）的好处及必要性.

4. 函数极限和数列极限所蕴含的极限思想是相同的，差异在于自变量的类型及变化方式. 函数极限的"$\varepsilon\text{-}\delta$"方法与数列极限的"$\varepsilon\text{-}N$"方法很相似. 这里的 ε 和 δ 两个数是用来定量地刻画变量（$f(x)$ 和 x）与相应定数（A 和 x_0）之间的接近程度. 函数极限的定义与数列极限的定义的基本要求是一致的，这里只着重指出以下几点：

（1）对任给 $\varepsilon>0$，从解不等式 $|f(x)-A|<\varepsilon$ 着手去找 δ，其推理方法与由 $|x_0-a|<\varepsilon$ 找 N 的推理方法一样，都是采用倒推的方法，但务必不要把 x 当作未知数求解，而应把 $|x-x_0|$ 看作未知数，解得形如 $0<|x-x_0|<\varphi(\varepsilon)$ 的不等式，从而找到 δ.

（2）有时不能通过解不等式直接找到 δ，而需要给出一定的限制条件，如 $0<|x-x_0|<\delta_1$，在限制条件下再放大，解得不等式 $0<|x-x_0|<\delta_2$，最后取 $\delta=\min\{\delta_1,\delta_2\}$. 在这里我们要特别注意，在数列极限中找 N，是取 $N=\max\{N_1,N_2\}$，而在 $x\to x_0$ 的函数极限中找 δ，要取 $\delta=\min\{\delta_1,\delta_2\}$，只有这样，才能保证 $|f(x)-A|<\varepsilon$.

（3）定义中要求 $|x-x_0|>0$，即 $x\neq x_0$. 为什么谈到 x 趋近于 x_0 时，要限制 x 始终不等于 x_0？

这是因为：在定义 $\lim\limits_{x\to x_0}f(x)=A$ 时，关心的是函数 $f(x)$ 在点 x_0 附近的变化趋势，而不是 $f(x)$ 在 x_0 这一孤立点的情况，极限 $\lim\limits_{x\to x_0}f(x)=A$ 是否存在，与 $f(x)$ 在点 x_0 有没有定义及其值是什么都毫无关系，所以，在 $x\to x_0$ 时函数极限的定义中，没有考虑 $x=x_0$ 的情形，而是在 $0<|x-x_0|<\delta$ 邻域内讨论.

（4）δ 表示 x 接近 x_0 的程度，它与预先给定的正数 ε 有关，通常将 δ 记作 $\delta(\varepsilon)$，当 ε 减小时，一般说来，$\delta(\varepsilon)$ 要相应地减小，并且对于任意给定的一个正数 ε，能找到的也不是唯一的.

5. 在求函数数极限时，要注意有时需要分别讨论其左右极限.

对一些 $x\to\infty$ 的极限，应该注意分别考虑 $x\to+\infty$ 和 $x\to-\infty$ 两种情况. 即，$\lim\limits_{x\to\infty}f(x)=A\Leftrightarrow\lim\limits_{x\to-\infty}f(x)=A$ 且 $\lim\limits_{x\to+\infty}f(x)=A$.

对分段函数，求分段点处的极限，必须分别求左右极限，$\lim\limits_{x\to x_0}f(x)=A\Leftrightarrow\lim\limits_{x\to x_0^-}f(x)=A$ 且 $\lim\limits_{x\to x_0^+}f(x)=A$. 或者 $f(x_0^+)=f(x_0^-)=A$.

二、典型例题

例1 若 $\lim\limits_{x\to x_0}f(x)$ 存在，则 $f(x)$ 在点 x_0 处是（　　）.

A. 一定有定义　　　　　　　　　B. 一定没有定义

C. 可以有定义，也可以没有定义　　D. 以上都不对

解：$\lim\limits_{x\to x_0}f(x)$ 是研究自变量从 x_0 点左右两侧无限趋近于 x_0 点时，函数的变化趋势. $\lim\limits_{x\to x_0}f(x)$ 存在与否与 x_0 点处的函数值 $f(x_0)$ 无关. 故应选 C.

例2 设 $f(x)$ 在 x_0 的某个邻域内有定义并且在这个邻域内有 $f(x)\geqslant0$，若 $\lim\limits_{x\to a}f(x)$ 存在等于常数 A，则有 $A\geqslant0$.（　　）

解：这是函数极限的局部保号性，故应填正确.

例 3 证明 $\lim\limits_{x \to 1} \dfrac{x^2-1}{x-1} = 2$.

分析: 当 $x \neq 1$ 时, $|f(x) - A| = \left| \dfrac{x^2-1}{x-1} - 2 \right| = |x-1|$. $\forall \varepsilon > 0$, 要使 $|f(x) - A| < \varepsilon$, 只要 $|x-1| < \varepsilon$, 所以取 $\delta = \varepsilon$ 即可.

例 4 $x \to 0$ 时, 极限存在的函数为 $f(x) = ($).

A. $\begin{cases} \dfrac{|x|}{x}, & x \neq 0 \\ 0, & x = 0 \end{cases}$
 B. $\begin{cases} \dfrac{\sin x}{|x|}, & x \neq 0 \\ 0, & x = 0 \end{cases}$

C. $\begin{cases} x^2+2, & x < 0 \\ 2^x, & x > 0 \end{cases}$
 D. $\begin{cases} \dfrac{1}{2+x}, & x < 0 \\ x+\dfrac{1}{2}, & x > 0 \end{cases}$

解: A、B、C 选项中, 函数在 $x=0$ 点处的左右极限都不相等, 因此 $x \to 0$ 时极限不存在.

选项 D 中, $\lim\limits_{x \to 0^-} f(x) = \lim\limits_{x \to 0^-} \dfrac{1}{2+x} = \dfrac{1}{2}$, $\lim\limits_{x \to 0^+} f(x) = \lim\limits_{x \to 0^-} \left(x + \dfrac{1}{2} \right) = \dfrac{1}{2}$, 故 $\lim\limits_{x \to 0} f(x) = \dfrac{1}{2}$.

故应选 D.

例 5 如果 $f(x) = \dfrac{|x|}{x(x-1)(x-2)^2}$, 那么以下区间是 $f(x)$ 的有界区间的是( ).

A. $(-1, 0)$
 B. $(0, 1)$

C. $(1, 2)$
 D. $(2, 3)$

解: $f(x) = \dfrac{|x|}{x(x-1)(x-2)^2}$ 有三个间断点: $x=0, x=1, x=2$.

$$\lim\limits_{x \to 0^+} \dfrac{|x|}{x(x-1)(x-2)^2} = \lim\limits_{x \to 0^+} \dfrac{x}{x(x-1)(x-2)^2} = \lim\limits_{x \to 0^+} \dfrac{1}{(x-1)(x-2)^2} = -\dfrac{1}{4};$$

$$\lim\limits_{x \to 0^-} \dfrac{|x|}{x(x-1)(x-2)^2} = \lim\limits_{x \to 0^-} \dfrac{-x}{x(x-1)(x-2)^2} = \lim\limits_{x \to 0^-} \dfrac{-1}{(x-1)(x-2)^2} = \dfrac{1}{4};$$

$$\lim\limits_{x \to 1} \dfrac{|x|}{x(x-1)(x-2)^2} = \lim\limits_{x \to 1} \dfrac{x}{x(x-1)(x-2)^2} = \lim\limits_{x \to 1} \dfrac{1}{(x-1)(x-2)^2} = \infty;$$

$$\lim\limits_{x \to 2} \dfrac{|x|}{x(x-1)(x-2)^2} = \lim\limits_{x \to 2} \dfrac{x}{x(x-1)(x-2)^2} = \lim\limits_{x \to 2} \dfrac{1}{(x-1)(x-2)^2} = \infty.$$

由极限的局部有界性可得, 若函数在一点处有极限, 则必定在该点附近有界. 所以, 该函数在 $x=0$ 点附近有界, 在 $x=1, x=2$ 附近无界, 所以选 A.

注: 函数有界性的判别是难点, 首先要掌握简单的有界函数, 通过函数图像判别, 一般情况下连续的函数在其连续区间内是有界的; 其次理解有界性的概念, 利用定义判别; 再次要结合关于有界性的一些性质定理比如极限的局部有界性等判别有界性.

例 6　曲线 $f(x)=1-2^{-x}$ 水平渐近线是 _____.

解：因为 $\lim\limits_{x\to+\infty}f(x)=1$，所以 $y=1$ 是曲线的水平渐近线.

注意：若极限 $\lim\limits_{x\to\infty}f(x)=A$，称 $y=A$ 是函数 $y=f(x)$ 的水平渐近线.

三、教学建议

（一）基本建议

1. 对于函数极限中 $x\to+\infty$，可从数列与函数关系，通过数列极限过渡来得到 $x\to+\infty$ 定义，再拓展到 $x\to\pm\infty$ 情形.

2. 对于函数极限中 $x\to x_0$，先从简单具体函数求极限的例子，引入描述性定义，再抽象到精确定义 ε-δ 方式. 再以分段函数为例，弄清规定（$|x-x_0|>0$，即 $x\neq x_0$）的好处及必要性. ε-N 方法仅要求了解，不作过高要求.

（二）课程思政

函数极限是在自变量的某连续变化趋势下，函数值无限逼近的过程与结果的统一，正是每个人在连续不断努力下，无限接近实现目标的过程与结果的统一.

（三）思维培养

1. 类比推广是数学结论或理论的形成过程中一个重要方法，从数列极限到函数极限可以视为这种思想方法的运用，即通过分析已知对象（数列极限）和待研究对象（函数极限）间的结构上的相同性和差异性，利用相同性将已知的数列极限的定义、结论推广到函数极限上，利用差异性得到独特的性质结论（如单侧极限等）.

对函数极限性质的学习，也可以利用类比思维，借助数列极限的性质自主学习，重点把握二者的联系与区别.

2. 数形结合是一种重要的思想方法，图像能加深对极限的认识，借助于几何图形学习函数极限存在的概念，能帮助理解函数极限存在与函数的左右极限之间的关系. 对于函数极限（或无穷大）的各种情形，不必画在纸上就能在脑子里构成图像，清清楚楚地想象出来，这样我们就能更深刻地理解极限概念，较好地掌握按定义证明极限的方法.

3. 实例分析法是理解抽象概念的方法，本节应多通过具体例子分析体会用定义证明函数极限的思想方法.

四、达标训练

（一）是非判断题

1. 如果 $f(x_0)=5$，但 $f(x_0^+)=f(x_0^-)=4$，则 $\lim\limits_{x\to x_0}f(x)$ 不存在.　　（　　）

2. $\lim\limits_{x\to\infty}f(x)$ 存在的充分必要条件是 $\lim\limits_{x\to+\infty}f(x)$ 和 $\lim\limits_{x\to-\infty}f(x)$ 都存在.　（　　）

3. 如果对某个 $\varepsilon>0$，存在 $\delta>0$，使得当 $0<|x-x_0|<\delta$ 时，有 $|f(x)-A|<\varepsilon$，那么 $\lim\limits_{x\to x_0}f(x)=A$.　　（　　）

4. 如果在 x_0 的某一去心邻域内，$f(x)>0$，且 $\lim\limits_{x\to x_0}f(x)=A$，那么 $A\geqslant0$.　（　　）

5. 如果 $\lim\limits_{x\to\infty}f(x)=A$ 且 $A>0$，那么必有 $X>0$，使 x 在 $[-X,X]$ 以外时 $f(x)>0$.

　　（　　）

（二）单项选择题

1. 从 $\lim\limits_{x\to x_0} f(x)=1$ 不能推出(　　).

   A. $\lim\limits_{x\to x_0^+} f(x)=1$　　　　　B. $f(x_0^-)=1$

   C. $f(x_0)=1$　　　　　　　　D. $\lim\limits_{x\to x_0}[f(x)-1]=0$

2. $f(x)$ 在 $x=x_0$ 处有定义是 $\lim\limits_{x\to x_0} f(x)$ 存在的(　　).

   A. 充分条件但非必要条件　　　　B. 必要条件但非充分条件

   C. 充分必要条件　　　　　　　　D. 既不是充分条件也不是必要条件

3. 若 $f(x)=\dfrac{(x-1)^2}{x^2-1}, g(x)=\dfrac{x-1}{x+1}$, 则(　　).

   A. $f(x)=g(x)$　　　　　　　B. $\lim\limits_{x\to 1} f(x)=g(x)$

   C. $\lim\limits_{x\to 1} f(x)=\lim\limits_{x\to 1} g(x)$　　D. 以上等式都不成立

4. $f(x_0^+)=f(x_0^-)$ 是 $\lim\limits_{x\to x_0} f(x)$ 存在的(　　).

   A. 充分条件但非必要条件　　　　B. 必要条件但非充分条件

   C. 充分必要条件　　　　　　　　D. 既不是充分条件也不是必要条件

（三）根据函数极限的定义证明

$$\lim_{x\to +\infty} x(\sqrt{x^2-4}-x)=-2$$

（四）求极限

$$\lim_{x\to 0}\frac{|x|}{x}$$

（五）设 $f(x)=\begin{cases}3x-1; & x>1 \\ 2x; & x<1\end{cases}$,

   求1. $\lim\limits_{x\to 1} f(x)$

     2. $\lim\limits_{x\to 2} f(x)$

     3. $\lim\limits_{x\to 0} f(x)$

（六）设函数 $f(x)=\dfrac{3x+|x|}{5x-3|x|}$,

   求 1. $\lim\limits_{x\to +\infty} f(x)$

     2. $\lim\limits_{x\to -\infty} f(x)$

     3. $\lim\limits_{x\to +0} f(x)$

4. $\lim\limits_{x \to -0} f(x)$

5. $\lim\limits_{x \to 0} f(x)$

附：参考答案

（一）是非题　1. 非　2. 非　3. 非　4. 非　5. 是

（二）选择题　1. C　2. D　3. C　4. C

（三）证：$\forall \varepsilon > 0$，要使不等式 $|x(\sqrt{x^2-4}-x)-(-2)| < \varepsilon$ 成立，只需 $|x(\sqrt{x^2-4}$

$-x)-(-2)| = |x(\sqrt{x^2-4}-x)+2| = \left| 2\dfrac{\sqrt{x^2-4}-x}{\sqrt{x^2-4}+x} \right| = \left| \dfrac{8}{(\sqrt{x^2-4}+x)^2} \right| < \dfrac{8}{x^2} < \varepsilon$，

即 $x > \sqrt{\dfrac{8}{\varepsilon}}$，取 $X = \sqrt{\dfrac{8}{\varepsilon}}$，当 $x > X$，不等式成立，所以 $\lim\limits_{x \to +\infty} x(\sqrt{x^2-4}-x) = -2$.

（四）解：$\lim\limits_{x \to 0^+} \dfrac{|x|}{x} = \lim\limits_{x \to 0^+} 1 = 1$，$\lim\limits_{x \to 0^+} \dfrac{|x|}{x} = \lim\limits_{x \to 0^+}(-1) = -1$，$\lim\limits_{x \to 0^-} \dfrac{|x|}{x} \neq \lim\limits_{x \to 0^+} \dfrac{|x|}{x}$，所

以极限不存在.

（五）解：1. $\lim\limits_{x \to 1^+} f(x) = \lim\limits_{x \to 1^-} f(x) = 2$，$\lim\limits_{x \to 1} f(x) = 2$.

2. $\lim\limits_{x \to 2} f(x) = 5$.

3. $\lim\limits_{x \to 0} f(x) = 0$.

（六）解：1. $\lim\limits_{x \to +\infty} f(x) = 2$.

2. $\lim\limits_{x \to -\infty} f(x) = \dfrac{1}{4}$.

3. $\lim\limits_{x \to 0^+} f(x) = 2$.

4. $\lim\limits_{x \to 0^-} f(x) = \dfrac{1}{4}$.

5. $\lim\limits_{x \to 0} f(x)$ 不存在.

第四、五节　无穷小与无穷大、极限运算法则

在微积分大范围应用的同时，关于微积分基础的问题也越来越严重. 关键问题就是无穷小量究竟是不是零，无穷小及其分析是否合理，由此而引起了数学界甚至哲学界长达一个半世纪的争论，造成了第二次数学危机.

牛顿在建立微积分的过程中，由于极限概念的不严密，也就无法确定无穷小的身份，利用无穷小运算时，牛顿做出了自相矛盾的推导：在用"无穷小"作分母进行除法时，无穷小量不能为零；而在一些运算中又把无穷小量看作零，约掉那些包含它的项，从而得到所要的公式，显然这种数学推导在逻辑上是站不住脚的. 那么，无穷小量是零还是非零，这

个问题困扰牛顿也困扰着与牛顿同时代的众多数学家,而仅用旧的概念是说不清"零"与"非零"问题的.

直到 19 世纪 20 年代,一些数学家才比较关注于微积分的严格基础.从波尔查诺、阿贝尔、柯西、狄利克雷等人的工作开始,到威尔斯特拉斯、狄德金和康托的工作结束,中间经历了半个多世纪,基本上解决了上述矛盾,为数学分析奠定了一个严格的基础.柯西在 1821 年的《代数分析教程》中从定义变量出发,认识到函数不一定要有解析表达式;他抓住极限的概念,指出无穷小量和无穷大量都不是固定的量而是变量,无穷小量是以零为极限的变量;并且定义了导数和积分.狄利克雷给出了函数的现代定义.在这些工作的基础上,威尔斯特拉斯消除了其中不确切的地方,给出现在通用的极限的定义、连续的定义,并把导数、积分严格地建立在极限的基础上.

一、教学分析

（一）教学目标

1. 知识与技能:

（1）准确运用极限阐述无穷小、无穷大的定义.

（2）通过明确无穷小与极限关系,无穷小与无穷大的联系深入理解无穷小与无穷大的概念.

（3）阐述有关无穷小的运算法则和极限的四则运算法则,会用变量代换求某些简单的复合函数的极限.

2. 过程与方法:

体验无穷小、无穷大概念产生的过程,体会无穷小概念在微积分理论中的地位;经历有关极限运算法则定理的证明过程,发展合情推理能力和演绎推理能力,能有条理地、清晰地阐述自己的观点.

3. 情感态度与价值观:

通过对无穷小与无穷大的正确认识树立辩证唯物主义哲学观;认识事物之间的普遍联系和辩证统一,形成联系变化的观点.

（二）学时安排

本两节内容教学需要 2 学时,对应课次教学进度中的第 4 讲.

（三）教学内容

无穷小概念,无穷小与函数极限的关系,无穷大概念,铅直渐近线,无穷小与无穷大的关系,无穷小的运算法则,极限的四则运算法则.

（四）学情分析

1. 无穷大的"$\varepsilon\text{-}X$"数学语言描述不易掌握.

2. 无穷大与无界的关系容易混淆,如何用严格的数学语言描述二者的关系是难点.

3. 无穷小与有界函数乘积的运算法则应用时,学员容易误解为无穷小乘积的运算法则.

4. 运用极限的四则运算法则时,学员很容易忽视极限存在的条件,尤其是运用函数的商的极限运算法则时,更容易忽视分母极限不为 0 的条件.

5. 无穷大是极限不存在的特殊情况，因此极限的运算法则对无穷大不适用，如两个无穷大相加或相减不一定是无穷大，这一点很容易和极限四则运算法则混淆.

（五）重、难点分析

重点：无穷小、无穷大的概念，无穷小与函数极限的关系，运用法则求极限、求复合函数的极限.

难点：对无穷小、无穷大的概念的理解.

1. 辨析无穷小与很小的数的关系. 无穷小是这样的函数，是在自变量的某变化过程中极限为零，很小的数只要它不是零，作为常数函数在自变量的任何变化过程中，其极限就是这个常数本身，不会为零. 所以无穷小是函数，不是数. 很小的数是固定的非零数，不是无穷小. 数 0 作为特殊的常量函数，其极限当然是 0，所以是无穷小.

2. 无穷小与函数极限的关系很重要，要深刻理解.

$$\lim_{x \to x_0} f(x) = A \Leftrightarrow \lim_{x \to x_0} [f(x) - A] = 0 \Leftrightarrow f(x) = A + \alpha (\alpha \text{ 为 } x \to x_0 \text{ 时无穷小})$$

这表明任何极限问题都可以转化为无穷小问题，正因为这样无穷小在微积分发展史中的地位才举足轻重.

3. 由于任何极限问题都可以转化为无穷小的问题，因此学习极限的运算法则时，重点把握无穷小的运算法则，进而可以借助无穷小的运算法则掌握一般函数极限的运算法则.

4. 要想根据极限定义来计算极限，只有某些特别简单的情况下才有可能，而应用极限的运算法则常可以把复杂的求极限问题化为较简单的问题来处理，从而解决某些极限的计算. 因此，极限运算法则在极限理论中有着重大的意义. 但是应当注意，无论自变量是趋向无穷还是趋向某个定数 x_0，也无论它是连续变化还是离散取值，极限的四则运算法则只有在极限存在时方可使用，当然在关于商的运算法则中，分母的极限不可为零. 也就是说用法则求极限一定要注意法则成立的条件，否则就会用错.

5. 有关无穷小的两个运算法则定理要理解掌握，对求极限非常有用.

（1）有限个无穷小的和也是无穷小. 注意是有限个，若是无穷多个就不成立.

（2）有界函数与无穷小的乘积是无穷小. 要灵活运用该定理进行极限运算，必须对所学习的有界函数有准确的判断. 正弦和余弦函数，所有的反三角函数是有界函数.

6. 辨析无界与无穷大的关系.

（1）共同点：二者都有"函数值可以大于预先给定的不论多大的正数"的特点.

（2）区别：预先给定的不论多大的正数 M，无界函数是总存在某些点，这些点的函数值大于 M，而无穷大是要求某个区间内所有点的函数值都大于 M.

二、典型例题

例 1 $x \to 0^+$ 时，下列函数中 _____ 是无穷小量.

A. $e^{\frac{1}{x}}$　　　　　　B. $x \sin \frac{1}{x}$　　　　　　C. $\ln x$　　　　　　D. $\frac{1}{x} \sin x$

解：$\lim\limits_{x \to 0^+} e^{\frac{1}{x}} = +\infty$，选项 A 错误；$\lim\limits_{x \to 0^+} x \sin \frac{1}{x} = 0$ 为无穷小，选项 B 正确；$\lim\limits_{x \to 0^+} \ln x =$

$-\infty$,选项 C 错误;$\lim\limits_{x \to 0^+} \dfrac{1}{x}\sin x = 1$,选项 D 错误. 故应选 B.

例 2 已知当 $x \to 0$ 时,$f(x)$ 是无穷大量,下列变量中当 $x \to 0$ 时一定是无穷小量的是( ).

A. $xf(x)$ B. $\dfrac{1}{f(x)}$ C. $f(x) - \dfrac{1}{x}$ D. $x + f(x)$

解:在自变量同一变化过程中,无穷大的倒数是无穷小. 故应选 B.

例 3 已知当时 $x \to x_0$ 时,$f(x)$ 和 $g(x)$ 是无穷小量,则下列结论不一定正确的是( ).

A. $f(x) + g(x)$ B. $f(x) \cdot g(x)$

C. $f(x)^{g(x)}$ D. $h(x) = \begin{cases} f(x), & x > x_0 \\ g(x), & x < x_0 \end{cases}$ 是无穷小量

解:根据无穷小的性质可得 A、B 正确,$f(x)^{g(x)}$ 为"0^0"未定式,需要具体计算是否为无穷小量. D:因为 $\lim\limits_{x \to x_0^+} h(x) = \lim\limits_{x \to x_0^+} f(x) = 0$,$\lim\limits_{x \to x_0^-} h(x) = \lim\limits_{x \to x_0^-} g(x) = 0$ 故 $\lim\limits_{x \to x_0} h(x) = 0$ 为无穷小量,故应选 C.

例 4 $x \to 0$ 时,变量 $\dfrac{1}{x^2}\sin\dfrac{1}{x}$ 是( ).

A. 无穷小量   B. 无穷大量
C. 有界但不是无穷小量   D. 无界但不是无穷大量

解:取 $x_k = \dfrac{1}{2k\pi}$,$f(x_k) = (2k\pi)^2 \sin 2k\pi = 0$,故 $x \to 0$ 时,变量 $\dfrac{1}{x^2}\sin\dfrac{1}{x}$ 不是无穷大量. 显然 $x \to 0$ 时,变量 $\dfrac{1}{x^2}\sin\dfrac{1}{x}$ 不是无穷大量.

取 $x_k = \dfrac{1}{2k\pi + \dfrac{\pi}{2}}$,$f(x_k) = \left(2k\pi + \dfrac{\pi}{2}\right)^2 \sin\left(2k\pi + \dfrac{\pi}{2}\right) = \left(2k\pi + \dfrac{\pi}{2}\right)^2 \to \infty$,故 $x \to 0$

时,变量 $\dfrac{1}{x^2}\sin\dfrac{1}{x}$ 不是有界变量,故应选 D.

例 5 已知 $\lim\limits_{n \to \infty} a_n = 0$,则当 $n \to \infty$ 时 $\dfrac{1}{a_n}$ 是否为无穷大量.

解:$a_n = \dfrac{1 + (-1)^n}{n}$,$n = 1, 2, \cdots$,则 $\{a_n\}$:$0, 1, 0, \dfrac{1}{2}, 0, \dfrac{1}{3}, \cdots$,显然当 $n \to \infty$ 时 a_n 是无穷小量,但由于 a_n 在变化过程中无数次为 0,$\dfrac{1}{a_n}$ 无意义,因此当 $n \to \infty$ 时 $\dfrac{1}{a_n}$ 不是无穷大量.

注:在自变量同一变化过程中,若 $f(x)$ 为无穷大,则 $\dfrac{1}{f(x)}$ 为无穷小;反之若 $f(x)$ 为无穷小,且 $f(x) \neq 0$,则 $\dfrac{1}{f(x)}$ 为无穷大. 记得限定条件 $f(x) \neq 0$.

例 6　$\lim\limits_{x\to\infty}\dfrac{\arctan x}{x}$

解：$\lim\limits_{x\to\infty}\dfrac{\arctan x}{x}=\lim\limits_{x\to\infty}\dfrac{1}{x}\cdot\arctan x=0$（用到有界函数与无穷小的乘积是无穷小）.

例 7　若 $\lim\limits_{x\to x_0}f(x)=\infty$，$\lim\limits_{x\to x_0}g(x)=\infty$ 下面结论正确的是（　　）.

A. $\lim\limits_{x\to x_0}[f(x)+g(x)]=\infty$

B. $\lim\limits_{x\to x_0}[f(x)-g(x)]=0$

C. $\lim\limits_{x\to x_0}\dfrac{1}{f(x)+g(x)}=0$

D. $\lim\limits_{x\to x_0}kf(x)=\infty(k\neq0\ \text{常数})$

解：两个无穷小之和仍为无穷小量，此性质不能推广到无穷大量. 例如，设 $f(x)=\dfrac{1}{x}$，$g(x)=2-\dfrac{1}{x}$，则 $\lim\limits_{x\to0}\dfrac{1}{x}=\infty$，$\lim\limits_{x\to0}\left(2-\dfrac{1}{x}\right)=\infty$，$\lim\limits_{x\to0}[f(x)+g(x)]=2$，故 A 不正确.

同理 C 也不正确. $f(x)=\dfrac{1}{x}$，$g(x)=2+\dfrac{1}{x}$，$\lim\limits_{x\to0}[f(x)-g(x)]=-2\neq0$，故 B 不正确.

而 $\lim\limits_{x\to x_0}kf(x)=k\lim\limits_{x\to x_0}f(x)=\infty(k\neq0\ \text{常数})$ 故应选 D.

例 8　求 $\lim\limits_{x\to\infty}\dfrac{3x^3+4x^2+2}{7x^3+5x^2-3}$

解：先用 x^3 去除分子及分母，然后取极限 $\lim\limits_{x\to\infty}\dfrac{3x^3+4x^2+2}{7x^3+5x^2-3}=\lim\limits_{x\to\infty}\dfrac{3+\dfrac{4}{x}+\dfrac{2}{x^3}}{7+\dfrac{5}{x}-\dfrac{3}{x^3}}=\dfrac{3}{7}$.

注：有理函数的极限有结论 $\lim\limits_{x\to\infty}\dfrac{a_0x^n+a_1x^{n-1}+\cdots+a_n}{b_0x^m+b_1x^{m-1}+\cdots+b_m}=\begin{cases}0, & n<m,\\[2mm]\dfrac{a_0}{b_0}, & n=m,\\[2mm]\infty, & n>m.\end{cases}$

三、教学建议

(一) 基本建议

1. 极限作为分析的主要工具是由无穷小来体现的，因此无穷小量概念的引入应讲透，要求学员正确理解，以达到能熟练地进行比较.

2. 常把无穷大倒过来化为无穷小进行研究，因此对无穷大的性质和比较只作介绍和了解.

(二) 课程思政

1. 通过对无穷小与无穷大的正确认识树立辩证唯物主义哲学观；认识事物之间的普遍联系和辩证统一，形成联系变化的观点.

2. 数学美学与文学：无穷小量指的是极限为零的量，唐代诗人李白的"故人西辞黄鹤楼，烟花三月下扬州. 孤帆远影碧空尽，唯见长江天际流"，意境深远，亦诗亦画. 这首诗淋漓尽致地刻画了无穷小的意境，"帆影"是一个随时间变化而趋于零的量. 同学们在学习无穷小量这个极重要的数学概念的时候，体会李白送别友人时的依依不舍之情，多种感官并用加深对事物的理解与记忆，并感受到数学美所带来的愉悦.

（三）思维培养

1. 极限的四则运算法则学员在中学就已经接触过,重点强调极限运算法则应用的前提条件.对于四则运算法则的证明,可通过证明其中的一个来说明证明的思想和方法,强调证明思路,这也是数学素养培养的重要途径,其他运算法则可以类比自主证明.

2. 对复合函数极限的运算法则(定理 6)强调结论所体现的是两种运算的可换序性,这种性质所体现的思想是实现数学运算中化繁为简,这种思想会在高等数学中多次出现.

四、达标训练

第四节　无穷小与无穷大

（一）是非题

1. 零是无穷小.　　　　　　　　　　　　　　　　　　　　（　　）

2. $\dfrac{1}{x}$ 是无穷小.　　　　　　　　　　　　　　　　　　（　　）

3. 两个无穷小之和仍是无穷小.　　　　　　　　　　　　　（　　）

4. 两个无穷小之积仍是无穷小.　　　　　　　　　　　　　（　　）

5. 两个无穷大之和仍是无穷大.　　　　　　　　　　　　　（　　）

6. 无界变量必是无穷大量.　　　　　　　　　　　　　　　（　　）

7. 无穷大量必是无界变量.　　　　　　　　　　　　　　　（　　）

8. α,β 是 $x\to x_0$ 时的无穷小,则对任意常数 A、B、C、D、E,$A\alpha^2+B\alpha\beta+C\beta^2+D\alpha+E\beta$ 也是 $x\to x_0$ 时的无穷小.　　　　　　　　　（　　）

（二）单项选择题

1. 若 x 是无穷小,下面说法错误的是(　　　　).

   A. x^2 是无穷小　　　　　　　　　B. $2x$ 是无穷小

   C. $x-0.0001$ 是无穷小　　　　　D. $-x$ 是无穷小

2. 在 $x\to 0$ 时,下面说法中错误的是(　　　　).

   A. $x\sin x$ 是无穷小　　　　　　　B. $x\sin\dfrac{1}{x}$ 是无穷小

   C. $\sin\dfrac{1}{x}$ 是无穷大　　　　　　D. $\dfrac{1}{x}$ 是无穷大

3. 下面命题中正确的是(　　　　).

   A. 无穷大是一个非常大的数　　　　B. 有限个无穷大的和仍为无穷大

   C. 无界变量必为无穷大　　　　　　D. 无穷大必是无界变量

（三）下列函数在指定的变化趋势下是无穷小量还是无穷大量

1. $\ln x\,(x\to 1)$ 及 $(x\to 0^+)$

2. $x\left(\sin\dfrac{1}{x}+2\right)\,(x\to 0)$

3. $e^x\,(x\to +\infty)$ 及 $(x\to -\infty)$

4. $e^{\frac{1}{x}}(x \to 0^{+})$ 及 $(x \to 0^{-})$

第五节 极限运算法则

（一）是非题

1. $R(x) = \dfrac{p(x)}{Q(x)}$ 是有理分式，$T(x)$ 是多项式，那么，$\lim\limits_{x \to x_0}[R(x) + T(x)] = R(x_0)$

$+ T(x_0)$.   （   ）

2. $\lim\limits_{n \to \infty} \dfrac{1+2+3+\cdots+n}{n^2} = \lim\limits_{n \to \infty} \dfrac{1}{n^2} + \lim\limits_{n \to \infty} \dfrac{2}{n^2} + \cdots + \lim\limits_{n \to \infty} \dfrac{n}{n^2} = 0.$ （   ）

3. $\lim\limits_{x \to 0} x \sin \dfrac{1}{x} = \lim\limits_{x \to 0} x \cdot \lim\limits_{x \to 0} \sin \dfrac{1}{x} = 0.$ （   ）

4. 若 $\lim\limits_{x \to x_0} \dfrac{f(x)}{g(x)}$ 存在，且 $\lim\limits_{x \to x_0} g(x) = 0$，则可断言 $\lim\limits_{x \to x_0} f(x) = 0.$ （   ）

（二）计算下列极限

1. $\lim\limits_{x \to +\infty} e^x \arctan x$

2. $\lim\limits_{x \to 0} \sin x \cdot \sqrt{1 + \sin \dfrac{1}{x}}$

3. $\lim\limits_{x \to \infty}(\sqrt{x^2 + 1} - \sqrt{x^2 - 1})$

4. $\lim\limits_{x \to +\infty} \dfrac{\sqrt{x + \sqrt{x + \sqrt{x}}}}{\sqrt{2x + 1}}$

（三） 已知 $\lim\limits_{x \to 2} \dfrac{x^2 + ax + b}{x^2 - x - 2} = 2$，求常数 a 和 b.

（四） 已知 $\lim\limits_{x \to \infty}\left(\dfrac{x^3 + 1}{x^2 + 1} - ax - b\right) = 1$，求常数 a 和 b.

附：参考答案

第四节答案

（一）是非题　1. √　2. ×　3. √　4. √　5. ×　6. ×　7. √　8. √

（二）单项选择题　1. C　2. C　3. D

（三）1. $x \to 1$ 时，$\ln x \to 0$，是无穷小量；$x \to 0^+$ 时，$\ln x \to -\infty$，是无穷大量；

2. $x \to 0$ 时，$x\left(\sin \dfrac{1}{x} + 2\right) \to 0$（有界函数与无穷小的乘积是无穷小），是无穷小量；

3. $x \to +\infty$ 时，$e^x \to +\infty$，是无穷大量；$x \to -\infty$ 时，$e^x \to 0$，是无穷小量；

4. $(x \to 0^+)$ 时，$e^{\frac{1}{x}} \to +\infty$，是无穷大量；$(x \to 0^-)$ 时，$e^{\frac{1}{x}} \to 0$，是无穷小量.

第五节答案

（一）是非题　1. ×　2. ×　3. ×　4. √

（二）计算题

1. 解：因为 $\lim\limits_{x \to +\infty} \dfrac{1}{e^x} \cdot \dfrac{1}{\arctan x} = 0 \cdot \dfrac{2}{\pi} = 0$，所以 $\lim\limits_{x \to +\infty} e^x \arctan x = +\infty$.

2. 解：因为 $\lim\limits_{x \to 0} \sin x = 0$，$\sqrt{1 + \sin \dfrac{1}{x}}$ 有界，由有界函数与无穷小的乘积是无穷小，

所以 $\lim\limits_{x \to 0} \sin x \cdot \sqrt{1 + \sin \dfrac{1}{x}} = 0$

3. 解：原式 $= \lim\limits_{x \to \infty} \dfrac{(x^2+1) - (x^2-1)}{\sqrt{x^2+1} + \sqrt{x^2-1}} = \lim\limits_{x \to \infty} \dfrac{2}{\sqrt{x^2+1} + \sqrt{x^2-1}} = 0$

4. 解：$\lim\limits_{x \to +\infty} \dfrac{\sqrt{x + \sqrt{x + \sqrt{x}}}}{\sqrt{2x+1}} = \lim\limits_{x \to +\infty} \dfrac{\sqrt{1 + \sqrt{\dfrac{1}{x} + \dfrac{1}{x^{3/2}}}}}{\sqrt{2 + \dfrac{1}{x}}} = \dfrac{1}{\sqrt{2}}$

（三）解：由题意得 $\lim\limits_{x \to 2} \dfrac{x^2 + ax + b}{x^2 - x - 2} = \lim\limits_{x \to 2} \dfrac{x^2 + ax + b}{(x-2)(x+1)} = 2$，则 2 是 $x^2 + ax + b$ 的根，

即 $4 + 2a + b = 0$，解得 $b = -4 - 2a$ 从而

$\lim\limits_{x \to 2} \dfrac{x^2 + ax + b}{x^2 - x - 2} = \lim\limits_{x \to 2} \dfrac{x^2 + ax - 2a - 4}{(x-2)(x+1)}$

$= \lim\limits_{x \to 2} \dfrac{(x-2)(x+2+a)}{(x-2)(x+1)} = \lim\limits_{x \to 2} \dfrac{x+2+a}{x+1} = \dfrac{4+a}{3} = 2$，解得 $a = 2, b = -8$.

（四）解：原式 $= \lim\limits_{x \to \infty} \dfrac{x^3 + 1 - ax^3 - bx^2 - ax - b}{x^2 + 1} = \lim\limits_{x \to \infty} \dfrac{(1-a)x^3 - bx^2 - ax - b + 1}{x^2 + 1} = 1$

则 $\begin{cases} 1-a=0 \\ b=-1 \end{cases}$，即 $\begin{cases} a=1 \\ b=-1 \end{cases}$

第六节　极限存在准则、两个重要极限

知识背景

公式 $e^{i\pi}+1=0$ 被称为数学中最优美的公式之一,其中的无理数 e 在分析学中占有最重要的地位,它是有理数列 $\left\{\left(1+\dfrac{1}{n}\right)^n\right\}$ 的极限.该符号 e 是数学家欧拉于 1784 年创造的.欧拉(Euler)(1707—1783)瑞士数学家、自然科学家,科学史上最多产的杰出数学家.1927 年进入 Basel 大学,师从数学家约翰·贝努利,1927 年到圣彼得堡科学院工作,26 岁就担任教授职务.1941 年到柏林科学院工作,1766 年重回圣彼得堡科学院.一生写了886 本(篇)书籍、论文,其中分析代数占 40%,几何占 18%,物理占 28%,天文占 11%,弹道建筑占 3%,圣彼得堡科学院用了 47 年时间整理他的著作,其中有 400 多篇论文是欧拉失明 17 年间经自己口述,别人代写完成的.

一、教学分析

(一) 教学目标

1. 知识与技能:

(1) 准确叙述两个极限存在准则(夹逼准则和单调有界准则)的内容.

(2) 灵活运用两个重要极限 $\lim\limits_{x\to 0}\dfrac{\sin x}{x}=1$ 与 $\lim\limits_{x\to\infty}\left(1+\dfrac{1}{x}\right)^x=e$ 及其变形求函数(数列)的极限.

2. 过程与方法:

经历两个重要极限的推导过程,学会灵活运用所学知识解决问题的方法.

3. 情感态度与价值观:

通过对重要极限公式的研究,进一步认识数学的美,激发学习兴趣,养成细心观察、认真分析、善于总结的良好思维品质.

(二) 学时安排

本节内容教学需要 2 学时,对应课次教学进度中的第 6 讲(第 5 讲可安排 1 次习题课).

(三) 教学内容

两个极限存在准则(夹逼准则和单调有界准则),两个重要极限.

(四) 学情分析

1. 应用夹逼准则求极限时需要对函数或数列进行适当的放缩,涉及一些不等式的技巧,学员不容易掌握.

2. 对于通过递归关系给出的数列,学员往往忽略极限存在性的证明,直接对等式两边求极限.

3. 应用重要极限对某些极限进行计算时,要注意重要极限成立的条件.在计算形如

$\lim \dfrac{\sin \alpha(x)}{\alpha(x)}$ 的极限时,必须指出 $\alpha(x)$ 趋于 0,且分子、分母中 $\alpha(x)$ 必须完全一致,学员容易忽视.

4. 幂指函数极限的计算时需要对指函数进行变形,再利用复合函数极限的运算法则,采取底数和指数分别求极限的方法容易出错.

（五）重、难点分析

重点:两个重要极限及其应用.

难点:两个重要极限的应用.

1. 夹逼准则(包括数列和函数两种情形,函数情形可作为数列情形的推广)是很重要的极限存在准则,用该准则证明了重要极限 $\lim\limits_{x \to 0} \dfrac{\sin x}{x} = 1$,实际上该准则本身就是一个重要的求解极限的方法,尤其是有时会用来求数列的极限.对该准则的证明要掌握数列的情形的证明思路,就是用"ε-N"语言证明.

在使用夹逼准则讨论极限问题时,一是对所求的极限有一定的预见性,初步判断要用该准则;二是根据夹逼准则的要求,对求数列或者函数应做适当的放大或者缩小,"适当"是指放大或者缩小所得到的表达式极限都存在且相等.

使用单调有界准则证明极限存在性时,有界性与单调性往往采用数学归纳法完成,如果在证明单调的过程中用到有界性,则需要先证明有界性.

2. 关于两个重要极限,首先认清它们的形式和本质,当 $\phi(x) \to 0, \lim \dfrac{\sin \phi(x)}{\phi(x)} = 1$,

$\lim (1 + \phi(x))^{\frac{1}{\phi(x)}} = e$,并注意比较 $\lim\limits_{x \to \infty} \dfrac{\sin x}{x}, \lim\limits_{x \to 0} (1 + x)^{\frac{1}{x}}$;其次,多结合例题练习达到熟悉使用他们求极限.

3. 两个重要极限为什么称为重要极限?

由这两个极限,利用极限的变量代换法则,可以得到它们的各种变形.由这两个以及它们的各种变形,可以推出后继内容中一系列的极限和导数公式,其中求三角函数 $y = \sin x$ 的导数公式,必须利用极限 $\lim\limits_{x \to 0} \dfrac{\sin x}{x} = 1$;求对数函数 $y = \ln x$ 的导数公式,必须利用极限 $\lim\limits_{x \to \infty} \left(1 + \dfrac{1}{x}\right)^x = e$. 这些基本初等函数的导数公式是导数运算的基础,而导数运算是微积分中最基本最重要的运算,所以通常称这两个极限为重要极限.

二、典型例题

（一）有关两个极限存在准则

例 1　求 $\lim\limits_{n \to \infty} \left[\dfrac{1}{\sqrt{n^2 + 1}} + \dfrac{1}{\sqrt{n^2 + 2}} + \cdots \dfrac{1}{\sqrt{n^2 + n}} \right]$

解:此题不容易求出数列的和,因此考虑将和式放大和缩小后用夹逼定理求极限.

$\dfrac{n}{\sqrt{n^2 + n}} \leqslant \dfrac{1}{\sqrt{n^2 + 1}} + \dfrac{1}{\sqrt{n^2 + 2}} + \cdots + \dfrac{1}{\sqrt{n^2 + n}} \leqslant \dfrac{n}{\sqrt{n^2 + 1}}$,而

$$\lim_{n\to\infty}\frac{n}{\sqrt{n^2+1}}=1, \lim_{n\to\infty}\frac{n}{\sqrt{n^2+n}}=1, 由夹逼定理,得$$

$$\lim_{n\to\infty}\left[\frac{1}{\sqrt{n^2+1}}+\frac{1}{\sqrt{n^2+2}}+\cdots+\frac{1}{\sqrt{n^2+n}}\right]=1.$$

注:此题为无限项相加,所以不能使用四则运算的加法法则,

$$\lim_{n\to\infty}\left[\frac{1}{\sqrt{n^2+1}}+\frac{1}{\sqrt{n^2+2}}+\cdots+\frac{1}{\sqrt{n^2+n}}\right]=\lim_{n\to\infty}\frac{1}{\sqrt{n^2+1}}+\lim_{n\to\infty}\frac{1}{\sqrt{n^2+2}}+\cdots+$$

$\lim_{n\to\infty}\frac{1}{\sqrt{n^2+n}}$ 是错误的.

例 2 设 $x_1=\sqrt{2}$，$x_2=\sqrt{2+\sqrt{2}}$，$\cdots$，$x_n=\sqrt{2+\sqrt{2+\cdots+\sqrt{2}}}$，求 $\lim_{n\to\infty}x_n$

解：由题意,知 $x_{n+1}=\sqrt{x_n+2}$,先证 $\{x_n\}$ 收敛

$\because x_1=\sqrt{2}<2$,令 $x_k<2$,则 $x_{k+1}=\sqrt{x_k+2}<\sqrt{2+2}=2$,由数学归纳法知 $\{x_n\}$ 有上界.

又 $x_{n+1}-x_n=\sqrt{x_n+2}-x_n=\dfrac{(2-x_n)(x_n+1)}{\sqrt{x_n+2}+x_n}>0$,即 $x_{n+1}>x_n$ 由单调有界定理

知收敛,令 $\lim_{n\to\infty}x_n=A$,易知 $A=\sqrt{A+2}$,解得 $A=2$,即 $\lim_{n\to\infty}x_n=2$.

注:

(1) 对数列 $\{x_n\}$,若有递推表达式,则一般使用单调有界准则证明数列 $\{x_n\}$ 的收敛性.

(2) 若 $x_n>0$,有时也会用 $\dfrac{x_{n+1}}{x_n}\geqslant(\leqslant)1$ 证明数列 $\{x_n\}$ 的单调性.

(3) 对此类题,往往利用递推表达式先定出极限,再证明数列 $\{x_n\}$ 的有界性,最后研究其单调性.

(4) 若该题改为,设 $x_1>0$，$x_{n+1}=\sqrt{x_n+2}$，$n\in\mathbf{Z}^+$，求 $\lim_{n\to\infty}x_n$.

则分三种情况讨论:若 $x_1<2$,用单调增上有界完成;若 $x_1=2$,则 $x_n=2$;若 $x_1>2$,用单调减下有界完成.

(二) 有关两个重要极限

例 1 若 $\lim_{x\to0}\dfrac{3\sin mx}{2x}=\dfrac{2}{3}$,则 $m=$（　　　）.

A. $\dfrac{2}{3}$ 　　　　　　　　　　　　B. $\dfrac{3}{2}$

C. $\dfrac{4}{9}$ 　　　　　　　　　　　　D. $\dfrac{9}{4}$

解：$\lim_{x\to0}\dfrac{3\sin mx}{2x}=\lim_{x\to0}\dfrac{3\sin mx}{2mx}m=\dfrac{3m}{2}=\dfrac{2}{3}$,所以 $m=\dfrac{4}{9}$.

例 2 计算 $\lim\limits_{x\to 0}\dfrac{5x-\sin x}{x+\sin x}$

解:$\lim\limits_{x\to 0}\dfrac{5x-\sin x}{x+\sin x}=\lim\limits_{x\to 0}\dfrac{5-\dfrac{\sin x}{x}}{1+\dfrac{\sin x}{x}}=2$(利用第一个重要极限)

例 3 计算 $\lim\limits_{x\to\infty}\dfrac{3x^2+5}{5x+3}\sin\dfrac{2}{x}$

解:$\lim\limits_{x\to\infty}\dfrac{3x^2+5}{5x+3}\sin\dfrac{2}{x}=\lim\limits_{x\to\infty}\dfrac{3x^2+5}{(5x+3)x}x\sin\dfrac{2}{x}=\lim\limits_{x\to\infty}\dfrac{3x^2+5}{(5x+3)x}\cdot\dfrac{\sin\dfrac{2}{x}}{\dfrac{2}{x}}\cdot 2=\dfrac{6}{5}$

例 4 若 $\lim\limits_{x\to\infty}\left(1+\dfrac{k}{x}\right)^{-3x}=e^{-1}$,则 $k=$ _____.

解:$\lim\limits_{x\to\infty}\left(1+\dfrac{k}{x}\right)^{-3x}=\lim\limits_{x\to\infty}\left(1+\dfrac{k}{x}\right)^{\frac{x}{k}\cdot(-3k)}=e^{-3k}=e^{-1}$,因此,$k=\dfrac{1}{3}$

例 5 $\lim\limits_{n\to\infty}\left(1-\dfrac{2}{n}\right)^{-n}=(\quad)$.

A. e　　　　　B. $\dfrac{1}{e}$　　　　　C. e^2　　　　　D. $\dfrac{1}{e^2}$

解:$\lim\limits_{n\to\infty}\left(1-\dfrac{2}{n}\right)^{-n}=\lim\limits_{n\to\infty}\left(1+\dfrac{2}{-n}\right)^{\frac{-n}{2}2}=e^2$

例 6 设 $f(x)=\lim\limits_{t\to\infty}\left(1+\dfrac{x}{t}\right)^{2t}$,则 $f(\ln 2)=$ _____.

解:利用第二个重要极限得 $f(x)=\lim\limits_{t\to\infty}\left(1+\dfrac{x}{t}\right)^{2t}=\lim\limits_{t\to\infty}\left(1+\dfrac{x}{t}\right)^{\frac{t}{x}\cdot 2\cdot x}=\lim\limits_{t\to\infty}\left[\left(1+\dfrac{x}{t}\right)^{\frac{t}{x}}\right]^{2x}=e^{2x}$,则 $f(\ln 2)=e^{2\ln 2}=4$.

三、教学建议

(一)基本建议

1. 建议学员自主证明极限存在准则Ⅰ(夹逼准则),在证明的过程中再次体会利用"$\varepsilon\text{-}N$"语言证明极限时需注意的问题.

　　极限存在准则Ⅱ(单调有界准则)是实数理论中几个基本定理之一,其证明繁难,证明可略去,但应辅以绘图作几何解释,便于理解和接受,重点是会利用准则求极限,但要注意利用单调有界准则证明极限时,必须要考察函数或数列的单调性.

2. 可以先通过结构特点较为明显的例子说明两个极限存在准则的应用.学员要通过手写练习具体例子体会极限的存在准则以及两个重要极限引入后对求解极限问题带来的便利(可与用定义证明极限的方法作比较).

（二）课程思政

1. 通过对重要极限公式的研究，进一步认识数学的美，激发学习兴趣，养成细心观察、认真分析，善于总结的良好思维品质.

2. 通过对数学家欧拉的生平事迹，一是学习克服困难、坚韧不拔、顽强拼搏的奋斗精神，二是学习对科学无比热爱，追求真理的科学精神.激发爱海爱艇，干出一番事业的热情.

（三）思维培养

1. 利用单调有界准则证明极限时，必须需要考察函数或数列的单调性，需要注意证明函数或数列单调性的方法.

2. 第二个重要极限的证明虽然采用了准则Ⅱ，其中所用到的方法和思想：将函数极限转化为数列极限，这种思想在学过 Hospital 法则后可以反过来用，即用高级的 Hospital 法则将数列极限转化为函数极限来处理.

3. 实例法可以很好地帮助理解如何应用重要极限，通过实例体会这两个重要极限的应用时，要注意应用时处理问题的思想：分析结构特点，实现向已知结构的转化. 即实例法和转化的思想方法相结合.

4. 从认识论的角度，看两个重要极限蕴含着整体性思维，$\lim\limits_{\square \to 0} \dfrac{\sin \square}{\square} = 1$，

$\lim\limits_{\square \to \infty} \left(1 + \dfrac{1}{\square}\right)^{\square} = e$，其中是一个整体，可以是一个变量，也可以是一个式子.

（四）融合应用

应用案例：许多商业上的交易都涉及将来付款方式，例如你买一幢房子或一辆汽车，那么你可以采取分期付款的方式，而如果你准备接受别人这样的在将来付款方式，很显然你需要知道最终你可以得到多少付款，有许多原因表明在将来收到 100 元的付款显然没有现在收到 100 元付款划算，为了得以补尝而求对方将来多支付一些，那么，这多付的一些是多少？

为了简单起见，我们仅考虑利息损失，不考虑通货膨胀的因素，假设你存入银行 100 元，并且将按 7% 的年利率以年复利方式获得利息，于是一年后，你的存款将变为 107 元，所以，今天的 100 元可以购得一年后用 107 元购得的东西，我们说 107 元是 100 元的将来值，而 100 元是 107 元的现值. 一般地，一笔 P 元的付款的将来值 B 元是指这样的一笔款额，你把它今天存入银行账户而将来指定时刻其加上利息正好等于 B 元.

一笔 P 元的存款，以年复利方式计息，年利率为 r，在 t 年后的将来，余额为 B 元，那么有 $B = P(1+r)^t$，

如果把一年分成 n 次来计算复利，若年利率仍为 r，计算 t 年并且如果 B 元为 t 年后 P 元的将来值，而 P 元是 B 元的现值，则 $B = P\left(1 + \dfrac{t}{n}\right)^{nt}$，当 n 趋于无穷时，则复利计息变成连续的了（即连续复利），即 $B = Pe^{rt}$.

四、达标训练

（一）是非题

1. $\lim\limits_{n \to \infty} y_n = \lim\limits_{n \to \infty} z_n = a$，且当 $n > N$ 时有 $y_n \leqslant x_n \leqslant z_n$，那么 $\lim\limits_{n \to \infty} x_n = a$. （　　）

2. 如果数列 x_n 满足：(1) $x_n < a(n=1,2,\cdots)$；(2) $x_n > x_{n+1}(n=1,2,\cdots)$．则 x_n 必有极限． （　）

3. $\lim\limits_{x\to\infty}\dfrac{\sin x}{x}=1$ （　）

4. $\lim\limits_{n\to\infty}\left(1+\dfrac{1}{n}\right)^n=1$ （　）

5. $\lim\limits_{x\to 0}(1+x)^{\frac{1}{x}}=\infty$ （　）

（二）单项选择题

1. 下列极限中，极限值不为 0 的是（　　）．

A. $\lim\limits_{x\to\infty}\dfrac{\arctan x}{x}$　　　　　　B. $\lim\limits_{x\to\infty}\dfrac{2\sin x+3\cos x}{x}$

C. $\lim\limits_{x\to 0}x^2\sin\dfrac{1}{x}$　　　　　　D. $\lim\limits_{x\to 0}\dfrac{x^2}{x^4+x^2}$

2. 若 $f(x)>\phi(x)$，且 $\lim\limits_{x\to a}f(x)=A$，$\lim\limits_{x\to a}\phi(x)=B$ 则必有（　　）．

A. $A>B$　　　B. $A\geqslant B$　　　C. $|A|>B$　　　D. $|A|\geqslant|B|$

3. $\lim\limits_{n\to\infty}\left(1+\dfrac{1}{n}\right)^{n+1000}$ 的值是（　　）．

A. e　　　B. e^{1000}　　　C. $e\cdot e^{1000}$　　　D. 其他值

4. $\lim\limits_{x\to\pi}\dfrac{\tan x}{\sin x}=$（　　）．

A. 1　　　B. -1　　　C. 0　　　D. ∞

5. $\lim\limits_{x\to 0}\left(x\sin\dfrac{1}{x}-\dfrac{1}{x}\sin x\right)=$（　　）．

A. -1　　　B. 1　　　C. 0　　　D. 不存在

（三）计算下列极限

1. $\lim\limits_{x\to 0}\dfrac{\sin^2 x}{x}$　　　　2. $\lim\limits_{x\to\infty}\left(1-\dfrac{1}{x^2}\right)^{3x}$

3. $\lim\limits_{x\to 0}(1-3\sin x)^{2\cos x}$　　　　4. $\lim\limits_{x\to 0}\dfrac{\sqrt{1+x}-\sqrt{1-x}}{\sin 3x}$

5. $\lim\limits_{x\to 0}\dfrac{\sin 3x+x^2\sin\dfrac{1}{x}}{(1+\cos x)x}$

（四）利用夹逼准则证明：$\lim\limits_{n\to\infty} n\left(\dfrac{1}{n^2+1}+\dfrac{1}{n^2+2}+\cdots+\dfrac{1}{n^2+n}\right)=1$

（五）设 $x_1=a>0$，$x_{n+1}=\dfrac{1}{2}\left(x_n+\dfrac{2}{x_n}\right)$，$n=1,2,3,\cdots$，利用单调有界准则证明：数列收敛，并其极限.

附：参考答案

（一）是非题　1. $\checkmark$　2. $\times$　3. $\times$　4. $\times$　5. $\times$

（二）单项选择题　1. D　2. B　3. A　4. B　5. A

（三）计算下列极限

1. 解：原式 $=\lim\limits_{x\to 0}\dfrac{\sin x}{x}\sin x=\lim\limits_{x\to 0}\dfrac{\sin x}{x}\lim\limits_{x\to 0}\sin x=\lim\limits_{x\to 0}\sin x=0.$

2. 解：原式 $=\lim\limits_{x\to\infty}\left(1-\dfrac{1}{x^2}\right)^{(-x^2)\cdot\frac{3x}{-x^2}}=\lim\limits_{x\to\infty}\left(1-\dfrac{1}{x^2}\right)^{(-x^2)\cdot\frac{3}{-x}}=e^0=1$（该题用到连续性）.

3. 解：原式 $=(1-3\sin 0)^{2\cos 0}=1^2=1$（注意不是未定式）.

4. 解：原式 $=\lim\limits_{x\to 0}\dfrac{(\sqrt{1+x}-\sqrt{1-x})(\sqrt{1+x}+\sqrt{1-x})}{(\sqrt{1+x}+\sqrt{1-x})\sin 3x}=\lim\limits_{x\to 0}\dfrac{2x}{(\sqrt{1+x}+\sqrt{1-x})\sin 3x}=\dfrac{1}{3}.$

5. 解：原式 $=\lim\limits_{x\to 0}\dfrac{\sin 3x}{(1+\cos x)x}+\lim\limits_{x\to 0}\dfrac{x\sin\dfrac{1}{x}}{1+\cos x}=\dfrac{3}{2}+0=\dfrac{3}{2}.$

（四）证明：因为 $\dfrac{n^2}{n^2+n}<n\left(\dfrac{1}{n^2+1}+\dfrac{1}{n^2+2}+\cdots+\dfrac{1}{n^2+n}\right)<\dfrac{n^2}{n^2+1}$

且 $\lim\limits_{n\to\infty}\dfrac{n^2}{n^2+n}=\lim\limits_{n\to\infty}\dfrac{n^2}{n^2+1}=1$，利用夹逼准则，则，

$\lim\limits_{n\to\infty} n\left(\dfrac{1}{n^2+1}+\dfrac{1}{n^2+2}+\cdots+\dfrac{1}{n^2+n}\right)=1.$

（五）证明：显然 $x_n>0$，$x_{n+1}=\dfrac{1}{2}\left(x_n+\dfrac{2}{x_n}\right)\geqslant\sqrt{x_n}\sqrt{\dfrac{2}{x_n}}=\sqrt{2}$，且

$\dfrac{x_{n+1}}{x_n}=\dfrac{1}{2}\left(1+\dfrac{2}{x_n^2}\right)\leqslant\dfrac{1}{2}\left(1+\dfrac{2}{2}\right)=1,$

所以数列 $\{x_n\}$ 单调减少有下界，因此 $\{x_n\}$ 必收敛.

记 $\lim\limits_{n\to\infty} x_n=A$，又 $x_{n+1}=\dfrac{1}{2}\left(x_n+\dfrac{2}{x_n}\right)$，令 $n\to\infty$ 取极限，则有 $A=\dfrac{1}{2}\left(A+\dfrac{2}{A}\right)$，解得

$A=\pm\sqrt{2}$，又 $x_1=a>0$，$x_{n+1}=\dfrac{1}{2}\left(x_n+\dfrac{2}{x_n}\right)$，则 $A=\sqrt{2}$，即 $\lim\limits_{n\to\infty} x_n=\sqrt{2}.$

第七节　无穷小的比较

前面学习了无穷小的概念,无穷小量反映了在自变量的某个变化趋势下,函数值趋于零的变化趋势.但同样是趋于零的两个无穷小,要区别它们趋于零的速度快慢问题,就要进行无穷小的比较,进而深入研究无穷小之间的联系.

一、教学分析

(一)教学目标

1. 知识与技能:

(1)准确运用极限阐述无穷小的各种阶的概念,会利用定义进行无穷小的比较.

(2)会正确灵活使用等价无穷小替换求极限.

2. 过程与方法:

(1)体验等价无穷小各种阶的产生过程,理清各种阶之间的关系.

(2)经历利用等价无穷小求有关极限的过程,提高函数极限计算的技巧.

3. 情感态度与价值观:

通过对无穷小的比较和等价无穷小代换的理解树立事物之间的普遍联系和辨证统一的辩证观点.

(二)学时

本节内容教学需要 2 学时,对应课次教学进度中的第 7 讲内容.

(三)教学内容

无穷小的比较;无穷小的阶、等价无穷小的概念;等价无穷小的应用.

(四)学情分析

1. 学员已有无穷小概念的基础知识,对极限也有了较深入的理解,本节内容需要在此基础上利用极限深入研究无穷小之间的联系,并应用等价无穷小来求解极限.等价无穷小代换时易产生错误,由等价无穷小概念,只有乘法和除法的运算时才可以进行等价无穷小代换,而在加减运算时,不能直接进行等价无穷小代换.

2. 常见的等价无穷小公式比较多,学员容易混淆.

(五)重、难点分析

重点:等价无穷小、高阶无穷小的概念及如何进行等价无穷小代换.

难点:无穷小的阶;无穷小代换的原则.

1. 注意从无穷小的和、差、积引入到商:两个无穷小的和、差、积还是无穷小,而两个无穷小的商未必是无穷小,两个无穷小之比的极限的各种不同情况,反映了不同的无穷小趋向于零的快慢速度,根据极限值有了高阶、低阶、同阶和等价的定义,都是比较无穷小趋向于零的快慢速度,高阶速度要快,同阶是同一数量级的速度,但极限值绝对值小的速度快,等价的速度一样.

2. 等价无穷小替换是求函数极限的一个重要的方法,该方法是计算未定型极限的常用方法,可使解题过程大大简化,可结合例题讲透无穷小代换定理,特别提醒学生求积及和差中无穷小代换问题:进行等价无穷小替换的原则是,只有作为因子(商式是一种特殊的因式乘积)的无穷小量才能用与其等价的无穷小替换,而作为加、减项的无穷小则不能用等价无穷小随意替换性.

3. 记住常用的等价无穷小是计算极限的基本功,熟练掌握并灵活运用等价无穷小代换对极限计算的简化大有帮助. 必须熟记下列无穷小等价关系:

(1) 当 $x \to 0$ 时, $\sin x \sim x$, $\tan x \sim x$, $\arcsin x \sim x$, $\arctan x \sim x$, $1 - \cos x \sim \dfrac{x^2}{2}$,

$(1+x)^a - 1 \sim ax$.

(2) 推广:若 $\varphi(x) \to 0$,等价符号左右两端都可以用 $\varphi(x)$ 代换 x. 如:若 $\varphi(x) \to 0$,

则 $\sin \varphi(x) \sim \varphi(x)$, $\arcsin \varphi(x) \sim \varphi(x)$ …… $\sqrt{1+\varphi(x)} - 1 \sim \dfrac{1}{2}\varphi(x)$.

例:若 $(1+x) \to 0$,则 $\sin(1+x) \sim (1+x)$. (此时 $x \to -1$)

二、典型例题

例 1 设 $x \to 0$ 时, $1 - \cos x$ 与 x^2 比较是(   )

A. 同阶非等价无穷小　　　　　　　　B. 等价无穷小

C. 较高阶的无穷小　　　　　　　　　D. 较低阶的无穷小

解: $\lim\limits_{x \to 0} \dfrac{1-\cos x}{x^2} = \dfrac{1}{2}$,故应选 A.

例 2 当 $x \to 0$ 时, $\arctan 3x$ 与 $\dfrac{ax}{\cos x}$ 是等价无穷小,则 $a =$ _____.

解: $\lim\limits_{x \to 0} \dfrac{\arctan 3x}{\dfrac{ax}{\cos x}} = \lim\limits_{x \to 0} \dfrac{\arctan 3x}{ax} \cdot \lim\limits_{x \to 0} \cos x = \lim\limits_{x \to 0} \dfrac{3x}{ax} = \dfrac{3}{a} = 1$,所以 $a = 3$.

例 3 $\lim\limits_{x \to 1} \dfrac{\sin(x^3 - 1)}{x - 1} =$ _____.

解:利用等价无穷小代换, $\lim\limits_{x \to 1} \dfrac{\sin(x^3 - 1)}{x - 1} = \lim\limits_{x \to 1} \dfrac{x^3 - 1}{x - 1} = \lim\limits_{x \to 1} \dfrac{(x-1)(x^2 + x + 1)}{x - 1} = 3$.

例 4 求极限 $\lim\limits_{x \to 0^+} \dfrac{1 - \sqrt{\cos x}}{x(1 - \cos \sqrt{x})}$

解: $\lim\limits_{x \to 0^+} \dfrac{1 - \sqrt{\cos x}}{x(1 - \cos \sqrt{x})} = \lim\limits_{x \to 0^+} \dfrac{(1 - \sqrt{\cos x})(1 + \sqrt{\cos x})}{x(1 - \cos \sqrt{x})(1 + \sqrt{\cos x})}$

$= \lim\limits_{x \to 0^+} \dfrac{1 - \cos x}{x(1 - \cos \sqrt{x})(1 + \sqrt{\cos x})} = \lim\limits_{x \to 0^+} \dfrac{\dfrac{1}{2}x^2}{x \cdot \dfrac{1}{2}x \cdot (1 + \sqrt{\cos x})}$

$= \lim\limits_{x \to 0^+} \dfrac{1}{(1 + \sqrt{\cos x})} = \dfrac{1}{2}$.

例 5　设当 $x \to 0$ 时 $(1-\cos x)\ln(1+x)^2$ 是比 $x\sin x^n$ 的高阶无穷小，而 $x\sin x^n$ 是比 $e^{x^2}-1$ 的高阶无穷小，则正整数 $n=(\quad)$.

A. 1　　　　　　B. 2　　　　　　C. 3　　　　　　D. 4

解：$\lim\limits_{x\to 0}\dfrac{(1-\cos x)\ln(1+x^2)}{x\sin x^n}=\lim\limits_{x\to 0}\dfrac{\dfrac{x^2}{2}\cdot x^2}{x^{n+1}}=\dfrac{1}{2}\lim\limits_{x\to 0}\dfrac{1}{x^{n-3}}=0$，故 $n<3$，

$\lim\limits_{x\to 0}\dfrac{x\sin x^n}{e^{x^2}-1}=\lim\limits_{x\to 0}\dfrac{x^{n+1}}{x^2}=\lim\limits_{x\to 0}x^{n-1}=0$，故 $n>1$，综上 $n=2$.

三、教学建议

1. 极限的四则运算为我们提供了一种避开极限的定义.借助已知极限求解未知极限的途径，但对于两个函数的商的极限，只有在分母极限不为 0 的情况下才能使用，特别是当分子分母的极限同时为 0 时，其极限可以有很多种情况，通过对两个无穷小的商的极限进行讨论，分析出不同结果中所蕴含的本质，体会到无穷小的比较的意义，能深入理解无穷小的阶的概念.

2. "等价无穷小"是无穷小之间的一种关系，本质上是一种等价关系.等价关系是数学中的一种重要关系，它具有自反性、对称性以及传递性，灵活应用等价无穷小代换可以使问题求解简单、明了，所以用等价无穷小代换是解决求极限问题一种重要的思维方法.

3. 可以用数形结合的思维方法直观认识"等价无穷小"这种重要的等价关系.（例：$x \sim \sin x \sim \arcsin x$）

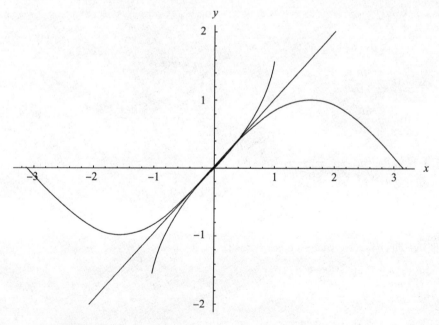

四、达标训练

(一) 是非题

1. α,β,γ 是同一极限过程中的无穷小，且 $\alpha\sim\beta,\beta\sim\gamma$，则必有 $\alpha\sim\gamma$.　　　　（　　　）

2. $\because x \to 0$ 时 $\sin x \sim x$, $\therefore \lim\limits_{x \to \infty} \dfrac{\tan x - \sin x}{\sin^3 x} = \lim\limits_{x \to 0} \dfrac{x - x}{x^3} = 0$ （　　）

3. 已知 $\lim\limits_{x \to 0} \dfrac{\cos x}{1 - x} = 1$,由此可断言,当 $x \to 0$ 时, $\cos x$ 与 $1 - x$ 为等价无穷小.（　　）

4. 当 $x \to 0$ 时, $\sin 3x$ 与 $e^x - 1$ 是同阶无穷小.   （　　）

5. 当 $x \to 1$ 时, $1 - \sqrt[3]{x}$ 是 $x - 1$ 的高阶无穷小.   （　　）

（二）单项选择题

1. $x \to 0$ 时, $1 - \cos x$ 是 x^2 的（　　）.

  A. 高阶无穷小   B. 同阶无穷小,但不等价

  C. 等价无穷小   D. 低阶无穷小

2. 当 $x \to 0$ 时, $(1 - \cos x)^2$ 是 $\sin^2 x$ 的（　　）.

  A. 高阶无穷小   B. 同阶无穷小,但不等价

  C. 等价无穷小   D. 低阶无穷小

3. 如果 $x \to \infty$ 时, $\dfrac{1}{ax^2 + bx + c}$ 是比 $\dfrac{1}{x+1}$ 高阶的无穷小,则 a,b,c 应满足（　　）.

  A. $a = 0, b = 1, c = 1$ B. $a \neq 0, b = 1, c$ 为任意常数

  C. $a \neq 0, b, c$ 为任意常数   D. a, b, c 都可以是任意常数

4. $x \to 1$ 时与无穷小 $1 - x$ 等价的是（　　）.

  A. $\dfrac{1}{2}(1 - x^3)$ B. $\dfrac{1}{2}(1 - \sqrt{x})$

  C. $\dfrac{1}{2}(1 - x^2)$ D. $1 - \sqrt{x}$

5. 下列极限中,值为 1 的是（　　）.

  A. $\lim\limits_{x \to \infty} \dfrac{\pi}{2} \dfrac{\sin x}{x}$ B. $\lim\limits_{x \to 0} \dfrac{\pi}{2} \dfrac{\sin x}{x}$

  C. $\lim\limits_{x \to \frac{\pi}{2}} \dfrac{\pi}{2} \dfrac{\sin x}{x}$ D. $\lim\limits_{x \to \pi} \dfrac{\pi}{2} \dfrac{\sin x}{x}$

（三）求极限 $\lim\limits_{h \to +0} \dfrac{h}{\sqrt{1 - \cos hx}}$ $(x \neq 0)$

（四）证明:当 $x \to 0$ 时, $\dfrac{2}{3}(\cos x - \cos 2x) \sim x^2$.

（五）确定 α 的值,使 $\sqrt{1 + \tan x} - \sqrt{1 + \sin x} \sim \dfrac{1}{4} x^\alpha$ $(x \to 0)$

附:参考答案

(一) 1. √　2. ×　3. ×　4. √　5. ×

(二) 1. B　2. A　3. C　4. C　5. C

(三) 解: $h \to +0$, $1 - \cos hx \to \dfrac{1}{2}(hx)^2$, 原式 $= \dfrac{\sqrt{2}}{|x|}$

(四) 证明: 因为 $\lim\limits_{x \to 0} \dfrac{2}{3}(\cos hx - \cos 2x) = 0$, $\lim\limits_{x \to 0} x^2 = 0$, 所以 $\dfrac{2}{3}(\cos x - \cos 2x)$ 与 x^2

均为当 $x \to 0$ 时的无穷小. 因 $\cos x - \cos 2x = 2 \sin \dfrac{3x}{2} \sin \dfrac{x}{2}$, $\lim\limits_{x \to 0} \dfrac{\dfrac{2}{3}(\cos x - \cos 2x)}{x^2} = 1$, 所

以 $\dfrac{2}{3}(\cos x - \cos 2x) x^2$.

(五) 解: 由 $\lim\limits_{x \to 0} \dfrac{(\sqrt{1+\tan x} - \sqrt{1+\sin x})(\sqrt{1+\tan x} + \sqrt{1+\sin x})}{\dfrac{1}{4} x^{\alpha}(\sqrt{1+\tan x} + \sqrt{1+\sin x})}$

$= \lim\limits_{x \to 0} 2 \dfrac{\tan x - \sin x}{x^{\alpha}} = \lim\limits_{x \to 0} 2 \dfrac{\tan x(1 - \cos x)}{x^{\alpha}} = \lim\limits_{x \to 0} \dfrac{x^3}{x^{\alpha}} = 1$, 所以 $\alpha = 3$.

第八节　函数的连续性与间断点

　　客观世界的许多现象和事物不仅是运动变化的,而且其运动变化的过程往往是连绵不断的,比如日月行空、岁月流逝、植物生长、物种变化等,这些连绵不断发展变化的事物在量的方面的反映就是函数的连续性.连续函数就是刻画变量连续变化的数学模型.

　　16—17 世纪微积分的酝酿和产生,直接肇始于对物体的连续运动的研究.例如伽利略所研究的自由落体运动等都是连续变化的量.但直到 19 世纪以前,数学家们对连续变量的研究仍停留在几何直观的层面上,即把能一笔画成的曲线所对应的函数称为连续函数.19 世纪中叶,在柯西等数学家建立起严格的极限理论之后,才对连续函数作出了严格的数学表述.

　　连续函数不仅是微积分的研究对象,而且微积分中的主要概念、定理、公式法则等,往往都要求函数具有连续性.

一、教学分析

(一) 教学目标

1. 知识与技能:

(1) 准确运用极限阐述函数在一点连续和在一区间连续的概念.

(2) 正确阐述函数间断点的概念,会判断函数间断点的类型.

2．过程与方法：

（1）经历利用函数连续和间断等数学语言描述自然现象的过程，发展抽象思维.

（2）学习并把握连续和间断的区别与联系.

3．情感态度与价值观：

认同数学在各领域应用的广泛性，从认识论和方法论的角度理解连续和间断的含义与辩证关系，坚持唯物辩证法，深化对自然界及其发展过程的认识，体会连续和间断的美学意义：自然界的和谐和奇异美.

（二）学时安排

本节内容教学需要 2 学时，对应课次教学进度中的第 9 讲内容（第 8 讲可安排 1 次习题课）.

（三）教学内容

函数连续、左连续、右连续的概念及判断方法；函数几种常见间断点的类型：可去间断点、跳跃间断点、震荡间断点以及无穷间断点.

（四）学情分析

1．对于分段函数在分段点处的连续性，往往需要用定义进行判别，当分段函数在分段点的左右两侧表达式不同时，需要讨论函数在分段点处左、右连续性，学员往往会忽略.

2．学员不易把握对间断点的分类，关键是看该点处左、右极限是否存在.

（五）重、难点分析

重点：函数连续的三种等价定义；连续性与间断的判断.

难点：间断的分类与判断.

1．函数的连续性与间断是高等数学中重要概念，也是函数的重要性质，只有在正确理解函数在一点连续的几种等价定义及间断点类型的判别基础上，才能讨论初等函数，分段函数的连续性，正确使用闭区间上连续函数性质.

2．函数的连续性是从大量自然现象抽象出来的一种共同特性，它反映了事物连续变化的现象，这种现象可以用极限来刻画，用极限概念来表达函数 $f(x)$ 在点 x_0 处连续的定义，有四种等价的形式：

（1）$\lim\limits_{\Delta x \to 0} \Delta y = 0$，其中 $\Delta x = x - x_0, \Delta y = f(x) - f(x_0)$

（2）$\lim\limits_{\Delta x \to 0} [f(x_0 + \Delta x) - f(x_0)] = 0$

（3）$\lim\limits_{x \to x_0} f(x) = f(x_0)$

（4）任意给定的正数 $\varepsilon > 0$，总存在着正数 $\delta > 0$，使得对于适合不等式 $|x - x_0| < \delta$ 的一切 x，对应的函数值 $f(x)$ 都满足不等式 $|f(x) - f(x_0)| < \varepsilon$.

这四种形式是等价的，其间没有根本的区别，它们都精确地表达了"当自变量改变量微小时，函数的改变量也很微小"的这样一种所谓"连续变化"的实质. 但要注意，上述定义中：

第一、二种定义采用无穷小定义法，形象地表示了连续的特征；

第三种定义提供了连续函数求极限的简便方法；

第四种定义用"ε-δ"语言把定义严密化,便于分析论证.

因此在应用时,要根据具体需要采用其中一种比较合适的形式.另外还要指出,定义函数 $f(x)$ 在 x_0 点连续时,必然要与 $f(x)$ 在点 x_0 的函数值联系起来,所以必须在 $x \rightarrow x_0$ 时,函数极限的定义中去掉 $x \neq x_0$ 的限制,这正是函数 $f(x)$ 在点 x_0 存在极限与在 x_0 连续两个定义的根本区别.

3. 分析函数连续性定义,注意定义所包含的函数 $f(x)$ 在点 x_0 必须满足的三个必要条件:① $f(x)$ 在 x_0 有定义;② $\lim\limits_{x \to x_0} f(x)$ 存在;③ $\lim\limits_{x \to x_0} f(x) = f(x_0)$,即极限值等于函数值.可以断言:如果函数 $f(x)$ 在 x_0 处连续,则 $\lim\limits_{x \to x_0} f(x)$ 存在;反之,如果 $\lim\limits_{x \to x_0} f(x)$ 存在,不能推断出函数 $f(x)$ 在 x_0 处连续的结论,即使是函数函数 $f(x)$ 在 x_0 处有定义也是不行的,所以,函数在 x_0 处有定义,极限存在和连续是既有联系又有区别的三个概念.

4. 在重点理解函数在某点连续的基础上,结合连续的几何直观入手,从自变量的单侧变化趋势理解左右连续和区间上连续.

如果 $f(x_0^+) = f(x_0)$ ($f(x_0^-) = f(x_0)$)成立,则函数 $f(x)$ 在 x_0 处右连续(左连续).显然,函数 $f(x)$ 在 x_0 连续的充分必要条件是函数 $f(x)$ 在 x_0 既是左连续也是右连续,即 $f(x_0^+) = f(x_0^-) = f(x_0)$.此性质常用于判定分段函数在分界点的连续性,因此原来意义下的连续又称为双侧连续.当函数 $f(x)$ 在区间 (a, b) 内每一点都连续时,则称 $f(x)$ 是区间 (a, b) 内的连续函数,这时,它的图形在 (a, b) 内就是一条连绵不断的曲线.

5. 若函数 $f(x)$ 在 x_0 处连续的三条必要条件中的任何一条不成立,即下面三种情形之一发生:① $f(x)$ 在 x_0 无定义;② $\lim\limits_{x \to x_0} f(x)$ 不存在;③ $\lim\limits_{x \to x_0} f(x) \neq f(x_0)$.则函数 $f(x)$ 在点 x_0 处不连续,或称函数 $f(x)$ 在 x_0 处间断.

6. 间断点的分类,分成第一类与第二类的标准是左右极限是否都存在.

与函数的连续性一样,函数在一点间断也是表示函数在该点间断的特征,其间断的分类情况可以"顾名思义",如"可去间断点"意即只要改变函数在该点的定义,就可变成为连续函数,因此这种间断点不是"永恒的",而是可去的,其他间断点皆为"永恒的"不可去的.

7. 初等函数在其定义区间上都是连续的,所以找初等函数的间断点,只需找出其无定义点即可.求函数的间断点并判断其类型的做题步骤如下:

(1) 找出间断点 $x_1, x_2, \cdots, x_k$.

(2) 对每一个间断点 x_k 求极限 $\lim\limits_{x \to x_0^-} f(x)$ 及 $\lim\limits_{x \to x_0^+} f(x)$.

(3) 判断类型:

① 极限为常数时(左右极限必存在且相等,函数在该点无定义或者极限值与函数值不等),属于第一类间断点,且为可去间断点;

② 左右极限都存在但不相等时,属于第一类间断点,且为跳跃间断点;

③ 左右极限至少有一个不存在时,属于第二类间断点.

若极限为 ∞,属于第二类间断点,且为无穷间断点.

若极限为震荡,属于第二类间断点,且为震荡间断点.

二、典型例题

(一) 有关连续

例 1 设函数 $y=f(x)$ 在 x_0 的某个邻域内有定义，若 $\lim\limits_{x \to x_0} f(x)=f(x_0)$，则下列对此相应的描述正确的是(　　).

A. $\forall \varepsilon > 0$，$\exists \delta > 0$，当 $|x-x_0| < \delta$ 时，$|f(x)-f(x_0)| < \varepsilon$ 恒成立.

B. $\forall \varepsilon > 0$，$\exists \delta > 0$，当 $0 < |x-x_0| < \delta$ 时，$|f(x)-f(x_0)| < \varepsilon$ 恒成立.

C. $\forall \varepsilon > 0$，$\exists X > 0$，当 $|x| < X$ 时，$|f(x)-f(x_0)| < \varepsilon$ 恒成立.

D. $\forall \varepsilon > 0$，$\exists X > 0$，当 $|x| < X$ 时，$|f(x)-f(x_0)| < \varepsilon$ 恒成立.

解：此题考查函数连续的纯数学定义.

$\lim\limits_{x \to x_0} f(x)=f(x_0) \Leftrightarrow \forall \varepsilon > 0$，$\exists \delta > 0$，当 $|x-x_0| < \delta$ 时，$|f(x)-f(x_0)| < \varepsilon$ 恒成立. 故应选 A.

例 2 设函数 $f(x)=\begin{cases} \dfrac{\sin 3x}{x}, & x \neq 0 \\ a, & x=0 \end{cases}$ 在 $x=0$ 连续，则常数 $a=$ (　　).

A. 1　　　　　　B. 2　　　　　　C. 3　　　　　　D. 9

分析：由于 $f(x)$ 在 $x=0$ 连续，因此 $f(0)=\lim\limits_{x \to 0} f(x)=\lim\limits_{x \to 0} \dfrac{\sin 3x}{x}=3$，故 $a=3$，选 C.

例 3 已知函数 $f(x)=\begin{cases} \mathrm{e}^{ax}+b, & x < 0, \\ 1, & x=0, \\ \dfrac{a \sin x}{x}-b, & x > 0, \end{cases}$ 在点 $x=0$ 处是连续的，求 a,b.

解：因为函数 $y=f(x)$ 在点 $x=0$ 处连续，所以 $\lim\limits_{x \to 0^-} f(x)=\lim\limits_{x \to 0^-} (\mathrm{e}^{ax}+b)=1+b=1$，

$\lim\limits_{x \to 0^-} f(x)=\lim\limits_{x \to 0^-} \dfrac{a \sin x}{x}-b=a-b=1$，则 $a=1,b=0$.

例 4 设函数 $f(x)$ 在 $x=2$ 连续，且 $\lim\limits_{x \to 2} \dfrac{f(x)-3}{x-2}$ 存在，则 $f(2)=$ _____.

解：由 $\lim\limits_{x \to 2} \dfrac{f(x)-3}{x-2}$ 存在，$\lim\limits_{x \to 2} [f(x)-3]=0$，从而 $\lim\limits_{x \to 2} f(x)=3$，又函数 $f(x)$ 在 $x=2$ 连续，根据连续的定义可得 $\lim\limits_{x \to 2} f(x)=f(2)=3$，故应填 3.

注：由分母 $x-2 \to 0$，要使 $\lim\limits_{x \to 2} \dfrac{f(x)-3}{x-2}$ 存在，当且仅当分子 $\lim\limits_{x \to 2} [f(x)-3]=0$.

(二) 有关间断

例 1 设函数 $f(x)=\begin{cases} \sin \dfrac{1}{x}, & x > 0 \\ x-1, & x < 0 \end{cases}$，函数 $f(x)$ 的间断点是_____，间断点的类型是_____.

解：因为 $\sin\dfrac{1}{x}$ 在 $x=0$ 没有定义，且 $\lim\limits_{x\to 0}\sin\dfrac{1}{x}$ 不存在，且震荡，所以 $x=0$ 为第二类间断点.（震荡间断点）

例 2　函数 $f(x)=\dfrac{\dfrac{1}{x}-\dfrac{1}{1+x}}{\dfrac{1}{x-1}-\dfrac{1}{x}}$ 的第一类间断点是_____.

解：$f(x)=\dfrac{\dfrac{1}{x}-\dfrac{1}{x+1}}{\dfrac{1}{x-1}-\dfrac{1}{x}}$ 的间断点为 $x=0,x=1,x=-1$，分别求这三个点处的函数极

限，$\lim\limits_{x\to 0}f(x)=\lim\limits_{x\to 0}\dfrac{\dfrac{1}{x}-\dfrac{1}{x+1}}{\dfrac{1}{x-1}-\dfrac{1}{x}}=\lim\limits_{x\to 0}\dfrac{x-1}{x+1}=-1$；$\lim\limits_{x\to 1}f(x)=\lim\limits_{x\to 1}\dfrac{\dfrac{1}{x}-\dfrac{1}{x+1}}{\dfrac{1}{x-1}-\dfrac{1}{x}}=\lim\limits_{x\to 1}\dfrac{x-1}{x+1}$

$=0$；

$\lim\limits_{x\to -1}f(x)=\lim\limits_{x\to -1}\dfrac{\dfrac{1}{x}-\dfrac{1}{x+1}}{\dfrac{1}{x-1}-\dfrac{1}{x}}=\lim\limits_{x\to -1}\dfrac{x-1}{x+1}=\infty$. 其中，极限存在的为第一类间断点，

极限不存在的为第二类间断点. 由此可得第一类间断点为 $x=0,x=1$.

例 3　求函数 $y=\dfrac{1}{e^{\frac{x}{x-2}}-1}$ 的间断点，并判断间断点的类型.

解：求初等函数的间断点即求不在函数定义域内的点，而使两个分母分别为 0 的点不在定义域内，即 $x=0$ 和 $x=2$，故函数的间断点为 $x=0$ 和 $x=2$.

因为 $\lim\limits_{x\to 0}\dfrac{1}{e^{\frac{x}{x-2}}-1}=\infty$，故 $x=0$ 为第二类间断点的无穷间断点.

$\lim\limits_{x\to 2^-}\dfrac{x}{x-2}=-\infty$，$\lim\limits_{x\to 2^+}\dfrac{x}{x-2}=+\infty$，$\lim\limits_{x\to 2^-}e^{\frac{x}{x-2}}=0$，$\lim\limits_{x\to 2^+}e^{\frac{x}{x-2}}=+\infty$，从而

$\lim\limits_{x\to 2^-}\dfrac{1}{e^{\frac{x}{x-2}}-1}=-1$，$\lim\limits_{x\to 2^+}\dfrac{1}{e^{\frac{x}{x-2}}-1}=0$，所以 $x=2$ 为第一类间断点的跳跃间断点.

三、教学建议

（一）基本建议

1. 主要是正确理解函数在一点连续的几种等价定义及间断点类型的判别，从而能讨论初等函数、分段函数的连续性，正确使用闭区间上连续函数性质.

2. 从引入增量及实例入手，揭示连续变量的本质特征是当 $|\Delta x|$ 很小时，$|\Delta y|$ 也很小，逐步过渡到常用定义，$\lim\limits_{x\to x_0}f(x)=f(x_0)$，再分析它所包含的三层含义，并与极限的 ε-δ 定义比较异同.

3. 在重点讲清函数在某点连续的基础上，再讲左右极限，区间上连续，间断点及其

分类.

注意分段函数的连续性问题,强调分段函数在分段点处的连续性必须讨论左右连续.

（二）课程思政

1. 从认识论和方法论的角度理解连续和间断的含义与辩证关系,坚持唯物辩证法,深化对自然界及其发展过程的认识.

2. 体会连续和间断的美学意义:自然界的和谐和奇异美.

连续体现的是自然和谐、社会发展的生生不息;间断则表现为不规则和与众不同,体现了自然界的丰富多彩和社会发展中的跳跃性.

3. 著名的"温水煮青蛙"实验,说明连续性在现实生活中普遍存在,但连续性本质是自变量的微小变化仅引起因变量的微小变化,而容易被忽视,进而引出小到个人成长,不要小看每天一点点努力,它会成就你的未来;不要小看每天一点点颓废,它会毁掉你的一生,不要被连续蒙蔽了双眼;大到领导干部的操守,习主席讲"干部不论大小,都要努力做到慎独、慎初、慎微",事情的发生往往在不知不觉中累积到一定程度就会发生质变.知识的积累是需要时间和付出持久不懈的努力,妄图寻求捷径的想法是不科学的,只能事与愿违.古人用拔苗助长的故事比喻违反事物发展的客观规律,急于求成,反而坏事.

（三）思维培养

1. 在理解连续的定义之前,应先观察函数连续与间断的几何直观,并从几何直观出发,通过自变量增量和因变量增量的关系得到函数连续的数学语言描述.

2. 理解连续的三种等价定义,可以从增量及实例入手,揭示连续变量的本质特征是当 $|\Delta x|$ 很小时,$|\Delta y|$ 也很小,逐步过渡到常用定义,$\lim\limits_{x \to x_0} f(x) = f(x_0)$（即极限值等于函数值）,并与极限的 $\varepsilon\text{-}\delta$ 定义比较异同,得到连续的 $\varepsilon\text{-}\delta$ 语言定义.

3. 连续和间断是一对矛盾体,学习理解间断的概念,应从函数在一点处的连续的三个必要条件出发,分析探讨得出函数间断的概念.

4. 结合实例,用实例分析的方法,通过几何直观分析讨论间断点的不同类型以及判别的关键.

四、达标训练

（一）是非题

1. $f(x)$ 在其定义域 (a,b) 内一点 x_0 处连续的充分必要条件是 $f(x)$ 在 x_0 既左连续又右连续. （　　）

2. $f(x)$ 在 x_0 有定义,且 $\lim\limits_{x \to x_0} f(x)$ 存在,则 $f(x)$ 在 x_0 连续. （　　）

3. $f(x)$ 在其定义域 (a,b) 内一点 x_0 连续,则 $\lim\limits_{x \to x_0} f(x) = f(\lim\limits_{x \to x_0} x)$. （　　）

4. $f(x)$ 在 (a,b) 内除 x_0 外处处连续,点 x_0 是 $f(x)$ 的可去间断点,则

$$F(x) = \begin{cases} f(x), & x \in (a,x_0) \text{ or } (x_0,b) \\ \lim\limits_{x \to x_0} f(x), & x = x_0 \end{cases}$$ 在 (a,b) 内连续. （　　）

5. $f(x)$ 在 $x = x_0$ 无定义,则 $f(x)$ 在 x_0 处不连续. （　　）

(二) 单项选择题

1. $f(x)$在点 x_0 处有定义是 $f(x)$在点 $x=x_0$ 连续的( ).

   A. 必要条件而非充分条件   B. 充分条件而非必要条件

   C. 充分必要条件   D. 无关条件

2. $\lim\limits_{x \to x_0} f(x) = f(x_0)$是 $f(x)$在 $x=x_0$ 连续的( ).

   A. 必要条件而非充分条件   B. 充分条件而非必要条件

   C. 充分必要条件   D. 无关条件

3. $x=0$ 是 $f(x)=\sin x \cdot \sin \dfrac{1}{x}$ 的( ).

   A. 可去间断点   B. 跳跃间断点   C. 振荡间断点   D. 无穷间断点

4. $f(x)=\begin{cases} \dfrac{x^2-1}{x-1}, & x<1, \\[2mm] 2x, & x \geqslant 1, \end{cases}$ 则 $x=1$ 是 $f(x)$( ).

   A. 连续点   B. 可去间断点   C. 跳跃间断点   D. 无穷间断点

5. $f(x)=\begin{cases} x+\dfrac{\sin x}{x}, & x<0, \\[2mm] 0, & x=0, \\[2mm] x\cos\dfrac{1}{x}, & x>0, \end{cases}$ 则 $x=0$ 是 $f(x)$( ).

   A. 连续点   B. 可去间断点   C. 跳跃间断点   D. 振荡间断点

6. 设函数 $f(x)=(1-x)^{\cot x}$,则定义 $f(0)$为( )时 $f(x)$在 $x=0$ 处连续.

   A. $\dfrac{1}{e}$

   B. e

   C. $-e$

   D. 无论怎样定义 $f(0)$,$f(x)$在 $x=0$ 处也不连续

(三) 求函数 $f(x)=\begin{cases} 0, & x<1, \\ 2x+1, & 1 \leqslant x<2, \\ 1+x^2, & 2 \leqslant x \end{cases}$ 的间断点并判断其间断点类型,若是可去间断点,请补充定义使之连续.

附:参考答案

(一) 1. √   2. ×   3. √   4. √   5. √

(二) 1. A   2. C   3. A   4. A   5. C   6. A

(三) 解:$f(1)=3, f(2)=5, \lim\limits_{x \to 1^-} f(x)=0, \lim\limits_{x \to 1^+} f(x)=3$,

所以,$x=1$ 为间断点,因为 $\lim\limits_{x \to 1^-} f(x) \neq \lim\limits_{x \to 1^+} f(x)$,所以 $x=1$ 为跳跃间断点.

又因为 $\lim\limits_{x \to 2^-} f(x) = \lim\limits_{x \to 2^-}(2x+1) = 5$, $\lim\limits_{x \to 2^+} f(x) = \lim\limits_{x \to 2^+}(1+x^2) = 5$；

所以 $f(2) = \lim\limits_{x \to 2^-} f(x) = \lim\limits_{x \to 2^+} f(x) = 5$，函数 $f(x)$ 在 $x=2$ 处连续.

第九、十节 连续函数运算、初等函数连续性、闭区间上连续函数性质

前面通过极限的四则运算法则和极限的定义求出了多项式函数和有理分式函数在一点处的极限：$\lim\limits_{x \to x_0} P_n(x) = P_n(x_0)$, $\lim\limits_{x \to x_0} R_n(x) = \lim\limits_{x \to x_0} \dfrac{P_n(x)}{Q_m(x)} = R_n(x_0)$, $(Q_m(x_0) \neq 0)$，从结果看这两个函数在一点处的极限值等于函数值，由连续的定义，这两个函数应该是连续函数，我们也知道这两个函数是初等函数，那么这两个函数是不是由连续函数运算得到的，一般的初等函数是否具有连续性，连续函数是否还有其他重要的性质，这些重要性质有哪些用途.

一、教学分析

（一）教学目标

1. 知识与技能：

（1）阐述连续函数的四则运算、反函数、复合函数连续性，并会运用求极限.

（2）阐述初等函数连续性，会用这一性质求极限.

（3）阐述闭区间连续函数的性质定理，会运用性质证明一些命题.

2. 过程与方法：

经历连续函数的运算，利用运算求极限的过程，掌握计算方法，发展计算能力；经历闭区间上连续函数性质定理的叙述、证明和运用过程，体会数形结合的方法，发展抽象思维、演绎推理能力与应用意识.

3. 情感态度与价值观：

在数学学习活动中获得成功的体验，锻炼克服困难的意志，建立自信心，形成实事求是的态度以及进行质疑和独立思考的习惯.

（二）学时

本两节内容教学需要 2 学时，对应课次教学进度中的第 10 讲内容，若时间紧张，可将闭区间上连续函数的性质部分内容放在第 11 讲习题课中.

（三）教学内容

连续函数的运算法则；反函数、复合函数的连续性；初等函数连续.闭区间上连续函数的性质；有界性定理、最值定理、零点定理、介值定理.

（四）学情分析

1. 注意到函数连续是指函数在这一点处极限值等于该点处的函数值，因此函数连续性的四则运算法则，反函数的连续性以及复合函数的连续性其实质可归结为极限的性

质,学员已有极限的基础知识,该内容可由学员自主学习完成.

2. 对介值定理的应用,构造函数的技巧不易把握.闭区间是这些性质定理成立的前提条件之一,若函数定义在开区间,如何讨论函数的有界性、最值、零点存在等问题,学员一般比较难于处理.

（五）重、难点分析

重点:初等函数的连续性;复合函数的连续性;闭区间上连续函数的性质.

难点:反函数、复合函数的连续性;闭区间上连续函数性质的应用问题.

1. 利用函数的连续性,往往可以十分简便地计算一些函数的极限.一般说来,函数 $u=\varphi(x)$ 在 x_0 处连续,$y=f(u)$ 在 $u_0(u_0=\varphi(x_0))$ 处连续,则复合函数 $y=f[\varphi(x)]$ 在 x_0 处连续,即 $\lim\limits_{x \to x_0} f[\varphi(x)]=f[\lim\limits_{x \to x_0}\varphi(x)]=f[\varphi(x_0)]$,这就是说:

(1) 连续函数的复合函数也是连续函数;

(2) 在连续条件下,"lim"与"f"这两种运算可以交换顺序.

2. **基本初等函数**在它们的**定义域**内都是连续的.根据函数连续性定义及函数和、差、积、商的连续性,复合函数的连续性,反函数的连续性,基本初等函数的连续性,对于初等函数的连续性,我们可以得到一个很重要的结论:一切**初等函数**在其**定义区间**内的各点都是连续的.

但是应当注意,初等函数在其定义域内就不一定连续.例如,$y=\sqrt{\cos x-1}$ 是一初等函数,其定义域为 $D=\{x \mid x=2k\pi, k=0,\pm 1,\pm 2,\cdots\}$,对 D 内的每一值,函数 $y\equiv 0$,它的图形是一串完全孤立的点,自变量在这些点已失去了长度不为零的邻域,因而无连续性可言.另外,还要指出,由于一切初等函数在其定义区间上是连续的,因此,关于函数连续性的研究,重点是考虑分段的非初等函数,但在研究分段函数的连续区间时,我们不仅要考虑在分界点处的连续性,也要考虑每一段上的连续性.

顺便强调一下,我们常用分段函数作为不连续的例子,但是,我们不要误解分段函数都是不连续的.例如,$f(x)=\begin{cases} e^{\frac{1}{x}}, & x<0 \\ 0, & x=0 \\ x\ln x, & x>0 \end{cases}$ 在 $x=0$ 处是连续的,在 $(-\infty,+\infty)$ 内是处处连续的.

3. 初等函数的连续性提供了计算求极限的一个方法.因为一切初等函数在其定义区间内都连续,即如果 x_0 是函数 $f(x)$ 的定义区间内的一点,则有 $\lim\limits_{x \to x_0} f(x)=f(x_0)$,但由于分段函数往往不一定是初等函数,因此分段函数在分段点处的极限不能用上述性质进行判别,而应该利用定义.

4. 本节教材 64 页例 5—例 7 的求解中,运用到了转化和变量代换的思想,得到了常用和重要的 3 个等价无穷小:当 $x \to 0$ 时,① $\log_a(1+x) \sim \dfrac{x}{\ln a}$,$\ln(1+x) \sim x$;② $a^x-1 \sim x\ln a$,$e^x-1 \sim x$;③ $(1+x)^a-1 \sim \alpha x$.以及它们的变形式:当 $\alpha(x) \to 0$ 时,① $\log_a[1+\alpha(x)] \sim \dfrac{\alpha(x)}{\ln a}$ 与 $\ln[1+\alpha(x)] \sim \alpha(x)$;② $a^{\alpha(x)}-1 \sim \alpha(x)\ln a$ 与 $e^{\alpha(x)}-1 \sim \alpha(x)$;③ $[1+$

$\alpha(x)]^{\beta}-1\sim\beta\alpha(x)$.

5. 提醒学员对前面学习的等价无穷小代换的使用注意事项：

（1）由复合函数的连续性，可以在指数、根号下等复合情况下使用等价无穷小代换，

如 $\lim\limits_{x\to0}\dfrac{\sin ax}{\sqrt{1-\cos x}}=\lim\limits_{x\to0}\dfrac{ax}{\sqrt{\dfrac{1}{2}x^2}}$,

其中，$\sqrt{1-\cos x}\ \sqrt{\dfrac{1}{2}x^2}=\dfrac{|x|}{\sqrt{2}}\left(事实上，\lim\limits_{x\to0}\dfrac{\sqrt{1-\cos x}}{\sqrt{\dfrac{1}{2}x^2}}=\sqrt{\lim\limits_{x\to0}\dfrac{1-\cos x}{\dfrac{1}{2}x^2}}=1\right)$.

（2）在和差中不能用等价无穷小代换，但对于比较复杂的函数，如果能化成几部分之和，每一部分如果极限都存在，那每一部分可以用等价无穷小代换．

如 $\lim\limits_{x\to0}\dfrac{3\sin x+x^2\sin\dfrac{1}{x^2}}{(1+\cos x)\ln(1+x)}=\lim\limits_{x\to0}\dfrac{3\sin x}{(1+\cos x)\ln(1+x)}+\lim\limits_{x\to0}\dfrac{x^2\sin\dfrac{1}{x^2}}{(1+\cos x)\ln(1+x)}$，两部分可分别进行等价无穷小代换．

6. 在求幂指函数 $[f(x)]^{g(x)}$ 的极限时，可以考虑将其先取对数再求同底的指数，即先转化为 $e^{g(x)\ln f(x)}$，再利用指数函数的连续性求极限 $\lim[f(x)^{g(x)}]=e^{\lim g(x)\ln f(x)}$．当函数呈"$1^{\infty}$"型未定式时，也可以将其化成 $\lim\limits_{\alpha(x)\to0}[1+\alpha(x)]^{\frac{1}{\alpha(x)}}$ 或 $\lim\limits_{\alpha(x)\to\infty}\left[1+\dfrac{1}{\alpha(x)}\right]^{\alpha(x)}$ 的形式，或凑指数幂使之成为上述形式，然后利用第二个重要极限求解．

7. 在闭区间上连续函数的最大最小值定理和介值定理，是高等数学重要的理论基础，这些定理的严格证明要以实数理论为基础，证明过程比较复杂，但是，我们可以借助连续函数是一条连绵曲线这种几何直观，形象地来理解和记忆这些定理；另外，还可以从物理上来加以解释．例如，一昼夜的温度随时间连续变化，总有两个时刻分别达到最高温度和最低温度；温度从 1 ℃ 变到 3 ℃，中间一定要经过 1 ℃ 与 3 ℃ 之间的一切温度 1.1 ℃，1.2 ℃，1.3 ℃，…

值得特别注意的是，这些定理的成立必须满足"闭区间"和"连续"两个条件，缺一不可．若函数在开区间内连续，则定理的结论就可能不成立，例如，$f(x)=\tan x$ 在 $\left(-\dfrac{\pi}{2},\dfrac{\pi}{2}\right)$ 内连续，但在该区间内不存在最值．再例如，$f(x)=\begin{cases}x,0\leqslant x<2,x\neq1\\0,x=1\end{cases}$ 在闭区间 $[0,2]$ 上除 $x=1$ 外连续，因函数在 $x=1$ 处不连续，不满足介值定理的条件，因 $f(0)=0<f(2)=2$，对 $c=1$，虽有 $0<c<2$，但不存在 $\xi\in(0,2)$，使得 $f(\xi)=1$.

另外，介值定理的一个特殊情况（零值定理）是十分有用的，它既可用来判断方程式根的存在性，又可以估计方程的根的隔根区间，求出根的近似值．

二、典型例题

（一）有关初等函数连续性

例 1 求 $\lim\limits_{x\to0}\sqrt{e^{2x}+4+\sin2x}$.

解：因为 $f(x)=\sqrt{e^{2x}+4+\sin 2x}$ 是初等函数，并且它的定义区间为 $(-\infty,+\infty)$，所以 $\lim\limits_{x\to 0}\sqrt{e^{2x}+4+\sin 2x}=\sqrt{e^0+4+0}=\sqrt{5}$

例 2　求 $\lim\limits_{x\to 0}\dfrac{\ln(1+x)}{x}$.

解法一：$\lim\limits_{x\to 0}\dfrac{\ln(1+x)}{x}=\lim\limits_{x\to 0}\ln(1+x)^{\frac{1}{x}}=\ln[\lim\limits_{x\to 0}(1+x)^{\frac{1}{x}}]=\ln e=1$（函数的连续性）

解法二：$\lim\limits_{x\to 0}\dfrac{\ln(1+x)}{x}=\lim\limits_{x\to 0}\dfrac{x}{x}=1$（等价无穷小代换）

注：本题中解法一：$x=0$ 不是初等函数定义域内的点，不能利用初等函数的连续性求极限，利用了对数的性质，$\log_a N^b=b\log_a N$ 进行恒等变形，借助于复合函数求极限和第二个重要极限求得结果. 解法二利用的等价无穷小代换进行求解.

例 3　设 $f(x)=\begin{cases}x\sin^2\dfrac{1}{x}, & x>0\\ a+x^2, & x\leqslant 0\end{cases}$ a 取多少时，才能使函数 $f(x)$ 在 $(-\infty,+\infty)$ 内连续.

解：因为当 $x\neq 0$ 时，$x\sin^2\dfrac{1}{x}$ 与 $a+x^2$ 都是初等函数，显然是连续的，所以要使 $f(x)$ 在 $(-\infty,+\infty)$ 内连续，只需保证 $f(x)$ 在 $x=0$ 处连续即可. 由左右连续，即满足左右极限都等于函数值，得到：

$$\left.\begin{array}{l}\lim\limits_{x\to 0^-}f(x)=\lim\limits_{x\to 0^-}(a+x^2)=a=f(0)\\ \lim\limits_{x\to 0^+}f(x)=\lim\limits_{x\to 0^+}x\sin^2\dfrac{1}{x}=0\end{array}\right\}\Rightarrow a=0,\text{故当 }a=0\text{ 在 }(-\infty,+\infty)\text{ 内连续.}$$

例 4　讨论函数 $f(x)=\begin{cases}\dfrac{x}{1+e^{\frac{1}{x}}}, & x\neq 0\\ 0, & x=0\end{cases}$ 的连续性.

解：当 $x\neq 0$ 时，显然 $f(x)$ 是连续的，因此只需要考虑 $x=0$ 处的连续性即可. 因为

$$\lim\limits_{x\to 0^-}f(x)=\lim\limits_{x\to 0^-}\dfrac{x}{1+e^{\frac{1}{x}}}=\dfrac{0}{1+0}=0=f(0),\ \lim\limits_{x\to 0^+}f(x)=\lim\limits_{x\to 0^+}x\cdot\dfrac{1}{1+e^{\frac{1}{x}}}=0=f(0)$$

所以，$\lim\limits_{x\to 0}f(x)=f(0)$，即函数 $f(x)$ 在 $x=0$ 处连续，故 $f(x)$ 的连续区间为 $(-\infty,+\infty)$.

分析：当 $x\neq 0$ 时，显然 $f(x)=\dfrac{x}{1+e^{\frac{1}{x}}}$ 为初等函数，根据一切初等函数在其定义区间内都是连续的性质可得. 当 $x\neq 0$ 时，显然 $f(x)$ 连续，故只需要考虑分段点的连续性即可.

（二）有关闭区间上连续函数性质

例 1　证明方程 $x^3-4x^2+1=0$ 在区间 $(0,1)$ 内至少有一个根.

证明：函数 $f(x)=x^3-4x^2+1$ 在区间 $[0,1]$ 上连续，又 $f(0)=1>0$，$f(1)=-2<$

0,根据零点定理,在$(0,1)$内至少有一点ξ,使得$f(\xi)=0$,即$\xi^3-4\xi^2+1=0(0<\xi<1)$,这等式说明方程$x^3-4x^2+1=0$在区间$(0,1)$内至少有一个根是$\xi$.

例2 证明方程$x^3-9x-1=0$恰有3个实根.

证明:令$f(x)=x^3-9x-1$,因为$f(-3)=-1<0,f(-2)=9>0,f(0)=-1<0$,$f(4)=27>0$,又$f(x)$在$(-3,-2),(-2,0),(0,4)$上连续,则根据零点定理可得$f(x)$在这三个区间内各至少有一个零点,又因为$x^3-9x-1=0$是3次方程,则方程$x^3-9x-1=0$恰有3个实根.

注:要证明恰有三个实根需要用零点定理证明根的存在性,结合方程的次数说明唯一性.

例3 设$f(x)$在$[0,1]$上连续,且$0\leqslant f(x)\leqslant 1$,证明:在$[0,1]$上至少存在一点$\xi$,使$f(\xi)=\xi$.

证明:设$F(x)=f(x)-x$.因为$f(x)$在$[0,1]$上连续,所以$F(x)=f(x)-x$在$[0,1]$上连续,又$0\leqslant f(x)\leqslant 1$,所以在$[0,1]$上必存在$x_1,x_2$,使得$f(x_1)=\max\limits_{x\in[a,b]}f(x)$$=1,f(x_2)=\min\limits_{x\in[a,b]}f(x)=0$,其中$0\leqslant x_1\leqslant 1,0\leqslant x_2\leqslant 1$.

所以$F(x_1)=f(x_1)-x_1=1-x_1\geqslant 0,F(x_2)=f(x_2)-x_2=0-x_2\leqslant 0$.

若$x_1=1$或$x_2=0$,即$F(x_1)=0$或$F(x_2)=0$,得证;

若$x_1\neq 1,x_2\neq 0$,因为$F(x)$在$[x_1,x_2]$上连续,且$F(x_1)>0,F(x_2)<0$,所以由零点定理得:至少存在一点$\xi\in(x_1,x_2)\in(0,1)$,使得$F(\xi)=0$,得证.

注:本题的难点在于构造辅助函数$F(x)$,方法是根据结论进行逆推,本题证明时还需讨论端点处函数值等于零的情况.

例4 设$f(x)$在$[0,2a]$上连续,且$f(0)=f(2a)$,证明在$[0,a]$上至少存在一点ξ,使$f(\xi)=f(\xi+a)$.

证:令$F(x)=f(x)-f(x+a)$,则$F(x)$在$[0,a]$上连续.$F(0)=f(0)-f(a)$,

$F(a)=f(a)-f(2a)=f(a)-f(0)=-F(0)$,若$F(0)=F(a)=0$,则端点0或$a$即可作为$\xi$;若$F(0)\neq 0$,则$F(0)\cdot F(a)<0$,由零点定理知,$\exists\xi\in(0,a)$使得$F(\xi)=0$,即$f(\xi)-f(\xi+a)=0$,综上所述,至少存在一$\xi\in[0,a]$,使$f(\xi)=f(\xi+a)$.

三、教学建议

1. 结合实例,用实例分析的方法,通过几何直观分析讨论间断点的不同类型以及判别的关键.

2. 化归、转化和变量代换的思想.

(1)高等数学研究的函数大多是初等函数,利用初等函数的定义,借助基本初等函数的连续性、连续的四则运算法则,反函数以及复合函数的连续性就可以讨论初等函数的连续性,引导学员在自主学习中体会数学理论的产生过程以及其中蕴含的思想方法.

(2)极限的运算性质是研究抽象函数的线性运算、复合函数运算、反函数运算的规律,这是哲学的普遍性和特殊性的统一的研究方法,不是研究具体函数间的运算,而是研究抽象函数间的运算,从而一劳永逸地解决了无穷维空间函数极限的运算问题;此外极限的运算是将复杂函数的极限问题转化为基本初等函数的极限问题,体现了数学的化归

思想.

3. 利用函数连续性推导出几个常用的等价无穷小的过程中,转化和变量代换的思维方法起到了关键的作用.

如,求解 $\lim\limits_{x\to 0}\dfrac{a^x-1}{x}$,通过令 $a^x-1=t$,转化为 $\lim\limits_{t\to 0}\dfrac{\ln(1+t)}{t}$.

4. 利用数形结合思想方法,从几何图形描述介值定理的意义,掌握将几何描述转化为数学语言的能力.

5. 关于闭区间上连续函数的性质,可结合图形加以理解,应强调闭区间和连续两个条件是重要的充分条件,运用时不可缺少任何一条.

6. 闭区间上连续函数性质的应用问题,往往比较困难,求解这类问题能训练学员的创造思维能力和灵活运用能力.其解题要点是构造辅助函数,将问题转化为函数的介值定理和零点存在性定理.

四、达标训练

第九节 连续函数运算、初等函数连续性

(一) 是非题

1. $f(x)$ 与 $g(x)$ 在 $x=x_0$ 连续,则 $f^2(x)+2f(x)\cdot g(x)-3g(x)$ 在 $x=x_0$ 也连续. ( )

2. $f(x)$ 在 $x=x_0$ 连续,$g(x)$ 在 $x=x_0$ 不连续,则 $f(x)+g(x)$ 在 x_0 一定不连续. ( )

3. $f(x)$ 在 x_0 连续,$g(x)$ 在 x_0 不连续,则 $f(x)\cdot g(x)$ 在 x_0 一定不连续. ( )

4. $f(x)=\dfrac{x\sin x}{e^x}$ 在 $(-\infty,+\infty)$ 上连续. ( )

5. 不连续函数平方后仍为不连续函数. ( )

(二) 求函数 $f(x)=\begin{cases}2x-1,0\leqslant x\leqslant 1\\3x,1<x\leqslant 3\end{cases}$ 的连续区间.

(三) 求下列极限

1. $\lim\limits_{x\to 0}\dfrac{x^2(2^x-1)}{\sqrt{1-x^3}-1}$

2. $\lim\limits_{x\to 0}\dfrac{\ln(1+2x)}{\sin 5x}$

3. $\lim\limits_{x\to 0^+}\dfrac{\sqrt{1-\cos x}}{1-\cos\sqrt{x}}$

4. $\lim\limits_{x\to 0}\dfrac{\sqrt{1+\tan x}-\sqrt{1+\sin x}}{e^{x^3}-1}$

5. $\lim\limits_{x \to 0^+} \dfrac{3^{\frac{1}{x}} - 1}{3^{\frac{1}{x}} + 1}$

6. $\lim\limits_{x \to \infty} 3^{\arctan x}$

（四）设函数 $f(x) = \begin{cases} \dfrac{\sin ax}{5^{2x} - 1}, x < 0 \\ b, x = 0 \\ \dfrac{1}{x}\left[\ln x - \ln(x^2 + x)\right], x > 0 \end{cases}$ ，问 a, b 为何值时，$f(x)$ 在 $(-\infty,$

$+\infty)$ 内连续.

第十节　闭区间上连续函数性质

（一）是非题

1. $f(x)$ 在 (a,b) 内连续，则 $f(x)$ 在 (a,b) 内一定有最大值和最小值. （　　）

2. 设 $f(x)$ 在 $[a,b]$ 上连续且无零点，则 $f(x)$ 在 $[a,b]$ 上恒为正或恒为负. （　　）

3. $f(x)$ 在 $[a,b]$ 上连续且单调，$f(a) \cdot f(b) < 0$，则 $f(x)$ 在 (a,b) 内有且只有一个
零点. （　　）

4. 若 $f(x)$ 在闭区间 $[a,b]$ 有定义，在开区间 (a,b) 内连续，且 $f(a) \cdot f(b) < 0$，则
$f(x)$ 在 (a,b) 内有零点. （　　）

5. $f(x)$ 在 $[a,b]$ 上连续，则在 $[a,b]$ 上有界. （　　）

6. $\because \tan\dfrac{\pi}{4} = 1 > 0, \tan\dfrac{3\pi}{4} = -1 < 0, \therefore \tan x$ 在 $\left(\dfrac{\pi}{4}, \dfrac{3\pi}{4}\right)$ 内必有零点. （　　）

（二）单项选择题

1. 函数 $f(x)$ 在 $[a,b]$ 上有最大值和最小值是 $f(x)$ 在 $[a,b]$ 上连续的（　　）.

　　A. 必要条件而非充分条件　　　　B. 充分条件而非必要条件

　　C. 充分必要条件　　　　　　　　D. 既非充分条件又非必要条件

2. $f(x)$ 在 $[a,b]$ 上连续，$f(a) \cdot f(b) < 0, x < x_1 < x_2 < x_3 < x_4 < x_5 < x_6 < b$，且
$f(x_1) = f(x_3) = f(x_6) = 1, f(x_2) = f(x_4) = 0, f(x_5) = -1$，则可判断 $f(x)$ 在
(a,b) 内的零点个数（　　）.

　　A. $\geqslant 3$　　　　　B. $\geqslant 4$　　　　　C. $\geqslant 5$　　　　　D. $\geqslant 6$

3. 下列命题错误的是（　　）.

　　A. $f(x)$ 在 $[a,b]$ 上连续，则存在 $x_1, x_2 \in [a,b]$，使得 $f(x_1) \leqslant f(x) \leqslant f(x_2)$

　　B. $f(x)$ 在 $[a,b]$ 上连续，则存在常数 M，使得对任意 $x \in [a,b]$，都有 $|f(x)|$
　　　　$\leqslant M$

C. $f(x)$在$[a,b]$内连续,则在(a,b)内必定没有最大值

D. $f(x)$在$[a,b]$内连续,则在(a,b)内可能既没有最大值也没有最小值

4. 对初等函数来说,其连续区间一定是(　　).

A. 其定义区间　　B. 闭区间　　　　C. 开区间　　　　D. $(-\infty,+\infty)$

(三) 证明题

若函数$f(x)$在闭区间$[a,b]$上连续,$f(a)<a$,$f(b)>b$. 证明:至少有一点$\xi\in(a,b)$,使得$f(\xi)=\xi$.

(四) 证明题

设函数$f(x)$在闭区间$[a,b]$上连续,$c,d\in(a,b)$,$t_1>0$,$t_2>0$,证明:在$[a,b]$上必有点ξ,使得$t_1f(c)+t_2f(d)=(t_1+t_2)f(\xi)$.

附:参考答案

第九节　连续函数运算、初等函数连续性

(一) 1. $\checkmark$　2. $\checkmark$　3. $\times$　4. $\checkmark$　5. $\times$

(二) 解:因为函数$f(x)$在各段都是初等函数,初等函数在各自的定义域内连续,当$x=1$时,$f(1)=1$,$\lim\limits_{x\to1^-}f(x)=1$,$\lim\limits_{x\to1^+}f(x)=3$,所以 $x=1$ 为间断点,所以连续区间为$[0,1)\bigcup(1,3]$.

(三) 1. 解:原式$=\lim\limits_{x\to0}\dfrac{x^2x\ln x}{\frac{1}{2}(-x^2)}=2\ln2$.

2. 解:原式$=\lim\limits_{x\to0}\dfrac{2x}{5x}=\dfrac{2}{5}$.

3. 解:$\lim\limits_{x\to0^+}\dfrac{\sqrt{1-\cos x}}{1-\cos\sqrt{x}}=\lim\limits_{x\to0^+}\dfrac{\sqrt{1-\cos x}(1+\cos\sqrt{x})}{(1-\cos\sqrt{x})(1+\cos\sqrt{x})}=\lim\limits_{x\to0^+}\dfrac{\sqrt{1-\cos x}(1+\cos\sqrt{x})}{\sin^2\sqrt{x}}$

$=\lim\limits_{x\to0^+}\dfrac{\sqrt{\frac{1}{2}x^2}(1+\cos\sqrt{x})}{x}=\sqrt{2}$.

4. 解:原式$=\lim\limits_{x\to0}\dfrac{\tan x-\sin x}{(e^{x^3}-1)(\sqrt{1+\tan x}+\sqrt{1+\sin x})}=\lim\limits_{x\to0}\dfrac{\tan x(1-\cos x)}{2(e^{x^3}-1)}=\dfrac{1}{4}$.

5. 解:因为$x\to0^+$,$\dfrac{1}{x}\to+\infty$,所以令$t=\dfrac{1}{x}$,原式$=\lim\limits_{x\to\infty}\dfrac{3^t-1}{3^t+1}=1$.

6. 解:因为$x\to+\infty$,$\arctan x\to\dfrac{\pi}{2}$,当$x\to-\infty$,$\arctan x\to-\dfrac{\pi}{2}$,所以,

原式在$x\to+\infty$,$3^{\arctan x}\to3^{\frac{\pi}{2}}$,在$x\to-\infty$,$3^{\arctan x}\to3^{-\frac{\pi}{2}}$,原式无极限.

（四）解：当 $x<0$ 时，$f(x)=\dfrac{\sin ax}{5^{2x}-1}$ 是初等函数，故 $f(x)$ 在 $(-\infty,0)$ 内连续；

当 $x>0$ 时，$f(x)=\dfrac{1}{x}[\ln x-\ln(x^2+x)]$ 也是初等函数，故 $f(x)$ 在 $(0,+\infty)$ 内也连续；要使 $f(x)$ 在 $(-\infty,+\infty)$ 内连续，只需要 $f(x)$ 在 $x=0$ 处连续即可，即 $f(0^-)=f(0)=f(0^+)$. 因为当 $x\to0^-$ 时，$5^{2x}-1\sim x\ln25$，$\sin ax\sim ax$，于是 $f(0^-)=\lim\limits_{x\to0^-}\dfrac{\sin ax}{5^{2x}-1}$

$=\lim\limits_{x\to0^-}\dfrac{ax}{x\ln25}=\dfrac{a}{\ln25}=f(0)=b$；而当 $x\to0^+$ 时，$\dfrac{1}{x}[\ln x-\ln(x^2+x)]=-\dfrac{\ln(1+x)}{x}$，于是由 $f(0^+)=\lim\limits_{x\to0^+}\dfrac{1}{x}[\ln x-\ln(x^2+x)]=-\lim\limits_{x\to0^+}\dfrac{\ln(1+x)}{x}=-1=f(0)=b$，解得 $b=-1$，$a=-\ln25$.

第十节　闭区间上连续函数性质

（一）1. ×　2. √　3. √　4. ×　5. √　6. ×

（二）1. A　2. B　3. C　4. A

（三）证明：令 $F(x)=f(x)-x$，则 $F(a)=f(a)-a<0$，$F(b)=f(b)-b>0$，所以在区间 $[a,b]$ 上有 $F(a)F(b)<0$，又因为 $f(x)$ 在 $[a,b]$ 上连续，则 $F(x)$ 亦在 $[a,b]$ 上连续，所以 $\exists\,\xi\in(a,b)$，使得 $F(\xi)=0$，即 $f(\xi)=\xi$.

（四）证明：令 $t=\dfrac{t_1}{t_1+t_2}$，$1-t=\dfrac{t_2}{t_1+t_2}$，设 $F(x)=f(x)-tf(c)-(1-t)f(d)$，则 $F(x)$ 在区间 $[a,b]$ 上连续，不妨设 $f(c)>f(d)$，则，$F(c)=(1-t)(f(c)-f(d))>0$，$F(d)=t(f(d)-f(c))<0$；所以，$F(c)F(d)<0$，所以 $\exists\,\xi\in(c,d)$ 使得 $F(\xi)=0$，即，$F(\xi)=f(\xi)-tf(c)-(1-t)f(d)=0$，即 $t_1f(c)+t_2f(d)=(t_1+t_2)f(\xi)$，同理可证，$f(c)<f(d)$. $f(c)=f(d)$，令 $\xi=d$ 即可.

综合练习

一、选择题

1. "数列极限 $\lim\limits_{n\to\infty} x_n$ 存在"是"数列 $\{x_n\}$ 有界"的（　　）.

  A. 充分必要条件   B. 充分但非必要条件

  C. 必要但非充分条件   D. 既非充分条件也非必要条件

2. 数列极限 $\lim\limits_{n\to\infty} n[\ln(n-1)-\ln n]$ 是（　　）.

  A. 1   B. -1 C. ∞ D. 不存在但非 ∞

3. 已知 $\lim\limits_{x\to\infty}\left(\dfrac{x+1}{x+k}\right)^x = \lim\limits_{x\to0} e^{\frac{\sin4x}{x}}$，则 $k=$（　　）.

  A. 2   B. -3 C. 3   D. 4

4. 若 $\lim\limits_{x\to x_0} f(x)$ 存在，则下列极限一定存在的是（　　）.

  A. $\lim\limits_{x\to x_0}[f(x)]^a$（$a$ 为实数）   B. $\lim\limits_{x\to x_0}|f(x)|$

  C. $\lim\limits_{x\to x_0}\ln f(x)$ D. $\lim\limits_{x\to x_0}\arcsin f(x)$

5. 设 $f(x)$ 在 x_0 点连续，且在 x_0 的一去心领域内有 $f(x)>0$，则（　　）.

  A. $f(x_0)>0$ B. $f(x_0)<0$ C. $f(x_0)\geqslant0$ D. $f(x_0)=0$

6. $f(x)=\begin{cases}\dfrac{2}{\pi}\arctan\dfrac{1}{x}, & x<0,\\[2mm] \dfrac{3^{1/x}-1}{2+3^{1/x}}, & x>0.\end{cases}$ 则 $x=0$ 是 $f(x)$ 的（　　）.

  A. 可去间断点   B. 无穷间断点   C. 振荡间断点   D. 跳跃间断点

7. 函数 $f(x)=\dfrac{\sin x}{x}+\dfrac{e^{\frac{1}{2}x}}{1-x}$ 的间断点个数为（　　）.

  A. 0   B. 1   C. 2   D. 3

8. 曲线 $y=e^{\frac{1}{x^2}}\arctan\dfrac{x^2+x+1}{(x-1)(x+2)}$ 的渐近线有（　　）.

  A. 1条   B. 2条   C. 3条   D. 4条

二、填空题

1. 函数 $f(x)=\arcsin(2x-1)$ 的定义域是_____.

2. 极限 $\lim\limits_{x\to\infty}\dfrac{(3x^2+2)^3}{(2x^3+3)^2}=$_____.

3. $\lim\limits_{n\to\infty}\left(\dfrac{n+2}{n+1}\right)^{3n}=$_____.

4. 数列极限 $\lim\limits_{n\to\infty} n(a^{\frac{1}{n}}-1)$（其中 $a>0$）的值是_____.

5. 极限 $\lim\limits_{x \to 0} \dfrac{\sqrt{1+5x} - \sqrt{1-3x}}{x^2 + 2x} = $ _____.

6. 极限 $\lim\limits_{x \to +\infty} \dfrac{2^x - 1}{4^x + 1} = $ _____.

7. 若要 $\lim\limits_{x \to 0} \dfrac{\tan x - \sin x}{x^p} = \dfrac{1}{2}$，则需 $P = $ _____.

8. 设函数 $f(x) = \begin{cases} \dfrac{\ln(1+x)}{x}, & x > 0, \\ a, & x = 0, \\ \dfrac{\sqrt{1+x} - \sqrt{1-x}}{x}, & -1 < x < 0 \end{cases}$ 在 $x = 0$ 处连续，则必 $a = $ _____.

9. 设 $f(x)$ 处处连续，且 $f(2) = 3$，则 $\lim\limits_{x \to 0} \dfrac{\sin 3x}{x} f\left(\dfrac{\sin 2x}{x}\right) = $ _____.

10. 函数 $f(x) = \dfrac{x-2}{\ln|x-1|}$ 的一个无穷间断点为 _____.

三、计算题

1. $\lim\limits_{h \to 0} \dfrac{e^{x+h} - e^x}{h}$

2. $\lim\limits_{x \to 0} \dfrac{\sqrt{1 + 4x \tan^2 x} - 1}{3^{2x^3} - 1}$

3. 已知 $\lim\limits_{x \to +\infty} (5x - \sqrt{ax^2 + bx + 1}) = 2$，求常数 a 和 b.

4. 已知 $\lim\limits_{x \to 0} \dfrac{\ln\left(1 + \dfrac{f(x)}{\sin x}\right)}{3^x - 1} = 2$，求 $\lim\limits_{x \to 0} \dfrac{f(x)}{x^2}$.

5. 确定 $f(x) = \dfrac{\sqrt{2-x}}{(x-1)(x-4)}$ 的间断点,并判别其类型.

6. 设 $f(x) = \begin{cases} x^2 & |x| > 1 \\ -x & |x| \leqslant 1 \end{cases}$ 研究 $f(x)$ 的连续性.

7. 对所有正整数 n 有 $0 < x_n < 1$,且 $x_{n+1} = 2x_n - x_n^2$,求 $\lim\limits_{n \to \infty} x_n$.

四、证明题

1. 证明数列 $x_n = \dfrac{1}{1^2} + \dfrac{1}{2^2} + \cdots + \dfrac{1}{n^2}$ 收敛.

2. 证明:方程 $x = \cos x$ 在 $\left(0, \dfrac{\pi}{2}\right)$ 内至少有一个实根.

3. 证明:方程 $x^4 - 3x + 1 = 0$ 在 $(-1, 1)$ 内有实根.

附:参考答案

一、选择题

1. B　2. B　3. B　4. B　5. C　6. D　7. C　8. B

二、填空题

1. $[0, 1]$　2. $\dfrac{27}{4}$　3. e^3　4. $\ln a$　5. 2　6. 0　7. 3　8. 1　9. 9　10. 0

三、计算题

1. 解: $\lim\limits_{h \to 0} \dfrac{e^{x+h} - e^x}{h} = \lim\limits_{h \to 0} \dfrac{e^x(e^h - 1)}{h} = e^x \lim\limits_{h \to 0} \dfrac{h}{h} = e^x.$

2. 解: $\dfrac{1}{\ln 3}$.

3. 解：$\lim\limits_{x\to+\infty}(5x-\sqrt{ax^2+bx+1})=\lim\limits_{x\to+\infty}\dfrac{25x^2-(ax^2+bx+1)}{5x+\sqrt{ax^2+bx+1}}$，上式有极限，所以

x^2 项系数为 0，故 $a=25$，因此上式可化为 $\lim\limits_{x\to+\infty}\dfrac{-b-\dfrac{1}{x}}{5+\sqrt{25+\dfrac{b}{x}+\dfrac{1}{x^2}}}=-\dfrac{b}{10}$，所以 $b=$

-20.

4. 解：由已知 $\lim\limits_{x\to0}\ln\left(1+\dfrac{f(x)}{\sin x}\right)=0$，所以 $\lim\limits_{x\to0}\dfrac{f(x)}{\sin x}=0$，所以 $\ln\left(1+\dfrac{f(x)}{\sin x}\right)\cdot\dfrac{f(x)}{\sin x}$，

设 $\lim\limits_{x\to0}\dfrac{f(x)}{x^2}=A$，则 $\lim\limits_{x\to0}\dfrac{\ln\left(1+\dfrac{f(x)}{\sin x}\right)}{3^x-1}=\lim\limits_{x\to0}\dfrac{\dfrac{f(x)}{\sin x}}{3^x-1}=\lim\limits_{x\to0}\dfrac{\dfrac{f(x)}{x}}{x\cdot\ln3}=\dfrac{A}{\ln3}=2$，所以 $A=2\ln3$.

5. 解：定义域为：$(-\infty,1)\bigcup(1,2]$，所以 $x=1$ 是间断点. 由于 $\lim\limits_{x\to1}f(x)=$ $\lim\limits_{x\to1}\dfrac{\sqrt{2-x}}{(x-1)(x-4)}=\infty$，所以 $x=1$ 是第二类（无穷）间断点.

6. 解：由于 $\lim\limits_{x\to-1^-}f(x)=\lim\limits_{x\to-1^-}x^2=1$，$\lim\limits_{x\to-1^+}f(x)=\lim\limits_{x\to-1^+}(-x)=1$，$f(-1)=1$，所以 $f(x)$ 在 $x=-1$ 处连续. 又 $\lim\limits_{x\to1^-}f(x)=\lim\limits_{x\to1^-}(-x)=-1$，$\lim\limits_{x\to1^+}f(x)=\lim\limits_{x\to1^+}x^2=1$，所以 $f(x)$ 在 $x=1$ 处间断.

7. 解：由于对所有正整数 n 有 $0<x_n<1$，且 $x_{n+1}=2x_n-x_n^2$，所以 $x_{n+1}=2x_n-x_n^2\leqslant1$. 即 $\{x_n\}$ 有界，又 $x_{n+1}-x_n=x_n-x_n^2>0$，所以 $\{x_n\}$ 单调，则 $\lim\limits_{n\to\infty}x_n$ 存在.
令 $\lim\limits_{n\to\infty}x_n=A$，则 $\lim\limits_{n\to\infty}x_{n+1}=2\lim\limits_{n\to\infty}x_n-\lim\limits_{n\to\infty}x_n^2$，$A=2A-A^2$，所以 $A=0$ 或 $A=1$

四、证明题

1. 证明：$x_{n+1}=x_n+\dfrac{1}{(n+1)^2}>x_n(n=1,2,\cdots)$，所以数列单调增加. 又，对每个 n，

$0<x_n=1+\dfrac{1}{2\cdot2}+\dfrac{1}{3\cdot3}+\cdots+\dfrac{1}{n\cdot n}<1+\dfrac{1}{1\cdot2}+\dfrac{1}{2\cdot3}+\cdots+\dfrac{1}{(n-1)\cdot n}=1+$

$\left(1-\dfrac{1}{2}\right)+\left(\dfrac{1}{2}-\dfrac{1}{3}\right)+\cdots+\left(\dfrac{1}{n-1}-\dfrac{1}{n}\right)=2-\dfrac{1}{n}<2$，所以 $\{x_n\}$ 有界，数列 $\{x_n\}$ 收敛.

2. 证明：设 $f(x)=x-\cos x$，在 $\left[0,\dfrac{\pi}{2}\right]$ 内连续，由于 $f(0)=-1<0$，$f\left(\dfrac{\pi}{2}\right)=\dfrac{\pi}{2}>$ 0，则由零点定理得 $f(x)=x-\cos x$ 在 $\left(0,\dfrac{\pi}{2}\right)$ 内至少存在一点 $x=\xi$，使得 $f(x)=0$，即方程 $x=\cos x$ 在 $\left(0,\dfrac{\pi}{2}\right)$ 内至少有一个实根.

3. 证明：令 $F(x)=x^4-3x+1$，由 $F(x)$ 在 $[-1,1]$ 上连续，$F(-1)=5>0$，$F(1)=$ $-1<0$ 则，存在 $\xi\in(-1,1)$，使 $F(\xi)=0$，即 $x^4-3x+1=0$ 在 $(-1,1)$ 内有实根.

第十一节　单元检测

单元检测一

一、填空题（每题 4 分,合计 20 分）

1. 设 $f(x)=\begin{cases}\sin x, & |x|\leqslant\pi\\ \cos x, & |x|>\pi\end{cases}$，$g(x)=\arcsin x$，则 $g(f(3\pi))=$ _____．

2. 曲线 $y=\dfrac{\sin x}{x}$ 的水平渐近线为 _____．

3. $\lim\limits_{n\to\infty}\dfrac{3\mathrm{e}^{2n}-2}{\mathrm{e}^{2n}+\mathrm{e}^n}=$ _____．

4. $\lim\limits_{x\to0}(\cos x)^{\frac{1}{\arctan x^2}}=$ _____．

5. $\lim\limits_{x\to+\infty}\dfrac{\ln(1+x4^{-x}\sin\frac{1}{x}+3^{-x})}{\ln(1-3^{-x})}=$ _____．

二、单项选择题（每题 4 分,合计 20 分）

1. 设 $f(x)=x\cos x\,\mathrm{e}^{\sin x}$，则 $f(x)$ 是（　　）.

   A. 奇函数　　　　　　B. 周期函数　　　　C. 无界函数　　　　D. 单调函数

2. 下列各式中正确的是（　　）.

   A. $\lim\limits_{x\to0^+}\left(1+\dfrac{1}{x}\right)^x=\mathrm{e}$

   B. $\lim\limits_{x\to\infty}\left(1+\dfrac{1}{x}\right)^x=\mathrm{e}$

   C. $\lim\limits_{x\to\infty}(1+x)^{\frac{1}{x}}=\mathrm{e}$

   D. $\lim\limits_{x\to0}(1+x)^x=\mathrm{e}$

3. 设 $f(x)=\sin x^2$，$g(x)=\sqrt{1-x^2}-1$，则当 $x\to0$ 时，$f(x)$ 是 $g(x)$ 的（　　）.

   A. 等价无穷小

   B. 高阶无穷小

   C. 低阶无穷小

   D. 同阶但非等价无穷小

4. 下列命题中错误的是（　　）.

   A. 数列有界是数列收敛的必要条件

   B. 数列有界是单调数列收敛的充要条件

   C. 数列极限 $\lim\limits_{n\to\infty}f(n)$ 存在是函数极限 $\lim\limits_{x\to+\infty}f(x)$ 存在的充要条件

   D. 极限 $\lim\limits_{x\to x_0^+}f(x)$ 与 $\lim\limits_{x\to x_0^-}f(x)$ 存在且相等时函数 $f(x)$ 在 x_0 处连续的必要条件

5. 若 $\lim\limits_{x\to x_0}f(x)$ 存在，$\lim\limits_{x\to x_0}g(x)$ 不存在，则极限（　　）.

   A. $\lim\limits_{x\to x_0}[f(x)+g(x)]$ 存在

   B. $\lim\limits_{x\to x_0}[f(x)+g(x)]$ 不存在

   C. $\lim\limits_{x\to x_0}[f(x)g(x)]$ 存在

   D. $\lim\limits_{x\to x_0}[f(x)g(x)]$ 不存在

三、(8分)用 $\varepsilon\text{-}\delta$ 语言证明 $\lim\limits_{x\to 1}\dfrac{1}{x}=1$.

四、(8分)计算极限 $\lim\limits_{x\to 0}\dfrac{\sqrt{1+x\sin x}-1}{\mathrm{e}^{x^2}-1}$.

五、(12分)已知 $x_1>0,x_{n+1}=\dfrac{1}{4}\left(3x_n+\dfrac{2}{x_n^3}\right)$，证明极限 $\lim\limits_{n\to\infty}x_n$ 存在并求该极限.

六、(12分)讨论函数 $f(x)=\dfrac{1}{(\mathrm{e}^{\frac{1}{x}}+1)\ln|x-2|}$ 的连续性,若有间断点,指出间断点的类型.

七、(8分)已知函数 $f(x)$ 连续,且 $\lim\limits_{x\to 0}\dfrac{\sqrt{1+\dfrac{f(x)}{\sin x}}-1}{x(\mathrm{e}^x-1)}=1$,证明 $f(0)=0$,并求常数 c 及 k,使得当 $x\to 0$ 时,$f(x)$ 与 cx^k 是等价无穷小.

八、(6分)已知定义在区间 $[0,1]$ 上的函数 $f(x)$ 连续,且 $f(0)=f(1)$,证明对任意的正整数 n,存在 $\xi_n\in[0,1]$,使得 $f(\xi_n)=f\left(\xi_n+\dfrac{1}{n}\right)$.

九、(6 分)讨论问题:是否存在正整数 n,使得 $(2+\sqrt{2})^n$ 的小数部分大于 $1-10^{-100}$?

单元检测二

一、填空题(每小题 3 分,共 15 分)

1. 设 $f\left(\sin\dfrac{x}{2}\right)=\cos x+1$,则 $f\left(\cos\dfrac{x}{2}\right)=$ _____.

2. $\lim\limits_{x\to 0}\arcsin\left(\dfrac{\sin x}{2x}-1\right)=$ _____.

3. $\lim\limits_{n\to\infty}\left(\dfrac{n-2}{n+1}\right)^n=$ _____.

4. 函数 $f(x)=\dfrac{x-2}{\sqrt{x^2-5x+6}}$ 的连续区间为 _____.

5. 已知当 $x\to 0$ 时,$(1+ax^2)^{\frac{1}{3}}-1$ 与 $\cos x-1$ 是等价无穷小,则常数 $a=$ _____.

二、选择题(每小题 3 分,共 15 分)

1. 函数 $f(x)=\dfrac{\sin(x+1)}{1+x^2}$ $(-\infty<x<+\infty)$ 是(　　).

   A. 有界函数　　　　　　　　　　　B. 奇函数

   C. 单调函数　　　　　　　　　　　D. 周期函数

2. 已知 $f(x)=\begin{cases}x^2,&x\leqslant 0\\(x^2+x),&x>0\end{cases}$,则(　　).

   A. $f(-x)=\begin{cases}-x^2,&x\leqslant 0\\-(x^2+x),&x>0\end{cases}$　　　　B. $f(-x)=\begin{cases}-(x^2+x),&x<0\\-x^2,&x\geqslant 0\end{cases}$

   C. $f(-x)=\begin{cases}x^2,&x\leqslant 0\\x^2-x,&x>0\end{cases}$　　　　D. $f(-x)=\begin{cases}x^2-x,&x<0\\x^2,&x\geqslant 0\end{cases}$

3. 设函数 $f(x)=\begin{cases}x^2,&x\leqslant 1\\x+1,&x>1\end{cases}$,则 $\lim\limits_{x\to 1}f(x)$(　　).

   A. 等于 1　　　　B. 等于 2　　　　C. 等于 0　　　　D. 不存在

4. $x=0$ 是 $f(x)=\arctan\dfrac{1}{x}$ 的(　　).

   A. 连续点　　　　　　　　　　　　B. 可去间断点

   C. 跳跃间断点　　　　　　　　　　D. 无穷间断点

5. 设 $f(x)$ 与 $g(x)$ 互为反函数,则 $f\left(\dfrac{x}{2}\right)$ 的反函数为(　　).

   A. $g\left(\dfrac{x}{2}\right)$　　　　B. $\dfrac{1}{2}g(x)$　　　　C. $2g(x)$　　　　D. $g(2x)$

三、解答下列各题（每小题 6 分，共 30 分）

1. 求极限 $\lim\limits_{x\to\infty} x^3\left(\sin\dfrac{1}{x}-\dfrac{1}{2}\sin\dfrac{2}{x}\right)$.

2. 求极限 $\lim\limits_{n\to\infty}(e+4^n+7^n)^{\frac{2}{n}}$.

3. 求极限 $\lim\limits_{n\to\infty}\dfrac{a\,e^{nx}+b}{e^{nx}+1}$（其中 a,b 为常数）.

4. 已知 $f(x)=\begin{cases}x, & x<1,\\ a, & x\geqslant 1,\end{cases} g(x)=\begin{cases}b, & x<0,\\ x+2, & x\geqslant 0.\end{cases}$ 求 $f[g(x)]$ 的表达式.

5. 问是否存在一个实数，它比自身的立方大 1？说明理由.

四、（8 分）已知常数 $\alpha>0, \beta\neq 0$，$\lim\limits_{x\to+\infty}\left[(x^{2\alpha}+x^{\alpha})^{\frac{1}{\alpha}}-x^2\right]=\beta$，求 α,β 的值.

五、（8 分）求函数 $f(x)=\dfrac{\tan x}{x}$ 的间断点，并说明其类型.

六、（8 分）试确定常数 a,b 的值，使函数 $f(x)=\begin{cases}a\,e^x-b, & x\leqslant 0,\\ \dfrac{\ln(b+x)}{x}, & x>0\end{cases}$ 在 $x=0$ 处连续.

七、(8 分)设函数 $f(x)$ 在 $(a,b]$ 上连续,且极限 $\lim\limits_{x \to a^+} f(x)$ 存在,证明函数 $f(x)$ 在区间 $(a,b]$ 上有界.

八、(8 分)设 $x_1 = 10, x_{n+1} = \sqrt{6 + x_n}\ (n=1,2,\cdots)$,试证数列 $\{x_n\}$ 极限存在,并求此数列.

附:参考答案

单元检测一

一、1. $-\dfrac{\pi}{2}$ 2. $y=0$ 3. 3   4. $e^{-\frac{1}{2}}$ 5. -1

二、1. C   2. B   3. D   4. C   5. B

三、提示:先限制 $|x-1| < \dfrac{1}{2}$,从而 $\dfrac{1}{2} < x < \dfrac{3}{2}$,适当放大 $\left|\dfrac{1}{x} - 1\right| < 2|x-1|$.

四、$\dfrac{1}{2}$.

五、$\sqrt[4]{2}$.

六、$x=0$,第一类跳跃型;$x=2$,第一类可去型;$x=1,3$,第二类无穷型.

七、$c=2, k=3$

八、提示:考虑函数 $f(x) - f\left(x + \dfrac{1}{n}\right)$ 在 $x=0, \dfrac{1}{n}, \dfrac{2}{n}, \cdots, \dfrac{n-1}{n}$ 处函数值的算术平均值.

九、存在(提示:$(2+\sqrt{2})^n$ 的小数部分为 $1-(2-\sqrt{2})^n$).

单元检测二

一、1. $1 - \cos x$. 解:$f\left(\sin\dfrac{x}{2}\right) = 2 - 2\sin^2\dfrac{x}{2}$,令 $u = \sin\dfrac{x}{2}$,则 $f(u) = 2 - 2u^2$,

$f\left(\cos\dfrac{x}{2}\right) = 2 - 2\cos^2\dfrac{x}{2} = 1 - \cos x$.

2. $-\dfrac{\pi}{6}$. 解:因为当 $x \to 0$ 时,$\dfrac{\sin x}{2x} - 1 \to -\dfrac{1}{2}$,又 $\arcsin u$ 在 $[-1,1]$ 上是连续函数,

故原式 $= \arcsin\left(-\dfrac{1}{2}\right) = -\dfrac{\pi}{6}$.

3. e^{-3}. 解：原式 $= \lim\limits_{n \to \infty} \dfrac{\left(1 - \dfrac{2}{n}\right)^n}{\left(1 + \dfrac{1}{n}\right)^n} = \dfrac{e^{-2}}{e} = e^{-3}$.

4. $(-\infty, 2)$ 及 $(3, +\infty)$. 解：要使 $f(x)$ 有定义，只要 $x^2 - 5x + 6 > 0$，即 $x < 2$ 或 $x > 3$，由于 $f(x)$ 在 $(-\infty, 2) \bigcup (3, +\infty)$ 上为初等函数，从而 $f(x)$ 在其定义区间上连续.

5. $-\dfrac{3}{2}$. 解：当 $x \to 0$ 时，$(1 + ax^2)^{\frac{1}{3}} - 1 \sim \dfrac{1}{3}ax^2$，$\cos x - 1 \sim -\dfrac{x^2}{2}$，依据题意知 $\dfrac{a}{3} = -\dfrac{1}{2}$，则 $a = -\dfrac{3}{2}$.

二、1. A；2. D；3. D；4. C；5. C 解：设 $y = f\left(\dfrac{x}{2}\right)$，则 $g(y) = \dfrac{x}{2}$，即 $x = 2g(y)$，交换 x, y 得所求反函数为：$y = 2g(x)$.

三、1. 解：原式 $\xlongequal{t = \frac{1}{x}} \lim\limits_{t \to 0} \dfrac{\sin t - \dfrac{1}{2}\sin 2t}{t^3} = \lim\limits_{t \to 0} \dfrac{\sin t \cdot (1 - \cos t)}{t^3} = \lim\limits_{t \to 0} \dfrac{t \cdot \dfrac{t^2}{2}}{t^3} = \dfrac{1}{2}$.

2. 解法 1：原式 $= \lim\limits_{n \to \infty} 49 \left[\dfrac{e}{7^n} + \left(\dfrac{4}{7}\right)^n + 1\right]^{\frac{2}{n}} = 49$.

解法 2：$49 < (e + 4^n + 7^n)^{\frac{2}{n}} < 49 \cdot 3^{\frac{2}{n}}$，而 $\lim\limits_{n \to \infty} 3^{\frac{2}{n}} = 1$，由夹逼定理知，原式 $= 49$.

3. 解：原式 $= \begin{cases} b, & x < 0 \\ \dfrac{a+b}{2}, & x = 0. \\ a, & x > 0 \end{cases}$

4. 解：$f[g(x)] = \begin{cases} g(x), & g(x) < 1 \\ a, & g(x) \geqslant 1 \end{cases}$，当 $x \geqslant 0$ 时，$g(x) = x + 2 > 1$，则 $f[g(x)] = a$，当 $x < 0$ 时，$g(x) = b$. 从而当 $b \geqslant 1$ 时，$f[g(x)] = a$；当 $b < 1$ 时，$f[g(x)] = b$.

5. 解：问题等价于方程 $x - x^3 = 1$ 是否有实数根. 记 $f(x) = x^3 - x + 1$，则 $f(x)$ 连续，且 $f(-2) = -5 < 0$，$f(0) = 1 > 0$，由闭区间上的连续函数的零点定理知，至少存在一个实数 $\xi \in (-2, 0)$，使 $f(\xi) = 0$，所以，确实存在一个实数它比自身的立方大 1.

四、解：原式左边 $= \lim\limits_{x \to +\infty} x^2 \left[\left(1 + \dfrac{1}{x^a}\right)^{\frac{1}{a}} - 1\right]$，因为 $\left(1 + \dfrac{1}{x^a}\right)^{\frac{1}{a}} - 1 \sim \dfrac{1}{ax^a}$，$x \to +\infty$，所以，原式 $= \lim\limits_{x \to +\infty} \dfrac{x^2}{ax^a} = \beta \neq 0$，则必有 $\alpha = 2$，$\beta = \dfrac{1}{2}$.

五、解：$f(x)$ 在点 $x = 0, k\pi \pm \dfrac{\pi}{2} (k = 0, 1, 2, \cdots)$ 处无定义，除此之外，处处有定义，则 $x = 0, k\pi \pm \dfrac{\pi}{2} (k = 0, 1, 2, \cdots)$ 都是 $f(x)$ 的间断点.

因 $\lim\limits_{x \to k\pi \pm \frac{\pi}{2}} f(x) = \infty$，则 $x = k\pi \pm \dfrac{\pi}{2} (k = 0, 1, 2, \cdots)$ 都是无穷间断点，是第二类间

断点.

因 $\lim\limits_{x\to 0}\dfrac{\tan x}{x}=2$,则 $x=0$ 为可去间断点,是第一类间断点.

六、解:要使 $f(x)$ 在 $x=0$ 处连续,只要 $f(0-0)=f(0+0)=f(0)$,今 $f(0-0)=$ $\lim\limits_{x\to 0^-}(a\mathrm{e}^x-b)=a-b=f(0)$,则只要 $f(0+0)=f(0)$ 即可,从而 $\lim\limits_{x\to 0}\dfrac{\ln(b+x)}{x}=a-b$. 要使上式左端极限存在,必须 $\lim\limits_{x\to 0}\ln(b+x)=\ln b=0$,则 $a=2,b=1$,所以当 $a=2,b=1$ 时,$f(x)$ 在 $x=0$ 处连续.

七、解法 1:因 $\lim\limits_{x\to a^+}f(x)$ 存在,则 $f(x)$ 在 $x\to a^+$ 过程中有界,即存在常数 $M_1>0$ 及 $\delta>0\left(\text{不妨设 } 0<\delta<\dfrac{b-a}{2}\right)$,当 $a<x<a+\delta$ 时,恒有 $|f(x)|\leqslant M_1$.

又 $f(x)$ 在闭区间 $[a+\delta,b]$ 上连续,则有界,即 $\exists M_2>0,\forall x\in[a+\delta,b]$,有 $|f(x)| \leqslant M_2$.

取 $M=\max\{M_1,M_2\}>0$,则 $\forall x\in(a,b]$,有 $|f(x)|\leqslant M$,即 $f(x)$ 在 $(a,b]$ 上 有界.

解法 2:因 $\lim\limits_{x\to a^+}f(x)$ 存在,故 $x=a$ 为 $f(x)$ 的可去间断点. 补充 $f(x)$ 在 $x=a$ 处的 值为 $\lim\limits_{x\to a^+}f(x)$,则易知 $F(x)=\begin{cases} f(x),a<x\leqslant b \\ \lim\limits_{x\to a^+}f(x),x=a \end{cases}$ 在 $[a,b]$ 上连续,从而 $F(x)$ 在 $[a,b]$ 上 有界,所以 $f(x)$ 在 $(a,b]$ 上有界.

八、解:由 $x_1=10,x_2=\sqrt{6+x_1}=4$ 知,$x_1>x_2$,设有 $x_k>x_{k+1}$,则 $x_{k+1}=\sqrt{6+x_k}$ $>\sqrt{6+x_{k+1}}=x_{k+2}$. 由数学归纳法知,对一切自然数 n,都有 $x_n>x_{n+1}$,即 $\{x_n\}$ 是单调减 少数列. 又显见 $x_n>0(n=1,2,\cdots)$,即 $\{x_n\}$ 有下界. 根据单调有界准则知 $\lim\limits_{n\to\infty}x_n$ 存在. 令 $\lim\limits_{n\to\infty}x_n=a$,对 $x_{n+1}=\sqrt{6+x_n}$ 两边取极限得 $a=\sqrt{6+a}$,从而 $a^2-a-6=0$,得 $a=3$ 或 $a=-2$. 又 $x_n>0(n=1,2,\cdots)$,由极限保号定理知,$a\geqslant 0$,舍去 $a=-2$ 得极限值 $a=3$.

第二章 导数与微分

在很多实际问题中,我们不但要研究变量与变量之间的对应规律(函数关系),各变量的变化趋势(极限),而且还要研究因变量的变化相对于自变量的变化的快慢程度,从数学上来讲就是函数的变化率问题.除此之外,有时还要分析函数的微小改变量的近似值问题.导数与微分就是研究这种运动过程的有力工具.

导数与微分是密切相关的,是微积分学两大中心问题之一,是微分学的核心内容,在自然科学和工程技术中有着广泛的应用,微分学产生于 17 世纪,它的建立主要归功于牛顿与莱布尼兹,牛顿(1642—1727)从研究瞬时速度问题引出导数这个概念,莱布尼兹(1646—1716)则是从曲线的切线问题引出相同的概念,继牛顿与莱布尼兹之后,雅各·伯努利、约翰·伯努利、欧拉和柯西等人对微分学的进一步发展作出了不朽的贡献,波尔察诺于 1817 年第一个引用了现今采用的导数定义,到 19 世纪后半叶微分学就已建立在充分广阔而严密的基础上了.

力学、物理和其他学科(如经济、军事等)的许多重要问题以及工程技术问题都涉及研究函数变化率和增量问题,因此本章的导数与微分问题,是学习后继课程和工程技术中不可缺少的工具.

由于许多重要的应用问题都涉及导数概念,因此要注意导数与实际问题的联系.另外,求导公式、微分公式及初等函数的求导均是高等数学的重要基本功,要加强训练,熟练掌握.

【教学大纲要求】

1. 理解导数的概念及其几何意义,掌握求平面曲线的切线和法线方程的方法;理解函数可导性与连续性的关系;了解导数作为函数变化率的实际意义,会用导数表达科学技术中一些量的变化率.

2. 掌握导数的四则运算法则和复合函数的求导法则,掌握基本初等函数的导数公式,了解反函数的求导法则,掌握初等函数的求导方法.

3. 理解高阶导数的概念,掌握二阶导数的求法,会求简单函数的高阶导数.

4. 会求隐函数和由参数方程所确定的函数的一阶导数以及这两类函数中比较简单的二阶导数,会求解一些简单实际问题中的相关变化率问题.

5. 理解微分的概念,掌握微分与导数的关系,了解微分的几何意义和其中所包含的局部线性化思想;掌握基本初等函数的微分公式,掌握微分的四则运算法则和复合函数的微分法则,了解一阶微分形式不变性,会求初等函数的微分;了解用微分求函数的近似值的方法.

【学时安排】

本章安排 12 学时（6 次课），其中理论课 8 学时（4 次课），习题课 4 学时（2 次课），分别安排在高阶导数和微分后各 1 次.

讲次	教学内容	课型
12	导数概念	理论
13	函数的求导法则、高阶导数	理论
14	习题课	习题
15	隐函数及由参数方程所确定的函数的导数	理论
16	函数的微分	理论
17	习题课	习题

【基本内容疏理与归纳】

1. 导数定义：$f'(x_0)=\lim\limits_{\Delta x\to 0}\dfrac{\Delta y}{\Delta x}=\lim\limits_{\Delta x\to 0}\dfrac{f(x_0+\Delta x)-f(x_0)}{\Delta x}=\lim\limits_{x\to x_0}\dfrac{f(x)-f(x_0)}{x-x_0}$

一般形式：$f'(x_0)=\lim\limits_{(\quad)\to 0}\dfrac{f[x_0+(\quad)]-f(x_0)}{(\quad)}$.

2. 几何意义：曲线 $y=f(x)$ 上，点 $(x_0,f(x_0))$ 处的切线斜率 $K=f'(x_0)$.

3. 函数在一点可导与连续的关系：可导必连续（不连续必不可导），连续未必可导.

4. 导数的四则运算法则 $(u\pm v)'=u'\pm v'$；$(uv)'=u'v+uv'$；$\left(\dfrac{u}{v}\right)'=\dfrac{u'v-v'u}{v^2}$.

5. 反函数的求导法则：$(f^{-1}(x))'=\dfrac{1}{f'(y)}$ 或 $\dfrac{\mathrm{d}y}{\mathrm{d}x}=\dfrac{1}{\dfrac{\mathrm{d}x}{\mathrm{d}y}}$.

6. 复合函数的求导法则（链锁规则），$y=f[\varphi(x)]$ 在点 x 的导数 $\dfrac{\mathrm{d}y}{\mathrm{d}x}=\dfrac{\mathrm{d}y}{\mathrm{d}u}\cdot\dfrac{\mathrm{d}u}{\mathrm{d}x}$.

7. 隐函数求导方法：由二元不定方程确定的隐函数的导数—把其中的一个变量看作是另一个变量的函数，方程两端对自变量求导，解出隐函数导数.

8. 对数求导法：函数表达式涉及积、商、幂运算时，通过取对数可化成和、差、积运算，再用求导法则.

9. 由参数方程确定的函数的求导法则：$\dfrac{\mathrm{d}y}{\mathrm{d}x}=\dfrac{\dfrac{\mathrm{d}y}{\mathrm{d}t}}{\dfrac{\mathrm{d}x}{\mathrm{d}t}}=\dfrac{\Psi'(t)}{\Phi'(t)}$.

10. 微分计算式：$\mathrm{d}y=f'(x)\mathrm{d}x$，$\mathrm{d}y|_{x=x_0}=f'(x_0)\mathrm{d}x$.

11. 求导数的一般程序：

（1）简单的初等函数，按常见函数的导数公式、和差积商的求导法则求导.

（2）复合初等函数，按复合函数求导法则求导（盯住中间变量，从外到里像剥笋一样逐层求导）. 口诀：明确关系，从外向里，层层求导，最后整理.

（3）由方程确定的隐函数，按隐函数求导法则求导（对方程两边求导，切记函数为中间变量，解出导数）.

（4）由参数方程确定的函数，按参数方程求导方法求导（分别对参数求导，再相除，仍然是参数形式）.

（5）分段函数，每段上按初等函数求导方法求导，分段点处按导数定义求导.

12. 确定中间变量的一般原则：

复合函数求导的关键是从外层到里层盯住中间变量，中间变量可按下面情形确定：

幂函数中间变量在底数，指数函数中间变量在指数（肩膀头），对数函数中间变量在真数，三角函数中间变量在后边角，反三角函数中间变量在后边的值.

评判分解合理与否的准则是，观察各层函数是否为基本初等函数或者多项式等较简单函数.

【知识点思维导图】

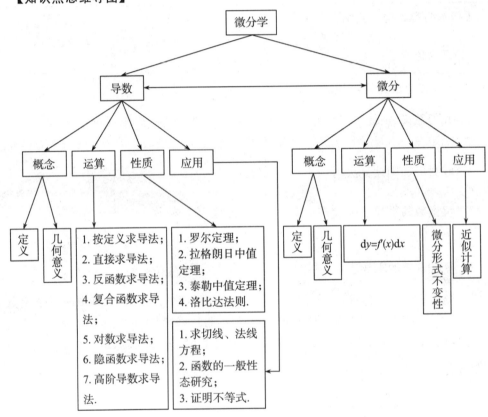

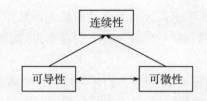

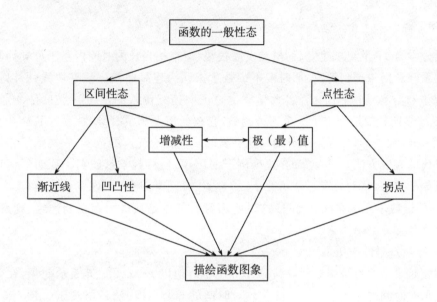

第一节 导数概念

知识背景

1. 导数与微分学的产生.

从 15 世纪初文艺复兴时期起,欧洲的工业、农业、航海事业与商贸得到大规模的发展,形成了一个新的经济时代. 而 16 世纪的欧洲,正处在资本主义的萌芽时期,生产力得到了很大的发展,生产实践的发展对自然科学提出了新的课题,迫切要求力学、天文学等基础科学的发展,而这些学科都是深刻依赖于数学的,因而也推动了数学的发展. 在各类学科对数学提出的种种要求下,下列三类问题导致了微分学的产生:

(1)求变速运动的瞬时速度;

(2)求曲线上一点处的切线;

(3)求最大值和最小值.

现在这些问题对我们来说是能够轻而易举解决的. 但在当时的数学还没有发展到这样成熟和完备,很多理论没有建立的情况下,要解决这些问题是非常困难的,这个研究过程就催生出了微积分.

这三类实际问题的现实原型在数学上都可归纳为函数相对于自变量变化而变化的快慢程度,即函数的变化率问题.牛顿从第一个问题出发,莱布尼兹从第二个问题出发,分别给出了导数的概念.

从微积分诞生,大概经历了 150 年,人们才弄清楚这个最基本的函数概念.函数严格定义的给出,是整个分析精密化很重要的一步.分析精密化,与群论、非欧几何一起,被誉为 19 世纪数学的三大发现,它们改变了整个数学的发展进程,形成了近代数学和现代数学.

2. 可导与连续的关系.

微分学自 17 世纪末建立后,虽然发展很快,但在相当长的时间内对于可导性与连续性的关系问题尚未得到解决.那时候不少数学家认为连续曲线应该有切线,所以连续函数也应该有导数.并且不少著名数学家也想证明连续函数的不可导点只是个别的,到 1861 年维尔斯特拉斯作出了一个连续函数,它在任何点都没有导数(参阅菲赫金哥尔茨著《微积分学教程》第二卷第二分册),这在数学史上是个光辉的范例,它揭示了当时统治整个时代的直观方法是不可靠的.这个例子的出现,使得数学家放弃了证明任何连续函数都可导的想法,从而肯定了若函数 $f(x)$ 在点 x_0 可导,则它在该点必连续;反之,在点 x_0 连续的函数不一定在该点可导.这说明函数在某点处从极限存在到连续、到可导,条件是越来越强.

3. 导数符号的来历.

牛顿是最早以点号来表示导数(derivatives),他以 x,y 及 z 等表示变量,在其上加一点表示对时间之导数,如以 $\dot{x}$ 表示 x 对时间的导数.这用法最早见于牛顿 1665 年之手稿.他又于 1704 年引入符号 $x,\dot{x},\ddot{x}$,其中每一个都是前一个的导数,亦是后一个的原函数.1675 年,莱布尼兹分别引入 $\mathrm{d}x$ 及 $\mathrm{d}y$ 以表示 x 和 y 的微分(differentials).这符号一沿用至今.

莱布尼兹还以 $\mathrm{dd}u$ 表示二阶微分;1694 年,约翰·伯努利以 $\mathrm{dddd}y$ 表示四阶微分,一度流行于 18 世纪.直至 1797 年,贝祖以 $\mathrm{d}x^2$ 及 $\mathrm{d}(x^2)$ 分别表示 $(\mathrm{d}x)^2$ 及 x^2 的微分,1802 年,拉克鲁瓦以 d^2y 及 d^ny 分别表示二阶微分及 n 阶微分,并且以 d^2y^2 表示 $(\mathrm{d}^2y)^2$,一般地,以 d^ny^m 表示 $(\mathrm{d}^ny)^m$,这用法一直用至现代.

第一个以撇点表示导数的人是拉格朗日(1797 年),他以 y' 表示 y 对 x 的一阶导数,y'' 及 y''' 分别表示二阶及三阶导数;1823 年,柯西同时以 y' 及 $\dfrac{\mathrm{d}y}{\mathrm{d}x}$ 表示 y 对 x 的一阶导数,这用法亦为人所接受,且沿用至今.

一、教学分析

(一)教学目标

1. 知识与技能.

(1)准确运用极限能归纳、概括导数定义的数学特征,能准确阐述导数的几何意义和物理意义,描述导数作为函数变化率的实际意义,会用导数表达科学技术中一些量的变化率.

（2）会利用导数的几何意义求平面曲线的切线和法线方程.

（3）阐述函数的可导性与连续性的关系.

2. 过程与方法.

经历导数概念的形成过程,掌握从具体到抽象,特殊到一般的思维方法;经历计算,在计算过程中感受逼近的趋势,并经历观察、分析、归纳、发现规律的过程,体验由已知探究未知的数学方法.提高类比归纳、抽象概括、联系与转化的思维能力.

3. 情感态度与价值观.

（1）体会有限与无限、近似与精确的对立统一关系,强化用联系的、发展的观点去分析和解决问题,从而认同数学在各领域应用的广泛性.

（2）探索"平均变化率"的过程中,体会数学的理性和严谨,感受数学中的美感,激发学员对数学知识的热爱,养成实事求是的科学态度.

（3）发展用运动变化的辩证唯物主义思想处理数学问题的积极态度.

（二）学时安排

本节内容教学需要 2 学时,对应课次教学进度中的第 12 讲内容.

（三）教学内容

导数的定义;导数的几何意义;可导与连续的关系;判断函数可导性以及导数的计算.

（四）学情分析

1. 求一点处的导数时学员总是利用求导法则或求导公式直接得出,很容易忽略要求利用定义求一点处导数的情形.

2. 对于导数的定义式的等价形式不能很好把握.

3. 对于分段函数在分段点的导数要用该点导数的定义求不在意,总是用一段上的导函数来代替.

4. 函数连续和可导的关系容易模糊不清.

（五）重、难点分析

重点:导数的概念;导数的几何意义;求分段函数分段点的导数;可导与连续的关系.

难点:导数的本质,左导数、右导数与可导的关系.

1. 导数的概念是建立在极限概念的基础上,并且是极限理论的具体应用.导数概念既是本章的重点,又是难点,在学习中应予以重视.

2. 导数是由自然科学中的实际问题抽象而产生的.导数的定义可以简单地归结为求增量、算比值、取极限的"三步法".定义形式有三种:

$$f'(x_0) = \lim_{\Delta x \to 0} \frac{\Delta y}{\Delta x} \tag{1}$$

$$f'(x_0) = \lim_{\Delta x \to 0} \frac{f(x_0 + \Delta x) - f(x_0)}{\Delta x} \tag{2}$$

$$f'(x_0) = \lim_{x \to x_0} \frac{f(x) - f(x_0)}{x - x_0} \tag{3}$$

特别的,当 $x_0 = 0$,式（3）可写成 $f'(0) = \lim\limits_{x \to 0} \dfrac{f(x) - f(0)}{x}$ $\tag{4}$

根据问题的不同情况，选择三种形式中最适合的形式，当求函数在 $x=0$ 处的导数时，用式（4）最方便。

值得指出的是，导数的定义不仅给出了导数的概念，而且给出了导数的计算方法，这种形式的定义与连续性的定义一样，是属于双重意义的定义，这是与极限定义的不同之处。

导数实质上是一种特殊的极限，是表达因变量相对于自变量变化的快慢程度。我们有时称导数为变化率，这是一个形象的叫法，它深刻地揭示了导数的实质。对导数的定义有必要说明以下几点：

（1）在 $x=x_0$ 处，函数 $y=f(x)$ 的增量 Δy 是自变量增量 Δx 的函数，函数关系为 $\Delta y=f(x_0+\Delta x)-f(x_0)$，其中自变量的增量可正可负，因变量的增量也可正可负；同样，函数 $y=f(x)$ 的平均变化率也是 Δx 的函数。

（2）若函数 $y=f(x)$ 在点 x_0 处连续，则当 $\Delta x \to 0$ 时，$\Delta y \to 0$，这样求增量比 $\dfrac{\Delta y}{\Delta x}$ 的极限过程也是研究两个无穷小量 Δy、Δx 之比的过程。应该强调指出，当 $y=f(x)$ 在点 x_0 可导时，Δy、Δx 作为两个无穷小量，Δy 和 Δx 是同阶无穷小或 Δy 是比 Δx 高阶的无穷小，即 Δx 不能比 Δy 更高阶。直观地说，函数 y 的变化相对于自变量 x 的变化不能"太快"。从几何图形上看，曲线在点 $(x_0, f(x_0))$ 附近要比较"平"，比较光滑，不能太"陡"。

（3）导数 $f'(x_0)$ 是导函数 $f'(x)$ 的一个函数值。导函数 $f'(x)$ 反映的是一般规律，导数 $f'(x_0)$ 是这个一般规律的特定情形。

3. 导数的几何意义给我们提供了导数的直观模型，它不仅是微分学的各种应用的基础，而且在深入研究导数的性质时，将给我们提供生动的直观背景。为理解导数的几何意义，应从导数的定义开始，而后逐步理解 Δy、$\dfrac{\Delta y}{\Delta x}$、$\lim\limits_{\Delta x \to 0} \dfrac{\Delta y}{\Delta x}$ 的几何意义，从而得出函数在某点的导数就是曲线在该点的切线的斜率，即用几何图形来表示导数的特征。

4. 关于函数的可导性讨论，主要是研究分段函数的可导性，对于分段表示的非初等函数，其不可导的点往往在分段点。判断分段函数在分段点处的导数是否存在，要看函数在该点是否连续，再从定义出发，分别考察函数在该点的左、右导数，仅当函数在分段点连续，且左、右导数都存在并相等时，函数在该点才是可导的，这是研究分段函数在分段点是否可导的一般方法。另外，还要指出，讨论函数连续与可导的关系时，对于"角点"（如 $y=|x|$ 在 $x=0$ 等）的情况容易理解，但对于非角点又非无穷大的导数不存在的情况，却难于接受，因此初次接触导数概念的读者必须予以注意。

二、典型例题

（一）有关导数的定义

例1　设 $f'(x_0)$ 存在，则 $\lim\limits_{\Delta x \to 0} \dfrac{f(x_0-\Delta x)-f(x_0)}{\Delta x}=($　　　　)。

A. $2f(x_0)$　　　　　B. $-f(x_0)$　　　　　C. $-f'(x_0)$　　　　　D. $f'(x_0)$

解：根据导数的定义知：

$$\lim_{\Delta x \to 0} \frac{f(x_0 - \Delta x) - f(x_0)}{\Delta x} = -\lim_{\Delta x \to 0} \frac{f(x_0 - \Delta x) - f(x_0)}{-\Delta x} = -f'(x_0)$$

例2 已知 $f'(1) = 1$，则 $\lim_{\Delta x \to 0} \frac{f(1 - 2\Delta x) - f(1)}{\Delta x} = ($ $)$.

A. 1   B. -1 C. 2   D. -2

解： 根据导数的定义知：

$$\lim_{\Delta x \to 0} \frac{f(1 - 2\Delta x) - f(1)}{\Delta x} = -2 \lim_{\Delta x \to 0} \frac{f(1 - 2\Delta x) - f(1)}{-2\Delta x} = -2f'(1) = -2$$

例3 设 $f(x) = x(x-1)(x-2)\cdots(x-2010)$，则 $f'(0) = ($ $)$.

解： 根据导数的定义知：

$$f'(0) = \lim_{x \to 0} \frac{f(x) - f(0)}{x - 0} = \lim_{x \to 0}(x-1)(x-2)\cdots(x-2010) = 2010!$$

注：若 $f(x_0) = 0$，求 $f'(x_0)$，用 $f'(x_0) = \lim_{x \to x_0} \frac{f(x) - f(x_0)}{x - x_0}$ 比较容易.

例4 设 $f(0) = 0$，$f'(0)$ 存在，则 $\lim_{x \to 0} \frac{f(2x)}{x} = ($ $)$.

A. 0   B. 1   C. $2f'(0)$ D. $f(0)$

解： 因为 $f(0) = 0$，所以，$\lim_{x \to 0} \frac{f(2x)}{x} = 2\lim_{x \to 0} \frac{f(0 + 2x) - f(0)}{2x} = 2f'(0)$.

（二）有关左右导数

例1 讨论函数 $f(x) = |x|$ 在 $x = 0$ 处的可导性.

解： 因为 $f'_+(0) = \lim_{x \to 0^+} \frac{|x|}{x} = \lim_{x \to 0^+} \frac{x}{x} = 1$，$f'_-(0) = \lim_{x \to 0^-} \frac{|x|}{x} = \lim_{x \to 0^-} \frac{x}{-x} = -1$

左右导数存在但不相等. 所以函数 $f(x) = |x|$ 在 $x = 0$ 处不可导.

例2 已知 $f(x) = \begin{cases} x\sin\dfrac{1}{x}, & 0 < x < 1, \\ 0, & x \leqslant 0, \end{cases}$ 证明 $f(x)$ 在 $x = 0$ 处不可导.

证明： $f'_-(0) = \lim_{x \to 0^-} \frac{f(x) - f(0)}{x - 0} = 0$，$f'_+(0) = \lim_{x \to 0^+} \frac{f(x) - f(0)}{x - 0} = \lim_{x \to 0^+} \sin\frac{1}{x}$ 该

极限不存在. 所以 $f(x)$ 在 $x = 0$ 处不可导.

注：讨论分段函数在分界点处的可导性（假设已经验证了函数在分界点连续），必须用导数定义.

情形一 设 $f(x) = \begin{cases} h(x) & x < x_0, \\ g(x) & x \geqslant x_0, \end{cases}$ 讨论 $x = x_0$ 点的可导性.

由于分界点 $x = x_0$ 处左右两侧所对应的函数表达式不同，按照导数的定义，需分别求：

左导数：$f'_-(x_0) = \lim_{\Delta x \to 0^-} \frac{f(x_0 + \Delta x) - f(x_0)}{\Delta x} = \lim_{x \to x_0^-} \frac{h(x) - g(x_0)}{x - x_0}$；

右导数：$f'_+(x_0) = \lim_{\Delta x \to 0^+} \frac{f(x_0 + \Delta x) - f(x_0)}{\Delta x} = \lim_{x \to x_0^+} \frac{g(x) - g(x_0)}{x - x_0}$

当 $f'_-(x_0)=f'_+(x_0)$ 时，$f(x)$ 在 $x=x_0$ 处可导，且 $f'(x_0)=f'_-(x_0)=f'_+(x_0)$；

当 $f'_-(x_0)\neq f'_+(x_0)$ 时，$f(x)$ 在 $x=x_0$ 处不可导.

情形二 设 $f(x)=\begin{cases}h(x) & x\neq x_0\\ A & x=x_0\end{cases}$，讨论 $x=x_0$ 点的可导性

由于分界点 $x=x_0$ 处左右两侧所对应的函数表达式相同，按照导数的定义：

$$f'(x_0)=\lim_{\Delta x\to 0}\frac{f(x_0+\Delta x)-f(x_0)}{\Delta x}=\lim_{\Delta x\to 0}\frac{h(x_0+\Delta x)-A}{\Delta x},$$

一般不需分别求左右导数.

(三) 可导与连续的关系

例 1 设函数 $f(x)=\begin{cases}x^2, & x\leqslant 1\\ ax+b, & x>1\end{cases}$ 在 $x=1$ 处可导，求 a,b 的值.

解： 因为 $f(x)$ 在 $x=1$ 处可导，所以 $f(x)$ 在 $x=1$ 处连续.

$\lim_{x\to 1^-}f(x)=\lim_{x\to 1^+}f(x)=f(1)$，解得 $a+b=1$.

$f'_-(1)=\lim_{x\to 1^-}\frac{f(x)-f(1)}{x-1}=\lim_{x\to 1^-}\frac{x^2-1}{x-1}=\lim_{x\to 1^-}(x+1)=2.$

$f'_+(1)=\lim_{x\to 1^+}\frac{f(x)-f(1)}{x-1}=\lim_{x\to 1^+}\frac{ax+b-1}{x-1}=\lim_{x\to 1^+}\frac{a}{1}=a.$

因为 $f(x)$ 在 $x=1$ 处可导，故 $f'_+(1)=f'_-(1)$，即 $a=2$，从而解得 $b=-1$.

注：解此类问题的基本思路是：根据分段函数在其分界点处的性质来确定所含常数的值.例如一函数在其分界点可导，首先在该点连续；而在分界点的导数则按导数定义或者左右导数的定义求导.

例 2 设函数 $f(x)=\begin{cases}x\cos\dfrac{1}{x}, & x>0\\ x^2, & x\leqslant 0\end{cases}$，则 $f(x)$ 在 $x=0$ 处（　　　　）.

A. 极限不存在　　　　　　　　　　B. 极限存在但不连续

C. 连续但不可导　　　　　　　　　D. 可导

解： 连续性：$\lim_{x\to 0^-}f(x)=\lim_{x\to 0^-}x^2=0=f(0)$，$\lim_{x\to 0^+}f(x)=\lim_{x\to 0^+}x\cos\dfrac{1}{x}=0=f(0)$，

$f(x)$ 在 $x=0$ 处左连续且右连续，所以 $f(x)$ 在 $x=0$ 处连续；

可导性：$f'_-(0)=\lim_{x\to 0^-}\dfrac{f(x)-f(0)}{x-0}=\lim_{x\to 0^-}\dfrac{x^2-0}{x-0}=0$，左导数存在；$f'_+(0)=$

$\lim_{x\to 0^+}\dfrac{f(x)-f(0)}{x-0}=\lim_{x\to 0^+}\dfrac{x\cos\dfrac{1}{x}-0}{x-0}=\lim_{x\to 0^+}\cos\dfrac{1}{x}$，该极限不存在，所以右导数不存在.

综上所述，$f(x)$ 在 $x=0$ 处连续但不可导. 故应选 C.

例 3 设 $f(x)=\begin{cases}x\mathrm{e}^{\frac{1}{x}}, & x\neq 0\\ 0, & x=0\end{cases}$，则 $f(x)$ 在 $x=0$ 处（　　　　）.

A. 极限不存在　　　　　　　　　　B. 极限存在但不连续

C. 连续但不可导   D. 可导

解：因为 $\lim\limits_{x\to 0^+}x\mathrm{e}^{\frac{1}{x}}=\lim\limits_{t\to +\infty}\dfrac{\mathrm{e}^t}{t}=\lim\limits_{t\to +\infty}\mathrm{e}^t=+\infty$，故 $\lim\limits_{x\to 0^+}x\mathrm{e}^{\frac{1}{x}}$ 不存在. 故应选 A.

例 4 讨论 $f(x)=\begin{cases}x\arctan\dfrac{1}{x}, & x\neq 0,\\ 0, & x=0\end{cases}$ 在点 $x=0$ 处的连续性和可导性.

解：因为 $\lim\limits_{x\to 0}f(x)=\lim\limits_{x\to 0}x\arctan\dfrac{1}{x}=0=f(0)$，所以 $f(x)$ 在 $x=0$ 处连续. 又因为 $f'_-(0)\neq f'_+(0)$ 可得 $f(x)$ 在 $x=0$ 处不可导.

（四）有关导数的几何意义

例 1 曲线 $y=\ln x$ 在点 _____ 处的切线平行于直线 $y=2x-3$.

解：$y'=\dfrac{1}{x}$，$y'(x_0)=\dfrac{1}{x_0}=2$，所以 $x_0=\dfrac{1}{2}$，$y_0=-\ln 2$. 故应填 $\left(\dfrac{1}{2},-\ln 2\right)$.

例 2 曲线 $y=x^2+6x+4$ 在 $x=-2$ 处的法线方程是 _____.

解：切点为 $(-2,-4)$，$y'=2x+6$，$y'(-2)=2$，所以法线斜率为 $k=-\dfrac{1}{2}$. 由点斜式可得法线方程为 $y+4=-\dfrac{1}{2}(x+2)$，即 $x+2y+10=0$. 故应填 $x+2y+10=0$.

三、教学建议

（一）基本建议

导数概念学员第一次接触，必须在已有的几何、物理知识的基础上从实际引入，着重分析问题的共性，讲透其实质就是函数的变化率问题，要求学生透彻理解，另外可结合专业补充一些导数的应用实例，使学员加深理解导数概念.

（二）课程思政

1. 体会有限与无限、近似与精确的对立统一关系，强化用联系、发展的观点去分析和解决问题，从而认同数学在各领域应用的广泛性；探索"平均变化率"的过程中，体会数学的理性和严谨，感受数学中的美感，激发学员对数学知识的热爱，养成实事求是的科学态度；发展用运动变化的辩证唯物主义思想处理数学问题的积极态度.

2. 潜艇面临的海洋作战环境错综复杂，甚至就连海水密度的变化也会对潜艇生命力造成很大影响. 若海水密度随空间变化率过大，也就是在某海域的每一点的海水密度变化率过大，就会导致航行在该海域的潜艇发生灾难性的掉深现象. 为应对未来错综复杂的作战环境，及时正确处置各种突发事件，就需要在校学习期间把基础打牢，把专业学精，练就过硬本领，提高将来岗位任职能力，成为一名合格的四有军人.

（三）思维培养

1. 为理解抽象的导数概念，须在已有的几何、物理知识的基础上从实际引入，分析出问题的共性，即其实质就是函数的变化率问题，另外可结合专业知识的应用实例，加深理解导数概念.

2. "切线问题"：当我们说一条直线与一条曲线在一点处相切的时候指的是切点并

且与半径 OP 垂直的直线. 然而对于一条一般的曲线描述这个问题就很困难, 对于一个圆来说, 我们可以很容易地刻画: 圆上一点 P 处的切线就是过 P 了, 更不要提求出一点处的切线了. 这里我们用无限接近的方法来描述, 这只有在极限概念产生之后才可能进行. 割线的概念和计算方法早已知道, 试想若将割线绕定点旋转无限接近切线的位置, 岂不是就可以得出切线的方程和计算方法?

3. "速度问题": 物体在一个时间段内的平均速度早已被人熟知, 但是要知道物体在某个时刻的速度却令人苦恼, 人们找不到一个公式来计算瞬时速度, 这一切在极限的概念产生后才得到改变. 时间间隔越小, 这一段上的平均速度就越接近瞬时速度, 也就是位移函数的增量与时间增量的比值的极限.

4. 导数概念撇开了自变量和因变量所代表的实际意义, 纯粹从数量的方面来刻画变化率问题, 反映因变量随自变量变化而变化的快慢程度, 这是导数的实质, 这就是数学对客观世界的抽象, 反映了数学的抽象思维, 量化思维, 凡是实际问题中的变化率问题都可以用导数去描述和研究.

(四) 融合应用

1. 生活中或各学科中求瞬时变化率的问题, 都可以用导数这个数学模型来描述.

(1) 假设温度为 T 的食物被放进冰箱后温度按照方程 $T = 10 \dfrac{4t^2 + 16t + 75}{t^2 + 4t + 10}$ 下降, 问 $t = 1$ 时 T 关于 t 的变化率. (就是温度函数在该时刻的导数)

(2) 医学中, 距离动脉中心 r 厘米处的血液的速度 $S = C(R^2 - r)$, C 为常数, R 为动脉的半径. 假若服用一种药物后动脉开始扩张, 问随着动脉扩张变化血液速度关于时间 t 的变化率. (就是速度函数在该时刻的导数, 含义为 t 时刻, R 增加一个单位, 速度变化 $S'(t)$ 单位)

(3) 生物学中, 500 个细菌被放到培养皿中繁殖, 其数目增长变化遵循方程 $P(t) = 500\left(1 + \dfrac{4t}{50 + t^2}\right)$, 问 $t = 2$ 时细菌数目的增长率. (就是数目函数在该时刻的导数)

(4) 经济学中, 生产 x 件产品所需要的成本 $C(x)$ 是 x 的函数,

$C(x) = 2\,000 + 100x - 0.1x^2$ (元), 成本函数 $C(x)$ 的导数 $C'(x)$ 在经济学中称为边际成本.

2. 物理中一些量之间存在着导数关系.

(1) 电流是电量的变化率. 若通过导体横截面的电荷量关于时间 t 的函数 $Q = Q(t)$, 则在时刻 t 的电流为 $i(t) = \lim\limits_{\Delta t \to 0} \dfrac{\Delta Q}{\Delta t} = Q'(t)$

(2) 角速度是角度变化率. 物体绕定轴旋转, 转角 θ 是时间 t 的函数 $\theta = \theta(t)$, 则时刻 t 的角速度为 $\omega(t) = \lim\limits_{\Delta t \to 0} \dfrac{\Delta \theta}{\Delta t} = \theta'(t)$

3. 军事应用背景. 潜艇面临的海洋作战环境错综复杂, 甚至就连海水密度的变化也会对潜艇生命力造成很大影响. 若海水密度随空间变化率过大, 也就是在某海域的每一点的海水密度变化率过大, 就会导致航行在该海域的潜艇发生灾难性的掉深现象.

四、达标训练

(一) 选择题

1. 设 $f(0)=0$,且 $f'(0)$ 存在,则 $\lim\limits_{x \to 0} \dfrac{f(x)}{x}=$ ( ).

   A. $f'(x)$　　　　B. $f'(0)$　　　　C. $f(0)$　　　　D. $\dfrac{1}{2}f(0)$

2. 设 $f(x)$ 在 x 处可导,a,b 为常数,则 $\lim\limits_{\Delta x \to 0} \dfrac{f(x+a\Delta x)-f(x-b\Delta x)}{\Delta x}=$ ( ).

   A. $f'(x)$　　　B. $(a+b)f'(x)$　　　C. $(a-b)f'(x)$　　　D. $\dfrac{a+b}{2}f'(x)$

3. 函数在点 x_0 处连续是在该点 x_0 处可导的条件( ).
   A. 充分但不是必要　　　　　　　B. 必要但不是充分
   C. 充分必要　　　　　　　　　　D. 即非充分也非必要

4. 设曲线 $y=x^2+x-2$ 在点 M 处的切线斜率为 3,则点 M 的坐标为( ).
   A. $(0,1)$　　　B. $(1,0)$　　　C. $(0,0)$　　　D. $(1,1)$

5. 设函数 $f(x)=|\sin x|$,则 $f(x)$ 在 $x=0$ 处( ).
   A. 不连续　　　　　　　　　　　B. 连续,但不可导
   C. 可导,但不连续　　　　　　　　D. 可导,且导数也连续

6. 设 $f(0)=0$,则 $f(x)$ 在 $x=0$ 处可导的充要条件是( ).

   A. $\lim\limits_{h \to 0} \dfrac{1}{h^2}f(1-\cos h)$ 存在　　　　　B. $\lim\limits_{h \to 0} \dfrac{1}{h}f(1-e^h)$ 存在

   C. $\lim\limits_{h \to 0} \dfrac{1}{h^2}f(1-\sin h)$ 存在　　　　　D. $\lim\limits_{h \to 0} \dfrac{1}{h}[f(2h)-f(h)]$ 存在

(二) 填空题

1. 假设 $f'(x_0)$ 存在,则 $\lim\limits_{\Delta x \to 0} \dfrac{f(x_0+3\Delta x)-f(x_0)}{\Delta x}=$ _____.

2. 设 $f'(x_0)=-2$,则 $\lim\limits_{x \to 0} \dfrac{x}{f(x_0-2x)-f(x_0)}=$ _____.

3. 已知物体的运动规律为 $s=t+t^2$(米),则物体在 $t=2$ 秒时的瞬时速度为_____.

4. 曲线 $y=\cos x$ 上点 $\left(\dfrac{\pi}{3},\dfrac{1}{2}\right)$ 处的切线方程为_____,法线方程为_____.

5. 用箭头 $\Rightarrow$ 或 $\not\Rightarrow$ 表示在一点处函数极限存在、连续、可导之间的关系,
   　　　　　　　　　可导_____连续_____极限存在.

(三) 证明:若 $f(x)$ 在 $x=0$ 处连续,且存在极限:$\lim\limits_{x \to 0}[f(x)/x]=A$($A$ 为有限数),则 $f(x)$ 在 $x=0$ 处可导,且 $f'(0)=A$.

(四) 如果 $f(x)$ 为偶函数,且 $f'(0)$ 存在,证明 $f'(0)=0$.

(五) 设 $f(x)=\begin{cases} e^x-1, & x \geq 0, \\ x^2+x, & x < 0, \end{cases}$ 求 $f'(x)$.

附：参考答案

（一）选择题　B　B　B　B　B　B

（二）填空题

1. $3f'(x_0)$　2. $\dfrac{1}{4}$　3. 5（米/秒）　4. $\sqrt{3}\,x+2y-1-\dfrac{\pi}{\sqrt{3}}=0,\ 2x-\sqrt{3}\,y+\dfrac{\sqrt{3}}{2}-\dfrac{2\pi}{3}=0$　5. $\overset{\Rightarrow}{\Leftarrow},\ \overset{\Rightarrow}{\Leftarrow}$

（三）证明：因 $\lim\limits_{x\to 0}\left[\dfrac{f(x)}{x}\right]=A$（$A$ 为有限数），故当 $x\to 0$ 时，$\dfrac{f(x)}{x}=A+\alpha$，其中 α 当 $x\to 0$ 时是无穷小量，$f(x)=Ax+\alpha x$，于是 $\lim\limits_{x\to 0}f(x)=0$. 由题设知 $f(x)$ 在 $x=0$ 处连续，故 $f(0)=\lim\limits_{x\to 0}f(x)=0$. 由于 $A=\lim\limits_{x\to 0}\dfrac{f(x)}{x}=\lim\limits_{x\to 0}\dfrac{f(x)-f(0)}{x-0}=f'(0)$，于是 $f(x)$ 在 $x=0$ 处可导，且 $f'(0)=A$.

（四）证：由于 $f(x)$ 是偶函数，所以有 $f(x)=f(-x)$，$f'(0)=\lim\limits_{x\to 0}\dfrac{f(x)-f(0)}{x-0}=$

$\lim\limits_{x\to 0}\dfrac{f(-x)-f(0)}{x-0}\overset{\diamond x=t}{=}\lim\limits_{t\to 0}\dfrac{f(t)-f(0)}{-t}=-f'(0)$，即 $2f'(0)=0$，故 $f'(0)=0$.

（五）解：注意讨论分段函数在分段点处的可导性，必须用导数的定义式求左右导数是否存在，对于分段点之外的点处用求导公式即可.

当 $x\neq 0$ 时，$f'(x)=\begin{cases}\mathrm{e}^x,& x>0,\\ 2x+1,& x<0.\end{cases}$

当 $x=0$ 时，$f(x)$ 在 $x=0$ 处连续，且 $f(0)=0$，由于

$f'_+(0)=\lim\limits_{x\to 0^+}\dfrac{f(x)-f(0)}{x-0}=\lim\limits_{x\to 0^+}\dfrac{\mathrm{e}^x-1}{x}=\lim\limits_{x\to 0^+}\mathrm{e}^x=1$，

$f'_-(0)=\lim\limits_{x\to 0^-}\dfrac{f(x)-f(0)}{x-0}=\lim\limits_{x\to 0^-}\dfrac{x^2+x}{x}=\lim\limits_{x\to 0^-}(x+1)=1$，故 $f'(0)=1$，于是有

$f'(x)=\begin{cases}\mathrm{e}^x,& x\geqslant 0,\\ 2x+1,& x<0.\end{cases}$

第二节　导数的求导法则

导数的定义本质上是求特殊形式的极限，直接用定义计算导数，通常只能求出一些较简单函数的导数（常函数、幂函数、正、余弦函数、指数函数、对数函数），而常见的函数——初等函数，或者更为复杂的函数再用定义计算导数将是相当麻烦的，有时甚至是不可能的. 所以必须寻求计算导数的一些简便方法. 人们总结了一套简单而又统一的方法，这套方法的基础就是所谓求导法则、基本公式，它们的基本精神是将比较复杂的问题

化为比较简单的问题.借助于这些公式和法则就能比较方便地求出常见的函数——初等函数的导数,从而使初等函数的求导问题简单化、系统化、程序化.

一、教学分析

（一）教学目标

1．知识与技能.

（1）能熟练运用导数的四则运算法则、复合函数的求导法则计算函数的导数.

（2）能说出反函数求导法则,由此法则推出几个常见初等函数导数公式.

（3）熟记基本初等函数的导数公式,熟练利用初等函数的求导方法计算函数的导数.

2．过程与方法.

经历记公式、用法则的求导过程,体验法则和公式的明确性、快捷性,提高对初等函数求导的运算能力,体会利用公式、法则使得初等函数的求导问题简单化、系统化、程序化的数学方法.学习分析归纳、抽象概括的能力以及联系与转化的思维方法.

3．情感态度与价值观.

通过初等函数求导过程,体会导数方法解决问题的思路及意义.激发学习兴趣,养成严谨学习态度.

（二）学时安排

本节内容教学需要 2 学时,对应课次教学进度中的第 13 讲内容.

（三）教学内容

函数的和、差、积、商的求导法则;反函数的求导法则;复合函数的求导法则;基本求导法则与导数公式.

（四）学情分析

1．反函数的导数求导法则是原函数的导数的倒数,学员运用法则求导数时把握不好原函数和反函数的自变量与因变量.

2．求导基本公式容易记混.

3．复合函数求导时层层关系理不清,容易漏层.

4．求幂指函数的导数时通常把函数误看成幂函数或指数函数求导.

（五）重、难点分析

重点:复合函数求导法则,导数公式.

难点:反函数求导法则.

1．根据导数定义和极限的相应法则,不难推出和、差、积、商的求导法则,但是,乘积与商的求导法则与极限的相应运算法则不同,应注意它们之间的区别.

另外,在导数基本公式中必须注意:

（1）分清指数函数的导数与幂函数的导数,并且应明白,对于某些实数 α,函数 x^{α} 在 $x=0$ 处虽有意义,但在该点处导数并不存在;

（2）余弦、余切、反余弦、反余切等函数的导数公式中右边前面都有负号.

值得指出是,在求导过程中还应当注意以下几点:

（1）有些函数从表面上看不好直接用公式，但通过恒等变换，如换底、同底运算等，把函数化简后再求导，这样既减少了计算量，又能少出差错.

（2）在分式的情况下，分母为幂函数或根式时，应尽量用负指数或分指数表示，以便求导.

（3）在可能情况下，求导时尽量少用甚至不用乘法公式和除法公式.

2. 复合函数的求导法则也叫作链式法则. 复合函数求导的链式法则是导数内容的重点，是一元函数微分学的理论基础和精神支柱，利用它可以求出许多较复杂的函数的导数，要深刻理解，熟练应用——注意不要漏层.

（1）在求导过程中，首先必须搞清复合函数是由哪些初等函数，经过哪些复合步骤复合而成的，然后像层层"剥笋"一样按照复合层次从外向里，先使用复合函数求导法则，再使用求导公式一层一层求导，应该注意的是，一定要求到底，不要有遗漏，当然也不要重复求导.

（2）求导的口诀是"明确关系，从外向里，层层求导，最后整理".

（3）掌握复合函数求导法则的关键是要搞清楚先对谁求导，再对谁求导，也就是明确谁是中间变量，有几个中间变量，初学时应把中间变量写出来，待熟练后，可不必再设中间变量，只需把复合步骤默记在心里，而直接计算复合函数的导数，必须强调指出，对复合函数求导的链锁法则，仅仅弄懂还很不够，只有经过大量练习，才能使自己达到熟练运用的程度.

3. 反函数求导是个难点，可以通过结合教材例题总结求导方法来理解定理，反函数的求导法则和复合函数的求导法则是两个要重点掌握的法则，必须一步一步认真证明. 让学员清楚法则的由来，可以通过学员板书例题巩固该知识点.

4. 学员要牢牢记住常数和基本初等函数的导数公式，在此基础上利用求导的四则运算. 反函数的求导法则以及复合函数的求导法则，对以后学习积分也有好处.

5. 对于分段函数求导问题：在定义域的各个部分区间内部，仍按初等函数的求导法则处理，在分界点处须用导数的定义仔细分析，即分别求出在各分界点处的左、右导数，然后确定导数是否存在.

二、典型例题

（一）有关导数的四则运算

例 1　若 $y = e^x (\sin x + \cos x)$，则 $\dfrac{dy}{dx} = $ ＿＿＿＿＿＿.

解：利用乘积的求导法则，$y' = e^x(\sin x + \cos x) + e^x(\cos x - \sin x) = 2e^x \cos x.$

例 2　设 $f(x) = (x - a)g(x)$，其中 $g(x)$ 在点 a 处连续，求 $f'(a)$.

解：因为 $g(x)$ 不一定可导，所以不能用导数的乘法公式，我们就用导数的定义

$$f'(a) = \lim_{x \to a} \frac{f(x) - f(a)}{x - a} = \lim_{x \to a} \frac{(x - a)g(x) - 0}{x - a} = \lim_{x \to a} g(x) = g(a).$$

（二）有关复合函数

例 1　函数 $y = e^{x^3}$，求 $\dfrac{dy}{dx}$

解：函数看成 $y = e^u, u = x^3$ 复合而成，因此，$\dfrac{dy}{dx} = \dfrac{dy}{du} \cdot \dfrac{du}{dx} = e^u \cdot 3x^2 = 3x^2 e^{x^3}$

例 2　函数 $y = \sin^2(3x)$，求 $\dfrac{dy}{dx}$

解：函数看成 $y = u^2, u = \sin v, v = 3x$ 复合而成，因此

$$\frac{dy}{dx} = \frac{dy}{du} \cdot \frac{du}{dv} \cdot \frac{dv}{dx} = 2u \cdot \cos v.3 = 6 \sin 3x.\cos 3x = 3 \sin 6x$$

熟悉后就不必写出中间变量，直接求复合函数的导数.

例 3　函数 $y = \sqrt[3]{1 - 2x^2}$，求 $\dfrac{dy}{dx}$

解：$\dfrac{dy}{dx} = \left[(1 - 2x^2)^{\frac{1}{3}}\right]' = \dfrac{1}{3}(1 - 2x^2)^{-\frac{2}{3}} \cdot (1 - 2x^2)' = \dfrac{-4x}{3\sqrt[3]{(1 - 2x^2)^2}}$

例 4　设 $y = x^x$，则 $\dfrac{dy}{dx} = $ _____.

解：$y' = (x^x)' = (e^{x \ln x})' = e^{x \ln x}(\ln x + 1) = x^x(\ln x + 1)$.

例 5　设 $f(x)$ 可导，$y = f(x^2 + 1)$，则 $\dfrac{dy}{dx} = $ _____.

A. $f(2 + 1)$ 　　　　　　　　　B. $(x^2 + 1)f'(x^2 + 1)$

C. $xf'(x^2 + 1)$ 　　　　　　　　D. $2xf'(x^2 + 1)$

解：$\dfrac{dy}{dx} = \left[f(x^2 + 1)\right]' = f'(x^2 + 1) \cdot (x^2 + 1)' = 2x f'(x^2 + 1)$.

注：（1）复合函数求导法则：$y = f(u), u = \varphi(x) \Rightarrow y = f(\phi(x))$，

$$\frac{dy}{dx} = \frac{dy}{du} \cdot \frac{du}{dx} = f'(u) \cdot \varphi'(x) = f'(\varphi(x)) \cdot \varphi'(x).$$

（2）抽象复合函数的求导，可设中间变量，使其变成简单形式 $f(u), u$ 为中间变量.

三、教学建议

（一）基本建议

复合函数求导的链式法则应用问题是教学中一个难点，教学时，可分两步走：

（1）分清复合层次，写出各中间变量逐次应用连锁法则，使于学生理解；

（2）当熟悉（1）后，不写出中间变量而逐次运用链式法则，可使计算简化.

（二）课程思政

1. 培养规则意识. 规则是指大家共同遵守的事先对事物在数量、质量或方式、方法等方面定出的要求. 在某种程度上说，数学与规则有许多共同的关系. 通过运用导数求导法则进行函数的求导运算，来培养学员遵守规则的意识，同时认识到不遵守规则的后果及其影响.

2. 从认识论的角度,复合函数求导法则蕴含着整体性思维,$\dfrac{\mathrm{d}y}{\mathrm{d}x} = f'(u) \cdot u'(x)$,其中将复杂的有关 x 的表达式 $u(x)$ 视为一个整体,变量 y 对变量 x 求导,就是先对整体 u 求导,u 再对变量 x 求导.

（三）思维培养

1. 训练利用公式、法则使得初等函数的求导问题简单化、系统化、程序化的数学方法.

2. 学习分析归纳、抽象概括的能力以及联系与转化的思维方法.

四、达标训练

求导法则(一)

（一）选择题

1. 已知 $\dfrac{\sin x}{x}$,则 $y' = ($ $)$.

    A. $\dfrac{x \sin x - \cos x}{x^2}$ B. $\dfrac{x \cos x - \sin x}{x^2}$

    C. $\dfrac{\sin x - x \sin x}{x^2}$ D. $x^3 \cos x - x^2 \sin x$

2. 已知 $\dfrac{\sin x}{1 + \cos x}$,则 $y' = ($ $)$.

    A. $\dfrac{\cos x - 1}{2 \cos x + 1}$ B. $\dfrac{1 + \cos x}{2 \cos x - 1}$

    C. $\dfrac{1}{1 + \cos x}$ D. $\dfrac{2 \cos x - 1}{1 + \cos x}$

3. 已知 $y = \sec \mathrm{e}^x$,则 $y' = ($ $)$.
    A. $\mathrm{e}^x \sec \mathrm{e}^x \tan \mathrm{e}^x$ B. $\sec \mathrm{e}^x \tan \mathrm{e}^x$
    C. $\tan \mathrm{e}^x$ D. $\mathrm{e}^x \cot \mathrm{e}^x$

4. 已知 $y = \ln(x + \sqrt{1 + x^2})$,则 $y' = ($ $)$.

    A. $\dfrac{1}{\sqrt{1 + x^2}}$ B. $\sqrt{1 + x^2}$ C. $\dfrac{x}{\sqrt{1 + x^2}}$ D. $\sqrt{x^2 - 1}$

5. 已知 $y = \ln \cot x$,则 $y'|_{x = \frac{\pi}{4}} = ($ $)$.
    A. 1 B. 2 C. $-1/2$ D. -2

6. 已知 $y = \dfrac{1 - x}{1 + x}$,则 $y' = ($ $)$.

    A. $\dfrac{2}{(x + 1)^2}$ B. $\dfrac{-2}{(x + 1)^2}$ C. $\dfrac{2x}{(x + 1)^2}$ D. $\dfrac{-2x}{(x + 1)^2}$

（二）填空题

1. $y = (2 + \sec x)\sin x$,$y' = $_____. $y = \mathrm{e}^{-\sin x}$,$y' = $_____.

2. $y = \cos(2e^x)$，$y' = \underline{\hspace{2cm}}$．$y = \dfrac{\sin 2x}{x}$，$y' = \underline{\hspace{2cm}}$．

3. $\rho = \ln \tan \dfrac{\theta}{2}$，$\rho' = \underline{\hspace{2cm}}$．$r = x \log_2 x + \ln 2$，$r' = \underline{\hspace{2cm}}$．

4. $w = \ln(\sec t + \tan t)$，$w' = \underline{\hspace{2cm}}$．

$y = \arccos(x^2 + x)$，$y' = \underline{\hspace{2cm}}$．

5. $(\sqrt{1+x^2})' = \underline{\hspace{2cm}}$．$(\sqrt{1+x^2} + c)' = \underline{\hspace{2cm}}$．

6. $(\ln(x + \sqrt{1+x^2}) + c)' = \underline{\hspace{2cm}}$．

(三) 计算下列函数的导数

(1) $y = \ln(\sqrt[3]{x}) + \sqrt[3]{\ln x}$

(2) $y = \tan(\ln x)$

(3) $u = e^{-\sin^2 \frac{1}{v}}$

(4) $y = \sec^3(\ln x)$

(5) $y = \ln(x + \sqrt{1 - x^2})$

(6) $y = \arctan \dfrac{1-x}{1+x}$

(四) 设 $f(x)$ 可导，求下列函数 y 的导数 $\dfrac{\mathrm{d}y}{\mathrm{d}x}$

(1) $y = f(e^x) e^{f(x)}$

(2) $y = f(\sin x) + \sin[f(x)]$

求导法则(二)

(一) 填空题

1. $y = e^{-\frac{x}{2}} \cos 3x$，$y' = \underline{\hspace{2cm}}$．$y = \sqrt{1 + \ln^2 x}$，$y' = \underline{\hspace{2cm}}$．

2. $y = \arccos \dfrac{1}{x}$，$y' = \underline{\hspace{2cm}}$．$y = e^{\text{arxtan} \sqrt{x}}$，$y' = \underline{\hspace{2cm}}$．

3. $y = \arcsin \dfrac{2 \sin x + 1}{2 + \sin x}$，$y' = \underline{\hspace{2cm}}$．

4. 设 $y = (x + e^{-\frac{x}{2}})^{\frac{2}{3}}$，则 $y'|_{x=0} = \underline{\hspace{2cm}}$．

5. 设 $f(x)$ 有连续的导数，$f(0) = 0$，且 $f'(0) = b$，若函数

$$F(x)=\begin{cases}\dfrac{f(x)+a\sin x}{x}, & x\neq 0 \\ A, & x=0\end{cases}$$ 在 $x=0$ 处连续,则常数 $A=$ _____.

（二）选择题

1. 设 $y=f(-x)$,则 $y'=($ ）.

 A. $f'(x)$ B. $-f'(x)$

 C. $f'(-x)$ D. $-f'(-x)$

2. 设周期函数 $f(x)$ 在 $(-\infty,+\infty)$ 可导,周期为 4,又 $\lim\limits_{x\to 0}\dfrac{f(1)-f(1-x)}{2x}=-1$,则曲线 $y=f(x)$ 在点 $(5,f(5))$ 处的切线的斜率为（ ）.

 A. $\dfrac{1}{2}$ B. 0

 C. -1 D. -2

3. 已知 $y=\dfrac{1}{2}\arctan\dfrac{2x}{1-x^2}$,则 $y'=($ ）.

 A. $\dfrac{1}{x^2}+1$ B. $\sqrt{1+x^2}$

 C. $\dfrac{1}{x^2+1}$ D. $\sqrt{x^2-1}$

4. 已知 $y=\arcsin(x\ln x)$,则 $y'=($ ）.

 A. $\ln x$ B. $\dfrac{x\ln x}{\sqrt{1-(x\ln x)^2}}$

 C. $\dfrac{1+\ln x}{\sqrt{1-(x\ln x)^2}}$ D. $\dfrac{\sqrt{1-(x\ln x)^2}}{\ln x-1}$

（三）已知 $y=f\left(\dfrac{3x-2}{3x+2}\right)$,$f'(x)=\arctan x^2$,求:$\dfrac{\mathrm{d}y}{\mathrm{d}x}\Big|_{x=0}$

（四）设 $x>0$ 时,可导函数 $f(x)$ 满足:$f(x)+2f\left(\dfrac{1}{x}\right)=\dfrac{3}{x}$,求 $f'(x)(x>0)$

附:参考答案

求导法则（一）

（一）选择题 1. B 2. C 3. A 4. A 5. D 6. B

（二）填空题 1. $\sec^2 x+2\cos x$,$-\cos x\mathrm{e}^{-\sin x}$ 2. $\dfrac{2x\cos 2x-\sin 2x}{x^2}$

3. $\csc\theta$,$\log_2 x+\log_2 \mathrm{e}$ 4. $\sec t$,$-\dfrac{2x+1}{\sqrt{1-(x^2+x)^2}}$ 5. $\dfrac{x}{\sqrt{1+x^2}}$,$\dfrac{x}{\sqrt{1+x^2}}$

6. $\dfrac{1}{\sqrt{1+x^2}}$

（三）(1) 解：$y'=\dfrac{1}{\sqrt[3]{x}}(\sqrt[3]{x})'+\dfrac{1}{3}(\ln x)^{-\frac{2}{3}}\dfrac{1}{x}=\dfrac{1}{3x}+\dfrac{1}{3}(\ln x)^{-\frac{2}{3}}\dfrac{1}{x}$

(2) 解：$y'=\sec^2(\ln x)\dfrac{1}{x}=\dfrac{1}{x}\sec^2(\ln x)$

(3) 解：$u'=\mathrm{e}^{-\sin^2\frac{1}{v}}\cdot\left(-2\sin\dfrac{1}{v}\cdot\cos\dfrac{1}{v}\cdot\left(-\dfrac{1}{v_2}\right)\right)=\dfrac{1}{v^2}\sin\dfrac{2}{v}\mathrm{e}^{-\sin^2\frac{1}{v}}$

(4) 解：$y'=3\sec^2(\ln x)\sec(\ln x)\cdot\tan(\ln x)\cdot\dfrac{1}{x}=\dfrac{3}{x}\sec^3(\ln x)\tan(\ln x)$

(5) 解：$y'=\dfrac{1}{x+\sqrt{1-x^2}}(x+\sqrt{1-x^2})'=\dfrac{\sqrt{1-x^2}-x}{\sqrt{1-x^2}(x+\sqrt{1-x^2})}$

(6) 解：$y'=\dfrac{1}{1+\left(\dfrac{1-x}{1+x}\right)^2}\left(\dfrac{1-x}{1+x}\right)'=\dfrac{-1}{1+x^2}$

（四）(1) 解：$y'=f'(\mathrm{e}^x)\cdot\mathrm{e}^x\cdot\mathrm{e}^{f(x)}+f(\mathrm{e}^x)\cdot\mathrm{e}^{f(x)}\cdot f'(x)=\mathrm{e}^{f(x)}[\mathrm{e}^xf'(\mathrm{e}^x)+f'(x)f(\mathrm{e}^x)]$

(2) 解：$y'=f'(\sin x)\cos x+\cos(f(x))\cdot f'(x)=\cos xf'(\sin x)+f'(x)\cos(f(x))$

求导法则（二）

（一）填空题

1. $-\mathrm{e}^{-\frac{x}{2}}\left(\dfrac{1}{2}\cos 3x+3\sin 3x\right),\dfrac{\ln x}{x\sqrt{1+\ln^2 x}}$

2. $y'=\dfrac{1}{|x|\sqrt{x^2-1}},\dfrac{1}{2\sqrt{x}(1+x)}\mathrm{e}^{\arctan\sqrt{x}}$

3. $\dfrac{\pm\sqrt{3}}{2+\sin x}$ 4. $\dfrac{1}{3}$ 5. $a+b$

（二）选择题　D　D　C　C

（三）解：令 $u=\dfrac{3x-2}{3x+2}$，则 $y=f(u)$ 且 $f'(u)=\arctan u^2$ $\therefore\dfrac{\mathrm{d}y}{\mathrm{d}x}=\dfrac{\mathrm{d}y}{\mathrm{d}u}\cdot\dfrac{\mathrm{d}u}{\mathrm{d}x}=f'(u)\cdot$

$u'=\arctan u^2\cdot\left(\dfrac{3x-2}{3x+2}\right)'=\dfrac{12}{(3x+2)^2}\cdot\arctan\left(\dfrac{3x-2}{3x+2}\right)^2$ $\therefore\dfrac{\mathrm{d}y}{\mathrm{d}x}\Big|_{x=0}=\dfrac{12}{(3x+2)^2}\cdot$

$\arctan\left(\dfrac{3x-2}{3x+2}\right)^2\Big|_{x=0}=\dfrac{3}{4}\pi.$

（四）解：令 $t=\dfrac{1}{x}$，则 $f\left(\dfrac{1}{t}\right)+2f(t)=3t$，即 $f\left(\dfrac{1}{x}\right)+2f(x)=3x$ (1)，又 $f(x)+$

$2f\left(\dfrac{1}{x}\right)=\dfrac{3}{x}$ (2)　由(1)式和(2)式可得 $f(x)=2x-\dfrac{1}{x}$ $\therefore f'(x)=\left(2x-\dfrac{1}{x}\right)'=2+\dfrac{1}{x^2}.$

第三节　高阶导数

远在三百多年前,微积分和经典力学刚刚诞生的牛顿时代,人们就已经知道一阶导数和二阶导数的物理意义和几何意义.在力学中,位移对时间 t 的一阶导数表示质点运动速度的大小和方向;位移对时间 t 的二阶导数表示质点运动加速度的大小和方向.这样,依此类推,人们自然要问位移对时间 t 的三阶导数以及位移对时间 t 的更高阶导数有没有物理意义呢?

近年来,我国有人著文谈到这个问题.他认为位移对时间 t 的三阶导数有物理意义,并定名为"急动度".他认为急动度是加速度对时间 t 的变化率,并且人对这个量还能有感觉,在有些运动中是应该考虑这个物理量的.不久,又有人著文反对这种观点,他们认为没有物理意义.他们的主要根据是牛顿力学已经历了三百多年形成了完整的体系,直到目前为止没有任何实验要求讨论这个物理量,因此,他们认为位移 s 对时间 t 的三阶导数乃至更高的导数都是没有物理意义的.

关于这一问题,目前仅处于学术争论阶段,至今尚无定论,在这里简要地介绍了有关这个问题的争论情况.我们倾向于认为位移 s 对时间 t 的三阶导数乃至更高阶的导数都可能有物理意义,只是目前我们尚没有认识到它们的物理意义是什么罢了.

一、教学分析

（一）教学目标

1. 知识与技能.

（1）能准确阐述高阶导数的概念.

（2）会求函数的二阶导数.

（3）会求简单函数的高阶导数.

2. 过程与方法.

进一步体会有限与无限,常量与变量,直与曲,近似与精确的对立统一关系,强化用联系的、发展的观点去认识问题和分析问题,提高数学概念的判断能力、模仿和迁移能力.

3. 情感态度与价值观.

认同高阶导数的符号可以反映事物的变化(增长还是减少以及增长或减少的快慢),发展用数学眼光认识世界的素养.

（二）学时安排

本节内容教学需要 1 学时,增加 1 节习题课,共两学时,对应课次教学进度中的第 14 讲内容.

（三）教学内容

高阶导数的定义和物理意义;高阶导数的求法;高阶导数的运算法则.

（四）学情分析

1. 求复合函数的高阶导数时容易忽略 f' 仍是复合函数且复合结构与 f 一样.

2. 利用莱布尼茨公式求两个函数乘积的高阶导数时，u 与 v 的选择很关键，有时需要对函数进行变形，学员不容易把握.

（五）重、难点分析

重点：高阶导数的概念、初等函数二阶导数的求法及常见的几个函数的高阶导数的求法.

难点：抽象函数求高阶导数.

求函数 y 的高阶导数，只需一次一次接连地求导，即 y 的高阶导数 $y^{(n)}$ 是导函数 $y^{(n-1)}$ 的导数，计算高阶导数的方法和技巧与求函数的一阶导数基本相同，原则上并不需要什么新的方法. 但是，当 n 的数目较大时，这样逐次求导十分麻烦，应当指出，某些初等函数的高阶导数总是有规律的.

1. 直接法. 在许多情况下求 n 阶导数，逐步由低阶到高阶，先求出前几阶导数，比如求出所给函数的 $1-3$ 阶或 4 阶导数后并注意及时归纳整理，从中找出表达式的规律来，最后，用数学归纳法论证所得结论.

2. 一般地，除采用直接法求高阶导数外，还可利用代数、三角等知识将原式恒等变形分为几项的和（差），以便更容易求出高阶导数.

二、典型例题

（一）有关求二阶导数

例 1 $f(x)=\sin x\cos x+x^2+e^2$，求 $f''(x)$.

解：$f'(x)=\cos 2x+2x$，$f''(x)=2-2\sin 2x$

例 2 $y=x\sqrt{a^2-x^2}+a^2\arcsin\dfrac{x}{a}$，求 y''.

解：因为 $y=x\sqrt{a^2-x^2}+a^2\arcsin\dfrac{x}{a}$，所以

$$y'=\sqrt{a^2-x^2}-x\frac{2x}{2\sqrt{a^2-x^2}}+\frac{a^2}{\sqrt{1-\left(\frac{x}{a}\right)^2}}\cdot\frac{1}{a}=\sqrt{a^2-x^2}\frac{x^2-a^2}{\sqrt{a^2-x^2}}=2\sqrt{a^2-x^2},$$

于是，$y''=\dfrac{-2x}{\sqrt{a^2-x^2}}$

例 3 （抽象函数的二阶导数）设 $y=f(e^x)$（为二阶可导），求 y''.

解：$y'=f'(e^x)e^x$，$y''=f''(e^x)(e^x)^2+f'(e^x)e^x$.

（二）有关求 n 阶导数

例 1 若函数 $y=a^x$，则 $y^{(n)}=$ _____.

解：因为 $y'=\ln a\cdot a^x$，$y''=\ln a\cdot\ln a\cdot a^x=(\ln a)^2\cdot a^x$，

$y'''=(\ln a)^2\cdot\ln a\cdot a^x=(\ln a)^3\cdot a^x,\cdots$. 所以由不完全归纳法得 $y^{(n)}=(\ln a)^n\cdot a^x$.

例 2　求函数 $y=\ln(1+x)$ 的 n 阶导数

解：$y'=\dfrac{1}{1+x}$，$y''=-\dfrac{1}{(1+x)^2}$，$y'''=\dfrac{1\cdot 2}{(1+x)^3}$，$\cdots$，$y^{(n)}=(-1)^{n-1}\dfrac{(n-1)!}{(1+x)^n}$

例 3　若函数 $y=\mathrm{e}^{ax}$，则 $y^{(n)}(1)=$ _____ ．

解：$y'=a\mathrm{e}^{ax}$，$y''=a^2\mathrm{e}^{ax}$，$y'''=a^3\mathrm{e}^{ax}$，$\cdots$，$y^{(n)}=a^n\mathrm{e}^{ax}$，所以 $y^{(n)}(1)=a^n\mathrm{e}^a$．

例 4　设 $y=(x+3)^n$（n 为正整数），则 $y^{(n)}(2)=$ _____ ．

A. 5^n 　　　　　　B. $n!$ 　　　　　　C. $5^n n$ 　　　　　　D. n

解：$y'=n(x+3)^{n-1}$，$y''=n(n-1)(x+3)^{n-2}$，$y'''=n(n-1)(n-2)(x+3)^{n-3}$，$\cdots$，$y^{(n)}=n(n-1)(n-2)\cdots 1=n!$，$y^{(n)}(2)=n!$．

三、教学建议

（一）基本建议

1. 求具体函数的高阶导数一般是多次接连地求导数. 所以，仍可应用前面学过的求导方法来计算高阶导数，让学员熟记几个基本初等函数的高阶导数公式很重要.

2. 关于一些函数求高阶导数注意寻找规律，用数学归纳法可找到通式，可以引导学员自主推导.

3. 利用莱布尼茨公式求两个函数乘积的高阶导数时，如何选择 u 和 v 很关键，不同的选择可能难度差异很大，可以通过具体的例子让学员去体会.

4. 通过实例让学员体会求分段函数在分段点处的高阶导数仍要利用定义求.

（二）融合应用

1. 高阶导数在实际生活中的直接应用是物体运动的加速度，即位移对时间 t 的一阶导数的基础上再求一阶导数. 具体而言，设 $s=s(t)$ 表示运动质点位移关于时刻 t 的函数，则 s' 表示运动速度，s'' 表示加速度.

类似的，若 $\theta=\theta(t)$ 表示运动质点绕轴转动的角关于时刻 t 的函数，则 θ' 表示转动角速度，θ'' 表示转动的角加速度.

2. 高阶导数在实际生活中还可以用来判断股票走势. 设 $B(t)$ 代表某日某公司在时刻 t 的股票价格，试根据以下情形判定 $B(t)$ 的一阶、二阶导数的正、负号：

（1）股票价格上升得越来越快；$[B'(t)>0，B''(t)<0]$．

（2）股票价格接近最低点．$[B'(t)<0，B''(t)>0]$．

四、达标训练

（一）选择题

1. 若 $y=x^2\ln x$，则 $y''=$（　　　）．

　　A. $2\ln x$ 　　　　　　　　　　　　B. $2\ln x+1$

　　C. $2\ln x+2$ 　　　　　　　　　　　D. $2\ln x+3$

2. 设 $y=f(u)$，$u=\mathrm{e}^x$，则 $\dfrac{\mathrm{d}^2 y}{\mathrm{d}x^2}=$（　　　）．

　　A. $\mathrm{e}^{2x}f''(u)$ 　　　　　　　　　　B. $u^2 f''(u)+u f'(u)$

　　C. $\mathrm{e}^2 f''(u)$ 　　　　　　　　　　　D. $u f''(u)+u f(u)$

3. 设 $y = \sin^2 x$ 则 $y^{(n)} = ($ $)$.

    A. $2^{n-1} \sin\left[2x + (n-1)\dfrac{\pi}{2}\right]$ B. $2^{n-1} \cos\left[2x + (n-1)\dfrac{\pi}{2}\right]$

    C. $2^{n+1} \sin\left[2x + (n-1)\dfrac{\pi}{2}\right]$ D. $2^n \sin\left[2x + (n-1)\dfrac{\pi}{2}\right]$

4. 设 $y = x e^x$，则 $y^{(n)} = ($ $)$.

    A. $e^x (x + n)$ B. $e^x (x - n)$

    C. $2e^x (x + n)$ D. $x e^{nx}$

(二) 填空题

1. 设 $r = \phi \cos\phi$，则 $r' = $ _____，$r'' = $ _____.

2. 设 $\begin{cases} x = f(t) \\ y = t - \arctan t \end{cases}$，且 $\dfrac{dy}{dx} = \dfrac{t}{2}$，则 $\dfrac{d^2 y}{dx^2} = $ _____.

3. $y = x^n + e^{2x-1}$，则 $y^{(n)} = $ _____.

4. 设 $f(x) = x(x-1)(x-2)\cdots(x-2020)$，则 $f'(0) = $ _____.

(三) 设 $f''(x)$ 存在，求函数 $y = f(e^x)$ 的二阶导数 $\dfrac{d^2 y}{dx^2}$.

(四) 设 $y = \dfrac{1}{2x - 3}$，求 $y^{(n)}$.

附：参考答案

(一) 选择   D B A A

(二) 填空   1. $\cos\phi - \phi\sin\phi$，$-2\sin\phi - \phi\cos\phi$ 2. $\dfrac{d^2 y}{dx^2} = \dfrac{1 + t^2}{4t}$.

3. $y^{(n)} = n! + 2^n e^{2x-1}$ 4. $f'(0) = 2020!$

(三) 解：$\dfrac{dy}{dx} = f'(e^x) \cdot e^x$，$\dfrac{d^2 y}{d^2 x} = f''(e^x) \cdot e^{2x} + f'(e^x) \cdot e^x$

(四) 解：$y' = -\dfrac{2}{(2x-3)^2}$，$y'' = -(-2)\dfrac{2^2}{(2x-3)^3}$，$y''' = -(-2)(-3)\dfrac{2^3}{(2x-3)^4}$，

$y^{(4)} = -(-2)(-3)(-4)\dfrac{2^4}{(2x-3)^5}$，依次类推，得 $y^{(n)} = (-1)^n \dfrac{2^n n!}{(2x-3)^{n+1}}$.

第四节　隐函数及由参数方程所确定的函数的导数

自然界中用来描述事物两个变量间的关系常用函数表示，这些函数关系很多是明显的，如前面研究的初等函数都是用显式的形式 $y=f(x)$ 或者 $x=\varphi(y)$ 给出的，它们的求导问题我们可以用定义、四则求导法则、反函数求导法则或者复合函数求导法则. 而实际问题中有些函数关系不能直接写成这种形式，其中的函数关系隐含在某个方程中，这样的函数常见的有隐函数和参数方程确定的函数，这两类函数如何求导，本节来研究它们的求导方法.

一、教学分析

（一）教学目标

1. 知识与技能.

（1）会求隐函数和由参数方程所确定的函数的一阶导数.

（2）会求隐函数和由参数方程所确定的函数中比较简单的二阶导数.

（3）会求解一些简单实际问题中的相关变化率问题.

2. 过程与方法.

经历记公式、用法则的求导过程，体验法则和公式的明确性、快捷性，提高对初等函数求导的运算能力. 学习分析归纳、抽象概括的能力以及联系与转化的思维方法.

3. 情感态度与价值观.

通过初等函数求导过程，体会导数方法解决问题的思路及意义. 激发学习兴趣，养成严谨学习态度.

（二）学时安排

本节内容教学需要 2 学时，对应课次教学进度中的第 15 讲内容.

（三）教学内容

隐函数的定义；隐函数所确定的函数的一阶和二阶导数；对数求导法；由参数方程所确定的函数的一阶和二阶导数；相关变化率.

（四）学情分析

1. 利用隐函数求导法求一阶导数时，要将方程两边对 x 求导，容易忽视把 y 作为复合函数的中间变量来处理，尤其是碰到方程中有关 y 表达式，在对 y 求导后，容易忽视中间变量 y 再对 x 求导.

2. 求隐函数的二阶导数时需要先求出一阶导数，再求出二阶导数后往往没有把已经求出来的一阶导数代进去.

3. 利用公式求参数方程确定的函数的二阶导数时，代公式容易出错，或者丢掉公式中 $\dfrac{\mathrm{d}t}{\mathrm{d}x}$.

4. 求相关变化率时,列出关系方程有困难.

(五)重、难点分析

重点:隐函数和方程所确定的函数的求导法;对数求导法;相关变化率.

难点:隐函数、参数方程所确定的函数的二阶导数;相关变化率.

1. 以前学习的函数都是显函数,即因变量等于含有自变量的式子. 而隐函数是方程 $F(x,y)=0$ 满足一定条件时确定的函数关系,有的隐函数能显化为 $y=f(x)$,对这类函数的求导问题已经解决. 但是也有很多隐函数不能(也不必)显化为显函数,本节所学习的隐函数求导法就是要在不通过显化的情况下解决隐函数的求导问题. 隐函数求导法可归纳为以下两点:

(1)记住 y 是 x 的函数,运用复合函数求导方法,将方程两边对 x 求导,不过要把 y 视为复合函数的中间变量来处理;

(2)从所得的结果中解出 y',即得所求导数 y' 的表达式.

2. 运用隐函数求导法需要注意的几个事项.

(1)由于一般的隐函数 y 不能表示成 x 的显式,故其导数 y' 一般也不能表成 x 的显式,事实上也没有必要把 y' 表示成 x 的显式,毕竟隐式已经确定了两个变量间的函数关系. 比如若需要计算 $y'|_{x=x_0}$ 时,通常应由原方程组解出相应的 y_0,然后必须把 (x_0, y_0) 一起代入 y' 的表达式中,即可求出 $y'|_{x=x_0}$.

(2)隐函数求导法的关键在于分清谁是自变量,谁是中间变量. 当然,在后面学到一阶微分形式的不变性时,再回过头来看这个问题,谁是自变量谁是函数那就是无关紧要的了.

(3)这部分难点是方程确定的隐函数的高阶求导,求由方程 $F(x,y)=0$ 所确定的隐函数的高阶导数 $y^{(n)}$,一般有两种方法:第一种方法是解出 $y^{(n-1)}$,再求导;第二种方法是由原隐函数方程两边逐次求导得 $y^{(n)}$. 但是,要牢记 $y,y',y'',\cdots y^{(n-1)}$ 等仍然是 x 的函数这一事实,因此在求导过程中,应将 x 看作自变量,而将 $y,y',y'',\cdots y^{(n-1)}$ 等看作中间变量.

3. 对数求导法可以看作是隐函数求导法的应用. 对于幂指函数、多项函数乘积(商)等函数求导时,如果直接用求导公式和法则进行求导,过程烦琐,且容易出错,如果利用"对数求导法",先取对数,把显函数化成隐函数,再利用对数的性质和隐函数求导法来简化导数的计算. 对数求导法的步骤归纳如下:

(1)等式两边取对数,利用对数性质化简;

(2)等式两边对 x 求导;

(3)等式两边乘以 y,即可求得 y',一般要将 y' 的结果表为 x 的显函数,但也存在只需要解出 y' 的情形.

4. 由参数方程所确定的函数的求导法. 所谓参数方程所确定的函数求导,是指不用消去参数方程中参数再求导,而是直接从参数方程求导. 这种方法的实质是反函数及复合函数求导法则的应用,它在实用中也是很重要的. 首先明确由参数方程所确定的 y 作为 x 的函数可以看成复合函数:$y=\psi(t),t=\phi^{-1}(x)$,分清谁是自变量谁是函数外,还要把参数 t 看成中间变量,然后按复合函数和反函数的求导方法求导,即得由参数方程确定的函数的导数公式.

求二阶导数的情形一样,因为所求出的一阶导数仍是 t 的函数,所以仍然要复合函数求导法则来求导.最后还要指出,求参数式的二阶导数公式无需强记,只要掌握推导方法即可,在实际对参数表示的函数求高阶导数时,可以利用推导公式的方法直接去求,但要记住将 t 看作中间变量.另外,对极坐标方程的求导可以看成是参数方程所确定的函数的求导的特殊情况来处理.

5. 两个相互依赖的变化率叫相关变化率,利用变量间的函数关系,从一个变量的变化率通过函数关系去推断另一个变量的变化率,就是相关变化率问题.求相关变化率问题的基本方法:

(1) 列出两个变量间的等量关系式;

(2) 关系式的两边对共同的自变量求导,得两个变化率间的关系式;

(3) 求出所需要的变化率.

二、典型例题

(一) 有关隐函数的求导法

例 1 求曲线 $y = \ln(x+y)$ 所确定的隐函数的导数 y'.

解:方程两边对 x 求导,解得 $y' = \dfrac{1}{x+y-1}$.

例 2 求方程 $y^5 + 2y - x - 3x^7 = 0$ 确定的隐函数 y 在 $x = 0$ 处的导数 $\dfrac{\mathrm{d}y}{\mathrm{d}x}\big|_{x=0}$

解:方程两边分别对 x 求导,得 $5y^4 \dfrac{\mathrm{d}y}{\mathrm{d}x} + 2\dfrac{\mathrm{d}y}{\mathrm{d}x} - 1 - 21x^6 = 0$

解出 $\dfrac{\mathrm{d}y}{\mathrm{d}x}$,得 $\dfrac{\mathrm{d}y}{\mathrm{d}x} = \dfrac{1+21x^6}{5y^4+2}$,当 $x = 0$ 时,得 $y = 0$,$\dfrac{\mathrm{d}y}{\mathrm{d}x}\big|_{x=0} = \dfrac{1}{2}$

例 3 已知方程 $xy - \sin(\pi y^2) = 0$,求 $y'\big|_{\substack{x=0 \\ y=1}}$.

解:在方程 $xy - \sin(\pi y^2) = 0$ 两边对 x 求导,得 $y + xy' - \cos(\pi y^2)2\pi y y' = 0$,

解得 $y' = \dfrac{y}{2\pi y \cos(\pi y^2) - x}$,所以 $y'\big|_{\substack{x=0 \\ y=1}} = -\dfrac{1}{2\pi}$.

例 4 求由方程 $x - y + \dfrac{1}{2}\sin y = 0$ 所确定的隐函数 y 的二阶导数.

解:方程两边对 x 求导,得 $1 - \dfrac{\mathrm{d}y}{\mathrm{d}x} + \dfrac{1}{2}\cos y \cdot \dfrac{\mathrm{d}y}{\mathrm{d}x} = 0$,解得 $\dfrac{\mathrm{d}y}{\mathrm{d}x} = \dfrac{2}{2-\cos y}$,

所以,$\dfrac{\mathrm{d}^2 y}{\mathrm{d}x^2} = \dfrac{-4\sin y}{(2-\cos y)^3}$

(二) 有关对数求导法

例 1 已知 $y = x^x$ 求 $\mathrm{d}y$.

解:$y = x^x$,方程两边同取对数可得 $\ln y = x\ln x$,方程两边同时求导得 $\dfrac{y'}{y} = \ln x + 1$,

$y' = x^x(\ln + 1)$.

例 2 求函数 $y=\left(\dfrac{x}{1+x}\right)^x (x>0)$ 的导数.

解: 两边取对数得 $\ln y=x[\ln x-\ln(1+x)]$,

两边对 x 求导数得 $\dfrac{1}{y}y'=\ln\left(\dfrac{x}{1+x}\right)+x\left[\dfrac{1}{x}-\dfrac{1}{1+x}\right]=\ln\left(\dfrac{x}{1+x}\right)+\dfrac{1}{1+x}$,

即 $\dfrac{\mathrm{d}y}{\mathrm{d}x}=\left(\dfrac{x}{1+x}\right)^x\left[\ln\left(\dfrac{x}{1+x}\right)+\dfrac{1}{1+x}\right]$.

例 3 设 $y=y(x)$ 由方程 $x^y=y^x$ 所确定,求 $\dfrac{\mathrm{d}y}{\mathrm{d}x}$

解: 方程两边取对数,得 $y\ln x=x\ln y$,对 x 求导得 $y'\ln x+\dfrac{y}{x}=\ln y+\dfrac{x}{y}y'$

即 $y'\left(\dfrac{x}{y}-\ln x\right)=\dfrac{y}{x}-\ln y$,解出 y',得 $y'=\dfrac{y^2-xyn\,y}{x^2-xy\ln x}$.

注: 对于函数 $y=u(x)^{v(x)}$ 求导,(其中 $u(x)>0$)

有两种方法:

(1) 对数求导法:两边取对数,$\ln y=v(x)\ln u(x)$,

(2) 公式变形法:变形为复合指数函数 $y=\mathrm{e}^{v(x)\ln u(x)}$

(三) 有关由参数方程确定的函数的导数

例 1 函数 $f(x)$ 由参数方程 $\begin{cases}x=1-2t+t^2\\ y=4t^2\end{cases}$ 所确定,则 $\dfrac{\mathrm{d}y}{\mathrm{d}x}\big|_{t=2}=$ _____.

A. 8   B. 4   C. $\dfrac{1}{4}$ D. $\dfrac{1}{8}$

解: $\dfrac{\mathrm{d}y}{\mathrm{d}x}\Big|_{t=2}=\dfrac{\dfrac{\mathrm{d}y}{\mathrm{d}t}}{\dfrac{\mathrm{d}x}{\mathrm{d}t}}\Bigg|_{t=2}=\dfrac{8t}{-2+2t}\Big|_{t=2}=8$.

例 2 求曲线 $\begin{cases}x=\dfrac{t^2}{2}\\ y=t^2(t-1)\end{cases}$,在 $t=2$ 处的切线方程与法线方程.

解: 切线的斜率为: $\dfrac{\mathrm{d}y}{\mathrm{d}x}\Big|_{t=2}=\dfrac{\dfrac{\mathrm{d}y}{\mathrm{d}t}}{\dfrac{\mathrm{d}x}{\mathrm{d}t}}\Bigg|_{t=2}=\dfrac{3t^2-2t}{t}\Big|_{t=2}=4$

所以切线方程为: $y-4=4(x-2)$,即 $y=2x-4$.

所以法线方程为: $y-4=-\dfrac{1}{4}(x-2)$,即 $y=-\dfrac{1}{4}x+\dfrac{9}{2}$

例 3 计算由摆线的参数方程 $\begin{cases}x=a(t-\sin t)\\ y=a(1-\cos t)\end{cases}$ 所确定的函数 $y=f(x)$ 的二阶导数.

解: $\dfrac{\mathrm{d}y}{\mathrm{d}x}=\dfrac{y'(t)}{x'(t)}=\dfrac{[a(1-\cos t)]'}{[a(t-\sin t)]'}=\dfrac{a\sin t}{a(1-\cos t)}=\dfrac{\sin t}{1-\cos t}=\cot\dfrac{t}{2}(t\neq 2n\pi,n$ 为整数$)$

$$\frac{\mathrm{d}^2 y}{\mathrm{d}x^2} = \frac{\mathrm{d}}{\mathrm{d}x}\left(\frac{\mathrm{d}y}{\mathrm{d}x}\right) = \frac{\left(\cot\frac{t}{2}\right)'}{\left(a(t-\sin t)\right)'} = \frac{-\left(\frac{1}{2}\right)\csc^2\left(\frac{t}{2}\right)}{a(1-\cos t)} = -\frac{1}{a(1-\cos t)^2} \quad (t \neq 2n\pi, n \text{ 为}$$

整数）

注：方法综述.

1. 欲求由方程 $F(x,y)=0$ 所确定的隐函数 $y=f(x)$ 导数，要把方程中的 x 看作自变量，而将 y 视为 x 的函数，方程中关于 y 的函数便是 x 的复合函数，用复合函数的求导法则，便可得到关于 y' 的一次方程，从中解得 y' 即为所求.

2. 求隐函数 $y=f(x)$ 在 x_0 处的导数 $y'|_{x_0}$ 时，通常由原方程解出相应的 y_0，然后将 (x_0,y_0) 一起代入 y' 的表达式中，便可求得 $y'|_{x=x_0}$.

3. 对数求导法常用于下面两类函数求导：

① 形如 $f(x)^{g(x)}$ 的幂指函数；② 由乘积、乘方、商、开方混合运算构成的函数，计算步骤是先两边取对数，两边再求导.

三、教学建议

（一）基本建议

1. 关于隐函数的求导问题，要通过例题介绍隐函数求导方法，注意变量关系的理解.

2. 参数方程的求导方法可由两种方法（复合函数、微分法）来讲解，教师可选其中之一讲解透彻，尤其是二阶求导，学生常犯错误，要加强训练.

（二）思维培养

1. 方程 $F(x,y)=0$ 确定的隐函数的求导实质上可归结为复合函数的求导，即视 y 为 x 的函数，对方程的两边同时关于 x 求导.

2. 由导数的四则运算法则，积、商的求导远比和、差的求导公式复杂，对数求导法就是基于把复杂问题简单化的思想以及对数函数的特殊性质提出来的，它对于比较复杂的函数乘积形式或幂指函数的求导非常有效.具体讲，利用"对数求导法"求解幂指函数、多项函数乘积（商）等函数求导问题时，第一步要将显函数两边取对数，把显函数化成隐函数，第二步是利用隐函数求导法进行求导，本身这就是一种转化的思维方法，转化是数学中重要的思维方法，也是一种重要的数学思想.

表面看，对数求导法这种将显函数求导转化成隐函数求导是一种"找麻烦"的转化，但正是这"找麻烦"的第一步的转化，才使得原本复杂的问题能用简单有效的隐函数求导法来简化导数的计算.所以，这实际上"曲径通幽"的一种方法境界.

3. 由参数方程所确定的函数的导数求导法，要理解其实质：复合函数求导和反函数的求导公式的应用.类似隐函数的高阶导数，求方程所确定的函数高阶导数也是件困难度事情，解决思路是不要记公式和套公式，那样很容易出错，其实质仍然是复合函数的求导和反函数求导公式的应用.

（三）融合应用

课外融合军事专业案例：两舰的位置关系问题.

现有甲乙两艘潜艇正在航行,甲舰向正南航行,乙舰向正东航行.开始时,甲舰恰在乙舰正北 40 km 处,后来在某一时刻测得甲舰向南航行了 5 km,此时速度为 15 km/h;乙舰向东航行了 15 km,此时速度为 20 km/h,问此时两舰在分离还是在接近?速度是多少?最近距离是多少?什么时刻?

本案例是融合军事专业的第一个案例,需综合运用函数、方程、相关变化率、求导等问题,求解该案例需要用到阶段性的比较综合的理论知识,所以需要在完成课程相关教学内容的教学后,课下完成.在完成的过程中,可以亲身经历分析问题、搜集资料、调查研究、建立模型、求解模型以及完成研究报告的整个过程.该研究过程,需要在统一下发的《高等数学》军事应用案例报告中完成.

四、达标训练

(一) 选择题

1. 由方程 $\sin y + x e^y = 0$ 所确定的曲线 $y = y(x)$ 在 $(0,0)$ 点处的切线斜率为( ).

    A. -1 B. 1 C. $\dfrac{1}{2}$ D. $-\dfrac{1}{2}$

2. 设由方程 $xy^2 = 2$ 所确定的隐函数为 $y = y(x)$,则 $\mathrm{d}y = ($).

    A. $-\dfrac{y}{2x}\mathrm{d}x$ B. $\dfrac{y}{2x}\mathrm{d}x$ C. $-\dfrac{y}{x}\mathrm{d}x$ D. $\dfrac{y}{x}\mathrm{d}x$

3. 设由方程 $x - y + \dfrac{1}{2}\sin y = 0$ 所确定的隐函数为 $y = y(x)$,则 $\dfrac{\mathrm{d}y}{\mathrm{d}x} = ($).

    A. $\dfrac{2}{2-\cos y}$ B. $\dfrac{2}{2+\sin y}$ C. $\dfrac{2}{2+\cos y}$ D. $\dfrac{2}{2-\cos x}$

4. 设由方程 $\begin{cases} x = a(t - \sin t) \\ y = a(1 - \cos t) \end{cases}$ 所确定的函数为 $y = y(x)$,则在 $t = \dfrac{\pi}{2}$ 处的导数为( ).

    A. -1 B. 1 C. 0 D. $-\dfrac{1}{2}$

5. 设由方程 $\begin{cases} x = \ln\sqrt{1+t^2} \\ y = \arctan t \end{cases}$ 所确定的函数为 $y = y(x)$,则 $\dfrac{\mathrm{d}y}{\mathrm{d}x} = ($).

    A. $\dfrac{\sqrt{1+t^2}}{2t}$ B. $\dfrac{1}{t}$ C. $\dfrac{1}{2t}$ D. t

(二) 填空题

1. 设 $y = 1 + x e^y$,则 $y' = $ _____.

2. 设 $r = \tan(\theta + r)$,则 $r' = $ _____.

3. 设 $\ln\sqrt{x^2 + y^2} = \arctan\dfrac{y}{x}$,则 $y' = $ _____.

4. 设 $\begin{cases} x = e^t \sin t \\ y = e^t \cos t \end{cases}$,则 $\dfrac{\mathrm{d}y}{\mathrm{d}x} = $ _____ . $\dfrac{\mathrm{d}y}{\mathrm{d}x}\Big|_{t=\frac{\pi}{3}}$ _____.

（三）求下列函数的导数 $\dfrac{\mathrm{d}y}{\mathrm{d}x}$.

1. $\begin{cases} x = a\cos^3 t \\ y = a\sin^3 t \end{cases}$

2. $y + x^2 y^3 + y\mathrm{e}^x + 1 = 0$

3. $y = \sqrt{x\sin x\sqrt{1-\mathrm{e}^x}}$

（四）求曲线 $\begin{cases} x - \mathrm{e}^x\sin\theta + 1 = 0 \\ y - \theta^3 - 2\theta = 0 \end{cases}$ 在 $\theta = 0$ 处的切线方程，法线方程.

（五）求下列函数 y 的二阶导数 $\dfrac{\mathrm{d}^2 y}{\mathrm{d}x^2}$.

1. $\begin{cases} x = a\cos t \\ y = b\sin t \end{cases}$

2. $\arctan\dfrac{y}{x} = \ln\sqrt{x^2 + y^2}$

附：参考答案

（一）选择　A　A　A　B　B

（二）填空　1. $\dfrac{\mathrm{e}^y}{2-y}$　2. $-\csc^2(\theta + r)$　3. $\dfrac{x+y}{x-y}$　4. $\dfrac{\cos t - \sin t}{\sin t + \cos t}$，$\sqrt{3} - 2$

（三）1. 解：$y' = \dfrac{3a\sin^2 t\cos t}{-3a\cos^2 t\sin t} = -\tan t$.

2. 解：方程两边同时对 x 求导，得 $y' + 2xy^3 + 3x^2 y^2 y' + y\mathrm{e}^x + y'\mathrm{e}^x = 0$，解得 $y' = -\dfrac{2xy^3 + y\mathrm{e}^x}{1 + 3x^2 y^2 + d^x}$.

3. 解：$\ln y = \dfrac{1}{2}\ln x + \dfrac{1}{2}\ln\sin x + \dfrac{1}{4}\ln(1 - \mathrm{e}^x)$，$\dfrac{1}{y}y' = \dfrac{1}{2x} = \dfrac{\cos x}{2\sin x} + \dfrac{-\mathrm{e}^x}{4(1-\mathrm{e}^x)}$，

$y' = \sqrt{x\sin x\sqrt{1-\mathrm{e}^x}}\left(\dfrac{1}{2x} + 2\cot x - \dfrac{\mathrm{e}^x}{4(1-\mathrm{e}^x)}\right)$.

（四）解：因为 $dy=(3\theta^2+2)d\theta,dx-e^x dx\cdot\sin\theta+e^x\cos\theta d\theta=0$,

$\therefore dx=\dfrac{e^x\cos\theta d\theta}{1-e^x\sin\theta}$，从而 $\dfrac{dy}{dx}=\dfrac{(3\theta^2+2)(1-e^x\sin\theta)}{e^x\cos\theta}$

当 $\theta=0,x=-1,y=0,\dfrac{dy}{dx}\Big|_{\theta=0}=2e$

故，切线方程为 $y=2e(x+1)$，法线方程为 $y=-\dfrac{1}{2e}(x+1)$.

（五）1. 解：$y'=\dfrac{b\cos t}{-a\sin t}=-\dfrac{b}{a}\cot t,\dfrac{d^2y}{dx^2}=-\dfrac{b}{a}(\cot t)'\dfrac{1}{-a\sin t}=\dfrac{b}{-a^2\sin^3 t}$

2. 解：方程两边同时对 x 求导，得 $y'x-y=x+yy',y'=\dfrac{x+y}{x-y},y''=$

$\dfrac{(1+y')(x-y)-(x+y)(1-y')}{(x-y)^2},y''=\dfrac{2x^2+2y^2}{(x-y)^3}$.

第五节　函数的微分

计算正方形面积的增量、计算圆面积的增量、计算球体积的增量、计算自由落体路程的增量这些实际问题的研究催生了微分概念的产生.

微分与导数是两个完全不同的概念，导数解决了函数的变化率问题，而微分所要解决的问题是，用无穷小量的观点来处理函数改变量问题，即当自变量 x 有一个增量 $\triangle x$ 时，函数相应的增量 $\triangle y$ 的近似值问题.但是计算函数增量往往比较麻烦，那么有没有一种近似公式，使得 $\triangle y$ 只简单地依赖于 $\triangle x$（例如只是 $\triangle x$ 的线性函数）呢？经过人们的努力，终于在函数可导的条件下，找到了比较简单的计算方法，函数的微分便在这样的背景下产生了.

一、教学分析

（一）教学目标

1. 知识与技能.

（1）阐述微分的定义，能解释微分的实质，辨别出微分与导数的关系.

（2）能描述微分的几何意义及局部线性化思想，以及用微分求函数近似值的方法.

（3）熟记基本初等函数的微分公式，会用微分的运算法则（四则和复合函数的运算法则）和一阶微分形式的不变性求函数的微分.

2．过程与方法.

经历微分概念的抽象概括过程，强化用微分表示函数增量数学方法，增强对微分概念的进一步理解.运用类比方法，对照学习导数和微分公式.

3．情感态度与价值观.

通过微分概念的产生、几何意义和物理意义，感受其中蕴含着的以直代曲、以不变代变的数学思想，体会近似与精确的对立统一关系.

（二）学时安排

本节内容教学需要 2 学时，对应课次教学进度中的第 16 讲内容，本节内容后面可安排一次习题课，对应课次教学进度中的第 17 讲内容.

（三）教学内容

微分的定义；微分的几何意义；函数可微的条件；求函数的微分；函数的微分法则；微分的形式不变性；微分在近似计算中的应用；基本初等函数的微分公式.

（四）学情分析

1．对概念学习不够重视，分不清导数和微分的定义.

2．导数和微分的关系理不清.

3．求函数的微分时通常会把自变量的微分 $\mathrm{d}x$ 漏掉.

（五）重、难点分析

重点：微分的概念与计算（函数微分法则与微分形式不变性）.

难点：微分概念的理解.

1．对微分概念的理解．设函数 $y=f(x)$ 在某区间内有定义，x_0 及 $x_0+\Delta x$ 在这区间内，如果函数的增量 $\Delta y=f(x_0+\Delta x)-f(x_0)$ 可表示为 $\Delta y=A\Delta x+o(\Delta x)$，其中 A 是不依赖于 Δx 的常数（一般应依赖于 x_0），那么称函数 $y=f(x)$ 在点 x_0 是可微的，称线性主部 $A\Delta x$ 为函数 $y=f(x)$ 在点 x_0 相应于自变量增量 Δx 的微分，记作 $\mathrm{d}y$，即 $\mathrm{d}y=A\Delta x$ ，为深入理解该概念，注意以下几点：

（1）微分的定义中 Δy 是函数 $f(x)$ 在自变量 x_0 处给定增量 Δx 后函数值增量，$\mathrm{d}y=A\Delta x$ 是函数的微分，二者相差 Δx 的高阶无穷小，即 $\Delta y-\mathrm{d}y=o(\Delta x)$，$A$ 是与 Δx 无关的常数，但与 x_0 和 $f(x)$ 有关.

（2）利用导数和微分定义可以证明函数在 x_0 可导和可微的等价性，且 $A=f'(x_0)$，于是 $\mathrm{d}y=f'(x_0)\Delta x$，因为 $\lim\limits_{\Delta x\to 0}\dfrac{\Delta y}{\mathrm{d}y}=\lim\limits_{\Delta x\to 0}\dfrac{\Delta y}{f'(x_0)\Delta x}=\dfrac{1}{f'(x_0)}\lim\limits_{\Delta x\to 0}\dfrac{\Delta y}{\Delta x}=1$，从而有结论 $\Delta y\sim\mathrm{d}y$，即 $\Delta y=\mathrm{d}y+o(\mathrm{d}y)$，这样，如果 $f'(x_0)\neq 0$，当 Δx 很小时，函数的微分 $\mathrm{d}y=f'(x_0)\Delta x$ 首先是 Δy 的主部，而 $f'(x_0)\Delta x$ 又是 Δx 的线性函数，所以微分 $\mathrm{d}y=f'(x_0)\Delta x$ 是 Δy 的线性主部，这个结论无论是在理论上或是实用上都是很重要的，我们应该很好地予以理解．另外因为 $\lim\limits_{\Delta x\to 0}\dfrac{\Delta y-\mathrm{d}y}{\mathrm{d}y}=\lim\limits_{\Delta x\to 0}\dfrac{\Delta y}{\mathrm{d}y}-1=0$，所以 Δy-$\mathrm{d}y$ 不仅是比 Δx 高阶的无穷小，当 $f'(x_0)\neq 0$，也是比 Δy 高阶的无穷小.

（3）因为函数的微分 $\mathrm{d}y$ 是函数改变量 Δy 的线性主部，因此，当 $|\Delta x|$ 足够小时，可以用微分 $\mathrm{d}y=f'(x_0)\Delta x$ 来近似地代替函数改变量 Δy，这是高等数学常用的在小范围内用线性函数代替非线性函数的所谓局部线性化思想的一个例子，这样用线性函数来代替非线性函数，在计算上可以大大简化.

（4）因为 $\mathrm{d}x=\Delta x$，因此，我们可以在任何函数的微分表达式中用 $\mathrm{d}x$ 代替 Δx，于是

有 $\mathrm{d}y=f'(x)\mathrm{d}x$，从而 $\dfrac{\mathrm{d}y}{\mathrm{d}x}=f'(x)$，这样导数 $\dfrac{\mathrm{d}y}{\mathrm{d}x}$ 就表示函数的微分与自变量的微分之商（微商），原来的整体符号 $\dfrac{\mathrm{d}y}{\mathrm{d}x}$ 作为分式来看待，分子、分母可以作为单独部分了，既然导数等于微分的商，因此，利用微分求导数有时就比较方便.

2. 从微分的几何意义上认清微分的实质.

在直角坐系中，从图上可以清楚地看出微分就是曲线在该点处切线纵坐标的增量，并且当 Δx 充分小时，$\mathrm{d}y$ 与函数 $y=f(x)$ 的改变量 Δy 是相当接近的，可以用切线的增量近似曲线的增量，或者说可以用切线的一小段代替曲线的一小段，即 $\mathrm{d}y\approx\Delta y$，这叫作"以直代曲"，我们必须从微分的几何意义上认清微分的实质——函数微小改变量的近似值，辨明函数的微分与导数之间的关系和区别，辨明函数的微分与增量之间的关系和区别，这对我们深刻地理解微分概念很有帮助.

3. 按照定义，在可导的条件下，一个函数的微分就是它的导数与自变量改变量的乘积，所以只要会算导数，微分也就立即可得. 因此，我们从导数的基本公式和运算法则立即可以得出基本初等函数的微分基本公式和微分的运算法则，所以，一元函数的导数存在，它的微分必存在，反之亦然，故通常把可导也叫作可微，把求导数与求微分的运算都称为微分法，但是，必须注意两者是有区别的，导数仅依赖于自变量 x 的值，而微分却依赖于两个互相独立的变量 x 和 Δx 的值.

4. 微分形式的不变性. 在函数 $y=f(u)$ 中，不论 u 是自变量或是中间变量，$y=f(u)$ 的微分在形式上都是一样的，即都是 $\mathrm{d}y=f'(u)\mathrm{d}u$，这叫作微分形式的不变性. 但是导数不具有这种性质：当 u 是自变量时，$y=f(u)$ 的导数是 $f'(u)$，而当 u 是中间变量 $(u=\varphi(x))$ 时，则导数就变成 $f'(u)\varphi'(x)$ 了，因此，谈到导数时我们总要指明是对哪一个变量的导数，而谈到微分时则无须指明是对哪一个变量的微分.

(1) 在微分 $\mathrm{d}y=f'(u)\mathrm{d}u$ 中的 $\mathrm{d}u$，当 u 是自变量时，$\mathrm{d}u=\Delta u$，而当 u 是另一变量的函数时，$\mathrm{d}u\neq\Delta u$.

(2) 有了微分形式不变性这个结果，我们以后遇见 $\dfrac{\mathrm{d}y}{\mathrm{d}x}$，既可看成 y 对 x 的导数，又可看成 $\mathrm{d}y$ 与 $\mathrm{d}x$ 之比，而不论 x 是否为自变量都一样，于是，某些导数公式可以当作微分的分式运算来看待和记忆，如 $\dfrac{\mathrm{d}y}{\mathrm{d}x}=\dfrac{\mathrm{d}y}{\mathrm{d}u}\cdot\dfrac{\mathrm{d}u}{\mathrm{d}x}$，$\dfrac{\mathrm{d}x}{\mathrm{d}y}=\dfrac{1}{\dfrac{\mathrm{d}y}{\mathrm{d}x}}$，并且还可使导数的计算更方便、更灵活.

5. 微分的计算问题. 求函数 $y=f(x)$ 的微分，一般采用公式 $\mathrm{d}y=f'(x)\mathrm{d}x$，但对于某些比较复杂的函数，运用微分形式不变性，可不必先求导数乘 $\mathrm{d}x$，而直接用微分公式计算更为方便，尤其是利用微分形式不变性求隐函数的微分比较简单. 另外还可通过先求隐函数的微分进而求隐函数的导数，这也是求导数的重要技巧之一.

二、典型例题

(一) 有关微分概念

例 1　一元函数中连续是可微的(　　)条件.

A. 充分　　　　　　B. 必要　　　　　　C. 充要　　　　　　D. 无关

解：一元函数中可微一定连续，连续不一定可微.（注意：一元函数可导和可微是等价的）故应选 B.

例 2　$f(x)$ 在点 $x=x_0$ 处可微，是 $f(x)$ 在点 $x=x_0$ 处连续的(　　).

A. 充分且必要条件　　　　　　　　　　B. 必要非充分条件

C. 充分非必要条件　　　　　　　　　　D. 既非充分也非必要条件

解：因为函数在一点可微，一定在该点连续. 但函数在一点连续，不一定在该点可微. 故应选 C.

例 3　求函数 $y=x^2$ 在 $x=1$ 和 $x=3$ 处的微分.

解：函数 $y=x^2$ 在 $x=1$ 处的微分为 $\mathrm{d}y=(x^2)'|_{x=1}\Delta x=2\Delta x$，在 $x=3$ 处的微分为 $\mathrm{d}y=(x^2)'|_{x=3}\Delta x=6\Delta x$.

(二) 有关微分的计算

例 1　已知 $y=\sin(2x+1)$，求 $\mathrm{d}y$

解：将 $2x+1$ 看成中间变量 u，则

$$\mathrm{d}y=\mathrm{d}(\sin u)=\cos u\,\mathrm{d}u=\cos(2x+1)\mathrm{d}(2x+1)$$
$$=\cos(2x+1)\cdot 2\mathrm{d}x=2\cos(2x+1)\mathrm{d}x$$

例 2　求下列函数的微分.

(1) $y=\cos(x+3)$　　　　　　(2) $y=\mathrm{e}^{ax+bx^2}$.

解：(1) $\mathrm{d}y=\mathrm{d}[\cos(x+3)]=-\sin(x+3)\mathrm{d}(x+3)=-\sin(x+3)\mathrm{d}x$.

(2) $\mathrm{d}y=\mathrm{d}\mathrm{e}^{ax+bx^2}=\mathrm{e}^{ax+bx^2}\mathrm{d}(ax+bx^2)=(a+2bx)\mathrm{e}^{ax+bx^2}\mathrm{d}x$.

例 3　设 $f(x)$ 可微，$y=f(\ln x)\cdot\mathrm{e}^{f(x)}$，求 $\mathrm{d}y$

解：$\mathrm{d}y=f(\ln x)\mathrm{d}\mathrm{e}^{f(x)}+\mathrm{e}^{f(x)}\mathrm{d}y(\ln x)=f'(x)\mathrm{e}^{f(x)}f(\ln x)\mathrm{d}x+\dfrac{1}{x}f'(\ln x)\mathrm{e}^{f(x)}\mathrm{d}x$

$$=\mathrm{e}^{f(x)}\left[f'(x)f(\ln x)+\frac{1}{x}f'(\ln x)\right]\mathrm{d}x.$$

例 4　已知 $y=x^{\sin x}$，则 $\mathrm{d}y=$ ＿＿＿＿＿＿＿.

解：方程两边同取对数得 $\ln y=\sin x\ln x$，方程两边同时对 x 求导得 $\dfrac{1}{y}y'=\cos x\ln x$ $+\sin x\cdot\dfrac{1}{x}$，即 $y'=x^{\sin x}\left(\cos x\ln x+\dfrac{1}{x}\sin x\right)$，因此 $\mathrm{d}y=x^{\sin x}\left(\cos x\ln x+\dfrac{\sin x}{x}\right)\mathrm{d}x$. 故应填 $x^{\sin x}\left(\cos x\ln x+\dfrac{\sin x}{x}\right)\mathrm{d}x$.

例 5　设函数 $y=y(x)$ 由方程 $\mathrm{e}^{xy}=x-y$ 所确定，求 $\mathrm{d}y|_{x=0}$

解：方程两边同时对 x 求导，得 $\mathrm{e}^{xy}(y+xy')=1-y'$，

整理得 $y' = \dfrac{1 - y\mathrm{e}^{xy}}{1 + x\mathrm{e}^{xy}}$ 所以，$\mathrm{d}y = \dfrac{1 - y\mathrm{e}^{xy}}{1 + x\mathrm{e}^{xy}}\mathrm{d}x$，将 $x = 0$ 带入原方程，得 $y = -1$，

因此 $\mathrm{d}y\big|_{x=0} = \dfrac{1 + \mathrm{e}^0}{1 + 0}\mathrm{d}x = 2\mathrm{d}x$.

三、教学建议

（一）基本建议

1. 可由测量正方形边长或圆半径的误差，引起面积产生误差等实例，引入微分概念并作几何解释，让学员易于接受这一新的概念，要重视这一基本概念的教学，可多花一些时间.

2. 推出可微⇔可导的基本定理后，可立即给出基本微分公式表.

3. 微分概念应强调它与导数的区别，讲清微分作为函数增量的线性主部，以使学员正确理解微分概念.

4. 复合函数微分法，在整个微分法的建立过程中起着极其重要的作用，对公式的建立不是强求严格，应把主要精力放在使用上，通过示范举例着重分析使用的方法，给予足够的练习，使学生正确掌握和熟练使用.

（二）课程思政

仔细体会微分概念蕴含的变与不变的辩证统一.

1. 函数在一点处的微分是一个实数，又是一个函数，是变与不变的矛盾统一体. 这是因为，由定义，$\mathrm{d}y\big|_{x=x_0} = f'(x_0)\Delta x$ 与函数 $f(x)$、点 x_0、增量 Δx 有关，Δx 是数，也是变元.

（1）当点 x_0 固定，$f'(x_0)$ 是个数，如果增量 Δx 取定某具体增量，比如 0.01，这样 Δx 是个数，此时函数在一点的微分是一个实数，是不变的.

（2）当点 x_0 固定，$f'(x_0)$ 是个数，但增量 Δx 是变元，此时函数在一固定点的微分又是一个函数，是变的，是随 Δx 变化而变化的函数.

2. 函数 $y = f(x)$ 的微分（自变量是任意的，不固定在某一点），则 $\mathrm{d}y = f'(x)\Delta x$ 就是函数，是变的，不仅随着 $f'(x)$ 的变化而变化，也随着 Δx 的变化而变化.

（三）思维培养

1. 由研究函数的改变量与自变量改变量之间的关系来计算函数改变量的大小，引发微分的根本思想是在局部范围内用线性函数来近似函数的表示，反映在几何上即用切线段近似表示曲线段，这就是数学上的"以直代曲"的思想，教学中应结合微分的概念体会该数学思想.

2. 因为 $\mathrm{d}y = A\Delta x$，当 $\Delta x \to 0$，$\mathrm{d}y \to 0$，所以微分表示一个微小的量，所以微分的中心思想是对变量的无穷分割（$\Delta x \to 0, \Delta y \to 0$），在把变量无穷分割中，微小量 $A\Delta x$ 就是微分，这也是"微分"这个词的来历.

（四）融合应用

喷漆问题：假设潜艇上某个配电箱是半径为 0.5 m 的正方体为了提高表面的光洁度要喷上一层油漆厚度定为 0.01 cm，（油漆的密度是 1.3 g/cm³）估计一下需用油漆多少 g?

四、达标训练

(一) 填空题

1. 已知 $y = x^2 - x$，计算在 $x = 2$ 处：

    (1) 当 $\Delta x = 0.1$ 时，$\Delta y =$ _____，$dy =$ _____.

    (2) 当 $\Delta x = 0.001$ 时 $\Delta y =$ _____，$dy =$ _____.

2. 计算：

    (1) $d(2\theta^2 \sin\theta)$

    (2) $d(\ln(\cos\sqrt{x}))$

    (3) $d(\ln^2(1-x))$

    (4) $d(\ln\sec x + \tan x)$

    (5) $d\left(f\left(\arctan\dfrac{1}{x}\right)\right)$

    (6) $\dfrac{d(\sin x)}{d(\cos x)}$

    (7) $\dfrac{d}{dx^2}\left(\dfrac{\sin x}{x}\right)$

    (8) $\dfrac{d}{dx^3}(x^3 - 2x^6 + x^9)$

    (9) $y = \arcsin\sqrt{1-x^2}$ 在 $x = -\dfrac{1}{2}$ 处的一次近似式.

    (10) 函数 $y = e^{-x}\cos(x-1)$ 在 $x = 0$ 处的一次近似式.

(二) 将适当的函数填入下列括号内，使等号成立

1. $\sqrt{x}\, dx = d($ $)$

2. $\sin(3x-2)\, dx = d($ $)$

3. $(3x^2 + 2x)\, dx = d($ $)$

4. $e^{-2x}\, dx = d($ $)$

5. $\dfrac{1}{a^2 + x^2}\, dx = d($ $)$

6. $\dfrac{1}{2x+3}\, dx = d($ $)$

7. $e^{x^2}\, d(x^2) = d($ $)$

8. $\cos(2x)\, dx = d($ $)$

9. $\dfrac{1}{\sqrt{1-x^2}}\, dx = d($ $)$

10. $\dfrac{\ln x}{x}\, dx = d($ $)$

（三）求下列函数或隐函数的微分

1. $\dfrac{x^2}{a^2}+\dfrac{y^2}{b^2}=1$，求 $\mathrm{d}y$

2. $y=x+\arctan y$，求 $\mathrm{d}y$

3. $y=x^{\sin x}$，求 $\mathrm{d}y$

附：参考答案

（一）1. （1）$\Delta y=0.31,\mathrm{d}y=0.3$　（2）$\Delta y=0.003001,\mathrm{d}y=0.003$

2. （1）$(4\theta\sin\theta+2\theta^2\cos\theta)\mathrm{d}\theta$　（2）$-\tan\sqrt{x}\cdot\dfrac{1}{2\sqrt{x}}\mathrm{d}x$　（3）$\dfrac{2}{x-1}\ln(1-x)\mathrm{d}x$

（4）$(\tan x+\sec^2 x)\mathrm{d}x$　（5）$-\dfrac{1}{1+x^2}f'\left(\arctan\dfrac{1}{x}\right)\mathrm{d}x$　（6）$-\cot x$

（7）$\dfrac{x\cos x-\sin x}{2x^3}$　（8）$1-4x^3+3x^6$　（9）$f(x)\approx\dfrac{\pi}{3}+\dfrac{2}{\sqrt{3}}\left(x+\dfrac{1}{2}\right)$

（10）$f(x)\approx\cos 1-(\cos 1-\sin 1)x$

（二）1. $\dfrac{2}{3}x^{\frac{3}{2}}+c$　2. $-\dfrac{1}{3}\cos(3x-2)+c$　3. x^3+x^2+c　4. $-\dfrac{1}{2}\mathrm{e}^{-2x}+c$

5. $\dfrac{1}{a}\arctan\dfrac{x}{a}+c$　6. $\dfrac{1}{2}\ln(2x+3)+c$　7. $\mathrm{e}^{x^2}+c$　8. $\dfrac{1}{2}\sin(2x)+c$

9. $\arcsin x+c$　10. $\dfrac{\ln^2 x}{2}+c$

（三）1. 解：对方程两边求微分得 $\dfrac{2x\mathrm{d}x}{a^2}+\dfrac{2y\mathrm{d}y}{b^2}=0$，所以 $\mathrm{d}y=-\dfrac{b^2 x\mathrm{d}x}{a^2 y}$

2. 解：对方程两边求微分得 $\mathrm{d}y=\mathrm{d}x+\dfrac{\mathrm{d}y}{1+y^2}$，所以 $\mathrm{d}y=\dfrac{1+y^2}{y^2}\mathrm{d}x$

3. 解：由于 $y=\mathrm{e}^{\sin x\ln x}$，所以 $\mathrm{d}y=x^{\sin x}\left[\cos x\ln x+\dfrac{\sin x}{x}\right]\mathrm{d}x$

综合练习（一）

一、选择题

1. 设 $f'(x)$ 存在，$a \neq 0$ 为常数，则 $\lim\limits_{h \to 0} \dfrac{f\left(x+\dfrac{h}{a}\right)-f\left(x-\dfrac{h}{a}\right)}{h}=$ _____.

2. 若抛物线 $y=x^2+bx+c$ 在点 $(1,1)$ 处的切线平行于直线 $y-x+1=0$，则 $b=$ _____，$c=$ _____.

3. 若 $f(x)$ 可导，且 $y=f(\mathrm{e}^{-\varphi}+\sin\varphi)$，则 $y'=$ _____.

4. 若 $\begin{cases} x=f(t) \\ y=\ln(1+t^2) \end{cases}$，且 $\dfrac{\mathrm{d}y}{\mathrm{d}x}=2t$，则 $\dfrac{\mathrm{d}^2 y}{\mathrm{d}x^2}=$ _____.

5. 若 $xy+\mathrm{e}^{y^2}-x=0$，则 $\mathrm{d}y=$ _____.

6. 若 $y=u\mathrm{e}^{-u}$ 则 $y^{(100)}=$ _____.

二、选择题

1. 若 $f(-x)=f(x)$，且在 $(0,+\infty)$ 内 $f'(x)>0$，$f''(x)<0$，则 $f(x)$ 在 $(-\infty,0)$ 内（　　）.

   A. $f'(x)<0,f''(x)<0$ B. $f'(x)<0,f''(x)>0$

   C. $f'(x)>0,f''(x)<0$ D. $f'(x)>0,f''(x)>0$

2. 设函数 $f(u)$ 可导，$y=f(x^2)$ 当自变量 x 在 $x=-1$ 处取得增量 $\Delta x=-0.1$ 时，相应地函数增量 Δy 的线性主部为 0.1，则 $f'(1)=$（　　）.

   A. -1 B. 0.1

   C. 1 D. 0.5

3. 设 $f(x)=(x-1)\arcsin\sqrt{\dfrac{x}{x+1}}$，则（　　）.

   A. $f'(1)=0$ B. $f'(1)=1$

   C. $f'(1)=\dfrac{\pi}{4}$ D. $f'(1)$不存在

4. 设 $y=\ln\tan\dfrac{x}{2}-\cos x \cdot \ln\tan x$，则 $y'=$（　　）.

   A. $\cos x\ln\tan x$ B. $\sin x\ln\tan x$

   C. $\sin x\ln\cot x$ D. $\tan x\ln\tan x$.

三、设函数 $y=y(x)$ 由方程 $\mathrm{e}^y+xy=\mathrm{e}$ 所确定，求 $y''(0)$.

四、求下列由参数方程所确定的函数的二阶导数 $\dfrac{d^2 y}{dx^2}$.

1. $\begin{cases} x = \ln\sqrt{1+t^2} \\ y = \arctan t \end{cases}$

2. $\begin{cases} x = a\cos^3\theta \\ y = a\sin^3\theta \end{cases}$

五、设 $y = x^{e^x}$，用对数求导法求 $\dfrac{dy}{dx}$.

综合练习(二)

一、选择题

1. 设 $f'(x)$ 存在，则 $\lim\limits_{h\to\infty} h\left[f\left(x+\dfrac{1}{h}\right) - f(x) \right] = $ _____.

2. 当 $a = $ _____ 时，两曲线 $y = ax^2$, $y = \ln x$ 相切，切线方程是 _____.

3. 若 $f(x)$ 在 $(-\infty, +\infty)$ 内有一阶连续导数且 $f(0) = 0$，当 $A = $ _____ 时，

$g(x) = \begin{cases} \dfrac{f(x)}{x}, & x \neq 0, \\ A, & x = 0 \end{cases}$ 在 $(-\infty, +\infty)$ 内连续.

4. $\left(\dfrac{a}{b}\right)^x \cdot \left(\dfrac{b}{x}\right)^a \cdot \left(\dfrac{x}{a}\right)^b$, $dy = $ _____.

5. $d(\quad) = (2 - 3^x \ln 3)dx$, $d(\quad) = f'(\ln x)\dfrac{dx}{x}$.

6. 若 $e^{u+v} = uv$, 则 $\dfrac{dv}{du} = $ _____, $\dfrac{du}{dv} = $ _____.

二、选择题

1. 设 $f(x) = x^x$，则其导数为（ ）.

A. $f'(x) = x^x$

B. $f'(x) = x^x \ln x$

C. $f'(x) = x^x(\ln x + 1)$

D. $f'(x) = x^{x-1}$

2. $f'(a) \neq $（ ）.

A. $\lim\limits_{x\to a} \dfrac{f(x) - f(a)}{x - a}$

B. $\lim\limits_{\Delta x\to 0} \dfrac{f(a) - f(a - \Delta x)}{\Delta x}$

C. $\lim\limits_{t\to 0} \dfrac{f(t-a) - f(a)}{t}$

D. $\lim\limits_{s\to 0} \dfrac{f\left(a+\dfrac{s}{2}\right) - f\left(a-\dfrac{s}{2}\right)}{s}$

3. 设 $y=f(\cos x) \cdot \cos(f(x))$，且 f 可导则 $y'=($)．

  A. $f'(\cos x) \cdot \sin x \cdot \sin(f(x))f'(x)$

  B. $f'(\cos x) \cdot \cos(f(x))+f(\cos x) \cdot [-\sin(f(x))]$

  C. $-f'(\cos x) \cdot \sin x \cdot \cos(f(x))-f(\cos x) \cdot \sin(f(x)) \cdot f'(x)$

  D. $f'(\cos x) \cdot \cos(f(x))-f(\cos x) \cdot \sin(f(x)) \cdot f'(x)$

4. 设 $f(x)$ 具有任意阶导数，且 $f'(x)=[f(x)]^2$，当，$f^{(n)}(x)=($)．

  A. $n![f(x)]^{n+1}$ B. $n \cdot [f(x)]^{n+1}$

  C. $[f(x)]^{2n}$ D. $n![f(x)]^{2n}$

5. 设函数 $f(x)=\begin{cases} x\sin\dfrac{1}{x}, & x\neq 0 \\ 0, & x=0 \end{cases}$ 则 $f(x)$ 在 $x=0$ 处（   )．

  A. 不连续   B. 连续，但不可导

  C. 可导，但不连续   D. 可导，且导数也连续

三、计算题

1. 设 $y=a^x+\sqrt{1-a^{2x}}\arccos(a^x)$（其中 $a>0,a\neq 1$ 为常数），试求 $\mathrm{d}y$．

2. 已知 $y^x=x^y$，用对数求导法求 $\dfrac{\mathrm{d}y}{\mathrm{d}x}$．

3. 已知 $y=\ln\left(\dfrac{1+t}{1-t}\right)$，求 $y^{(n)}$．

附：参考答案

综合练习（一）

一、填空题

1. $\dfrac{2}{a}f'(x)$ 2. $b=-1,c=1$ 3. $(\cos\varphi-\mathrm{e}^{-\varphi})f'(\mathrm{e}^{-\varphi}+\sin\varphi)$

4. $2+2t^2$ 5. $\dfrac{1-y}{x+2y\mathrm{e}^{y^2}}$ 6. $(u-100)\mathrm{e}^{-u}$

二、选择题

1. A   2. D   3. C   4. B

三、解：方程两边对 x 求导得：$\mathrm{e}^y y'+y+xy'=0$，解得 $y'=-\dfrac{y}{x+\mathrm{e}^y}$，

$y'' = \dfrac{y e^y - 2 x e^y}{(x + e^y)^3}$，当 $x = 0, y = 1$，所以 $y''(0) = \dfrac{1}{e^2}$

四、1. 解：$\dfrac{dy}{dx} = \dfrac{\dfrac{1}{1+t^2}}{\dfrac{t}{1+t^2}} = \dfrac{1}{t}$，$\dfrac{d^2 y}{dx^2} = \dfrac{d}{dx}\left(\dfrac{dy}{dx}\right) = \dfrac{d\left(\dfrac{1}{t}\right)}{dt} \dfrac{dt}{dx} = -\dfrac{1+t^2}{t^3}$

2. 解：$\dfrac{dy}{dx} = -\tan\theta$，$\dfrac{d^2 y}{dx^2} = \dfrac{d}{dx}\left(\dfrac{dy}{dx}\right) = \dfrac{d(-\tan\theta)}{d\theta} \dfrac{d\theta}{dx} = \dfrac{1}{3a}\sec^4\theta\,\csc\theta$

五、解：函数两边取对数得：$\ln y = e^x \ln x$，上式两边对 x 求导得，

$\dfrac{1}{y} y' = e^x \ln x + \dfrac{e^x}{x}$，所以 $\dfrac{dy}{dx} = y\left(e^x \ln x + \dfrac{e^x}{x}\right) = x^{e^x}\left(e^x \ln x + \dfrac{e^x}{x}\right)$

综合练习(二)

一、填空题

1. $f'(x)$ 2. $\dfrac{1}{2e}, y = \dfrac{x}{\sqrt{e}} - \dfrac{1}{2}$ 3. $f'(0)$

4. $\left(\dfrac{a}{b}\right)^x \cdot \left(\dfrac{b}{x}\right)^a \cdot \left(\dfrac{x}{a}\right)^b \left[\ln\dfrac{a}{b} + \dfrac{b-a}{x}\right] dx$

5. $2x - 3^x + c, f(\ln x) + c$ 6. $\dfrac{v - e^{u+v}}{e^{u+v} - u}, \dfrac{e^{u+v} - u}{v - e^{u+v}}$

二、选择题

1. C 2. C 3. C 4. A 5. B

三、计算题

1. 解：$dy = -\dfrac{a^{2x} \ln a}{\sqrt{1 - a^{2x}}} \arccos(a^x) dx$

2. 解：方程两边取对数，得：$x \ln y = y \ln x$，上式两边对 x 求导，得 $\ln y + \dfrac{x}{y} \cdot y' = y' \ln x + \dfrac{y}{x}$，整理得 $y' = \dfrac{y^2 - xy \ln y}{x^2 - xy \ln x}$.

3. 解：$y = \ln(1+t) - \ln(1-t)$，$y' = \dfrac{1}{1+t} + \dfrac{1}{1-t}$，$y'' = -(1+t)^{-2} + (1-t)^{-2}$，$y''' = 2(1+t)^{-3} + 2(1-t)^{-3}$，$y^{(4)} = -3!\,(1+t)^{-4} + 3!\,(1-t)^{-4}$，

依次类推，得 $y^{(n)} = (n-1)!\left[\dfrac{(-1)^{n-1}}{(1+t)^n} + \dfrac{1}{(1-t)^n}\right]$.

第六节　单元检测

单元检测一

一、填空题（每题 4 分，合计 20 分）

1. 设 $f(x)$ 连续，$\lim\limits_{x \to 0} \dfrac{f(x)}{x} = 1$，则 $f'(0) =$ _____.

2. 已知函数 $y = y(x)$ 由方程 $e^y + xy = e$ 所确定，则 $y''(0) =$ _____.

3. 设 $f(x)$ 可导，则函数 $y = f[f(\tan x)]$ 的导数 $=$ _____.

4. 设 $y = \sin x^2$，则 $\dfrac{\mathrm{d}y}{\mathrm{d}(x^2)} =$ _____.

5. 设 $A > 0$，$|B| << A^n$，若 $\sqrt[n]{A^n + B} \approx A + \dfrac{B}{nA^{n-1}}$，则 $\sqrt[10]{1000}$（保留小数点后 4 位）的近似计算结果 $=$ _____.

二、单项选择题（每题 4 分，合计 20 分）

1. 设周期函数 $f(x)$ 在 $(-\infty, \infty)$ 内可导，周期为 4，又 $\lim\limits_{x \to 0} \dfrac{f(1) - f(1-x)}{2x} = -1$，则曲线 $y = f(x)$ 在 $(5, f(5))$ 处的切线的斜率为（　　）.

   A. $\dfrac{1}{2}$ 　　　　B. 0 　　　　C. -1 　　　　D. -2

2. 函数 $f(x) = (x^2 - x - 2)|x^3 - x|$ 不可导点的个数是（　　）.

   A. 3 　　　　B. 2 　　　　C. 1 　　　　D. 0

3. 设 $f(x) = 3x^3 + x^2|x|$，则使 $f^{(n)}(0)$ 存在的最高阶数 n 为（　　）.

   A. 0 　　　　B. 1 　　　　C. 2 　　　　D. 3

4. 设 $f(x) = \begin{cases} \dfrac{1 - \cos x}{\sqrt{x}}, & x > 0 \\ x^2 g(x), & x \leqslant 0 \end{cases}$，其中 $g(x)$ 是有界函数，则 $f(x)$ 在 $x = 0$ 处（　　）.

   A. 极限不存在
   B. 极限存在，但不连续
   C. 连续但不可导
   D. 可导

5. 曲线 $\begin{cases} x = 3t + |t|, \\ y = (5t^2 + 3t|t|)^2 - (5t^2 + 3t|t|) \end{cases}$ 平行于 x 轴的切线（　　）.

   A. 有 1 条 　　　　B. 有 2 条 　　　　C. 有 3 条 　　　　D. 不存在

三、计算下列各题（每小题 3 分，合计 36 分）

1. 设 $y = 3^{\sin^2 \frac{1}{x}}$，求 $\mathrm{d}y$.

2. 设 $y=a^x+x^a+a^a+x^x$,求 y'.

3. 设 $y=2^{-x}\left(\arccos\dfrac{1}{x}\right)^2$,求 y'.

4. 若 $\arctan\dfrac{x}{y}=\ln\sqrt{x^2+y^2}$,求 $\dfrac{\mathrm{d}y}{\mathrm{d}x}$.

5. 若 $f(x\sin 3y)=y\mathrm{e}^x$,其中 f 可微,求 $\mathrm{d}y$.

6. 设 $x=\ln(1+t^2)$,$y=t-\arctan t$,求 $\dfrac{\mathrm{d}^2 y}{\mathrm{d}x^2}\bigg|_{t=1}$.

7. 设 $f(x)=\dfrac{1}{1+x^2}$,求 $f\left[\dfrac{1}{f'(1)}\right]$,$f'\left[\dfrac{1}{f(1)}\right]$.

8. 设 $\cos y+xy=0$,求 $\dfrac{\mathrm{d}^2 y}{\mathrm{d}x^2}$.

9. 设函数 $y=\dfrac{x}{\ln x}$ 满足 $y'=\dfrac{x}{y}+\varphi\left(\dfrac{y}{x}\right)$,求函数 $\varphi(x)$.

10. 设 $y=\dfrac{x^2}{x-1}\sqrt[3]{\dfrac{x+1}{x-2}}$,求 y'.

11. 设 $y=\sin x^3$,求 $\dfrac{\mathrm{d}y}{\mathrm{d}(x^2)}$.

12. 设 $y = \cos(3x+1)$，求 $y^{(n)}$.

四、(6 分) 设 $f'(x_0)$ 存在，求 $\lim\limits_{n \to \infty} n\left[f\left(x_0 - \dfrac{\pi}{n}\right) - f\left(x_0 + \dfrac{1}{n\mathrm{e}}\right)\right]$.

五、(6 分) 若 $y = f(x)$ 在点 x_0 处可导，证明 $f(x)$ 在点 x_0 连续，反之不然，试举例说明.

六、(6 分) 设 $f(x) = \begin{cases} g(x)\cos\dfrac{1}{x}, & x \neq 0, \\ 0, & x = 0, \end{cases}$ $g(0) = g'(0) = 0$，求 $f'(0)$.

七、(6 分) 若函数 $y = \varphi(x)$ 由参数式 $x = 1+t^2, y = 1-t^3$ 所确定，求曲线 $y = \dfrac{d\varphi(x)}{\mathrm{d}x}$ 在 $t = 2$ 处的切线方程.

单元检测二

一、填空题（每小题 3 分，共 15 分）

1. 设 $f(x) = (1+\cos x)^{x+1}\sin(x^2 - 3x)$，则 $f'(0) = $ _____.

2. 设 $f(t) = \lim\limits_{x \to \infty} t\left(1 + \dfrac{1}{x}\right)^{2tx}$，则 $f'(t) = $ _____.

3. 设 $f'(x) = \mathrm{e}^{-\frac{x^2}{2}}, y = f(\mathrm{e}^{2x})$，则 $\mathrm{d}y\big|_{x = \ln 2} = $ _____.

4. 设 $y = \arctan\sqrt{x}$，则 $y''(1) = $ _____.

5. 设 $\mathrm{d}f(x) = \ln(1+x^2)\mathrm{d}x$，则 $f'(\mathrm{e}^x) = $ _____.

二、选择题（每小题 3 分，共 15 分）

1. 设 $f(x)$ 在点 $x = a$ 处可导，则 $\lim\limits_{x \to 0} \dfrac{f(a+x) - f(a-x)}{x}$ 等于（ ）.

    A. $f'(a)$ B. $2f'(a)$ C. 0   D. $f'(2a)$

2. 设 $f(x)$ 在点 a 处的某邻域内有定义,则 $f(x)$ 在点 a 处连续是 $f(x)$ 在点 $x=a$ 处可导的(   ).

   A. 充分条件,但非必要条件   B. 必要条件,但非充分条件

   C. 充分必要条件   D. 即非充分又非必要条件

3. $f(x)=\dfrac{1}{3}x^3+\dfrac{1}{2}x^2+6x+1$ 的图形在点 $(0,1)$ 处切线与 x 轴交点的坐标是(   ).

   A. $\left(-\dfrac{1}{6},0\right)$ B. $(-1,0)$

   C. $\left(\dfrac{1}{6},0\right)$ D. $(1,0)$

4. 设 $-1<x<0$,$f(x)=\arccos\sqrt{1-x^2}$,则 $f'(x)=($ $)$.

   A. $\dfrac{1}{x\sqrt{1-x^2}}$ B. $-\dfrac{1}{x\sqrt{1-x^2}}$

   C. $\dfrac{1}{\sqrt{1-x^2}}$ D. $-\dfrac{1}{\sqrt{1-x^2}}$

5. 已知 $y=f(x)$ 二阶可导且 $f'(x)\neq 0$,$x=\varphi(y)$ 是它的反函数,则 $\varphi''(y)=($ $)$.

   A. $\dfrac{1}{f''(x)}$ B. $-\dfrac{f''(x)}{[f'(x)]^2}$

   C. $-\dfrac{f''(x)}{[f'(x)]^3}$ D. $\dfrac{f''(x)}{[f'(x)]^3}$

三、解答下列各题(每小题 6 分,共 30 分)

1. 设 $y=\left(1+\dfrac{1}{x}\right)^x$,求 y'.

2. 设 $y=x-\dfrac{1}{\sqrt{2}}\arctan(\sqrt{2}\,\tan x)$,求 $y''\left(\dfrac{\pi}{6}\right)$.

3. 设 $\begin{cases}x=5(t-\sin t)\\ y=5(1-\cos t)\end{cases}$,求 $\dfrac{\mathrm{d}y}{\mathrm{d}x}$,$\dfrac{\mathrm{d}^2 y}{\mathrm{d}x^2}$.

4. 有一批半径为 1 厘米的球,为了提高球面的光洁度,要镀上一层铜,厚度定为 0.01 厘米. 已知铜的密度是 8.9 克/厘米³,试估计每只球需要铜多少克?

5. 求函数 $y=\sin^2 x$ 的 n 阶导数的一般表达式.

四、(8分)设 $f(x)$ 在 $(-\infty, +\infty)$ 内有定义，且 $f(0)=0, f'(0)=1$，又对任何实数 x_1，x_2 有 $f(x_1+x_2)=f(x_1)\varphi(x_2)+f(x_2)\varphi(x_1)$，其中 $\varphi(x)=\cos x+x^2e^{-2x}$，求 $f'(x)$.

五、(8分)试确定常数 a 和 b 的值，使 $f(x)=\begin{cases} 3e^{2x}-bx, & x<0 \\ \sqrt{a+x}+\sin 5x, & x\geq 0 \end{cases}$ 在 $x=0$ 处可导.

六、(8分)在半径为 100 米的圆形跑道上，有一位运动员正以 7 米/秒的速度跑动，他的朋友正在距圆心 200 米的位置观看，求当两人相距 200 米时的距离变化率.

七、(8分)设 $y=y(x)$ 是由方程 $x^3+y^3-3axy=0$（a 为常数）所确定的隐函数，求 $\dfrac{d^2y}{dx^2}$.

八、(8分)在抛物线 $x=y^2$ 的张口内做圆心在点 $P_0(x_0,0)$ 的圆（$x_0>0$）与上述抛物线相切于两点.

(1) 求出该圆的半径.

(2) 当 P_0 在正 x 轴上移动时，求这种圆的最少半径.

附：参考答案

单元检测一

一、1. 1 2. $-\dfrac{1}{e}$ 3. $f'[f(\tan x)]f'(\tan x)\sec^2 x$ 4. $\cos x^2$ 5. 1.9953

二、1. D 2. B 3. C 4. D 5. C

三、1. $-\dfrac{\ln 3}{x^2}\cdot 3^{\sin^2 \frac{1}{x}}\cdot \sin\dfrac{2}{x}\mathrm{d}x$ 2. $a^x\ln a+ax^{a-1}+x^x(1+\ln x)$

3. $-\ln 2\cdot 2^{-x}\left(\arccos\dfrac{1}{x}\right)^2+2^{-x+1}\arccos\dfrac{1}{x}\cdot\dfrac{1}{\sqrt{x^4-x^2}}$ 4. $\dfrac{y}{y+x}$

5. $\dfrac{y\mathrm{e}^x-\sin 3y f'(x\sin 3y)}{3x\cos 3y f'(x\sin 3y)-\mathrm{e}^x}\mathrm{d}x$ 6. $\dfrac{1}{2}$

7. $\dfrac{1}{5},-\dfrac{4}{25}$ 8. $\dfrac{2y(\sin y-x)-y^2\cos y}{(\sin y-x)^3}$

9. $x-x^2-\dfrac{1}{x}$ 10. $\dfrac{x^2}{x-1}\sqrt[3]{\dfrac{x+1}{x-2}}\left[\dfrac{2}{x}-\dfrac{1}{x-1}+\dfrac{1}{3(x+1)}-\dfrac{1}{3(x-2)}\right]$

11. $\dfrac{3}{2}x\cos x^3$ 12. $3^n\cos\left(3x+1+n\cdot\dfrac{\pi}{2}\right)$

四、$\left(-\pi-\dfrac{1}{e}\right)f'(x_0)$.

五、提示：利用函数 $f(x)$ 在点 x_0 处可导的定义来证明.

六、0.

七、$y=-\dfrac{3}{8}x-\dfrac{9}{8}$.

单元检测二

一、1. -6. 解：注意 $f(0)=0$，$\sin(x^2-3x)\ x^2-3x$，$x\to 0$ 则 $f'(0)=$
$\lim\limits_{x\to 0}\dfrac{f(x)-f(0)}{x-0}=\lim\limits_{x\to 0}\dfrac{(1+\cos x)^{x+1}\sin(x^2-3x)}{x}=2\lim\limits_{x\to 0}\dfrac{x^2-3x}{x}=-6$.

2. $(2t+1)\mathrm{e}^{2t}$. 解：$f(t)=t\mathrm{e}^{2t}$，$f'(t)=\mathrm{e}^{2t}+2t\mathrm{e}^{2t}=(2t+1)\mathrm{e}^{2t}$.

3. $8\mathrm{e}^{-8}\mathrm{d}x$. 解：$y'=f'(\mathrm{e}^{2x})\mathrm{e}^{2x}2=2\mathrm{e}^{2x}f'(\mathrm{e}^{2x})$，$y'(\ln 2)=8\mathrm{e}^{-8}$，$\mathrm{d}y|_{x=\ln 2}=8\mathrm{e}^{-8}\mathrm{d}x$

4. $-\dfrac{1}{4}$. 解：$y'=\dfrac{1}{1+x}\cdot\dfrac{1}{2\sqrt{x}}$，$y''=-\dfrac{3x+1}{4x(1+x)^2\sqrt{x}}$，$y''(1)=-\dfrac{1}{4}$.

5. $\ln(1+\mathrm{e}^{2x})$. 解：因 $\mathrm{d}f(x)=f'(x)\mathrm{d}x$，则 $f'(x)=\ln(1+x^2)$，$f'(\mathrm{e}^x)=\ln(1+\mathrm{e}^{2x})$.

二、1. B.　解：$\lim\limits_{x\to 0}\dfrac{f(a+x)-f(a-x)}{x}=\lim\limits_{x\to 0}\left[\dfrac{f(a+x)-f(a)}{x}-\dfrac{f(a-x)-f(a)}{x}\right]=$
$\lim\limits_{x\to 0}\dfrac{f(a+x)-f(a)}{x}+\lim\limits_{x\to 0}\dfrac{f(a-x)-f(a)}{x}$.

2. B.

3. A.　解：$f'(x)=x^2+x+6$，$f'(0)=6$，所求切线方程为 $y=6x+1$，它与 x 轴

相交于点 $\left(-\dfrac{1}{6},0\right)$.

4. D. 解：$f'(x)=-\dfrac{1}{\sqrt{1-(1-x^2)}}\dfrac{1}{2\sqrt{1-x^2}}(-2x)=\dfrac{x}{|x|\sqrt{1-x^2}}$，当 $-1<x<$

0 时，$f'(x)=-\dfrac{1}{\sqrt{1-x^2}}$.

5. C. 解：$\varphi'(y)=\dfrac{1}{f'(x)}$，$\varphi''(y)=\dfrac{\mathrm{d}}{\mathrm{d}x}\left[\dfrac{1}{f'(x)}\right]\dfrac{\mathrm{d}x}{\mathrm{d}y}=-\dfrac{f''(x)}{[f'(x)]^2}\cdot\dfrac{1}{f'(x)}=$

$-\dfrac{f''(x)}{[f'(x)]^3}$

三、1. 解：$y=\left(1+\dfrac{1}{x}\right)^x=\left(\dfrac{x+1}{x}\right)^x$，两边取对数，得 $\ln y=x[\ln(x+1)-\ln x]$，

两边求导得 $\dfrac{y'}{y}=\ln(x+1)-\ln x+x\left(\dfrac{1}{x+1}-\dfrac{1}{x}\right)=\ln\left(1+\dfrac{1}{x}\right)-\dfrac{1}{x+1}$，所以 $y'=$

$\left(1+\dfrac{1}{x}\right)^x\left[\ln\left(1+\dfrac{1}{x}\right)-\dfrac{1}{x+1}\right]$.

2. 解：$y'=1-\dfrac{1}{\sqrt{2}}\dfrac{1}{1+2\tan^2 x}\sqrt{2}\sec^2 x=1-\dfrac{1}{\sin^2 x}$，$y''=\dfrac{\sin 2x}{(1+\sin^2 x)^2}$，则 $y''\left(\dfrac{\pi}{6}\right)=$

$\dfrac{8}{25}\sqrt{3}$.

3. 解：$\dfrac{\mathrm{d}x}{\mathrm{d}t}=5(1-\cos t)$，$\dfrac{\mathrm{d}y}{\mathrm{d}t}=5\sin t$，则 $\dfrac{\mathrm{d}y}{\mathrm{d}x}=\dfrac{\dfrac{\mathrm{d}y}{\mathrm{d}t}}{\dfrac{\mathrm{d}x}{\mathrm{d}t}}=\dfrac{\sin t}{1-\cos t}$，

$\dfrac{\mathrm{d}^2 y}{\mathrm{d}x^2}=\dfrac{\dfrac{d}{\mathrm{d}t}\left(\dfrac{\mathrm{d}y}{\mathrm{d}x}\right)}{\dfrac{\mathrm{d}x}{xt}}=\dfrac{\cos t(1-\cos t)-\sin t\cdot\sin t}{5(1-\cos t)^3}=\dfrac{-1}{5(1-\cos t)^2}$.

4. 解：先用微分估算出镀层的体积，再乘上铜的密度就得到每只球所用铜的质量.

由 $V=\dfrac{4}{3}\pi R^3$，$\mathrm{d}V=4\pi R^2\,\mathrm{d}R$，当 $R=1$，$\Delta R=0.01$ 时，$\Delta V\approx\mathrm{d}V=4\times 3.14\times 1^2\times 0.01$

$=0.13$ 立方厘米，于是镀每只球需要的铜为 $0.13\times 8.9=1.16$ 克.

5. 解：$y'=2\sin x\cos x=\sin 2x$，$y''=2\cos 2x=2\sin\left(2x+\dfrac{\pi}{2}\right)$，$y'''=$

$2^2\cos\left(2x+\dfrac{\pi}{2}\right)=2^2\sin\left(2x+\dfrac{2}{2}\pi\right)$，一般地，设 $y^{(n)}=2^{n-1}\sin\left(2x+\dfrac{n-1}{2}\pi\right)$，则 $y^{(n+1)}=$

$2^n\cos\left(2x+\dfrac{n-1}{2}\pi\right)=2^n\sin\left(2x+\dfrac{n}{2}\pi\right)$，所以有 $y^{(n)}=2^{n-1}\sin\left(2x+\dfrac{n-1}{2}\pi\right)$，$n=1,2,\cdots$.

四、解：由导数定义，$\forall x\in(-\infty,+\infty)$，有 $f'(x)=\lim\limits_{h\to 0}\dfrac{f(x+h)-f(x)}{h}=$

$$\lim_{h \to 0} \frac{f(x)\varphi(h) + f(h)\varphi(x) - f(x)}{h} = f(x)\lim_{h \to 0}\frac{\varphi(h) - 1}{h} + \varphi(x)\lim_{h \to 0}\frac{f(h)}{h}.$$

注意到 $\varphi(0) = 1$，$f(0) = 0$ 且 $\varphi(x)$ 可导，$f'(0) = 1$，有 $f'(x) =$

$f(x)\lim_{h \to 0}\dfrac{\varphi(h) - \varphi(0)}{h} + \varphi(x)\lim_{h \to 0}\dfrac{f(h) - f(0)}{h} = f(x)\varphi'(0)\varphi(x)f'(0)$，

又 $\varphi'(x) = -\sin x + 2x\mathrm{e}^{-2x} - 2x^2\mathrm{e}^{-2x}$，则 $\varphi'(0) = 0$，所以 $f'(x) = \varphi(x) = \cos x + x^2\mathrm{e}^{-2x}$.

五、解：先讨论 $f(x)$ 在点 $x = 0$ 处的连续性. $f(0 - 0) = \lim\limits_{x \to 0^-}(3\mathrm{e}^{2x} - bx) = 3$，

$f(0 + 0) = \lim\limits_{x \to 0^+}(\sqrt{a + x} + \sin 5x) = \sqrt{a}$. 因 $f(x)$ 在 $x = 0$ 处可导必连续，那么 $f(0 - 0) = f(0 + 0) = f(0)$，得 $\sqrt{a} = 3$，即 $a = 9$.

在讨论 $f(x)$ 在点 $x = 0$ 处的可导性. $f'_-(0) = \lim\limits_{x \to 0^-}\dfrac{f(x) - f(0)}{x - 0} =$

$\lim\limits_{x \to 0^-}\dfrac{3\mathrm{e}^{2x} - bx - \sqrt{a}}{x} = \lim\limits_{x \to 0^-}\dfrac{3(\mathrm{e}^{2x} - 1)}{x} - b = 6 - b$，$f'_+(0) = \lim\limits_{x \to 0^+}\dfrac{\sqrt{a + x} + \sin 5x - \sqrt{a}}{x} =$

$\lim\limits_{x \to 0^+}\left(\dfrac{\sqrt{a + x} - \sqrt{a}}{x} + \dfrac{\sin 5x}{x}\right) = \lim\limits_{x \to 0^+}\dfrac{1}{\sqrt{a + x} + \sqrt{a}} + 5 = \dfrac{1}{2\sqrt{a}} + 5$，由 $f'_-(0) = f'_+(0)$，

得 $6 - b = \dfrac{1}{2\sqrt{a}} + 5$，则 $b = \dfrac{5}{6}$，所以当 $a = 9, b = \dfrac{5}{6}$ 时，$f(x)$ 在点 $x = 0$ 处可导.

六、解：设运动员 $P(x, y)$ 沿圆周 $C: x^2 + y^2 = 100^2$，以线速度 $v = 7$ m/s 运动，其角速度为 $\omega = \dfrac{v}{R} = 0.07$ rad/s，他的朋友在处 $Q(200, 0)$ 观看. 记 $S = |PQ|$，则有 $S^2 = (x - 200)^2 + y^2 = (x - 200)^2 + 100^2 - x^2$，两边对 x 求导得 $S\dfrac{\mathrm{d}S}{\mathrm{d}t} = -200\dfrac{\mathrm{d}x}{\mathrm{d}t}$. 令 $x = 100\cos\omega t, y = 100\sin\omega t$，则 $\dfrac{\mathrm{d}x}{\mathrm{d}t} = -100\omega\sin\omega t$. 在 $\triangle OPQ$ 中，由余弦定理得 $S^2 = 100^2 + 200^2 - 2 \times 100 \times 200 \times \cos\omega t$，当 $S = 200$ 时，$\cos\omega t = \dfrac{1}{4}$，$\sin\omega t = \sqrt{1 - \cos^2\omega t} = \dfrac{\sqrt{15}}{4}$. 从

而 $\dfrac{\mathrm{d}S}{\mathrm{d}t}\bigg|_{S = 200} = -\dfrac{\mathrm{d}x}{\mathrm{d}t}\bigg|_{S = 200} = 100 \times 0.07 \times \dfrac{\sqrt{15}}{4} = \dfrac{7}{4}\sqrt{15}$ m/s. 因此，当两个相距 200 米，他们间的距离的变化率为 $\dfrac{7}{4}\sqrt{15}$ m/s.

七、解：由方程两边对 x 求导得 $3x^2 + 3y^2\dfrac{\mathrm{d}y}{\mathrm{d}x} - 3a\left(y + x\dfrac{\mathrm{d}y}{x}\right) = 0$，则 $\dfrac{\mathrm{d}y}{\mathrm{d}x} = \dfrac{ay - x^2}{y^2 - ax}$，

$\dfrac{\mathrm{d}^2 y}{\mathrm{d}x^2} = \dfrac{\left(a\dfrac{\mathrm{d}y}{\mathrm{d}x} - 2x\right)(y^2 - ax) - (ay - x^2)\left(2y\dfrac{\mathrm{d}y}{\mathrm{d}x} - a\right)}{(y^2 - ax)^2} = -\dfrac{a^3 x(1 + y)}{(y^2 - ax)^3}$.

八、解：设抛物线 $y^2 = x$ 与圆的切点为 $P(x, y)$，由隐函数微分法，在方程两边对 x 求导，得 $1 = 2y \cdot y'$，即 $y' = \dfrac{1}{2y}$，所以过点 $P(x, y)$ 的两曲线的公切线的斜率为 $k_1 = \dfrac{1}{2y}$，

又此公切线与 PP_0 垂直, PP_0 的斜率为 $k_2 = \dfrac{y}{x - x_0}$,从而 $k_1 k_2 = -1$,即 $\dfrac{1}{2y} \cdot \dfrac{y}{x - x_0} = -1$,所以 $x = x_0 - \dfrac{1}{2}$. 注意到 $P(x, y)$ 在曲线 $y^2 = x$ 上,得 $y^2 = x_0 - \dfrac{1}{2}$,即 $y = \pm \sqrt{x_0 - \dfrac{1}{2}}$, $x_0 \geqslant \dfrac{1}{2}$.

于是,内切圆的半径 $R = \sqrt{(x - x_0)^2 + y^2} = \sqrt{x_0 - \dfrac{1}{4}}$, $x_0 \geqslant \dfrac{1}{2}$. 显然, $R = R(x_0)$ 是严格单调增加的函数,所以当 $x_0 = \dfrac{1}{2}$ 时, R 取得最小值 $R\left(\dfrac{1}{2}\right) = \dfrac{1}{2}$,此时圆与抛物线在原点相切.

第三章 微分中值定理与导数的应用

微分中值定理包括罗尔定理、拉格朗日中值定理、柯西中值定理和泰勒中值定理.中值定理揭示了函数在某区间上的整体性质与函数在该区间一点的导数之间的关系,是应用导数研究函数性质的重要工具,为我们利用导数研究曲线和函数的形态提供了理论依据,它是整个微分学的理论基础.

17世纪后期和18世纪,为了适应航海、天文学和地理学的需要,格列哥里和牛顿曾先后独立地得到了如今的格列哥里-牛顿内插公式,后来英国数学家泰勒把这个公式引申得出将函数展开成为无穷级数的重要公式,但是他没有考虑收敛问题,泰勒定理的严格证明是柯西在100多年之后给出的.1742年,英国数学家马克劳林给出了泰勒公式的特殊情形,现今称之为马克劳林公式.拉格朗日1797年用代数方法率先证明并给出了带有拉格朗日余项的泰勒展开式.罗尔定理是法国数学家罗尔在1691年给出的,但他对这个结论未给出证明,100多年后,后人将 $f(x)$ 推广到可微函数,并冠以罗尔的名字.著名的洛必达法则,即求未定式极限(指 $\dfrac{0}{0}$ 型)的法则,是由约翰·伯努利的学生、法国数学家洛必达在他1696年的《无穷小分析》一书中发表,而对于未定式 $\dfrac{\infty}{\infty}$,$\infty-\infty$ 的法则是由欧拉给出的.

导数的应用包括利用导数求极限(洛必达法则),利用导数判断函数的单调性与曲线的凹凸性,求函数的极值与最值,作函数图像,考察曲线的弯曲程度(曲率),从而使我们能够把握住函数图像的各种几何特征.导数的最简单且重要的实际应用之一为极大与极小问题,在历史上对求极值问题的注意开始于开普勒,开普勒以后在极值问题上取得的结果最有影响的是费尔玛,导数在微分学中的最基本的应用是研究函数和曲线的形态——单调、极值、凹向与拐点的判别法则,而函数图形的描绘则是利用导数研究函数的综合应用.

教学上,本章理论性较强,学员往往难以理解,证明题学员常感到困惑,因此教学中注意放慢速度,注意证明过程中的分析及基本思路.

【教学大纲要求】

1. 理解并会用罗尔定理、拉格朗日中值定理,了解并会用柯西中值定理,掌握用洛必达法则求未定式极限的方法.

2. 了解泰勒定理,了解用多项式逼近函数的思想,了解泰勒公式在近似计算中的应用.

3. 理解函数的极值概念,掌握用导数判断函数的单调性和求函数极值的方法,掌握函数最大值和最小值的求法及其应用.

4. 理解曲线的凹凸性与拐点的概念,会用导数判断函数图形的凹凸性,会求函数图形的拐点.

5. 会求函数图形的水平、铅直和斜渐近线,会描绘函数的图形.

6. 了解弧微分,了解曲率、曲率圆和曲率半径的概念,会求曲率和曲率半径.

7. 了解求方程近似解的二分法和切线法的思想.

【学时安排】

本章安排 16 学时(8 次课),其中理论课 12 学时(6 次课),习题课 4 学时(2 次课),分别安排在罗比达法则和应用后各 1 次.

讲次	教学内容	课型
18	微分中值定理	理论
19	洛必达法则	理论
20	习题课	习题
21	泰勒定理	理论
22	函数的单调性与曲线的凹凸性	理论
23	函数的极值与最值、函数图形的描绘	理论
24	习题课	习题
25	曲率、方程的近似解	理论

【基本内容疏理与归纳】

1. 罗尔定理(Rolle).

若函数满足在闭区间上连续,开区间内可导,端点函数值相等,则在开区间内至少存在一点,使该点导数为 0.

2. 拉格朗日中值定理(Lagrange).

若函数满足在闭区间上连续,开区间内可导,则在开区间内至少存在一点,使该点导数为由端点所构成的弦的斜率.

3. 拉格朗日中值定理推论.

$f'(x) \equiv 0, x \in$ 某区间 $I \Rightarrow f(x) \equiv ($ 某)常数,$x \in I$.

4. 柯西中值定理(Cauchy).

设函数 $f(x)$ 和 $F(x)$ 满足:① 函数都在上 $[a,b]$ 连续;② 都在 (a,b) 内可导,且对任意的 $x \in (a,b)$,$F'(x) \neq 0$ 则至少存在一点 $\xi \in (a,b)$,使 $\dfrac{f(b)-f(a)}{F(b)-F(a)} = \dfrac{f'(\xi)}{F'(\xi)}$

5. 洛比达法则(L'Hospital).

(适用范围 $\dfrac{0}{0}, \dfrac{\infty}{\infty}$):$\lim \dfrac{f(x)}{g(x)} = \lim \dfrac{f'(x)}{g'(x)}$(右面极限要存在!).

6. 泰勒公式(Taylor).

$f(x)$ 在 x_0 点的某邻域 $U(x_0)$ 内具有 $n+1$ 阶导数,任取 $x \in U(x_0)$ 有

$$f(x)=f(x_0)+f'(x_0)(x-x_0)+\frac{f''(x_0)}{2!}(x-x_0)^2+\cdots+\frac{f^{(n)}(x_0)}{n!}(x-x_0)^n+$$
$R_n(x)$

其中,余项 $R_n(x)$ 有两种形式:

一是拉格朗日型余项 $R_n(x)=\dfrac{f^{(n+1)}(x_0+\theta x)}{(n+1)!}(x-x_0)^{n+1}$,$(0<\theta<1)$ 一般用于误差估计;

二是皮亚诺型余项 $R_n(x)=o((x-x_0)^n)$,一般用于求极限.

在 0 点的泰勒公式称为麦克劳林公式:

$$f(x)=f(0)+f'(0)x+\frac{f''(0)}{2!}x^2+\cdots+\frac{f^{(n)}(0)}{n!}x^n+R_n(x),$$

其中,$R_n(x)=\dfrac{f^{(n+1)}(\xi)}{(n+1)!}x^{n+1}=o(x^n)$($\xi$ 位于 0 与 x 之间).

7. 函数单调性的判定法.

(1) 导数大于(小于)零的地方增(减).

(2) 如函数 $y=f(x)$ 在某区间 I 内可导且恒有 $f'(x)>0(f'(x)<0)$,等号仅在有限多个点处成立.则 $f(x)$ 在 I 内单增(单减).

8. 利用单调性证明不等式.

将不等式转换成一个函数大于(大于或等于)零的不等式,再证明这个函数在不等式成立区间上是非负单调递增的函数.

9. 凹凸判别法.

二阶导数大于(小于)零的地方凹(凸).如:

$y=f(x)$ 在区间 I 上连续,在 I 内具有一阶和二阶导数,若在 I 内恒有 $f''(x)>0$(<0)$\Rightarrow f'(x)$ 单调增(减),$f(x)$ 在 I 上的图形是凹(凸)的.

10. 曲率公式 $k=\dfrac{|y''|}{(1+y'^2)^{3/2}}$.

11. 求函数 $y=f(x)$ 单调区间的步骤:

(1) 指出函数的定义域 D,用区间形式表示出来;

(2) 求导数 $f'(x)$,令 $f'(x)=0$,在 D 中求出所有的驻点和不可导点;

(3) 按这些点从小到大的顺序将 D 分成若干个小区间;

(4) 判定导数 $f'(x)$ 在每一小区间的符号;

(5) 根据导数的符号判断每一小区间的单调性.

12. 求函数 $y=f(x)$ 极值的步骤:

(1) 指出函数的定义域 D,用区间形式表示出来;

(2) 求导数 $f'(x)$,令 $f'(x)=0$,在 D 中求出所有的驻点和不可导点;

(3) 按这些点从小到大的顺序将 D 分成若干个小区间;

(4) 判别导数 $f'(x)$ 在每一小区间的符号;

(5) 根据导数的符号是否发生改变判断极值点,并计算出极值.

13. 求函数 $y = f(x)$ 图形的凹凸区间的步骤：

（1）指出函数的定义域 D，用区间形式表示出来；

（2）求一阶导数 $f'(x)$，二阶导数 $f''(x)$，令 $f''(x) = 0$，在 D 中求出所有的使二阶导数为零的点和使二阶导数无意义的点；

（3）按这些点从小到大的顺序将 D 分成若干个小区间；

（4）判定 $f''(x)$ 在每一小区间的符号；

（5）根据二阶导数 $f''(x)$ 的符号判断每一小区间的凹凸性，凹凸发生改变的点为拐点，并算出拐点的坐标.

14. 实际应用问题中的最值问题.

设函数为 $f(x)$，有意义的区间为 I（有限或无限，开或闭），如果 $f(x)$ 在 I 内可导且只有一个驻点 x_0，并且这个驻点 x_0 是函数 $f(x)$ 的极值点，那么，当 $f(x_0)$ 是极大值时，$f(x_0)$ 就是 $f(x)$ 在 I 上的最大值；当 $f(x_0)$ 是极小值时，$f(x_0)$ 就是 $f(x)$ 在 I 上的最小值.

在实际问题中，对可导的目标函数 $f(x)$，往往不必讨论 $f(x_0)$ 是不是极值，只需写出如下的文字叙述：由实际问题，目标函数 $f(x)$ 在区间 I 内可导，在区间内部一定能取得最值，又在区间内部只有一个驻点 x_0，所以当 $x = x_0$ 时，目标函数取得最值 $f(x_0)$.

【知识点思维导图】

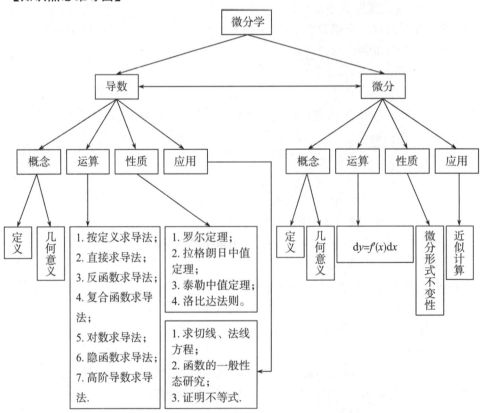

第一节 微分中值定理

上一章学习了导数的概念,导数只反映函数在一点的局部特征,如果想借助导数了解函数在其定义域上的整体形态,就需要在导数与函数间建立起联系.微分中值定理是沟通导数值与函数值之间的桥梁,是利用导数的局部性质推断函数的整体性质的工具.微分中值定理是整个微分学的理论基础,它建立了函数值与导数值之间的定量联系,从而使我们可以利用中值定理通过导数去研究函数的形态.

人物介绍——费马(也译为"费尔马"):1601 年 8 月 17 日出生于法国南部图卢兹,1665 年 1 月 13 日逝世.费马一生从未受过专门的数学教育,数学研究也不过是业余之爱好.然而,在 17 世纪的法国还找不到哪位数学家可以与之匹敌:他是解析几何的发明者之一(独立于笛卡儿发现了解析几何的基本原理);对于微积分诞生的贡献仅次于牛顿、莱布尼茨(费马建立了求切线、求极大值和极小值以及定积分方法);概率论的主要创始人(和帕斯卡一起建立了概率论的基本原则——数学期望的概念);以及独承 17 世纪数论天地的人.此外,费马对物理学也有重要贡献.一代数学天才费马堪称是 17 世纪法国最伟大的数学家之一.费马的业余数学都能学得这么好,所以大家一定要坚信:没有学不会的东西,就看你功夫是否下到.

人物介绍——罗尔:法国数学家,1652 年 4 月 21 日生于昂贝尔特,1719 年 11 月 8 日卒于巴黎.罗尔出生于小店家庭,只受过初等教育,且结婚过早,年轻时贫困潦倒,靠充当公证人与律师抄录员的微薄收入养家糊口,他利用业余时间刻苦自学代数与丢番图的著作,并很有心得.1682 年,他解决了数学家奥扎南提出的一个数论难题,受到了学术界的好评,从而声名鹊起,也使他的生活有了转机,此后担任初等数学教师和陆军部行政官员.1685 年进入法国科学院,担任低级职务,到 1690 年才获得科学院发给的固定薪水,此后他一直在科学院供职.罗尔于 1691 年在题为《任意次方程的一个解法的证明》的论文中指出了:在多项式方程的两个相邻的实根之间,方程至少有一个根.一百多年后,即 1846 年,尤斯托·伯拉维提斯将这一定理推广到可微函数,并把此定理命名为罗尔定理.罗尔的这种在困境中不轻言放弃,坚持自学的精神是值得我们学习的.

人物介绍——拉格朗日:1736 年 1 月 25 日生于意大利都灵,1813 年 4 月 11 日卒于法国巴黎.拉格朗日在数学、力学和天文学三个学科中都有重大历史性贡献,但他主要是数学家,研究力学和天文学的目的是表明数学分析的威力.他的全部著作、论文、学术报告记录、学术通讯超过 500 篇.他在数学上最突出的贡献是使数学分析与几何和力学脱离开来,使数学的独立性更为清楚,从此数学不再仅仅是其他学科的工具.1797 年,拉格朗日在《微分原理中的解析函数论》中,第一次得到微分中值定理,并用它推导出泰勒 (Taylor) 级数,还给出余项 R_n 的具体表达式,Rn 就是著名的拉格朗日型余项.他还着重指出,泰勒级数不考虑余项是不能用的.虽然他还没有考虑收敛性问题,甚至各阶导数的存在性，但他强调 R_n 要趋于零，这表明他已注意到收敛性问题.

法国 18 世纪后期到 19 世纪初数学界著名的三个人物——拉格朗日（J. Lagrange）、拉普拉斯（P. Laplace）和勒让德（A. Legendre）. 因为他们三个的姓氏的第一个字母为"L"，又生活在同一时代，所以人们称他们为"三 L".

柯西 1789 年 8 月 21 日生于巴黎，柯西在幼年时，他的父亲常带领他到法国参议院内的办公室，并且在那里指导他进行学习，因此他有机会遇到参议员拉普拉斯和拉格朗日两位大数学家. 他们对他的才能十分赏识，拉格朗日认为他将来必定会成为大数学家. 柯西在纯数学和应用数学的功力是相当深厚的，很多数学的定理和公式也都以他的名字来命名，如柯西中值定理、柯西不等式、柯西积分公式、柯西边界条件……在数学写作上，他是被认为在数量上仅次于欧拉的人，他一生一共著作了 789 篇论文和几本书，其中有些还是经典之作. 1857 年 5 月 23 日，他突然去世，享年 68 岁，临终前，他还与巴黎大主教在说话，他说的最后一句话是"人总是要死的，但是，他们的功绩永存". 柯西的这种为科学奋斗终生的精神是值得我们学习的.

一、教学分析

（一）教学目标

1. 知识与技能.

阐述罗尔定理、拉格朗日中值定理内容，明确定理的几何意义，并会用定理证明一些结论（恒等式、不等式及根的存在性）.

2. 过程与方法.

经历定理的内容陈述和证明过程，采用类比的方法，找出中值定理间的联系，体会数学研究与数学应用的乐趣，发展应用意识和解决问题的能力，提高分析、抽象和迁移的学习能力.

3. 情感态度与价值观.

发现数学知识的融会贯通，体会数形结合的思想，培养严密的思维方法，热爱数学，发展整体与局部的内部联系的哲学观.

（二）学时安排

本节内容教学需要 2 学时，对应课次教学进度中的第 18 讲内容.

（三）教学内容

费马引理；罗尔定理；拉格朗日中值定理；柯西中值定理；定理应用.

（四）学情分析

1. 用中值定理证明等式或不等式时，容易忽略对定理条件的验证.

2. 用中值定理证明等式或不等式时，不易掌握构造辅助函数的思想方法.

3. 对柯西定理证明时容易犯的错误是：对两个函数分别在 $[a,b]$ 利用 Lagrange 定理，得到两个中值公式，两个中值中值公式相比得结论. 错误原因：两个中值公式中的中值不一定是同一点.

4. 罗尔定理的结论是至少存在一点 ξ，使 $f'(\xi)=0$. 所以在用罗尔定理证明方程的根的存在性问题时，只能说明根的存在性，并不能确定根的个数，在有些题目要求判断根的个数时,需要结合具体题目,灵活采用其他方法求解.

（五）重、难点分析

重点:罗尔定理;拉格朗日中值定理;柯西中值定理;定理应用.

难点:柯西中值定理的应用.

1. 中值定理所揭示的是函数在某区间内所具有的一些重要性质,它们都与自变量区间内部的某个中间值有关,通常是指罗尔定理、拉格朗日中值定理（亦称微分中值定理）、柯西定理.中值定理是整个微分学的基础,它们反映了导数更深刻的本质,把函数值与导数直接联系起来,使我们有可能运用导数去研究函数的某些特性.为了以后能更准确地应用它们,就要正确理解这些定理中的条件和结论,重点把握下面几点:

（1）三个中值定理的共同特点:函数在一定条件下,在给定的区间中至少存在着一点 ξ,它们都把 a,b 两点的函数值与点 ξ 上的导数值联系起来,这样就给我们用导数的形态去研究函数的形态提供了有力的工具.

（2）三个中值定理的联系:特殊与一般的关系.

如果函数 $f(x)$ 及 $F(x)$ 满足条件:在闭区间 $[a,b]$ 上连续,在开区间 (a,b) 内可导, $f'(x)\neq 0,x\in(a,b)$,则在 (a,b) 内至少有一点 ξ,使

$\dfrac{f(b)-f(a)}{F(b)-F(a)}=\dfrac{f'(\xi)}{F'(\xi)}$,（柯西中值定理）

特别地,当 $F(x)=x$ 时, $F(b)=b,F(a)=a,f'(\xi)=1$,则有

$\dfrac{f(b)-f(a)}{b-a}=f'(\xi)$,（拉格朗日中值定理）

若再有 $f(b)=f(a)$,则有 $f'(\xi)=0$,　　　　　　　（罗尔定理）

所以,拉格朗日中值定理是柯西定理当 $F(x)=x$ 的特殊形式,而罗尔定理又是拉格朗日中值定理当 $f(b)=f(a)$ 的特殊形式,这几个定理的关系很密切,存在着特殊与一般的关系,其中拉格朗日中值定理占着突出的地位,因为微积分中很多定理的证明要以它为工具,在实际应用中它也是非常重要的.

（3）三个中值定理除了分别需要满足一些特殊条件外,还要满足两条共同的条件:函数在闭区间 $[a,b]$ 上连续,在开区间 (a,b) 内可导.值得注意的是,三个中值定理的条件是充分条件,而不是必要条件.满足了定理的条件就有相应的结论,不满足条件,结论未必成立（结论成立的条件不必要,不满足条件,结论可成立,可不成立）.如果不满足它们各自的条件,则定理的结论可能不成立,即不一定存在满足定理结论的中值,也就是说,在不满足条件时,有些函数不存在 ξ,而另有些函数存在 ξ.

以罗尔定理为例,如果函数 $y=f(x)$ 满足条件:①在闭区间 $[a,b]$ 上连续;②在开区间 (a,b) 内可导;③ $f(a)=f(b)$. 则在开区间 (a,b) 内至少在一点 ξ 使得 $f'(\xi)=0$.

反例1:Rolle 定理的条件之一不满足,则结论不成立的反例

$f(0)=1,f(x)=\dfrac{1}{x},x\in(0,1]$ 不满足条件①,满足②、③

$f(x)=|x|,x\in[-1,1]$ 不满足条件②,满足①、③

$f(x)=x,x\in[0,1]$ 不满足条件③,满足①、②

反例 2：Rolle 定理的条件之一不满足，则结论还成立的特例

$f(0) = 10.1, f(x) = 1/x + x, x \in (0,10]$ 不满足条件①，满足②，③

$f(x) = |x| - x^2, x \in [-1,1]$ 不满足条件②，满足①，③

$f(x) = x^2, x \in [-1/5,1]$ 不满足条件③，满足①，②

（4）三个中值定理中的只知道至少存在一个中值 ξ，但不知道究竟有多少个，也只知道它的大概位置，但不知道确定的位置．尽管有这些不确定因素，但这些定理在微积分学中仍具有十分重要的地位，是分析学中许多定理赖以证明的基础，并有广泛的应用．

上面讨论了中值定理的共性，下面是它们各自的特点．

2．罗尔定理．当函数 $f(x)$ 满足罗尔定理成立的条件时，可先求出函数的导数 $f'(x)$，然后通过解方程 $f'(x) = 0$，从而求得 ξ 的值．容易知道，函数 $f(x)$ 在点 $x = \xi$ 处具有水平切线，另外，在考虑应用罗尔定理证明某个命题时，注意到罗尔定理前两个条件与拉格朗日中值定理前两个条件相同，所以还要看定理是否满足第三个条件，如果满足第三个条件或将需要证明的关系式变形后满足，一般可应用罗尔定理．

3．拉格朗日中值定理是微积分学的重要定理，它准确地表达了函数在一个闭区间上的平均变化率和函数在该区间内某点的导数间的关系，它是用函数的局部性来研究函数的整体性的重要工具．拉格朗日中值定理有如下五种表达形式：

（1）$f'(\xi) = \dfrac{f(b) - f(a)}{b - a}, a < \xi < b$

（2）$f(b) - f(a) = (b - a)f'(\xi), a < \xi < b$

（3）$f(b) - f(a) = (b - a)f'[a + (b - a)\theta], 0 < \theta < 1$

（4）$f(x + \Delta x) - f(x) = f'(\xi)\Delta x, \xi$ 介于 x 与 $x + \Delta x$ 之间

（5）$\Delta y = f'(x + \theta \Delta x)\Delta x, 0 < \theta < 1$

注 1．在（1）、（2）、（3）式中，不管 a 与 b 大小关系如何，等式仍成立，即无论是 $a < b$ 还是 $a > b$ 等式仍成立．

注 2．形式（1）的几何意义：若连续曲线的一段弧 AB 上除两端点外的每一点处都有不垂直于 x 轴的切线，则在这弧上至少存在一点，使得该曲线在该点的切线与弦 AB 平行．

运动学意义：对于曲线运动，在任意一个运动过程中至少存在一个位置（或一个时刻）的瞬时速率等于这个过程中的平均速率．

注 3．形式（2）—（5）都叫有限增量公式，在以后理论推导时将分别被采用，但各有各自的特点．有限增量公式 $\Delta y = f'(\xi)\Delta x$，它精确地表达了函数在一个区间上的增量与函数在这区间内某点处导数之间的关系，当 Δx 为有限时，它是 Δy 的准确表达式；而以 dy 代替 Δy 时，其误差只有当 $\Delta x \to 0$ 时才趋于零，所以有限增量公式常常比微分更有价值，在微分学中占着重要的地位．与罗尔定理比较，拉格朗日中值定理的应用更为广泛，它可以用来证明某些命题，例如，用拉格朗日中值定理证明了"常数的导数是零"的逆定理和"线性函数的导数是常数"的逆定理．这些定理虽然浅显，但只有应用拉格朗日中值定理才是最简单的分析证明方法．有时，证明一个命题时需要多次应用拉格朗日中值定理或同时应用罗尔定理．

注 4. 拉格朗日中值定理还可以用来证明某些不等式,其一般的方法如下:

① 根据不等式,构造一个适当函数 $f(x)$,使欲证不等式的一边是这个函数在某一区间的增量 $f(b)-f(a)$;

② 验证 $f(x)$ 在 $[a,b]$ 上满足拉格朗日中值定理的条件,并运用定理,使不等式的一边转化为 $f'(\xi)(b-a)$;

③ 把 $f'(\xi)$ 适当放大或缩小,使出现所要证明的不等式.

4. 利用柯西定理也可以证明一些命题,但在给定的命题中,往往只涉及一个函数,所以还需要另设一个函数,一般说来这一步比较困难,通常是从所要证的命题结论中去分析考察,确定出所需要另设的函数来.

二、典型例题

(一) 有关定理的条件与结论的理解

例 1 罗尔定理中三个条件:$f(x)$ 在 $[a,b]$ 上连续;$f(x)$ 在 (a,b) 内可导;$f(a)=f(b)$ 是在 (a,b) 内至少存在一点 $\xi\in(a,b)$ 使得 $f'(\xi)=0$ 成立的(　　).

A. 充分条件 　　　　　　　　　B. 必要条件

C. 充要条件 　　　　　　　　　D. 既非充分条件又非必要条件

解:罗尔定理的三个条件如果成立,则在 (a,b) 内至少存在一点 ξ,使得 $f'(\xi)=0$. 但若罗尔定理的三个条件不满足,也可能存在 ξ,使得 $f'(\xi)=0$. 例如

$$f(x)=\begin{cases}\sin x,0\leqslant x<\pi,\\ 2,\qquad x=\pi.\end{cases}$$

在 $[0,\pi]$ 上不连续,又 $f(\pi)=2\neq f(0)=0$,即 $f(x)$ 在 $[0,\pi]$ 上不满足罗尔定理的条件,但在 $(0,\pi)$ 内却存在一点 $\xi=\pi/2$,使 $f'(\xi)=f'(\pi/2)=\cos(\pi/2)=0$. 仅 A 入选.

例 2 设 $f(x)=x^3$,$F(x)=x^2$,在 $[1,2]$ 上满足柯西中值定理的 $\xi=$?

解:因 $f(x)=x^3$,$F(x)=x^2$ 在 $[1,2]$ 上满足柯西中值定理的条件. 取 $a=1,b=2$,则 $\dfrac{f(2)-f(1)}{F(2)-F(1)}=\dfrac{f'(x)|_{x=\xi}}{F'(x)|_{x=\xi}}=\dfrac{3\xi^2}{2\xi}$,解得 $\xi=14/9$.

例 3 设函数 $f(x)$ 在闭区间 $[a,b]$ 上有定义,在开区间 (a,b) 内可导,则(　　).

A. 当 $f(a)f(b)<0$ 时,存在 $\xi\in(a,b)$,使 $f(\xi)=0$

B. 对任何 $\xi\in(a,b)$,有 $\lim\limits_{x\to\xi}[f(x)-f(\xi)]=0$

C. 当 $f(a)=f(b)$ 时,存在 $\xi\in(a,b)$,使 $f'(\xi)=0$

D. 存在 $\xi\in(a,b)$,使 $f(b)-f(a)=f'(\xi)(b-a)$

解:因对于任取的 $\xi\in(a,b)$,$f(x)$ 在 $x=\xi$ 处可导,故 $f(x)$ 在 ξ 处连续,则 $\lim\limits_{x\to\xi}[f(x)-f(\xi)]=\lim\limits_{x\to\xi}f(x)-f(\xi)=f(\xi)-f(\xi)=0$,所以 B 正确. 对其他三个选项,因它们需要"$f(x)$ 在 $[a,b]$ 上连续"这个条件,而题设的条件"$f(x)$ 在 (a,b) 内可导"并不能保证 $f(x)$ 在两个端点 a,b 的连续性,故 A,C,D 不正确.

注意　若将"函数 $f(x)$ 在闭区间 $[a,b]$ 上有定义"改为"函数 $f(x)$ 在闭区间 $[a,b]$ 上连续",则上例的四个选项都对.

（二）有关利用罗尔定理证明结论

例1　如果 $f(x)$ 在 $[2,4]$ 上连续，在 $(2,4)$ 上可导，$f(2)=1,f(4)=4$，

求证：$\exists \xi \in (2,4)$，使得 $f'(\xi)=\dfrac{2f(\xi)}{\xi}$.

证明：令 $F(x)=\dfrac{f(x)}{x^2}$，则 $F(x)$ 在 $[2,4]$ 上连续，在 $(2,4)$ 上可导，

故 $F'(x)=\dfrac{x^2f'(x)-2xf(x)}{x^4}=\dfrac{xf'(x)-2f(x)}{x^3}$，

又 $F(2)=\dfrac{f(2)}{4}=\dfrac{1}{4},F(4)=\dfrac{f(4)}{16}=\dfrac{1}{4}$，

所以由罗尔定理得：$\exists \xi \in (2,4)$，使得 $F'(\xi)=0$，即 $\dfrac{\xi f'(\xi)-2f(\xi)}{\xi^3}=0$，

也即 $\xi f'(\xi)-2f(\xi)=0$，故 $f'(\xi)=\dfrac{2f(\xi)}{\xi}$ 成立.

例2　设函数 $f(x)$ 在 (a,b) 内有三阶导数，且 $f(x_1)=f(x_2)=f(x_3)=f(x_4)$，其中，$a<x_1<x_2<x_3<x_4<b$，证明：在 (a,b) 内至少存在一点 ξ，使得 $f'''(\xi)=0$.

证明：因为 $f(x)$ 在 (a,b) 内三阶可导且 $f(x_1)=f(x_2)=f(x_3)=f(x_4)$，

其中 $a<x_1<x_2<x_3<x_4<b$，所以 $f(x)$ 在 $(x_1,x_2) \cdot (x_2,x_3) \cdot (x_3,x_4)$ 上满足罗尔定理的条件. 于是至少有一点 $\xi_1 \in (x_1,x_2),\xi_2 \in (x_2,x_3),\xi_3 \in (x_3,x_4)$，

使 $f'(\xi_1)=f'(\xi_2)=f'(\xi_3)=0$. 类似的 $f'(x)$ 在 $(\xi_1,\xi_2),(\xi_2,\xi_3)$ 上也分别满足罗尔定理的条件，从而至少有一点 $\eta_1 \in (\xi_1,\xi_2),\eta_2 \in (\xi_2,\xi_3)$，使 $f''(\eta_1)=f''(\eta_2)=0$；

进而得知 $f''(x)$ 在 (η_1,η_2) 上满足罗尔定理的条件，所以至少有一点 $\xi \in (\eta_1,\eta_2)$ 使 $f'''(\xi)=0$.

例3　若 $f(x)$ 在 $[0,1]$ 上连续，在 $(0,1)$ 内可导，且 $f(0)=f(1)=0,f\left(\dfrac{1}{2}\right)=1$.

证明：在 $(0,1)$ 内至少有一点 ξ 使 $f'(\xi)=1$.

证明：令 $g(x)=f(x)-x$，则 $g'(x)=f'(x)-1$，所以 $g(x)$ 在 $[0,1]$ 上连续，$(0,1)$ 内可导，且 $g(0)=f(0)-0=0,g(1)=f(1)-1=-1<0,g\left(\dfrac{1}{2}\right)=f\left(\dfrac{1}{2}\right)-\dfrac{1}{2}=\dfrac{1}{2}>0$

又因 $g(x)$ 在 $\left[\dfrac{1}{2},1\right]$ 上连续，由零点定理得：$\exists \eta \in \left(\dfrac{1}{2},1\right)$，使 $g(\eta)=0=g(0)$；

所以，$g(x)$ 在 $[0,\eta]$ 上连续，$(0,\eta)$ 内可导，且 $g(0)=g(\eta)$；由罗尔定理知，至少存在一点 $\xi \in (0,\eta) \subset (0,1)$，使 $g'(\xi)=0$，即 $f'(\xi)=1$.

（三）有关拉格朗日中值定理

例1　以下四个命题中，正确的是（　　　）.

A. 若 $f'(x)$ 在 $(0,1)$ 内连续，则 $f(x)$ 在 $(0,1)$ 内有界

B. 若 $f(x)$ 在 $(0,1)$ 内连续，则 $f'(x)$ 在 $(0,1)$ 内有界

C. 若 $f'(x)$ 在 $(0,1)$ 内有界，则 $f(x)$ 在 $(0,1)$ 内有界

D. 若 $f(x)$ 在 $(0,1)$ 内有界，则 $f'(x)$ 在 $(0,1)$ 内有界

解: 任取 $x_0, x \in (0,1)$ 对 $f(x)$ 在 $[x_0, x]$（或 $[x, x_0]$）上使用拉格朗日中值定理得到 $f(x) - f(x_0) = f'(\xi)(x - x_0)$，因 $x, x_0 \in (0,1)$，$|x - x_0| \leqslant 1$，故由 $f(x) = f(x_0) + f'(\xi)(x - x_0)$ 得到 $|f(x)| \leqslant |f(x_0)| + f'(\xi)(x - x_0) \leqslant |f(x_0)| + |f'(\xi)|$.

因 $f'(x)$ 在 $(0,1)$ 内有界，故 $f(x)$ 在 $(0,1)$ 内有界，C 正确. 下举反例说明 A,B,D 不正确. 若取 $f(x) = \ln x$，则 $f'(x) = \dfrac{1}{x}$，由此易知 A,B 均不正确.

若取 $f(x) = \sqrt{x}$，则 $f'(x) = \dfrac{1}{2\sqrt{x}}$，由此可知 D 也不正确. 仅 C 入选.

例 2 设不恒为常数的函数 $f(x)$ 在闭区间 $[a,b]$ 上连续，在开区间 (a,b) 内可导且 $f(a) = f(b)$. 证明：在 (a,b) 内至少存在一点 ξ，使得 $f'(\xi) > 0$.

证一： 由题设有 $f(a) = f(b)$，且 $f(x)$ 不恒为常数故存在点 $c \in (a,b)$，

使 $f(c) \neq f(a) = f(b)$. 当然可能 $f(c) > f(a) = f(b)$，也可能 $f(c) < f(a) = f(b)$，在此条件下要证明导数值 $f'(\xi) > 0$. 这是证明函数值与导数值关系的问题，应考虑使用拉格朗日中值定理. 事实上，当 $f(a) < f(c)$ 时，对 $f(x)$ 在 $[a,c]$ 上使用该定理，至少存在一点引 $\xi_1 \in (a,c) \subset (a,b)$，使得 $f'(\xi_1) = \dfrac{[f(c) - f(a)]}{(c-a)} > 0$

当 $f(c) < f(a) = f(b)$ 时，对 $f(x)$ 在 $[c,b]$ 上使用该定理得到，

存在 $\xi_2 \in (c,b) \subset (a,b)$，使得 $f'(\xi_2) = \dfrac{[f(b) - f(a)]}{(b-c)} > 0$

故无论哪种情况都至少存在一点 $\xi \in (a,b)$，使 $f'(\xi) > 0$.

证二： 用反证法证之更简单. 事实上，若不存在 ξ 使 $f'(\xi) > 0$，则对任意 $x \in (a,b)$ 总有 $f'(x) \leqslant 0$，从而 $f(x)$ 在 $[a,b]$ 上单调不增. 又 $f(a) = f(b)$，故 $f(x)$ 在 $[a,b]$ 上恒为常数，这与假设矛盾. 例得证.

例 3 已知 $f(x)$ 在 $(-\infty, +\infty)$ 内可导，且 $\lim\limits_{x \to \infty} f'(x) = e$，

$\lim\limits_{x \to \infty} \left(\dfrac{x+c}{x-c}\right)^x = \lim\limits_{x \to \infty} [f(x) - f(x-1)]$，求 c.

解： $\lim\limits_{x \to \infty} \left(\dfrac{x+c}{x-c}\right)^x = e^{2c}$，又由拉格朗日中值定理知，存在 $\xi \in (x-1, x)$ 使 $f(x) - f(x-1) = f'(\xi)[x - (x-1)] = f'(\xi)$. 由 $\lim\limits_{x \to \infty} f'(x) = e$，有 $\lim\limits_{x \to \infty} f'(x) = e$，因而有 $e^{2c} = e$，即 $2c = 1$，$c = \dfrac{1}{2}$.

例 4 设 $f(x)$ 在 $[a,b]$ 上连续，在 (a,b) 内可导，$a > 0$，且 $f(a) \neq f(b)$. 证明在 (a,b) 内存在 ξ, η 且 $\xi \neq \eta$，使 $2\eta f'(\xi) = (a+b) f'(\eta)$.

证： 将含 ξ 和 η 的项分别写在等式两端，待证等式化为 $\dfrac{f'(\xi)}{a+b} = \dfrac{f'(\eta)}{2\eta} = \dfrac{f'(x)}{(x^2)'}\Big|_{x=\eta}$.

上式右端启发我们在 $[a,b]$ 上可对 $f(x), g(x) = x^2$ 使用柯西中值定理（它们在 $[a,b]$ 上均满足柯西中值定理之条件）知，存在 $\eta \in (a,b)$ 使 $\dfrac{f'(\eta)}{2\eta} = \dfrac{f(b) - f(a)}{b^2 - a^2}$.

上式也可变换为 $\dfrac{f'(\eta)}{2\eta}(a+b)=\dfrac{f(b)-f(a)}{b-a}$ ①

再由题设知，$f(x)$ 在 $[a,b]$ 上满足拉格朗日中值定理的条件，因而可对 $f(x)$ 在 $[a,b]$ 上使用拉格朗日中值定理，由此得到存在 $\xi\in(a,b)$，使 $\dfrac{f(b)-f(a)}{b-a}=f'(\xi)$ ②

将式②代入式①得到 $\dfrac{f'(\eta)}{2\eta}(a+b)=f'(\xi)$，即 $2\eta f'(\xi)=(a+b)f'(\eta)$.

(四) 有关柯西中值定理

例1 设 $f(x)$ 在 $[a,b]$ 上可导，且 $ab>0$. 证明存在 $\xi\in(a,b)$，使 $af(b)-bf(a)=(b-a)[\xi f'(\xi)-f(\xi)]$.

证：将不含 ξ 的式子 $(b-a)$ 移到等式左端，得到 $\dfrac{af(b)-bf(a)}{b-a}=\xi f'(\xi)-f(\xi)$.

将待证的上述等式左端化成柯西定理的形式：

$$\dfrac{\dfrac{[af(b)-bf(a)]}{(ab)}}{\dfrac{(b-a)}{(ab)}}=\dfrac{\dfrac{f(b)}{b}-\dfrac{f(a)}{a}}{\left(\dfrac{-1}{b}\right)-\left(\dfrac{-1}{a}\right)},$$

于是左端可看作两函数 $F(x)=\dfrac{f(x)}{x}$，$g(x)=-\dfrac{1}{x}$ 的差值比.

又由题设 $ab>0$，有 $a<b<0$ 或 $0<a<b$，从而 $F(x)=\dfrac{f(x)}{x}$，$g(x)=-\dfrac{1}{x}$ 在 $[a,b]$ 上有定义，于是依题设知，它们在 $[a,b]$ 上都满足柯西定理的条件. 由该定理知，存在 $\xi\in$

(a,b)，使 $\dfrac{\dfrac{f(b)}{b}-\dfrac{f(a)}{a}}{\left(-\dfrac{1}{b}\right)-\left(-\dfrac{1}{a}\right)}=\dfrac{\left[\dfrac{f(x)}{x}\right]'\Big|_{x=\xi}}{\left(-\dfrac{1}{x}\right)'\Big|_{x=\xi}}=\dfrac{\dfrac{[\xi f'(\xi)-f(\xi)]}{\xi^2}}{\dfrac{1}{\xi^2}},$

即 $\dfrac{af(b)-bf(a)}{b-a}=\xi f'(\xi)-f(\xi)$，亦即 $af(b)-bf(a)=(b-a)[\xi f'(\xi)-f(\xi)]$.

三、教学建议

(一) 基本建议

可结合问题背景及几何解释引入各中值定理，帮助学生理解中值定理，证明中值定理的思路大致可分为两种，第一种思路：费马定理 → 罗尔定理 → 拉格朗日→ 柯西. 第二种思路：拉格朗日→ 罗尔(作为特例)→ 柯西定理(作为推广). 无论采用哪一种方法，注意几何方面启示及结合，更重要的是重点介绍构造辅助函数思路以及利用辅助函数证题的方法，并且在以后的教学中，逐渐要让学员学会和掌握这一方法.

(二) 课程思政

授课中，可穿插介绍费马、罗尔、拉格朗日、柯西等数学家的故事，使学员了解法国数学的历史及有名的数学家三 L(拉格朗日、拉普拉斯、勒让德)，使学员了解相关知识点在数学发展史中所处的地位，体会科学家们科学研究的思想方法，激发学员的学习兴趣，激励学员刻苦学习的意志.

1. 以人育人.

（1）一代数学天才费马堪称是 17 世纪法国最伟大的数学家之一，然而费马一生从未受过专门的数学教育，数学研究也不过是业余之爱好. 然而，在 17 世纪的法国还找不到哪位数学家可以与之匹敌. 费马的业余数学都能学得这么好，所以大家一定要坚信：没有学不会的东西，就看你功夫是否下到.

（2）罗尔在困境中不轻言放弃，坚持自学的精神是值得我们学习的.

（3）柯西在纯数学和应用数学的功力是相当深厚的，很多数学的定理和公式也都以他的名字来命名，如柯西中值定理、柯西不等式、柯西积分公式、柯西边界条件……在数学写作上，他是被认为在数量上仅次于欧拉的人，他一生一共著作了 789 篇论文和几本书，其中有些还是经典之作. 1857 年 5 月 23 日，他突然去世，享年 68 岁，临终前，他还与巴黎大主教在说话，他说的最后一句话是"人总是要死的，但是，他们的功绩永存". 柯西的这种为科学奋斗终生的精神是值得我们学习的.

2. 以哲明人.

每个定理都建立起了函数的局部性质与整体性质之间的联系.

（三）思维培养

1. 对于中值定理的学习，可以先通过观察一些几何现象，从几何直观中发现一般规律，进而把几何直观用数学语言描述出来，得到相应的中值定理. 这种把几何与代数联系起来的方法可以更好地理解每个中值定理的条件和结论，从另一方面也可以培养善于观察并归纳总结规律的科学研究的思想方法.

（1）借助几何直观，把中值定理的条件和结论用图形描述出来，那将会使我们对中值定理得到更深刻的印象.

（2）从几何直观理解函数的驻点与函数的水平切线之间的关系.

（3）从几何直观对罗尔定理加以理解；罗尔定理中所给出的三个条件并不是导函数零点存在的必要条件.

（4）从几何的观点构造辅助函数，并利用罗尔定理的结论给出拉格朗日中值定理的证明.

2. 在证明拉格朗日定理时，采用构造辅助函数来证明问题的方法，这是今后证明问题常用的方法. 辅助函数往往不唯一，可以从代数角度和几何直观构造辅助函数，几何角度形象直观，便于理解，代数角度是从结论出发，借助逆向思维，符合人们的思考过程，易于学员掌握和操作.

原函数法也是构造辅助函数的一种重要方法. 在证明拉格朗日中值定理时，请尝试构造辅助函数，将问题归结为所构造的函数导数零点的存在性问题.

3. 对于柯西中值定理的学习，类比拉格朗日中值定理，重新审视拉格朗日中值定理，寻找二者的相通之处：把拉格朗日中值定理在函数以参数方程的形式表达时的结果，看成两个函数时就可以得到柯西中值定理. 在柯西中值定理证明时仍可从代数和几何两种角度构造辅助函数.

4. 本次课中蕴含的数学思想和研究方法应重点体现. 从实际现象中观察总结出拉

格朗日定理的事实,研究问题时先从其简单的、特殊的情形(罗尔定理)开始研究,然后用得到的罗尔定理证明拉格朗日定理,并把拉格朗日定理推广到两个函数的情形——柯西中值定理.这里蕴含了从特殊中归纳总结一般规律,研究问题从特殊到一般,证明问题用特殊证一般的数学思想.

（四）融合应用

1. 拉格朗日中值公式的物理意义.

拉格朗日中值公式 $\dfrac{f(b)-f(a)}{b-a}=f'(\xi)$,若 $f(x)$ 表示位移,$\dfrac{f(b)-f(a)}{b-a}$ 表示物体在时间段 $[a,b]$ 上的平均速度,$f'(\xi)$ 表示物体在某时刻 ξ 的瞬时速度,拉格朗日中值公式的物理解释实际上就是平均速度等于某一时刻的瞬时速度.

2. 在 2004 年北京国际马拉松比赛中,我国某著名运动员以 2 小时 19 分 26 秒的成绩夺得女子组冠军,试用微分中值定理说明她在比赛中至少有两个时刻的速度恰好为 18.157 km/h.(马拉松比赛举例全长为 42.195 km)

四、达标训练

（一）选择题

1. 罗尔定理中的三个条件:$f(x)$ 在 $[a,b]$ 上连续,在 (a,b) 内可导,且 $f(a)=f(b)$,是 $f(x)$ 在 (a,b) 内至少存在一点,使 $f'(\xi)=0$ 成立的（　　）.
   A. 必要条件　　　　　　　　　　B. 充分条件
   C. 充要条件　　　　　　　　　　D. 既非充分也非必要条件

2. 下列函数在 $[-1,1]$ 上满足罗尔定理条件的是（　　）.
   A. $f(x)=e^x$　　　　　　　　　　B. $f(x)=|x|$
   C. $f(x)=1-x^2$　　　　　　　　D. $f(x)=\begin{cases} x\sin\dfrac{1}{x}, & x\neq 0 \\ 0, & x=0 \end{cases}$

3. 若 $f(x)$ 在 (a,b) 内可导,且 x_1、x_2 是 (a,b) 内任意两点,则至少存在一点,使下式成立（　　）.
   A. $f(x_2)-f(x_1)=(x_1-x_2)f'(\xi)$　　$\xi\in(a,b)$
   B. $f(x_1)-f(x_2)=(x_1-x_2)f'(\xi)$　　ξ 在 x_1,x_2 之间
   C. $f(x_1)-f(x_2)=(x_2-x_1)f'(\xi)$　　$x_1<\xi<x_2$
   D. $f(x_2)-f(x_1)=(x_2-x_1)f'(\xi)$　　$x_1<\xi<x_2$

4. 设 $f(x),g(x)$ 是恒大于零的可导函数,且 $f'(x)g(x)-f(x)g'(x)<0$,则当 $a<x<b$ 时,有（　　）.
   A. $f(x)g(b)>f(b)g(x)$　　　　　B. $f(x)g(a)>f(a)g(x)$
   C. $f(x)g(x)>f(b)g(b)$　　　　　D. $f(x)g(x)>f(a)g(a)$

5. 设函数 $f(x)$ 在闭区间 $[a,b]$ 上有定义,在开区间 (a,b) 内可导,则（　　）.
   A. 当 $f(a)f(b)<0$ 时,存在 $\xi\in(a,b)$,使 $f(\xi)=0$
   B. 对任何 $\xi\in(a,b)$,有 $\lim\limits_{x\to\xi}[f(x)-f(\xi)]=0$

C. 当 $f(a)=f(b)$ 时,存在 $\xi\in(a,b)$,使 $f'(\xi)=0$

D. 存在 $\xi\in(a,b)$,使 $f(b)-f(a)=f'(\xi)(b-a)$

（二）填空题

1. 若 $f(x)$ 在 $[a,b]$ 上连续,在 (a,b) 内可导,则至少存在一点 $\xi\in(a,b)$,使得 $e^{f(b)}-e^{f(a)}=$ _____ 成立.

2. 函数 $f(x)=\arctan x$ 在 $[0,1]$ 上使拉格朗日中值定理结论成立的 ξ 是 _____.

3. 设 $f(x)=x(x-1)(x-2)(x-3)$,则 $f'(x)=0$ 有 _____ 个根,它们分别位于区间 _____ 内.

（三）证明题

1. 证明方程 $1+x+\dfrac{x^2}{2}+\dfrac{x^3}{6}=0$ 有且仅有一个实根.

2. 设函数 $f(x)$ 在 $[a,b]$ 上可导,且 $f(a)<0,f(c)>0,f(b)<0$,其中 C 是介于 a,b 之间的一个实数. 证明:存在 $\xi\in(a,b)$,使 $f'(\xi)=0$ 成立.

3. 证明:当 $0<x<\pi$ 时,$\dfrac{\sin x}{x}>\cos x$.

4. 设函数 $f(x)$ 在 $[0,1]$ 上连续,在 $(0,1)$ 内可导. 试证:至少存在一点 $\xi\in(0,1)$,使 $f'(\xi)=2\xi[f(1)-f(0)]$.

附：参考答案

（一）选择题　B　C　B　A　B

（二）填空题　1. $e^{f(\xi)}f'(\xi)(b-a)$　2. $\sqrt{\dfrac{4-\pi}{\pi}}$　3. 3,$(0,1)$;$(1,2)$;$(2,3)$.

（三）证明题

1. 证明:设 $f(x)=1+x+\dfrac{x^2}{2}+\dfrac{x^3}{6}$,因函数在 R 上连续,且 $f(0)=1>0,f(-2)=-\dfrac{1}{3}<0$,根据零点存在定理至少存在一个 $\xi\in(-2,0)$,使得 $f(\xi)=0$. 另一方面,假设有 $x_1,x_2\in(-\infty,+\infty)$,且 $x_1<x_2$,使 $f(x_1)=f(x_2)=0$,根据罗尔定理,存在 $\eta\in(x_1,x_2)$ 使 $f'(\eta)=0$,即 $1+\eta+\dfrac{1}{2}\eta^2=0$,这与 $1+\eta+\dfrac{1}{2}\eta^2>0$ 矛盾. 故方程 $1+x+\dfrac{x^2}{2}+\dfrac{x^3}{6}=0$ 只有一个实根.

2. 证明：由于 $f(x)$ 在 $[a,b]$ 内可导，从而 $f(x)$ 在闭区间 $[a,b]$ 内连续，在开区间 (a,b) 内可导。又因为 $f(a)<0,f(c)>0$，根据零点存在定理，必存在点 $\xi_1\in(a,c)$，使得 $f(\xi_1)=0$。同理，存在点 $\xi_2\in(c,b)$，使得 $f(\xi_2)=0$。因此 $f(x)$ 在 $[\xi_1,\xi_2]$ 上满足罗尔定理的条件，故存在 $\xi\in(\xi_1,\xi_2)\subset(a,b)$，使 $f'(\xi)=0$ 成立。

3. 证明：设 $f(t)=\sin t-t\cos t$，函数 $f(t)$ 在区间 $[0,x]$ 上满足拉格朗日中值定理的条件，且 $f'(t)=t\sin t$，故 $f(x)-f(0)=f'(\xi)(x-0),0<\xi<x$，即 $\sin x-x\cos x=x\xi\sin\xi>0(0<x<\pi)$，因此，当 $0<x<\pi$ 时，$\dfrac{\sin x}{x}>\cos x$。

4. 证明：只需令 $g(x)=x^2$，利用柯西中值定理即可证明。

第二节　洛必达法则

在极限一章中可以知道，当 $x\to x_0$（或 $x\to\infty$）时，若 $f(x)$ 与 $g(x)$ 都是趋于零或无穷大，此时极限 $\lim\dfrac{f(x)}{g(x)}$ 可能存在，也可能不存在，总的说来是"不一定"，因此我们把这种比式说成是未定式，记作 $\dfrac{0}{0},\dfrac{\infty}{\infty}$，解决这类问题的简单而有效的法则就是洛必达法则。洛必达法则是求未定式极限的一种较普遍的有效方法，灵活地运用洛必达法则是我们自身数学解题能力的体现，具有重要的应用价值。

洛必达（L'Hospital）：法国的数学家，1661 年出生于法国的贵族家庭，1704 年 2 月 2 日卒于巴黎。他早年就显露出数学才能，在他 15 岁时就解出帕斯卡的摆线难题，以后又解出瑞士数学家约翰伯努利向欧洲挑战的"最速降曲线"问题。他曾受袭侯爵衔，在军队担任过骑兵指挥官，因视力问题退役，转向学术研究方面，在数学家伯努利的门下学习微积分，并成为法国新解析理论的主要成员。洛必达的《无限小分析》（1696）一书是微积分学方面最早的教科书，在 18 世纪时为一模范著作，书中创造一种算法（洛必达法则），用以寻找满足一定条件的两函数之商的极限。

一、教学分析

（一）教学目标

1. 知识与技能。

（1）灵活用洛必达法则求 $\dfrac{0}{0},\dfrac{\infty}{\infty}$ 的未定式极限的方法。

（2）灵活用洛必达法则求其他几种常见的未定式极限的方法。

2. 过程与方法。

经历洛必达法则内容陈述和证明过程，理解法则的本质，提高运用法则求解未定式极限的能力。通过化归的数学方法，经历学习其他几种常见的未定式的过程。

3. 情感态度与价值观.

感受数学的美,激发求知欲,提高学习兴趣,养成虚心的学习态度及细心的做事习惯,提高学习合作的意识.

（二）学时

本节内容教学需要 2 学时,对应课次教学进度中的第 19 讲内容,本节内容后面可安排一次习题课,对应课次教学进度中的第 20 讲内容.

（三）教学内容

未定式,洛必达法则的内容,用法则求解未定式的极限.

（四）学情分析

1. 在每次使用洛必达法则之前,必须验证该极限是不是法则适用极限类型 $\frac{0}{0}$ 或 $\frac{\infty}{\infty}$,否则会导致错误,学员容易忽视判型,而直接套用法则.

2. 使用洛必达法则是分子与分母分别求导数,而不是整个分式求导数,学员有时容易将整个分式求导而导致错误.

3. 使用洛必达法则求得的结果是实数或 ∞（不论使用了多少次）,则原来极限的结果就是这个实数或 ∞,求解结束;如果最后得到极限不存在（不是 ∞ 的情形）,则不能断言原来的极限也不存在,应该考虑用其他的方法求解,此时容易认为原极限不存在.

4. 对于其他类型极限,应先转化成法则适用极限类型,再用洛必达法则,如何灵活进行转化,对学员的解题能力基础有一定要求.

（五）重、难点分析

重点:用洛必达法求 $\frac{0}{0}$,$\frac{\infty}{\infty}$ 型未定式极限.

难点:用洛必达法求非 $\frac{0}{0}$,$\frac{\infty}{\infty}$ 型未定式极限.

1. 在运用洛必达法则求极限时,首先要注意将 x_0（或 ∞）代入式中,看看原式是否为未定式,只有是 $\frac{0}{0}$,$\frac{\infty}{\infty}$ 型未定式时,方可直接运用洛必达法则求解. 在大多数情况下,求导数之比的极限比求函数之比的极限容易,因为用 $\frac{f'(x)\mathrm{d}x}{F'(x)\mathrm{d}x}$ 代替 $\frac{f(x)}{F(x)}$ 正是分子、分母均"以直代曲",然后取极限.

2. 对于 $0 \cdot \infty$,$\infty - \infty$,0^0,1^∞,∞^0 型这五类未定式极限,（此处思考:为啥不讨论"0 -0"与"∞^∞"这两种情形?）要通过适当的变换,化为 $\frac{0}{0}$ 或 $\frac{\infty}{\infty}$ 型,如果它们满足洛必达法则条件,可以用洛必达法则求解. 对于不同的类型,可分别采用下列转化方法:

（1）对于 $\infty - \infty$ 型,通过通分转化.

（2）对于 $0 \cdot \infty$,可化为分式形式,即 $0 \Big/ \dfrac{1}{\infty}\left(\dfrac{0}{0}\text{型}\right)$ 或 $\infty \Big/ \dfrac{1}{0}\left(\dfrac{\infty}{\infty}\text{型}\right)$,这两种分式哪种容易得出极限,要具体题目具体分析.

（3）对于 0^0,1^∞,∞^0 这三种,即对于幂指函数形式的类型 $f(x)^{F(x)}$,可通过取常用

对数进行转化,再利用法则.

3. 当 $\lim \dfrac{f'(x)}{F'(x)}$ 不存在时,不能断定 $\lim \dfrac{f(x)}{F(x)}$ 也不存在,只能说明此时不能应用洛必达法则.因法则只是当 $\dfrac{f'(x)}{F'(x)}$ 有极限时,$\dfrac{f(x)}{F(x)}$ 才有极限,反之,并无保证.当无法判定 $\dfrac{f'(x)}{F'(x)}$ 的极限状况或能判定它振荡而无极限时,则洛必达法则失效,要用别的方法来解决未定式 $\dfrac{f(x)}{F(x)}$ 的极限问题.

4. 应用洛必达法则一次未成,仍可继续用之,直到成功为止,但在重复使用洛必达法则的整个过程中,必须对每步都要作检查,确定它是未定式后再应用洛必达法则,切勿乱用,一旦发现不是未定式,就要停止使用,妄用洛必达法则,就会获得错误的结果.

5. 应用洛必达法则还可以用来计算数列的极限,但不是直接利用法则,而是在计算时应将离散量 n 换成连续的变量 x 才能应用洛必达法则,否则是错误的.

6. 每次使用洛必达法则时,都应当先尽可能化简,然后再考虑是否使用法则,但有时采用洛必达法则求解不一定最简便,有的甚至求不出来(并不一定是该类问题极限不存在),在这种情况下如果采用其他求极限方法更方便,做题时要不拘一格,选用恰当的方法.事实上,在许多场合求极限要综合采用多种方法,尤其是配合等价无穷小代换使用更加方便.

7. 洛必达法则是求未定式极限问题的一个有效方法,但也不是万能的,并不是所有的未定式极限都能用洛必达法则求出.因此,在求未定式极限时,要根据所给问题的特点选用最简捷的解法,以达到事半功倍的效果.

二、典型例题

(一) 利用洛必达法则求 $\dfrac{0}{0}$ 型极限

例 1　$\lim\limits_{x\to 0}\dfrac{e^{x}+e^{-x}-2}{x^{2}}$

解：$\lim\limits_{x\to 0}\dfrac{e^{x}+e^{-x}-2}{x^{2}}=\lim\limits_{x\to 0}\dfrac{e^{x}-e^{-x}}{2x}=\lim\limits_{x\to 0}\dfrac{e^{x}+e^{-x}}{2}=1$

例 2　求极限 $\lim\limits_{x\to 0}\dfrac{x-\sin x}{x^{2}\sin 2x}$

解：利用等价代换和洛比达法则求此极限.

$$\lim\limits_{x\to 0}\dfrac{x-\sin x}{x^{2}\sin 2x}=\lim\limits_{x\to 0}\dfrac{x-\sin x}{x^{2}\cdot 2x}=\lim\limits_{x\to 0}\dfrac{1-\cos x}{6x^{2}}=\lim\limits_{x\to 0}\dfrac{\frac{1}{2}x^{2}}{6x^{2}}=\dfrac{1}{12}$$

例 3　求极限 $\lim\limits_{x\to 0}\dfrac{x-x\cos x}{x-\sin x}$

解：$\lim\limits_{x\to 0}\dfrac{x-x\cos x}{x-\sin x}=\lim\limits_{x\to 0}\dfrac{x(1-\cos x)}{x-\sin x}=\lim\limits_{x\to 0}\dfrac{x\cdot\frac{1}{2}x^{2}}{x-\sin x}=\dfrac{1}{2}\lim\limits_{x\to 0}\dfrac{3x^{2}}{1-\cos x}=3$

（二）利用洛必达法则求"$\dfrac{\infty}{\infty}$"型极限

例 1　$\lim\limits_{x \to 0^+} \dfrac{\ln(\tan 7x)}{\ln(\tan 2x)}$

$$\lim_{x \to 0^+} \frac{\ln(\tan 7x)}{\ln(\tan 2x)} = \lim_{x \to 0^+} \frac{\dfrac{1}{\tan 7x} \cdot \sec^2 7x \cdot 7}{\dfrac{1}{\tan 2x} \cdot \sec^2 2x \cdot 2} = \frac{7}{2} \lim_{x \to 0^+} \frac{\sec^2 7x}{\sec^2 2x} \cdot \lim_{x \to 0^+} \frac{\tan 2x}{\tan 7x} = \frac{7}{2} \cdot$$

$\dfrac{2}{7} = 1.$

例 2　求 $\lim\limits_{x \to \infty} \dfrac{\ln(x \ln x)}{x^a} (a > 0)$

解： 原式 $= \lim\limits_{x \to +\infty} \dfrac{\ln x + \ln \ln x}{x^a} = \lim\limits_{x \to +\infty} \dfrac{\dfrac{1}{x} + \dfrac{1}{x \ln x}}{a x^{a-1}}$

$= \dfrac{1}{a} \lim\limits_{x \to +\infty} \dfrac{\ln x + 1}{x^a \ln x} = \dfrac{1}{a} \lim\limits_{x \to +\infty} \dfrac{\dfrac{1}{x}}{a x^{a-1}} = \dfrac{1}{a^2} \lim\limits_{x \to +\infty} \dfrac{1}{x^a} = 0.$

（三）利用洛必达法则求"$0 \cdot \infty$"型极限

例 1　求极限 $\lim\limits_{x \to \infty} x^2 (e^{\frac{1}{x^2}} - 1)$

解：法一： $\lim\limits_{x \to \infty} x^2 (e^{\frac{1}{x^2}} - 1) = \lim\limits_{x \to \infty} \dfrac{e^{\frac{1}{x^2}} - 1}{\dfrac{1}{x^2}} = \lim\limits_{x \to \infty} \dfrac{e^{\frac{1}{x^2}} \left(-2\dfrac{1}{x^3}\right)}{-2\dfrac{1}{x^3}} = \lim\limits_{x \to \infty} e^{\frac{1}{x^2}} = 1.$

法二： 利用等价无穷小代换，$\lim\limits_{x \to \infty} x^2 (e^{\frac{1}{x^2}} - 1) = \lim\limits_{x \to \infty} \dfrac{e^{\frac{1}{x^2}} - 1}{\dfrac{1}{x^2}} = \lim\limits_{x \to \infty} \dfrac{\dfrac{1}{x^2}}{\dfrac{1}{x^2}} = 1.$

注： 本题型转化为 $\dfrac{0}{0}$ 型，然后使用洛必达法则求极限. 并巧用等价无穷小代换会使部分题目的计算量大大减少，比如本题的解法二，显然比解法一计算要简单，所以要熟记常用等价无穷小.

例 2　求极限 $\lim\limits_{x \to 0} \dfrac{1}{x} \left(\dfrac{1}{\sin x} - \dfrac{1}{\tan x}\right)$

解： 由洛必达法则和等价无穷小代换可得.

$$\lim_{x \to 0} \frac{1}{x} \left(\frac{1}{\sin x} - \frac{1}{\tan x}\right) = \lim_{x \to 0} \frac{1}{x} \left(\frac{1}{\sin x} - \frac{\cos x}{\sin x}\right) = \lim_{x \to 0} \frac{1}{x} \cdot \frac{1 - \cos x}{\sin x} = \lim_{x \to 0} \frac{\dfrac{1}{2} x^2}{x^2}$$

$= \dfrac{1}{2}.$

（四）利用洛必达法则求"$\infty-\infty$"型极限

例 1 $\lim\limits_{x\to 1}\left(\dfrac{x}{x-1}-\dfrac{1}{\ln x}\right)$

解： $\lim\limits_{x\to 1}\left(\dfrac{x}{x-1}-\dfrac{1}{\ln x}\right)=\lim\limits_{x\to 1}\dfrac{x\ln x-(x-1)}{(x-1)\ln x}=\dfrac{1}{2}$.

例 2 求极限 $\lim\limits_{x\to 0}\left(\dfrac{1-x}{1-e^{-x}}-\dfrac{1}{x}\right)$

解： $\lim\limits_{x\to 0}\left(\dfrac{1-x}{1-e^{-x}}-\dfrac{1}{x}\right)=\lim\limits_{x\to 0}\dfrac{(1-x)x-(1-e^{-x})}{x(1-e^{-x})}=-\dfrac{1}{2}$.

（五）利用洛必达法则求"∞^0、0^0，1^∞"型等幂指函数的极限

例 1 求 $\lim\limits_{x\to +\infty}\left(\dfrac{2}{\pi}\arctan x\right)^x$.

解： 属于"1^∞"，可转化成 $e^{\ln f(x)}$ 的形式求解，

$$\lim_{x\to +\infty}\left(\dfrac{2}{\pi}\arctan x\right)^x=\lim_{x\to +\infty}e^{x\ln\frac{2}{\pi}\arctan x}=e^{\lim\limits_{x\to +\infty}x\ln\frac{2}{\pi}\arctan x},$$

$$\lim_{x\to +\infty}x\ln\dfrac{2}{\pi}\arctan x=\lim_{x\to +\infty}\dfrac{\ln\dfrac{2}{\pi}\arctan x}{\dfrac{1}{x}}=\lim_{x\to +\infty}\dfrac{\dfrac{1}{\arctan x}\cdot\dfrac{1}{x^2}}{-\dfrac{1}{x^2}}=-\dfrac{2}{\pi}$$

所以 $\lim\limits_{x\to +\infty}\left(\dfrac{2}{\pi}\arctan x\right)^x=\lim\limits_{x\to +\infty}e^{x\ln\frac{2}{\pi}\arctan x}=e^{\lim\limits_{x\to +\infty}x\ln\frac{2}{\pi}\arctan x}=e^{-\frac{2}{\pi}}$.

例 2 $\lim\limits_{x\to 0}\left(1+\dfrac{1}{x}\right)^x=$ _____ .

解： 特别要注意，此题中的幂指函数不是 1^∞ 型，不能用第二个重要极限来求.

$$\lim_{x\to 0}\left(1+\dfrac{1}{x}\right)^x=\lim_{x\to 0}e^{\ln\left(1+\frac{1}{x}\right)^x}=\lim_{x\to 0}e^{x\ln\left(1+\frac{1}{x}\right)}=e^{\lim\limits_{x\to 0}\frac{\ln\left(1+\frac{1}{x}\right)}{\frac{1}{x}}}=e^{\lim\limits_{x\to 0}\frac{\left[\ln\left(1+\frac{1}{x}\right)\right]'}{\left(\frac{1}{x}\right)'}}=e^0=1.$$

例 3 求极限 $\lim\limits_{x\to 1}\dfrac{x-x^x}{1-x+\ln x}$.

解： $(x^x)'=(e^{x\ln x})'=e^{x\ln x}(1+\ln x)=x^x(1+\ln x)$,

$$\lim_{x\to 1}\dfrac{x-x^x}{1-x+\ln x}=\lim_{x\to 1}\dfrac{1-x^x(1+\ln x)}{-1+\dfrac{1}{x}}=\lim_{x\to 1}\dfrac{-x^x(1+\ln x)^2-x^x\dfrac{1}{x}}{-\dfrac{1}{x^2}}$$

$$=\lim_{x\to 1}\left[x^{x+2}(1+\ln x)^2+x^{x+1}\right]=2.$$

三、教学建议

（一）基本建议

利用柯西中值定理，不难证出教材的定理，但重点应放在如何使用洛必达法则，包括充分性条件的解释，如何化为基本型，使用法则的注意事项，当然还要通过一定的例题和习题加强训练，以达到熟练掌握.

（二）课程思政

1. 洛必达成功的事实也说明了要学好数学一定要投入大量的时间,要刻苦才可能有所作为.

2. 洛必达法则建立了函数比的极限与各自导函数比的极限相等的理论方法.将原未定式极限问题划归为新的未定式或定式极限问题,新的极限容易解决,从而达到了解决问题的目的.在利用该法则解决极限问题时,通常遇到未定式的极限问题,直接利用法则,学生容易养成思维定式,实际上该法则不是万能的,有解决不了的问题,也有将问题复杂化的案例,此外,如果不验证法则的条件,还会求出相反的结论.这喻示做事情不能只顾低头干活,还要抬头看路,要有方向.

3. 洛必达法则不是洛必达本人的学术成果,洛必达以钱财交易的方式从其老师约翰·伯努利那花钱买来的.(1)伯努利没有"不为五斗米折腰"的骨气;(2)洛必达买学术成果的做法在当时或许可以,但现在绝不可取,无学术道德.学生参加数学建模竞赛提交论文、完成毕业论文等事情,要守住学术道德底线,抵住各种诱惑,绝不可以买网上枪手的各种论文信息.

（三）思维培养

1. 本节在引入时,可先列举几个用以前的方法无法解决的未定式极限,新问题的解决往往会产生新方法或新理论,说明这些问题的解决要用到新的求极限的方法,即洛必达法则.

2. 分析洛必达法则的证明思路,体会柯西中值定理的应用.

3. 实例法是掌握用洛必达法则求极限的重要方法,应多举实例,尤其是洛必达法则与其他方法结合使用的例子.熟练掌握基本类型后,对于 $0 \cdot \infty, \infty - \infty, 0^0, 1^\infty, \infty^0$ 型未定式,可以通过讨论的方法,在探寻、获取解决新问题的方法和过程中,经历体会其中所蕴含的化未知为已知的化归思想.

四、达标训练

（一）填空题

1. $\lim\limits_{x \to \frac{\pi}{2}} \dfrac{\cos 5x}{\cos 3x} = $ _____.

2. $\lim\limits_{x \to +\infty} \dfrac{\ln\left(1 + \dfrac{1}{x}\right)}{\arctan x} = $ _____.

3. $\lim\limits_{x \to 0}\left(\dfrac{1}{x^2} - \dfrac{1}{x \tan x}\right) = $ _____.

4. $\lim\limits_{x \to 0^+}(\sin x)^x = $ _____.

（二）选择题

1. 下列各式运用洛必达法则正确的是（　　）.

A. $\lim\limits_{n \to \infty} \sqrt[n]{n} = \mathrm{e}^{\lim\limits_{n \to \infty} \frac{\ln n}{n}} = \mathrm{e}^{\lim\limits_{n \to \infty} \frac{1}{n}} = 1$

B. $\lim\limits_{x\to 0}\dfrac{x+\sin x}{x-\sin x}=\lim\limits_{x\to 0}\dfrac{1+\cos x}{1-\cos x}=\infty$

C. $\lim\limits_{x\to 0}\dfrac{x^2\sin\dfrac{1}{x}}{\sin x}=\lim\limits_{x\to 0}\dfrac{2x\sin\dfrac{1}{x}-\cos\dfrac{1}{x}}{\cos x}$不存在

D. $\lim\limits_{x\to 0}\dfrac{x}{e^x}=\lim\limits_{x\to 0}\dfrac{1}{e^x}=1$

2. 在以下各式中，极限存在，但不能用洛必达法则计算的是（　　）.

A. $\lim\limits_{x\to 0}\dfrac{x^2}{\sin x}$　　　　B. $\lim\limits_{x\to 0^+}\left(\dfrac{1}{x}\right)^{\tan x}$　　　　C. $\lim\limits_{x\to\infty}\dfrac{x+\sin x}{x}$　　　　D. $\lim\limits_{x\to +\infty}\dfrac{x^n}{e^x}$

3. 下列极限能够使用洛必达法则的是（　　）.

A. $\lim\limits_{x\to 1}\dfrac{1-x}{1-\sin bx}$　　　　　　　　　　B. $\lim\limits_{x\to +\infty}\dfrac{\sqrt{1+x^2}}{x}$

C. $\lim\limits_{x\to +\infty}x\left(\dfrac{\pi}{2}-\arctan x\right)$　　　　D. $\lim\limits_{x\to 0}\dfrac{x^2\sin\dfrac{1}{x}}{\sin x}$

（三）判断题（正确的括号内打"√"，错误的在括号内打"×"）

1. $\lim\limits_{x\to\infty}\dfrac{x+\sin x}{x-\sin x}=\lim\limits_{x\to\infty}\dfrac{1+\cos x}{1-\cos x}=$（不存在）　　　　　　　（　　）

2. $\lim\limits_{x\to 0}\dfrac{e^x-\cos x}{x^2}=\lim\limits_{x\to 0}\dfrac{e^x+\sin x}{2x}=\lim\limits_{x\to 0}\dfrac{e^x+\cos x}{2}=1$　　　　　（　　）

（四）计算题

1. $\lim\limits_{x\to 0}\dfrac{2^x+2^{-x}-2}{x^2}$

2. $\lim\limits_{x\to 0}\dfrac{\sin x-\tan x}{x^3}$

3. $\lim\limits_{x\to 0}\dfrac{e^x-\sin x-1}{(\arcsin x)^2}$

4. $\lim\limits_{x\to 1}\dfrac{x-x^x}{1-x+\ln x}$

5. $\lim\limits_{x \to 0}\left(\dfrac{1}{x} - \dfrac{1}{e^x - 1}\right)$

6. $\lim\limits_{x \to 0^+}\left(\dfrac{1}{x}\right)^{\tan x}$

7. $\lim\limits_{x \to +\infty} \ln(1 + 2^x)\ln\left(1 + \dfrac{3}{x}\right)$

8. $\lim\limits_{n \to \infty} \sqrt[n]{n}$

9. $\lim\limits_{x \to 0}\left(\dfrac{2^x + 3^x + 4^x}{3}\right)^{\frac{1}{x}}$

附:参考答案

(一)填空题　1. $-\dfrac{5}{3}$　2. 0　3. $\dfrac{1}{3}$　4. 1

(二)选择题　1. B　2. C　3. C

(三)判断题　1. $\times$　2. $\times$

(四)计算题

1. 解:$\lim\limits_{x \to 0}\dfrac{2^x + 2^{-x} - 2}{x^2} = \lim\limits_{x \to 0}\dfrac{2^x \ln 2 - 2^{-x}\ln 2}{2x} = (\ln 2)^2$.

2. 解:$\lim\limits_{x \to 0}\dfrac{\sin x - \tan x}{x^3} = \lim\limits_{x \to 0}\dfrac{\tan x(\cos x - 1)}{x^3} = \lim\limits_{x \to 0}\dfrac{x \cdot \left(-\dfrac{1}{2}x^2\right)}{x^3} = -\dfrac{1}{2}$.

3. 解:$\lim\limits_{x \to 0}\dfrac{e^x - \sin x - 1}{(\arcsin x)^2} = \lim\limits_{x \to 0}\dfrac{e^x - \sin x - 1}{x^2} = \lim\limits_{x \to 0}\dfrac{e^x - \cos x}{2x} = \lim\limits_{x \to 0}\dfrac{e^x + \sin x}{2} = \dfrac{1}{2}$.

4. 解:$(x^x)' = x^x(1 + \ln x)$, $\lim\limits_{x \to 1}\dfrac{x - x^x}{1 - x + \ln x} = \lim\limits_{x \to 1}\dfrac{1 - x^x(1 + \ln x)}{-1 + \dfrac{1}{x}} =$

$\lim\limits_{x \to 1}\dfrac{-x^x(1 + \ln x)^2 - x^x\dfrac{1}{x}}{-\dfrac{1}{x^2}} = \lim\limits_{x \to 1}\left[x^{x+2}(1 + \ln x)^2 + x^{x+1}\right] = 2$.

5. 解：$\lim\limits_{x\to 0}\left(\dfrac{1}{x}-\dfrac{1}{e^x-1}\right)=\lim\limits_{x\to 0}\dfrac{e^x-x-1}{x(e^x-1)}=\lim\limits_{x\to 0}\dfrac{\frac{1}{2}x^2}{x^2}=\dfrac{1}{2}.$

6. 解：$\lim\limits_{x\to 0^+}\left(\dfrac{1}{x}\right)^{\tan x}=e^{-\lim\limits_{x\to 0^+}\tan x\ln x}=e^{-\lim\limits_{x\to 0^+}\frac{\ln x}{\cot x}}=e^{-\lim\limits_{x\to 0^+}\frac{\frac{1}{x}}{-\csc^2 x}}=e^{\lim\limits_{x\to 0^+}\frac{\sin^2 x}{x}}=1.$

7. 解：$\lim\limits_{x\to +\infty}\ln(1+2^x)\ln\left(1+\dfrac{3}{x}\right)=\lim\limits_{x\to +\infty}\dfrac{3}{x}\ln(1+2^x)=3\lim\limits_{x\to +\infty}\dfrac{\ln(1+2^x)}{x}=$

$3\lim\limits_{x\to +\infty}\dfrac{\frac{2^x\ln 2}{1+2^x}}{1}=3\ln 2\lim\limits_{x\to +\infty}\dfrac{2^x}{1+2^x}=3\ln 2.$

8. 解：因为 $\lim\limits_{x\to +\infty}\sqrt[x]{x}=e^{\lim\limits_{x\to +\infty}\frac{1}{x}\ln x}=e^{\lim\limits_{x\to +\infty}\frac{1}{x}}=1$，所以 $\lim\limits_{n\to\infty}\sqrt[n]{n}=1.$

9. 解：设 $y=\left(\dfrac{2^x+3^x+4^x}{3}\right)^{\frac{1}{x}}$，则 $\ln y=\dfrac{\ln\frac{2^x+3^x+4^x}{3}}{x}$

$\lim\limits_{x\to 0}\ln y=\lim\limits_{x\to 0}\dfrac{\ln\frac{2^x+3^x+4^x}{3}}{x}=\lim\limits_{x\to 0}\dfrac{\frac{3}{2^x+3^x+4^x}\cdot\frac{2^x\ln 2+3^x\ln 3+4^x\ln 4}{3}}{1}$

$=\dfrac{1}{3}\ln 24=\ln\sqrt[3]{24}$，所以，$\lim\limits_{x\to 0}\left(\dfrac{2^x+3^x+4^x}{3}\right)^{\frac{1}{x}}=e^{\ln\sqrt[3]{24}}=\sqrt[3]{24}.$

第三节　泰勒公式

　　泰勒公式是将函数展开成类似多项式的一个重要公式，系数的计算规律简明优美，不仅如此，这个公式对于函数的近似计算和理论探讨都是很重要的工具.

　　化复杂为简单是研究数学问题常用的一种方法. 对于一些比较复杂的函数，我们总希望能够用一些简单的函数来表达. 从人类对函数的认识、函数本身的形式、函数的代数性质以及分析性质上看，幂函数无疑是最简单的函数，它在整个数轴上连续，任意阶导数存在且任意点的函数值较容易算出. 于是 1715 年，泰勒在他出版的《正的和反的增量方法》一书中陈述出泰勒定理. 泰勒定理开创了有限差分理论，使任何单变量函数都可展成幂级数，同时亦使泰勒成了有限差分理论的奠基者.

　　数学家介绍

　　泰勒(Brook Taylor，1685—1731 年)，出生于英格兰一个富有的且有点贵族血统的家庭，全家人(尤其是其父)都喜欢音乐和艺术，经常在家里招待艺术家. 这对泰勒一生的工作造成了极大的影响，他从艺术中找到了灵感，成就了他的两个主要研究课题：弦振动问题及透视画法. 1701 年，泰勒(16 岁)进剑桥大学的圣约翰学院学习，显示出数学方面的才华. 我们熟知的泰勒展式是泰勒 1715 年发表的，当时他没有考虑到收敛性，也没有引起多大注意.一直等到 1755 年,由欧拉和拉格朗日应用于自己的工作之后,泰勒级数的重要性才被确认.(小启示:环境对人的影响不容忽视,需要大家共同创造一个积极向上的学习环境)

麦克劳林(Colin Maclaurin),1698—1746 年.麦克劳林展开式不过是泰勒展开式当 $x_0 = 0$ 时的特殊情形,而且这种情形已由泰勒明确指出,但历史还是开了个玩笑,人们将这作为一条独立的定理而归于麦克劳林.不过,对才华横溢的数学家麦克劳林来说,这也算是一种补偿吧.在《线性代数》中学到的克莱姆法则被冠以瑞士数学家克莱姆的大名,其实麦克劳林比克莱姆要早几年发表这个定理,不过这种张冠李戴的事情在数学史乃至科学史上是屡见不鲜的.

麦克劳林是一位数学上的奇才,他 11 岁就考上了格拉斯哥大学、15 岁取得了硕士学位,并且为自己关于重力做功的论文作了非常出色的公开答辩.19 岁就主持阿伯丁的马里沙学院数学系工作,并于 21 岁发表其第一本重要著作《构造几何》,他 27 岁成为爱丁堡大学数学系教授的代理和助理.当时要给助理支付薪金是有困难的,是牛顿私人提供了这笔花费,才使该大学能得到一位如此杰出的青年人的服务.麦克劳林的主要贡献在几何学和应用数学上,可惜他只活了 48 岁.他在逝世前,要求在他的墓碑上刻上"曾蒙牛顿推荐"几个字.麦克劳林这种知恩不忘的品格是被后人所敬仰的.

一、教学分析

(一)教学目标

1. 知识与技能.

(1)能叙述 Taylor 定理内容,区别两种不同余项的泰勒公式.

(2)熟记一些常见初等函数的泰勒公式,并加以应用.

(3)根据用多项式逼近函数的思想,用 Taylor 公式进行近似计算及误差估计.

(4)知道用泰勒公式求函数极限的方法.

2. 过程与方法.

经历定理的内容陈述和证明过程,区别两种不同余项的泰勒公式,体会数学研究与数学应用的乐趣,发展应用意识和解决问题的能力,提高分析、抽象和迁移的学习能力.

3. 情感态度与价值观.

发展逻辑思维,体会数形结合的思想,培养严密的思维方法,提高应用意识.

(二)学时安排

本节内容教学需要 2 学时,对应课次教学进度中的第 21 讲内容.

(三)教学内容

泰勒定理;泰勒公式的求法;泰勒公式的应用.

(四)学情分析

1. 学员不容易理解泰勒定理的内容:为什么一个形式上简单的函数要用一个形式上看起来比较复杂的多项式来表达?

2. 一些常用的麦克劳林展式容易记混,需要记住公式的推导方法.

3. 直接求函数的泰勒展开式往往比较复杂,涉及函数的高阶求导问题,需要在记住常见函数的泰勒展开式基础上,灵活运用间接法求解.

4. 利用泰勒公式证明等式或不等式时,难以判断选择何函数在何点展开.

5. 利用泰勒公式求极限时,难以确定每个函数展开的阶数.

（五）教学重难点

重点：函数展开为 Taylor 公式的计算.

难点：Taylor 定理的证明.

1. 泰勒公式是本章的难点,从表层看,泰勒公式把一个形式上简单的函数用一个形式上看起来比较复杂的多项式来表达,这也正是很多学员感到困惑的地方.为了消除这种困惑,可以采用类比的方法,类比微分在近似计算中的应用,微分其实质是用曲线在该点处切线上对应纵坐标的增量来近似曲线上纵坐标的增量.分析这种近似的优缺点：优点是形象直观;缺点是精确度不高,误差无法估计.为了克服这些缺点,我们想用曲线来近似曲线,而曲线里面最简单的就是多项式.自然要问,要用一个几次多项式来近似,多项式的系数又该如何确定？通过对原函数性质的描述（可导性、单调性等等）,用待定系数法,最终确定了多项式的次数和系数.这种层层设问、步步释疑的探究式教学,可以帮助理解和接受教学内容,进而克服难点.

2. 泰勒公式中除了确定泰勒多项式的形式之外,还要确定余项的形式;引导学员从多项式的最后一项的形式出发猜测拉格朗日型余项的形式,并利用洛必达法则进行说明,具体证明过程不要求掌握.简要介绍拉格朗日型余项和皮亚诺型余项的主要应用方式.

3. 求函数的泰勒展开式一般有两种方法：直接法和间接法.

通过对一些基本初等函数直接展开让学员体会泰勒公式中多项式系数以及余项的确定方法.借助已知函数的泰勒公式利用间接法求解其他未知函数的泰勒展开式,让学员从中体会间接法原理以及优点所在.五个基本初等函数在点 0 处的 n 阶泰勒公式是展开其他函数的基础,我们应当牢牢记住这些常用的展开式.

4. 泰勒公式的应用除了近似计算外（《中学数学用表》实际上就是用泰勒公式求得的）,还可以用来求解某些极限问题.在用泰勒展开式求极限时学员的疑惑在于展开到几阶,可结合例子使学员体会理解.

5. 从前后知识间的逻辑关系来看,将拉格朗日中值定理进一步推广,就可以得到泰勒公式,在泰勒公式中令 $x_0=0$,则得到麦克劳林公式.

6. 注意,不是任何函数都能在它的定义域内任一点展开为它的 n 阶泰勒公式.例如,$f(x)=x^{\frac{7}{2}}$ 在点 $x_0=0$ 处只存在一到三阶导数,而它的四阶导数处不存在,故 $f(x)=x^{\frac{7}{2}}$ 只能在 $x_0=0$ 处展开为 0 阶、一阶、二阶至多三阶泰勒公式.

二、典型例题

（一）利用泰勒公式求函数展开式

例 1 写出函数 e^x,$\sin x$ 的带有 Lagrange 余项的 n 阶麦克劳林公式.

解：按照公式,求出函数在 0 点的各阶导数,带上余项即可,

$$e^x = 1 + x + \frac{1}{2!}x^2 + \cdots + \frac{1}{n!}x^n + \frac{e^{\theta x}}{(n+1)!}x^{n+1}, \, 0 < \theta < 1$$

$$\sin x = x - \frac{1}{3!}x^3 + \frac{1}{5!}x^5 - \cdots + (-1)^{k-1}\frac{1}{(2k-1)!}x^{2k-1} + R_n(x), n = 2k,$$

其中,$R_n(x) = \dfrac{\sin\left(\theta x + (n+1)\dfrac{\pi}{2}\right)}{(n+1)!}x^{n+1}, |R_n(x)| \leqslant \dfrac{|x|^{n+1}}{(n+1)!}.$

注:只要有 n 阶导数公式,就能很简单地给出带 Lagrange 余项的 n 阶 Taylor 公式

$$f(x) = \sum_{k=0}^{n}\frac{1}{k!}f^{(k)}(x_0)(x - x_0)^k + R_n(x)$$

其中,$R_n(x) = \dfrac{1}{(n+1)!}f^{(n+1)}(x_0 + \theta(x - x_0))(x - x_0)^{n+1}, 0 < \theta < 1$

常用 Taylor 公式还有:

(1) $\cos x = 1 - \dfrac{1}{2!}x^2 + \dfrac{1}{4!}x^4 + \cdots + (-1)^n\dfrac{1}{(2n)!}x^{2n} + R_{2n+1}(x)$

其中,$R_{2n+1}(x) = \dfrac{\cos\left(\theta x + (2n+2)\dfrac{\pi}{2}\right)}{(2n+1)!}x^{2n+2} = (-1)^{n+1}\dfrac{\cos\theta x}{(2n+1)!}x^{2n+2}, 0 < \theta < 1.$

(2) $\ln(1+x) = x - \dfrac{1}{2}x^2 + \dfrac{1}{3}x^3 - \dfrac{1}{4}x^4 + \cdots + (-1)^{n-1}\dfrac{1}{n}x^n + R_n(x)$

其中,$R_n(x) = (-1)^n\dfrac{1}{n+1}(1 + \theta x)^{-n-1}x^{n+1}, 0 < \theta < 1$

(3) $(1+x)^a = 1 + \alpha x + \dfrac{\alpha(\alpha-1)}{2!}x^2 + \cdots + \dfrac{\alpha(\alpha-1)\cdots(\alpha-(n-1))}{n!}x^n + R_n(x)$

其中,$R_n(x) = \dfrac{\alpha(a-1)\cdots(a-n)}{(n+1)!}(1 + \theta x)^{a-n-1}x^{n+1}, 0 < \theta < 1.$

例 2　求函数 $f(x) = \sqrt{x}$ 按 $(x-4)$ 的幂展开的带有拉格朗日型余项的三阶泰勒公式.

解: 分别求出函数在 $x = 4$ 处的函数值和 1 阶至 3 阶导数,在 ξ 处的 4 阶导数,带入公式即可.

(二) 利用泰勒公式作近似计算

例 1　用四阶泰勒多项式求 $\sqrt{e}$ 的近似值,并估计误差.

解: 选择函数 $f(x) = e^x$,展开点 $x_0 = 0$,故 $f(x) = e^x$ 在 $x_0 = 0$ 处的四阶泰勒多项式 $p(x) = 1 + x + \dfrac{1}{2!}x^2 + \dfrac{1}{3!}x^3 + \dfrac{1}{4!}x^4$,其拉氏余项 $R_4(x) = \dfrac{e^{\xi}}{5!}x^5$,其中 ξ 在 0 与 x 之间,于是,$\sqrt{e} = e^{\frac{1}{2}} \approx 1 + \dfrac{1}{2} + \dfrac{1}{2!} \cdot \dfrac{1}{4} + \dfrac{1}{3!} \cdot \dfrac{1}{8} + \dfrac{1}{4!} \cdot \dfrac{1}{16}$,为了确定上式右端各项应取几位小数进行计算,必须先估计由于利用上述近似公式所引起的误差:$R_4\left(\dfrac{1}{2}\right) = \dfrac{e^{\xi}}{5!}\left(\dfrac{1}{2}\right)^5$,其中 ξ 在 0 与 $\dfrac{1}{2}$ 之间,因为 $0 < \xi < \dfrac{1}{2}$,故 $e^{\xi} < 3$,所以 $\left|R_4\left(\dfrac{1}{2}\right)\right| < \dfrac{3}{5!}\left(\dfrac{1}{2}\right)^5 < 10^{-3}$,即误差不

超过 0.001，所以，中间数据应取四位小数（第五位小数四舍五入），最后结果取三位小数．故 $\sqrt{e}=e^{\frac{1}{2}}\approx 1+\frac{1}{2}+\frac{1}{2!}\cdot\frac{1}{4}+\frac{1}{3!}\cdot\frac{1}{8}+\frac{1}{4!}\cdot\frac{1}{16}=1.0000+0.5000+0.1250+0.0026$ $=1.6484\approx 1.648.$

（三）利用公式计算按常规方法不好求的未定式极限

对于按常规方法不好求的极限，使用带有皮亚诺型（带小 o 的）泰勒公式时，有时会收到意想不到的效果．为此要记住 e^x，$\sin x$，$\cos x$，$\ln(1+x)$ 及 $(1+x)^\alpha$ 的泰勒展开式，特别要记住 $(1+x)^{\frac{1}{2}}=\sqrt{1+x}=1+\frac{x}{2}-\frac{x^2}{8}+o(x^2)$．

例 1 （1）$\displaystyle\lim_{x\to 0}\frac{\sqrt{1+x}+\sqrt{1-x}-2}{x^2}$； （2）$\displaystyle\lim_{x\to 0}\frac{\cos x-e^{-\frac{x^2}{2}}}{\ln^4(1+x)}$

解：（1）用带有皮亚诺余项的泰勒公式得到，

$$\sqrt{1+x}=1+\frac{x}{2}-\frac{x^2}{8}+o(x^2),\ \sqrt{1-x}=1-\frac{x}{2}-\frac{x^2}{8}+o(x^2)$$

故原式 $=\displaystyle\lim_{x\to 0}\frac{-\dfrac{x^2}{4}+o(x^2)}{x^2}=-\frac{1}{4}$．

（2）原式 $=\displaystyle\lim_{x\to 0}\frac{\cos x-e^{-\frac{x^2}{2}}}{x^4}$，由于分母是 x 的 4 阶无穷小，分子只需展开到 4 阶，

即 $\cos x=1-\dfrac{x^2}{2!}+\dfrac{x^4}{4!}+o(x^4),\ e^{-\frac{x^2}{2}}=1-\dfrac{x^2}{2}+\dfrac{1}{2}\left(-\dfrac{x^2}{2}\right)^2+o(x^4)$

则原式 $=\displaystyle\lim_{x\to 0}\frac{1-\dfrac{x^2}{2!}+\dfrac{x^4}{4!}-\left(1-\dfrac{x^2}{2}+\dfrac{x^4}{8}\right)+o(x^4)}{x^4}=-\frac{1}{12}$．

三、教学建议

（一）课程思政

1. 授课中通过穿插数学家泰勒和麦克劳林的故事，不仅激发学员的学习兴趣，还能从泰勒的成长经历给我们启示：环境对人的影响不容忽视，需要大家共同创造一个积极向上的学习环境．从麦克劳林的故事中学习他知恩不忘的高尚品格．

2. 泰勒公式是将函数展开成类似多项式的一个重要公式，系数的计算规律简明优美，体会数学的美．

（二）思维培养

1. 体会泰勒公式的"以曲代曲"的数学思想．根据泰勒公式和麦克劳林公式，可以用 n 次多项式来近似地代替函数 $f(x)$，这有利于研究函数在某一点邻近的形态．因为多项式是最简单的一种函数，用多项式近似表达一个函数，是"以曲代曲"，是以一次多项式近似表达函数的"以直代曲"思想的发展，使函数的研究工作得到了简化．公式中的余项，可以用来估计近似代替时所产生的最大误差．

2. 从思维方法的角度,学习本节内容的思路方法如下.

(1) 从已有知识基础出发,通过类比微分的概念,回顾其中蕴含的线性化思想:对于任意一个可微函数,在局部范围内都可以用一线性函数来近似表示它.

(2) 在原有知识基础上深入思考,从近似的精确程度以及能否估计误差两个方面说明微分中所体现的近似代替思想的缺陷,从而发现新问题.

(3) 为弥补上述缺陷,设想在 x_0 点附近用更高次数的多项式 $P_n(x)$ 来近似代替函数 $f(x)$,进而思考如何由已知函数确定多项式函数 $P_n(x)$,通过两个函数的各阶导数相等,由待定系数法初步找到多项式 $P_n(x)$.

(4) 找到多项式后,自然进一步研究用多项式 $P_n(x)$ 来近似代替函数 $f(x)$ 的误差,也就是近似度问题,于是出现了拉格朗日型和皮亚诺型两种形式的余项(余项就是误差),从而多项式函数与余项的和就严格等于函数 $f(x)$,这两种带不同余项的等式就是两种带不同余项的泰勒公式.

(5) 为深入理解公式,辨析公式与前面知识间的联系、观察泰勒公式的形式,尝试找出泰勒中值定理与前面所学的中值定理之间的关系.

(6) 特别地,泰勒公式中令 $x_0 = 0$,则得到麦克劳林公式.

(三) 融合应用

在微分学中,与中值定理一样,泰勒公式也是十分重要的,它在函数展开、近似计算等方面有着广泛的应用.

利用泰勒公式作近似计算是泰勒公式的主要应用,这也是我们所熟悉的三角函数表、对数表、开方表等的计算和理论基础. 利用泰勒公式求一个数的近似值,与微分公式计算一个数的近似值(后者是前者的一种特殊情况)一样,是将一个数 A 与函数联系起来,然后按下述步骤计算 A 的近似值,并估计误差:

1. 选择函数 $f(x)$,确定展开点 x_0(根据下面三条选择函数和展开点).

(1) 所求数 A 等于函数 $f(x)$ 在某点 x_1 的函数值;

(2) 尽量利用五个已知泰勒展开式的函数;

(3) 在 x_1 附近的某点 x_0 处,$f(x)$ 存在 1 至 n 阶导数,且易于算出,在 x_1 与 x_0 间存在 $n+1$ 阶导数;

(4) $|x_1 - x_0|$ 应尽量小.

2. 根据题目要求或给定的误差 δ 确定泰勒多项式的阶数,计算出绝对误差,确定近似公式中每一项应取到哪一位小数:

(1) 由于不等式 $|R_n| < \delta$ 很不易解,一般用代入检验法,经验表明,当 $|x_1 - x_0| \ll 1$,而且 δ 不太小时,n 不会太大,往往等于 1,2,3,4 等数之一,因此实践中多采用把这些数代入 R_n 中检验它是否满足不等式 $|R_n| < \delta$,从哪个数开始满足就取哪个数作为 n.

(2) $|f^{(n+1)}(\xi)|$ 一般用 $|f^{(n+1)}(x)|$ 在 x_1 与 x_0 间的最大值代替,或估出一个比此最大值还大的数来代替.

(3) 计算近似值:计算泰勒多项式的值时,在精确度要求不高,泰勒多项式的项数不多(如 10 项之内)的情形下,一般只考虑截断误差(由泰勒余项决定),不考虑各项的舍入误差. 具体计算时, 原始数据和中间数据所取的小数位数比精确度的小数位数多取一位（如精确度要求 10^{-3}, 即精确到小数点后第三位, 则原始数据、中间数据取四位小数, 第五位四舍五入）, 最后结果数据的小数位数和精确度的小数位数相同.

四、达标训练

1. 按 $x-1$ 的幂展开多项式 $f(x)=x^4+3x^2+4$.

2. 求函数 $f(x)=x^2 e^x$ 的带有佩亚诺型余项的 n 阶麦克劳林公式.

3. 求一个二次多项式 $p(x)$, 使得 $2^x=p(x)+o(x^2)$.

4. 设 $f(x)$ 有三阶导数, 且 $\lim\limits_{x \to 0} \dfrac{f(x)}{x^2}=0, f(1)=0$, 证明在 $(0,1)$ 内存在一点, 使 $f'''(\xi)=0$.

附：参考答案

1. 解：$f(1)=8, f'(x)=4x^3+6x, f'(1)=10$,

同理得 $f''(1)=18, f'''(1)=24, f^{(4)}(1)=24$, 且 $f^{(5)}(x)=0$.

由泰勒公式得：$f(x)=x^4+3x^2+4=8+10(x-1)+9(x-1)^2+4(x-1)^3+(x-1)^4$.

2. 解：因为 $e^x=1+\dfrac{x}{1!}+\dfrac{x^2}{2!}+\cdots+\dfrac{x^n}{n!}+o(x^n)$, 所以, $f(x)=x^2 e^x$

$=x^2\left[1+\dfrac{x}{1!}+\dfrac{x^2}{2!}+\cdots+\dfrac{x^{n-2}}{(n-2)!}+o(x^{n-2})\right]=x^2+\dfrac{x^3}{1!}+\dfrac{x^4}{2!}+\cdots+\dfrac{x^n}{(n-2)!}$

$+o(x^n)$.

3. 解：设 $f(x)=2^x$, 则 $f'(x)=2^x \ln 2, f''(x)=2^x (\ln 2)^2$.

$f(0)=1, f'(0)=\ln 2, f''(0)=(\ln 2)^2$, 故 $2^x=1+\dfrac{\ln 2}{1!}x+\dfrac{(\ln 2)^2}{2!}x^2+o(x^2)$,

则 $p(x)=1+x\ln 2+\dfrac{(\ln 2)^2}{2}x^2$ 为所求.

4. 解：因为 $\lim\limits_{x \to 0} \dfrac{f(x)}{x^2}=0$, 所以 $f(0)=0, f'(0)=0, f''(0)=0$.

由麦克劳林公式得：$f(x)=f(0)+f'(0)x+\dfrac{f''(0)}{2!}x^2+\dfrac{f'''(\xi)}{3!}x^3=\dfrac{f'''(\xi)}{3!}x^3$（介于

0 与之间）, 因此 $f(1)=\dfrac{f'''(\xi)}{3!}$, 由于 $f(1)=0$, 故 $f'''(\xi)=0$.

第四节 函数的单调性和曲线的凹凸性

中学里就知道函数在一个区间上的单调性与其导函数的符号密切相关,导数是解决许多数学问题的重要工具,利用导数研究函数性质体现了现代数学思想.观察两段光滑的升降不同的曲线,光滑说明每一点都有切线,把这些切线做出来,观察斜率的正负,根据导数的几何意义,斜率的正负可以用导数的符号来表示.这也就说明了,对于可导函数,我们可以借助导数的符号来判断函数的单调性.

通过对导数的研究,可以知道递增与递减等函数的一些重要特性,这对于作出函数的图形起着重要的作用,但有些函数同是递增或递减却又有着显著的不同.例如,$y=x^2$ 及 $y=x^{\frac{1}{2}}$ 都通过点 $(0,0)$ 和 $(1,1)$,且都单调递增,却有完全不同的弯曲状态.所以,为了进一步研究函数的特性及比较准确地作出函数的图形,必须研究曲线的凹凸问题,判定曲线的凹凸及求出曲线的拐点,前者要考察函数的二阶导数在所论区间上的符号,后者要考察二阶导数经过某定点时是否变号.

一、教学分析

(一)教学目标

1.知识与技能.

(1)能用导数判断函数的单调性.会判定函数在区间上的单调性.

(2)阐述曲线凹凸性和拐点的概念,会用导数判断函数图形的凹凸性,会求函数图形的拐点.

2.过程与方法.

经历判定函数单调性和曲线凹凸性的过程,体会导数在研究函数特性方面的应用、提高用联系的、发展的观点去分析和解决问题的能力.

3.情感态度与价值观.

通过利用导数研究函数特性的思想、方法,加深对导数意义进一步认识,提高应用意识,养成量化思维习惯.

(二)学时安排

本节内容教学需要 2 学时,对应课次教学进度中的第 22 讲内容.

(三)教学内容

函数的单调性和曲线的凹凸性的概念及判定方法;拐点的概念及求法.

(四)学情分析

1.求函数的单调区间时,如果在区间端点是连续(单侧)的,单调区间需要包含区间端点,这一点学员容易忽略.

2.求函数的单调区间时,需要利用驻点和函数的不可导点对定义域进行划分,学员往往忽略函数的不可导点.

3. 拐点描述的是曲线的特征，一定是一个点的平面坐标(x_0, y_0)，学员往往求得的拐点只有横坐标$x = x_0$.

（五）重、难点分析

重点：函数的单调性；曲线的凹凸性的判断.

难点：曲线凹凸性判别法的证明.

1. 函数的单调性与其一阶导数的符号有关，而曲线的凹凸性与函数的二阶导数有关，曲线的凹凸性刻画的是函数所对应的曲线的一种几何性质，而几何和代数密不可分，因此关于曲线的凹凸性从几何和代数角度有多种不同的定义方法，而对于曲线凹凸性的判别定理可以由泰勒公式推出.

2. 利用拉格朗日中值定理可以得到函数增减性判定法定理，对于该定理需要注意以下几点：

（1）若将定理中的闭区间$[a, b]$换为其他各种区间，比如换为区间(a, b)，$(a, +\infty)$，$(-\infty, +\infty)$等等，结论仍然成立.

（2）定理中$f'(x) \geqslant 0$（或$f'(x) \leqslant 0$）的条件必须在(a, b)内的一切x处都被满足；若在某些x点处满足，而在另一些x处不满足，那么就不能按照该定理来判断$f(x)$在(a, b)内是递增还是递减.

（3）$f'(x) \geqslant 0$（或$f'(x) \leqslant 0$）中等号仅在有限多个点处成立.

（4）判定函数增减性定理的条件（此处条件仅指$f'(x) \geqslant 0$，不含可导）是充分的，但并非必要，即函数$y = f(x)$在(a, b)内递增或递减，并不一定是(a, b)内一切x都能满足不等式$f'(x) \geqslant 0$（或$f'(x) \leqslant 0$），就是说$y = f(x)$即使在(a, b)递增（或递减）了，在(a, b)内还可能有有限个点，使得$f'(x)$不存在. 作为特例，如函数 $y = \begin{cases} -\dfrac{x}{2}, & x \leqslant 0 \\ -2x, & x > 0 \end{cases}$ 在$(-\infty, +\infty)$内是单调递减的，但在$(-\infty, +\infty)$内存在一点$x = 0$，使得$f'(x)$不存在.

另外，这个例子还说明了一个事实：使导数等于零的点或导数不存在的点也并不一定就是函数的增减区间的分界点.

3. 判断函数$f(x)$的单调性的步骤归纳如下：

（1）确定函数的定义域；

（2）求出函数$f(x)$在其定义域内的导数，并求出导数等于零的点及不可微点（这些点往往是函数改变增减性的转折点）；

（3）将所找出的点按顺序由小到大插入定义域内，把函数的定义域分成几个部分区间；

（4）考虑在各个部分区间上的导数$f'(x)$的符号（要确定导数在各个部分区间上的符号，宜于先把导数分解成因式连乘积）. 若$f'(x) \geqslant 0$，则$f(x)$是单调增加的；若$f'(x) \leqslant 0$，则$f(x)$是单调减少的.

当然，如果函数$f(x)$在其定义域上，没有导数等于零的点或导数不存在的点，那么函数的整个定义域就是它的单调区间.

4. 利用函数的单调性，还可以证明某些重要的不等式.

5. 利用导数判定曲线的凹凸区间及拐点的步骤归纳如下：

(1) 确定函数 $f(x)$ 的定义域.

(2) 求出函数的一阶导数及二阶导数.

(3) 确定可能的拐点 $(x_0, f(x_0))$：点 x_0 只能是使 $f''(x)=0$ 和 $f''(x)$ 不存在的连续点.

(4) 用(3)找出的点将函数定义域分成几个部分区间.

(5) 考察各部分区间内 $f''(x)$ 的正负号.

(6) 确定曲线在各部分区间的凹凸：若 $f''(x)>0$，则曲线在该部分区间内是凹的；若 $f''(x)<0$，则曲线在该部分区间内是凸的.

(7) 确定曲线的拐点：考察 $f''(x)$ 在(3)中所求出的点 x_0 左右两侧的符号，如果在 x_0 两侧 $f''(x)$ 的符号相反，则点 $(x_0, f(x_0))$ 是曲线 $y=f(x)$ 的拐点，否则点 $(x_0, f(x_0))$ 不是曲线 $y=f(x)$ 的拐点.

6. 拐点是曲线凹凸的分界点. 与极值点不同，极值点不是曲线上的点，而拐点是曲线上的点. 使 $f''(x)=0$ 的点 x_0，只可能是拐点的横坐标，不要误认为它就是拐点；若 x 经过 x_0 曲线改变凹向，则 $(x_0, f(x_0))$ 为拐点. 显然，可导函数的拐点 $(x_0, f(x_0))$ 应满足 $f''(x)=0$，但是满足 $f''(x)=0$ 的点 $(x_0, f(x_0))$ 不一定是拐点. 例如，曲线 $f(x)=x^4$，对任何 x 都有 $f''(x)\geqslant 0$，从而整条曲线是凹的，所以 $(0,0)$ 不是拐点，另外，使 $f''(x)$ 不存在的点也可能是拐点的横坐标. 如，$f(x)=\begin{cases} \sin x, & x\geqslant 0 \\ x^2, & x<0 \end{cases}$ 在 $x=0$ 处没有一阶导数，当然也没有二阶导数，但是当 x 经过 x_0 时，曲线改变凹向，从而有拐点 $(0,0)$.

二、典型例题

(一) 有关单调性

例 1 函数 $y=\dfrac{x}{\ln x}$ 的单调增加的区间是_____.

解：求函数 $y=\dfrac{x}{\ln x}$ 的导数得 $y'=\dfrac{\ln x-1}{(\ln x)^2}$，而函数的单调增区间需要 $y'>0$，即 $\ln x-1>0$，解得 $x>\mathrm{e}$. 故应填 $(\mathrm{e}, +\infty)$.

例 2 函数 $y=x^2-2x$ 的单调区间是_____.

A. $(-\infty, +\infty)$ 单调增   B. $(-\infty, +\infty)$ 单调减

C. $(1, +\infty)$ 单调减，$(-\infty, 1)$ 单调增   D. $(1, +\infty)$ 单调增，$(-\infty, 1)$ 单调减

解：因为 $y=x^2-2x$，所以 $y'=2x-2$；令 $y'=0$，则 $x=1$.

当 $x\in(-\infty, 1)$ 时，$y'<0$，函数 $y'=x^2-2x$ 单调递减；

当 $x\in(1, +\infty)$ 时，$y'>0$，函数 $y=x^2-2x$ 单调递增. 故应选 D.

例 3 证明 $\tan x>x+\dfrac{1}{3}x^3\left(0<x<\dfrac{\pi}{2}\right)$

证明：令 $f(x)=\tan x-x-\dfrac{1}{3}x^3$，故 $f'(x)=\sec^2 x-1-x^2=\tan^2 x-x^2$，又，$\forall x$

$\in\left(0,\dfrac{\pi}{2}\right)$ $\tan x > x > 0$，所以，$f'(x) > 0$，即 $f(x)$ 在 $\left(0,\dfrac{\pi}{2}\right)$ 单调递增，$\forall x \in \left(0,\dfrac{\pi}{2}\right)$

$f(x) > f(0) = 0$，即 $\tan x > x + \dfrac{1}{3}x^3$. 得证.

（二）有关凹凸性及拐点

例 1 若 $f(x)$ 在 (a,b) 内满足 $f'(x) > 0$，$f''(x) > 0$，则 $f(x)$ 在 (a,b) 内（　　）.

A. 单增且是凹的　　　　　　　　　　B. 单增且是凸的

C. 单减且是凹的　　　　　　　　　　D. 单减且是凸的

解：由函数的单调知，$f'(x) > 0$，函数单调递增；由函数的凹凸性知，$f''(x) > 0$，函数曲线是凹的. 故应选 A.

例 2 函数 $f(x) = x^{\frac{4}{3}}$ 的图形的（向上）凹区间是_____.

解：函数 $f(x) = x^{\frac{4}{3}}$，于是 $f'(x) = \dfrac{4}{3}x^{\frac{1}{3}}$，$f''(x) = \dfrac{4}{9\sqrt[3]{x^2}}$，而 $f''(x) = \dfrac{4}{9\sqrt[3]{x^2}} > 0$

所以函数的凹区间即为函数的定义域为 $(-\infty, +\infty)$. 故应填 $(-\infty, +\infty)$.

例 3 曲线 $y = (x-1)^2(x-3)^2$ 的拐点个数为（　　）.

A. 0　　　　　　　　　　　　　　　　B. 1

C. 2　　　　　　　　　　　　　　　　D. 3

解：易求出 y'，y''. 令 $y'' = 0$ 解得 $x_{1,2} = 2 \pm \dfrac{\sqrt{3}}{3}$，然后证明在这两点的左、右邻域内，

y'' 都变号. 事实上，当 $-\infty < x < x_1$，$x_2 < x < +\infty$ 时，$y'' > 0$，曲线 y 向上凹；当 $x_1 < x < x_2$ 时，$y'' < 0$，曲线 y 向下凹. 因而，拐点为 $(x_1, y_1) = \left(\dfrac{(6-\sqrt{3})}{3}, \dfrac{4}{9}\right)$，和 $(x_2, y_2) =$

$\left(\dfrac{(6+\sqrt{3})}{3}, \dfrac{4}{9}\right)$. 选 C.

例 4 求参数方程 $x = t^2$，$y = 3t + t^3$ 所对应的曲线的拐点.

解：$y' = \dfrac{\mathrm{d}y}{\mathrm{d}x} = \dfrac{y'_t}{x'_t} = \dfrac{3 + 3t^2}{2t}$，$y'' = \dfrac{\dfrac{\mathrm{d}y'}{\mathrm{d}t}}{\dfrac{\mathrm{d}x}{\mathrm{d}t}} = \dfrac{\dfrac{3(t^2-1)}{2t^2}}{(2t)} = \dfrac{3}{4}\dfrac{t^2-1}{t^3}$.

当 $t = 0$ 时，y'' 不存在，$t = \pm 1$ 时，$y'' = 0$.

当 $t = 0$ 时，有 $x = 0$，$y = 0$. 因的定义域是 $0 \leqslant x \leqslant +\infty$，故点 $(0,0)$ 是曲线的端点，它不可能是拐点.

当 $t = -1$ 时，有 $x = 1$，$y = -4$. 由于在 $t = -1$ 的邻域内，当 $t < -1$ 时 $y'' < 0$；当 $0 > t > -1$ 时 $y'' > 0$，故点 $(1,-4)$ 是拐点.

当 $t = 1$ 时，有 $x = 1$，$y = -4$ 当 $.0 < t < 1$ 时 $y'' < 0$；$t > 1$ 时 $y'' > 0$，因而点 $(1,4)$ 也是曲线的拐点.

例 5　利用函数的凹凸性证明 $x\ln x+y\ln y>(x+y)\ln\left(\dfrac{x+y}{2}\right)(x>0,y>0,x\neq y)$

证：令 $f(t)=t\ln t,t>0$，因 $f''(t)=\dfrac{1}{t}>0$，则 $f(t)$ 在 $(0,+\infty)$ 上是凹的，故对任意的 $x,y\in(0,+\infty)$ $f\left(\dfrac{x+y}{2}\right)<\dfrac{f(x)+f(y)}{2}$，即证明 $x\ln x+y\ln y>(x+y)\ln\left(\dfrac{x+y}{2}\right)$.

三、教学建议

(一) 课程思政

凹凸性曲线如同人生轨迹，凹曲线段如同人生低谷，但二阶导数大于 0，说明要积极进取，不停增加正能量，才能越过低谷经过拐点，到达凸曲线；二阶导数小于 0，就是凸曲线，提醒人们处在人生巅峰，若不思进取，甚至得意忘形，就要经过拐点，进入低谷.

(二) 思维培养

1. 本节内容不论是单调性和凹凸性的概念，还是判定定理都可以结合图形分析，数形结合不仅更形象直观，易于接受，更重要的是经历从几何直观出发，将直觉思维转化为逻辑思维的过程，得到数学思维的训练.

2. 列表法是描述解决问题的一种简洁. 直观明了的方式方法，求单调区间或判断函数单调性时通过列表讨论，既简洁又一目了然.

(三) 融合应用

尾流自导鱼雷的末端自导段，要来回穿越尾流产生的弹道，就是曲线凹凸性的体现.

四、达标训练

(一) 选择题

1. 曲线 $y=x^3-12x+1$ 在区间 $(0,2)$ 内（　　）.

    A. 凹且单调增加　　　　　　　　　B. 凹且单调减少

    C. 凸且单调增加　　　　　　　　　D. 凸且单调减少

2. 若 $f(x)$ 二阶可导，且 $f(x)=-f(-x)$，又 $x\in(0,+\infty)$ 时，$f'(x)>0$，$f''(x)>0$，则在 $(-\infty,0)$ 内曲线 $y=f(x)$（　　）.

    A. 单调下降，曲线是凸的　　　　　B. 单调下降，曲线是凹的

    C. 单调上升，曲线是凸的　　　　　D. 单调上升，曲线是凹的

3. 条件 $f''(x_0)=0$ 是 $f(x)$ 的图形在点 $x=x_0$ 处有拐点的（　　）条件.

    A. 必要条件　　　　　　　　　　　B. 充分条件

    C. 充分必要条件　　　　　　　　　D. 以上都不是

4. 设函数 $f(x)$ 连续，且 $f'(0)>0$，则存在 $\delta>0$，使得（　　）.

    A. $f(x)$ 在 $(0,\delta)$ 内单调增加

    B. $f(x)$ 在 $(-\delta,0)$ 内单调减少

    C. 对任意的 $x\in(0,\delta)$ 有 $f(x)>f(0)$

    D. 对任意的 $x\in(-\delta,0)$ 有 $f(x)>f(0)$

5. 曲线 $y=(x-1)^2(x-3)^2$ 的拐点个数为（　　）.

    A. 0　　　　　　　　B. 1　　　　　　　　C. 2　　　　　　　　D. 3

6. 下列函数中，（　　）在指定区间内是单调减少的函数.

    A. $y=2^{-x}(-\infty,+\infty)$　　　　　　　B. $y=e^x(-\infty,0)$

    C. $y=\ln x(0,+\infty)$　　　　　　　　D. $y=\sin x(0,\pi)$

7. 设 $f'(x)=(x-1)(2x+1)$，则在区间 $\left(\dfrac{1}{2},1\right)$ 内（　　）.

    A. $y=f(x)$ 单调增加，曲线 $y=f(x)$ 为凹的

    B. $y=f(x)$ 单调减少，曲线 $y=f(x)$ 为凹的

    C. $y=f(x)$ 单调减少，曲线 $y=f(x)$ 为凸的

    D. $y=f(x)$ 单调增加，曲线 $y=f(x)$ 为凸的

8. $f(x)$ 在 $(-\infty,+\infty)$ 内可导，且 $\forall x_1,x_2$，当 $x_1>x_2$ 时，$f(x_1)>f(x_2)$，则（　　）.

    A. 任意 x，$f'(x)>0$　　　　　　　B. 任意 x，$f'(-x)\leqslant 0$

    C. $f(-x)$ 单调增　　　　　　　　D. $-f(-x)$ 单调增

（二）填空题

1. 函数 $y=4x^2-\ln(x^2)$ 的单调增加区间是_____，单调减少区间_____.

2. 若函数 $f(x)$ 二阶导数存在，且 $f''(x)>0$，$f(0)=0$，则 $F(x)=\dfrac{f(x)}{x}$ 在 $0<x<+\infty$ 上是单调_____.

3. 若点 $(1,3)$ 为曲线 $y=ax^3+bx^2$ 的拐点，则 $a=$ _____，曲线的凹区间为_____，凸区间为_____.

（三）讨论方程的根

1. 方程 $x^3-3x+1=0$ 在区间 $[0,1]$ 内有几个根？

2. 讨论方程 $x-\dfrac{\pi}{2}\sin x=k$（其中为常数）在 $\left(0,\dfrac{\pi}{2}\right)$ 内有几个实根.

（四）试确定曲线 $y=ax^3+bx^2+cx+d$ 中的 a,b,c,d，使得 $x=-2$ 处曲线有水平切线，$(1,-10)$ 为拐点，且点 $(-2,44)$ 在曲线上.

附：参考答案

（一）选择题　1. B　2. C　3. D　4. C　5. C　6. A　7. B　8. D

（二）填空题　1. $\left(-\dfrac{1}{2},0\right)\cup\left(\dfrac{1}{2},+\infty\right]$，$\left(-\infty,-\dfrac{1}{2}\right]\cup\left(0,\dfrac{1}{2}\right]$．　2. 增加．

3. $-\dfrac{3}{2},\dfrac{9}{2},(-\infty,1],(1,\infty)$．

（三）1. 解：设 $f(x)=x^3-3x+1$，则 $f(x)$ 在 $[0,1]$ 上连续．

又 $f(0)=1>0$，$f(1)=-1<0$，故由闭区间上连续函数的性质可知存在 $\xi\in(0,1)$ 使得 $f(\xi)=0$．即 $f(x)$ 在 $[0,1]$ 至少有一个根．

又当 $0<x<1$ 时，$f'(x)=3x^2-3<0$，所以 $f(x)$ 在 $(0,1)$ 单调减少，即 $f(x)=0$ 在 $[0,1]$ 至多有一个根．

综上所述，$f(x)=0$ 在 $[0,1]$ 只有一个根．

2. 解：设 $\varphi(x)=x-\dfrac{\pi}{2}\sin x-k$，则 $\varphi(x)$ 在 $\left[0,\dfrac{\pi}{2}\right]$ 连续，且 $\varphi(0)=-k$，$\varphi\left(\dfrac{\pi}{2}\right)=-k$，

由 $\varphi'(x)=1-\dfrac{\pi}{2}\cos x=0$，得 $x=\arccos\dfrac{2}{\pi}$ 为 $\left(0,\dfrac{\pi}{2}\right)$ 内的唯一驻点．$\varphi(x)$ 在 $\left[0,\arccos\dfrac{2}{\pi}\right]$ 上单调减少，在 $\left[\arccos\dfrac{2}{\pi},\dfrac{\pi}{2}\right]$ 上单调增加．故

$$\varphi\left(\arccos\dfrac{2}{\pi}\right)=\arccos\dfrac{2}{\pi}-\dfrac{\sqrt{\pi^2-4}}{2}-k$$ 为极小值，因此 $\varphi(x)$ 在 $\left[0,\dfrac{\pi}{2}\right]$ 的最大值是 $-k$，最小值是 $\arccos\dfrac{2}{\pi}-\dfrac{\sqrt{\pi^2-4}}{2}-k$．

(1) 当 $k\geqslant 0$ 或 $k<\arccos\dfrac{2}{\pi}-\dfrac{\sqrt{\pi^2-4}}{2}$ 时，方程在 $\left(0,\dfrac{\pi}{2}\right)$ 内无实根；

(2) 当 $\arccos\dfrac{2}{\pi}-\dfrac{\sqrt{\pi^2-4}}{2}<k<0$ 时，有两个实根；

(3) 当 $k=\arccos\dfrac{2}{\pi}-\dfrac{\sqrt{\pi^2-4}}{2}$ 时，有唯一实根．

（四）解：$y'=3ax^2+2bx+c$，$y''=6ax+2b$，

由 $\begin{cases}y'(-2)=0\\y''(1)=0\\y(1)=-10\\y(-2)=44\end{cases}$，即 $\begin{cases}3a(-2)^2+2b(-2)+c=0\\6a+2b=0\\a+b+c+d=-10\\a(-2)^3+b(-2)^2+c(-2)+d=44\end{cases}$

解得：$a=1$，$b=-3$，$c=-24$，$d=16$．

第五节　函数的极值与最大值最小值

生活中，我们常常会遇到这样的问题，如求某班学员身高的最大值和最小值（或求某次短跑比赛的最优成绩等），这种问题比较容易解决，只需要量出每位学员的身高，然后一一做比较即可．但是如果现在要找全国公民身高的最大值，往往先找出每个省或每个地区身高的最大值，然后再把这有限个最值放在一起比较．比如，全国大学生数学竞赛，各省作为赛区选拔出省的优异者，再参加全国决赛找出全国优异者．这种把整体划分找

出局部最值,进而比较出整体最值的方法,推广到定义在一个区间上的函数,就是函数的极值与最值的思想.这种研究问题从局部到整体,从有限到无限的过程,实际上也是初等数学和高等数学研究对象从常量到变量的推广.

极值的概念来自数学应用中的最大值、最小值问题.定义在一个有界闭区域上的每一个连续函数都必定能达到它的最大值和最小值,问题在于要确定它在哪些点达到最大值或最小值.如果不是边界点就一定是内点,因而是极值点.这里的首要任务是求出可能的极值和端点处的函数值,将所得数值进行比较,最大的为最大值,最小的为最小值.

一、教学分析

（一）教学目标

1. 知识与技能.

（1）阐述函数极值、最值的概念,会用导数根据求函数极值的一般步骤求函数极值.

（2）能描述函数最值的特性、函数最值与极值的区别和联系,会求函数的最大值和最小值,能根据实际问题中的最值问题建立函数模型并用求导数的方法进行正确求解.

2. 过程与方法.

经历求函数极值、最值以及用解析的方法对数学建模进行求解并解决实际问题的过程,提高用分析的观点和方法去解决实际问题的能力.

3. 情感态度与价值观.

通过把握极值与最值之间的联系和区别,发展认识事物的整体与局部观;通过利用导数求解工程技术中的最值问题,强化学习数学的应用意识,养成定量分析思维习惯.

（二）学时安排

本节内容教学需要 2 学时,对应课次教学进度中的第 23 讲内容.

（三）教学内容

函数极值与最值的概念及求法;实际问题求最值.

（四）学情分析

1. 驻点和极值点的概念易混.驻点不一定是极值点,极值点也不一定是驻点.但对可导函数,极值点一定是驻点.

2. 在利用第一和第二充分条件求函数的极值中,学员不易把握何时选择这两个充分条件.

3. 求极值需要判断出是极大还是极小值,在求最值时,学员容易对所有最值可疑点逐一进行判断,实际上不需探讨驻点或不可导点是否为极值点,只需对这些点以及区间端点处的函数值进行比较即可.

4. 相对于函数求最值,实际问题求最值时,学员建立目标函数有困难.

（五）教学重难点

重点:极值、最值的求法.

难点:实际问题求最值.

1. 函数的极值是一个局部性的概念,对于同一个函数来说:

（1）在某一点处取得的极大值可能小于在另一点处取得的极小值.

(2) 极大值点和极小值点统称为极值点.

(3) 满足 $f'(x)=0$ 的点称为驻点,(可导的)函数的极值点必是驻点,反之不然.

2. 函数的极值的求法.

(1) 先求出函数在其定义域中的全部驻点和连续但不可微点.

(2) 然后用第一充分条件或第二充分条件判断上述各点是否为极值点.

注:如何选择第一和第二充分条件?

(1) 利用极值判别法的两个充分条件来判别极值点各有方便之处,不要以为第二充分条件一定比第一充分条件好,一般说来,当二阶导数不难计算时,第二充分条件判断函数的极值比较方便,因此常常被采用,但是,当二阶导数为零或根本不存在或计算二阶导数较复杂时,就无法(或不便)使用第二充分条件,这时就要使用第一充分条件来判断.

(2) 第一充分条件是基本的,事实上第二充分条件的证明也要用到第一充分条件.值得注意的是,第一充分条件所说极值有两种情况,一种是在极值点处导数存在,另一种是在极值点处函数连续,但不可导,而在极值点附近导数存在,对于第二种情况往往容易被忽略掉,应引起注意.当然,如果导数不存在的点同时使函数不存在,那就不必考虑了,因为函数在这些点不存在,当然也就没有取得极值的可能(因为极值是指函数值).

3. 函数的最大值与最小值不同于函数的极大值与极小值,极值表示函数 $f(x)$ 在一点附近的情况,是在局部中对函数值的比较,因此极值是函数局部性质的概念.最值是表示函数在一个区间上的情况,是在整体区间上对函数值的比较,因此最值是一个整体性质的概念.函数的极大值不一定是最大值,极小值也不一定是最小值.

4. 函数在区间上的最值求法.有关函数在区间上的最值问题,根据不同的条件有不同的求解步骤.

情形一:设 $f(x)$ 在 $[a,b]$ 上连续,而且除个别点外可导,在此条件下,求函数最值的步骤如下:

(1) 求出 $f(x)$ 在 $[a,b]$ 上的所有驻点和导数不存在的点;

(2) 求出驻点的函数值,导数不存在点的函数值和端点的函数值;

(3) 对上述函数值进行比较,其最大者即最大值,最小者即最小值.

情形二:若 $f(x)$ 在 $[a,b]$ 上递增,则 $f(a)$ 是最小值,$f(b)$ 是最大值.若 $f(x)$ 在 $[a,b]$ 上递减,则 $f(a)$ 是最大值,$f(b)$ 是最小值.

情形三:若 $f(x)$ 在 $[a,b]$ 上连续,在 (a,b) 内可导,且在 (a,b) 内有唯一的极值点,那么可以断定,若 x_0 是极大(小)值点,则 x_0 是 $f(x)$ 在 $[a,b]$ 上的最大(小)值点,不必再考虑区间端点处的函数值.

情形四:有些复合函数的最值问题,为简化(如求导)手续,可改为研究中间变量的最值问题.例如,$f(x)=\dfrac{a}{\varphi(x)}$,$f(x)=\sqrt{\varphi(x)}$ 等可改为考察 $\varphi(x)$ 的最值问题.

注:即使函数在开区间上连续可导,也不一定存在最大最小值.

5. 应用问题中的最值求法.在科学技术中常遇到的不是求一个已知函数在一个已知区间上的最大、最小值问题,而是要解决一个具体问题的最大、最小值问题.因此,在最值问题中我们的重点应放在求解一些最大、最小值的应用问题上,在应用问题中求解最大、最小值的步骤可归纳如下：

（1）结合具体问题确定因变量和自变量：首先通过对问题的分析，搞清所要求的是哪个量的最大（最小）值，确定因变量；但是自变量选得是否恰当也是十分重要的，一般说来，所求的最大（最小）函数值是随某个量而变化的，我们就应该选该量为自变量.

（2）建立函数关系：解应用问题最关键一步是建立函数关系，一旦函数关系建立了，就变为求已知函数在已知区间上的最大（最小）值问题. 但建立函数关系，这既与我们的几何. 物理、力学等方面的知识有关，也与我们的数学水平有关，这不是一件容易的事情，只有通过多作习题，反复训练，才能逐步达到熟练的程度.

（3）由方程 $f'(x)=0$ 求驻点，并判断是否为极值点.

（4）根据实际问题，判断端点的函数值、极值是否为最值，最后求出最值.

在实际问题中，如果只求得一个驻点，而又根据实际问题的意义知道，在自变量的变化范围内必有最大（最小）值，则一般必然在驻点上取得最大（最小）值，其他不必再多考虑.

二、典型例题

（一）有关极值

例1 判断对错：若 $f'(x_0)=0$，则 $x=x_0$ 是函数 $y=f(x)$ 的极值点_____.

解：若 $f'(x_0)=0$，则 $x=x_0$ 是函数 $y=f(x)$ 的驻点，不一定是极值点. 故应填×.

例2 函数 $y=(x-2)^3$ 的驻点是_____.

解：驻点就是使一阶导数为零的点，解 $y'=3(x-2)^2=0$ 得 $x=2$. 故应填 $x=2$.

注：驻点与极值点的关系如下：

1. 驻点未必是极值点. 例：$f(x)=x^3$ 在 $x=0$ 处，$f'(0)=0$，所以 $x=0$ 是驻点，但不是极值点.

2. 导数不存在的点也有可能是极值点. 例：$f(x)=|x|$ 在 $x=0$ 处，$f'(0)$ 不存在，所以 $x=0$ 不是驻点，但取得极小值.

3. 驻点和导数不存在的点统称为可疑极值点（可能是极值点）.

（二）有关最值

例1 函数 $f(x)=x+2\sqrt{x}$ 在区间 $[0,4]$ 上的最大值是_____.

解：$f'(x)=(x+2\sqrt{x})'=1+\dfrac{1}{\sqrt{x}}>0$，则 $f(x)$ 在 $x=0$ 处不可导，并且 $f(x)$ 无驻点，计算 $f(0)=0$，$f(4)=8$ 故应填 8.

例2 函数 $y=x^2\ln x$ 在 $[1,e]$ 上的最大值是（ ）.

A. e^2 B. e C. 0 D. e^{-2}

解：在 $[1,e]$ 上，$y'=2x\ln x+x=x(2\ln x+1)>0$，所以函数单调递增，右端点对应的函数值即为最大值，即 $f(e)=e^2$ 为最大值. 故应选 A.

例3 要做一个容积为 V（定值）的有盖的圆柱形容器，问怎么设计才使用料最省？

解：设圆柱形容器底面半径为 $x(x>0)$，高为 h，表面积为 S.

由 $V=\pi x^2 h$，得 $h=\dfrac{V}{\pi x^2}$，于是，$S=2\pi x^2+2\pi x h=2\pi x^2+\dfrac{2V}{x}$，从而 $S'=4\pi x-\dfrac{2V}{x^2}$，

令 $S'=0$ 得 $x=\sqrt[3]{\dfrac{2V}{2\pi}}$，从而唯一的驻点是 $x=\sqrt[3]{\dfrac{V}{2\pi}}$ 函数的最小值点. 此时高为

$h=2\sqrt[3]{\dfrac{V}{2\pi}}$. 即当圆柱形容易的底面半径为 $\sqrt[3]{\dfrac{V}{2\pi}}$，高为 $2\sqrt[3]{\dfrac{V}{2\pi}}$ 时，容器用料最省.

三、教学建议

（一）课程思政

通过把握极值与最值之间的联系和区别，发展认识事物的整体与局部观.

（二）思维培养

1. 极值是函数的局部性质，最值是函数在一个区间上的整体性质. 函数的极值与最值的思想是把整体划分找出局部最值，进而比较出整体最值的方法. 这种研究问题从局部到整体，从有限到无限的过程，实际上也是初等数学和高等数学研究对象从常量到变量的推广.

2. 求解极值、最值的方法是一种重要的解决优化问题的数学模型方法. 利用该方法解决实际问题中所涉及的最优化问题的关键是选择合适的变量，建立目标函数，然后对所建立的函数讨论最值问题.

（三）融合应用

1. 极值理论拯救生命.

由于荷兰一半以上的国土位于海平面之下，经常受到海水的危害，比如发生在 1953 年 2 月的海水倒灌灾难夺去了 1800 人的生命，毁坏了 4.7 万间居民住宅. 荷兰政府迫切需要修筑能保护该国数百年的新海防大堤，在一条条海堤的修筑中，科学家们分析了该国有关此类极端事件的历史数据，利用数学中的极值理论，得出了新建堤防 5 米高的标准. 而且极值理论告诉大家，在不远的将来再次发生灾难的机会微乎其微，事实证明 1600 万荷兰居民因极值理论公式的应用得到了保护.

2. 极值理论在其他行业中的应用.

（1）保险业：保险公司需要对洪水、风暴和飓风等极端事件的发生概率进行评估，因而成为最早的受惠者之一. 若高估了风险，保险费高得不切实际，可能吓走顾客；如果低估了风险，一旦事件发生，保险公司又会蒙受损失. 根据极值理论，保险公司就可以制定更适当的保费水平，这对自己和客户都有利.

（2）最大利润与最小成本问题；税收额最大问题；最大期望问题；最优计划安排、最佳混合生产问题.

例 1 某商场经营 T 恤衫，已知成批购进时单价是 20 元. 根据市场调查，销售量与销售单价满足如下关系：在一段时间内，单价是 30 元时，销售量是 400 件，而单价每提高 1 元，就会少销售 20 件. 问销售单价是多少元时，可以获利最多？

例 2 设某地区经长时间征税试验，政府能够确定某产品市场的消费量与有关税率之间的关系是 $t=\sqrt{27-3x^2}$，其中 t 表示产品的税率，x 表示市场消费的数量，问税率多大时政府可获得最大收益？

3．应用案例．

（1）解放军担任着保卫祖国和平以及人民生命财产安全的职责．某年，青藏铁路施工期间遭遇了一场山洪暴发，围困了多名铁路建设者，灾情就是命令，时间就是生命，附近的驻军指战员迅速赶赴灾区，救出了全部人员，人民子弟兵如何快速到达灾区解救灾民？这就涉及选择救援路线问题．假设解放军驻地为 A，山洪暴发现场为 C,C 到公路的垂直距离为 32 km，垂足为 $B,AB=100$ km，是根据不同的实际状况和行军速度，选择救灾道路．

（2）船航行一昼夜的耗费由两部分组成：固定部分等于 a 元，变动部分与速度的立方成正比，试问船应以怎样的速度 v 行驶时，船航行为最经济？

解： 设时间以小时为单位，则 $t=24$．由题意船航行一昼夜的费用为 $a+kv^3$，其中 k 为比例常数．又因船一昼夜所经的路程为 $s=vt=24v$，故船航行每单位路程的费用为

$$f(v)=\frac{a+kv^3}{24v}, \text{ 而 } f'(v)=\frac{1}{24}\left(-\frac{a}{v^2}+2kv\right), \text{ 令 } f'(v)=0, \text{ 得 } v=\sqrt[3]{\frac{a}{2k}}, \text{ 而这是}$$

$f(v)$ 的唯一驻点，故为最小值点，所以，船应以速度 $v=\sqrt[3]{\frac{a}{2k}}$ 行驶最为经济．

注意：若记船航行一昼夜的耗费为 A（元），由题意有 $A(v)=a+kv^3(0\leqslant v<+\infty)$，而 $A'(v)=3kv^2$，令 $A'(v)=0$，得 $v=0$，故船航行最为经济的船速为零．显然，这结论是错误的，当 $v=0$ 时，$A(0)=a$，即船不航行，一昼夜也要耗费 a 元，当然是不经济的．问题出在衡量船航行最为经济的标准选择错了，不应该是船航行一昼夜的耗费，而应是船每行驶单位路程的消耗．由此可见，在求解最值的应用问题中，建立函数关系十分关键．

四、达标训练

（一）选择题

1．设函数 $f(x)$ 满足，$f'(x_0)=0$，$f'(x_1)$ 不存在，则（　　）．

    A．$x=x_0$ 及 $x=x_1$ 都是极值点

    B．只有 $x=x_0$ 是极值点

    C．只有 $x=x_1$ 是极值点

    D．$x=x_0$ 与 $x=x_1$ 都有可能不是极值点

2．当 $x>x_0$ 时，$f'(x)>0$，当 $x<x_0$ 时，$f'(x)<0$，则 x_0 必定是函数 $f(x)$ 的（　　）．

    A．极大值点　　　　　　　　　　B．极小值点

    C．驻点　　　　　　　　　　　　D．以上都不对

3．下列命题为真的是（　　）．

    A．若 x_0 为极值点，则 $f'(x_0)=0$

    B．若 $f'(x_0)=0$，则 x_0 为极值点

    C．极值点可以是边界点

    D．若 x_0 为极值点，且存在导数，则 $f'(x_0)=0$

4. 如果 $f(x)$ 在 x_0 达到极大值,且 $f''(x_0)$ 存在,则 $f''(x_0)($　　$)$.

    A. $\leqslant 0$ B. <0

    C. $=0$ D. >0

5. 设函数 $f(x)$ 在 $(-\infty,+\infty)$ 内连续,其导数的图形如图所示,则 $f(x)$ 有(　　).

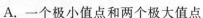

    A. 一个极小值点和两个极大值点

    B. 两个极小值点和一个极大值点

    C. 两个极小值点和两个极大值点

    D. 三个极小值点和一个极大值点

6. 函数 $f(x)=x-\ln(1+x^2)$ 在定义域内(　　).

    A. 无极值   B. 极大值为 $1-\ln 2$

    C. 极小值为 $1-\ln 2$ D. $f(x)$ 为非单调函数

7. 若函数 $y=2+x-x^2$ 的极大值点是 $x=\dfrac{1}{2}$,则函数 $y=\sqrt{2+x-x^2}$ 极大值是(　　).

    A. $\dfrac{1}{\sqrt{2}}$ B. $\dfrac{81}{16}$

    C. $\dfrac{9}{4}$ D. $\dfrac{3}{2}$

8. 设 $f(x)$ 在 $(-\infty,+\infty)$ 内有二阶导数,$f'(x_0)=0$,问 $f(x)$ 还要满足以下哪个条件,则 $f(x_0)$ 必是 $f(x)$ 的最大值?(　　)

    A. $x=x_0$ 是 $f(x)$ 的唯一驻点   B. $x=x_0$ 是 $f(x)$ 的极大值点

    C. $f''(x)$ 在 $(-\infty,+\infty)$ 内恒为负   D. $f''(x)$ 不为零

9. 已知 $f(x)$ 对任意 x 满足 $xf''(x)+3x[f'(x)]^2=1-e^{-x}$,若 $f'(x_0)=0(x_0\neq 0)$,则(　　).

    A. $f(x_0)$ 为 $f(x)$ 的极大值

    B. $f(x_0)$ 为 $f(x)$ 的极小值

    C. $(x_0,f(x_0))$ 为拐点

    D. $f(x_0)$ 不是极值点,$(x_0,f(x_0))$ 不是拐点

10. 若 $f(x)$ 在至少二阶可导,且 $\lim\limits_{x\to x_0}\dfrac{f(x)-f(x_0)}{(x-x_0)^2}=-1$,则函数 $f(x)$ 在处(　　).

    A. 取得极大值   B. 取得极小值

    C. 无极值   D. 不一定

(二) 求函数极值

1. $y=(x-5)^2\sqrt[3]{(x+1)^2}$

2. $f(x) = x - \dfrac{3}{2} x^{\frac{2}{3}}$.

（三）求最值

1. 求 $y = 2x^3 + 3x^2 - 12x + 14$ 的在 $[-3, 4]$ 上的最大值与最小值.

2. 在半径为 R 的球内作一个内接圆锥体，问此圆锥体的高、底半径为何值时，其体积最大？

3. 宽 a 为的运河垂直地流向宽 b 为的运河. 设河岸是直的，问木料从一条运河流到另一条运河去，其长度最长为多少？

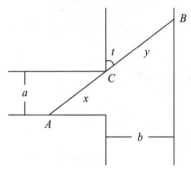

附：参考答案

（一）选择　1. D　2. D　3. D　4. A　5. C　6. A　7. D　8. C　9. B　10. A

（二）求极值

1. 解：$y' = 2(x-5)(x+1)^{\frac{2}{3}} + \dfrac{2}{3}(x-5)^2(x+1)^{-\frac{1}{3}} = \dfrac{6(x-5)(x+1) + 2(x-5)^2}{3(x+1)^{\frac{1}{3}}}$

$= \dfrac{2(x-5)[3(x+1)+(x-5)]}{3(x+1)^{\frac{1}{3}}} = \dfrac{2(x-5)(4x-2)}{3(x+1)^{\frac{1}{3}}}$，令 $y' = 0$，可得 $x = \dfrac{1}{2}$ 或 $x = 5$，当 $x = -1$ 时，y' 不存在. 由 $x = -1$，$x = \dfrac{1}{2}$，$x = 5$ 把 $(-\infty, +\infty)$ 分成四个部分区间，并列表讨论如下：

x	$(-\infty,-1)$	-1	$\left(-1,\dfrac{1}{2}\right)$	$\dfrac{1}{2}$	$\left(\dfrac{1}{2},5\right)$	5	$(5,+\infty)$
$f'(x)$	$-$	不存在	$+$	0	$-$	0	$+$
$f(x)$	↘	极小值	↗	极大值	↘	极小值	↗

所以,函数的极大值为 $y\left(\dfrac{1}{2}\right)=\dfrac{81}{4}\sqrt[3]{\dfrac{9}{4}}$,极小值为 $y(-1)=0,y(5)=0$.

2. 解:由 $f'(x)=1-x^{-\frac{1}{3}}=0$,得 $x=1$. $f''(x)=\dfrac{1}{3}x^{-\frac{4}{3}}$,$f''(1)>0$,故函数在 $x=1$ 取得极小值.

（三）求最值

1. 解:$y(-3)=23,y(4)=142$. 由 $y'=6x^2+6x-12=0$,得 $x=1,x=-2$. 而 $y(1)=7,y(-2)=34$,所以最大值为 142,最小值为 7.

2. 解:设圆锥体的高为 h,底半径为 r,故圆锥体的体积为 $V=\dfrac{1}{3}\pi r^2 h$,

由于 $(h-R)^2+r^2=R^2$,因此 $V(h)=\dfrac{1}{3}\pi h(2Rh-h^2)(0<h<2R)$,

由 $V'(h)=\dfrac{1}{3}\pi(4Rh-3h^2)=0$,得 $h=\dfrac{4R}{3}$,此时 $r=\dfrac{2\sqrt{2}}{3}R$.

由于内接锥体体积的最大值一定存在,且在 $(0,2R)$ 的内部取得. 现在 $V'(h)=0$ 在 $(0,2R)$ 内只有一个根,故当 $h=\dfrac{4R}{3},r=\dfrac{2\sqrt{2}}{3}R$ 时,内接锥体体积的最大.

3. 解:问题转化为求过点的线段 AB 的最大值. 设木料的长度为 $l,AC=x,CB=y$,木料与河岸的夹角为 t,则 $x+y=l$,且 $x=\dfrac{a}{\cos t},y=\dfrac{b}{\sin t},l=\dfrac{a}{\cos t}+\dfrac{b}{\sin t}t\in\left(0,\dfrac{\pi}{2}\right)$.

则 $l'=\dfrac{a\sin t}{\cos^2 t}-\dfrac{b\cos t}{\sin^2 t}$,由 $l'=0$ 得 $\tan t=\sqrt[3]{\dfrac{b}{a}}$,此时 $l=(a^{\frac{2}{3}}+b^{\frac{2}{3}})^{\frac{3}{2}}$,

故木料最长为 $l=(a^{\frac{2}{3}}+b^{\frac{2}{3}})^{\frac{3}{2}}$.

第六节 函数图形的描绘

“数形结合”是一种重要的数学思想,通过对函数图形的研究能更直观的把握函数的形态,所以能够把函数的图形描绘出来具有重要的意义. 中学所学习的绘图的基本方法是描点法,为画图的方便,选择的点都是特殊的点,往往是选择曲线与坐标轴的交点,再加上随机选择的特殊点,连点成线. 正因为这种选点的随机性,所以画出的图形与实际图形往往差别较大. 本节函数图形描绘的基本方法仍然是描点法,但新的理论赋予了描点法新的活力. 结合前面所学的函数的单调性、曲线的凹凸性、函数的极值与最值等理论，除了曲线与坐标轴的交点之外，我们可以有目的的寻找一些"特殊点"，包括单调区间的分界点、曲线的拐点、极值点和最值点等，把这些点结合曲线的相应性质（单调、凹凸及变化趋势即渐近线）连成线，则图形更为准确.

一、教学分析

（一）教学目标

1. 会求水平、铅直和斜渐近线.

2. 会描绘函数图形.

3. 通过经历综合运用单调性、极值、凹凸性、拐点和渐近线等基础知识，描绘函数图形的过程，进一步提高综合运用所学知识解决新问题的能力.

4. 进一步发展部分与整体，事物内部普遍联系的哲学观点.

（二）学时安排

本节内容教学需要 1 学时，加上 1 节习题课，对应课次教学进度中的第 24 讲内容.

（三）教学内容

渐近线；函数图像的描绘.

（四）学情分析

1. 前面学员已经陆续学习过函数的单调性、极值以及曲线的凹凸性及拐点，对函数性态的掌握有了一定的基础，本节就是要在此基础上，研究由已知函数的解析式如何描绘函数的图形，需要学员具有一定的综合运用所学知识的能力基础.

2. 描绘函数图形，需要求出所有渐近线，学员习惯找出水平和铅直渐近线，但容易忽视斜渐近线而遗漏掉.

3. 在列表描绘函数的形态时，升降和凹凸需要画出带箭头的曲线弧，容易忽视曲线弧的弯曲方向.

（五）重、难点分析

重点：渐近线的求法，描绘函数的图形.

难点：准确描绘函数的图形.

1. 前面已经讨论过函数的单调性、极值以及曲线的凹凸性及拐点，通过函数的这些形态，对函数图形有了较全面的认识. 但是，函数的图形除了与单调性、凹凸性有关之外，还和曲线的变化趋势密切相关，而刻画曲线变化趋势的是其渐近线. 渐近线刻画了函数图形的无限伸展的变化趋势，所以研究曲线的渐近线，对于了解曲线在无限远离原点处的形态是很有帮助的. 所谓曲线的渐近线就是指远离原点无穷远处与曲线无限逼近的直线，渐近线有以下三种情形：

（1）水平渐近线. 若 $\lim\limits_{x \to -\infty} f(x) = c$ 或 $\lim\limits_{x \to +\infty} f(x) = c$ 或 $\lim\limits_{x \to \infty} f(x) = c$ 则称曲线 $y = f(x)$ 有水平渐近线 $y = c$（平行于 x 轴的）.

注意：$y = \mathrm{e}^x$ 有水平渐近线，虽然 $\lim\limits_{x \to \infty} \mathrm{e}^x$ 不存在，但是 $\lim\limits_{x \to -\infty} \mathrm{e}^x = 0$.

（2）铅直渐近线. $\lim\limits_{x \to x_0^-} f(x) = \infty$ 或 $\lim\limits_{x \to x_0^+} f(x) = \infty$ 或 $\lim\limits_{x \to x_0} f(x) = \infty$，则称曲线 $y =$

$f(x)$有铅直渐近线 $x=x_0$(平行于 y 轴的)

由铅直渐近线的定义,当 x 趋于任何值时,y 均不趋于∞,则曲线无铅直渐近线. 但应当注意,铅直渐近线往往容易疏忽遗漏. 其实铅直渐近线只能在函数的无穷间断点处(例如分式中的分母为零,对数式中的真数为零处)发生,因此,只需考虑函数是否有无穷间断点即可,当然应具体区分 $x \to x_0^+$ 和 $x \to x_0^-$ 时,$f(x)$ 趋于∞的符号,以便分清曲线趋于铅直渐近线的方向.

(3) 斜渐近线. 若 $\lim\limits_{x \to -\infty}(f(x)-(ax+b))=0$ 或 $\lim\limits_{x \to +\infty}(f(x)-(ax+b))=0$ 或 $\lim\limits_{x \to \infty}(f(x)-(ax+b))=0$,其中 $a \neq 0$,则称曲线 $y=f(x)$有斜渐近线 $y=ax+b$.

斜渐近线的找法:计算极限 $\lim\limits_{x \to -\infty}\dfrac{f(x)}{x}$ 或 $\lim\limits_{x \to +\infty}\dfrac{f(x)}{x}$,若为非 0 常数 a,则求极限 $\lim\limits_{x \to -\infty}(f(x)-ax)$或 $\lim\limits_{x \to +\infty}(f(x)-ax)$,若为常数 b,则有斜渐近线 $y=ax+b$.

2. 综合前面所学的本章知识,在所学函数性态的基础上,根据已知函数的解析式描绘函数的图形,一般说来,可按以下步骤作出:

(1) 求定义域,判特性,求一阶导数和二阶导数.

(2) 求(一阶和二阶)导数为 0 的点,间断点,导数不存在的点,分区间.

(3) 确定导数符号,定升降和凹凸、拐点.

(4) 求渐近线.

(5) 描点,连接.

注①:函数图形描绘的关键是要抓住"两个点"与"一条线",两个点指的是:极值点即曲线升降的分界点;拐点即曲线凹凸的转折点;一条线指的是渐近线,即曲线的变化趋势或走向,只要这样做,是不难把函数的图形描绘出来的.

注②:为研究方便,也为了使得所研究问题更加明确,可以将所得到的单调、凹凸、拐点等结论通过列表的方法呈现出来,根据列表的结果再结合渐近线进行描点连线,从而更方便地描绘出函数的图形.

二、典型例题

(一) 有关渐近线

例 曲线 $y=x\ln\left(2+\dfrac{1}{x}\right)$ 的渐近线为_____.

解:因为 $\lim\limits_{x \to \infty}f(x)=\lim\limits_{x \to \infty}x\ln\left(2+\dfrac{1}{x}\right)=\infty$,故该曲线没有水平渐近线;

又因为 $\lim\limits_{x \to 0}f(x)=\lim\limits_{x \to 0}x\ln\left(2+\dfrac{1}{x}\right)=\lim\limits_{x \to 0}\dfrac{\ln\left(2+\dfrac{1}{x}\right)}{\dfrac{1}{x}}=0$,故 $x=0$ 不是垂直渐近线;

因为 $\lim\limits_{x \to -\frac{1}{2}}f(x)=\lim\limits_{x \to -\frac{1}{2}}x\ln\left(2+\dfrac{1}{x}\right)=\infty$,所以 $x=-\dfrac{1}{2}$ 是曲线的垂直渐近线.

又因为 $\lim\limits_{x \to +\infty}\dfrac{f(x)}{x}=\ln 2=a$,$\lim\limits_{x \to +\infty}[f(x)-ax]=\dfrac{1}{2}$,所以 $y=x\ln 2+\dfrac{1}{2}$ 是斜渐

近线.

故应填 $x=-\dfrac{1}{2}$ 和 $y=x\ln 2+\dfrac{1}{2}$.

(二)有关函数图形描绘

例 画出函数 $y=x^3-x^2-x+1$ 的图形

解： 函数的定义域为 $(-\infty,\infty)$，在 $(-\infty,\infty)$ 上连续，各阶导数存在，且

$$y'=3x^2-2x-1=3\left(x+\frac{1}{3}\right)(x-1),$$

$$y''=6x-2=6\left(x-\frac{1}{3}\right)$$

令 $y'=0$，解得 $x=-\dfrac{1}{3},1$，令 $y''=0$，解得 $x=\dfrac{1}{3}$

单调性、凹凸性分析表

x	$\left(-\infty,-\frac{1}{3}\right)$	$-\frac{1}{3}$	$\left(-\frac{1}{3},\frac{1}{3}\right)$	$\frac{1}{3}$	$\left(\frac{1}{3},1\right)$	1	$(1,\infty)$
y'	$+$	0	$-$	$-$	$-$	0	$+$
y''	$-$	$-$	$-$	0	$+$	$+$	$+$
y	↑凸	极大值 $\frac{32}{27}$	↓凸	$\frac{16}{27}$	↓凹	极小值 0	↑凹

曲线 $y=f(x)$ 的一个拐点 $\left(\dfrac{1}{3},f\left(\dfrac{1}{3}\right)\right)=\left(\dfrac{1}{3},\dfrac{16}{27}\right)$，无渐近线，如图

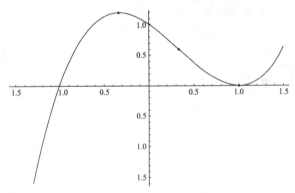

三、教学建议

(一)课程思政

利用前面关于用导数研究函数的单调性、极值、凹凸性、拐点等特性，结合函数的渐近性质，可以描绘出函数的大致图形，完成一个这种问题相当于系统地运用了前面的知识，有了对本章知识的完整认识，不仅提高综合运用所学知识解决新问题的能力，也进一步发展部分与整体，事物内部普遍联系的哲学观点.

(二)思维培养

通过学习，抓住函数图形描绘的基本思想，即通过极值点、拐点划分函数的单调区

间、凹凸区间,结合渐近线理论把握曲线的延伸方向.

（三）融合应用

由于用曲线来表达函数形象直观,所以,函数图形的描绘在工程技术中有着广泛的应用.

四、达标训练

（一）求 $y = \dfrac{x^3}{(x+1)^2}$ 的渐近线

（二）作出下列函数的图形

1. 作函数 $y = \dfrac{x^3 - 2}{2(x-1)^2}$ 的图形

2. 作函数 $y = \dfrac{6}{x^2 - 2x + 4}$ 的图形

附:参考答案

（一）由 $\lim\limits_{x \to -1} \dfrac{x^3}{(x+1)^2} = -\infty$,所以 $x = -1$ 为曲线 $y = f(x)$ 的铅直渐近线.

因为 $\lim\limits_{x \to \infty} \dfrac{y}{x} = \lim\limits_{x \to \infty} \dfrac{x^2}{(x+1)^2} = 1$,$\lim\limits_{x \to \infty}(y - x) = \lim\limits_{x \to \infty} \dfrac{x^3}{(x+1)^2} - x = -2$

所以 $y = x - 2$ 为曲线 $y = f(x)$ 的斜渐近线.

（二）1. 解:函数的定义域为 $(-\infty, -1) \bigcup (1, +\infty)$,

$y' = \dfrac{(x-2)^2(x+1)}{2(x-1)^3}$,$y'' = \dfrac{3(x-2)}{(x-1)^4}$.

令 $y' = 0$,得 $x = 2$,$x = -1$;令 $y'' = 0$,得 $x = 2$.列表讨论如下:

x	$(-\infty, -1)$	-1	$(-1, 1)$	1	$(1, 2)$	2	$(2, +\infty)$
y'	$+$	0	$-$	无定义	$+$	0	$+$
y''	$-$	$-$	$-$	无定义	$-$	0	$+$
y	↗	极大值 $-\dfrac{3}{8}$	↘	无定义	↗	拐点 $(2, 3)$	↗

由于 $\lim\limits_{x \to \infty} \dfrac{f(x)}{x} = \lim\limits_{x \to \infty} \dfrac{x^3 - 2}{2x(x-1)^2} = \dfrac{1}{2}$, $\lim\limits_{x \to \infty}\left[f(x) - \dfrac{1}{2}x \right] = \lim\limits_{x \to \infty} \dfrac{2x^2 - x - 2}{2(x-1)^2} = 1$,

所以,$y = \dfrac{1}{2}x + 1$ 是曲线的斜渐近线. 又因为 $\lim\limits_{x \to 1} \dfrac{x^3 - 2}{2(x-1)^2} = -\infty$,所以 $x = 1$ 是曲线的铅垂渐近线.当 $x = 0$ 时 $y = -1$;当 $y = 0$ 时 $x = \sqrt[3]{2}$.综合上述讨论,作出函数的图形（略）

2. 解:(1) 所给函数的定义域为 R,$y' = \dfrac{-6(2x - 2)}{(x^2 - 2x + 4)^2} = \dfrac{-12(x-1)}{(x^2 - 2x + 4)^2}$

$$y'' = -12\frac{\left[(x^2-2x+4)^2-(x-1)2(x^2-2x+4)(2x-2)\right]}{(x^2-2x+4)^4}$$

$$-12\frac{\left[(x^2-2x+4)-4(x-1)^2\right]}{(x^2-2x+4)^3}=36\frac{x(x-2)}{(x^2-2x+4)^3}$$

（2）y' 的零点为 $x=1$，y'' 的零点为 $x=0$，$x=2$，这些点把定义域分成四个部分.

（3）在各个区间，得 y' 和 y'' 符号，相应的曲线的升降性及凹凸性，以及拐点，如下表：

x	$(-\infty,0)$	0	$(0,1)$	1	$(1,2)$	2	$(2,+\infty)$
y'	$+$	$+$	$+$	0	$-$	$-$	$-$
y''	$+$	0	$-$	$-$	$-$	0	$+$
y	↗	拐点 $\left(0,\dfrac{3}{2}\right)$	↗	极大值 2	↘	拐点 $\left(2,\dfrac{3}{2}\right)$	↘

（4）$\lim\limits_{x\to\infty}\dfrac{6}{x^2-2x+4}=0$，所以，$y=0$ 是函数的水平渐近线.

（5）描点作图（略）.

第七节　曲　率

通过讨论曲线的单调性和凹凸性，知道如何判断曲线的弯曲方向，但是还不能描述和判断曲线的弯曲程度. 而在实际问题中有时必须考虑曲线的弯曲程度，如道路的弯道设计，梁的弯曲程度，曲线形切削工具的设计等等. 再如，在军事应用中，鱼雷转角射击或者尾流自导鱼雷的末端制导，都要考虑鱼雷的运行轨迹（弹道）弯曲程度，否则会"脱靶". 曲线的弯曲程度究竟与哪些量有关，又有什么样的关系？这是本节内容所要解决的问题.

一、教学分析

（一）教学目标

1. 知识与技能.

（1）能说出弧微分、曲率、曲率圆的概念.

（2）会求曲率和曲率半径.

2. 过程与方法.

参与探索曲率概念的形成过程，提高逻辑推理能力. 经历运用曲率解决砂轮选取、离心率等简单工程设计问题，提高应用能力.

3. 情感态度与价值观.

认同曲率在工程实践、生产、生活中的应用，形成应用意识.

（二）学时安排

本节内容教学需要 2 学时，对应课次教学进度中的第 25 讲内容.

（三）教学内容

弧微分、曲率、曲率圆与曲率半径的概念；曲率和曲率半径的计算.

（四）学情分析

曲率是刻画曲线弯曲程度的量，而弯曲程度是没有方向的，且其大小也没有正负之分，所以曲率是一个标量，只有大小没有方向，故曲率的计算公式中含绝对值（$\geqslant 0$），学员在计算曲率时容易忽视这点而漏掉绝对值.

（五）重、难点分析

重点：曲率和曲率半径的计算.

难点：对曲率概念的理解.

1. 对弧微分概念的理解是理解曲率的前提.

（1）曲线 $y = f(x)$ 固定某起点为基点，规定 x 增大方向为曲线的正向，有向弧段的值 s 叫弧长 s（简称弧 s）与弧的长度不同，它的绝对值等于这段弧的长度，弧 s 是 x 的单调增函数 $s(x)$，可能取负值.

（2）弧微分公式. 在不知 $s(x)$ 的具体表达式的条件下，不能求 Δs，能否求出 Δs 的一阶近似 $\mathrm{d}s$（弧微分），"以直代曲"呢？

注意到当 $\Delta x \to 0$ 时，弧的长度与弦的长度二者为等价无穷小，据此可以推导出弧长的微分公式 $\mathrm{d}s = \sqrt{1 + y'(x)}\,\mathrm{d}|x|$，即 $\mathrm{d}s = \sqrt{(\mathrm{d}x)^2 + (\mathrm{d}y)^2}$ 或 $(\mathrm{d}s)^2 = (\mathrm{d}x)^2 + (\mathrm{d}y)^2$，弧长的微分公式形式上与三角形的勾股定理一样. 值得注意的是：

① 当 $\mathrm{d}x$ 为正（负）时，$\mathrm{d}s$ 也为正（负），根号前取"$+$"（"$-$"）号；

② $\mathrm{d}s$ 为切线上对应于 $\mathrm{d}x$ 的一段，这就是弧微分的几何意义；

③ 如果曲线的方程是参数方程，$x = x(t)$，$y = y(t)$，$t \in [\alpha, \beta]$，且 $x(t)$，$y(t)$ 具有二阶导数，则 $\mathrm{d}s = \sqrt{(x'(t))^2 + (y'(t))^2}\,\mathrm{d}t$

2. 曲率问题就是研究曲线弯曲程度的问题. 曲线的弯曲程度是由两个因素决定的：

（1）曲线方向改变的大小；

（2）在多长一段路程上改变.

即决定曲线的弯曲程度应该考虑转角和弧长，于是曲线在点 M 的曲率 $K = \lim_{\Delta s \to 0} \dfrac{|\Delta \alpha|}{|\Delta s|}$，即曲线在 M 点的曲率为平均曲率的极限.

按照该定义，可以求出直线的曲率是 0，即直线不弯. 而圆的曲率等于半径的倒数，即圆上各点的曲率都相等，即各点的弯曲程度一样.

3. 在曲线一点 M 处作圆与曲线相切，在切点 M 处从几何上看有公共的切线，相同的弯曲方向和弯曲程度. 从分析上看圆与曲线在切点 M 处有相同的 y, y', y''，则它们在该点二阶密切（即圆比在这点的切线更密切这条曲线），此圆即为曲率圆，圆心为曲率中心，半径为曲率半径，容易知道，曲率半径与曲率互为倒数.

曲线在一点存在曲率圆是从几何上说明曲线在该点的性质，而曲率半径是从定量上肯定曲线在该点所具有的那种几何性质的大小. 所以, 在实际工作中, 常常用曲线上一点处的曲率半径的大小来说明曲线在该点附近弯曲的程度. 若 $y''=0$, 意思就是曲率为 0 或曲率半径为"无穷大", 如果在某点的二阶导数为 0, 则表明在这点附近曲线几乎是直的.

二、典型例题

例 1 计算直线 $xy=1$ 在点 $(1,1)$ 的曲率

解: 曲线直角坐标方程即 $y=\dfrac{1}{x}$, 在 $x\neq 0$ 点有各阶导数, 且 $y'=\dfrac{-1}{x^2}$, $y''=\dfrac{2}{x^3}$, 在 $x=1$ 点, $y'=-1$, $y''=2$, 所以 $K=\dfrac{|2|}{(1+(-1)^2)^{\frac{3}{2}}}=\dfrac{1}{2}^{\frac{1}{2}}$.

例 2 抛物线 $y=ax^2+bx+c$ 哪点的曲率最大?

解: $y=ax^2+bx+c$ 在 $(-\infty,\infty)$ 上有各导数, 且 $y'=2ax+b$, $y''=2a$, 所以

$$K(x)=\frac{|2a|}{(1+(2ax+b)^2)^{\frac{3}{2}}}, K_{\max}=K\left(-\frac{b}{2a}\right)=2|a|.$$

例 3 设工件表面的截线为抛物线 $y=0.4x^2$, 现在要用砂轮磨削其内表面, 问用直径多大的砂轮才比较合适?

解: 因为 $y=0.4x^2$, $y'=0.8x$, $y''=0.8$, $K=\dfrac{0.8}{(1+(0.8x)^2)^{\frac{3}{2}}}$, 所以

$$\rho=\frac{1}{K}=\frac{(1+(0.8x)^2)^{\frac{3}{2}}}{0.8}\geq 1.25.$$

砂轮的半径不应大于抛物线各点处的曲率半径, 不小于抛物线上最小的曲率半径, 所以等于抛物线上最小的曲率半径才比较合适, 用直径小于 1.25 的砂轮.

三、教学建议

(一) 课程思政

通过让学员经历运用曲率解决砂轮选取. 离心率等简单工程设计问题, 提高应用能力, 认同曲率在工程实践、生产、生活中的应用, 形成应用意识, 提高数学素养.

(二) 思维培养

1. 一般到特殊的思维方法. 根据对函数在一点处的导数概念的理解: 一点处导数是因变量关于自变量的瞬时变化率, 是平均变化率的极限, 来理解曲线在一点处的曲率是平均曲率的极限, 即角度关于弧长的瞬时变化率, 是该点处单位弧段上切线转过的角度的极限. 所以, 曲率是一种具体的导数, 是一般导数概念的具体化.

2. 数学结合思想方法. 曲率概念比较抽象难懂, 但借助几何图形的直观形象可加深对曲率定义的进一步理解.

(1) 如利用半径为 R 的圆周上任一点处的曲率为 $K=\dfrac{1}{R}$, 说明圆的各点处的曲率相等, 圆的半径越大, 曲率越小, 半径越小, 曲率越大, 这与我们直觉上对于很熟悉的圆的

"弯曲"情况的体会是相符的.

(2) 便于实际计算曲率的公式为 $K = \dfrac{|y''|}{(1+y'^2)^{\frac{3}{2}}}$,不过应当指出,二阶导数绝对值的大小,虽然在几何上一般不能说明什么,但是它和一阶导数一起就决定了曲线的弯曲程度. 在直线 $y = kx + b$ 中,$y'' = 0$,于是直线上任何点处的曲率都是零,它的方向是一直不变的,这一事实表明直线是处处平坦的(这与根据曲率的定义推出的结论是一致的).

(三) 融合应用

1. 简单工程应用.

(1) 在铁道路线设计中,当路线需要拐弯时,即铁道由直线转为曲线时,在接头处必须保证曲率连续变化,列车通过时才不致由于离心力的作用而猛然震动,发生出轨的危险. 通常采用立方抛物线上的一段弧作为轨道拐弯时的过渡曲线,以保证铁道由直线改为曲线后在接头处有连续的曲率. 这就说明曲率在实际应用中的重要性.

(2) 设工件表面的截线为抛物线 $y = 0.4x^2$,现在要用砂轮磨削其内表面,问用直径多大的砂轮才比较合适?

2. 融合军事背景应用.

(1) 在鱼雷追踪导引弹道分析中,可以根据弹道曲率半径的极小值与鱼雷最小旋回半径的比较,帮助选择适当的射击阵位,以保证鱼雷不脱离理论轨道,从而提高命中概率,也帮助改进鱼雷尺寸,提高鱼雷性能.

(2) 某航空兵飞行员驾驶一飞机沿抛物线路径 $y = \dfrac{x^2}{4\,000}$(单位:米)做俯冲飞行,在原点 O 处的速度为 $v = 400$ 米/秒,飞行员质量 70 千克,求俯冲到原点时,飞行员对座椅的压力.

四、达标训练

(一) 填空题

1. 曲线 $(x-1)^2 + (y-2)^2 = 9$ 上任一点的曲率为_____,$y = kx + b$ 上任一点的曲率为_____.

2. $y = 4x - x^2$ 曲线在其顶点处曲率为_____,曲率半径为_____.

3. 椭圆 $\dfrac{x^2}{a^2} + \dfrac{y^2}{b^2} = 1(a > b > 0)$ 在长轴端点 $(a, 0)$ 的曲率 $K =$ _____.

4. 曲线 $y = \sin x + e^x$ 的弧微分 $ds =$ _____.

(二) 计算题

1. 求常数 a, b, c,使 $y = ax^2 + bx + c$ 在 $x = 0$ 处与曲线 $y = e^x$ 相切,且有相同的凹向与曲率.

2. 曲线弧 $y = \sin x(0 < x < \pi)$ 上哪一点处的曲率半径最小?求出该点的曲率半径.

3. 求椭圆 $\begin{cases} x = a\cos t \\ y = b\sin t \end{cases}$ 在 $(0, b)$ 点处的曲率及曲率半径.

附：参考答案

（一）填空题

1. $\dfrac{1}{3}, 0$ 2. $2, \dfrac{1}{2}$ 3. $\dfrac{a}{b^2}$ 4. $\sqrt{1+(\cos x + e^x)^2}\,dx.$

（二）计算题

1. 解：由题设可知函数 $y = ax^2 + bx + c$ 与 $y = e^x$ 在 $x = 0$ 处由相同的函数值，一阶导数值，二阶导数值，故 $c = 1, b = 1, a = \dfrac{1}{2}.$

2. $y' = \cos x$，$y'' = -\sin x$，曲线在一点处的曲率为 $K = \dfrac{|\sin x|}{(1+\cos^2 x)^{\frac{3}{2}}}$

$= \dfrac{\sin x}{(2 - \sin^2 x)^{\frac{3}{2}}}$

令 $f(x) = \dfrac{x}{(2-x^2)^{\frac{3}{2}}}$，$f'(x) = \dfrac{2(1+x^2)}{(2-x^2)^{\frac{5}{2}}}$，当 $0 \leqslant x \leqslant 1$ 时，$f'(x) > 0$ 故 $f(x)$ 在 $[0, 1]$ 上单调增加，因此 $f(x)$ 在 $[0,1]$ 上的最大值是 $f(1) = 1$，即 $y = \sin x\ (0 < x < \pi)$ 在点 $\left(\dfrac{\pi}{2}, 1\right)$ 处的曲率半径最小，其曲率半径为 $R = \dfrac{1}{K} = 1.$

3. 解：$x' = -a\sin t$，$y' = b\cos t$；$x'' = -a\cos t$，$y'' = -b\sin t$，$(0, b)$ 点对应 $t = \dfrac{\pi}{2}$，

因此曲率 $k = \dfrac{|x'y'' - x''y'|}{(x'^2 + y'^2)^{\frac{3}{2}}} = \left.\dfrac{|ab|}{(a^2\sin^2 t + b^2\cos^2 t)^{\frac{3}{2}}}\right|_{t=\frac{\pi}{2}} = \left|\dfrac{b}{a^2}\right|,$

曲率半径 $\rho = \dfrac{1}{k} = \left|\dfrac{a^2}{b}\right|.$

综合练习

一、选择题

1. 曲线 $y = x + \dfrac{\ln x}{x}$ (　　).

    A. $x = 1$ 是垂直渐近线　　　　　　　B. $y = x$ 为斜渐近线

    C. 单调减少　　　　　　　　　　　　D. 有 2 个拐点

2. 设函数 $f(x) = \begin{cases} \ln x - x, & x \geq 1 \\ x^2 - 2x, & x < 1 \end{cases}$，则(　　).

    A. 该函数在 $x = 1$ 处有最小值

    B. 该函数在 $x = 1$ 处有最大值

    C. 该函数所表示的曲线在 $x = 1$ 处有拐点

    D. 该函数所表示的曲线 $x = 1$ 处无拐点

3. 设 $f(x)$ 一阶可导，且 $\lim\limits_{x \to 0} f'(x) = 1$，则 $f(0)$(　　).

    A. 一定是 $f(x)$ 的极大值　　　　　　B. 一定是 $f(x)$ 的极小值

    C. 一定不是 $f(x)$ 的极值　　　　　　D. 不一定是 $f(x)$ 的极值

4. 曲线 $y = |x + 2|$ 在区间 $(0, 4)$ 内(　　).

    A. 上凹　　　　　　　　　　　　　　B. 下凹

    C. 既有上凹又有下凹　　　　　　　　D. 直线段

5. 函数 $f(x)$ 可微，$a \neq b$，$f(a) = f(b) = 0$，$f'(a) < 0$，$f'(b) < 0$，则函数 $f'(x)$(　　).

    A. 无零点　　　　　　　　　　　　　B. 只有一个零点

    C. 只有两个零点　　　　　　　　　　D. 至少有两个零点

6. 设 $f(x)$ 在 $[0, 1]$ 上可导，且 $0 < f(x) < 1$，在 $(0, 1)$ 上 $f'(x) \neq 1$，则方程 $f(x) - x = 0$ 在 $(0, 1)$ 上实根的个数为(　　).

    A. 0　　　　　　　　　　　　　　　　B. 1

    C. 2　　　　　　　　　　　　　　　　D. ≥ 2

二、填空题

1. $\lim\limits_{x \to 0} x \sin \dfrac{1}{x} + \lim\limits_{x \to +\infty} \dfrac{\ln\left(1 + \dfrac{1}{x}\right)}{\arctan x} = $ _____ .

2. 函数 $y = x - \ln(x + 1)$ 在区间 _____ 内单调减少，在区间 _____ 内单调增加.

3. 曲线 $y = \dfrac{1}{x} + \ln(1 + e^x)$ 的渐近线是 _____ .

4. $\lim\limits_{x \to \frac{\pi}{2} - 0} (\tan x)^{\cos x} = $ _____ .

三、计算题

1. $\lim\limits_{x \to 0} \dfrac{\sqrt{1+\tan x} - \sqrt{1+\sin x}}{x^2 \sin 3x}$

2. $\lim\limits_{x \to 0} \left(\dfrac{1}{x^2} - \dfrac{1}{\sin^2 x} \right)$

3. $\lim\limits_{x \to \infty} \dfrac{\left(-\sin \dfrac{1}{x} + \dfrac{1}{x} \cos \dfrac{1}{x} \right) \cos \dfrac{1}{x}}{(e^{\frac{1}{x}+a} - e^a)^2 \sin \dfrac{1}{x}}$

四、证明

1. 求证当 $x > 0$ 时, $x - \dfrac{1}{2} x^2 < \ln(1+x)$.

2. 设函数 $f(x), g(x)$ 在 $[a, b]$ 上连续,在 (a, b) 内具有二阶导数且存在相等的最大值,且 $f(a) = g(a)$, $f(b) = g(b)$,证明:存在 $\xi \in (a, b)$,使得 $f''(\xi) = g''(\xi)$.

3. 设 $k \leqslant 0$,证明方程 $kx + \dfrac{1}{x^2} = 1$ 有且仅有一个正的实根.

五、解答

对某工厂的上午班工人的工作效率的研究表明,一个中等水平的工人早上 8 时开始工作,在 t 小时之后,生产出 $Q(t) = -t^3 + 9t^2 + 12t$ 个产品. 问:在早上几点钟这个工人工作效率最高?

附:**参考答案**

一、选择题 1. B 2. C 3. C 4. D 5. D 6. B

二、填空题 1. 0 2. $(-1, 0]$, $[0, +\infty)$ 3. $x = 0$ 和 $y = 0$, $y = x$ 4. 1

三、计算题

1. $\lim\limits_{x \to 0} \dfrac{\sqrt{1+\tan x} - \sqrt{1+\sin x}}{x^2 \sin 3x} = \lim\limits_{x \to 0} \dfrac{\tan x - \sin x}{3x^3(\sqrt{1+\tan x} + \sqrt{1+\sin x})} =$

$\lim\limits_{x \to 0} \dfrac{\sec^2 x - \cos x}{18x^2} = \lim\limits_{x \to 0} \dfrac{2\sec x \cdot \sec x \cdot \tan x + \sin x}{36x} = \dfrac{1}{12}$

2. $\lim\limits_{x \to 0} \left(\dfrac{1}{x^2} - \dfrac{1}{\sin^2 x} \right) = \lim\limits_{x \to 0} \dfrac{\sin^2 x - x^2}{x^4} = \lim\limits_{x \to 0} \dfrac{2\sin x \cos x - 2x}{4x^3} = \lim\limits_{x \to 0} \dfrac{2\cos 2x - 2}{12x^2} =$

$$\lim_{x \to 0} \frac{-2(2\sin^2 x)}{12x^2} = \frac{-1}{3}$$

3. $\displaystyle\lim_{x \to \infty} \frac{\left(-\sin\frac{1}{x} + \frac{1}{x}\cos\frac{1}{x}\right)\cos\frac{1}{x}}{(e^{\frac{1}{x}+a} - e^a)^2 \sin\frac{1}{x}} = \lim_{x \to \infty} \frac{\left(-\sin\frac{1}{x} + \frac{1}{x}\cos\frac{1}{x}\right)\cos\frac{1}{x}}{e^{2a}(e^{\frac{1}{x}} - 1)^2 \sin\frac{1}{x}}$

$$= \lim_{x \to \infty} \frac{-\sin\frac{1}{x} + \frac{1}{x}\cos\frac{1}{x}}{e^{2a}\left(\frac{1}{x}\right)^2 \frac{1}{x}} = \frac{1}{e^{2a}} \lim_{x \to \infty} \frac{\frac{1}{x^2}\cos\frac{1}{x} - \frac{1}{x^2}\cos\frac{1}{x} + \frac{1}{x^3}\sin\frac{1}{x}}{-\frac{3}{x^4}} = -\frac{1}{3e^{2a}}.$$

四、证明

1. 证明:令 $f(x) = \ln(1+x) - x + \frac{1}{2}x^2$,则 $f'(x) = \frac{1}{1+x} - 1 + x = \frac{x^2}{1+x}$,当 $x > 0$

时,$f'(x) > 0$,故 $f(x)$ 在 $[0, +\infty)$ 单调增. 当 $x > 0$ 时,有 $f(x) > f(0) = 0$,即 $x - \frac{1}{2}x^2$

$< \ln(1+x)$.

2. 证明:设 $f(x), g(x)$ 分别在 $x_1, x_2 \in (a, b)$ 取得最大值,则 $f(x_1) = g(x_2) = M$,

且 $f'(x_1) = g'(x_2) = 0$. 令 $F(x) = f(x) - g(x)$. 当 $x_1 = x_2$ 时,$F(a) = F(b) = F(x_1)$

$= 0$,由罗尔定理知,存在 $\xi_1 \in (a, x_1), \xi_2 \in (x_1, b)$,使 $F'(\xi_1) = F'(\xi_2) = 0$,进一步由罗

尔定理知,存在 $\xi \in (x_1, x_2)$,使 $F''(\xi) = 0$,即 $f''(\xi) = g''(\xi)$.

当 $x_1 \neq x_2$ 时,$F(x_1) = M - g(x_1) \geqslant 0$,$F(x_2) = f(x_2) - M \leqslant 0$,由零点存在定理可

知,存在 $\xi_1 \in [x_1, x_2]$,使 $F(\xi_1) = 0$. 由于 $F(a) = F(b) = 0$,由前面证明知,存在 $\xi \in (a,$

$b)$,使 $F''(\xi) = 0$,即 $f''(\xi) = g''(\xi)$.

3. 证明:设 $f(x) = kx + \frac{1}{x^2} - 1$. 当 $k = 0$,显然 $\frac{1}{x^2} = 1$ 只有一个正的实根 $x = 1$. 下面

考虑 $k < 0$ 时的情况. 先证存在性:因为 $f(x)$ 在 $(0, +\infty)$ 内连续,且 $\lim\limits_{x \to 0} f(x) = +\infty$,

$\lim\limits_{x \to +\infty} f(x) = -\infty$,由零点存在定理知,至少存在一个 $\xi \in (0, +\infty)$,使 $f(\xi) = 0$,即 $kx +$

$\frac{1}{x^2} = 1$ 至少有一个正的实根. 再证唯一性:假设有 $x_1, x_2 > 0$,且 $x_1 < x_2$,使 $f(x_1) =$

$f(x_2) = 0$,根据罗尔定理,存在 $\eta \in (x_1, x_2) \subset (0, +\infty)$,使 $f'(\eta) = 0$,即 $k - \frac{2}{\eta^3} = 0$,从

而 $k = \frac{2}{\eta^3} > 0$,这与 $k < 0$ 矛盾. 故方程 $kx + \frac{1}{x^2} = 1$ 只有一个正的实根.

五、解:设该工人 t 小时的工作效率为 $x(t)$,因为 $x(t) = Q'(t) = -3t^2 + 18t + 12$,

$x'(t) = Q''(t) = -6t + 18$,令 $x'(t) = 0$,得 $t = 3$. 又当 $t < 3$ 时,$x'(t) > 0$. 函数 $x(t)$ 在

$[0, 3]$ 上单调增加;当 $t > 3$ 时,$x'(t) < 0$,函数 $x(t)$ 在 $[3, +\infty)$ 上单调减少. 故当 $t = 3$

时,$x(t)$ 达到最大,即上午 11 时这个工人的工作效率最高.

第八节　单元测试

单元检测一

一、填空题（每小题 4 分，合计 20 分）

1. 设 $f(x)=x^2$，则在 $x, x+\Delta x$ 之间满足拉格朗日中值定理结论的 $\xi=$ _____.

2. 曲线 $y=x^2 e^{-x^2}$ 的渐近线有 _____.

3. 曲线 $y=\ln x$ 上曲率最大的点为 _____.

4. 函数 $f(x)=\cos x$ 在 $x=0$ 处的 $2m+1$ 阶泰勒多项式是 _____.

5. 曲线 $y=x e^{-3x}$ 的拐点坐标是 _____.

二、单项选择题（每小题 4 分，合计 20 分）

1. 函数 $f(x)$ 有连续的二阶导数，且 $f(0)=0, f'(0)=1, f''(0)=-2$，则 $\lim\limits_{x\to 0}\dfrac{f(x)-x}{x^2}=$
（　　）.

  A. 不存在　　　　　　B. 0　　　　　　　C. -1　　　　　　D. -2

2. 设 $f'(x)=(x-1)(2x+1), x\in(-\infty,+\infty)$，则在 $\left(\dfrac{1}{2},1\right)$ 区间内，曲线 $y=$
$f(x)$（　　）.

  A. 单调增加且为凹的　　　　　　B. 单调减少且为凹的

  C. 单调增加且为凸的　　　　　　D. 单调减少且为凸的

3. 设 $f(x)$ 在 (a,b) 内连续，$x_0\in(a,b), f'(x_0)=f''(x_0)=0$，则 $f(x)$ 在 $x=x_0$
处（　　）.

  A. 取得极大值　　　　　　　　B. 取得极小值

  C. 一定有拐点 $(x_0, f(x_0))$　　　D. 可能取得极值，也可能有拐点

4. 设 $f(x), g(x)$ 在 $[a,b]$ 上连续可导，$f(x)g(x)\neq 0$ 且 $f'(x)g(x)<f(x)g'(x)$，则
当 $a<x<b$ 时有（　　）.

  A. $f(x)g(x)<f(a)g(a)$　　　　　B. $f(x)g(x)<f(b)g(b)$

  C. $\dfrac{f(x)}{g(x)}<\dfrac{f(a)}{g(a)}$　　　　　　　D. $\dfrac{g(x)}{f(x)}>\dfrac{g(b)}{f(b)}$

5. 方程 $x^3-3x+1=0$ 在区间 $(-\infty,+\infty)$ 内（　　）.

  A. 无实根　　　　B. 有唯一实根　　　C. 有 2 个实根　　　D. 有 3 个实根

三、求下列极限（每小题 6 分，合计 12 分）

1. $\lim\limits_{x\to 0^+} x^x$.

2. $\lim\limits_{x \to 0} \dfrac{e^x - (1+2x)^{\frac{1}{2}}}{\ln(1+x^2)}$.

四、证明不等式（每小题 6 分,合计 12 分）

1. 设 $x \neq 0$,证明 $e^x > 1 + x$.

2. 试证:当 $0 < x < \dfrac{\pi}{2}$ 时,有 $\tan x + 2\sin x > 3x$ 成立.

五、(9 分)在坐标平面上通过已知点 $M(1,4)$ 引一条直线,要使它在两坐标轴上的截距都为正,且两截距之和为最小,求这条直线方程.

六、(8 分)求 $f(x) = xe^x$ 在 $x_0 = 0$ 处的 n 阶麦克劳林公式.

七、(12 分)讨论函数 $y = \dfrac{x^2}{2x+2}$ 的形态,并作出其图形.

八、(7 分)设 $f(x)$ 在 $[a,b]$ 上连续,$f(a) = f(b) = 0$,又 $f(x)$ 在 (a,b) 内二阶可导且 $f'_+(a) > 0$,则在 (a,b) 内至少存在一点 ξ,使得 $f''(\xi) < 0$.

单元检测二

一、填空题（每小题 3 分,共 15 分）

1. $\lim\limits_{x \to 0} \dfrac{xe^{-x} - \sin x}{x^2} = \underline{\qquad}$.

2. 已知 $f(x) = x(x-a)^3$ 在 $x = 1$ 处取极值,则 $a = \underline{\qquad}$.

3. 设 $f(x)=x\ln(1+x^2)$，则 $f^{(7)}(0)=$ _____.

4. 曲线 $y=1+\sqrt[3]{1+x}$ 的拐点坐标为 _____.

5. 抛物线 $y=4x-x^2$ 在它顶点处的曲率半径 $R=$ _____.

二、选择题（每小题 3 分，共 15 分）

1. 函数 $f(x)=x(x-1)^2(x-2)^3$ 的极值点共有（　　）个.

  A. 4   B. 3   C. 2   D. 1

2. 设 $f'(x_0)=f''(x_0)=0，f'''(x_0)>0$，则下列结论正确的是（　　）.

  A. $f'(x_0)$ 是 $f'(x)$ 的极大值   B. $f(x_0)$ 是 $f(x)$ 的极大值

  C. $f(x_0)$ 是 $f(x)$ 的极小值   D. $(x_0,f(x_0))$ 是曲线 $y=f(x)$ 的拐点

3. 若 $f(-x)=f(x)x\in(-\infty,+\infty)$，在 $(-\infty,0)$ 内 $f'(x)>0，f''(x)<0$，则在 $(0,+\infty)$ 内（　　）.

  A. $f'(x)>0，f''(x)<0$ B. $f'(x)>0，f''(x)>0$

  C. $f'(x)<0，f''(x)<0$ D. $f'(x)<0，f''(x)>0$

4. 曲线 $y=e^{\frac{1}{x^2}}\cdot\arctan\dfrac{x^2+x+1}{(x-1)(x+2)}$ 的渐近线有（　　）条.

  A. 1   B. 2   C. 3   D. 4

5. $f''(x_0)=0$ 是 $(x_0,f(x_0))$ 为曲线 $y=f(x)$ 的拐点的（　　）.

  A. 必要条件   B. 充分条件

  C. 充分必要条件   D. 即非充分又非必要条件

三、解答下列各题（每小题 6 分，共 30 分）

1. 计算 $\lim\limits_{x\to\infty}\left(\sin\dfrac{2}{x}+\cos\dfrac{1}{x}\right)^x$.

2. 求曲线 $y=xe^{-x}$ 的凹凸区间和拐点.

3. 求对数螺线 $\rho=e^{\theta}$ 在 $(\rho,\theta)=\left(e^{\frac{\pi}{2}},\dfrac{\pi}{2}\right)$ 处的曲率.

4. 设 $e=1+\dfrac{1}{1!}+\dfrac{1}{2!}+\cdots+\dfrac{1}{n!}+\dfrac{e^{\theta_n}}{(n+1)!}(0<\theta_n<1)$，求 $\lim\limits_{n\to\infty}\theta_n$.

5. 证明：当 $x>0$ 时，$\arctan x+\dfrac{1}{x}>\dfrac{\pi}{2}$.

四、(8分)设 $f(x)=\begin{cases}\dfrac{1}{x}-\dfrac{1}{e^x-1}, & x>0 \\ ax+b, & x\leqslant 0\end{cases}$，试确定常数 a,b 的值，使 $f(x)$ 在 $x=0$ 处可导.

五、(8分)设 $y=\dfrac{x^3+4}{x^2}$，求：(1) 函数的增减区间及极值；(2) 函数图像的凹凸区间及拐点；(3) 渐近线；(4) 作出其图形.

六、(8分)某铁路隧道的截面拟建成矩形加半圆的形状. 已知截面面积为 a m^2，问底面宽 x 为多少时，才能使建造时所用的材料最省.

七、(8分)设 $y=f(x)$ 在 $[a,b]$ 上连续($0<a<b$)，在 (a,b) 内可导，证明在 (a,b) 内存在点 ξ,η，使得 $f'(\xi)=\dfrac{\eta^2}{ab}f'(\eta)$.

八、(8分) 证明方程 $2^x-x^2=1$ 有且仅有三个实根.

参考答案

单元检测一

一、1. $x+\dfrac{\Delta x}{2}$　　2. $y=0$　　3. $\left(\dfrac{\sqrt{2}}{2},-\dfrac{1}{2}\ln 2\right)$

4. $1-\dfrac{x^2}{2!}+\dfrac{x^4}{4!}-\cdots+(-1)^m\dfrac{x^{2m}}{(2m)!}$;

5. $\left(\dfrac{2}{3},\dfrac{2}{3}e^{-2}\right)$.

二、C B D C D

三、1. 1 2. 1

四、提示：1. 令 $f(x)=e^x$，在 $[0,x]$ 或 $[x,0]$ 上应用中值定理.

2. 令 $f(x)=\tan x+2\sin x-3x$，证 $f'(x)>0$ 即可.

五、$\dfrac{x}{3}+\dfrac{y}{6}=1$，即 $y=6-2x$ 为所求.

六、提示：$xe^x=x+x^2+\dfrac{x^3}{2!}+\cdots+\dfrac{x^n}{(n-1)!}+o(x^n)$，用直接法或间接法均可.

七、$y'=\dfrac{x(x+2)}{2(x+1)^2}$，$y''=\dfrac{1}{(x+1)^3}$.

x	$(-\infty,-2)$	-2	$(-2,-1)$	-1	$(-1,0)$	0	$(0,+\infty)$
y'	$+$	0	$-$	不存在	$-$	0	$+$
y''	$-$	$-$	$-$	不存在	$+$	$+$	$+$
y	单增	极大值-2	单减	铅直渐近线	单减	极小值0	单增

且有铅直渐近线 $x=-1$ 及斜渐近线 $y=\dfrac{x}{2}-\dfrac{1}{2}$.

八、提示：由 $f'(a^+)=\lim\limits_{x\to a^+}\dfrac{f(x)-f(a)}{x-a}>0$ 知，存在 $x_0>a$，使 $f(x_0)>f(a)=0$，在 $[a,x_0]$ 及 $[x_0,b]$ 上分别应用拉格朗日中值定理，知存在 $\xi_1\in(a,x_0)$，$\xi_2\in(x_0,b)$，使 $f'(\xi_1)>0$，$f'(\xi_2)<0$，再于 $[\xi_1,\xi_2]$ 上对 $f'(x)$ 应用拉格朗日中值定理，即可得证.

单元检测二

一、1. -1 2. 4 3. 1680 4. $(-1,1)$ 5. $\dfrac{1}{2}$

二、1. B 2. D 3. C 4. B 5. D

三、1. 解：令 $t=\dfrac{1}{x}$，则原式 $=\lim\limits_{t\to 0}e^{\frac{\ln(\sin 2t+\cos t)}{t}}=e^{\lim\limits_{t\to 0}\frac{2\cos 2t-\sin t}{\sin 2t+\cos t}}=e^2$

2. 解 $y'=(1-x)e^{-x}$，$y''=(x-2)e^{-x}$. 令 $y''=0$，得 $x=2$.

当 $x<2$ 时，$y''<0$，当 $x>2$ 时，$y''>0$，故曲线 $y=xe^{-x}$ 在 $(-\infty,2)$ 内向上凸，在 $(2,+\infty)$ 内向上凹，$(2,2e^{-2})$ 为曲线的拐点.

3. 解：将对数螺线化为参数方程：$x=e^\theta\cos\theta$，$y=e^\theta\sin\theta$，则 $\dfrac{\mathrm{d}y}{\mathrm{d}x}=\dfrac{\frac{\mathrm{d}y}{\mathrm{d}\theta}}{\frac{\mathrm{d}x}{\mathrm{d}\theta}}=$

$\dfrac{e^\theta(\cos\theta+\sin\theta)}{e^\theta(\cos\theta-\sin\theta)}=\dfrac{\cos\theta+\sin\theta}{\cos\theta-\sin\theta}$，$\dfrac{\mathrm{d}^2y}{\mathrm{d}x^2}=\dfrac{\frac{\mathrm{d}}{\mathrm{d}\theta}\left(\frac{\mathrm{d}y}{\mathrm{d}x}\right)}{\frac{\mathrm{d}x}{\mathrm{d}\theta}}=\dfrac{2}{e^\theta(\cos\theta-\sin\theta)^3}$，

当 $\theta=\dfrac{\pi}{2}$ 时,$\dfrac{\mathrm{d}y}{\mathrm{d}x}=-1$,$\dfrac{\mathrm{d}^2y}{\mathrm{d}x^2}=-2\mathrm{e}^{-\frac{\pi}{2}}$,曲率 $K=\dfrac{|y''|}{(1+y')^{\frac{3}{2}}}=\dfrac{\sqrt{2}}{2}\mathrm{e}^{-\frac{\pi}{2}}$. 所以曲线在点

$(\rho,\theta)=\left(\mathrm{e}^{\frac{\pi}{2}},\dfrac{\pi}{2}\right)$ 处的曲率为 $\dfrac{\sqrt{2}}{2}\mathrm{e}^{-\frac{\pi}{2}}$.

4. 解:将 e 写成 $n+1$ 阶带拉格朗日余项的泰勒公式有

$\mathrm{e}=1+\dfrac{1}{1!}+\dfrac{1}{2!}+\cdots+\dfrac{1}{n!}+\dfrac{1}{(n+1)!}+\dfrac{1}{(n+2)!}\mathrm{e}^{\theta_{n+1}}$ $(0<\theta_{n+1}<1)$,与原式相减得 e^{θ_n}

$=1+\dfrac{1}{n+2}\mathrm{e}^{\theta_{n+1}}$. 注意到 $0<\theta_{n+1}<1$,故上式右端第二项,当 $n\to\infty$ 时,为无穷小与有界量

之积,于是 $\lim\limits_{n\to\infty}\dfrac{1}{n+2}\mathrm{e}^{\theta_{n+1}}=0$. 从而必有 $\lim\limits_{n\to\infty}\mathrm{e}^{\theta_n}=1$,所以 $\lim\limits_{n\to\infty}\theta_n=0$.

5. 证:记 $f(x)=\arctan x+\dfrac{1}{x}$,$x>0$,则 $f'(x)=\dfrac{1}{1+x^2}-\dfrac{1}{x^2}<0$,故 $f(x)$ 在 $(0,$

$+\infty)$ 内递减. 又 $\lim\limits_{x\to+\infty}f(x)=\lim\limits_{x\to+\infty}\left(\arctan x+\dfrac{1}{x}\right)=\dfrac{\pi}{2}$,故当 $x>0$ 时,$\arctan x+\dfrac{1}{x}$

$>\dfrac{\pi}{2}$.

四、解:$f(0+0)=\lim\limits_{x\to0^+}\left(\dfrac{1}{x}-\dfrac{1}{\mathrm{e}^x-1}\right)=\lim\limits_{x\to0^+}\dfrac{\mathrm{e}^x-1-x}{x(\mathrm{e}^x-1)}=\lim\limits_{x\to0^+}\dfrac{\mathrm{e}^x-1-x}{x^2}=\lim\limits_{x\to0^+}\dfrac{\mathrm{e}^x-1}{2x}$

$=\dfrac{1}{2}$,$f(0-0)=\lim\limits_{x\to0^-}(ax+b)=b$. 要使 $f(x)$ 在 $x=0$ 处可导,则 $f(x)$ 在 $x=0$ 处必连

续,从而 $f(0+0)=f(0-0)=f(0)$,故 $b=\dfrac{1}{2}$.

又 $f'_+(0)=\lim\limits_{x\to0^+}\dfrac{f(x)-f(0)}{x}=\lim\limits_{x\to0^+}\dfrac{1}{x}\left(\dfrac{1}{x}-\dfrac{1}{\mathrm{e}^x-1}-\dfrac{1}{2}\right)=\lim\limits_{x\to0^+}\dfrac{2(\mathrm{e}^x-1)-2x-x(\mathrm{e}^x-1)}{2x^3}=$

$\lim\limits_{x\to0^+}\dfrac{2\left[x+\dfrac{x^2}{2}+\dfrac{x^3}{6}+o(x^3)\right]-2x-x\left[x+\dfrac{x^2}{2}+o(x^2)\right]}{2x^3}=\lim\limits_{x\to0^+}\dfrac{\dfrac{x^3}{3}-\dfrac{x^3}{2}+o(x^3)}{2x^3}=$

$-\dfrac{1}{12}$,$f'_-(0)=\lim\limits_{x\to0^-}\dfrac{(ax+b)-b}{x}=a$,由 $f'_+(0)=f'_-(0)$ 知 $a=-\dfrac{1}{12}$. 所以,当 $a=-$

$\dfrac{1}{12}$,$b=\dfrac{1}{2}$ 时,$f(x)$ 在 $x=0$ 处可导.

五、解:函数的定义域为 $x\neq0$,当 $x=-\sqrt[3]{4}$ 时,$y=0$.

(1) $y'=1-\dfrac{8}{x^3}$,令 $y'=0$ 得驻点 $x=2$. 按照区间 $(-\infty,0)$ $(0,2)$ $(0,+\infty)$ 列表分

析,可知,$f(x)$ 的递增区间为 $(-\infty,0)$ 及 $(2,+\infty)$;递减区间为 $(0,2)$,$f(x)$ 在 $x=2$ 处

取极小值 $f(2)=3$.

(2) $y''=\dfrac{24}{x^4}>0$,故 $f(x)$ 在 $(-\infty,0)$ 及 $(0,+\infty)$ 内上凹,曲线无拐点.

（3）因 $\lim\limits_{x\to0}\dfrac{x^3+4}{x^2}=\infty$，故 $x=0$ 为铅垂渐近线，又 $a=\lim\limits_{x\to\infty}\dfrac{f(x)}{x}=\lim\limits_{x\to\infty}\dfrac{x^3+4}{x^3}=1$，

$b=\lim\limits_{x\to\infty}\big[f(x)-ax\big]=\lim\limits_{x\to\infty}\Big[\dfrac{x^3+4}{x^2}-x\Big]=0$，于是 $y=x$ 为斜渐近线.

（4）函数的图像略.

六、解：依题意，有 $a=xh+\dfrac{\pi}{2}\cdot\Big(\dfrac{x}{2}\Big)^2$，

故 $h=\dfrac{a}{x}-\dfrac{\pi}{8}x$. 截面周长 $y=x+2h+\pi\cdot\dfrac{x}{2}=x+\dfrac{2a}{x}+\dfrac{\pi}{4}x$，令 $y'=1-\dfrac{2a}{x^2}+\dfrac{\pi}{4}=$

0，得 $x=\sqrt{\dfrac{8a}{4+\pi}}$. 又 $y''=\dfrac{4a}{x^3}>0$，故函数在唯一驻点 $x=\sqrt{\dfrac{8a}{4+\pi}}$ 处取极小值，也取最小

值. 所以，当 $x=\sqrt{\dfrac{8a}{4+x}}$ 时用料最省.

七、证：对 $f(x)$ 和 $g(x)=\dfrac{1}{x}$ 在 $[a,b]$ 上应用柯西中值定理知，存在 $\eta\in(a,b)$，使

$\dfrac{f(b)-f(a)}{\dfrac{1}{b}-\dfrac{1}{a}}=\dfrac{f'(\eta)}{-\dfrac{1}{\eta^2}}=-\eta^2f'(\eta)$，即 $\dfrac{f(b)-f(a)}{b-a}=\dfrac{\eta^2f'(\eta)}{ab}$. 由拉格朗日中值定理知，

存在 $\xi\in(a,b)$，使得 $\dfrac{f(b)-f(a)}{b-a}=f'(\xi)$，于是 $f'(\xi)=\dfrac{\eta^2f'(\eta)}{ab}$.

八、证：令 $f(x)=2^x-x^2-1$，显然 $x_1=0$ 和 $x_2=1$ 时方程 $f(x)=0$ 的两个实根. 又 $f(2)=-1<0$，$f(5)=6>0$，由闭区间上连续函数的零点定理，存在 $x_3\in(2,5)$，使 $f(x_3)=0$. 于是方程 $f(x)=0$ 至少有三个实根.

下证 $f(x)=0$ 至多有三个实根. 用反证法. 若不然，假设 $x_1,x_2,x_3,x_4\,(x_1<x_2<x_3<x_4)$ 时方程 $f(x)=0$ 的四个实根，由罗尔定理，存在 $\xi_1,\xi_2,\xi_3,(x_1<\xi_1<x_2<\xi_2<x_3<\xi_3<x_4)$，使得 $f'(\xi_1)=f'(\xi_2)=f'(\xi_3)=0$；对 $f'(x)$ 应用罗尔定理知，存在 $\eta_1\in(\xi_1,\xi_2),\eta_2\in(\xi_2,\xi_3)$，使 $f''(\eta_1)=f''(\eta_2)=0$；对 $f''(x)$ 应用罗尔定理知，存在 $\xi\in(\eta_1,\eta_2)$，使 $f'''(\xi)=0$，这与 $f'''(x)=2^x(\ln 2)^3>0$ 矛盾，故方程 $2^x-x^2=1$ 只有 3 个实根.

第四章　不定积分

积分学是微积分学的重要组成部分,其思想与方法不仅是现代分析的理论基础,而且也是解决理论与实际问题的有力工具,在科学研究、生产实践及工程技术等领域都有着十分广泛的应用.

积分学(即所谓不定积分与定积分)的建立主要归功于牛顿与莱布尼兹,然而积分的思想方法早已出现.远在公元前 2000 年古埃及人和古巴比伦人就已掌握了简单的求积问题,阿基米德在公元前 240 年左右首次作出了类似于现在的"上积分"与"下积分"的和数,其方法中就隐含了现代的积分法,到了 16 世纪和 17 世纪,随着科学技术的发展,特别是求面积、体积和重心等实际问题的需要,积分学在卡瓦列利、托里契利、瓦里士、费马及其他学者的著作中得到了系统的发展,1659 年巴罗确定了求曲线的切线和面积之间的关系,是第一个意识到这两个表面上不同的概念实际上是紧密相关的人,牛顿和莱布尼兹从纷乱的猜测和说明中清理出前人的有价值观的想法,从众多的特殊问题中抽象出来,确立了积分与微分的关系,建立了积分学.18 世纪对积分学进一步发展起主要作用的是约翰·伯努利和欧拉,积分作为原函数的概念是欧拉创建的,在欧拉的著作中积分方法基本上已达到现在的水平,到了 19 世纪,奥斯特罗格拉得斯基和契贝谢夫对这些方法的发展作出了突出贡献,特别是柯西给整个微积分学系统的构成打下了现在的基础,德国数学家黎曼于 1854 年把积分推广到在区间 $[a,b]$ 上有定义且有界的函数 $f(x)$ 的积分,到了 20 世纪,德国数学家勒贝格将积分的概念推广到无界函数,还推广到各种广义积分.

就初等微积分而言,到 1875 年,积分概念已建立在充分广阔而严密的基础之上了.正如恩格斯所指出那样"在一切理论成就中,未必再有什么像 17 世纪后半期微积分的发展那样被人看作人类精神的最高胜利了".

一元函数积分学包括不定积分和定积分,本章介绍不定积分,本章的基本知识结构是从原函数与不定积分概念入手,从逆运算意义上出发建立不定积分性质、运算法则和基本公式.并反复运用这些运算法则和公式,达到培养熟练掌握求不定积分的这种技能.

教学上,本章相对来说不困难,在理解原函数与不定积分概念的基础上,通过较多的例题和练习训练以达到学生能熟练掌握求不定积分的技能.

【教学大纲要求】

1. 理解原函数及不定积分的概念,掌握不定积分的性质和基本公式.

2. 掌握不定积分的第一类换元法、第二类换元法和分部积分法.

3. 会求一些简单有理函数、无理函数及三角有理函数的不定积分.

【学时安排】

本章安排 8 学时（4 次课），其中理论课 6 学时（3 次课），习题课 2 学时（1 次课），习题课安排在分部积分后.

讲次	教学内容	课型
26	不定积分的概念、性质	理论
27	分部积分、换元积分法	理论
28	习题课	习题
29	有理函数的积分	理论

【基本内容疏理与归纳】

1. 原函数与不定积分的概念.

（1）如果在区间 I 上，可导函数 $F(x)$ 的导函数为 $f(x)$，即对 $\forall x \in I$，都有 $F'(x) = f(x)$ 或 $\mathrm{d}F(x) = f(x)\mathrm{d}x$，那么函数 $F(x)$ 就称为 $f(x)$（或 $f(x)\mathrm{d}x$）在区间上的原函数.

（2）如果函数 $f(x)$ 在区间 I 上连续，那么在区间 I 上存在可导函数 $F(x)$，使对 $\forall x \in I$，都有 $F'(x) = f(x)$.

即，连续函数一定存在原函数.（该结论其实是原函数存在定理，该定理将在后面定积分学习中给出证明）

注①：如果函数 $f(x)$ 在区间 I 上有原函数 $F(x)$，那么 $f(x)$ 就有无限多个原函数，$F(x) + C$ 都是 $f(x)$ 的原函数，其中 C 是任意常数.

注②：$f(x)$ 的任意两个原函数之间只差一个常数，即如果 $\varphi(x)$ 和 $F(x)$ 都是 $f(x)$ 的原函数，则 $\varphi(x) - F(x) = C$（C 为某个常数）.

（3）在区间 I 上，函数 $f(x)$ 的带有任意常数项的原函数称为 $f(x)$（或 $f(x)\mathrm{d}x$）在区间 I 上的不定积分，记作 $\int f(x)\mathrm{d}x$

根据定义，如果 $F(x)$ 是 $f(x)$ 在区间上的一个原函数，那么 $F(x) + C$ 就是 $f(x)$ 的不定积分，即 $\int f(x)\mathrm{d}x = F(x) + C$

因而不定积分 $\int f(x)\mathrm{d}x$ 可以表示 $f(x)$ 的任意一个原函数.

2. 不定积分的性质.

（1）可加性　$\int [f(x) + g(x)]\mathrm{d}x = \int f(x)\mathrm{d}x + \int g(x)\mathrm{d}x$

（2）数乘性　$\int kf(x)\mathrm{d}x = k\int f(x)\mathrm{d}x$（$k$ 是常数，$k \neq 0$）

（3）可微性　$\dfrac{\mathrm{d}}{\mathrm{d}x}\left[\int f(x)\mathrm{d}x\right] = f(x)$ 或 $\int F'(x)\mathrm{d}x = F(x) + C$

3. 求不定积分的基本方法.

（1）第一换元积分法（凑微分法）.

在求积分 $\int g(x)\mathrm{d}x$ 时,如果函数 $g(x)$ 可以化为 $g(x)=f[\varphi(x)]\varphi'(x)$ 的形式,那么

$$\int g(x)\mathrm{d}x=\int f[\varphi(x)]\varphi'(x)\mathrm{d}x=\left[\int f(u)\mathrm{d}u\right]_{u=\varphi(x)}.$$

(2) 第二换元积分法(变量代换法).

设 $x=\varphi(t)$ 是单调的、可导的函数,并且 $\varphi'(t)\neq0$,又设 $f[\varphi(t)\varphi'(t)]$ 具有原函数 $F(t)$,则有换元公式 $\int f(x)\mathrm{d}x=\int f[\varphi(t)]\varphi'(t)\mathrm{d}t=F(t)=F[\varphi^{-1}(x)]+C$,其中 $t=\varphi^{-1}(x)$ 是 $x=\varphi(t)$ 的反函数.

(3) 分部积分法.

设函数 $u=u(x)$ 及 $v=v(x)$ 具有连续导数,

$$\int uv'\mathrm{d}x=\int u\mathrm{d}v=uv-\int v\mathrm{d}u=uv-\int u'v\mathrm{d}x=\cdots$$

分部积分法主要用于解决被积函数中含有乘积项,或含有对数函数或反三角函数型的积分.

4. 求不定积分的一般程序:

(1) 被积函数较简单的直接用基本积分表和不定积分的性质求不定积分,称为直接积分法;

(2) 被积表达式化为 $f[\varphi(x)]\varphi'(x)\mathrm{d}x$,用第一换元积分法(凑微分,往复合函数 $f[\varphi(x)]$ 中间变量 $\varphi(x)$ 里凑)求不定积分;

(3) 被积表达式含有根式的,又不能用凑微分时,试着用第二换元积分法(三角代换、根式代换、倒代换等)求不定积分;

(4) 被积函数含有两个不同类型的函数乘积(反三函数、对数函数或幂函数与某一个易获得原函数的函数的乘积、三角函数与指数函数乘积),用分部积分法求不定积分;

(5) 把有理函数分解成部分分式之和等其他积分法求不定积分.

5. 分部积分法选取的一般原则:

(1) 按反、对、幂、指、三的顺序选取 u,其余为 $\mathrm{d}v$;

(2) v 要容易求出来,$\int v\mathrm{d}u$ 要好求.

6. 不是所有的初等函数的不定积分或原函数都是初等函数(即便存在).

例如,$\int\dfrac{\mathrm{d}x}{\ln x}$,$\int \mathrm{e}^{\pm x^2}\mathrm{d}x$,$\int\dfrac{\sin x}{x}\mathrm{d}x$,$\int\sin x^2\mathrm{d}x$ 等都不能用初等函数表示,或都习惯地说"积不出来". 可将被积函数展开成幂级数,两边取变上限的积分的办法求不定积分.

7. 不定积分第二换元积分的步骤:

(1) 找代换 $x=\varphi(t)$(三角代换、根式代换、倒代换、万能代换等);

(2) 代入被积函数表达式中($f(x)\mathrm{d}x=f[\varphi(t)]\varphi'(t)\mathrm{d}t$),计算积分变量为 t 的不定积分;

(3) 还原原变量 $t=\varphi^{-1}(x)$,得到积分变量为 x 的不定积分.

简称为：一找，二代，三还原．

【知识点思维导图】

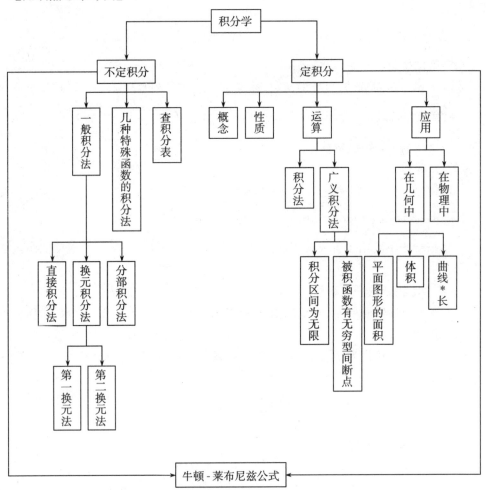

第一节　不定积分的概念与性质

　　不定积分问题是微分法的逆问题，在自然科学和工程技术的研究中会遇到很多这一类问题．从数学上来看，就是已知一个函数的导函数或微分，求原来函数的问题，即已知函数 $f(x)$，求另一函数 $F(x)$，使在某区间上恒有关系式 $F'(x) = f(x)$ 成立．

　　从定义上看，不定积分概念是由导数问题的逆问题引入的，而定积分概念则是由非均匀，非线性微小量的无穷累加问题引入的，它们似乎互不相干．

　　从历史上看，定积分观念的出现比微分早，当然就比不定积分早．有关定积分的种种结果在很长时间里是孤立零散的，积分理论并没有形成，直到牛顿-莱布尼茨公式的建立，揭示了不定积分与定积分的内在联系，阐述了微分与积分的互逆本质，从此积分计算问题得以解决，积分理论迅速发展起来．

一、教学分析

（一）教学目标

1. 知识与技能.

（1）阐述原函数和不定积分的概念.

（2）能解释不定积分性质.

2. 过程与方法.

经历不定积分产生过程，感受其中所蕴含的逆向思维的思想方法和意义，达到对不定积分概念的进一步理解.

3. 情感态度与价值观.

通过不定积分概念的产生、几何意义和性质，明确原函数与不定积分的关系，建立积分与微分的对立统一关系.

（二）学时安排

本节内容教学需要 2 学时，对应课次教学进度中的第 26 讲内容.

（三）教学内容

原函数的定义；原函数存在定理；不定积分的定义；不定积分的几何意义；微分运算与不定积分运算的关系；不定积分的性质；不定积分的基本公式.

（四）学情分析

1. 学员在求不定积分时，常有只写出原函数而忘记加上任意常数 C 的情况.

2. 关于不定积分、导数和微分的几个关系式容易搞混，错误认为：

$$\int F'(x)\mathrm{d}x = F(x), \mathrm{d}\left[\int f(x)\mathrm{d}x\right] = f(x)\mathrm{d}x, \int \mathrm{d}F(x) = F(x).$$

3. 由于基本积分公式是根据求导或微分基本公式反推得到的，所以对于有些略微复杂的公式，学员在计算时容易把二者记混.

4. 基本积分表中 $\int \dfrac{1}{x}\mathrm{d}x = \ln|x| + C$ 学员很容易漏掉其中的绝对值.

5. 在遇到实际应用问题时，学员利用不定积分求解，往往容易忽略初始条件，从而没有确定常数 C 的取值.

（五）教学重难点

重点：不定积分的概念、不定积分的性质、基本积分公式表.

难点：概念的理解，基本积分表的灵活使用.

不定积分是积分学中的一个基本概念，而原函数是定义不定积分的基础，所以在本节中主要是掌握概念及其性质，特别还要注意不定积分与导数（或微分）的互逆运算关系，为后续积分的学习奠定基础.

1. 关于原函数的定义，应当注意以下三点：

（1）$F(x)$ 与 $f(x)$ 是定义在同一个区间内；

（2）$F(x)$ 是 $f(x)$ 的一个原函数，要强调"一个"二字；

（3）求原函数是求导数的逆运算.

对原函数存在性问题：

（1）如果函数 $f(x)$ 在区间 I 上连续，则函数 $f(x)$ 在区间上必有原函数，即一定可积，而且可积函数还不只限于连续函数．但是，连续函数却不一定可导．所以可积函数比可导函数广泛得多．需要说明一点的是，以后我们谈到一个函数 $f(x)$ 的原函数时，都是对一个连续区间讲的，至于有间断点的函数应按其连续区间分段考虑．

（2）若函数 $D(x)$ 与 $F(x)$ 在某区间上的导数相同，则这两个函数的差 $D(x)-F(x)$ 在这区间上是一常数；这件事意味着：若函数 $f(x)$ 有原函数存在，则它的原函数不是唯一的，而是有无穷多个，即是说，若 $F(x)$ 是 $f(x)$ 的任意一个原函数，则 $f(x)$ 的全体原函数由 $F(x)+C$ 给出（其中 C 为任意常数），这个命题对确定不定积分的结构是有着头等重要的意义．

2．对不定积分的概念的理解．

由函数 $f(x)$ 的带有任意常数项的原函数引出不定积分 $\int f(x)\mathrm{d}x$ 的概念，"不定"一词，强调了在这个记号中包含了可以任意取定的常数项．

（1）在这里值得注意的是，在"积分"记号下写的是所要求原函数的微分，而不是导数，这在以后我们将可以看到，这样的记法是有历史根据的，而且它还表现着许多优点．

（2）另外还要强调，$\int f(x)\mathrm{d}x$ 是指 $f(x)$ 的全体原函数（原函数族），在这个记号中已暗含有任意常数 C，在几何上它表示一族互相平行的积分曲线．

（3）积分号"$\int$"是一种运算符号，它表示对已知函数求其全部原函数，所以在不定积分的结果中不能漏写 C．

（4）对不定积分定义的描述还有另外两种形式：

复旦大学《数学分析》教材：把 $f(x)$ 的原函数的一般表达式称为 $f(x)$ 的不定积分．

华东师范大学《数学分析》教材：$f(x)$ 在 I 上的全体原函数称为 $f(x)$ 在 I 上的不定积分．

3．关于不定积分、导数和微分的关系把握以下几点．

（1）关于微分号 d 与积分号 $\int$，初学者往往容易犯如下错误：

$$\int F'(x)\mathrm{d}x=F(x),\mathrm{d}\left[\int f(x)\mathrm{d}x\right]=f(x)\mathrm{d}x,\int \mathrm{d}F=(x)=F(x)$$

（2）一定要清楚地理解微分号 d 与积分号 $\int$ 这两个相反记号的关系，并熟练地掌握反映积分法与微分法是一对互逆运算的下面四个等式：

$$\frac{\mathrm{d}}{\mathrm{d}x}\left[\int f(x)\mathrm{d}x\right]=f(x),\mathrm{d}\left[\int f(x)\mathrm{d}x\right]=f(x)\mathrm{d}x;$$

$$\int F'(x)\mathrm{d}x=F(x)+C,\int \mathrm{d}F(x)=F(x)+C.$$

所以，导数符号 $\dfrac{\mathrm{d}}{\mathrm{d}x}$ 及不定积分的符号 $\int$ 不是完全相反的，因为它们不能彼此完全抵消，还得剩个 $\mathrm{d}x$．

因此，真正相反的符号，只是微分号 d 与积分号 $\int$，而不是导数号与积分号. 但是先积分后微分，两者作用互相抵消，而先微分后积分，作用抵消后要差一个任意常数，这就是微分与积分互为逆运算不同于通常的逆运算的地方.

4. 像一切逆运算一样，积分法比微分法难得多. 凡是能够用初等函数通过"函数的函数"的复合法则，以有限形式表达出的函数 $F(x)$ 都可以微分出来；然而，并非每一个函数 $f(x)$，（即使它非常简单）都可以积分出来的.

5. 基本积分法——直接积分法.

积分法一般较为困难，不易掌握，其原因在于求积分有较大的灵活性和技巧性，不像微分法那样有定型的求导程序和一般规律可循. 但通过较多的练习，认真分析和归纳总结，从中也能找到一些规律. 概括起来积分的基本方法有三种：直接积分法、换元法和分部积分法，每种方法都以相应的方式变换所给积分，使被积函数化简为能应用基本积分公式的形式，以求得积分.

直接积分法是求不定积分最基本的方法，它是其他一切积分法的基础. 直接积分法的实质就是通过代数运算、三角恒等变形和不定积分的基本性质把积分式化为积分表中的形状，然后接着按表中列的公式直接写出其结果来.

在具体运算中，应把要积分的那个所给微分 $f(x)\mathrm{d}x$ 与积分表公式进行比较，假若表内有这么一个与它相同的微分式. 那么积分就求出来了；假若表内没有，那就要用某些方法（常要经过恒等变换），试着把它换算成表内的某个公式，这些换算方法，有时是要靠技巧或灵感，而且只有通过一定练习熟练之后才能逐步掌握. 另外还要提请注意以下三点：

（1）在不定积分的结果中，不要忘记加上任意常数 C，有的初学者对此不予重视. 其实一个任意常数，着重点应是"任意"常数，而不是"一个"任意常数，有了它就表示有无穷多个原函数（或全体原函数）. 做一个比喻：全体原函数比作海水，一个原函数只是一滴海水. 所以我们应该深刻地领会，加不加任意常数是关系到对不定积分概念理解的大问题.

（2）在分项积分后，每项积分结果都含有任意常数，但由于任意常数之和仍是任意常数，所以只要总的只写一个任意常数就行了.

（3）由于积分方法的不同，积分结果可能不同. 检验积分结果是否正确，可以把积分结果求导，看它是否等于被积函数.

二、典型例题

（一）有关原函数的概念与性质

例 1　设 $f(x)$ 一个原函数为 $\ln x$，则 $f'(x)=($　　$)$.

A. $\dfrac{1}{x}$ 　　　　　B. $-\dfrac{1}{x^2}$ 　　　　　C. $x\ln x$ 　　　　　D. e^x

解：由原函数的概念知，$f(x)=(\ln x)'=\dfrac{1}{x}$，所以 $f'(x)=-\dfrac{1}{x^2}$，故应选 B.

例 2　设 $F_1(x)$，$F_2(x)$ 是区间 I 内连续函数 $f(x)$ 的两个不同的原函数，且 $f(x)\neq0$ 则在区间内必有（　　）.

A. $F_1(x)+F_2(x)=C$ 　　　　　　　　B. $F_1(x)\cdot F_2(x)=C$

C. $F_1(x) = CF_2(x)$ D. $F_1(x) - F_2(x) = C$

解：由原函数的性质知，任意两个原函数之间仅相差一个常数．故应选 D.

（二）有关不定积分的概念与性质

例 1 已知 $\int f(x) \mathrm{d}x = \sin x \cos x + C$，则 $f(x) = ($ $)$.

解：$f(x) = \left(\int f(x) \mathrm{d}x \right)' = (\sin x \cos x + C)' = \cos 2x$.

例 2 求 $\int \mathrm{d} \int \mathrm{d}f(x)$

解：由不定积分的性质，知 $\int \mathrm{d}f(x) = f(x) + C$，于是 $\mathrm{d} \int \mathrm{d}f(x) = \mathrm{d}(f(x) + C) = \mathrm{d}(f(x)$ 从而 $\int \mathrm{d} \int \mathrm{d}(x) = \int \mathrm{d}f(x) = f(x) + C$.

例 3 如果等式 $\int f(x) \mathrm{e}^{-\frac{1}{x}} \mathrm{d}x = \mathrm{e}^{-\frac{1}{x}} + C$ 则函数 $f(x) = ($ $)$.

A. $-\dfrac{1}{x}$ B. $-\dfrac{1}{x^2}$ C. $\dfrac{1}{x}$ D. $\dfrac{1}{x^2}$

解：$\int f(x) \mathrm{d}x = F(x) + C$ 因，则有 $F'(x) = f(x)$，$f(x) = \dfrac{1}{x^2}$.

例 4 设 $f'(\cos^2 x) = \sin^3 x$，且 $f(0) = 0$，则 $f(x) = ($ $)$.

A. $\cos x + \dfrac{1}{2} \cos^2 x$ B. $\cos^2 x - \dfrac{1}{2} \cos^4 x$

C. $x + \dfrac{1}{2} x^2$ D. $x - \dfrac{1}{2} x^2$

解：因为 $f'(\cos^2 x) = \sin^2 x$ 表示的是 $\dfrac{\mathrm{d}f(\cos^2 x)}{\mathrm{d}\cos^2 x} = \sin^2 x = 1 - \cos^2 x$，则有

$\dfrac{\mathrm{d}f(t)}{\mathrm{d}t} = 1 - t$，积分得 $f(t) = t - \dfrac{t^2}{2} + C$. 当 $t = 0$ 时，$f(0) = 0$ 代入上式得 $C = 0$. 故应选 D.

注：本题考查的是导数的概念与不定积分概念的综合题，此题的关键是先弄清楚 $f'(\cos^2 x)$ 的意义，求出 $f'(x)$ 的表达式，积分可得所求结果．

（三）有关直接积分法

例 1 求 $\int \left(3x - \dfrac{2}{x} + 4\mathrm{e}^x - \cos x \right) \mathrm{d}x$.

解：根据不定积分的性质和基本公式得：

$$\int \left(3x - \dfrac{2}{x} + 4\mathrm{e}^x - \cos x \right) \mathrm{d}x = \dfrac{3}{2} x^2 - 2\ln|x| + 4\mathrm{e}^x - \sin x + C.$$

例 2 求 $\int \dfrac{1}{\sin^2 x \cos^2 x} \mathrm{d}x$.

解：根据三角函数的性质可得：

$$\int \dfrac{1}{\sin^2 x \cos^2 x} \mathrm{d}x = \int \dfrac{\sin^2 x + \cos^2 x}{\sin^2 x \cos^2 x} \mathrm{d}x = \int \left(\dfrac{1}{\cos^2 x} + \dfrac{1}{\sin^2 x} \right) \mathrm{d}x = \tan x - \cot x + C.$$

三、教学建议

(一)基本建议

可用几何上已知斜率求曲线方程,物理上已知速度或加速度,求路程函数或速度函数等实例,提示导函数与原函数的关系,引入原函数与不定积分的概念,借基本微分表逆推,导出基本积分表,然后以各种例题辅以适当变形,介绍直接积分法.

(二)课程思政

通过不定积分概念的产生、几何意义和性质,明确原函数与不定积分、积分与微分的互逆关系,建立积分与微分的对立统一关系.

(三)思维培养

1. 通过逆向思维理解原函数、不定积分的概念,以及理解记忆基本积分表.

2. 通过思考下面的三个问题更深入理解原函数概念:

(1)是否任何函数都有原函数呢?

(2)具备什么条件的函数才有原函数呢?

(3)如果函数存在原函数,那么原函数是否唯一? 如不唯一,究竟有多少个? 两个原函数之间又有什么关系呢?

3. 通过讨论辨析不定积分、导数和微分的运算关系,深刻把握不定积分与微分的互逆关系.

4. 通过例题,训练通过拆项、添项、初等公式、三角函数关系式等方法对被积函数进行恒等变形,然后利用基本性质和基本积分公式求不定积分的方法,即直接积分法.

(四)融合应用

1. 经研究发现,某一个小伤口表面积修复的速度为 $\dfrac{dA}{dt}=-5t^{-2}$(t 的单位:天;$1\leqslant t\leqslant 5$),其中 A 表示伤口的面积,假设 $A(1)=5$,问病人受伤 5 天后伤口的表面积有多大?

2. 根据机场的等级不同,机场的跑道长度差别很大. 最大的 4E 级国际机场的跑道一般都超过 5 km,可以起降任何大型飞机,最小的 1A 级机场跑道只有几百米,只能供轻型飞机使用. 有些军用机场有特殊需要,跑道可以建得更长,世界上最长的跑道在美国爱德华兹空军基地,跑道长达 20 km,它不但可以满足任何飞机的起降、试飞、试验需要,还能作为航天飞机返回地球降落点. 一架战斗机着陆时至少需要多长的跑道?

四、达标训练

(一)选择题

1. 若 $f'(x)=F'(x)$,则下列等式中一定成立的是(　　　　).

  A. $f(x)=F(x)$ B. $f(x)=F(x)+C$(C 为某常数)

  C. $f(x)-F(x)=1$ D. $\dfrac{\mathrm{d}}{\mathrm{d}x}\displaystyle\int F(x)\mathrm{d}x=\dfrac{\mathrm{d}}{\mathrm{d}x}\displaystyle\int f(x)\mathrm{d}x$

2. $\displaystyle\int \mathrm{d}\sin(1-2x)$ 等于(　　　　).

  A. $\sin(1-2x)+C$ B. $-2\cos(1-2x)+C$

C. $\sin(1-2x)$ D. $-2\cos(1-2x)$

3. 下列等式中不成立的是（   ）.

   A. $\left[\int(x-1)\mathrm{d}x\right]'=x-1$ B. $\mathrm{d}\left[\int\sec x\,\mathrm{d}x\right]=\sec x\,\mathrm{d}x$

   C. $\int(\tan x)'\mathrm{d}x=\tan x$ D. $\int\mathrm{d}\mathrm{e}^{2x}=\mathrm{e}^{2x}+C$

4. $\int 3^x\,\mathrm{d}x=$（   ）.

   A. $3^x\ln 3+c$ B. $\dfrac{3^x}{\ln 3}+c$ C. 3^x+c D. 3^x

（二）填空题

1. 若不定积分 $\int f(x)\mathrm{d}x=\dfrac{\ln x}{x}+C$，则 $f(x)=$＿＿＿＿＿＿＿＿＿.

2. 若不定积分 $\int f(x)\mathrm{d}x=\dfrac{\sin x}{x}+C$，则 $f(x)=$＿＿＿＿＿＿＿＿＿.

3. 不定积分 $\int\arcsin\dfrac{\ln x}{x}\mathrm{d}x+\int\arccos\dfrac{\ln x}{x}\mathrm{d}x=$＿＿＿＿＿＿＿＿＿.

4. 不定积分 $\int\dfrac{\arctan\mathrm{e}^{-2x}}{x^3}\mathrm{d}x+\int\dfrac{\mathrm{arc\,cot}\,\mathrm{e}^{-2x}}{x^3}\mathrm{d}x=$＿＿＿＿＿＿＿＿＿.

5. 不定积分 $\int\dfrac{\sin^2 x}{x}\mathrm{d}x+\int\dfrac{\cos^2 x}{x}\mathrm{d}x=$＿＿＿＿＿＿＿＿＿.

（三）解答题

1. 已知动点在时刻 t 的速度为 $v=2t-1$，且 $t=0$ 时 $s=4$，求此动点的运动方程.

2. 已知质点在某时刻 t 的加速度为 t^2+2，且当 $t=0$ 时，速度 $v=1$. 距离 $s=0$，求此质点的运动方程.

（四）计算题

1. $\displaystyle\int\left(x+\dfrac{1}{x}-\sqrt{x}+\dfrac{3}{x^3}\right)\mathrm{d}x$

2. $\displaystyle\int\dfrac{x^4}{1+x^2}\mathrm{d}x$

3. $\displaystyle\int \sqrt{x}\,(x^2-5)\mathrm{d}x$

4. $\displaystyle\int \frac{(1-x)^2}{\sqrt{x}}\mathrm{d}x$

5. $\displaystyle\int \frac{1}{\sin^2 x-3\sin x\cos x}\mathrm{d}x$

附:参考答案

(一) 选择题　1. B　2. A　3. C　4. B

(二) 填空题

1. $f(x)=\left[\dfrac{\ln x}{x}+C\right]'=\dfrac{1-\ln x}{x^2}$

2. $f(x)=\left[\dfrac{\sin x}{x}+C\right]'=\dfrac{x\cos x-\sin x}{x^2}$

3. $\displaystyle\int\arcsin\frac{\sin x}{x}\mathrm{d}x+\int\arccos\frac{\sin x}{x}\mathrm{d}x=\int\frac{\pi}{2}\mathrm{d}x=\frac{\pi}{2}x+C$

4. $\displaystyle\int\frac{\arctan \mathrm{e}^{-2x}}{x^3}\mathrm{d}x+\int\frac{\mathrm{arc\,cot}\,\mathrm{e}^{-2x}}{x^3}\mathrm{d}x=\int\frac{\dfrac{\pi}{2}}{x^3}\mathrm{d}x=\frac{\pi}{2}\int x^{-3}\mathrm{d}x=-\frac{\pi}{4x^2}+C$

5. $\displaystyle\int\frac{\sin^2 x}{x}\mathrm{d}x+\int\frac{\cos^2 x}{x}\mathrm{d}x=\int\frac{1}{x}\mathrm{d}x=\ln\mid x\mid+C$

(三) 解答题

1. 解:由题意得:$S=\displaystyle\int(2t-1)\mathrm{d}t=t^2-t+c$,又 $t=0$ 时 $s=4$,代入得 $c=4$,故 $s=t^2-t+4$.

2. 解:由题意得:$v=\displaystyle\int(t^2+2)\mathrm{d}t=\dfrac{1}{3}t^3+2t+c$,又当 $t=0$ 时,速度 $v=1$,代入得 $c=1$,故 $v=\dfrac{1}{3}t^3+2t+1$,从而有 $s=\displaystyle\int v\mathrm{d}t=\int\left(\dfrac{1}{3}t^3+2t+1\right)\mathrm{d}t=\dfrac{1}{12}t^4+t^2+t+c$,又 $t=0$ 时 $s=0$,故 $c=0$. 得 $s=\dfrac{1}{12}t^4+t^2+t$.

（四）计算题

1. 解:原式 $=\int x\mathrm{d}x+\int \frac{1}{x}\mathrm{d}x-\int x^{\frac{1}{2}}\mathrm{d}x+3\int x^{-3}\mathrm{d}x=\frac{x^2}{2}+\ln\mid x\mid-\frac{2}{3}x^{\frac{3}{2}}-\frac{3}{2}x^{-2}$ $+C.$

2. 解:原式 $=\int \frac{x^4-1+1}{1+x^2}\mathrm{d}x=\int\left(x^2-1+\frac{1}{1+x^2}\right)\mathrm{d}x=\frac{1}{3}x^3-x+\arctan x+C$

3. 解:原式 $=\int(x^{\frac{5}{2}}-5x^{\frac{1}{2}})\mathrm{d}x=\frac{2}{7}x^{\frac{7}{2}}-\frac{10}{3}x^{\frac{3}{2}}+C.$

4. 解:原式 $=\int(x^{-\frac{1}{2}}-2x^{\frac{1}{2}}+x^{\frac{3}{2}})\mathrm{d}x=2x^{\frac{1}{2}}-\frac{4}{3}x^{\frac{3}{2}}+\frac{2}{5}x^{\frac{5}{2}}+C.$

5. 解: $\int \frac{1}{\sin^2 x-3\sin x\cos x}\mathrm{d}x=\int \frac{1}{\tan^2 x-3\tan x}\sec^2 x\mathrm{d}x=\int \frac{1}{t^2-3t}\mathrm{d}t=$ $\frac{1}{3}\int\left[\frac{1}{t-3}-\frac{1}{t}\right]\mathrm{d}t=\frac{1}{3}\ln \frac{t-3}{t}+C=\frac{1}{3}\ln \frac{\tan x-3}{\tan x}+C(t=\tan x)$

第二节　换元积分法

　　求一个已知函数的不定积分,仅仅靠前面的基本积分公式和基本性质是远远不够的.在科学技术的研究和开发工作中,经常需要求不定积分.虽然现在已有一些专门的数学软件能够求出常见函数的不定积分,但计算能力作为数学学习的重要内容和数学素质的重要标志,不能因为软件的使用而降低要求.要培养和提高这种计算能力,需要学习更多的不定积分的计算方法.

　　由于求不定积分的运算是微分运算的逆运算,因此对应微分方法就应该有相应的积分方法,本节中将复合函数的微分法则反过来用于不定积分,从而得到不定积分的换元积分法.

一、教学分析

（一）教学目标

1. 知识与技能.

能熟练用两类换元法(第一类 $u=\varphi(x)$,第二类 $x=\varphi(t)$)计算不定积分.

2. 过程与方法.

经历不定积分的计算过程,掌握用基本积分公式和基本性质解决基本的积分运算的方法.并能通过思考探究、归纳总结的方式逐渐熟练使用换元法解决复杂积分问题,总结出分项、降幂、统一函数、换元、配元等方法运用的原则.

3. 情感态度与价值观.

通过不定积分计算中方法的选取和技巧的使用,学员获得解决问题的成就感,锻炼勇于探索的精神.

（二）学时安排

本节内容教学需要 2 学时，对应课次教学进度中的第 27 讲内容.

（三）教学内容

第一类换元积分法（凑微分法）；第二类换元积分法（变量代换法）.

（四）学情分析

1. 对于第一类换元法，即"凑微分法"，只起过渡作用的中间变量，有时学生不易找出，从而使得积分无法计算. 在这里技巧性较强，需要多观察被积函数的特点，积累经验.

凑微分时，需要把被积函数和变量都凑成能统一代换的形式，初学这种积分法时，常犯的错误是被积函数作了代换，而积分变量未作相应的代换，如 $\int \cos(2x)\mathrm{d}x = \sin 2x + C$.

2. 对于第二类换元法，在选择适当的变量进行代换后，计算得出结果，学员往往忘记把原变量代回. 这是不定积分与定积分第二类换元法的不同之处.

（五）重、难点分析

重点：换元积分法（第一类、第二类）.

难点：第一类换元积分法中灵活凑微分，第二类换元积分法中选变量代换.

在微分法中，复合函数微分法是一种主要的方法，作为微分法的逆运算，把复合函数的求导法则逆过来，用于求不定积分，从而得到一种对复合函数的积分法，即换元法. 这种方法是积分法中最有力的一种方法，它的特点在于对积分变量进行适当的代换，从而把一些较复杂的积分变为较简单的积分，然后求得积分.

1. 换元法中最常用也是最重要的是第一类换元法，第一类换元法的主要精神在于：在求 $\int g(x)\mathrm{d}x$ 时，如果函数 $g(x)$ 可以化为 $g(x) = f[\varphi(x)]\varphi'(x)$ 的形式（所以，有的书把第一类换元法叫作"凑微分法"），则选择新变量 $u = \varphi(x)$，而得到简单积分 $\int f(u)\mathrm{d}u$，根据基本积分公式或已知积分，可求出后者的积分得 $F(u) + c$，再将 u 变回到原变量 x 就行了，其计算格式表示如下：

$$\int g(x)\mathrm{d}x = \int f[\varphi(x)]\varphi'(x)\mathrm{d}x = \left[\int f(u)\mathrm{d}u\right]_{u=\varphi(x)} = F(u) + c = F[\varphi(x)] + c$$

2. 第一类换元法中"凑微分"是解题的关键，在选取简化被积表达式的代换 $u = \varphi(x)$ 时，应当记住，在被积表达式中应找出一个因式 $\varphi'(x)\mathrm{d}x$，使它给出新变量的微分 $\mathrm{d}u$，例如，$\int \sin^3 x\,\mathrm{d}x$，若作代换 $u = \sin x$ 就会不合适，而正确的代换应是 $u = \cos x$. 一般说来，在学习积分的开始阶段，一定要写出 $u = \varphi(x)$ 的代换过程，只有当解题比较熟练后才可略去这一步骤，在"头脑中换元"，而运用所谓"凑微分法"直接积分. 至于怎样选择恰当的代换，这个问题不可能有普遍适用的解答（通常是在积分时感到最困难的地方做个代换），代换恰当与否，常要进行试探，决不是每次都能够立即分辨出来的，要想寻求合适的代换的技能技巧，只有通过较多的训练，由熟练的经验才能达到非常纯熟的程度.

3. 对于被积函数 $f(x)$ 含有根号而又不能用直接积分法或第一类换元法求得不定

积分时,往往采用第二类换元法.第二类换元法是通过另一种形式的变量代换方法,进行代换的目的是使含有根式的被积函数有理化.

第二类换元法用来求带根号的积分,最常见的被积函数以及相应的换元有以下几种：

(1) 被积函数中含有 $\sqrt{a^2-x^2}$,令 $x=a\sin t$ 或 $x=a\cos t$；

(2) 被积函数中含有 $\sqrt{x^2+a^2}$,令 $x=a\tan t$ 或 $x=a\cot t$；

(3) 被积函数中含有 $\sqrt{x^2-a^2}$,令 $x=a\sec t$ 或 $x=a\csc t$.

注意：在做三角代换(1)、(2)、(3)时,要找三角函数之间的关系,常用直角三角形边角之间的关系来帮助解决,以免去求反函数的麻烦.

4. 第二类换元法的精神在于：对 $\int f(x)\mathrm{d}x$ 不能直接求出,也不能拆开,则可令 $x=\varphi(t)$,使它变成为 $\int f[\varphi(t)]\varphi'(t)\mathrm{d}t$,而这能较易求出,积分后再把 t 换为 $\varphi(t)$ 的反函数 $\varphi^{-1}(x)$ 即可,其计算格式表示如下：$\int f(x)\mathrm{d}x=\int f[\varphi(t)]\varphi'(t)\mathrm{d}t=\int g(t)\mathrm{d}t=\varPhi(t)+C=\varPhi[\varphi^{-1}(x)]+C$. 同时还要注意以下几点：

(1) 与第一类换元法不同,第二类换元法成败的关键在于选择代换式 $x=\varphi(t)$ 是否恰当而定,即能否使代换后的积分是易于积分的.所以,第二类换元法是一种技巧性很强的积分法,需要对具体问题作具体分析,对不同问题采取不同的代换方法,方可奏效.

(2) 在运用第二类换元法选取代换 $x=\varphi(t)$ 时,为了从 $x=\varphi(t)$ 保证 $t=\varphi^{-1}(x)$ 的存在性,应要求函数 $x=\varphi(t)$ 是单调的.

(3) 为了保证不定积分 $\int f[\varphi(t)]\varphi'(t)\mathrm{d}t$ 有意义,除了要求 $f(x)$ 连续外,还要求 $\varphi'(t)$ 也连续.如：$\int \dfrac{\mathrm{d}x}{1+\sqrt{x}}\mathrm{d}x$,令 $x=t^2$,为了保证函数 $x=t^2$ 的单调性,可以限制变量 t 的变化范围为 $t\geqslant 0$；这在理论上来讲是十分必要的,所以,我们在运算过程中必须予以注意.

(4) 对于第二类换元法的代换式 $x=\varphi(t)$,我们上面介绍的三种典型的三角代换是必须掌握的.但对在何种情形下应作何种代换是没有什么规律的,一般说来,我们计算积分时往往总是在被积函数中感到最难于处理.最不便于积分的地方作代换,用代换来消去难处,转化原来的矛盾.所以,我们在具体解题时要分析被积函数的具体情况,尽量选择简捷的方法,不要拘泥于上述规定的代换.

5. 对于不定积分的结果需要注意：有时对同一个不定积分问题施行不同的积分方法后,会得出形状不同的一些函数.在这种情况下,这些函数之间的差应是常数.所以,若不同的积分方法引出不同的结果,但是,只要能指出两个不同结果之差是一常数的话,则这两种积分的结果实质上就并无差别.

二、典型例题

（一）利用 $\dfrac{1}{x}\mathrm{d}x = \mathrm{d}(\ln x)$ 计算不定积分

例 1 求 $\displaystyle\int \dfrac{\ln x + 1}{x}\mathrm{d}x$.

解： $\displaystyle\int \dfrac{\ln x + 1}{x}\mathrm{d}x = \int (\ln x + 1)\mathrm{d}(\ln x + 1) = \dfrac{1}{2}(\ln x + 1)^2 + C$.

例 2 求 $\displaystyle\int \dfrac{1}{x(1 - 2\ln x)}\mathrm{d}x$

解： $\displaystyle\int \dfrac{1}{x(1 - 2\ln x)}\mathrm{d}x = -\dfrac{1}{2}\int \dfrac{1}{1 - 2\ln x}\mathrm{d}(1 - 2\ln x) = -\dfrac{1}{2}\ln|1 - 2\ln x| + C$.

例 3 已知 $f(\mathrm{e}^x) = x + 1$，则 $\displaystyle\int \dfrac{f(x)}{x}\mathrm{d}x = ($ $)$.

解： 令 $\mathrm{e}^x = t$，则 $x = \ln t$，$f(t) = \ln t + 1$，

$\displaystyle\int \dfrac{f(x)}{x}\mathrm{d}x = \int \dfrac{\ln x + 1}{x}\mathrm{d}x = \dfrac{1}{2}\ln^2 x + \ln x + C$.

注： 通过换元法确定 $f(x)$ 的函数表达式，要求的积分化为 $\displaystyle\int \dfrac{f(\ln x)}{x}\mathrm{d}x$ 的形式的函数，然后令 $u = \ln x$，$\displaystyle\int \dfrac{f(\ln x)}{x}\mathrm{d}x = \int f(\ln x)\mathrm{d}(\ln x)$ 进行凑微分.

（二）关于 e^x 的不定积分

例 1 计算不定积分 $\displaystyle\int \dfrac{\mathrm{e}^x}{2 + \mathrm{e}^x}\mathrm{d}x = $ _____.

解： $\displaystyle\int \dfrac{\mathrm{e}^x}{2 + \mathrm{e}^x}\mathrm{d}x = \int \dfrac{1}{2 + \mathrm{e}^x}\mathrm{d}(2 + \mathrm{e}^x) = \ln(2 + \mathrm{e}^x) + C$.

例 2 计算不定积分 $\displaystyle\int x\mathrm{e}^{x^2}\mathrm{d}x = $ _____.

解： 原式 $= \displaystyle\int x\mathrm{e}^{x^2}\mathrm{d}x = \dfrac{1}{2}\int \mathrm{e}^{x^2}\mathrm{d}(x^2) = \dfrac{1}{2}\mathrm{e}^{x^2} + C$.

例 3 求不定积分 $\displaystyle\int \dfrac{1}{\mathrm{e}^x + \mathrm{e}^{-x}}\mathrm{d}x$

解： 原式 $= \displaystyle\int \dfrac{\mathrm{e}^x}{\mathrm{e}^{2x} + 1}\mathrm{d}x = \int \dfrac{1}{(\mathrm{e}^x)^2 + 1}\mathrm{d}(\mathrm{e}^x) = \arctan \mathrm{e}^x + C$.

（三）关于三角函数的不定积分

例 1 $\displaystyle\int \dfrac{\tan x}{\sqrt{\cos x}}\mathrm{d}x = ($ $)$.

A. $\dfrac{1}{\sqrt{\cos x}} + C$ B. $\dfrac{2}{\sqrt{\cos x}} + C$

C. $-\dfrac{1}{\sqrt{\cos x}} + C$ D. $-\dfrac{2}{\sqrt{\cos x}} + C$

解：根据三角函数的性质可得：

$$\int \frac{\tan x}{\sqrt{\cos x}} \mathrm{d}x = \int \frac{\sin x}{\sqrt{\cos x}\cos x} - \mathrm{d}x = -\int (\cos x)^{-\frac{3}{2}} d(\cos x) = \frac{2}{\sqrt{\cos x}} + C.$$

例 2　求不定积分 $\int \sin x \sin 3x \,\mathrm{d}x$

解：利用三角函数积化和差公式 $2\sin \alpha \sin \beta = \cos(\alpha - \beta) - \cos(\alpha + \beta)$，可得 $\int \sin x \sin$

$3x \,\mathrm{d}x = \frac{1}{2}\int (\cos 2x - \cos 4x)\mathrm{d}x = \frac{1}{8}(2\sin 2x - \sin 4x) + C.$

注：若被积函数为类型，首先利用三角函数的有关公式将被积函数变形化简后求解．

（四）有关凑微分杂例

"凑微分"法是非常有用的，下面是一些常用的凑微分的等式．

(1) $\displaystyle\int f(ax+b)\mathrm{d}x = \frac{1}{a}\int f(ax+b)\mathrm{d}(ax+b)(a \neq 0),$　　　$u = ax+b;$

(2) $\displaystyle\int f(\ln x)\frac{1}{x}\mathrm{d}x = \int f(\ln x)\mathrm{d}(\ln x),$　　　$u = \ln x;$

(3) $\displaystyle\int f\left(\frac{1}{x}\right)\frac{1}{x^2}\mathrm{d}x = -\int f\left(\frac{1}{x}\right)\mathrm{d}\left(\frac{1}{x}\right),$　　　$u = \frac{1}{x};$

(4) $\displaystyle\int f(\sqrt{x})\frac{1}{\sqrt{x}}\mathrm{d}x = 2\int f(\sqrt{x})\mathrm{d}(\sqrt{x}),$　　　$u = \sqrt{x};$

(5) $\displaystyle\int f(\mathrm{e}^x)\mathrm{e}^x\mathrm{d}x = \int f(\mathrm{e}^x)\mathrm{d}(\mathrm{e}^x),$　　　$u = \mathrm{e}^x;$

(6) $\displaystyle\int f(\sin x)\cos x\,\mathrm{d}x = \int f(\sin x)\mathrm{d}(\sin x),$　　　$u = \sin x;$

(7) $\displaystyle\int f(\cos x)\sin x\,\mathrm{d}x = -\int f(\cos x)\mathrm{d}(\cos x),$　　　$u = \cos x;$

(8) $\displaystyle\int f(\tan x)\sec^2 x\,\mathrm{d}x = \int f(\tan x)\mathrm{d}(\tan x),$　　　$u = \tan x;$

(9) $\displaystyle\int f(\arctan x)\frac{1}{1+x^2}\mathrm{d}x = \int f(\arctan x)\mathrm{d}(\arctan x),$　　　$u = \arctan x;$

(10) $\displaystyle\int f(\arcsin x)\frac{1}{\sqrt{1-x^2}}\mathrm{d}x = \int f(\arcsin x)\mathrm{d}(\arcsin x),$　　$u = \arcsin x.$

例 1　$\displaystyle\int x\,2^{-x^2}\,\mathrm{d}x = \underline{\qquad\qquad}.$

解：$\displaystyle\int x\,2^{-x^2}\,\mathrm{d}x = -\frac{1}{2}\int 2^{-x^2}\mathrm{d}(-x^2) = -\frac{2^{-x^2}}{2\ln 2} + C.$

例 2　计算不定积分 $\displaystyle\int \frac{x^2-1}{x^4+1}\mathrm{d}x.$

解：$\displaystyle\int \frac{x^2-1}{x^4+1}\mathrm{d}x = \int \frac{1-\frac{1}{x^2}}{x^2+\frac{1}{x^2}}\mathrm{d}x = \int \frac{\mathrm{d}\left(x+\frac{1}{x}\right)}{\left(x+\frac{1}{x}\right)^2-2} = \int \frac{\mathrm{d}u}{u^2-2} = \frac{1}{2\sqrt{2}}\int\left(\frac{1}{u-\sqrt{2}} - \frac{1}{u+\sqrt{2}}\right)\mathrm{d}u$

$$= \frac{1}{2\sqrt{2}}\ln\left|\frac{u-\sqrt{2}}{u+\sqrt{2}}\right|+C = \frac{1}{2\sqrt{2}}\ln\left|\frac{x^2-\sqrt{2}x+1}{x^2+\sqrt{2}x+1}\right|+C.$$

例 3 $f(x)$ 设为连续函数，$\int f(x)\mathrm{d}x = F(x)+C$ 则下面正确的是（ ）.

A. $\int f(ax+b)\mathrm{d}x = F(ax+b)+C$

B. $\int f(x^n)x^{n-1}\mathrm{d}x = F(x^n)+C$

C. $\int f(\ln ax)\frac{1}{x}\mathrm{d}x = F(\ln ax)+C, a\neq 0$

D. $\int f(\mathrm{e}^{-x})\mathrm{e}^{-x}\mathrm{d}x = F(\mathrm{e}^{-x})+C$

解：对于 A 项，令 $ax+b$，$\dfrac{\mathrm{d}(F(u)+C)}{\mathrm{d}x} = F'(u)u' = f(u)a = af(ax+b)$，则 A 项错误. 对于 B 项，D 项，同理错误. 对于 C 项，正确.

（五）有关第二类换元积分法中的三角代换

例 1 求 $\int\sqrt{1-x^2}\,\mathrm{d}x$.

解：设 $x=\sin t, t\in\left(-\dfrac{\pi}{2}, \dfrac{\pi}{2}\right)$，则 $\sqrt{1-x^2}=\sqrt{1-\sin^2 t}=\sqrt{\cos^2 t}=\cos t$，$\mathrm{d}x=\cos t\,\mathrm{d}t$. 于是 $\int\sqrt{1-x^2}\,\mathrm{d}x = \int\sqrt{1-\sin^2 t}\cos t\,\mathrm{d}t = \int\dfrac{1+\cos 2t}{2}\mathrm{d}t$

$$= \frac{1}{2}\left(t+\frac{1}{2}\sin 2t\right)+C = \frac{1}{2}(t+\sin t\cos t)+C$$

$$= \frac{1}{2}(\arcsin x + x\sqrt{1-x^2})+C.$$

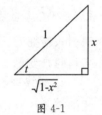

图 4-1

上面计算过程，在变量还原时，由所设 $x=\sin t$ 得到，

$t=\arcsin x, \cos t=\sqrt{1-\sin^2 t}=\sqrt{1-x^2}$.

也可用直角三角形边角之间的关系：由所设 $x=\sin t$ 作出直角三角形（图 4-1），可知 $\cos t=\sqrt{1-x^2}$.

（六）有关第二类换元积分法中的其他代换

若被积函数中含有 $\sqrt[n]{a+b}$ 或者 $\sqrt[n]{\dfrac{ax+b}{cx+d}}$ 的形式，可以直接做变量代换 $\sqrt[n]{ax+b}=t$，$\sqrt[n]{\dfrac{ax+b}{cx+d}}=t$.

例 1 求不定积分 $\int\dfrac{x}{\sqrt{x-3}}\mathrm{d}x$.

解：令 $t=\sqrt{x-3}$，即 $x=t^2+3, (t>0)$，此时 $\mathrm{d}x=2t\,\mathrm{d}t$，于是

$$\int\frac{x}{\sqrt{x-3}}\mathrm{d}x = \int\frac{t^2+3}{t}2t\,\mathrm{d}t = 2\left(\frac{t^3}{3}+3t\right)+C = \frac{2}{3}(x+6)(x-3)^{\frac{1}{2}}+C.$$

本题也可利用第一换元法求解.

例 2　求不定积分 $\displaystyle\int \sqrt{e^x - 1}\, dx$.

解： 设 $\sqrt{e^x - 1} = t$，$x = \ln(t^2 + 1)$，$dx = \dfrac{2t}{t^2 + 1} dt$，则

$$\int \sqrt{e^x - 1}\, dx = \int \frac{2t^2}{t^2 + 1} dt = 2\int \frac{t^2 + 1 - 1}{t^2 + 1} dt = 2t - 2\arctan t + C = 2\sqrt{e^x - 1} - 2\arctan$$

$\sqrt{e^x - 1} + C.$

注：当被积函数中含有的根式时，一般可作代换去掉根式，将原积分化成有理函数的积分然后求积分积分. 这种代换常称为有理代换.

三、教学建议

1. 换元积分法也是一种逆向思维的具体应用：换元法主要是把复合函数的求导法则反过来用于求不定积分.

2. 教学中应通过辨析两类换元法之间的联系与区别，把握两类换元法的关系. 第一类换元法（凑微分法）的实质是凑成基本积分公式，第二类换元积分法也称为变量代换法，第一换元法的相反情形，第一类换元是把原积分凑成 $\displaystyle\int f[\varphi(x)]\varphi'(x)\, dx$ 这种形式，将有关原积分自变量的整体换成一个中间变量 $u = \varphi(x)$，第二类换元则是把原积分 $\displaystyle\int f(x)\, dx$ 中自变量换成有关另外变量的表达式，即 $x = \varphi(t)$. 所以同样是换元，但换元时引入新变元的类型不同：第一类换元法是引入新的中间变量，而第二类换元法则是引入新的自变量.

3. 本次课内容是积分方法的学习，不论是第一类换元法的凑微分，还是第二类换元法的变量代换，方法都很灵活，教学中需要通过具体例题的讲解与应用，帮助学员归纳总结，进行方法和题型归类.

四、达标训练

(一) 选择题

1. $\displaystyle\int e^{2x}\, dx = ($　　$).$

  A. $e^{2x} + c$ B. $\dfrac{1}{2} e^{2x} + c$ C. e^{2x} D. $\dfrac{1}{2} e^{2x}$

2. $\displaystyle\int \frac{1}{2x}\, dx = ($　　$).$

  A. $\ln|2x| + c$ B. $\dfrac{1}{2}\ln|2x| + c$

  C. $\dfrac{1}{2}\ln|2x|$ D. $\ln|2x|$

3. $\int \dfrac{2}{1+(2x)^2}\mathrm{d}x = (\qquad)$.

  A. $\arctan 2x + c$ B. $\arctan 2x$

  C. $\arcsin 2x$ D. $\arcsin 2x + c$

4. $\int x\mathrm{e}^{-x^2}\mathrm{d}x = (\qquad)$.

  A. $\mathrm{e}^{-x} + c$ B. $\dfrac{1}{2}\mathrm{e}^{-x^2} + c$

  C. $-\dfrac{1}{2}\mathrm{e}^{-x^2} + c$ D. $-\mathrm{e}^{-x^2} + c$

5. $2\int \sec^2 2x\,\mathrm{d}x = (\qquad)$.

  A. $\tan 2x + c$ B. $\tan 2x$

  C. $\tan x$ D. $\tan x + c$.

6. 设 $I = \int \dfrac{\mathrm{e}^{-x} - 1}{\mathrm{e}^{-x} + 1}\mathrm{d}x$，则 $I = (\qquad)$.

  A. $\ln(\mathrm{e}^x - 1) + C$ B. $\ln(\mathrm{e}^x + 1) + C$

  C. $2\ln(\mathrm{e}^x + 1) + C$ D. $x - 2\ln(\mathrm{e}^x + 1) + C$

7. 设 $\int f(x)\mathrm{d}x = x^2 + c$，则 $\int xf(1-x^2)\mathrm{d}x$ 的结果是$(\qquad)$.

  A. $-2(1-x^2)^2 + C$ B. $2(1-x^2)^2 + C$

  C. $-\dfrac{1}{2}(1-x^2)^2 + C$ D. $\dfrac{1}{2}(1-x^2)^2 + C$

（二）填空题

1. 若不定积分 $\int \dfrac{f'(\ln x)}{x}\mathrm{d}x = x^2 + C$，则 $f(x) = $ _____.

2. 若 $\int f(x)\mathrm{d}x = F(x) + C$，则不定积分 $\int f(3x+5)\mathrm{d}x = $ _____.

3. 已知 $\int f(x)\mathrm{d}x = F(x) + C$，则 $\int F(x)f(x)\mathrm{d}x = $ _____.

（三）计算

1. 求不定积分：$\int \sin^4 x\,\mathrm{d}x$

2. 求不定积分：$\int \dfrac{\sqrt{4-x^2}}{x^2}\mathrm{d}x$

3. 求不定积分：$\int \dfrac{\sqrt{x^2-9}}{x}\mathrm{d}x$

4. 求不定积分：$\int \dfrac{1}{x^2\sqrt{1-x^2}}\mathrm{d}x$

5. 求不定积分：$\int \dfrac{x^2}{\sqrt{1-x^2}}\mathrm{d}x$

附：参考答案

（一）选择题　1. B　2. B　3. A　4. C　5. A　6. D　7. C

（二）填空题　1. $f(x)=\mathrm{e}^{2x}+C$　2. $\dfrac{1}{3}F(3x+5)+C$　3. $\dfrac{F^2(x)}{2}+C$

（三）计算

1. 解：$\int \sin^4 x\,\mathrm{d}x=\int\left(\dfrac{1-\cos 2x}{2}\right)^2\mathrm{d}x=\dfrac{1}{4}\int\left(1-2\cos 2x+\dfrac{1+\cos 4x}{2}\right)\mathrm{d}x=\dfrac{3}{8}x-$

$\dfrac{1}{4}\sin 2x+\dfrac{1}{32}\sin 4x+C.$

2. 解：设 $x=2\sin t$，则原式 $=\int \dfrac{2\cos t}{4\sin^2 t}\mathrm{d}2\sin t=\int \cot^2 t\,\mathrm{d}t=\int(\csc^2 t-1)\mathrm{d}t=-\cot t$

$-t+C=-\dfrac{\cos t}{\sin t}-t+C=-\dfrac{\sqrt{4-x^2}}{x}-\arcsin\dfrac{x}{2}+C.$

3. 解：令 $x=3\sec t$，则原式 $=3\int \tan^2 t\,\mathrm{d}t=3\int(\sec^2 t-1)\mathrm{d}t=3\tan t-3t+C=$

$\sqrt{x^2-9}-3\arccos\dfrac{3}{x}+C.$

4. 解：令 $x=\sin t$，原式 $=\int \dfrac{1}{\sin^2 t\cos t}\mathrm{d}(\sin t)=\int \dfrac{\cos t}{\sin^2 t\cos t}\mathrm{d}t=\int \dfrac{1}{\sin^2 t}\mathrm{d}t=-\cot t$

$+C=-\dfrac{\sqrt{1-x^2}}{x}+C.$

5. 解：设 $x=\sin t,0<t<\dfrac{\pi}{2}$ 原式 $=\int \dfrac{\sin^2 t}{\cos t}\mathrm{d}(\sin t)=\int \sin^2 t\,\mathrm{d}t=\dfrac{1}{2}\int(1-\cos 2t)\mathrm{d}t=$

$\dfrac{1}{2}t-\dfrac{1}{4}\sin 2t+C=\dfrac{1}{2}\arcsin x-\dfrac{1}{2}x\sqrt{1-x^2}+C.$

第三节　分部积分法

换元法是求不定积分的一种非常有效的方法,但是对于被积函数是两种不同类型函数的乘积的积分时,该方法就无能为力了,例如幂函数与三角函数(反三角函数)或幂函数与指数函数(对数函数)的乘积.前面我们利用复合函数的求导法则得到换元积分法,本节将从两个函数乘积的求导法则出发,并由积分是微分的逆运算,便有可能把乘积的微分公式"反过来"而获得这类积分的法则——分部积分法.

一、教学分析

(一)教学目标

1. 知识与技能.

(1) 会用分部积分的方法求不定积分.

(2) 通过对本课学习,培养运用分部积分解决实际问题的能力.

(3) 深化对原函数和不定积分概念的理解;能正确使用换元法和分部积分法求不定积分;能综合运用定义、积分表、换元法和分部积分法求不定积分.

2. 过程与方法.

通过经历探究两个函数乘积的求导法则,来推得分部积分法;通过例题与练习探究各种题型的解决办法.

3. 情感态度与价值观.

感知寻求计算不定积分新方法的必要性,激发求知欲,通过对分部积分公式的应用,体会不定积分解法的多样性,提高自我学习与自我研究的能力.

(二)学时安排

本节内容教学需要 1 学时,增加 1 学时习题课,对应课次教学进度中的第 28 讲内容.

(三)教学内容

分部积分公式及其公式推导;公式使用要领;适用积分类型总结.

(四)学情分析

1. u 与 v 的选择的原则不易把握,尤其是当题目需要利用两次分部积分法时(被积函数是三角函数与指数函数的乘积),选择的原则要前后一致,否则会导致出现原来的积分成为一个恒等式.

2. 在求递推公式的题目中,被积函数的变形,即要使 n 的次数降低而进行的函数拆分,学员往往不易掌握.

(五)重、难点分析

重点:分部积分公式 $\int u\,\mathrm{d}v = uv - \int v\,\mathrm{d}u$.

难点:分部积分法中 u 与 v 的选择.

1. 对分部积分公式 $\int uv'\mathrm{d}x = uv - \int vu'\mathrm{d}x$ 或 $\int u\mathrm{d}v = uv - \int v\mathrm{d}u$ 的通俗理解可提高到原则上来，这和前面的变量代换公式一样，也都是关于形态的转变."分部"的意思是，好像积分 $\int u\mathrm{d}v$ 已经有一部分求出来了（指 uv），只剩下另一部分未积出（指 $\int v\mathrm{d}u$），所以，分部积分法又称为"部分积分法".

2. 分部积分法用处很广，在具体用于求积分时，要把被积函数适当地拆开，使成为 $\int f(x)\mathrm{d}x = \int \varphi(x)g(x)\mathrm{d}x$ 的形式，令 $u = \varphi(x)$，$\mathrm{d}v = g(x)\mathrm{d}x$ 则有 $\int f(x)\mathrm{d}x = \int f(u)\mathrm{d}v$，若容易求出积分 $\int g(x)\mathrm{d}x$（选取 v 为其中的一个原函数），而且 $\int v\mathrm{d}u$ 较原来的积分简单，则由分部积分公式，可立即写出 $\int f(x)\mathrm{d}x = uv - \int v\mathrm{d}u$. 但究竟如何分析 $f(x)$ 使达到上面所述的要求，把比较难求的积分转化为比较容易求的积分，这却需要我们通过一定的练习才能获得丰富的经验.

3. 应用分部积分法时，恰当地选取 u 和 $\mathrm{d}v$ 是一个关键，选择不当可能越搞越糟，甚至求不出结果，这时就换另一种 u、$\mathrm{d}v$. 一般说来，选取 u 和 $\mathrm{d}v$ 要考虑下面两点：

(1) 极力设法使微分 $\mathrm{d}v$ 被积分时（即求 v 时）不成为困难.

(2) 还要设法使以 $\mathrm{d}u$ 代替 u，以 v 代替 $\mathrm{d}v$ 时综合起来可将被积表达式简化，即积分 $\int v\mathrm{d}u$ 比 $\int u\mathrm{d}v$ 较容易.

(3) 选择 u 和 $\mathrm{d}v$ 的方法（口诀）："反对幂指三，后面往里钻."具体讲，"反对幂指三"指反三角函数，对数函数，幂函数，指数函数，三角函数这五种函数，如果在原来的积分中，有这五种函数中任何两种的乘积，按照口诀中的顺序，排在前面选为 u，排在后面的去凑微分变为 $\mathrm{d}v$. 其中，对数函数与反三角函数最"活跃"，与其他函数相乘时，选为 u，幂函数较之它们则"望尘莫及"，但与指数函数及三角函数相乘时，选出 u 就"非它莫属"，并且排在前面的去凑微分是困难甚至不可能，而排在后面的容易凑微分，就"往里钻"去凑微分，即选为 $\mathrm{d}v$ 了.

4. 有些积分会出现循环积分现象：经过有限次分部积分后，等式中出现相同积分式. 如 $\int e^x \sin x\mathrm{d}x$ 要多次用到分部积分. 按照口诀，e^x 选为 u，$\sin x\mathrm{d}x$ 去凑微分选为 $\mathrm{d}v$（也可以反过来，$\sin x$ 选为 u，e^x 去凑微分）. 这种情况注意：

(1) 此时出现的相同的积分式，即不定积分，要视为原函数的代表，而不是全体，从而设为未知，代入等式解出，不要忘了加任意常数 C.

(2) 出现循环积分前，不论先选谁作为 u，后面需重复使用分部积分法再次选 u，此时要和第一次选 u 时一样选择同一种函数，比如第一次选幂函数为 u，第二次必须仍然选幂函数为 u，不要选三角函数为 u，否则会就恢复原状，劳而无功.

5. 有些积分会用到综合法，即需要综合其他积分法. 如 $\int e^{\sqrt{x}}\mathrm{d}x$ 需要把换元和分部积分法结合使用求解. 分部积分法是一个尝试的过程，不必追求一步达成目的，当发现一

种 $\int u\,\mathrm{d}v$ 不方便,换另一种方法一般就可以.

二、典型例题

(一) 有关直接用公式

例 1 求 $\int \arcsin x\,\mathrm{d}x$. 解: $\int \arcsin x\,\mathrm{d}x = x\,\arcsin x - \int x \cdot \dfrac{1}{\sqrt{1-x^2}}\mathrm{d}x = x\,\arcsin x$

$+ \dfrac{1}{2}\int \dfrac{1}{\sqrt{1-x^2}}d(1-x^2) = x\,\arcsin x + \sqrt{1-x^2} + C.$

例 2 求 $\int \ln x\,\mathrm{d}x$ 解:这里被积函数可看作 $\ln x$ 与 1 的乘积,设 $u = \ln x, \mathrm{d}v = \mathrm{d}x$,则

$\int \ln x\,\mathrm{d}x = x\ln x - \int \dfrac{x}{x}\mathrm{d}x = x\ln x - x + C.$

例 3 求 $\int x\mathrm{e}^{2x}\,\mathrm{d}x$. 解: $\int x\mathrm{e}^{2x}\,\mathrm{d}x = \int x\,d\left(\dfrac{1}{2}\mathrm{e}^{2x}\right) = \dfrac{1}{2}x\mathrm{e}^{2x} - \dfrac{1}{2}\int \mathrm{e}^{2x}\,\mathrm{d}x = \dfrac{1}{2}x\mathrm{e}^{2x} - \dfrac{1}{4}\mathrm{e}^{2x}$

$+ C.$

(二) 有关用循环

例 计算不定积分 $\int \mathrm{e}^{ax}\sin bx\,\mathrm{d}x$.

解:根据分部积分公式可得:设 $I = \int \mathrm{e}^{ax}\sin bx\,\mathrm{d}x$

$I = -\dfrac{1}{b}\int \mathrm{e}^{ax}\,d\cos bx = -\dfrac{1}{b}\left(\mathrm{e}^{ax}\cos bx - a\int a^{ax}\cos bx\,\mathrm{d}x\right)$

$= -\dfrac{1}{b}\left(\mathrm{e}^{ax}\cos bx - \dfrac{a}{b}\int \mathrm{e}^{ax}\,d\sin bx\right) = -\dfrac{1}{b}\left(\mathrm{e}^{ax}\cos bx - \dfrac{a}{b}\mathrm{e}^{ax}\sin bx + \dfrac{a^2}{b}\int \mathrm{e}^{ax}\sin bx\,\mathrm{d}x\right)$

$= -\dfrac{1}{b}\left(\mathrm{e}^{ax}\cos bx - \dfrac{a}{b}\mathrm{e}^{ax}\sin bx + \dfrac{a^2}{b}I\right)$

故解方程得: $I = \int \mathrm{e}^{ax}\sin bx\,\mathrm{d}x = \dfrac{\mathrm{e}^{ax}}{a^2+b^2}(a\sin bx - b\cos bx) + c.$

(三) 有关综合法

例 求不定积分 $\int \arcsin \sqrt{x}\,\mathrm{d}x$

解:令 $\sqrt{x} = t$,则 $\int \arcsin \sqrt{x}\,\mathrm{d}x = \int \arcsin t\,\mathrm{d}t^2 = t^2\arcsin t - \int t^2\,d\arcsin t = t^2\arcsin t$

$- \int \dfrac{t^2}{\sqrt{1-t^2}}\mathrm{d}t.$

对不定积分 $\int \dfrac{t^2}{\sqrt{1-t^2}}\mathrm{d}t$,令 $t = \sin u, \left(-\dfrac{\pi}{2} < t < \dfrac{\pi}{2}\right)$,则 $\mathrm{d}t = \cos u\,\mathrm{d}u,$

$\int \dfrac{t^2}{\sqrt{1-t^2}}\mathrm{d}t = \int \dfrac{\sin^2 u}{\cos u}\cos u\,\mathrm{d}u = \dfrac{1}{2}u - \dfrac{1}{4}\sin 2u + C = \dfrac{1}{2}\arcsin t - \dfrac{1}{2}t\sqrt{1-t^2} + C$

所以，$\int \arcsin \sqrt{x}\, \mathrm{d}x = \left(x - \dfrac{1}{2}\right)\arcsin\sqrt{x} + \dfrac{1}{2}\sqrt{x - x^2} + C$.

注：本题是一个综合性比较强的题目，具有一定难度. 由于被积函数是复合函数，首先利用换元法将复合函数进行简化，化成两类不同函数乘积的积分，然后利用分部积分法对其求解. 在求解过程中又对积分 $\displaystyle\int \dfrac{t^2}{\sqrt{1 - t^2}}\, \mathrm{d}t$ 使用了第二类换元积分法，最终求解. 该题目对前后知识的掌握要求比较高.

三、教学建议

（一）课程思政

1. 分部积分公式是由函数乘积的导数（微分）公式两边积分推导得到的，而微分和积分是互为逆运算，所以，分部积分公式是逆向思维的结果，同时也揭示了公式背后隐含的微积分的内在联系和辩证关系.

2. 当被积函数的两个不同类函数都可以选为 u，且需要多次利用公式进行分部积分时，一定要让同一类函数选为 u，不能先选其中一类为 u，后面又换成另一类函数，也就是说，选为 u 与 v' 要前后统一，坚持同一原则，否则会计算一通后回到原积分，导致劳而无获，做无用功，发现这一现象，应及时纠正即可. 启示我们做事要专一，同时保持质疑的科学态度，知错就改，自然应对，不必过度紧张.

（二）思维培养

1. 分部积分公式的实质是进行了积分转移，即将 $\displaystyle\int uv'\,\mathrm{d}x$ 转化为 $\displaystyle\int vu'\,\mathrm{d}x$. 对本公式的学习，可以通过具体例子引导学员归纳总结出分部积分法公式，即由具体的例子抽象成一般地情况，得到分部积分公式，经历从特殊到一般，从具体到抽象的思维过程.

具体而言，对两个函数乘积的积分，通过分析，利用已有知识无法解决，由于求导与积分在不考虑任意常数的情况下互为逆运算，因此想到对被积函数先求导再积分看看会有什么结果. 利用函数乘积的求导法则，把被积函数（两个函数乘积）两边求导，再两边同时积分，移项得到原积分.

2. 通过具体例题的讲解与应用，帮助学员归纳总结分部积分法的题型归类以及 u 与 v' 的选择规律.

四、达标训练

（一）选择题

1. $\displaystyle\int \cos x\, \mathrm{d}\arcsin x + \int \arcsin x\, \mathrm{d}\cos x = ($ $)$.

    A. $\sin x \cdot \arccos x$ B. $\sin x \cdot \arccos x + C$

    C. $\cos x \cdot \arcsin x + C$ D. $\cos x \cdot \arcsin x$

2. 若函数 $\dfrac{\ln x}{x}$ 为 $f(x)$ 的一个原函数，则不定积分 $\displaystyle\int x f'(x)\,\mathrm{d}x = ($ $)$.

    A. $\dfrac{1 - \ln x}{x} + C$ B. $\dfrac{1 + \ln x}{x} + C$

C. $\dfrac{1-2\ln x}{x}+C$ D. $\dfrac{1+2\ln x}{x}+C$

(二) 填空题

1. 已知 $f(x)$ 的一个原函数为 $\dfrac{\sin x}{x}$，则 $\displaystyle\int x f'(x)\mathrm{d}x=$ _____.

2. 已知 $f(x)$ 二阶导数 $f''(x)$ 连续，则不定积分 $\displaystyle\int x f''(x)\mathrm{d}x=$ _____.

3. 不定积分 $\displaystyle\int \cos x\,\mathrm{d}(\mathrm{e}^{\cos x})=$ _____.

4. $\displaystyle\int \ln x^2\,\mathrm{d}x=$ _____.

5. 不定积分 $\displaystyle\int \mathrm{d}(\sin\sqrt{x})=$ _____.

(三) 计算题

1. $\displaystyle\int \cos\sqrt{x}\,\mathrm{d}x$

2. $\displaystyle\int \cos(\ln x)\,\mathrm{d}x$

3. $\displaystyle\int \dfrac{\ln x}{\sqrt{x}}\,\mathrm{d}x$

4. $\displaystyle\int \dfrac{\mathrm{e}^x(1+x\ln x)}{x}\,\mathrm{d}x$

5. $\displaystyle\int \dfrac{\ln\sin x}{\sin^2 x}\,\mathrm{d}x$

附：参考答案

(一) 1. C   2. C

(二) 1. $\cos x-\dfrac{2\sin x}{x}+C$ 2. $x f'(x)-f(x)+C$ 3. $\mathrm{e}^{\cos x}(\cos x-1)+C$

4. $x\ln x^2-2x+C$ 5. $\sin\sqrt{x}+C$

（三）1. 解：令 $x=t^2$，则 $\int \cos\sqrt{x}\,\mathrm{d}x = \int \cos t\, 2t\ \mathrm{d}t = 2\int t\,\mathrm{d}\sin t = 2\left[t\sin t - \int \sin t\,\mathrm{d}t \right]$

$= 2\left[t\sin t + \cos t \right] + C = 2\left[\sqrt{x}\sin\sqrt{2} + \cos\sqrt{x} \right] + C.$

2. 解：令 $t=\ln x$，则：$x=\mathrm{e}^t$ 原式 $= \int \cos t\,\mathrm{d}\mathrm{e}^t = \mathrm{e}^t\cos t + \int \mathrm{e}^t \sin t\,\mathrm{d}t = \mathrm{e}^t\cos t + \mathrm{e}^t\sin$

$t - \int \mathrm{e}^t\cos t\,\mathrm{d}t$ 所以：原式 $= \dfrac{\mathrm{e}^t}{2}(\sin t + \cos t) + C = \dfrac{x}{2}\left[\sin(\ln x) + \cos(\ln x) \right] + C.$

3. 解：令 $x=t^2$，则 $\int \dfrac{\ln x}{\sqrt{x}}\,\mathrm{d}x = \int \dfrac{2\ln t}{t}\cdot 2t\,\mathrm{d}t = 4\int \ln t\,\mathrm{d}t = 4(t\ln t - t) + C = 2\sqrt{x}\,(\ln$

$x-2)+C.$

4. 解：$\int \dfrac{\mathrm{e}^x(1+x\ln x)}{x}\,\mathrm{d}x = \int \dfrac{\mathrm{e}^x}{x}\,\mathrm{d}x + \int \mathrm{e}^x\ln x\,\mathrm{d}x = \int \mathrm{e}^x\,\mathrm{d}\ln x + \int \mathrm{e}^x\ln x\,\mathrm{d}x = \mathrm{e}^x\ln x$

$-\int \mathrm{e}^x\ln x\,\mathrm{d}x + \int \mathrm{e}^x\ln x\,\mathrm{d}x = \mathrm{e}^x\ln x + C.$

5. 解：$\int \dfrac{\ln\sin x}{\sin^2 x}\,\mathrm{d}x = -\cot x\cdot\ln\sin x - \cot x - x + C.$

第四节　简单的有理函数积分

前面探讨了计算不定积分的三种基本方法：基本积分公式、换元积分法和分部积分法，利用三种基本方法已经可以解决许多不定积分的计算问题，每种方法解决相关不定积分可以建立起完全确定的计算程序，但从另一角度来看，也可以从被积函数的所属类型，讨论有理函数、三角函数有理式和简单无理函数这三种重要的特殊类型的初等函数，它们的积分方法也是积分法的重要组成部分，这一节我们就从这个角度分类研究这三类函数的积分问题，从而更广泛的解决不定积分的计算问题.

一、教学分析

（一）教学目标

1. 知识与技能.

会求一些简单有理函数积分、无理函数积分，及三角有理函数的不定积分.

2. 过程与方法.

经历对典型分式积分及一般分式化为典型分式积分的过程，探讨有理函数积分方法、探索三角函数化为有理函数的可能性、无理函数化简的途径，掌握用类比、转化的数学方法学习三角函数有理式和无理函数积分.

3. 情感态度与价值观.

感知寻求计算不定积分新方法的必要性，激发求知欲，通过对待定系数和部分分式积分法的应用，体会不定积分解法的多样性，提高自我学习与自我研究的能力.

（二）学时

本节内容教学需要 2 学时,对应课次教学进度中的第 29 讲内容.

（三）教学内容

有理函数分解为部分分式之和的一般方法;确定待定系数的方法;简单有理函数的积分;三角函数有理式的积分以及简单无理函数的积分的介绍.

（四）学情分析

1. 不会用除法把假分式化为一个多项式与一个真分式之和.

2. 有理式的分解学生容易出错.

3. 有些题目可以运用多种方法计算,应选择最简便的;有些题目需要综合多种方法才能解决,学员往往不易掌握好.

（五）重、难点分析

重点:有理函数积分;三角函数有理式积分;简单无理函数积分.

难点:三角函数有理式积分;简单无理函数积分.

有关有理函数的积分

第一种重要的特殊类型的积分是有理函数的积分,它是最常见的一种积分,并且有理函数的积分一定能用初等函数来表示.对这类积分注意以下几点:

1. 在求有理函数的积分时,注意被积函数是真分式还是假分式.如果是假分式,必须化为有理整式(多项式)与真分式之和(理论依据:多项式除法),这一步很重要,因为只有真分式才能唯一地分解成部分分式之和(理论依据:由高等代数中"部分分式"知识,有理真分式必定可以表示成若干个简单分式之和),而假分式是不能直接分解成部分分式的.

2. 有理函数的积分法.将有理函数的积分法归纳如下:

（1）如果有理函数是假分式,那么用综合除法或者恒等变形把它化为一个多项式与一个真分式之和.

注:其中的综合除法是把假分式的分子除以分母,是两个多项式相除,和两个数的除法类似.

（2）把真分式化为部分分式.化为部分分式的过程分三步:

第一步:将真分式的分母进行标准因式分解,分解成 $(x-a)^k (x-b)^m (x^2+px+q)^l$(这里 $p^2-4q<0$)的形式.

第二步:根据分母因式结构,把真分式化为部分分式待定形式,即进行裂项,具体裂项结果为:

① 每个形如 $(x-a)^k$ 的因式对应部分分式的待定形式: $\dfrac{A_1}{x-a}+\dfrac{A_2}{(x-a)^2}+\cdots +\dfrac{A_k}{(x-a)^k}$

② 每个形如 $(x^2+px+q)^l$ 的因式对应部分分式的待定形式:

$$\dfrac{B_1 x+C_1}{x^2+px+q}+\dfrac{B_2 x+C_2}{(x^2+px+q)^2}+\dfrac{B_l x+C_l}{(x^2+px+q)^l}$$

把各个因式所对应的部分分式加起来,就完成了对真分式的部分分式分解.注意部分分式是待定形式,里面含有待定常数系数.

第三步:利用待定系数法和代特殊值法,确定部分分式中的待定常数系数,彻底把真分式化为部分分式.

待定系数法:一般是将部分分式做通分相加,并使得分子与原分式的分子恒等,得到一组关于待定系数的线性方程,通过解方程确定待定系数.

(3) 求出多项式和部分分式中各简单分式的积分,其和便是所求的积分.

3. 任何有理真分式积分最终都可归纳为求以下两种形式的积分:

$$(1) \int \frac{\mathrm{d}x}{(x-a)^k} \text{ 与 } (2) \int \frac{Mx+N}{(x^2+px+q)^l}\mathrm{d}x.$$

对积分(1),结果为 $\int \frac{A}{x-a}\mathrm{d}x = A\ln|x-a|+C$ 或者 $\int \frac{A}{(x-a)^n}\mathrm{d}x$

$= \frac{A}{1-n}(x-a)^{1-n}+C(n\neq 1).$

对积分(2),变分子为 $\frac{M}{2}(2x+p)+N-\frac{Mp}{2}$,再分项积分,

当 $n=1$,通过凑微分,第一项积分的原函数是对数函数,第二项的原函数是正切函数.

当 $n>1$,第一项通过凑微分,积分的原函数是幂函数,第二项需要利用分别积分法导出递推公式,利用递推公式求出积分.

有关三角函数有理式的积分

1. 由三角函数和常数经过有限次四则运算所构成的函数称为三角函数有理式,三角有理式的积分是第二种重要的特殊类型的积分.

2. 三角有理式的积分方法:由于任何三角函数的有理式都可以表示为 $\sin x$ 及 $\cos x$ 的有理式,所以,在一般三角函数有理式的积分中,我们只需考虑 $\int R(\sin x, \cos x)\mathrm{d}x$ 这种类型的不定积分,其中 $R(\sin x, \cos x)$ 是关于 $\sin x$ 及 $\cos x$ 的有理函数,对于这种类型的积分,我们只要令 $u=\tan \frac{x}{2}$,就能化为有理函数的积分.由于代换 $u=\tan \frac{x}{2}$ 对于三角函数的有理式的积分都可以应用,所以它又叫作"万能"代换.

3. 从原则上讲,对于三角函数有理式的积分,用万能代换 $u=\tan \frac{x}{2}$ 总是可以解决问题的.但是,一般说来是比较麻烦,所以在求三角函数有理式的积分时,首先应该注意能否利用三角恒等式(如倍角公式、积化和差等)把被积函数化为易于积分的形式,在不得已的情况下才用万能公式.而对某些特殊形式下的三角函数有理式的积分,则可考虑用换元法或分部积分法等其他更简单的方法,或选择一些更简单的代换,采用更为灵活巧妙的方法.

有关无理函数积分

1. 含有根式的函数称为无理函数,无理函数积分是第三种重要的特殊类型的积分.

2. 无理函数积分法:一般无理函数的积分多是积不出来的,所以我们只介绍简单无理函数的积分中,形如 $\int R(x,\sqrt[n]{ax+b})\mathrm{d}x$,$\int R\left(x,\sqrt[n]{\dfrac{ax+b}{cx+d}}\right)\mathrm{d}x$ 这样的积分. 对于这样的积分,令这个简单根式为 u,就可以将它们化为 u 的有理函数的积分.

二、典型例题

(一) 有关有理函数的积分

例 1　求下列不定积分

(1) $\int \dfrac{x^3}{x+3}\mathrm{d}x$.

(2) $\int \dfrac{1}{(x^2+1)(x+1)^2}\mathrm{d}x$.

(3) $\int \dfrac{4x+3}{(x-2)^3}\mathrm{d}x$.

(4) $\int \dfrac{1}{x(x+1)(x^2+x+1)}\mathrm{d}x$.

解:(1) $\int \dfrac{x^3}{x+3}\mathrm{d}x=\int\left(x^2-3x+9-\dfrac{27}{x+3}\right)\mathrm{d}x=\dfrac{1}{3}x^3-\dfrac{3}{2}x^2+9x-27\ln|\,x+3\,|+C$.

(2) 设 $\dfrac{1}{(x^2+1)(x+1)^2}=\dfrac{Ax+B}{x^2+1}+\dfrac{C}{x+1}+\dfrac{D}{(x+1)^2}$,据待定系数法:

$A=-\dfrac{1}{2},B=0,C=\dfrac{1}{2},D=\dfrac{1}{2}$. 故原式

$=-\dfrac{1}{2}\int\dfrac{x}{x^2+1}\mathrm{d}x+\dfrac{1}{2}\int\dfrac{1}{(x+1)^2}\mathrm{d}x+\dfrac{1}{2}\int\dfrac{1}{x+1}\mathrm{d}x$.

$=-\dfrac{1}{4}\ln(x^2+1)-\dfrac{1}{2(x+1)}+\dfrac{1}{2}\ln|x+1|+C$.

(3) 设 $\dfrac{4x+3}{(x-2)^3}=\dfrac{A_1}{x-2}+\dfrac{A_2}{(x-2)^2}+\dfrac{A_3}{(x-2)^3}$,据待定系数法:$A_1=0,A_2=4,A_3=11$. 原式 $=4\int\dfrac{\mathrm{d}x}{(x-2)^2}+11\int\dfrac{\mathrm{d}x}{(x-2)^3}=-\dfrac{4}{x-2}-\dfrac{11}{2}\dfrac{1}{(x-2)^2}+C$.

(4) 原式 $\int\dfrac{1}{x}\mathrm{d}x-\int\dfrac{1}{1+x}\mathrm{d}x-\int\dfrac{1}{1+x+x^2}\mathrm{d}x=\ln|\,x\,|-\ln|\,1+x\,|-\dfrac{2}{\sqrt{3}}\arctan\dfrac{2x+1}{\sqrt{3}}+C$.

例 2　求下列不定积分

(1) $\int \dfrac{x+5}{x^2-6x+13}\mathrm{d}x$.

(2) $\int \dfrac{x^3}{(x-1)^{10}}\mathrm{d}x$.

解:(1) 原式 $=\dfrac{1}{2}\int\dfrac{2x-6}{x^2-6x+13}\mathrm{d}x+8\int\dfrac{1}{(x-3)^2+4}\mathrm{d}x=\dfrac{1}{2}\int\dfrac{\mathrm{d}(x^2-6x+13)}{x^2-6x+13}+$

$$4\int \frac{1}{1+\left(\dfrac{x-3}{2}\right)^2}\mathrm{d}\frac{x-3}{2}=\frac{1}{2}\ln(x^2-6x+13)+4\arctan\frac{x-3}{2}+C.$$

(2) 令 $u=x-1,\mathrm{d}u=\mathrm{d}x.$ $\displaystyle\int\frac{x^3}{(x-1)^{10}}\mathrm{d}x=\int\frac{(1+u)^3}{u^{10}}\mathrm{d}u=\int\frac{u^3+3u^2+3u+1}{u^{10}}\mathrm{d}u$

$$=-\frac{1}{6(x-1)^6}-\frac{3}{7}\cdot\frac{1}{(x-1)^7}-\frac{3}{8}\cdot\frac{1}{(x-1)^8}-\frac{1}{9}\cdot\frac{1}{(x-1)^9}+C.$$

（二）有关三角函数有理式积分

例 1 求不定积分 $\displaystyle\int\frac{1}{3+\cos x}\mathrm{d}x.$

解：令 $t=\tan\dfrac{x}{2},$ $\displaystyle\int\frac{\mathrm{d}x}{3+\cos x}=\int\frac{\mathrm{d}t}{2+t^2}=\frac{1}{\sqrt{2}}\arctan\left(\frac{1}{\sqrt{2}}\tan\frac{x}{2}\right)+C$

例 2 求 $\displaystyle\int\frac{\sin x}{\sin x+\cos x}\mathrm{d}x.$

解：$\displaystyle\int\frac{\sin x}{\sin x+\cos x}\mathrm{d}x=\int\frac{\dfrac{1}{2}(\sin x+\cos x)+\dfrac{1}{2}(\sin x-\cos x)}{\sin x+\cos x}\mathrm{d}x$

$$=\frac{1}{2}-\frac{1}{2}\int\frac{\mathrm{d}(\sin x+\cos x)}{\sin x+\cos x}=\frac{1}{2}x-\frac{1}{2}\ln|\sin x+\cos x|+C.$$

例 3 $\displaystyle\int\frac{\cos x}{2\sin x+\cos x}\mathrm{d}x.$

解：$\displaystyle\int\frac{\cos x}{2\sin x+\cos x}\mathrm{d}x=\int\frac{\dfrac{1}{5}(2\sin x+\cos x)+\dfrac{2}{5}(2\cos x-\sin x)}{2\sin x+\cos x}\mathrm{d}x=\frac{1}{5}x+$

$$\frac{2}{5}\int\frac{\mathrm{d}(2\sin x+\cos x)}{2\sin x+\cos x}=\frac{1}{5}x+\frac{2}{5}\ln|2\sin x+\cos x|+C.$$

（三）有关简单无理式的积分

例 1 求 $\displaystyle\int\sqrt{\frac{1-x}{1+x}}\,\frac{\mathrm{d}x}{x}.$

解：令 $t=\sqrt{\dfrac{1-x}{1+x}}$ ，则原式

$$=\int t\cdot\frac{t^2+1}{1-t^2}\cdot\frac{-4t}{(t^2+1)^2}\mathrm{d}t=4\int\frac{t^2}{(t^2-1)(t^2+1)}\mathrm{d}t=2\int\left(\frac{1}{t^2-1}+\frac{1}{t^2+1}\right)\mathrm{d}t$$

$$=\ln\left|\frac{t-1}{t+1}\right|+2\arctan t+C=\ln\left|\frac{\sqrt{1-x}-\sqrt{1+x}}{\sqrt{1-x}+\sqrt{1+x}}\right|+2\arctan\sqrt{\frac{1-x}{1+x}}+C.$$

例 2 求 $\displaystyle\int\frac{\mathrm{d}x}{\sqrt{ax+b}+\mathrm{d}}(a\neq0).$

解：令 $t=\sqrt{ax+b}$ ，$x=\dfrac{t^2-b}{a}$ ，$\mathrm{d}x=\dfrac{2t}{a}\mathrm{d}t.$

原式 $= \int \dfrac{1}{t+d} \cdot \dfrac{2t}{a} dt = \dfrac{2}{a} \int \dfrac{t}{t+d} dt = \dfrac{2}{a} \int \dfrac{(t+d)-d}{t+d} dt = \dfrac{2}{a} t - \dfrac{2d}{a} \ln \mid t+d \mid +C$

$= \dfrac{2}{a} \sqrt{ax+b} - \dfrac{2d}{a} \ln \mid \sqrt{ax+b} + d \mid + C.$

例 3　求 $\displaystyle\int \dfrac{dx}{\sqrt[3]{(x+1)^2(x-1)^4}}.$

解：令 $t = \sqrt[3]{\dfrac{x+1}{x-1}}$，原式 $= \displaystyle\int \dfrac{1}{(x+1)(x-1)} \sqrt[3]{\dfrac{x+1}{x-1}} dx = \int \dfrac{t}{\dfrac{4t^3}{(t^3-1)^2}} \cdot \dfrac{-6t^2}{(t^3-1)^2} dt.$

例 4　求 $\displaystyle\int \dfrac{1}{\sqrt{1+x}+\sqrt[3]{1+x}} dx.$

解：令 $t = \sqrt[6]{1+x} \Rightarrow x = t^6 - 1, dx = 6t^5 dt.$

原式 $= \displaystyle\int \dfrac{1}{t^3+t^2} 6t^5 dt = 6 \int \dfrac{(t^3+1)-1}{t+1} dt = 6 \int \left[(t^2-t+1) - \dfrac{1}{t+1} \right] dt$

$= 2t^3 - 3t^2 + 6t - 6\ln \mid t+1 \mid + C = 2\sqrt{1+x} - 3\sqrt[3]{1+x} + 6\sqrt[6]{1+x} - 6\ln(\sqrt[6]{1+x} + 1)$

$+C.$

三、教学建议

1. 有理函数的积分通过多项式除法和部分分式分解的方法转化为多项式和简单分式的积分. 由万能代换将三角函数有理式的积分转化为有理函数的积分, 掌握其中蕴含的是类比、转化的数学思想方法.

2. 通过对待定系数和部分分式积分法的应用, 体会不定积分解法的多样性, 提高自我学习与自我研究的能力.

3. 有理函数的积分有时首先需要用多项式除法把假分式化为一个多项式与一个真分式之和, 针对学员不会除法的实情, 提示学员类比两个数的除法, 并通过课后第 8 和 12 题展示如何除法.

4. 以问题为导向, 从原理到方法, 重视知识的系统性和标准性.

四、达标训练

(一) 选择题

1. 存在常数 A, B, C, 使得 $\displaystyle\int \dfrac{1}{(x+1)(x^2+2)} dx = ($ 　　$).$

A. $\displaystyle\int \left(\dfrac{A}{x+1} + \dfrac{B}{x^2+2} \right) dx$ 　　　　 B. $\displaystyle\int \left(\dfrac{Ax}{x+1} + \dfrac{Bx}{x^2+2} \right) dx$

C. $\displaystyle\int \left(\dfrac{A}{x+1} + \dfrac{Bx+C}{x^2+2} \right) dx$ 　　 D. $\displaystyle\int \left(\dfrac{Ax}{x+1} + \dfrac{B}{x^2+2} \right) dx$

(二) 计算下列积分

1. $\displaystyle\int \dfrac{x^5}{1+x} dx$

2. $\displaystyle\int \frac{x+1}{(x-1)^3}\mathrm{d}x$

3. $\displaystyle\int \frac{3x+2}{x(x+1)^3}\mathrm{d}x$

4. $\displaystyle\int \frac{\mathrm{d}x}{(x^2+1)(x^2+x+1)}$

5. $\displaystyle\int \frac{\mathrm{d}x}{\sin 2x+2\sin x}$

6. $\displaystyle\int \frac{\sqrt[3]{x}}{x(\sqrt{x}+\sqrt[3]{x})}\mathrm{d}x$

7. $\displaystyle\int \frac{x^3\mathrm{d}x}{\sqrt{1+x^2}}$

8. $\displaystyle\int \sqrt{\frac{a+x}{a-x}}\mathrm{d}x$

9. $\displaystyle\int \frac{1-x-x^2}{(x^2+1)^2}\mathrm{d}x$

附：参考答案

（一）选择题　1. C

（二）计算下列积分

1. 解：由除式 $\dfrac{x^5}{1+x}=x^4-x^3+x^2-x+1-\dfrac{1}{1+x}$，或

$$\because \frac{x^5}{1+x}=\frac{x^4(1+x)-x^4}{1+x}=x^4-\frac{x^4}{1+x}=x^4-\frac{x^3(1+x)-x^3}{1+x}=x^4-x^3+\frac{x^3}{1+x},$$

$$\therefore \int \frac{x^5}{1+x}dx=\frac{1}{5}x^5-\frac{1}{4}x^4+\frac{1}{3}x^3-\frac{1}{2}x^2+x-\ln|1+x|+C.$$

2. 解:令$\frac{x+1}{(x-1)^3}=\frac{A}{x-1}+\frac{B}{(x-1)^2}+\frac{C}{(x-1)^3}$,等式右边通分后比较两边分子 x 的

同次项的系数得:$A=0,B-2A=1,A-B+C=1$,解此方程组得:

$A=0,B=1,C=2$.原积分$=\frac{1}{x-1}-\frac{1}{(x-1)^2}+C.$

3. 解:$\because \frac{3x+2}{x(x+1)^3}=\frac{3}{(x+1)^3}+\frac{2}{x(x+1)^3}$,令

$\frac{2}{x(x+1)^3}=\frac{A}{x}+\frac{B}{x+1}+\frac{C}{(x+1)^2}+\frac{D}{(x+1)^3}$,解此方程组得:

$A=2,B=-2,C=-2,D=-2$.原积分$=2\ln\left|\frac{x}{x+1}\right|+\frac{2}{x+1}+\frac{1}{(x+1)^2}+C.$

4. 解:令$\frac{1}{(x^2+1)(x^2+x+1)}=\frac{Ax+B}{x^2+1}+\frac{Cx+D}{x^2+x+1}$,等式右边通分后比较等式两

边分子上 x 的同次幂项的系数得:$A+C=0,A+B+D=0,A+B+C=0,B+D=1$;

解之得:$A=-1,B=0,C=D=1.$

$$\therefore \int \frac{dx}{(x^2+1)(x^2+x+1)}=-\int \frac{x}{x^2+1}dx+\int \frac{x+1}{x^2+x+1}dx$$

$$=-\frac{1}{2}\int \frac{dx^2}{x^2+1}dx+\frac{1}{2}\int \frac{2x+2}{x^2+x+1}dx$$

$$=-\frac{1}{2}\int \frac{dx^2}{x^2+1}dx+\frac{1}{2}\int \frac{2x+1}{x^2+x+1}dx+\frac{1}{2}\int \frac{dx}{x^2+x+1}$$

$$=-\frac{1}{2}\ln(x^2+1)+\frac{1}{2}\int \frac{d(x^2+x+1)}{x^2+x+1}+\frac{1}{2}\int \frac{dx}{\left(x+\frac{1}{2}\right)^2+\frac{3}{4}}$$

$$=-\frac{1}{2}\ln(x^2+1)+\frac{1}{2}\ln(x^2+x+1)+\frac{1}{\sqrt3}\int \frac{d\left(\frac{2x+1}{\sqrt3}\right)}{\left(\frac{2x+1}{\sqrt3}\right)^2+1}$$

$$=-\frac{1}{2}\ln(x^2+1)+\frac{1}{2}\ln(x^2+x+1)+\frac{1}{\sqrt3}\arctan\left(\frac{2x+1}{\sqrt3}\right)+C.$$

5. 解:令$t=\tan\frac{x}{2}$,则 $dx=\frac{2dt}{1+t^2},\sin x=\frac{2t}{1+t^2},\cos x=\frac{1-t^2}{1+t^2}$;

原积分$=\frac{1}{8}\tan^2\frac{x}{2}+\frac{1}{4}\ln\left|\tan\frac{x}{2}\right|+C.$

6. 解:令$t=\sqrt[6]{x}$,则 $dx=6t^5dt$;原积分$=6\ln\left|\frac{\sqrt[6]{x}}{\sqrt[6]{x}+1}\right|+C.$

7. 解：令 $x = \tan t$，$|t| < \dfrac{\pi}{2}$，则 $dx = \sec^2 t\, dt$. 原积分 $= \dfrac{1}{3}\sqrt{(x^2+1)^3} - \sqrt{x^2+1} + C$.

8. 解：令 $x = a \sin t$，$|t| < \dfrac{\pi}{2}$；则 $dx = a\cos t\, dt$，原积分 $= a \arcsin \dfrac{x}{a} - \sqrt{a^2 - x^2}$ $+ C$.

9. 解：$\dfrac{1-x-x^2}{(x^2+1)^2} = -\dfrac{1}{x^2+1} - \dfrac{x}{(x^2+1)^2} + \dfrac{2}{(x^2+1)^2}$

又由分部积分法可知：$2\displaystyle\int \dfrac{dx}{(x^2+1)^2} = \dfrac{x}{x^2+1} + \int \dfrac{1}{x^2+1} dx$.

综合练习

一、填空题

1. $\displaystyle\int \frac{2x^2+1}{x^2(1+x^2)}\mathrm{d}x = $ _____ ;

2. $\displaystyle\int \cos^2 \frac{x}{2}\mathrm{d}x = $ _____ ;

3. $\displaystyle\int \sin x\,\mathrm{d}x = $ _____ ;

4. $\displaystyle\int \frac{1+x}{\sqrt{x}}\mathrm{d}x = $ _____ ;

5. $\displaystyle\int (2\sin x + 3\cos x)\mathrm{d}x = $ _____ ;

6. $\displaystyle\int \frac{\mathrm{d}x}{x^2\sqrt{x}} = $ _____ .

二、计算题

1. 求 $\displaystyle\int \frac{\ln 2x}{x\ln 4x}\mathrm{d}x$

2. 求 $\displaystyle\int \frac{\cos^5 x}{\sin^9 x}\mathrm{d}x$

3. 求 $\displaystyle\int \frac{x\ln(1+\sqrt{1+x^2})}{\sqrt{1+x^2}}\mathrm{d}x$

4. 求 $\displaystyle\int \sin^2 2x \sin^2 3x\,\mathrm{d}x$

5. 求 $\displaystyle\int \frac{x}{\sqrt[3]{1-3x}}\mathrm{d}x$

6. 求 $\displaystyle\int (\cos^5 x + \cot^3 x)\mathrm{d}x$

7. 求 $\displaystyle\int \frac{\sin x \cos x}{\sqrt{4\sin^2 x + \cos^2 x}} \mathrm{d}x$

8. 求 $\displaystyle\int \frac{\mathrm{d}x}{x(a^2 + x^2)^{\frac{3}{2}}}$

9. 求 $\displaystyle\int \frac{\mathrm{d}x}{1 - \cos x}$

10. 求 $\displaystyle\int \frac{\mathrm{d}x}{x^4 + 3x^2 + 2}$

11. 求 $\displaystyle\int \tan^3 x \, \mathrm{d}x$

12. 求 $\displaystyle\int x^2 \mathrm{e}^{-2x} \, \mathrm{d}x$

13. 求 $\displaystyle\int \frac{\sin x \cos x}{\sin^4 x + \cos^4 x} \mathrm{d}x$

14. 求 $\displaystyle\int x^5 \mathrm{e}^{x^2} \, \mathrm{d}x$

附：参考答案

一、填空题

1. $\arctan x - \dfrac{1}{x} + C$　　2. $\dfrac{1}{2}(x + \sin x) + C$　　3. $-\cos x + C$　　4. $2\sqrt{x} + \dfrac{2}{3}(\sqrt{x})^3$

$+ C$　　5. $-2\cos x + 3\sin x + C$　　6. $-\dfrac{2}{3}x^{-\frac{3}{2}} + C$

二、计算题

1. 解:原式 $= \ln x - \ln 2 \cdot \ln(\ln 4x) + C$

2. 解:原式 $= -\dfrac{1}{8} \cdot \dfrac{1}{\sin^8 x} + \dfrac{1}{3} \cdot \dfrac{1}{\sin^6 x} - \dfrac{1}{4} \cdot \dfrac{1}{\sin^4 x} + C$

3. 解:原式 $= (1 + \sqrt{1 + x^2}\,[\ln(1 + \sqrt{1 + x^2}) - 1]) + C$

4. 解:原式 $= \dfrac{1}{4}\left[x - \dfrac{1}{4}\sin 4x - \dfrac{1}{6}\sin 6x + \dfrac{1}{2}\left(\dfrac{1}{2}\sin 2x + \dfrac{1}{10}\sin 10x \right) \right] + C$

5. 解:原式 $= \dfrac{1}{15}(1 - 3x)^{\frac{5}{3}} - \dfrac{1}{6}(1 - 3x)^{\frac{2}{3}} + C$

6. 解:原式 $= -\dfrac{1}{4}\cot^4 x + C$

7. 解:原式 $= \dfrac{1}{3}\sqrt{3\sin^2 x + 1} + C$

8. 解:原式 $= \dfrac{1}{a^3}\left[\ln(\sqrt{a^2 + x^2} - a) - \ln|x| + \dfrac{a}{\sqrt{a^2 + x^2}} \right] + C$

9. 解:原式 $= -\cot \dfrac{x}{2} + C$

10. 解:原式 $= \arctan x - \dfrac{1}{\sqrt{2}}\arctan \dfrac{x}{\sqrt{2}} + C$

11. 解:原式 $= \dfrac{1}{2}\tan^2 x - \ln|\sec x| + C$

12. 解:原式 $= -\dfrac{1}{2}x^2 \mathrm{e}^{-2x} - \dfrac{1}{2}x\mathrm{e}^{-2x} - \dfrac{1}{4}\mathrm{e}^{-2x} + C$

13. 解:原式 $= -\dfrac{1}{2}\arctan(\cos 2x) + C$

14. 解:原式 $= \dfrac{1}{2}\left[x^4 \mathrm{e}^{x^2} - 2(x^2 - 1)\mathrm{e}^{x^2} \right] + C$

第五节 单元检测

单元检测一

一、填空题(每小题 4 分,合计 20 分)

1. $\displaystyle\int \dfrac{\mathrm{d}x}{(2 - x)\sqrt{1 - x}} = $ _____.

2. $\displaystyle\int \dfrac{\sin 2x}{1 + \sin^2 x}\mathrm{d}x = $ _____.

3. $\displaystyle\int \dfrac{1}{x^2}\sin \dfrac{1}{x}\mathrm{d}x = $ _____.

4. $\int R(\sin^2 x, \cos^2 x)\,\mathrm{d}x = \int R\left(\dfrac{u^2}{1+u^2}, \dfrac{1}{1+u^2}\right)\dfrac{1}{1+u^2}\,\mathrm{d}u$ 则 $u = $ _____.

5. $\int \dfrac{\mathrm{d}x}{x(x^{10}+2)} = $ _____.

二、单项选择题（每小题 4 分，合计 20 分）

1. 设 $\int f(x)\,\mathrm{d}x = \sin x + C$，则 $\int \dfrac{f(\arcsin x)}{\sqrt{1-x^2}}\,\mathrm{d}x = ($ 　　 $)$.

　　A. $-x + C$ 　　　　　B. $x + C$ 　　　　　C. $\dfrac{1}{2}x^2 + C$ 　　　　D. $-\dfrac{1}{2}x^2 + C$

2. 若 e^{-x} 是 $f(x)$ 的原函数，则 $\int x^2 f(\ln x)\,\mathrm{d}x = ($ 　　 $)$.

　　A. $\dfrac{1}{x} + C$ 　　　　　B. $-\dfrac{1}{x} + C$ 　　　　C. $\dfrac{1}{2}x^2 + C$ 　　　　D. $-\dfrac{1}{2}x^2 + C$

3. 已知曲线 $y = f(x)$ 在点 $(x, f(x))$ 处的切线斜率为 $\sec^2 x + \sin x$，且此曲线与 y 轴的交点为 $(0,5)$，则此曲线方程为（ 　　 ）.

　　A. $\tan x - \cos x + 6$ 　　　　　　　　　　B. $-\tan x - \cos x + 6$

　　C. $\sin x + \cos x + 4$ 　　　　　　　　　　D. $-\sin x + \cos x + 4$

4. 以下选项正确的是（ 　　 ）.

　　A. $\int f'(x)\,\mathrm{d}x = f(x)$ 　　　　　　　　B. $\int \mathrm{d}f(x) = f(x)$

　　C. $\dfrac{\mathrm{d}}{\mathrm{d}x}\int f(x)\,\mathrm{d}x = f(x)$ 　　　　　D. $\mathrm{d}\int f(x)\,\mathrm{d}x = f(x)$

5. 设 $\int x f(x)\,\mathrm{d}x = \arcsin x + C$，则 $\int \dfrac{1}{f(x)}\,\mathrm{d}x = ($ 　　 $)$.

　　A. $\dfrac{1}{3}(1-x^2)^{\frac{3}{2}} + C$ 　　　　　　　　B. $-\dfrac{1}{3}(1-x^2)^{\frac{3}{2}} + C$

　　C. $x(1-x^2)^{\frac{1}{2}} + C$ 　　　　　　　　　　D. $-x(1-x^2)^{\frac{1}{2}} + C$

三、（6 分）设 $f(x) = \sin|x|$，求 $\int f(x)\,\mathrm{d}x$.

四、（6 分）求 $\int \dfrac{x\mathrm{e}^x}{\sqrt{\mathrm{e}^x - 1}}\,\mathrm{d}x$.

五、(6 分)求积分 $\int (x\ln x)^p (\ln x + 1)\mathrm{d}x$.

六、(6 分)已知 $\int \dfrac{x^2}{\sqrt{1-x^2}}\mathrm{d}x = Ax\sqrt{1-x^2} + B\int \dfrac{\mathrm{d}x}{\sqrt{1-x^2}}$，求 A，B.

七、(10 分)求 $\int \dfrac{\mathrm{d}x}{\sqrt[n]{(x-a)^{n+1}(x-b)^{n-1}}}$($n$ 为正整数).

八、(8 分)求 $I_n = \int \cos^n x\,\mathrm{d}x$ 的递推公式(n 为正整数).

九、(8 分)设 $f'(\sin^2 x) = \cos 2x + \tan^2 x$，当 $0 < x < 1$ 时，求 $f(x)$.

十、(10 分)设 $f(x)$ 的导函数 $f'(x)$ 的图像为过原点和点 $(2,0)$ 的抛物线，开口向下，且 $f(x)$ 的极小值为 2，极大值为 6，求 $f(x)$.

单元检测二

一、填空题

1. 设函数 $F(x)$ 是 $\dfrac{\ln x}{x}$ 的一个原函数，则 $\mathrm{d}F(e^{\frac{x}{2}})=$ _____.

2. $\displaystyle\int xf'(3x^2+1)\mathrm{d}x=$ _____.

3. $\displaystyle\int xf''(x)\mathrm{d}x=$ _____.

4. 若 e^{-x} 是 $f(x)$ 的一个原函数，则 $\displaystyle\int x^2f'(\ln x)\mathrm{d}x=$ _____.

5. 设 $f(x)$ 在 $(0,+\infty)$ 内可导，且当 $x>0$ 时，有 $\displaystyle\int f(x^3)\mathrm{d}x=(x-1)e^{-x}+C$，则 $f(1)=$

_____.

二、选择题

1. 若 $f(x)$ 的导数为 $\sin x$，则 $f(x)$ 有一个原函数是（　　）.

   A. $1+\sin x$ B. $1-\sin x$

   C. $1+\cos x$ D. $1-\cos x$

2. 若 $f(x)$ 的一个原函数为 $\arctan x$，则 $\displaystyle\int xf(1-x^2)\mathrm{d}x=$（　　）.

   A. $\arctan(1-x^2)+C$ B. $x\arctan(1-x^2)+C$

   C. $-\dfrac{1}{2}\arctan(1-x^2)+C$ D. $-\dfrac{1}{2}x\arctan(1-x^2)+C$

3. 设 $\displaystyle\int f(x)\mathrm{d}x=x^2+C$，则 $\displaystyle\int xf(1-x^2)\mathrm{d}x=$（　　）.

   A. $-2(1-x^2)^2+C$ B. $2(1-x^2)^2+C$

   C. $-\dfrac{1}{2}(1-x^2)^2+C$ D. $\dfrac{1}{2}(1-x^2)^2+C$

4. 设 $f(x)$ 连续，且 $\displaystyle\int f(x)\mathrm{d}x=F(x)+C$，则下列各式中正确的是（　　）.

   A. $\displaystyle\int f(e^{2x})e^{2x}\mathrm{d}x=F(e^{2x})+C$ B. $\displaystyle\int f(\sin x)\cos x\mathrm{d}x=F(\sin x)+C$

   C. $\displaystyle\int f(\cos x)\sin x\mathrm{d}x=F(\cos x)+C$ D. $\displaystyle\int f\left(\dfrac{1}{x}\right)\dfrac{1}{x^2}\mathrm{d}x=F\left(\dfrac{1}{x}\right)+C$

5. $\displaystyle\int\dfrac{e^x-1}{e^x+1}\mathrm{d}x=$（　　）.

   A. $\ln|e^x+1|+C$ B. $\ln|e^x-1|+C$

   C. $x-2\ln|e^x+1|+C$ D. $2\ln|e^x+1|-x+C$

三、解答下列各题

1. 设 $f(x)=\begin{cases}0, & x<0,\\ x+1, & 0\leqslant x\leqslant 1,\\ 2x, & x>1.\end{cases}$ 求 $\displaystyle\int f(x)\mathrm{d}x$.

2. 计算 $\displaystyle\int \frac{\mathrm{d}x}{1+\sqrt{x}+\sqrt{1+x}}$.

3. 设 $f(x^2-1)=\ln\dfrac{x^2}{x^2-2}$，且 $f[\varphi(x)]=\ln x$，求 $\displaystyle\int\varphi(x)\mathrm{d}x$.

4. 已知 $\dfrac{\sin x}{x}$ 是函数 $f(x)$ 的一个原函数，求 $\displaystyle\int x^3 f'(x)\mathrm{d}x$.

5. 求 $\displaystyle\int \frac{\mathrm{d}x}{(2x^2+1)\sqrt{1+x^2}}$.

6. 求 $\displaystyle\int \frac{x\,\mathrm{e}^{\arctan x}}{(1+x^2)^{\frac{3}{2}}}\mathrm{d}x$.

附：参考答案

单元检测一

一、1. $-2\arctan\sqrt{1-x}+C$　2. $\ln(1+\sin^2 x)+C$　3. $\cos\dfrac{1}{x}+C$　4. $\tan x$

5. $\dfrac{1}{20}\ln\left(\dfrac{x^{10}}{x^{10}+2}\right)+C$.

二、1. B　2. D　3. A　4. C　5. B

三、当 $x\geqslant 0$ 时，原式 $=-\cos x+C$；当 $x<0$ 时，原式 $=\cos x-2+C$.

四、提示：令 $\sqrt{\mathrm{e}^x-1}=t$，原式 $=2x\sqrt{\mathrm{e}^x-1}-4\sqrt{\mathrm{e}^x-1}+4\arctan\sqrt{\mathrm{e}^x-1}+C$.

五、原式 $=\begin{cases}\dfrac{(x\ln x)^{p+1}}{p+1}, & p\neq 1\\[2mm] \ln|x\ln x|+C, & p=-1\end{cases}$.

六、$A=-\dfrac{1}{2}$，$B=\dfrac{1}{2}$.

七、当 $a \neq b$，原式 $= \dfrac{n}{b-a} \sqrt[n]{\dfrac{x-b}{x-a}} + C$；当 $a = b$，原式 $= \dfrac{-1}{x-a} + C$.

八、$I_1 = \sin x + C$，$I_2 = \dfrac{x}{2} + \dfrac{1}{4} \sin 2x + C$；当 $n > 2$ 时，$I_n = \dfrac{n-1}{n} I_{n-2} + \dfrac{1}{n} \cos^n x \tan x$.

九、$f(x) = -x^2 - \ln|1-x| + C$，$0 < x < 1$.

十、$f(x) = -x^3 + 3x^2 + 2$.

单元检测二

一、1. $\dfrac{x}{4} dx$　2. $\dfrac{1}{6} f(3x^2 + 1) + C$　3. $xf'(x) - f(x) + C$　4. $-\dfrac{1}{2} x^2 + C$

5. e^{-1}

二、1. B　2. C　3. C　4. B　5. D

三、1. 解：因 $x = 0$ 是 $f(x)$ 的第一类间断点，故在 $(-\infty, +\infty)$ 内 $f(x)$ 不存在原函数. 而 $x = 1$ 是 $f(x)$ 的连续点，故在 $(0, +\infty)$ 内存在原函数，因而 $f(x)$ 的不定积分只能分别在 $f(x)$ 连续的区间 $(-\infty, 0)$ 与 $(0, +\infty)$ 内求出，易得到 $\displaystyle\int f(x) dx =$

$\begin{cases} C_1, & x < 0, \\ \dfrac{x^2}{2} + x + C_2, & 0 < x \leqslant 1, \\ x^2 + \dfrac{1}{2} + C_2, & x > 1. \end{cases}$ 其中 C_1 与 C_2 是两个独立的常数.

2. 解：令 $u = \sqrt{x} + \sqrt{1+x}$，则 $x = \left(\dfrac{u^2 - 1}{2u}\right)^2$，原式 $= \displaystyle\int \dfrac{1}{u+1} \cdot \dfrac{1}{2} \cdot \dfrac{u^4 - 1}{u^3} du =$

$\dfrac{1}{2} \left(u - \ln|u| - \dfrac{1}{u} + \dfrac{1}{2u^2}\right) + C$，代入 u 即可.

3. 解：$f(x^2 - 1) = \ln \dfrac{x^2}{x^2 - 2} = \ln \dfrac{(x^2 - 1) + 1}{(x^2 - 1) - 1}$，则 $f(u) = \ln \dfrac{u+1}{u-1}$，从而 $f[\varphi(x)] =$

$\ln \dfrac{\varphi(x) + 1}{\varphi(x) - 1} = \ln x$. 由 $\dfrac{\varphi(x) + 1}{\varphi(x) - 1} = x$，即 $\varphi(x) = \dfrac{x+1}{x-1}$ 故 $\displaystyle\int \varphi(x) dx = \int \dfrac{x-1+2}{x-1} dx = x +$

$2\ln|x-1| + C$.

4. 解：$f(x) = \left(\dfrac{\sin x}{x}\right)' = \dfrac{x \cos x - \sin x}{x^2}$，$\displaystyle\int x^3 f'(x) dx = \int x^3 df(x) = x^3 f(x) -$

$3 \displaystyle\int x^2 f(x) dx = x^2 \cos x - 4x \sin x - 6 \cos x + C$.

5. 解：设 $x = \tan x$，则 $dx = \sec^2 t \, dt$，$\sqrt{1+x^2} = \sec t$，于是原式 $= \displaystyle\int \dfrac{dt}{\cos t (2\tan^2 t + 1)}$

$= \displaystyle\int \dfrac{\cos t \, dt}{2\sin^2 t + \cos^2 t} = \int \dfrac{d\sin t}{1 + \sin^2 t} = \arctan(\sin t) + C$. 为在最后结果中换回原来的变量 x，根据变量代换 $x = 1 \cdot \tan t$ 作一直角三角形，其中 t 为锐角，x 为 t 的对边，邻边为 1，则斜边为

$\sqrt{1+x^2}$，因而有 $\sin t = \dfrac{x}{\sqrt{1+x^2}}$，原式 $= \arctan \dfrac{x}{\sqrt{1+x^2}} + C$.

6. 解：设 $t=\arctan x$，即 $x=\tan t$，则原式 $=\displaystyle\int \frac{\mathrm{e}^t \tan t}{(1+\tan^2 t)^{\frac{3}{2}}} \cdot \sec^2 t \,\mathrm{d}t = \int \mathrm{e}^t \sin t \,\mathrm{d}t$，

又 $\displaystyle\int \mathrm{e}^t \sin t \,\mathrm{d}t = \frac{1}{2}\mathrm{e}^t(\sin t - \cos t) + C$（用分部积分法求之），因此原式 $=$

$\dfrac{1}{2}\mathrm{e}^{\arctan x}\left(\dfrac{x}{\sqrt{1+x^2}} - \dfrac{1}{\sqrt{1+x^2}}\right) + C = \dfrac{(x-1)\mathrm{e}^{\arctan x}}{2\sqrt{1+x^2}} + C.$

第五章　定积分

定积分与不定积分构成积分学的全貌,为了进一步运用数学分析的方法解决实际问题,定积分的思想、概念、理论和计算方法是不可缺少的数学基础.

定积分是高等数学中十分重要的内容,是一元函数积分学核心内容,它是关于几何图形的面积、体积,关于功以及其他类似的具体事物规律性的反映,很多表面上看来迥然不同的具体问题,都可归结为定积分问题.主要内容有:定积分的概念、性质与计算方法,变上限积分函数、原函数的概念,两类反常积分的概念与计算方法.定积分是其他类型积分(二重、三重、曲线和曲面积分)的基础,它们的数学思想都是类似的,在各种科学领域里,在现代的生产实践中,定积分有着广泛的应用.

定积分的基础是极限,它的"和的极限"的思想在高等数学中具有普遍意义;定积分的概念和基本公式,深刻地揭示了"近似"与"精确","微分"与"积分","不定积分"与"定积分"之间对立统一的辩证关系,使微分学与积分学构成了一个完整的理论体系.

本章的基本知识结构是从实际问题引入定积分概念,建立了定积分概念的基本数学思想;然后建立一整套理论和微积分基本公式,发现了微积分学基本定理,本章架起了积分与微分之间的桥梁;解决了定积分的计算,从而完成各种计算方法的建立,进而推广到反常积分的运算.最后给出微元法的思想及步骤,并给出了定积分在几何和物理上的应用方法.

【教学大纲要求】

1. 理解定积分的概念和几何意义,掌握定积分的性质和积分中值定理,了解用梯形法和抛物线法求定积分的近似值的思想.

2. 理解变上限的积分作为其上限的函数及其求导定理,掌握牛顿-莱布尼茨公式.

3. 掌握定积分的换元法和分部积分法.

4. 了解两类反常积分及其收敛性的概念,会计算反常积分.

【学时安排】

本章安排 10 学时(5 次课),其中理论课 8 学时(4 次课),习题课 2 学时(1 次课),习题课安排在最后一次课.

讲次	教学内容	课型
30	定积分的概念和性质	理论
31	微积分基本公式	理论
32	定积分的分部积分、换元积分法	理论
33	反常积分	理论
34	习题课	习题

【基本内容疏理与归纳】

1. 定积分定义 $\int_a^b f(x)\mathrm{d}x = \lim\limits_{\lambda \to 0}\sum\limits_{i=1}^n f(\xi_i)\Delta x_i$ 中的四部曲.

"分割、取近似、求和、取极限",或者,"大化小、常代变、近似和、取极限".

(1) 定积分的值只与被积函数及积分区间有关,而与积分变量的记法无关,

$\int_a^b f(x)\mathrm{d}x = \int_a^b f(t)\mathrm{d}t = \int_a^b f(u)\mathrm{d}u.$

(2) 当 $a=b$ 时,$\int_a^b f(x)\mathrm{d}x = 0.$

(3) 当 $a>b$ 时,$\int_a^b f(x)\mathrm{d}x = -\int_b^a f(x)\mathrm{d}x.$

(4) 如果函数 $f(x)$ 在上的定积分存在,我们就说 $f(x)$ 在区间 $[a,b]$ 上可积.

2. 定积分存在的充分条件.

设在区间上连续,或在区间上有界,且只有有限个间断点,则在该区间上可积.

3. 定积分 $\int_a^b f(x)\mathrm{d}x$ 的几何与物理意义.

它是介于轴、函数的图形及两条直线之间的各部分面积的代数和. 是用于表达分布于有限区间上的可加物理量的总量的数学模型.

4. 定积分的性质.

性质1　函数的和(差)的定积分等于它们的定积分的和(差).

性质2　被积函数的常数因子可以提到积分号外面.

性质3　如果将积分区间分成两部分,则在整个区间上的定积分等于这两部分区间上定积分之和.

性质4　如果在区间上被积函数为常数1,积分等于积分区间长度.

性质5　如果在区间上被积函数不小于0,积分不小于0(积分下限小于积分上限).

性质6　设 M 及 m 分别是函数 $f(x)$ 在区间 $[a,b]$ 上的最大值及最小值,则

$m(b-a) \leqslant \int_a^b f(x)\mathrm{d}x \leqslant M(b-a)(a<b).$

性质7　(定积分中值定理)如果函数 $f(x)$ 在闭区间 $[a,b]$ 上连续,则在积分区间 $[a,b]$ 上至少存在一点 ξ,使有:$\int_a^b f(x)\mathrm{d}x = f(\xi)(b-a).$(积分中值公式)

5. 积分上限函数及其导数.

积分上限函数:$\Phi(x) = \int_a^x f(x)\mathrm{d}x$,其中 $f(x)$ 在区间 $[a,b]$ 上连续,x 为 $[a,b]$ 上的一点.

定理1　如果函数在区间 $[a,b]$ 上连续,则函数 $\Phi(x) = \int_a^x f(x)\mathrm{d}x$ 在 $[a,b]$ 上具有导数,并且它的导数为 $\Phi'(x) = \dfrac{\mathrm{d}}{\mathrm{d}x}\int_a^x f(t)\mathrm{d}t = f(x)(a \leqslant x \leqslant b).$

定理2　如果函数 $f(x)$ 在区间 $[a,b]$ 上连续,则函数 $\Phi(x) = \int_a^x f(x)\mathrm{d}x$ 是函数 $f(x)$ 在区间 $[a,b]$ 上的一个原函数.

6. 定积分计算方法.

（1）牛顿莱布尼茨公式.

（2）定积分换元积分法.

（3）定积分分部积分法.

（4）奇偶函数在对称区间上的定积分：

若 $f(x)$ 在上连续且为偶函数，则 $\int_{-a}^{a} f(x)\mathrm{d}x = 2\int_{0}^{a} f(x)\mathrm{d}x$.

若 $f(x)$ 在上连续且为奇函数，则 $\int_{-a}^{a} f(x)\mathrm{d}x = 0$

（5）无穷限的反常积分：

① 定义：$\int_{a}^{+\infty} f(x)\mathrm{d}x = \lim_{b\to+\infty}\int_{a}^{b} f(x)\mathrm{d}x$. 在反常积分的定义式中，如果极限存在，则称此反常积分收敛；否则称此反常积分发散. 类似地，$\int_{-\infty}^{b} f(x)\mathrm{d}x = \lim_{a\to-\infty}\int_{a}^{b} f(x)\mathrm{d}x$,

$$\int_{-\infty}^{+\infty} f(x)\mathrm{d}x = \lim_{a\to-\infty}\int_{a}^{0} f(x)\mathrm{d}x + \lim_{b\to+\infty}\int_{0}^{b} f(x)\mathrm{d}x.$$

② 计算：如果 $F(x)$ 是的原函数，则 $\int_{a}^{+\infty} f(x)\mathrm{d}x = \lim_{b\to+\infty}\int_{a}^{b} f(x)\mathrm{d}x = \lim_{b\to+\infty}\left[F(x)\right]_{a}^{b} = \lim_{b\to+\infty}F(b) - F(a) = \lim_{x\to+\infty}F(x) - F(a)$. 其他类似.

（6）反常积分 $\int_{a}^{+\infty}\dfrac{1}{x^{p}}\mathrm{d}x\,(a>0)$ 的敛散性：当 $p>1$ 时，此反常积分收敛，其值为 $\dfrac{a^{1-p}}{p-1}$；当 $p\leqslant 1$ 时，此反常积分发散.

（7）无界函数的反常积分：

① 定义：设函数在区间 $(a,b]$ 上连续，点 a 为 $f(x)$ 的瑕点，对反常积分 $\int_{a}^{b} f(x)\mathrm{d}x = \lim_{t\to a^{+}}\int_{t}^{b} f(x)\mathrm{d}x$，如果极限存在，则称此反常积分收敛；否则称此反常积分发散. 类似地，

$$\int_{a}^{b} f(x)\mathrm{d}x = \lim_{t\to b^{-}}\int_{a}^{t} f(x)\mathrm{d}x.$$

函数在 $[a,c)\bigcup(c,b]$（c 为瑕点）上的反常积分定义为

$$\int_{a}^{b} f(x)\mathrm{d}x = \lim_{t\to c^{-}}\int_{a}^{t} f(x)\mathrm{d}x + \lim_{t\to c^{+}}\int_{t}^{b} f(x)\mathrm{d}x.$$

② 计算：如果 $F(x)$ 为 $f(x)$ 的原函数，则有

$$\int_{a}^{b} f(x)\mathrm{d}x = \lim_{t\to a^{+}}\int_{t}^{b} f(x)\mathrm{d}x = \lim_{t\to a^{+}}\left[F(x)\right]_{t}^{b} = F(b) - \lim_{t\to a^{+}}F(t) = F(b) - \lim_{x\to a^{+}}F(x).$$ 其他类似.

7. 计算定积分的一般程序.

（1）用对称性和周期性化简定积分；

（2）直接用牛顿-莱布尼茨公式计算，适合被积函数较简单；

（3）用凑微分法（不用换元）来计算，适合被积分表达式变为 $f[\Phi(x_x)]\Phi'(x)\mathrm{d}x$；

（4）用换元法计算，适合被积函数含有根式；

（5）用分部积分法计算，适合被积函数含有两个不同类型的函数乘积；

（6）用有理函数积分法等其他方法计算.

8．定积分换元积分法的一般步骤：

（1）找代换 $x = \varphi(t)$（三角代换、根式代换、倒代换、万能代换等）.

（2）换元换限：代入被积函数表达式中（$f(x)\mathrm{d}x = f[\psi(t)]\varphi'(t)\mathrm{d}t$），并换对应积分限.

（3）计算关于新积分变量的定积分.

简称为：一找，二换，三计算.

口诀为：换元必换限，上限对上限，下限对下限.

9．不定积分第二换元积分法与定积分换元积分法的区别：

不定积分第二换元积分公式：$\displaystyle\int f(x)\mathrm{d}x = \left(\int f[\psi(t)]\psi'(t)\mathrm{d}t\right)_{t=\psi^{-1}(x)}$

定积分换元积分公式：$\displaystyle\int_a^b f(x)\mathrm{d}x = \int_\alpha^\beta f[\phi(t)]\phi'(t)\mathrm{d}t$

（1）单调性：$x = \psi(t)$ 要求单调（存在反函数 $t = \psi^{-1}(x)$），并将 $t = \psi^{-1}(x)$ 代回以得到原来的变量 x 的函数；而 $x = \phi(t)$ 不要求单调，不需要代回.

（2）对应区间：$x = \psi(t)$ 要求在与 x 的区间相对应的 t 的区间上考虑，而 $x = \phi(t)$ 要求其值域 $R_\phi \subset [a,b]$，甚至 $R_\phi = [A,B] \supset [a,b]$，只要 $f(x)$ 在 $[A,B]$ 上连续，公式也成立.

【知识点思维导图】

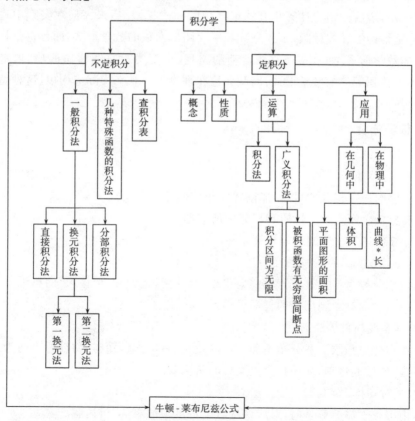

第一节　定积分的概念与性质

　　定积分的产生,源于计算平面上封闭曲线围成的图形的面积问题.而封闭曲线围成的图形的面积问题最早源于古希腊人丈量形状不规则土地的面积问题.所用方法就是穷竭法的雏形:尽可能地用规则图形(例如矩形和三角形)把要丈量的土地分割成若干小块,并且忽略那些边边角角的不规则的小块,计算出每一小块规则图形的面积,然后将它们相加,就得到土地面积的近似值,从而人们就用这种源于实践的穷竭法求出了一些图形面积和体积.但是,应用穷竭法,必须添上许多技艺,并且缺乏一般性,常常得不到数值解.数学家兼物理学家阿基米德利用这种方法,借助于几何直观,求出了斜抛物线弓形的面积,以及阿基米德螺线第一周围成的区域的面积.当阿基米德的这些工作在欧洲闻名时,求长度、面积、体积和重心的兴趣复活了,许多著名的数学家、天文学家、物理学家都为解决上述几类问题作了大量的研究工作,如法国的费尔玛、笛卡尔、罗伯瓦、笛沙格;英国的巴罗、瓦里士;德国的开普勒、意大利的卡瓦列利等人都提出许多很有建树的理论.直到 17 世纪下半叶,在前人工作的基础上,英国大数学家牛顿和德国数学家莱布尼茨分别在自己的领域里独自研究和完成了微积分的创立工作.而由于微积分的创立,计算这类图形的面积,最后归结为计算具有特定结构的和式极限.后来人们在实践中逐步认识到,这种特定结构的和式极限,不仅是计算平面图形面积的数学形式,而且也是计算许多实际问题的数学形式.如求变速直线运动的路程、求变力沿直线所做的功、求水的侧压力、求立体的体积等等的数学形式,因此无论在理论上还是在实际应用中,这种特定结构的和式极限——定积分,具有重大意义.

一、教学分析

(一)教学目标

1. 知识与技能.

(1)能够阐述定积分的概念,能阐述定积分的几何意义.

(2)会分析应用定积分性质和积分中值定理.

(3)能够叙述定积分的近似计算思想.

2. 过程与方法.

经历定积分概念产生过程,学会"大化小,常代变,近似和,取极限"的思维方法,体会积分思想中蕴含的量变到质变的哲学思想.

3. 情感态度与价值观.

养成用积分思想求一些分布不均匀量的量化思维习惯,懂得"勿以恶小而为之,勿以善小而不为"的做人道理,弘扬社会主义核心价值观.

(二)学时安排

本节内容教学需要 2 学时,对应课次教学进度中的第 30 讲内容.

（三）教学内容

定积分引例；定积分的概念；定积分的几何意义；可积的条件；用定义计算定积分；定积分的性质.

（四）学情分析

1. 从两个引例中归纳共同的数学特征，得到定积分概念，需要学员具备从具体到一般的这种抽象能力，才能更好理解概念.

2. 怎样利用定积分表示和式的极限，学员认为较难.

（五）重、难点分析

重点：定积分的概念、几何意义、性质和积分中值定理.

难点：定积分概念的理解.

对定积分概念的理解：定积分是积分学中另一基本概念，是以后学习多元函数积分的重要基础，为了很好理解这一重要概念，注意以下几点.

1. 定积分概念是从许多实际的量的研究中抽象出来的. 但从数学上来看，它们的共同本质是：对乘积的和 $\sum_{i=1}^{n} f(\xi_i)\Delta x_i$ 给出近似的结果，极限过程改善了近似程度，而极限值就作出所要测度的量的精确定义. 应当强调指出，"分割、取近似、求和、取极限"或者"大化小，常代变，近似和，取极限"就是所谓定积分的思想，把这种思想用数学语言表达出来，就是定积分的定义.

为了进一步理解和掌握定积分的基本思想，以及如何按定义计算定积分，我们把它概括成四句话："化整为零细划分，不变代变得微分，积零为整微分和，再求极限得积分." 但是，在定积分的定义中，必须注意对区间 $[a,b]$ 的分法和各点 ξ_i 的取法的任意性.

2. 定义中 $\lambda \to 0$ 与 $n \to \infty$ 不等价. 由定积分的定义可知，把区间 $[a,b]$ 分为 n 个小区间时，其分法是任意的，所以，一般说来，n 个小区间的长度 $x_1, x_2, \cdots, x_n$，是可以彼此不相等的. 若 $\lambda \to 0$，即 n 个长度 $x_1, x_2, \cdots, x_n$ 中最大者趋于零，显然，每一个小区间长度都趋于零，则这时必然分点无限增多（即 $n \to \infty$）；但无论把分点怎样增多，显然不能保证 $\lambda \to 0$，因此，不能将定积分写作 $\lim_{n \to \infty} \sum_{i=1}^{n} f(\xi_i)\Delta x_i$；当然，有时也可以这样表示，当 $f(x)$ 在 $[a,b]$ 上连续时，且等分区间 $[a,b]$，当 $n \to \infty$ 时，则 $\lambda = \dfrac{b-a}{n} \to 0$，此时，定义中就可以写 $\lim_{n \to \infty} \sum_{i=1}^{n} f(\xi_i)\Delta x_i$.

3. 可积的条件. 关于被积函数 $f(x)$ 的可积性问题，即函数 $f(x)$ 在区间 $[a,b]$ 上具有什么条件时才是可积的，这个问题比较复杂，我们现在只提出一些重要的结论.

（1）可积必有界，有界函数未必可积. 即，被积函数有界只是定积分存在的必要条件不充分条件.

① 可积必有界. 若 $f(x)$ 在区间上可积，从定义可知 $f(x)$ 在区间 $[a,b]$ 上必有界. 可以用反证法证明此结论. 假若无界，则无论怎样的分法，至少总有一个子区间 $[x_{i-1}, x_i]$，在其上函数 $f(x)$ 无界，因而可取 ξ_i，使 $f(\xi_i)\Delta x_i$ 导致积分和的绝对值任意大，所以积分和不可能有极限，从而不可积，假设不成立.

② 有界函数未必可积. 就是说, 存在有界函数, 它是不可积的, 例如, 狄里赫莱函数 $D(x)$ 在区间 $[0,1]$ 上是有界的, 但它在该区间上是不可积的. 因为对于任意分割, 如果都取有理点, 和式极限不存在, 如果都取无理点, 和式极限等于零, 所以极限不存在, 所以函数 $D(x)$ 在区间 $[0,1]$ 不可积.

（2）连续必可积, 可积未必连续. 即定积分存在的充分条件 (定积分存在定理): 若 $f(x)$ 在区间 $[a,b]$ 上连续, 则 $f(x)$ 在 $[a,b]$ 上可积. 所以在定积分中, "$f(x)$ 在区间 $[a,b]$ 上连续"这一条件不容忽视, 它保证了定积分的存在, 不过也要指出, 被积函数的连续性也只是积分存在的充分条件而不是必要条件, 一些非连续函数, 例如在 $[a,b]$ 上只有有限个间断点的有界函数, 它们的定积分也是存在的, 即下面的结论成立.

（3）设 $f(x)$ 在区间 $[a,b]$ 上有界且只有有限个间断点, 则 $f(x)$ 在 $[a,b]$ 上可积.

4. 定积分的本质是和的极限, 即 $\lim\limits_{\lambda \to 0} \sum\limits_{i=1}^{n} f(\xi_i) \Delta x_i$, 而 $\int_a^b f(x)\mathrm{d}x$ 只是这种极限的一种记号, 它明显地表示出了积分的上下限和被积函数, 使用起来非常方便. 这种记号是德国数学家莱布尼兹最先采用的, 它保留着该极限来源的印迹, 其中的 $f(x)\mathrm{d}x$ 相当于"和数"中的 $f(\xi_i)\Delta x_i$, 而"$\int$"是拉丁文 Summa（和）的字头 S 拉长后的变形, 意寓和的极限. 由于我们可以利用不定积分来算定积分, 因而不定积分也利用了同样的记号. 术语"积分"（来自拉丁文 integer ＝ 整的）是莱布尼兹的学生与同事约翰·伯努利所提出的, 莱布尼兹最初称之为"和数".

5. 定积分与不定积分的关系. 由于和的极限是一个定值, 所以定积分是一个常数, 而不是变数, 而不定积分是函数, 一般表达式中含有一个任意常数.

注：定积分的这个值（即极限值）与小区间的分法及 ξ_i 的取法无关, 而只与被积函数 $f(x)$ 及积分区间 $[a,b]$ 有关. 在 $[a,b]$ 上 $f(x)$ 与 $f(t)$ 表示相同的函数, 定积分的值与积分变量所用的字母无关, 若把积分变量 x 改用 $t,u,\cdots$ 则有

$$\int_a^b f(x)\mathrm{d}x = \int_a^b f(t)\mathrm{d}t = \int_a^b f(u)\mathrm{d}u = \cdots$$

6. 定积分的几何意义. 在历史上, 定积分起源于求平面图形的面积, 到目前为止, 对定积分来说, 直线上变速运动的路程是它的很好的物理原型, 平面图形的面积是它的生动的几何直观. 根据定积分的几何意义, 对于用定积分表示的任何物理量都可以利用相应的面积来帮助分析, 另外, 还可根据定积分的几何意义来计算定积分, 有些积分利用几何意义来计算很简单, 但若用牛顿-莱布尼兹公式计算, 则比较麻烦, 如 $\int_0^R \sqrt{R^2 - x^2}\,\mathrm{d}x = \dfrac{\pi}{4}R^2$.

7. 用定义求定积分. 根据定积分的定义直接求出一个函数的定积分, 可以使我们更具体地理解定积分的概念. 用定义求定积分, 即"分割, 取近似, 求和, 取极限"（注意：其中第 2 步是个难点）. 应当指出, 如果给出的被积函数 $f(x)$ 在区间 $[a,b]$ 上连续, 则所求定积分一定存在, 此时无论积分区间怎样分法、ξ_i 怎样取法, 任选一种都是可以的, 求和, 取极限得出的都是同一个极限值. 但究竟应怎样才能使积分和的极限容易求出来, 关键是

积分区间的分割与小区间上点 ξ_i 的取法. 一般说来,在用定积分定义求函数的定积分时,往往采取一些特殊的分法和取法:比如等分区间 $[a,b]$ 或要求分区间 $[a,b]$ 的诸分点成等比数列;至于的取法各有所别,可取 $\xi_i = x_i$(小区间端点处的值)或者取 $\xi_i = \sqrt{x_i x_{i-1}}$ 等等,其目的是将积分和式化成等差数列或等比数列来,使计算比较简便.

对定积分性质的理解:定积分的性质是定积分所反映的量的固有属性,它们不仅在理论上,而且在实践上都十分重要.

(1) 在定积分的性质中,最重要的是定积分的中值定理,它揭示了定积分值与积分区间及被积函数间的密切关系,不但在证明某些命题要用到它,而且定理中的 $f(\xi)$ 是连续函数 $f(x)$ 在区间 $[a,b]$ 上的算术平均值,在应用上就更加广泛了.

(2) 定积分性质中不少性质都有直观的几何解释,很容易从图形上看出这些性质的正确性,如能记住这些直观图形,将会有助于记住各个性质的条件和结论. 例如,定积分中值定理,从几何图形上就可以清楚地看到它明显的几何解释:如果被积函数 $f(x)$ 在积分区间 $[a,b]$ 连续,则在 $[a,b]$ 内至少有一点 ξ,以区间 $[a,b]$ 为底边,以 $f(\xi)$ 为高的矩形面积恰好等于同一底边上而以曲线 $y=f(x)$ 为曲边的曲边梯形的面积.

(3) 定积分性质中,凡是假设积分是在区间 $[a,b]$ 上进行的,即假设积分下限小于积分上限,如果积分下限大于积分上限,这些性质就不成立了. 例如,设 $f(x) \leqslant g(x)$,当 $b < a$ 时,有 $\int_a^b f(x)\mathrm{d}x \geqslant \int_a^b g(x)\mathrm{d}x$,这恰恰与原来结论相反;又如,设 $f(x)$ 在 $[a,b]$ 上的最大值为 M,最小值为 m,则 $m(b-a) \geqslant \int_a^b f(x)\mathrm{d}x \geqslant M(b-a)$,不难得出这也与原结论恰恰相反. 所以,我们在应用定积分的性质时,如遇到下限大于上限的情形,应当注意哪些性质仍可用,哪些性质需要修改. 在实际应用中,为稳妥起见,可将所遇到的定积分全都化为上限大于下限,然后再用性质,这样不易出错.

有关定积分的近似计算(大纲要求了解):

牛顿-莱布尼兹公式具有很重要的理论价值,但在计算方面,对于一些简单问题诚然十分方便,但是在自然科学,特别是在工程技术等实际问题中,所遇到的定积分有很多不能用它来计算,这是因为常常会遇到下面的情况:

(1) 在有些问题中,被积函数往往是用曲线或表格给出的,这时写不出被积函数的表达式;

(2) 有些被积函数虽然给出了表达式,但由于它十分复杂,求它的原函数极为困难;

(3) 甚至被积函数的原函数根本不能用初等函数来表示. 对于这些情况,唯一的途径就是用近似计算的方法来计算定积分,特别是在电子计算机已广泛应用的今天,定积分的近似计算就显得更加可行,而且具有十分巨大的实用价值.

初学者对近似计算往往有一种不完全正确的想法,总认为求近似值不如求精确值来得好. 其实在许多情况下并不是这样,尤其是在许多实际问题中,由于测量的误差,问题中已知的数据本身就只是近似值,根据这些近似值而去计算所要求的量的"精确值"显然是没有什么意义的;另一方面,在许多问题中,即使算出了"精确值",例如 $\pi, \sqrt{2}$,等等,但最后化为实用的数字 $3.1416, 1.4142$,等等时,仍旧是近似值. 更何况在许多实际问题中，人们往往需要的只是一个定积分的近似值，而没有必要花费很多的功夫去寻求所谓的"精确值"，因此，定积分的近似计算是实用中的一种有效而可靠的方法.

当然，一个好的近似公式应该是：公式本身必须简单，计算起来方便，同时近似值与精确值间的误差能够估计出来，并且可以使它要多小就多小，在定积分的近似计算中，由矩形法、梯形法及抛物线法所导出的定积分近似计算公式，都具有上述条件，它们在实际计算中都是经常用到的.

我们知道，定积分在几何上是表示以曲线 $y=f(x)$ 为曲边与 $x=a$，$x=b$ 及 x 轴所围成的曲边梯形的面积，所以定积分的近似计算问题，就变成面积的近似度量问题. 人们设法找出种种求曲边梯形面积的近似公式，从而相应地就得出了各种求定积分近似值的计算方法，这就是定积分近似计算的基本思想.

应当指出，利用定积分性质，不难证明矩形法、梯形法及抛物线法的误差公式，这里不做要求，知道结论即可.

矩形公式、梯形公式及辛卜森公式虽然都是从计算面积引进的，但是不难看出，脱离开几何意义这些公式仍然成立，特别是运用这些公式时无须限制被积函数取正值. 并且比较起来，抛物线法的精确程度远高于矩形法及梯形法. 所以，辛卜森公式在实用中价值最大.

最后还要指出，若函数图形较平坦，取不太多的分点就能得到相当准确的结果；若函数图形振动得很厉害，则要取较多的点才能得到比较准确的值. 当然等分点越多，区间分得越细，结果就会越精确. 但是值得注意，如果分点过多，计算量必定会很大，给计算带来很多不必要的麻烦；如果分点太少，就有可能达不到应有的精确度. 那么分点究竟应选多少才算合适呢？这就必须根据所使用的方法所对应的误差公式来估计. 关于这一点，对初学者来说，确会遇到一定的困难，因此，我们必须予以重视. 其次，需要提醒注意的是，在近似计算中所谓精确到小数第 k 位，是指误差不超过 10^{-k}，为了保证结果的精确度，所取各项的近似值应多取一位.

二、典型例题

1. 定积分的定义为 $\int_a^b f(x)\mathrm{d}x = \lim\limits_{\lambda \to 0} \sum\limits_{i=1}^{n} f(\xi_i)\Delta x_i$，以下哪些任意性是错误的（　　）.

A. 虽然要求当 $\lambda = \max\limits_i \Delta x_i \to 0$ 时，$\sum\limits_i f(\xi_i)\Delta x_i$ 的极限存在，但极限值仍是任意的.

B. 积分区间 $[a,b]$ 所分成的份数 n 是任意的.

C. 对给定的份数 n，如何将 $[a,b]$ 分成 n 份的分法也是任意的，即除区间端点 $a = x_0$，$b = x_n$ 外，各个分点 $x_1 < x_2 < \cdots < x_{n-1}$ 的取法是任意的.

D. 对指定的一组分点，各个 $\xi_i \in [x_{i-1}, x_i]$ 的取法也是任意的.

答：A

2. 定积分的值与哪些因素无关？（　　）

A. 积分变量　　　　　　　　　　B. 被积函数

C. 积分区间的长度　　　　　　　D. 积分区间的位置

答：A

3. 闭区间上的连续函数当然是可积的. 假如在该区间的某个点上改变该函数的值, 即出现一个有限的间断点, 问结果如何？（　　　）

A. 必将破坏可积性

B. 可能破坏可积性

C. 不会破坏可积性, 但必将改变积分值

D. 既不破坏可积性, 也不影响积分值

答：D

4. 函数 $f(x)$ 在 $[a,b]$ 上连续是 $f(x)$ 在 $[a,b]$ 上可积的（　　　）.

A. 必要条件　　　　B. 充分条件　　　　C. 充要条件　　　　D. 无关条件

答：B

5. 曲线 $y=e^x$ 与其过原点的切线及 y 轴所围成的面积为（　　　）.

A. $\int_0^1 (e^x - ex)dx$

B. $\int_1^e (\ln y - y\ln y)dy$

C. $\int_1^e (e^x - xe^x)dx$

D. $\int_0^1 (\ln y - y\ln y)dy$

答：A

6. $f(x)$ 在 $[a,b]$ 上连续且 $\int_a^b f(x)dx = 0$, 则（　　　）.

A. 在 $[a,b]$ 的某个小区间上 $f(x)=0$

B. 在 $[a,b]$ 上 $f(x)=0$

C. 在 $[a,b]$ 内至少有一点使 $f(x)=0$

D. 在 $[a,b]$ 内不一定有 x 使 $f(x)=0$

答：C

7. $f(x)$ 在 $[a,b]$ 上连续且 $\int_a^b f(x)dx = 0$, 则（　　　）.

A. $\int_a^b [f(x)]^2 dx = 0$ 一定成立

B. $\int_a^b [f(x)]^2 dx = 0$ 一定不成立

C. $\int_a^b [f(x)]^2 dx = 0$ 仅当 $f(x)$ 单调时成立

D. $\int_a^b [f(x)]^2 dx = 0$ 仅当 $f(x)=0$ 时成立

答：D

8. 下面命题中错误的是（　　　）.

A. 若 $f(x)$ 在 (a,b) 上连续, 则 $\int_a^b f(x)dx$ 存在

B. 若 $f(x)$ 在 $[a,b]$ 上可积, 则 $f(x)$ 在 $[a,b]$ 上必有界

C. 若 $f(x)$ 在 $[a,b]$ 上可积, 则 $|f(x)|$ 在 $[a,b]$ 上必可积

D. 若 $f(x)$ 在 $[a,b]$ 上单调有界, 则 $f(x)$ 在 $[a,b]$ 上必可积

答：A

三、教学建议

（一）基本建议

关于定积分的概念,可通过几个实例引入特定和式的极限,从中抽象出定积分定义,抓住定义中的本质内容,从"分割,取近似,求和,取极限"（或者"大化小,常代变,近似和,取极限"）来进行阐述,并能解释定义和有关性质的几何意义,帮助加深和理解.

定积分的性质是本章的基本理论之一.各性质都是在连续条件下导出的,讲授时,应使学员正确理解它们的形成和作用.

（二）课程思政

1. 在定积分具体思维方法,"大化小,常代变,近似和,取极限"中前三步是求问题的近似解,最后一步是求精确解,这关键一步的到来历程艰难,并且解决了第二次数学危机,微积分漫长发展史给我们做学问的启示:学习科学家们探索求真的科学精神.

2. 定积分概念蕴含唯物辩证法中两大规律:对立统一和量变质变规律.

（1）对立统一规律:大和小对立,通过求和统一起来;常量和变量,近似和精确,无限和有限对立,通过求极限统一起来.

（2）量变质变规律"大化小,常代变,近似和"都是在求近似解,实现的是量变,有限个矩形的和仍是矩形;而无限个矩形的和,通过求极限,达到了量变到质变的飞跃,变成了曲边梯形的面积.

3. 积分思想蕴含的量变质变的哲学思想,给我们做人的启示:要懂得"勿以恶小而为之,勿以善小而不为"的做人道理,引申到青岛最美弯腰女孩的故事,不仅是个人品德修养问题,更是当下践行社会主义核心价值观中"爱国,敬业,诚信,友善!"的时代要求.

（三）思维培养

1. 定积分概念蕴含的数学思想方法:"大化小,常代变,近似和,取极限".具体还有:以直代曲,化曲为直的转化方法,无限近似的极限方法.

2. 只要掌握了建立定积分的基本思想,以后的学习中遇到其他类型的积分,比如二、三重积分,线面积分等,就很容易理解了.

（四）融合应用:定积分解决的问题即求分布不均匀的量

1. 做功问题.常量问题 $W=F \cdot (b-a)$,变量问题 $W=\int_a^b F(x)\mathrm{d}x$

2. 电量问题.常量问题 $q=I \cdot (t_2-t_1)$,变量问题 $q=\int_{t_1}^{t_2} I(t)\mathrm{d}t$

3. 功率问题.周期信号 $f(x)$ 在 1Ω 电阻上消耗平均功率 $P=\frac{1}{T}\int_{-\frac{T}{2}}^{\frac{T}{2}} f^2(t)\mathrm{d}t$

4. 鱼雷攻击理论中,我艇变速机动时的位移,是速度函数关于时间 t 的定积分.

四、达标训练

（一）判断题

1. $\int_a^b f(x)\mathrm{d}x = \lim\limits_{\|\Delta x_i\|\to 0}\sum\limits_{i=1}^n f(\xi_i)\Delta x_i$ 说明 $[a,b]$ 可任意分法,ξ_i 必须是 $[x_{i-1},x_i]$ 的端点. （　　）

2. 定积分的几何意义是相应各曲边梯形的面积之和. 　　　　　（　　）

3. 定积分的值是一个确定的常数. 　　　　　（　　）

4. 若 $f(x),g(x)$ 均可积,且 $f(x)<g(x)$,则 $\int_a^b f(x)\mathrm{d}x < \int_a^b g(x)\mathrm{d}x$ 　　　（　　）

5. 若 $f(x)$ 在 $[a,b]$ 上连续,且 $\int_a^b f^2(x)\mathrm{d}x=0$,则在 $[a,b]$ 上 $f(x)=0$ 　　（　　）

6. 若 $[c,d]\subset[a,b]$,则 $\int_c^d f(x)\mathrm{d}x < \int_a^b f(x)\mathrm{d}x$ 　　　　（　　）

7. 若 $f(x)$ 在 $[a,b]$ 上可积,则 $f(x)$ 在 $[a,b]$ 上有界. 　　　　　（　　）

8. $\int_0^{2\pi}\sqrt{1+\cos 2x}\,\mathrm{d}x = \sqrt{2}\int_0^{2\pi}\cos x\,\mathrm{d}x=0$ 　　　　（　　）

（二）选择题

1. 设函数 $f(x)$ 在 $[a,b]$ 上连续,则由曲线 $y=f(x)$ 与直线 $x=a$,$x=b$,$y=0$ 所围平面图形的面积为（　　　）.

A. $\int_a^b f(x)\mathrm{d}x$ 　　　　　　　　B. $\left| \int_a^b f(x)\mathrm{d}x \right|$

C. $\int_a^b |f(x)|\,\mathrm{d}x$ 　　　　　　　D. $f(\varepsilon)(b-a)$,$a<\varepsilon<b$

2. 定积分 $\int_a^b f(x)\mathrm{d}x$ 是（　　　）.

A. 一个常数 　　　　　　　　　B. $f(x)$ 的一个原函数

C. 一个函数族 　　　　　　　　D. 一个非负常数

3. 下列命题中正确的是（　　　）.（其中 $f(x)$,$g(x)$ 均为连续函数）

A. 在 $[a,b]$ 上若 $f(x)\neq g(x)$,则 $\int_a^b f(x)\mathrm{d}x \neq \int_a^b g(x)\mathrm{d}x$

B. $\int_a^b f(x)\mathrm{d}x \neq \int_a^b f(t)\mathrm{d}t$

C. $\mathrm{d}\int_a^b f(x)\mathrm{d}x = f(x)\mathrm{d}x$

D. $f(x)\neq g(x)$,则 $\int f(x)\mathrm{d}x \neq \int g(x)\mathrm{d}x$

4. 积分中值定理 $\int_a^b f(x)\mathrm{d}x = f(\xi)(b-a)$,其中（　　　）.

A. ξ 是 $[a,b]$ 内任一点 　　　　B. ξ 是 $[a,b]$ 内必定存在的某一点

C. ξ 是 $[a,b]$ 内唯一的某一点 　　D. ξ 是 $[a,b]$ 的中点

5. 设 $\int_a^b f(x)\mathrm{d}x=0$ 且 $f(x)$ 在 $[a,b]$ 连续,则（　　　）.

A. $f(x)=0$ 　　　　　　　　　B. 必存在 x 使 $f(x)=0$

C. 存在唯一的一点使 $f(x)=0$ 　　D. 不一定存在点 x 使 $f(x)=0$

6. 定积分的值与哪些因素无关?（　　　）

A. 积分变量 　　　　　　　　　B. 被积函数

C. 积分区间的长度 　　　　　　D. 积分区间的位置

7. 对闭区间上的函数可以断言（　　）.

    A. 有界必可积　　　　　　　　　　B. 可积必有界

    C. 有原函数者必可积　　　　　　　D. 可积者必有原函数

（三）填空题

1. 比较下列定积分的大小.（填写不等号）

    (1) $\int_1^2 \ln x \, dx$ _____ $\int_1^2 (\ln x)^2 \, dx$　　(2) $\int_0^1 x \, dx$ _____ $\int_0^1 \ln(1+x) \, dx$

2. 利用定积分的几何意义,填写下列积分的结果.

    (1) $\int_0^2 x \, dx =$ _____　　　　　　(2) $\int_{-a}^a \sqrt{a^2 - x^2} \, dx =$ _____

3. $\dfrac{d}{dx} \int_a^b e^{at} \sin bt \, dt =$ _____

4. 由曲线 $y = x^2 + 1$ 与直线 $x = 1, x = 2$ 及 x 轴所围成的曲边梯形的面积用定积分表示为_____.

5. 自由落体的速度 $V = gt$ 其中 g 表示重力加速度,当物体从第 1 秒开始,经过 2 秒后经过的路程用定积分表示为_____.

（四）根据定积分的定义求下列极限

$$\lim_{n \to \infty} \frac{1}{n^2} (\sqrt{n} + \sqrt{2n} + \cdots + \sqrt{n^2})$$

（五）根据定积分的性质比较下列积分的大小

(1) $\int_0^{\frac{\pi}{4}} \arctan x \, dx$ 与 $\int_0^{\frac{\pi}{4}} (\arctan x)^2 \, dx$

(2) $\int_3^4 \ln x \, dx$ 与 $\int_3^4 (\ln x)^2 \, dx$

(3) $\int_{-1}^1 \sqrt{1 + x^4} \, dx$ 与 $\int_{-1}^1 (1 + x^2) \, dx$

(4) $\int_0^{\frac{\pi}{2}}(1-\cos x)\mathrm{d}x$ 与 $\int_0^{\frac{\pi}{2}}\dfrac{1}{2}x^2\mathrm{d}x$

（六）估计下列积分的值

(1) $\int_{\frac{\pi}{4}}^{\frac{5\pi}{4}}(1+\sin^2 x)\mathrm{d}x$

(2) $\int_{\frac{1}{\sqrt{3}}}^{\sqrt{3}}x\arctan x\,\mathrm{d}x$

附：参考答案

（一）判断题 1. × 2. × 3. √ 4. × 5. √ 6. × 7. √ 8. ×

（二）选择题 1. C 2. A 3. D 4. B 5. B 6. A 7. B

（三）填空题 1. $\geqslant,\geqslant$ 2. $2,\dfrac{1}{2}\pi a^2$ 3. 0 4. $\int_1^2(x^2+1)\mathrm{d}x$ 5. $\int_1^2 gt\,\mathrm{d}t$

（四）解：原式 $=\lim\limits_{n\to\infty}\left(\sqrt{\dfrac{1}{n}}+\sqrt{\dfrac{2}{n}}+\cdots+\sqrt{\dfrac{n}{n}}\right)\dfrac{1}{n}=\lim\limits_{n\to\infty}\sum\limits_{i=1}^n\sqrt{\dfrac{i}{n}}\cdot\dfrac{1}{n}=\int_0^1\sqrt{x}\,\mathrm{d}x=\dfrac{2}{3}.$

（五）解：

(1) 当 $0\leqslant x\leqslant\dfrac{\pi}{4}$ 时，$0\leqslant\arctan x\leqslant1$，所以 $\arctan x\geqslant(\arctan x)^2$，从而

$\int_0^{\frac{\pi}{4}}\arctan x\,\mathrm{d}x>\int_0^{\frac{\pi}{4}}(\arctan x)^2\mathrm{d}x$；

(2) 当 $3\leqslant x\leqslant4$ 时，$\ln x>1$，所以 $\ln x<(\ln x)^2$，从而 $\int_3^4\ln x\,\mathrm{d}x<\int_3^4(\ln x)^2\mathrm{d}x$；

(3) 因为 $\sqrt{1+x^4}\leqslant1+x^2$，所以 $\int_{-1}^1\sqrt{1+x^4}\,\mathrm{d}x<\int_{-1}^1(1+x^2)\mathrm{d}x$；

(4) 当 $0\leqslant x\leqslant\dfrac{\pi}{2}$ 时，$1-\cos x<\dfrac{1}{2}x^2$，从而 $\int_0^{\frac{\pi}{2}}(1-\cos x)\mathrm{d}x<\int_0^{\frac{\pi}{2}}\dfrac{1}{2}x^2\mathrm{d}x.$

（六）解：

(1) 当 $x\in\left[\dfrac{\pi}{4},\dfrac{5\pi}{4}\right]$ 时，$1\leqslant1+\sin^2 x\leqslant2$，因此有 $\pi\leqslant\int_{\frac{\pi}{4}}^{\frac{5\pi}{4}}(1+\sin^2 x)\mathrm{d}x\leqslant2\pi$；

(2) 令 $f(x)=x\arctan x$，有 $f'(x)=\arctan x+\dfrac{x}{1+x^2}>0$，$x\in\left[\dfrac{1}{\sqrt{3}},\sqrt{3}\right]$，故当 $x\in\left[\dfrac{1}{\sqrt{3}},\sqrt{3}\right]$ 时，有 $\dfrac{\sqrt{3}}{18}\pi<x\arctan x<\dfrac{\sqrt{3}}{3}\pi$，所以 $\dfrac{\pi}{9}<\int_{\frac{1}{\sqrt{3}}}^{\sqrt{3}}x\arctan x<\dfrac{2}{3}\pi.$

第二节　微积分基本公式

微积分是研究各种科学的工具,恩格斯称之为"17世纪自然科学的三大发明之一".微积分的产生和发展被誉为"近代技术文明产生的关键事件之一,它引入了若干极其成功的、对以后许多数学的发展起决定性作用的思想".微积分的建立,无论是对数学还是对其他科学以至于技术的发展都产生了深刻的影响.在历史上,积分学理论的形成和发展也曾经过相当漫长的岁月,开始它与微分学理论是平行发展、互不相干的两个问题.微分学的中心问题是切线问题,而积分学的中心问题是求积问题.就积分学的发展而言,有关积分的种种结果是孤立的,在计算定积分的方法上也是五花八门的,有的人用几何的方法,有的人用代数的方法,其共同特点是都躲避不了繁难的且技巧性很高的计算,这就使得定积分不能广泛地应用于实际,因而也限制了它的发展.直到17世纪后期,牛顿和莱布尼茨站在更高的角度,分析和综合了前人的工作,将前人解决各种具体问题的特殊技巧,统一为两类普通的算法——微分与积分,并发现了微积分基本定理(现今称为牛顿-莱布尼茨公式),这个定理建立之后,才在微分与积分之间架起了一座桥梁,即微分和积分互为逆运算,从而完成了微积分发明中最关键的一步,并为其深入发展和广泛应用铺平了道路.由于受当时历史条件的限制,牛顿和莱布尼茨建立的微积分的理论基础还不十分牢靠,有些概念还比较模糊,因此引发了长期关于微积分的逻辑基础的争论和探讨.经过18—19世纪一大批数学家的努力,特别是在法国数学家柯西首先成功地建立了极限理论之后,以极限的观点定义了微积分的基本概念,并简洁而严格地证明了微积分基本定理即牛顿-莱布尼茨公式,才给微积分建立了一个基本严格的完整体系.牛顿-莱布尼茨公式的意义就在于把不定积分与定积分联系了起来,让定积分的运算有了一个完善、令人满意的方法.

一、教学分析

（一）教学目标

1. 知识与技能.

（1）阐述变上限积分函数的定义及其求导定理.

（2）从微积分内在联系的角度深刻理解微积分基本定理(微积分基本公式):牛顿(Newton)-莱布尼兹(Leibniz)公式.

2. 过程与方法.

经历微积分基本定理的产生和证明过程,掌握用牛顿-莱布尼茨公式求定积分的基本方法.

3. 情感态度与价值观.

通过微积分基本定理的学习,认同微积分的科学价值和文化价值,提高理性思维能力,发展对事物间的相互转化.对立统一的辩证关系的认识,培养辩证唯物主义观.

（二）学时安排

本节内容教学需要 2 学时，对应课次教学进度中的第 31 讲内容.

（三）教学内容

变速直线运动中位置函数与速度函数之间的联系；积分上限函数；积分上限函数的求导；牛顿（Newton）-莱布尼兹（Leibniz）公式.

（四）学情分析

计算或求导时学员容易把积分上限函数的自变量与积分变量混淆了.

（五）重、难点分析

重点：积分上限函数及其导数；牛顿（Newton）-莱布尼兹（Leibniz）公式.

难点：对积分上限函数的认识和理解.

微积分基本定理是微积分学中最重要的定理，在微积分学理论中意义重大，它标志着微积分理论成为一个基本严格的完整体系，使微积分学发展起来，成为一门影响深远的学科，为后面的学习奠定了基础. 提到微积分学基本定理，一般认为包括原函数存在定理和微积分基本公式（牛顿-莱布尼茨公式）两部分内容.

1. 原函数存在定理的理解.

若函数 $f(x)$ 在区间 $[a,b]$ 上连续，则由定积分定义的"新函数"即积分上限函数 $\Phi(x) = \int_a^x f(t)\mathrm{d}t$ 在 $[a,b]$ 上连续、可导，并且 $\Phi'(x) = \dfrac{\mathrm{d}}{\mathrm{d}x}\int_a^x f(t)\mathrm{d}t = f(x)$

这个结论是沟通微分学与积分学的桥梁，具有巨大的原则性和现实意义，它的价值在于：

（1）它肯定了在区间 $[a,b]$ 上连续的函数在区间 $[a,b]$ 上一定存在原函数，这就使我们知道了在上一章中，尽管"算不出" e^{-x^2} 等函数的不定积分，但却不能判定积分不存在的道理.

（2）它揭露了定积分与原函数的本质联系，得出了著名的微积分的基本定理（牛顿-莱布尼兹公式）. $\int_a^b f(x)\mathrm{d}x = [F(x)]_a^b = F(b) - F(a)$

（3）推广的变限积分的导数公式，如果被积函数中不含求导变量，可直接使用下述公式求之：$\left[\int_{\varphi(x)}^{\psi(x)} f(t)\mathrm{d}t\right]' = f[\psi(x)]\psi'(x) - f[\varphi(x)]\varphi'(x)$

被积函数中若含求导变量（参变量）的部分能提到积分号的外面，必先将其提出积分号外，然后再按下式求出变限积分的导数：$\dfrac{\mathrm{d}}{\mathrm{d}x}\int_0^{\varphi(x)} f(t)g(x)\mathrm{d}t = \dfrac{\mathrm{d}}{\mathrm{d}x}\left[g(x)\int_0^{\varphi(x)} f(t)\mathrm{d}t\right]$

$= g'(x)\int_0^{\varphi(x)} f(t)\mathrm{d}t + g(x)f[\varphi(x)]\varphi'(x)$

2. 微积分基本公式（牛顿-莱布尼茨公式）.

$\int_a^b f(x)\mathrm{d}x = [F(x)]_a^b = F(b) - F(a)$

（1）牛顿-莱布尼茨公式进一步揭示了定积分与不定积分之间的关系：定积分的值等于被积函数的任一原函数在积分区间上的增量. 这就给我们提供了一个有效而简便的

计算方法，大大简化了计算手续．因此，在实际问题中应用范围极广的定积分的计算问题就转化为求原函数的问题了．正是由于这一点，求已给函数的不定积分在高等数学以及它的应用中才具有非常重要的意义．

（2）牛顿-莱布尼兹公式与微分中值定理．积分中值定理之间有着紧密的联系，其关系为

$$\underbrace{\int_a^b f(x)\mathrm{d}x = \underbrace{F'(\xi)(b-a)}_{\text{积分中值定理}} = \overbrace{F(b)-F(a)}^{\text{微分中值定理}}}_{\text{N-L公式}}$$

（其中 $F'(\xi)=f(\xi)$）

牛顿-莱布尼兹公式指出了求连续函数定积分的一般方法，把求定积分的问题，转化成求原函数的问题，是微分学与积分学之间联系的桥梁．所以，它不仅揭示了导数和定积分之间的内在联系，同时也提供计算定积分的一种有效方法．

既然用牛顿-莱布尼兹公式计算定积分的第一个焦点是求原函数，所以当我们拿到一个题目之后，首先应考虑被积函数的原函数是否能马上求出来，如果不能，就应试探对被积函数进行恒等变形，然后利用定积分的性质，最后才用牛顿-莱布尼兹公式算出定积分．

注1：N-L公式的哲学价值：将矛盾的"微分"与"积分"统一起来，是哲学中的"对立统一"规律的具体表现，是微观与宏观的辩证统一．N-L公式的美学价值：宏观上的统一之美．

注2：有了微积分基本公式，人们就破天荒第一次可以用统一的、简便的方法将连续函数的定积分的计算转化为求不定积分．然而牛顿-莱布尼兹公式并不是万能的，不要以为有了这个公式，定积分的计算问题就全部解决了，事实上，虽然连续函数一定有原函数，但是求原函数并不都是容易的事情，甚至有的原函数根本无法用初等函数表示出来．其次，在实际问题中，我们需要的常常只是一个定积分的近似值，这时如果花很大气力去求原函数（即使能求出来），也未必合算，因此还有必要去建立定积分的近似计算，这需要专门讨论．

注3：在微积分基本定理中，有一个很重要的假定，就是被积函数 $f(x)$ 在整个区间 $[a,b]$ 上连续，没有无穷点，也没有任何间断点．假若忽略了这点，一下就用牛顿-莱布尼兹公式，粗心大意地做起来，很容易导致极错误的结果．例 $f(x)=\dfrac{1}{(x-2)^2}$，在区间 $[1,3]$ 上有无穷点 $x=2$，若没有注意到这一点，而用牛顿-莱布尼兹公式时，得

$$f(x)=\int_1^3 \frac{1}{(x-2)^2}\mathrm{d}x = \left[-\frac{1}{x-2}\right]_1^3 = -2$$

显然，这是错误的．这个错误的原因在于不考虑被积函数在积分区间上连续与否，而滥用牛顿-莱布尼兹公式．

另外在应用牛顿-莱布尼兹公式计算定积分时，如果被积函数在 $[a,b]$ 上有第一类间断点，可依定积分性质，将积分区间按其间断点分开求定积分，当被积函数是分段函数

时,定积分也应在分段区间上求.带有绝对值函数的积分,一般可化为分段函数积分来处理.

二、典型例题

(一) 有关求变限积分的导数

基本求导公式

$$\left[\int_a^x f(t)\mathrm{d}t\right]' = f(x)$$

$$\left[\int_x^b f(t)\mathrm{d}t\right]' = -f(x)$$

$$\left[\int_a^{\varphi(x)} f(t)\mathrm{d}t\right]' = f[\varphi(x)]\varphi'(x)$$

$$\left[\int_{\varphi(x)}^{\psi(x)} f(t)\mathrm{d}t\right]' = f[\psi(x)]\psi'(x) - f[\varphi(x)]\varphi'(x)$$

类型 1　被积函数不含求导变量(参变量)

值得注意的是,应用上述公式计算变限积分对参变量的导数时,被积函数中不能含有参变量(即求导变量)x,否则应通过恒等变形或变量代换或交换积分次序等方法将其换到积分号外或积分限上.

例 1　设 $f(x)$ 是连续函数,且 $F(x) = \int_x^{\mathrm{e}^{-x}} f(t)\mathrm{d}t$,则 $F'(x)$ 等于(　　).

A. $-\mathrm{e}^{-x}f(\mathrm{e}^{-x}) - f(x)$　　　　　　　　B. $-\mathrm{e}^{-x}f(\mathrm{e}^{-x}) + f(x)$

C. $\mathrm{e}^{-x}f(\mathrm{e}^{-x}) - f(x)$　　　　　　　　　D. $\mathrm{e}^{-x}f(\mathrm{e}^{-x}) + f(x)$

解:$F'(x) = f(\mathrm{e}^{-x})(\mathrm{e}^{-x})' - f(x)x' = -\mathrm{e}^{-x}f(\mathrm{e}^{-x}) - f(x)$. 仅 A 入选.

类型 2　被积函数含求导变量(参变量)

(1) 被积函数中若含求导变量(参变量)的部分能提到的积分号外面,必先将其提出积分号外,然后再按下式求出变限积分的导数:

$$\frac{\mathrm{d}}{\mathrm{d}x}\int_0^{\varphi(x)} f(t)g(x)\mathrm{d}t = \frac{\mathrm{d}}{\mathrm{d}x}\left[g(x)\int_0^{\varphi(x)} f(t)\mathrm{d}t\right] = g'(x)\int_0^{\varphi(x)} f(t)\mathrm{d}t + g(x)f[\varphi(x)]\varphi'(x)$$

例 1　求 $\dfrac{\mathrm{d}}{\mathrm{d}x}\displaystyle\int_0^{x^2} (x^2 - t)f(t)\mathrm{d}t$,其中 $f(x)$ 为已知连续函数.

解:用分项法将被积函数中的求导变量 x 的函数 x^2 移至积分号外,得

$$\int_0^{x^2} (x^2 - t)f(t)\mathrm{d}t = x^2\int_0^{x^2} f(t)\mathrm{d}t - \int_0^{x^2} tf(t)\mathrm{d}t,$$

则 $\dfrac{\mathrm{d}}{\mathrm{d}x}\displaystyle\int_0^{x^2} (x^2 - t^2)f(t)\mathrm{d}t = 2x\int_0^{x^2} f(t)\mathrm{d}t + 2x^3 f(x^2) - 2x^3 f(x^2) = 2x\int_0^{x^2} f(t)\mathrm{d}t.$

例 2　设 $f(x)$ 有连续的导数,且 $f(0) = 0, f'(0) \neq 0, F(x) = \int_0^x (x^2 - t^2)f(t)\mathrm{d}t$,且当 $x \to 0$ 时,$F'(x)$ 与 x^k 是同阶无穷小量,则 k 等于(　　).

A. 1　　　　　　　B. 2　　　　　　　C. 3　　　　　　　D. 4

解:仅 C 入选.$F(x) = x^2\displaystyle\int_0^x f(t)\mathrm{d}t - \int_0^x t^2 f(t)\mathrm{d}t, F'(x) = 2x\int_0^x f(t)\mathrm{d}t,$

则 $\lim\limits_{x \to 0} \dfrac{F'(x)}{x^k} = \lim\limits_{x \to 0} \dfrac{2\displaystyle\int_0^x f(t)\mathrm{d}t}{x^{k-1}} \left(\dfrac{0}{0}\right) = \lim\limits_{x \to 0} \dfrac{2f(x)}{(k-1)x^{k-2}} \left(\dfrac{0}{0}\right) = \lim\limits_{x \to 0} \dfrac{2f'(x)}{(k-1)(k-2)^{k-3}}$

$\underline{\underline{(k=3)}} \lim\limits_{x \to 0} f'(x) = f'(0) \neq 0.$

（2）求 $g(x) = \displaystyle\int_a^b f(t, x)\mathrm{d}t$ 的导数（a, b 为常数）.

形如 $\displaystyle\int_a^b f(t, x)\mathrm{d}t$ 的定积分，$g(x)$ 是求导变量（参变量）x 的函数. 先通过变量代换消去被积函数中的参变量 x，而化为积分限为 x 的函数的定积分，然后再按（1）中方法求其导数.

值得注意的是，千万不能因所给积分的上、下限为常数而视上述积分为常数，从而得出 $g'(x) = 0$ 的错误结论.

例 3 设 $f(x)$ 在 $[a, b]$ 上连续，$a < c < d < b$，证明

$$\lim_{x \to 0} \frac{1}{x} \int_c^d [f(t+x) - f(t)]\mathrm{d}t = f(d) = f(c).$$

证： 注意到 $\displaystyle\int_c^d [f(t+x) - f(t)]\mathrm{d}t = \int_c^d f(t+x)\mathrm{d}t - \int_c^d f(t)\mathrm{d}t$ 中的 $\displaystyle\int_c^d f(t+x)\mathrm{d}t$

是含参数量 x 的定积分，需先作变量代换将其化为被积函数不含参变量 x 的变限积分. 为此作变量代换 $t + x = u$，则

$$\int_c^d f(t+x)\mathrm{d}t = \int_c^d f(t+x)\mathrm{d}(t+x) = \int_{x+c}^{x+d} f(u)\mathrm{d}u,$$

于是等式左端 $= \lim\limits_{x \to 0} \left\{ \dfrac{1}{x} \left[\displaystyle\int_{x+c}^{x+d} f(u)\mathrm{d}u - \int_c^d f(t)\,\mathrm{d}t \right] \right\} \left(\dfrac{0}{0}\right)$

$$\lim_{x \to 0} \frac{f(x+d) - f(x+c)}{1} = f(d) - f(c).$$

例 4 求 $\lim\limits_{x \to 0} \left(\dfrac{1}{x^2} \displaystyle\int_{x^2}^x \dfrac{\sin xt}{t}\mathrm{d}t \right).$

解一： 应用积分中值定理得到 $\displaystyle\int_{x^2}^x \dfrac{\sin xt}{t}\mathrm{d}t = (x - x^2)\dfrac{\sin x\xi}{\xi}$,

其中 ξ 介于 x^2 与 x 之间，当 $x \to 0$ 时，$\xi \to 0$，则原式

$= \lim\limits_{x \to 0} \dfrac{1}{x^2}(x - x^2)\dfrac{\sin x\xi}{\xi} = \lim\limits_{x \to 0}(1-x)\dfrac{\sin x\xi}{\xi} = 1.$

解二： 用洛必达法则求之. 设 $xt = u$，则原式

$= \lim\limits_{x \to 0} \left(\dfrac{1}{x^2} \displaystyle\int_{x^2}^x \dfrac{\sin xt}{xt}\mathrm{d}(xt) \right) = \lim\limits_{x \to 0} \left(\dfrac{1}{x^2} \displaystyle\int_{x^3}^{x^2} \dfrac{\sin u}{u}\mathrm{d}u \right) \left(\dfrac{0}{0}\right)$

$= \lim\limits_{x \to 0} \left[\dfrac{1}{2x} \left(2x\dfrac{\sin x^2}{x^2} - 3x^2\dfrac{\sin x^3}{x^3} \right) \right] = \lim\limits_{x \to 0} \left(\dfrac{\sin x^2}{x^2} - \dfrac{3x}{2}\dfrac{\sin x^3}{x^3} \right) = 1 - 0 = 1$

（二）有关讨论变限积分函数的形态

用变限积分表示的函数同其他形式表示的函数一样,可用导数讨论其各种形态.

例1　函数 $F(x)=\int_1^x\left(2-\dfrac{1}{\sqrt t}\right)\mathrm{d}t\ (x>0)$ 的单调减少区间为＿＿＿＿.

解:可由导函数的符号来确定单调区间,由 $F'(x)=2-\dfrac{1}{\sqrt x}$,解得 $0<x<\dfrac14$,因而 $F(x)$ 的单调减少区间为 $\left(0,\dfrac14\right)$.

例2　求函数 $f(x)=\int_0^{x^2}(2-t)\mathrm{e}^{-t}\mathrm{d}t$ 的最大值与最小值.

解:由 $f(-x)=f(x)$ 知,$f(x)$ 为偶函数,只需 $[0,+\infty)$ 在上求其最值.

令 $f'(x)=2x(2-x^2)\mathrm{e}^{-x^2}=0$,得 $x=0,x=\sqrt2$. 当 $x<0$ 时,$f'(x)<0$;当 $0<x<\sqrt2$ 时,$f'(x)>0$;当 $x>\sqrt2$ 时,$f'(x)<0$,则 $x=0,\sqrt2$ 为极值点,且 $f(\sqrt2)=\int_0^2(1-t)\mathrm{e}^{-t}\mathrm{d}t=1+\mathrm{e}^{-2}$,$f(0)=0$.

而 $f(+\infty)=\int_=^{+\infty}(2-t)\mathrm{e}^{-t}\mathrm{d}t=-\int_0^{+\infty}(2-t)\mathrm{d}\mathrm{e}^{-t}=(t-2)\mathrm{e}^{-t}\Big|_0^{+\infty}+\int_0^{+\infty}\mathrm{e}^{-t}\mathrm{d}(-t)=1.$

在 $(0,+\infty)$ 内驻点唯一. 比较 $f(0)=0$,$f(+\infty)$ 及 $f(\sqrt2)$ 可知,$f(\sqrt2)$ 为最大值,$f(0)=0$ 为最小值.因而 $f(x)$ 在 $x=\pm\sqrt2$ 处取最大值 $f(\pm\sqrt2)=1+\dfrac{1}{\mathrm{e}^2}$,最小值为 $f(0)=0$.

注意:上例是求 $f(x)$ 在其定义域上的最值,即求 $(-\infty,+\infty)$ 上的最值,而不是求给定闭区间上的最值,因而不能忘记求 $\lim\limits_{x\to+\infty}f(x)$ 的值 $f(+\infty)$.

例3　设 $f(x)$ 连续 $\varphi(x)=\int_0^1 f(xt)\mathrm{d}t$,且 $\lim\limits_{x\to0}\dfrac{f(x)}{x}=A$（$A$ 为常数）,求 $\varphi'(x)$,并讨论 $\varphi'(x)$ 在 $x=0$ 处的连续性.

解:由 $\lim\limits_{x\to0}\dfrac{f(x)}{x}=A$,$\lim\limits_{x\to0}f(x)=0$,故 $\lim\limits_{x\to0}f(x)=0=f(0)$,

因而 $\varphi(0)=\int_0^1 f(0)\mathrm{d}t=0$. 设 $x\neq0$,令 $u=xt$,

则 $\varphi(x)=\dfrac1x\int_0^x f(u)\mathrm{d}u$,$\varphi'(x)=\dfrac{1}{x^2}\left[xf(x)-\int_0^x f(u)\mathrm{d}u\right]$,

$\lim\limits_{x\to0}\varphi'(x)=\lim\limits_{x\to0}\dfrac{1}{x^2}\left[xf(x)-\int_0^x f(u)\mathrm{d}u\right]=\lim\limits_{x\to0}\dfrac{f(x)}{x}-\lim\limits_{x\to0}\left[\dfrac{1}{x^2}\int_0^x f(u)\mathrm{d}u\right]$

$=A-\lim\limits_{x\to0}\dfrac{f(x)}{2x}=A-\dfrac12\lim\limits_{x\to0}\dfrac{f(x)}{x}=A-\dfrac A2=\dfrac A2.$

而 $\varphi'(0)=\lim\limits_{x\to0}\dfrac{\varphi(x)-\varphi(0)}{x-0}=\lim\limits_{x\to0}\left[\dfrac1x\int_0^x f(u)\dfrac{\mathrm{d}u}{x}\right]$

$=\lim\limits_{x\to0}\left[\int_0^x f(u)\dfrac{\mathrm{d}u}{x^2}\right]\left(\dfrac00\right)=\dfrac12\lim\limits_{x\to0}\dfrac{f(x)}{x}=\dfrac A2$

故 $\lim\limits_{x\to 0}\varphi'(x)=\varphi'(0)$，即 $\varphi'(x)$ 在 $x=0$ 处连续

注意：求 $\lim\limits_{x\to 0}\varphi'(x)$ 不能用洛必达法则，这时因为 $f'(x)$ 不一定存在，更不一定连续.

三、教学建议

（一）基本建议

牛顿-莱不尼兹公式是构成本章的基本理论，对于变上限的定积分的重要性质必须分析透彻，从而才能使学生理解定积分与不定积分的联系、区别，达到熟练掌握微积分基本公式.

（二）课程思政

N-L 公式的哲学价值：将矛盾的"微分"与"积分"统一起来，是哲学中的"对立统一"规律的具体表现，是微观与宏观的辩证统一.

（三）思维培养

N-L 公式指出了求连续函数定积分的一般方法，把求定积分的问题，转化成求原函数的问题，是微分学与积分学之间联系的桥梁，它不仅揭示了导数和定积分之间的内在联系，同时也提供计算定积分的一种有效方法.

四、达标训练

（一）选择题

1. $\displaystyle\int_0^5 |2x-4|\,\mathrm{d}x=($).

    A. 11   B. 12   C. 13   D. 14

2. 下列等式中正确的是(   ).

    A. $\dfrac{\mathrm{d}}{\mathrm{d}x}\displaystyle\int_a^b f(x)\,\mathrm{d}x=f(x)$ B. $\dfrac{\mathrm{d}}{\mathrm{d}x}\displaystyle\int f(x)\,\mathrm{d}x=f(x)$

    C. $\dfrac{\mathrm{d}}{\mathrm{d}x}\displaystyle\int_a^x f(x)\,\mathrm{d}x=f(x)-f(a)$ D. $\displaystyle\int f'(x)\,\mathrm{d}x=f(x)$

3. 设函数 $y=\displaystyle\int_0^x (t-1)\,\mathrm{d}t$，则 y 有(   ).

    A. 极小值 $\dfrac{1}{2}$ B. 极小值 $-\dfrac{1}{2}$ C. 极大值 $\dfrac{1}{2}$ D. 极大值 $-\dfrac{1}{2}$

4. 设 a,b 为非负常数，若 $\lim\limits_{x\to 0}\dfrac{1}{bx-\sin x}\displaystyle\int_0^x \dfrac{t^2}{\sqrt{a^2+t^2}}\,\mathrm{d}t=1$，则(   ).

    A. $a=4,b=1$ B. $a=2,b=1$

    C. $a=4,b=0$ D. $a=\sqrt{2},b=1$

5. 设 $f'(x)$ 连续，则变上限积分 $\displaystyle\int_a^x f(t)\,\mathrm{d}t$ 是(   ).

    A. $f'(x)$ 的一个原函数   B. $f'(x)$ 的全体原函数

    C. $f(x)$ 的一个原函数   D. $f(x)$ 的全体原函数

（二）填空

1. 设 $f(x)$ 是连续函数，且 $f(x)=x+2\displaystyle\int_0^1 f(t)\,\mathrm{d}t$，则 $f(x)=$ _____ .

2. 若 $\int_a^b \dfrac{f(x)}{f(x)+g(x)}\mathrm{d}x=1$，则 $\int_a^b \dfrac{g(x)}{f(x)+g(x)}\mathrm{d}x=$_____.

3. 设 $f(x)=\begin{cases}\lg x,x>0 \\ x+\int_0^a 3t^2\mathrm{d}t,x\leqslant 0\end{cases}$，若 $f(f(1))=1$，则 a 为_____.

4. $\lim\limits_{x\to 0}\dfrac{\int_0^x \sin t^2\mathrm{d}t}{x^3}=$_____.

5. 已知 $f(x)=\int_x^2 \sqrt{2+t^2}\,\mathrm{d}t$，则 $f(1)=$_____.

6. 设 $f'(x)$ 在 $[A,B]$ 上连续，$A<a<b<B$，则 $\lim\limits_{h\to 0}\int_a^b \dfrac{f(x+h)-f(x)}{h}\mathrm{d}x$ =_____.

（三）求下列导数

（1）$\dfrac{\mathrm{d}}{\mathrm{d}x}\int_0^x \sin t^2\mathrm{d}t$；

（2）$\dfrac{\mathrm{d}}{\mathrm{d}x}\int_{\arctan x}^{\cos x} \mathrm{e}^{-t}\mathrm{d}t$；

（3）由参数方程 $\begin{cases}x=\int_0^{t^2} u\mathrm{e}^u\mathrm{d}u \\ y=\int_{t^2}^0 u^2\mathrm{e}^u\mathrm{d}u\end{cases}$ 所确定的函数的导数 $\dfrac{\mathrm{d}y}{\mathrm{d}x}$；

（4）求由方程 $\int_0^y t^2\mathrm{d}t+\int_0^{x^2}\dfrac{\sin t}{\sqrt{t}}\mathrm{d}t=1$（其中 $x>0$）确定的函数 $y=y(x)$ 的导数 $\dfrac{\mathrm{d}y}{\mathrm{d}x}$.

（四）计算

1. $\int_{-2}^0 \dfrac{\mathrm{d}x}{x^2+2x+2}$

2. $\int_0^\pi \sqrt{1+\cos 2x}\,\mathrm{d}x$

3. 求曲线 $y=\int_0^x (t-1)(t-2)\,\mathrm{d}t$ 在点 $(0,0)$ 处的切线方程.

4. 设 $x\to 0$ 时，$F(x)=\int_0^x (x^2-t^2)f''(t)\,\mathrm{d}t$ 的导数与 x^2 是等价无穷小，$f''(x)$ 在 $x=0$ 处连续，试求 $f''(0)$.

5. 设 $g(x)$ 是 $[a,b]$ 上的连续函数，$f(x)=\int_a^x g(t)\,\mathrm{d}t$，试证在 (a,b) 内方程 $g(x)-\dfrac{f(b)}{b-a}=0$ 至少有一个根.

附：参考答案

（一）选择题　1. C　2. B　3. B　4. B　5. C

（二）填空题　1. $x-1$　2. $b-a-1$　3. 1　4. $-\dfrac{1}{3}$　5. $-\sqrt{3}$　6. $f(b)-f(a)$

（三）求下列导数

解：(1) $\dfrac{\mathrm{d}}{\mathrm{d}x}\int_0^x \sin t^2\,\mathrm{d}t=\sin x^2$；

(2) $\dfrac{\mathrm{d}}{\mathrm{d}x}\int_{\arctan x}^{\cos x} \mathrm{e}^{-t}\,\mathrm{d}t=-\mathrm{e}^{-\cos x}\cdot\sin x-\mathrm{e}^{-\arctan x}\cdot\dfrac{1}{1+x^2}$；

(3) $\dfrac{\mathrm{d}y}{\mathrm{d}x}=\dfrac{t^4\mathrm{e}^{t^2}(-2t)}{t^2\mathrm{e}^{t^2}(2t)}=-t^2$；

(4) 方程 $\int_0^y t^2\,\mathrm{d}t+\int_0^{x^2}\dfrac{\sin t}{\sqrt{t}}\,\mathrm{d}t=1$ 两边关于 x 求导得 $y^2y'+2\sin x^2=0$，即 $\dfrac{\mathrm{d}y}{\mathrm{d}x}$

$=\dfrac{-2\sin x^2}{y^2}$.

（四）计算

1. 解：原式 $= \int_{-2}^{0} \frac{\mathrm{d}x}{1+(x+1)^2} = \arctan(x+1) \mid_{-2}^{0} = \arctan 1 - \arctan(-1) = \frac{\pi}{4} +$

$\frac{\pi}{4} = \frac{\pi}{2}$；

2. 解：原式 $= \int_{0}^{\pi} \sqrt{2\cos^2 x}\,\mathrm{d}x = \sqrt{2} \int_{0}^{\pi} \mid \cos x \mid \mathrm{d}x = \sqrt{2} \int_{0}^{\frac{\pi}{2}} \cos x\,\mathrm{d}x + \sqrt{2} \int_{\frac{\pi}{2}}^{\pi} (-\cos x)\,\mathrm{d}x$

$= \sqrt{2}\left[\sin x \mid_{0}^{\frac{\pi}{2}} - \sin x \mid_{\frac{\pi}{2}}^{\pi}\right] = 2\sqrt{2}$；

3. 解：$y' = (x-1)(x-2)$，则 $y'(0) = 2$，故切线方程为 $y - 0 = 2(x-0)$，即 $y = 2x$；

4. 解：$\lim\limits_{x\to 0} \dfrac{\int_{0}^{x}(x^2-t^2)f''(t)\,\mathrm{d}t}{\dfrac{x^3}{3}} = \lim\limits_{x\to 0} \dfrac{\int_{0}^{x}2xf''(t)\,\mathrm{d}t}{x^2} = \lim\limits_{x\to 0} \dfrac{2\int_{0}^{x}f''(t)\,\mathrm{d}t}{x} = \lim\limits_{x\to 0} \dfrac{2xf''(\xi)}{x}(\xi \in$

$(0,x)) = 2f''(0) = 1 \quad$ 故 $f''(0) = \dfrac{1}{2}$．

5. 解：由积分中值定理，存在 $\xi \in (a,b)$ 使 $f(b) = \int_{a}^{b} g(t)\,\mathrm{d}t = g(\xi)(b-a)$

即 $g(\xi) - \dfrac{f(b)}{b-a} = 0$，故 ξ 是方程 $g(x) - \dfrac{f(b)}{b-a} = 0$ 的一个根．

第三节　定积分的换元法和分部积分法

根据牛顿-莱布尼兹公式，定积分的计算问题可以归结为将积分上下限分别代入所求出之原函数中而取其差就行了．按理说定积分的计算问题无须多说，但是，有方法计算是一个方面，计算方法是否简便又是一个方面．所以，有必要寻求更加方便的计算方法，这里要学习的定积分的换元法与分部积分法是定积分的两种基本积分法，应用这两种基本积分方法，可以大大简化定积分的计算．

一、教学分析

（一）教学目标

1. 知识与技能．

（1）能熟练掌握用换元法计算定积分．

（2）能熟练掌握用分部积分法计算定积分．

（3）能用定积分法推导并熟记一些特殊区间（对称、周期）上特殊函数（奇偶、周期）的定积分．

2. 过程与方法．

经历定积分的计算过程，类比不定积分法的学习方法探究、归纳总结定积分的换元法和分部积分法.

3. 情感态度与价值观.

通过定积分计算中方法的选取和技巧的使用,使学员获得解决问题的成就感,锻炼其勇于探索的精神.

（二）学时安排

本节内容教学需要 2 学时,对应课次教学进度中第 32 讲内容.

（三）教学内容

定积分的换元法;分部积分法;定积分的特殊性质（对称区间上奇偶函数、周期函数的定积分）.

（四）学情分析

定积分换元积分法是通过变量代换把一个定积分化为另外一个定积分,因此不必运用不定积分的换元积分法单独求出原函数. 但要注意作变量代换时,也要同时改变积分限,下限对应下限,上限对应上限,即所谓的定积分的"换元必换限",学员在换元后,积分上下限的确定较易出错.

（五）重、难点分析

重点:定积分的换元法与分部积分法.

难点:定积分的换元法与分部积分法的灵活运用.

有关定积分换元法的理解:

1. 定积分换元法的定理. 定积分换元法的定理是进行计算的理论根据,应正确理解和熟练掌握. 应用定积分换元法解题时一般步骤归纳为以下几点:

（1）作适当的变量代换;

（2）求新积分变量的变化区间;

（3）写出关于新变量的定积分（变换被积函数与积分上下限）;

（4）用牛顿-莱布尼兹公式求解.

注意:在定积分的换元法定理中,选用的函数 $x=\varphi(t)$ 在积分区间上应是单值、单调且有连续导数 $\varphi'(t)$,因此,我们在应用定积分换元法计算定积分时,一定要注意检查定理中的条件是否满足,谨慎行事,如果不加思索,盲目地套用公式必然导致谬误,例如,$\int_{-1}^{1} \frac{1}{1+x^2} \mathrm{d}x$,若进行代换 $x=\varphi(t)=\frac{1}{t}$,其导函数 $\varphi'(t)=-\frac{1}{t^2}$ 在 $[-1,1]$ 上不连续,不满足定理条件,若按照这种代换进行积分,最后结果是 0,显然是错误的,由积分的几何意义,积分结果显然大于 0,导致错误的原因就是盲目地套用公式,不顾公式成立的条件.

2. 定积分换元法的优点. 在求出关于新变量的原函数之后,不必再回到原来的变量,只要直接把新的积分限代入相减就行了. 这样便节省了许多计算手续,使定积分的计算变得十分简捷和方便.

3. 定积分换元法的作用. 定积分换元法不仅有时可以使得计算简化,而且还在于能扩大计算定积分的范围,即能求解牛顿-莱布尼兹公式不能解决的问题. 例如,积分

$\int_0^{\frac{\pi}{4}} \ln(1+\tan x)\,\mathrm{d}x$，被积函数的原函数是无法用初等函数表示出来的，因而不能直接应用牛顿-莱布尼兹公式来计算，但如果用定积分的换元法，令 $x=\dfrac{\pi}{4}-t$，其结果很快就可以计算出来．

4. 利用定积分换元法，还可以证明定积分在实际计算中常用的一些重要等式，这些重要等式，在理解了是如何得到的基础上，可以作为结论记住．

(1) 若 $f(x)$ 在 $[-a,a]$ 上连续，则 $\int_{-a}^{a} f(x)\mathrm{d}x=\int_0^a [f(x)+f(-x)]\mathrm{d}x$．

若 $f(x)$ 在 $[-a,a]$ 上连续且为偶函数，则 $\int_{-a}^{a} f(x)\mathrm{d}x=2\int_0^a f(x)\mathrm{d}x$；

若 $f(x)$ 在 $[-a,a]$ 上连续且为奇函数，则 $\int_{-a}^{a} f(x)\mathrm{d}x=0$；

(2) 若 $f(x)$ 是以 l 为周期的连续函数，则 $\int_a^{a+l} f(x)\mathrm{d}x=\int_0^l f(x)\mathrm{d}x$；

(3) $\int_0^{\frac{\pi}{2}} f(\sin x)\mathrm{d}x=\int_0^{\frac{\pi}{2}} f(\cos x)\mathrm{d}x$；

(4) $\int_0^{\pi} xf(\sin x)\mathrm{d}x=\dfrac{\pi}{2}\int_0^{\pi} f(\sin x)\mathrm{d}x$；

(5) 华莱士公式

$$l_n=\int_0^{\frac{\pi}{2}} \sin^n x\,\mathrm{d}x \left(=\int_0^{\frac{\pi}{2}} \cos^n x\,\mathrm{d}x\right)=\begin{cases} \dfrac{n-1}{n}\cdot\dfrac{n-3}{n-2}\cdots\dfrac{3}{4}\cdot\dfrac{1}{2}\cdot\dfrac{\pi}{2}, & n\text{ 为正偶数} \\[2mm] \dfrac{n-1}{n}\cdot\dfrac{n-3}{n-2}\cdots\dfrac{4}{5}\cdot\dfrac{2}{3}, & n\text{ 为大于 1 的正奇数} \end{cases}$$

同时，根据积分区间的特点，注意计算定积分时常采用如下的换元方法：

(1) $x=\dfrac{1}{t}$，这时，$\mathrm{d}x=-\dfrac{1}{t^2}\mathrm{d}t$，积分区间由 $(0,+\infty)$ 变为 $(0,+\infty)$；

(2) $x=-t$，这时，$\mathrm{d}x=-\mathrm{d}t$，积分区间由 $[-a,0]$ 变为 $[0,a]$；

(3) $x=a-t$，这时，$\mathrm{d}x=-\mathrm{d}t$，积分区间由 $[0,a]$ 变为 $[0,a]$．

（六）有关定积分的分部积分法

将不定积分的分部积分法与牛顿-莱布尼兹公式相结合，就得到了定积分的分部积分法，其公式为 $\int_a^b u\,\mathrm{d}v=uv\big|_a^b-\int_a^b v\,\mathrm{d}u$．

这一公式的使用与不定积分的分部积分法类同，关键也是因子 u 与 $\mathrm{d}u$ 的选取，同时宜用分部积分法的积分类型也与不定积分相同．定积分的分部积分公式对计算定积分的帮助非常明显，因为这公式对已积出来的部分随时代入上下限，串写起来十分简洁，特别是当上下限代入后 $uv\big|_a^b$ 的值为零，分部积分法就显得更加方便．

注意：① 式子中的上下限是关于变量 x 的，而不是关于变量 u 及 v 的，不要引起误解．

② 对于某些定积分，同时要使用分部积分法和换元积分法，这时要注意分清换元积分法的中间变量与分部积分法中所用的 u 及 v 的区别，待熟练之后，应用分部积分法时

可不必单独列出 u 及 $\mathrm{d}v$.

二、典型例题

例 1 设 $f(x)=\begin{cases}1+x^2, & x<0,\\ \mathrm{e}^{-x}, & x\geqslant0,\end{cases}$ 求 $\int_1^3 f(x-2)\mathrm{d}x$.

解：先换元，令 $x-2=u$，再分段积分.

$$原式=\int_{-1}^1 f(u)\mathrm{d}u=\int_{-1}^0 f(u)\mathrm{d}u+\int_0^1 f(u)\mathrm{d}u=\int_{-1}^0(1+x^2)\mathrm{d}x+\int_0^1 \mathrm{e}^{-x}\mathrm{d}x=\frac{7}{3}$$

$-\mathrm{e}^{-1}$.

例 2 设 $f(x)$ 是区间 $[-a,a]$ 上的连续函数，求：

(1) $I=\int_{-a}^a[(x+\mathrm{e}^{\cos x})f(x)+(x-\mathrm{e}^{\cos x})f(-x)]\mathrm{d}x$；

(2) $\int_{-\frac{\pi}{3}}^{\frac{\pi}{3}}\dfrac{x\sin x}{\cos^2 x}\mathrm{d}x$.

解：(1) $(x+\mathrm{e}^{\cos x})f(x)+(x+\mathrm{e}^{\cos x})f(-x)$

$=x[f(x)+f(-x)]+\mathrm{e}^{\cos x}[f(x)-f(-x)]$

因 $f(x)+f(-x)$ 为偶函数，故 $x[f(x)+f(-x)]$ 为奇函数，而 $\mathrm{e}^{\cos x}$ 为偶函数，$f(x)-f(-x)$ 为奇函数，故 $\mathrm{e}^{\cos x}[f(x)-f(-x)]$ 为奇函数，因而 $I=0$.

(2) 设 $f(x)=\dfrac{x\sin x}{\cos^2 x}$，则 $f(-x)=\dfrac{(-x)\sin(-x)}{\cos^2(-x)}=\dfrac{x\sin x}{\cos^2 x}=f(x)$，

故 $f(x)$ 为偶函数，因而 $\int_{-\frac{\pi}{3}}^{\frac{\pi}{3}}\dfrac{x\sin x}{\cos^2 x}\mathrm{d}x=2\int_0^{\frac{\pi}{3}}\dfrac{x\sin x}{\cos^2 x}\mathrm{d}x$.

注意到 $\dfrac{\sin x}{\cos^2 x}\mathrm{d}x=-\dfrac{\mathrm{d}\cos x}{\cos^2 x}=\mathrm{d}\dfrac{1}{\cos x}$，得到，

$$原式=2\int_0^{\frac{\pi}{3}}x\,\mathrm{d}\frac{1}{\cos x}=2\left(x\frac{1}{\cos x}\Big|_0^{\frac{\pi}{3}}-\int_0^{\frac{\pi}{3}}\frac{\mathrm{d}x}{\cos x}\right)$$

$$=\frac{4}{3}\pi-2[\ln|\sec x+\tan x|]_0^{\frac{\pi}{2}}=\frac{4}{3}\pi-2\ln(1+\sqrt{3})$$

例 3 [2001 年考研] $\int_{-\frac{\pi}{2}}^{\frac{\pi}{2}}(x^3+\sin^2 x)\cos^2 x\,\mathrm{d}x=$ _____.

解：注意到 $x^3\cos^2 x$ 为奇函数，$\sin^2 x\cos^2 x$ 为偶函数，有

$$原式=\int_{-\frac{\pi}{2}}^{\frac{\pi}{2}}x^3\cos^2 x\,\mathrm{d}x+\int_{-\frac{\pi}{2}}^{\frac{\pi}{2}}\sin^2 x\cos^2 x\,\mathrm{d}x=0+2\int_0^{\frac{\pi}{2}}\sin^2 x\cos^2 x\,\mathrm{d}x$$

$$=2\int_0^{\frac{\pi}{2}}\sin^2 x(1-\sin^2 x)\mathrm{d}x=2\int_0^{\frac{\pi}{2}}\sin^2 x\,\mathrm{d}x-2\int_0^{\frac{\pi}{2}}\sin^4 x\,\mathrm{d}x=\frac{\pi}{8}.$$

例 4 设 $M=\int_{-\frac{\pi}{2}}^{\frac{\pi}{2}}\dfrac{\sin x}{1+x^2}\cos^4 x\,\mathrm{d}x,\ N=\int_{-\frac{\pi}{2}}^{\frac{\pi}{2}}(\sin^3 x+\cos^4 x)\mathrm{d}x$，

$P=\int_{-\frac{\pi}{2}}^{\frac{\pi}{2}}(x^2\sin^3 x-\cos^4 x)\mathrm{d}x$，则（　　）.

A. $N<P<M$ 　　　　B. $M<P<N$ 　　　　C. $N<M<P$ 　　　　D. $P<M<N$

解：积分区间 $\left[-\dfrac{\pi}{2},\dfrac{\pi}{2}\right]$ 关于 $x=0$ 对称，可利用奇偶函数在对称区间上定积分性质，确定 M,P,N 的大小．因 M 的被积函数为奇函数，故 $M=0$．同样，N 和 P 的积分式中的第一项均为零．由比较知，$\displaystyle\int_0^{\frac{\pi}{2}}\cos^4x\mathrm{d}x>0$．因而 $N=\displaystyle\int_{-\frac{\pi}{2}}^{\frac{\pi}{2}}\cos^4x\mathrm{d}x=2\displaystyle\int_0^{\frac{\pi}{2}}\cos^4x\mathrm{d}x>0$，又，$P=-\displaystyle\int_{-\frac{\pi}{2}}^{\frac{\pi}{2}}\cos^4x\mathrm{d}x=-2\displaystyle\int_0^{\frac{\pi}{2}}\cos^4x\mathrm{d}x<0$，可见 $P<M<N$，仅 D 入选．

例 5 ［2013 年考研］计算 $\displaystyle\int_0^1\dfrac{f(x)}{\sqrt{x}}\mathrm{d}x$，其中 $f(x)=\displaystyle\int_1^x\dfrac{\ln(t+1)}{t}\mathrm{d}t$．

解：虽然被积函数不含函数导数，但含已知其导数的函数 $f(x)$：$f'(x)=\dfrac{\ln(x+1)}{x}$．因而可用分部积分法计算其积分值．由 $f(x)=\displaystyle\int_1^x\dfrac{\ln(t+1)}{t}\mathrm{d}t$ 得到 $f'(x)=\dfrac{\ln(x+1)}{x}$，且 $f(1)=0$，则 $\displaystyle\int_0^1\dfrac{f(x)}{\sqrt{x}}\mathrm{d}x=2\displaystyle\int_0^1f(x)\mathrm{d}\sqrt{x}=2\left[f(x)\sqrt{x}\right]\Big|_0^1-2\displaystyle\int_0^1\sqrt{x}f'(x)\mathrm{d}x=$

$-2\displaystyle\int_0^1\dfrac{\ln(x+1)}{\sqrt{x}}\mathrm{d}x=-4\displaystyle\int_0^1\ln(x+1)\mathrm{d}\sqrt{x}=-4\ln 2+4\displaystyle\int_0^1\dfrac{\sqrt{x}}{\sqrt{1+x}}\mathrm{d}x$

令 $\sqrt{x}=t$，则 $\displaystyle\int_0^1\dfrac{\sqrt{x}}{1+x}\mathrm{d}x=\displaystyle\int_0^1\dfrac{t\cdot 2t}{1+t^2}\mathrm{d}t=2\displaystyle\int_0^1\dfrac{t^2}{1+t^2}\mathrm{d}t=2\displaystyle\int_0^1\mathrm{d}t-2\displaystyle\int_0^1\dfrac{\mathrm{d}t}{1+t^2}=2\left(1-\dfrac{\pi}{4}\right)$，

所以 $\displaystyle\int_0^1\dfrac{f(x)}{\sqrt{x}}\mathrm{d}x=-4\ln 2+8\left(1-\dfrac{\pi}{4}\right)=8-2\pi-4\ln 2$．

三、教学建议

（一）思维培养

换元积分法和分部积分法构成本章的基本方法，教学中一是应强调换元积分与不定积分的换元积分之区别，以正反两方面的具体例子讲清"换元必换限"，二是重视定积分的特殊性质在定积分计算中的作用，如"偶倍奇零"性质（函数奇偶性在定积分计算中的应用）和有关正余弦函数在特殊区间上积分的转化以及周期函数积分的重要结论，学员必须熟练掌握这些基本方法．

（二）融合应用

有关应用，可拓展下面两个问题．

1. （人口统计）某城市居民人口分布密度的数学模型为 $P(r)=\dfrac{1}{r^2+2r+5}$，其中 $r(\mathrm{km})$ 是离开市中心的距离，$P(r)$ 的单位是 10 万人/km^2，求在离市中心 10 km 范围内的人口数．

2. （环境污染）某工厂排出大量废气，造成严重的空气污染，若第七年废气排放量为 $W(t)=\dfrac{20\ln(t+1)}{(t+1)^2}$，求该厂在 $t=0$ 到 $t=5$ 年间排出的总废气量．

四、达标训练

换元法

（一）选择题

1. $\int_{-1}^{1} \dfrac{2+\sin x}{\sqrt{4-x^2}} \mathrm{d}x = ($　　$)$.

　A. $\dfrac{\pi}{3}$　　　　　B. $\dfrac{2\pi}{3}$　　　　　C. $\dfrac{4\pi}{3}$　　　　　D. $\dfrac{5\pi}{3}$

2. 设 $N = \int_{-a}^{a} x^2 \sin^3 x \,\mathrm{d}x$，$P = \int_{-a}^{a}(x^3 \mathrm{e}^{x^2} - 1)\,\mathrm{d}x$，$Q = \int_{-a}^{a} \cos^2 x^3 \,\mathrm{d}x\ (a>0)$

　则（　　）.

　A. $N \leqslant P \leqslant Q$　　B. $N \leqslant Q \leqslant P$　　　C. $Q \leqslant P \leqslant N$　　　D. $P \leqslant N \leqslant Q$

3. 设 $I = \int_0^a x^3 f(x^2)\,\mathrm{d}x\,(a>0)$，则（　　）.

　A. $I = \int_0^{a^2} x f(x)\,\mathrm{d}x$　　　　　　　B. $I = \int_0^a x f(x)\,\mathrm{d}x$

　C. $I = \dfrac{1}{2}\int_0^{a^2} x f(x)\,\mathrm{d}x$　　　　　D. $I = \dfrac{1}{2}\int_0^a x f(x)\,\mathrm{d}x$.

4. 设函数 $f(x)$ 在 $[-a,a]$ 上连续，则 $\int_{-a}^a f(x)\,\mathrm{d}x$ 恒等于（　　）.

　A. $2\int_0^a f(x)\,\mathrm{d}x$　　　　　　　B. 0

　C. $\int_0^a [f(x)+f(-x)]\,\mathrm{d}x$　　　　D. $\int_0^a [f(x)-f(-x)]\,\mathrm{d}x$

5. 已知 $F'(x) = f(x)$，则 $\int_a^x f(t+a)\,\mathrm{d}t = ($　　$)$.

　A. $F(x) = F(a)$　　　　　　　B. $F(t)-F(a)$

　C. $F(x+a)-F(2a)$　　　　　D. $F(t+a)-F(2a)$

（二）填空题

1. $\int_{-5}^{5} \dfrac{x^3 \sin^2 x}{x^4 + 2x^2 + 1} \mathrm{d}x = $ _____.

2. 设 $f(x)$ 为连续函数，且满足 $\int_0^x f(t-x)\,\mathrm{d}t = -\dfrac{x^2}{2} + \mathrm{e}^{-x} - 1$，则 $f(x)$

= _____.

3. 设 $f(x)$ 为连续函数，则 $\int_{-a}^a x^2 [f(x)-f(-x)]\,\mathrm{d}x = $ _____.

4. 设 $\int_0^x f(t)\,\mathrm{d}t = (x+1)\mathrm{e}^x - 1$，则 $\int_1^{\mathrm{e}} \dfrac{f(\ln x)}{x}\,\mathrm{d}x = $ _____.

5. 设 $f(x) = \begin{cases} \dfrac{1}{1+x}, & x \geqslant 0, \\[2mm] \dfrac{1}{1+\mathrm{e}^x}, & x < 0, \end{cases}$ 则定积分 $\int_0^2 f(x-1)\,\mathrm{d}x = $ _____.

（三）计算题

1. $\int_0^{\frac{\pi}{2}} \sin x \cos^3 x \, \mathrm{d}x$

2. $\int_1^{e^2} \dfrac{\mathrm{d}x}{x\sqrt{1+\ln x}}$

3. $\int_0^a x^2 \sqrt{a^2 - x^2} \, \mathrm{d}x$

4. $\int_1^{\sqrt{3}} \dfrac{\mathrm{d}x}{x^2 \sqrt{1+x^2}}$

5. $\int_{-1}^1 \dfrac{x\,\mathrm{d}x}{\sqrt{5-4x}}$

6. $\int_1^4 \dfrac{\mathrm{d}x}{\sqrt{x}+1}$

7. $\displaystyle\int_{\frac{3}{4}}^{1}\frac{\mathrm{d}x}{\sqrt{1-x}-1}$

8. $\displaystyle\int_{0}^{\pi}\frac{x\sin x}{1+\cos^2 x}\mathrm{d}x$

(四) 已知 $f(x)=\mathrm{e}^{-x^2}$，求 $\displaystyle\int_{0}^{1}f'(x)f''(x)\mathrm{d}x$

(五) 证明：(1) $\displaystyle\int_{0}^{\frac{\pi}{2}}\frac{\sin x}{\sin x+\cos x}\mathrm{d}x=\int_{0}^{\frac{\pi}{2}}\frac{\cos x}{\sin x+\cos x}\mathrm{d}x$

(2) 由上面结论求 $\displaystyle\int_{0}^{\frac{\pi}{2}}\frac{\cos x}{\sin x+\cos x}\mathrm{d}x$

附：参考答案

(一) 选择题　1. B　2. D　3. C　4. C　5. C

(二) 填空题　1. 0　2. $x-\mathrm{e}^x$　3. 0　4. $2\mathrm{e}-1$　5. $\ln(\mathrm{e}+1)$ 或 $1+\ln(\mathrm{e}^{-1}+1)$

(三) 计算题　1. 原式 $=-\displaystyle\int_{0}^{\frac{\pi}{2}}\cos^3 x\mathrm{d}(\cos x)=-\frac{1}{4}\cos^4 x\Big|_{0}^{\frac{\pi}{2}}=\frac{1}{4}$；

2. 原式 $=\displaystyle\int_{1}^{\mathrm{e}^2}\frac{1}{\sqrt{1+\ln x}}\mathrm{d}\ln x=\int_{1}^{\mathrm{e}^2}\frac{1}{\sqrt{1+\ln x}}\mathrm{d}(1+\ln x)=2\sqrt{1+\ln x}\Big|_{1}^{\mathrm{e}^2}=2\sqrt{3}$

-2；

3. 令 $x=a\sin t$，则 $\mathrm{d}x=a\cos t\mathrm{d}t$，当 $x=0$ 时 $t=0$，当 $x=a$ 时 $t=\dfrac{\pi}{2}$

原式 $=\displaystyle\int_{0}^{\frac{\pi}{2}}a^2\sin^2 t\cdot a\cos t\cdot a\cos t\mathrm{d}t=\frac{a^4}{4}\int_{0}^{\frac{\pi}{2}}\sin^2 2t\mathrm{d}t=\frac{a^4}{8}\int_{0}^{\frac{\pi}{2}}(1-\cos 4t)\mathrm{d}t=\frac{a^4}{8}\frac{\pi}{2}$

$-\dfrac{a^4}{8}\dfrac{1}{4}\sin 4t\Big|_{0}^{\frac{\pi}{2}}=\dfrac{\pi}{16}a^4$；

4. 令 $x=\tan\theta$，则 $\mathrm{d}x=\sec^2\theta\mathrm{d}\theta$，当 $x=1,\sqrt{3}$ 时 θ 分别为 $\dfrac{\pi}{4},\dfrac{\pi}{3}$

原式 $\displaystyle\int_{\frac{\pi}{4}}^{\frac{\pi}{3}}\dfrac{\sec^2\theta}{\tan^2\theta\sec\theta}\mathrm{d}\theta=\int_{\frac{\pi}{4}}^{\frac{\pi}{3}}(\sin\theta)^{-2}\mathrm{d}\sin\theta=-\csc\theta\Big|_{\frac{\pi}{4}}^{\frac{\pi}{3}}=\sqrt{2}-\dfrac{2}{3}\sqrt{3}$；

5. 令 $\sqrt{5-4x}=u$，则 $x=\dfrac{5}{4}-\dfrac{1}{4}u^2,\mathrm{d}x=-\dfrac{1}{2}u\mathrm{d}u$，当 $x=-1,1$ 时，$u=3,1$

原式 $=\displaystyle\int_3^1\dfrac{1}{8}(5-u^2)\mathrm{d}u=\dfrac{1}{6}$；

6. 令 $\sqrt{x}=t,\mathrm{d}x=2t\mathrm{d}t$，当 $x=1$ 时，$t=1$；当 $x=4$ 时，$t=2$

原式 $=\displaystyle\int_1^2\dfrac{2t\mathrm{d}t}{1+t}=2\Big[\int_1^2\mathrm{d}t-\int_1^2\dfrac{\mathrm{d}t}{1+t}\Big]=2[t\,|_1^2-\ln(1+t)\,|_1^2]=2+2\ln\dfrac{2}{3}$；

7. 令 $\sqrt{1-x}=u$，则 $x=1-u^2,\mathrm{d}x=-2u\mathrm{d}u$，当 $x=\dfrac{3}{4},1$ 时 $u=\dfrac{1}{2},0$

原式 $\displaystyle\int_{\frac{1}{2}}^0\dfrac{-2u}{u-1}\mathrm{d}u=2\int_0^{\frac{1}{2}}\dfrac{u-1+1}{u-1}\mathrm{d}u=1-2\ln 2$；

8. 令 $x=\dfrac{\pi}{2}-t$，则原式 $=-\displaystyle\int_{\frac{\pi}{2}}^{-\frac{\pi}{2}}\dfrac{\left(\dfrac{\pi}{2}-t\right)\sin\left(\dfrac{\pi}{2}-t\right)}{1+\cos^2\left(\dfrac{\pi}{2}-t\right)}\mathrm{d}t=\dfrac{\pi^2}{4}$

（四）解：$f'(x)=-2xe^{-x^2}$，$\displaystyle\int_0^1 f'(x)f''(x)\mathrm{d}x=\int_0^1 f'(x)\mathrm{d}f'(x)=\dfrac{1}{2}[f'(x)]^2\Big|_0^1$

$=\dfrac{1}{2}(-2xe^{-x^2})^2\Big|_0^1=2e^{-2}$.

（五）证明：(1) 提示，令 $t=\dfrac{\pi}{2}-x$；(2) $\dfrac{\pi}{2}$.

分部积分法

一、选择题

1. 设 $f'(x)$ 在 $[1,2]$ 上可积，且 $f(1)=1,f(2)=1,\displaystyle\int_1^2 f(x)\mathrm{d}x=-1$，则 $\displaystyle\int_1^2 xf'(x)\mathrm{d}x=$
（　　）.

　A. 2　　　　　　　　B. 1　　　　　　　　C. 0　　　　　　　　D. -1

2. 设函数 $f(x)$ 在区间 $[a,b]$ 上具有连续的导数，且 $f(a)=0,f(b)=0$，又 $\displaystyle\int_a^b f^2(x)\mathrm{d}x$

$=1$，则 $\displaystyle\int_a^b xf(x)f'(x)\mathrm{d}x=($　　　$)$.

　A. $\dfrac{1}{2}$　　　　　　　B. 1　　　　　　　　C. 0　　　　　　　　D. $-\dfrac{1}{2}$

二、填空题

1. 设函数 $f(x)$ 在闭区间 $[0,1]$ 上二阶连续可导，且 $f'(1)=1$，$f(0)=1$，$f(1)=2$，则 $\displaystyle\int_0^1 x f''(x)\mathrm{d}x =$ _____.

2. $\displaystyle\int_0^1 \dfrac{\ln(1+x)}{(2-x)^2}\mathrm{d}x =$ _____.

3. $\displaystyle\int_1^2 \dfrac{1}{x^3}\mathrm{e}^{\frac{1}{x}}\mathrm{d}x =$ _____.

4. $\displaystyle\int_{\frac{\pi}{2}}^{\frac{9\pi}{2}} (\sin^2 x + \sin 2x)|\sin x|\mathrm{d}x =$ _____.

   （提示：用周期性化为 $\left[-\dfrac{\pi}{2},\dfrac{\pi}{2}\right]$ 上积分，在利用奇偶性计算）

5. 设 $f(x)$ 有一个原函数 $\dfrac{\sin x}{x}$，则 $\displaystyle\int_{\frac{\pi}{2}}^{\pi} x f'(x)\mathrm{d}x =$ _____.

三、计算下列定积分

1. $\displaystyle\int_1^4 \dfrac{\ln x}{\sqrt{x}}\mathrm{d}x$

2. $\displaystyle\int_0^1 x \arctan x \mathrm{d}x$

3. $\displaystyle\int_1^e \sin(\ln x)\mathrm{d}x$

4. 设 $f(x)$ 有一个原函数为 $1+\sin^2 x$，求 $\displaystyle\int_0^{\frac{\pi}{2}} x f'(2x)\mathrm{d}x$.

四、 若 $f''(x)$ 在 $[0,\pi]$ 连续，$f(0)=2$，$f(\pi)=1$，

   证明：$\displaystyle\int_0^{\pi}[f(x)+f''(x)]\sin x \mathrm{d}x = 3$.

参考答案

一、选择题 1. A 2. D

二、填空题 1. 0 2. $\frac{1}{3}\ln 2$ 3. $\frac{1}{2}e^{\frac{1}{2}}$ 4. $\frac{16}{3}$ 5. $\frac{4}{\pi}-1$

三、解：1. 原式 $=2\int_1^4 \ln x\,d\sqrt{x}=2[\sqrt{x}\ln x\,|_1^4-\int_1^4 \sqrt{x}\,d\ln x]=8\ln 2-2\int_1^4 x^{-\frac{1}{2}}\,dx=8\ln 2-4$；

2. 原式 $=\frac{1}{2}\int_0^1 \arctan x\,dx^2=\frac{1}{2}[x^2\arctan x\,|_0^1-\int_0^1 \frac{x^2}{1+x^2}\,dx]=\frac{\pi}{8}-\frac{1}{2}\int_0^1 dx+\frac{1}{2}\int_0^1 \frac{dx}{1+x^2}=\frac{\pi}{8}-\frac{1}{2}\,|_0^1+\frac{1}{2}\arctan x\,|_0^1=\frac{\pi}{4}-\frac{1}{2}$；

3. 原式 $=x\sin(\ln x)\,|_1^e-\int_1^e x\cos(\ln x)\cdot \frac{1}{x}\,dx=e\sin 1-\int_1^e \cos(\ln x)\,dx=e\sin 1-e\cos 1+1-\int_1^e \sin(\ln x)\,dx$ 故 $\int_1^e \sin(\ln x)\,dx=\frac{e}{2}(\sin 1-\cos 1+1)$；

4. 令 $2x=t$，且 $f(x)=(1+\sin^2 x)'=\sin 2x$，$\int_0^{\frac{\pi}{2}} xf'(2x)\,dx=\int_0^{\pi} \frac{t}{2}f'(t)\frac{1}{2}\,dt=\frac{1}{4}\int_0^0 tf'(t)\,dt=\frac{1}{4}\int_0^{\pi} t\,df(t)=\frac{1}{4}[tf(t)\,|_0^{\pi}-\int_0^{\pi} f(t)\,dt]=\frac{1}{4}[t\sin 2t\,|_0^{\pi}-(1+\sin^2 t)\,|_0^{\pi}]=0.$

四、证明：因 $\int_0^{\pi} f''(x)\sin x\,dx=\int_0^{\pi}\sin x\,df'(x)=\sin xf'(x)\,|_0^{\pi}-\int_0^{\pi}f'(x)\cos x\,dx=-\int_0^{\pi}f'(x)\cos x\,dx=-\int_0^{\pi}\cos x\,df(x)=-f(x)\cos x\,|_0^{\pi}-\int_0^{\pi}f(x)\sin x\,dx=f(\pi)+f(0)-\int_0^{\pi}f(x)\sin x\,dx=1+2-\int_0^{\pi}f(x)\sin x\,dx=3-\int_0^{\pi}f(x)\sin x\,dx$

所以 $\int_0^{\pi}[f(x)+f''(x)]\sin x\,dx=3.$

第四节 反常积分

在前面有关定积分的学习中,总是假定被积函数在积分区间$[a,b]$上连续,至于被积函数在个别点处具有第一类间断点,我们把积分概念也作了相应的推广;而且积分上下限也总假定是有限数.但是,仅这一类积分还不能满足某些实际问题的需要,甚至于在初等函数问题中,也常常要放弃这些限制,而要讨论定积分区间为无限或被积函数在积分区间上有无穷间断点的所谓广义积分(反常积分).

一、教学分析

（一）教学目标

1. 知识与技能.

（1）能说出无穷限的反常积分及其收敛的概念,会计算反常积分.

（2）能说出无界函数的反常积分及其收敛的概念,会计算反常积分.

2. 过程与方法.

经历反常积分概念和计算过程,推广定积分的概念,类比两种反常积分的概念和计算方法.

3. 情感态度与价值观.

通过反常积分的学习,认同微积分的多样性,提高定积分与反常积分的对立统一的辩证关系的认识,培养辩证唯物主义观,以及用无限逼近有限的理性的认识论方法.

（二）学时安排

本节内容教学需要 2 学时,对应课次教学进度中的第 33 讲内容,下一讲即 34 讲课安排一次习题课,作为第五章内容的最后一次课.

（三）教学内容

无穷限和无界函数的反常积分的概念及计算.

（四）学情分析

计算无界函数的反常积分时,学生容易忽略瑕点,按定积分计算,产生错误.

（五）重、难点分析

重点:无穷限的反常积分与无界函数反常积分的计算.

难点:无穷限的反常积分与无界函数反常积分的计算.

1. 对积分区间为无限的广义积分,在这类积分中,重点讨论积分区间为$[a,+\infty)$情形的广义积分.其计算方法是先求定积分,然后取极限.这两个问题都是我们已解决的问题,所以,只要搞清楚这种广义积分的定义,其计算是不难掌握的,可以指出,当被积函数$f(x)$在区间$[a,+\infty)$连续时,设 $F(x)$ 是 $f(x)$ 的任一原函数,根据牛顿-莱布尼兹公式可得计算公式

$$\int_a^{+\infty} f(x)\mathrm{d}x = \lim_{b\to\infty}[F(b)-F(a)],\text{简记为}\int_a^{+\infty} f(x)\mathrm{d}x = F(+\infty)-F(a)$$

对于其他区间,有类似的结论.

2. 对于被积函数有无穷间断点的广义积分,在这类积分中,需要特别当心,因为它和常义积分在形式上虽然一样,但内容却不相同.无界函数积分除通常积分外,还包括一个取极限过程,如果不加注意,很容易将广义积分误认为常义积分,结果造成错误.因此,以后在求积分时,必须研究被积函数在积分区间上是否有无穷不连续点.如果在积分时事先不作任何研究,便贸然把牛顿-莱布尼兹公式套到积分中去,就会造成原则性的错误.

二、典型例题

(一) 计算无穷区间上的反常积分

例 1　(使用收敛定义计算)(1) $\int_0^{+\infty} e^{-x} \sin x \, dx$；(2) $\int_0^{+\infty} \dfrac{dx}{x^2 + 4x + 8}$.

解：(1)首先求出定积分(变限定积分) $\int_0^b e^{-x} \sin x \, dx$. 用分部积分法易求得

$$\int_0^b e^{-x} \sin x \, dx = -\sin b \cdot e^{-b} - \int_0^b \cos x \, de^{-x} = -e^{-b} \sin b + 1 - \cos b \cdot e^{-b}$$

$$-\int_0^b e^{-x} \sin x \, dx,$$

故 $2\int_0^b e^{-x} \sin x \, dx = -d^{-b} \sin b - e^{-b} \cos b + 1,$

即 $\int_0^b e^{-x} \sin x \, dx = \dfrac{1}{2} - \dfrac{1}{2} e^{-b}(\sin b + \cos b),$

则 $\int_0^{+\infty} e^{-x} \sin x \, dx = \lim\limits_{b \to +\infty} \left(\dfrac{1}{2} - \dfrac{\sin b}{2e^b} - \dfrac{\cos b}{2e^b} \right) = \dfrac{1}{2}.$

(2) $p^2 - 4q = 16 - 4 \times 8 < 0.$ 将分母配成平方和,有 $x^2 + 4x + 8 = (x+2)^2 + 2^2$,而

$$\int_0^b \dfrac{dx}{x^2 + 4x + 8} = \int_0^b \dfrac{dx}{(x+2)^2 + 2^2} = \dfrac{1}{4} \int_0^b \dfrac{dx}{1 + \left[\dfrac{(x+1)}{2}\right]^2} = \dfrac{1}{2} \int_0^b \dfrac{d\left[\dfrac{(x+2)}{2}\right]}{1 + \left[\dfrac{(x+2)}{2}\right]^2} =$$

$$\dfrac{1}{2} \left[\arctan \dfrac{x+2}{2} \right]_0^b = \dfrac{1}{2} \arctan \dfrac{b+2}{2} - \dfrac{1}{2} \arctan 1 = \dfrac{1}{2} \arctan \dfrac{b+2}{2} - \dfrac{1}{2} \cdot \dfrac{\pi}{4}.$$

故原式 $= \lim\limits_{b \to +\infty} \int_0^b \dfrac{dx}{x^2 + 4x + 8} = \lim\limits_{b \to +\infty} \left(\dfrac{1}{2} \arctan \dfrac{b+2}{2} - \dfrac{\pi}{8} \right) = \dfrac{\pi}{4} - \dfrac{\pi}{8} = \dfrac{\pi}{4}.$

例 2　[2004 年考研](使用变量代换和分部积分法)

(1) $\int_1^{+\infty} \dfrac{dx}{x\sqrt{x^2 - 1}}$；(2) $\int_3^{+\infty} \dfrac{dx}{(x-1)^4 \sqrt{x^2 - 2x}}$.

解：(1) $\int_1^{+\infty} \dfrac{dx}{x\sqrt{x^2 - 1}} \xlongequal{x = \sec t} \int_0^{\frac{\pi}{2}} \dfrac{\sec t \cdot \tan t}{\sec t \cdot \tan t} \, dt = \int_0^{\frac{\pi}{2}} dt = \dfrac{\pi}{2}.$

(2) 原积分 $= \int_8^{+\infty} \dfrac{dx}{(x-1)^4 \sqrt{(x-1)^2 - 1}} \xlongequal{x-1 = \sec t} \int_{\frac{\pi}{4}}^{\frac{\pi}{2}} \dfrac{\sec t \cdot \tan t}{\sec^4 t \cdot \tan t} \, dt = \int_{\frac{\pi}{3}}^{\frac{\pi}{2}} \cos^3 t \, dt$

$= \int_{\frac{\pi}{3}}^{\frac{\pi}{2}} (1 - \sin^2 t) \, d\sin t = \left[\sin t - \dfrac{\sin^3 t}{3} \right]_{\frac{\pi}{3}}^{\frac{\pi}{2}} = \dfrac{2}{3} - \dfrac{3\sqrt{3}}{8}.$

注意：① 反常积分同定积分一样,作变量代换时,换元必须换限(换积分上、下限).

② 定积分的换元积分法和分部积分法也适用于反常积分,一个反常积分经变量代换后可能化为定积分.若求得该定积分的值表示该反常积分是收敛的,且所求之值就是该反常积分的值.

当被积函数以商的形式出现且分子中 x 的次数比分母中 x 的次数至少小一次时,

可试用倒代换 $t=\dfrac{1}{x}$ 求之（这里把 $\sqrt[m]{x^n+a}$ 看成是 x 的 $\dfrac{n}{m}$ 次幂，因而 $\sqrt{x^2+2}$ 看成是 x 的一次幂）. 使用倒代换有时也可使反常积分转化为常义定积分.

例 3　利用结论(1) 当 $p\leqslant 1$ 时，$\displaystyle\int_a^{+\infty}\dfrac{\mathrm{d}x}{x^p}$ 与 $\displaystyle\int_a^{+\infty}\dfrac{\mathrm{d}x}{x(\ln x)^p}(a>0)$ 均发散；(2) 当 $p>$

1 时，两者均收敛，且分别收敛于 $\displaystyle\int_a^{+\infty}\dfrac{\mathrm{d}x}{x^p}=\dfrac{1}{p-1}\dfrac{1}{a^{p-1}}=\dfrac{1}{p-1}a^{1-p}(a>0)$

$\displaystyle\int_a^{+\infty}\dfrac{\mathrm{d}x}{x(\ln x)^p}=\dfrac{1}{p-1}\dfrac{1}{(\ln a)^{p-1}}=\dfrac{1}{p-1}(\ln a)^{1-p}(a>0)$ 判断下列反常积分收敛的是(　　).

A. $\displaystyle\int_e^{+\infty}\dfrac{\ln x}{x}\mathrm{d}x$ 　　　　B. $\displaystyle\int_e^{+\infty}\dfrac{1}{x\ln x}\mathrm{d}x$ 　　C. $\displaystyle\int_e^{+\infty}\dfrac{\mathrm{d}x}{x(\ln x)^2}$ 　　D. $\displaystyle\int_e^{+\infty}\dfrac{\mathrm{d}x}{x\sqrt{\ln x}}$

解：由结论知 A、B、D 中反常积分都发散，这是因为式中的 p 分别为 $p=-1$，$p=1$，

$p=\dfrac{1}{2}$，即 $p\leqslant 1$. 而 C 中反常积分收敛，这是因为 $p=2>1$. 仅 C 入选.

(二) 判别无界函数的反常积分的敛散性，收敛计算其值

1. 用定义计算无界函数的反常积分.

例 1　计算：(1) $\displaystyle\int_0^1\dfrac{\arcsin\sqrt{x}}{\sqrt{x(1-x)}}\mathrm{d}x$；(2) $\displaystyle\int_{-1}^1\dfrac{\mathrm{d}x}{x^3}$.

解：(1) $x=0$ 为被积函数的可去间断点，$x=1$ 为无穷间断点.

$$原式=\lim_{\varepsilon\to 0^+}\int_0^{1-\varepsilon}\dfrac{\arcsin\sqrt{x}}{\sqrt{x(1-x)}}\mathrm{d}x=\lim_{\varepsilon\to 0^+}2\int_0^{1-\varepsilon}\dfrac{\arcsin\sqrt{x}\,\mathrm{d}\sqrt{x}}{\sqrt{1-(\sqrt{x})^2}}$$

$$=\lim_{\varepsilon\to 0^+}2\int_0^{1-\varepsilon}\arcsin\sqrt{x}\,\mathrm{d}\arcsin\sqrt{x}=(\arcsin\sqrt{x})^2\Big|_0^{1-t}=\dfrac{\pi^2}{4}.$$

(2) 0 为无穷间断点. 由定义有 $\displaystyle\int_{-1}^1\dfrac{\mathrm{d}x}{x^3}=\lim_{\eta_1\to 0^+}\int_{-1}^{0-\eta_1}\dfrac{\mathrm{d}x}{x^3}+\lim_{\eta_2\to 0^+}\int_{0+\eta_2}^1\dfrac{\mathrm{d}x}{x^3}$，则

$$\lim_{\eta_1\to 0^+}\int_{-1}^{0-\eta_1}\dfrac{\mathrm{d}x}{x^3}=-\dfrac{1}{2}\lim_{\eta_1\to 0^+}\int_{-1}^{-\eta_1}\dfrac{1}{x^2}\mathrm{d}\dfrac{1}{x^2}=-\dfrac{1}{2}\lim_{\eta_1\to 0^+}\left(\dfrac{1}{x^2}\Big|_{-1}^{-\eta_1}\right)=-\infty,$$

因而所给反常积分发散. 认为 $\displaystyle\int_{-1}^1\dfrac{\mathrm{d}x}{x^3}=0$ 是错误的.

例 2　计算 $\displaystyle\int_{\frac{1}{2}}^{\frac{3}{2}}\dfrac{\mathrm{d}x}{\sqrt{|x-x^2|}}$.

解：易看出当 $x=1$，$x=0$ 时，被积函数为无穷大量，所给积分为无界函数的反常积

分. 又因被积函数中有绝对值，必须将原积分拆分为两积分之和. 由于 $0\notin\left[\dfrac{1}{2},\dfrac{3}{2}\right]$，只需

以 $x=1$ 为分段点，将原积分拆分为两积分之和，去掉绝对值得到

$$原式=\int_{\frac{1}{2}}^1\dfrac{\mathrm{d}x}{\sqrt{x-x^2}}+\int_1^{\frac{3}{2}}\dfrac{\mathrm{d}x}{\sqrt{x^2-x}}=I_1+I_2,$$

其中，$I_1 = \int_{\frac{1}{2}}^{1} \dfrac{\mathrm{d}x}{\sqrt{x-x^2}} = \lim\limits_{\varepsilon_1 \to 0^+} \int_{\frac{1}{2}}^{1-\varepsilon_1} \dfrac{\mathrm{d}\left(x-\dfrac{1}{2}\right)}{\sqrt{\dfrac{1}{4}-\left(x-\dfrac{1}{2}\right)^2}} = \left(\lim\limits_{\varepsilon_1 \to 0^+} \arcsin \dfrac{x-\dfrac{1}{2}}{\dfrac{1}{2}}\right)\Bigg|_{\frac{1}{2}}^{1-\varepsilon_1} = \dfrac{\pi}{2},$

$I_2 = \int_{1}^{\frac{3}{2}} \dfrac{\mathrm{d}x}{\sqrt{x^2-x}} = \lim\limits_{\varepsilon_2 \to 0^+} \int_{1+\varepsilon_2}^{\frac{3}{2}} \dfrac{\mathrm{d}\left(x-\dfrac{1}{2}\right)}{\sqrt{\left(x-\dfrac{1}{2}\right)^2-\dfrac{1}{4}}} = \lim\limits_{\varepsilon_2 \to 0^+} \ln\left[\left(x-\dfrac{1}{2}\right)+\sqrt{\left(x-\dfrac{1}{2}\right)^2-\dfrac{1}{4}}\right]\Bigg|_{1+\varepsilon_2}^{\frac{3}{2}}$

$= \ln \dfrac{2+\sqrt{3}}{2} - \lim\limits_{\varepsilon_2 \to 0^+} \ln\left[\dfrac{1}{2}+\varepsilon_2+\sqrt{\left(\dfrac{1}{2}+\varepsilon_2\right)^2-\dfrac{1}{4}}\right] = \ln(2+\sqrt{3}) - \ln 2 - \ln\left(\dfrac{1}{2}\right) = \ln(2+\sqrt{3}).$

故，原式 $= I_1 + I_2 = \dfrac{\pi}{2} + \ln(2+\sqrt{3}).$

注意　对无穷间断点出现在区间内部的反常积分，不要误解为常积分.

2. 使用下述命题判别 $\int_{a}^{b} \dfrac{\mathrm{d}x}{(b-x)^p}$ 与 $\int_{a}^{b} \dfrac{\mathrm{d}x}{(x-a)^p}$ 的敛散性，如收敛并求其值.

命题(1)若 $p \geqslant 1$，$\int_{a}^{b} \dfrac{\mathrm{d}x}{(b-a)p}$ 与 $\int_{a}^{b} \dfrac{\mathrm{d}x}{(x-a)^p}$ 都发散；

(2)若 $p < 1$，则它们都收敛，且收敛于 $\dfrac{(b-a)^{1-p}}{1-p}$

例1　判断(1) $\int_{0}^{1} \dfrac{\mathrm{d}x}{\sqrt{1-x}}$ ；(2) $\int_{-1}^{1} \dfrac{\mathrm{d}x}{\sqrt{x^3}}$ 的敛散性，如收敛散，求其值.

解：(1) 因 $x=1$ 为无穷间断点，$p = \dfrac{1}{2} < 1$，由上述命题知，原反常积分收敛，且收敛

于 $\dfrac{(b-a)^{1-p}}{1-p} = \dfrac{(1-0)^{\frac{1}{2}}}{\dfrac{1}{2}} = 2.$

(2) 因 $x=0$ 为其无穷间断点，$\int_{-1}^{1} \dfrac{\mathrm{d}x}{\sqrt{x^3}} = \int_{-1}^{0} \dfrac{\mathrm{d}x}{\sqrt{x^3}} + \int_{0}^{1} \dfrac{\mathrm{d}x}{\sqrt{x^3}}$，右端的第二个积分因 p

$= \dfrac{3}{2} > 1$，由上述命题知其发散. 因而原反常积发也发散.

（三）判别混合型反常积分的敛散性，如收敛计算其值

积分区间无限，被积函数在该积分区间上又有无穷间断点的反常积分称为混合型反常积分. 事实上，它既是积分区间为无穷的反常积分，又是被积函数在积分区间上有无穷间断点的反常积分，因而它是两种反常积分的混合. 常将其化为单一型的反常积分判断与计算.

混合型反常积分 $\int_{a}^{+\infty} f(x)\mathrm{d}x$，其中 $\lim\limits_{x \to a^+} f(x) = \infty$ 的敛散性定义如下：

若 $\int_{a}^{c} f(x)\mathrm{d}x$ 与 $\int_{c}^{+\infty} f(x)\mathrm{d}x$ 均收敛，则反常积分 $\int_{a}^{+\infty} f(x)$ 收敛，且其值定义

$$\int_a^{+\infty} f(x)\mathrm{d}x = \int_a^c f(x)\mathrm{d}x + \int_c^{+\infty} f(x)\mathrm{d}x.$$

若两个反常积分中有一个发散，则称反常积分 $\int_a^{+\infty} f(x)\mathrm{d}x$ 发散.

1. 使用上述定义判别混合型反常积分的敛散性，如收敛并求其值.

例 1 判别反常积分 $\int_2^{+\infty} \dfrac{\mathrm{d}x}{x^2-4x+3}$ 的敛散性. 若收敛，并求其值.

解：所给积分的积分区间无限，且被积函数在该积分区间上有无穷间断点 $x=3$. 该积分为混合型反常积分，需分别考察 $\int_2^3 \dfrac{\mathrm{d}x}{x^2-4x+3}$ 与 $\int_3^{+\infty} \dfrac{\mathrm{d}x}{x^2-4x+3}$ 的敛散性. 因

$$\int_2^3 \frac{\mathrm{d}x}{x^2-4x+3} = \lim_{\varepsilon\to 0^+}\int_2^{3-\varepsilon} \frac{\mathrm{d}x}{x^2-4x+3} = \lim_{\varepsilon\to 0^+}\int_2^{3-\varepsilon} \frac{\mathrm{d}x}{(x-3)(x-1)}, \text{而}\int_2^{3-\varepsilon} \frac{\mathrm{d}x}{(x-3)(x-1)} =$$

$$\frac{1}{2}\int_2^{3-\varepsilon}\left(\frac{1}{x-3}-\frac{1}{x-1}\right)\mathrm{d}x = \frac{1}{2}\left[\ln|x-3|-\ln|x-1|\right]_2^{3-\varepsilon},$$

故 $\displaystyle\lim_{x\to 0^+}\int_2^{3-\varepsilon}\frac{\mathrm{d}x}{(x-3)(x-1)} = \frac{1}{2}\lim_{\varepsilon\to 0^+}\left(\ln\left|\frac{x-3}{x-1}\right|\right)\Big|_2^{3-\varepsilon} = \frac{1}{2}\lim_{\varepsilon\to 0^+}\left(\ln\left|\frac{-\varepsilon}{2-\varepsilon}\right|-\ln\left|\frac{-1}{1}\right|\right) =$

$+\infty$,

所以 $\int_2^3 \dfrac{\mathrm{d}x}{x^2-4x+3}$ 发散，从而所给反常积分发散.

2. 使用变量代换判别混合型反常积分的敛散性，如收敛并求其值.

例 2 判别反常积分 $\int_1^{+\infty} \dfrac{1}{x\sqrt{x-1}}\mathrm{d}x$ 的敛散性，如收敛并求其值.

解：在 $[1,+\infty)$ 内任取一点 c，则 $\displaystyle\int_1^{+\infty}\frac{1}{x\sqrt{x-1}}\mathrm{d}x = \int_1^c\frac{1}{x\sqrt{x-1}}\mathrm{d}x + \int_c^{+\infty}\frac{1}{x\sqrt{x-1}}$

$\mathrm{d}x = I_1 + I_2$.

对反常积分 I_1，令 $\sqrt{x-1}=t$，则 $x=t^2+1$，$\mathrm{d}x=2\mathrm{d}t$. 当 $x\to 1$ 时，$t\to 0$；当 $x=c$ 时，t

$\to\sqrt{c-1}$，于是 $I_1 = \displaystyle\int_1^c\frac{\mathrm{d}x}{x\sqrt{x-1}} = \int_0^{\sqrt{c-1}}\frac{2\mathrm{d}t}{1+t^2} = 2\arctan t\,\Big|_0^{\sqrt{c-1}} = 2\arctan\sqrt{c-1}$,

又 $I_2 = \displaystyle\int_c^{+\infty}\frac{1}{x\sqrt{x-1}}\mathrm{d}x = \lim_{b\to+\infty}\int_c^b\frac{1}{x\sqrt{1-x}}\mathrm{d}x$，而 $\displaystyle\int_c^b\frac{\mathrm{d}x}{x\sqrt{1-x}} \xlongequal{t=\sqrt{x-1}} \int_{\sqrt{c-1}}^{\sqrt{b-1}}\frac{2}{1+t^2}\mathrm{d}t$

$= \left[2\arctan\right]_{\sqrt{c-1}}^{\sqrt{b-1}} = 2\arctan\sqrt{b-1} - 2\arctan\sqrt{c-1}$,

故 $I_2 = \displaystyle\lim_{b\to+\infty}\int_c^b\frac{\mathrm{d}x}{x\sqrt{1-x}} = \lim_{b\to+\infty}\left(2\arctan\sqrt{b-1}-2\arctan\sqrt{c-1}\right) = \pi -$

$2\arctan\sqrt{c-1}$.

所以 $\displaystyle\int_1^{+\infty}\frac{1}{x\sqrt{x-1}}\mathrm{d}x = I_1 + I_2 = 2\arctan\sqrt{c-1} + \pi - 2\arctan\sqrt{c-1} = \pi$.

因而所给混合型反常积分收敛，且其值为 π.

三、教学建议

1. 广义积分（反常积分）作为定积分的扩充，应强调它实际上是普通定积分的极限，

应培养学生对广义积分尤其是无界函数广义积分的识别能力.

2. 可详细讲解无穷限的反常积分的概念及计算以及无界函数的反常积分的概念及计算;课上组织讨论如何按定义计算反常积分?

3. 引导学员从复习定积分定义中的两个约束条件入手:(1) 积分区间有限,(2) 被积函数有界,思考:突破约束条件会怎么样? 导出两类反常积分.

四、达标训练

(一) 是非题

1. 因为 $f(x)=\dfrac{x}{\sqrt{1+x^2}}$ 是奇函数,则有 $\displaystyle\int_{-\infty}^{+\infty}\dfrac{x}{\sqrt{1+x^2}}\mathrm{d}x=0.$ (　　)

2. $\displaystyle\int_0^4\dfrac{\mathrm{d}x}{(x-3)^2}=-\dfrac{1}{x-3}\Big|_0^4=-\dfrac{4}{3}.$ (　　)

3. $\displaystyle\int_{-\infty}^{+\infty}\dfrac{2x}{1+x^2}\mathrm{d}x=\lim_{a\to+\infty}\int_{-a}^{+a}\dfrac{2x}{1+x^2}\mathrm{d}x=\lim_{a\to+\infty}\ln(1+x^2)\,|_{-a}^{a}=0.$ (　　)

4. $\displaystyle\int_0^{+\infty}\dfrac{\arctan x}{(1+x^2)^{\frac{3}{2}}}\mathrm{d}x\overset{u=\arctan x}{\underset{x=\tan u}{=}}\int_0^{\frac{\pi}{2}}\dfrac{u\sec^2 u}{\sec^3 u}\mathrm{d}u=\int_0^{\frac{\pi}{2}}u\cos u\,\mathrm{d}u=u\sin u\,|_0^{\frac{\pi}{2}}-\int_0^{\frac{\pi}{2}}\sin u\,\mathrm{d}u=\dfrac{\pi}{2}-1.$ (　　)

(二) 选择题

1. 以下各积分不属于广义积分的是(　　).

　A. $\displaystyle\int_0^{+\infty}\ln(1+x)\mathrm{d}x$　　　　　　B. $\displaystyle\int_0^1\dfrac{\sin x}{x}\mathrm{d}x$

　C. $\displaystyle\int_{-1}^1\dfrac{\mathrm{d}x}{x^2}$　　　　　　　　D. $\displaystyle\int_{-3}^0\dfrac{\mathrm{d}x}{1+x}$

2. 计算 $I=\displaystyle\int_0^2\dfrac{\mathrm{d}x}{(1-x)^3}$ 正确计算方法(　　).

　A. $I=-\displaystyle\int_0^2\dfrac{\mathrm{d}(1-x)}{(1-x)^3}=\dfrac{1}{2(1-x)^2}\Big|_0^2=0$

　B. 因为 $[0,2]$ 中被积函数有间断点 $x=1$,所以 I 发散

　C. $I=-\displaystyle\lim_{\varepsilon\to0^+}\left[\int_0^{1-\varepsilon}\dfrac{\mathrm{d}(1-x)}{(1-x)^3}+\int_{1-\varepsilon}^2\dfrac{\mathrm{d}(1-x)}{(1-x)^3}\right]=\lim_{\varepsilon\to0^+}\left[\dfrac{1}{2(1-x)^2}\Big|_0^{1-\varepsilon}+\dfrac{1}{2(1-x)^2}\Big|_{1-\varepsilon}^2\right]=0$

　D. $I=-\displaystyle\lim_{\varepsilon\to0^+}\left[\int_0^{1-\varepsilon}\dfrac{\mathrm{d}(1-x)}{(1-x)^3}+\int_{1+\varepsilon}^2\dfrac{\mathrm{d}(1-x)}{(1-x)^3}\right]$ 发散

3. 已知 $\displaystyle\int_{-\infty}^{+\infty}e^{k|x|}\mathrm{d}x=1$,则 $k=$(　　).

　A. $\dfrac{1}{2}$　　　　　B. $-\dfrac{1}{2}$　　　　　C. 2　　　　　D. -2

4. 广义积分(　　)收敛.

　A. $\displaystyle\int_e^{+\infty}\dfrac{\ln x}{x}\mathrm{d}x$　　B. $\displaystyle\int_e^{+\infty}\dfrac{\mathrm{d}x}{x\ln x}$　　C. $\displaystyle\int_e^{+\infty}\dfrac{\mathrm{d}x}{x(\ln x)^2}$　　D. $\displaystyle\int_e^{+\infty}\dfrac{\mathrm{d}x}{x\sqrt{\ln x}}$

5. 下述结论错误的是（ ）.

    A. $\int_{0}^{+\infty}\dfrac{x}{1+x^{2}}\mathrm{d}x$ 发散   B. $\int_{0}^{+\infty}\dfrac{1}{1+x^{2}}\mathrm{d}x$ 收敛

    C. $\int_{-\infty}^{+\infty}\dfrac{x}{1+x^{2}}\mathrm{d}x=0$ D. $\int_{-\infty}^{+\infty}\dfrac{x}{1+x^{2}}\mathrm{d}x$ 发散

6. 设 $I=\int_{-1}^{1}\dfrac{x\,\mathrm{d}x}{\sqrt{1-x^{2}}}$，则下列说法中不正确的是（ ）.

    A. 可以令 $x=\sin t$，$I=\int_{-\frac{\pi}{2}}^{\frac{\pi}{2}}\sin t\,\mathrm{d}t=0$

    B. 可用凑微分法求得 $I=\dfrac{-1}{2}\int_{-1}^{1}\dfrac{d(1-x^{2})}{\sqrt{1-x^{2}}}=[-\sqrt{1-x^{2}}]\big|_{-1}^{1}=0$

    C. 因为在 $x=\pm 1$ 点，$f(x)$ 无界，所以不能用变量代换

    D. 因为广义积分收敛，利用奇函数在对称区间上积分性质知为零

（三）填空题

1. 若 $\int_{-\infty}^{+\infty}\dfrac{A\,\mathrm{d}x}{1+x^{2}}=1$，则 $A=$ _____．

2. $\int_{2}^{+\infty}\dfrac{\mathrm{d}x}{(x-1)^{p}}$，当 P _____时收敛，当 P _____时发散．

3. $\int_{1}^{2}\dfrac{\mathrm{d}x}{(x-1)^{p}}$，当 P _____时收敛，当 P _____时发散．

4. $\int_{1}^{+\infty}\dfrac{\ln x}{x^{2}}\mathrm{d}x=$ _____．

5. 广义积分 $\int_{2}^{+\infty}\dfrac{1}{x^{2}+x-2}\mathrm{d}x=$ _____．

6. $\int_{0}^{+\infty}x\mathrm{e}^{-x}\mathrm{d}x=$ _____．

（四）计算下列积分

1. $\int_{2}^{+\infty}\dfrac{1}{x\sqrt{x^{2}-1}}\mathrm{d}x$；

2. $\int_{-\infty}^{+\infty}\dfrac{2x}{1+x^{2}}\mathrm{d}x$；

3. $\int_{\frac{\pi}{4}}^{\frac{3\pi}{4}} \frac{1}{\cos^2 x} \mathrm{d}x$；

4. $\int_{-1}^{3} \frac{f'(x)}{1+f^2(x)} \mathrm{d}x$，其中 $f(x) = \frac{(x+1)^2(x-1)}{x^3(x-2)}$.

（五）计算 $I(m,n) = \int_{0}^{1} x^n (\ln x)^m \mathrm{d}x$

（六）已知 $\int_{0}^{+\infty} \mathrm{e}^{-x^2} \mathrm{d}x = \frac{\sqrt{\pi}}{2}$，求 $\int_{0}^{+\infty} \mathrm{e}^{-\left(x^2 + \frac{1}{x^2}\right)} \mathrm{d}x$

附：参考答案

（一）是非题　1. 非　2. 非　3. 非　4. 是

（二）选择题　1. B　2. D　3. D　4. C　5. C　6. C　7. C

（三）填空题　1. $\frac{1}{\pi}$　2. $p > 1, p \leqslant 1$　3. $p < 1, p \geqslant 1$　4. 1　5. $\frac{2}{-3} \ln 2$　6. 1

（四）解：1. $\int_{2}^{+\infty} \frac{1}{x\sqrt{x^2-1}} \mathrm{d}x = \int_{\frac{\pi}{3}}^{\frac{\pi}{2}} \frac{\sec t \cdot \tan t}{\sec t \cdot \tan t} \mathrm{d}t \, (x = \sec t) = \frac{\pi}{2} - \frac{\pi}{3} = \frac{\pi}{6}$.

2. $\int_{-\infty}^{+\infty} \frac{2x}{1+x^2} \mathrm{d}x = \int_{0}^{+\infty} \frac{2x}{1+x^2} \mathrm{d}x + \int_{-\infty}^{0} \frac{2x}{1+x^2} \mathrm{d}x$，

$\int_{0}^{+\infty} \frac{2x}{1+x^2} \mathrm{d}x = \lim_{b \to +\infty} \int_{0}^{b} \frac{1}{1+x^2} \mathrm{d}(1+x^2) = \lim_{b \to +\infty} \ln(1+x^2)\big|_{0}^{b} = +\infty$，发散，故原广义

积分发散.

3. $\int_{\frac{\pi}{4}}^{\frac{3\pi}{4}} \frac{1}{\cos^2 x} \mathrm{d}x = \int_{\frac{\pi}{4}}^{\frac{\pi}{2}} \frac{1}{\cos^2 x} \mathrm{d}x + \int_{\frac{\pi}{2}}^{\frac{3\pi}{4}} \frac{1}{\cos^2 x} \mathrm{d}x$，而 $\int_{\frac{\pi}{4}}^{\frac{\pi}{2}} \frac{1}{\cos^2 x} \mathrm{d}x = \lim_{t \to \frac{\pi}{2}^{-}} \int_{\frac{\pi}{4}}^{t} \sec^2 x \, \mathrm{d}x =$

$$\lim_{t \to \frac{\pi}{2}^-} (\tan x)\Big|_{\frac{\pi}{4}}^{t} = \lim_{t \to \frac{\pi}{2}^-} (\tan t - 1) = +\infty \text{ 发散，故广义积分 } \int_{\frac{\pi}{4}}^{\frac{3\pi}{4}} \frac{1}{\cos^2 x} dx \text{ 发散.}$$

4．（分析：注意这里有两个瑕点：0，2）

$$\int_{-1}^{3} \frac{f'(x)}{1+f^2(x)} dx = \int_{-1}^{0} \frac{f'(x)}{1+f^2(x)} dx + \int_{0}^{2} \frac{f'(x)}{1+f^2(x)} dx + \int_{2}^{3} \frac{f'(x)}{1+f^2(x)} dx = \arctan$$

$$f(x)\Big|_{-1}^{0} + \arctan f(x)\Big|_{0}^{2} + \arctan f(x)\Big|_{2}^{3}$$

$$= \left(-\frac{\pi}{2} - 0\right) + \left(-\frac{\pi}{2} - \frac{\pi}{2}\right) + \left(\arctan \frac{32}{27} - \frac{\pi}{2}\right) = \arctan \frac{32}{27} - 2\pi$$

注：本题的计算很容易出错：

$$\int_{-1}^{3} \frac{f'(x)}{1+f^2(x)} dx = \arctan f(x)\Big|_{-1}^{3} = \arctan \frac{32}{27} - 0 = \arctan \frac{32}{27}，\text{错误的根源在于没}$$

注意到积分区间内有两个瑕点，由此可看出计算这类积分时一定要把瑕点找出来然后按本题的做法那样去处理，还要注意极限的单侧性.

（五）解：对 m 建立递推式

$$I(m,n) = \frac{1}{n+1} \int_{0}^{1} t^n (\ln t)^{m-1} dt = -\frac{m}{n+1} I(m-1,n) = \cdots = \frac{(-1)^m m!}{(n+1)^m} I(0,n)$$

$$= \frac{(-1)^m m!}{(n+1)^{m+1}}$$

（六）解：令 $I = \int_{0}^{+\infty} e^{-\left(x^2 + \frac{1}{x^2}\right)} dx$，$J = \int_{0}^{+\infty} e^{-\left(x + \frac{1}{x^2}\right)} \frac{1}{x^2} dx$，

则 $J = \int_{0}^{+\infty} e^{-\left(x^2 + \frac{1}{x^2}\right)} \frac{1}{x^2} dx = -\int_{0}^{+\infty} e^{-\left(x^2 + \frac{1}{x^2}\right)} d\frac{1}{x} = \int_{0}^{+\infty} e^{-\left(t^2 + \frac{1}{t^2}\right)} dt = I$

$I + J = \int_{0}^{+\infty} e^{-\left(x^2 + \frac{1}{x^2}\right)} \left(1 + \frac{1}{x^2}\right) dx = \int_{0}^{+\infty} e^{-\left(x - \frac{1}{x}\right)^2 - 2} d\left(x - \frac{1}{x}\right) = e^{-2} \int_{0}^{+\infty} e^{-\left(x - \frac{1}{x}\right)^2} d\left(x - \frac{1}{x}\right)$，

令 $t = x - \frac{1}{x}$，则 $\int_{0}^{+\infty} e^{-\left(x - \frac{1}{x}\right)^2} d\left(x - \frac{1}{x}\right) = \int_{-\infty}^{+\infty} e^{-t^2} dt = 2\int_{0}^{+\infty} e^{-t^2} dt = \sqrt{\pi}$，得 $I + J = $

$e^{-2}\sqrt{\pi} = \dfrac{\sqrt{\pi}}{e^2}$，故 $I = \int_{0}^{+\infty} e^{-\left(x^2 + \frac{1}{x^2}\right)} dx = \dfrac{\sqrt{\pi}}{2e^2}$.

综合练习

一、判断题

1. 定积分的定义 $\int_a^b f(x)\,\mathrm{d}x = \lim\limits_{\|\Delta x_i\|\to 0}\sum\limits_{i=1}^{n} f(\xi_i)\Delta x_i$ 说明 $[a,b]$ 可任意分法，ξ_i 必须是 $[x_{i-1}, x_i]$ 的端点.　　　　　　　　　　　　　　　　　（　　）

2. 定积分的几何意义是相应各曲边梯形的面积之和.　　　　　　　　（　　）

3. $\int_{-\pi}^{\pi} x^2 \sin 2x\,\mathrm{d}x = 2\int_0^{\pi} x^2 \sin 2x\,\mathrm{d}x$.　　　　　　　　　　　（　　）

4. 定积分的值是一个确定的常数.　　　　　　　　　　　　　　　　（　　）

5. 若 $f(x), g(x)$ 均可积，且 $f(x) < g(x)$，则 $\int_a^b f(x)\,\mathrm{d}x < \int_a^b g(x)\,\mathrm{d}x$.　（　　）

6. 若 $f(x)$ 在 $[a,b]$ 上连续，且 $\int_a^b f^2(x)\,\mathrm{d}x = 0$，则在 $[a,b]$ 上 $f(x) \equiv 0$.　（　　）

7. 若 $[c,d] \subset [a,b]$，则 $\int_c^d f(x)\,\mathrm{d}x < \int_a^b f(x)\,\mathrm{d}x$.　　　　　　（　　）

8. 若 $f(x)$ 在 $[a,b]$ 上可积，则 $f(x)$ 在 $[a,b]$ 上有界.　　　　　　（　　）

9. $\int_{-1}^{1} \dfrac{1}{x^2}\,\mathrm{d}x = -\dfrac{1}{x}\Big|_{-1}^{1} = -2$.　　　　　　　　　　　　（　　）

10. $\int_0^{2\pi} \sqrt{1+\cos 2x}\,\mathrm{d}x = \sqrt{2}\int_0^{2\pi} \cos x\,\mathrm{d}x = 0$.　　　　　（　　）

11. $\int_{-2}^{-1} \dfrac{1}{x}\,\mathrm{d}x = \ln x\,\big|_{-2}^{-1} = \ln(-2) - \ln(-1)$.　　　　　　（　　）

12. 若被积函数是连续的奇函数，积分区间关于原点对称，则定积分值必为零.　（　　）

二、选择题

1. 下列等式中正确的是（　　）.

　A. $\dfrac{\mathrm{d}}{\mathrm{d}x}\int_a^b f(x)\,\mathrm{d}x = f(x)$ 　　　　　B. $\dfrac{\mathrm{d}}{\mathrm{d}x}\int f(x)\,\mathrm{d}x = f(x)$

　C. $\dfrac{\mathrm{d}}{\mathrm{d}x}\int_a^x f(x)\,\mathrm{d}x = f(x) - f(a)$ 　　D. $\int f'(x)\,\mathrm{d}x = f(x)$

2. 已知 $f(x) = \int_x^2 \sqrt{2+t^2}\,\mathrm{d}t$，则 $f'(1) = （\quad）$.

　A. $-\sqrt{3}$ 　　　　B. $\sqrt{6}-\sqrt{3}$ 　　　C. $\sqrt{3}$ 　　　　D. $\sqrt{3}-\sqrt{6}$

3. 设函数 $y = \int_0^x (t-1)\,\mathrm{d}t$，则 y 有（　　）.

　A. 极小值 $\dfrac{1}{2}$ 　　　　　　　　　B. 极小值 $-\dfrac{1}{2}$

　C. 极大值 $\dfrac{1}{2}$ 　　　　　　　　　D. 极大值 $-\dfrac{1}{2}$

4. 设 a, b 为常数，若 $\lim\limits_{x \to 0} \dfrac{1}{bx - \sin x} \displaystyle\int_0^x \dfrac{t^2}{\sqrt{a^2 + t^2}} \mathrm{d}t = 1$，则（　　）.

    A. $a = 4$, $b = 1$ B. $a = 2$, $b = 1$

    C. $a = 4$, $b = 0$ D. $a = \sqrt{2}$, $b = 1$

5. $\displaystyle\int_{-1}^1 \dfrac{2 + \sin x}{\sqrt{4 - x^2}} \mathrm{d}x = $（　　）.

    A. $\dfrac{\pi}{3}$ B. $\dfrac{2\pi}{3}$ C. $\dfrac{4\pi}{3}$ D. $\dfrac{5\pi}{3}$

6. $\displaystyle\int_0^5 |2x - 4| \mathrm{d}x = $（　　）.

    A. 11   B. 12   C. 13   D. 14

7. 设 $f'(x)$ 连续，则变上限积分 $\displaystyle\int_a^x f(t) \mathrm{d}t$ 是（　　）.

    A. $f'(x)$ 的一个原函数   B. $f'(x)$ 的全体原函数

    C. $f(x)$ 的一个原函数   D. $f(x)$ 的全体原函数

8. 设函数 $f(x)$ 在 $[a, b]$ 上连续，则由曲线 $y = f(x)$ 与直线 $x = a$, $x = b$, $y = 0$ 所围平面图形的面积为（　　）.

    A. $\displaystyle\int_a^b f(x) \mathrm{d}x$ B. $\left| \displaystyle\int_a^b f(x) \mathrm{d}x \right|$

    C. $\displaystyle\int_a^b |f(x)| \mathrm{d}x$ D. $f(\varepsilon)(b - a)$, $a < \varepsilon < b$

9. 定积分 $\displaystyle\int_a^b f(x) \mathrm{d}x$ 是（　　）.

    A. 一个常数   B. $f(x)$ 的一个原函数

    C. 个函数族   D. 一个非负常数

10. 下列命题中正确的是（　　）（其中 $f(x)$, $g(x)$ 均为连续函数）. 在 $[a, b]$ 上若 $f(x) \neq g(x)$.

    A. $\displaystyle\int_a^b f(x) \mathrm{d}x \neq \displaystyle\int_a^b g(x) \mathrm{d}x$

    B. $\displaystyle\int_a^b f(x) \mathrm{d}x \neq \displaystyle\int_a^b f(t) \mathrm{d}t$

    C. $d \displaystyle\int_a^b f(x) \mathrm{d}x = f(x) \mathrm{d}x$

    D. $f(x) \neq g(x)$，则 $\displaystyle\int f(x) \mathrm{d}x \neq \displaystyle\int g(x) \mathrm{d}x$

11. 已知 $F'(x) = f(x)$，则 $\displaystyle\int_a^x f(t + a) \mathrm{d}t = $（　　）.

    A. $F(x) = F(a)$ B. $F(t) - F(a)$

    C. $F(x + a) - F(2a)$ D. $F(t + a) - F(2a)$

12. $\lim\limits_{x \to 0} \dfrac{\displaystyle\int_0^x \sin t^2 \mathrm{d}t}{x^3} = $（　　）.

A. 1   B. 0   C. $\dfrac{1}{2}$ D. $\dfrac{1}{3}$

三、填空题

1. 比较下列定积分的大小(填写不等号).

   (1) $\displaystyle\int_1^2 \ln x\,\mathrm{d}x$ ＿＿＿ $\displaystyle\int_1^2 (\ln x)^2\,\mathrm{d}x$ (2) $\displaystyle\int_0^1 x\,\mathrm{d}x$ ＿＿＿ $\displaystyle\int_0^1 \ln(1+x)\,\mathrm{d}x$

2. 利用定积分的几何意义,填写下列积分的结果.

   (1) $\displaystyle\int_0^2 x\,\mathrm{d}x=$＿＿＿＿.   (2) $\displaystyle\int_{-a}^a \sqrt{a^2-x^2}\,\mathrm{d}x=$＿＿＿＿.

3. $\dfrac{\mathrm{d}}{\mathrm{d}x}\displaystyle\int_a^b \mathrm{e}^{at}\sin bt\,\mathrm{d}t=$＿＿＿＿.

4. 由曲线 $y=x^2+1$ 与直线 $x=1,x=2$ 及 x 轴所围成的曲边梯形的面积用定积分表示为＿＿＿＿.

5. 自由落体的速度 $V=gt$ 其中 g 表示重力加速度,当物体从第 1 秒开始,经过 2 秒后经过的路程用定积分表示为＿＿＿＿.

6. 定积分的值只与＿＿＿＿及＿＿＿＿有关,而与积分变量的符号无关.

7. 设 $f(x)$ 是连续函数,且 $f(x)=x+2\displaystyle\int_0^1 f(t)\,\mathrm{d}t$,则 $f(x)=$＿＿＿＿.

8. 设 $f(x)$ 为连续函数,则 $\displaystyle\int_{-a}^a x^2[f(x)-f(-x)]\,\mathrm{d}x=$＿＿＿＿.

9. 若 $\displaystyle\int_a^b \dfrac{f(x)}{f(x)+g(x)}\,\mathrm{d}x=1$,则 $\displaystyle\int_a^b \dfrac{g(x)}{f(x)+g(x)}\,\mathrm{d}x=$＿＿＿＿.

10. 函数 $f(x)$ 在 $[a,b]$ 上有界是 $f(x)$ 在 $[a,b]$ 上可积的＿＿＿＿条件,而 $f(x)$ 在且 $[a,b]$ 是上连续是 $f(x)$ 在 $[a,b]$ 上可积的＿＿＿＿条件.

四、计算题

1. $\displaystyle\int_0^{\frac{\pi}{2}} \sin x\cos^3 x\,\mathrm{d}x$

2. $\displaystyle\int_0^a x^2\sqrt{a^2-x^2}\,\mathrm{d}x$

3. $\displaystyle\int_1^{\sqrt{3}} \dfrac{\mathrm{d}x}{x^2\sqrt{1+x^2}}$

4. $\displaystyle\int_{-1}^{1}\frac{x\,\mathrm{d}x}{\sqrt{5-4x}}$

5. $\displaystyle\int_{1}^{4}\frac{\mathrm{d}x}{\sqrt{x}+1}$

6. $\displaystyle\int_{\frac{3}{4}}^{1}\frac{\mathrm{d}x}{\sqrt{1-x}-1}$

7. $\displaystyle\int_{1}^{e^{2}}\frac{\mathrm{d}x}{x\sqrt{1+\ln x}}$

8. $\displaystyle\int_{-2}^{0}\frac{\mathrm{d}x}{x^{2}+2x+2}$

9. $\displaystyle\int_{0}^{\pi}\sqrt{1+\cos 2x}\,\mathrm{d}x$

10. $\displaystyle\int_{-\pi}^{\pi}x^{4}\sin x\,\mathrm{d}x$

11. $\displaystyle\int_{-5}^{5}\dfrac{x^3\sin^2 x}{x^4+2x^2+1}\mathrm{d}x$

12. $\displaystyle\int_{1}^{4}\dfrac{\ln x}{\sqrt{x}}\mathrm{d}x$

13. $\displaystyle\int_{0}^{1}x\arctan x\,\mathrm{d}x$

14. $\displaystyle\int_{1}^{e}\sin(\ln x)\mathrm{d}x$

15. $\displaystyle\int_{0}^{\pi}\dfrac{x\sin x}{1+\cos^2 x}\mathrm{d}x$

五、综合题

1. 计算 $\displaystyle\lim_{n\to\infty}\dfrac{1}{n^2}(\sqrt{n}+\sqrt{2n}+\cdots+\sqrt{n^2})$.

2. 设 $f(x)$ 是连续函数，且 $f(x)=x+2\int_0^1 f(t)\mathrm{d}t$，求 $f(x)$.

3. 设 $f(x)$ 有一个原函数为 $1+\sin^2 x$，求 $\int_0^{\frac{\pi}{2}} xf'(2x)\mathrm{d}x$.

4. 已知 $f(x)=\mathrm{e}^{-x^2}$，求 $\int_0^1 f'(x)f''(x)\mathrm{d}x$.

5. 设 $x\to 0$ 时，$F(x)=\int_0^x (x^2-t^2)f''(t)\mathrm{d}t$ 的导数与 x^2 是等价无穷小，试求 $f''(0)$.

6. 若 $f''(x)$ 在 $[0,\pi]$ 连续，$f(0)=2$，$f(\pi)=1$，证明：$\int_0^\pi [f(x)+f''(x)]\sin x\,\mathrm{d}x=3$.

7. 求曲线 $y=\int_0^x (t-1)(t-2)\mathrm{d}t$ 在点 $(0,0)$ 处的切线方程.

8. 设 $g(x)$ 是 $[a,b]$ 上的连续函数，$f(x)=\int_a^x g(t)\mathrm{d}t$，试证在 (a,b) 内方程 $g(x)-\dfrac{f(b)}{b-a}$ $=0$ 至少有一个根.

附：参考答案

一、判断题 1. × 2. × 3. × 4. √ 5. × 6. √ 7. × 8. √ 9. × 10. × 11. × 12. √

二、选择题 1. B 2. A 3. B 4. B 5. B 6. C 7. C 8. C 9. A 10. D 11. C 12. D

三、填空题 1. (1)$\geqslant$ (2)$\geqslant$ 2. (1)2 (2)$\dfrac{1}{2}\pi a^2$

3. 0 4. $\int_1^2(x^2+1)\mathrm{d}x$ 5. $\int_1^2 gt\,\mathrm{d}t$ 6. 被积函数，积分区间

7. $x-1$ 8. 0 9. $b-a-a$ 10. 必要，充分

四、计算题

1. 解：原式 $=-\int_0^{\frac{\pi}{2}}\cos^3 x\,\mathrm{d}x=-\dfrac{1}{4}\cos^4 x\,\Big|_0^{\frac{\pi}{2}}=\dfrac{1}{4}$

2. 解：令 $x=a\sin t$，则 $\mathrm{d}x=a\cos t\,\mathrm{d}t$，当 $x=0$ 时 $t=0$，当 $x=a$ 时 $t=\dfrac{\pi}{2}$，原式 $=\int_0^{\frac{\pi}{2}}a^2\sin^2 t\cdot$

$a\cos t\cdot a\cos t\,\mathrm{d}t=\dfrac{a^4}{4}\int_0^{\frac{\pi}{2}}\sin^2 t\,\mathrm{d}t=\dfrac{a^4}{8}\int_0^{\frac{\pi}{2}}(1-\cos 4t)\mathrm{d}t=\dfrac{a^4}{8}\dfrac{\pi}{2}-\dfrac{a^4}{8}\dfrac{1}{4}\sin 4t\,\Big|_0^{\frac{\pi}{2}}=\dfrac{\pi}{16}a^4.$

3. 解：令 $x=\tan\theta$，则 $\mathrm{d}x=\sec^2\theta\,\mathrm{d}\theta$，当 $x=1$，$\sqrt{3}$ 时 θ 分别为 $\dfrac{\pi}{4}$，$\dfrac{\pi}{3}$

原式 $=\int_{\frac{\pi}{4}}^{\frac{\pi}{3}}\dfrac{\sec^2\theta}{\tan^2\theta\sec\theta}\mathrm{d}\theta=\int_{\frac{\pi}{4}}^{\frac{\pi}{3}}(\sin\theta)^{-2}\mathrm{d}\sin\theta=\sqrt{2}-\dfrac{2}{3}\sqrt{3}.$

4. 解：令 $\sqrt{5-4x}=u$，则 $x=\dfrac{5}{4}-\dfrac{1}{4}u^2$，$\mathrm{d}x=-\dfrac{1}{2}u\mathrm{d}u$，当 $x=-1,1$ 时，$u=3,1$，

原式 $=\int_3^1\dfrac{1}{8}(5-u^2)\mathrm{d}u=\dfrac{1}{6}.$

5. 解：令 $\sqrt{x}=t$，$\mathrm{d}x=2t\mathrm{d}t$，当 $x=1$ 时，$t=1$；当 $x=4$ 时，$t=2$，

原式 $=\int_1^2\dfrac{2t\,\mathrm{d}t}{1+t}=2\left[\int_1^2\mathrm{d}t-\int_1^2\dfrac{\mathrm{d}t}{1+t}\right]=2[t\,|_1^2-\ln(1+t)\,|_1^2]=2+2\ln\dfrac{2}{3}.$

6. 解：令 $\sqrt{1-x}=u$，则 $x=1-u^2$，$\mathrm{d}x=-2u\mathrm{d}u$，当 $x=\dfrac{3}{4}$，1 时 $u=\dfrac{1}{2}$，0，

原式 $=\int_{\frac{1}{2}}^0\dfrac{-2u}{u-1}\mathrm{d}u=2\int_0^{\frac{1}{2}}\dfrac{u-1+1}{u-1}\mathrm{d}u=1-2\ln 2.$

7. 解：原式 $=\int_1^{e^2}\dfrac{1}{\sqrt{1+\ln x}}\,\mathrm{d}\ln x=\int_1^{e^2}\dfrac{1}{\sqrt{1+\ln x}}\mathrm{d}(1+\ln x)=2\sqrt{1+\ln x}\,\big|_1^{e^2}=2\sqrt{3}-2.$

8. 解：原式 $=\int_{-2}^{0}\dfrac{\mathrm{d}x}{1+(x+1)^2}=\arctan(x+1)\,\big|_{-2}^{0}=\arctan 1-\arctan(-1)=\dfrac{\pi}{4}+\dfrac{\pi}{4}=\dfrac{\pi}{2}.$

9. 解：原式 $=\int_0^{\pi}\sqrt{2\cos^2 x}\,\mathrm{d}x=\sqrt{2}\int_0^{\pi}|\cos x|\,\mathrm{d}x=\sqrt{2}\int_0^{\frac{\pi}{2}}\cos x\,\mathrm{d}x+\sqrt{2}\int_{\frac{\pi}{2}}^{\pi}(-\cos x)\,\mathrm{d}x=\sqrt{2}\left[\sin x\,\big|_0^{\frac{\pi}{2}}-\sin x\,\big|_{\frac{\pi}{2}}^{\pi}\right]=2\sqrt{2}.$

10. 解：$\because x^2\sin x$ 为奇函数 $\therefore\int_{-\pi}^{\pi}x^4\sin x\,\mathrm{d}x=0.$

11. 解：$\because\dfrac{x^3\sin^2 x}{x^4+2x^2+1}$ 为奇函数 $\therefore\int_{-5}^{5}\dfrac{x^3\sin^2 x}{x^4+2x^2+1}\mathrm{d}x=0.$

12. 解：原式 $=2\int_1^4\ln x\,\mathrm{d}\sqrt{x}=2\left[\sqrt{x}\ln x\,\big|_1^4-\int_1^4\sqrt{x}\,\mathrm{d}\ln x\right]=2\left[4\ln 2-\int_1^4\sqrt{x}\dfrac{1}{x}\mathrm{d}x\right]=8\ln 2-2\int_1^4 x^{-\frac{1}{2}}\mathrm{d}x=8\ln 2-4.$

13. 解：原式 $=\dfrac{1}{2}\int_0^1\arctan x\,\mathrm{d}x^2=\dfrac{1}{2}\left[x^2\arctan x\,\big|_0^1-\int_0^1\dfrac{x^2}{1+x^2}\mathrm{d}x\right]=\dfrac{\pi}{8}-\dfrac{1}{2}\int_0^1\mathrm{d}x+\dfrac{1}{2}\int_0^1\dfrac{\mathrm{d}x}{1+x^2}=\dfrac{\pi}{8}-\dfrac{1}{2}x\,\big|_0^1+\dfrac{1}{2}\arctan x\,\big|_0^1=\dfrac{\pi}{4}-\dfrac{1}{2}.$

14. 解：原式 $=x\sin(\ln x)\,\big|_1^e-\int_1^e x\cos(\ln x)\cdot\dfrac{1}{x}\mathrm{d}x=e\sin 1-\int_1^e\cos(\ln x)\mathrm{d}x=e\sin 1-\left[x\cos(\ln x)\,\big|_1^e+\int_1^e x\sin(\ln x)\cdot\dfrac{1}{x}\mathrm{d}x\right]=e\sin 1-e\cos 1+1-\int_1^e\sin(\ln x)\mathrm{d}x,$

故 $\int_1^e\sin(\ln x)\mathrm{d}x=\dfrac{e}{2}(\sin 1-\cos 1+1).$

15. 解：令 $x=\dfrac{\pi}{2}-t$，则原式 $=-\int_{\frac{\pi}{2}}^{-\frac{\pi}{2}}\dfrac{\left(\dfrac{\pi}{2}-t\right)\sin\left(\dfrac{\pi}{2}-t\right)}{1+\cos^2\left(\dfrac{\pi}{2}-t\right)}\mathrm{d}t=-\int_{\frac{\pi}{2}}^{-\frac{\pi}{2}}\left(\dfrac{\dfrac{\pi}{2}\cos t}{1+\sin^2 t}-\dfrac{t\cos t}{1+\sin^2 t}\right)\mathrm{d}t$

$=\pi\int_0^{\frac{\pi}{2}}\dfrac{\cos t}{1+\sin^2 t}\mathrm{d}t=\pi\arctan(\sin t)\,\big|_0^{\frac{\pi}{2}}=\dfrac{\pi^2}{4}.$

五、综合题

1. 解：原式 $=\lim\limits_{n\to\infty}\left(\sqrt{\dfrac{1}{n}}+\sqrt{\dfrac{2}{n}}+\cdots+\sqrt{\dfrac{n}{n}}\right)\dfrac{1}{n}=\lim\limits_{n\to\infty}\sum\limits_{i=1}^{n}\sqrt{\dfrac{i}{n}}\cdot\dfrac{1}{n}=\int_0^1\sqrt{x}\,\mathrm{d}x=\dfrac{2}{3}.$

2. 解：令 $\int_0^1 f(t)\mathrm{d}t=A$，则 $f(x)=x+2A$，从而 $\int_0^1 f(x)\mathrm{d}x=\int_0^1(x+2A)\mathrm{d}x=\dfrac{1}{2}+2A$ 即 $A=\dfrac{1}{2}+2A,A=-\dfrac{1}{2}\therefore f(x)=x-1.$

3. 解:令 $2x=t$,且 $f(x)=(1+\sin^2 x)'=\sin 2x$ $\int_0^{\frac{\pi}{2}} xf'(2x)\mathrm{d}x=\int_0^{\pi}\frac{t}{2}f'(t)\frac{1}{2}\mathrm{d}t=$

$\frac{1}{4}\int_0^{\pi}tf'(t)\mathrm{d}t=\frac{1}{4}\int_0^{\pi}t\mathrm{d}f(t)=\frac{1}{4}\left[tf(t)\big|_0^{\pi}-\int_0^{\pi}f(t)\mathrm{d}t\right]=\frac{1}{4}\left[t\sin 2t\big|_0^{\pi}-(1+\sin^2 t)\big|_0^{\pi}\right]$

$=0.$

4. 解:$f'(x)=-2x\mathrm{e}^{-x^2}$, $\int_0^1 f'(x)f''(x)\mathrm{d}x=\int_0^1 f'(x)\mathrm{d}f'(x)=\frac{1}{2}[f'(x)]^2\big|_0^1=$

$\frac{1}{2}(-2x\mathrm{e}^{-x^2})^2\big|_0^1=2\mathrm{e}^{-2}.$

5. 解:$\lim\limits_{x\to 0}\dfrac{\int_0^x(x^2-t^2)f''(t)\mathrm{d}t}{\frac{x^3}{3}}=\lim\limits_{x\to 0}\dfrac{\int_0^x 2xf''(t)\mathrm{d}t}{x^2}=\lim\limits_{x\to 0}\dfrac{2\int_0^x f''(t)\mathrm{d}t}{x}=$

$\lim\limits_{x\to 0}\dfrac{2xf''(\xi)}{x}(\xi\in(0,x))=2f''(0)=1$ 故 $f''(0)=\dfrac{1}{2}.$

6. 证明:因 $\int_0^{\pi}f''(x)\sin x\mathrm{d}x=\int_0^{\pi}\sin x\mathrm{d}f'(x)=\sin xf'(x)\big|_0^{\pi}-\int_0^{\pi}f'(x)\cos x\mathrm{d}x$

$=-\int_0^{\pi}f'(x)\cos x\mathrm{d}x=-\int_0^{\pi}\cos x\mathrm{d}f(x)=-f(x)\cos x\big|_0^{\pi}-\int_0^{\pi}f(x)\sin x\mathrm{d}x=3$

$-\int_0^{\pi}f(x)\sin x\mathrm{d}x$,所以 $\int_0^{\pi}[f(x)+f''(x)]\sin x\mathrm{d}x=3.$

7. 解:$y'=(x-1)(x-2)$,则 $y'(0)=2$,故切线方程为:$y-0=2(x-0)$,即 $y=2x.$

8. 证:由积分中值定理,存在 $\xi\in(a,b)$ 使 $f(b)=\int_a^b g(t)\mathrm{d}t=g(\xi)(b-a)$,即 $g(\xi)$

$-\dfrac{f(b)}{b-a}=0$ 故 ξ 是方程 $g(x)-\dfrac{f(b)}{b-a}=0$ 的一个根.

第五节 单元检测

单元检测一

一、填空题(每小题 4 分,合计 20 分)

1. 定积分 $\int_{-\frac{\pi}{2}}^{\frac{\pi}{2}}(\cos x\mathrm{e}^{-\sin x}+\sin x)\mathrm{d}x$ 的值为_____.

2. 定积分 $\int_{-\frac{\pi}{2}}^{\frac{\pi}{2}}(\sin x\mathrm{e}^{-\cos x}+\cos x)\mathrm{d}x$ 的值为_____.

3. 定积分中值定理:设函数 $f(x)$ 在$[a,b]$上连续,则_____,使得_____.

4. 设 $f(x)=\int_0^{2x}\mathrm{e}^{-t^2}\mathrm{d}t$,$x\in(-\infty,+\infty)$,则 $\dfrac{\mathrm{d}f(x)}{\mathrm{d}x}=$_____.

5. $\int_0^1 \dfrac{1}{\sqrt{1-x}}\mathrm{d}x = \underline{\hspace{3cm}}$.

二、单项选择题（每小题 4 分，合计 20 分）

1. 以下结论正确的是（　　）.

    A. 若函数 $f(x)$ 在区间 $[a,b]$ 上可积，则 $f(x)$ 在区间 $[a,b]$ 上连续

    B. 若函数 $f(x)$ 在区间 $[a,b]$ 上可积，则 $f(x)$ 为初等函数

    C. 若 $f(x)$ 在区间 $[a,b]$ 上有界且有有限个间断点，则 $f(x)$ 在 $[a,b]$ 上可积

    D. 若函数 $f(x)$ 在区间 $[a,b]$ 上可积，则 $f(x)$ 在区间 $[a,b]$ 上单调

2. 设 $f(x)$ 与 $g(x)$ 在 $[0,2]$ 上连续，且 $f(x) \leqslant g(x)$，则对任意的 $c \in (0,2)$，有（　　）.

    A. $\int_1^c f(x)\mathrm{d}x \leqslant \int_1^c g(x)\mathrm{d}x$ B. $\int_1^c f(x)\mathrm{d}x \geqslant \int_1^c g(x)\mathrm{d}x$

    C. $\int_c^2 f(x)\mathrm{d}x \leqslant \int_c^2 g(x)\mathrm{d}x$ D. $\int_c^2 f(x)\mathrm{d}x \geqslant \int_c^2 g(x)\mathrm{d}x$

3. 设 $f(x)$ 是已知的连续函数，$I = t\int_0^{\frac{s}{t}} f(tx)\mathrm{d}x$，其中 $s > 0, t > 0$，则 I 的值依赖于 s, t, x 中的（　　）.

    A. s B. t C. x D. s, t, x

4. 已知 $\int_0^{+\infty} \mathrm{e}^{ax}\mathrm{d}x = 5$，则常数 a 的值为（　　）.

    A. 5 B. -5 C. $\dfrac{1}{5}$ D. $-\dfrac{1}{5}$

5. 利用定积分的定义求极限，则有 $\lim\limits_{n \to \infty} \left(\dfrac{n}{1+n^2} + \dfrac{n}{2^2+n^2} + \cdots + \dfrac{n}{n^2+n^2} \right) = $（　　）.

    A. 0 B. $\dfrac{\pi}{4}$ C. 1 D. 不存在

三、计算下列各题（每小题 4 分，合计 20 分）

1. $\int_1^2 \left(x + \dfrac{1}{x} \right)^2 \mathrm{d}x$.

2. $\int_{-1}^2 \min(x^2, 2x-1)\mathrm{d}x$.

3. $\displaystyle\int_0^1 \sqrt{(1-x^2)^3}\,\mathrm{d}x$.

4. $\displaystyle\int_0^{2\pi} x\cos^2 x\,\mathrm{d}x$.

四、(8 分)求函数 $f(x)=\displaystyle\int_0^{x^2}(2-t)\mathrm{e}^{-t}\,\mathrm{d}t$ 的最大值和最小值.

五、(8 分)设 $f(x)=\begin{cases}\dfrac{1-\cos x}{x^2}, & x<0, \\[2mm] 5, & x=0 \\[2mm] \dfrac{\displaystyle\int_0^x \cos t^2\,\mathrm{d}t}{x}, & x>0\end{cases}$ ，讨论 $f(x)$ 的连续性，并说明其间断点的类型.

六、(8 分)设 $f(x)$ 在 $[0,1]$ 上连续，在 $(0,1)$ 内可导，且满足 $f(0)=3\displaystyle\int_{\frac{2}{3}}^1 f(x)\,\mathrm{d}x$，试证：存在 $\xi\in(0,1)$，使得 $f'(\xi)=0$.

七、(10 分)计算下列反常积分

1. $\displaystyle\int_0^{+\infty}\dfrac{\mathrm{d}x}{x^2+4x+3}$.

2. $\displaystyle\int_1^2 \dfrac{\mathrm{d}x}{x\sqrt{x^2-1}}$.

八、(6 分)证明: $2\mathrm{e}^{-\frac{1}{4}} \leqslant \displaystyle\int_0^2 \mathrm{e}^{x^2-x}\,\mathrm{d}x \leqslant 2\mathrm{e}^2$.

单元检测二

一、填空题

1. 已知函数 $f(x)$ 连续,且 $\displaystyle\int_0^{x^3-1} f(t)\,\mathrm{d}t = x$,则 $f(7) = $_____.

2. 设 $f(x) = x^2 + \mathrm{e}^{-x}\displaystyle\int_0^1 f(x)\,\mathrm{d}x$,则 $f(x) = $_____.

3. 设函数 $f(x)$ 连续,则 $\dfrac{\mathrm{d}}{\mathrm{d}x}\displaystyle\int_0^{\cos 3x} f(t)\,\mathrm{d}t = $_____.

4. $\displaystyle\int_{-\pi}^{\pi} \dfrac{x\mathrm{e}^{\cos x}+x^2\sin^3 x+1}{1+|x|}\,\mathrm{d}x = $_____.

5. 曲线 $y = \displaystyle\int_{\frac{\pi}{2}}^{x} \cos t^2\,\mathrm{d}t$ 在点 $\left(\dfrac{\sqrt{\pi}}{2},0\right)$ 处的法线方程为_____.

二、选择题

1. 设 $f(x)$ 是以 T 为周期的连续函数,则 $I = \displaystyle\int_l^{l+T} f(x)\,\mathrm{d}x$ 的值(　　).

    A. 依赖于 l,T B. 依赖于 l,T 和 x

    C. 依赖于 T,x,不依赖于 l D. 依赖于 T,不依赖于 l

2. $\displaystyle\lim_{n\to+\infty}\left[\dfrac{1}{n+1}+\dfrac{1}{n+2}+\cdots+\dfrac{1}{n+n}\right]$ 的值为(　　).

    A. 0   B. 1   C. $\ln 2$ D. 不存在

3. 设 $f(x)$ 是连续函数,且 $F(x) = \displaystyle\int_x^{\mathrm{e}^{-x}} f(t)\,\mathrm{d}t$,则 $F'(x)$ 等于(　　).

    A. $-\mathrm{e}^{-x}f(\mathrm{e}^{-x})-f(x)$ B. $-\mathrm{e}^{-x}f(\mathrm{e}^{-x})+f(x)$

    C. $\mathrm{e}^{-x}f(\mathrm{e}^{-x})-f(x)$ D. $\mathrm{e}^{-x}f(\mathrm{e}^{-x})+f(x)$

4. 设 $f(x) = \displaystyle\int_0^{\sin x} \sin t^2\,\mathrm{d}t$,$g(x) = x^3+x^4$,则当 $x\to 0$ 时,$f(x)$ 是 $g(x)$ 的(　　).

    A. 等价无穷小量   B. 同阶但非等价的无穷小量

    C. 高阶无穷小量   D. 低阶无穷小量

5. 下列广义积分发散的是(   ).

A. $\displaystyle\int_{-1}^{1}\dfrac{\mathrm{d}x}{\sin x}$ B. $\displaystyle\int_{-1}^{1}\dfrac{\mathrm{d}x}{\sqrt{1-x^2}}$ C. $\displaystyle\int_{0}^{+\infty}\mathrm{e}^{-x^2}\mathrm{d}x$ D. $\displaystyle\int_{2}^{+\infty}\dfrac{\mathrm{d}x}{x\ln^2 x}$

三、解答下列各题

1. 计算 $\displaystyle\lim_{x\to 0}\dfrac{\displaystyle\int_0^x \ln(\cos t)\mathrm{d}t}{x^3}$.

2. 计算 $\displaystyle\int_{-\frac{\pi}{4}}^{\frac{\pi}{4}}\dfrac{\sin^2 x}{1+\mathrm{e}^{-x}}\mathrm{d}x$.

3. 设 $x\geqslant-1$, 求 $\displaystyle\int_{-1}^{x}(1-|t|)\mathrm{d}t$.

4. 求曲线 $y=|\ln x|$, 直线 $x=\dfrac{1}{\mathrm{e}}$, $x=\mathrm{e}$ 和 x 轴所围成图形的面积.

5. 计算 $\displaystyle\int_{1}^{+\infty}\dfrac{\arctan x}{x^2}\mathrm{d}x$.

四、设 $\varphi(t)$ 是正值连续函数, $f(x)=\displaystyle\int_{-a}^{a}|x-t|\varphi(t)\mathrm{d}t$, $-a\leqslant x<a\,(a>0)$, 试证曲线 $y=f(x)$ 在 $[-a,a]$ 上是向上凹的.

五、设 $f(x) = \int_1^x \dfrac{\ln t}{1+t} dt, x > 0$，求 $f(x) + f\left(\dfrac{1}{x}\right)$.

六、已知 $f(x)$ 连续，$F(x) = \int_0^x t f(x - 2t) dt$，求 $F''(0)$.

七、设 $I_n = \int_0^1 \dfrac{x^n}{1+x} dx, n = 1, 2, \cdots$，

证明：(1) $\dfrac{1}{2(n+1)} \leqslant I_n \leqslant \dfrac{1}{2n}, n = 1, 2, \cdots$；$(2)$ $\lim\limits_{n \to \infty} I_n = 0$.

八、设 $f(x)$ 在 $[a, b]$ 上连续，且 $f(x) > 0$，$F(x) = \int_a^x f(t) dt + \int_b^x \dfrac{dt}{f(t)}$.

证明：(1) $F'(x) \geqslant 2$；(2) 方程 $F(x) = 0$ 在 (a, b) 内有且仅有一个根.

参考答案

单元检测一

一、1. $e - e^{-1}$　2. 2　3. 至少存在一点 $\xi \in [a, b]$，$\int_a^b f(x) dx = f(\xi)(b - a)$

4. $2e^{-4x^2}$　5. 2

二、1. C　2. C　3. A　4. D　5. B

三、1. $4\dfrac{5}{6}$　2. 0　3. $\dfrac{3\pi}{16}$　4. π^2

四、最大值为 $1 + e^{-2}$，最小值为 0.

五、$f(x)$ 在 $x \neq 0$ 时连续，$x = 0$ 为第一类间断点.

六、提示：利用定积分中值定理、罗尔定理.

七、1. $\dfrac{1}{2}\ln 3$　2. $\dfrac{\pi}{3}$

八、提示：利用定积分的保序性.

单元检测二

一、1. $\dfrac{1}{12}$　2. $x^2+\dfrac{1}{3}e^{1-x}$　3. $-3\sin 3x\cdot f(\cos 3x)$　4. $2\ln(1+\pi)$　5. $\sqrt{2}\,x+$

$y-\sqrt{\dfrac{\pi}{2}}=0$

二、1. D　2. C　3. A　4. B　5. A

三、1. 解：原式$\left(\dfrac{0}{0}\right)=\lim\limits_{x\to 0}\dfrac{\ln(\cos x)}{3x^2}=\dfrac{\ln(\cos x)}{3x^2}=\dfrac{-\tan x}{6x}=-\dfrac{1}{6}$.

2. 解：原式$\displaystyle\int_{-\frac{\pi}{4}}^{0}\dfrac{\sin^2 x}{1+e^{-x}}dx+\int_{0}^{\frac{\pi}{4}}\dfrac{\sin^2 x}{1+e^{-x}}dx$，对第一式，令 $t=-x$，$\displaystyle\int_{-\frac{\pi}{4}}^{0}\dfrac{\sin^2 x}{1+e^{-x}}dx$

$=\displaystyle\int_{0}^{\frac{\pi}{4}}\dfrac{\sin^2 t}{1+e^{t}}dt$，从而原式$=\displaystyle\int_{0}^{\frac{\pi}{4}}\left(\dfrac{1}{1+e^x}+\dfrac{1}{1+e^{-x}}\right)\sin^2 x\,dx=\int_{0}^{\frac{\pi}{4}}\sin^2 x\,dx=\dfrac{\pi}{8}-\dfrac{1}{4}$.

3. 解：当$-1\leqslant x\leqslant 0$，$F(x)=\displaystyle\int_{-1}^{x}(1+t)dt=\dfrac{x^2}{2}+x+\dfrac{1}{2}$，

当 $x>0$，$F(x)=\displaystyle\int_{-1}^{0}(1+t)dt+\int_{0}^{x}(1-t)dt=-\dfrac{x^2}{2}+x+\dfrac{1}{2}$.

4. 解：所求图形的面积 $A=\displaystyle\int_{e^{-1}}^{1}(-\ln x)dx+\int_{1}^{e}\ln x\,dx=2(1-e^{-1})$.

5. 解：原式$=-\displaystyle\int_{1}^{+\infty}\arctan x\,d\left(\dfrac{1}{x}\right)=\dfrac{\pi}{4}+\dfrac{1}{2}\ln 2$.

四、解：$f(x)=\displaystyle\int_{-a}^{x}(x-t)\varphi(t)dt+\int_{x}^{a}(t-x)\varphi(t)dt=x\int_{-a}^{x}\varphi(t)dt-\int_{-a}^{x}t\varphi(t)dt$

$+\displaystyle\int_{x}^{a}t\varphi(t)dt-x\int_{x}^{a}\varphi(t)dt$，则 $f'(x)=\cdots=\displaystyle\int_{-a}^{x}\varphi(t)dt-x\int_{x}^{a}\varphi(t)dt$，$f''(x)=2\varphi(t)>0$

$-a\leqslant x<a(a>0)$，所以，曲线 $y=f(x)$ 在$[-a,a]$上是向上凹的.

五、解：设 $F(x)=f(x)+f\left(\dfrac{1}{x}\right)$，计算得 $F'(x)=\dfrac{\ln x}{x}$，从而 $F(x)=\displaystyle\int\dfrac{\ln x}{x}dx=\dfrac{1}{2}$

$\ln^2 x+C$，由 $f(1)=0$，则 $F(1)=0$，从而 $C=0$，于是 $f(x)+f\left(\dfrac{1}{x}\right)=\dfrac{1}{2}\ln^2 x$.

六、解：令 $u=x-2t$，则 $t=\dfrac{x-u}{2}$，于是 $F(x)=\displaystyle\int_{x}^{-x}\dfrac{x-u}{2}f(u)\left(-\dfrac{1}{2}\right)du=$

$\dfrac{x}{4}\displaystyle\int_{-x}^{x}f(u)du-\int_{-x}^{x}uf(u)du$，则 $F'(x)=\dfrac{1}{4}\displaystyle\int_{-x}^{x}f(u)du+\dfrac{x}{2}f(-x)$，从而 $F'(0)=0$，

于是 $F''(0)=\lim\limits_{x\to 0}\dfrac{F'(x)-F'(0)}{x}=\cdots=f(0)$.

七、证：(1) 当 $0\leqslant x\leqslant 1$ 时，$\dfrac{x^n}{1+x}\leqslant\dfrac{x^{n-1}}{1+x}$，由定积分的性质得，$I_n\leqslant x\leqslant I_{n-1}$，$n=1$，

$2,\cdots,$ 又 $I_n+I_{n-1}=\int_0^1\dfrac{x^n+x^{n-1}}{1+x}\mathrm{d}x=\int_0^1 x^{n-1}\mathrm{d}x=\dfrac{1}{n},n=1,2,\cdots,$ 由 $I_n+I_{n+1}\leqslant 2I_n\leqslant$

$I_n+I_{n-1},$ 得 $\dfrac{1}{2(n+1)}\leqslant I_n\leqslant\dfrac{1}{2n},n=1,2,\cdots;(2)$ 由夹逼定理知 $\lim\limits_{n\to\infty}I_n=0.$

　　八、证：(1) $F'(x)=f(x)+\dfrac{1}{f(x)}\geqslant 2\sqrt{f(x)\cdot\dfrac{1}{f(x)}}=2.$

　　(2) 因 $F'(x)>0,$ 则 $F(x)$ 在 $[a,b]$ 上严格单调增加，从而方程 $F(x)=0$ 在 $[a,b]$ 内至多只有一个实根．又 $F(a)=\int_b^a\dfrac{\mathrm{d}t}{f(t)}<0,\int_a^b\dfrac{\mathrm{d}t}{f(t)}>0,$ 由闭区间上连续函数的零点定理，至少存在一点 $\xi\in[a,b]$ 使得 $F(\xi)=0.$ 因此方程 $F(x)=0$ 在 (a,b) 内有且仅有一个根．

第六章　定积分的应用

定积分的概念虽然是一种抽象的数学概念,但是它源于实际问题的需要,尤其是在自然科学和现代生产中有着广泛的应用,过去许多在几何、物理、化学及工程等各个部门中束手无策的问题,利用定积分都得到普遍解决.但是由于应用对象众多,我们不可能对每一个问题都给出相应的积分计算公式.所以研究定积分的应用问题,不能仅仅满足于背诵现成的计算公式,而是要学会其中的重要思想方法,元素法就是浓缩版的定积分思想方法,掌握了这种有效的数学分析方法,就可以去处理各种实际问题,去推导未知的计算公式,就会使定积分的应用领域更加广泛.本章主要内容有:元素法的概念及步骤;平面图形的面积;空间立体(旋转体与已知平行截面面积的立体)体积;平面光滑曲线求弧长;变力沿直线做功;水压力;引力.

【学时安排】

本章安排 8 学时,其中理论讲授 6 学时,习题课 2 学时,习题课安排在最后一讲.

讲次	教学内容	课型
35	定积分的微元法	理论
36	定积分的几何应用	理论
37	定积分的物理应用	理论
38	习题课	习题

【教学大纲要求】

理解定积分的微元法,会用定积分表达和计算一些几何量和物理量(平面图形的面积、平面曲线的弧长、旋转体的体积、平行截面面积为已知的立体体积、变力沿直线所做的功、水压力、引力等).

【基本内容疏理及归纳】

1. 元素法.

一般情况下,为求某一量 U,先将此量分布在某一区间上,分布在 $[a,x]$ 上的量用函数 $U(x)$ 表示,再求这一量的元素 $dU(x)$,设 $dU(x)=u(x)dx$,然后以 $u(x)dx$ 为被积表达式,以为积分区间求定积分,即得 $U=\displaystyle\int_a^b f(x)dx$.

用这一方法求一量的值的方法称为微元法(或元素法).

2. 利用定积分的元素法求总量 U 的一般步骤.

(1) 选变量定区间:根据实际问题的具体情况,先作草图,然后选取适当的坐标系及适当变量(如 x),并确定积分变量的变化区间 $x\in[a,b]$.

(2) 取近似找微元:在 $[a,b]$ 内任取一曲型小区间 $[x,x+dx]$,微元表达式 $dU=$

$f(x)\mathrm{d}x$（注意到在 $\mathrm{d}x$ 很小时，运用"以直代曲，以不变代变"等辩证思想，这是关键一步）.

（3）对微元进行积分：$U = \int_a^b f(x)\mathrm{d}x$.

口诀为：选变量，定区间；找微元是关键，对微元做累积，积出分才算完.

3. 几何应用.

用定积分可以计算平面图形的面积、旋转体与平行截面面积已知的立体体积和平面曲线弧长等几何问题，每种几何问题都有对应的计算公式，一般都用微元法找出相应几何量的微元，再做累积得到积分式.

4. 物理应用

用定积分可以计算变力沿直线所做的功、液体的侧压力及细杆对质点的引力等，但计算它们没有统一的公式，需要根据不同类型引用不同的物理定律（或公式）列出积分式，一般都用微元法列出所求量的积分式.

第一节 定积分的元素法

定积分是 17 世纪由于航海、天文、矿山建设等许多问题的需要而产生的一个数学概念，它是求某种总量的数学模型. 迄今，它在几何学、物理学、经济学、社会学等方面取得了广泛的应用. 在学习的过程中，不仅要掌握计算某些问题的公式，更重要的是深刻领会用定积分解决实际问题的基本思想和方法——元素法（微元法），不断积累和提高用数学解决实际问题的能力.

一、教学分析

（一）教学目标

1. 知识与技能.

（1）能阐述定积分元素法原理（方法、步骤）.

（2）熟练运用元素法求解可用定积分求解的一类问题.

2. 过程与方法.

经历用微元法解决问题的过程，进一步巩固积分概念，强化模型应用意识，提高分析问题解决问题的能力.

3. 情感态度与价值观.

通过运用微元法解决实际问题的过程，提高空间想象能力和逻辑思维能力，发展部分到整体的思维方法，加强对已知规律的再思考，深化巩固知识、加深认识和提高能力.

（二）学时安排

本节内容教学需要 1 学时，对应课次教学进度中第 35 讲第 1 节课内容.

（三）教学内容

可用定积分求解的一类问题的特征；元素法的概念及步骤.

（四）学情分析

学员已有定积分概念的基础,知道了定积分概念是对解决一类实际问题的方法的抽象,但对这类问题的具体特征需要进一步分析归纳,解决这类问题的方法是否可以归纳为一种更重要的数学分析方法,所有这些问题都需要学员在原有的知识和能力上得到提升,从而学习新知识,即元素法.但学员学习这种方法,不易准确快速找到要解决问题的元素.

（五）教学重难点

重点:元素法的概念及步骤.

难点:积分元素(微元)的确定.

有关定积分解决问题的特征:应用定积分解决实际问题,最重要的就是要判断所求的量 Q 应具有哪些特征才能用定积分表达,以及怎样确定积分形式,这不仅是方法问题,也是涉及概念和理论的问题.

1. 要搞清楚所求量 Q ,是否与自变量 x 的一个变化区间 $[a,b]$ 有关.

例如,(1) 电量是电流在时间区间 $[a,b]$ 上的积累,是与自变量的变化区间有关.

(2) 曲边梯形的面积是以区间 $[a,b]$ 为它的底,也是与自变量的变化区间有关.

2. 要搞清楚所求量 Q 在区间 $[a,b]$ 上是否具有可加性.

即要看把区间 $[a,b]$ 分割为若干子区间后,总的量 Q 是否等于对应于各子区间上的那些部分量 ΔQ_i 之和: $Q = \sum \Delta Q_i$,像曲边梯形的面积、变力做功、体积及弧长等都具有上述的特征.

但是,要注意并不是任何量都具有这些特征的,例如,锥面母线的夹角关于底面圆周弧长区间就不具有可加性.

可以概括地说:凡是具有可加性连续分布的非均匀的量的求和问题,都可以用定积分来解决.

3. 元素法的原理.

(1) 如果所求量 Q 符合定积分所讨论的量的特征,那就可以选自变量 x 为积分变量,当然,对于同一个问题常可以选出不同的积分变量来解决,但是,在实际解决定积分应用问题时,应该力求把积分变量选得合适,使得列出的定积分便于计算.

(2) 选定积分变量后,积分区间也就随着确定了,以下主要就是确定被积函数.但是,确定被积函数却是一件困难的事情,其关键是要能够写出 $\Delta Q_i \approx f(\xi_i) \Delta x_i$,如果能够得到这样的结果,则所求量 Q 的定积分表达式的雏形就形成了,而被积函数就是 $f(x)$.不过有必要强调指出,选择 $f(x)$ 时在原则上要能使 ΔQ_i 与 $\approx f(\xi_i) \Delta x_i$ 是等价无穷小(当 $\Delta x_i \to 0$ 时),这样它们的差才是一个较 Δx_i 高阶的无穷小.

(3) 在自然科学和工程技术中,为叙述方便,往往利用所谓"元素"这样一个术语,并且把定积分理解为无限个这种元素的和.因此,在确定了积分变量之后,用定积分表达所求量 Q ,就可以简化为:在区间 $[a,b]$ 内任取一个小区间 $[x, x+\Delta x]$ 作代表,根据问题的条件,想方设法求得 Q 在 $[x, x+\Delta x]$ 上部分量 ΔQ 的近似表达式,形如 $f(x)\Delta x$ (例如以等速代变速、以不变电流代变电流、以矩形代小曲边梯形,等等),对于 Δx 是一次的,

使得它与 ΔQ 只差一个较 Δx 高阶的无穷小；即在小区间 $[x,x+\Delta x]$ 上，求出具有关系 $\Delta Q=f(x)\Delta x+o(\Delta x)$ 的近似量，其中 $o(\Delta x)$ 是较 Δx 高阶的无穷小。由微分定义，有 $dQ=f(x)dx$（故常称它为量 Q 的微元），$f(x)\Delta x$ 于是所求量 Q 就是这些微元在 $[a,b]$ 上的"无限累加"，即从 a 到 b 的定积分 $Q=\displaystyle\int_a^b f(x)dx$。

这种方法称为"元素法"（或"微元法"），利用"元素法"的关键在于求出微元 $dQ=f(x)dx$，实质上就是在小区间 $[x,x+dx]$ 上用微分近似代替增量，其所产生的误差是比 dx 高阶的无穷小，在局部上用微分代替增量的思想在定积分的应用中特别重要，我们应该予以重视。

4. "元素法"是从定积分定义中总结出来的便于解决实际问题的基本方法，并且贯穿于"定积分的应用"这章的始终，在以后学习物理学、力学及其专业课程中将会大量地见到这种"元素法"的应用；但是"元素法"却是一个难点，初学者往往难于确切地理解，所以，我们应通过定积分的应用问题，对"元素法"的本质逐步加深理解，熟悉和掌握这种实用中最常采用的方法。

5. 元素法的简化步骤。

为了便于记忆，现将"元素法"的步骤简化为以下几点：

(1) 先取积分变量 x，并确定 x 的变化区间 $[a,b]$；

(2) 取代表性小区间 $[x,x+dx]$，通常以"常"代"变"，找出该小区间上部分量 ΔQ 的近似值，即 $\Delta Q\approx f(x)dx=dQ$；

(3) 所求总量 Q 就是这些微元 dQ 的无限积累，即定积分 $Q=\displaystyle\int_a^b dQ=\int_a^b f(x)dx$。

二、典型例题

本节是方法理论的学习，应用该方法的典型问题及例题，在下一节内容中。

三、教学建议

(一) 基本建议

1. 简单回顾用定积分求曲边梯形面积的四个步骤，给出面积元素的概念。遵循由特殊到一般的数学规律，从四个步骤中提取主要部分，形成元素法的概念。

2. 重点介绍元素法的概念以及应用元素法求量 U 的主要步骤，突出用元素法求量 U 时，(1) 量 U 关于区间应具有可加性；(2) 找出所给量的近似表达式。

3. 可以组织讨论：实际问题利用元素法求解需要符合的条件；定积分可以解决哪些实际（物理、几何）问题。

(二) 思维培养

1. 元素法的本质是定积分的思想方法，是从定积分定义中总结出来的便于解决实际问题的基本方法，通过本节内容的学习，加强对已知规律的再思考，深化巩固知识、加深认识和提高能力。

2. 微元法是一种深刻的思维方法，一般思路是先化整为零，分割逼近，在局部找到规律，再累计求和，达到求解整体，但在处理问题时，是从对事物的极小部分（微元）分析入手，达到解决事物整体目的的方法。它在解决物理学问题时很常用，思想就是"化整为零",先分析"微元",再通过"微元"分析整体.

（三）课程思政

微元法的"化整为零,以常代变"求出局部量近似值,再利用"积零为整,无限累加"求结果的这种局部求"微元",整体求"积分"的思维方法,发展学员从部分到整体的马克思主义认识观.

（四）融合应用

元素法是训练学员量化思维,培养定量分析思维习惯的基础,是融合军事应用的重要素材,可在下两节中结合几何和物理应用给出具体的军事应用案例.

第二节　定积分在几何上的应用

定积分的几何应用是"元素法"解决实际问题的开始,因此,我们应紧紧抓住"元素法"的基本思想,结合直观的几何图形,并通过分析每一问题"找出微元"的过程,培养应用定积分解决实际问题的能力.

一、教学分析

（一）教学目标

1. 知识与技能.

（1）能加深对定积分元素法原理的理解.

（2）会用定积分表达和计算平面图形面积、平行截面面积函数的立体体积、旋转体体积、平面曲线的弧长.

2. 过程与方法.

经历用微元法解决几何问题的过程,进一步巩固对定积分概念、思想方法的理解,强化模型应用意识,提高分析问题解决问题能力.

3. 情感态度与价值观.

通过运用微元法解决几何等问题的过程,提高空间想象能力和逻辑思维能力,发展部分到整体的思维方法,加强对已知规律的再思考,深化巩固知识、加深认识和提高能力.

（二）学时安排

本节内容中求面积教学需要 1 学时,对应课次教学进度中第 35 讲第 2 节课内容.求弧长和体积需要 2 学时,对应课次教学进度中第 36 讲内容.

（三）教学内容

平面图形的面积;空间立体（旋转体与已知平行截面面积的立体）体积;平面曲线求弧长.

（四）学情分析

本节内容教学需要 3 学时,对应课次教学进度中第 35 讲第 2 节课内容和第 36 讲内容.

1. 元素法求平面图形的面积,其中当曲线由极坐标表示时,学员对这种坐标不熟悉,需要补充讲解,并且需要画草图,学员在画草图时,出现的问题比较多,不知道该如何画图,讲课时可多举例.

2. 平面图形绕直线 $x=a$(或 $y=b$)旋转所得旋转体的体积元素的确立易出错.

3. 不论是面积、体积还是弧长问题,最后一步"积出分才算完"很多时候用到前面的换元法,尤其是对参数方程、极坐标方程的情形,学员容易忽视新变量的积分范围,导致积分限弄反,需要提醒注意:

(1) 对参数方程情形,一定先写出直角坐标系下的形式,再利用定积分换元法积分.

(2) 对求弧长,不论哪种坐标系下,先写出积分变量范围(从小到大),再选择三个公式中一个.

(五) 重、难点分析

重点:利用定积分计算几何量及几何量元素的确定.

难点:积分元素的构造(极坐标系下的图形面积元素的求法,绕直线 $x=a$(或 $y=b$)旋转的旋转体的体积元素的确定).

1. 平面图形的面积.

(1) 直角坐标系下:① 设平面图形由上下两条曲线 $y=f_上(x)$ 与 $y=f_下(x)$ 及左右两条直线 $x=a$ 与 $x=b$ 所围成,若曲边的位置确定,比如有个边一直在上面,有个边一直在下面,则

面积元素为 $[f_上(x)-f_下(x)]dx$

面积为 $S=\int_c^d [\phi_上(x)-\phi_下(x)]dx$

注意:若上下边不确定,则面积元素为 $|f(x)-g(x)|dx$

② 若由左右两条曲线 $x=\varphi_左(y)$ 与 $x=\varphi_右(y)$ 及上下两条直线 $y=d$ 与 $y=c$ 所围成设平面图形,

面积元素为 $[\varphi_右(y)-\varphi_左(y)]$

面积为 $S=\int_c^d [\phi_右(y)-\phi_左(y)]dy$

上述公式是很容易记住的,只要我们在思想里,自觉地接受一种马虎(不合法)的想法,把积分设想是面积微元 dA 之和(而不把它看作事实上的和的极限).

注意:利用定积分求曲线所围成平面图形的面积时,一般是先将图形置于坐标系中作一草图,看看是横分割合适还是竖分割合适,也就是看看选取那一变量作积分变量比较合适,然后再去作.另外,求面积时,应尽量利用图形的对称性,这样可以使计算简化.

③ 若已知曲线的参数方程,求其所围平面图形的面积.

设边界曲线的参数方程为 $x=x(t),y=y(t)(\alpha\leqslant t\leqslant\beta)$,则由其所围平面图形的面积为 $A=\int_a^\beta y(t)dx(t)=\int_a^\beta y(t)x'(t)dt$ 或 $A=\int_a^\beta x(t)dy(t)=\int_a^\beta x(t)y'(t)dt$.

(2) 在极坐标系下:已知曲线极坐标方程,求其所围平面图形的面积.

面积微元：$\mathrm{d}S = \dfrac{1}{2} r^2(\theta)\mathrm{d}\theta$

面积公式：$S = \dfrac{1}{2}\displaystyle\int_{\alpha}^{\beta} r^2(\theta)\mathrm{d}\theta$，或 $S = \dfrac{1}{2}\displaystyle\int_{\alpha}^{\beta}\left[r_2^2(\theta) - r_1^2(\theta)\right]\mathrm{d}\theta$

在极坐标系中应用定积分求面积时，如何确定积分上下限是值得注意的.

2. 体积.

一般体积的计算是二元函数的积分问题，这在以后将会得到解决. 这里定积分解决的是一些特殊的立体体积的求解，特就特在他们的体积微元容易找到.

（1）已知平行截面面积的立体体积.

计算平行截面面积为已知的立体体积，建立坐标系后，横截面的面积便为已知数 $A(x)$，体积微元是底面积为 $A(x)$，高为 $\mathrm{d}x$ 的扁柱体的体积 $A(x)\mathrm{d}x$，故

体积元素：$\mathrm{d}V = A(x)\mathrm{d}x$

体积公式：$V = \displaystyle\int_a^b A(x)\mathrm{d}x$

（2）旋转体的体积.

对曲边梯形绕坐标轴旋转生成的旋转体体积，有下述两种情况.

① 由曲线 $y = f(x)$ 与直线 $x = a$，$x = b$，$y = 0$ 所围成的 x 轴上的曲边梯形 G 绕 x 轴旋转所生成的旋转体体积，

体积元素：$\mathrm{d}V = \pi y^2 \mathrm{d}x$

体积公式：$V_x = \displaystyle\int_a^b \pi y^2 \mathrm{d}x = \pi\displaystyle\int_a^b f^2(x)\mathrm{d}x$

注意：只有 x 轴上的曲边梯形绕 x 轴旋转生成的旋转体体积才能用上式，若计算 x 轴上的曲边梯形 G 绕 y 轴旋转一周所得旋转体体积可按下式计算：

$$V_y = 2\pi\int_a^b x|f(x)|\mathrm{d}x\,(0 < a < b)$$

这就是所谓的柱壳法，因为此时的体积微元是柱壳，将其展开形状类似一个长为 $2\pi x$（展开前的柱壳底圆周长），宽为 $|f(x)|$，厚为 $\mathrm{d}x$ 的长方体薄片，其体积约为

$$\mathrm{d}V_v = 2\pi x|f(x)|\mathrm{d}x,\text{即为体积微元.}$$

② 由曲线 $x = \varphi(y)$ 与直线 $y = c$，$y = d$，$x = 0$ 所围成的 y 轴上的曲边梯形绕 y 轴旋转所生成的旋转体体积可按下式计算：$V_y = \displaystyle\int_c^d \pi x^2\mathrm{d}y = \pi\displaystyle\int_c^d \varphi^2(y)\mathrm{d}y$

上述 y 轴上的曲边梯形绕 x 轴旋转一周所得旋转体体积可按下式计算（柱壳法）：

$$V_x = 2\pi\int_c^d y|\varphi(y)|\mathrm{d}y\,(0 \leqslant c < d).$$

注意1：对平面图形（非曲边梯形）绕坐标轴旋转所得的旋转体体积. 将平面图形化为坐标轴上的曲边梯形之差或之和，利用上述类型中有关算式计算.

注意2：对平面图形绕平行于坐标轴的直线旋转所得的体积.

设由连续曲线 $y = f(x)$，直线 $x = a$，$x = b$ 与直线 $y = d$ 所围成的平面图形绕直线 $y = d$ 旋转一周所得的旋转体体积.

设 x 为区间 $[a,b]$ 上任一点，过 x 作垂直于直线 $y = d$ 的平面截旋转体得到的横截

面为圆域，其半径为 $|f(x)-d|$，于是该横截面的面积是 $A(x)=\pi\big[f(x)-d\big]^{2}$. 所求旋转体的体积为 $V=\pi\displaystyle\int_{a}^{b}\big[f(x)-d\big]^{2}\mathrm{d}x$.

同理，可得由连续曲线 $x=\varphi(y)$，直线 $y=c$，$y=d$ 与 $x=h$ 所围成的平面图形绕直线 $x=h$ 旋转一周所得的旋转体体积为 $V=\pi\displaystyle\int_{c}^{d}\big[\varphi(y)-h\big]^{2}\mathrm{d}y$.

（三）曲线的弧长

大家对直线段长度的直接度量法是很熟悉的，但是对曲线的弧长，却只有直观上的感性认识，要决定它的长度用直接度量法显然是不可能的. 因为直的单位线段，不可能与曲线弧吻合起来. 要把曲线弧"拉直"也是没有意义的，因为在"拉直"时，可能改变了它的长度. 所以，究竟如何正确理解和计算曲线的弧长，在实用上是非常重要的，为此，我们需要用另外的方法来说明弧长的定义及计算方法. 用局部以直代曲的思想，弧长的微元取为弧微分 $\mathrm{d}s$，由于弧长的微元是弧微分 $\mathrm{d}s$，而以 $\mathrm{d}s$ 为斜边，以 $\mathrm{d}x$，$\mathrm{d}y$ 为直角边所构成的微分三角形中三边关系为 $(\mathrm{d}s)^{2}=(\mathrm{d}x)^{2}+(\mathrm{d}y)^{2}$，即 $\mathrm{d}s=\sqrt{(\mathrm{d}x)^{2}+(\mathrm{d}y)^{2}}$

由此可得计算各种曲线方程的弧长公式.

1. 曲线方程为时 $y=f(x)(a\leqslant x\leqslant b)$ 时，

弧长元素　　$\mathrm{d}s=\sqrt{1+y'^{2}}\,\mathrm{d}x$

弧长公式　　$s=\displaystyle\int_{a}^{b}\sqrt{1+\big[f'(x)\big]^{2}}\,\mathrm{d}x$.

2. 曲线方程为参数方程 $x=\varphi(t)$，$y=\psi(t)(\alpha\leqslant t\leqslant\beta)$ 时，

弧长微元　　$\mathrm{d}s=\sqrt{\big[\psi'(t)\big]^{2}+\big[\psi'(t)\big]^{2}}\,\mathrm{d}t$，

弧长公式　　$s=\displaystyle\int_{a}^{\beta}\sqrt{\big[\varphi'(t)\big]^{2}+\big[\varphi'(t)\big]^{2}}\,\mathrm{d}t$.

3. 曲线方程为极坐标方程 $r=r(\theta)(\alpha\leqslant\theta\leqslant\beta)$ 时，

弧长微元　　$\mathrm{d}s=\sqrt{r^{2}(\theta)+\big[r'(\theta)\big]^{2}}\,\mathrm{d}\theta$，

弧长公式：$s=\displaystyle\int_{a}^{\beta}\sqrt{r^{2}(\theta)+\big[r'(\theta)\big]^{2}}\,\mathrm{d}\theta$.

最后要注意：对于封闭曲线，用直角坐标、参数方程或极坐标方程时，取作端点或终点的常是同一个点，定限时应取动点沿曲线转一周时对应的参数或极角，而用直角坐标时则要分段计算. 当然，在计算过程中，利用图形的对称性，可以大大简化计算.

二、典型例题

（一）有关平面图形面积

例 1　由曲线 $y=\ln x$ 与两直线 $y=\mathrm{e}+1-x$ 及 $y=0$ 所围成的平面图形的面积是_____.

解：联立 $y=\ln x$ 与 $y=\mathrm{e}+1-x$，易求得两条线的交点为 $(\mathrm{e},1)$. 此外，曲线 $y=\ln x$ 与 x 轴的交点为 $(1,0)$，直线 $y=\mathrm{e}+1-x$ 与 x 轴的交点为 $(\mathrm{e}+1,0)$（读者自行画图），于是 $S=\displaystyle\int_{1}^{\mathrm{e}}\ln x\,\mathrm{d}x+\int_{\mathrm{e}}^{\mathrm{e}+1}(\mathrm{e}+1-x)\mathrm{d}x=\frac{3}{2}$ 或 $S=\displaystyle\int_{0}^{1}\big[(\mathrm{e}+1-y)-\mathrm{e}^{y}\big]\mathrm{d}y=\frac{3}{2}$.

例2　求曲线 $y^2 = x^2 - x^4$ 所围成的平面图形的面积.

解：因为方程 $y^2 = x^2 - x^4$ 关于 x 轴、y 轴对称，只考虑第一象限部分. 由于在直角坐标下不易求其面积，将其化为曲线的参数方程求之.

由 $y^2 = x^2 - x^4 = x^2(1 - x^2) \geqslant 0$ 得 $|x| \leqslant 1$，因而可设 $x = \cos t$，于是 $y^2 = \cos^2 t \sin^2 t$.

因而得到曲线的参数方程 $x = \cos t, y = \sin t \cos t \left(0 \leqslant t \leqslant \dfrac{\pi}{2}\right)$.

所求的面积为 $S = 4 \left| \displaystyle\int_0^{\frac{\pi}{2}} y(t) x'(t) \mathrm{d}t \right| = 4 \displaystyle\int_0^{\frac{\pi}{2}} \sin^2 t \cos t \,\mathrm{d}t = \dfrac{4}{3}$.

例3　双纽线 $(x^2 + y^2)^2 = x^2 - y^2$ 所围成的区域面积可用定积分表示为（　　）.

A. $2\displaystyle\int_0^{\frac{\pi}{4}} \cos 2\theta \,\mathrm{d}\theta$ 　　　　　　　　B. $\displaystyle\int_0^{\frac{\pi}{4}} \cos 2\theta \,\mathrm{d}\theta$

C. $2\displaystyle\int_0^{\frac{\pi}{4}} \sqrt{\cos 2\theta} \,\mathrm{d}\theta$ 　　　　　　D. $\dfrac{1}{2} \displaystyle\int_0^{\frac{\pi}{4}} (\cos 2\theta)^2 \,\mathrm{d}\theta$

答：A. 双纽线方程即 $\rho^2 = \cos 2\theta$，由对称性 $S = 4 \displaystyle\int_0^{\frac{\pi}{4}} \dfrac{1}{2} \rho^2 \,\mathrm{d}\theta = 4 \displaystyle\int_0^{\frac{\pi}{4}} \dfrac{1}{2} \cos 2\theta \,\mathrm{d}\theta$.

注意，在此例中千万不要以为 θ 继续增大到 $\dfrac{\pi}{4}$ 的 4 倍，就把整个双纽线描出了，从而求整个面积可在 $[0, \pi]$ 上积分. 事实上，如果当 θ 从 $\dfrac{\pi}{4}$ 严继续增大时，比如当 $\theta = \dfrac{\pi}{3}$，则 $\cos 2 \cdot \dfrac{\pi}{3} = -\dfrac{1}{2}$，$\rho$ 没有实值与之对应，所以图上是描不出点的. 盲目地在 $[0, \pi]$ 上积分，就会得出面积为零的错误结果. 由此可见，在极坐标情况下确定积分上下限比较稳妥的办法是先画出草图，利用对称性，然后结合图形来确定积分限，当然熟知一些常用曲线的图形是必不可少的.

（二）有关体积

例1　设有一正椭圆柱体，其底面的长、短轴分别为 $2a, 2b$，用过此柱体底面的短轴且与底面成 $\alpha \left(0 < \alpha < \dfrac{\pi}{2}\right)$ 角的平面截此柱体，得一椭圆体形，求此楔形体的体积 V.

解法一：底面椭圆的方程为 $\dfrac{x^2}{a^2} + \dfrac{y^2}{b^2} = 1$，选 y 为积分变量，用垂直于 y 轴的平行平面截此楔形体所得的截面为直角三角形，两直角边长分别为

$$x = a\sqrt{1 - \dfrac{y^2}{b^2}}, z = x \tan \alpha = a\sqrt{1 - \dfrac{y^2}{b^2}} \tan \alpha,$$

故截面面积为 $A(y) = \dfrac{xz}{2} = \left(\dfrac{a^2}{2}\right)\left(1 - \dfrac{y^2}{b^2}\right) \tan \alpha$，

楔形体的体积为 $V = 2 \displaystyle\int_0^b \dfrac{a^2}{2} \left(1 - \dfrac{y^2}{b^2}\right) \tan \alpha \,\mathrm{d}y = \dfrac{2a^2 b}{3} \tan \alpha$.

解法二：以垂直于 x 轴的平行平面截此楔形体所得截面为矩形，其一边长为

另一边长为 $x\tan\alpha$，故截面面积为 $A(x)=2bx\sqrt{1-\dfrac{x^2}{a^2}}\tan\alpha$，

楔形体体积为 $V=\displaystyle\int_0^a 2bx\sqrt{1-\dfrac{x^2}{a^2}}\tan\alpha\,\mathrm{d}x=\dfrac{2a^2b}{3}\tan\alpha.$

例2 设曲线 $y=\mathrm{e}^{-\frac{1}{2}x}\sqrt{\sin x}$ 在 $x\geqslant 0$ 部分与 x 轴所围成的平面区域为 σ，试求平面区域 σ 绕 x 轴旋转所得的旋转体体积 V.

解：因函数 $y=\mathrm{e}^{-\frac{1}{2}x}\sqrt{\sin x}$ 的定义域只能是使 $\sin x$ 取正值的区间，即

$x\in[2k\pi,(2k+1)\pi]$，$k=0,1,2,\cdots$ 故 x 轴上的曲边梯形即平面区域 σ 绕 x 轴旋转

所得的旋转体体积 $V=\displaystyle\lim_{n\to\infty}\sum_{k=0}^n\int_{2k\pi}^{(2k+1)\pi}\pi\mathrm{e}^{-x}\sin x\,\mathrm{d}x.$

因为 $\displaystyle\int\mathrm{e}^{-x}\sin x\,\mathrm{d}x=-\mathrm{e}^{-x}\cos x-\int\mathrm{e}^{-x}\cos x\,\mathrm{d}x=-\mathrm{e}^{-x}\cos x-\mathrm{e}^{-x}\sin x-\int\mathrm{e}^{-x}\sin x\,\mathrm{d}x,$

所以 $\displaystyle\int_{2k\pi}^{(2k+1)\pi}\mathrm{e}^{-x}\sin x\,\mathrm{d}x=-\left[\dfrac{1}{2}(\cos x+\sin x)\mathrm{e}^{-x}\right]_{2k\pi}^{(2k+1)\pi}=\dfrac{1}{2}(1+\mathrm{e}^{-\pi})\mathrm{e}^{-2k\pi}.$

故 $V=\displaystyle\lim_{n\to\infty}\dfrac{\pi}{2}(1+\mathrm{e}^{-\pi})\sum_{k=0}^n\mathrm{e}^{-2k\pi}=\dfrac{\pi}{2}(1+\mathrm{e}^{-\pi})\lim_{n\to\infty}\dfrac{1-(\mathrm{e}^{-2\pi})^n}{1-\mathrm{e}^{-2\pi}}=\dfrac{\pi}{2(1-\mathrm{e}^{-\pi})}.$

例3 曲线 $y=(x-1)(x-2)$ 和 x 围成一平面图形，求此平面图形绕 y 轴旋转一周所成的旋转体体积.

解：柱壳法，曲线 $y=(x-1)(x-2)$ 与 x 轴的交点为 $x=1,x=2$，而所围图形为 x 轴上的曲边梯形，它在 x 轴下方. 为求它绕 y 轴旋转一周所得的体积

$$V_y=\int_1^2 2\pi x|y|\,\mathrm{d}x=-2\pi\int_1^2 2x(x-1)(x-2)\,\mathrm{d}x=\frac{\pi}{2}.$$

例4 ［2003年考研］过坐标原点作曲线 $y=\ln x$ 的切线，该切线与曲线 $y=\ln x$ 及 x 轴围成平面图形 D. (1) 求 D 的面积 A；(2) 求 D 绕直线 $x=\mathrm{e}$ 旋转一周所得的旋转体体积.

解：因切线过坐标原点，但原点不是切点，设曲线 $y=\ln x$ 在点 $(x_0,y_0)(y_0=\ln x_0)$

处的切线方程为 $y-y_0=\dfrac{(x-x_0)}{x_0}.$

由切线过原点 $(0,0)$，将其坐标代入 $y-y_0=\dfrac{(x-x_0)}{x_0}$ 得 $y_0x_0=x_0$，即 $\ln x_0=1$，故

$x_0=\mathrm{e}$，从而 $x_0=\mathrm{e}$，从而 $y_0=\ln\mathrm{e}=1$，则切线方程为 $y=\dfrac{x}{\mathrm{e}}.$

(1) 平面图形 D 的面积为 $A=\displaystyle\int_0^1(\mathrm{e}^y-\mathrm{e}y)\,\mathrm{d}y=\dfrac{\mathrm{e}}{2}-1.$

或 $A=\displaystyle\int_0^{\mathrm{e}}\dfrac{x}{\mathrm{e}}\,\mathrm{d}x-\int_1^{\mathrm{e}}\ln x\,\mathrm{d}x=\dfrac{\mathrm{e}}{2}-(x\ln x-x)\Big|_1^{\mathrm{e}}=\dfrac{\mathrm{e}}{2}-1.$

(2) 切线 $y=\dfrac{x}{\mathrm{e}}$ 与 x 轴及直线 $x=\mathrm{e}$ 所围成的三角形绕直线 $x=\mathrm{e}$ 旋转所得的圆锥

体体积为 $V_1=\int_0^e 2\pi(e-x)\,|\,y\,|\,\mathrm{d}x=\int_0^e 2\pi(e-x)\dfrac{x}{e}\mathrm{d}x=\int_0^e 2\pi x\,\mathrm{d}x-\int_0^e 2\pi\dfrac{x^2}{e}\mathrm{d}x=\dfrac{\pi}{3}e^2$

或 $V_1=\int_0^1 \pi(e-x)^2\mathrm{d}y=\int_0^1 \pi(e-ey)^2\mathrm{d}y=\pi e^2\int_0^1(1-y)^2\mathrm{d}y=\dfrac{\pi}{3}e^2.$

曲线 $y=\ln x$ 与 x 轴及直线 $x=e$ 所围成的图形绕直线 $x=e$ 旋转所得的旋转体体积为

$$V_2=\int_0^1 \pi(e-x)^2\mathrm{d}y=\int_0^1 \pi(e-e^y)^2\mathrm{d}y=\pi\left(2e-\dfrac{1}{2}e^2-\dfrac{1}{2}\right),$$

或 $V_2=\int_1^e 2\pi(e-x)\ln x\,\mathrm{d}x=\pi\left(2e-\dfrac{1}{2}e^2-\dfrac{1}{2}\right).$

因此所求旋转体的体积为 $V=V_1-V_2=\pi\,\dfrac{(5e^2-12e+3)}{6}.$

(三) 有关平面弧长

例 1　[2011 年考研]曲线 $y=\int_0^x \tan t\,\mathrm{d}t\left(0\leqslant x\leqslant\dfrac{\pi}{4}\right)$ 的弧长 $s=$ _____.

解：由题设有 $y'=\tan x$，则 $\mathrm{d}s=\sqrt{1+y'^2}\,\mathrm{d}x=\sqrt{1+\tan^2 x}\,\mathrm{d}x=\sec x\,\mathrm{d}x$

$s=\int_0^{\frac{\pi}{4}}\sqrt{1+y'^2}\,\mathrm{d}x=\int_0^{\frac{\pi}{4}}\sec x\,\mathrm{d}x=[\ln|\sec x+\tan x|]\big|_0^{\frac{\pi}{4}}=\ln(1+\sqrt{2}).$

例 2　求心形线 $r=a(1+\cos\theta)$ 的全长，其中 $a>0$ 是常数.

解：由于 $r=r(\theta)=a(1+\cos\theta)$ 以 2π 为周期，θ 的变化范围是 $[0,2\pi]$. 又因 $r=(-\theta)=r(\theta)$，心形线关于极轴对称，由对称性及极坐标微元公式得到 $S=2\int_0^\pi\sqrt{r^2+r'}\,\mathrm{d}\theta$

$=2a\int_0^\pi\sqrt{(1+\cos\theta)^2+(-\sin\theta)^2}\,\mathrm{d}\theta=2a\int_0^\pi 2\cos\dfrac{\theta}{2}\mathrm{d}\theta=8a.$

三、教学建议

(一) 基本建议

1. "元素法"在几何上的应用是定积分应用的基础，一定理解透"元素法"，体会局部上"以直代曲""以不变代变"的积分思想，先介绍什么是元素法及元素法必须满足的两项条件，然后利用元素法推导出一系列应用公式并应用实例.

2. 重点介绍在直角坐标和极坐标系下平面图形的面积元素的确定；空间立体(旋转体及已知平行截面面积的立体)体积元素的确定；以及直角坐标系、参数方程、极坐标系下平面曲线的弧长元素的确定. 建立相应的求解公式，利用公式求解平面图形的面积，空间立体的体积，平面曲线的弧长时的主要步骤为：

(1) 画草图；(2) 定积分限；(3) 找微元选公式；(4) 求解结果.

3. 在例题的求解过程中，要重点强调画图定限或解方程组确定积分上、下限的方法和利用对称性解题的技巧.

4. 求平面曲线的弧长，重点掌握三种情况下的弧长计算公式.并进一步说明利用弧长公式可以求平面上密度均匀曲线的质量.进一步考虑如果密度不均匀，是否可以求曲线的质量，可以让学员讨论，为第一类曲线积分做铺垫.

（二）课程思政

1. 微元法是一种深刻的思维方法，结合解决几何应用问题，体会从对事物的极小部分（微元）分析入手，达到解决事物整体的这种局部求"微元"，整体求"积分"的思维方法，发展学员从部分到整体的马克思主义认识观．

2. 微元（元素）是所求部分量的近似，是一种不精确，但通过累积（积分）而得到所求量的精确值，这恰恰是积分中的极限思想，将"近似"与"精确"这对矛盾体统一了起来．

（三）融合应用

元素法是训练学员量化思维，培养定量分析思维习惯的基础，是融合军事应用的重要素材．

如，在军用油库油品检测实验室里，需要做化学分析试验，发现盛水的圆柱体量杯边缘处出现了一个小洞，此时没有多余可用的其他量杯，同组的一位同学建议：将该量杯倾斜支放着盛水，可以盛原来满量杯的 $\frac{1}{2}$ 的水，他的建议正确吗？

四、达标训练

2.1 平面图形面积

（一）是非题

1. 由曲线 $y=f_1(x),y=f_2(x)$ 和 $x=a,x=b$ 所围图形面积用定积分表示为 $\left|\int_a^b [f_1(x)-f_2(x)]\mathrm{d}x\right|$． （　　）

2. 由曲线 $y=x^2,y=\sqrt{x}$ 所围图形的面积用定积分表示为 $\int_0^1(x^2-\sqrt{x})\mathrm{d}x$． （　　）

3. 曲线 $r=a(1+\cos\theta)$ 和 $r=a(1-\cos\theta)$ 所围成图形的面积相等． （　　）

4. 由曲线 $x=\varphi(t),y=\psi(t)\geqslant 0$ 及 $y=0,x=\varphi(t_1),x=\varphi(t_2)$ 所围成曲边梯形的面积为 $\int_{t_1}^{t_2}\psi(t)\varphi'(t)\mathrm{d}t$． （　　）

（二）选择题

1. 曲线 $y=\sqrt{x},y=1,x=4$ 所围成图形的面积为（　　）．

A. $\frac{4}{3}$　　　B. $\frac{5}{3}$　　　C. $\frac{10}{3}$　　　D. $\frac{16}{3}$

2. 椭圆 $x^2+\frac{y^2}{3}\leqslant 1$ 和 $\frac{x^2}{3}+y^2\leqslant 1$ 的公共部分的面积为（　　）．

A. $\frac{2}{3}\sqrt{3}\pi$　　　B. $\frac{\pi}{3}-\frac{1}{2}$　　　C. $\left(3-\frac{\sqrt{3}}{6}\right)\pi$　　　D. $\left(3-\frac{\sqrt{3}}{3}\right)\pi$

3. 曲线 $r=\sqrt{2}\sin\theta$ 和 $r^2=\cos 2\theta$ 所围图形的公共部分的面积为（　　）．

A. $-\frac{\pi}{12}+\frac{1-\sqrt{3}}{2}$　　　B. $\frac{\pi}{24}+\frac{\sqrt{3}-1}{4}$

C. $\frac{\pi}{12}+\frac{\sqrt{3}-1}{2}$　　　D. $\frac{\pi}{6}+\frac{1+\sqrt{3}}{2}$

（三）填空题

1. 曲线 $y=e^x, y=e, x=0$ 所围图形面积为_____.

2. 曲线 $y=x^2, y=x, y=2x$ 所围图形面积为_____.

3. 曲线 $r=2a(2+\cos\theta)$ 所围图形面积为_____.

4. 曲线 $r=3\cos\theta, r=1+\cos\theta$ 所围图形公共部分面积为_____.

5. 曲线 $y=|\ln x|, x=e^{-1}, x=e, y=0$ 所围图形面积为_____.

2.2　体积

（一）是非题

1. 平面图形 $a\leqslant x\leqslant b, 0\leqslant f_1(x)\leqslant y\leqslant f_2(x)$ 绕 x 轴旋转一周所成立体图形的体积为 $V=\pi\displaystyle\int_a^b\{[f_2(x)]^2-[f_1(x)]^2\}dx.$　　　　　　　　（　　）

2. 平面图形 $0\leqslant x\leqslant\varphi(y), a\leqslant y\leqslant b$ 绕 x 轴旋转的旋转体体积用定积分可表示为 $V=\pi\displaystyle\int_a^b[\varphi(y)]^2dy.$　　　　　　　　（　　）

（二）选择题

1. 球面 $x^2+y^2+z^2=9$ 与锥面 $x^2+y^2=8z^2$ 之间包含 z 轴的部分的体积为（　　）.

   A. 144π　　　　　B. 36π　　　　　C. 72π　　　　　D. 24π

2. 曲线 $y=x^2$ 与 $x=y^2$ 所围图形绕 y 轴旋转的旋转体体积为（　　）.

   A. $\dfrac{1}{5}\pi$　　　　B. $\dfrac{3}{10}\pi$　　　　C. π　　　　D. $\dfrac{1}{2}\pi$

3. 曲线 $x^{\frac{2}{3}}+y^{\frac{2}{3}}=a^{\frac{2}{3}}$ 绕 x 轴旋转的旋转体体积为（　　）.

   A. $\dfrac{16}{105}\pi a^3$　　B. $\dfrac{8}{105}\pi a^3$　　C. $\dfrac{32}{105}\pi a^3$　　D. $\dfrac{4}{3}\pi a^3$

4. 由曲线 $y=x^2, y=\sqrt{2x-x^2}$ 所围图形绕 x 轴旋转的旋转体体积为（　　）.

   A. $\dfrac{1}{3}(\pi-1)$　　B. $\dfrac{\pi}{3}$　　　C. $\dfrac{7}{15}\pi$　　　D. $\pi-1$

5. 曲线 $x=\dfrac{a}{b}\sqrt{y^2+b^2}$ 与直线 $y=\pm b, x=0$ 所围图形绕 y 轴旋转的旋转体体积为（　　）.

   A. $\dfrac{4}{3}\pi a^2 b$　　B. $\dfrac{8}{3}\pi a^2 b$　　C. $\dfrac{16}{3}\pi-1$　　D. $\pi a^2 b$

6. 心形线 $r=4(1+\cos\theta)$ 与直线 $\theta=0, \theta=\dfrac{\pi}{2}$ 所围图形绕极轴旋转的旋转体体积用定积分表示为 $V=$（　　）.

   A. $\displaystyle\int_0^{\frac{\pi}{2}}\pi16(1+\cos\theta)^2d\theta$

   B. $\displaystyle\int_0^{\frac{\pi}{2}}\pi16(1+\cos\theta)^2\sin^2\theta d[4(1+\cos\theta)\cos\theta]$

C. $\int_0^{\frac{\pi}{2}} \pi 16(1+\cos\theta)^2 \sin^2\theta \, d\theta$

D. $-\int_0^{\frac{\pi}{2}} \pi 16(1+\cos\theta)^2 \sin^2\theta \, d[4(1+\cos\theta)\cos\theta]$

（三）填空题

1. 由曲线 $y^2 = 4ax$ 及直线 $x = x_0 (x_0 > 0)$ 所围图形绕 x 轴旋转的旋转抛物体的体积为 $V =$ _____.

（四）解答题

1. 求由曲线 $y = \dfrac{2}{x}, y = \dfrac{x^2}{4}$ 和直线 $y = 2x$ 在 $y \geqslant \dfrac{2}{x}$ 内所围平面图形的面积.

2. 求心形线 $r = 1 - \cos\theta$ 所围图形与圆盘 $r \leqslant \cos\theta$ 的公共部分的面积.

3. 求由曲线 $y^3 = x^2$ 及 $y = \sqrt{2-x^2}$ 所围图形的面积. 绕 x 轴旋转所得旋转体的体积.

4. 设曲线 $y = \sin x \left(0 \leqslant x \leqslant \dfrac{\pi}{2}\right), y = 1, x = 0$ 围成平面图形记为 D，求 D 绕直线 $x = \dfrac{\pi}{2}$ 旋转而成的旋转体的体积.

2.3 平面曲线的弧长

一、是非题

1. 若 $y = f(x)$ 在 $[a, b]$ 可微，则曲线 $y = f(x)$ 在 (a, b) 内任一区间可求长. （　　）

2. 心形线 $r = a(1 - \cos\theta)$ 的全长与摆线 $y = a(1 - \cos t), x = a(t - \sin t)$ 的一拱的长度相等. （　　）

3. 星形线 $x = a\cos^3\theta$. $y = a\sin^3\theta$ 的全长等于半径为 a 的圆的周长. （　　）

二、选择题

1. 曲线 $y = \dfrac{1}{4}x^2 - \dfrac{1}{2}\ln x$ 自 $x = 1$ 到 $x = \mathrm{e}$ 之间的弧长 $l = ($　　$)$.

A. $\dfrac{1}{4}(\mathrm{e}^2 - 1)$ 　　　 B. $\dfrac{1}{4}(\mathrm{e}^2 + 2)$ 　　 C. $\dfrac{1}{4}(1 - \mathrm{e}^2)$ 　　 D. $\dfrac{1}{4}(1 + \mathrm{e}^2)$

2. 曲线 $\rho=a(1+\cos\theta)$ 的全长为（ ）.

A. $4a$ B. $8a$ C. $4\sqrt{2}\,a$ D. $2\sqrt{2}\,a$

3. 曲线 $y=\ln(1-x^2)$ 上 $0\leqslant x\leqslant\dfrac{1}{2}$ 一段弧长 $s=$（ ）.

A. $\displaystyle\int_0^{\frac{1}{2}}\sqrt{1+\left(\dfrac{1}{1+x^2}\right)^2}\,\mathrm{d}x$ B. $\displaystyle\int_0^{\frac{1}{2}}\dfrac{1+x^2}{1-x^2}\,\mathrm{d}x$

C. $\displaystyle\int_0^{\frac{1}{2}}\sqrt{1+\dfrac{-2x}{1-x^2}}\,\mathrm{d}x$ D. $\displaystyle\int_0^{\frac{1}{2}}\sqrt{1+[\ln(1-x^2)]^2}\,\mathrm{d}x$

4. 曲线 $x=a(\cos t+t\sin t),y=a(\sin t-t\cos t)$，从 $t=0$ 到 $t=\pi$ 一段弧长 $s=$（ ）.

A. $\displaystyle\int_0^{\pi}\sqrt{1+(at\sin t)^2}\,\mathrm{d}t$ B. $\displaystyle\int_0^{\pi}at\,\mathrm{d}t$

C. $\displaystyle\int_0^{\pi}\sqrt{1+[a(\sin t-t\sin t)]^2}\,\mathrm{d}t$ D. $\displaystyle\int_0^{\pi}\sqrt{1+(at\sin t)^2}\,at\cos t\,\mathrm{d}t$

三、填空题

1. 曲线 $y=\ln x$ 上相应于 $\sqrt{3}\leqslant x\leqslant\sqrt{8}$ 的一段弧长 $s=$ _____.

2. 曲线 $y=\dfrac{\sqrt{3}}{3}(3-x)$ 上相应于 $1\leqslant x\leqslant 3$ 的一段弧长 $s=$ _____.

附：**参考答案**

2.1 平面图形面积

一、是非题 1. 非 2. 非 3. 是 4. 非

二、选择题 1. B 2. A 3. D

三、填空题 1. 1 2. $\dfrac{7}{6}$ 3. $18\pi a^2$ 4. $\dfrac{5}{4}\pi$ 5. $2\left(1-\dfrac{1}{e}\right)$ 6. $\dfrac{25}{6}$

2.2 体积

一、是非题 1. 是 2. 非

二、选择题 1. D 2. B 3. C 4. C 5. B 6. D

三、填空题 1. $2\pi a x_0^2$

四、解答题

1. 求由曲线 $y=\dfrac{2}{x},y=\dfrac{x^2}{4}$ 和直线 $y=2x$ 在 $y\geqslant\dfrac{2}{x}$ 内所围平面图形的面积.

解：解方程组 $\begin{cases}y=\dfrac{2}{x},\\ y=\dfrac{x^2}{4},\end{cases}\begin{cases}y=\dfrac{x^2}{4},\\ y=2x,\end{cases}\begin{cases}y=\dfrac{2}{x},\\ y=2x,\end{cases}$ 得交点 $A(2,1),B(8,16),C(1,2)$. 所求面

积为 $S=\displaystyle\int_1^2\left(2x-\dfrac{2}{x}\right)\mathrm{d}x+\int_2^8\left(2x-\dfrac{x^2}{4}\right)\mathrm{d}x=21-2\ln 2$.

2. 求心形线 $r=1-\cos\theta$ 所围图形与圆盘 $r\leqslant\cos\theta$ 的公共部分的面积.

解：由 $\begin{cases} r=\cos\theta, \\ r=1-\cos\theta \end{cases}$ 得 $\theta_{1,2}=\pm\dfrac{\pi}{3}$，于是所求面积为

$$S=2\left[\int_0^{\frac{\pi}{3}}\frac{1}{2}(1-\cos\theta)^2\mathrm{d}\theta+\int_{\frac{\pi}{3}}^{\frac{\pi}{2}}\frac{1}{2}\cos^2\theta\mathrm{d}\theta\right]=\frac{7\pi}{12}-\sqrt{3}.$$

3. 求由曲线 $y^3=x^2$ 及 $y=\sqrt{2-x^2}$ 所围图形的面积. 绕 x 轴旋转所得旋转体的体积.

解：解方程组 $\begin{cases} y=\sqrt{2-x^2}, \\ y^3=x^2 \end{cases}$，得交点 $A(1,1),B(-1,1)$，又由图形关于 y 轴对称，故

所求面积为 $S=2\int_0^1(\sqrt{2-x^2}-x^{\frac{2}{3}})\mathrm{d}x=2\left[\frac{x}{2}\sqrt{2-x^2}+\arcsin\frac{x}{\sqrt{2}}-\frac{3}{5}x^{\frac{5}{3}}\right]_0^1=$

$2\left(\frac{1}{2}+\frac{\pi}{4}-\frac{3}{5}\right)=\frac{\pi}{2}-\frac{1}{5}$ 旋转体的体积为 $V=2\pi\int_0^1\left[(2-x^2)-x^{\frac{4}{3}}\right]\mathrm{d}x=\frac{52}{21}\pi.$

4. 设曲线 $y=\sin x\left(0\leqslant x\leqslant\frac{\pi}{2}\right),y=1,x=0$ 围成平面图形记为 D，求 D 绕直线 $x=\frac{\pi}{2}$ 旋转而成的旋转体的体积.

解：方法一（切片法）取 y 为积分变量，积分区间为 $[0,1]$，对应于任一小区间 $[y,y+\mathrm{d}y]$，平面区域 D 上有宽度为 $\mathrm{d}y$ 的窄条，此窄条绕直线 $x=\frac{\pi}{2}$ 旋转得到厚度为 $\mathrm{d}y$ 的圆环，其体积为 $\mathrm{d}V=\left[\pi\left(\frac{\pi}{2}\right)^2-\pi\left(\frac{\pi}{2}-x\right)^2\right]\mathrm{d}y=\pi[\pi\arcsin y-(\arcsin y)^2]\mathrm{d}y.$

所求旋转体的体积为 $V=\pi^2\int_0^1\arcsin y\mathrm{d}y-\pi\int_0^1(\arcsin y)^2\mathrm{d}y=\pi^2[y\arcsin y+$

$\sqrt{1-y^2}]_0^1-\pi[y(\arcsin y)^2+2\sqrt{1-y^2}\arcsin y-2y]_0^1=\frac{\pi^3}{4}-\pi^2+2\pi.$

方法二（柱壳法）取 x 为积分量，区间为 $\left[0,\frac{\pi}{2}\right]$，对应于任一小区间 $[x,x+\mathrm{d}x]$，平面区域 D 上有宽为 $\mathrm{d}x$. 高为 $1-y$ 的窄条，此窄条绕直线 $x=\frac{\pi}{2}$ 旋转得到高为 $1-y$. 厚 $\mathrm{d}x$.

半径为 $\frac{\pi}{2}-x$ 的圆筒薄壳，其体积为 $\mathrm{d}V=(1-y)2\pi\left(\frac{\pi}{2}-x\right)\mathrm{d}x=2\pi(1-\sin x)\left(\frac{\pi}{2}-x\right)\mathrm{d}x$

所求旋转体的体积为 $V=2\pi\int_0^{\frac{\pi}{2}}(1-\sin x)\left(\frac{\pi}{2}-x\right)\mathrm{d}x=\frac{\pi^3}{4}-\pi^2+2\pi.$

2.3 平面曲线的弧长

一、是非题　1. 是　2. 是　3. 非

二、选择题　1. D　2. B　3. B　4. B

三、填空题　1. $1+\frac{1}{2}\ln\frac{3}{2}$　2. $2\sqrt{3}-\frac{4}{3}$

第三节 定积分在物理上的应用

定积分在物理和工程中的应用十分广泛.例如,造船时要考虑怎样设计才能使船的重心低一些,就遇到重心的计算问题.又如,为了计算飞轮的转动动能,就要涉及飞轮的转动惯量的计算问题.还有变力做功、水压力,等等.在这里我们仅就一些常见的问题来说明定积分在物理上的应用,进一步提高应用"元素法"解决实际问题的能力.

一、教学分析

(一)教学目标

1.知识与技能.

(1)继续加深对定积分元素法原理的理解.

(2)会计算变力沿直线所做的功;会计算水压力;会计算细棒与质点之间的引力.

2.过程与方法.

经历用微元法解决几何问题的过程,进一步巩固对定积分概念、思想方法的理解,强化模型应用意识,提高分析问题解决问题能力.

3.情感态度与价值观.

通过运用微元法解决物理问题的过程,发展部分到整体的思维方法,加强对已知规律的再思考,深化巩固知识、加深认识和提高能力.

(二)学时安排

本节内容教学需要2学时,对应课次教学进度中第37讲内容,最后第38讲安排1次习题课作为本章的结束,最后建议安排1次总习题课,作为上册内容的结束.

(三)教学内容

变力沿直线做功;水压力;引力.

(四)学情分析

1.学员已有对元素法的认识基础,并通过元素法几何上的应用,已初步具有运用定积分解决实际问题的能力,在此基础可以通过在物理上的应用加深对元素法的理解,进一步提高应用能力.

2.学员对物理知识生疏,不习惯物理应用,大多数情况下这类问题没有相应的积分公式,需选用合理的积分元素,列出相应的积分表达式,而学员往往欠缺这方面的应用能力,因此,应通过不同的例子及同一例题从不同的角度让学员掌握如何确定积分元素.

3.求解物理应用问题时,学员常忽略建立恰当的坐标系及物理量的单位,造成结果上的错误,这方面需予以重视.

(五)重、难点分析

重点:利用定积分计算物理量及如何确定相应的积分元素.

难点:积分元素的构造.

用定积分可以计算变力沿直线所做的功、液体的侧压力及细杆对质点的引力等,但计算它们没有统一的公式,需要根据不同类型引用不同的物理定律（或公式）列出积分式,一般都用微元法列出所求量的积分式.

1. 计算变力沿直线所做的功.

物体在变力 $F(x)$ 的作用下沿直线由 $x=a$ 运动到 $x=b$ 所做的功:

功的微元（功元素）:$\mathrm{d}W=F(x)\mathrm{d}x$

所做的功:$W=\int_a^b \mathrm{d}W=\int_a^b F(x)\mathrm{d}x.$

2. 计算从容器中抽出液体所做的功.

做功元素:$\mathrm{d}W=x \cdot \mu\pi y^2 \mathrm{d}x,$

所做的功:$W=\int_a^b \mathrm{d}W=\int_a^b \mu\pi xy^2 \mathrm{d}x,$ 其中 μ 为液体的密度.

3. 计算液体的侧压力.

(1) 物理原理:从物理学知道,液体所产生的压力是随着液体的深度不同而不同,在液面下越深,则单位面积上所受的压力越大.在水深为 h 处的压强为 $p=\rho h$,其中 ρ 为液体的比重,如果有一个面积为 S 的平板水平地放置在深 h 处,则该平板一侧受液体压力为 $P=pS=\rho hS$.在实际问题中,常常遇到在液体中的平板是垂直放置的,由于平板各部分离液面的深度各不相同,因而各部分所受的液体压力也不相同,所以平板一侧所受的液体压力就不能用上述的方法计算,就需要用微元法来解决.

(2) 找微元根据:当平板铅直地立于水中时,由于板上各点深度不尽相同,其压力就不能直接用上述公式计算,但利用深度相近处压强相近的道理把平板分割成与水平面平行的窄条,在每一窄条上因压强近似相等,可用上式计算其上的液体压力.

对具体问题要建立适当的坐标系（常把坐标原点和坐标轴选在特殊位置）,并求出该窄条的面积（或其近似值）,这样就得液体压力的微元,进而得出液体压力的积分式.

4. 计算细杆对质点的引力.

若题中没有明确给出坐标原点的位置可用下述方法求出质点和细杆之间的引力.

设原点在某处时杆的右端点的坐标为 x_0,则左端点的坐标必为 x_0-l,质量为 m 的质点所在位置的坐标为 x_0+a.在杆上取从 x 到 $x+\mathrm{d}x$ 的一小段,把它看作一个质点,其质量为 $\mu\mathrm{d}x$,它对质量为 m 的质点的

引力微元:$\mathrm{d}F=\dfrac{km\mu}{(x_0+a-x)^2}\mathrm{d}x$,从而细杆对质量为 m 的质点的

引力:$F=\int_{x_0-l}^{x_0} \mathrm{d}F=\int_{x_0-l}^{x_0} \dfrac{km\mu}{(x_0+a-x)^2}\mathrm{d}x.$

二、典型例题

例 1 ［2003 年考研］某建筑工地打地基时,需用汽锤将桩打进土层.汽锤每次击打,都将克服土层对桩的阻力而做功,设土层对桩的阻力的大小与桩被打进地下的深度成正比（比例系数为 $k,k>0$）,汽锤第一次击打将桩打进地下 a（单位:m）.根据设计方案,要求汽锤每次击打桩时所做的功与前一次击打时所做的功之比为常数 $r(0<r<1)$.试求:

（1）汽锤击打桩 3 次后，可将桩打进地下多深？

（2）若击打次数不限，汽锤至多能将桩打进地下多深？

解：（1）设有 n 次击打后，桩被打进地下 x_n，第 n 次击打时，汽锤所做的功为 W_n（$n=1,2,3\cdots$）. 由题设知，当桩被打进地下的深度为 x 时，土层对桩的阻力的大小为 kx，所以 $W_1 = \int_0^{x_1} kx\,\mathrm{d}x = \dfrac{k}{2}x_1^2 = \dfrac{k}{2}a^2$，

$$W_2 = \int_{x_1}^{x_2} kx\,\mathrm{d}x = \frac{k}{2}(x_2^2 - x_1^2) = \frac{k}{2}(x_2^2 - a^2).$$

由 $W_2 = rW_1$，可得 $x_2^2 - a^2 = ra^2$，即 $x_2^2 = (1+r)a^2$，故

$$W_3 = \int_{x_2}^{x_3} kx\,\mathrm{d}x = \frac{k}{2}(x_3^2 - x_2^2) = \frac{k}{2}\left[x_3^2 - (1+r)a^2\right].$$

由 $W_3 = rW_2 = r^2W_1$ 可得 $x_3^2 - (1+r)a^2 = r^2a^2$，从而 $x_3 = \sqrt{1+r+r^2}\,a$，即汽锤击打 3 次后，可将桩打进地下 $\sqrt{1+r+r^2}\,a\,(\mathrm{m})$.

（2）由归纳法得 $x_n = \sqrt{1+r+\cdots+r^{n-1}}\,a$，则

$$W_{n+1} = \int_{x_n}^{x_{n+1}} kx\,\mathrm{d}x = \frac{k}{2}(x_{n+1}^2 - x_n^2) = \frac{k}{2}\left[x_{n+1}^2 - (1+r+\cdots+r^{n-1})a^2\right].$$

由于 $W_{n+1} = rW_n = r^2W_{n-1} = \cdots = r^nW_1$，故得 $x_{n+1}^2 - (1+r+\cdots+r^{n-1})a^2 = r^na^2$，从而则 $\lim\limits_{n\to\infty} = \sqrt{\dfrac{1}{(1-r)a}}$（因 $0<r<1$），即若不限击打次数，汽锤至多能将桩打进地下 $\sqrt{\dfrac{1}{(1-r)a}}\,(\mathrm{m})$.

例 2　一底为 8 cm，高为 6 cm 的等腰三角形片，铅直地沉没在水中，顶在上，底在下，且与水面平行，而顶离水面 3 cm，试求它每面所受的压力.

解：建立直角坐标系（x 轴在水平面向右为正方向，y 轴正向垂直向下过三角形顶点），则 A 点坐标为 $(0,3)$，C 点坐标为 $(4,9)$，等腰三角形的一腰 AC 的直线方程为

$$y-3 = \frac{6x}{4},\ 即\ x = \frac{2(y-3)}{3}.$$

于深度 $y(3<y<9)$ 处取一窄条，高为 $\mathrm{d}y$，薄板上对应窄条的面积可用矩形窄条面积近似代替：$\mathrm{d}S = 2x\,\mathrm{d}y = \left(\dfrac{4}{3}\right)(y-3)\mathrm{d}y$.

从而窄条上的水压力可用下述公式计算：$\mathrm{d}P = \rho y\,\mathrm{d}S = \rho y \cdot \left(\dfrac{4}{3}\right)(y-3)\mathrm{d}y$，

其中 $\rho = 1\ \mathrm{g/cm^2}$（水的比重），这就是所求水压力的微元. 于是，三角形片所受水的压力为 $P = \int_3^9 \mathrm{d}P = \int_3^9 \rho \cdot \dfrac{4}{3}(y^2 - 3y)\mathrm{d}y = \dfrac{4}{3}\left[\dfrac{y^3}{3} - \dfrac{3y^2}{2}\right]_3^9 = 168\ (\mathrm{g})$

例 3　x 轴上有一线密度为常数 μ，长度为 l 的细杆（细杆的右端点位于 x 轴原点），有一质量为 m 的质点 M 到杆右端的距离为 a，已知引力系数为 k，则质点和细杆之间引力的大小为（　　）.

A. $\displaystyle\int_{-l}^{0}\frac{km\mu}{(a-x)^2}\mathrm{d}x$

B. $\displaystyle\int_{0}^{l}\frac{km\mu}{(a-x)^2}\mathrm{d}x$

C. $\displaystyle2\int_{-\frac{1}{2}}^{0}\frac{km\mu}{(a+x)^2}\mathrm{d}x$

D. $\displaystyle2\int_{0}^{\frac{l}{2}}\frac{km\mu}{(a+x)^2}\mathrm{d}x$

解：仅 A 入选．本题中因已明确给出坐标原点的位置，可从积分限与其被积函数判断选项．在杆上取 x 到 $x+\mathrm{d}x$ 的一小段把它看作一个质点，其质量为 $\mu\mathrm{d}x$，它对质点 M 的引力微元为 $dF=\dfrac{km\mu}{(a-x)^2}\mathrm{d}x$，其中该小段与质点 M 的距离为 $a+(-x)=a-x$，从而杆对质点 M 的引力为

$$F=\int_{-l}^{0}\mathrm{d}F=\int_{-l}^{0}\frac{km\mu}{(a-x)^2}\mathrm{d}x.$$

事实上，由前面介绍的引力公式 $F=\displaystyle\int_{x_0-l}^{x_0}\mathrm{d}F=\int_{x_0-l}^{x_0}\frac{km\mu}{(x_0+a-x)^2}\mathrm{d}x$ 可知，若 $x_0=0$，则 $F=\displaystyle\int_{-l}^{0}\frac{km\mu}{(a-x)^2}\mathrm{d}x$，此恰为 A 中的表达式．

三、教学建议

（一）基本建议

1. 首先回顾中学物理里面的功、压力、引力概念和计算公式，突出本节课考虑的物理量与中学物理量的不同之处．在讲解应用元素法求物理中变力沿直线做功、水压力、引力时，关键是寻找到所求物理量的元素，虽然不同问题中所求物理量的元素不同，但寻找元素的基本思想一致，那就是在微小局部以"不变代变"求近似值．

2. 在讲解引力问题时，要强调力是矢量，引力元素对区间不具备可加性，只有对引力元素在坐标轴上分解后，才能用定积分求和．

3. 物理问题用数学方法解决时，关键要能够建立正确的数学模型．建立坐标系时，应充分考虑坐标轴的方向的选取，及对称性在解题时带来的方便．

（二）课程思政

微元法是一种深刻的思维方法，结合解决物理应用问题，更加深入体会从对事物的极小部分（微元）分析入手，达到解决事物整体的这种局部求"微元"，整体求"积分"的思维方法，进一步发展学员从部分到整体的马克思主义认识观．

（三）融合应用

元素法是训练学员量化思维，培养定量分析思维习惯的基础，可拓展在其他方面的应用，比如在电学上的应用，甚至是融合军事的应用．

1. 在电学上的应用．

在电机、电器上常会看到标有功率、电流、电压的数字，如电机上标有功率 2.8 kW，电压 380 V；在灯泡上标有 40 W，220 V 等，这些数字表明，交流电在单位时间内所做的功以及交流电压．但是，交流电流、交流电压的大小和方向都随时间做周期性的变化，那么我们是怎样确定交流电的功率、电流、电压的呢？下面我们就来讨论这个问题．

① 交流电的平均功率．对交流电来说，因交流电流 $i=i(t)$ 不是常数，因而通过电阻

R 所消耗的功率 $P(t)=i^2(t)R$ 也随时间而变,在实用上,通常采用平均功率.所谓平均功率,就是 $\overline{P}=\dfrac{W}{T}$,其中 T 为电流 $i(t)$ 变化一周所需的时间(周期),W 为在一周期内,消耗在电阻 R 上的功.但由于交流电随时间 t 在不断变化,因而所求的功 W 是一个非均匀分布的量,它必须用定积分来计算.

交流电虽在不断变化,但在很短的时间间隔内,可以近似地认为是不变的(即近似地看作是直流电),因而在 $\mathrm{d}t$ 时间内对 $i(t)$ "以不变代变",就可求得功的部分量 $\triangle W$ 的近似值,即功微元:$\mathrm{d}W=Ri^2(t)\mathrm{d}t$,在一个周期 T 内消耗的功为 $W=\displaystyle\int_0^T Ri^2(t)\mathrm{d}t$.因此,交流电的平均功率为 $\overline{P}=\dfrac{W}{T}=\dfrac{1}{T}\displaystyle\int_0^T Ri^2(t)\mathrm{d}t$.

不难算出,当纯电阻电路中正弦交流电 $i(t)=I_m\sin\omega t$ 时,它在一周期内消耗在电阻 R 上的平均功率 $\overline{P}=\dfrac{I_m^2 R}{2}=\dfrac{I_m V_m}{2}$,其中 $V_m=I_m R$.就是说,纯电阻电路中正弦交流电的平均功率等于电流、电压峰值的乘积的一半.通常交流电器上标明的功率就是平均功率.

交流电的平均功率实际上就是函数 $f(x)$ 在 $[a,b]$ 上的算术平均值 $\overline{y}=\dfrac{1}{b-a}\displaystyle\int_a^b f(x)\mathrm{d}x$ 的特例.但是算术平均值有时不能说明问题,比如 $i(t)=3\sin t$ 会出现在一个周期内的算术平均值为零,因为计算算术平均值的过程中,正负部分恰恰相互抵消了,为了避免这个缺点,我们常求另一种意义的平均值,即所谓均方根,电工学中称均方根为有效值.

② 交流电流的有效值.

交流电流的有效值是,当交流电流 $i(t)$ 在一周期内消耗在电阻 R 上的平均功率,等于直流电流 I 消耗在电阻 R 上的功率时,这个直流电流的数值就叫作交流电流 $i(t)$ 的有效值.

可以求得交流电流 $i(t)$ 的有效值为 $I=\sqrt{\dfrac{1}{T}\displaystyle\int_0^T i^2(t)\mathrm{d}t}$.

一般的电器上标明的电流值,其实就是指交流电流在一个周期上的均方根(即交流电流的有效值).不难算出,正弦交流电 $i(t)=I_m\sin\omega t$ 的有效值近似地等于它的最大值 I_m 的 0.707 倍.

③ 交流电压的有效值.类似交流电流的有效值,同样可以得出交流电压 $u(t)$ 的有效值 $V=\sqrt{\dfrac{1}{T}\displaystyle\int_0^T u^2(t)\mathrm{d}t}$.平常所谓电压为 220 伏,其实就是指交流电压在一个周期上的均方根(即交流电压的有效值)为 220 伏,不难算出,正弦交流电压 $u(t)=v_m\sin\omega t$ 的有效值近似地等于它的最大值 V_m 的 0.707 倍.

可以指出,交流电流、交流电压的有效值,实际上就是统计学上函数 $f(x)$ 在区间 $[a,b]$ 上的均方根 $\overline{y_s}=\sqrt{\dfrac{1}{b-a}\displaystyle\int_a^b f^2(x)\mathrm{d}x}$ 的特例.

2. 军事应用案例"潜水器观察窗的压力问题".

在探测海底的潜航器上装有若干个观察窗,为使窗户的设计更科学、合理,必须先考虑在观察窗上的压力,潜航器下降越深,其观察窗上的压力就越大,同时也要考虑潜航器观察窗的美观且便于观察,那么潜航器观察窗的压力与窗户的形状和面积有什么关系呢? 如果假设窗户是垂直的,其形状是对称的,试求出压力与窗户面积、窗户形心间的关系.(本题需要综合运用物理、几何、微元法、定积分知识解决)

四、达标训练

（一）是非题

1. 弹簧的拉力与弹簧从平衡位置伸长的长度成正比,克服弹力所作的功与从平衡位置伸长的长度平方成正比. （　　）

2. 在 x 轴上区间 $[a,b]$ 有一密度为 ρ（ρ 为常数）的细杆,在 y 轴上 $(0,c)$ 处有一质量为 m 的质点,则二者之间的引力为 $F=\int_a^b \dfrac{kpm\mathrm{d}x}{x^2+c^2}$（$k$ 为引力常数）. （　　）

3. 面积相等的矩形板和圆板,与水面垂直没入水中,若圆心和矩形中心的深度相同,则两板所受的水压力相等. （　　）

4. 一长方形木块自由浮在水面,正好一半露出水面,将它垂直提出水面（下面与水面平齐）和将它垂直压入水中（上面与水面平齐）所做的功相等. （　　）

（二）选择题

1. 将一半径为 R 的圆形闸板垂直放置水中,最高点离水面 $2R$ 时所受水压力为 P_1,最高点离水面 $8R$ 时所受水压力为 P_2,则 $\dfrac{P_2}{P_1}=$（　　）.

A. 2 　　　　　　B. 3 　　　　　　C. 4 　　　　　　D. 5

2. 一矩形闸门,与水面垂直的一边长为 a,当上边与水面齐平时所受水压力为 P_0,当上面与水面相距 x 深时,所受水压力为 $4P_0$,则 $x=$（　　）.

A. a 　　　　B. $\dfrac{1}{2}a$ 　　　　C. $2a$ 　　　　D. $\dfrac{3}{2}a$

3. 一正三角形闸板与水面垂直,当底边与水面平齐,顶点在水下受力时所受水压力为 P_1,当顶点与水面平齐,一底边与水面平行在水下时所受水压力为 P_2,则 $\dfrac{P_2}{P_1}$ ＝（　　）.

A. $\dfrac{3}{2}$ 　　　　B. 2 　　　　C. $\dfrac{5}{2}$ 　　　　D. 3

4. 一矩形闸门上边与水面平齐,板面与水面垂直时所受水压力为 P_0,当板面与水面成角为 θ 时,所受水压力为 $\dfrac{P_0}{2}$,则 $\theta=$（　　）.

A. 30° 　　　　　　　　　　　B. 60°

C. 45° 　　　　　　　　　　　D. 其他角

5. 将一宇宙飞船从地面升到离地面高度为 R（R 为地球半径）的高空 M 处,克服地球引力做功为 W_1,再从 M 处发射到无穷远空间,克服地球引力做功为 W_2,则（　　）.

    A. $W_1 > W_2$ B. $W_1 < W_2$

    C. $W_1 = W_2$ D. 与飞船质量有关（功的比较）

6. 弹簧从平衡位置（0 点）拉长至 L_1 时,做功为 W_1,再从 L_1 拉长至 $L_1 + L_2$ 时,做功 $8W_1$,则 $\dfrac{L_1}{L_2} = $（　　）.

    A. 2   B. 3   C. 4   D. $2\sqrt{2}$

（三）填空题

1. 直径为 20 cm,高为 80 cm 的圆柱体内充满压强为 10 N/cm^2 的蒸汽,设温度保持不变,要使蒸汽体积缩小一半,那么做功 $W = \underline{\hspace{2cm}}$.

2. 有一闸门,长度为 3 m 的一边与水面垂直,宽度为 2 m 的一边与水面平行且上边深入水下 2 m,闸门所受的水压力为 $P = \underline{\hspace{2cm}}$.

3. 一底边为 8 cm,高为 6 cm 的等腰三角形板,铅直没于水中,顶点在上离水面 3 cm,底边在下与水面平行,它每面所受水压力为 $P = \underline{\hspace{2cm}}$.

4. 一线密度为 ρ 的均匀无线长细杆,在中部距细杆 a 单位处有一质量为 m 的质点,它们之间的引力大小 $F = \underline{\hspace{2cm}}$.

5. 由实验知道,弹簧在拉伸过程中,需要的力 F 与伸长量 S 成正比（比例常数 K）如果把弹簧拉长 6 cm（从原长）,所做的功 $= \underline{\hspace{2cm}}$.（$F$ 的单位为牛）

（四）解答题

1. 一开口容器的侧面和底面分别由曲线弧段 $y = x^2 - 1(1 \leqslant x \leqslant 2)$ 和直线段 $y = 0(0 \leqslant x \leqslant 1)$ 绕 y 轴旋转而成,坐标轴长度单位为 m,现以 $2 \text{ m}^3/\text{min}$ 的速度向容器内注水,试求当水面高度达到容器深度一半时,水面上升的速度.

2. 在 x 轴上做直线运动的质点,在任意点 x 处所受的力为 $F(x) = 1 - e^{-x}$,试求质点从 $x = 0$ 运动到 $x = 1$ 处所做的功.

3. 半径为 R 的半球形水池充满水,将水从池中抽出,当抽出的水所做的功为将水全部抽空所做的功的一半时,水面下降的深度 H 为多少?

附：参考答案

（一）是非题　1．是　2．非　3．是　4．是

（二）选择题　1．B　2．D　3．B　4．A　5．C　6．B

（三）填空题　1．$80\pi\ln 2$　焦耳　2．205.8 牛　3．1.65 牛　4．$\dfrac{2\pi G\rho}{a}$　5．$18K$

（四）解答题

1．解：当水深为 H 时，水的体积为 $V=\pi\displaystyle\int_0^H(\sqrt{1+y}\,)^2\mathrm{d}y=\pi\int_0^H(1+y)\mathrm{d}y$

$\dfrac{\mathrm{d}V}{\mathrm{d}t}=\pi(1+H)\dfrac{\mathrm{d}H}{\mathrm{d}t}$ 当 $\dfrac{\mathrm{d}V}{\mathrm{d}t}=2$ 且 $H=\dfrac{3}{2}$ 时，$\dfrac{\mathrm{d}H}{\mathrm{d}t}=\dfrac{2}{\pi(1+H)}=\dfrac{4}{5\pi}$（m/min）．

2．解：$\mathrm{d}W=F(x)\mathrm{d}x=(1-\mathrm{e}^{-x})\mathrm{d}x$，积分得 $W=\displaystyle\int_0^1(1-\mathrm{e}^{-x})\mathrm{d}x=(x+\mathrm{e}^{-x})\Big|_0^1=\dfrac{1}{\mathrm{e}}$

3．解：以球心 O 坐标原点，以过 O 且垂直水平面的直线为 x 轴，正方向向下，以过 O 且平行水平面的直线为 y 轴，正方向向右．取 x 为积分变量，对应 $[x.x+\mathrm{d}x]$ 的一薄层水，其体积近似为 $\mathrm{d}V=\pi y^2\mathrm{d}x=\pi(R^2-x^2)\mathrm{d}x$ 把这层水抽出所作的功近似为 $\mathrm{d}W=\rho gx\mathrm{d}V=\rho g\pi(R^2-x^2)x\mathrm{d}x$，水面下降的深度为 H 时，所作的功为 $W(H)=\displaystyle\int_0^H\rho g\pi(R^2-x^2)x\mathrm{d}x=\dfrac{\pi\rho g}{4}H^2(2R^2-H^2)$

将水全部抽空所作的功为 $W(R)=\dfrac{\pi\rho g}{4}R^4$，由 $W(H)=\dfrac{1}{2}W(R)$ 得

$H^4-2R^2H^2+\dfrac{R^4}{2}=0$，解得 $H=\sqrt{1-\dfrac{\sqrt{2}}{2}}R$．

第四节　单元检测

单元检测一

一、填空题（每小题 4 分，合计 20 分）

1．由直线 $x=a$，$x=b(a<b)$ 以及区间 $[a,b]$ 上的曲线 $y=\varphi_1(x)$，$y=\varphi_2(x)$ 所围成的面积为_____．

2．在极坐标系下，由曲线 $\rho=\varphi(\theta)$ 以及射线 $\theta=\alpha$，$\theta=\beta$ 所围曲边扇形的面积 $A=$_____；如果曲线 $\rho=\varphi(\theta)$ 是一条将极点围在其内部的封闭曲线，则其所围图形面积 $A=$_____．

3．曲线 $y=y(x)$ 若连续且光滑，则其弧长微元 $\mathrm{d}s=$_____或 $\mathrm{d}s=$_____或 $\mathrm{d}s=$_____；当曲线可由参数方程 $x=\varphi(t)$，$y=\psi(t)(\alpha\leqslant t\leqslant\beta)$ 描述时，弧长微元 $\mathrm{d}s=$_____，其中 $\varphi(t)$，$\psi(t)$ 在 $[\alpha,\beta]$ 上均有连续的导数．

4. 设 x 轴穿过某立体,且垂直于 x 轴的立体截面积恒为 x 的已知函数 $A(x)$,若立体在过点 $x=a$,$x=b(a<b)$ 且与 x 轴垂直的两平面之间,则此立体体积 $V=$ _____.

5. 曲线 $y(x)=\int_0^x \sqrt{\sin t}\, dt\,(0\leqslant x\leqslant\pi)$ 的全长为 _____.

二、单项选择题(每小题 4 分,合计 20 分)

1. 曲线 $y=x(x-1)(2-x)$ 与 x 轴所围图形面积可表示为( ).

   A. $\int_0^2 x(x-1)(2-x)dx$

   B. $-\int_0^2 x(x-1)(2-x)dx$

   C. $\int_0^1 x(x-1)(2-x)dx-\int_1^2 x(x-1)(2-x)dx$

   D. $\int_1^2 x(x-1)(2-x)dx-\int_0^1 x(x-1)(2-x)dx$

2. 曲线 $y=\sin^{\frac{3}{2}}x\,(0\leqslant x\leqslant\pi)$ 与 x 轴围成的图形绕 x 轴旋转所成的旋转体的体积为( ).

   A. $\dfrac{4}{3}$ B. $\dfrac{4}{3}\pi$ C. $\dfrac{2}{3}\pi^2$ D. $\dfrac{2}{3}\pi$

3. 曲线 $y=\dfrac{2}{3}x^{\frac{3}{2}}$ 上相应于 $0\leqslant x\leqslant1$ 的一段弧的长度为( ).

   A. $\dfrac{4}{3}\sqrt{2}$ B. $\dfrac{2}{3}(2\sqrt{2}-1)$ C. $\dfrac{8}{3}\sqrt{2}$ D. $\dfrac{2}{3}(4\sqrt{2}-1)$

4. 假设底面半径为 R,高为 H 的圆柱体容器已装满水,要将水全部吸出该容器,需做功为( ).

   A. $g\int_0^H \pi R^2 dy$ B. $g\int_0^H \pi y^2 dy$ C. $g\int_0^H \pi R^2 y\, dy$ D. $g\int_0^H \pi y^3 dy$

5. 矩形闸门宽 a m,高 h m,将其垂直放于水中,上沿与水面平齐,水面为坐标原点,垂直向下,则闸门所受压力 P 为( ).

   A. $g\int_0^h ax\, dx$ B. $g\int_0^a ax\, dx$ C. $g\int_0^h \dfrac{1}{2}ax\, dx$ D. $g\int_0^h 2ax\, dx$

三、(8 分)用平面截面面积已知及视圆锥体为旋转体两种方法,证明底面半径为 R,高为 H 的圆锥体体积为 $V=\dfrac{1}{3}\pi R^2 H$.

四、(8 分)求心形线 $\rho=2a(1-\cos\theta)$ 的长度.

五、(8分)曲线 $y = x^2 (x \geqslant 0)$ 与其上某点 A 处的切线及 x 轴所围图形面积恰为 $\dfrac{1}{12}$ 时，求此图形绕 x 轴旋转一周所得旋转体体积.

六、(8分)设有盛满水的半球形蓄水池，其深为 10 米，问抽空这蓄水池的水需要做多少功？

七、(10分)铅直倒立的等腰三角形水闸，其底为 a 米，高为 h 米，且底与水面相齐.

    (1) 求水闸所受压力；

    (2) 作一水平线把水闸分为上、下两部分，使此两部分所受压力相等.

八、(10分)两根质量均匀分布的细棒 AB, CD 位于同一直线上，其长分别为 $AB = 2$，$CD = 1$，其线密度分别为 $\delta_{AB} = 1, \delta_{CD} = 2, B, C$ 间的距离为 3，今有一质量为 m 的质点 P 位于 B, C 之间，问质点 P 位于何处，方能使两棒对它的引力大小相等？

九、(8分)已知抛物线 $y = x(x - a)$ 与直线 $y = 0, x = c (0 < a < C)$ 所围成的图形，绕 x 轴旋转所得的旋转体体积恰好等于三角形 OPC 绕 x 轴旋转所得的圆锥体体积，求 C 的值.

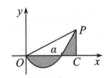

单元检测二

一、填空题

1. 曲线 $y=\mathrm{e}^x,y=\mathrm{e}^{-2x}$ 与直线 $x=-1$ 所围成的图形的面积是_____.

2. 设 $\varphi'(t),\varphi'(t)$ 连续且不同时为 0,曲线 $x=\varphi(t),y=\varphi(t)$ 自 $t=a$ 的点到 $t=b$ 的点 $(a\leqslant t\leqslant b)$ 间的弧长为_____.

3. 曲线 $y=\sin x\left(0\leqslant x\leqslant\dfrac{\pi}{2}\right)$ 与直线 $x=\dfrac{\pi}{2},y=0$ 围成一个平面图形,此平面图形绕 x 轴旋转产生的旋转体的体积是_____.

4. 质点以速度 $t\sin(t^2)$ 米/秒作直线运动,则从时刻 $t_1=\sqrt{\dfrac{\pi}{2}}$ 秒到 $t_2=\sqrt{\pi}$ 秒内质点所经过的路程等于_____米.

5. 已知 $\displaystyle\int_0^{+\infty}\dfrac{\sin x}{x}\mathrm{d}x=\dfrac{\pi}{2}$,则 $\displaystyle\int_0^{+\infty}\dfrac{\sin^2 x}{x^2}\mathrm{d}x=$_____.

二、选择题

1. 双纽线 $(x^2+y^2)^2=x^2-y^2$ 所围成图形的面积是(　　).

   A. $2\displaystyle\int_0^{\frac{\pi}{4}}\cos 2\theta\mathrm{d}\theta$ 　　　　　　　　B. $4\displaystyle\int_0^{\frac{\pi}{4}}\cos 2\theta\mathrm{d}\theta$

   C. $2\displaystyle\int_0^{\frac{\pi}{4}}\sqrt{\cos 2\theta}\,\mathrm{d}\theta$ 　　　　　　　D. $\dfrac{1}{2}\displaystyle\int_0^{\frac{\pi}{4}}(\cos 2\theta)^2\mathrm{d}\theta$

2. 椭圆 $\dfrac{x^2}{a^2}+\dfrac{y^2}{b^2}=1(a>b>0)$ 绕 x 轴旋转得到的旋转体的体积 V_1 与绕 y 轴旋转得到的旋转体的体积 V_2 之间的关系为(　　).

   A. $V_1>V_2$ 　　　B. $V_1<V_2$ 　　　C. $V_1>V_2$ 　　　D. $V_1=3V_2$

3. 曲线 $y=\sin x$ 的一个周期内的弧长等于椭圆 $2x^2+y^2=2$ 的周长的(　　).

   A. 1 倍 　　　　B. 1.5 倍 　　　　C. 3 倍 　　　　D. 4 倍

4. 矩形闸门宽 a 米,高 h 米,将其垂直放在水中,且闸门上沿与水面平齐,若水密度 $\rho=1$,则闸门压力 P 为(　　).

   A. $g\displaystyle\int_0^h ax\mathrm{d}x$ 　　B. $g\displaystyle\int_0^a ax\mathrm{d}x$ 　　C. $g\displaystyle\int_0^h\dfrac{1}{2}ax\mathrm{d}x$ 　　D. $g\displaystyle\int_0^h 2ax\mathrm{d}x$

5. 半径为 R 的半球形水池一装满水,要将水全部吸出水池,需要做功 W 为(　　).

   A. $\displaystyle\int_0^R\pi(R^2-y^2)\mathrm{d}y$ 　　　　　　　B. $\displaystyle\int_0^R\pi y^2\mathrm{d}y$

   C. $\displaystyle\int_0^R\pi y(R^2-y^2)\mathrm{d}y$ 　　　　　　D. $\displaystyle\int_0^R\pi y^2\cdot y\mathrm{d}y$

三、求 $r=\sqrt{2}\sin\theta$ 及 $r^2=\cos 2\theta$ 围成公共部分的面积.

四、设 $f(x)$ 在闭区间 $[0,1]$ 上连续，在开区间 $(0,1)$ 上 $f(x)>0$，并满足 $xf'(x)=f(x)+\dfrac{3a}{2}x^2$（$a$ 为常数），又曲线 $y=f(x)$ 与 $x=1,y=0$ 所围成的图形 S 的面积为 2，求函数 $y=f(x)$，并问 a 为何值时，图形绕 x 轴旋转一周所得旋转体体积最小.

五、求心形线 $r=a(1+\cos\theta)$（其中 $a>0$ 是常数）的全长.

六、有一圆柱形水池，深 10 米，底圆半径为 3 米，池内盛满水，若把其中的水吸出原有的 $\dfrac{1}{5}$，需做多少功？

附：参考答案

单元检测一

一、1. $\displaystyle\int_a^b |\varphi_1(x)-\varphi_2(x)|\,\mathrm{d}x$ 　 2. $\dfrac{1}{2}\displaystyle\int_\alpha^\beta \varphi^2(\theta)\,\mathrm{d}\theta,\ \dfrac{1}{2}\displaystyle\int_0^{2\pi}\varphi^2(\theta)\,\mathrm{d}\theta.$

3. $\sqrt{(\mathrm{d}x)^2+(\mathrm{d}y)^2}$，$\sqrt{1+y'^2(x)}\,\mathrm{d}x$，$\sqrt{1+x'^2(x)}\,\mathrm{d}y$，$\sqrt{\varphi'^2(t)+\psi'^2(t)}\,\mathrm{d}t.$

4. $V=\displaystyle\int_a^b A(x)\,\mathrm{d}x$ 　 5. 4

二、1. D　2. B　3. B　4. C　5. A

三、提示：用平行截面面积已知及视圆锥体为旋转体两种方法，其体积元素都可表示为 $\mathrm{d}V=\pi\left[\left(\dfrac{R}{H}\right)(H-x)\right]^2\mathrm{d}x\ (0\leqslant x\leqslant H).$

四、$16a.$

五、$\dfrac{\pi}{30}.$

六、$76.93(\mathrm{kJ}).$

七、(1) $\dfrac{pah^2}{6}$ 　 (2) $b=\dfrac{h}{2}$

八、P 距 A 点 $\dfrac{10}{3}.$

九、$c=\dfrac{5}{4}a.$

单元检测二

一、1. $\dfrac{1}{2}\mathrm{e}^2+\dfrac{1}{\mathrm{e}}-\dfrac{3}{2}$ 2. $\displaystyle\int_a^b\sqrt{\phi'(t)^2+\varphi'(t)^2}\,\mathrm{d}t$ 3. $\dfrac{\pi^2}{4}$ 4. $\dfrac{1}{2}$ 5. $\dfrac{\pi}{2}$

二、1. A 2. B 3. A 4. A 5. C

三、$\dfrac{\pi}{6}-\dfrac{\sqrt{3}-1}{2}$

四、$f(x)=\dfrac{3a}{2}x^2+(4-a)x, a=-5$

五、$8a$

六、$18\pi g$

参考文献

[1] 中国人民解放军军校教学大纲,通用文化基础课程－科学文化－高等数学(试训稿).军委训管部.

[2]《高等数学课程教学计划》.海军潜艇学院.

[3] 同济大学数学系.高等数学(上、下册)[M].7版.高等教育出版社,2014.

[4] 朱健民,李建平.高等数学(上、下册)[M].2版.高等教育出版社,2015.

[5] Calculus 微积分(上、下册)7版.James Stewart.高等教育出版社,2014.

[6] 张尊国.高等数学学习导引[M].北京:海洋出版社,1993.

[7] 高等数学Ⅰ课程教学执行计划,基础数学教研室.信息工程大学理学院,2013.

[8] 王公宝,金裕红.高等数学方法与提高[M].北京:科学出版社,2015.

[9] 毛俊超,赵建昕.高等数学课程实战化教学改革探索.潜艇学术研究,2019,37(4):68-71.

[10] 毛俊超,李秀清.新型生长军官培养模式下大学数学课程教学的思考.海军院校教育,2018(3):53-55.

[11] 毛俊超,田立业,高建亭.对射击三角形中提前角的解算分析.应用数学进展,2016,5(2):180-183.

[12] 毛俊超,郝德玲."高等数学"课程中的数学思维培养.教育学文摘,2020(7):114-115.

[13] 赵建昕,毛俊超,李长文.数学素养视域下比值审敛法的课堂教学实践.大学教育,2020(3):86-89.

[14] 毛俊超,刘向君.站好第一班岗,扣好教学生涯第一粒扣子.教学与研究,2020,54(20):173-174.

[15] 但琦.高等数学军事应用案例[M].北京:国防工业出版社,2017.

[16] 毛俊超.数列极限的教学设计研究.课程教育研究,2015(12):201-202.

[17] 毛俊超,邱华.声自导鱼雷追踪导引弹道分析[J],舰船科学技术,2011,4(4):123-125.

[18] 李建平.高等数学典型例题与解法(上、下册)[M].长沙:国防科技大学出版社,2003.

附　录

附录Ⅰ　三角公式

1. 常见的三角恒等式

(1) $\sin^2 x + \cos^2 x = 1$　　　　(2) $\sec^2 x - \tan^2 x = 1$　　　　(3) $\csc^2 x - \cot^2 x = 1$

(4) $\sin^2 x = \dfrac{1 - \cos 2x}{2}$　　(5) $\cos^2 x = \dfrac{1 + \cos 2x}{2}$　　(6) $\sin 2x = 2\sin x \cos x$

(7) $\cos 2x = \cos^2 x - \sin^2 x$　(8) $\sin x = \dfrac{2\tan \dfrac{x}{2}}{1 + \tan^2 \dfrac{x}{2}}$　　(9) $\cos x = \dfrac{1 - \tan^2 \dfrac{x}{2}}{\sec^2 \dfrac{x}{2}}$

(10) $\tan x = \dfrac{2\tan \dfrac{x}{2}}{1 - \tan^2 \dfrac{x}{2}}$　(11) $\cot x = \dfrac{1 - \tan^2 \dfrac{x}{2}}{2\tan \dfrac{x}{2}}$　(12) $\sec x = \dfrac{1 + \tan^2 \dfrac{x}{2}}{1 - \tan^2 \dfrac{x}{2}}$

(13) $\csc x = \dfrac{1 + \tan^2 \dfrac{x}{2}}{2\tan \dfrac{x}{2}}$

2. 积化和差与和差化积

(1) $\sin \alpha \cos \beta = \dfrac{1}{2}\left[\sin(\alpha + \beta) + \sin(\alpha - \beta)\right]$

(2) $\cos \alpha \sin \beta = \dfrac{1}{2}\left[\sin(\alpha + \beta) - \sin(\alpha - \beta)\right]$

(3) $\cos \alpha \sin \beta = \dfrac{1}{2}\left[\cos(\alpha + \beta) + \cos(\alpha - \beta)\right]$

(4) $\sin \alpha \sin \beta = -\dfrac{1}{2}\left[\cos(\alpha + \beta) + \cos(\alpha - \beta)\right]$

(5) $\sin \alpha + \sin \beta = 2\sin \dfrac{\alpha + \beta}{2}\cos \dfrac{\alpha - \beta}{2}$

(6) $\sin \alpha - \sin \beta = 2\cos \dfrac{\alpha + \beta}{2}\sin \dfrac{\alpha - \beta}{2}$

(7) $\cos \alpha + \cos \beta = 2\cos \dfrac{\alpha + \beta}{2}\cos \dfrac{\alpha - \beta}{2}$

(8) $\cos \alpha - \cos \beta = -2\sin \dfrac{\alpha + \beta}{2}\sin \dfrac{\alpha - \beta}{2}$

积化和差公式与和差化积公式很多学员在中学没有学习，求极限、求导和积分中会用到.

附录 Ⅱ　积分表

1. 基本公式表

(1) $\displaystyle\int k\,\mathrm{d}x = kx + C(k\text{ 是常数})$ 　　　(2) $\displaystyle\int x^{\mu}\,\mathrm{d}x = \frac{1}{\mu+1}x^{\mu+1} + C$

(3) $\displaystyle\int \frac{1}{x}\,\mathrm{d}x = \ln|x| + C$ 　　　(4) $\displaystyle\int \mathrm{e}^{x}\,\mathrm{d}x = \mathrm{e}^{x} + C$

(5) $\displaystyle\int a^{x}\,\mathrm{d}x = \frac{a^{x}}{\ln a} + C$ 　　　(6) $\displaystyle\int \cos x\,\mathrm{d}x = \sin x + C$

(7) $\displaystyle\int \sin x\,\mathrm{d}x = -\cos x + C$ 　　　(8) $\displaystyle\int \frac{1}{\cos^{2}x}\,\mathrm{d}x = \int \sec^{2}x\,\mathrm{d}x = \tan x + C$

(9) $\displaystyle\int \frac{1}{\sin^{2}x}\,\mathrm{d}x = \int \csc^{2}x\,\mathrm{d}x = -\cot x + C$ 　　(10) $\displaystyle\int \frac{1}{1+x^{2}}\,\mathrm{d}x = \arctan x + C$

(11) $\displaystyle\int \frac{1}{\sqrt{1-x^{2}}}\,\mathrm{d}x = \arcsin x + C$ 　　　(12) $\displaystyle\int \sec x\tan x\,\mathrm{d}x = \sec x + C$

(13) $\displaystyle\int \csc x\cot\,\mathrm{d}x = -\csc x + C$ 　　　(14) $\displaystyle\int \tan x\,\mathrm{d}x = -\ln|\cos x| + C$

(15) $\displaystyle\int \cot x\,\mathrm{d}x = \ln|\sin x| + C$ 　　　(16) $\displaystyle\int \sec x\,\mathrm{d}x = \ln|\sec x + \tan x| + C$

(17) $\displaystyle\int \csc x\,\mathrm{d}x = \ln|\csc x - \cot x| + C$ 　　　(18) $\displaystyle\int \frac{1}{a^{2}+x^{2}}\,\mathrm{d}x = \frac{1}{a}\arctan\frac{x}{a} + C$

(19) $\displaystyle\int \frac{1}{x^{2}-a^{2}}\,\mathrm{d}x = \frac{1}{2a}\ln\left|\frac{x-a}{x+a}\right| + C$ 　　(20) $\displaystyle\int \frac{1}{\sqrt{a^{2}-x^{2}}}\,\mathrm{d}x = \arcsin\frac{x}{a} + C$

(21) $\displaystyle\int \frac{\mathrm{d}x}{\sqrt{x^{2}+a^{2}}} = \ln(x+\sqrt{x^{2}+a^{2}}) + C$ 　　(22) $\displaystyle\int \frac{\mathrm{d}x}{\sqrt{x^{2}-a^{2}}} = \ln|x+\sqrt{x^{2}-a^{2}}| + C$

2. 常见的凑微分

(1) $\mathrm{d}x = \dfrac{1}{a}\mathrm{d}(ax+b)$ 　　(2) $\dfrac{\mathrm{d}x}{2\sqrt{x}} = \mathrm{d}(\sqrt{x})$ 　　(3) $x\,\mathrm{d}x = \dfrac{1}{2}\mathrm{d}(x^{2})$

(4) $-\dfrac{1}{x^{2}}\mathrm{d}x = \mathrm{d}\left(\dfrac{1}{x}\right)$ 　　(5) $x^{\mu}\,\mathrm{d}x = \dfrac{1}{\mu+1}\mathrm{d}(x^{\mu+1})$ 　　(6) $\dfrac{1}{x}\mathrm{d}x = \mathrm{d}(\ln|x|)$

(7) $\mathrm{e}^{x}\,\mathrm{d}x = \mathrm{d}(\mathrm{e}^{x})$ 　　(8) $\mathrm{e}^{-x}\,\mathrm{d}x = -\mathrm{d}(\mathrm{e}^{-x})$ 　　(9) $\cos x\,\mathrm{d}x = \mathrm{d}(\sin x)$

(10) $-\sin x\,\mathrm{d}x = \mathrm{d}(\cos x)$ 　　(11) $\dfrac{\mathrm{d}x}{\cos^{2}x} = \sec^{2}x\,\mathrm{d}x = \mathrm{d}(\tan x)$

(12) $\dfrac{x\,\mathrm{d}x}{\sqrt{1-x^{2}}} = -\mathrm{d}(\sqrt{1-x^{2}})$ 　　(13) $\dfrac{\mathrm{d}x}{\sin^{2}x} = \csc^{2}x\,\mathrm{d}x = -\mathrm{d}(\cot x)$

(14) $\dfrac{\mathrm{d}x}{1+x^{2}} = \mathrm{d}(\arctan x)$ 　　(15) $\dfrac{\mathrm{d}x}{\sqrt{1-x^{2}}} = \mathrm{d}(\arcsin x)$

高等数学教学指导书(下册)

毛俊超　编著

中国海洋大学出版社

·青岛·

图书在版编目(CIP)数据

高等数学教学指导书. 下册 / 毛俊超编著. — 青岛：
中国海洋大学出版社，2023.8
ISBN 978-7-5670-3552-2

Ⅰ. ①高… Ⅱ. ①毛… Ⅲ. ①高等数学 - 教材
Ⅳ. ①O13

中国国家版本馆 CIP 数据核字(2023)第 119117 号

高等数学教学指导书(下册)

出版发行	中国海洋大学出版社
社　　址	青岛市香港东路 23 号　　邮政编码　266071
网　　址	http://pub.ouc.edu.cn
出 版 人	刘文菁
责任编辑	矫恒鹏
电　　话	0532-85902349
电子信箱	2586345806@qq.com
印　　制	青岛中苑金融安全印刷有限公司
版　　次	2023 年 8 月第 1 版
印　　次	2023 年 8 月第 1 次印刷
成品尺寸	185 mm×260 mm
印　　张	14.25
字　　数	323 千
印　　数	1～1000
定　　价	76.00 元(上下册)
订购电话	0532-82032573(传真)

发现印装质量问题,请致电 0532－85662115,由印刷厂负责调换。

内容简介

本书是为落实"新时代军事教育方针"，落实新"教学大纲"和生长军官新型培养模式下人才培养方案要求，落实"新基础"教学改革措施而编写的教学指导书，书中包含了教研室教员们长期从事"高等数学"课程教学的教学经验与体会，是生长军官本科大一学员学习"高等数学"课程的教学同步指导材料，其内容与同济大学版《高等数学》（上册）第七章、《高等数学》（下册）第八至十二章内容相对应. 每章开始有教学大纲要求、学时安排及教学目标和知识点思维导图等宏观内容介绍，具体内容包括重难点分析、典型例题、教学建议、达标训练和单元检测五部分构成，内容充实、创新，具有较强的可操作性，为我校"高等数学"课程的教与学提供了有益的理论和实践指导.

本书可作为高等院校理工科各专业"高等数学"课程的教与学的辅助教材.

高等数学教学指导书(下册)

编　著　毛俊超

主　审　赵建昕

主　校　祖煜然

☆

前　言

数学不仅是科学王国中重要的一员,而且是科学王国的皇后,其重要性不言而喻.数学教育的最终目标是让学习者学会用数学的眼光观察世界,进而本能地用数学的思维分析世界,用数学的语言表达世界.

数学中研究导数、微分及其应用的部分称为微分学,研究不定积分、定积分及其应用的部分称为积分学.微分学与积分学统称为微积分学.

微积分学是高等数学最基本、最重要的组成部分,是现代数学许多分支的基础,是人类认识客观世界、探索宇宙奥秘乃至人类自身的典型数学模型与方法之一.

恩格斯(1820—1895)曾指出:"在一切理论成就中,未必再有什么像17世纪下半叶微积分的发明那样被看作人类精神的最高胜利了."微积分的发展历史曲折跌宕,撼人心灵,是培养人们正确世界观、科学方法论和对人们进行文化熏陶的极好素材.

"计算机之父"冯·诺伊曼评价微积分是近代数学中最伟大的成就,对它的重要性无论做怎样的估计都不会过分.

微积分又称高等数学,是生长军官本科教育工程技术类各专业学员必修的一门科学文化基础课程.是学员掌握数学工具、提高数学素养的主要课程,是学员知识结构的基础和支柱.该课程不仅能为其他学科提供语言、概念、思想、理论和方法,而且为学员学习后续课程以及未来从事潜艇指挥、工程技术等工作打下必要的数学基础,在传授知识、培养能力、提高学员综合素质方面具有不可替代的作用.生长军官新学员步入大学校园,在大一学期最先学习该课程,是后续课程的基础,基础不牢,地动山摇,学不好高等数学,难以学好专业课.基础课与专业课的关系好比斧头的斧背和斧刃的关系,斧背越厚实,斧刃越锋利.科学技术的进步、国防事业的发展,打仗打得"精",打得"准",都离不开数学,很多问题都需要去进行定量分析.这是学习数学课程看得见的"有用",其实,课程的最大用处是大家平时对数学的感觉:看不见摸不着的数学素质.无用是看不见的有用,是最大的有用.大家感觉"无用"的,恰恰能在未来的岗位工作中发挥巨大作用.

习主席对军校教育提出了"面向战场、面向部队、面向未来"的"三个面向"的军事教育要求.为大力推进实战化军事训练深入发展,军队院校教育肩负着实战化教学改革的历史使命.新一轮军队院校改革对生长军官实行"本科教育、首次任职培训融合培养"的新型培养模式,该模式旨在通过学历教育融合首次任职培训,培养学员具备扎实的知识、认知、素质基础,提高军人职业的发展潜力,应对未来各种不确定的安全威胁、挑战和错综复杂的战争环境.军委训练管理部在2018年统一下发了新的军队院校通用基础课程教学大纲,其中规定了"高等数学"课程的教学目标是,"通过学习,获得极限与连续、微分学、积分学、微分方程、向量代数与空间解析几何、级数等基本概念、基本理论与基本方法，掌握基本运算技能，学会运用高等数学知识解决自然科学、社会科学、工程技术与军事应用中的实际问题，提升抽象思维、逻辑推理和空间想象能力，养成定量分析思维习惯."与以往的教学大纲相比较，该教学目标突出了能力和素质培养，体现了从"重知识传授"到"重能力和素质培养"的转变，是"知识传授（基本概念、基本理论与基本方法）、能力（运算、应用、抽象思维、逻辑推理和空间想象能力）和素质（定量分析思维习惯）"培养的有机统一体.

"高等数学"课程教学为落实生长军官本科学历教育科学文化基础课教学改革要求，在教学实践中秉持新的教学理念，在夯实基础、培养思维、提高军事应用能力和推进课程思政方面积极进行教学改革探索，并逐步落实到课堂教学中.本书既包含了教研室教员们长期从事高等数学课程教学的经验和体会，体现了数学课程的基础、积淀性，能为我校任课教员和学员教学相长提供一个共同使用的教学资料，也包含了具有时代特征的教学改革元素，对落实课程教学改革精神具有一定的参考价值.

建议教员紧扣教学大纲，根据指导书提供的"学时安排"组织教学，在教学理念上秉承"面向生长军官终身发展的数学素养培养".一是强化基本概念、基本理论与基本方法的教学，夯实数学语言和数学技能基础，发挥基础课程为专业服务的基础作用；二是发挥高等数学课程的方法论作用，学员在课程学习中掌握使用数学解决实际问题的思想、方法，形成能力，让学员用数学的眼光认识客观世界、指导工作和生活，养成定量分析的思维习惯；三是要发挥高等数学的隐性功能，利用其文化价值，培养学员形成良好个人品格和心智模式，为学员创新能力培养奠定坚实基础，为学员岗位任职、终生学习和可持续发展奠定基础；四是面向生长军官岗位任职需要，结合高等数学教学任务和目标，突出应用性，让学员体验高等数学的学以致用，提高其利用数学思考和解决军事问题的能力.

在授课中，贯彻启发式教学原则，根据指导书中每章提供的教学大纲要求、学时安排及教学目标和知识点思维导图等宏观内容介绍，参照具体内容中的教学重难点分析，结合"典型例题"，精讲多练保证重难点内容教学，加强对基本理论、基本方法的强化训练，夯实基础；坚持循序渐进，多种方法相结合化解难点.根据"教学建议"，落实课程思政、思维培养和融合应用等教学改革举措.

建议学员要熟知教学大纲要求，结合教材和本指导书做好课前预习，课前或者课后认真阅读重难点分析、典型例题，切实掌握教学内容.课后认真阅读章次的"知识点思维导图"，对所学内容之间的逻辑性有整体把握.并在完成作业外，完成"达标训练"和单元检测，巩固教学内容.

本指导书由数学教研室毛俊超教授负责全书的编写原则、指导思想和统稿，赵建昕副教授负责应用案例的编写并担任主审，祖煜然教员担任主校，负责全册内容的校对，闫盼盼负责第七、八、九、十章达标训练的编辑与校对，杨春雨负责第十一、十二章达标训练的编辑与校对.

限于专业水平和能力，书中不妥之处在所难免，欢迎读者批评指正.

编 者

2022 年 10 月

目　录

第七章　微分方程

　　微分方程是描述自然界现象、刻画自然界规律的一个重要数学模型,不论是方程的起源、发展,还是方程解的不断探索,在工程技术、生产实践中有着重要的应用.从知识结构上看,微分方程是一元微积分学的最后一个内容,不论是方程的产生、建立,还是求解和应用,都和前面的函数、微分、积分等内容密切相关,也可以说是前面知识的一个综合应用.函数是高等数学的主要研究对象,它是客观事物的内部联系在数量方面的反映,利用函数关系可以对客观事物的规律性进行研究.因此如何寻找出所需要的函数关系,在实践中具有重要意义.在许多问题中,往往不能直接找出所需要的函数关系,但是根据问题所提供的情况,有时可以列出含有要找的函数及其导数的关系式.这样的关系就是所谓微分方程.微分方程建立以后,对它进行研究,找出未知函数来,这就是解微分方程.找到的未知函数就是微分方程的解.

　　微分方程的起源可追溯到 17 世纪末,为了解决物理、天文学等方面的问题,数学家们曾借助于微分方程从理论上得到了行星运动规律,从而验证了德国天文学家开普勒由实验得到的推想;天文学家也曾借助于微分方程,在海王星被观测到之前,推算出了它的方位.雅各布·伯努利是应用微积分求微分方程问题分析解的先驱者之一,1690 年他提出了十分有名的"悬链线"问题,在 1691 年 6 月他又给出了该问题的解答.莱布尼兹于 1691 年提出了常微分方程的变量分离法,1694 年他还利用常数变易法给出了 $y' + P(x)y = Q(x)$ 的解.雅各布·伯努利在 1695 年提出了伯努利方程的问题征解,莱布尼兹 1696 年利用变量代换 $z = y^{1-n}$ 给出了伯努利方程的解.约翰·伯努利首先提出了全微分方程的概念,欧拉于 1734～1735 年给出了方程为全微分方程的条件,并首次提出了积分因子的概念,1739 年克雷洛也独立地引进了积分因子概念,并提出了方程为全微分方程的充分必要条件.这样,求解一阶微分方程的所有初等方法以及与此相联系的通解与特解问题,到 18 世纪 40 年代就已得到了基本解决.1728 年欧拉把一类二阶微分方程用变量代换化成一阶微分方程,这项工作标志着二阶方程的系统研究从此开始,欧拉在研究高阶常系数齐次线性方程时提出了特征方程和特征根的概念,把微分方程的求解问题化为代数方程的求解问题,十年以后,他又给出了常系数线性非齐次微分方程的解法.1700 年以后,利用级数求解微分方程的方法得到了广泛应用,1750 年欧拉用级数的方法来解那些不能以紧凑形式积分的微分方程,将微分方程的级数解法提到了重要的位置.1766 年达朗贝尔指出,线性非齐次微分方程的通解等于它的特解与相应的线性齐次微分方程的通解之和.到了 18 世纪中叶,微分方程已成为数学中一门独立学科.时至今日,微分方程进一步发展为数学联系实际的一个活跃分支,广泛的应用几乎渗透到了自然科学和工程技术中的各个科学领域.

【教学大纲要求】

1. 了解微分方程、解、通解、初始条件和特解的概念.

2. 掌握可分离变量的微分方程和一阶线性微分方程的解法.

3. 会解齐次微分方程和伯努利方程，了解用变量代换求解微分方程的思想.

4. 会求解形如 $y^{(n)} = f(x)$, $y'' = f(x, y')$, $y'' = f(y, y')$ 三种类型的高阶微分方程.

5. 理解二阶线性微分方程解的结构，了解高阶线性微分方程解的结构.

6. 掌握二阶常系数齐次线性微分方程的解法，会求解一些简单的高阶常系数齐次线性微分方程，会求解自由项形如 $P_m(x)e^{\lambda x}$ 与 $e^{ax}[P_m(x)\cos \beta x + Q_n(x)\sin \beta x]$ 的二阶常系数非齐次线性微分方程.

7. 会通过建立微分方程模型，解决较简单的实际问题.

【学时安排及教学目标】

本章教学共需 14 学时.

讲次	课题	教学目标
第1讲	微分方程的概念、可分离变量的微分方程	1. 能够描述六个基本概念，即微分方程，微分方程方程的阶、解、通解、初始条件和特解，能独立举例或进行辨析；会进行方程解的验算；会利用微分方程的初始条件求其特解. 2. 明确可分离变量微分方程的特点，会辨别、会正确求解可分离变量型微分方程；会解决较简单的实际应用问题
第2讲	齐次、一阶线性微分方程	1. 辨别齐次微分方程形式，知道用变量代换的思想，会求解齐次微分方程. 2. 会解一阶线性微分方程和伯努利方程，了解求解一阶线性微分方程的常数变易法
第3讲	习题课	复习巩固第1、2讲内容
第4讲	可降阶的高阶微分方程、高阶线性微分方程	1. 会求解 $y^{(n)} = f(x)$ 类型、$y'' = f(x, y')$ 类型和 $y'' = f(y, y')$ 类型的微分方程. 2. 能阐述二阶线性微分方程解的结构，说出高阶线性微分方程解的结构
第5讲	常系数齐次线性微分方程	1. 会求解二阶常系数齐次线性微分方程. 2. 会求解一些简单的高阶常系数齐次线性微分方程
第6讲	常系数非齐次线性微分方程	1. 会求解自由项形如 $p_m(x)e^{\lambda x}$ 与 $e^{ax}[p_m(x)\cos \beta x + Q_n(x)\sin \beta x]$ 的二阶常系数非齐次线性微分方程. 2. 会通过建立微分方程模型，解决较简单的实际问题
第7讲	习题课	复习巩固第4、5、6讲内容

【知识点思维导图】

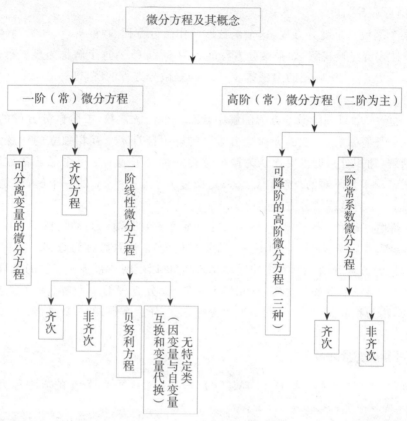

一、重难点分析

本章基本知识点包括微分方程基本概念、可分离变量微分方程、一阶线性微分方程、齐次微分方程、可降阶的高阶微分方程、二阶常系数线性齐次微分方程、二阶常系数线性非齐次微分方程.根据分类原则以及微分方程的特点,可将以上知识点分为四大模块:基本概念、一阶微分方程、高阶微分方程和线性微分方程.下面对每个模块的重难点进行解析.

（一）微分方程的基本概念

1. 对微分方程定义的理解.

含有未知函数及其导数(或微分)的方程,称为微分方程.

注意:不要见到含有导数的等式就认为是微分方程,例如,$(e^x y)' = e^x(y' + y)$是恒等式,任何一个可导函数 y 都能使它满足,所以它不是微分方程.

2. 关于方程的阶数和次数的理解.

方程中所出现的未知函数的最高阶导数的阶数是微分方程的阶.将微分方程化作对所有导数的有理式时最高阶导数的幂次叫微分方程的次数.方程的阶数和次数两者完全不同.

例如,$y^{(4)} + y^2 = 1$ 是四阶一次方程,而 $y'' = \sqrt{1 + y'}$ 化成所有导数的有理式 $(y'')^2 = 1 + y'$ 是二阶二次方程.但是,也不是所有微分方程都有次数,例如,方程 $\ln y'' = 1 + y'$ 就没有次数可言.

3. 微分方程的解.

若某个函数满足微分方程，这个函数就叫作微分方程的解.

(1) 显式解与隐式解. 如果微分方程的解为 $y = \varphi(x)$，这个解称为显式解；如果由函数方程 $\varphi(x, y) = 0$ 所确定的隐函数 $y = \varphi(x)$ 是微分方程的解，则称 $\varphi(x, y) = 0$ 是微分方程的隐式解.

(2) 通解. 如果一阶微分方程的解中含有一个任意常数，二阶微分方程的解中含有两个独立的任意常数，一般的 n 阶微分方程的解中含有 n 个互相独立的任意常数，这种解称为通解（通积分），但不要误认为微分方程的解简单地加上一个任意常数后还是解，这在一般情况下是不对的. 例如，$y = x^2$ 是微分方程 $xy' = 2y$ 的一个解，但是 $y = x^2 + c\,(c \neq 0)$ 已经不再是原微分方程的解了.

(3) 特解. 满足一些特定条件（通常是初始条件）的解称为特解（特积分）.

(4) 奇解. 某些方程有个别不包含在通解内的解，这种解称为奇解.

一个微分方程刻画一个系统的运动状态，它可以反映该系统所发生的无数不同的过程，每一过程与一个特解相对应. 从几何上来看，微分方程的一个解 $y = f(x)$ 就是表示一条曲线，称为积分曲线，通解就是表示含有参数（任意常数）的一族曲线.

(二) 一阶微分方程

1. 可分离变量的微分方程.

形如 $\dfrac{\mathrm{d}y}{\mathrm{d}x} = f(x)g(y)$ 或 $M_1(x)M_2(y)\mathrm{d}x = N_1(x)N_2(y)\mathrm{d}y$ 的方程称为可分离变量方程. 对 $\dfrac{\mathrm{d}y}{\mathrm{d}x} = f(x)g(y)$，其通解为 $\displaystyle\int f(x)\mathrm{d}x = \int \dfrac{\mathrm{d}y}{g(y)} + c$，其中 c 为任意常数. 计算时要注意：

(1) 在分离变量时用 $g(y)$ 去除方程两边，可能漏掉使得 $g(y) = 0$ 且又满足原方程的解，因此，对方程进行分离变量时应将这样的解考虑在内.

(2) 解方程时，常用到积分公式 $\displaystyle\int \dfrac{\mathrm{d}x}{x} = \ln|x|$，不要忘记加绝对值符号，否则可能丢解；

(3) 微分方程中定积分 $\displaystyle\int f(x)\mathrm{d}x, \int \dfrac{\mathrm{d}y}{g(y)}$ 等只表示被积函数的一个原函数，积分常数 c 总是另外标出，这是与不定积分不同之处.

2. 齐次方程.

齐次方程标准形式为 $\dfrac{\mathrm{d}y}{\mathrm{d}x} = f\left(\dfrac{y}{x}\right)$，其解法是固定的，即作变量代换 $u = \dfrac{y}{x}$，将 $y = ux, y' = u + x\dfrac{\mathrm{d}u}{\mathrm{d}x}$ 代入原方程，消去 y 与 y'，将其化为有关变量 u 与 x 的可分离变量方程，即可求其通解. 这类方程还有另外两种形式：

一是 $\dfrac{\mathrm{d}y}{\mathrm{d}x} = f(x, y)$，其中 $f(x, y)$ 是关于 x, y 的零次齐次函数；所谓 $f(x, y)$ 是关于

x,y 的零次齐次函数,即 $f(tx,ty)=f(x,y)$. 一般的,$f(x,y)$ 是关于 x,y 的 n 次齐次函数是指 $f(tx,ty)=t^n f(x,y)$.

另一种形式是与 $\mathrm{d}x,\mathrm{d}y$ 相乘的各项均为 x,y 的幂函数,且乘幂次数相等的微分方程.即在 $p(x,y)\mathrm{d}x+q(x,y)\mathrm{d}y=0$ 中,$p(x,y)$ 与 $q(x,y)$ 是关于 x,y 的 n 次齐次函数.这两类微分方程也都是齐次方程,可化为 $y'=f\left(\dfrac{y}{x}\right)$ 的形式,作变量代换 $y=ux$,引进一个新变量 u,求其通解.

3. 一阶线性方程.

一阶线性方程的标准形式是 $y'+P(x)y=Q(x)$.

(1) 对"线性"的理解:所谓"线性方程"是它对于未知函数及其导数都是一次的.

(2) 对"齐次""非齐次"的理解:当 $Q(x)\equiv 0$,称为齐次方程;当 $Q(x)\neq 0$,称为非齐次方程.所谓齐次方程是因为它的每一项对 y 及 y' 来说次数都相同;而当 $Q(x)\neq 0$ 时,就称为非齐次的,因为这一项 $Q(x)=Q(x)y^0$ 对 y 来说是零次幂的项,与其他项的幂次不同.还要指出,这里所谓的"齐次"与一阶齐次方程 $p(x,y)\mathrm{d}x+q(x,y)\mathrm{d}y=0$,虽同有"齐次"一名,但却是完全不同的概念!后者由 $p(x,y),q(x,y)$ 都是齐次函数而得名,而这里的"齐次"与齐次函数毫不相干.

(3) 一阶线性齐次方程 $y'+P(x)y=0$ 的通解为 $y=c\mathrm{e}^{-\int P(x)\mathrm{d}x}$,其中 c 为任意常数.一阶线性非齐次方程 $y'+P(x)y=Q(x)$ 通解为 $y=\mathrm{e}^{-\int P(x)\mathrm{d}x}\left(c+\int Q(x)\mathrm{e}^{\int p(x)\mathrm{d}x}\mathrm{d}x\right)$.

使用上述公式时,最好先算出 $\int p(x)\mathrm{d}x$,且要注意计算 $\int p(x)\mathrm{d}x$ 时所出现的绝对值符号可以省略.(原因是分正负号讨论的结果和不加绝对值一样)

(4) 一阶线性非齐次方程通解即 $y=c\mathrm{e}^{-\int p(x)\mathrm{d}x}+\mathrm{e}^{-\int P(x)\mathrm{d}x}\int Q(x)\mathrm{e}^{\int P(x)\mathrm{d}x}\mathrm{d}x$,式中右端第一项恰好是对应的齐次方程的通解,而第二项不含任意常数,它是非齐次方程的一个特解(在通解中令 $C=0$),这样就得到一个重要的结论:非齐次方程的通解由两部分构成,一部分是对应的齐次方程的通解,另一部分是非齐次方程本身的一个特解.这个结论很重要,它反映了线性方程通解的结构,不论对一阶还是后高阶线性方程都成立,后面学习高阶线性微分方程时还会详细研究这个结论.

(三) 高阶微分方程

一般高阶微分方程没有统一的解法,处理问题的基本原则是降阶,即利用变量代换把高阶方程的求解问题转化为较低阶的方程来求解.这里只要求掌握三种最易降阶方程的解法.即 $y^{(n)}=f(x),y''=f(x,y')$ 和 $y''=f(y,y')$,对第一种解法简单易懂,只要方程两边逐次积分 n 次,得通解.关于另外两种可降阶的二阶微分方程,可归纳为下表:

类型	特点	变换	降阶方程	特例
（Ⅰ）$y''=f(x,y')$	缺 y	$y'=p=p(x)$ $y''=p'=\dfrac{\mathrm{d}p}{\mathrm{d}x}$	$p'=f(x,p)$	$y''=f(x)$ $y''=f(y')$
（Ⅱ）$y''=f(y,y')$	缺 x	$y'=p=p(y)$ $y''=\dfrac{\mathrm{d}p}{\mathrm{d}x}=p\dfrac{\mathrm{d}p}{\mathrm{d}y}$	$p\dfrac{\mathrm{d}p}{\mathrm{d}y}=f(y,p)$	$y''=f(y)$ $y''=f(y')$

注意两类方程的区别与联系：

（1）共同点：一是相对一般的二阶微分方程 $y''=f(x,y,y')$ 而言,可降阶方程（Ⅰ）与（Ⅱ）都是缺1个变量,（Ⅰ）中缺 y,（Ⅱ）中缺 x;二是它们都可以利用降阶法把二阶降为一阶来求解.

（2）区别:要特别注意两类方程求解中变换降阶的区别,解（Ⅱ）$y''=f(y,y')$ 型的方程时,作变换 $y'=p=p(y)$,而以 $y''=p\dfrac{\mathrm{d}p}{\mathrm{d}y}$ 代入原方程,实质上就是解方程组

$$\begin{cases} p\dfrac{\mathrm{d}p}{\mathrm{d}y}=f(y,p) & (1)\\[2mm] \dfrac{\mathrm{d}x}{\mathrm{d}y}=\dfrac{1}{p},\ p\neq0 & (2) \end{cases}$$,其中 y 作为自变量,而 p,x 作为未知函数,此时方程(1)不含未

知函数 x,只要能解出(1),带入(2)即可得原方程的通解.

如果作变换 $y'=p(x)$,而以 $y''=\dfrac{\mathrm{d}p}{\mathrm{d}x}$ 代入原方程,实质上就是解方程组

$$\begin{cases} p\dfrac{\mathrm{d}p}{\mathrm{d}y}=f(y,p) & (3)\\[2mm] \dfrac{\mathrm{d}y}{\mathrm{d}x}=p & (4) \end{cases}$$,其中 x 为自变量,而 p,y 为未知数,此时方程(3)和(4)均和未

知函数 p,y 有关,不能独立解出,原方程的通解也就无法求得,因此对（Ⅱ）$y''=f(y,y')$ 型的方程作变换 $y'=p$ 时,y''务必以 $p\dfrac{\mathrm{d}p}{\mathrm{d}y}$ 代入原方程,而不能以 $\dfrac{\mathrm{d}p}{\mathrm{d}x}$ 代入原方程.

（3）当方程同时属于两种类型时,一般按（Ⅰ）$y''=f(x,y')$ 型解比较简便.对于更高阶的方程可通过类似的降阶法把阶数降低,其中有的方程则可逐次降为一阶微分方程来求解.

（4）当求微分方程的初值问题（或者特解）时,既可求出通解后再定任意常数,也可边解边定任意常数,一般情况下后一种办法更简便些,在求可降阶微分方程的特解时,常常边解边定任意常数.

（四）线性微分方程解的结构

n 阶线性微分方程的一般形式为 $y^{(n)}+a_1(x)y^{(n-1)}+\cdots+a_{n-1}(x)\,y'+a_n(x)y=f(x)$,其中 $a_1(x),\cdots,a_n(x)$ 为 x 的函数,若 $a_1(x),\cdots,a_n(x)$ 为常数,则称之为常系数的,对应于线性时空不变系统,若方程右端项 $f(x)=0$,则称之为齐次的;若方程右端项

$f(x)\neq0$,则称之为非齐次.

1. 对"线性"的理解.

从以下两个方面理解"线性".

（1）线性运算性质.

n 阶线性微分方程是微分方程中非常重要的一种方程,它具有一些很重要的性质,如线性运算性质:以 D^n 表示算子 $\dfrac{\mathrm{d}^n}{\mathrm{d}x^n}$,记 $L(D)=\sum\limits_{l=0}^{n}a_l(x)D^{n-l}$,则 $L(D)y=\sum\limits_{l=0}^{n}a_l(x)D^{(n-l)}$,上述 n 阶线性非齐次微分方程可表示为 $L(y)=f(x)$ 的形式. 由导数线性运算法则,对于 n 阶可微函数 $y_1(x),y_2(x)$ 及常数 k_1,k_2,上述 n 阶线性微分方程具有线性运算性质,即,

$$L(k_1y)=k_1L(y),L(k_1y_1+k_2y_2)=k_1L(y_1)+k_2L(y_2)$$

（2）类似直线是一次函数,n 阶线性微分方程是关于 $y^{(n)},y^{(n-1)},\cdots,y',y$ 的一次方程,故称为"线性"方程.

2. 对"齐次"和"非齐次"的理解.

（1）齐次:$f(x)=0$,右边没有次数,左边全是 1 次,是齐的.

（2）非齐次:$f(x)\neq0$,视为 $f(x)=f(x)y^0$,是 0 次的,左边 1 次,不齐.

3. 二阶线性微分方程.

特别的,二阶线性微分方程一般形式为 $y''+P(x)y'+Q(x)y=f(x)$,其中 $P(x)$,$Q(x)$ 为 x 的函数,即系统结构可以随自变量改变.

（1）线性:关于 y'',y',y 的 1 次方程.

（2）齐次:$f(x)=0$,右边没有次数,左边全是 1 次,是齐的,$f(x)\neq0$,视为 0 次,左边 1 次,不齐.

4. 解的结构.

要掌握线性方程的解法,首先要掌握有关线性方程解的结构的几个定理,明确了解的结构,求解方程才有目标和途径.

（1）线性方程解的叠加原理. 对齐次方程:如果函数 $y_1(x)$ 与 $y_2(x)$ 是线性齐次方程 $L(y)=y^{(n)}+a_1(x)y^{(n-1)}+\cdots+a_{n-1}(x)y'+a_n(x)y=0$ 的两个解,则对于任意常数 $C_1,C_2,y=C_1y_1(x)+C_2y_2(x)$ 也是此方程的解. 对非齐次方程:设 $y_j(x)$ 为线性非齐次方程 $L(y)=f_j(x),j=1,\cdots,J$ 的特解,$k_1,\cdots,k_J$ 为常数,则 $y(x)=k_1y_1(x)+\cdots+k_Jy_J(x)$ 为线性非齐次方程 $L(y)=k_1f_1(x)+\cdots+k_Jf_J(x)$ 的特解.

（2）线性齐次方程通解结构. 设 $y_1(x),y_2(x),\cdots,y_n(x)$ 是 n 阶线性齐次方程 $L(y)=0$ 的 n 个线性无关的解,则这些解的线性组合 $y=C_1y_1(x)+C_2y_2(x)+\cdots+C_ny_n(x)(C_1,C_2,\cdots,C_n$ 为任意常数)为其通解.

特别的,二阶线性齐次和非齐次微分方程的解的叠加原理、通解结构,和上述结论是特殊与一般的关系,易于把握和理解,也应重点掌握.

5. 对线性方程解的结构的理解.

为了加深对线性方程解的结构的理解,须注意以下两点:

(1) 齐次线性方程通解结构的结论是一个很有用的结论,因为它把求方程通解(有无穷多个)的问题,转化为只求 n 个线性无关的特解的问题,而后一个问题显然要简单得多.但是,应当指出,$y_1(x),y_2(x),\cdots,y_n(x)$ 是 n 个线性无关的解这个假设十分重要.

线性相关、无关的概念,对初学者来说较难理解.因此,应重点把两个函数的情形弄清楚,然后再深入理解 n 个函数线性相关、无关的概念.

(2) 求齐次线性方程的特解也不是一件容易的事情,即使对常用的二阶齐次线性方程的特解问题,仍然没有一定的初等方法可求出它的一个解来,不过对于某些简单的二阶齐次线性方程,我们可以用观察或试探的方法求出它的一个解来.用观察法求方程的特解,通常是根据方程的系数的特点,用比较简单的函数,如 $1,x,x^2,e^x,e^{-x}$ 或 $\sin x$,$\cos x$ 代入试算,看其是否满足方程.究竟应如何去试探,也很难提出一定的规则,须根据具体情况大胆尝试,细心琢磨.

(五) 二阶常系数线性微分方程

1. 方程形式及解法.

方程 $y''+py'+qy=0$ 为二阶常系数齐次线性微分方程,其中 p,q 均为常数,其解法主要有三步:

第一步,写出微分方程的特征方程 $r^2+pr+q=0$;

第二步,求出特征方程的两个根 r_1,r_2;

第三步,根据特征方程的两个根的不同情况,写出微分方程的通解:

特征方程 $r^2+pr+q=0$	方程 $y''+py'+qy=0$ 的通解
不等实根 $r_1\neq r_2$	$y=c_1e^{r_1x}+c_2e^{r_2x}$
相等实根 $r_1=r_2$	$y=e^{r_1x}(c_1+c_2x)$
一对共轭复根 $r_{1,2}=\alpha\pm\beta i$	$r=e^{\alpha x}(c_1\cos\beta x+c_2\sin\beta x)$

注:第三种情况本应为 $y=c_1e^{(\alpha+\beta i)x}+c_2e^{(\alpha-\beta i)x}$,为了使用方便,利用欧拉公式把两个线性无关的复数特解展开,二者进行线性代数运算,由线性方程解的叠加原理得到两个线性无关的实变量函数特解.

2. 解法由来.

(1) 选取 $y=e^{rx}$(r 为常数)为特解的理由.一是旧知识的推广迁移.因为一阶齐次线性方程 $y'+p(x)y=0$ 有形如 $e^{-\int p(x)dx}$ 的解,当 $p(x)$ 为常数时,即为 e^{-px},所以猜测 $y=e^{rx}$(r 为常数)也是二阶常系数齐次线性微分方程 $y''+py'+qy=0$ 的具有典型意义的解.

二是依据方程特点.方程表现的数量关系:是未知函数及其导数的常数倍之和是 0,而指数函数 $y=e^{rx}$(r 为常数)就具备这个特点,即它和其导数只相差一个常数因子,所以它和它的导数的常数倍之和可以是 0,故设函数 $y=e^{rx}$ 为方程的解.

三是自然界规律的体现.自然界中,许多现象的变化都符合指数函数关系规律 $y=$

e^{rx}（生物的增长、放射性元素的衰变、电容的充放电过程、人耳听觉对声压的感觉等），所以对于描绘自然界规律的微分方程数学模型，其解不妨也设为函数 $y=e^{rx}$.

（2）特征方程的由来. 由于指数函数 $y=e^{rx}$（r 为常数）和它的各阶导数依次成等比数列：$(e^{rx})'=re^{rx}$，$(e^{rx})''=r^2 e^{rx}$，带入微分方程，就化成了一个代数方程，即特征方程 $r^2+pr+q=0$，之所以称它为特征方程，因为它的求根问题表征了原微分方程的求解问题，即根据特征方程（代数方程，二次方程）的两个根的不同情况，完全可以写出微分方程的通解.

若 $p^2-4q>0$，则特征方程有相异的实根：$r_1=\dfrac{(-p+(p^2-4q)^{\frac{1}{2}})}{2}$，$r_2=\dfrac{(-p-(p^2-4q)^{\frac{1}{2}})}{2}$，方程 $L(D)y=0$ 有两个线性无关解 $e^{r_1 x}$ 和 $e^{r_2 x}$，则方程通解为 $y=C_1 e^{r_1 x}+C_2 e^{r_2 x}$；

若 $p^2-4q=0$，特征方程有相等的实根 $r_1=r_2=-\dfrac{p}{2}$，方程 $L(D)y=0$ 有非 0 解 $y_1(x)=e^{r_1 x}$，通解为 $y=e^{r_1 x}\displaystyle\int C dx=e^{r_1 x}(Cx+C_1)=(C_1+C_2 x)e^{r_1 x}$，相当于 $e^{r_1 x}$，$x e^{r_1 x}$ 为两个线性无关解；

若 $p^2-4q<0$，特征方程有一对共轭虚根：$r_1=\dfrac{(-p+i|p^2-4q|^{\frac{1}{2}})}{2}=\alpha+\beta i$，$r_2=\dfrac{(-p-i|p^2-4q|^{\frac{1}{2}})}{2}=\alpha-\beta i$，方程 $L(D)y=0$ 有线性无关的虚数解 $e^{r_1 x}$ 和 $e^{r_2 x}$，通解为 $y=C_1 e^{r_1 x}+C_2 e^{r_2 x}$. 为求实解，用 $e^{r_1 x}=e^{(a+\beta i)x}=e^{ax}(\cos\beta x+i\sin bx)$，$e^{r_2 x}=e^{(a-\beta i)x}=e^{ax}(\cos\beta x-i\sin bx)$ 及齐次方程解空间的性质，$y_1=\dfrac{(e^{r_1 x}+e^{r_2 x})}{2}$，$y_2=\dfrac{(e^{r_1 x}-e^{r_2 x})}{(2i)}$ 是齐次方程的解，即 $y_1=e^{ax}\cos\beta x$，$y_2=e^{ax}\sin\beta x$ 为齐次方程的两个线性无关的实解，实通解为 $y=e^{ax}(C_1\cos\beta x+C_2\sin\beta x)$.

3. n 阶常系数线性齐次微分方程通解.

关于一般 n 阶常系数线性齐次微分方程 $y^{(n)}+p_1 y^{(n-1)}+\cdots+p_{n-1}y'+p_n y=0$，利用代数基本定理，特征方程 $L(r)=r^n+p_1 r^{n-1}+\cdots+p_{n-1}r+p_n=0$ 应有 n 个根（k 重根算 k 个相等的根），虚根成共轭出现.

对应于任一个根 r，若为 k 重实根，则对应于 k 个线性无关解 e^{rx}，$x\,e^{rx}$，$\cdots$，$x^{k-1}e^{rx}$（$k=1$，或 $n=2$，$k=2$ 已证），若为 k 重共轭虚根 $\alpha\pm\beta i$，则对应于 $2k$ 个线性无关解（$n=2$ 已证）$e^{ax}\cos\beta x$，$e^{ax}\sin\beta x$，$x\,e^{ax}\cos\beta x$，$x e^{ax}\sin\beta x$，$\cdots$，$x^{k-1}e^{ax}\cos\beta x$，$x^{k-1}e^{ax}\sin\beta x$，不同特征根对应的解线性无关，共有 n 个线性无关解，根据特征方程的情况（单根、重根、共轭复根），可以写出微分方程通解中的对应项.

特征方程特征根的情况	微分方程通解中的对应项
单实根 r	对应一项：Ce^{rx}
k 重实根 r	对应 k 项：$e^{rx}(C_1+C_2x+\cdots+C_kx^{k-1})$
一对单复根 $r_{1,2}=\alpha\pm i\beta$	对应两项：$e^{\alpha x}(C_1\cos\beta x+C_2\sin\beta x)$
一对 k 重共轭虚根 $\alpha\pm\beta i$	对应 $2k$ 项：$e^{\alpha x}[(C_1+C_2x+\cdots+C_kx^{k-1})\cos\beta x+(D_1+D_2x+\cdots+D_kx^{k-1})\sin\beta x]$

二、典型例题

(一) 求解一阶线性微分方程

求解一阶线性微分方程首先要正确审视方程，判断方程类型，根据不同类型确定解题方法．要熟练掌握凑导数（凑微分）的方法和技巧，为此要熟记并会倒用初等函数的导数和微分．

1. 求解可分离变量的微分方程．

例 1 微分方程 $y'=\dfrac{1-x}{x}y$ 的通解是_____．

解一：所给方程为可分离变量方程，分离变量、两边积分得到 $\ln|y|=\ln|x|-x+c_1$，即 $\ln\left|\dfrac{y}{x}\right|=c_1-x$，故 $\dfrac{y}{x}=\pm e^{c_1-x}=ce^{-x}$，即 $y=cxe^{-x}$．

解二：所给方程为关于 y 的一阶线性齐次微分方程：$y'-\left[\dfrac{(1-x)}{x}\right]y=0$，

其中，$p(x)=-\dfrac{1-x}{x}$，故其通解为 $y=ce^{-\int\left(-\frac{1-x}{x}\right)\mathrm{d}x}=ce^{\int\frac{\mathrm{d}x}{x}-\int\mathrm{d}x}=ce^{\ln x-x}=cxe^{-x}$．

例 2 （1）验证形如 $yf(xy)\mathrm{d}x+xg(xy)\mathrm{d}y=0$ 的微分方程可化为可分离变量方程．

（2）求解 $xy'-y[\ln(xy)-1]=0$．

解：(1)作变量代换 $u=xy$，则 $\mathrm{d}u=x\mathrm{d}y+y\mathrm{d}x$，原方程化为

$$\frac{u}{x}[f(u)-g(u)]\mathrm{d}x+g(u)\mathrm{d}u=0.$$

显然这是可分离变量的一阶微分方程，分离变量得到 $-\dfrac{g(u)}{u[f(u)-g(u)]}\mathrm{d}u=\dfrac{\mathrm{d}x}{x}$，

两边积分，求出积分后以 $u=xy$ 代回 x,y 即得其通解．

（2）设 $u=xy$，则 $u'=y+xy'$，代入原方程得到 $u'-\dfrac{u}{x}-\dfrac{u}{x}[\ln u-1]=0$，即 $xu'=$

$u\ln u$，$x\dfrac{\mathrm{d}u}{\mathrm{d}x}=u\ln u$，$\dfrac{\mathrm{d}u}{u\ln u}=\dfrac{\mathrm{d}x}{x}$．两边积分得到 $\displaystyle\int\frac{\mathrm{d}u}{u\ln u}=\int\frac{\mathrm{d}x}{x}$，$\ln|\ln u|=\ln|x|+\ln c$

$=\ln|xc|$，所以 $\ln u=xc$，即 $\ln(xy)=cx$，其中 c 为任意常数．

注：这是需要通过变量代换化为可分离变量的一阶微分方程类型．当求解方程中出现 $f(xy),f(x^2\pm y^2),f(x\pm y),f(ax^2+bx+c)$ 等形式的项时，常作相应的变量代换 $u=xy,u=x^2\pm y^2,u=x\pm y,u=ax^2+by+c$，将其化为可分离变量的一阶微分方程

求解.

2. 求解齐次方程.

例 3 求方程 $x^2 y' + xy = y^2$ 满足初始条件 $y(1) = 1$ 的特解.

解: 方程可化为 $\dfrac{\mathrm{d}y}{\mathrm{d}x} = \left(\dfrac{y}{x}\right)^2 - \dfrac{y}{x}$, 显然为齐次方程, 设 $y = xu$, 则 $\dfrac{\mathrm{d}y}{\mathrm{d}x} = x\dfrac{\mathrm{d}u}{\mathrm{d}x} + u$, 代入

原方程得到 $x\dfrac{\mathrm{d}u}{\mathrm{d}x} + u = u^2 - u$, 即 $\dfrac{\mathrm{d}u}{u^2 - 2u} = \dfrac{\mathrm{d}x}{x}$. 两边积分得到

$$\ln|u - 2| - \ln|u| = 2\ln|x| + \ln|c|, \text{ 即 } \dfrac{u-2}{u} = cx^2, \text{ 将 } u = \dfrac{y}{x} \text{ 代入得到 } \dfrac{y - 2x}{y} = cx^2.$$

由初始条件 $y(1) = 1$, 得 $c = -1$. 因而所求特解为 $\dfrac{y - 2x}{y} = -x^2$, 即 $y = \dfrac{2x}{1 + x^2}$.

3. 求解一阶线性方程.

例 4 微分方程 $y' + y\tan x = \cos x$ 的通解为 $y = $ _____.

解: 由通解公式,

$$y = \mathrm{e}^{-\int \tan x \, \mathrm{d}x}\left(\int \cos x \cdot \mathrm{e}^{\int \tan x \, \mathrm{d}x} \, \mathrm{d}x + c\right) = \mathrm{e}^{\ln \cos x}\left(\int \cos x \cdot \dfrac{1}{\cos x} \mathrm{d}x + c\right) = (x + c)\cos x.$$

4. 求解几类可化为一阶线性方程的方程.

类型(一) 求解伯努利方程. 常用变量代换化为一阶线性微分方程求解, 也可用常数变易法直接求解.

例 5 求方程 $x^2 y' + xy = y^2$ 满足初始条件 $y(1) = 1$ 的特解.

解: 所给方程为伯努利方程. 两边除以 y^2 得到 $x^2 y^{-2} y' + xy^{-1} = 1$, $-x^2(y^{-1})' +$

$xy^{-1} = 1$. 令 $y^{-1} = z$, 则上述方程化为 $-x^2 z' + xz = 1$, 即 $z' - \dfrac{z}{x} = -\dfrac{1}{x^2}$, 亦即 $\dfrac{xz' - z}{x^2} =$

$-\dfrac{1}{x^3}, \left(\dfrac{z}{x}\right)' = -\dfrac{1}{x^3}$. 两边积分得到 $\dfrac{z}{x} = \dfrac{1}{2x^2} + c$. 或由一阶线性方程的通解公式得其通解

为 $z = \mathrm{e}^{\int \frac{1}{x} \mathrm{d}x}\left[\int\left(-\dfrac{1}{x^2}\right) \cdot \mathrm{e}^{-\int \frac{1}{x} \mathrm{d}x} \mathrm{d}x + c\right] = x\left(\dfrac{1}{2x^2} + c\right)$, 代回原变量即得 $\dfrac{1}{y} = cx + \dfrac{1}{2x}$. 代入

$y\big|_{x=1} = 1$ 得 $c = \dfrac{1}{2}$, 故所求特解为 $y = \dfrac{2x}{1 + x^2}$.

类型(二) 求解自变量 x 与因变量 y 互换后是一阶线性的微分方程.

有些一阶微分方程若把函数 y 作为 x 的函数, 它是非一次幂的, 即不是线性的. 而把未知函数 y 视为自变量, 对变量 x 来说, 该方程却是线性的. 这种情况常在下述两种情况下出现: (1) $p(x, y)$ 仅为 y 的函数、$Q(x, y)$ 中仅含 x 的一次幂的方程 $p(x, y)\mathrm{d}x + Q(x, y)\mathrm{d}y = 0$;

(2) 含 y 的非一次幂, 但含 x 的方幂仅为一次且与 y'(或 x 与 $\mathrm{d}y$)相乘的方程.

对上述两种方程应化为以 x 为因变量、y 为自变量的方程解之.

例 6 求方程 $y' = \dfrac{1}{x\cos y + \sin 2y}$ 的通解.

解: 注意到方程仅含 x 的一次幂形式, 且 x 与 y' 相乘可将 x 视为因变量, 将 y 视为

自变量，则方程化为一阶线性方程：$\dfrac{dx}{dy}=x\cos y+\sin 2y$，即$\dfrac{dx}{dy}-x\cos y=\sin 2y$.

由公式得 $x=e^{\int\cos y dy}\left(\int\sin 2y e^{-\int\cos y dy}dy+c\right)=ce^{\sin y}-2\sin y-2$.

（二）求解高阶线性微分方程

1. 利用线性微分方程解的结构和性质求解有关问题.

例1　设线性无关函数 y_1,y_2,y_3 都是 $y''+p(x)y'+Q(x)y=f(x)$ 的解，设 c_1,c_2 为任意常数，则该非齐次方程的通解是（　　）.

A. $c_1y_1+c_2y_2+y_3$ 　　　　　　　B. $c_1y_1+c_2y_2-(c_1+c_2)y_3$

C. $c_1y_1+c_2y_2-(1-c_1-c_2)y_3$ 　　D. $c_1y_1+c_2y_2+(1-c_1-c_2)y_3$

解：非齐次方程的通解为对应齐次方程的通解加上其自身的一个特解所构成. 本例就是要找出四个选项中的哪一个可表示成此种形式. 因 y_1-y_3,y_2-y_3 均为对应的齐次方程的解，且线性无关. 事实上设 $k_1(y_1-y_3)+k_2(y_2-y_3)=0$，则 $k_1y_1+k_2y_2-(k_1+k_2)y_3=0$. 因 y_1,y_2,y_3 线性无关，故 $k_1=k_2=0$，所以 y_1-y_3,y_2-y_3 线性无关. 该齐次方程的通解为 $c_1(y_1-y_3)+c_2(y_2-y_3)$，从而，$c_1(y_1-y_3)+c_2(y_2-y_3)+y_3=c_1y_1+c_2y_2+(1-c_1-c_2)y_3$ 为非齐次方程的通解.

例2　设 y_1,y_2 为二阶常系数线性齐次方程 $y''+py'+qy=0$ 的两个特解，则由 $y_1(x)$ 与 $y_2(x)$ 能构成该方程的通解，其充分条件为（　　）.

A. $y_1(x)y_2'(x)-y_2(x)y_1'(x)=0$ 　　B. $y_1(x)y_2'(x)-y_2(x)y_1'(x)\neq 0$

C. $y_1(x)y_2'(x)+y_2(x)y_1'(x)=0$ 　　D. $y_1(x)y_2'(x)+y_2(x)y_1'(x)\neq 0$

解：由选项 B 可知 $\dfrac{y_2'(x)}{y_2(x)}\neq\dfrac{y_1'(x)}{y_1(x)}$，即 $\ln y_2(x)\neq\ln y_1(x)+\ln c(c$ 为常数$)$，亦即

$\ln\left[\dfrac{y_2(x)}{y_1(x)}\right]\neq\ln c$，故 $\dfrac{y_2(x)}{y_1(x)}\neq c$. 因而 $y_1(x),y_2(x)$ 线性无关，仅 B 入选.

2. 求解可降阶的二阶微分方程.

例3　求微分方程 $yy''+y'^2=0$ 满足初始条件 $y\big|_{x=0}=1,y'\big|_{x=0}=\dfrac{1}{2}$ 的特解.

解：所给方程为不显含自变量 x 的可降阶的二阶方程. 令 $y'=p$，则 $y''=p\dfrac{dp}{dy}$. 原方程可化为 $p\left(y\dfrac{dp}{dy}+p\right)=0$，得 $p=0$（因不满足初始条件，舍去），$\dfrac{dp}{p}=-\dfrac{dy}{y}$. 积分后得到 $p=\dfrac{c_1}{y}$，将初始条件代入得到 $c_1=\dfrac{1}{2}$. 再对 $\dfrac{dy}{dx}=\dfrac{1}{2y}$ 即 $2ydy=dx$ 积分，得到 $y^2=x+c_2$，代入初始条件定出 $c_2=1$，故得所求特解为 $y^2=x+1$.

注意：对带有初始条件的二阶（高阶）微分方程，求解过程中每积分一次后要及时用初始条件定出任意常数，这样可简化计算.

例4　微分方程 $xy''+3y'=0$ 的通解为_____.

解：所给方程是不含 y 的二阶微分方程，令 $y'=p$，则 $y''=p'$，原方程化为 $x\dfrac{dp}{dx}+$

$3p = 0. \int \dfrac{\mathrm{d}p}{p} = -\int \dfrac{3\mathrm{d}x}{x}, p = \dfrac{c}{x^3}$，即 $\dfrac{\mathrm{d}y}{\mathrm{d}x} = \dfrac{c}{x^3}, y = -\dfrac{c}{2} \cdot \dfrac{1}{x^2} + c_2 = \dfrac{c_1}{x_2} + c_2$，其中 $c_1 = -\dfrac{c}{2}$，

c_2 为任意常数.

3. 求解高阶常系数齐次线性方程.

例 5　设有方程 $y'' + 2my' + n^2 y = 0$，其中常数 $m > 0, n > 0$.

(1) 求方程的通解；

(2) 又设 $y(x)$ 是满足 $y(0) = a, y'(0) = b$ 的特解，求 $\displaystyle\int_0^{+\infty} y(x)\mathrm{d}x$.

解：(1) 所给方程为二阶常系数线性齐次方程. 为求通解，先由特征方程 $r^2 + 2mr + n^2 = 0$ 求出其特征根为 $r_{1,2} = -m \pm \sqrt{m^2 - n^2}$.

① 当 $m > n > 0$ 时，得两相异实根，记为 λ_1, λ_2，它们均为负数，其通解为

$Y = c_1 \mathrm{e}^{r_1 x} + c_2 \mathrm{e}^{r_2 x}$；

② 当 $m = n > 0$ 时，得重实根 $r_1 = r_2 = -m < 0$，通解为 $Y = (c_1 + c_2 x)\mathrm{e}^{-mx}$；

③ 当 $0 < m < n$ 时，得共轭复根 $\lambda = -m \pm i\sqrt{n^2 - m^2}$，实部为负数，通解为

$y(x) = \mathrm{e}^{-mx}(c_1 \cos\sqrt{n^2 - m^2}\, x + c_2 \sin\sqrt{n^2 - m^2}\, x)$.

(2) 由指数函数的性质，对任意 $\alpha < 0, k > 0$，均有

$$\lim_{x \to +\infty} x^k \mathrm{e}^{\alpha x} = 0, \ \lim_{x \to +\infty} \mathrm{e}^{\alpha x}\cos\beta x = 0, \ \lim_{x \to +\infty}\mathrm{e}^{\alpha x}\sin\beta x = 0. \qquad\qquad ①$$

设 $y(x)$ 为满足 $y(0) = a, y'(0) = b$ 的特解. 不必先由初始条件确定常数 c_1 与 c_2，然后再求积分，只需在所给方程两边积分，利用式①和初始条件，即可求出 $\displaystyle\int_0^{+\infty} y(x)\mathrm{d}x$.

事实上，由式①有 $\displaystyle\lim_{x \to +\infty} y(x) = \lim_{x \to +\infty} y'(x) = 0$. 因而得到

$$\int_0^{+\infty}(y'' + 2my' + n^2 y)\mathrm{d}x = y'\Big|_0^{+\infty} + 2my\Big|_0^{+\infty} + n^2\int_0^{+\infty} y(x)\mathrm{d}x$$

$$= -y'(0) - 2my(0) + n^2\int_0^{+\infty} y(x)\mathrm{d}x = -b - 2ma + n^2\int_0^{+\infty} y(x)\mathrm{d}x = 0,$$

即 $\displaystyle\int_0^{+\infty} y(x)\mathrm{d}x = \dfrac{2ma + b}{n^2}$.

例 6　求微分方程 $y^{(4)} + 3y'' - 4y = 0$ 的通解.

解：其特征方程为 $r^4 + 3r^2 - 4 = (r^2 + 4)(r^2 - 1) = 0$，其特征根为 $r_{1,2} = \pm 2i, r_{3,4} = \pm 1$，故其通解为，$y(x) = \mathrm{e}^{0x}(c_1 \cos 2x + c_2 \sin 2x) + c_3 \mathrm{e}^x + c_4 \mathrm{e}^{-x} = c_1 \cos 2x + c_2 \sin 2x + c_3 \mathrm{e}^x + c_4 \mathrm{e}^{-x}$.

4. 求解二阶常系数非齐次线性方程

例 7　求微分方程 $y'' + 4y' + 4y = \mathrm{e}^{-2x}$ 的通解.

解：特征方程 $r^2 + 4r + 4 = (r + 2)^2 = 0$ 有二重特征根 $r_1 = r_2 = -2$，因而对应齐次方程的通解为 $Y = (c_1 + c_2 x)\mathrm{e}^{-2x}$.

而非齐次项 $f(x) = \mathrm{e}^{-2x}$，其指数为 $\alpha + \beta i = -2 \pm 0i = -2$ 是其二重特征根. 因而所给出的二阶非齐次线性方程的特解形式为 $y^* = Ax^2 \mathrm{e}^{-2x}$，其中 A 为待定常数.

将特解 y^* 代入方程易求得 $A=\dfrac{1}{2}$，故原方程的一特解为 $y^*=\dfrac{1}{2}x^2\mathrm{e}^{-2x}$，所求通解为 $y=Y+y^*=(c_1+c_2x)\mathrm{e}^{-2x}+\dfrac{1}{2}x^2\mathrm{e}^{-2x}$，其中 c_1,c_2 为任意常数.

例 8 求微分方程 $y''+y'=x^2$ 的通解.

解：其特征方程为 $r^2+r=r(r+1)=0$，特征根为 $r_1=0,r_2=-1$.

由于 $f(x)=x^2=x^2\mathrm{e}^{0x}$ 的指数 $\alpha=0$ 为单重特征根，其特解形式为 $y^*=x(Ax^2+Bx+C)$，将 $y^{*'},y^{*''}$ 代入原方程易求得 $A=\dfrac{1}{3},B=-1,C=2$，故所求通解为 $y=y^*+Y=\dfrac{x^3}{3}-x^2+2x-c_1\mathrm{e}^{-x}+c^2$.

例 9 求 $y''+y=x\sin x$ 的通解.

解：特征方程 $r^2+1=0$ 的特征根为 $r_{1,2}=\pm i$，齐次方程的通解为 $Y=C_1\cos x+C_2\sin x$. 由于 $f(x)=x\sin x$ 的指数 $0\pm i=\pm i$，为共轭复特征根，故原方程的特解形式为 $y^*=x[Q_l^{(1)}(x)\cos x+Q_l^{(2)}(x)\sin x]=x[(A_0+A_1x)\cos x+(B_0+B_1x)\sin x]$.

将 y^* 及 $(y^*)''$ 代入到原方程，并比较等式两边同类项 $\cos x,x\cos x,\sin x,x\sin x$ 的系数，分别得到 $2A_1+2B_0=0,4B_1=0,-2A_0+2B_1=0,-4A_1=1$. 由此解得 $A_0=0$，$A_1=\dfrac{-1}{4},B_0=\dfrac{1}{4},B_1=0$. 因而特解为 $y^*=\dfrac{x(-x\cos x+\sin x)}{4}$，所求通解为 $y=Y+y^*=C_1\cos x+C_2\sin x+\dfrac{x(-x\cos x+\sin x)}{4}$.

注意：(1) 特解形式不要错写为 $y^*=x(B_0+B_1x)\sin x$，误认为右端项 $f(x)$ 是 $x\sin x$，特解与其对应也仅有 $\sin x$，漏写与 $\cos x$ 有关的项.

(2) 例 9 的特解形式也不要漏写 x，错写为 $y^*=(A_0+A_1x)\cos x+(B_0+B_1x)\sin x$，也不要错写为 $y^*=(A_0+A_1x)\cos x+(A_0+A_1x)\sin x$.

要注意待定特解 y^* 的形式中 $Q_l^{(1)}(x)$ 与 $Q_l^{(2)}x$ 是两个不同的 l 次多项式.

(3) 对于形如 $y''+y=a\sin x,y''+y=b\cos x,y''+y=a\sin x+b\cos x$（$a,b$ 为不等于 0 的常数），其特解都应设为 $y^*=x(A\sin x+B\cos x)$.

例 10 二阶常系数非齐次线性方程 $y''-2y'+5y=\mathrm{e}^x\cos^2 x$ 的特解形式为 $y^*(x)=$ _____.

解：令 $y''-2y'+5y=\mathrm{e}^x\cos^2 x=\dfrac{1}{2}\mathrm{e}^x\cos 2x+\dfrac{1}{2}\mathrm{e}^x=f_1(x)+f_2(x)$，其中 $f_1(x)=\dfrac{1}{2}\mathrm{e}^x\cos 2x,f_2(x)=\dfrac{1}{2}\mathrm{e}^x$. 因 $r^2-2r+5=0$ 的特征根为 $r=1\pm 2i$，故 $f_1(x)$ 的指数 $1\pm 2i$ 为其特征根，故 $y''-2y'+5y=f_1(x)$ 的特解形式为 $y_1^*=x\mathrm{e}^x(A\cos 2x+B\sin 2x)$. $f_2(x)$ 的指数 1 不是其特征根，故 $y''-2y'+5y=f_2(x)$ 的特解形式为 $y_2^*=C\mathrm{e}^x$. 因而 $y^*(x)=y_1^*+y_2^*=x\mathrm{e}^x(A\cos 2x+B\sin 2x)+c\mathrm{e}^x$，其中 A,B,C 为待求常数.

5. 求解含变限积分的方程

求解的基本方法是将方程两边求导，转化为求解常系数线性微分方程. 有时令积分的变上限(或下限)的 x 取值等于下限(或上限),得到未知函数所满足的初始条件,这时求解含变限积分的方程可归结为求解微分方程的初值问题.

例 11 设 $f(x)=\sin x-\int_0^x(x-t)f(t)\mathrm{d}t$,f 为连续函数,求 $f(x)$.

解:在所给方程 $f(x)=\sin x-x\int_0^x f(t)\mathrm{d}t+\int_0^x tf(t)\mathrm{d}t$ 两边连续两次求导,分别得

到 $f'(x)=\cos x-\int_0^x f(t)\mathrm{d}t$,$f''(x)=-\sin x-f(x)$,即 $f''(x)+f(x)=-\sin x$.

设 $y=f(x)$,得 $y''+y=-\sin x$,其初始条件为 $y\big|_{x=0}=f(0)=0$,$y'\big|_{x=0}=\cos x\big|_{x=0}=f(0)=1$.先用特征方程法求齐次线性方程 $y''+y=0$ 的通解.由其特征方程 $r^2+1=0$,得其特征根为 $r_{1,2}=\pm i$,于是对应齐次方程通解为 $Y=c_1\cos x+c_2\sin x$,c_1,c_2 为任意常数.

下面求非齐次方程的通解 y^*.因特征根为 $\pm i$,而非齐次项为 $\sin x$,故其特解形式为 $y^*=x(a\cos x+b\sin x)$.将其代回原方程得到 $a=\dfrac{1}{2}$,$b=0$,于是 $y^*=\dfrac{x\cos x}{2}$,故原方程的通解为 $y=Y+y^*=c_1\cos x+c_2\sin x+\dfrac{x\cos x}{2}$,$c_1$,$c_2$ 为任意常数.再由初始条件得到 $c_1=0$,$c_2=\dfrac{1}{2}$,故所求函数为 $f(x)=\dfrac{\sin x}{2}+\dfrac{x\cos x}{2}$.

(三)已知特解反求其常系数线性方程

1. 已知特解反求其齐次方程.

法一:用特征方程法求之.即根据齐次微分方程的特解与特征根的对应关系,先求出特征方程的所有特征根,再写出特征方程,从而求得所求的二阶线性常系数齐次微分方程.该法对高阶线性常系数齐次方程也适用.

法二:用特解代入法求之.若已知二阶常系数线性齐次方程 $y''+py'+qy=0$ 的两个线性无关的解 $y=y_1(x)$,$y=y_2(x)$,则可确定该方程的系数 p 与 q.事实上,将 y_1 与 y_2 代入方程有 $\begin{cases}py_1'+qy_1=-y_1'',\\py_2'+qy_2=-y_2''.\end{cases}$ 由 y_1 与 y_2 线性无关可以验证 $\begin{vmatrix}y_1' & y_1\\y_2' & y_2\end{vmatrix}\neq 0$,则可唯一地求出解 p 与 q.

例 1 设 $y=\mathrm{e}^x(c_1\sin x+c_2\cos x)$($c_1$,$c_2$ 为任意常数)为某二阶常系数线性齐次微分方程的通解,求该方程.

解:易知对应于线性无关的特解 $y_1=\mathrm{e}^x\sin x$,$y_2=\mathrm{e}^x\cos x$ 的特征根为一对共轭复根 $\alpha\pm i\beta=1\pm i$,以 $1+i$,$1-i$ 为特征根的特征方程为
$$[r-(1-i)][r-(1+i)]=r^2-2r+2=0,$$
故所求的二阶常系数线性齐次方程为 $y''-2y'+2y=0$.

例 2 具有特解 $y_1=\mathrm{e}^{-x}$,$y_2=2x\mathrm{e}^{-x}$,$y_3=3\mathrm{e}^x$ 的三阶常系数齐次线性微分方程是( ).

A. $y'''-y''+y'+y=0$ B. $y'''+y''-y'-y=0$

C. $y'''-6y''+11y'-6y=0$ D. $y'''-2y''-y'+2y=0$

解： 特解 $y_1=e^{-x}$，$y_2=2xe^{-x}$ 所对应的特征方程的根为 $r_{1,2}=-1$（二重根）；特解 $y_3=3e^x$ 所对应的特征方程的根为 $r_3=1$，因而特征方程为 $(r+1)^2(r-1)=0$，即 $r^3+r^2-r-1=0$，与特征方程所对应的齐次微分方程为 B 中方程. 仅 B 入选.

2. 已知特解反求其非齐次方程.

法一：先求对应的齐次方程，再求非齐次项（自由项）.

法二：用倒推法等方法先求出对应的常系数线性齐次方程，再用代入法等方法求出其非齐次项.

例3 设 $y_1^*=x$，$y_2^*=x+e^{2x}$，$y_3^*=x(1+e^{2x})$ 是二阶常系数线性非齐次方程的特解，求该微分方程的通解及该方程.

解法一： 因 $y_2^*-y_1^*=e^{2x}$，$y_3^*-y_1^*=xe^{2x}$ 为对应的齐次方程的解.

又 $\dfrac{y_3^*-y_1^*}{y_2^*-y_1^*}=x\neq$ 常数，故 $y_3^*-y_1^*$，$y_2^*-y_1^*$ 线性无关. 因而，所求通解为 $Y=c_1e^{2x}+c_2xe^{2x}=(c_1+c_2x)e^{2x}$. 非齐次方程的通解为 $y=Y+x=(c_1+c_2x)e^{2x}+x$. 由 $Y=(c_1+c_2x)e^{2x}$ 可知，2 为其特征方程的重根，即 $r_{1,2}=2$. 因而特征方程为 $(r-2)^2=r^2-4r+4=0$，对应的齐次方程为 $y''-4y'+4y=0$. 设所求的非齐次方程为 $y''-4y'+4y=f(x)$. 将 $y_1^*=x$ 代入，得到 $f(x)=4(x-1)$，故所求的非齐次方程为 $y''-4y'+4y=4(x-1)$.

法二： 特解代入法. 将特解及其导数代入原方程，比较系数建立联立方程组，解之即可求出待求的系数，确定所求的微分方程.

例4 设二阶常系数线性微分方程 $y''+\alpha y'+\beta y=\gamma e^x$ 的一个特解为 $y^*=e^{2x}+(1+x)e^x$. 试确定常数 α,β,γ，并求该方程的通解.

解： 将 $y^*=e^{2x}+(1+x)e^x$ 代入原方程，得

$(4+2\alpha+\beta)e^{2x}+(3+2\alpha+\beta)e^x+(1+\alpha+\beta)xe^x=\gamma e^x$. 比较上方程两边的同类项 e^{2x}，xe^x 及 e^x 的系数，有 $4+2\alpha+\beta=0$，$3+2\alpha+\beta=0$，$1+\alpha+\beta=0$，解得 $\alpha=-3,\beta=0,\gamma=1$，即原方程为 $y''-3y'+2y=-e^x$. 它对应的特征方程的根为 $r_1=1,r_2=2$，故齐次方程的通解为 $Y=c_1e^x+c_2e^{2x}$. 加上题设特解，得原方程的通解为 $y=Y+y^*=c_1e^x+c_2e^{2x}+e^{2x}+(1+x)e^x$，或 $y=c_3e^x+c_4e^{2x}+xe^x$.

例5 已知 $y_1=xe^x+e^{2x}$，$y_2=xe^x+e^{-x}$，$y_3=xe^x+e^{2x}-e^{-x}$ 是某二阶线性非齐次微分方程的三个解，求此微分方程.

解： $y_1-y_3=e^{-x}$ 是齐次方程的解，$y_2-e^{-x}=xe^x$ 为非齐次方程特解. 因而，$y_1-xe^x=e^{2x}$ 为齐次方程的解，即 e^{2x} 与 e^{-x} 是相应齐次方程的两个线性无关的解，且 xe^x 是非齐次方程的一个特解. $y=xe^x+c_1e^{2x}+c_2e^{-x}$ 是所求方程的通解.

由 $y'=e^x+xe^x+2c_1e^{2x}-c_2e^{-x}$，$y''=2e^x+xe^x+4c_1e^{2x}+c_2e^{-x}$ 消去 c_1,c_2 得所求方程为 $y''-y'-2y=e^x-2xe^x$.

三、教学建议

1. 课程思政.

（1）用微分方程的数学发展史对概念进行引入，进行思政. "微分方程是描述自然界现象、刻画自然界规律的一个重要数学模型，不论是方程的起源、发展，还是方程解的不

断探索,在工程技术、生产实践中有着重要的应用".通过该知识点教学,让学员树立万物皆数的数学认识观,学习"实践－理论－实践"实践认识论.

（2）微分方程一般视 y 为因变量,而有的方程需要视 x 为因变量求解方便,所以微分方程中的因变量和自变量是相对的,揭示了唯物辩证法.

2. 思维培养.

在教学中让学员经历几种典型常微分方程的求解过程,认同微分方程的重要地位作用,体会方程思想的实际意义,通过掌握类比、变量代换等思维方法,感受数学思维的巧妙与严谨,尤其是培养通过建立微分方程模型,解决较简单的实际问题的量化思维习惯.

3. 融合应用.

一敌舰在某海域内沿着正北方向航行,我方战舰恰好位于敌舰正西方向 1 km 处.我舰向敌舰发射制导鱼雷,敌舰速度为 0.42 km/min,鱼雷速度为敌舰速度的 5 倍.试问敌舰航行多远时将被击中?

四、达标训练

1. 函数 $y=C-\sin x$,（其中 C 是任意常数）是微分方程 $\dfrac{\mathrm{d}^2 y}{\mathrm{d}x^2}=\sin x$ 的（　　）.

    A. 通解   B. 特解

    C. 是解,但既非通解也非特解   D. 不是解

2. 函数 $y=C-x$ 是微分方程 $x\dfrac{\mathrm{d}^2 y}{\mathrm{d}x^2}-\dfrac{\mathrm{d}y}{\mathrm{d}x}=1$ 的（　　）.

    A. 通解   B. 特解

    C. 是解但既不是通解也不是特解   D. 不是解

3. 微分方程 $y''-5y'+6y=x\mathrm{e}^{2x}$ 的特解形式是（　　）.

    A. $A\mathrm{e}^{2x}+(Bx+C)$ B. $(Ax+B)\mathrm{e}^{2x}$

    C. $x^2(Ax+B)\mathrm{e}^{2x}$ D. $x(Ax+B)\mathrm{e}^{2x}$

4. 微分方程 $y''-2y'+10y=\mathrm{e}^x\cos 3x$ 的一个特解应具有形式（其中 a,b,c,d 为常数）（　　）.

    A. $\mathrm{e}^x(a\cos 3x+b\sin 3x)$ B. $a\mathrm{e}^x\cos 3x+b\mathrm{e}^x\sin 3x$

    C. $\mathrm{e}^x(ax\cos 3x+bx\sin 3x)$ D. $ax\mathrm{e}^x\cos 3x+b\mathrm{e}^x\sin 3x$

5. 微分方程 $y''+y=\sin x-\cos 2x$ 的一个特解应具有形式（其中 a,b,c 为常数）（　　）.

    A. $a\sin x+b\cos x+c\cos 2x$ B. $x(a\sin x+b\cos x)+c\cos 2x$

    C. $a\sin x+b\cos 2x+c\sin 2x$ D. $ax\sin x+bx\cos 2x$

6. 微分方程 $y''-4y'+4y=6x^2+8\mathrm{e}^{2x}$（$a,b,c,E$ 为常数）的一个特解应具有形式（　　）.

    A. $ax^2+bx+c\mathrm{e}^{2x}$ B. $ax^2+bx+c+E x^2\mathrm{e}^{2x}$

    C. $ax^2+b\mathrm{e}^{2x}+cx\mathrm{e}^{2x}$ D. $ax^2+(bx^2+cx)\mathrm{e}^{2x}$

7. 求微分方程 $\dfrac{d^2 y}{dx^2} - 2y = 1$ 的通解.

8. 求微分方程 $3\dfrac{d^2 y}{dx^2} + y = 0$ 的通解.

9. 求以 $y = 3x\,e^{2x}$ 为特解的二阶常系数齐次线性微分方程.

10. 求微分方程 $xy'' - y' = x^2 e^x$ 的通解.

11. 设函数 $y_1(x)$,$y_2(x)$,$y_3(x)$ 都是方程

$$y''(x) + P_1(x)y'(x) + P_2(x)y(x) = Q(x) \quad (1)$$ 的特解,(其中,P_1,P_2,Q 为已知

函数),且 $\dfrac{y_1 - y_2}{y_2 - y_3} \neq$ 常数,

证明:$y = (1 + C_1)y_1 + (C_2 - C_1)y_2 - C_2 y_3$(其中 C_1,C_2 为常数)为方程(1)的通解.

12. 求微分方程 $3y''(x) - 4y'(x) + 2y(x) = 0$ 的通解.

13. 求微分方程 $y'' - 4y' + 3y = 0$ 的积分曲线方程,使其在点 $(0,2)$ 与直线 $x - y + 2 = 0$ 相切.

14. 求微分方程 $y''+3y'+2y=4e^{-2x}$ 的通解.

五、单元检测

单元检测一

一、填空题(每小题 4 分,共 20 分)

1. 方程 $xy\mathrm{d}x+(x^2+1)\mathrm{d}y=0$ 满足 $y\big|_{x=0}=1$ 的特解是_____.

2. 方程 $e^y\mathrm{d}x+(xe^y-2)\mathrm{d}y=0$ 的通解是_____.

3. 方程 $x^2\mathrm{d}y+(xy-y^2)\mathrm{d}x=0$ 满足 $y\big|_{x=1}=4$ 的特解是_____.

4. 方程 $y''=1+(y')^2$ 的通解是_____.

5. 以 $e^x,e^x\sin x,e^x\cos x$ 为特解的阶数最低的常系数齐次线性微分方程是_____.

二、单项选择题(每小题 4 分,共 20 分)

1. 设直线 y_1,y_2 是二阶齐次线性微分方程 $y''+p(x)y'+q(x)y=0$ 的两个特解,C_1,C_2 为任意常数,则 $y=C_1y_1+C_2y_2($ $)$.

   A. 是方程的通解　　　　　　　　B. 是方程的特解

   C. 是方程的解　　　　　　　　　D. 不一定是方程的解

2. 设 $\varphi(x)$ 为可导函数,且 $\varphi(x)=e^x-\int_0^x(x-u)\varphi(u)\mathrm{d}u$,则 $\varphi(x)=($ $)$.

   A. $\cos x+\sin x-e^x$　　　　　　　B. $\cos x+\sin x+e^x$

   C. $\dfrac{1}{2}(\cos x+\sin x+e^x)$　　　　D. $\dfrac{1}{2}(\cos x+\sin x-e^x)$

3. 曲线 $y=y(x)$ 过原点,且在原点处的切线与直线 $2x+y+b=0$ 平行,而 $y(x)$ 满足方程 $y''-2y'+5y=0$,则此曲线的方程为(   ).

   A. $y=-e^x\cos 2x+1$　　　　　　B. $y=e^x\cos 2x-1$

   C. $y=-e^x\sin 2x$　　　　　　　D. $y=e^x\sin 2x$

4. $y^{(4)}+y''=\sin x$ 的特解形式为(   ).

   A. $y^*=A\sin x$　　　　　　　　B. $y^*=x(A\cos x+B\sin x)$

   C. $y^*=x^2(A\cos x+B\sin x)$　　　D. $y^*=xA\cos x$

5. 微分方程 $(1+y^2)y'=2y$ 的通解包含了该方程的(   ).

   A. 大部分特解　　　　　　　　　B. 一切特解

   C. 除 $y=0$ 以外的一切特解　　　　D. 小部分特解

三、(10 分)求微分方程 $xy'+2y=3x^3y^{\frac{4}{3}}$ 的通解.

四、(10 分)设曲线 L 位于第一象限，L 上任意一点 M 处的切线与 x 轴交于 A，已知 $|\overline{MA}| = |\overline{OM}|$，且 L 过 $\left(\dfrac{3}{2}, \dfrac{3}{2}\right)$，求 L 的方程.

五、(10 分)已知物体在空气中冷却的速度与物体和空气的温差成正比，若物体在 20 min 内由 100 ℃ 冷却至 60 ℃，那么在多长的时间内，这个物体的温度降至 30 ℃？(假设空气的温度始终保持为 20 ℃).

六、求下列微分方程的通解(每小题 6 分，共 12 分)

1. $\dfrac{\mathrm{d}y}{\mathrm{d}x} + \varphi'(x)y = \varphi(x)\varphi'(x)$(其中 $\varphi(x)$ 可导).

2. $y''' + 2y'' + y' = 0$.

七、(10 分)求方程 $z'' + \lambda z = 0$ 在条件 $z(0) = 0, z(l) = 0$ 下的解 $z(t)$(λ 为常数).

八、(10 分)求方程 $y'' - y' = \mathrm{e}^x\left(\ln x + \dfrac{1}{x}\right)$ 的通解.

单元检测二

一、填空题(每小题 3 分，共 15 分)

1. 设 $f(x,y), g(x,y)$ 具有一阶连续偏导数，则方程 $xf(x,y)\mathrm{d}y + yg(x,y)\mathrm{d}x = 0$ 为全微分方程的充要条件是：$f(x,y), g(x,y)$ 满足关系式_____.(该题选做)

2. 当 $n = $_____时，方程 $y' + p(x)y = q(x)y^n$ 为一阶线性微分方程.

3. 方程 $y' = \mathrm{e}^{2x-y}$ 的通解为_____.

4. 方程 $y^{(4)} - 2y''' + y'' = 0$ 的通解为_____.

5. 已知过原点的曲线在点 $p(x,y)$ 处的切线的斜率等于 $2x+y$，则该曲线方程为_____.

二、选择题(每小题 3 分,共 15 分)

1. 微分方程 $x^5y''=(y')^3+x^6$ 的阶是(　　).

    A. 1　　　　　　B. 2　　　　　　C. 3　　　　　　D. 6

2. 若 y_1,y_2 是某个二阶线性齐次方程的解,则 $C_1y_1+C_2y_2$(C_1,C_2 是任意常数)必是方程的(　　).

    A. 通解　　　　　B. 特解　　　　　C. 解　　　　　D. 全部解

3. 方程 $y''-2y'=xe^{2x}$ 的一个特解具有形式(　　).

    A. $(Ax+B)e^{2x}$　　B. Axe^{2x}　　　C. Ax^2e^{2x}　　　D. $x(Ax+B)e^{2x}$

4. 已知 y_1,y_2,y_3 为方程 $y''+a_1(x)y'+a_2(x)y=f(x)$ 的三个线性无关的解,则通解为(　　).

    A. $C_1y_1+C_2y_2$　　　　　　　　B. $C_1y_1+C_2y_2+C_3y_3$

    C. $C_1y_1+C_2y_2+y_3$　　　　　　D. $C_1(y_1-y_2)+C_2(y_1-y_3)+y_2$

5. 若连续函数 $f(x)$ 满足关系式 $f(x)=\displaystyle\int_0^{2x}f\left(\frac{t}{2}\right)dt+\ln 2$ 则 $f(x)$ 等于(　　).

    A. $e^x\ln 2$　　　B. $e^{2x}\ln 2$　　　C. $e^x+\ln 2$　　　D. $e^{2x}+\ln 2$

三、解答下列各题(每小题 6 分,共 30 分)

1. 求方程 $(e^{x+y}-e^x)dx+(e^{x+y}+e^y)dy=0$ 的通解.

2. 求解初值问题 $\begin{cases} xy'-y=x\tan\dfrac{y}{x}, \\ y\Big|_{x=2}=\pi. \end{cases}$

3. 求方程 $\dfrac{dy}{dx}=\dfrac{1}{xy(1+xy^2)}$ 满足初始条件 $y\Big|_{x=e}=\sqrt{2}$ 的特解.

4. 求方程 $y''+2ny'+k^2y=0$ 的通解,其中 n,k 为正常数.

5. 证明：方程 $yf(xy)\mathrm{d}x + xg(xy)\mathrm{d}y = 0$ 经变量替换 $u = xy$ 能化为可分离变量方程，并求其通解.

四、此题不做（8 分）设 $f(x)$ 二次可导，$f(0) = 0$，$f'(0) = 1$，且曲线积分 $\displaystyle\int_L \frac{xy}{1+x^2}f'(x)\mathrm{d}x + f(x)\mathrm{d}y$ 与积分路径无关，试确定函数 $f(x)$.

五、（8 分）设 $y_1 = x(2+x^2)$，$y_2 = x^2(x-1)$，$y_3 = x(x+1)^2$ 是一个二阶线性非齐次方程的三个特解，试写出这个方程的具体形式，并求其通解.

六、（8 分）求方程 $y'' - 2y' = \cos^2 x$ 的通解.

七、（8 分）设曲线 L 位于 xOy 平面的第一象限内，L 上任一点 M 处的切线与 y 轴总相交，交点记为 A，已知 $|\overline{MA}| = |\overline{OA}|$，且 L 过点 $\left(\dfrac{3}{2}, \dfrac{3}{2}\right)$，求 L 的方程.

八、（8 分）设质量为 m 的质点从液面由静止开始在液体中下降，假定液体的阻力与速度 V 成正比，试求质点下降时的位移 x 与时间 t 的关系式，并求 $\lim\limits_{t\to+\infty} V(t)$ 的值.

单元检测三

一、填空题（每小题 3 分，共 15 分）

1. 设一个一阶微分方程的通解为 $(x^2+y^2)^2 = C(x^2-y^2)$，则该方程为_____.

2. 微分方程 $y' + y\tan x = \cos x$ 的通解是_____.

3. 微分方程 $yy'' + y'^2 = 0$ 满足初始条件 $y\big|_{x=0} = 1$，$y'\big|_{x=0} = \dfrac{1}{2}$ 的特解是_____.

4. 设 $y=x$ 是微分方程 $xy'+P(x)y=3x$ 的一个解,则该方程满足条件 $y\big|_{x=1}=3$ 的特解是_____.

5. 在变换 $x=\tan t$,$y=\dfrac{z}{\cos t}$ 下,方程 $(1+x^2)^2\dfrac{\mathrm{d}^2y}{\mathrm{d}x^2}=y$ 化为关于未知函数 $z=z(t)$ 的微分方程是_____.

二、选择题(每小题 3 分,共 15 分)

1. 设 $\mu=\mu(x,y)$ 是微分方程 $P(x,y)\mathrm{d}x+Q(x,y)\mathrm{d}y=0$ 的一个积分因子,即 $\mu P\mathrm{d}x+\mu Q\mathrm{d}y=0$ 为全微分方程,则必有( ).

A. $P\dfrac{\partial\mu}{\partial y}-Q\dfrac{\partial\mu}{\partial x}=\mu\left(\dfrac{\partial Q}{\partial x}-\dfrac{\partial P}{\partial y}\right)$　　　B. $P\dfrac{\partial\mu}{\partial y}-Q\dfrac{\partial\mu}{\partial x}=\mu\left(\dfrac{\partial p}{\partial y}-\dfrac{\partial Q}{\partial x}\right)$

C. $P\dfrac{\partial\mu}{\partial x}-Q\dfrac{\partial\mu}{\partial y}=\mu\left(\dfrac{\partial p}{\partial x}-\dfrac{\partial Q}{\partial y}\right)$　　　D. $P\dfrac{\partial\mu}{\partial x}-Q\dfrac{\partial\mu}{\partial y}=\mu\left(\dfrac{\partial Q}{\partial y}-\dfrac{\partial P}{\partial x}\right)$

2. 设曲线积分 $\displaystyle\int_L\big[f(x)-\mathrm{e}^x\big]\sin y\,\mathrm{d}x-f(x)\cos y\,\mathrm{d}y$ 与积分路径无关,其中 $f(x)$ 具有一阶连续导数,且 $f(0)=0$,则 $f(x)$ 等于( ).

A. $\dfrac{\mathrm{e}^{-x}-\mathrm{e}^x}{2}$ 　　　B. $\dfrac{\mathrm{e}^x-\mathrm{e}^{-x}}{2}$ 　　　C. $\dfrac{\mathrm{e}^x+\mathrm{e}^{-x}}{2}-1$ 　　D. $1-\dfrac{\mathrm{e}^x+\mathrm{e}^{-x}}{2}$

3. 已知微分方程 $y''+a_1(x)y'+a_2(x)y=0$ 的一个非零特解 y_1,则另一个与 y_1 线性无关的特解是( ).

A. $y_1\displaystyle\int\dfrac{\mathrm{e}^{-\int a_1(x)\mathrm{d}x}}{y_1^2}\mathrm{d}x$ 　B. $y_1\displaystyle\int\dfrac{\mathrm{e}^{\int a_1(x)\mathrm{d}x}}{y_1^2}\mathrm{d}x$ 　C. $y_1\displaystyle\int\dfrac{\mathrm{e}^{-\int a_1(x)\mathrm{d}x}}{y_1}\mathrm{d}x$ D. $y_1\displaystyle\int\dfrac{\mathrm{e}^{\int a_1(x)\mathrm{d}x}}{y_1}\mathrm{d}x$

4. 微分方程 $y''-y=\mathrm{e}^x+1$ 的一个特解应具有形式(式中 a,b 为常数)( ).

A. $a\mathrm{e}^x+b$ 　　　B. $ax\mathrm{e}^x+b$ 　　　C. $a\mathrm{e}^x+bx$ 　　　D. $ax\mathrm{e}^x+bx$

5. 已知函数 $y=y(x)$ 在任意点 x 处的增量 $\triangle y=\dfrac{y\triangle x}{1+x^2}+\alpha$,且当 $\triangle x\to0$ 时,α 是 $\triangle x$ 的高阶无穷小,$y(0)=\pi$,则 $y(1)$ 等于( ).

A. 2π 　　　B. π 　　　C. $\mathrm{e}^{\frac{\pi}{4}}$ 　　　D. $\pi\mathrm{e}^{\frac{\pi}{4}}$

三、解答下列各题(每小题 6 分,共 30 分)

1. 求微分方程 $x\ln x\mathrm{d}y+(y-\ln x)\mathrm{d}x=0$ 满足条件 $y\big|_{x=\mathrm{e}}=1$ 的特解.

2. 设 $z=xf\left(\dfrac{y}{x}\right)$ 满足关系式 $x\dfrac{\partial y}{\partial x}-y\dfrac{\partial z}{\partial y}=2z$,且 $f(1)=2$,求 $f(u)$ 的表达式.

3. 求方程 $y''' - y'' = 1$ 的通解.

4. 已知 $f(x)$ 为连续函数，且 $\int_1^x tf(t)\mathrm{d}t = x^2 + f(x)$，求 $f(x)$.

5. 在某一人群中推广新技术是通过其中已掌握新技术的人进行的，设该人群的总人数为 N，在 $t=0$ 时刻已掌握新技术的人数为 x_0，在任意时刻 t 已掌握新技术的人数为 $x(t)$（将 $x(t)$ 视为连续可微变量），其变化率与已掌握新技术人数和未掌握新技术人数之积成正比，比例系数 $k>0$，求 $x(t)$.

四、(8 分)设 $f(x)$ 有连续的二阶导数，$f(0)=0$，$f'(0)=1$，且
$$[xy(x+y) - f(x)y]\mathrm{d}x + [f'(x) + x^2 y]\mathrm{d}y = 0$$
是一个全微分方程，求 $f(x)$，并求此全微分方程的通解.

五、(8 分)设在 $(-\infty, +\infty)$ 内有定义，且对任意实数 x, y，都有
$$f(x+y)f(t) = \mathrm{e}^y f(x) + \mathrm{e}^x f(y)$$
已知 $f'(0) = 2$，证明：$f(x)$ 在 $(-\infty, +\infty)$ 内处处可导，并求 $f(x)$.

六、(8 分)设函数 $f(t)$ 在 $[0, +\infty)$ 上连续，Ω 表示空间闭区域：$x^2 + y^2 + z^2 \leqslant t^2$，$z \geqslant 0$，$L$ 是 Ω 在 xOy 面上的投影区域的边界曲线. 已知
$$f(t) = \iiint\limits_{\Omega} f(\sqrt{x^2 + y^2 + z^2})\,\mathrm{d}x\,\mathrm{d}y\,\mathrm{d}z + \oint\limits_{L}(x^2 + y^2)\,\mathrm{d}s，\text{求 } f(t).$$

七、(8 分)设 $F(x)=f(x)g(x)$,其中 $f(x),g(x)$ 在 $(-\infty,+\infty)$ 内满足以下条件:
$f'(x)=g(x),g'(x)=f(x)$,且 $f(0)=0,f(x)+g(x)=2e^x$.

(1) 求 $F(x)$ 所满足的一阶微分方程;

(2)求出 $F(x)$ 的表达式.

八、(8 分)某湖泊的水量为 V,每年排入湖泊内含污染物 A 的污水量为 $\dfrac{V}{6}$,流入湖泊内不含 A 的水量为 $\dfrac{V}{6}$,流出湖泊的数量为 $\dfrac{V}{3}$.已知 1999 年底湖中 A 的含量为 $5m_0$,超过了国家规定的指标.为了治理污染,从 2000 年初起,限定排入湖泊中含 A 污水的浓度不超过 $\dfrac{m_0}{V}$,问:至多需经过多少年,湖泊中污染物 A 的含量降至 m_0 以内(注:设湖水中 A 的浓度是均匀的)?

单元检测一参考答案

一、1. $y=\dfrac{1}{\sqrt{x^2+1}}$;　2. $xe^y-2y=C$;　3. $y=\dfrac{4x}{2-x^2}$;　4. $y=-\ln[\cos(x+C_1)]+C_2$;　5. $y'''-3y''+4y'-2y=0$.

二、1. C　2. C　3. C　4. B　5. C

三、$y^{-\frac{1}{3}}=x^{\frac{2}{3}}\left(-\dfrac{3}{7}x^{\frac{7}{3}}+C\right)$.

四、$y=x$,或 $xy=\dfrac{9}{4}$.

五、60 min.

六、1. $y=\varphi(x)-1+Ce^{-\varphi(x)}$;　2. $y=C_1+(C_2+C_2x)e^{-x}$.

七、$z(t)=C\sin\dfrac{n\pi}{l}t\,(n=1,2,\cdots)$.

八、$y=C_2e^x-C_1+xe^x\left(\ln x+\dfrac{1}{x}\right)$.(令 $p=y'$).

单元检测二参考答案

一、1. $g+yg'_y=f+xf'_x$;　2. $n=0$ 或 1;　3. $e^y=\dfrac{1}{2}e^{2x}+C$;　4. $y=C_1+C_2x+C_3e^x+C_4xe^x$;　5. $y=2e^x-2(x+1)$.

二、1. B　2. C　3. D　4. D　5. B

三、1. $e^{x+y} - e^x + e^y = C$； 2. $x = 2\sin\dfrac{y}{x}$； 3. $\dfrac{1}{x} = e^{-\frac{y^2}{2}} - y^2 + 2$；

4. （1）当 $n > k$ 时，原方程的通解为 $y = e^{-nx}(C_1 e^{\sqrt{n^2 - k^2}\, x} + C_2 e^{-\sqrt{n^2 - k^2}\, x})$；

（2）当 $n = k$ 时，原方程的通解为 $y = (C_1 + C_2)e^{-nx}$；

（3）当 $n < k$ 时，原方程的通解为 $y = -e^{-nx}(C_1 \cos\sqrt{k^2 - n^2}\, x + C_2 \sin\sqrt{k^2 - n^2}\, x)$.

四、$f(x) = \dfrac{x}{2}\sqrt{1 + x^2} + \dfrac{1}{2}\ln(x + \sqrt{1 + x^2})$.

五、所求非齐次线性方程为 $x^2 y'' - 2xy' + 2y = 2x^3$，其通解为 $y = C_1 x + C_2 x^2 + x^3$.

六、$y = C_1 + C_2 e^{2x} - \dfrac{1}{16}(\cos 2x + \sin 2x) - \dfrac{1}{4}x$.

七、$y = \sqrt{3x - x^2}$.

八、$V = \dfrac{mg}{k}\left[1 - e^{-\frac{k}{m}t}\right]$，$\lim\limits_{t \to +\infty} V(t) = \dfrac{mg}{k}$.

单元检测三参考答案

一、1. $(3x^2 - y^2)yy' = (3y^2 - x^2)x$； 2. $y = (x + C)\cos x$； 3. $y = \sqrt{x + 1}$；

4. $y = \dfrac{2}{x^2} + x$； 5. $\dfrac{d^2 z}{dt^2} = 0$.

二、1. A 2. B 3. A 4. B 5. D

三、1. $y = \dfrac{1}{2}\left(\ln x + \dfrac{1}{\ln x}\right)$； 2. $f(u) = \dfrac{2}{\sqrt{u}}$； 3. $y = C_1 + C_2 x + C_3 e^x - \dfrac{x^2}{2}$；

4. $f(x) = 2 - 3e^{\frac{x^2 - 1}{2}}$； 5. $x = \dfrac{Nx_0 e^{kNt}}{N - x_0 + x_0 e^{kNt}}$.

四、$f(x) = 2\cos x + \sin x + x^2 - 2$，$\dfrac{1}{2}x^2 y^2 + (-2\sin x + \cos x)y + 2xy = C$.

五、$f(x) = 2xe^x$.

六、$f(t) = 9(e^{\frac{2\pi}{3}t^3} - 1)$.

七、（1）$F'(x) + 2F(x) = 4e^{2x}$； （2）$F(x) = e^{2x} - e^{-2x}$.

八、$6\ln 3$ 年.

第八章　向量代数与空间解析几何

　　解析几何学创建于 17 世纪前半叶,17 世纪以来数学的巨大发展,在很大程度上应归功于解析几何.1637 年,法国数学家、哲学家笛卡尔的著作《几何学》完成了数学史上一项划时代的变革,他把以往对立着的两个研究对象"形"与"数"统一起来.在笛卡尔的《几何学》问世之前,法国数学家费马就已揭示了解析几何的思想,他有比笛卡尔更为明确的坐标概念.17 世纪中叶,数学家们将二维空间推广到三维空间,费马在 1643 年又简明地描述了三维解析几何思想,他指出,含有三个未知数的方程表示一个曲面.到了 18世纪,三维空间解析几何的进一步发展,约翰·伯努利在 1715 年引进了我们现在通用的三个坐标平面,1731 年克雷洛的著作《关于双重曲率曲线的研究》对解析几何的发展作出了突出贡献,1745 年欧拉给出了现代形式下的解析几何的系统叙述,继欧拉之后,法国数学家蒙日、德国数学家普吕克对解析几何的发展也作出了很大贡献.1788 年,如同笛卡尔把点算术化一样,拉格朗日对向量也做了算术处理,他以类似后来的向量形式表示力、速度和加速度等具有方向的量,这是拉格朗日对解析几何的又发展作出一个重要贡献.向量概念一经提出,引起了数学家和物理学家的注意,18 世纪 80 年代,一门崭新的学科《向量代数》就产生了.由于欧拉、拉格朗日等人的工作,解析几何才变成了一个独立且充满活力的数学分支,成为研究其他数学分支及力学、物理学和自然科学的重要工具.

【教学大纲要求】

　　1. 理解空间直角坐标系,理解向量的概念及其表示,理解向量的坐标表达式,理解单位向量、方向角与方向余弦,会用坐标求向量的模、方向余弦.

　　2. 理解向量的运算(线性运算、数量积、向量积),掌握用坐标表达式进行向量运算的方法,了解两个向量垂直、平行的条件.

　　3. 了解曲面及其方程的概念,会求坐标轴为旋转轴的旋转曲面的方程,会求母线平行于坐标轴的柱面的方程,了解常用二次曲面的标准方程及其图形.

　　4. 了解空间曲线的一般方程和参数方程,了解曲面的交线在坐标平面上的投影.

　　5. 掌握平面的方程及其求法,会求两平面的夹角及点到平面的距离.

　　6. 掌握直线的方程及其求法,会求直线与直线、直线与平面的夹角,会求点到直线的距离,会利用平面、直线的相互关系解决较简单问题.

【学时安排及教学目标】

讲次	课题	教学目标
第8讲	向量的及其线性运算	1. 阐述空间直角坐标系、向量、单位向量、方向角、方向余弦以及向量的坐标表达式的概念，会用代数和几何法表示向量. 2. 会用运算法则、运算律及坐标表达式进行向量的线性运算. 3. 会用坐标求向量的模、方向余弦
第9讲	数量积向量积混合积	1. 结合物理背景阐述理解向量的数量积和向量积的概念. 2. 会用坐标表达式进行向量的数量积和向量积运算. 3. 知道两个向量垂直、平行的条件
第10讲	平面及其方程	1. 能说出曲面及其方程的概念. 2. 准确判断平面的点法式和一般式方程，会灵活根据条件求平面的方程. 3. 会求两平面的夹角及点到平面的距离. 4. 通过参与教学，亲身经历平面方程的获得过程，体验坐标法在处理几何问题中的优越性，体会数形结合的数学思想
第11讲	空间直线及其方程	1. 准确判断空间直线方程三种形式，会灵活根据条件求直线的方程. 2. 会求直线与直线、直线与平面的夹角，会求点到直线的距离. 3. 会利用平面、直线的相互关系解决较简单问题
第12讲	习题课	复习巩固第8—11讲内容
第13讲	曲面及其方程	1. 会求坐标轴为旋转轴的旋转曲面的方程. 2. 会求母线平行于坐标轴的柱面的方程. 3. 认识常用二次曲面图形，知道其标准方程. 4. 学会如何由方程来认识方程所表示几何图形的形状，知道用平行截割法来研究二次曲面的形状，进一步提高建立几何图形的方程的能力，培养发现规律、认识规律的能力，提高化归意识和转化能力
第14讲	空间曲线及其方程	1. 知道空间曲线的一般方程和参数方程. 2. 知道曲面的交线在坐标平面上的投影. 3. 认识常见的特殊曲线，进一步提高由方程来认识方程所表示几何图形的形状，和建立几何图形的方程的能力，培养发现规律、认识规律的能力
第15讲	习题课	复习巩固第13—14讲内容

【知识点思维导图】

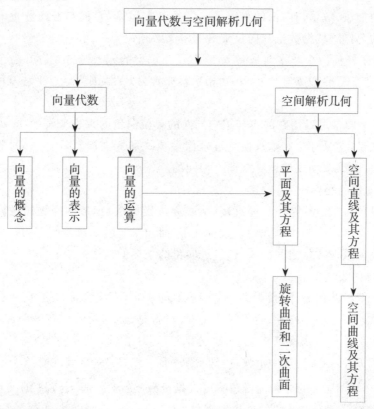

一、重难点分析

(一) 向量及其线性运算

1. 向量的概念.

现实世界中,除数量(纯量或标量)外,还有一种物理量,即所谓向量(矢量).在数学上撇开各种向量的具体物理意义,便得到抽象的几何向量,即具有长度和方向的量.它是有向线段,或者说"有序点偶"(一对有次序的点).向量的大小和方向是组成向量的不可分割的部分,因此在讨论向量的问题时,必须把它的大小和方向统一起来考虑.只考虑向量的大小和方向,而不论它的起点在什么地方,这种向量叫做自由向量,在数学上只讨论自由向量,当一个向量平行移动(即不改变向量的方向)后,就认为向量是不变的,也就是说,向量仅依赖于它的大小、方向,而不依赖于它的起点.因此,以后如果有必要,可以把几个向量画在同一个出发点 o 处.但要注意,一个向量经过旋转以后,就不是原来的向量而变成另一个向量了.另外,必须明确向量是不能比较大小的,但因为向量的长度是实数,所以向量的长度可以比较大小.

两个向量相等必须同时满足三个条件:(1) 两向量的长度相等;(2) 两向量平行(或同在一直线上);(3) 两向量的指向相同.否则两个向量是不相等的.

如果一个向量的模为零,叫它为零向量,记为 **0**,零向量是为了运算需要而引进的特殊向量,它的方向不定.

2. 向量的加法、数量与向量的乘法.

向量的加法、数量与向量的乘法是向量的基本运算,它们与普通数量的加法和乘法是有区别的.另外,根据数量与向量乘法的定义必须说明下面两个问题:

(1) 对于任何两个非零向量 a, b,它们互相平行的充要条件是存在着一个不等于零的常数 λ,使等式 $a = \lambda b$ 成立(a, b 互相平行亦称为共线,因为经过平移就可以使它们在同一直线上);

(2) 一个向量可以用它的模与跟它同向的单位向量的乘积来表示,即 $a = |a| e_a$.

总起来说,向量加法和数乘向量可以像多项式那样去演算,因为它们的运算规律和多项式加法、数乘多项式的运算规律是相同的.

（二）向量的坐标

因向量兼有数、形的特点,能直接(不必通过坐标系)把形的问题用运算的方法去解决.但是,在许多问题中所研究的是数量关系,而向量一般地只是研究的一种工具,因此,就必须明确向量与数量之间的联系,引进向量的坐标的概念.

1. 向量的投影.

同平面解析几何一样,投影是一个很重要的概念,应该注意的是,向量在轴上的投影是一个数量而不是一个向量,也不是一个线段;就是说,向量 $\overrightarrow{AB}$ 在轴 l(轴的方向确定)上的投影并不是有向线段 $\overrightarrow{A'B'}$(A', B' 分别是 A, B 在轴 l 上的垂足)本身,而是 $\overrightarrow{A'B'}$ 在轴上的值 $A'B'$,因此,它是一个数量,即 $\mathrm{Prj}_l \overrightarrow{AB} = A'B'$. 一定要注意这个数量可以是正数(当向量 $\overrightarrow{AB}$ 与轴 l 的夹角为锐角),可以是负数(当向量 $\overrightarrow{AB}$ 与轴 l 的夹角为钝角),也可以是 0(当向量 $\overrightarrow{AB}$ 与轴 l 的夹角为直角).

向量的投影有三个性质,也称投影定理,尤其是投影第一定理 $\mathrm{Prj}_l \overrightarrow{AB} = |\overrightarrow{AB}| \cos(\overrightarrow{AB}, l)$ 十分重要,后面会经常用到.

2. 向量在坐标轴上的投影称为向量的坐标.

应该注意以下两点:

(1) 必须弄清楚向量的坐标与向量在坐标轴上的分向量之间的区别,前者是数量而后者是向量.

(2) 必须分清向量的坐标及点的坐标是两个不同的概念. 向量在某坐标轴的坐标,等于向量的终点在该轴上的坐标减去向量的起点在该轴上的坐标,特别地,如果向量的起点与坐标系的原点重合,这表示当向量的起点在坐标系的原点时,向量的坐标便与向量终点的坐标在数值上相等(注意在概念上两者是不同的,前者是向量的坐标,后者是点的坐标).

3. 向量线性运算的坐标表达式.

利用向量坐标,可以得出向量加、减法及数乘向量运算的坐标表达式.

$a \pm b = (a_x \pm b_x, a_y \pm b_y, a_z \pm b_z), \lambda a = (\lambda a_x, \lambda a_y, \lambda a_z)$.

（三）数量积、向量积、混合积

为了解决与长度和角度有关的所谓度量问题及其理论、实际问题,必须再引进向量的数量积、向量积和混合积三种运算.

1. 数量积.

两向量的数量积对应着力在某段路程所作的功,由此物理问题便抽象出两向量的数量积 $a \cdot b = |a||b|\cos\theta$. 对于数量积概念和使用注意以下几点:

(1) 两向量的数量积是一个数,两向量的数量积是不能推广到三个向量的情形, 事实上,如果两个向量 a 和 b 的数量积(是个数)再与向量 c 相乘,则我们得到的积是向量,它与向量 c 共线.

(2) 在数量积的定义中,若 a 和 b 至少有一个是零向量,则 θ 不能确定,但它们的数量积是零;若 a 和 b 都不是零向量,则 θ 在 0 与 π 之间被 a 和 b 完全确定.

显然,两个向量的数量积等于零的充要条件是 $a = 0$ 或 $b = 0$ 或 $\theta = \dfrac{\pi}{2}$. 为简化某些命题,常常规定零向量是垂直于任何向量的,这样,两个向量互相垂直的充要条件是它们的数量积等于零.

由此可以证明,若一个向量既平行又垂直于一个非零向量,则它是零向量.

(3) 数量积的运算规律与普通代数一样,具有交换律、分配律及关于数因子的结合律,但是,向量的数量积是一种新的运算,它与代数运算又有不同之处,如在向量的数量积的运算中消去律是不成立的. 事实上,当 a, b 和 c 共面时,由 $a \cdot b = a \cdot c$,根据数量积的定义,只能得出 $\mathrm{Prj}_a b = \mathrm{Prj}_a c$,而不能得出 $b = c$.

(4) 数量积 $a \cdot a$ 以 a^2 表示(向量 a 的数量平方),于是 $a^2 = |a|^2$,即向量的数量平方是向量模的平方. 但是,在向量代数中没有数量立方(更没有更高的乘方). 另外,由于 a^2 是正数(向量长的平方),所以可求它的任意次方根,特别是可以求平方根 $\sqrt{a^2}$ (向量 a 的长);但是不能把 $\sqrt{a^2}$ 写成 a^2,因为 a^2 是向量,而 $\sqrt{a^2}$ 则是数. 正确的结果是 $\sqrt{a^2} = |a|$.

(5) 在实用中,一般问题大多数是用坐标来表述,因此,两向量的数量积的坐标表示式 $a \cdot b = a_x b_x + a_y b_y + a_z b_z$ 有时非常简单实用. 并且,两向量的数量积不但可以像多项式一样去演算,并且还可以非常简单地用坐标去计算,因此用起来非常方便,特别是两向量 a 和 b 互相垂直的条件可用坐标表成为 $a_x b_x + a_y b_y + a_z b_z = 0$.

虽然数量积的概念是用长度和角度去定义的,但是从用坐标作计算的角度看,数量积反而比较简单,因此,也常常用数量积去计算长度和角度,即 $|a| = \sqrt{a^2} = \sqrt{a_x^2 + a_y^2 + a_z^2}$, $\cos\theta = \dfrac{a \cdot b}{|a||b|} = \dfrac{a_x b_x + a_y b_y + a_z b_z}{\sqrt{a_x^2 + a_y^2 + a_z^2} \cdot \sqrt{b_x^2 + b_y^2 + b_z^2}}$.

2. 向量积.

两个向量的向量积对应着求力关于点的力矩,由此物理问题便抽象出两向量向量积的定义,两向量的向量积是一个向量而不是一个数量,$|a||b|\sin\theta$ 是向量 a 和 b 的向量积的模而不是向量积本身. 要表达向量积是怎样的一个向量,除了说明它的模以外,还必须同时说明它的方向. 切勿把 $|a||b|\sin\theta$ 当作向量 a 和 b 的向量积,这一点初学者往往容易混淆,因此务必注意. 向量积定义以后,应深入理解:

(1) $|a \times b|$ 的几何意义是以 a 和 b 为两邻边所成平行四边形的面积;

（2）$a \times b = \vec{0}$ 时，有三种情况：$a = \vec{0}$ 或 $b = \vec{0}$ 或 a 和 b 平行，因此，非零向量 a 和 b 互相平行的充要条件是 $a \times b = 0$.

（3）向量积运算中 $a \times b = -b \times a$ 这一性质，它是与普通乘法不一致的，就是说，向量积的交换律是不成立的.

（4）两向量的向量积用它们的坐标表示时，其结果用行列式的形式 $a \times b =$
$\begin{vmatrix} i & j & k \\ a_x & a_y & a_z \\ b_x & b_y & b_z \end{vmatrix}$ 比较容易记忆.

（5）非零向量 a 与 b 互相平行的充要条件可表述为 $\dfrac{a_x}{b_x} = \dfrac{a_y}{b_y} = \dfrac{a_z}{b_z}$，当这个等式的中有分母为 0 的情形时，例如 $\dfrac{a_x}{0} = \dfrac{a_y}{0} = \dfrac{a_z}{2}$，就不能把这种写法看作字面上的意义（因为不能用 0 来除），而是有条件地看作一种简便的写法，它表示了
$2a_y = 0a_z, 0a_z = 2a_x, 0a_z = 2a_y$，即 $a_x = 0, a_y = 0$.

3. 混合积.

三向量的混合积是两个向量的向量积再和第三个向量作数量积而得到的数量，记作 $[a\ b\ c] = (a \times b) \cdot c$.

（1）从几何意义看，混合积是这样的一个数，它的绝对值表示以向量 a, b, c 为棱的平行六面体的体积，如果 a, b, c 构成右手系，混合积的符号是正的；不然，就是负的，即 $V = \pm [a\ b\ c]$.

（2）由混合积的几何意义得三个向量 a, b, c 共面（即三个向量在一个平面上或在平行平面上）的充要条件为 $[a\ b\ c] = 0$，即 $\begin{vmatrix} a_x & a_y & a_z \\ b_x & b_y & b_z \\ c_x & c_y & c_z \end{vmatrix} = 0$.

（四）平面及其方程

平面是一种最简单而且很重要的曲面.

1. 平面的点法式与一般式方程的关系.

由平面的点法式方程 $A(x - x_0) + B(y - y_0) + C(z - z_0) = 0$ 知道，任何平面总可以用 x, y, z 的三元一次方程来表示；反之，任何一个三元一次方程 $Ax + By + Cz + D = 0$ 一定表示一个平面.

（1）空间的平面与一次方程 $Ax + By + Cz + D = 0$ 间的关系，与平面解析几何中直线与一次方程 $Ax + By + C = 0$ 一样，都是十分密切的. 正是由于这个原因，空间平面的问题与平面解所几何中直线的问题便有很多类似之处，因此在学习中将双方对照起来，对学习很有帮助；

（2）平面的法线向量的作用. 如果平面由 $Ax + By + Cz + D = 0$ 给出，则以 x, y, z 的系数 A, B, C 为坐标的向量就是该平面的一法线向量，因此 $n = (A, B, C)$（当 n 是某平面的一个法向量时，对于任何不等于零的常数 $k, k\,n$ 也都是这平面的法向量），这是平面方程的系数的几何意义，要重视这一点.

（3）要确定一个空间平面,除了利用平面的一个法向量及平面上的一个点以外,还可以用其他别的条件,但是,应当注意,其他条件往往都可转化为"平面的一个法向量与平面上的一个点"这种条件.

2. 截距式方程.

在平面方程中,还有一种很重要的方程,就是截距式方程 $\frac{x}{a}+\frac{y}{b}+\frac{z}{c}=1$. 如果已知平面与三坐标轴有交点时,使用截距式方程较方便,一般地,方程化为截距式后,容易画出平面的图形.

3. 平面方程的各种表示式的互相转化.

一般情况下,平面方程的各种表示式是可以互相转化的.

（1）平面方程的任一表达式都可以先化为一般式,而一般式也是很容易化为另一表达式的.

（2）但必须注意,并不是任意一个一般式方程都能化成截距式方程,如一般式方程为 $Ax+By+Cz=0$,这时平面通过原点,即与三坐标轴的截距都是 0,因而不能化成截距式方程,此外,A,B,C 中若其中一个为零时,也都不能化为截距式.

在平面的方程中除须记住平面方程的一般形式以外,还要熟悉下列特殊情形:

$Ax+D=0(A\neq 0)$ 平行 yOz 平面;

$By+D=0(B\neq 0)$ 平行 zOx 平面;

$Cz+D=0(C\neq 0)$ 平行 xOy 平面;

$Ax+By+D=0(A^2+B^2\neq 0)$ 平行 z 轴;(因为其法向量与 z 轴正交)

$Ax+Cz+D=0(A^2+C^2\neq 0)$ 平行 y 轴;

$By+Cz+D=0(B^2+C^2\neq 0)$ 平行 x 轴;

$Ax+By+Cz=0(A^2+B^2+C^2\neq 0)$ 经过原点.

4. 平面的图形的画法.

在直角坐标系中如何画出平面的图形,这对初学空间解析几何者来说,往往是件困难的事,不知怎样下手,下面是根据具体平面特征所对应的几种画法.

（1）对一般平面方程,可通过截距式找出平面与各坐标轴的交点,连结每两个交点就得出它和每个坐标面的交线(叫做平面在各坐标面上的截痕),于是平面在某一卦限部分就画出来了.

（2）对平行某个坐标轴的平面,可找出平面与另两个坐标轴的交点,用直线连结两个交点,再根据平行条件画出.

（3）对通过原点并与坐标轴重合的平面,可利用该平面与 xOy 面的交线和 z 轴画出.

（4）对通过原点且与三个坐标轴都不重合的平面,可先作出该平面与两个坐标平面的交线,然后作一平行四边形,即表示这平面.

5. 两平面的夹角.

由于一个平面的法向量有两个方向,所以两个平面的法线向量的夹角就会有两个角,这两个角互补,于是定义两平面的夹角就是指两平面的法线向量的夹角中的锐角或直角，所以，平面Π_1和Π_2（法线向量分别为$\boldsymbol{n}_1=(A_1,B_1,C_1)$，$\boldsymbol{n}_2=(A_2,B_2,C_2)$）那么平面$\Pi_1$和$\Pi_2$的夹角$\theta$应是$(\widehat{\boldsymbol{n}_1,\boldsymbol{n}_2})$和$(\widehat{-\boldsymbol{n}_1,\boldsymbol{n}_2})=\pi-(\widehat{\boldsymbol{n}_1,\boldsymbol{n}_2})$两者中的锐角（或直角），所以平面$\Pi_1$和$\Pi_2$的夹角$\theta$可由夹角公式

$$\cos\theta=|\cos(\widehat{\boldsymbol{n}_1,\boldsymbol{n}_2})|=\frac{|A_1A_2+B_1B_2+C_1C_2|}{\sqrt{A_1^2+B_1^2+C_1^2}\cdot\sqrt{A_2^2+B_2^2+C_2^2}}$$

来确定，其中的绝对值符号就是取锐角（或直角）的原因.

6. 平面束.

两个不平行的平面：

$$\Pi_1\quad A_1x+B_1y+C_1z+D_1=0,\Pi_2\quad A_2x+B_2y+C_2z+D_2=0,$$

对于任意的常数λ，方程$A_1x+B_1y+C_1z+D_1+\lambda(A_2x+B_2y+C_2z+D_2)=0$恒表示平面. 当$\lambda$取不同的值时，所得到的平面的全体称为由不平行的平面Π_1和Π_2所决定的平面束. 可以证明，由平面Π_1和Π_2所决定的平面束中的任意一个平面，都通过平面Π_1和Π_2的交线l，反过来，通过平面Π_1和Π_2的交线l的任意一个平面必为由平面Π_1和Π_2所决定的平面束中的一个平面.

（五）空间直线及方程

1. 空间直线的一般方程.

空间直线总可以看作是通过该直线的任何两个平面的交线，因此在直角坐标系中，系数不成比例的三元一次方程组$\begin{cases}A_1x+B_1y+C_1z+D_1=0\\A_2x+B_2y+C_2z+D_2=0\end{cases}$表示空间的一条直线，称为直线的一般方程.

2. 直线的点向式方程（或对称式方程）.

直线的点向式方程是

$$\frac{x-x_0}{m}=\frac{y-y_0}{n}=\frac{z-z_0}{p}.$$

（1）点向式方程中有两个等号，形式上是三个方程，但实际上它只含有两个独立方程，如，$\frac{x-x_0}{m}=\frac{y-y_0}{n}$及$\frac{y-y_0}{n}=\frac{z-z_0}{p}$，这两个方程都是一次方程，因而都表示平面，第一个方程中缺少z，这表示第一个平面平行于z轴，第二个方程中缺少x，这表示第二个平面平行于x轴，这两个平面的交线就是点向式方程所给定的直线.

（2）方程中的向量$\boldsymbol{s}=(m,n,p)$称为直线的方向向量，三个坐标m,n,p称为直线的方向数. 因为和直线平行的向量都是它的方向向量，所以一直线的方向数有无穷多组，而每两组的方向数都成比例. 在考虑有关空间直线的问题时，直线的方向向量$\boldsymbol{s}$起着十分重要的作用. 如果直线是对称式方程给出，则以分母中的数m,n,p为坐标的向量就是所给直线的方向向量，因此，方向向量$\boldsymbol{s}=(m,n,p)$. 在应用上直线的对称式方程的形式比较方便的原因也就在此.

（3）由于$\boldsymbol{s}\neq0$，m,n,p不能同时成零，当其中有些个等于零时，形式上出现分母为0的情况，为了便于应用，我们仍采用其写法，不过对于分母为0的分式，它仅表示分子等

于 0. 例如,$\dfrac{x-x_0}{0}=\dfrac{y-y_0}{n}=\dfrac{z-z_0}{p}$,这时方程应理解为 $\begin{cases} x-x_0=0 \\ \dfrac{y-y_0}{n}=\dfrac{z-z_0}{p} \end{cases}$,实际上,$m=0$

和 $x-x_0=0$ 在几何上表示同一事实:其中 $m=0$ 表明了直线和 x 轴垂直,而 $x-x_0=0$

表明了直线在 x 轴的垂直平面上.当 m,n,p 中有两个为零时,例如,$\dfrac{x-x_0}{0}=\dfrac{y-y_0}{0}=$

$\dfrac{z-z_0}{p}$,这时方程应理解为 $\begin{cases} x-x_0=0 \\ y-y_0=0 \end{cases}$.

3. 直线的参数方程.

由直线的对称方程容易得到直线的参数方程 $\begin{cases} x=x_0+mt, \\ y=y_0+nt, \\ z=z_0+pt, \end{cases}$ 但应该注意,参数方程中

的 x_0,y_0,z_0 是直线上一个点的坐标,参数方程中的 m,n,p 是一个平行于直线的非零向量的坐标.在参数方程中,对于不同的 t 值,它对应着直线上不同的点.当直线的方程为参数式时,在许多计算问题中,尤其是求直线与平面的交点时,常常可以使得计算十分方便.

注意:(1) 方程形式的不唯一性.在一条直线上取不同的点,可得到不同的对称方程和参数方程;同样,因为经过一直线的空间平面有无数个,在这些平面中,任何两个平面都可确定该直线,因此,由两个一次方程联立起来表示某一直线的形式也不是唯一的.

(2) 如何由直线的一般方程 $\begin{cases} A_1x+B_1y+C_1z+D_1=0 \\ A_2x+B_2y+C_2z+D_2=0 \end{cases}$ 求得它的对称方程(或者参数方程)呢? 显然需要从中求出直线的某一点和方向向量.

从原方程组容易求到点的坐标,只要任取一个坐标的值代入原方程组,而且在这以后关于剩下的两个坐标的二元一次方程组的系数行列式不等于 0,解出这方程组,就可得到直线上的一点 $M_0(x_0,y_0,z_0)$.

直线的方向向量必垂直于两个平面的法向量 $\boldsymbol{n}_1=(A_1,B_1,C_1)$,$\boldsymbol{n}_2=(A_2,B_2,C_2)$,反过来说,垂直于 $\boldsymbol{n}_1,\boldsymbol{n}_2$ 的任何向量平行于这两个平面,于是也平行于定直线,因此,直线的方向向量 $\boldsymbol{s}$ 可取为 $\boldsymbol{s}=\boldsymbol{n}_1\times\boldsymbol{n}_2$,由此便可写出此直线的对称式方程,进而得到参数方程.

4. 线线角和线面角.

(1) 两直线的夹角.由于两直线的夹角定义为两直线的方向向量的夹角(锐角或直角),直线 L_1(方向向量 $\boldsymbol{s}_1$)和 L_2(方向向量 $\boldsymbol{s}_2$)的夹角 φ 可由 $\cos\varphi=|\cos(\widehat{\boldsymbol{s}_1,\boldsymbol{s}_2})|=$

$\dfrac{|m_1m_2+n_1n_2+p_1p_2|}{\sqrt{m_1^2+n_1^2+p_1^2}\cdot\sqrt{m_2^2+n_2^2+p_2^2}}$ 来确定.由此可以看出,两直线互相垂直的充要条件是

$m_1m_1+n_1n_2+p_1p_2=0$;两直线互相平行的充要条件是 $\dfrac{m_1}{m_2}=\dfrac{n_1}{n_2}=\dfrac{p_1}{p_2}$.

(2)由于直线和平面的夹角 φ 定义为直线和它在平面上的投影直线的夹角(当直线

与平面不垂直时是锐角），当直线与平面垂直时，规定直线与平面的夹角为 $\dfrac{\pi}{2}$. 于是，设直线的方向向量 $s=(m,n,p)$，平面的法线向量为 $n=(A,B,C)$，那么直线与平面的夹角 $\varphi=\left|\dfrac{\pi}{2}-(\widehat{s,n})\right|$，因此 $\sin\varphi=|\cos(\widehat{s,n})|$. 按两向量夹角余弦的坐标表示式，有 $\sin\varphi=$

$$\dfrac{|Am+Bn+Cp|}{\sqrt{A^2+B^2+C^2}\cdot\sqrt{m^2+n^2+p^2}}.$$

（六）曲面及方程

1. 曲面研究的基本问题.

在空间解析几何中，曲面都是作为在某种运动条件下动点的几何轨迹，或作为适合某种几何条件的点的全体；而曲面上所有一切点所具有的共同性质都可以用 x,y,z 间的一个方程来描述，由此，我们把曲面的几何性质的研究归结到它的方程的解析性质的研究. 因此，在空间解析几何中，关于曲面及方程，主要研究两种类型的基本问题：一是，已给某曲面，怎样求出曲面的方程？二是，已给某方程，研究这方程所表示的曲面的形状.

（1）与平面解析几何求曲线方程类似，解决第一类型问题的方法是：先建立适当的空间直角坐标系，设曲面上的任意点 M 的坐标为 (x,y,z)，根据已给条件，建立等量关系，得到关于 x,y,z 的方程，这个方程就是所求的曲面方程.

（2）关于第二类型的问题，即由已给出一个方程 $F(x,y,z)=0$，研究曲面的形状，有两种方法可以解决这个问题：

一是，如果已给的方程在形式上比较简单，或者我们由已给方程很容易知道曲面上的点所满足的充要条件，或者已给方程正是我们研究过的某种曲面的方程，那么，我们就可以直接画出已给方程的图形，或直接用语言来描述已给方程的图形，例如柱面，就是这种类型的例子；

二是，采用"平面截割法"，即通过平行于坐标面的平面去截割所要考察的空间曲面，得到一系列的曲线（即截痕），这些截痕都是平面曲线，因而它们的形状比较容易认识，而空间曲面是由这些曲线所组成的，于是，将从各个方向（即平行于各坐标面）所截得的这些曲线加以综合，从而了解到空间曲面的形状. 例如，对二次曲面的研究，重点使用这种方法.

2. 三种常见的曲面的方程.

三种常见的曲面包括球面、柱面和旋转曲面.

（1）球面. 以点 (a,b,c) 为中心，半径为 R 的球面方程为

$$(x-a)^2+(y-b)^2+(z-c)^2=R^2.$$

作为三元二次方程，可以看出球面方程的特征有下列两点：一是，x^2,y^2,z^2 项的系数相同，因而总可化为 1；二是，二次项 xy,yz,zx 的系数都等于零.

反之，当二次方程的形式为 $x^2+y^2+z^2+Gx+Hy+Kz+L=0$，只要 $G^2+H^2+K^2-4L>0$，这类方程就代表一个球面，事实上，通过将方程配方即可看出这一结论.

方程中含有四个未定系数 G,H,K,L，所以，确定一个球面一般需要四个独立的条

件,例如,经过不在一个平面上的四点确定一个球面.

（2）柱面.在方程 $F(x,y)=0$ 中,表面看缺少变量 z,而实际上缺少变量 z 不是没有 z,而是变量 z 可以任意取,就不显示出来了.原因是,方程没有包含点 (x,y,z) 的竖标 z,因此,如果 (x_1,y_1,z_1) 满足这方程,则 (x_1,y_1,z_2),(x_1,y_1,z_3)…也满足这方程.这就是说,其中竖标 z 是可以任意的,但所有的点 (x_1,y_2,z)（其中 z 是任意的）都在平行于 z 轴且通过点 $(x_1,y_1,0)$ 的直线上,因此方程 $F(x,y)=0$ 所代表的曲面是以 $\begin{cases} F(x,y)=0 \\ z=0 \end{cases}$ 为准线,母线平行于 z 轴的柱面.

同样的,不难看出,凡是出现两个变量的方程,如 $G(x,z)=0$ 与 $H(y,z)=0$,分别代表以 $\begin{cases} G(x,z)=0 \\ y=0 \end{cases}$ 与 $\begin{cases} H(y,z)=0 \\ x=0 \end{cases}$ 为准线,母线平行于 y 轴与 x 轴的柱面.

注意 1:对于一个柱面,它的准线并不是唯一的.例如,任何一个与母线不平行的平面和柱面的交线都可以作为它的准线,但准线不一定是平面曲线.

注意 2:在空间解析几何中,如果没有特别声明,我们总认为一个方程表示曲面,曲线要用两个方程来决定,因为它可看成两个曲面的交线,尤其应该牢记椭圆柱面、双曲柱面及抛物柱面等二次柱面的方程,并能较熟练地在空间直角坐标系中画出它们的图形来,这些柱面都是母线平行于坐标轴的,但若母线不与坐标轴平行时,在柱面方程内会同时出现三个变量 x,y,z,例如,设有一柱面,母线的方向数为 $0,-1,1$（母线不与坐标轴平行）,准线为 $\begin{cases} x^2+y^2=1 \\ z=0 \end{cases}$,为求这柱面的方程,可以写出过准线上点 $P(x_1,y_1,z_1)$,且方向数为 $0,-1,1$ 的直线方程为 $\dfrac{x-x_1}{0}=\dfrac{y-y_1}{-1}=\dfrac{z-z_1}{1}$,解出 x_1,y_1,z_1,但点 P 在准线上,将解出的 x_1,y_1,z_1 带入准线方程,求得柱面方程为 $x^2+(y+z)^2=1$.

（3）旋转曲面.球面可以看作是圆绕其直径旋转而成的曲面,圆柱面可以看作是一条直线绕其平行的另一条直线旋转而产生的曲面,球面及圆柱面都是特殊的旋转曲面.一般的,一条平面曲线绕其同平面上的一条直线旋转面成的曲面就是旋转曲面.

曲线 $\begin{cases} f(x,y)=0 \\ z=0 \end{cases}$ 绕 x 轴与 y 轴旋转所得到的旋转曲面的方程分别为

$$f(x,\pm\sqrt{y^2+z^2})=0 \ \text{与} \ f(\pm\sqrt{x^2+z^2},y)=0.$$

类似地,可以得出其他坐标面上的曲线,绕坐标面内任一坐标轴旋转所得到的旋转曲面的方程,规律是:曲线绕哪个轴转,轴变量不变,把另一个变量变成正负根号下除轴变量之外另两个变量平方和.

可以总结出旋转曲面方程的特点:若一个方程写成 $F(x,y,z)=0$ 的形式,而 F 是其中的一个变数及其他两个变量平方和的函数,如 $F(x,y,z)\equiv\varphi(x^2,y^2,z)$,它就代表一个旋转曲面.

注意:圆锥面 $z^2=K(x^2+y^2)$,旋转椭球面 $\dfrac{x^2}{a^2}+\dfrac{y^2}{b^2}+\dfrac{z^2}{b^2}=1$,旋转抛物面 $z=k(x^2+$

y^2），旋转单叶双曲面 $\dfrac{x^2+y^2}{a^2}-\dfrac{z^2}{c^2}=1$，旋转双叶双曲面 $\dfrac{x^2}{a^2}-\dfrac{y^2+z^2}{c^2}=1$ 是常见也是经常用到的几种旋转曲面，要熟练把握方程特点以及方程对应的图形特征，能手绘草图，为后面学习打好基础，也通过这些常见图形的学习提高空间想象力.

3. 二次曲面.

一个曲面可以用它上面任意点的坐标 x,y,z 的一个方程 $F(x,y,z)=0$ 来表示，因为 x,y,z 的一次方程都是表示平面，所以平面也称为一次曲面. 与平面解析几何中规定的二次曲线相类似，把三元二次方程所表示的图形叫做二次曲面.

讨论二次曲面的重要性：（1）对于比较复杂的多元函数，常能用一次的或二次的这种简单的函数来近似地代替它，在几何上，就是用平面或二次曲面近似地表示较复杂的曲面；（2）一些常见二次曲面所围成的图形是重积分的积分域，所以这部分内容对后面重积分的学习又特别有用；（3）是培养空间想象力的重要素材.

研究二次曲面的形状方法有截痕法和伸缩变形法.

方法一：是用坐标面和平行于坐标面的平面与曲面相截，考察其交线的形状，然后加以综合，从而了解曲面的立体形状，这种方法叫做截痕法. 例如，在椭圆抛物面 $\dfrac{x^2}{a^2}+\dfrac{y^2}{b^2}=z$（截痕有椭圆和抛物线）中，可以用平行于坐标面的一系列平面 $z=z_1,z=z_2,\cdots$ 去截割曲面，得到一系列平行于坐标面 xOy 的椭圆，这些椭圆联成该曲面；或用 $y=y_1,y=y_2,$ $\cdots$ 去截割曲面，所得一系列抛物线联成此曲面. 对于一些不复杂的曲面，特别是二次曲面，用这种方法很有成效. 值得一提的是，对二次曲面中的椭球面、椭圆抛物面、单叶双曲面、双叶双曲面以及双曲抛物面（马鞍面），我们应结合直观教具去仔细体会，确切地掌握截痕法，并且能够较迅速地根据一个具体的曲面写出它的方程及根据一个具体的方程画出它的图形来，以达到十分纯熟的程度.

方法二：伸缩变形法. 设 S 是一个曲面，其方程为 $F(x,y,z)=0$，S' 是将曲面 S 沿 x 轴方向伸缩 λ 倍所得的曲面. 显然，若 $(x,y,z)\in S$，则 $(\lambda x,y,z)\in S'$；若 $(x,y,z)\in S'$，则 $\left(\dfrac{1}{\lambda}x,y,z\right)\in S$. 因此，对于任意的 $(x,y,z)\in S'$，有 $F\left(\dfrac{1}{\lambda}x,y,z\right)=0$，即 $F\left(\dfrac{1}{\lambda}x,y,z\right)=0$

是曲面 S' 的方程. 例如，把圆锥面 $x^2+y^2=a^2z^2$ 沿 y 轴方向伸缩 $\dfrac{b}{a}$ 倍，所得曲面的方程为

$x^2+\left(\dfrac{a}{b}y\right)^2=a^2z^2$，即 $\dfrac{x^2}{a^2}+\dfrac{y^2}{b^2}=z^2$．

（七）空间曲线及方程

1. 一般方程.

空间直线可以作为两平面的交线，同样，空间曲线可以看作两曲面的交线，所以，空间曲线方程的一般形式是 $\begin{cases}F(x,y,z)=0\\G(x,y,z)=0\end{cases}$.

（1）不唯一性. 需要注意的是，可以选择另外两个曲面，使得它们的交线是一样的；换句话说，空间曲线方程的一般形式可以用与它等价的任何两方程所联立的方程组来代

替,所以,用两个曲面方程表示一条曲线的方式,不是唯一的. 例如, $\begin{cases} x^2 + y^2 + z^2 = R^2 \\ z = 0 \end{cases}$,

$\begin{cases} x^2 + y^2 = R^2 \\ z = 0 \end{cases}$, $\begin{cases} x^2 + y^2 + z^2 = R^2 \\ x^2 + y^2 = R^2 \end{cases}$ 这三个方程组从表面上看虽然是不相同的,但都表示

着同一条曲线:xoy 平面上以原点为圆心,R 为半径的圆,从代数的观点来看,它们的解
是相同的.

（2）两个联立的方程不仅可以代表曲线,还可以代表其他图形,或可以不代表任何

图形. 例如,方程组 $\begin{cases} x^2 + y^2 + z^2 = 16 \\ z = 4 \end{cases}$ 代表点 $(0,0,4)$;方程组 $\begin{cases} x^2 + y^2 + z^2 = 0 \\ x + y + z = 1 \end{cases}$ 就不代表

任何几何图形.

2. 空间曲线的参数方程.

空间曲线的参数方程是另一种常用的表示曲线的方法,特别是当曲线作为质点运动

的轨迹时,自然都采用参数方程 $\begin{cases} x = x(t) \\ y = y(t) \\ z = z(t) \end{cases}$ $(a \leqslant t \leqslant b)$,空间曲线的参数方程的一个典

型例子就是螺旋线,参数方程可写为 $\begin{cases} x = a\cos\theta \\ y = a\sin\theta \\ z = b\theta \end{cases}$ $(0 \leqslant \theta \leqslant \infty)$,显然螺旋线不是代数曲

线,但螺旋线的参数方程不仅表示出明确的运动意义,且从方程也比较容易想象它的图
形,在有些问题中,参数方程就充分显示了它的优越性.

3. 空间曲线在坐标面上的投影.

空间曲线在坐标面上的投影是空间解析几何中一个重要的概念,在多元函数积分的
计算中很有用处. 但是,这个概念初学者往往容易混淆和迷惑,所以,我们应尽量结合图
形和实例,很好地理解定义,熟练地掌握求投影曲线的方法.

（1）空间的一条曲线通常用两个方程 $\begin{cases} F(x,y,z) = 0 \\ G(z,y,z) = 0 \end{cases}$ 来定义,因为它可以认作是两

个曲面的交线,自这曲线上每一点作直线垂直于 xOy 平面,垂足的轨迹便是这曲线在
xOy 平面上的投影,同时所作的那种垂线生成一个柱面,称为所给曲线到 xOy 平面上的
投影柱面. 从方程组中消去 z,就得到一个不含变数 z 的方程 $H(x,y) = 0$,它表示一个
母线平行于 z 轴的柱面,因为这个柱面方程是由曲线 L 的方程消去 z 得到的,所以曲线
上的点的坐标一定满足这个方程. 这说明柱面必定包含曲线 L,因此,方程 $H(x,y) = 0$

所表示的柱面必定包含投影柱面,于是,方程 $\begin{cases} H(x,y) = 0 \\ z = 0 \end{cases}$ 所表示的曲线必定包含空间

曲线 L 在 xOy 平面上的投影.

（2）同理,从方程组中消去 x 或 y,再分别与 $x = 0$ 或 $y = 0$ 联立,可以得到曲线在
yOz 或 xOz 平面上的投影的曲线方程.

二、典型例题

（一）有关向量代数运算

1. 用坐标表达式进行向量运算.

例 1 设向量 $a = (1, 2, 2)$，u 轴的正向与三个坐标轴正向交成相等的锐角，试求：（1）向量 a 在 u 轴上的投影；（2）向量 a 与 u 轴的夹角.

解： 设 u 轴上单位向量 $e_u = (\cos\alpha, \cos\beta, \cos\gamma)$，由题设知 $\cos\alpha = \cos\beta = \cos\gamma$. 因 $\cos^2\alpha + \cos^2\beta + \cos^2\gamma = 1$，得 $\cos\alpha = \dfrac{1}{\sqrt{3}}$（舍负值），所以

$$e_u = \left(\frac{1}{\sqrt{3}}, \frac{1}{\sqrt{3}}, \frac{1}{\sqrt{3}}\right).$$

（1）$\mathrm{Pr}j_u a = a \cdot e_u = 1 \times \left(\dfrac{1}{\sqrt{3}}\right) + 2 \times \left(\dfrac{1}{\sqrt{3}}\right) + 2 \times \left(\dfrac{1}{\sqrt{3}}\right) = \dfrac{5}{\sqrt{3}}.$

（2）$\cos\theta = \dfrac{1 \cdot \cos\alpha + 2 \cdot \cos\beta + 2 \cdot \cos\gamma}{\sqrt{1^2 + 2^2 + 2^2}\sqrt{\cos^2\alpha + \cos^2\beta + \cos^2\gamma}} = \dfrac{5}{3\sqrt{3}}$，$\theta = \arccos\dfrac{5}{3\sqrt{3}}.$

2. 计算向量的数量积、向量积、混合积.

例 2 已知 $a = i$，$b = j - 2k$，$c = 2i - 2j + k$，求一单位向量 m，使 $m \perp c$，且 m 与 a, b 共面.

解： 设所求向量 $m = (x, y, z)$，依题意有 $|m| = 1$，则 $x^2 + y^2 + z^2 = 0$ ①

又 $m \cdot c = 0$ 即 $2x - 2y + z = 0$ ②

又 m 与 a, b 共面，则 $\begin{vmatrix} x & y & z \\ 1 & 0 & 0 \\ 0 & 1 & -2 \end{vmatrix} = 0$ 亦即 $2y + z = 0$ ③

联立式①、式②、式③解得 $x = \dfrac{2}{3}, y = \dfrac{1}{3}, z = -\dfrac{2}{3}$ 或 $x = -\dfrac{2}{3}, y = -\dfrac{1}{3}, z = \dfrac{2}{3}$，所以 $m = \pm\left(\dfrac{2}{3}, \dfrac{1}{3}, -\dfrac{2}{3}\right).$

例 3 已知 $(a \times b) \cdot c = 2$，计算 $[(a+b) \times (b+c)] \cdot (c+a)$

解： 利用向量积（叉乘）对加法的分配律得到

$$[(a+b) \times (b+c)] \cdot (c+a) = [a \times b + a \times c + b \times b + b \times c] \cdot (c+a)$$

再利用数量积（点乘）对加法的分配律得到

原式 $= (a+b) \cdot c + (a+b) \cdot a + (a \times c) \cdot c + (a \times c) \cdot a + (b \times c) \cdot c + (b \times c) \cdot a$

最后利用混合积的性质得到，原式 $= (a \times b) \cdot c + (b \times c) \cdot a = 2(a \times b) \cdot c = 2 \times 2 = 4.$

3. 利用向量运算证明（确定）向量关系.

所谓向量关系是指向量平行、垂直、共线、共面及相交等关系，其中向量 a, b 相交的角度可用 $\cos\theta = \dfrac{a \cdot b}{|a||b|}$ 或 $\sin\theta = \dfrac{a \times b}{|a||b|}$ 两式确定.

例 4 已知 $|a| = 2$，$|b| = 3$，$|a-b| = \sqrt{7}$，求夹角 $(a\hat{\ }b) = \theta$.

解： 因 $|a-b|^2 = (a-b) \cdot (a-b) = |a|^2 + |b|^2 - 2a \cdot b = 13 - 2(a \cdot b)$，

由题设得到$(\sqrt{7})^2=13-2(\boldsymbol{a},\boldsymbol{b})$,即$\boldsymbol{a}\cdot\boldsymbol{b}=3$.故$\cos\theta=\dfrac{\boldsymbol{a}\cdot\boldsymbol{b}}{|\boldsymbol{a}||\boldsymbol{b}|}=\dfrac{3}{2\times3}=\dfrac{1}{2}$,即$\theta=(\widehat{\boldsymbol{a},\boldsymbol{b}})=\dfrac{\pi}{3}$.注意计算与向量的模$|\boldsymbol{m}|$有关的问题时,常利用$|\boldsymbol{m}|^2=\boldsymbol{m}\cdot\boldsymbol{m}$,将其与数量积联系起来.

(二)求平面方程

1. 求过已知点的平面方程.

这类题型只给出平面的一个要素(点M_0),另一个要素(该平面的法向量)没有直接给出,需根据题设条件求出.

类型(一) 求过点M_0,且垂直于已知直线L_0的平面方程.这时直线L_0的方向向量$\boldsymbol{s}_0$即为平面的法向量.

类型(二) 求过点M_0,且平行于已知平面π_0的平面方程.这时平面π_0的法向量就是所求平面的法向量.

类型(三) 求过点M_0,且分别平行于两条已知直线L_1,L_2的平面方程.所求平面的法向量$\boldsymbol{n}$同时垂直直线L_1,L_2的方向向量$\boldsymbol{s}_1,\boldsymbol{s}_2$,可取$\boldsymbol{s}=\boldsymbol{s}_1\times\boldsymbol{s}_2$.

类型(四) 求过点M_0,且分别垂直于两个已知平面π_1与π_2的平面方程.这时所求平面的法向量为平面π_1与π_2的法向量的向量积,即$\boldsymbol{n}=\boldsymbol{n}_1\times\boldsymbol{n}_2$.

类型(五) 求过点M_0,且分别平行于直线L_0,垂直于平面π的平面方程.所求平面的法向量为$\boldsymbol{n}=\boldsymbol{s}_0\times\boldsymbol{n}_0$.

类型(六) 求过点M_0,且过直线L_0的平面方程.这时将L_0的方程化为对称式方程,于是L_0上的M_1点和$\boldsymbol{s}_0$均在所求平面上,因而$\boldsymbol{n}=\boldsymbol{s}_0\times\overrightarrow{M_0M_1}$.

类型(七) 求过点M_0和M_1,且垂直于平面π_0的平面方程.易看出所求平面的法向量为$\boldsymbol{n}=\boldsymbol{n}_0\times\overrightarrow{M_0M_1}$.

例1 求过点$M(1,2,-1)$且与直线$\begin{cases}x=-t+2\\y=3t-4\\z=t-1\end{cases}$垂直的平面方程.

解:已知直线的方向向量为$(-1,3,1)$,它也就是所求平面的法向量.故所求平面方程为$-1(x-1)+3(y-2)+(z+1)=0$,即$x-3y-z+4=0$.

例2 设一平面过原点及点$A(6,-3,2)$,且与平面$4x-y+2z=8$垂直,则此平面方程为?

解:已知平面的法向量$\boldsymbol{n}_1=(4,-1,2)$,又$\overrightarrow{OA}=(6,-3,2)$,由$\overrightarrow{OA}\times\boldsymbol{n}_1=(-4,-4,6)$,可取所求平面的法向量为$(2,2,-3)$,由点法式得平面方程为$2x+2y-3z=0$.

2. 求过已知直线的平面方程.

例3 已知$L_1:\dfrac{x-1}{1}=\dfrac{y-2}{0}=\dfrac{z-3}{-1}$,$L_2:\dfrac{x+2}{2}=\dfrac{y-1}{1}=\dfrac{z}{1}$,求过$L_1$且平行于$L_2$的平面方程.

解:注意到L_1上的点$(1,2,3)$在所求的平面上,只需求出所求平面的法向量$\boldsymbol{n}$,显然$\boldsymbol{n}=\boldsymbol{s}_1\times\boldsymbol{s}_2=(1,0,-1)\times(2,1,1)=(1,-3,1)$,

故所求平面方程为 $(x-1)-3(y-2)+(z-3)=0$，即 $x-3y+z+2=0$．

例 4　求过 Ox 轴且与平面 $\pi_0:x+y+z=0$ 成 $\dfrac{\pi}{3}$ 夹角的平面方程．

解：由于所求平面 π 过 Ox 轴，其方程可设为 $By+Cz=0$．又因为该平面与已知平面

π_0 成 $\dfrac{\pi}{3}$ 的夹角，所以有 $\dfrac{1}{2}=\cos\dfrac{\pi}{3}=\dfrac{|\boldsymbol{n}_0\cdot\boldsymbol{n}|}{|\boldsymbol{n}_0||\boldsymbol{n}|}=\dfrac{|B+C|}{\sqrt{B^2+C^2}\sqrt{3}}=\dfrac{|C|\left|\dfrac{B}{C}+1\right|}{|C|\sqrt{\left(\dfrac{B}{C}\right)^2+1}}\dfrac{1}{\sqrt{3}}$

令 $\dfrac{B}{C}=x$，则 $\dfrac{(x+1)}{\sqrt{x^2+1}}=\dfrac{\sqrt{3}}{2}$，即 $x^2+8x+1=0$，解得 $\dfrac{B}{C}=x=-4\pm\sqrt{15}$，即 $B:C=\sqrt{15}$

-4 或 $B:C=-\sqrt{15}-4$．所求平面方程为 $(\sqrt{15}-4)y+z=0$ 或 $y+(\sqrt{15}-4)z=0$．

3．求过两平面交线的平面方程（利用平面束）．

例 5　求过直线 $\begin{cases}x+y-z=0\\x+2y+z=0\end{cases}$ 的两个相互垂直的平面，其中一个过点 $A(0,1,-1)$．

解：因点 A 不在平面 $\pi_2:x+2y+z=0$ 上，故 π_2 不是所求平面，于是可设单参数平面束方程

$x+y-z+\lambda(x+2y+z)=0$，即 $(1+\lambda)x+(1+2\lambda)y+(\lambda-1)z=0$．

又因所求平面之一过点 $A(0,1,-1)$，故 $(1+\lambda)\cdot0+(1+2\lambda)\cdot1+(\lambda-1)(-1)=0$，易求得 $\lambda=-2$，于是所求的平面之一为 $x+y-z+(-2)(x+2y+z)=0$，即 $x+3y+3z=0$．

由题设有 $(1+\lambda)\cdot1+(1+2\lambda)\cdot3+(\lambda-1)\cdot3=0$，故 $\lambda=-\dfrac{1}{10}$，于是所求的另一平面为

$x+y-z+\left(-\dfrac{1}{10}\right)(x+2y+z)=0$，即 $9x+8y-11z=0$．

（三）求直线方程

1．求过已知点的直线方程．

类型（一）　求过点 M_0，且平行于直线 L_0 的直线方程．直线 L_0 的方向向量即为所求直线 L 的方向向量．

类型（二）　求过点 M_0，且垂直于平面 L_0 的直线方程．平面的法向量即为所求直线 L 的方向向量．

类型（三）　求过点 M_0，且垂直于两直线 L_1 和 L_2 的直线方程．所求直线的方向向量为 $\boldsymbol{s}=\boldsymbol{s}_1\times\boldsymbol{s}_2$．

类型（四）　求过点 M_0，且平行于平面 π_1 和 π_2 的直线方程．所求直线的方向向量为 $\boldsymbol{s}=\boldsymbol{n}_1\times\boldsymbol{n}_2$．

类型（五）　求过点 M_0，且平行平面 π_0，垂直于直线 L_0 的直线方程．所求直线的方向向量为 $\boldsymbol{s}=\boldsymbol{n}_0\times\boldsymbol{s}_0$．

例 1　求过点 $(-1,2,3)$，垂直于直线 $\dfrac{x}{4}=\dfrac{y}{5}=\dfrac{z}{6}$ 且平行于平面 $7x+8y+9z+10=$

0 的直线方程.

解：设所求直线的方向向量为 s，已知直线的方向向量为 $s_1=(4,5,6)$，平面的法向量为 $n_1=(7,8,9)$，由题设有 $s \perp s_1$，$s \perp n_1$，因而 $s /\!/ s_1 \times n_1$. 而 $s_1 \times n_1=(-3)(1,-2,1)$，取 $s=(1,-2,1)$，则所求直线方程为 $\dfrac{x+1}{1}=\dfrac{y-2}{-2}=\dfrac{z-3}{1}$.

2. 求过已知点且与已知直线相交的直线方程.

解答这类题型要会利用与直线 L_0 相交的条件，求出一个与直线 L 方向向量 s 垂直的向量. 事实上，过点 M_0 与直线 L_0 可作一个平面 π_0，而所求直线 L 在 π_0 上，因而其法向量 n_0 必垂直于 s.

类型（一） 求通点 M_0 且与直线 L_0 垂直相交的直线方程. 过点 M_0 与直线 L_0 作平面 π_0，其法向量为 n_0，则 $s=n_0 \times s_0$.

类型（二） 求过点 M_0 且垂直于直线 L_1 又与 L_2 相交的直线方程. 过点 M_0 与直线 L_2 作一平面 π_2，$s=s_1 \times (\overrightarrow{M_0M_2} \times s_2)$.

类型（三） 求过点 M_0，且与直线 L_1 相交，又平行于平面 π_0 的直线方程. 过点 M_0 与作平面 π_1，$s=n_0 \times (\overrightarrow{M_0M_1} \times s_1)$.

类型（四） 求过点 M_0 且与直线 L_1 与 L_2 都相交的直线方程. 过点 M_0 与直线 M 作一平面 π_1，$s=(\overrightarrow{M_0M_1} \times s_1) \times (\overrightarrow{M_0M_2} \times s_2)$.

例 2 求过点 $M_0(2,1,3)$ 且与直线 $L_0: \dfrac{x+1}{1}=\dfrac{y-1}{-2}=\dfrac{z}{1}$ 垂直相交的直线方程.

解：过点 M_0 与直线 L_0 作平面 π_0. 令 $M_1=(-1,1,0)$，其法线方向为

$\overrightarrow{M_1M_0} \times s_0=(3,0,3) \times (3,2,-1)=6(-1,2,1)$，

取 $n_0=(-1,2,1)$，则平面 π_0 的方程为 $(x-2)-2(y-1)-(z-3)=0$

而 $n_0 \times s_0=(-1,2,1) \times (3,2,-1)=(-2)(2,-1,4)$，取 $s=(2,-1,4)$.

于是所求直线方程为 $\dfrac{x-2}{2}=\dfrac{y-1}{-1}=\dfrac{z-3}{4}$.

例 3 求过点 $A(-1,0,4)$ 且平行于平面 $\pi: 3x-4y+z-10=0$，又与直线 $L_1: \dfrac{x+1}{1}=\dfrac{y-3}{1}=\dfrac{z}{2}$ 相交的直线方程.

解：过点 A 及直线 L_1，作平面 π_0，令点 $B=(-1,3,0) \in L_1$，则 π_0 的法向量为

$n_0=\overrightarrow{AB} \times s_1=(0,3,-4) \times (1,1,2)=(10,-4,-3)$.

设所求直线的方向向量为 s，则 $s \perp n_0$. 又由题设有 $s \perp n=(3,-4,1)$，而

$n_0 \times n=(10,-4,-3) \times (3,-4,1)=(-16,-19,-28)$.

取 $s=(16,19,28)$，则所求直线方程为 $\dfrac{x+1}{16}=\dfrac{y}{19}=\dfrac{z-4}{28}$.

3. 求与两直线相交的直线方程.

求出待求直线所在的两个不同平面，将其联立即得所求直线方程.

例 4 求与已知直线 $L_1:\dfrac{x+3}{2}=\dfrac{y-5}{3}=\dfrac{z}{1}$ 及 $L_2:\dfrac{x-10}{5}=\dfrac{y+7}{4}=\dfrac{z}{1}$ 相交且与直线

$L_3:\dfrac{x+2}{8}=\dfrac{y-1}{7}=\dfrac{z-3}{1}$ 平行的直线方程.

解：过直线 L_1 且平行于直线 L_3 的平面 π_1，（即为所求直线所在平面之一），其法向

量由 $\begin{vmatrix} i & j & k \\ 2 & 3 & 1 \\ 8 & 7 & 1 \end{vmatrix}=(-2)(2,-3,5)$ 确定，可取 $n_1=(2,-3,5)$，显然 π_1 过 L_1 上的点以

$M_1(-3,5,0)$，故 $\pi_1:2(x+3)+(-3)(y-5)+5z=0$，即 $2x-3y+5z=-21$.　①

同法，可求得过 L_2 且与 L_3 平行的平面 π_2（也为待求直线所在的平面）的方程为 $-x+y+z=-17$.　②

联立方程①与②即得所求直线的方程：$\begin{cases} 2x-3y+5z=-21 \\ -x+y+z=-17 \end{cases}$.

4. 求直线在平面上的投影直线方程.

为求直线 L 在平面 π 上的投影直线方程，先求过直线 L 而与平面 π 垂直的平面 π_1 的方程，将 π_1 与 π 的方程联立，即得所求的投影直线方程. 关键在于求出 π_1 的方程.

例 5 求直线 $L:\dfrac{x-1}{1}=\dfrac{y}{1}=\dfrac{z-1}{-1}$ 在平面 $\pi:x-y+2z-1=0$ 上的投影直线 L_0 的方程.

解：先求过直线 L 且垂直于平面 π 的平面 π_1 的方程，用点法式求之. 平面 π_1 的法向量既垂直于 L 的方向向量 s，又垂直于 n，而 $s\times n=(1,1,-1)\times(1,-1,2)=(1,-3,-2)$.

取 $n_1=s\times n$. 由点法式得 π_1 的方程为 $1\cdot(x-1)-3\cdot(y-0)-2(z-1)=0$，即 $x-3y-2z+1=0$ 则投影直线 L_0 的方程为 $\begin{cases} x-y+2z-1=0 \\ x-3y-2z+1=0 \end{cases}$

（四）直线与平面的位置关系

在直线与平面之间的位置关系中，其法向量与方向向量对讨论起着十分重要的作用.

1. 平面间的位置关系.

例 1 求平面 $2x-2y+z+5=0$ 与各坐标面的夹角的余弦.

解：记该平面与各坐标面的法向量依次为 $n=(2,-2,1)$，$n_z=(0,0,1)$，$n_x=(1,0,0)$，$n_y=(0,1,0)$. 由于平面与平面之间的夹角在 $\left[0,\dfrac{\pi}{2}\right]$ 上取值，故其法向量之间的夹角也在 $\left[0,\dfrac{\pi}{2}\right]$ 上取值. 因而 $\cos\gamma=|\cos(\hat{n,n_z})|=\dfrac{1}{3}$，同法，可求得 $\cos\alpha=\dfrac{2}{3}$，$\cos\beta=\dfrac{2}{3}$

2. 直线与直线的位置关系.

例 2 设直线 $L_1:\dfrac{x-1}{1}=\dfrac{y-5}{-2}=\dfrac{z+8}{1}$ 与 $L_2:\begin{cases} x-y=6 \\ 2y+z=3 \end{cases}$ 则 L_1 与 L_2 的夹角为（　　）.

　A. $\dfrac{\pi}{6}$ 　　　　　B. $\dfrac{\pi}{4}$ 　　　　　C. $\dfrac{\pi}{3}$ 　　　　　D. $\dfrac{\pi}{2}$

解:仅 C 入选.两直线的夹角是指它们的方向向量 s 和 s_2 的不超过 $\frac{\pi}{2}$ 的夹角.显然 $s_1=(1,-2,1)$.将 L_2 的一般式方程化为对称式方程,有 $x-6=y=\frac{(z-3)}{(-2)}$,故 L_2 的方向向量为 $s_2=(1,1,-2)$,于是 $\cos\theta=\frac{|s_1\cdot s_2|}{|s_1||s_2|}=\frac{1}{2}$.因而 L_1 与 L_2 的夹角为 $\frac{\pi}{3}$.

3. 直线与平面的位置关系.

例 3　设直线 $L:\begin{cases}z+3y+2z+1=0\\2x-y-10z+3=0\end{cases}$ 及平面 $\pi:4x-2y+z-2=0$,则 $L($　　$)$.

A. 平行于 π　　　　B. 在 π 上　　　　C. 垂直于 π　　　　D. 与 π 斜交

解:仅 C 入选.易求得直线 L 的方向向量为 $s=(-28,14,-7)=7(-4,2,-1)$ 而平面 π 的法向量为 $n=(4,-2,1)$,因 s 与 n 共线(平行),因而直线 L 与平面 π 垂直.

(五)求点到平面或到直线的距离

例 1　在过直线 $L:\frac{x-1}{0}=\frac{y-1}{1}=\frac{z+3}{-1}$ 的所有平面中找出一个平面使它与原点的距离最远.

解:先将直线 L 的对称式方程化为一般式方程,即 $\begin{cases}x-1=0\\y+z+2=0\end{cases}$ 于是过直线 L 的平面束方程为 $y+z+2+\lambda(x-1)=\lambda x+y+z+2-\lambda=0$.利用公式得到原点到此平面的距离为 $d=\frac{|\lambda\cdot 0+1\cdot 0+1\cdot 0+2-\lambda|}{\sqrt{\lambda^2+1^2+1^2}}=\frac{|2-\lambda|}{\sqrt{2+\lambda^2}}$ 为求出 d 的最大值,令 $f(\lambda)=\frac{(2-\lambda)}{2+\lambda^2}$,则 $f'(\lambda)=\frac{4(\lambda+1)(\lambda-2)}{(\lambda^2+2)^2}$.令 $f'(\lambda)=0$ 得其驻点 $\lambda_1=-1,\lambda_2=2$.因 $f(\lambda)$ 的定义域为 $(-\infty,+\infty)$,而 $\lim\limits_{\lambda\to\pm\infty}f(\lambda)=\lim\limits_{\lambda\to\pm\infty}\frac{(2-\lambda)^2}{2+\lambda^2}=1$,又 $f(-1)=3,f(2)=0$,比较可知,当 $\lambda=-1$ 时 d 取最大值,故所以平面的方程为 $y+z+2+(-1)(x-1)=0$,即 $x-y-z-3=0$.

例 2　求点 $P(3,-1,2)$ 到直线 $L:\begin{cases}x+y-z+1=0①\\2x-y+z-4=0②\end{cases}$ 的距离.

解一:先将所给直线 L 化成对称式方程.求出直线的方向向量 $s=(-1)(0,3,3)$.

由方程①+方程②得到直线 L 的对称式方程为 $\frac{x-1}{0}=\frac{y-0}{3}=\frac{z-2}{3}$.

令 $Q=(1,0,2)$,则 $\overrightarrow{PQ}=(1-3,0-(-1),2-2)=(-2,1,0)$.

令 $s=(0,3,3)$,则 $\overrightarrow{PQ}\times s=(3,6,-6),|\overrightarrow{PQ}\times s|=9$.而 $|s|=3\sqrt{2}$,故所求距离为 $d=\frac{|\overrightarrow{PQ}\times s|}{|s|}=\frac{3\sqrt{2}}{2}$.

解二:先过点 P 作垂直于所给直线的平面,此垂直平面与该直线交于点 Q,则点 P 与 Q 之间的距离即为所求,因此垂直平面的法线向量 n 和直线的方向向量 s 平行,故可取 n

$$=s=\begin{vmatrix} i & j & k \\ 2 & -1 & 1 \\ 1 & 1 & -1 \end{vmatrix}=(0,3,3)$$ 于是所求垂直平面的方程为 $y+z+1=0$. 再求垂直平面与

直线 L 的交点 Q. 求解联立方程组 $\begin{cases} x+y-z+1=0 \\ 2x-y+z-4=0 \\ y+z-1=0 \end{cases}$ 得其解 $x=1,y=-\dfrac{1}{2},z=\dfrac{3}{2}$ 即得其

交点 $Q\left(1,-\dfrac{1}{2},\dfrac{3}{2}\right)$. 所求的距离为 $d=\sqrt{(3-1)^2+\left(-1+\dfrac{1}{2}\right)^2+\left(2+\dfrac{3}{2}\right)^2}=\dfrac{3\sqrt{2}}{2}$.

例 3　直线 L 过点 $Q(2,-3,5)$ 且与三个坐标轴交成等角,求点 $P(-1,2,5)$ 到此直线的距离.

解:设直线 L 的方向向量为 $s=(l,m,n)=(\cos\alpha,\cos\beta,\cos\gamma)$,因它与三个坐标轴交成等角,则 $\cos\alpha=\cos\beta=\cos\gamma$,即 $l=m=n$,故可取 $s=(1,1,1)$. 于是由点到直线的距离公式得到 $d=\dfrac{|\overrightarrow{PQ}\times s|}{\sqrt{1^2+1^2+1^2}}=\dfrac{1}{\sqrt{3}}|-5i-3j+8k|=\dfrac{7}{3}\sqrt{6}$.

（六）求二次曲面方程和空间曲线在坐标面上的投影方程

1. 求坐标面上曲线绕坐标轴旋转所得的旋转曲面方程.

当坐标面上的曲线 $\varGamma$ 绕此坐标面里的一根坐标轴旋转所得的旋转曲面方程可如下求得:将曲线 $\varGamma$ 在坐标平面里的方程保留与旋转轴同名的坐标,而以其他两个坐标平方和的正负平方根代替 $\varGamma$ 方程中的另一个坐标,即得所求旋转曲面方程.

例 1　指出曲面 $\dfrac{x^2}{9}+\dfrac{y^2}{9}-z=0$ 的名称,若是旋转曲面,指出它是什么曲线绕什么轴旋转而成的.

解:旋转抛物面,可看成抛物线 : $\dfrac{x^2}{9}-z=0,y=0$ 绕 z 轴旋转而成,或抛物线 $\dfrac{y^2}{9}-z=0,x=0$ 绕 z 轴旋转而成.

2. 求空间曲线绕坐标轴旋转所得的曲面方程.

常利用曲面上任一点到旋转轴的距离与此空间曲线上相应点到旋转轴的距离相等建立方程.值得注意的是这两点与旋转轴同名的坐标相等.

例 2　求直线 $L:\dfrac{x-1}{1}=\dfrac{y}{1}=\dfrac{z-1}{-1}$ 在平面 $\pi:x-y+2z-1=0$ 上的投影直线 L_0 的方程,并求 L_0 绕 y 轴旋转一周所成曲面的方程.

解:在前面已求得 L_0 的方程,将其改写为对称式方程. 由 $\begin{cases} x-3y-2z+1=0 \\ x-y+2z-1=0 \end{cases}$ 得到 $\begin{cases} x=2(1-2z) \\ y=1-2z \end{cases}$ 即 $x=2y$,将其代入 $x=2(1-2z)$,得 $z=\dfrac{1-y}{2}$,即 $y=-2\left(z-\dfrac{1}{2}\right)$,则 $\dfrac{x}{2}$

$=\dfrac{y}{1}=\dfrac{z-\dfrac{1}{2}}{-\dfrac{1}{2}}$,在旋转面上任取一点 $P(x,y,z)$,过点 P 作 y 轴的垂直平面交 L_0 于点

$Q(x_1, y_1, z_1)$. 又设该垂直平面交 y 轴于点 $M(0, y, 0)$,则 $|PM| = |QM|$,$y = y_1$,即

$$(x-0)^2 + (y-y)^2 + (z-0)^2 = (x_1-0)^2 + (y_1-y)^2 + (z_1-0)^2,$$

化简得:$x^2 + z^2 = x_1^2 + z_1^2$. 又因点 Q 在 L_0 上,有 $\dfrac{x_1}{2} = \dfrac{y_1}{1} = \dfrac{\frac{z_1-1}{2}}{\frac{-1}{2}}$,即

$x_1 = 2y_1 = 2y$,$z_1 = \dfrac{1}{2} - \dfrac{y_1}{2} = \dfrac{1}{2} - \dfrac{y}{2}$ 故所求的曲面方程为

$$x^2 + z^2 = x_1^2 + z_1^2 = 4y^2 + \left[\frac{(1-y)}{2}\right]^2,\text{即 } 4x^2 + 4z^2 - 17y^2 + 2y - 1 = 0.$$

3. 求母线平行于坐标轴的柱面方程.

例 3　柱面的准线方程为 $\begin{cases} x^2 + y^2 + z^2 = 1 \\ 2x^2 + 2y^2 + z^2 = 2 \end{cases}$,母线的方向向量为 $(0, 0, 1)$,求该柱面方程.

解:所求柱面方程是母线平行于 z 轴的柱面方程,因准线方程及母线的方向向量均已知,在准线上任取一点 $M_1(x_1, y_1, z_1)$,则过 M_1 的母线方程为

$$\frac{x-x_1}{0} = \frac{y-y_1}{0} = \frac{z-z_1}{1} \qquad\qquad ①$$

且有 $x_1^2 + y_1^2 + z_1^2 = 1$,$2x_1^2 + 2y_1^2 + z_1^2 = 2$. ②

再设 $\dfrac{x-x_1}{0} = \dfrac{y-y_1}{0} = \dfrac{z-z_1}{1} = t$,则 $x_1 = x$,$y_1 = y$,$z_1 = z-t$ ③

将式③代入式②得到 $x^2 + y^2 + (z-t)^2 = 1$, ④

$2x^2 + 2y^2 + (z-t)^2 = 2$, ⑤

由式④×2—式⑤得到 $(z-t)^2 = 0$,即 $t = z$. ⑥

将式⑥代入式④或式⑤,即得所求的柱面方程为 $x^2 + y^2 = 1$(此为母线平行于 z 轴的圆柱面方程).

4. 求空间曲线在坐标面上的投影方程.

例 4　试求空间曲线 $\Gamma: z = 3x^2 + y^2$,$z = 1 - x^2$ 在平面 xOy 上的投影曲线,并利用投影曲线将曲线 Γ 的方程表示为参数方程.

解:先求空间曲线 Γ 投影到平面 xOy 上的投影柱面. 从空间曲线一般方程消去 z,得到 $3x^2 + y^2 = 1 - x^2$,即 $4x^2 + y = 1$,这是投影柱面方程. 将其与 xOy 平面方程联立,

得投影曲线方程 $\begin{cases} 4x^2 + y^2 = 1 \\ z = 0 \end{cases}$,其参数方程为 $\begin{cases} x = \dfrac{(\cos t)}{2}, \\ y = \sin t, \\ z = 0, \end{cases}$ $0 \leqslant t \leqslant 2\pi$. 原曲线 Γ 的参数

方程为 $\begin{cases} x = \dfrac{(\cos t)}{2}, \\ y = \sin t, \qquad 0 \leqslant t \leqslant 2\pi. \\ z = 1 - \dfrac{\cos^2 t}{4}, \end{cases}$

例 5 曲面: $x^2 + 4y^2 + z^2 = 4$ 与平面 $x + z = a$ 交线在平面 yOz 上的投影方程是（　　）

A. $\begin{cases} (a-z)^2 + 4y^2 + z^2 = 4 \\ x = 0 \end{cases}$ 　　 B. $\begin{cases} x^2 + 4y^2 + (a-x)^2 = 4 \\ z = 0 \end{cases}$

C. $\begin{cases} x^2 + 4y^2 - (a-x)^2 = 4 \\ z = 0 \end{cases}$ 　　 D. $(a-z)^2 + 4y^2 + z^2 = 4$

解一: 由题设知, 曲面与平面的交线在平面 yOz 上的投影应在平面 yOz 上, 故 $x = 0$. 因而 B,D 不对. 又曲面与平面的交线在平面 yOz 上的投影方程不应含变量 x, 故仅 A 入选.

解二: 利用投影曲线方程的求法, 求得投影方程（略）.

三、教学建议

1. 课程思政.

形成事物与事物之间普遍联系及其相互转化的辩证观点; 提高对事物个性与共性之间联系的认识水平. 历经从"特殊——一般——特殊"的认知模式, 完善认知结构. 深化对求平面方程本质的理解, 体会数学的理性与严谨, 逐步养成质疑的科学精神. 展现人文数学精神, 体现数学文化价值及其在社会进步、人类文明发展中的重要作用.

2. 思维培养.

在教学中借助数形结合, 培养直观想象思维, 并培养学员类比、转化、数形结合思维方法, 培养探究、研讨、综合自学应用能力. 通过经历向量及其运算的坐标表示过程, 认识将空间几何结构代数化的过程, 知道向量代数是空间解析几何的基础, 培养用数量积描述功、流量, 用向量积描述力矩、线速度的量化思维意识.

3. 融合应用.

背景:"在山地战争中, 敌我双方都在某一片大山体上, 我军要消灭大山另一侧的敌方据点, 由于山比较大, 通常山上没有公路, 部队行动主要靠步行, 我方突击队在山上应该怎样才能尽快完成任务?"

问题: 在一高为 400 m, 半顶角为 $\dfrac{\pi}{6}$ 的圆锥形山包上, 敌方据点位于点 A 处, 我突击部队位于点 B 处, A 点位于 yOz 面的圆锥母线上距顶点 P 处的距离为 $100\sqrt{2}$ m, B 点位于 zOx 面的圆锥面的母线上距顶点 P 处的距离为 $100(1+\sqrt{3})$ m, 从 B 到 A 的最短距离是将圆锥面沿一条母线展开后的扇形面上 B、A 两点的直线距离, 试求从 B 到 A 的最短距离曲线的向量方程.

四、达标训练

一、选择题

1. 已知向量 $a = i + j + k$, 则垂直于 a 且垂直于 oy 轴的单位向量是（　　）.

A. $\pm\dfrac{\sqrt{3}}{3}(i + j + k)$ 　　　　　　　 B. $\pm\dfrac{\sqrt{3}}{3}(i - j + k)$

C. $\pm\dfrac{\sqrt{2}}{2}(i - k)$ 　　　　　　　 D. $\pm\dfrac{\sqrt{2}}{2}(i + k)$

2. 已知向量 a，b，c 两两相互垂直，且 $p=\alpha a+\beta b+\gamma c$（其中 α，β，γ 是实常数）则 $|p|$ ＝（　　）．

 A. $|\alpha||a|+|\beta||b|+|\gamma||c|$

 B. $|\alpha+\beta+\gamma|(|a|+|b|+|c|)$

 C. $\sqrt{(\alpha^2+\beta^2+\gamma^2)(|a|^2+|b|^2+|c|^2)}$

 D. $\sqrt{|\alpha|^2|a|^2+|\beta|^2|b|^2+|\gamma|^2|c|^2}$

3. 已知 $|a|=2$，$|b|=\sqrt{2}$，且 $a\cdot b=2$，则 $|a\times b|=$（　　）．

 A. 2   B. $2\sqrt{2}$ C. $\dfrac{\sqrt{2}}{2}$ D. 1

4. 已知 $|a|=1$，$|b|=\sqrt{2}$，且 $(a,b)=\dfrac{\pi}{4}$，则 $|a+b|=$（　　）．

 A. 1   B. $1+\sqrt{2}$ C. 2   D. $\sqrt{5}$

5. 已知向量 $a=-i+3j$，$b=3i+j$，向量 c 的模 $|c|=r$，则当 c 满足关系式 $a=b\times c$ 时，r 的最小值为（　　）．

 A. $\dfrac{\sqrt{10}}{10}$ B. 1   C. $\dfrac{\sqrt{35}}{5}$ D. 2

6. 方程 $x^2-\dfrac{y^2}{4}+z^2=1$ 表示的曲面是（　　）．

 A. 旋转双曲面   B. 双叶双曲面   C. 双曲柱面   D. 锥面

7. 方程 $16x^2+4y^2-z^2=64$ 表示（　　）．

 A. 锥面   B. 单叶双曲面

 C. 双叶双曲面   D. 椭圆抛物面

8. 点 $M(1,2,1)$ 到平面 $x+2y+2z-10=0$ 的距离是（　　）．

 A. 1   B. ±1 C. -1 D. $\dfrac{1}{3}$

9. 直线 $\dfrac{x+3}{-2}=\dfrac{y+4}{-7}=\dfrac{z}{3}$ 与平面 $4x-2y-2z=3$ 的关系是（　　）．

 A. 平行，但直线不在平面上   B. 直线在平面上

 C. 垂直相交   D. 相交但不垂直

10. 平面 $3x-3y-6=0$ 的位置是（　　）．

 A. 平行于 xOy 平面   B. 平行于 z 轴，但不通过 z 轴

 C. 垂直于 z 轴   D. 通过 z 轴

二、填空题

1. 已知向量 a 与向量 $c=(4,7,-4)$ 平行且方向相反，若 $|a|=27$，则向量 a ＝_____．

2. 向量 $a=(2,-2,1)$ 在向量 $b=(1,1,-4)$ 上的投影等于_____．

3. 已知向量 $a=(2,1,-1)$，若向量 b 与 a 平行，且 $b\cdot a=3$，则 $|b|=$_____．

4. 若向量 a，b，c 两两成 $60°$ 角，且 $|a|=4$，$|b|=2$ 和 $|c|=6$．则 $|a+b+c|$

= _____ .

5. 已知两点 $A(3,2,-1)$，$B(7,-2,3)$，在线段 AB 上有一点 M，且 $\overrightarrow{AM} = 2\overrightarrow{MB}$，则 $\overrightarrow{OM} =$ _____ .

6. 要使直线 $\dfrac{x-a}{3} = \dfrac{y}{-2} = \dfrac{z+1}{a}$ 在平面 $3x + 4y - az = 3a - 1$ 内，则 $a =$ _____ .

7. 过点 $(1,2,1)$ 与向量 $s_1 = i - 2j - 3k$ 及 $s_2 = -j - k$ 平行的平面方程是 _____ .

三、解答题

1. 求两直线 $\begin{cases} y = 3x - 5 \\ z = -2x + 3 \end{cases}$ 及 $\begin{cases} y = x \\ z = 1 \end{cases}$ 间所夹之锐角.

2. 连接两点 $M(3,10,-5)$ 和 $N(0,12,z)$ 的线段平行于平面 $7x + 4y + z - 1 = 0$，确定 N 点的未知坐标.

3. 求过点 $(1,1,1)$ 且与平面 $x - 2y + 3z - 1 = 0$ 和 $x + y - z - 2 = 0$ 均垂直的平面方程.

4. 求过直线 $\dfrac{x+1}{2} = \dfrac{y+2}{-1} = \dfrac{z-1}{1}$ 及直线 $\begin{cases} x + 2y = 1 \\ y + z = -2 \end{cases}$ 的平面方程.

5. 求过直线 $\begin{cases} x + y = 0 \\ x - y + z - 2 = 0 \end{cases}$ 的两个相互垂直的平面方程，其中一个平面平行与直线 $x = y = z$.

6. 求过直线 $\begin{cases} 3x + 4y - 5z - 1 = 0 \\ 6x + 8y + z - 24 = 0 \end{cases}$ 且与球面 $x^2 + y^2 + z^2 = 4$ 相切的平面方程.

7. 设两条直线 $L_1 : \begin{cases} x-3y+z=0 \\ 2x-4y+z=-1 \end{cases}$ 及 $L_2 : x = \dfrac{y+1}{3} = \dfrac{z-2}{4}$.

(1) 求过 L_1 且平行与 L_2 的平面方程;(2) 求直线 L_1 与 L_2 之间的距离.

8. 一条直线过点 $A(2,-1,3)$ 且与直线 $L : \dfrac{x-1}{2} = \dfrac{y}{-1} = \dfrac{z+2}{1}$ 相交又平行于平面 $3x-2y+z+5=0$,求此直线方程.

9. 求直线 $\begin{cases} x+y-z-2=0 \\ -x+3y-z-2=0 \end{cases}$ 关于坐标平面 $z=0$ 对称的直线方程.

10. 求与两直线 $L_1 : \begin{cases} x=3z-1 \\ y=2z-3 \end{cases}$ 和 $L_2 : \begin{cases} y=2x-5 \\ z=7x+2 \end{cases}$ 垂直且相交的直线方程.

11. 求过点 $M(1,1,1)$ 且与直线 $L_1 : \begin{cases} y=2x \\ z=x-1 \end{cases}$ 和 $L_2 : \begin{cases} y=3x-4 \\ z=2x-1 \end{cases}$ 都相交的直线方程.

12. 直线 L 过点 $M(1,2,3)$ 且与两平面 $x+2y-z=0$ 及 $2x-3y+5z=6$ 都平行,求此直线的对称式方程.

参考答案

一、选择题

1. C　2. D　3. A　4. D　5. B　6. A　7. B　8. A　9. A　10. B

二、填空题

1. $(-12, -21, 12)$；　2. $-\dfrac{2\sqrt{2}}{3}$；　3. $\dfrac{\sqrt{6}}{2}$；　4. -1；　5. $\left(\dfrac{11}{3}, -\dfrac{2}{3}, \dfrac{5}{3}\right)$；

6. -1；　7. $x-y+z=0$.

三、解答题

1. 解：$(\boldsymbol{s}_1, \boldsymbol{s}_2) = \arccos \dfrac{2\sqrt{7}}{7}$，

2. 解：$z=8$

3. 解：平面 $x-2y+3z-1=0$ 和 $x+y-z-2=0$ 的法向量分别为：$\boldsymbol{n}_1=(1,-2,3)$，$\boldsymbol{n}_2=(1,1,-1)$，则 $\boldsymbol{n}_1 \times \boldsymbol{n}_2=(-1,4,3)$. 由于所求平面与平面 $x-2y+3z-1=0$ 和 $x+y-z-2=0$ 均垂直，所以取所求平面的法向量 $\boldsymbol{n}=\boldsymbol{n}_1 \times \boldsymbol{n}_2=(-1,4,3)$，所以所求平面的方程为：$-(x-1)+4(y-1)+3(z-1)=0$，即 $x-4y-3z-6=0$

4. 解：直线 $\dfrac{x+1}{2}=\dfrac{y+2}{-1}=\dfrac{z-1}{1}$ 及直线 $\begin{cases} x+2y=1 \\ y+z=-2 \end{cases}$ 的方向向量分别为：$\boldsymbol{s}_1=(2,-1,1)$，$\boldsymbol{s}_2=(-2,1,-1)$，由于 $\boldsymbol{s}_1$ 与 $\boldsymbol{s}_2$ 平行，故取向量 $\boldsymbol{s}_3=(2,2,-3)$，则 $\boldsymbol{s}_1 \times \boldsymbol{s}_2=(1,8,6)$，由于所求平面过直线 $\dfrac{x+1}{2}=\dfrac{y+2}{-1}=\dfrac{z-1}{1}$ 及直线 $\begin{cases} x+2y=1 \\ y+z=-2 \end{cases}$，所以取平面法向量 $\boldsymbol{n}=(1,8,6)$，所以所求平面方程为：$x+8y+6z+11=0$

5. 解：过直线 $\begin{cases} x+y=0 \\ x-y+z-2=0 \end{cases}$ 的平面束方程为：$x+y+\lambda(x-y+z-2)=0$，由于与直线 $x=y=z$ 平行，则 $1+\lambda+1-\lambda+\lambda=0$，$\lambda=-2$ 于是过直线 $\begin{cases} x+y=0 \\ x-y+z-2=0 \end{cases}$ 且平行与直线 $x=y=z$ 的一个平面为 $x-3y+2z-4=0$，所以过直线 $\begin{cases} x+y=0 \\ x-y+z-2=0 \end{cases}$ 且平面为 $x-3y+2z-4=0$ 垂直的另一个平面为：$4x+2y+z-2=0$

6. 解：过直线 $\begin{cases} 3x+4y-5z-1=0 \\ 6x+8y+z-24=0 \end{cases}$ 的平面束方程为

$3x+4y-5z-1+\lambda(6x+8y+z-24)=0$，

即 $(3+6\lambda)x+(4+8\lambda)y+(-5+\lambda)z-1-24\lambda=0$，由于所求平面与球面相切，

所以 $\dfrac{|-1-24\lambda|}{\sqrt{(3+6\lambda)^2+(4+8\lambda)^2+(-5+\lambda)^2}}=2$，解得 $\lambda_1=-\dfrac{1}{2}$，$\lambda_2=\dfrac{199}{86}$，所以所求平面为 $z-2=0$ 和 $132x+176y-21z-442=0$

7. 解：(1) 过直线 $L_1: \begin{cases} x-3y+z=0 \\ 2x-4y+z=-1 \end{cases}$ 的平面束方程为：

$x-3y+z+\lambda(2x-4y+z+1)=0$，

即：$(1+2\lambda)x-(3+4\lambda)y+(1+\lambda)z+\lambda=0$，由于与 $L_2: x=\dfrac{y+1}{3}=\dfrac{z-2}{4}$ 平行

所以 $(1+2\lambda,-3-4\lambda,1+\lambda)\cdot(1,3,4)=0$，解得：$\lambda=-\dfrac{2}{3}$

所以所求平面为：$x+y-z+2=0$.

(2) $d=\dfrac{|-1-2+2|}{\sqrt{1^2+1^2+(-1)^2}}=\dfrac{1}{\sqrt{3}}$.

8. 解：设所求直线的方向向量为：$s=(m,n,p)$，直线 $L:\dfrac{x-1}{2}=\dfrac{y}{-1}=\dfrac{z+2}{1}$ 上点 $B(1,0,-2)$，方向向量为 $s_1=(2,-1,1)$，由于向量 $s,s_1,\overrightarrow{AB}$ 共面，所以 $(s\times s_1)\cdot\overrightarrow{AB}=$

0，即 $\begin{vmatrix} m & n & p \\ 2 & -1 & 1 \\ -1 & 1 & -5 \end{vmatrix}=4m+9n+p=0$　(1)

又所求直线与 $3x-2y+z+5=0$ 平行，则

$(m,n,p)\cdot(3,-2,1)=3m-2n+p=0$　(2)

联立解得 $m+11n=0$，由于 $m,n\neq0$，于是取 $n=-1$，则 $m=11,p=-35$

所以所求直线方程为 $\dfrac{x-2}{11}=\dfrac{y+1}{-1}=\dfrac{z-3}{-35}$.

9. 解：直线 $\begin{cases} x+y-z-2=0 \\ -x+3y-z-2=0 \end{cases}$ 与坐标平面 $z=0$ 的交点为 $A(1,1,0)$，方向向量为

$s_1=(1,1,-1)\times(-1,3,-1)=(2,2,4)$. 所以关于坐标平面 $z=0$ 对称的直线的方向向

量为 $s_2=(2,2,-4)$，且过点 $A(1,1,0)$，所以所求对称的直线方程为 $\dfrac{x-1}{2}=\dfrac{y-1}{2}=\dfrac{z}{-4}$

或 $\dfrac{x-1}{1}=\dfrac{y-1}{1}=\dfrac{z}{-2}$.

10. 解：在直线 L_1 中令 $z=t$，则其参数方程为 $\begin{cases} x=-1+3t \\ y=-3+2t \\ z=t \end{cases}$ 其方向向量为 $s_1=(3,2,$

$1)$，同理可得直线 L_2 的方向向量为 $s_2=(1,2,7)$. 所以所求直线 L 的方向向量 $s/\!/s_1\times s_2$ $=(3,2,1)\times(1,2,7)=(12,-20,4)$，于是可取 $s=(3,-5,1)$. 由于直线 L 与 L_1,L_2 相交，则直线 L 与 L_1 在同一个平面 π_1 上，直线 L 与 L_2 在同一个平面 π_2 上，故直线 L 即为平面 π_1 与 π_2 的交线. 求 L 与 L_1 所在的平面 π_1：在直线 L_1 上取一点 $A(-1,-3,0)$，$n=s\times s_1=(3,-5,1)\times(3,2,1)=(-7,0,21)$，所以平面 $\pi_1:x-3z+1=0$；同理可求 L 与 L_2 所在平面 $\pi_2:37x+20y-11z+122=0$，所以所求直线方程为 $\begin{cases} x-3z+1=0 \\ 37x+20y-11z+122=0 \end{cases}$

11. 解：设所求直线 L 方程为 $\begin{cases} x=1+mt \\ y=1+nt \\ z=1+pt \end{cases}$，由于 L 与 L_1 相交，所以

$\begin{cases} 1+mt=2(1+mt) \\ 1+pt=mt \end{cases}$ (1) 又 L 与 L_2 相交，所以 $\begin{cases} 1+nt=3(1+mt)-4 \\ 1+pt=2(1+mt)-1 \end{cases}$ (2)

联立(1)(2)可得 $mt=-1,nt=-5,pt=-2$，令 $t=-1$，则 $m=1,n=5,p=2$，所以

所求直线方程为 $\begin{cases} x=1+t \\ y=1+5t. \\ z=1+2t \end{cases}$

12. 解：$\dfrac{x-1}{1}=\dfrac{y-2}{-1}=\dfrac{z-3}{-1}$

五、单元检测

单元检测一

一、填空题（每小题 4 分，共 20 分）

1. 点 $(2,1,0)$ 到平面 $3x-4y+5z=0$ 的距离 $d=$ _____．

2. 若 $(\boldsymbol{a}\times\boldsymbol{b})\cdot\boldsymbol{c}=2$，则 $[(\boldsymbol{a}+\boldsymbol{b})\times(\boldsymbol{b}+\boldsymbol{c})]\cdot(\boldsymbol{c}+\boldsymbol{a})=$ _____．

3. 设平面经过原点和点 $(6,-3,2)$ 且与平面 $4x-y+2z-8=0$ 垂直，则此平面方程为 _____．

4. 过点 $M(1,2,-1)$ 且与直线 $\begin{cases} x=-t+2, \\ y=3t-4, \\ z=-1+t. \end{cases}$ 垂直的平面方程是 _____．

5. 过原点且与两直线 $\begin{cases} x=-1, \\ y=t-1, \\ z=-2+t. \end{cases}$ $\dfrac{x+1}{1}=\dfrac{y+2}{2}=\dfrac{z-1}{1}$ 都平行的平面方程为 _____．

二、单项选择题（每小题 4 分，共 20 分）

1. 设直线 $L_1:\dfrac{x-1}{1}=\dfrac{y-5}{-2}=\dfrac{z+8}{1}$ 与 $L_2:\begin{cases} x-y=6, \\ 2y+z=3 \end{cases}$，则 L_1 与 L_2 的夹角为（　　）．

    A. $\dfrac{\pi}{6}$ B. $\dfrac{\pi}{4}$ C. $\dfrac{\pi}{3}$ D. $\dfrac{\pi}{2}$

2. 设直线 $L:\begin{cases} x+3y+2z+1=0, \\ 2x-y-10z+3=0 \end{cases}$ 及平面 $\Pi:4x-2y+z-2=0$，则直线 L（　　）．

    A. 平行于 Π B. 在 Π 上   C. 垂直于 Π D. 与 Π 斜交

3. 直线 $\begin{cases} x=2t_1-3, \\ y=3t_1-2, \\ z=-4t_1+10. \end{cases}$ 和 $\begin{cases} x=-2t_2+1, \\ y=-3t_2+4, \\ z=4t_2+2. \end{cases}$（　　）．

    A. 相交   B. 重合   C. 平行   D. 异面

4. 非零向量 $\boldsymbol{a},\boldsymbol{b}$ 满足（　　）条件时，$|\boldsymbol{a}+\boldsymbol{b}|<|\boldsymbol{a}-\boldsymbol{b}|$ 成立．

    A. $\boldsymbol{a}/\!/\boldsymbol{b}$ B. $\boldsymbol{a}\perp\boldsymbol{b}$

    C. $\boldsymbol{a},\boldsymbol{b}$ 之间的夹角为锐角   D. $\boldsymbol{a},\boldsymbol{b}$ 之间的夹角为钝角

5. 下列说法正确的是( ).

    A. 若 $a \times b = 0, a \cdot b = 0$ 且 $a \neq 0$,则 $b = 0$

    B. 非零向量 a, b, c 满足 $(a \cdot b)c = a(b \cdot c)$

    C. 两个单位向量之向量积为单位向量

    D. 非零向量 a, b 满足 $(a \cdot b)^2 = a^2 \cdot b^2$

三、(8 分)求点 $(2,3,1)$ 在直线 $\begin{cases} x = t - 7 \\ y = 2t - 2 \\ z = 3t - 2 \end{cases}$ 上的投影.

四、(10 分)求直线 $\begin{cases} x + y + z - 1 = 0, \\ x - y + z + 1 = 0 \end{cases}$ 在平面 $x + y + z = 0$ 上的投影直线方程.

五、(10 分)试证直线 $\dfrac{x+3}{5} = \dfrac{y+1}{2} = \dfrac{z-2}{4}$ 和直线 $\dfrac{x-8}{3} = \dfrac{y-1}{1} = \dfrac{z-6}{2}$ 相交,并求交点以及此两个直线所决定的平面的方程.

六、(10 分)已知直线 L_1 过点 $(0,0,-1)$ 且平行于 x 轴,直线 L_2 过点 $(0,0,1)$ 且垂直于 xOz 面,求到 L_1 与 L_2 等距离的点的轨迹,并作出草图.

七、(10 分)求曲线 $C: \begin{cases} x^2 + z^2 + 3yz - 3x + 3z - 3 = 0 \\ y - z - 1 = 0 \end{cases}$ 关于 xOz 面的投影柱面方程和 C 在 xOz 面上的投影曲线方程.

八、(10 分)椭球面 S_1 是椭圆 $\dfrac{x^2}{4}+\dfrac{y^2}{3}=1$ 绕 x 轴旋转而成,圆锥面 S_2 是过点 $(4,0)$ 且与

椭圆 $\dfrac{x^2}{4}+\dfrac{y^2}{3}=1$ 相切的直线绕 x 轴旋转而成.

(1) 求 S_1 及 S_2 的方程; (2) 求 S_2 被 S_1 截得的有界部分的立体体积.

单元检测二

一、填空题(每小题 3 分,共 15 分)

1. 已知点 $A(-1,0,1)$, $B(7,4,0)$,则 $\overrightarrow{AB}$ 的方向余弦 $\cos\alpha=$ _____ , $\cos\beta=$ _____ , $\cos\gamma=$ _____ .

2. 已知 $|\boldsymbol{a}|=2$, $|\boldsymbol{b}|=3$, $\mathrm{Prj}_{\boldsymbol{b}}\,\boldsymbol{a}=1$,则 $|\boldsymbol{a}-2\boldsymbol{b}|=$ _____ .

3. 过点 $(-1,2,0)$ 且与直线 $\dfrac{x-1}{2}=\dfrac{y}{-1}=\dfrac{2z-1}{2}$ 垂直的平面方程为 _____ .

4. 直线 $\dfrac{x-4}{2}=\dfrac{y+1}{1}=\dfrac{z-3}{3}$ 与 xOy 面的交点 P 的坐标为 _____ .

5. 空间一动点到 Ox 轴的距离与到 yOz 平面的距离相等,则其轨迹方程为 _____ ,该曲面称为 _____ 面.

二、选择题(每小题 3 分,共 15 分)

1. 设 $\boldsymbol{a}$, $\boldsymbol{b}$, $\boldsymbol{c}$ 为非零向量,且 $\boldsymbol{a}\cdot\boldsymbol{b}=0$, $\boldsymbol{a}\times\boldsymbol{c}=\boldsymbol{0}$,则( ).

    A. $\boldsymbol{a}/\!/\boldsymbol{b}$ 且 $\boldsymbol{b}\perp\boldsymbol{c}$ B. $\boldsymbol{a}\perp\boldsymbol{b}$ 且 $\boldsymbol{b}/\!/\boldsymbol{c}$

    C. $\boldsymbol{a}/\!/\boldsymbol{c}$ 且 $\boldsymbol{b}\perp\boldsymbol{c}$ D. $\boldsymbol{a}\perp\boldsymbol{c}$ 且 $\boldsymbol{b}/\!/\boldsymbol{c}$

2. 设有 $l_1:\dfrac{x-1}{1}=\dfrac{y-5}{-2}=\dfrac{z+8}{1}$ 直线与直线 $l_2:\begin{cases}x-y=6,\\2y+z=3,\end{cases}$ 则直线 l_1 与 l_2 的夹角为

( )【注:与测试题一中二.1 重复】

    A. $\dfrac{\pi}{6}$ B. $\dfrac{\pi}{4}$ C. $\dfrac{\pi}{3}$ D. $\dfrac{\pi}{2}$

3. 旋转曲面 $\dfrac{x^2}{9}-\dfrac{y^2}{9}+\dfrac{z^2}{9}=1$ 的旋转轴是( ).

    A. x 轴   B. y 轴   C. z 轴   D. $x=y=z$

4. 方程 $x^2+y^2-z^2=0$ 代表的曲面是( ).

    A. 球面   B. 旋转抛物面

    C. 单叶双曲面   D. 圆锥面

5. 设有直线 $L:\begin{cases}x+3y+2z+1=0,\\2x-y-10z+3=0,\end{cases}$ 及平面 $\pi:4x-2y+z-2=0$,则直线 L( ).

    A. 平行于 π B. 在 π 上

    C. 垂直于 π D. 与 π 斜交

三、解答下列各题（每小题 6 分，共 30 分）

1. 求原点关于平面 $\pi:6x+2y-9z-121=0$ 的对称点 P 的坐标.

2^*. 设 a,b,c 不共面，a,b,c,d 有公共起点，且 $d=\alpha a+\beta b+\gamma c$，问系数 α,β,γ 应满足什么条件，才能使向量 a,b,c,d 的终点在同一平面上.

3^*. 试将曲线 $\begin{cases} x^2+y^2+z^2=9, \\ y=x \end{cases}$ 的一般方程化为参数方程.

4. 曲面 $z=6-x^2-y^2$ 与 $z=\sqrt{x^2+y^2}$ 围成一个空间闭区域 Ω，画出 Ω 的简图与它在各坐标面上的投影区域，并用不等式表示投影区域.

5. 设 AD、BE、CF 为 $\triangle ABC$ 的三条中线，证明 $\overrightarrow{AD}+\overrightarrow{BE}+\overrightarrow{CF}=\mathbf{0}$.

四、（8 分）设 $2a+5b$ 与 $a-b$ 垂直，$2a+3b$ 与 $a-5b$ 垂直，其中 a,b 为非零向量，求 a 与 b 的夹角.

五、（8 分）求过点 $(4,0,7)$ 且与直线 $\dfrac{x+1}{3}=\dfrac{y-1}{2}=\dfrac{z}{-1}$ 垂直相交的直线方程.

六、（8 分）求过点 $(3,1,-2)$ 且通过直线 $\dfrac{x-4}{5}=\dfrac{y+3}{2}=\dfrac{z}{1}$ 的平面方程.

七、（8 分）设 $m=2a+b$，$n=ka+b$，其中 $|a|=1$，$|b|=2$ 且 $a\perp b$，试问：（1）当 k 取何值时，$m\perp n$？（2）当 k 取何值时，以 m，n 为邻边的平行四边形的面积为 6？

八、（8 分）已知柱面 S 的准线方程为 $\begin{cases} x^2+y^2+z^2=1, \\ 2x^2+2y^2+z^2=2, \end{cases}$ 母线平行于直线 $L:\dfrac{x-1}{1}=\dfrac{y+1}{0}=\dfrac{z-2}{-1}$，求此柱面方程.

单元检测三

一、填空题（每小题 3 分，共 15 分）

1. 在顶点 $A(1,-1,2)$，$B(5,-6,2)$ 和 $C(1,3,-1)$ 的三角形中，AC 边上的高 $h=$ _____.

2. 设 A'，B' 分别是定点 $A(1,0,3)$，$B(0,2,5)$ 在直线 $l:\dfrac{x-1}{2}=\dfrac{y-1}{1}=\dfrac{2z+1}{-1}$ 上的垂直投影点，则 $|\overrightarrow{A'B'}|=$ _____.

3. 过点 $M(1,2,-1)$ 且与直线 $\begin{cases} x=-t+2, \\ y=3t-4, \\ z=t-1 \end{cases}$ 垂直的平面方程是 _____.

4. 旋转抛物面 $z=x^2+y^2$ 与抛物柱面 $z=4-x^2$ 的交线在 xOy 面上的投影曲线的方程是 _____.

5. 已知 $|a|=13$，$|b|=9$，$|a+b|=4$，则 $|a-b|=$ _____.

二、选择题（每小题 3 分，共 15 分）

1. 设 $a\cdot b=a\cdot c$，则（　　）.

    A. $b=c$　　　　　　　　　　　　B. $a\perp b$ 且 $a\perp c$

    C. $a=0$ 或 $b-c=0$　　　　　　　D. $a\perp(b-c)$

2. 若直线 $l_1:\dfrac{x-1}{1}=\dfrac{y+1}{2}=\dfrac{z-1}{\lambda}$ 与直线 $l_2:\dfrac{x+1}{1}=\dfrac{y-1}{1}=\dfrac{z}{1}$ 相交，则必有（　　）.

    A. $\lambda=1$　　　　B. $\lambda=\dfrac{3}{2}$　　　　C. $\lambda=-\dfrac{5}{4}$　　　　D. $\lambda=\dfrac{5}{4}$

3. 点 $(1,2,3)$ 关于 x 轴的对称点为（　　）.

    A. $(-1,-2,-3)$　　　B. $(1,-2,-3)$　　　C. $(1,-2,3)$　　　D. $(-1,2,3)$

4. 下列方程中，代表双叶双曲面是（　　）.

    A. $z=x^2+y^2$　　　　　　　　　　B. $z^2=x^2+y^2$

    C. $z^2=1+x^2+y^2$　　　　　　　　D. $z^2=1-x^2-y^2$

5. 设有直线 $l: \dfrac{x-1}{10} = \dfrac{y-2}{-17} = \dfrac{z-1}{1}$ 与平面 $\pi: 2x+y-3z=0$ 的位置关系为（　　）.

A. l 平行于 π 但不重合

B. l 垂直于 π

C. l 与 π 重合

D. l 与 π 斜交

三、解答下列各题（每小题 6 分，共 30 分）

1. 求过点 $P(2,-1,-1)$，$Q(1,2,3)$ 且垂直于平面 $2x+3y+5z+4=0$ 的平面方程.

2. 设直线 L 在 yOz 面上的投影为 $\begin{cases} 2y-3z=1, \\ x=0, \end{cases}$　　在 xOz 面上的投影为 $\begin{cases} x+z=2, \\ y=0, \end{cases}$，求直线在 xOy 面上的投影方程.

3. 试将曲线的一般方程 $\begin{cases} z=x^2+y^2, \\ 2y+z=1 \end{cases}$ 化为参数方程.

4. 设 a, b 不平行，证明向量 $c = \dfrac{|a|b + |b|a}{|a| + |b|}$ 表示 a 与 b 夹角平分线方向.

5*. 求直线 $\dfrac{x}{2} = \dfrac{y-2}{0} = \dfrac{z}{3}$ 绕 z 轴旋转一周所得的旋转曲面方程.

四、（8 分）求直线 $L: \dfrac{x-1}{1} = \dfrac{y+2}{2} = \dfrac{z-1}{1}$ 在平面 $\pi: x-y+z=2$ 上的投影直线的方程.

五、（8 分）设 a, b, c 为一平面在坐标轴上的截距，d 为原点到该平面的距离，证明 $\dfrac{1}{a^2} + \dfrac{1}{b^2} + \dfrac{1}{c^2} = \dfrac{1}{d^2}$.

六、(8分)用向量方法证明:平行四边形为菱形的充分必要条件是对角线互相垂直.

七、(8分)过点$(1,2,-1)$且与两直线 $L_1:\begin{cases} x+2y-z+1=0, \\ x-y+z-1=0 \end{cases}$ 和 $L_2:\begin{cases} 2x-y+z=0, \\ x-y+z=0 \end{cases}$ 平行的平面方程.

八、(8分)有一束平行于直线 $l:x=y=-z$ 的平行光束照射不透明球面 $S:x^2+y^2+z^2=2z$,求球面在 xOy 平面上留下阴影部分的边界线方程.

单元检测一参考答案

一、1. $\dfrac{\sqrt{2}}{5}$; 2. 4; 3. $2x+2y-3z=0$; 4. $x-3y-z+4=0$;

5. $x-y+z=0$.

二、1. C 2. C 3. B 4. D 5. A

三、$(-5,2,4)$.

四、$\begin{cases} x+y+z=0 \\ x-2y+z+2=0. \end{cases}$

五、$(-28,-11,-18),2y-z+4=0$.

六、$x^2-y^2=4z$.

七、$x^2+4z^2+6z-3x-3=0,\begin{cases} x^2+4z^2+6z-3x-3=0 \\ y=0 \end{cases}$.

八、(1) S_1 的方程:$\dfrac{x^2}{4}+\dfrac{y^2+z^2}{3}=1$,$S_2$ 的方程:$y^2+z^2=\dfrac{1}{4}(x-4)^2$(提示:切线方程为 $y=-\dfrac{1}{2}(x-4)$)

(2) 提示:S_2 被 S_1 截得的有界部分的立体可以看成由线段 $y=-\dfrac{1}{2}(x-4)$ $(1\leqslant x\leqslant 4)$绕 x 轴旋转的立体挖去由曲线段 $y=\sqrt{3\left(1-\dfrac{x^2}{4}\right)}$ $(1\leqslant x\leqslant 2)$绕 x 轴旋转的立体组成.

单元检测二参考答案

一、1. $\dfrac{8}{9},\dfrac{4}{9},-\dfrac{1}{9}$; 2. $2\sqrt{7}$; 3. $2x-y+z+4=0$; 4. $(2,-2,0)$;

5. $x^2 = y^2 + z^2$，圆锥面.

二、1. C 2. C 3. B 4. D 5. C

三、1. $(12, 4, -18)$； 2. $\alpha + \beta + \gamma = 1$； 3. $\begin{cases} x = \dfrac{3}{\sqrt{2}} \cos t \\ y = \dfrac{3}{\sqrt{2}} \cos t \\ z = 3 \sin t \end{cases}$ $0 \leqslant t \leqslant 2\pi$；

4. $D_{xy}: \{(x, y) \mid x^2 + y^2 \leqslant 4, z = 0\}$，

$D_{yz}: \{(y, z) \mid -y \leqslant z \leqslant 6 - y^2, -2 \leqslant y \leqslant 0\} \bigcup \{y \leqslant z \leqslant 6 - y^2, 0 \leqslant y \leqslant 2, x = 0\}$，

$D_{xz}: \{x \leqslant z \leqslant 6 - x^2, 0 \leqslant x \leqslant 2, y = 0\} \bigcup \{-x \leqslant z \leqslant 6 - x^2, -2 \leqslant x \leqslant 0\}$；

四、$\dfrac{2\pi}{3}$.

五、$\dfrac{x-4}{2} = \dfrac{y}{-1} = \dfrac{z-7}{4}$.

六、$8x - 9y - 22z = 59$.

七、$k = 5$ 或 $k = -1$.

八、$(x + z)^2 + y^2 = 1$.

单元检测三参考答案

一、1. 5； 2. $\dfrac{2}{\sqrt{21}}$； 3. $x - 3y - z + 4 = 0$； 4. $\begin{cases} \dfrac{x^2}{2} + \dfrac{y^2}{4} = 1 \\ z = 0 \end{cases}$； 5. 22.

二、1. D 2. D 3. B 4. C 5. A

三、1. $3x + 13y + 9z - 2 = 0$. 2. $\begin{cases} 3x + 2y = 7 \\ z = 0 \end{cases}$.

3. $\begin{cases} x = \sqrt{2} \cos t, \\ y = -1 + \sqrt{2} \sin t, 0 \leqslant t \leqslant 2\pi. \\ z = 3 - \sqrt{2} \sin t. \end{cases}$ 5. $\dfrac{x^2 + y^2}{4} - \dfrac{z^2}{9} = 1$.

四、$\begin{cases} x - z = 0 \\ 2x - y - 2 = 0 \end{cases}$.

七、$x - y + z + 2 = 0$.

八、$\begin{cases} x^2 - xy + y^2 - x - y = \dfrac{1}{2} \\ z = 0 \end{cases}$.

第九章　多元微分法及其应用

　　多元函数微分是一元函数微分的推广和发展,是 18 世纪微积分的一个最丰硕的成果.1748 年欧拉和 1797 年拉格朗日关于多元函数概念的定义,都共同反映了 18 世纪的函数特点:将函数定义为解析表达式.其后多元函数也经历了与一元函数相同的发展阶段,多元函数偏导数研究的主要动力来自早期偏微分方程方面的工作,其中主要的贡献者是方丹、欧拉、克雷洛和达朗贝尔,开始人们并没能明确地认识到偏导数与通常导数之间的区别,对两者都用同样的记号"d"来表示,关于偏导数的运算是由欧拉研究流体力学问题的一系列文章提供,而达朗贝尔则推广了偏导数的运算,1734 年欧拉提出了偏导数关于微分后的结果与微分次序无关的理论,直到 100 多年后,才由德国数学家许瓦尔兹在二阶偏导数连续的条件下,给出了严格的证明,欧拉还给出了全微分的可积条件.另外,欧拉于 1755 年,拉格朗日于 1759 年曾先后研究了二元函数的极值,1797 年拉格朗日阐明了条件极值的理论,为多元函数极值理论的发展做出了杰出的贡献.

【教学大纲要求】

　　1. 理解多元函数的概念,理解二元函数的几何意义.

　　2. 了解二元函数的极限和连续的概念,了解有界闭区域上连续函数的性质.

　　3. 理解偏导数和全微分的概念,会求偏导数和全微分,了解二元函数连续与偏导数存在以及全微分存在的必要条件和充分条件.

　　4. 了解高阶偏导数的概念,会求二阶偏导数.

　　5. 掌握复合函数一阶偏导数的求法,会求复合函数的二阶偏导数.

　　6. 了解隐函数存在定理,会求一个方程或由两个方程构成的方程组确定的隐函数的一阶偏导数.

　　7. 了解一元向量值函数及其导数的概念与计算方法.

　　8. 理解方向导数与梯度的概念,并掌握其计算方法.

　　9. 了解空间曲线的切线和法平面及曲面的切平面和法线的概念,会求它们的方程.

　　10. 理解多元函数的极值、条件极值及最大值、最小值的概念,了解二元函数取极值的必要条件与充分条件,会求二元函数的极值,会用拉格朗日乘数法求条件极值,会求较简单的最大值与最小值的应用问题.

【学时安排及教学目标】

讲次	课题	教学目标
第16讲	多元函数的基本概念	1. 阐述多元函数的概念. 2. 理解二元函数的几何意义. 3. 解释二元函数的极限和连续的概念. 4. 描述有界闭区域上连续函数的性质. 5. 经历函数概念从一元推广到多元,培养类比推广的数学思想
第17讲	偏导数	1. 阐述偏导数的概念(定义与几何意义). 2. 会求偏导数. 3. 解释二元函数连续与偏导数存在的关系. 4. 了解高阶偏导数的概念,会求二阶偏导数. 5. 经历函数导数从一元推广到多元,培养掌握类比推广的数学思想方法
第18讲	全微分	1. 阐述全微分的概念.(定义与几何意义). 2. 会求全微分. 3. 描述全微分存在的必要条件和充分条件. 4. 经历函数微分从一元推广到多元,培养掌握类比推广的数学思想方法
第19讲	习题课	复习巩固第16—18讲内容
第20讲	多元复合函数的求导法则	1. 通过对复合函数法则的学习,能够熟练求出复合函数的一阶偏导数. 2. 会求复合函数的二阶偏导数. 3. 通过对复合函数求导法则的学习,培养分析归纳、抽象概括的能力以及联系与转化的思维方法
第21讲	隐函数的求导公式	1. 说出隐函数存在定理. 2. 会求一个方程或由两个方程构成的方程组确定的隐函数的一阶偏导数
第22讲	习题课、一元向量值函数	复习巩固第20—21讲内容.能说出一元向量值函数及其导数的概念,知道导数计算方法
第23讲	多元函数微分学的几何应用	1. 能说出空间曲线的切线和法平面及曲面的切平面和法线的概念. 2. 会求空间曲线的切线和法平面及曲面的切平面和法线的方程
第24讲	方向导数与梯度	1. 阐述方向导数与梯度的概念. 2. 熟练掌握方向导数与梯度的计算方法. 3. 明确方向导数与梯度的关系

续表

讲次	课题	教学目标
第 25 讲	多元函数的极值及其求法	1. 阐述多元函数的极值、条件极值及最大值、最小值的概念. 2. 知道二元函数取极值的必要条件与充分条件. 3. 会求二元函数的极值. 4. 会用拉格朗日乘数法求条件极值. 5. 会求较简单的最大值与最小值的应用问题
第 26 讲	习题课	复习巩固第 23—25 讲内容

【知识点思维导图】

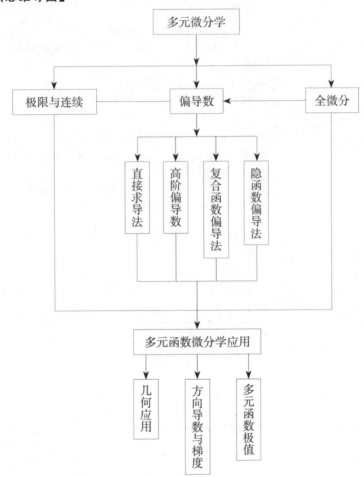

一、重难点分析

（一）多元函数的基本概念

与一元函数类似，多元函数、极限及连续，是多元函数微分学的理论基础. 在学习中要经常采用类比的方法，与一元函数相对比，一方面要注意它与一元函数的共性，另一方面更要注意它自身的个性，切忌想当然地把一元函数中的结论推广到多元函数中来.

1. 多元函数定义.

一元函数只是一个变量依赖于一个变量的简单情形,但存在于物质世界中的联系及规律的研究往往牵涉到多方面的因素,从数学角度来看,就是一个变量依赖于几个自变量的情形,因此,研究多元函数及其有关理论在实践中具有十分重要的意义.

(1) 定义中两要素. 和一元函数一样,多元函数的定义包含着两个要点:一是对应关系,二是定义域,后者在不致发生误解的情况下常常略而不写函数的定义域,即自变量的取值范围,它指出了函数在什么范围内是确定的,一元函数的自变量只有一个,因此函数的定义域大部分是区间,多元函数具有多个自变量,从而函数的定义域就比较复杂了. 二元函数的定义域是平面上的点集,三元函数的定义域是空间上的点集,而当自变量多于三个时,函数的定义域就没有直观的几何意义了. 但要注意,多元函数的定义域和定义区域不是一回事,即定义域不一定是具有连通性的区域.

(2) 几何意义. 二元函数 $z=f(x,y)$ 的几何意义一般来说是空间中的一个曲面. 由于二元函数总假定它是单值的,显然,通过函数的定义域中任何一点作直线平行于 z 轴时只能与函数图形交于一点.

2. 极限.

与一元函数一样,二元函数的极限描述了当自变量变化时函数的变化趋势,
$$\lim_{(x,y)\to(x_0,y_0)}f(x,y)=A \text{ 或者 } \lim_{\rho\to 0}f(x,y)=A.$$

(1) $(x,y)\to(x_0,y_0)$ 的方向是任意的,路径又是多种多样的,如果把点 (x,y) 与定点 (x_0,y_0) 之间的距离记作 $\rho=\sqrt{(x-x_0)^2+(y-y_0)^2}$,显然不论 (x,y) 趋向于 (x_0,y_0) 的过程多么复杂,利用关系式 $\rho\to 0$ 来描述极限过程 $(x,y)\to(x_0,y_0)$ 最为简单.

(2) 二元函数极限的定义实际上是一元函数极限定义的推广,所以一元函数中的极限运算法则可以推广到多元函数的情况.

(3) 二元函数 $f(x,y)$ 在点 $P_0(x_0,y_0)$ 处的极限存在的充要条件是:点 $P(x,y)$ 以任何方式趋向于点 $P_0(x_0,y_0)$ 时,函数 $f(x,y)$ 的极限均存在而且相等.

利用该充要条件的逆否命题,在二元函数 $f(x,y)$ 中,要判断极限不存在,只要找到一种方式的极限 $\lim_{(x,y)\to(x_0,y_0)}f(x,y)$ 不存在或有两种方式使 $\lim_{(x,y)\to(x_0,y_0)}f(x,y)$ 存在,但二者不相等,就可以断定 $f(x,y)$ 在点 (x_0,y_0) 处极限不存在.

由此可以看出,二元函数极限理论与一元函数极限理论的一个本质差异,这种差异深刻地反映了从一维空间到二维空间中结构的变化,并且二元函数极限要比一元函数极限复杂得多,研究起来往往也比较困难,不过对于实际问题所遇到的函数,大多是初等函数,和一元函数一样,初等函数在定义域内不但有极限,且极限值就等于函数值,所以,在极限中遇到的许多困难,利用函数的连续性是可以迎刃而解的.

3. 连续.

类似一元函数连续的概念,二元函数的连续概念是 $\lim_{(x,y)\to(x_0,y_0)}f(x,y)=f(x_0,y_0)$.

(1) 二元函数在一点 $P_0(x_0,y_0)$ 处连续的定义,要考虑到这函数的极限以及这函数在点 P_0 的函数值. 因此,二元函数在一点 P_0 处的连续性牵涉到在点 P_0 的整个邻域上

函数的变化情况.

（2）从二元函数的几何表示，可以把函数 $f(x,y)$ 在 $P_0(x_0,y_0)$ 处连续，直观地想象为曲面 $z=f(x,y)$ 在这点附近是连接着的. 如果 $f(x,y)$ 在 $P_0(x_0,y_0)$ 处不连续，那可能是曲面 $z=f(x,y)$ 在 $P_0(x_0,y_0)$ 处有个"洞"或者经过它有条"缝".

（3）如果 $f(x,y)$ 在 $P_0(x_0,y_0)$ 处处连续，则 $f(x,y_0)$ 与 $f(x_0,y)$ 作为一元函数，分别在 $x=x_0$ 与 $y=y_0$ 处连续，即 $\lim\limits_{x \to x_0} f(x,y_0)=f(x_0,y_0)$，$\lim\limits_{y \to y_0} f(x_0,y)=f(x_0,y_0)$. 但是，反过来不一定成立，因为由函数沿两个特殊路径逼近时的趋势不能推知它沿其他路径逼近的情况.

（4）与一元函数类似，可以证明，连续函数经过四则运算所成的函数仍然是连续的，连续函数经过复合运算所成的函数也是连续的. 一元连续函数的许多性质都可以推广到多元函数中，但遇到"闭区间"时要改为"闭区域".

一切多元初等函数在其有定义的点处都是连续的. 因此，对于这些函数，求极限时只要把自变量所趋向的值直接代入函数的分析表达式即可.

（二）偏导数

1. 偏导数的概念.

偏导数的本质是一元函数的导数.

（1）类比一元函数的导数是函数的增量与自变量的增量的比的极限，二元函数偏增量与对应自变量的增量比的极限就是二元函数的偏导数，如

$$\frac{\partial z}{\partial x}=\lim\limits_{\Delta x \to 0} \frac{\Delta_x z}{\Delta x}=\lim\limits_{\Delta x \to 0} \frac{f(x+\Delta x,y)-f(x,y)}{\Delta x}.$$

（2）在 1814 年以前，偏导数的记号与一元函数的导数记号是相同，z 对 x 的偏导数也写为 $\frac{\mathrm{d}z}{\mathrm{d}x}$，自从德国数学家雅可比于 1814 年倡议，以 ∂ 代替 d 以后，很快就得到数学界普遍采用，习惯上，读作"偏". 注意，采用记号 $\frac{\partial z}{\partial x}$ 时，应将看成一个不可分离的记号，不能将它看作 ∂z 与 ∂x 的商.

（3）由函数变化率的概念，再根据偏导数的定义可知，二元函数的偏导数可以说成是函数沿着两个特殊方向，即一平行 x 轴，另一平行 y 轴的函数的变化率. 由此可得出二元函数偏导数的几何意是：$f_x(x_0,y_0)(f_y(x_0,y_0))$ 是曲面被平面 $y=y_0(x=x_0)$ 所截得的曲线在点 $M_0(x_0,y_0)$ 处的切线 $M_0T_x(M_0T_y)$ 对 x 轴（y 轴）的斜率.

（4）在一元函数中，可导是连续的充分条件，连续是可导的必要条件. 但在二元函数中，偏导数存在不是连续的充分条件，连续也不是偏导数存在的必要条件，即连续与可偏导之间没有必然联系.

例如，可以证明（用定义）$f(x,y)=\begin{cases} 0, & x=0 \text{ 或 } y=0 \\ 1, & xy \neq 0 \end{cases}$ 在 $(0,0)$ 处两个偏导数都是 0，但是 $f(x,y)$ 在原点处沿 x 轴和 y 轴的方向极限为 0，而沿其他方向的极限却是 1，所以极限不存在，从而不连续. 即 $f(x,y)$ 在原点处的两个偏导数虽然都存在，但是在原点处却是不连续的，该例再次说明了多元函数与一元函数理论间有许多本质的差异.

2. 偏导计算方法.

由于偏导数的本质是一元函数的导数,所以偏导的计算本质上就是一元函数求导. 求 $\dfrac{\partial f}{\partial x}$ 时,把 y 暂时看作常量而对 x 求导数;求 $\dfrac{\partial f}{\partial y}$ 时,把 x 暂时看作常量而对 y 求导数.

3. 高阶偏导数.

在求高阶偏导数时,两个二阶偏导数 $\dfrac{\partial^2 z}{\partial x \partial y}, \dfrac{\partial^2 z}{\partial y \partial x}$ 一般说来都是相等的,但是这个性质并不是对所有的函数都适合,只有当这两个二阶混合偏导数在区域 D 内连续,那么在该区域内这两个二阶混合偏导数必相等.

但是经常所遇到的都是初等函数,初等函数的二阶偏导数仍是初等函数,根据"一切多元初等函数在其定义区域内各点处都是连续的",所以 $\dfrac{\partial^2 z}{\partial x \partial y}$ 与 $\dfrac{\partial^2 z}{\partial y \partial x}$ 的连续性是有保证的. 因此在一般情形下,二阶偏导数与求导的先后顺序无关,这事实上给运算带来了很多的方便.

（三）全微分

在一元函数中,若 $f'(x)$ 存在,则 $\mathrm{d}y = f'(x)\Delta x, \Delta y = \mathrm{d}y + o(\Delta x), \mathrm{d}y = f'(x)\Delta x$ 称为 $y = f(x)$ 的微分. 这说明微分 $\mathrm{d}y$ 是改变量 Δy 中关于 Δx 的线性部分,$\Delta y - \mathrm{d}y$ 是关于 Δx 的高阶无穷小,即 $\mathrm{d}y$ 是 Δy 的线性逼近. 在多元函数微分学中,这种线性逼近的思想显得更为重要.

1. 正确理解二元函数连续、可偏导及可微之间的关系.

二元函数 $f(x,y)$ 在一点处有极限、连续、偏导数存在、可微及偏导数连续等概念之间的相互关系与一元函数有相似之处,但又有一些明显的不同. 现用图表示如下:

一元函数 $f(x)$ 在点 x_0 处,

有极限 $\xleftarrow{\times}$ 连续 $\xleftarrow{\times}$ 可导 $\longleftrightarrow$ 可微

二元函数 $f(x,y)$ 在点 (x_0, y_0) 处,

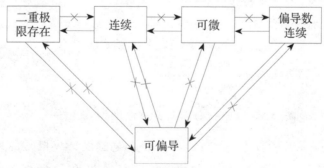

其中记号"$A \rightarrow B$"表示 A 可推出 B;记号 $A \xrightarrow{\times} B$ 表示由 A 不能推出 B.

2. 依定义判别二元函数在某点是否连续、可偏导及可微.

（1）为证 $f(x,y)$ 在点 $M_0(x_0, y_0)$ 处连续,只需证明 $\lim\limits_{(x,y) \rightarrow (x_0, y_0)} f(x,y) = f(x_0, y_0)$.

（2）为证 $f(x,y)$ 在点 $M_0(x_0, y_0)$ 处不连续,常证点 (x,y) 沿某曲线趋近于点 M_0

时，$f(x,y)$的极限不存在或不为 $f(x_0,y_0)$. 而证 $\lim\limits_{(x,y)\to(x_0,y_0)} f(x,y)$ 不存在的常用方法是证明 (x,y) 沿两条不同曲线趋于点 $M_0(x_0,y_0)$ 时 $f(x,y)$ 的极限不相等，或沿某条曲线趋于点 $M_0(x_0,y_0)$ 时 $f(x,y)$ 的极限不存在.

（3）为证 $f(x,y)$ 在点 $M_0(x_0,y_0)$ 处对 x 与 y 的偏导数分别存在，只需证下述极限分别存在：

$$f'_x(x_0,y_0)=\lim_{\Delta x\to 0}\frac{f(x_0+\Delta x,y_0)-f(x_0,y_0)}{\Delta x},f'_y(x_0,y_0)$$

$$=\lim_{\Delta y\to 0}\frac{f(x_0,y_0+\Delta y)-f(x_0,y_0)}{\Delta y}$$

（4）按定义判别二元函数 $z=f(x,y)$ 在点 $M_0(x_0,y_0)$ 是否可微，只需判别极限

$$\lim_{\rho\to 0}\frac{\Delta z-\left[f'_x(x_0,y_0)\Delta x+f'_y(x_0,y_0)\Delta y\right]}{\rho}$$ 是否等于零，其中 $\rho=\sqrt{(\Delta x)^2+(\Delta y)^2}$.

3. 全微分的形式不变性.

全微分的一个很重要的性质是全微分的形式不变性 $\mathrm{d}z=\dfrac{\partial z}{\partial x}\mathrm{d}x+\dfrac{\partial z}{\partial y}\mathrm{d}y$ 或者 $\mathrm{d}u=\dfrac{\partial u}{\partial x}\mathrm{d}x+\dfrac{\partial u}{\partial y}\mathrm{d}y+\dfrac{\partial u}{\partial z}\mathrm{d}z$，在变量不独立时也成立，即不论是自变量还是中间变量，全微分形式照写无误，这个形式不变性反映了函数与变量关系的客观规律性，而我们平时划分自变量、中间变量却是带有主观色彩的，利用全微分形式的不变性来计算全微分和偏导数大有好处，能避免出错.

（四）多元复合函数的求导法则

偏导数的运算是多元函数微分法中最基本的运算，而大量的实际问题又常常需要计算复合函数的偏导数. 多元复合函数的求导法则（链式法则）是一种很重要很基本的方法，也是学习中的一个难点，为了对此有所突破，常采用图示法将函数关系用图画出来，使在求导过程中不至有些项被漏掉.

1. 常见的几种变量间的复合关系及其结构图、链式法则（求导公式）.

（1）$z=f(u,v),u=\varphi(x,y),v=\psi(x,y)$，其链式法则为：

$$\frac{\partial z}{\partial x}=\frac{\partial f}{\partial u}\frac{\partial u}{\partial x}+\frac{\partial f}{\partial v}\frac{\partial v}{\partial x},\frac{\partial z}{\partial y}=\frac{\partial f}{\partial u}\frac{\partial u}{\partial y}+\frac{\partial f}{\partial v}\frac{\partial v}{\partial y}$$

（2）$z=f(u,v),u=\varphi(t),v=\psi(t)$，其链式法则为 $\dfrac{\mathrm{d}z}{\mathrm{d}t}=\dfrac{\partial f}{\partial u}\dfrac{\mathrm{d}u}{\mathrm{d}t}+\dfrac{\partial f}{\partial v}\dfrac{\mathrm{d}v}{\mathrm{d}t}$.

（3）$z=f(u,v,x,y),u=\varphi(x,y),v=\psi(x,y)$，这里 x,y 既是自变量，又是中间变量，其链式法则为 $\dfrac{\partial z}{\partial x}=\dfrac{\partial f}{\partial x}+\dfrac{\partial f}{\partial u}\dfrac{\partial u}{\partial x}+\dfrac{\partial f}{\partial v}\dfrac{\partial v}{\partial x},\dfrac{\partial z}{\partial y}=\dfrac{\partial f}{\partial y}+\dfrac{\partial f}{\partial u}\dfrac{\partial u}{\partial y}+\dfrac{\partial f}{\partial v}\dfrac{\partial v}{\partial y}$，注意其中 $\dfrac{\partial z}{\partial x}$ 与 $\dfrac{\partial f}{\partial x}$ 的区别.

2. 复合函数求导.

复合函数求导是多元函数微分法的重点之一，必须注意以下几点：

(1) 要搞清函数式中有几个变量？独立变量(可作为自变量)是哪几个？函数对某变量求导是求偏导还是求全导？

(2) 要搞清哪些变量是中间变量，以及中间变量又是哪些自变量的函数，即搞清复合关系，画出各变量的复合关系图；

(3) 对某个自变量求偏导数时，如果用链式法则，则注意要经过所有有关的中间变量而归结到该自变量，在关系网图中有几条通道，就得求几次偏导数，并按"连线相乘，分道相加"的法则求导.

3. 复合函数求二阶偏导数.

但应当特别注意，在复合函数求二阶偏导数时，应按指定的顺序先求一阶偏导数，一般说来一阶偏导数(导函数)$\dfrac{\partial z}{\partial x}$及$\dfrac{\partial z}{\partial y}$仍然是以原自变量为自变量，以原中间变量为中间变量的复合函数. 所以在再按指定顺序对某个自变量求二阶偏导数时，必须十分小心. 初学时，往往容易迷惑和疏忽这些，在求用字母表示的抽象函数的二阶偏导数时常常出现错误，尤其在求证恒等式时即使出现了错误也很难被发现，其中带普遍性的错误是在求二阶偏导数时极易漏项.

(五) 隐函数求导公式

求隐函数的偏导数有多种方法，但用哪种方法好，应注意求偏导数的技能技巧及灵活性，使我们不但会求，而且能根据具体情况，从多种求偏导数的方法中找出一种较好的方法来.

另外，在求隐函数的导数时，不但要分清哪几个变量是自变量，哪几个是中间变量，哪一个是隐函数，它是通过怎样的复合关系隐含于方程中，而且特别应该注意，对$F(x,y)$求偏导数后，$F'_x(x,y),F'_y(x,y)$仍然是原变量x,y的函数.

1. 求由一个二元方程确定的一元隐函数的导数的方法.

例如由方程$F(x,y)=0$确定隐函数$y=f(x)$，求$\dfrac{\mathrm{d}y}{\mathrm{d}x}$的方法.

法一：利用一元函数微分学中的方法求.

法二：将$F(x,y)$看作x,y的函数(对x求导时，y视为常数)，用下述公式求之：

$$\frac{\mathrm{d}y}{\mathrm{d}x}=-\frac{\dfrac{\partial F}{\partial x}}{\dfrac{\partial F}{\partial y}}=-\frac{F'_x(x,y)}{F'_y(x,y)}(F'_y(x,y)\neq 0)$$

2. 求由一个三元方程确定的二元隐函数偏导的方法.

例如由方程$F(x,y,z)=0$确定隐函数$z=f(x,y)$，求$\dfrac{\partial z}{\partial x},\dfrac{\partial z}{\partial y}$的方法.

法一：复合函数求导法. 求$\dfrac{\partial z}{\partial x}$时，将方程$F(x,y,z)=0$中的$y$视为常量，$x$视为自变量，等式两边对$x$求偏导得到关于$\dfrac{\partial z}{\partial x}$的方程，$F'_x+F'_z\dfrac{\partial z}{\partial x}=0$，即$\dfrac{\partial z}{\partial x}=-\dfrac{F'_x}{F'_z}$，用类似方

法可求出 $\dfrac{\partial z}{\partial y} = -\dfrac{F'_y}{F'_z}$

法二：直接用公式：$\dfrac{\partial z}{\partial x} = -\dfrac{F'_x}{F'_z}$，$\dfrac{\partial z}{\partial y} = -\dfrac{F'_y}{F'_z}(F'_z(x,y,z) \neq 0)$.

法三：利用全微分形式不变性，所谓全微分形式不变性是指函数 $z = f(u,v)$，不论其变量 u,v 是不是自变量，只要 $f(u,v)$ 可微，u,v 也可微，则 z 的全微分为 $\mathrm{d}z = f'_u \mathrm{d}u + f'_v \mathrm{d}v$.

3. 求由方程组确定的隐函数的导数的方法.

首先要根据题设，确定所给方程组有几个方程，含多少个变量，再进一步搞清楚有几个变量是因变量（函数），有几个变量是自变量以及哪些变量是因变量，哪些变量是自变量.

（1）规律：m 个方程、$n(n > m)$ 个变量的方程组，确定了 m 个因变量，$n - m$ 个自变量；

（2）根据题中所求的（偏）导数，易确定哪些变量是自变量，哪些变量是因变量.

（3）依次在所给方程的两边对某个自变量求（偏）导，得到一个线性方程组，最后用克拉默法则等方法求解所得的线性方程组，即可求得所求的（偏）导数.

就 $m = 2$ 的情况加以说明. 设方程组 $\begin{cases} F(x,y,z) = 0 \\ G(x,y,z) = 0 \end{cases}$ 所确定的隐函数为 $y = y(x)$，$z = z(x)$，其导数 $\dfrac{\mathrm{d}y}{\mathrm{d}x}$，$\dfrac{\mathrm{d}z}{\mathrm{d}x}$（此种条件下，2 个方程，3 个变量，所以确定了 $3 - 2 = 1$ 个自变量，2 个因变量，所以确定了 2 个 1 元函数）的求解步骤说明如下.

先在所给方程两端对 x 求偏导数，得 $\begin{cases} F'_y \dfrac{\mathrm{d}y}{\mathrm{d}x} + F'_z \dfrac{\mathrm{d}z}{\mathrm{d}x} = -F'_x \\ G'_y \dfrac{\mathrm{d}y}{\mathrm{d}x} + G'_z \dfrac{\mathrm{d}z}{\mathrm{d}x} = -G'_x \end{cases}$

然后在上述方程组中视 $\dfrac{\mathrm{d}y}{\mathrm{d}x}$，$\dfrac{\mathrm{d}z}{\mathrm{d}x}$ 为未知量，用克拉默法则解此方程组，得到

$$\frac{\mathrm{d}y}{\mathrm{d}x} = \frac{F'_z G'_x - F'_x G'_z}{F'_y G'_z - F'_z G'_y}(F'_y G'_z - F'_z G'_y \neq 0)$$

$$\frac{\mathrm{d}z}{\mathrm{d}x} = \frac{F'_x G'_y - F'_y G'_x}{F'_y G'_z - F'_z G'_y}(F'_y G'_z - F'_z G'_y \neq 0).$$

（六）偏导数的几何应用

多元函数微分学的几何应用主要是将导数与偏导数的概念应用到空间的曲线与曲面上，求空间曲线的切线及法平面的方程、曲面的切平面及法线的方程. 注意到空间曲线的切线的方向向量和曲面的切平面的法线向量是十分重要的，因为知道了这两个向量以后，根据空间解析几何的直线及平面方程，就很容易写出空间曲线的切线及法平面的方程，也很容易写出曲面的切平面及法线的方程来.

1. 空间曲线的切线或法平面方程.

(1) 空间曲线 Γ 的参数方程为 $\begin{cases} x = x(t) \\ y = y(t) (t \in I \text{ 区间}), \text{点 } M_0 \in \Gamma \text{ 所对应的参数为 } t_0 \in \\ z = z(t) \end{cases}$

I，又 $x'(t_0)$，$y'(t_0)$，$z'(t_0)$ 不同时为零，则曲线 Γ 在点 M_0 的切线的方向向量为 $\boldsymbol{T} = (x'(t_0), y'(t_0), z'(t_0))$ 方向指向 t 增大方向，过点 M_0 的

切线方程为 $\dfrac{x - x_0}{x'(t_0)} = \dfrac{y - y_0}{y'(t_0)} = \dfrac{z - z_0}{z'(t_0)}$

法平面方程为 $x'(t_0)(x - x_0) + y'(t_0)(y - y_0) + z'(t_0)(z - z_0) = 0$

(2) 空间曲线 Γ 的方程为 $\begin{cases} F(x, y, z) = 0 \\ G(x, y, z) = 0 \end{cases}$，点 $M_0(x_0, y_0, z_0) \in \Gamma$，

则 Γ 在点 M_0 处的切线方向向量为 $\boldsymbol{T} = \boldsymbol{n}_1 \times \boldsymbol{n}_2 = \begin{vmatrix} \boldsymbol{i} & \boldsymbol{j} & \boldsymbol{k} \\ F'_x & F'_y & F'_z \\ G'_x & G'_y & G'_z \end{vmatrix}_{(x_0, y_0, z_0)}$.

2. 空间曲面的切平面或法线方程.

(1) 如果曲面 S 的方程为 $z = f(x, y)$，$(x, y) \in D$，设 $(x_0, y_0) \in D$，则曲面 S 在点 $M_0(x_0, y_0, f(x_0, y_0))$ 的切平面的法向量为 $\boldsymbol{n} = (f'_x(x_0, y_0), f'_y(x_0, y_0), -1)$.

切平面方程为 $f'_x(x_0, y_0)(x - x_0) + f'_y(x_0, y_0)(y - y_0) - (z - z_0) = 0$.

法线方程为 $\dfrac{x - x_0}{f'_x(x_0, y_0)} = \dfrac{y - y_0}{f'_y(x_0, y_0)} = \dfrac{z - z_0}{-1}$

(2) 如果曲面 S 的方程为 $F(x, y, z) = 0$，点 $M_0(x_0, y_0, z_0) \in S$，又 F'_x，F'_y，F'_z 在点 M_0 处不同时为零，则曲面 S 在点 M_0 处的切平面的法向量为

$\boldsymbol{n} = (F'_x(x_0, y_0, z_0), F'_y(x_0, y_0, z_0), F'_z(x_0, y_0, z_0))$

切平面方程为 $F'_x|_{M_0}(x - x_0) + F'_y|_{M_0}(y - y_0) + F'_z|_{M_0}(z - z_0) = 0$.

法线方程为 $\dfrac{x - x_0}{F'_x|_{M_0}} = \dfrac{y - y_0}{F'_y|_{M_0}} = \dfrac{z - z_0}{F'_z|_{M_0}}$

3. 全微分的几何意义.

利用切平面方程，可以很清楚地看出全微分的几何意义. 由曲面 $z = f(x, y)$，在点 $M(x_0, y_0, z_0)$ 的切平面方程 $z - z_0 = f_x(x_0, y_0)(x - x_0) + f_y(x_0, y_0)(y - y_0)$ 可以看出，方程右端是函数 $z = f(x, y)$ 在点 $P(x_0, y_0)$ 的全微分，而左端是切平面竖坐标的增量，所以，二元函数在一点的全微分，在几何上表示在该点切平面纵坐标的增量.

(七) 方向导数与梯度

偏导数 $f_x(x, y)$，$f_y(x, y)$ 分别表示函数 $f(x, y)$ 在坐标轴的平行方向变化时所引起的变化率，它们只描述了函数沿特殊方向的变化情况. 但在许多实际问题中，常常要知道函数沿任何指定方向的变化率以及沿什么方向函数的变化率最大. 例如，物体的热传导就依赖于温度沿各个方向的变化速率；又如，要预报某地的风向和风力，也必须知道气压在该处沿某些方向的变化率，因此，有必要研究函数沿某个方向变化的变化率问题.

1. 方向导数定义.

$z = f(x, y)$ 在点 $P(x, y)$ 处沿方向 l 的方向导数为

$$\frac{\partial f}{\partial l} = \lim_{(\Delta x, \Delta y) \to (0, 0)} \frac{f(x + \Delta x, y + \Delta y) - f(x, y)}{\sqrt{\Delta x^2 + \Delta y^2}} = \lim_{\rho \to 0} \frac{\Delta z}{\rho},$$

其中 ρ 为 l 方向上的点 $(x + \Delta x, y + \Delta y)$ 与点 $P(x, y)$ 的距离.

若 $z = f(x, y)$ 在 $P(x, y)$ 处可微，则

$$\frac{\partial f}{\partial l} = \mathbf{grad}\, f \cdot l^\circ = \frac{\partial f}{\partial x} \cos \alpha + \frac{\partial f}{\partial y} \cos \beta,$$

其中 $l^\circ = (\cos \alpha, \cos \beta)$. 对三元函数 $u = f(x, y, z)$ 也有类似结果，

$$\frac{\partial u}{\partial l} = \frac{\partial f}{\partial x} \cos \alpha + \frac{\partial f}{\partial y} \cos \beta + \frac{\partial f}{\partial z} \cos \gamma,$$

其中 α, β, γ 为方向 l 的方向角.

2. 方向导数的实质.

方向导数的实质是函数在某一点处沿某一方向对距离的变化率，方向导数为正（负），表示函数沿此方向变化是增加（减少），方向导数的绝对值大小表明函数增减的快慢程度.

注意 1：函数沿不同方向的方向导数一般是不同的. 举个通俗的例子，如果用 z 表示山的高度，方向导数不同就表示山的坡度不同，方向导数越大，沿这个方向的山坡就越陡，从地形图来看，方向导数就是沿该方向的坡度.

注意 2：方向导数与偏导数之间不存在什么肯定性关系.（1）方向导数存在不一定能推出偏导数存在，例如函数 $z = \sqrt{x^2 + y^2}$（锥面）在点 $(0, 0)$ 处沿任一方向的方向导数都等于 1，但它在点 $(0, 0)$ 处偏导数 f_x, f_y 都不存在；（2）偏导数存在也不一定能推出方向导数存在，例如函数

$$f(x, y) = \begin{cases} \dfrac{xy}{\sqrt{x^2 + y^2}} \sin \dfrac{1}{x^2 + y^2}, & x^2 + y^2 \neq 0 \\ 0, & x^2 + y^2 \neq 0 \end{cases}, \text{显然，} f_x(0, 0) = f_y(0, 0) = 0, \text{但它在}$$

$(0, 0)$ 处沿直线 $y = kx (k \neq 0)$ 的方向导数不存在.

原因是：$f'_x(x_0, y_0)$ 不是函数 $f(x, y)$ 沿 x 轴方向的方向导数，因为从定义可知 $\dfrac{\partial z}{\partial x}$

$= \dfrac{\partial f}{\partial x}$ 是双侧极限，而 $\dfrac{\partial f}{\partial l}$ 是单侧极限.

3. 梯度.

函数在一点的方向导数，随着方向的不同而有无限多个方向导数，其中取得最大值的那一个与该点等值线互相垂直. 由这个事实，在应用数学上把函数 $z = f(x, y)$ 在 xOy 平面（或平面的一部分）的每一点 $P(x, y)$ 所定出的向量 $f'_x \mathbf{i} + f'_y \mathbf{j}$ 称为函数 $z = f(x, y)$ 在点 $P(x, y)$ 的梯度，记为 $\mathbf{grad}\, f(x, y)$ 于是，函数 $z = f(x, y)$ 在任意一点 $P(x, y)$ 的梯度为 $\mathbf{grad}\, f(x, y) = \dfrac{\partial f}{\partial x} \mathbf{i} + \dfrac{\partial f}{\partial y} \mathbf{j}$.

4. 梯度与方向导数的关系.

利用向量的数量积,可以得到梯度与方向导数间的重要关系

$$\frac{\partial f}{\partial l} = \mathbf{grad}\ f \cdot \mathbf{e}_l = |\mathbf{grad}\ f|\cos\theta.$$

显然,当 $\theta = 0$ 时,即方向导数和梯度方向相同时,方向导数不仅是正的,而且取得最大值 $|\mathbf{grad}\ f|$.

(1) 函数在某点的梯度是这样一个向量:其方向是函数在该点方向导数最大的方向,它的模是该点处方向导数的最大值. 也就是说,梯度的方向是函数变化(增加)最快的方向,沿梯度方向的方向导数取得最大值,当然为正. 因而梯度是在等值线的法线上的一个向量,且由低等值线指向高等值线.

(2) 函数在某一点沿某一方向的方向导数是梯度在该方向上的投影. 对三元函数 $f(x,y,z)$ 而言,在等值面上某一点 P 的梯度垂直于过点 P 的等值面,且指向函数 $f(x,y,z)$ 增大的方向. 事实上,因为在点 P 处 $\mathbf{grad}\ f(x,y,z)$ 的坐标 $\frac{\partial f}{\partial x}, \frac{\partial f}{\partial y}, \frac{\partial f}{\partial z}$ 正好是过 P 点的等值面 $f(x,y,z)=c$ 的法线方向数,故知梯度即是其法向量,因此它垂直于此等值面,又因为函数 $f(x,y,z)$ 沿梯度方向的方向导数 $\frac{\partial u}{\partial l} = |\mathbf{grad}\ f| > 0$,说明函数 $f(x,y,z)$ 沿梯度方向是增大的,也就是梯度指向函数 $f(x,y,z)$ 增大的方向.

(3) 梯度还可以从物理现象来说明,给了一个数量场,比如是温度场,它不是静止不动的,而有不同的等温面,就要产生热流,实际情况就是从取值较大的等温面,流向取值较小的等温面,而且流线要取短的距离,也就是变化率的绝对值为最大,梯度正好反映了这种现象,假如 $f(x,y,z)$ 是场中任一点 $P(x,y,z)$ 的温度,于是 $\mathbf{grad}\ f(x,y,z) = \frac{\partial f}{\partial x}\mathbf{i} + \frac{\partial f}{\partial y}\mathbf{j} + \frac{\partial f}{\partial z}\mathbf{k}$ 就是温度梯度,它的模是温度上升的最大变化率,而它的方向是这个最大变化率的方向(与等温面垂直). 但从"热传导论"知道,热是向着温度下降最大的方向流的(与梯度的方向相反),而热的流动强度与温度的变化率成正比,如果以向量 $\mathbf{q}$ 表达热流过 P 点的流动强度与方向,而 k 为比例常数,于是 $\mathbf{q} = -k\,\mathbf{grad}\,f(x,y,z)$,这个方程叫做傅里叶的热流动定律,其中 k 叫做物质的热导率.

又如,研究气压梯度对风场起着决定的作用. 把平面上气压数值相同的点连起来构成一条平面曲线,这种曲线为气压的等值线或等压线,气压梯度是在气压变化最快的方向,也就是等压线最密的方向. 气压梯度是从低压指向高压,而气压梯度力是从高气压指向低气压,气压梯度与气压梯度力方向相反,而它们的大小则成正比. 由气象学知道,气压梯度力对风速和风向起着决定作用,如果知道了气压梯度,就可求出气压梯度力,因此,气压梯度对研究风场起着决定的作用.

(八) 多元函数极值

1. 多元函数极值点与驻点关系.

(1) 多元函数在偏导数存在的条件下,函数的极值点必是驻点,或者说,在偏导数存

在的条件下，一个点是极值点的必要条件是该点为驻点.

（2）不充分性，即驻点不一定是极值点. 例如，函数 $z=xy$ 在原点$(0,0)$处（马鞍面在鞍点处）的值为 0，且两个偏导在原点为 0，但在原点的任一邻域内 z 既取得正值，又取得负值，故函数在原点不取得极值.

（3）极值点可能在驻点上，但也可能在函数偏导数不存在的点上，例如，$z=-\sqrt{x^2+y^2}$ 在点$(0,0)$处有极大值，但在该点$(0,0)$偏导数都不存在，点$(0,0)$并非驻点而是偏导数不存在的点. 所以，如果函数 $f(x,y)$ 在点 $P(x_0,y_0)$ 有极值，则在该点上两个偏导数或者等于零，或者不存在. 从几何上容易看出，在点 $M(x_0,y_0,z_0)$ 上曲面 $z=f(x,y)$ 或者有水平切平面，或者没有任何切平面.

2. 求多元函数的极值.

在实用上，有些极值问题只需根据极值的必要条件求出驻点，再根据问题的性质就可以判定所求得的驻点是否为极大点或极小点，但是，许多问题并不这样简单，如同一元函数极值的第二求法需要用二阶导数来判别一样，二元函数的极值也有与一元函数相应的充分条件，不过，在驻点上 $AC-B^2>0$ 是极值存在的充分条件，$AC-B^2<0$ 是极值不存在的充分条件. 所以，归纳出求函数极值的步骤为：

（1）根据函数极值存在的必要条件求出所有的驻点；

（2）对每一个驻点(x_0,y_0)，求出二阶偏导数的值 A,B 和 C，定出判别式 $AC-B^2$ 的符号，利用充分条件判定 $f(x_0,y_0)$ 是否为极值，是极大值还是极小值；

（3）计算中用表格表示比较简单、清楚.

3. 求多元函数的最值.

像一元函数一样，可以利用函数的极值求函数的最大（小）值. 但是，应该着重指出的是，函数的极大（小）值与整个区域上的最大（小）值不可混为一谈，前者是指函数在一点附近的最大（小）值，是局部性的，后者是函数在整个区域上的最大（小）值，是整体性的. 因此，一般地说，在闭区域 D 上连续的函数 $f(x,y)$ 的最大（小）值的求法是：将 $f(x,y)$ 在 D 内的所有极值及 $f(x,y)$ 在 D 的边界上的最大值及最小值相比较，然后取这些值中最大的与最小的，即为所要求的. 但这种做法，由于要计算 $f(x,y)$ 在 D 的边界上的最大值及最小值（这是不大容易的事！）以及确定 D 内的极值，所以往往较为复杂. 但是在实际问题中，根据题意，往往事先已经知道或者能够判定函数在区域内确实有最大（小）值，此时如果函数在区域内又只有一个驻点，就可以判定，这个驻点处的函数值就是函数在区域上的最大（小）值，因而不必再行检验.

4. 条件极值.

在许多实际问题中，求多元函数 $z=f(x,y)$ 的极值，每每把自变量的变化，另附条件 $\varphi(x,y)=0$ 来限制，这种极值叫作函数 $z=f(x,y)$ 在条件 $\varphi(x,y)=0$ 下的条件极值，以前不带条件的极值也叫作无条件极值.

（1）函数 $z=f(x,y)$ 在条件 $\varphi(x,y)=0$ 下的极值，其几何意义是曲面 $z=f(x,y)$ 和曲面 $\varphi(x,y)=0$ 的交线，即曲线 $\begin{cases} z=f(x,y) \\ \varphi(x,y)=0 \end{cases}$ 的极值；

（2）函数的极值和函数在其条件下的极值是两个不同的概念，不可混淆，函数是否有极值和是否有条件极值是两回事.如 $z=1-x-y$ 无极值，但在一定条件如 $x^2+y^2=1$ 下就可能有极值，即平面和柱面相交所形成的曲线的极值.

（3）函数 $z=f(x,y)$ 在条件 $\varphi(x,y)=0$ 下的极值有两种求法.

一是降元法.如果能从 $\varphi(x,y)=0$ 解出 $y=y(x)$，然后代入 $z=f(x,y)$ 中，得到一元函数 $z=f(x,y(x))$，使条件极值问题转化为无条件极值问题.这是相当有效的办法，但是也有缺点，那就是需要经过解方程和代入手续，这对较复杂的问题，特别是隐函数形式，是不易办到的，有时甚至是行不通的.例如，在 $\varphi(x,y)$ 是高次多项式时便不一定能解出 y 来.因此，在一般情形下，将条件极值转化为无条件极值是有困难的，为此，法国数学家拉格朗日曾提出在这种情况下如何求极值的方法，即所谓拉格朗日乘数法.

二是升元法，就是拉格朗日乘数法.这种求条件极值的方法，不仅可以免去隐函数化为显函数的困难，同时也可以推广到任意个变量的极值问题.拉格朗日乘数法求函数 $z=f(x,y)$ 在条件 $\varphi(x,y)=0$ 下的极值的核心思想是通过引进拉格朗日乘数 λ，构造出拉格朗日函数 $F(x,y)=f(x,y)+\lambda\varphi(x,y)$，从而将求函数 $z=f(x,y)$ 的条件极值问题转化为求函数 $F(x,y)$ 的无条件极值问题.这个方法的优点是使用起来容易记忆，而且有时计算也比较简单.

注意：拉格朗日乘数法只给出了函数取得极值的必要条件，因此，按照这方法求出的是否就是所要求的极值，在实际问题中往往要由问题本身根据物理的、几何的等理由加以讨论，而得出肯定的结论.

二、典型例题

（一）基本概念

例 1 求 $z=\dfrac{\sqrt{y^2-2x}}{\ln(1-x^2-y^2)}$ 的定义域.

解：由 $\begin{cases} y^2-2x\geqslant0 \\ 1-x^2-y^2>0, \\ 1-x^2-y^2\neq1 \end{cases}$ 得 $\begin{cases} y^2\geqslant2x \\ 1>x^2-y^2>0 \end{cases}$ ，定义域为 $\{(x,y)\,|\,2x\leqslant y^2,0<x^2+y^2<1\}$.

例 2 已知函数 $f(x,y)=\begin{cases} (x^2+y^2)\sin\dfrac{1}{x^2+y^2}, & x^2+y^2\neq0 \\ 0, & x^2+y^2=0 \end{cases}$ ，试证 $f(x,y)$ 在点$(0,$

$0)$处偏导数不连续，但 $f(x,y)$ 在点$(0,0)$处可微.

证：易知函数 $f(x,y)$ 在点$(0,0)$处极限存在，且连续，下面判断它是否可偏导.易知

$f'_x(0,0)=\lim\limits_{\Delta x\to0}\Delta x\cdot\sin\dfrac{1}{(\Delta x)^2}=0$，$f'_y(0,0)=\lim\limits_{\Delta y\to0}\Delta y\cdot\sin\dfrac{1}{(\Delta y)^2}=0$，故 $f(x,y)$ 在点

$(0,0)$处偏导数存在.下面进一步检验其偏导数在点$(0,0)$处是否连续，易求得，

$$f'_x(x,y)=\begin{cases} 2x\sin\dfrac{1}{x^2+y^2}-\dfrac{2x}{x^2+y^2}\cos\dfrac{1}{x^2+y^2}, & x^2+y^2\neq0 \\ 0, & x^2+y^2=0 \end{cases}$$

$$f'_y(x,y) = \begin{cases} 2y\sin\dfrac{1}{x^2+y^2} - \dfrac{2y}{x^2+y^2}\cos\dfrac{1}{x^2+y^2}, & x^2+y^2 \neq 0 \\ 0, & x^2+y^2 = 0 \end{cases}$$

因为 $\lim\limits_{\substack{y=x \\ x\to 0}} f'_x(x,y)$ 和 $\lim\limits_{\substack{y=x \\ y\to 0}} f'_y(x,y)$ 都不存在，故 $f(x,y)$ 的两个偏导数在点 $(0,0)$ 处均不连续.

用可微的定义证明 $f(x,y)$ 在点 $(0,0)$ 处可微，因 $\Delta f = [(\Delta x)^2 + (\Delta y)^2] \cdot \sin$
$\dfrac{1}{(\Delta x)^2 + (\Delta y)^2}$，$f'_x(0,0) = f'_y(0,0) = 0$ 故在点 $(0,0)$ 处，当 $\rho = \sqrt{(\Delta x)^2 + (\Delta y)^2} \to$
0 时，

$$\frac{\{\Delta f - [f'_x(0,0)\cdot\Delta x + f'_y(0,0)\cdot\Delta y]\}}{\rho} = \rho\sin(1-\rho^2) \to 0.$$

所以 $f(x,y)$ 在点 $(0,0)$ 处可微，且 $\mathrm{d}f = 0$.

注意：上例说明偏导数不连续也可能可微，因而偏导数连续不是可微的必要条件.

例 3 二元函数 $f(x,y)$ 在点 (x_0,y_0) 处两个偏导数 $f'_x(x_0,y_0)$，$f'_y(x_0,y_0)$ 存在，是 $f(x,y)$ 在该点连续的（　　）.

　A. 充分条件而非必要条件　　　　　　B. 必要条件而非充分条件

　C. 充分必要条件　　　　　　　　　　D. 既非充分条件又非必要条件

解：二元函数在某点连续与偏导数存在之间没有必然的联系. 例如，$f(x,y) = \sqrt{x^2+y^2}$ 与 $g(x,y) = \begin{cases} 1, & xy=0 \\ 0, & xy\neq 0 \end{cases}$，因为 $\lim\limits_{(x,y)\to(0,0)} f(x,y) = \lim\limits_{(x,y)\to(0,0)} \sqrt{x^2+y^2} = 0 = f(0,$

$0)$，所以 $f(x,y)$ 在原点连续. 但是偏导数 $f'(x,y) = \lim\limits_{\Delta x\to 0} \dfrac{\sqrt{(\Delta x)^2} - 0}{\Delta x} = \lim\limits_{\Delta x\to 0}\dfrac{|\Delta x|}{\Delta x}$ 不存在. 而 $g(x,y)$ 恰恰相反，由于在两坐标轴上有 $g(x,y) = 1$，在其他点处 $g(x,y) = 0$，$g(x,y)$ 显然在原点不连续，但是两个偏导数都存在，且都等于 $g'_x(0,0) = \lim\limits_{\Delta x\to 0}$ $\dfrac{g(0+\Delta x,0) - g(0,0)}{\Delta x} = \lim\limits_{\Delta x\to 0}\dfrac{1-1}{\Delta x} = 0$. 故仅 D 入选.

例 4 考虑二元函数 $f(x,y)$ 在点 (x_0,y_0) 处四条性质：(1) 连续；(2) 两个偏导数连续；(3) 可微；(4) 两个偏导数存在，则（　　）.

　A. $(2)\to(3)\to(1)$　　　　　　　　　B. $(3)\to(2)\to(1)$

　C. $(3)\to(4)\to(1)$　　　　　　　　　D. $(3)\to(1)\to(4)$

解：由于 $(3)\nrightarrow(2)$，$(4)\nrightarrow(1)$，$(1)\nrightarrow(4)$，故仅 A 入选.

（二）计算偏导数

1. 计算复合函数偏导.

例 1 设函数 $z = f(x,y)$ 在点 $(1,1)$ 可微，且 $f(1,1) = 1$，$\left.\dfrac{\partial f}{\partial x}\right|_{(1,1)} = 2$，$\left.\dfrac{\partial f}{\partial y}\right|_{(1,1)} = 3$，

$\varphi(x) = f(x,f(x,x))$，求 $\left.\dfrac{\mathrm{d}}{\mathrm{d}x}\varphi^3(x)\right|_{x=1}$.

解:

$$\frac{\mathrm{d}}{\mathrm{d}x}\varphi^3(x)=3\varphi^2(x)\varphi'(x)=3\varphi^2(x)\big[f_1'(x,f(x,x))+f_2'(x,f(x,x))(f_1'(x,x)+$$

$$f_2'(x,x))\big]$$

$$\frac{\mathrm{d}}{\mathrm{d}x}\varphi^3(x)\Big|_{x=1}=3\varphi^2(1)\big[f_1'(1,f(1,1))+f_2'(1,f(1,1))(f_1'(1,1)+f_2'(1,1))\big]$$

$$=3f^2(1,f(1,1))\big[f_1'(1,1)+f_2'(1,1)(f_1'(1,1)+f_2'(1,1))\big]$$

$$=3\times1\times[2+3\times(2+3)]=51.$$

例 2 设 $z=f(x,y,u)=xy+xF(u)$,其中 F 为可微函数,且 $u=\dfrac{y}{x}$,试证

$$x\frac{\partial z}{\partial x}+y\frac{\partial z}{\partial y}=z+xy.$$

证:复合函数 z 的复合结构关系,x,y 既是自变量,又是中间变量,由链式法则,

$$\frac{\partial z}{\partial x}=\frac{\partial f}{\partial x}+\frac{\partial f}{\partial u}\cdot\frac{\partial u}{\partial x}=y+F(u)+x\frac{\mathrm{d}F}{\mathrm{d}u}\Big(-\frac{y}{x^2}\Big)=y+F(u)-\frac{y}{x}\frac{\mathrm{d}F}{\mathrm{d}u}\quad ①$$

同理,$\dfrac{\partial z}{\partial y}=\dfrac{\partial f}{\partial y}+\dfrac{\partial f}{\partial u}\cdot\dfrac{\partial u}{\partial y}=x+x\dfrac{\mathrm{d}F}{\mathrm{d}u}\cdot\dfrac{1}{x}=x+\dfrac{\mathrm{d}F}{\mathrm{d}u}$

故 $x\dfrac{\partial z}{\partial x}+y\dfrac{\partial z}{\partial y}=x\Big(y+F(u)-\dfrac{y}{x}\dfrac{\mathrm{d}F}{\mathrm{d}u}\Big)+y\Big(x+\dfrac{\mathrm{d}F}{\mathrm{d}u}\Big)=xy+xF(u)+xy=z+xy.$

注意:在式①中,等式两边的 $\dfrac{\partial z}{\partial x}$ 与 $\dfrac{\partial f}{\partial x}$ 具有不同含义.左边的 $\dfrac{\partial z}{\partial x}$ 是把另一自变量 y 看作常数对自变量 x 求偏导,而 $\dfrac{\partial f}{\partial x}$ 是把 $z=f(x,y,u)$ 中的中间变量 y,u 当作常数而对中间变量 x 求偏导.

例 3 设 $z=f(2x-y,y\sin x)$,其中 $f(u,v)$ 具有连续的二阶偏导数,求 $\dfrac{\partial^2 z}{\partial x\partial y}$.

解:z 的复合结构关系,令 $u=2x-y,v=y\sin x$. 由链式法则,得到

$$\frac{\partial z}{\partial x}=\frac{\partial f}{\partial u}\frac{\partial u}{\partial x}+\frac{\partial f}{\partial v}\cdot\frac{\partial v}{\partial x}=2f_1'+f_2'\cdot y\cos x$$

$$\frac{\partial^2 z}{\partial x\partial y}=2\frac{\partial f_1'}{\partial y}+\frac{\partial}{\partial y}(yf_2'\cos x)=2\Big(\frac{\partial f_1'}{\partial u}\frac{\partial u}{\partial y}+\frac{\partial f_1'}{\partial v}\frac{\partial v}{\partial y}\Big)+f_2'\cos x+y\cos x\frac{\partial f_2'}{\partial y}$$

$$=-2f_{11}''+2f_{12}''\sin x+f_2'\cos x+y\cos x\Big(\frac{\partial f_2'}{\partial u}\frac{\partial u}{\partial y}+\frac{\partial f_2'}{\partial v}\frac{\partial v}{\partial y}\Big)$$

$$=-2f_{11}''+2f_{12}''\sin x+f_2'\cos x+y\cos x(f_{21}''\cdot(-1)+f_{22}''\sin x)$$

$$=-2f_{11}''+(2\sin x-y\cos x)f_{12}''+y\cos x\sin xf_{22}''+f_2'\cos x.$$

注意:抽象的多元复合函数,在求二阶偏导数时,要特别注意求出的一阶偏导数中,抽象符号 f_1'(即 $f_u'(u,v)$),f_2'(即 $f_v'(u,v)$)等仍具有 f 同样的复合结构,即若 f 是以 u,v 为中间变量,以 x,y 为自变量的函数,则 f_1',f_2' 及 $f_{11}'',f_{12}'',f_{22}''$ 等仍是以 u,v 为中间变量,以 x,y 为自变量的函数,故 $\dfrac{\partial f_u'}{\partial x}=\dfrac{\partial f_1'}{\partial x}=\dfrac{\partial f_1'}{\partial u}\dfrac{\partial u}{\partial x}+\dfrac{\partial f_1'}{\partial v}\dfrac{\partial v}{\partial x}=f_{11}''\dfrac{\partial u}{\partial x}+f_{12}''\dfrac{\partial v}{\partial x},\dfrac{\partial f_u'}{\partial y}=\dfrac{\partial f_1'}{\partial y}$

$$= \frac{\partial f'_1}{\partial u} \frac{\partial u}{\partial y} + \frac{\partial f'_1}{\partial v} \frac{\partial v}{\partial y} = f''_{11} \frac{\partial u}{\partial y} + f''_{12} \frac{\partial v}{\partial y}$$

求抽象的多元复合函数的二阶偏导数最容易出错的地方是对一阶偏导数 $\dfrac{\partial f}{\partial u} = f'_u(u,v)$ 再求偏导数这一步. 其原因是常不注意 $f'_u(u,v)$, $f'_v(u,v)$ 仍是与 $z = f(u,v)$ 保持相同复合结构的函数, 易被误认为仅是 u 或仅是 v 的函数, 从而导致漏掉 $\dfrac{\partial^2 f}{\partial u \partial v}$ 这一项, 错写成

$$\frac{\partial}{\partial x} f'_u(u,v) = f''_{uu}(u,v) \frac{\partial u}{\partial x} \text{ 或 } \frac{\partial}{\partial x} f'_v(u,v) = f''_{vv}(u,v) \frac{\partial v}{\partial x}$$

例 4 设 $z = f\left(xy, \dfrac{x}{y}\right) + g\left(\dfrac{y}{x}\right)$, 其中 f 具有二阶连续偏导数, g 具有二阶连续导数, 求 $\dfrac{\partial^2 z}{\partial x \partial y}$.

解: 记 $u = xy$, $v = \dfrac{x}{y}$, 则 $\dfrac{\partial z}{\partial x} = y f'_1 + \dfrac{1}{y} f'_2 - \dfrac{y}{x^2} g'$,

$$\frac{\partial^2 z}{\partial x \partial y} = f'_1 + y\left(f''_{11} \cdot x - \frac{x}{y^2} f''_{12}\right) - \frac{1}{y^2} f'_2 + \frac{1}{y}\left(f''_{21} \cdot x - \frac{y}{x^2} f''_{22}\right) - \frac{1}{x^2} g' - \frac{y}{x^2} g'' \cdot \frac{1}{x}$$

注意到 f''_{12}, f''_{21} 连续, 有 $f''_{12} = f''_{21}$, 故 $\dfrac{\partial^2 z}{\partial x \partial y} = f'_1 - \dfrac{1}{y^2} f'_2 + xy f''_{11} - \dfrac{x}{y^3} f''_{22} - \dfrac{1}{x^2} g' - \dfrac{y}{x^2} g''$

注意: (1) 因 f 具有连续的二阶导数, 故有 $f''_{12} = f''_{21}$ 应将两者合并;

(2) 不要把一元函数 g 的导数 g' 写成 g'_v 或 g'_1, 只能写成 g'.

例 5 设 $u = \mathrm{e}^{-x} \sin \dfrac{x}{y}$, 求 $\dfrac{\partial^2 u}{\partial x \partial y}$ 在点 $\left(2, \dfrac{1}{\pi}\right)$ 处的值.

解一: 本例并未要求计算偏导数, 只要求计算在指定点的偏导数值.

$$\frac{\partial z}{\partial x}\bigg|_{x=2} = \left(\mathrm{e}^{-x} \sin \frac{x}{y} + \mathrm{e}^{-x} \cos \frac{x}{y} \cdot \frac{1}{y}\right)\bigg|_{x=2} = \mathrm{e}^{-x}\left(\frac{1}{y} \cos \frac{x}{y} - \sin \frac{x}{y}\right)\bigg|_{x=2}$$

$$= \mathrm{e}^{-2}\left(\frac{1}{y} \cos \frac{2}{y} - \sin \frac{2}{y}\right),$$

$$\frac{\partial^2 u}{\partial x \partial y}\bigg|_{\left(2, \frac{1}{\pi}\right)} = \left[\frac{\partial}{\partial y}\left(\frac{\partial u}{\partial x}\bigg|_{x=2}\right)\right]\bigg|_{y=\frac{1}{\pi}} = \left[\frac{\partial}{\partial y} \mathrm{e}^{-2}\left(\frac{1}{y} \cos \frac{2}{y} - \sin \frac{2}{y}\right)\right]\bigg|_{y=\frac{1}{\pi}}$$

$$= \mathrm{e}^{-2}\left[-\frac{1}{y^2} \cos \frac{2}{y} + \frac{1}{y}\left(-\sin \frac{2}{y}\right) \cdot \left(-\frac{2}{y^2}\right) + \left(-\cos \frac{2}{y}\right) \cdot \left(-\frac{2}{y^2}\right)\right]\bigg|_{y=\frac{1}{\pi}}$$

$$= \mathrm{e}^{-2}\left(\pi^2 \cos 2\pi + 2\pi^3 \sin 2\pi + 2\pi^2 \cos 2\pi\right) = \pi^2 \mathrm{e}^{-2} = \left(\frac{\pi}{\mathrm{e}}\right)^2$$

解二: 二元初等函数在某点的二阶混合偏导数, 由于它连续, 与求导次序无关, 为简化计算, 可交换求导次序,

$$\frac{\partial^2 u}{\partial x \partial y}\bigg|_{\left(2, \frac{1}{\pi}\right)} = \frac{\partial^2 u}{\partial y \partial x}\bigg|_{\left(2, \frac{1}{\pi}\right)} = \left[\frac{\partial}{\partial x}\left(\frac{\partial u}{\partial y}\bigg|_{y=\frac{1}{\pi}}\right)\right]\bigg|_{x=2} = \left[-\pi^2 \frac{\partial}{\partial x}\left(x \mathrm{e}^{-x} \cos \pi x\right)\right]\bigg|_{x=2}$$

$$= \left[-\pi^2 \mathrm{e}^{-x}(1-x) \cos \pi x\right]\big|_{x=2} + 0 = \frac{\pi^2}{\mathrm{e}^2}.$$

2. 计算隐函数的导数.

例 1　已知 $\dfrac{x}{z}=\varphi\left(\dfrac{y}{z}\right)$，其中 φ 为可微分函数，证明：$x\dfrac{\partial z}{\partial x}+y\dfrac{\partial z}{\partial y}=z$.

解一：公式法，令 $F(x,y,z)=\varphi\left(\dfrac{y}{z}\right)-\dfrac{x}{z}$，则

$$F'_x=-\frac{1}{z},\ F'_y=-\frac{1}{z}\varphi'\left(\frac{y}{z}\right),\ F'_z=-\frac{y}{z^2}\varphi'\left(\frac{y}{z}\right)+\frac{x}{z^2}$$

$$\frac{\partial z}{\partial x}=\frac{\dfrac{1}{z}}{\left[\dfrac{x}{z^2}-\dfrac{y}{z^2}\varphi'\left(\dfrac{y}{z}\right)\right]},\ \frac{\partial z}{\partial y}=-\frac{1}{z}\varphi'\frac{\left(\dfrac{y}{z}\right)}{\left[\dfrac{x}{z^2}-\dfrac{y}{z^2}\varphi'\left(\dfrac{y}{z}\right)\right]}$$

$$\text{故},\ x\frac{\partial z}{\partial x}+y\frac{\partial z}{\partial y}=\frac{\dfrac{x}{z}}{\left[\dfrac{x}{z^2}-\dfrac{y}{z^2}\varphi'\left(\dfrac{y}{z}\right)\right]}-\frac{y}{z}\varphi'\frac{\left(\dfrac{y}{z}\right)}{\left[\dfrac{x}{z^2}-\dfrac{y}{z^2}\varphi'\left(\dfrac{y}{z}\right)\right]}$$

$$=\frac{\left[\dfrac{x}{z}-\dfrac{y}{z}\varphi'\left(\dfrac{y}{z}\right)\right]}{\left[\dfrac{1}{z}\left(\dfrac{x}{z}-\dfrac{y}{z}\varphi'\left(\dfrac{y}{z}\right)\right)\right]}=z$$

解二：全微分形式不变性. 在所给方程两边求全微分，得

$$\text{d}\left(\frac{x}{z}\right)=\text{d}\varphi\left(\frac{y}{z}\right),\ \text{即}\ \frac{z\text{d}x-x\text{d}x}{z^2}=\varphi'\left(\frac{y}{z}\right)\text{d}\left(\frac{y}{z}\right)=\varphi'\left(\frac{y}{z}\right)\frac{z\text{d}y-y\text{d}z}{z^2},\ \text{亦即}$$

$$z\text{d}x-x\text{d}z=\varphi'\left(\frac{y}{z}\right)(z\text{d}y-y\text{d}z)\ \text{整理得到}\ \text{d}z=\frac{z\text{d}x-z\varphi'\left(\dfrac{y}{z}\right)\text{d}y}{x-y\varphi'\left(\dfrac{y}{z}\right)},$$

$$\text{因而}\frac{\partial z}{\partial x}=\frac{z}{x-y\varphi'\left(\dfrac{y}{z}\right)},\ \frac{\partial z}{\partial y}=\frac{-z\varphi'\left(\dfrac{y}{z}\right)}{x-y\varphi'\left(\dfrac{y}{z}\right)},$$

$$\text{故}\ x\frac{\partial z}{\partial x}+y\frac{\partial z}{\partial y}=\frac{xz}{x-y\varphi'\left(\dfrac{y}{z}\right)}-\frac{yz\varphi'\left(\dfrac{z}{y}\right)}{x-y\varphi'\left(\dfrac{y}{z}\right)}=z$$

注意：证明或计算隐函数的偏导数所满足的等式，常用一阶全微分形式不变性先求出全微分，然后一次求出各个一阶偏导数.

例 2　设 $y=y(x)$，$z=z(x)$ 是由方程 $F(x,y,z)=0$ 和 $z=xf(x+y)$ 所确定的函数，求 $\dfrac{\text{d}y}{\text{d}x}$，$\dfrac{\text{d}z}{\text{d}x}$.

解：由方程组 $\begin{cases}F(x,y,z)=0\\z-xf(x+y)=0\end{cases}$ 确定隐函数为 $y=y(x)$ 和 $z=z(x)$. 在方程组的各个方

程两端分别对 x 求导,得到 $\begin{cases} F'_x + F'_y \dfrac{\mathrm{d}y}{\mathrm{d}x} + F'_z \dfrac{\mathrm{d}z}{\mathrm{d}x} = 0 \\ \dfrac{\mathrm{d}z}{\mathrm{d}x} - f - xf'_x \cdot \left(1 + \dfrac{\mathrm{d}y}{\mathrm{d}x}\right) = 0 \end{cases}$ 整理得 $\begin{cases} F'_y \dfrac{\mathrm{d}y}{\mathrm{d}x} + F'_z \dfrac{\mathrm{d}z}{\mathrm{d}x} = -F'_x \\ -xf'_x \cdot \dfrac{\mathrm{d}y}{\mathrm{d}x} + \dfrac{\mathrm{d}z}{\mathrm{d}x} = f + xf'_x \end{cases}$

由克拉默法则,可解得

$$\frac{\mathrm{d}y}{\mathrm{d}x} = -\frac{F'_x + (f + xf'_x)F'_z}{xf'_x F'_z + F'_y} \quad (xf'_x F'_z + F'_y \neq 0)$$

$$\frac{\mathrm{d}z}{\mathrm{d}x} = \frac{(f + xf'_x)F'_y - xf'_x F'_x}{xf'_x F'_z + F'_y} \quad (xf'_x F'_z + F'_y \neq 0).$$

（三）计算方向导数、梯度与全微分

例 1 设 n 是曲面 $2x^2 + 3y^2 + z^2 = 6$ 在点 $P(1,1,1)$ 处的指向外侧的法向量,求函数 $u = \dfrac{\sqrt{6x^2 + 8y^2}}{z}$ 在点 P 处沿方向 n 的方向导数.

解：曲面的法向量为 $n = \pm(4x, 6y, 2z)|_P = \pm(4,6,2)$. 因在 P 点指向外侧取正号,将其单位化后,得到 $n° = \dfrac{1}{\sqrt{2^2 + 3^2 + 1^2}}(2,3,1) = \dfrac{1}{\sqrt{14}}(2,3,1)$. 又 $\dfrac{\partial u}{\partial x}\Big|_P = \dfrac{6x}{z\sqrt{6x^2 + 8y^2}}\Big|_P = \dfrac{6}{\sqrt{14}}$,

$$\frac{\partial u}{\partial y}\Big|_P = \frac{8y}{z\sqrt{6x^2 + 8y^2}}\Big|_P = \frac{8}{\sqrt{14}}, \quad \frac{\partial u}{\partial z}\Big|_P = \frac{-\sqrt{6x^2 + 8y^2}}{z^2}\Big|_P = -\sqrt{14}$$

故 $\dfrac{\partial u}{\partial n}\Big|_P = \mathbf{grad}\, u|_P \cdot n° = \dfrac{6}{\sqrt{14}} \times \dfrac{2}{\sqrt{14}} + \dfrac{8}{\sqrt{14}} \times \dfrac{3}{\sqrt{14}} - \sqrt{14} \times \dfrac{1}{\sqrt{14}} = \dfrac{11}{7}$.

例 2 设函数 $u(x,y,z) = 1 + \dfrac{x^2}{6} + \dfrac{y^2}{12} + \dfrac{z^2}{18}$,单位向量 $n = \dfrac{1}{\sqrt{3}}(1,1,1)$,求 $\dfrac{\partial u}{\partial n}\Big|_{(1,2,3)}$.

解：已知 $n° = (\cos\alpha, \cos\beta, \cos\gamma) = \dfrac{1}{\sqrt{3}}(1,1,1)$. 又

$$\mathbf{grad}\, u|_{(1,2,3)} = \left(\frac{\partial u}{\partial x}, \frac{\partial u}{\partial y}, \frac{\partial u}{\partial z}\right)\Big|_{(1,2,3)} = \left(\frac{x}{3}, \frac{y}{6}, \frac{z}{9}\right)\Big|_{(1,2,3)} = \frac{1}{3}(1,1,1).$$

由公式得到 $\dfrac{\partial u}{\partial n}\Big|_{(1,2,3)} = \dfrac{\partial u}{\partial x}\Big|_{(1,2,3)}\cos\alpha + \dfrac{\partial u}{\partial y}\Big|_{(1,2,3)}\cos\beta + \dfrac{\partial u}{\partial z}\Big|_{(1,2,3)}\cos\gamma = \dfrac{\sqrt{3}}{3}$

例 3 求函数 $u = \ln(x^2 + y^2 + z^2)$ 在点 $M(1,2,-2)$ 处的梯度 $\mathbf{grad}\, u|_M$.

解：因 $\dfrac{\partial u}{\partial x} = \dfrac{2x}{x^2 + y^2 + z^2}, \dfrac{\partial u}{\partial y} = \dfrac{2y}{x^2 + y^2 + z^2}, \dfrac{\partial u}{\partial z} = \dfrac{2z}{x^2 + y^2 + z^2}$

故 $\mathbf{grad}\, u|_M = \left(\dfrac{\partial u}{\partial x}, \dfrac{\partial u}{\partial y}, \dfrac{\partial u}{\partial z}\right)\Big|_M = \dfrac{2}{9}(1,2,-2)$.

例 4 求由方程 $xyz + \sqrt{x^2 + y^2 + z^2} = \sqrt{2}$ 所确定的函数 $z = z(x,y)$ 在点 $(1,0,-1)$ 处的全微分 $\mathrm{d}z$.

解：设 $F(x,y,z) = xyz + \sqrt{x^2 + y^2 + z^2} - \sqrt{2}$,由对称性易求得

$$F'_x = yz + \frac{x}{\sqrt{x^2+y^2+z^2}}, F'_y = xz + \frac{y}{\sqrt{x^2+y^2+z^2}}, F'_z = xy + \frac{z}{\sqrt{x^2+y^2+z^2}}$$

$$\frac{\partial z}{\partial z} = -\frac{F'_x}{F'_z} = -\frac{yz\sqrt{x^2+y^2+z^2}+x}{xy\sqrt{x^2+y^2+z^2}+z}, \frac{\partial z}{\partial y} = -\frac{F'_y}{F'_z} = -\frac{xz\sqrt{x^2+y^2+z^2}+y}{xy\sqrt{x^2+y^2+z^2}+z}$$

$$\mathrm{d}z\Big|_{(1,0,-1)} = \frac{\partial z}{\partial x}\Big|_{(1,0,-1)} \mathrm{d}x + \frac{\partial z}{\partial y}\Big|_{(1,0,-1)} \mathrm{d}y = \mathrm{d}x - \sqrt{2}\,\mathrm{d}y$$

（四）多元函数微分学的应用

例1　在曲线 $: x=t, y=-t^2, z=t^3$ 的所有切线中,与平面 $x+2y+z=4$ 平行的切线（　　）.

A. 只有一条　　　　B. 只有两条　　　C. 至少有三条　　　D. 不存在

解:曲线上任一点处(对应参数 t 的点)的切线的方向向量为 $\tau=(x'_t, y'_t, z'_t)|_t=(1, -2t, 3t^2)$,切线平行于已知平面,则有 $\tau \cdot n=(1, -2t, 3t^2) \cdot (1, 2, 1)=0$,即 $1-4t+3t^2=0$.

该方程只有两个实根,因而切线中只有两条与已知平面平行.仅 B 入选.

例2　求曲线 $\begin{cases} x^2-z=0 \\ x+y+4=0 \end{cases}$ 上点 $P(1, -5, 1)$ 处的法平面与直线 $\begin{cases} 4x-3y-2z=0 \\ x-y-z+1=0 \end{cases}$ 之间的夹角.

解:以变量 x 作为参数,则所给曲线的参数方程为 $x=x, y=-x-4, z=x^2$. 由于

$$\frac{\mathrm{d}x}{\mathrm{d}x}\Big|_P=1, \frac{\mathrm{d}y}{\mathrm{d}x}\Big|_P=-1, \frac{\mathrm{d}z}{\mathrm{d}x}\Big|_P=2$$

故曲线在点 P 处的法平面的法向量(亦即曲线在点 P 处的切向量) $\vec{n}=(1, -1, 2)$.
又所给直线的方向向量为 $s=(4, -3, -2) \times (1, -1, -1)=(1, 2, -1)$,

$$\sin\varphi = |\cos\theta| = \frac{|1\times1+(-1)\times2+2\times(-1)|}{\sqrt{1^2+(-1)^2+2^2} \times \sqrt{1^2+2^2+(-1)^2}}, 故 \varphi=\frac{\pi}{6}$$

例3　求曲线 $\begin{cases} y^2=2mx \\ z^2=m-x \end{cases}$,在点 $P_0(x_0, y_0, z_0)$ 处的切线及法平面方程.

解:设 $F(x, y, z)=y^2-2mx=0, G(x, y, z)=z^2-m+x=0$,在点 $P_0(x_0, y_0, z_0)$ 处有 $F'_x=-2m, F'_y=2y, F'_z=0; G'_x=1, G'_y=0, G'_z=2z$.

于是,在曲线上一点 $P_0(x_0, y_0, z_0)$ 处切向量为
$$(F'_x, F'_y, F'_z) \times (G'_x, G'_y, G'_z)=(4y_0z_0, 4mz_0, -2y_0).$$
切线方程、法平面方程分别为

$$\frac{x-x_0}{4y_0z_0}=\frac{y-y_0}{4mz_0}=\frac{z-z_0}{-2y_0}, 即 \frac{x-x_0}{1}=\frac{y-y_0}{\dfrac{m}{y_0}}=\frac{z-z_0}{-\dfrac{1}{(2z_0)}} \quad ①$$

$$\frac{(x-x_0)+\left(\dfrac{m}{y_0}\right)(y-y_0)-1}{(2z_0)(z-z_0)}=0. \quad ②$$

例4　设 $f(x, y)$ 在点 $(0, 0)$ 附近有定义,且 $f'_x(0, 0)=3, f'_y(0, 0)=1$,则（　　　）.

A. $\mathrm{d}z\big|_{(0,0)}=3\mathrm{d}x+\mathrm{d}y$

B. 曲面 $z=f(x,y)$ 在点 $(0,0,f(0,0))$ 的法向量为 $(3,1,1)$

C. 曲线 $\begin{cases}z=f(x,y)\\y=0\end{cases}$ 在点 $(0,0,f(0,0))$ 的切向量为 $(1,0,3)$

D. 曲线 $\begin{cases}z=f(x,y)\\y=0\end{cases}$ 在点 $(0,0,f(0,0))$ 的切向量为 $(3,0,1)$

解：(1) 偏导数存在只是可微的必要条件并非充分条件，因而不一定能保证可微. 故 A 不成立.

(2) 由于存在偏导数并不一定能保证可微，也不一定能保证存在切平面，于是不能保证曲面在点 $(0,0,f(0,0))$ 处存在法向量，可见 B 错

由该曲线的参数方程 $x=x,y=0,z=f(x,0)$ 知，它在 $(0,0,f(0,0))$ 的切向量为 $(x',0,f'(x,0))\big|_{x=0}=(1,0,f'_x(0,0))=(1,0,3)$，而不是 $(3,0,1)$. 因而仅 C 入选.

例5 已知曲面 $z=4-x^2-y^2$ 上点 P 处的切平面平行于平面 $2x+2y+z-1=0$，则点 P 的坐标是（　　）.

A. $(1,-1,2)$ 　　B. $(-1,1,2)$ 　　C. $(1,1,2)$ 　　D. $(-1,-1,2)$

解：设曲面 S 的方程为 $F(x,y,z)=z+x^2+y^2-4=0$，下面求曲面 $F(x,y,z)=0$ 上的点 P，使 S 在该点的法向量 $\boldsymbol{n}$ 与所给平面的法向量 $(2,2,1)$ 平行. 曲面 S 在点 $P(x,y,z)$ 处的法向量 $\left(\dfrac{\partial F}{\partial x},\dfrac{\partial F}{\partial y},\dfrac{\partial F}{\partial z}\right)=(2x,2y,1)$，由两法向量平行，得到 $\dfrac{2x}{2}=\dfrac{2y}{2}=\dfrac{1}{1}$，即 $x=1,y=1$ 因而由点 P 在 S 上得到 $z=4-x^2-y^2\big|_{(x=1,y=1)}=2$，于是求得点 P 的坐标为 $(1,1,2)$，该点不在所给的平面上. 仅 C 入选.

（五）求多元函数极值与最值

例1 设 $z=z(x,y)$ 是由 $x^2-6xy+10y^2-2yz-z^2+18=0$ 确定的函数，求 $z=z(x,y)$ 的极值点和极值.

解：在 $x^2-6xy+10y^2-2yz-z^2+18=0$① 两边分别对 x,y 求导，令 $\begin{cases}\dfrac{\partial z}{\partial x}=0\\[2mm]\dfrac{\partial z}{\partial y}=0\end{cases}$，

得到 $\begin{cases}x-3y=0\\-3x+10y-z=0\end{cases}$ 解得 $\begin{cases}x=3y\\z=y\end{cases}$ 将其代入式①得到驻点 $P_1(x,y,z)=P_1(9,3,3)$，$P_2(x,y,z)=P_2(-9,-3,-3)$. 再求二阶偏导，得到

$$A=\frac{\partial^2 z}{\partial x^2}\bigg|_{P_1}=\frac{1}{6},B=\frac{\partial^2 z}{\partial x\partial y}\bigg|_{P_1}=-\frac{1}{2},C=\frac{\partial^2 z}{\partial y^2}\bigg|_{P_1}=\frac{5}{3}$$

因 $B^2-AC=-\dfrac{1}{36}<0,A=\dfrac{1}{6}>0$，由定理知，点 $(9,3)$ 为 $z(x,y)$ 的极小值为 $z(9,3)=3$. 类似可得 $A=\dfrac{\partial^2 z}{\partial x^2}\bigg|_{P_2}=-\dfrac{1}{6},B=\dfrac{\partial^2 z}{\partial x\partial y}\bigg|_{P_2}=\dfrac{1}{2},C=\dfrac{\partial^2 z}{\partial y^2}\bigg|_{P_2}=-\dfrac{5}{3}$

因 $B^2-AC=-\dfrac{1}{36}<0,A=-\dfrac{1}{6}<0$，由定理知，点 $(-9,-3)$ 为 $z(x,y)$ 的极大值

点,极大值为 $z(-9,-3)=3$.

例 2　求二元函数 $z=f(x,y)=x^2y(4-x-y)$ 在由直线 $x+y=6$, x 轴和 y 轴所围成的闭区域 D 上的极值、最大值和最小值.

解:(1) 先求区域 D 内部的极值. 令
$$\begin{cases} f'_x=2xy(4-x-y)-x^2y=0, & ① \\ f'_y=x^2(4-x-y)-x^2y=0, & ② \end{cases}$$

由式①$\times x$ 得　$2x^2y(4-x-y)-x^3y=0$,　③

由式②$\times 2y$ 得　$2x^2y(4-x-y)-2x^2y^2=0$,　④

由式③和式④得　$x^3y=2x^2y^2$,即 $x=2y$.　⑤

将式⑤代入式①得 $x=2$,因而 $y=1$.即得唯一内部驻点 $(2,1)$.下面判定在该点是否取极值. $f''_{xx}=8y-6xy-2y^2$, $f''_{xy}=8x-3x^2-4xy$, $f''_{yy}=-2x^2$.

于是 $A=f''_{xx}(2,1)=-6$, $B=f''_{xy}(2,1)=-4$, $C=f''_{yy}(2,1)=-8$.

因 $B^2-AC=-32<0$ 且 $A<0$,由定理知,点 $(2,1)$ 是 $f(x,y)$ 的极大值点,极大值为 $f(2,1)=4$.

(2) 下面求 $f(x,y)$ 在 D 的边界上的最大值、最小值. 先求 D 的边界上的可能极值点,即求条件极值:① $\begin{cases} z=f(x,y) \\ x=0 \end{cases}$　② $\begin{cases} z=f(x,y) \\ y=0 \end{cases}$　③ $\begin{cases} z=f(x,y) \\ x+y=6 \end{cases}$

将 $x=0$ 代入得 $z=0$.将 $y=0$ 代入得 $z=0$.由约束条件 $x+y=6$ 可求出变量之间的简单关系 $y=6-x$ 可直接代入化为一元函数的极值问题解之(也可用拉格朗日乘数法解之): $z=2x^3-12x^2$ $(0\leq x\leq 6)$.

令 $z'=6x^2-24x=0$,解得边界 $x+y=6$ 上的唯一内部驻点 $x=4$,即为 D 边界上的点 $(4,2)$,因 $z''=(12x-24)\big|_{x=4}=24>0$,故 $x=4$ 为边界上的极小值点,极小值为 $f(4,2)=-64$.其次,求出 D 的边界曲线的交点 $(0,0)$,$(0,6)$,$(6,0)$ 处的函数值: $f(0,0)=0$, $f(0,6)=0$, $f(6,0)=0$.将它们与 $f(4,2)=-64$ 比较知, $f(x,y)$ 在 D 的边界上的最大值为 0,最小值为 -64.最后,将 $f(x,y)$ 在 D 的边界上的最大值 0、最小值 -64 与 $f(x,y)$ 在 D 内所有极值即 $f(2,1)=4$, $f(4,2)=-64$ 比较可知, $f(x,y)$ 在 D 上的最大值为 $f(2,1)=4$,最小值为 $f(4,2)=-64$.

例 3　在平面 xOy 上求一点 $M(x,y)$ 使它到三平面 $x=0$, $y=0$ 及 $x+2y-16=0$ 的距离的平方和为最小.

解:点 $M(x,y)$ 到平面 $x=0$, $y=0$ 的距离分别为 $|x|$, $|y|$,到 $x+2y-16=0$ 的距离为

$$\frac{|x+2y-16|}{\sqrt{1^2+2^2}}=\frac{|x+2y-16|}{\sqrt{5}}$$

则点 $M(x,y)$ 到三平面的距离之和为 $F(x,y)=x^2+y^2+\dfrac{(x+2y-16)^2}{5}$.

令 $F'_x=2x+\dfrac{2(x+2y-16)}{5}=0$, $F'_y=2y+\dfrac{4(x+2y-16)}{5}=0$.解得唯一驻点为 $x=\dfrac{8}{5}$, $y=\dfrac{16}{5}$,即 $M_0\left(\dfrac{8}{5},\dfrac{16}{5}\right)$.

由此实际问题的意义可知距离的最小值是存在的，且驻点又是唯一的，故在此驻点 M_0 处必取最小值，即所求点为 $M_0=\left(\dfrac{8}{5},\dfrac{16}{5}\right)$.

例4 已知函数 $f(x,y)=x+y+xy$，曲线 $C:x^2+y^2+xy=3$. 求 $f(x,y)$ 在曲线 C 上最大方向导数.

解：根据方向导数与梯度的关系可知，$f(x,y)$ 在点 (x,y) 处的方向导数取最大值的方向为梯度的方向，且最大值为梯度的模.

因 $\operatorname{grad} f=(1+y,1+x)$，于是归结为求函数 $z(x,y)=|\operatorname{grad} f(x,y)|=\sqrt{(x+1)^2+(y+1)^2}$ 在约束条件 $x^2+y^2+xy-3=0$ 下的最值.

构造拉格朗日函数 $F(x,y,\lambda)=(1+y)^2+(1+x)^2+\lambda(x^2+y^2+xy-3)$.

令 $\dfrac{\partial F}{\partial x}=2(1+x)+2\lambda x+\lambda y=0,\dfrac{\partial F}{\partial y}=2(1+y)+2\lambda y+\lambda=0,\dfrac{\partial F}{\partial \lambda}=x^2+y^2+xy-3=0$，解得 $(1,1),(-1,-1),(2,-2),(-1,2)$. 由 $z(1,1)=\sqrt{8},z(-1,-1)=0,z(2,-1)=\sqrt{9}=3,z=(-1,2)=\sqrt{9}=3$，得到所求的 $f(x,y)$ 在曲线 C 上的最大方向导数为 3.

三、教学建议

1. 课程思政

用一首古诗对极值的概念进行引入. 北宋文学家苏轼的"横看成岭侧成峰，远近高低各不同. 不识庐山真面目，只缘身在此山中"，描绘的是庐山随着观察者角度不同，呈现出不同的样貌. 高等数学中多元函数的极值这个知识点，数形结合后画出来的图形，就像庐山的山岭一样连绵起伏，极大值在山顶取得，极小值则是出现在山谷. 通过《题西林壁》这首诗引入极值的概念，会给抽象的数学课堂注入一缕诗情画意. 通过该知识点的教学，不仅教会学生求函数的极值点与极值，同时还可以让学生感悟，人生就像连绵不断的曲面，起起落落是必经之路，是成长的需要，跌入低谷不气馁，甘于平淡不放任，伫立高峰不张扬，这才叫宽阔胸襟. 要学会用运动的观点看待问题，低谷与顶峰只是我们人生路上的一个转折点. 要认识事物的真相与全貌，必须超越狭小的范围，摆脱主观成见.

2. 思维培养

通过函数概念从一元函数推广到多元函数，微分理论从一元推广到多元微分，培养类比推广的数学思维方法. 通过复合函数求导法则，培养分析归纳、抽象概括的能力以及联系与转化的思维方法.

3. 融合应用

背景：在电影、电视剧中经常看到缉毒军警在警犬的帮助下，追踪毒贩或者毒品的画面，我缉毒大队截获情报通常只是知道毒贩躲藏在某一个区域，或者有一批毒品存放在某地区，具体地点并不确定，缉毒警察只好利用警犬搜索，要想尽快找到毒品，警犬是沿什么方向进行搜索呢？

问题：地面上某处藏有毒品，以该处为坐标原点建立笛卡尔坐标系，已知毒品在大气中散发着特有的气味，设气味浓度在地表 xOy 平面上的分布为 $f(x,y)=\mathrm{e}^{-(2x^2+3y^2)}$，一条警犬在$(x_0,y_0)$,$(x_0\neq0)$点处嗅到气味后,沿着气味最浓的方向搜索,求警犬搜索的路线.

四、达标训练

一、填空题

1. 函数 $z=\sqrt{(x^2+y^2-a^2)(2a^2-x^2+y^2)}$ $(a>0)$的定义域为_____;

2. 函数 $z=\ln[x\ln(y-x)]$的定义域为_____;

3. 函数 $z=xy+\sqrt{\ln\dfrac{R^2}{x^2+y^2}}+\sqrt{x^2+y^2-R^2}$的定义域为_____;

4. 函数 $z=\dfrac{1}{\sqrt{y-\sqrt{x}}}$的定义域为_____;

5. 设 $f(x,y)=\begin{cases}\dfrac{1}{xy}\sin(x^2y),\text{当} xy\neq0 \\ 0,\text{当} xy=0\end{cases}$,则 $f_x(0,1)=$_____;

6. 设函数 $f(x,y)$在(a,b)点的偏导数存在,则 $\lim\limits_{x\to0}\dfrac{f(a+x,b)-f(a-x,b)}{x}$
=_____;

7. 设 $z=\sin(x^y)-\phi(x,y)$,其中 $\phi(x,y)$是可导函数,则$\dfrac{\partial z}{\partial y}=$_____;

8. 设 $f(x,y,z)=x^2+2y^2+3z^2+xy+3x-2y-6z$. 则在点$(1,1,1)$处$\dfrac{\partial f}{\partial x}+\dfrac{\partial f}{\partial y}+$
$\dfrac{\partial f}{\partial z}=$_____;

9. 设函数 $z=y\sin(xy)-(1-y)\arctan x+\mathrm{e}^{-2y}$,则$\dfrac{\partial z}{\partial x}\Big|_{\substack{x=1\\y=0}}=$_____;

10. 设 $z=z(x,y)$由方程 $\tan(xy^2)+3\mathrm{e}^{xy}\sin(zx)=1$ 所确定,则 $z_y=$_____;

11. 设 $\ln(xy)+\arctan(yz)=1$,确定隐函数 $z=z(x,y)$,则 $z_x=$_____;

12. 设函数 $z=z(x,y)$由方程 $xz-y+\arctan y=0$ 所确定,则$\dfrac{\partial^2 z}{\partial x\partial y}=$_____;

13. 设 $z=\ln(\mathrm{e}^x+\mathrm{e}^y)$,其中 $y=\dfrac{x^3}{3}+x$,则$\dfrac{\mathrm{d}z}{\mathrm{d}x}=$_____;

14. 设 $x^2\mathrm{e}^{2y}-y^2\mathrm{e}^{2x}=0$ 确定了 $y=y(x)$. 则$\dfrac{\mathrm{d}y}{\mathrm{d}x}=$_____;

15. 若 $f(x,y)=y+x^2+x\sin(x-y)$,则$f'_x(x,x)=$_____;

16. 设 $z=x^3y^2-x^2-\mathrm{e}^y$,则 $\mathrm{d}z=$_____;

17. 函数 $f(x,y)$在(x_0,y_0)点可导是 $f(x,y)$在(x_0,y_0)点可微的_____条件;

18. 函数 $z=\dfrac{x\mathrm{e}^y}{y^2}$在点$(2,1)$沿 $\boldsymbol{a}=(1,2)$方向的方向导数是_____;

19. 函数 $z=x^2-y^2+2xy-4x+8y$ 的驻点是_____;

20. 设函数 $z=z(x,y)$由方程 $x^2+2y^2+3z^2+xy-z-9=0$ 确定,则函数 z 的驻点是_____;

21. 曲线 $\begin{cases} z^2=2+(x^2+y^2) \\ x=1 \end{cases}$ 在点 $(1,2,\sqrt{7})$ 处的切线对 y 轴的斜率为_____；

22. 曲线 $\begin{cases} x^2-y^2+z^2=0 \\ x=2 \end{cases}$ 在点 $(2,3,\sqrt{5})$ 处的切线与 z 轴正向所成的倾角为_____；

23. 设 $(1,-1,2)$ 是曲面 $z=f(x,y)$ 上一点，若 $f_x(1,-1)=3$，在任一点 (x,y) 有 $xf_x(x,y)+yf_y(x,y)=f(x,y)$，则曲面在这一点的切平面方程是_____；

24. 原点到椭球面 $x^2+y^2+2z^2=31$ 上一点 $(3,2,3)$ 处切平面的距离 d =_____；

25. 曲面 $z=f(x,y)$ 经过点 $M(1,-1,2)$，$f(x,y)$ 可微，$f_x(1,-1)=2$，$f_y(1,-1)=-2$。过 M 点作一法向量 $\boldsymbol{n}$，$\boldsymbol{n}$ 与 oy 轴正向夹角为锐角，则 $\boldsymbol{n}$ 与 ox 轴正向夹角的余弦 $\cos\alpha=$_____；

26. 设 $F(u,v,w)$ 是可微函数，且 $F_u(2,2,2)=F_w(2,2,2)=3$，$F_v(2,2,2)=-6$，曲面 $F(x+y,y+z,z+x)=0$ 通过 $(1,1,1)$ 点，则过这点的法线方程是_____；

27. 设函数 $u(x,y,z)$，$v(x,y,z)$ 都有连续偏导数，则 $u=u(x,y,z)$ 在 $v=v(x,y,z)$ 的梯度方向的方向导数为零的条件是_____；

28. 数量场 $f(x,y,z)=\ln(1+x^2+2y^2+3z^2)$ 在 $M_0(2,-1,1)$ 点处的梯度等于_____．

二、选择题

1. 函数 $z=\sqrt{x-\sqrt{y}}$ 的定义域为（　　）.

A. $x>0,y>0$　　B. $x\geqslant\sqrt{y},y\geqslant0$　　C. $x>\sqrt{y},y>0$　　D. $x\geqslant0,y\geqslant0$

2. 函数 $z=\ln(-x-y)$ 的定义域是（　　）.

A. $\{(x,y)\mid x<0,y<0\}$　　　　　B. $\{(x,y)\mid x+y\leqslant0\}$

C. $\{(x,y)\mid x+y<0\}$　　　　　　D. 在 xOy 平面上处处无定义

3. 极限 $\lim\limits_{\substack{x\to0\\y\to0}}\dfrac{x^2y}{x^4+y^2}=$（　　）.

A. 等于 0　　　　　　　　　　　　B. 等于 $\dfrac{1}{2}$

C. 存在且不等于 0 或 $\dfrac{1}{2}$　　　　D. 不存在

4. 设 $z=f(x,y)$ 在点 (x_0,y_0) 处的偏导数 $f_x(x_0,y_0)$ 存在，则 $f_x(x_0,y_0)$ 是（　　）.

A. $\lim\limits_{h\to0}\dfrac{f(x_0+h,y_0+h)-f(x_0,y_0)}{h}$　　B. $\lim\limits_{h\to0}\dfrac{f(x_0+h,y_0)-f(x_0-h,y_0)}{h}$

C. $\lim\limits_{h\to0}\dfrac{f(x_0-h,y_0)-f(x_0,y_0)}{h}$　　D. $\lim\limits_{h\to0}\dfrac{f(x_0,y_0)-f(x_0-h,y_0)}{h}$

5. 函数 $f(x,y)=\begin{cases} \dfrac{2xy}{x^2+y^2} & x^2+y^2\neq0 \\ 0 & x^2+y^2=0 \end{cases}$ 在点 $(0,0)$ 处（　　）.

A. 连续且可导   B. 不连续且不可导

C. 可导且可微   D. 可导但不连续

6. 设函数 $z=f(x,y)$ 在点 $M_0(x_0,y_0)$ 处存在二阶偏导数,则函数在 M_0 点(   ).

     A. 一阶偏导数必连续   B. 一阶偏导数不一定连续

     C. 沿任何方向的方向导数必存在   D. $z_{xy}=z_{yx}$

7. 设 $u=\arctan[\cos(y-x)]$,则 u_x 等于(   ).

     A. $\dfrac{\sin(y-x)\cdot\sec^2[\cos(y-x)]}{1+\cos^2(y-x)}$ B. $\dfrac{-\sin(y-x)\cdot\sec^2[\cos(y-x)]}{1+\cos^2(y-x)}$

     C. $\dfrac{-1}{1+\cos^2(y-x)}$ D. $\dfrac{\sin(y-x)}{1+\cos^2(y-x)}$

8. 设 $z=\arctan\sqrt{1+xy}$,则 $z_x=($).

     A. $\dfrac{\sec^2\sqrt{1+xy}}{1+(1+xy)^2}$ B. $\dfrac{y\sec^2\sqrt{1+xy}}{1+(1+xy)^2}$

     C. $\dfrac{y}{2(2+xy)\sqrt{1+xy}}$ D. $\dfrac{y}{2(1+xy)}$

9. 设 $z=\tan\left(x+yx^2-\dfrac{\pi}{3}\right)$,则 $z_x=($).

     A. $\dfrac{1+2xy}{1+\left(x+yx^2-\dfrac{\pi}{3}\right)^2}$

     B. $\dfrac{1+2xy-\dfrac{\sqrt{3}}{2}}{1+\left(x+yx^2-\dfrac{\pi}{3}\right)^2}$

     C. $(1+2xy)\cdot\sec^2\left(x+x^2y-\dfrac{\pi}{3}\right)$

     D. $\left(1+2xy-\dfrac{\pi}{3}\right)\cdot\sec^2\left(x+x^2y-\dfrac{\pi}{3}\right)$

10. 设 $u=\ln\sqrt{x^2-3xy+z^2}$,则 $u_y=($).

     A. $\dfrac{-3x}{\sqrt{x^2-3xy+z^2}}$ B. $\dfrac{-3x}{x^2-3xy+z^2}$

     C. $\dfrac{-3x}{2(x^2-3xy+z^2)}$ D. $\dfrac{-3x}{2\sqrt{x^2-3xy+z^2}}$

11. 设 $z=\csc\left(\dfrac{\pi}{3}+2xy\right)$,则 z_y 等于(   ).

     A. $-x\cdot\csc\left(\dfrac{\pi}{3}+2xy\right)\tan\left(\dfrac{\pi}{3}+2xy\right)$

     B. $-2x\cdot\csc^2\left(\dfrac{\pi}{3}+2xy\right)\cot\left(\dfrac{\pi}{3}+2xy\right)$

C. $1-2x \cdot \cot^2\left(\dfrac{\pi}{3}+2xy\right)$

D. $-2x \cdot \csc\left(\dfrac{\pi}{3}+2xy\right)\cot\left(\dfrac{\pi}{3}+2xy\right)$

12. 设 $f(x,y)=x^3y+xy^2-2x+3y-1$，则 $f_x'(3,2)=($).

    A. 59   B. 58   C. 57   D. 56

13. 设 $u=\arctan\dfrac{y}{x}$，则 $\dfrac{\partial u}{\partial x}=($).

    A. $-\dfrac{y}{x^2+y^2}$ B. $\dfrac{x}{x^2+y^2}$ C. $\dfrac{y}{x^2+y^2}$ D. $-\dfrac{x}{x^2+y^2}$

14. 设 $z=3^{xy}$，而 $x=f(y)$ 且 f 可导，则 $\dfrac{\mathrm{d}z}{\mathrm{d}y}=($).

    A. $3^{xy}[y+x \cdot f'(y)] \cdot \ln 3$

    B. $3^{xy}[x+y \cdot f'(y)] \cdot \ln 3$

    C. $\dfrac{3^{xy}}{\ln 3}[x+y \cdot f'(y)]$

    D. $z_x \cdot f'(y)+z_y-3^{xy}[x+y \cdot f'(y)]\ln 3$

15. 函数 $u=x^2+3xy-y^2$ 在点 $(1,1)$ 沿 $\vec{l}=\{1,-5\}$ 方向的变化率为($).

    A. 1   B. -1 C. 0   D. $\dfrac{52}{\sqrt{26}}$

16. 函数 $u=3x^2y^2-2y+4x+6z$ 在原点沿 $\overrightarrow{OA}=(2,3,1)$ 方向的方向导数等于($).

    A. $-\dfrac{8}{\sqrt{14}}$ B. $\dfrac{8}{\sqrt{14}}$ C. $-\dfrac{8}{\sqrt{6}}$ D. $\dfrac{8}{\sqrt{6}}$

17. 函数 $u=xy^2$ 在点 $(1,1,1)$ 沿 $l=\{2,1,1\}$ 的方向导数等于($).

    A. $\dfrac{4}{\sqrt{6}}$ B. $\dfrac{3}{2}$ C. 2   D. $\dfrac{3}{\sqrt{6}}$

18. 设 $u=2xy-z^2$，则在 $(2,-1,1)$ 处的方向导数的最大值为($).

    A. $2\sqrt{6}$ B. 4   C. $2\sqrt{2}$ D. 24

19. 曲线 $x=t^2, y=\dfrac{8}{\sqrt{t}}, z=4\sqrt{t}$ 在点 $(16,4,8)$ 处的法平面方程是($).

    A. $8x-y-2z=108$ B. $8x-y+2z=140$

    C. $16x-y+2z=268$ D. $16x-y-2z=244$

20. 曲线 $x=t, y=t^2, z=t^3$ 上点 $(3,9,27)$ 处的法平面方程为($).

    A. $x-6y+27z=678$ B. $x-6y-27z=-780$

    C. $x+6y+27z=786$ D. $x+6y+27z=-672$

21. 曲线 $\begin{cases}x^2+y^2=10 \\ y^2+z^2=25\end{cases}$ 过点 $(1,3,4)$ 的法平面为 S_0，则原点到 S_0 的距离是($).

A. 12   B. $\dfrac{12}{13}$ C. $\dfrac{1}{13}$ D. $\dfrac{12}{169}$

22. 曲线 $\begin{cases} x^2 - y^2 = z \\ y = x \end{cases}$ 在原点处的法平面方程为( ).

     A. $x - y = 0$ B. $y - z = 0$ C. $x + y = 0$ D. $x + z = 0$

23. 曲面 $x^2 - 4y^2 + 2z^2 = 6$ 上点 $(2,2,3)$ 处的法线方程是( ).

     A. $x - 1 = \dfrac{y-6}{-4} = \dfrac{z}{3}$ B. $\dfrac{x-2}{-1} = \dfrac{y-2}{-4} = \dfrac{z-3}{3}$

     C. $\dfrac{x-1}{1} = \dfrac{y-6}{-4} = \dfrac{z-1}{2}$ D. $\dfrac{x-2}{1} = \dfrac{y-2}{4} = \dfrac{z-3}{3}$

24. 曲面 $xyz = 1$ 上平行于平面 $x + y + z + 3 = 0$ 的切平面方程是( ).

     A. $x + y + z = 3$ B. $x + y + z = 1$

     C. $x + y + z = 2$ D. $x + y + z = 0$

三、计算题

1. 求极限 $\lim\limits_{\substack{x \to 0 \\ y \to 0}} (x^2 + y) \sin \dfrac{1}{x}$.

2. 求 $\lim\limits_{\substack{x \to \infty \\ y \to \infty}} \dfrac{x^2 + y^2}{x^4 + y^4}$.

3. 求 $\lim\limits_{\substack{x \to \infty \\ y \to k}} \left(1 + \dfrac{y}{x}\right)^x$, 其中 $k \neq 0$.

4. 设函数 $u = f(x + y + z, x^2 + y^2 + z^2)$ 具有连续的二阶偏导数, 求 $u_{xx} + u_{yy} + u_{zz}$.

5. 设 $u = \tan(3x - y) + 8^{x+y}$, 求 $\dfrac{\partial u}{\partial x}$ 和 $\dfrac{\partial u}{\partial y}$.

6. 设 $u = \ln[\cos(xyz)]$，求 $\dfrac{\partial u}{\partial x}$，$\dfrac{\partial u}{\partial y}$ 和 $\dfrac{\partial u}{\partial z}$.

7. 设函数 $z = z(x,y)$ 由方程 $x^2 + y^2 e^z + z^2 = 4z$ 所确定，求 $\dfrac{\partial^2 z}{\partial x^2}$.

8. 设 $z = x^2 f(u)$，而 $u = \dfrac{y}{x}$，其中 $f(u)$ 二阶可导，求 $\dfrac{\partial^2 z}{\partial x \partial y}$.

9. 设方程 $F(xy, y+z, zx) = 0$ 确定了隐函数 $z = z(x,y)$，其中 $F(u,v,w)$ 具有连续的一阶偏导数，求 $\dfrac{\partial z}{\partial x}$ 和 $\dfrac{\partial z}{\partial y}$.

10. 设 $z = (1+xy)^x$，求 $\mathrm{d}z \Big|_{\substack{x=1 \\ y=1}}$.

11. 设 $\omega = f(t)$，$t = \phi(xy, x^2 + y^2)$，其中 f 具有连续导数，ϕ 具有连续的一阶偏导数，求函数 ω 对变量 x, y 的全微分 $\mathrm{d}\omega$.

12. 函数 $z = z(x,y)$ 由方程 $x\cos y + y\cos z + z\cos x = a$ 所确定，a 为常数，求全微分 $\mathrm{d}z$.

13. 求函数 $u = x^{y^2}$ 的全微分.

14. 过球面$(x-3)^2+(y+1)^2+(z+4)^2=9$上一点 $P(1,0,-2)$,求球面的切平面方程.

15. 求函数 $z=x^2-2xy+2y^2-2y$ 在闭域 $D:0\leqslant x\leqslant 2,0\leqslant y\leqslant 2$ 上的最小值和最大值.

16. 在椭圆 $3x^2+2xy+3y^2=1$ 的第一象限部分上求一点,使得该点处的切线与坐标轴所围成的三角形面积最小,并求面积的最小值.

17. 在椭圆 $\dfrac{x^2}{2}+\dfrac{y^2}{4}=1$ 的第一象限部分上求一点,使过该点的切线、椭圆及坐标轴在第一卦限内所围成的图形的面积最小.

18. 在周长为 $2p$ 的三角形中,求出具有最大面积的三角形.

19. 在周长为 $2p$ 的三角形中,求这样的三角形,使其绕着自己的一边旋转所得到的旋转体的体积最大.

20. 在半径为 a 的半球内作内接长方体,问长方体的长、宽、高应为多少,才能使体积为最大?

21. 在半径为 R 的球的内接长方体中，求表面积最大的长方体.

22. 求外切于半径为 R 的圆，且具有最小面积的三角形的尺寸.

23. 横断面为半圆形的圆柱形的张口浴盆，其表面积等于 S，当浴盆断面的半径与盆长各为多大时，盆有最大的容积？

24. 用拉格朗日乘数法求函数 $u = xy^2z^3$ 在 $x + 2y + 3z = a(x > 0, y > 0, z > 0, a > 0)$ 条件下的极大值或极小值.

四、解答题

1. 证明：函数 $f(x, y) = \begin{cases} (x^2 + y^2)\sin\dfrac{1}{x^2 + y^2} & x^2 + y^2 \neq 0 \\ 0 & x^2 + y^2 = 0 \end{cases}$，在点 $(0, 0)$ 处可微.

2. 证明由方程 $F\left(\dfrac{y}{x}, \dfrac{z}{x}\right) = 0$ 所确定的隐函数 $z = z(x, y)$ 满足关系式：$x\dfrac{\partial z}{\partial x} + y\dfrac{\partial z}{\partial y} - z = 0$，其中 F 有连续的一阶偏导数.

3. 设 $z = x^3 + ax^2 + 2\gamma xy + \beta y^2 + \alpha\beta^{-1}(\gamma x + \beta y)$，试证：当 $\alpha\beta \neq \gamma^2$ 时，函数 z 有一个且仅有一个极值；又若 $\beta < 0$，则该极值必为极大值.

4. 设 $f(x,y)$ 具有一阶连续偏导数，且 $f_x^2+f_y^2\neq 0$，对任意实数 t 有 $f(tx,ty)=tf(x,y)$，试证明曲面 $z=f(x,y)$ 上任意一点 (x_0,y_0,z_0) 处的法线与直线 $\dfrac{x}{x_0}=\dfrac{y}{y_0}=\dfrac{z}{z_0}$ 相垂直.

参考答案

一、填空题

1. $\{(x,y)\mid a^2\leqslant x^2+y^2\leqslant 2a^2\}$；

2. $\{(x,y)\mid x>0,y>x+1\}\bigcup\{(x,y)\mid x<0,x<y<x+1\}$；

3. $\{(x,y)\mid x^2+y^2=R^2\}$；

4. $\{(x,y)\mid y>\sqrt{x},x>0\}$ 或 $\{(x,y)\mid y^2>x,x>0,y>0\}$；

5. 1；　6. $2f_x(a,b)$；　7. $(x^y\ln x)\cos x^y-\phi_y$；　8. 9；　9. $-\dfrac{1}{2}$；

10. $\dfrac{-3\mathrm{e}^{xy}\sin(zx)-2y\sec^2(xy^2)}{3\mathrm{e}^{xy}\cos(xz)}$；　11. $-\dfrac{1+(yz)^2}{xy}$；　12. $-\dfrac{y^2}{x^2(1+y^2)}$；

13. $\dfrac{\mathrm{e}^x+(x^2+1)\mathrm{e}^y}{\mathrm{e}^x+\mathrm{e}^y}$；　14. $\dfrac{y^2\mathrm{e}^{2x}-x\mathrm{e}^{2y}}{x^2\mathrm{e}^{2y}-y\mathrm{e}^{2x}}$；　15. $3x$；

16. $(3x^2y^2-2x)\mathrm{d}x+(2x^3y-\mathrm{e}^y)\mathrm{d}y$；　17. 必要；　18. $-\dfrac{3\mathrm{e}}{\sqrt{5}}$；　19. $(-1,3)$；

20. $(0,0)$；　21. $\dfrac{2}{\sqrt{7}}$；　22. $\arccos\dfrac{3\sqrt{14}}{14}$；　23. $3x+y-z=0$；　24. $\dfrac{31}{7}$；　25. $-\dfrac{2}{3}$；

26. $\dfrac{x-1}{2}=\dfrac{y-1}{-1}=\dfrac{z-1}{-1}$；　27. $\mathbf{grad}u\cdot\mathbf{grad}v=0$；　28. $\left\{\dfrac{2}{5},-\dfrac{2}{5},\dfrac{3}{5}\right\}$.

二、选择题

1. B　2. C　3. D　4. D　5. D　6. B　7. D　8. C　9. C　10. C　11. D

12. D　13. A　14. B　15. C　16. B　17. A　18. A　19. C　20. C　21. B

22. C　23. A　24. A

三、计算题

1. 由于 $\lim\limits_{\substack{x\to 0\\y\to 0}}(x^2+y)=0$，$\left|\sin\dfrac{1}{x}\right|\leqslant 1$，所以 $\lim\limits_{\substack{x\to 0\\y\to 0}}(x^2+y)\sin\dfrac{1}{x}=0$.

2. $\because 0\leqslant\dfrac{x^2+y^2}{x^4+y^4}\leqslant\dfrac{x^2+y^2}{2x^2y^2}=\dfrac{1}{2}\left(\dfrac{1}{x^2}+\dfrac{1}{y^2}\right)$，$\therefore\lim\limits_{\substack{x\to\infty\\y\to\infty}}\dfrac{x^2+y^2}{x^4+y^4}=0$.

3. $\lim\limits_{\substack{x\to\infty\\y\to k}}\left(1+\dfrac{y}{x}\right)^x=\lim\limits_{\substack{x\to\infty\\y\to k}}\left[\left(1+\dfrac{y}{x}\right)^{\frac{x}{y}}\right]^y=\mathrm{e}^k$.

4. $\because u_x=f_1'\cdot 1+f_2'\cdot 2x$

$\therefore u_{xx}=f_{11}''\cdot 1+f_{12}''\cdot 2x+2f_2'+2xf_{21}''+2xf_{22}''\cdot 2x=2f_2'+f_{11}''+4xf_{12}''+4x^2f_{22}''$

$u_{yy} = 2f_2' + f_{11}'' + 4yf_{12}'' + 4y^2 f_{22}'' \quad u_{zz} = 2f_2' + f_{11}'' + 4zf_{12}'' + 4z^2 f_{22}''$

$\therefore u_{xx} + u_{yy} + u_{zz} = 6f_2' + 3f_{11}'' + 4(x+y+z)f_{12}'' + 4(x^2+y^2+z^2)f_{22}''$

5. $\dfrac{\partial u}{\partial x} = 3\sec^2(3x-y) + 8^{y+x}\ln 8 \quad \dfrac{\partial u}{\partial y} = -3\sec^2(3x-y) + 8^{y+x}\ln 8.$

6. $\dfrac{\partial u}{\partial x} = \dfrac{1}{\cos(xyz)}[-yz\sin(xyz)] = -yz\tan(xyz),$

$\dfrac{\partial u}{\partial y} = -xz\tan(xyz) \quad \dfrac{\partial u}{\partial z} = -xy\tan(xyz).$

7. $2x + y^2 e^z \cdot z_x + 2z \cdot z_x = 4z_x, \; z_x = \dfrac{2x}{4-y^2 e^z - 2z}$

$z_{xx} = \dfrac{2(4-y^2 e^z - 2z) - 2x(-y^2 e^z \cdot z_x - 2z_x)}{(4-y^2 e^z - 2z)^2} = \dfrac{2}{4-y^2 e^z - 2z} + \dfrac{4x^2(y^2 e^z + 2)}{(4-y^2 e^z - 2z)^3}$

8. $\dfrac{\partial z}{\partial x} = 2xf(u) + x^2 f'(u)\left(-\dfrac{y}{x^2}\right) = 2xf(u) - yf'(u)$

$\dfrac{\partial^2 z}{\partial x \partial y} = 2xf'(u) \cdot \dfrac{1}{x} - f'(u) - yf''(u) \cdot \dfrac{1}{x} = f'(u) - uf''(u).$

9. $(y\,dx + x\,dy)F_1 + (dy + dz)F_2 + (z\,dx + x\,dz)F_3 = 0$

$dz = -\dfrac{yF_1 + zF_3}{F_2 + xF_3}dx - \dfrac{xF_1 + F_2}{F_2 + xF_3}dy \quad \dfrac{\partial z}{\partial x} = -\dfrac{yF_1 + zF_3}{F_2 + xF_3} \quad \dfrac{\partial z}{\partial y} = -\dfrac{xF_1 + F_2}{F_2 + xF_3}$

10. $\because \ln z = x\ln(1+xy), \therefore \dfrac{1}{z}dz = \ln(1+xy)dx + x \cdot \dfrac{y\,dx + x\,dy}{1+xy}$

$dz = (1+xy)^x\left[\left(\ln(1+xy) + \dfrac{xy}{1+xy}\right)dx + \dfrac{x^2}{1+xy}dy\right],$

$dz\Big|_{\substack{x=1 \\ y=1}} = (2\ln 2 + 1)dx + dy.$

11. $\because \dfrac{\partial \omega}{\partial x} = f'(t) \cdot \phi_1 \cdot y + f'(t) \cdot \phi_2 \cdot 2x = f'(t)[y\phi_1 + 2x\phi_2]$（利用对称性）

$\dfrac{\partial \omega}{\partial y} = f'(t) \cdot \phi_1 \cdot x + f'(t) \cdot \phi_2 \cdot 2y = f'(t)[x\phi_1 + 2y\phi_2]$

$\therefore d\omega = f'(t)[y\phi_1 + 2x\phi_2]dx + f'(t)[x\phi_1 + 2y\phi_2]dy.$

12. 由 $\cos y - y\sin z \cdot z_x + z_x \cdot \cos x - z\sin x = 0,$

$-x\sin y + \cos z - y\sin z \cdot z_y + z_y \cdot \cos x = 0,$

得 $z_x = \dfrac{z\sin x - \cos y}{\cos x - y\sin z} \quad z_y = \dfrac{x\sin y - \cos z}{\cos x - y\sin z},$

所以 $dz = \dfrac{z\sin x - \cos y}{\cos x - y\sin z}dx + \dfrac{x\sin y - \cos z}{\cos x - y\sin z}dy.$

13. $\because \dfrac{\partial u}{\partial x} = y^2 x^{y^2-1} \quad \dfrac{\partial u}{\partial y} = 2yx^{y^2}\ln x \quad \therefore du = y^2 x^{y^2-1}dx + 2yx^{y^2}\ln x\,dy$

14. 设所求的切平面方程为 $A(x-1) + By + C(z+2) = 0$

由 $\{A, B, C\} = \{3-1, -1-0, -4-(-2)\} = \{2, -1, -2\}$ 故 $2x - y - 2z - 6 = 0$ 为所求的切平面方程.

15. 由 $\begin{cases} z_x = 2x - 2y = 0 \\ z_y = -2x + 4y - 2 = 0 \end{cases}$ 得 D 内驻点 $(1,1)$，且 $z(1,1) = -1$；

在边界 $x = 0$ 上，$z_1 = 2y^2 - 2y (0 \leqslant y \leqslant 2)$ 由 $z_1' = 4y - 2 = 0$，得驻点 $y = \dfrac{1}{2}$

则 $z_1(0) = 0; z_1(2) = 4; z_1\left(\dfrac{1}{2}\right) = -\dfrac{1}{2};$

在边界 $x = 2$ 上，$z_2 = 2y^2 - 6y + 4 (0 \leqslant y \leqslant 2)$　$z_2' = 4y - 6 = 0$，得驻点 $y = \dfrac{3}{2}$ 则

$z_2(0) = 4; z_1(2) = 0; z_2\left(\dfrac{3}{2}\right) = -\dfrac{1}{2};$

在边界 $y = 0$ 上，$z_3 = x^2 (0 \leqslant x \leqslant 2)$　$z_3' = 2x$，得驻点 $x = 2$

则 $z_3(0) = 0; z_3(2) = 4;$

在边界 $y = 2$ 上，$z_4 = x^2 - 4x + 4 (0 \leqslant x \leqslant 2)$　$z_3' = 2x - 4$，得驻点 $x = 0$

则 $z_4(0) = 4; z_4(2) = 0$，比较后可知，函数 z 在点 $(1,1)$ 处取得最小值 $z(1,1) = -1$，在点 $(0,2),(2,0)$ 处取得最大值 $z(0,2) = z(2,0) = 4$.

16. 设切点为 (x,y)，由隐函数求导得 $y' = -\dfrac{3x+y}{x+3y}$

故切线方程为 $Y - y = -\dfrac{3x+y}{x+3y}(X - x)$

令 $X = 0$ 得 $Y = y + \dfrac{x(3x+y)}{x+3y}$，令 $Y = 0$ 得 $X = x + \dfrac{y(x+3y)}{3x+y}$

切点在曲线上，则三角形面积为

$$S_\triangle = \dfrac{1}{2}\left[y + \dfrac{x(3x+y)}{x+3y}\right]\left[x + \dfrac{y(x+3y)}{3x+y}\right] = \dfrac{1}{2}\dfrac{1}{(x+3y)(3x+y)}$$

要求面积的最小值，只要求 $(x+3y)(3x+y)$ 的最小值，而

$(x+3y)(3x+y) = 3x^2 + 10xy + 3y^2 = 1 + 8xy$

令 $F = xy + \lambda(3x^2 + 2xy + 3y^2 - 1)$，由 $F_x = 0, F_y = 0, 3x^2 + 2xy + 3y^2 = 1$ 得 $x = y$

$= \dfrac{\sqrt{2}}{4}$，由实际问题知面积最小值为 $S\left(\dfrac{\sqrt{2}}{4}, \dfrac{\sqrt{2}}{4}\right) = \dfrac{1}{4}$.

17. 设椭圆上点 (x_0, y_0) 处的切线方程为 $\dfrac{x_0 x}{2} + \dfrac{y_0 y}{4} = 1$

所讨论的面积为 $S(x_0, y_0) = \dfrac{1}{2} \cdot \dfrac{2}{x_0} \cdot \dfrac{4}{y_0} - C = \dfrac{4}{x_0 y_0} - C$

其中 C 是椭圆在第一象限部分的面积，C 是定值. 只要求 $\dfrac{4}{x_0 y_0}$ 的最小值，即只要求

$x_0 y_0$ 的最大值，令 $F = xy + \lambda\left(\dfrac{x^2}{2} + \dfrac{y^2}{4} - 1\right) (x > 0, y > 0)$ 由 $\begin{cases} F_x = y + \lambda x = 0 \\ F_y = x + \dfrac{\lambda y}{2} = 0 \\ \dfrac{x^2}{2} + \dfrac{y^2}{4} = 1 \end{cases}$

得 $x=1,y=\sqrt{2}$ 由实际问题知 $(1,\sqrt{2})$ 为所求点.

18. 设三角形的三边长分别为 $x,y,2p-x-y$，由于两边之和大于第三边，可知各边长均小于 p，即有 $0<x<p,0<y<p,p<x+y<2p$.

三角形的面积为 $S=\sqrt{p(p-x)(p-y)(x+y-p)}$

问题可化为求函数 $f(x,y)=(p-x)(p-y)(x+y-p)$ 在区域 $D:x<p,y<p,x+y>p$ 上的最大值，由 $\begin{cases}f_x=(p-y)(2p-2x-y)=0\\f_y=(p-x)(2p-2y-x)=0\end{cases}$ 得区域 D 内唯一解 $x=y=\dfrac{2}{3}p$

由于连续函数 $f(x,y)$ 在 D 内大于零；而当点 (x,y) 趋于 D 的边界时，f 趋于零，故 f 在该点取得最大值，所以，当三角形为边长为 $\dfrac{2}{3}p$ 的等边三角形时，其面积最大.

19. x 边旋转所得体积 $V=\dfrac{1}{3}\pi xh^2$ 而 $x+y+z=2p$

所以 $S_\triangle=\sqrt{p(p-x)(p-y)(p-z)}=\dfrac{1}{2}hx$.

$h=\dfrac{2\sqrt{p(p-x)(p-y)(p-z)}}{x}$，$V=\dfrac{4}{3}\pi p\dfrac{(p-x)(p-y)(p-z)}{x}$

令 $u=\ln(p-x)+\ln(p-y)+\ln(p-z)-\ln x$

构造函数 $L=\ln(p-x)+\ln(p-y)+\ln(p-z)-\ln x+\lambda(x+y+z-2p)$

令 $\begin{cases}F_x=-\dfrac{1}{p-x}-\dfrac{1}{x}+\lambda=0\\F_y=-\dfrac{1}{p-y}+\lambda=0\\F_z=-\dfrac{1}{p-z}+\lambda=0\end{cases}$ $\begin{cases}x=\dfrac{1}{2}p\\y=z=\dfrac{3p}{4}\end{cases}$，所以，当三边长为 $\dfrac{1}{2}p,\dfrac{3p}{4},\dfrac{3p}{4}$ 时，体积最大.

20. 设球面方程为 $x^2+y^2+z^2=a^2$　$z\geqslant0$

长方体的顶点在第一象限的坐标为 (x,y,z)　$x\geqslant0,y\geqslant0,z\geqslant0$

则其长为 $2x$，宽为 $2y$，高为 z，体积为 $V=4xyz$

$\varphi(x,y,z)=x^2+y^2+z^2-a^2=0$ 令 $L(x,y,z)=4xyz+\lambda(x^2+y^2+z^2)$

$L_x=4yz+2x\lambda=0,L_y=4xz+2y\lambda=0,L_z=4xy+2z\lambda=0,$

$x^2+y^2+z^2-a^2=0$ 解得 $x=y=z=\dfrac{\sqrt{3}}{3}a$ 所以当长为 $\dfrac{2\sqrt{3}}{3}a$，宽为 $\dfrac{2\sqrt{3}}{3}a$，高为 $\dfrac{\sqrt{3}}{3}a$ 时体积最大.

21. 设球面方程为 $x^2+y^2+z^2=R^2$，其长方体在第一卦限的顶点坐标为 (x,y,z)

则长方体的长为 $2x$，宽为 $2y$，高为 $2z$. 表面积为 $s=8(xy+yz+zx)$

令 $L=8(xy+yz+zx)+\lambda(x^2+y^2+z^2-R^2)$，$L_x=8(y+z)+2x\lambda=0,$

$L_y=8(x+y)+2y\lambda=0,L_z=8(y+x)+2z\lambda=0,x^2+y^2+z^2=R^2$

解得 $x=y=z=\dfrac{\sqrt{3}}{3}R$，所以当长方体的长、宽、高均为 $\dfrac{2\sqrt{3}}{3}R$ 时，表面积最大.

22. 设三角形的三个内角分别为：$2\alpha,2\beta,2\gamma$，

则三角形的面积 $A=R^2(\cos\alpha+\cot\beta+\cot\gamma)$ 且 $\alpha+\beta+\gamma=\dfrac{\pi}{2}$

令 $L=R^2(\cot\alpha+\cot\beta+\cot\gamma)+\lambda\left(\alpha+\beta+\gamma-\dfrac{\pi}{2}\right)$

由 $\begin{cases} L_\alpha=-R^2\csc^2\alpha+\lambda=0 \\ L_\beta=-R^2\csc^2\beta+\lambda=0 \\ L_\gamma=-R^2\csc^2\gamma+\lambda=0 \\ L_\lambda=\alpha+\beta+\gamma-\dfrac{\pi}{2}=0 \end{cases}$ 解得 $\alpha=\beta=\gamma=\dfrac{\pi}{6},\ 2R\cot\alpha\Big|_{\alpha=\frac{\pi}{6}}=2\sqrt{3}R$

由于实际问题必存在最小值，因此当三角形为等边三角形，其边长为 $2\sqrt{3}R$ 时，三角形的面积最小.

23. 设圆柱形的断面半径及长分别为 R 及 h，则 $S=\pi R^2+\pi Rh$，$V=\dfrac{1}{2}\pi R^2 h$

令 $F=\dfrac{1}{2}\pi R^2 h+\lambda(\pi R^2+\pi Rh-S)$

由 $\begin{cases} F_R=\pi Rh+\lambda(2\pi R+\pi h)=0 \\ F_h=\dfrac{1}{2}\pi R^2+\lambda\pi R=0 \\ \pi R^2+\pi Rh-S=0 \end{cases}$ 得：$R=\sqrt{\dfrac{S}{3\pi}},\ h=\dfrac{2}{3}\sqrt{\dfrac{3S}{\pi}}$，由实际问题知当 $R=$

$\sqrt{\dfrac{S}{3\pi}},h=\dfrac{2}{3}\sqrt{\dfrac{3S}{\pi}}$ 时此盆有最大的容积.

24. 令 $F=xy^2 z^3+\lambda(x+2y+3z-a)$

由 $\begin{cases} F_x=y^2 z^3+\lambda=0 \\ F_y=2xyz^3+2\lambda=0 \\ F_z=3xy^2 z^2+3\lambda=0 \\ x+2y+3z=a \end{cases}$ 可得 $x=y=z=\dfrac{a}{6}$

由于非负连续函数 u 在平面 $x+2y+3z=a$ 位于第一卦限部分的边界上为零，

故 u 在边界内部达到最大值，所以 $u\left(\dfrac{a}{6},\dfrac{a}{6},\dfrac{a}{6}\right)=\left(\dfrac{a}{6}\right)^6$ 是最大值，从而是极大值.

四、解答题

1. $\because f_x(0,0)=\lim\limits_{\Delta x\to 0}\dfrac{f(0+\Delta x,0)-f(0,0)}{\Delta x}=\lim\limits_{\Delta x\to 0}\dfrac{(\Delta x)^2\sin\dfrac{1}{(\Delta x)^2}}{\Delta x}=0$

$f_y(0,0)=\lim\limits_{\Delta y\to 0}\dfrac{f(0,0+\Delta y)-f(0,0)}{\Delta y}=\lim\limits_{\Delta y\to 0}\dfrac{(\Delta y)^2\sin\dfrac{1}{(\Delta y)^2}}{\Delta y}=0$

又 $\Delta z=f(0+\Delta x,0+\Delta y)-f(0,0)=[(\Delta x)^2+(\Delta y)^2]\sin\dfrac{1}{(\Delta x)^2+(\Delta y)^2}$

$$\therefore \Delta z - [f_x(0,0)\Delta x, f_y(0,0)\Delta y] = [(\Delta x)^2 + (\Delta y)^2]\sin\frac{1}{(\Delta x)^2+(\Delta y)^2}$$

则 $\lim\limits_{\substack{\Delta x\to 0\\ \Delta y\to 0}}\dfrac{\Delta z-[f_x(0,0)\Delta x+f_y(0,0)\Delta y]}{\sqrt{(\Delta x)^2+(\Delta y)^2}} = \lim\limits_{\substack{\Delta x\to 0\\ \Delta y\to 0}}\sqrt{(\Delta x)^2+(\Delta y)^2}\sin\dfrac{1}{(\Delta x)^2+(\Delta y)^2}=0$

所以 $f(x,y)$ 在 $(0,0)$ 处可微分.

2. 由于 $F'_x = F'_1\cdot\left(-\dfrac{y}{x^2}\right)+F'_2\cdot\left(-\dfrac{z}{x^2}\right), F'_y=F'_1\cdot\dfrac{1}{x}, F'_z=F'_2\cdot\dfrac{1}{x}$

所以 $x\dfrac{\partial z}{\partial x}+y\dfrac{\partial z}{\partial y}-z = x\cdot\left[-\dfrac{F'_1\cdot\left(-\frac{y}{x^2}\right)+F'_2\cdot\left(-\frac{z}{x^2}\right)}{F'_2\cdot\frac{1}{x}}\right]+y\left[-\dfrac{F'_1\cdot\frac{1}{x}}{F'_2\cdot\frac{1}{x}}\right]-z$

$=\dfrac{yF'_1}{F'_2}+z-y\cdot\dfrac{F'_1}{F'_2}-z=0.$

3. $z_x = 3x^2+2\alpha x+2\gamma y+\alpha\gamma\beta^{-1}, z_y=2\gamma x+2\beta y+\alpha$

令 $z_x=0, z_y=0$ 消去 y 得 $3\beta x^2+2(\alpha\beta-\gamma^2)x=0$

解得 $x=0$ 或 $x=\dfrac{-2}{3\beta}(\alpha\beta-\gamma^2)=\mu, z_{xx}=6x+2\alpha; z_{xy}=2\gamma; z_{yy}=2\beta$

当 $x=0$ 时, $AC-B^2=-4(\gamma^2-\alpha\beta); x=\mu$ 时, $AC-B^2=4(\gamma^2-\alpha\beta)$

在 $\alpha\beta\neq\gamma^2$ 的条件下,以上二式中必有且仅有一式大于零,这说明函数 z 有且仅有一个极值,因此 $C=2\beta$,所以当 $\beta<0$ 时,必为极大值.

4. 由 $f(tx,ty)=tf(x,y)$ 两边对 t 求导后令 $t=1$ 得 $xf_x(x,y)+yf_y(x,y)=f(x,y)$

以 x_0, y_0 和 $z_0=f(x_0,y_0)$ 代入得 $x_0f_x(x_0,y_0)+y_0f_y(x_0,y_0)=z_0$　　(1)

曲面的法向量 $\boldsymbol{n}=\{f_x(x_0,y_0), f_y(x_0,y_0), -1\}$,

已知直线的方向 $\boldsymbol{s}=\{x_0,y_0,z_0\}$ 由(1)式知 $\boldsymbol{n}\cdot\boldsymbol{s}=0$,

即法线与直线 $\dfrac{x}{x_0}=\dfrac{y}{y_0}=\dfrac{z}{z_0}$ 相垂直.

五、单元检测

单元检测一

一、填空题（每小题 4 分,共 20 分）

1. $\lim\limits_{\substack{x\to 0\\ y\to 0}}\dfrac{1-\cos(x^2+y^2)}{\sin(x^2+y^2)}=$ _____.

2. 设函数 $z=\arctan\dfrac{y}{x}$,则 $\mathrm{d}z\Big|_{\substack{x=-1\\ y=2}}=$ _____.

3. 曲线 $x=\cos t, y=\sin t, z=2t$ 在 $t=\pi$ 处的切线方程为 _____,法平面方程为 _____.

4. 曲面 $z=x^2+y^2$ 与平面 $2x+2y-z=0$ 平行的切平面方程为 _____.

5. 函数 $z=x^2+y^2$ 在点 $(1,2)$ 处沿从点 $(1,2)$ 到 $(2,2+\sqrt{3})$ 的方向的方向导数为 _____

_____.

二、单项选择题(每小题 4 分,共 20 分)

1. 下列极限存在的为( ).

A. $\lim\limits_{\substack{x\to 0\\y\to 0}}\dfrac{x}{x+y}$ 　　　　B. $\lim\limits_{\substack{x\to 0\\y\to 0}}\dfrac{y^2}{x+y}$ 　　　　C. $\lim\limits_{\substack{x\to 0\\y\to 0}}x\sin\dfrac{x}{x+y}$ 　　D. $\lim\limits_{\substack{x\to 0\\y\to 0}}\dfrac{x^2}{x+y}$

2. 在一点处 $f(x,y)$ 可微分的充分条件为( ).

A. f 连续

B. $\dfrac{\partial f}{\partial x},\dfrac{\partial f}{\partial y}$ 存在

C. f 连续且 $\dfrac{\partial f}{\partial x},\dfrac{\partial f}{\partial y}$ 存在

D. $\dfrac{\partial f}{\partial x},\dfrac{\partial f}{\partial y}$ 存在且连续

3. 曲面 $z=F(x,y,z)$ 的一个法向量为( ).

A. (F_x,F_y,F_z-1) 　　　　　　　　B. (F_x-1,F_y-1,F_z-1)

C. (F_x,F_y,F_z) 　　　　　　　　　D. $(-F_x,-F_y,1)$

4. 设 $z=f(x,y,z)$,则 $\dfrac{\partial z}{\partial x}=($ 　　).

A. $\dfrac{\partial f}{\partial x}$ 　　　　B. $\dfrac{\dfrac{\partial f}{\partial y}}{\dfrac{\partial f}{\partial x}}$ 　　　　C. $\dfrac{\dfrac{\partial f}{\partial x}}{1-\dfrac{\partial f}{\partial z}}$ 　　　　D. $\dfrac{\dfrac{\partial f}{\partial x}+\dfrac{\partial f}{\partial y}\dfrac{\partial y}{\partial x}}{1-\dfrac{\partial f}{\partial z}}$

5. 设 $f(x,y)=\sqrt{x^2+y^2}$,则错误的命题是( ).

A. $(0,0)$ 是极值点 　　　　　　　　B. $(0,0)$ 是驻点

C. $(0,0)$ 是最小值点 　　　　　　　D. $(0,0)$ 是极小值点

三、(8 分)设 $z=f(xz,z-y)$,其中 f 具有连续偏导数,求 $\mathrm{d}z$.

四、(10 分)设 $z=f(\mathrm{e}^x\sin y,x^2+y^2)$,其中 f 具有二阶连续偏导数,求 $\dfrac{\partial z}{\partial x},\dfrac{\partial^2 z}{\partial x\partial y}$.

五、(10 分)设由方程 $x^2+2y^2+3z^2+xy-z-9=0$ 可确定函数 $z=z(x,y)$,求 $\dfrac{\partial^2 z}{\partial x\partial y}$ 在点 $P(1,-2,1)$ 处的值.

六、(10 分)求曲线 $\begin{cases} x^2+y^2+z^2=4a^2 \\ (x-a)^2+y^2=a^2 \end{cases}$ 在点 $(a,a,\sqrt{2}a)$ 处的切线方程与法平面方程.

七、(10 分)求 $f(x,y)=(x+y^2+2y)e^{2x}$ 的极值.

八、(10 分)已知圆柱面 $x^2+y^2=1$ 被平面 $x+y+z=1$ 截成一椭圆,求原点到此椭圆的最长与最短距离.

单元检测二

一、填空题(每小题 3 分,共 15 分)

1. 设 $u=e^{-x}\sin\dfrac{x}{y}$,则 $\dfrac{\partial^2 u}{\partial x\partial y}$ 在 $\left(2,\dfrac{1}{\pi}\right)$ 处的值为_____.

2. 设 $z=\ln\sqrt{x^2+y^2}+\arctan\dfrac{x+y}{x-y}$,则 $dz=$_____.

3. 函数 $u=\left(\dfrac{x}{y}\right)^{\frac{1}{z}}$ 在 $(1,1,1)$ 处的梯度为_____.

4. 设 $z=z(x,y)$ 是由方程 $f(cx-az,cy-bz)=0$(其中 a,b,c 为常数,f 有连续偏导数)所确定的函数,则 $a\dfrac{\partial z}{\partial x}+b\dfrac{\partial z}{\partial y}=$_____.

5. 已知曲面 $z=xy$ 上点 P 处的法线 l 平行于直线 $l_1:\dfrac{x-6}{2}=\dfrac{y-3}{-1}=\dfrac{2z-1}{2}$,则法线 l 的方程为_____.

二、选择题(每小题 3 分,共 15 分)

1. 二重极限 $\lim\limits_{\substack{x\to 0 \\ y\to 0}}\dfrac{xy^2}{x^2+y^4}$(   ).

    A. 等于 0 B. 等于 1

    C. 等于 $\dfrac{1}{2}$ D. 不存在

2. 设函数 $f(x,y)$ 在 (x_0,y_0) 处的偏导数 $f'_x(x_0,y_0)$ 与 $f'_y(x_0,y_0)$ 存在,则(   ).

    A. $f(x,y)$ 在 (x_0,y_0) 处可微

    B. $f(x,y)$ 在 (x_0,y_0) 处连续

C. $f(x,y)$在(x_0,y_0)处沿任何方向的方向导数存在

D. 以上三个结论都不成立

3. 函数$f(x,y)=x^2-ay^2$($a>0$为常数)在$(0,0)$处( ).

    A. 不取极值   B. 取极小值

    C. 取极大值   D. 是否取极值与a有关

4. 已知曲面$z=4-x^2-y^2$上点P处的切平面平行于平面$2x+2y+z-1=0$,则点P的坐标为( ).

    A. $(1,-1,2)$ B. $(-1,1,2)$

    C. $(1,1,2)$ D. $(-1,-1,2)$

5. 设$z=f(u,v)$,其中$u=\mathrm{e}^{-x}$,$v=x+y$,且有下面的运算:

    Ⅰ、$\dfrac{\partial z}{\partial x}=-\mathrm{e}^{-x}\dfrac{\partial f}{\partial u}+\dfrac{\partial f}{\partial v}$;Ⅱ、$\dfrac{\partial^2 z}{\partial x\partial y}=\dfrac{\partial^2 f}{\partial v^2}$

对此( ).

    A. Ⅰ、Ⅱ都不正确   B. Ⅰ正确,Ⅱ不正确

    C. Ⅰ不正确,Ⅱ正确   D. Ⅰ、Ⅱ都正确

三、解答下列各题(每小题 6 分,共 30 分)

1. 设$f(x,y)=\begin{cases}\dfrac{x^2y}{x^2+y^2},&x^2+y^2\neq 0,\\0,&x^2+y^2=0,\end{cases}$,讨论$f(x,y)$在$(0,0)$处的连续性.

2. 设$z=z(x,y)$由方程$z+x=\mathrm{e}^{z-y}$所确定,求$\dfrac{\partial^2 z}{\partial y\partial x}$.

3*. 已知曲线$x=\cos t$,$y=\sin t$,$z=\tan\dfrac{t}{2}$在$(0,1,1)$处的一个切向量与ox轴正向夹角为锐角,求此向量与oz轴的夹角.

4. 求曲面$x^2+y^2+z^2=25$上点$(2,3,2\sqrt{3})$处的切平面和法线方程.

5. 求函数 $z=xy$ 在闭区域 $D:x\geqslant0,y\geqslant0,x+y\leqslant1$ 上的最大值.

四、(8 分)设 $z=f(2x-y,y\sin x)$,其中 $f(u,v)$ 具有二阶连续偏导数,求 $\dfrac{\partial^2 z}{\partial x\partial y}$.

五、(8 分)设 $u=f(x,y,z)$ 有连续偏导数,且 $x=r\sin\theta\cos\varphi,y=r\sin\theta\sin\varphi,z=r\cos\theta$,证明:若 $x\dfrac{\partial u}{\partial x}+y\dfrac{\partial u}{\partial y}+z\dfrac{\partial u}{\partial z}=0$,则 u 与 r 无关.

六、(8 分)设 $\boldsymbol{n}$ 是曲面 $z^2=x^2+\dfrac{y^2}{2}$ 在 $P(1,2,\sqrt{3})$ 处指向外侧的法向量,求函数 $u=\dfrac{\sqrt{3x^2+3y^2+z^2}}{x}$ 在点 P 处沿方向 $\boldsymbol{n}$ 的方向导数.

七、(8 分)在过点 $P(1,3,6)$ 的所有平面中,求一平面,使之与三个坐标面所围四面体的体积最小.

八*、(8 分)试在柱面 $x^2+y^2=R^2(R>0)$ 上求一曲线,使之过点 $P(R,0,0)$,且其上任一点处的切线与 x 轴及 z 轴交成等角.

单元检测三

一、填空题(每小题 3 分,共 15 分)

1. 设 $u=\ln(x^z+y^x+z^y)$,则 $\mathrm{d}u=$_____.

2. 函数 $z=z(x,y)=\displaystyle\int_0^{x+2y}\mathrm{e}^{-\frac{t^2}{2}}\mathrm{d}t$ 在 $P(0,1)$ 处的最大方向导数为_____.

3. 曲线 $\begin{cases} 3x^2+2y^2=12, \\ z=0 \end{cases}$ 绕 y 轴旋转一周所得旋转曲面在点 $(0,\sqrt{3},\sqrt{2})$ 处指向外侧的单位法向量为_____.

4. $x=t$，$y=t^2$，$z=t^3$ 的一条切线与平面 $z=1-3x+3y$ 平行，则该切线方程为_____.

5. 函数 $z=x^2-y^2+2xy-4x+8y$ 的驻点是_____.

二、选择题（每小题 3 分，共 15 分）

1. 设 $f(x,y)=\begin{cases} \dfrac{xy}{x^2+y^2},(x,y)\neq(0,0), \\ 0,(x,y)\neq(0,0) \end{cases}$ 在则 $f(x,y)$ 在 $(0,0)$ 处（　　）.

　　A. 连续且偏导数存在　　　　　　　　B. 不连续但偏导数存在

　　C. 连续但偏导数不存在　　　　　　　D. 不连续也不存在偏导数

2. 设函数 $f(x,y)$ 在 (x_0,y_0) 处存在偏导数，则极限 $\lim\limits_{h\to0}\dfrac{f(x_0+h,y_0)-f(x_0-h,y_0)}{h}$ 等于（　　）.

　　A. $f'_x(x_0,y_0)$　　　B. $f'_y(x_0,y_0)$　　　C. $2f'_x(x_0,y_0)$　　　D. $2f'_y(x_0,y_0)$

3. 设 $z=z(x,y)$ 为方程 $xyz+\sqrt{x^2+y^2+z^2}=\sqrt{2}$ 确定的隐函数，则 $z(x,y)$ 在 $(1,0,-1)$ 处的全微分为（　　）.

　　A. $\sqrt{2}\,\mathrm{d}x+\mathrm{d}y$　　B. $\sqrt{2}\,\mathrm{d}x-\mathrm{d}y$　　C. $\mathrm{d}x+\sqrt{2}\,\mathrm{d}y$　　D. $\mathrm{d}x-\sqrt{2}\,\mathrm{d}y$

4. 曲线 $\begin{cases} y=x^2, \\ z=x^2+y^2 \end{cases}$ 上点 $(1,1,2)$ 处的切线方程为（　　）.

　　A. $\dfrac{x-1}{1}=\dfrac{y-1}{2}=\dfrac{z-2}{8}$　　　　　B. $\dfrac{x-1}{1}=\dfrac{y-1}{2}=\dfrac{z-2}{6}$

　　C. $x=\dfrac{y+1}{2}=\dfrac{z+4}{6}$　　　　　D. $\dfrac{x-1}{1}=\dfrac{y-1}{-2}=\dfrac{z-2}{8}$

5*. 设 $f(x,y)=(y-x^2)(y-x^4)$，$P(0,0)$，$M(1,1)$，则以下结论成立的是（　　）.

　　A. P，M 均为 $f(x,y)$ 的极值点　　B. P，M 均不是 $f(x,y)$ 的极值点

　　C. P 为 $f(x,y)$ 的极值点，而 M 不是　　D. M 为 $f(x,y)$ 的极值点，而 P 不是

三、解答下列各题（每小题 6 分，共 30 分）

1. 设 $z=x+y+f(x-y)$，若当 $y=0$ 时，$z=x^2$，求函数 f 和 z.

2. 设 $f(x,y,z)=x^2yz^3$，$z=z(x,y)$ 由方程 $x^2+y^2+z^2-3xyz=0$ 所确定的隐函数，求 $f'_x(1,1,1)$.（去掉不做）

3. 求函数 $u = \ln(\sqrt{y^2 + z^2} + x)$ 在 $A(1,0,1)$ 处沿 A 指向 $B(3,-2,2)$ 的方向的方向导数.

4. 求曲面 $z = 2x^2 + y^2$ 与平面 $x + y + z = 0$ 平行的切平面方程.

5. 求函数 $f(x,y) = x^4 + y^4$ 的极值.

四、(8 分)已知函数 $u = \varphi\left(\dfrac{y}{x}\right) + x\psi\left(\dfrac{y}{x}\right)$，其中 φ, ψ 均有连续的二阶导数，求证：$x^2 \dfrac{\partial^2 u}{\partial x^2}$

$+ 2xy \dfrac{\partial^2 u}{\partial x \partial y} + y^2 \dfrac{\partial^2 u}{\partial y^2} = 0.$

五*、(8 分)求曲面 $3x^2 + y^2 - z^2 = 27$ 的经过直线 $L: \begin{cases} 10x + 2y - z = 0, \\ x + y - z = 0 \end{cases}$ 的切平面方程.

六、(8 分)在椭圆 $x^2 + 4y^2 = 4$ 上求一点，使其到直线 $2x + 3y - 6 = 0$ 的距离最短.

七、(8 分)证明：锥面 $z = \sqrt{x^2 + y^2}$ 的所有切平面都通过锥面的顶点.

八、(8 分)设 $u = u(x,y)$ 具有二阶连续偏导数，利用变换 $\xi = x + ay, \eta = x + by$，变换方

程$\dfrac{\partial^2 u}{\partial x^2}+5\dfrac{\partial^2 u}{\partial x\partial y}+\dfrac{\partial^2 u}{\partial y^2}=0$,并适当选取 a,b 的值,使变换后的方程为$\dfrac{\partial^2 u}{\partial\xi\partial\eta}=0$.

单元检测一参考答案

一、1. 0；　2. $\mathrm{d}z=-\dfrac{2}{5}\mathrm{d}x-\dfrac{1}{5}\mathrm{d}y$；　3. 切线方程为:$\dfrac{x-1}{0}=\dfrac{y}{-1}=\dfrac{z-2\pi}{2}$,法平面

方程为:$y-2z+4\pi=0$；　4. $2x+2y-z-2=0$；　5. $1+2\sqrt{3}$.

二、1. C　2. D　3. A　4. C　5. B

三、$\mathrm{d}z=\dfrac{zf_1'\mathrm{d}x-f_2'\mathrm{d}y}{1-xf_1'-f_2'}$.

四、$\dfrac{\partial z}{\partial x}=\mathrm{e}^x\sin yf_1'+2xf_2'$.

$\dfrac{\partial^2 z}{\partial x\partial y}=\mathrm{e}^x\cos yf_1'+\mathrm{e}^{2x}\sin y\cos yf_{11}''+2\mathrm{e}^x(y\sin y+x\cos y)f_{12}''+4xyf_{22}''$.

五、$-\dfrac{1}{5}$.

六、切线方程为$\begin{cases}\dfrac{x-a}{-\sqrt{2}}=\dfrac{z-\sqrt{2}a}{1}\\[2mm]y=a\end{cases}$,法平面方程为$\sqrt{2}x-z=0$.

七、极小值为 $f\left(\dfrac{1}{2},-1\right)=-\dfrac{\mathrm{e}}{2}$.

八、最长距离为$\sqrt{4+2\sqrt{2}}$,最短距离为 1.

单元检测二参考答案

一、1. $\dfrac{\pi^2}{\mathrm{e}^2}$；　2. $\dfrac{(x-y)\mathrm{d}x+(x+y)\mathrm{d}y}{x^2+y^2}$；　3. $\mathbf{grad}u\Big|_{(1,1,1)}=(1,-1,0)$；　4. c；

5. $\dfrac{x-1}{2}=\dfrac{y+2}{-1}=\dfrac{z+2}{1}$.

二、1. D　2. D　3. A　4. C　5. B

三、1. 连续.　2. $\dfrac{\mathrm{e}^{y-z}}{(1-\mathrm{e}^{y-z})^3}$.　3. $\dfrac{3\pi}{4}$.　4. 切平面方程为:$2x+3y+2\sqrt{3}z-25=$

0,法线方程为:$\dfrac{x-2}{2}=\dfrac{y-3}{3}=\dfrac{z-2\sqrt{3}}{2\sqrt{3}}$.　5. $Z_{\max}=\dfrac{1}{4}$.

四、$\dfrac{\partial^2 z}{\partial x\partial y}=f_2'\cos x-2f_{11}''+(2\sin x-y\cos x)f_{12}''+y\sin x\cos xf_{22}''$.

六、$\dfrac{\partial u}{\partial\boldsymbol{n}}\Big|_P=-\dfrac{2}{5}\sqrt{10}$.

七、所求的平面为 $\dfrac{x}{3}+\dfrac{y}{9}+\dfrac{z}{18}=1$，最小体积为 $V_{\min}=81$.

八、$\begin{cases} x=R\cos\theta \\ y=R\sin\theta \\ z=-R+R\cos\theta \end{cases}$.

单元检测三参考答案

一、1. $(x^z+y^x+z^y)^{-1}[(zx^{z-1}+y^x\ln y)\mathrm{d}x+(xy^{x-1}+z^y\ln z)\mathrm{d}y+(x^z\ln x+yz^{y-1})\mathrm{d}z]$；　2. $\sqrt{5}\,\mathrm{e}^{-2}$；　3. $\boldsymbol{n}=\left(0,\sqrt{\dfrac{2}{5}},\sqrt{\dfrac{3}{5}}\right)$；　4. $\dfrac{x-1}{1}=\dfrac{y-1}{2}=\dfrac{z-1}{3}$；

5. $(-1,3)$.

二、1. B　2. C　3. C　4. B　5. B

三、1. $f(x)=x^2-x,z=x^2-2xy+y^2+2y$.　2. $z'_x(1,1)=-1$.　3. $\left.\dfrac{\partial u}{\partial l}\right|_A=$ $\dfrac{1}{2}$.　4. $x+y+z+\dfrac{3}{8}=0$.　5. 极小值为 $f(0,0)=0$.

五、切点为 $(3,1,1)$ 或 $(-3,-17,-17)$，切平面为 $9x+y-z-27=0$ 或 $9x+17y-17z+27=0$.

六、$P\left(\dfrac{8}{5},\dfrac{5}{3}\right)$.

八、$\begin{cases} a=\dfrac{1}{2}(-5+\sqrt{21}) \\ b=\dfrac{1}{2}(-5-\sqrt{21}) \end{cases}$ 或 $\begin{cases} a=\dfrac{1}{2}(-5-\sqrt{21}) \\ b=\dfrac{1}{2}(-5+\sqrt{21}) \end{cases}$.

第十章　重积分

　　定积分的被积函数为一元函数,积分范围是有限闭区间,它可以用于研究分布在某一区间上的量的求和问题.但在科学技术中,还会碰到平面或空间中的某种非均匀分布的几何形体的量的求和问题,如平面薄板的质量、空间区域的体积、平面区域的面积等.这就需要把定积分的概念推广,来讨论被积函数是多元函数而积分范围是平面或空间某一几何体的积分,即重积分.即重积分将被积函数由一元函数推广至二元或三函数,将积分范围从数轴上的区间推广至平面或空间区域.所以,重积分是一元函数定积分思想到多元函数的自然推广.

　　重积分最先出现在牛顿1687年正式出版的名著《自然哲学的数学原理》中,他在研究球和球壳作用于质点上的万有引力时涉及二重积分,当时牛顿采用的是几何论述.18世纪开始出现二重积分的分析形式,1738年欧拉首先通过累次积分的办法解决了二重积分的计算问题,并于1769年给出了二重积分的概念和化二重积分为累次积分方法的明确表述,欧拉还讨论了二重积分的变量代换问题,1773年拉格朗日在天体力学的讨论中引入了三重积分的概念,并在发现用直角坐标计算很困难之后,他采用了球坐标,他在研究三重积分的变量代换时,得到了与欧拉类似的结果:在新变量的积分表达式中,乘上一个函数行列式.1841年雅可比在一篇论文中专门讨论了函数行列式的性质,并把它用于隐函数理论,后来将此函数行列式称为雅可比行列式.二重积分的理论于19世纪得到完善解决,柯西、托梅和达布等人对二重积分理论的发展作出了杰出的贡献,不过在二重积分的情形,最有意义的推广还是由勒贝格做出的.随着 n 维空间的引进,二重积分、三重积分也推广到 n 重积分,但已不像二重积分那样几何直观.

【教学大纲要求】

　　1. 理解二重积分、三重积分的概念,了解其性质.

　　2. 掌握在直角坐标系和极坐标系下计算二重积分的方法,会在直角坐标系和柱坐标系下计算简单的三重积分,了解在球坐标系下计算三重积分的方法.

　　3. 会用重积分表达和计算一些几何量与物理量(平面图形的面积、体积、曲面面积、质量、质心、形心、转动惯量、引力等).

【学时安排及教学目标】

讲次	课题	教学目标
第27讲	二重积分的概念与性质、计算（直角坐标系）	1. 结合物理和几何背景阐述二重积分的概念. 2. 说出二重积分的性质. 3. 在直角坐标下熟练将二重积分化为累次积分，进行二重积分的计算. 4. 经历利用极限思想求曲顶柱体的体积、平面薄片的质量，抽象出二重积分的概念过程. 通过从定积分到重积分的学习过程，学习类比、推广的数学方法，深入体会极限、积分的数学思想
第28讲	二重积分的计算（极坐标系）	1. 会将直角坐标下二重积分转化成极坐标下二重积分，并会在极坐标下化为累次积分，进行二重积分的计算. 2. 通过研究二重积分的定义式（和式极限）在极坐标中的形式，经历二重积分由直角坐标变量变换成极坐标变量的变换公式的产生过程，进而掌握极坐标下的二重积分计算法
第29讲	习题课	复习巩固第27—28讲内容
第30讲	三重积分的概念、计算（直角坐标系）	1. 结合物理背景阐述三重积分的概念，说出三重积分的性质. 2. 会在直角坐标系下计算简单的三重积分. 3. 经历从定积分、二重积分到三重积分概念推广过程，学习类比、推广的数学方法，深入体会极限、积分的数学思想
第31讲	三重积分的计算（柱面坐标、球坐标系）、重积分的应用（几何应用）	1. 会在柱坐标系下计算简单的三重积分. 2. 知道在球坐标系下计算三重积分的方法. 3. 会用重积分求平面图形的面积、体积、曲面面积. 4. 经历重积分的计算与应用过程，提高基本理论的运用能力. 培养类比思想、转化思想，探究、研讨、综合自学应用能力，深化形成积分的量化意识
第32讲	重积分的应用（物理应用）、习题课	1. 会用重积分求质心、转动惯量、引力. 2. 经历重积分的应用过程，提高基本理论的运用能力. 培养类比思想、转化思想，探究、研讨、综合自学应用能力，深化形成积分的量化意识. 3. 复习巩固第30—32讲内容

一、重难点分析

（一）重积分的概念和性质

在讨论重积分的概念及性质时，只要搞清楚二重积分，那么三重积分以至多重积分将没有什么困难，这是因为将二重积分推广到三重乃至多重积分本质上没有什么新的东西.

1. 重积分的概念.

（1）在重积分的概念中，首先要明确重积分概念是某些现实过程的反映. 例如，二重积分是测量曲顶柱体体积、平面薄片的质量等的过程的反映,三重积分是确定具有不均匀密度的物体的质量、物体对它外面的一个质点的引力的过程的反映,不仅如此,定出重积分的过程还反映着很多其他现实的过程(如求曲面面积、物体重心、物体的转动惯量等的过程).

二重积分的几何意义是明显的,当被积函数 $f(x,y)>0$ 时,二重积分表示曲顶柱体的体积;当被积函数 $f(x,y)=1$ 时,二重积分表示积分区域 D 的面积. 但是应当指出,不要将二重积分就只理解为柱体体积,而把它们两者完全等同起来;此外,由于四维空间是看不见,摸不着的抽象空间,所以三重积分就没有明显的几何意义.

(2) 二重积分是学习重积分的基础,为了更好地理解这个概念,我们对二重积分的定义要特别强调以下几点:① 关于分割和取点的任意性问题,以曲顶柱体的体积来说,任何一个柱体都有确定的体积,现在用"分割、取近似、求和、取极限"的方法来计算,当然不应该因为分割和取点的不同而改变. 二重积分中的分割对象是平面上的区域,分割的方式可以多种多样,比如有直角坐标网的分割,也有极坐标网的分割及其他曲线坐标网的分割等等,明白了这一点,在以后计算二重积分时,就可以利用二重积分中分割的任意性,根据实际的需要而选择适当的分割方式;② 关于分割精细程度的问题,在一元函数定积分的定义中,用小区间的长度最大者来刻画分割的精细程度,而在二重积分中,并没有模仿它用小区域面积的大小来刻画分割的精细程度,在这里必须指出,所谓精细的分割,是指分割以后每个小区域内任意两点的距离很小,只有这样,$f(x_i,y_i)\Delta\sigma_i$ 在小区域上才能接近于实际值. 在直线上,小区间的长度很短就能保证其内任意两点的距离很小,而在平面上,小区域面积很小和其内任意两点的距离很小却是两回事,比如非常扁的长条,面积虽小但两端点间的距离却不小,甚至可以非常大,指出了这一点,就会明白定义中为什么要引进小区域直径的概念以及用小区域直径中之最大者的大小来刻画精细程度的道理了;③ 二重积分的记号中,$d\sigma$ 表示"面积元素",象征着小块的面积,$f(x,y)d\sigma$ 象征着 $f(x,y)$ 与 $d\sigma$ 相乘,而两个积分号象征着"加起来",所以写两个积分号,表示前后、左右两个方向,都要加起来;④ 二重积分是和的极限,因此是个数,这个数的大小与被积函数 $f(x,y)$ 及积分区域 D 有关,而与积分变量的记号无关,即 $\iint\limits_{D}f(x,y)d\sigma=$ $\iint\limits_{D}f(u,v)d\sigma$

(3) 关于二元连续函数的可积性,这个问题从几何直观上来看是比较明显的,因为以连续曲面 $z=f(x,y)$(设 $f(x,y)\geqslant0$)为顶,以区域 D 为底的柱体,一定有确定的体积 $\iint\limits_{D}f(x,y)d\sigma$,所以,有界闭区域 D 上的连续函数 $f(x,y)$ 在 D 上是可积的.

2. 重积分的基本性质.

二重积分与一元函数定积分都是某种有限和的极限,它们有类似的定义,所以也具有一系列类似的基本性质,在定积分的性质中所用的术语都可以沿袭用到二重积分上来.

对于二重积分的基本性质,除中值定理的证明需要特别注意,其余性质的证明与定积分性质的证法相仿.另外,二重积分的基本性质还可以很容易推广到三重积分.

（二）二重积分的计算

重积分的计算是重积分部分的主要内容,而二重积分的计算又是重积分计算的基础,因此,我们必须熟练地掌握二重积分的计算方法.

1. 在直角坐标系中二重积分的计算.

借助于二重积分的几何意义在直角坐标系中把二重积分化为累次积分

$$\iint\limits_{D} f(x,y)\,\mathrm{d}x\,\mathrm{d}y = \int_a^b \mathrm{d}x \int_{\varphi_1(x)}^{\varphi_2(x)} f(x,y)\,\mathrm{d}y = \int_c^d \mathrm{d}y \int_{\varphi_1(y)}^{\varphi_2(y)} f(x,y)\,\mathrm{d}x.$$

（1）这些公式是普遍适用的,它不仅限于 $f(x,y) \geqslant 0$ 的情形,但是在应用上述公式时,积分区域 D 必须满足"任何穿过区域 D 内部且平行于某一坐标轴的直线与 D 的边界相交不多于两点"的条件.值得注意的是,在这些公式中第一次积分的上下限,一般说来是第二次积分变量的函数（也有可能是常量）,在作第一次积分时,要将第二次积分变量视为常量,进行定积分计算,其结果一般也是第二次积分变量的函数,但是第二次积分的上下限一定是常量.并且由于在二重积分中面积元素 $\Delta\sigma_i$ 只能为正,所以将二重积分化为累次积分时,每个累次积分的上限一定要大于下限（而对于定积分,子区间 Δx_i 可正可负,定积分上限可以大于也可以小于下限）,这是二重积分与定积分的又一不同之处.

（2）二重积分化为累次积分时,关键是正确地定出积分的上下限,为此,应该先画出积分区域 D 的图形（如果不是矩形域）以便决定是否需要把区域 D 分割,同时寻找其边界的方程,待确定一种积分次序后,按图形找出区域 D 中点 x,y 坐标所满足的不等式,这样,将二重积分化为累次积分的上下限就确定了.

（3）用不等式组表示积分区域的方法:一般说来,积分区域的不等式表示,可以这样来确定:若将二重积分化为先对 y 后对 x 的累次积分,通常是先将区域 D 向 x 轴投影,得投影区间 $[a,b]$,然后任取一 $x \in [a,b]$,过点 $(x,0)$ 作平行于 y 轴的直线,该直线自下而上由 D 的下部边界曲线 $y=\varphi_1(x)$ 穿入,由 D 的上部边界曲线 $y=\varphi_2(x)$ 穿出区域 D,于是区域 D 可用不等式组表示为 $D:\begin{cases} a \leqslant x \leqslant b \\ \varphi_1(x) \leqslant y \leqslant \varphi_2(x) \end{cases}$,这时 $\varphi_1(x),\varphi_2(x)$ 就是先对 y 积分时的下、上限,而 a,b 则是后对 x 积分时的下、上限.

类似地,可将二重积分化为先对 x 后对 y 的累次积分,这时应首先将区域 D 向 y 轴投影得投影区间 $[c,d]$,之后任取一 $y \in [c,d]$,过点 $(0,y)$ 作平行于 x 轴的直线,该直线自左向右由区域 D 的左边界曲线 $x=\varphi_1(y)$ 穿入,而由 D 的右边界曲线 $x=\varphi_2(y)$ 穿出 D,从而,可将区域 D 表示为

$D:\begin{cases} c \leqslant x \leqslant d \\ \varphi_1(y) \leqslant x \leqslant \varphi_2(y) \end{cases}$,这时 $\varphi_1(y),\varphi_2(y)$ 就是先对 x 积分时的下、上限,而 c,d 则是后对 y 积分时的下、上限.

（4）适当地选择累次积分的次序是十分重要的（选择积分次序主要考虑两个因素,被积函数与积分区域）,若积分次序选取不当,不仅使计算复杂,甚至有时计算不出结果来.所以,在讨论二重积分的计算时,熟悉累次积分改变次序的问题十分有益,但是必须

指出,交换积分次序,只凭所给的累次积分,是无法确定另一种积分次序的积分限,一般说来,要改变积分次序应通过下列步骤:

① 由所给累次积分的两次积分限列出表示区域 D 的不等式;

② 由联立不等式画出区域 D 的图形;

③ 按新的累次积分次序将 D 分成一个或几个另一类型的积分区域,并列出与之相应的区域 D 的不等式;

④ 再按③中的联立不等式写出新的累次积分次序的积分限.

2. 在直角坐标系中计算二重积分的一般步骤.

将在直角坐标系中计算二重积分的一般步骤总结如下:

(1) 画出积分区域 D 的草图;

(2) 按 D 域和被积函数的情况,选择适当的积分次序;

(3) 根据确定的积分次序和 D 域的图形,确定 $\varphi_1(x),\varphi_2(x)$(或 $\varphi_1(y),\varphi_2(y)$)并定出 a 和 b(或 c 和 d);

(4) 计算累次积分.

3. 利用对称性计算二重积分.

计算积分区域具有对称性、被积函数具有奇偶性的二重积分,常用下述命题简化计算二重积分.

命题 1 若 $f(x,y)$ 在积分区域 D 上连续,且 D 关于 y 轴(或 x 轴)对称,则

(1) $f(x,y)$ 是 D 上关于 x(或 y)的奇函数时,有 $\iint\limits_{D}f(x,y)\mathrm{d}x\mathrm{d}y=0$;

(2) $f(x,y)$ 是 D 上关于 x(或 y)的偶函数时,有 $\iint\limits_{D}f(x,y)\mathrm{d}x\mathrm{d}y=2\iint\limits_{D_1}f(x,y)\mathrm{d}x\mathrm{d}y$,其中 D_1 是 D 落在 y 轴(或 x 轴)一侧的那一部分区域.

命题 2 若 D 关于 x 轴、y 轴均对称,D_1 为 D 中对应于 $x\geqslant0,y\geqslant0$(或 $x\leqslant0,y\leqslant0$)的部分,则 $\iint\limits_{D}f(x,y)\mathrm{d}x\mathrm{d}y=\begin{cases}4\iint\limits_{D_1}f(x,y)\mathrm{d}x\mathrm{d}y, & f(-x,y)=f(x,-y)=f(x,y),\\ 0, & f(-x,y) \text{ 或 } f(x,-y)=-f(x,y).\end{cases}$

命题 3 设积分区域 D 对称于原点,对称于原点的两部分记为 D_1 和 D_2.

(1) 若 $f(-x,-y)=f(x,y)$,则 $\iint\limits_{D}f(x,y)\mathrm{d}\sigma=2\iint\limits_{D_1}f(x,y)\mathrm{d}\sigma$;

(2) 若 $f(-x,-y)=-f(x,y)$,则 $\iint\limits_{D}f(x,y)\mathrm{d}\sigma=0$.

注意:利用对称性来简化计算,一定要注意条件的正确运用,只有当积分区域 D 对称,被积函数在 D 上也对称(奇偶性),才可将二重积分化为部分区域上二重积分的若干倍来计算.

命题 4 积分区域 D 关于直线 $y=x$ 对称($(x,y)\in D\leftrightarrow(y,x)\in D$),则

(1) $\displaystyle\iint\limits_{D}f(x,y)\mathrm{d}x\,\mathrm{d}y=\begin{cases}2\displaystyle\iint\limits_{D_1}f(x,y)\mathrm{d}x\,\mathrm{d}y,\ f(y,x)=f(x,y),\\ 0,\ f(y,x)=-f(x,y),\end{cases}$

其中 $D_1=\{(x,y)\,|\,(x,y)\in D,y\geqslant x\}$ 也可换为 $D_2=\{(x,y)\,|\,(x,y)\in D,y\leqslant x\}$;

(2) $\displaystyle\iint\limits_{D}f(x,y)\mathrm{d}\sigma=\iint\limits_{D}f(y,x)\mathrm{d}\sigma.$

4. 使用极坐标变换计算二重积分.

(1) 当积分区域的边界由圆弧、过原点的射线（段）组成，而且被积函数为 $x^{n}y^{m}f(x^2+y^2)$ 或 $x^{n}y^{m}f\left(\dfrac{y}{x}\right)$ 的形状时，常作坐标变换 $x=r\cos\theta,y=r\sin\theta$，利用极坐标系计算二重积分比较简单. 为此，引进新变量 r,θ，得到用极坐标 (r,θ) 计算二重积分的公式：

$\displaystyle\iint\limits_{D}f(x,y)\mathrm{d}x\,\mathrm{d}y=\iint\limits_{D}f(r\cos\theta,r\sin\theta)r\mathrm{d}r\mathrm{d}\theta$，其中 $r\mathrm{d}\theta\mathrm{d}r$ 是极坐标系下的面积元素.

此式很容易记忆：$x=r\cos\theta,y=r\sin\theta$ 代入被积函数 $f(x,y)$，而注意"面积元素" $\mathrm{d}\sigma=r\mathrm{d}r\mathrm{d}\theta$，因为小曲四边形很像一个矩形，其一边长为 $\mathrm{d}r$，另一边长为 $r\mathrm{d}\theta$.

(2) 用极坐标系计算的二重积分，就积分区域来说，常是圆域（或其一部分）、圆环域、扇形域等，可按其圆心所在位置分为下述六种情形（其中 a,b,c 均为常数）：① 圆域 $x^2+y^2\leqslant a$；② 圆域 $x^2+y^2\leqslant 2ax$；③ 圆域 $x^2+y^2\leqslant -2ax$；④ 圆域 $x^2+y^2\leqslant 2ay$；⑤ 圆域 $x^2+y^2\leqslant -2ay$；⑥ 圆域 $x^2+y^2\leqslant 2ax+2by+c$.

(3) 利用极坐标计算二重积分，是用与在直角坐标系下的同样方法，将二重积分化为累次积分，不过这里是对 r,θ 的累次积分. 至于如何确定出累次积分的上下限，要根据区域 D 的具体情况而定，常见的是自极点出发的半射线与 D 的边界至多交于两点的情形，于是，

① 如果极点在区域 D 的内部，则 D 的边界的曲线方程为 $r=r(\theta)\,(0\leqslant\theta\leqslant 2\pi)$，此时 $D=\{(r,\theta)\,|\,0\leqslant r\leqslant r(\theta),0\leqslant\theta\leqslant 2\pi\}$，则

$$\iint\limits_{D}f(r\cos\theta,r\sin\theta)r\mathrm{d}r\mathrm{d}\theta=\int_0^{2\pi}\mathrm{d}\theta\int_0^{r(\theta)}f(r\cos\theta,r\sin\theta)r\mathrm{d}r.$$

② 如果极点在区域 D 的边界上，则 D 的边界的曲线方程为 $r=r(\theta)\,(\alpha\leqslant\theta\leqslant\beta)$，此时 $D=\{(r,\theta)\,|\,0\leqslant r\leqslant r(\theta),\alpha\leqslant\theta\leqslant\beta\}$ 则 $\displaystyle\iint\limits_{D}f(r\cos\theta,r\sin\theta)r\mathrm{d}r\mathrm{d}\theta=\int_\alpha^\beta\mathrm{d}\theta\int_0^{r(\theta)}f(r\cos\theta,r\sin\theta)r\mathrm{d}r.$

③ 如果极点在区域 D 的外部，D 的边界曲线可分为两部分，其方程分别为 $r=r_1(\theta)\,(\alpha\leqslant\theta\leqslant\beta)$ 及 $r=r_2(\theta)\,(\alpha\leqslant\theta\leqslant\beta)$，此时 $D=\{(r,\theta)\,|\,r_1(\theta)\leqslant r\leqslant r_2(\theta),\alpha\leqslant\theta\leqslant\beta\}$ 则

$$\iint\limits_{D}f(r\cos\theta,r\sin\theta)r\mathrm{d}r\mathrm{d}\theta=\int_\alpha^\beta\mathrm{d}\theta\int_{r_1(\theta)}^{r_2(\theta)}f(r\cos\theta,r\sin\theta)r\mathrm{d}r.$$

(三) 三重积分的计算

三重积分的计算与二重积分一样，也是化为累次积分，但比二重积分复杂得多，是学

习中的一个难点,其主要原因在于积分区域 Ω 为三维空间区域,如何作出 Ω 的图形以及它在某个坐标面上的投影,从而正确地定出累次积分的上下限,都不是一件容易的事情.要想突破该难点,要求读者应具有较丰富的空间想象力,尤其是对空间解析几何中的一些基本空间图形必须十分熟悉,提高下面几种常见曲面图形的想象能力.

(1) 球面 $x^2+y^2+z^2=R^2$ 或 $(x-a)^2+(y-b)^2+(z-c)^2=R^2$;

(2) 椭圆面 $\dfrac{x^2}{a^2}+\dfrac{y^2}{b^2}+\dfrac{z^2}{c^2}=1$;

(3) 圆锥面 $z=\sqrt{x^2+y^2}$ 或 $z^2=a^2(x^2+y^2)$;

(4) 旋转抛物面 $z=x^2+y^2$ 或 $z=a(x^2+y^2)$;

(5) 椭圆抛物面 $z=\dfrac{x^2}{2p}+\dfrac{y^2}{2q}$($p$、$q$ 同号);

(6) 柱面,如图柱面 $x^2+y^2=a^2$;

(7) 平面 $Ax+By+Cz+D=0$ 或 $\dfrac{x}{a}+\dfrac{y}{b}+\dfrac{z}{c}=1$.

此外要注意选择适当的坐标系,坐标系选择恰当对定限和计算带来方便.

计算时还要注意利用积分区域的对称性与被积函数的奇偶性简化计算.

1. 直角坐标系中三重积分的计算.

由于三重积分已无几何意义可言,所以,借助于求物体质量的问题,即占有空间闭区域 Ω,密度为 $f(x,y,z)$ 的物体质量,不难理解三重积分的计算法则.比如,在直角坐标系中计算三重积分,总的原则是把三重积分化为累次积分.

(1) "先一后二法"(又叫投影法或者穿针法).首先作出积分区域 Ω 的草图,并将 Ω 投影到 xOy 平面上(有时为了计算方便,需要将 Ω 投影到 xOz 或 yOz 面上),得到平面区域 D_{xy},再任取 D_{xy} 上一点 $M(x,y)$,作垂线穿过 Ω,交其边界于两点 $(x,y,\varphi_1(x,y))$,$(x,y,\varphi_2(x,y))$ ($\varphi_1(x,y)\leqslant\varphi_2(x,y)$),则有

$$\iiint\limits_{\Omega}f(x,y,z)\mathrm{d}V=\iint\limits_{D_{xy}}\mathrm{d}x\,\mathrm{d}y\int_{\varphi_1(x,y)}^{\varphi_2(x,y)}f(x,y,z)\mathrm{d}z,$$

只要先把 x 与 y 当作常量对 z 积分,计算出 $\displaystyle\int_{\varphi_1(x)}^{\varphi_2(x)}f(x,y,z)\mathrm{d}z$ 后,剩下的就是计算一个在 D_{xy} 上的二重积分了,这就是俗称的"穿针法".

从物理意义角度理解该计算方法:公式左边 $\displaystyle\iiint\limits_{\Omega}f(x,y,z)\mathrm{d}V$ 表示三维空间区域 Ω 上密度为 $f(x,y,z)$ 的质量,右边的 $\displaystyle\int_{\varphi_1(x,y)}^{\varphi_2(x,y)}f(x,y,z)\mathrm{d}z$ 表示两点 $(x,y,\varphi_1(x,y))$,$(x,y,\varphi_2(x,y))$ 间垂线的质量,其中 $f(x,y,z)$ 理解为线密度,垂线分布在 D_{xy} 上,所以该线质量在 D_{xy} 上的累积即 $\displaystyle\iint\limits_{D_{xy}}(\int_{\varphi_1(x,y)}^{\varphi_2(x,y)}f(x,y,z)\mathrm{d}z)\mathrm{d}x\,\mathrm{d}y$ 就是整个物体的质量.

(2) "先二后一法"(又叫切片法、截面法).设 D_z 是过 z 轴上任一点 z(z 在 a,b 之间)作平行于 xOy 坐标面的平面与空间区域 Ω 的截面,而 a,b 则是区域 Ω 在 z 轴方向的最小及最大值,则有

$$\iiint\limits_{\Omega} f(x,y,z)\mathrm{d}V = \int_a^b \mathrm{d}z \iint\limits_{D_z} f(x,y,z)\mathrm{d}x\,\mathrm{d}y,$$

从物理意义角度理解该计算方法：$\iint\limits_{D_z} f(x,y,z)\mathrm{d}x\,\mathrm{d}y$ 表示切片 Dz 的质量，其中 $f(x,y,z)$ 理解为面密度，切片分布在 z 轴上 a,b 之间，所以该面质量在 z 上 a,b 的累积即 $\int_a^b (\iint\limits_{D_z} f(x,y,z)\mathrm{d}x\,\mathrm{d}y)\mathrm{d}z$ 就是整个物体的质量.

2. 柱面坐标和球面坐标系中三重积分的计算.

柱面坐标和球面坐标系中三重积分的计算公式是三重积分的换元法的一种，与二重积分的换元积分公式类似，三重积分的换元积分是指：

若函数组 $x=x(u,v,w),y=y(u,v,w),z=z(u,v,w)$ 具有一阶连续偏导数，且雅克比式 $J=\dfrac{\partial(x,y,z)}{x(u,v,w)} \neq 0$，则有换元公式：

$$\iiint\limits_{\Omega} f(x,y,z)\mathrm{d}x\,\mathrm{d}y\,\mathrm{d}z = \iiint\limits_{\Omega} f(x(u,v,w),y(u,v,w),z(u,v,w)) \left| \dfrac{\partial(x,y,z)}{x(u,v,w)} \right| \mathrm{d}u\,\mathrm{d}v\,\mathrm{d}w.$$

(1) 在柱面坐标 $x=r\cos\theta,y=r\sin\theta,z=z$ 下，$J=\dfrac{\partial(x,y,z)}{x(u,v,w)}=r$，从而得到三重积分的柱面坐标表示式 $\iiint\limits_{\Omega} f(x,y,z)\mathrm{d}x\,\mathrm{d}y\,\mathrm{d}z = \iiint\limits_{\Omega} f(r\cos\theta,r\sin\theta,z)r\,\mathrm{d}r\,\mathrm{d}\theta\,\mathrm{d}z.$

(2) 在球面坐标 $x=r\sin\varphi\cos\theta,y=r\sin\varphi\sin\theta,z=r\cos\varphi$ 下，$J=\dfrac{\partial(x,y,z)}{x(u,v,w)}=r^2\sin\varphi$，从而得到三重积分的球面坐标表示式：

$$\iiint\limits_{\Omega} f(x,y,z)\mathrm{d}x\,\mathrm{d}y\,\mathrm{d}z = \iiint\limits_{\Omega} f(r\sin\varphi\cos\theta,r\sin\varphi\sin\theta,r\cos\varphi)r^2\sin\varphi\,\mathrm{d}r\,\mathrm{d}\theta\,\mathrm{d}z.$$

3. 坐标系的选择.

在三重积分计算中，适当选择坐标系和积分次序非常重要，它不仅会影响到计算繁简的程度，甚至有时会使得计算无法进行下去，至于选择在哪种坐标系下计算三重积分，这要根据被积函数和积分域 Ω 的情况来决定：当积分域 Ω 为长方体、四面体或任意形时，常采用直角坐标系计算三重积分；当积分域 Ω 为圆柱面、旋转抛物面、圆锥面或它们的一部分所围成的区域，或者被积函数中含有 x^2+y^2（或 $y^2+z^2;x^2+z^2$）的因子时，采用柱面坐标计算三重积分较为简便，这时积分一般按先对 z，再对 r，后对 θ 的次序；当积分域 Ω 为圆锥体、球体或球体的一部分时，或者被积函数中含有 $x^2+y^2+z^2$ 的因子时，采用球面坐标计算三重积分比较简便，这时积分一般按先对 r，再对 φ，后对 θ 的次序.

4. 计算积分区域具有对称性，被积函数具有奇偶性的三重积分

常用下述命题简化具有上述性质的三重积分的计算.

命题 1 若 Ω 关于平面 xOy 对称，而 Ω_1 是 Ω 对应于 $z \geqslant 0$ 的部分，则

$$\iiint\limits_{\Omega} f(x,y,z)\mathrm{d}V = \begin{cases} 0, & f(x,y,-z) = -f(x,y,z), \forall (x,y,z) \in \Omega, \\ 2\iiint\limits_{\Omega_1} f(x,y,z)\mathrm{d}V, & f(x,y,-z) = f(x,y,z), \forall (x,y,z) \in \Omega. \end{cases}$$

若 Ω 关于平面 yOz（或 zOx）对称，f 关于 x（或 y）为奇函数或偶函数有类似结论.

命题 2　若 Ω 关于平面 xOy 和 zOx 均对称（即关于 x 轴对称），而 Ω_1 是 Ω 对应于 $z \geqslant 0$，

$y \geqslant 0$ 的部分，则 $\iiint\limits_{\Omega} f(x,y,z)\mathrm{d}V = \begin{cases} 4\iiint\limits_{\Omega_1} f(x,y,z)\mathrm{d}V,\ f\text{ 关于 } y \text{ 和 } z \text{ 分别为偶函数}, \\ 0,\ f\text{ 关于 } y \text{ 或 } z \text{ 为奇函数}. \end{cases}$

若 Ω 关于平面 xOy 和 yOz 均对称（即关于 z 轴对称），或关于平面 xOy 和 yOy 均对称，那么也有类似结果.

命题 3　如果积分区域 Ω 关于三个坐标平面对称，而 Ω_1 是 Ω 位于第一卦限的部分，则

$$\iiint\limits_{\Omega} f(x,y,z)\mathrm{d}V = \begin{cases} 8\iiint\limits_{\Omega_1} f(x,y,z)\mathrm{d}V,\ f\text{ 关于 } x \text{ 和 } y \text{ 和 } z \text{ 分别为偶函数}, \\ 0,\ f\text{ 关于 } x \text{ 或 } y \text{ 或 } z \text{ 为奇函数}. \end{cases}$$

命题 4　若积分区域 Ω 关于原点对称，且

$$f(x,y,z) = -f(-x,-y,-z),\text{ 则 } \iiint\limits_{\Omega} f(x,y,z)\mathrm{d}V = 0.$$

（四）重积分的应用

重积分在各种知识领域中应用非常广泛，尤其是在几何学、物理学、材料力学及其他一些工程技术学科中都常常遇到. 与定积分的应用一样，在重积分的应用中也采用元素法，来建立所求量 w 重积分表达式，即在平面区域 D（或空间区域 Ω）中，取一代表性小区域 $\mathrm{d}\sigma$（或 $\mathrm{d}v$），然后求出 w 在 $\mathrm{d}\sigma$（或 $\mathrm{d}v$）上相应量的近似值即元素 $\mathrm{d}w = f(x,y)\mathrm{d}\sigma$（或 $\mathrm{d}w = f(x,y,z)\mathrm{d}v$），元素的累积即为所求量 $w = \iint\limits_{D} f(x,y)\mathrm{d}\sigma$（或 $w = \iiint\limits_{d} f(x,y,z)\mathrm{d}v$）

1. 求曲面的面积.

设光滑单值曲面 $z = z(x,y)$ 在 xOy 平面上的投影为区域 D_{xy}，则曲面的面积 A 由

积分 $A = \iint\limits_{D_{xy}} \sqrt{1 + \left(\dfrac{\partial z}{\partial x}\right)^2 + \left(\dfrac{\partial z}{\partial y}\right)^2}\ \mathrm{d}x\mathrm{d}y$ 所表出，其中 $\mathrm{d}A = \sqrt{1 + \left(\dfrac{\partial z}{\partial x}\right)^2 + \left(\dfrac{\partial z}{\partial y}\right)^2}\ \mathrm{d}x\mathrm{d}y$

是 $z = z(x,y)$ 的曲面面积元素.

求曲面面积的步骤，简称"一代二投三积分"，即应将 z 求偏导数代入被积函数 $\sqrt{1 + \left(\dfrac{\partial z}{\partial x}\right)^2 + \left(\dfrac{\partial z}{\partial y}\right)^2}$；积分区域为 $z = z(x,y)$ 在 xoy 坐标面上的投影；最后积分得曲面面积. 曲面也可用 $y = y(x,z)$，$x = x(y,z)$ 表示，公式类推.

2. 求质心、形心的坐标.

重心，是在重力场中，物体处于任何方位时所有各组成支点的重力的合力都通过的那一点，规则而密度均匀物体的重心就是它的几何中心. 质量中心简称质心，指物质系统上被认为质量集中于此的一个假想点. 面的形心就是截面图形的几何中心，质心是针对实物体而言的，而形心是针对抽象几何体而言的，对于密度均匀的实物体，质心和形心重合.

(1) 设一物体占有空间区域 Ω，在点 (x,y,z) 处的密度为 $\rho(x,y,z)$，其重心坐标为

$$\overline{x}=\frac{\iiint\limits_{\Omega}x\rho(x,y,z)g\,\mathrm{d}V}{\iiint\limits_{\Omega}\rho(x,y,z)g\,\mathrm{d}V},\overline{y}=\frac{\iiint\limits_{\Omega}y\rho(x,y,z)g\,\mathrm{d}V}{\iiint\limits_{\Omega}\rho(x,y,z)g\,\mathrm{d}V},\overline{z}=\frac{\iiint\limits_{\Omega}z\rho(x,y,z)g\,\mathrm{d}V}{\iiint\limits_{\Omega}\rho(x,y,z)g\,\mathrm{d}V}.$$

该物体的质心坐标为

$$\overline{x}=\frac{\iiint\limits_{\Omega}x\rho(x,y,z)\mathrm{d}V}{\iiint\limits_{\Omega}\rho(x,y,z)\mathrm{d}V},\overline{y}=\frac{\iiint\limits_{\Omega}y\rho(x,y,z)\mathrm{d}V}{\iiint\limits_{\Omega}\rho(x,y,z)\mathrm{d}V},\overline{z}=\frac{\iiint\limits_{\Omega}z\rho(x,y,z)\mathrm{d}V}{\iiint\limits_{\Omega}\rho(x,y,z)\mathrm{d}V}.$$

比较上两式可知，可用"无重量的物体"的质心公式来计算该物体的重心，但不能误将质心称为重心，两者的概念是不同的.

（2）当密度 $\rho(x,y,z)$ 为常数而物体均匀分布时，质心坐标 $(\overline{x},\overline{y},\overline{z})$ 仅与物体的形状有关，这时物体的质心又成为物体的形心. 设物体的体积为 $V=\iiint\limits_{\Omega}\mathrm{d}V$，则物体的形心坐标为

$$\overline{x}=\frac{1}{V}\iiint\limits_{\Omega}x\,\mathrm{d}V,\overline{y}=\frac{1}{V}\iiint\limits_{\Omega}y\,\mathrm{d}V,\overline{z}=\frac{1}{V}\iiint\limits_{\Omega}z\,\mathrm{d}V.$$

特别的，物体占据平面有限区域 D，面密度为 $\rho(x,y)$ 时，平面非均匀薄板的质心坐标为

$$\overline{x}=\frac{\iint\limits_{D}x\rho(x,y)\mathrm{d}\sigma}{\iint\limits_{D}\rho(x,y)\mathrm{d}\sigma},\overline{y}=\frac{\iint\limits_{D}y\rho(x,y)\mathrm{d}\sigma}{\iint\limits_{D}\rho(x,y)\mathrm{d}\sigma},\overline{z}=\frac{\iint\limits_{D}z\rho(x,y)\mathrm{d}\sigma}{\iint\limits_{D}\rho(x,y)\mathrm{d}\sigma}.$$

而对于均匀薄板，其形心坐标为 $\overline{x}=\dfrac{\iint\limits_{D}x\,\mathrm{d}\sigma}{\iint\limits_{D}\mathrm{d}\sigma},\overline{y}=\dfrac{\iint\limits_{D}y\,\mathrm{d}\sigma}{\iint\limits_{D}\mathrm{d}\sigma},\overline{z}=\dfrac{\iint\limits_{D}z\,\mathrm{d}\sigma}{\iint\limits_{D}\mathrm{d}\sigma}.$

3. 求转动惯量.

转动惯量是刚体转动时惯性的量度，其量值取决于物体的形状、质量分布及转轴的位置，计算式 $J=\sum\limits_{i}^{n}m_ir_i^2$，式中 m_i 表示刚体的某个质点的质量，r_i 表示该质点到转轴的垂直距离.

（1）平面薄片对 ox,oy 轴及坐标原点的转动惯量分别为

$$I_x=\iint\limits_{D}y^2\rho(x,y)\mathrm{d}\sigma,I_y=\iint\limits_{D}x^2\rho(x,y)\mathrm{d}\sigma,I_0=\iint\limits_{D}(x^2+y^2)\rho(x,y)\mathrm{d}\sigma,$$

其中，D 为平面薄片占有的平面域，$\rho(x,y)$ 为薄片的质量密度.

（2）空间物体对于坐标平面的转动惯量分别为

$$I_{xy}=\iiint\limits_{D}z^2\rho(x,y,z)\mathrm{d}V,I_{yz}=\iiint\limits_{D}x^2\rho(x,y,z)\mathrm{d}V,I_{zx}=\iiint\limits_{D}y^2\rho(x,y,z)\mathrm{d}V.$$

（3）空间物体对坐标轴 ox、oy、oz 轴的转动惯量分别为

$$I_x = \iiint\limits_{\Omega}(y^2 + z^2)\rho(x,y,z)\mathrm{d}V, I_y = \iiint\limits_{\Omega}(z^2 + x^2)\rho(x,y,z)\mathrm{d}V, I_z = \iiint\limits_{\Omega}(x^2 + y^2)\rho(x,y,z)\mathrm{d}V.$$

（4）空间物体对坐标原点的转动惯量为 $I_o = \iiint\limits_{\Omega}(x^2 + y^2 + z^2)\rho(x,y,z)\mathrm{d}V.$

4. 引力.

空间物体占据空间区域 Ω，体密度为 $\mu(x,y,z)$，Ω 外一点 $P_0(x_0,y_0,z_0)$ 处放置质量为 m_0 的质点，则 Ω 对该质点的引力为

$$\vec{F} = \left(\iiint\limits_{\Omega}\frac{Gm_0\mu(x,y,z)(x-x_0)}{r^3}\mathrm{d}v, \iiint\limits_{\Omega}\frac{Gm_0\mu(x,y,z)(y-y_0)}{r^3}\mathrm{d}v, \iiint\limits_{\Omega}\frac{Gm_0\mu(x,y,z)(z-z_0)}{r^3}\mathrm{d}v\right),$$

其中，$r = [(x-x_0)^2 + (y-y_0)^2 + (z-z_0)^2]^{\frac{1}{2}}.$

二、典型例题

（一）交换积分次序及转换二次积分

1. 交换累次积分的积分次序.

例 1　二次积分 $\displaystyle\int_0^2\mathrm{d}x\int_x^2\mathrm{e}^{-y^2}\mathrm{d}y$ 的值等于 _____.

解：由于 e^{-y^2} 的原函数不是初等函数，按原来积分次序无法积分，故需交换积分次序.

由 $\displaystyle\int_0^2\mathrm{d}x\int_x^2\mathrm{e}^{-y^2}\mathrm{d}y = \iint\limits_{D}\mathrm{e}^{-y^2}\mathrm{d}x\mathrm{d}y$，由 D 的图示，$D = \{(x,y)\mid x\leqslant y\leqslant 2, 0\leqslant x\leqslant 2\}$

$= \{(x,y)\mid 0\leqslant x\leqslant y, 0\leqslant y\leqslant 2\}$，得到 $\displaystyle\int_0^2\mathrm{d}x\int_x^2\mathrm{e}^{-y^2}\mathrm{d}y = \int_0^2\mathrm{d}y\int_0^y\mathrm{e}^{-y^2}\mathrm{d}x = \int_0^2 y\mathrm{e}^{-y^2}\mathrm{d}y =$

$\dfrac{1}{2}(1 - \mathrm{e}^{-4}).$

例 2　交换二次积分的积分次序：$\displaystyle\int_{-1}^0\mathrm{d}y\int_2^{1-y}f(x,y)\mathrm{d}x = $ _____.

解：由 $-1\leqslant y\leqslant 0$，有 $1\leqslant 1-y\leqslant 2$，故二次积分的内层积分的下限不小于上限，因而该二次积分不是二重积分的二次积分，或者通过画图，画不出积分区域 D 的图示. 将其转化为二重积分的二次积分，得到 $\displaystyle\int_{-1}^0\mathrm{d}y\int_2^{1-y}f(x,y)\mathrm{d}x = -\int_{-1}^0\mathrm{d}y\int_{1-y}^2 f(x,y)\mathrm{d}x$. 再根据积分区域 D 的图示，原式 $= -\displaystyle\int_1^2\mathrm{d}x\int_{1-x}^0 f(x,y)\mathrm{d}y = \int_1^2\mathrm{d}x\int_0^{1-x}f(x,y)\mathrm{d}y.$

例 3　设函数 $f(x)$ 在 $[0,1]$ 上连续，且 $\displaystyle\int_0^1 f(x)\mathrm{d}x = A$，求 $\displaystyle\int_0^1\mathrm{d}x\int_x^1 f(x)f(y)\mathrm{d}y.$

解：考虑到 $f(x)f(y)$ 关于 $y = x$ 对称，将所求积分化为重积分，利用二重积分性质求之.

令 $D_1 = \{(x,y)\mid 0\leqslant x\leqslant 1, x\leqslant y\leqslant 1\}, D_2 = \{(x,y)\mid 0\leqslant y\leqslant 1, y\leqslant x\leqslant 1\}$. 显然 $D = D_1\bigcup D_2$ 关于 $y = x$ 对称，又 $f(x,y) = f(x)f(y) = f(y,x)$，$\iint\limits_{D}f(x)f(y)\mathrm{d}x\mathrm{d}y =$

$$2\iint\limits_{D_1} f(x)f(y)\mathrm{d}x\,\mathrm{d}y$$

$$= 2\int_0^1 \mathrm{d}x \int_x^1 f(x)f(y)\mathrm{d}y\,,\,而 \iint\limits_{D} f(x)f(y)\mathrm{d}x\,\mathrm{d}y = \int_0^1 f(x)\mathrm{d}x \int_0^1 f(y)\mathrm{d}y = A^2\,,\,故$$

$$\int_0^1 \mathrm{d}x \int_x^1 f(x)f(y)\mathrm{d}y = \frac{1}{2}A^2.$$

2. 转换累次积分.

转换累次积分是指将极坐标系（或直角坐标系）下的累次积分转换成直角坐标系（或极坐标系）下的累次次积分. 由极坐标系（或直角坐标系）下的二次积分的内外层积分限写出相应的二重积分区域 D 的极坐标（或直角坐标）表示，再确定该区域 D 在直角坐标系（极坐标系）中的图形，然后配置积分限.

例4 设 $f(x,y)$ 为连续函数，则 $\int_0^{\frac{\pi}{4}} \mathrm{d}\theta \int_0^1 f(r\cos\theta,r\sin\theta)r\mathrm{d}r$ 等于（   ）.

A. $\int_0^{\frac{\sqrt{2}}{2}} \mathrm{d}x \int_x^{\sqrt{1-x^2}} f(x,y)\mathrm{d}y$

B. $\int_0^{\frac{\sqrt{2}}{2}} \mathrm{d}x \int_0^{\sqrt{1-x^2}} f(x,y)\mathrm{d}y$

C. $\int_0^{\frac{\sqrt{2}}{2}} \mathrm{d}y \int_y^{\sqrt{1-y^2}} f(x,y)\mathrm{d}x$

D. $\int_0^{\frac{\sqrt{2}}{2}} \mathrm{d}y \int_x^{\sqrt{1-y^2}} f(x,y)\mathrm{d}x$

解：题中二重积分的积分区域 D，其极坐标系下的表达式为

$$D = \left\{ (r,\theta) \,\middle|\, 0 \leqslant r \leqslant 1, 0 \leqslant \theta \leqslant \frac{\pi}{4} \right\}.$$

在直角坐标系下的表达式为 $D = \left\{ (x,y) \,\middle|\, y \leqslant x \leqslant \sqrt{1-y^2}, 0 \leqslant y \leqslant \frac{\sqrt{2}}{2} \right\}$. 仅 C 入选.

例5 设 $f(x,y)$ 是连续函数，则 $\int_0^1 \mathrm{d}y \int_{-\sqrt{1-y^2}}^{1-y} f(x,y)\mathrm{d}x = $（   ）.

A. $\int_0^1 \mathrm{d}x \int_1^{x-1} f(x,y)\mathrm{d}y + \int_{-1}^0 \mathrm{d}x \int_0^{\sqrt{1-x^2}} f(x,y)\mathrm{d}y$

B. $\int_0^1 \mathrm{d}x \int_1^{1-x} f(x,y)\mathrm{d}y + \int_{-1}^0 \mathrm{d}x \int_{\sqrt{1-x^2}}^0 f(x,y)\mathrm{d}y$

C. $\int_0^{\frac{\pi}{2}} \mathrm{d}\theta \int_0^{\frac{1}{\cos\theta+\sin\theta}} f(r\cos\theta,r\sin\theta)\mathrm{d}r + \int_{\frac{\pi}{2}}^{\pi} \mathrm{d}\theta \int_0^1 f(r\cos\theta,r\sin\theta)\mathrm{d}r$

D. $\int_0^{\frac{\pi}{2}} \mathrm{d}\theta \int_0^{\frac{1}{\cos\theta+\sin\theta}} f(r\cos\theta,r\sin\theta)r\mathrm{d}r + \int_{\frac{\pi}{2}}^{\pi} \mathrm{d}\theta \int_0^1 f(r\cos\theta,r\sin\theta)r\mathrm{d}r$

解：仅 D 入选，所给二重积分的积分区域用直角坐标系表示为

$D = \{ (x,y) \mid -\sqrt{1-y^2} \leqslant x \leqslant 1-y, 0 \leqslant y \leqslant 1 \}$，用极坐标表示，则为 $D_1: \frac{\pi}{2} \leqslant \theta \leqslant \pi$，

$0 \leqslant r \leqslant 1; D_2: 0 \leqslant \theta \leqslant \frac{\pi}{2}, 0 \leqslant r \leqslant \frac{1}{\cos\theta+\sin\theta}$. 因而，原式

$$= \int_0^{\frac{\pi}{2}} \mathrm{d}\theta \int_0^{\frac{1}{\cos\theta+\sin\theta}} f(r\cos\theta,r\sin\theta)r\mathrm{d}r + \int_{\frac{\pi}{2}}^{\pi} \mathrm{d}\theta \int_0^1 f(r\cos\theta,r\sin\theta)r\mathrm{d}r.$$

例 6　计算二次积分 $I = \int_0^{\frac{R}{\sqrt{2}}} e^{-y^2} dy \int_0^y e^{-x^2} dx + \int_{\frac{R}{\sqrt{2}}}^R e^{-y^2} dy \int_0^{\sqrt{R^2-y^2}} e^{-x^2} dx$.

解：因被积函数 e^{-x^2} 的原函数不能用初等函数表示. 需先将二次积分还原为二重积分，由所给的两个二重积分得其积分区域为 $D = D_1 \bigcup D_2$，其中

$$D_1 = \left\{ (x,y) \,\middle|\, 0 \leqslant y \leqslant \frac{R}{\sqrt{2}}, 0 \leqslant x \leqslant y \right\}, D_2 = \left\{ (x,y) \,\middle|\, \frac{R}{\sqrt{2}} \leqslant y \leqslant R, 0 \leqslant x \leqslant \sqrt{R^2-y^2} \right\},$$

得到 $I = \iint\limits_D e^{-(x^2+y^2)} dx\,dy$，利用极坐标计算较简单，在极坐标下，$D$ 可表示为

$$D = \left\{ (r,\theta) \,\middle|\, \frac{\pi}{4} \leqslant \theta \leqslant \frac{\pi}{2}, 0 \leqslant r \leqslant R \right\}. \text{于是，} I = \int_{\frac{\pi}{4}}^{\frac{\pi}{2}} d\theta \int_0^R e^{-r^2} r\,dr = \frac{\pi}{8}(1 - e^{-R^2}).$$

（二）计算二重积分

例 1　设 D 是平面 xOy 上以 $(1,1)$，$(-1,1)$ 和 $(-1,-1)$ 为顶点的三角形区域，D_1 是 D 在第一象限的部分，则 $\iint\limits_D (xy + \cos x \sin y) dx\,dy$ 等于（　　）.

A. $2\iint\limits_{D_1} \cos x \sin y\,dx\,dy$　　　　　　　　B. $2\iint\limits_{D_1} xy\,dx\,dy$

C. $4\iint\limits_{D_1} (xy + \cos x \sin y) dx\,dy$　　　　D. 0

解：积分区域 D 关于 x 轴，y 轴都不对称，而被积函数却有奇偶性，因而用 $y = -x$ 将 D 分为四部分 D_1, D_2, D_3, D_4. D_3 和 D_4 关于 x 轴对称，而 $xy + \sin y \cos x$ 关于 y 为奇函数，故 $\iint\limits_{D_3+D_4} (xy + \sin y \cos x) dx\,dy = 0$.

又 D_1 与 D_2 关于 y 轴对称，而 xy 与 $\sin y \cos x$ 分别关于 x 为奇函数、偶函数，故

$$\iint\limits_{D_1+D_2} (xy + \cos x \sin y) dx\,dy = \iint\limits_{D_1+D_2} \cos x \sin y\,dx\,dy = 2\iint\limits_{D_1} \cos x \sin y\,dx\,dy.$$

所以 $\iint\limits_D (xy + \cos x \sin y) dx\,dy = 2\iint\limits_{D_1} \cos x \sin y\,dx\,dy$，仅 A 入选.

注意：为利用对称性，有时需将被积函数分项，将积分区域分成若干个对称子区域.

例 2　计算 $\iint\limits_D xy\,dx\,dy$，其中 D 是由双纽线 $(x^2 + y^2)^2 = 2xy$ 所围成.

解：$(x^2 + y^2)^2 = 2xy$ 所围图形 D 关于原点对称，而被积函数关于 (x,y) 为偶函数，即 $f(-x,-y) = (-x)(-y) = xy = f(x,y)$，故 $\iint\limits_D xy\,dx\,dy = 2\int_0^{\frac{\pi}{2}} d\theta \int_0^{\sqrt{\sin 2\theta}} r^3 \sin\theta \cos\theta\,dr = \frac{1}{6}$.

例 3　设区域 D 为 $x^2 + y^2 \leqslant R^2$，则 $\iint\limits_D \left(\frac{x^2}{a^2} + \frac{y^2}{b^2} \right) dx\,dy = \underline{\qquad}$.

解一：由于积分区域 D 关于 $y = x$ 对称，由对称性得到

$$\iint_D \left(\frac{x^2}{a^2} + \frac{y^2}{b^2}\right) \mathrm{d}x\,\mathrm{d}y = \iint_D \left(\frac{y^2}{a^2} + \frac{x^2}{b^2}\right) \mathrm{d}x\,\mathrm{d}y. \quad \text{因而}$$

$$\iint_D \left(\frac{x^2}{a^2} + \frac{y^2}{b^2}\right) \mathrm{d}x\,\mathrm{d}y = \frac{1}{2}\left[\iint_D \left(\frac{x^2}{a^2} + \frac{y^2}{b^2}\right) \mathrm{d}x\,\mathrm{d}y + \iint_D \left(\frac{y^2}{a^2} + \frac{x^2}{b^2}\right) \mathrm{d}x\,\mathrm{d}y\right]$$

$$= \frac{1}{2}\iint_D \left[\frac{1}{a^2}(x^2 + y^2) + \frac{1}{b^2}(x^2 + y^2)\right] \mathrm{d}x\,\mathrm{d}y = \frac{1}{2}\left(\frac{1}{a^2} + \frac{1}{b^2}\right)\iint_D (x^2 + y^2)\mathrm{d}x\,\mathrm{d}y$$

$$= \frac{1}{2}\left(\frac{1}{a^2} + \frac{1}{b^2}\right)\int_0^{2\pi} \mathrm{d}\theta \int_0^R r^2 r\,\mathrm{d}r = \frac{\pi R^2}{4}\left(\frac{1}{a^2} + \frac{1}{b^2}\right)$$

解二：用极坐标系分项计算，然后相加.

$$\iint_D \frac{x^2}{a^2}\mathrm{d}x\,\mathrm{d}y = \frac{1}{a^2}\int_0^{2\pi} \cos^2\theta\,\mathrm{d}\theta \int_0^R r^3\,\mathrm{d}r = \frac{\pi R^4}{4a^2}，\text{同法可得} \iint_D \frac{y^2}{b^2}\mathrm{d}x\,\mathrm{d}y = \frac{\pi R^2}{4b^2}. \text{ 原式} =$$

$$\frac{\pi R^4}{4}\left(\frac{1}{a^2} + \frac{1}{b^2}\right).$$

含绝对值符号、最值符号 max 或 min 及含符号函数、取整函数的被积函数，实际上都是分区域给出的函数，计算其二重积分都需分块计算.

例 4 计算二重积分 $\iint_D |x^2 + y^2 - 1|\,\mathrm{d}\sigma,D = \{(x,y) \mid 0 \leqslant x \leqslant 1, 0 \leqslant y \leqslant 1\}.$

解：以 $x^2 + y^2 = 1$ 为界，将 D 分成 D_1 与 D_2 两部分，应用二重积分关于区域的可加性得到 $\iint_D |x^2 + y^2 - 1|\,\mathrm{d}\sigma = \iint_{D_1}(1 - x^2 - y^2)\mathrm{d}\sigma + \iint_{D_2}(x^2 + y^2 - 1)\mathrm{d}\sigma$，

而 $\iint_{D_1}(1 - x^2 - y^2)\mathrm{d}\sigma = \int_0^{\frac{\pi}{2}}\mathrm{d}\theta\int_0^1(1 - r^2)r\,\mathrm{d}r = \frac{\pi}{8}$，

$$\iint_{D_2}(x^2 + y^2 - 1)\mathrm{d}\sigma = \iint_D(x^2 + y^2 - 1)\mathrm{d}\sigma - \iint_{D_1}(x^2 + y^2 - 1)\mathrm{d}\sigma$$

$$= \int_0^1 \mathrm{d}x \int_0^1(x^2 + y^2 - 1)\mathrm{d}y + \iint_{D_1}(1 - x^2 - y^2)\mathrm{d}\sigma = \int_0^1\left(x^2 - \frac{2}{3}\right)\mathrm{d}x + \frac{\pi}{8} = \frac{\pi}{8} - \frac{1}{3}.$$

例 5 计算积分 $\iint_D \sqrt{x^2 + y^2}\,\mathrm{d}x\,\mathrm{d}y$，其中 $D = \{(x,y) \mid 0 \leqslant y \leqslant x, x^2 + y^2 \leqslant 2x\}.$

解：原式 $= \int_0^{\frac{\pi}{4}}\mathrm{d}\theta\int_0^{2\cos\theta} r \cdot r\,\mathrm{d}r = \frac{8}{3}\int_0^{\frac{\pi}{4}}\cos^3\theta\,\mathrm{d}\theta = \frac{8}{3}\int_0^{\frac{\pi}{4}}(1 - \sin^2\theta)\mathrm{d}\sin\theta = \frac{10}{9}\sqrt{2}.$

例 6 设区域 $D = \{(x,y) \mid x^2 + y^2 \leqslant 1, x \geqslant 0\}$，计算二重积分 $I = \iint_D$

$\dfrac{1 + xy}{1 + x^2 + y^2}\mathrm{d}x\,\mathrm{d}y.$

解：区域 D 关于 x 轴对称，而 $\dfrac{xy}{1 + x^2 + y^2}$ 为 y 的奇函数，故 $\iint_D \dfrac{xy}{1 + x^2 + y^2}\mathrm{d}x\,\mathrm{d}y = 0$，

$$I = \iint\limits_{D} \frac{1}{1+x^2+y^2} \mathrm{d}x \mathrm{d}y = \int_{-\frac{\pi}{2}}^{\frac{\pi}{2}} \mathrm{d}\theta \int_0^1 \frac{r}{1+r^2} \mathrm{d}r = \frac{1}{2} \int_{-\frac{\pi}{2}}^{\frac{\pi}{2}} \ln 2 \mathrm{d}\theta = \frac{\pi}{2} \ln 2.$$

例 7 计算二重积分 $\iint\limits_{D} (x+y)\mathrm{d}x\mathrm{d}y$，其中积分区域 $D = \{(x,y) | x^2+y^2 \leqslant x+y+1\}$.

解一： 把积分区域 $D: x^2+y^2 \leqslant x+y+1$ 改写成 $\left(x-\frac{1}{2}\right)^2 + \left(y-\frac{1}{2}\right)^2 \leqslant \frac{3}{2}$,

令 $x-\frac{1}{2} = r\cos\theta, y-\frac{1}{2} = r\sin\theta, \iint\limits_{D}(x+y)\mathrm{d}x\mathrm{d}y = \int_0^{\sqrt{\frac{3}{2}}} r\mathrm{d}r \int_0^{2\pi}(1+r\cos\theta + r\sin$

$\theta)\mathrm{d}\theta = 2\pi \int_0^{\sqrt{\frac{3}{2}}} r\mathrm{d}r = \frac{3\pi}{2}$.

解二： 作代换 $u = x-\frac{1}{2}, v = y-\frac{1}{2}$，则 $\iint\limits_{D}(x+y)\mathrm{d}x\mathrm{d}y = \iint\limits_{D'}\left[\left(u+\frac{1}{2}\right)+\left(v+\frac{1}{2}\right)\right]\mathrm{d}u\mathrm{d}v$

$= \iint\limits_{D'}(1+u+v)\mathrm{d}u\mathrm{d}v = \iint\limits_{D'}\mathrm{d}u\mathrm{d}v + \iint\limits_{D'}(u+v)\mathrm{d}u\mathrm{d}v = \pi\left(\sqrt{\frac{3}{2}}\right)^2 + 0 = \frac{3\pi}{2}$.

(三) 计算三重积分

类型一： 利用对称性简化计算

例 1 计算三重积分 $\iiint\limits_{\Omega}(x+z)\mathrm{d}V$，其中 Ω 是由曲面 $z = \sqrt{x^2+y^2}$ 与 $z = \sqrt{1-x^2-y^2}$ 所围成的区域.

解： 由于积分区域 Ω 关于平面 yOz 对称，且 $f(x,y,z) = x$ 为奇函数，由对称性知，$\iiint\limits_{\Omega} x\mathrm{d}V = 0$. 由球面坐标，

$$原式 = \iiint\limits_{\Omega} z\mathrm{d}V = \int_0^{2\pi}\mathrm{d}\theta \int_0^{\frac{\pi}{4}}\mathrm{d}\varphi \int_0^1 r\cos\varphi \cdot r^2\sin\varphi \mathrm{d}r = 2\pi \cdot \frac{1}{2}\sin^2\varphi \Big|_0^{\frac{\pi}{4}} \cdot \frac{1}{4} = \frac{\pi}{8}.$$

例 2 计算三重积分 $I = \iiint\limits_{\Omega}(x+y+z)\mathrm{d}x\mathrm{d}y\mathrm{d}z$，其中 Ω 为 $-1 \leqslant x \leqslant 1, -1 \leqslant y \leqslant 1, -1 \leqslant z \leqslant 1$ 所围成的正方体.

解： 因积分区域关于原点对称，又被积函数关于 x,y,z 为奇函数，由对称性 $I = 0$.

例 3 计算 $\iiint\limits_{\Omega}(x+y+z+1)^2 \mathrm{d}v$，其中 $\Omega: x^2+y^2+z^2 \leqslant R^2 (R \geqslant 0)$.

解： 原式 $= \iiint\limits_{D}(x^2+y^2+z^2+2xy+2yz+2zx+2x+2y+2z+1)\mathrm{d}v$.

因为 Ω 关于三个坐标面都对称，而 $2xy, 2yz, 2zx, 2x, 2y, 2z$ 都（至少）关于某个变量为奇函数，所以这些项的积分全为 0. 于是由轮换对称性，得到

$$原式 = 3\iiint\limits_{\Omega} z^2\mathrm{d}v + \iiint\limits_{\Omega}\mathrm{d}v = 3\int_{-R}^R z^2\mathrm{d}z \iint\limits_{x^2+y^2 \leqslant R^2-z^2}\mathrm{d}x\mathrm{d}y + \frac{4}{3}\pi R^3 = 6\int_0^R z^2\pi(R^2-z^2)\mathrm{d}z$$

$$+ \frac{4}{3}\pi R^3 = \frac{4}{5}\pi R^5 + \frac{4}{3}\pi R^3.$$

以上例题是利用对称性，简化计算的情形，但要注意一定要准确利用对称性，否则得

不偿失.

类型二：用截面法计算被积函数至少缺两个变量的三重积分或者易求出其截面区域上的二重积分的三重积分

当被积函数至少缺两个变量且平行于所缺两变量的坐标面的截面面积又易求时，可用下述公式将三重积分化为定积分求之. 为方便计，设被积函数为 $f(z)$，则

$$\iiint\limits_{\Omega} f(z)\mathrm{d}V = \int_{z_1}^{z_2} f(z)\mathrm{d}z \iint\limits_{D(z)} \mathrm{d}x\,\mathrm{d}y = \int_{z_1}^{z_2} (D(z)\text{的面积}) \cdot f(z)\mathrm{d}z,$$

其中 z_1, z_2 是 Ω 向 z 轴投影而得到的投影区间 $[z_1, z_2]$ 的端点. 而 $D(z)$ 是用垂直于 z 轴（平行于 xOy 平面）的平面截 Ω 所得的截面，如 $D(z)$ 的面积易求出，则上述积分即可求出.

易知当积分区域 Ω 由椭球面、球面、柱面、圆锥面或旋转面等曲面或其一部分所围成时，相应截面 $D(x)$ 或 $D(y)$ 或 $D(z)$ 为圆域，其面积 $S(x)$ 或 $S(y)$ 或 $S(z)$ 易求出. 如果被积函数又至少缺两个变量，可先对所缺的两个变量积分，用先二后一法计算其三重积分.

例 1 设 Ω 是由 yOz 平面内 $z=0, z=2$ 以及 $y^2-(z-1)^2=1$ 所围成的平面区域绕 z 轴旋转而成的空间区域，求 $I = \iiint\limits_{\Omega} z\mathrm{d}V$.

解：空间区域 Ω 是旋转面 $x^2+y^2=(z-1)^2+1$ 及平面 $z=0, z=2$ 所围成. 用 $z=z$ 平面截 Ω 得平面区域 $D(z): x^2+y^2 \leqslant 1+(z-1)^2$，其面积 $S(z)=\pi[1+(z-1)^2]$，故

$$I = \int_0^2 z\mathrm{d}z \iint\limits_{D(z)} \mathrm{d}x\,\mathrm{d}y = \pi \int_0^2 z[1+(z-1)^2]\mathrm{d}z \xrightarrow{t=z-1} \pi \int_{-1}^1 (t+1)(1+t^2)\mathrm{d}t = \frac{10\pi}{3}.$$

例 2 设 Ω 为两个球体 $x^2+y^2+z^2 \leqslant R^2$ 与 $x^2+y^2+z^2 \leqslant 2Rz$ 的公共部分，计算 $I = \iiint\limits_{D} z^2\mathrm{d}V$.

解：由两球面的方程易得到 $R^2=2Rz$，得两球面的交线为 $z=\dfrac{R}{2}$，用 $z=z$ 平面截 Ω 截面 $D(z)$ 为圆域；

当 $z > \dfrac{R}{2}$ 时，$D(z): x^2+y^2 \leqslant R^2-z^2$，其面积为 $S_1(z)=\pi(R^2-z^2)$，

当 $z < \dfrac{R}{2}$ 时，$D(z): x^2+y^2 \leqslant 2Rz-z^2$，其面积为 $S_2(z)=\pi(2Rz-z^2)$.

$$I = \int_0^R \mathrm{d}z \iint\limits_{D(z)} z^2\mathrm{d}x\,\mathrm{d}y = \int_0^{\frac{R}{2}} z^2\mathrm{d}z \iint\limits_{D(z)} \mathrm{d}x\,\mathrm{d}y + \int_{\frac{R}{2}}^R z^2\mathrm{d}z \iint\limits_{D(z)} \mathrm{d}x\,\mathrm{d}y = \int_0^{\frac{R}{2}} z^2 S_2(z)\mathrm{d}z +$$

$$\int_{\frac{R}{2}}^R z^2 S_1(z)\mathrm{d}z = \frac{59}{480}\pi R^6.$$

对易求出其截面区域上的二重积分的三重积分，也可用先二后一法计算. 虽然这时截面区域上的二重积分不等于其面积，但由于易求出其值，再计算一个单积分，该三重积分也就求出. 这时对被积函数可不作要求. 当截面为圆域或其一部分，被积函数又为

$f(x^2+y^2)$ 型，常选用上法计算其三重积分，且常用极坐标计算其截面区域上的二重积分．因而当 Ω 为旋转体时，其上的三重积分也可用上面法求之．

例 3　求三重积分 $\iiint\limits_{\Omega}(x^2+y^2)\mathrm{d}v$ 的值，其中 Ω 是由曲线 $y^2=2z,x=0$ 绕 z 轴旋转一周而成的曲面与两平面 $z=2,z=8$ 所围成的立体．

解：因旋转面方程为 $x^2+y^2=2z$，而 $2\leqslant z\leqslant 8,D(z):x^2+y^2\leqslant 2z$，用先二后一法得到

$$\iiint\limits_{\Omega}(x^2+y^2)\mathrm{d}v=\int_2^8\mathrm{d}z\iint\limits_{D(z)}(x^2+y^2)\mathrm{d}x\,\mathrm{d}y=\int_2^8\mathrm{d}z\int_0^{2\pi}\mathrm{d}\theta\int_0^{\sqrt{2z}}r^2r\mathrm{d}r=336\pi.$$

类型三：利用柱坐标或者球坐标

计算积分区域为旋转体的三重积分，可选用柱面坐标计算．特别当被积函数是两个变量的二次齐式时，常用柱面坐标计算．

积分域为球面或球面与锥面所围成的三重积分，采用球面坐标系计算可以减少计算工作量，特别当被积函数为形如 $x^my^nz^lf(x^2+y^2+z^2)$ 的形式时，常用球面坐标系计算三重积分，该题型还可选用柱面坐标及先二后一的方法进行计算．

例 1　求 $\iiint\limits_{\Omega}(x^2+y^2+z)\mathrm{d}V$ ，其中 Ω 是由曲线 $\begin{cases}y^2=2z\\x=0\end{cases}$ 绕 z 轴旋转一周而成的曲面与平面 $z=4$ 所围成的立体．

解：旋转面方程为 $z=\dfrac{(x^2+y^2)}{2}$．当 $z=4$ 时，有 $x^2+y^2=8$，投影区域为 $x^2+y^2\leqslant(\sqrt{8})^2$，用柱面坐标计算，且选取先 z 后 θ 的积分顺序，Ω 可表示为 $\dfrac{r^2}{2}\leqslant z\leqslant 4,0\leqslant r\leqslant\sqrt{8}$，$0\leqslant\theta\leqslant 2\pi$

$$原式=\int_0^{2\pi}\mathrm{d}\theta\int_0^{\sqrt{8}}r\mathrm{d}r\int_{\frac{r^2}{2}}^4(r^2+z)\mathrm{d}z=2\pi\int_0^{\sqrt{8}}\left(4r^3+8r-\frac{5}{8}r^5\right)\mathrm{d}r=\frac{256}{3}\pi.$$

例 2　设函数 $f(x)$ 连续且恒大于零，$F(t)=\dfrac{\iiint\limits_{\Omega(t)}f(x^2+y^2+z^2)\mathrm{d}V}{\iint\limits_{D(t)}f(x^2+y^2)\mathrm{d}\sigma}$ ，其中，$\Omega(t)=\{(x,y,z)\,|\,x^2+y^2+z^2\leqslant t^2\},D(t)=\{(x,y)\,|\,x^2+y^2\leqslant t^2\}$，

$$G(t)=\frac{\iint\limits_{D(t)}f(x^2+y^2)\mathrm{d}\sigma}{\int_{-t}^t f(x^2)\mathrm{d}x}$$

(1) 讨论 $F(t)$ 在区间 $(0,+\infty)$ 内的单调性；

(2) 证明当 $t>0$ 时，$F(t)>\dfrac{2}{\pi}\cdot G(t)$．

解：因 $\Omega(t)$ 为球体，且被积函数为 $x^2+y^2+z^2$ 的函数，故用球面坐标系计算三重积分．又 $D(t)$ 为平面上的圆域，被积函数为 x^2+y^2 的函数，故用极坐标系计算二重积分．

$$\iiint\limits_{\Omega(t)} f(x^2+y^2+z^2)\mathrm{d}V = \int_0^{2\pi}\mathrm{d}\theta\int_0^{\pi}\mathrm{d}\varphi\int_0^t f(r^2)r^2\sin\varphi\,\mathrm{d}r = 4\pi\int_0^t f(r^2)r^2\,\mathrm{d}r,$$

$$\iint\limits_{D(t)} f(x^2+y^2)\mathrm{d}\theta = \int_0^{2\pi}\mathrm{d}\theta\int_0^t f(r^2)r\,\mathrm{d}r = 2\pi\int_0^t f(r^2)r\,\mathrm{d}r,$$

$$\int_{-t}^t f(x^2)\mathrm{d}x = 2\int_0^t f(r^2)\mathrm{d}r\ （因\ f(r^2)\ 为偶函数）.$$

因而 $F(t)=\dfrac{2\displaystyle\int_0^t f(r^2)r^2\,\mathrm{d}r}{\displaystyle\int_0^t f(r^2)r\,\mathrm{d}r}$, $G(t)=\dfrac{\pi\displaystyle\int_0^t f(r^2)r\,\mathrm{d}r}{\displaystyle\int_0^t f(r^2)\mathrm{d}r}$.

（1）利用变上限积分求导公式，经计算得到

$$F'(t)=\frac{2tf(t^2)\displaystyle\int_0^t f(r^2)r(t-r)\,\mathrm{d}r}{\left[\displaystyle\int_0^t f(r^2)r\,\mathrm{d}r\right]^2}>0（当\ t>0\ 时），$$

所以在 $(0,+\infty)$ 内 $F(t)$ 单调增加.

（2）因 $G(t)=\dfrac{\pi\displaystyle\int_0^t f(r^2)r\,\mathrm{d}r}{\displaystyle\int_0^t f(r^2)\mathrm{d}r}$,

$$F(t)-\frac{2}{\pi}G(t)=\frac{2\left\{\displaystyle\int_0^t f(r^2)r^2\,\mathrm{d}r\int_0^t f(r^2)\mathrm{d}r-\left[\displaystyle\int_0^t f(r^2)r\,\mathrm{d}t\right]^2\right\}}{\left(\displaystyle\int_0^1 f(r^2)r\,\mathrm{d}r\right)\left(\displaystyle\int_0^t f(r^2)\mathrm{d}r\right)}$$

为证 $t>0$ 时 $F(t)>\dfrac{2}{\pi}G(t)$，只需证当 $t>0$ 时，$F(t)-\dfrac{2}{\pi}G(t)$ 的分子大于零即可，即证

$$\int_0^t f(r^2)r^2\,\mathrm{d}r\int_0^t f(r^2)\mathrm{d}r-\left[\int_0^t f(r^2)r\,\mathrm{d}r\right]^2>0.$$

令 $g(t)=\displaystyle\int_0^t f(r^2)r^2\,\mathrm{d}r\int_0^t f(r^2)\mathrm{d}r-\left[\int_0^t f(r^2)r\,\mathrm{d}r\right]^2$，则 $g(0)=0$.

经运算有 $g'(t)=f(t^2)\displaystyle\int_0^t f(r^2)(t-r)^2\,\mathrm{d}r>0$,

故 $g(t)$ 在 $(0,+\infty)$ 内单调增. 由 $g(0)=0$，当 $t>0$ 时，$g(t)>0$，因此，当 $t>0$ 时，$F(t)>\dfrac{2}{\pi}G(t)$.

注意：（1）要会用球面坐标与极坐标化简得 $F(t)$ 与 $G(t)$;

（2）为证 $F(t)-\dfrac{2}{\pi}G(t)>0$，因其分母大于零，取其分子 $g(t)$，只需证 $g'(t)>0$，这种技巧应学会.

类型四:用质心计算公式

当被积函数只有一个变量，而 Ω 的体积又易求出，则可利用质心计算公式求其三重积分.

例 1 计算 $\iiint\limits_{\Omega}(lx+my+nz)\mathrm{d}x\,\mathrm{d}y\,\mathrm{d}z$，其中 Ω：$\dfrac{(x-\overline{x})^2}{a^2}+\dfrac{(y-\overline{y})^2}{b^2}+\dfrac{(z-\overline{z})^2}{c^2}\leqslant 1$.

解：原式 $=l\iiint\limits_{\Omega}x\,\mathrm{d}x\,\mathrm{d}y\,\mathrm{d}z+m\iiint\limits_{\Omega}y\,\mathrm{d}x\,\mathrm{d}y\,\mathrm{d}z+n\iiint\limits_{\Omega}z\,\mathrm{d}x\,\mathrm{d}y\,\mathrm{d}z$.

为方便计算，设空间物体 Ω 的体密度 $\mu(x,y,z)=1$，则其质（形）心 $(\overline{x},\overline{y},\overline{z})$ 计算公

式是 $\overline{x}=\dfrac{\iiint\limits_{\Omega}x\,\mathrm{d}x\,\mathrm{d}y\,\mathrm{d}z}{\iiint\limits_{\Omega}\mathrm{d}x\,\mathrm{d}y\,\mathrm{d}z}$，$\overline{y}=\dfrac{\iiint\limits_{\Omega}y\,\mathrm{d}x\,\mathrm{d}y\,\mathrm{d}z}{\iiint\limits_{\Omega}\mathrm{d}x\,\mathrm{d}y\,\mathrm{d}z}$，$\overline{z}=\dfrac{\iiint\limits_{\Omega}z\,\mathrm{d}x\,\mathrm{d}y\,\mathrm{d}z}{\iiint\limits_{\Omega}\mathrm{d}x\,\mathrm{d}y\,\mathrm{d}z}$，其中 Ω 的体积 $\iiint\limits_{\Omega}\mathrm{d}x\,\mathrm{d}y\,\mathrm{d}z=$

$\dfrac{4}{3}\pi abc$，则 $\iiint\limits_{\Omega}x\,\mathrm{d}x\,\mathrm{d}y\,\mathrm{d}z=\dfrac{4}{3}\pi abc\overline{x}$，$\iiint\limits_{\Omega}y\,\mathrm{d}x\,\mathrm{d}y\,\mathrm{d}z=\dfrac{4}{3}\pi abc\overline{y}$，$\iiint\limits_{\Omega}z\,\mathrm{d}x\,\mathrm{d}y\,\mathrm{d}z=\dfrac{4}{3}\pi abc\overline{z}$.

故原式 $=\dfrac{4}{3}\pi abc(l\overline{x}+m\overline{y}+n\overline{z})$.

(四) 多元函数积分学的应用

例 1 设半径为 R 的球面 $\sum$ 的球心在定球面 $x^2+y^2+z^2=a^2(a>0)$ 上，问当 R 取何值时，球面 $\sum$ 在定球面内部的那部分的面积最大？

解：这是一道综合应用题，关键是求出那部分球面面积与半径 R 之间的函数关系.

(1) 求两球面交线在坐标平面 xOy 上的投影曲线.

由球面的对称性知，所求解的问题与球面 $\sum$ 的球面位置无关，只与它的半径 R 有

关. 球面 $\sum$ 的球心设在最便于计算的特殊位置 $(0,0,a)$ 上. 于是以定球球心为原点，两

球球心的连线为 z 轴建立直角坐标系. 球面 $\sum$ 的方程为 $x^2+y^2+(z-a)^2=R^2$，它与

定球面 $x^2+y^2+z^2=a^2$ 的交线为 $\begin{cases}x^2+y^2+(z-a)^2=R^2,\\x^2+y^2+z^2=a^2,\end{cases}$ 即 $\begin{cases}x^2+y^2=R^2\dfrac{4a^2-R^2}{4a^2}\\z=\dfrac{2a^2-R^2}{2a}\end{cases}$

其在 xOy 平面上的投影曲线为 $x^2+y^2=\dfrac{R^2(4a^2-R^2)}{4a^2}(0<R<2a)$，$z=0$.

(2) 求球面 $\sum$ 在定球面内部的那部分面积 $S(R)=\iint\limits_{D_{xy}}\sqrt{1+z_x'^2+z_y'^2}\,\mathrm{d}x\,\mathrm{d}y$.

这里投影曲线所围平面区域为 D_{xy}. 由于半径为 R 的球面 $\sum$ 夹在定球球面内的那

部分的方程为 $z=a-\sqrt{R^2-x^2-y^2}$，$S(R)=\iint\limits_{D_{xy}}\sqrt{1+z_x'^2+z_y'^2}\,\mathrm{d}x\,\mathrm{d}y=$

$\iint\limits_{D_{xy}}\dfrac{R}{\sqrt{R^2-x^2-y^2}}\,\mathrm{d}x\,\mathrm{d}y=\int_0^{2\pi}\mathrm{d}\pi\int_0^{\frac{R}{2a}\sqrt{4a^2-R^2}}\dfrac{Rr}{\sqrt{R^2-r^2}}\,\mathrm{d}r=2\pi\left[R^2-\dfrac{R^3}{2a}\right]$

(3) 求 $S(R)$ 在 $[0,2a]$ 上的最大值点.

$$S'(R) = 2\pi\left[2R - \frac{3R^2}{2a}\right], S''(R) = 2\pi\left(2 - \frac{3R}{a}\right).$$ 令 $S'(R) = 0$，得 $R_1 = \frac{4a}{3}, R_2 = 0$（舍

去），$S''(R_1) = S''\left(\frac{4a}{3}\right) = -4\pi < 0$，故当 $\sum$ 的半径 $R = \frac{4a}{3}$ 时，$S(R)$ 取极大值. 由于驻点

唯一，故当 $R = \frac{4a}{3}$ 时，球面 $\sum$ 在定球内的那部分球面面积最大.

例 2 一根长度为 l 的细棒位于 x 轴的区间 $[0,1]$ 上，若其线密度为 $\rho(x) = -x^2 + 2x + 1$，则该细棒的质心坐标 $\overline{x} = $ _____.

解： $\int_0^l \rho(x)\mathrm{d}x = \int_0^1(-x^2 + 2x + 1)\mathrm{d}x = \frac{5}{3}$，$\int_0^l x\rho(x)\mathrm{d}x = \frac{11}{12}$.

细棒的质心为 $\overline{x} = \dfrac{\int_0^l x\rho(x)\mathrm{d}x}{\int_0^l \rho(x)\mathrm{d}x} = \dfrac{\frac{11}{12}}{\frac{5}{3}} = \dfrac{11}{20}$.

例 3 曲面 $\sum$ 的方程为 $x^2 + y^2 - 2z^2 + 2z - 1 = 0$，$\sum$ 与平面 $z = 0, z = 2$ 所围成的立体为 Ω，求 Ω 的形心坐标.

解： 设 Ω 的形心坐标为 (x, y, z)，从曲面 $\sum$ 的方程或从几何体 Ω 看出，Ω 关于平

面 yOz 和 xOz 对称，因而 $x = y = 0$，由 $\overline{z} = \dfrac{\iiint\limits_{\Omega} z\,\mathrm{d}V}{V} = \dfrac{\iiint\limits_{\Omega} z\,\mathrm{d}V}{\iiint\limits_{\Omega} \mathrm{d}V}$

曲面 $\sum$ 的柱面坐标方程为 $r = \sqrt{2z^2 - 2z + 1}$，Ω 在 xOy 面上的投影为：$x^2 + y^2 \leqslant 1$，故

$$\iiint\limits_{\Omega} z\,\mathrm{d}x\mathrm{d}y\mathrm{d}z = \int_0^2 z\,\mathrm{d}z \int_0^{2\pi}\mathrm{d}\theta \int_0^{\sqrt{2z^2-2z+1}} r\,\mathrm{d}r = \frac{14}{3}\pi，或 \iiint\limits_{\Omega} z\,\mathrm{d}x\mathrm{d}y\mathrm{d}z = \int_0^2 z\,\mathrm{d}z \iint\limits_{x^2+y^2\leqslant(1-z)^2+z^2}$$

$$\mathrm{d}x\mathrm{d}y = \frac{14}{3}\pi ；\iiint\limits_{\Omega} \mathrm{d}x\mathrm{d}y\mathrm{d}z = \int_0^2 z\,\mathrm{d}z \int_0^{2\pi}\mathrm{d}\theta \int_0^{\sqrt{2z^2-2z+1}} r\,\mathrm{d}r = \frac{10}{3}\pi ，或 \iiint\limits_{\Omega} \mathrm{d}x\mathrm{d}y\mathrm{d}z = \int_0^2 \mathrm{d}z$$

$$\iint\limits_{x^2+y^2\leqslant(1-z^2)+z^2} \mathrm{d}x\mathrm{d}y = \frac{10}{3}\pi.$$ 故 Ω 的形心坐标为 $\left(0, 0, \frac{7}{5}\right)$.

例 4 证明：由 $x = a, x = b, y = f(x)$ 及 x 轴所围平面图形绕 x 轴旋转一周所成的旋转体对 x 轴的转动惯量为 $I_x = \dfrac{\pi}{2}\int_a^b [f(x)]^4\mathrm{d}x$，其中 $y = f(x)$ 是连续的正值函数，假设旋转体的密度 $\rho = 1$.

证： 旋转体 Ω 对 x 轴的转动惯量公式为 $I_x = \iiint\limits_{\Omega}(y^2 + z^2)\mathrm{d}V$. 注意到 Ω 是旋转体，其过点 x 的截面 $D(x)$：$0 \leqslant \theta \leqslant 2\pi, 0 \leqslant r \leqslant f(x)$（极坐标），于是

$$I_x = \iiint\limits_{\Omega}(y^2 + z^2)\mathrm{d}V = \int_a^b \mathrm{d}x \iint\limits_{D(x)}(y^2 + z^2)\mathrm{d}y\mathrm{d}z = \int_a^b \mathrm{d}x \int_0^{2\pi}\mathrm{d}\theta \int_0^{f(x)} r^2 \cdot r\,\mathrm{d}r =$$

$$\frac{\pi}{2}\int_a^b [f(x)]^4\mathrm{d}x.$$

三、教学建议

1. 课程思政.

激发对数学的好奇心和求知欲,培养良好的学习习惯和思维品质,勇于探索、勤于思考的科学精神,渗透唯物辩证法的思想,树立科学的世界观,提高数学涵养和综合素质.

2. 思维培养.

通过经历由实例抽象出重积分概念过程,培养抽象思维能力.通过从定积分到重积分的学习过程,学习类比、推广的数学方法,深入体会极限、积分的数学思想和思维方法.

3. 融合应用.

背景:菲越等国在其非法侵占的中国南沙岛礁上进行大规模填海造地和军事建设,中方对此表示严重关切和坚决反对."填海"成为目前的军事热点.实际上,我国领海内存在着很多海岛,在涨潮落潮期间,陆地表面的面积会发生很大的变化,因此讨论涨潮和落潮期间陆地表面积的变化情况,对我们在海岛上的开发、军事建设都具有重要意义.

问题:设一个海岛其陆地表面的曲面方程为 $z = 10^2 \left(1 - \dfrac{x^2 + y^2}{10^6}\right)$,落潮时的海平面就是坐标平面 $z = 0$,而涨潮时的海平面对应于平面 $z = 6$,求涨潮时和落潮时海岛露出海面的面积之比.

四、达标训练

一、填空题

1. 设 $D: |x| \leqslant \pi, |y| \leqslant 1$,则 $\iint\limits_{D} (x - \sin y) \mathrm{d}\sigma$ 等于_____.

2. 设 $D: -1 \leqslant x \leqslant 3, 0 \leqslant y \leqslant 2$,则 $\iint\limits_{D} \dfrac{x^2}{y+1} \mathrm{d}\sigma =$ _____.

3. 设 $D: |x| \leqslant 2, |y| \leqslant 1$,则 $\iint\limits_{D} \dfrac{1}{1+y^2} \mathrm{d}\sigma$ 等于_____.

4. 设 D 域是 $x^2 + y^2 \leqslant 4$,则 $\iint\limits_{D} (1 + \sqrt[3]{xy}) \mathrm{d}\sigma$ 的值等于_____.

5. 光滑曲面 $z = f(x, y)$ 在坐标平面 xOy 上的投影域为 D,那么该曲面的面积可以用二重积分表示为_____.

6. 设 $D: 0 \leqslant x \leqslant 2, -1 \leqslant y \leqslant 1$ 则 $\iint\limits_{D} \dfrac{x}{1+y^2} \mathrm{d}\sigma =$ _____.

7. 设 $D: |x| \leqslant 1, 0 \leqslant y \leqslant 1$,则 $\iint\limits_{D} (x^3 + y) \mathrm{d}\sigma =$ _____.

8. 设 $D: 0 \leqslant x \leqslant 1, 0 \leqslant y \leqslant 4$,则 $\iint\limits_{D} \sqrt[3]{x}\, \mathrm{d}x\, \mathrm{d}y =$ _____.

9. 当 $D = \{(x, y) \mid x^2 + y^2 \leqslant 1\}$ 时,则 $\iint\limits_{D} \mathrm{d}x\, \mathrm{d}y$ 的值等于_____.

10. 设物体由曲面 $z = \sqrt{6 - x^2 - y^2}$ 与 $z = \sqrt{2(x^2 + y^2)}$ 所围成,其上任一点处的密度为 $f(x^2 + y^2 + z^2)$(其中 f 是连续函数),则该物体对 z 轴的转动惯量在柱面坐标系下的累次积分为_____.

二、选择题

1. 设 D 是矩形域：$0 \leqslant x \leqslant \dfrac{\pi}{4}$，$-1 \leqslant y \leqslant 1$，则 $\displaystyle\iint\limits_{D} x \cos(2xy) \mathrm{d}x \mathrm{d}y$ 的值等于（　　）.

   A. 0 B. $-\dfrac{1}{2}$ C. $\dfrac{1}{2}$ D. $\dfrac{1}{4}$

2. 设 D 是由两坐标轴和直线 $x+y=1$ 所围成的三角形区域，则 $\displaystyle\iint\limits_{D} xy\,\mathrm{d}\sigma$ 之值为（　　）.

   A. $\dfrac{1}{2}$ B. $\dfrac{1}{6}$ C. $\dfrac{1}{12}$ D. $\dfrac{1}{24}$

3. 已知 Ω 由 $x=0,y=0,z=0,x+2y+z=1$ 所围成，则 $\displaystyle\iiint\limits_{\Omega} x\,\mathrm{d}x\mathrm{d}y\mathrm{d}z=$（　　）.

   A. $\displaystyle\int_{0}^{1}\mathrm{d}x\int_{0}^{1}\mathrm{d}y\int_{0}^{1-x-2y} x\,\mathrm{d}z$ B. $\displaystyle\int_{0}^{1}\mathrm{d}x\int_{0}^{\frac{1-x}{2}}\mathrm{d}y\int_{0}^{1-x-2y} x\,\mathrm{d}z$

   C. $\displaystyle\int_{0}^{1}\mathrm{d}x\int_{0}^{\frac{1}{2}}\mathrm{d}y\int_{0}^{1} x\,\mathrm{d}z$ D. $\displaystyle\int_{0}^{1}\mathrm{d}x\int_{0}^{\frac{1}{2}}\mathrm{d}y\int_{0}^{1-x-2y} x\,\mathrm{d}z$

4. Ω 是由曲面 $z=x^{2}+y^{2}$，$y=x$，$y=0$，$z=1$ 在第一卦限所围成的闭区域，$f(x,y,z)$ 在 Ω 上连续，则 $\displaystyle\iiint\limits_{\Omega} f(x,y,z)\mathrm{d}v$ 等于（　　）.

   A. $\displaystyle\int_{0}^{1}\mathrm{d}y\int_{y}^{\sqrt{1-y^{2}}}\mathrm{d}x\int_{x^{2}+y^{2}}^{1} f(x,y,z)\mathrm{d}z$ B. $\displaystyle\int_{0}^{\frac{\sqrt{2}}{2}}\mathrm{d}x\int_{y}^{\sqrt{1-y^{2}}}\mathrm{d}y\int_{x^{2}+y^{2}}^{1} f(x,y,z)\mathrm{d}z$

   C. $\displaystyle\int_{0}^{\frac{\sqrt{2}}{2}}\mathrm{d}y\int_{y}^{\sqrt{1-y^{2}}}\mathrm{d}x\int_{x^{2}+y^{2}}^{1} f(x,y,z)\mathrm{d}z$ D. $\displaystyle\int_{0}^{\frac{\sqrt{2}}{2}}\mathrm{d}y\int_{y}^{\sqrt{1-y^{2}}}\mathrm{d}x\int_{0}^{1} f(x,y,z)\mathrm{d}z$

5. 两个圆柱体 $x^{2}+y^{2} \leqslant R^{2}$，$x^{2}+z^{2} \leqslant R^{2}$，公共部分的表面积 S 等于（　　）.

   A. $\displaystyle 4\int_{0}^{R}\mathrm{d}x\int_{0}^{\sqrt{R^{2}-x^{2}}} \frac{R}{\sqrt{R^{2}-x^{2}}}\mathrm{d}y$ B. $\displaystyle 8\int_{0}^{R}\mathrm{d}x\int_{0}^{\sqrt{R^{2}-x^{2}}} \frac{R}{\sqrt{R^{2}-x^{2}}}\mathrm{d}y$

   C. $\displaystyle \int_{0}^{R}\mathrm{d}x\int_{-\sqrt{R^{2}-x^{2}}}^{\sqrt{R^{2}-x^{2}}} \frac{R}{\sqrt{R^{2}-x^{2}}}\mathrm{d}y$ D. $\displaystyle 16\int_{0}^{R}\mathrm{d}x\int_{0}^{\sqrt{R^{2}-x^{2}}} \frac{R}{\sqrt{R^{2}-x^{2}}}\mathrm{d}y$

6. $\displaystyle\iint\limits_{x^{2}+y^{2} \leqslant 4} \mathrm{e}^{x^{2}+y^{2}}\mathrm{d}\sigma$ 的值为（　　）.

   A. $\dfrac{\pi}{2}(\mathrm{e}^{4}-1)$ B. $2\pi(\mathrm{e}^{4}-1)$ C. $\pi(\mathrm{e}^{4}-1)$ D. $\pi\mathrm{e}^{4}$

7. $\displaystyle\iint\limits_{x^{2}+y^{2} \leqslant 1} \sqrt[5]{x^{2}+y^{2}}\,\mathrm{d}x\mathrm{d}y$ 的值等于（　　）.

   A. $\dfrac{5}{3}\pi$ B. $\dfrac{5}{6}\pi$ C. $\dfrac{10}{7}\pi$ D. $\dfrac{10}{11}\pi$

三、计算题

1. 计算二重积分 $\iint\limits_{D}(x^{2}+y^{2}-x)\mathrm{d}x\,\mathrm{d}y$，其中 D 为由 $y=2,y=x,y=2x$ 所围成的区域.

2. 计算二重积分 $\iint\limits_{D}\dfrac{\sin x}{x}\mathrm{d}x\,\mathrm{d}y$，其中 D 是由 $y=x,y=0,x=1$ 所围成的区域.

3. 计算 $\iint\limits_{D}\mid y+\sqrt{3}\,x\mid\mathrm{d}x\,\mathrm{d}y$，其中区域 D 为 $x^{2}+y^{2}\leqslant1$.

4. 设 $f(x,y)$ 是连续函数，改变二次积分 $\displaystyle\int_{0}^{1}\mathrm{d}x\int_{\frac{x}{2}}^{2x}f(x,y)\mathrm{d}y+\int_{1}^{2}\mathrm{d}x\int_{\frac{x}{2}}^{\frac{2}{x}}f(x,y)\mathrm{d}y$ 的积分次序.

5. 由曲线 $y=x^{2},y=x+2$ 所围成的平面薄片，其上各点处的面密度 $\mu=1+x^{2}$，求此薄片的质量.

6. 求曲面 $z^{2}=x^{2}+y^{2}$ 包含在圆柱面 $x^{2}+y^{2}=2x$ 内那部分（记为 $\sum$）的面积.

7. 由曲面 $z=\sqrt{4-x^{2}-y^{2}}$ 与 $x^{2}+y^{2}=3z$ 所围成的均匀物体，其密度为常量 μ，求此物体的质量.

8. 设 $F(t) = \iint\limits_{D} f(x,y)\mathrm{d}x\,\mathrm{d}y$ ，其中 $f(x,y) = \begin{cases} 1 & 0 \leqslant x \leqslant 1, 0 \leqslant y \leqslant 1 \\ 0 & \text{其他} \end{cases}$ 而 D 是平面区域 $x + y \leqslant t$ ，求 $F(t)$.

9. 计算 $I = \iiint\limits_{\Omega} z\,\mathrm{d}x\,\mathrm{d}y\,\mathrm{d}z$ ，其中 Ω 由 $x^2 + y^2 \leqslant z$ 及 $1 \leqslant z \leqslant 4$ 所围成.

10. 计算 $\iiint\limits_{x^2+y^2+z^2 \leqslant R^2} (x+y+z)^2 \mathrm{d}x\,\mathrm{d}y\,\mathrm{d}z$.

11. 计算 $I = \iiint\limits_{\Omega} (x^2 + y^2)\mathrm{d}x\,\mathrm{d}y\,\mathrm{d}z$ ，其中 Ω 是由平面 $z = 2$ 与曲面 $x^2 + y^2 = 2z^2$ 所围成的闭区域.

12. 设 Ω 是由 $z \geqslant \sqrt{x^2+y^2}, z \leqslant \sqrt{R^2 - x^2 - y^2}$ 所确定，f 在 Ω 上连续，试将三重积分 $I = \iiint\limits_{\Omega} f(x,y,z)\mathrm{d}x\,\mathrm{d}y\,\mathrm{d}z$ 化为球面坐标系下的三次积分.

13. 由 $z = x^2 + y^2, x + y = a(a > 0), x = 0, y = 0, z = 0$ 所围成的质量均匀的物体，其密度为常量 μ ，求此物体的质量.

14. 设球心在原点，半径为 a 的球体，它在任一点的密度与该点到球心的距离成正比，计算此球体的质量.

15. 一物体由两个半径各为 a 与 $b(0<a<1<b)$ 的同心球围成,其上任一点的密度与该点到球心的距离成反比,且到原点距离为 1 处密度为 a,求物体的质量.

四、解答题

1. 设 $p(x)$ 是 $[a,b]$ 上的非负连续函数,$f(x),g(x)$ 在 $[a,b]$ 上连续,且单调增加,证明:$\int_a^b p(x)f(x)\mathrm{d}x\int_a^b p(x)g(x)\mathrm{d}x\leqslant\int_a^b p(x)\mathrm{d}x\int_a^b p(x)f(x)g(x)\mathrm{d}x$.

2. 设 $f(x)$ 在 $[a,b]$ 上连续,证明不等式:$\left[\int_a^b f(x)\mathrm{d}x\right]^2\leqslant(b-a)\int_a^b f^2(x)\mathrm{d}x$.

3. 设 $f(x)$ 是 $[a,b]$ 上的正值连续函数,试证:$\iint\limits_D\dfrac{f(x)}{f(y)}\mathrm{d}x\mathrm{d}y\geqslant(b-a)^2$,其中 D 为 $a\leqslant x\leqslant b,a\leqslant y\leqslant b$.

参考答案

一、填空题

1. 0; 2. $\dfrac{28}{3}\ln 3$; 3. 2π; 4. 4π; 5. $\iint\limits_D\sqrt{1+\left(\dfrac{\partial z}{\partial x}\right)^2+\left(\dfrac{\partial z}{\partial y}\right)^2}\mathrm{d}x\mathrm{d}y$; 6. π;

7. 1; 8. 3; 9. π; 10. $\int_0^{2\pi}\mathrm{d}\theta\int_0^{\sqrt{2}}r^2\mathrm{d}r\int_{\sqrt{2}r}^{\sqrt{6-r^2}}f(r^2+z^2)\mathrm{d}z$.

二、选择题

1. C 2. D 3. B 4. C 5. D 6. C 7. B

三、计算题

1. 视为 Y-型易于计算.

2. $I=\int_0^1\dfrac{\sin x}{x}\mathrm{d}x\int_0^x\mathrm{d}y=\int_0^1\sin x\mathrm{d}x=1-\cos 1$.

3. 以 $y=-\sqrt{3}\,x$ 将 D 划分为 D_1 与 D_2 两部分,且 $D_1:\begin{cases}y+\sqrt{3}\,x\leqslant 0\\x^2+y^2\leqslant 0\end{cases}$,

$D_2:\begin{cases}y+\sqrt{3}\,x>0\\x^2+y^2\leqslant 0\end{cases}$,$\therefore I=-\iint\limits_{D_1}(y+\sqrt{3}\,x)\mathrm{d}x\mathrm{d}y+\iint\limits_{D_2}(y+\sqrt{3}\,x)\mathrm{d}x\mathrm{d}y$

$$= -\int_{\frac{2\pi}{3}}^{\frac{5\pi}{3}} (\sin\theta + \sqrt{3}\cos\theta)\mathrm{d}\theta \int_0^1 \rho^2 \mathrm{d}\rho + \int_{-\frac{\pi}{3}}^{\frac{2\pi}{3}} (\sin\theta + \sqrt{3}\cos\theta)\mathrm{d}\theta \int_0^1 \rho^2 \mathrm{d}\rho = \frac{8}{3}.$$

4. $I = \int_0^1 \mathrm{d}y \int_{\frac{y}{2}}^{2y} f(x,y)\mathrm{d}x + \int_1^2 \mathrm{d}y \int_{\frac{y}{2}}^{\frac{2}{y}} f(x,y)\mathrm{d}x.$

5. $M = \iint\limits_{D} (1+x^2)\mathrm{d}x\,\mathrm{d}y = \int_{-1}^2 (1+x^2)\mathrm{d}x \int_{x^2}^{x+2} \mathrm{d}y = \int_{-1}^2 (1+x^2)(x+2-x^2)\mathrm{d}x = \frac{153}{20}.$

6. 记 $\sum_1$ 为 $z \geqslant 0$ 那部分曲面，由对称性知：$A = 2\iint\limits_{D} \sqrt{1 + \left(\dfrac{\partial z}{\partial x}\right)^2 + \left(\dfrac{\partial z}{\partial y}\right)^2}\,\mathrm{d}x\,\mathrm{d}y$，

其中 $D : x^2 + y^2 \leqslant 2x$，

而 $\dfrac{\partial z}{\partial x} = \dfrac{x}{\sqrt{x^2+y^2}}, \dfrac{\partial z}{\partial y} = \dfrac{y}{\sqrt{x^2+y^2}}$ $(x^2+y^2 \neq 0)$

$\therefore A = 2\iint\limits_{D} \mathrm{d}x\,\mathrm{d}y = 2\pi.$

7. $M = \mu \iint\limits_{D} \left[\sqrt{4-x^2-y^2} - \dfrac{1}{3}(x^2+y^2)\right]\mathrm{d}x\,\mathrm{d}y$ 其中 $D : x^2+y^2 \leqslant 3$

$\therefore M = \mu \left[\int_0^{2\pi} \mathrm{d}\theta \int_0^{\sqrt{3}} \left(\sqrt{4-\rho^2} - \dfrac{1}{3}\rho^2\right)\rho\,\mathrm{d}\rho\right] = \dfrac{19}{6}\mu\pi.$

8. 当 $t \leqslant 0$ 时，$F(t) = 0$

当 $0 < t \leqslant 1$ 时，$F(t) = \int_0^t \mathrm{d}x \int_0^{t-x} \mathrm{d}y = \dfrac{1}{2}t^2$

当 $1 < t \leqslant 2$ 时，$F(t) = \int_0^{t-1} \mathrm{d}x \int_0^1 \mathrm{d}y + \int_{t-1}^1 \mathrm{d}x \int_0^{t-x} \mathrm{d}y = -\dfrac{t^2}{2} + 2t - 1$

当 $t > 2$ 时，$F(t) = 1$，即 $F(t) = \begin{cases} 0 & t \leqslant 0 \\[2mm] \dfrac{1}{2}t^2 & 0 < t \leqslant 1 \\[2mm] -\dfrac{t^2}{2} + 2t - 1 & 1 < t \leqslant 2 \\[2mm] 1 & t > 2 \end{cases}$

9. $I = 4\int_1^4 \mathrm{d}z \int_0^{\sqrt{z}} \mathrm{d}y \int_0^{\sqrt{z-y^2}} z\,\mathrm{d}x = 21\pi.$

12. $I = \int_0^{2\pi} \mathrm{d}\theta \int_0^{\frac{\pi}{4}} \mathrm{d}\varphi \int_0^R f(r\sin\varphi\cos\theta, r\sin\varphi\sin\theta, r\cos\varphi) r^2 \sin\varphi\,\mathrm{d}r.$

13. $m = \mu \int_0^a \mathrm{d}x \int_0^{a-x} \mathrm{d}y \int_0^{x^2+y^2} \mathrm{d}z = \mu \int_0^a \mathrm{d}x \int_0^{a-x} (x^2+y^2)\mathrm{d}y = \dfrac{\mu a^4}{6}.$

14. $\rho = k\sqrt{x^2+y^2+z^2}$ $k > 0$，

$M = \iiint\limits_{\Omega} k\sqrt{x^2+y^2+z^2}\,\mathrm{d}v = k\int_0^{2\pi} \mathrm{d}\theta \int_0^{\pi} \sin\varphi\,\mathrm{d}\varphi \int_0^a r^3\,\mathrm{d}r = k\pi a^4.$

15. 设两个球面方程分别为 $x^2+y^2+z^2 = a^2$, $x^2+y^2+z^2 = b^2$

令物体的密度为 $\mu = \dfrac{k}{\rho}$ 其中 $\rho = \sqrt{x^2+y^2+z^2}$，$k > 0$，且当 $\rho = 1$ 时，$\mu = a$，

$\therefore \mu = \dfrac{a}{\rho}, M = \iiint\limits_{\Omega} \dfrac{a}{\rho} \mathrm{d}v = a\int_0^{2\pi}\mathrm{d}\theta\int_0^{\pi}\sin\varphi\,\mathrm{d}\varphi\int_a^b \dfrac{1}{\rho}\cdot\rho^2\,\mathrm{d}\rho = 2\pi a(b^2-a^2).$

四、解答题

1. 令 $\Delta = \int_a^b p(x)\mathrm{d}x\int_a^b p(x)f(x)g(x)\mathrm{d}x - \int_a^b p(x)f(x)\mathrm{d}x\int_a^b p(x)g(x)\mathrm{d}x$

则 $\Delta = \int_a^b\int_a^b p(x)f(x)p(y)[g(x)-g(y)]\mathrm{d}x\,\mathrm{d}y$

$\Delta = \int_a^b\int_a^b p(y)f(y)p(x)[g(y)-g(x)]\mathrm{d}x\,\mathrm{d}y$

将以上两式相加,得 $\Delta = \dfrac{1}{2}\int_a^b\int_a^b p(x)p(y)[f(x)-f(y)][g(x)-g(y)]\mathrm{d}x\,\mathrm{d}y$

由题设可知 $\Delta \geqslant 0$,

故 $\int_a^b p(x)f(x)\mathrm{d}x\int_a^b p(x)g(x)\mathrm{d}x \leqslant \int_a^b p(x)\mathrm{d}x\int_a^b p(x)f(x)g(x)\mathrm{d}x.$

2. 因 $2(b-a)\int_a^b f^2(x)\mathrm{d}x - 2[\int_a^b f(x)\mathrm{d}x]^2 = 2\int_a^b\int_a^b f^2(x)\mathrm{d}x\,\mathrm{d}y - 2\int_a^b\int_a^b f(x)f(y)\mathrm{d}x\,\mathrm{d}y$

$= \int_a^b\int_a^b f^2(x)\mathrm{d}x\,\mathrm{d}y - 2\int_a^b\int_a^b f(x)f(y)\mathrm{d}x\,\mathrm{d}y + \int_a^b\int_a^b f^2(y)\mathrm{d}x\,\mathrm{d}y$

$= \int_a^b\int_a^b [f(x)-f(y)]^2\mathrm{d}x\,\mathrm{d}y \geqslant 0$

所以 $\left[\int_a^b f(x)\mathrm{d}x\right]^2 \leqslant (b-a)\int_a^b f^2(x)\mathrm{d}x.$

3. $\because \iint\limits_D \dfrac{f(x)}{f(y)}\mathrm{d}x\,\mathrm{d}y = \int_a^b f(x)\mathrm{d}x\int_a^b \dfrac{1}{f(y)}\mathrm{d}y = \int_a^b f(x)\mathrm{d}x\int_a^b \dfrac{1}{f(x)}\mathrm{d}x = \int_a^b f(y)\mathrm{d}y\int_a^b$

$\dfrac{1}{f(x)}\mathrm{d}x = \iint\limits_D \dfrac{f(y)}{f(x)}\mathrm{d}x\,\mathrm{d}y \quad \therefore \iint\limits_D \dfrac{f(x)}{f(y)}\mathrm{d}x\,\mathrm{d}y = \dfrac{1}{2}\iint\limits_D\left[\dfrac{f(x)}{f(y)}+\dfrac{f(y)}{f(x)}\right]\mathrm{d}x\,\mathrm{d}y$

由于 $\dfrac{f(x)}{f(y)}+\dfrac{f(y)}{f(x)}\geqslant 2$,所以 $\iint\limits_D \dfrac{f(x)}{f(y)}\mathrm{d}x\,\mathrm{d}y \geqslant \iint\limits_D \mathrm{d}x\,\mathrm{d}y = (b-a)^2.$

五、单元检测

单元检测一

一、填空题(每小题 4 分,共 20 分)

1. 设 $D=\{(x,y)\mid 0\leqslant x\leqslant 1, 0\leqslant y\leqslant 1\}$,则 $\iint\limits_D xye^{x^2+y^2}\mathrm{d}x\,\mathrm{d}y = $ _____.

2. 交换积分次序 $\int_0^1\mathrm{d}x\int_{-\sqrt{x}}^{\sqrt{x}}f(x,y)\mathrm{d}y + \int_1^4\mathrm{d}x\int_{x-2}^{\sqrt{x}}f(x,y)\mathrm{d}y = $ _____.

3. 设 $\Omega=\{(x,y,z)\mid x^2+y^2\leqslant z\leqslant 1\}$,则 Ω 的形心坐标 $\bar{z}= $ _____.

4. 圆锥面 $x^2+y^2=z^2$ 被圆柱面 $x^2+y^2=2ax(a>0)$ 所截下部分的面积是 _____.

5. 设 $I=\iiint\limits_{\Omega} f(\sqrt{x^2+y^2+z^2})\mathrm{d}v$,其中 Ω 是由圆锥面 $z=\sqrt{3(x^2+y^2)}$、圆柱面 x^2+y^2

$-y=0$ 以及平面 $z=0$ 围成的空间区域,则 I 在直角坐标系下化为三次积分的结果是_____,在柱面坐标系下化为三次积分的结果是_____.

二、单项选择题（每小题 4 分，共 20 分）

1. 设平面区域 D 由 $x=0, y=0, x+y=\dfrac{1}{2}, x+y=1$ 所围成,若记 $I_1=\iint\limits_{D}\ln^3(x+y)\mathrm{d}\sigma, I_2$

$=\iint\limits_{D}(x+y)^3\mathrm{d}\sigma, I_3=\iint\limits_{D}\sin^3(x+y)\mathrm{d}\sigma$,则 I_1, I_2, I_3 三者之间的关系为（   ）.

    A. $I_1<I_2<I_3$ B. $I_3<I_2<I_1$ C. $I_1<I_3<I_2$ D. $I_3<I_1<I_2$

2. 设 $I=\iint\limits_{D}(x^2+y^2)\mathrm{d}\sigma, D=\{(x,y)\mid x^2+y^2\leqslant a^2\}$,又设 D_1 是 D 位于第一象限的部分,则（   ）.

    A. $I=\iint\limits_{D}a^2\mathrm{d}\sigma=\pi a^4$

    B. $I=4\iint\limits_{D_1}(x^2+y^2)\mathrm{d}\sigma=\dfrac{\pi}{2}a^4$

    C. $I=\iint\limits_{D}\rho^2\mathrm{d}\rho\,\mathrm{d}\theta=\dfrac{2\pi}{3}a^3$

    D. $I=\displaystyle\int_{-a}^{a}\mathrm{d}x\int_{-a}^{a}(x^2+y^2)\mathrm{d}y=4\int_{0}^{a}\mathrm{d}x\int_{0}^{a}(x^2+y^2)\mathrm{d}y=\dfrac{8}{3}a^4$

3. 设 $\Omega=\{(x,y,z)\mid\sqrt{x^2+y^2}\leqslant z, x^2+y^2+(z-1)^2\leqslant 1\}$,则 $I=\iiint\limits_{\Omega}f(x,y,z)\mathrm{d}v$

  $=(\quad)$.

    A. $\displaystyle\int_{0}^{2}\mathrm{d}z\iint\limits_{x^2+y^2\leqslant 1}f(x,y,z)\mathrm{d}x\,\mathrm{d}y$

    B. $\displaystyle\int_{0}^{2}\mathrm{d}z\iint\limits_{x^2+y^2\leqslant z^2}f(x,y,z)\mathrm{d}x\,\mathrm{d}y$

    C. $\displaystyle\int_{0}^{2}\mathrm{d}z\iint\limits_{x^2+y^2\leqslant 2z-z^2}f(x,y,z)\mathrm{d}x\,\mathrm{d}y$

    D. $\displaystyle\int_{0}^{1}\mathrm{d}z\iint\limits_{x^2+y^2\leqslant z^2}f(x,y,z)\mathrm{d}x\,\mathrm{d}y+\int_{1}^{2}\mathrm{d}z\iint\limits_{x^2+y^2\leqslant 2z-z^2}f(x,y,z)\mathrm{d}x\,\mathrm{d}y$

4. 在底半径为 R、高为 H 的均匀圆柱上面,放置一个半径为 R 的半球,使整个立体的重心位于球心处,则 R 与 H 的关系是（   ）.

    A. $R=H$ B. $R=\dfrac{H}{2}$

    C. $R=\dfrac{H}{\sqrt{2}}$ D. $R=\sqrt{2}H$

5. 若 $\iint\limits_{D}f(x,y)\mathrm{d}x\,\mathrm{d}y=\displaystyle\int_{-\frac{\pi}{2}}^{\frac{\pi}{2}}\mathrm{d}\theta\int_{0}^{a\cos\theta}f(\rho\cos\theta,\rho\sin\theta)\rho\mathrm{d}\rho\,(a>0)$,则区域 D 满足（   ）.

    A. $x^2+y^2\leqslant a^2$ B. $x^2+y^2\leqslant a^2, x\geqslant 0$

    C. $x^2+y^2\leqslant ay$ D. $x^2+y^2\leqslant ax$

三、(10 分)求 $\iint\limits_{D} \sin x \sin y \max\{x,y\} \mathrm{d}\sigma$，其中 $D = \{(x,y) \mid 0 \leqslant x \leqslant \pi, 0 \leqslant y \leqslant \pi\}$.

四、(10 分)计算 $\iint\limits_{D} f(x,y) \mathrm{d}\sigma$，其中 $D = \{(x,y) \mid 0 \leqslant x \leqslant 1, 0 \leqslant y \leqslant 1\}$，$f(x,y)$
$$= \begin{cases} 1-x-y, & x+y \leqslant 1, \\ 0, & x+y > 1. \end{cases}$$

五、(10 分)计算 $I = \iiint\limits_{\Omega}(x^2+y^2+z^2)\mathrm{d}v$，其中积分区域 $\Omega = \{(x,y,z) \mid x^2+y^2+z^2 \leqslant 3a^2, x^2+y^2 \leqslant 2az, a>0\}$.

六*(10 分)设半径为 R 的球面 $\sum$ 的球心在定球面 $x^2+y^2+z^2 = a^2 (a>0)$ 上，问当 R 取何值时，球面 $\sum$ 在定球面内部的那部分的面积最大？

七*(10 分)设边长为 a 的正方形薄版上每一点的密度与该点到正方形某一固定顶点的距离成正比，已知正方形中心的密度为 μ_0，求该薄版的质量.

八*(10 分)设函数 $f(x)$ 在 $(-\infty, +\infty)$ 内具有连续的导数，且满足 $f(t) = 2\iint\limits_{x^2+y^2 \leqslant t^2}(x^2+y^2)f(\sqrt{x^2+y^2})\mathrm{d}x\mathrm{d}y + t^4$，求 $f(x)$ 的表达式.

单元检测二

一、填空题(每小题 3 分，共 15 分)

1. 改变二次积分 $I = \int_0^1 \mathrm{d}x \int_x^{\sqrt{2x-x^2}} f(x,y) \mathrm{d}y$ 的积分次序，则 I 等于 _____.

2. 设 D 由 $y = \sqrt{x}$ 和 $y = x^2$ 围成,则积分 $\iint\limits_{D} x\sqrt{y}\,\mathrm{d}\sigma$ 的值为_____.

3. 设 Ω 是由 $z = x^2 + y^2, y = x, x = 1, y = 0, z = 0$ 围成,则三重积分 $\iiint\limits_{\Omega} f(x,y,z)\,\mathrm{d}v$ 表示成柱面坐标下的累次积分是_____.

4. 锥面 $z^2 = x^2 + y^2$ 被圆柱面 $x^2 + y^2 = ax\,(a > 0)$ 所截下的那一部分曲面的面积为_____.

5. 球体 $x^2 + y^2 + z^2 \leqslant 4a^2$ 与柱体 $x^2 + y^2 \leqslant 2ax$ 的公共部分的体积用极坐标下的二次积分可表示为_____.

二、选择题(每小题 3 分,共 15 分)

1. 设 D_1 和 D_2 为平面 xOy 上非空有界闭区域,$D_1 \subset D_2$,函数 $f(x,y)$ 在区域 D_2 上连续,则在下面的结论中,正确的是(   ).

 A. $f(x,y)$ 在区域 D_1 上的二重积分 $\iint\limits_{D_1} f(x,y)\,\mathrm{d}\sigma$ 不一定存在

 B. $\iint\limits_{D_1} f(x,y)\,\mathrm{d}\sigma \leqslant \iint\limits_{D_2} f(x,y)\,\mathrm{d}\sigma$

 C. $\iint\limits_{D_1} |f(x,y)|\,\mathrm{d}\sigma \leqslant \iint\limits_{D_2} |f(x,y)|\,\mathrm{d}\sigma$

 D. $\iint\limits_{D_1} f(x,y)\,\mathrm{d}\sigma \neq \iint\limits_{D_2} f(x,y)\,\mathrm{d}\sigma$

2. 设 $D_1: x + y \leqslant 1, x, y \geqslant 0$, $D_2: |x| + |y| \leqslant 1$, $I_i = \iint\limits_{D_i} e^{|x|+|y|}\,\mathrm{d}x\mathrm{d}y\,(i = 1,2)$,则(   ).

 A. $I_1 = I_2$ B. $2I_1 = I_2$ C. $4I_1 = I_2$ D. $I_1 = 4I_2$

3. 设 $D: 3 \leqslant x \leqslant 4, 0 \leqslant y \leqslant 2$ 常数,则二重积分 $\iint\limits_{D} \dfrac{\mathrm{d}x\,\mathrm{d}y}{(x+y)^2}$ 的值为(   ).

 A. $\ln\dfrac{10}{9}$ B. $\ln\dfrac{16}{9}$ C. $\ln\dfrac{25}{16}$ D. $\ln\dfrac{5}{4}$

4. 设 $D: x^2 + y^2 \leqslant a^2\,(a > 0$ 为常数),$\iint\limits_{D} \sqrt{a^2 - x^2 - y^2}\,\mathrm{d}x\,\mathrm{d}y = \pi$,则 a 的值为(   ).

 A. 1   B. $\sqrt[3]{\dfrac{1}{2}}$ C. $\sqrt[3]{\dfrac{3}{4}}$ D. $\sqrt[3]{\dfrac{3}{2}}$

5. 设 Ω 是锥体 $z \leqslant \sqrt{x^2 + y^2}\,(z \geqslant 0)$ 介于 $z = 1$ 和 $z = 2$ 之间的部分,则三重积分 $\iiint\limits_{\Omega} f(x^2 + y^2 + z^2)\,\mathrm{d}v$ 化为三次积分为(   ).

 A. $\displaystyle\int_1^2 \mathrm{d}z \int_0^{2\pi} \mathrm{d}\theta \int_0^z f(r^2 + z^2)\,r\,\mathrm{d}r$ B. $\displaystyle\int_0^{2\pi} \mathrm{d}\theta \int_1^2 r\,\mathrm{d}r \int_0^1 f(r^2 + z^2)\,\mathrm{d}z$

 C. $\displaystyle\int_0^{2\pi} \mathrm{d}\theta \int_0^{\frac{\pi}{4}} \mathrm{d}\varphi \int_1^2 f(r^2)\,r^2 \sin\varphi\,\mathrm{d}r$ D. $\displaystyle\int_0^{2\pi} \mathrm{d}\theta \int_{\frac{\pi}{4}}^{\frac{\pi}{2}} \mathrm{d}\varphi \int_1^2 f(r^2)\,r^2 \sin\varphi\,\mathrm{d}r$

三、解答下列各题(每小题 6 分,共 30 分)

1. 设 $D:x^2 \leqslant y \leqslant 4x$,求积分 $\iint\limits_{D} xy\,\mathrm{d}x\,\mathrm{d}y$.

2. 设 $f(x) = \int_1^x \mathrm{e}^{-t^2}\,\mathrm{d}t$,求 $\int_0^1 f(x)\,\mathrm{d}x$.

3*. 设 $D:x^2 + y^2 \leqslant 1$,求二重积分 $\iint\limits_{D} \sqrt{\dfrac{1-x^2-y^2}{1+x^2+y^2}}\,\mathrm{d}x\,\mathrm{d}y$.

4. 将三次积分 $\int_0^2 \mathrm{d}x \int_0^{\sqrt{2x-x^2}} \mathrm{d}y \int_0^a z\sqrt{x^2+y^2}\,\mathrm{d}z\,(a>0)$ 化为柱坐标下的三次积分,并求其值.

5. 求由平面 $x=0,y=0,x+y=1$ 所围成的柱体被平面 $z=0$ 及抛物面 $D:x^2+y^2=6-z$ 截得的立体的体积.

四*、(8 分)设平面区域 D 在 x 轴和 y 轴上投影区间的长度分别为 l_x 和 l_y,(α,β) 为 D 内任一点,证明:$\left| \iint\limits_{D} (x-\alpha)(x-\beta)\,\mathrm{d}x\,\mathrm{d}y \right| \leqslant \dfrac{l_x^2 l_y^2}{4}$.

五*、(8 分)设 $f(t)$ 是连续函数,证明:$\iint\limits_{D} f(x-y)\,\mathrm{d}x\,\mathrm{d}y = \int_{-a}^{a} f(t)(a-|t|)\,\mathrm{d}t$,其中 D 为矩形区域:$|x| \leqslant \dfrac{a}{2},|y| \leqslant \dfrac{a}{2}\,(a>0)$.

六、(8 分)计算三重积分 $\iiint\limits_{\Omega} \dfrac{1}{\sqrt{x^2+y^2+z^2}}\,\mathrm{d}v$,其中 $\Omega = \{(x,y,z)\mid x^2+y^2+(z-1)^2 \leqslant 1, z \geqslant 1, y \geqslant 0\}$.

七、（8分）球体 $x^2+y^2+z^2\leqslant 2Rz(R>0)$ 内各点处的密度等于该点到坐标原点距离的平方，求球体的重心.

八、（8分）一座火山的形状可以用曲面 $z=he^{-\frac{\sqrt{x^2+y^2}}{4h}}$ $(z>0)$ 来表示. 在一次爆发之后，有体积为 V 的熔岩黏附在山上，使它具有和原来一样的形状，求火山高度 h 的变化的百分比.

单元检测三

一、填空题（每小题3分，共15分）

1. 交换二次积分 $I=\int_0^a \mathrm{d}y\int_0^{\sqrt{ay}}f(x,y)\mathrm{d}x+\int_a^{2a}\mathrm{d}y\int_0^{2a-y}f(x,y)\mathrm{d}x(a>0)$ 的积分次序，则 I 等于_____.

2. 设 Ω 是由双曲抛物面 $z=xy$ 及平面 $x+y=1$ 和 $z=0$ 围成，则三重积分 $\iiint\limits_{\Omega}f(x,y,z)\mathrm{d}v$ 按"先 z，再 y，最后 x"的积分顺序的三次积分是_____.

3. 设 $D:\dfrac{x^2}{a^2}+\dfrac{y^2}{b^2}\leqslant 1$，则积分 $\iint\limits_{D}\left(\dfrac{x^2}{a^2}+\dfrac{y^2}{b^2}\right)\mathrm{d}x\mathrm{d}y$ 的值为_____.

4*. 设 $f(x,y)$ 连续，且 $f(x,y)=\sin(x^2+y^2)+\iint\limits_{D}f(u,v)\mathrm{d}u\mathrm{d}v$，其中，$D:x^2+y^2\leqslant\pi$ 则函数 $f(x,y)$ 为_____.

5. 设两圆 $r=2\sin\theta$ 及 $r=4\sin\theta$ 所围成的均匀薄片重心为 $(\overline{x},\overline{y})$，则可用极坐标下的二次积分可表示为_____.

二、选择题（每小题3分，共15分）

1. 设 $I=\lim\limits_{n\to\infty}\dfrac{1}{n^2}\sum\limits_{i=1}^{n}\sum\limits_{j=1}^{n}e^{\frac{i^2+j^2}{n^2}}$，则用二重积分可以将 I 表示为（ ）.

 A. $\iint\limits_{D}e^{x^2+y^2}\mathrm{d}x\mathrm{d}y$，其中 $D:|x|\leqslant 1,|y|\leqslant 1$

 B. $\iint\limits_{D}e^{x^2+y^2}\mathrm{d}x\mathrm{d}y$，其中 $D:0\leqslant x\leqslant 1,0\leqslant y\leqslant 1$

 C. $\iint\limits_{D}(e^{x^2}+e^{y^2})\mathrm{d}x\mathrm{d}y$，其中 $D:|x|\leqslant 1,|y|\leqslant 1$

 D. $\iint\limits_{D}(e^{x^2}+e^{y^2})\mathrm{d}x\mathrm{d}y$，其中 $D:0\leqslant x\leqslant 1,0\leqslant y\leqslant 1$

2. 设 m,n 为正整数,$D:x^2+y^2\leqslant a^2(a>$ 为常数),若积分 $\iint\limits_{D}x^m y^n\mathrm{d}x\,\mathrm{d}y=0$,则(　　).

    A. m,n 可为任意正整数   B. m,n 至少有一个为偶数

    C. m,n 至少有一个为奇数   D. 这样的 m,n 不存在

3. 设 $f(x,y)=\begin{cases}1-x-y,x+y\leqslant 1,\\0,x+y>1\end{cases}$,$D:0\leqslant x\leqslant 1,0\leqslant y\leqslant 1$,则二重积分 $\iint\limits_{D}f(x,y)\mathrm{d}x\,\mathrm{d}y$ 的值为(　　).

    A. $\dfrac{1}{2}$ B. $\dfrac{1}{3}$ C. $\dfrac{1}{4}$ D. $\dfrac{1}{6}$

4. 若 D 是 $x^2+y^2\leqslant ax$ 与 $x^2+y^2\leqslant ay(a>0$ 为常数)的公共部分,$f(x,y)$ 是 D 上的连续函数,则 $\iint\limits_{D}f(x,y)\mathrm{d}x\,\mathrm{d}y$ 在极坐标下的二次积分为(　　).

    A. $2\displaystyle\int_{0}^{\frac{\pi}{4}}\mathrm{d}\theta\int_{0}^{a(\sin\theta+\cos\theta)}f(r\cos\theta,r\sin\theta)r\,\mathrm{d}r$

    B. $\displaystyle\int_{0}^{\frac{a}{\sqrt{2}}}r\,\mathrm{d}r\int_{\arcsin\frac{r}{a}}^{\arccos\frac{r}{a}}f(r\cos\theta,r\sin\theta)\mathrm{d}\theta$

    C. $\displaystyle\int_{0}^{\frac{a}{2}}r\,\mathrm{d}r\int_{0}^{\frac{\pi}{2}}f(r\cos\theta,r\sin\theta)\mathrm{d}\theta$

    D. $2\displaystyle\int_{0}^{\frac{\pi}{4}}\mathrm{d}\theta\int_{0}^{a\cos\theta}f(r\cos\theta,r\sin\theta)r\,\mathrm{d}r$

5. 由 $y=x^2$ 及直线 $y=1$ 所围成的均匀薄片 D(密度 $\rho=1$)对直线 $l:y=-1$ 的转动惯量为(　　).

    A. $\iint\limits_{D}(y+1)^2\mathrm{d}x\,\mathrm{d}y$ B. $\iint\limits_{D}(y-1)^2\mathrm{d}x\,\mathrm{d}y$

    C. $\iint\limits_{D}(x-1)^2\mathrm{d}x\,\mathrm{d}y$ D. $\iint\limits_{D}(x+1)^2\mathrm{d}x\,\mathrm{d}y$

三、解答下列各题(每小题 6 分,共 30 分)

1. 计算二次积分 $I=\displaystyle\int_{0}^{1}\mathrm{d}x\int_{x^2}^{x}\dfrac{x\,\mathrm{e}^y}{y}\mathrm{d}y$.

2. 将二次积分 $I=\displaystyle\int_{1}^{2}\mathrm{d}x\int_{2-x}^{\sqrt{2x-x^2}}f(x,y)\mathrm{d}y$ 化为极坐标下的二次积分.

3. 求三重积分 $I = \iiint\limits_{\Omega} (x+y+z) \mathrm{d}v$，其中 Ω 为 $D: x^2+y^2=z^2, z=h(h>0)$ 所围成的区域.

4. 求由曲面 $D: ax=y^2+z^2$ 及 $x=\sqrt{y^2+z^2}\,(a>0)$ 所围成立体的体积.

5. 求锥面 $z=\sqrt{x^2+y^2}$ 被柱面 $z^2=2x$ 所截下部分的面积.

四*、(8 分) 设 $f(x)$ 为连续函数，证明：$\int_0^a \mathrm{d}x \int_0^x \dfrac{f(y)}{\sqrt{(a-x)(x-y)}} \mathrm{d}y = \pi \int_0^a f(x) \mathrm{d}x.$

五、(8 分) 求 $I = \iiint\limits_{\Omega} (y^2+z^2) \mathrm{d}v$，其中 Ω 是由 xOy 平面上的曲线 $y^2=2x$ 绕 x 轴旋转而成的曲面与 $x=5$ 所围成的闭区域.

六、(8 分) 设 $D: \dfrac{x^2}{a^2}+\dfrac{y^2}{b^2} \leqslant 1$，求二重积分 $\iint\limits_{D} (x\sin\alpha - y\cos\alpha)^2 \mathrm{d}x\,\mathrm{d}y$，其中 α 为常数.

七、(8 分) 一均匀物体(密度为常数 ρ)所占的闭区域 Ω 是由曲面 $z=x^2+y^2$ 和平面 $z=0, |x|=a, |y|=a\,(a>0)$ 所围成，求该物体关于 z 轴的转动惯量.

八、(8 分)设一半径为 R、高为 H 的圆柱形容器盛有 $\dfrac{2}{3}H$ 高的水,放在离心机上高速旋转,因受离心力的作用,水面呈抛物面形状,问:当水要溢出容器时,水面最低点在何处?

单元检测一参考答案

一、1. $\dfrac{1}{4}(e-1)^2$. 　2. $\displaystyle\int_{-1}^{2}\mathrm{d}y\int_{y^2}^{y+2}f(x,y)\mathrm{d}x$. 　3. $\left(0,0,\dfrac{2}{3}\right)$. 　4. $2\sqrt{2}\pi a^2$.

5. $\displaystyle\int_0^1\mathrm{d}y\int_{-\sqrt{y-y^2}}^{\sqrt{y-y^2}}\mathrm{d}x\int_0^{\sqrt{3(x^2+y^2)}}f(\sqrt{x^2+y^2+z^2})\mathrm{d}z,\ \int_0^\pi\mathrm{d}\theta\int_0^{\sin\theta}r\mathrm{d}r\int_0^{\sqrt{3}r}f(\sqrt{r^2+z^2})\mathrm{d}z$.

二、1. C　2. B　3. D　4. D　5. D

三、$\dfrac{5\pi}{2}$.

四、$\dfrac{1}{6}$.

五、$\dfrac{\pi}{5}a^5\left(18\sqrt{3}-\dfrac{97}{6}\right)$.

六、$R=\dfrac{4}{3}a$.

七、$\dfrac{\sqrt{2}}{3}\mu_0 a^2\left[\sqrt{2}+\ln(1+\sqrt{2})\right]$.

八、$\dfrac{1}{\pi}(e^{\pi x^4}-1)$.

单元检测二参考答案

一、1. $\displaystyle\int_0^1\mathrm{d}y\int_{1-\sqrt{1-y^2}}^{y}f(x,y)\mathrm{d}x$. 　2. $\dfrac{6}{55}$. 　3. $\displaystyle\int_0^{\frac{\pi}{4}}\mathrm{d}\theta\int_0^{\sec\theta}r\mathrm{d}r\int_0^{r^2}f(r\cos\theta,r\sin\theta,z)\mathrm{d}z$. 　4. $\dfrac{\sqrt{2}}{2}\pi a^2$. 　5. $\displaystyle\int_{-\frac{\pi}{2}}^{\frac{\pi}{2}}\mathrm{d}\theta\int_0^{2a\cos\theta}r\sqrt{4a^2-r^2}\,\mathrm{d}r$.

二、1. C　2. C　3. A　4. D　5. A

三、1. $\dfrac{512}{3}$. 　2. $\dfrac{1}{2}\left(\dfrac{1}{e}-1\right)$. 　3. $2\pi\left(\dfrac{\pi}{4}-\dfrac{1}{2}\right)$. 　4. $\dfrac{8}{9}a^2$. 　5. $\dfrac{17}{6}$.

四、提示:设区域 D 在 x 轴和在 y 轴上的投影区间分别为 $[a,b]$ 和 $[c,d]$,则 $b-a=l_x$,$d-c=l_y$,记 $D'=\{(x,y)\mid a\leqslant x\leqslant b,c\leqslant y\leqslant d\}$,于是

$$\left|\iint_D(x-\alpha)(y-\beta)\mathrm{d}x\,\mathrm{d}y\right|\leqslant\iint_D\left|(x-\alpha)(x-\beta)\right|\mathrm{d}x\,\mathrm{d}y\leqslant\iint_{D'}\left|(x-\alpha)(y-\beta)\right|\mathrm{d}x\,\mathrm{d}y$$

$$\leqslant\int_a^b\left|x-\alpha\right|\mathrm{d}x\int_c^d\left|y-\beta\right|\mathrm{d}y,\text{而}\int_a^b\left|x-\alpha\right|\mathrm{d}x=\int_a^\alpha(\alpha-x)\mathrm{d}x+\int_\alpha^b(x-\alpha)\mathrm{d}x$$

$$=\frac{1}{2}(a-\alpha)^2+\frac{1}{2}(b-\alpha)^2\leqslant\frac{1}{2}(b-a)^2=\frac{1}{2}l_x^2,\text{余下的易证.}$$

五、证：设 $\begin{cases}x=x\\y=x-t\end{cases}$，则 xOy 平面上的区域 D 对应 xOt 平面上的区域 $D':-\dfrac{a}{2}\leqslant x$

$\leqslant\dfrac{a}{2},x-\dfrac{a}{2}\leqslant t\leqslant x+\dfrac{a}{2}$，且 $J=\dfrac{\partial(x,y)}{\partial(x,t)}=-1$，于是，

$$\iint\limits_{D}f(x-y)\mathrm{d}x\,\mathrm{d}y=\iint\limits_{D'}f(t)\mathrm{d}x\,\mathrm{d}t=\int_{-a}^{0}\mathrm{d}t\int_{-\frac{a}{2}}^{\frac{a}{2}+t}f(x)\mathrm{d}x+\int_{0}^{a}\mathrm{d}t\int_{-\frac{a}{2}+t}^{\frac{a}{2}}f(x)\mathrm{d}x$$

$$=\int_{-a}^{0}f(t)(t+a)\mathrm{d}t+\int_{0}^{a}f(t)(a-t)\mathrm{d}t=\int_{-a}^{a}f(t)(a-|t|)\mathrm{d}t.$$

六、$\dfrac{\pi}{3}(7-4\sqrt{2})$.

七、重心坐标为 $\left(0,0,\dfrac{5R}{4}\right)$.

八、火山表面在 xOy 平面上投影区域为整个坐标平面，因此，高度为 h 时，其体积为

$$V(h)=\iint\limits_{D}h\,\mathrm{e}^{\frac{x^2+y^2}{4h}}\mathrm{d}x\,\mathrm{d}y=h\int_{0}^{2\pi}\mathrm{d}\theta\int_{0}^{+\infty}\mathrm{e}^{\frac{r}{4h}}r\,\mathrm{d}r=32\pi h^3,\text{设黏附在体积为 }V\text{ 的熔岩后的火}$$

山高度为 h'，则有 $32\pi h^3+V=32\pi h'^3$，得 $h'=\sqrt[3]{h^3+\dfrac{V}{32\pi}}$. 因此，火山高度增加的百分比

为 $\dfrac{h'-h}{h}\times100\%=\left(\dfrac{1}{h}\sqrt[3]{h^3+\dfrac{V}{32\pi}}-1\right)\times100\%$.

单元检测三参考答案

一、1. $\int_{0}^{a}\mathrm{d}x\int_{\frac{x^2}{a}}^{2a-x}f(x,y)\mathrm{d}y$.　　2. $\int_{0}^{1}\mathrm{d}x\int_{0}^{1-x}\mathrm{d}y\int_{0}^{xy}f(x,y,z)\mathrm{d}z$.　　3. $\dfrac{1}{2}\pi ab$.

4. $a=\dfrac{2\pi}{1-\pi^2}$, $f(x,y)=\sin(x^2+y^2)+\dfrac{2\pi}{1-\pi^2}$.　　5. $\overline{y}=\dfrac{1}{3\pi}\int_{0}^{\pi}\mathrm{d}\theta\int_{2\sin\theta}^{4\sin\theta}r\sin\theta\cdot r\,\mathrm{d}r$.

二、1. B　2. C　3. D　4. B　5. A

三、1. $\dfrac{\mathrm{e}}{2}-1$.　　2. $I=\int_{0}^{\frac{\pi}{4}}\mathrm{d}\theta\int_{\frac{2}{\sin\theta+\cos\theta}}^{2\cos\theta}f(r\cos\theta,r\sin\theta)r\,\mathrm{d}r$.　　3. $\dfrac{\pi}{4}h^4$.　　4. $\dfrac{\pi}{6}a^3$.

5. $\sqrt{2}\pi$.

四、提示：$\int_{y}^{a}\dfrac{1}{\sqrt{(a-x)(x-y)}}\mathrm{d}x=\pi$.

五、$\dfrac{250\pi}{3}$.

六、$\dfrac{1}{4}ab(a^2\sin^2\alpha+b^2\cos^2\alpha)$.

七、$\dfrac{112}{45}\rho a^6$.

八、解：以圆柱底面中心为坐标原点，其中心轴为 z 轴建立直角坐标系，设抛物面在

xOz 平面上的截线方程为 $z=a+bx^2$，则由题意，有 $H=a+bR^2$，

另一方面，设 $D:x^2+y^2 \leqslant R^2$，则由题意有

$$\pi R^3 \frac{1}{3}H = \iint\limits_{D} [H-(a+b(x^2+y^2))]\mathrm{d}x\,\mathrm{d}y = \frac{\pi}{2}R^2(2H-2a-bR^2),$$

即 $6a-4H-3bR^2=0$，得 $a=\frac{1}{3}H$，即水面最低点在离圆柱底面 $\frac{1}{3}H$ 处．

第十一章　曲线积分与曲面积分

上一章内容把积分概念从积分范围为数轴上一个区间的情形推广到积分范围为平面或者空间内一个闭区域情形,即把定积分推广到二重积分和三重积分.而这些积分都是定义在 R^n 中的一个区域上,而由于理论的发展和解决实际问题的需要,比如在科学技术中,会碰到变量取值范围是平面曲线或空间曲线以及空间曲面的情况,像求线状物体的质量、重心、力矩、转动惯量等,这就需要把定积分、重积分的概念进一步推广,即把积分概念推广到积分范围为一段曲线弧或者一片曲面上的积分,即曲线积分和曲面积分,即本章要学习研究的两类积分.

曲线积分和曲面积分是多元函数积分学的重要组成部分,都是由于解决物理和力学等实际问题的需要而产生的.1743 年法国数学家、天文学家克雷洛曾研究过曲线积分.1828 年英国数学家格林在他的重要著作《数学分析运用于电磁原理的经验》中,引入了位势概念,并证明了平面区域上的二重积分与沿这个区域边界的曲线积分之间的关系式——格林公式.1828 年俄国数学家、力学家奥斯特洛格拉得斯基提出了关于热的理论报告,给出并证明了空间区域上的三重积分与该区域边界的曲面积分之间的相互关系,即著名的奥斯特洛格拉得斯基公式,这个公式也曾为德国数学家高斯发现并给予证明,所以常常称之为高斯(奥—高)公式.1840 年格林的学生、英国数学家斯托克斯把沿曲面 Σ 某一侧的曲面积分与沿 Σ 的边界曲线 Γ 所作的空间曲线积分联系起来,得到了斯托克斯公式.格林公式、高斯公式和斯托克斯公式充分反映了重积分、曲线积分、曲面积分之间的密切联系.

曲线积分和曲面积分是研究场论的一个重要的数学工具,它们在力学、电工学、水力学、热力学等科学领域中都有着广泛地应用.

【教学大纲要求】

1. 理解两类曲线积分的概念,了解两类曲线积分的性质以及两类曲线积分的关系,掌握计算两类曲线积分的方法.

2. 掌握格林公式,了解第二类平面曲线积分与路径无关的条件以及第二类曲线积分与路径无关的物理意义,会求二元函数全微分原函数,会求解全微分方程.

3. 了解两类曲面积分的概念、性质及两类曲面积分的关系,会计算两类曲面积分.

4. 会用高斯公式计算曲面积分,了解用斯托克斯公式计算曲线积分的方法.

5. 了解场的基本概念和某些特殊场,了解散度、旋度的概念,会求散度与旋度.

6. 会用曲线积分及曲面积分表达和计算一些几何量与物理量(弧长、曲面面积、质量、功及流量等).

【学时安排及教学目标】

讲次	课题	教学目标
第 33 讲	对弧长的曲线积分	1. 结合物理背景阐述对弧长的曲线积分的概念. 2. 知道对弧长的曲线积分的性质. 3. 会利用变量参数化将曲线积分转化为求定积分的计算对弧长的曲线积分的方法. 4. 运用类比方法,结合物理背景,经历对弧长的曲线积分概念的产生过程;学习类比、推广的数学方法,深入体会极限、积分的数学思想
第 34 讲	对坐标的曲线积分	1. 结合物理背景阐述对坐标的曲线积分的概念. 2. 说出对坐标的曲线积分的性质以及两类曲线积分的关系. 3. 会利用变量参数化将曲线积分转化为求定积分的计算对弧长的曲线积分的方法. 4. 运用类比方法,结合物理背景,经历对坐标的曲线积分概念的产生过程;学习类比、推广的数学方法,深入体会极限、积分的数学思想
第 35 讲	格林公式及其应用	1. 熟练掌握格林公式并会运用平面曲线积分与路径无关的条件. 2. 说出第二类平面曲线积分与路径无关的条件. 3. 会求二元函数全微分原函数,会求解全微分方程. 4. 知道第二类曲线积分与路径无关的物理意义
第 36 讲	习题课、两类曲线积分间的关系	复习巩固第 33—35 讲内容
第 37 讲	对面积的曲面积分	1. 结合物理背景,经历对面积的曲面积分(第一类曲面积分)概念的产生过程,阐述对面积的曲面积分(第一类曲面积分)的概念. 2. 说出对面积的曲面积分的性质. 3. 会利用"一投二代三换"熟练掌握对面积的曲面积分的计算方法
第 38 讲	对坐标的曲面积分	1. 结合物理背景,经历对坐标的曲面积分(第二类曲面积分)产生过程,解释对坐标的曲面积分(第二类曲面积分)的概念、性质. 2. 会利用"一投二代三定号"的直接投影法,和"合一投影法"计算第二类曲面积分. 3. 结合物理背景,深入体会极限、积分的数学思想
第 39 讲	习题课、两类曲面积分间的关系	1. 复习巩固第 37—38 讲内容. 2. 知道两类曲面积分间的关系

续表

讲次	课题	教学目标
第 40 讲	高斯公式	1. 熟练掌握高斯公式内容并会运用公式计算曲面积分. 2. 会用曲面积分表达和计算流量. 3. 结合通量密度解释散度的概念，会求散度.
第 41 讲	斯托克斯公式	1. 知道斯托克斯公式内容及运用公式计算曲线积分的方法. 2. 结合环量密度解释旋度的概念，会求旋度
第 42 讲	习题课	复习巩固第 40—42 讲内容

一、重难点分析

（一）曲线积分的概念与性质

1. 比较两类曲线积分的定义.

两类曲线积分的定义式分别是：$\displaystyle\int_L f(x,y)\mathrm{d}s = \lim_{\lambda \to 0} \sum_{i=1}^n f(\xi_i,\eta_i)\Delta s_i$

$$\int_L P(x,y)\mathrm{d}x + Q(x,y)\mathrm{d}y = \lim_{\lambda \to 0} \sum_{i=1}^n P(\xi_i,\eta_i)\Delta x_i + \lim_{\lambda \to 0} \sum_{i=1}^n Q(\xi_i,\eta_i)\Delta y_i$$

（1）两个定义式最明显的相似之处是和式的极限，这种相似点是积分思想的具体体现.

（2）两个定义的最大差别在于积分微元的符号：在第一型曲线积分的和式中，Δs_i 是弧段 $M_{i-1}M_i$ 的长度，恒为正值. 而第二型曲线积分的和式中，Δx_i，Δy_i 分别是向量 $\overrightarrow{M_{i-1}M_i}$ 在 x 轴和 y 轴上的投影，可取正值或负值. 正是由于这种区别，第一型曲线积分与曲线方向无关，而第二型曲线积分却与曲线的方向有关，因为当曲线方向改变时，投影 Δx_i，Δy_i 都要变号，所以，

$$\int_{AB} f(x,y)\mathrm{d}s = \int_{BA} f(x,y)\mathrm{d}s, \ \overline{m}\int_{AB} P\mathrm{d}x + Q\mathrm{d}y = -\int_{BA} P\mathrm{d}x + Q\mathrm{d}y.$$

对于这两个等式，会常常用到，必须特别注意.

因此，由曲线积分的定义，可以看出，第一型曲线积分的性质与重积分相似，第二型曲线积分的性质与定积分相似. 而且，平面曲线积分的定义和性质完全可以类似地推广到空间曲线积分. 另外，还需指出，在重积分中，积分变量 x,y（或 x,y,z）是完全独立的，但是，不论是第一型曲线积分，还是第二型曲线积分，被积函数都是定义在曲线上的连续函数，x,y（或 x,y,z）不是独立的，它们之间的关系由曲线的方程所决定.

2. 两类曲线积分之间的关系.

（1）平面曲线的两类曲线积分可类似地推广到空间曲线上，并且空间曲线的曲线积分与平面曲线同类的曲线积分具有相同的性质.

（2）两类曲线积分间的关系.

不论是平面曲线还是空间曲线的两类曲线积分间有同样的关系：

$$\int_L P\mathrm{d}x + Q\mathrm{d}y = \int_L (P\cos\alpha + Q\cos\beta)\mathrm{d}s,$$

$$\int_\Gamma P\mathrm{d}x + Q\mathrm{d}y + R\mathrm{d}z = \int_\Gamma (P\cos\alpha + Q\cos\beta + R\cos\gamma)\mathrm{d}s$$

其中, α, β, γ 为有向曲线弧在点 (x, y, z) 处的切向量的方向角.

对于上述两类曲线积分间的转化公式,应结合图形,仔细领会,尤其应该注意,等式右边的曲线不必记指向,因为它是第一型曲线积分,而左边的积分曲线必须记指向.如果左边的积分路径换为相反方向,则切向量的指向也要改变,因而 $\cos\alpha, \cos\beta, \cos\gamma$ 都要变号,所以这时等式仍然成立.但是,要把 α, β, γ 总是理解为沿左边积分路径方向(即有向曲线的切向量方向)的切线与坐标轴正向的夹角,于是上面等式左边路径的正向在等式右边已隐含于 α, β, γ 之中了.

(二)曲线积分的计算

计算曲线积分的基本思想是将它化为普通的定积分,根本原因是积分变量不是独立的,变量间的关系体现在积分曲线上,比如在第一型曲线积分 $\int_L f(x, y)\mathrm{d}s$ 与第二型曲线积分 $\int_L P\mathrm{d}x + Q\mathrm{d}y$ 中,虽然被积函数都是二元函数,但它们的积分范围却是一段曲线弧,也就是说,被积函数是在曲线弧段上取值,所以,点 (x, y) 是限制在积分曲线上, x, y 并不独立的,实质上只依赖于一个变量,如果利用积分曲线的方程消去一个变量,那么曲线积分就可化为定积分来计算.

1. 第一型曲线积分的计算法.

在第一型曲线积分中,若被积函数在光滑积分曲线段上连续,对应积分曲线方程的三种形式,即参数方程 $x = \varphi(t), y = \psi(t), a \leqslant t \leqslant \beta$、直角坐标 $y = \varphi(x), a \leqslant x \leqslant b$ 和极坐标 $r = r(\theta), \theta_1 \leqslant \theta \leqslant \theta_2$ 三种情形下,有三种计算公式.

关于第一类(型)曲线积分的计算,强调三点:

(1)要观察积分曲线与被积函数的特点,看能否利用曲线方程化简被积函数(因为在积分过程中动点始终沿着曲线移动,从而其坐标满足曲线方程),这是计算曲线(面)积分特有的方法.因而可将曲线方程代入被积函数以化简被积函数,代换后最后有可能归结为计算 $\int_L k\mathrm{d}s = kL$,而弧长 L 是已知的或易求的.

(2)根据积分曲线方程的类型(直角坐标、极坐标、参数方程),选择适当的参数化为关于参数的定积分来计算.这里值得注意的是,不管采用什么参数,也不管积分曲线是平面曲线还是空间曲线,其弧长微分总是 $\mathrm{d}s > 0$,因而上述关于参数的定积分中下限总不超过上限.这是因为在第一型曲线积分的定义中, Δs_i 表示各弧段之长,它总取正值,因此利用定积分来计算第一型曲线积分时, $\mathrm{d}s$ 必须取正值(不管路径的方向如何),但 $\mathrm{d}s$ 是弧微分,在不同的坐标系中分别为 $\mathrm{d}s = \sqrt{\varphi'^2(t) + \psi'^2(t)}\,\mathrm{d}t, \mathrm{d}s = \sqrt{1 + \varphi'^2(x)}\,\mathrm{d}x, \mathrm{d}s = \sqrt{r^2(\theta) + r'^2(\theta)}\,\mathrm{d}\theta$ 根式部分总是正的,因而要 $\mathrm{d}s > 0$,必须 $\mathrm{d}t$ (或 $\mathrm{d}x > 0, \mathrm{d}\theta > 0$),因此,在利用定积分来计算第一型曲线积分时,不管路径的方向如何,积分变量必须从小到大,即积分下限一定要小于上限.

(3)注意利用曲线的对称性、被积函数的奇偶性及周期性和物质曲线的重心简化计算.

2. 第二型曲线积分的计算法.

为了把第二型曲线积分 $\int_L P(x,y)\mathrm{d}x + Q(x,y)\mathrm{d}y$ 化为定积分计算,只要将积分曲线方程连同微分 $\mathrm{d}x$ 和 $\mathrm{d}y$ 的表达式代入积分中即可.

值得特别注意的是,在第二型曲线积分中,由于当积分路径的方向改变时积分的符号也改变,所以利用定积分来计算第二型曲线积分时,必须使定积分的下限与积分路径的起点相对应,上限与路径的终点相对应,所以,下限不一定小于上限.起点与终点对调（即路径方向改变）时,定积分的上下限也要对调,这是与第一型曲线积分在计算方法上不同的突出之处,要特别当心这一区别,避免出现错误.如积分曲线方程由参数方程 $x = \varphi(t), y = \psi(t), t : \alpha \to \beta$（即 t 由 α 变到 β）,α 对应积分路径起点,β 对应积分路径终点,则,

$$\int_L P(x,y)\mathrm{d}x + Q(x,y)\mathrm{d}y = \int_\alpha^\beta \{P(\varphi(t), \psi(t))\varphi'(t) + Q(\varphi(t), \psi(t))\psi'(t)\}\mathrm{d}t.$$

3. 利用格林公式计算.

质量、能量守恒是自然界的一个基本规律,在平面场中这个规律用数学形式表达出来就是格林公式.在数学上,格林公式把平面区域上的二重积分和平面上的第二型曲线积分这两个不同的概念联系起来,从而建立了一个平面区域 D 上的二重积分与沿区域边界 L 的曲线积分之间的关系:

$$\int_L P\,\mathrm{d}x + Q\,\mathrm{d}y = \iint_D \left(\frac{\partial Q}{\partial x} - \frac{\partial P}{\partial y}\right)\mathrm{d}x\,\mathrm{d}y$$

格林公式非常重要,要很好地掌握这个重要公式,它也给出了第二型曲线积分的一种计算方法,即转化成二重积分,但初学时往往感到格林公式不好记,可以通过行列式符号来帮助理解记忆.规定 $\frac{\partial}{\partial x}$ 与 Q 的"乘积"为 $\frac{\partial Q}{\partial x}$,$\frac{\partial}{\partial x}$ 与 P 的"乘积"为 $\frac{\partial P}{\partial x}$,则格林公式就可形式地记成,

$$\int_L P\,\mathrm{d}x + Q\,\mathrm{d}y = \iint_D \begin{vmatrix} \dfrac{\partial}{\partial x} & \dfrac{\partial}{\partial y} \\ P & Q \end{vmatrix} \mathrm{d}x\,\mathrm{d}y$$

在应用格林公式时,必须注意下面几点:

（1）曲线积分的积分路线必须是封闭的,对开曲线不能直接使用这个公式,若要使用,必须补充一段路径,构成封闭的;

（2）曲线是有向的,它的正向的规定是:沿该方向行走时,域 D 总在左侧;

（3）函数 P 和 Q 在 D 上必须是连续的,而且有连续的一阶偏导数;

（4）格林公式不仅对于单连通域 D 成立,而且对于两条或多于两条的闭曲线所围成的复连通域也成立.

另外,还应注意到,应用格林公式某些二重积分的计算可方便地化为曲线积分,作为这方面的一个例子,就是平面图形的面积可以用曲线积分来计算.

(三) 曲面积分

1. 概念与性质.

如同沿曲线的曲线积分是定积分的推广一样,分布在曲面上的曲面积分是分布在平面上的二重积分的推广.曲面积分分为两类:第一型与第二型曲面积分,第一型曲面积分的概念与第一型曲线积分的概念相似,第二型曲面积分概念与第二型曲线积分的概念相似,在学习曲面积分时,类比与它们同类型的曲线积分相应的概念、结果以至问题的提出,这样,对理解两类曲面积分会很有启发和帮助.

(1) 对第一型曲面积分的概念,从解决非均匀的曲面块的质量问题入手,比较容易理解和接受,对第一型曲面积分的存在性以及有关性质与二重积分类似,所不同的是,这里的积分域是曲面,被积函数是定义在曲面上的.不过,在第一型曲面积分中,面积元素 dS(也表示面积)永远是大于零的.

(2) 对第二型曲面积分的概念,首先理解侧和有向曲面的概念.

对侧的理解:在光滑曲面上任取一点 P_0,过 P_0 的法线有两个方向,选定一个方向为正向,当动点 P 在曲面上连续变动时,法线也连续变动,当动点 P 从 P_0 出发沿着曲面上任意一条不越过曲面边界的封闭曲线又回到 P_0 时,如果法线的正向与出发时的法线正向相同,称这种曲面为双侧曲面,否则称为单侧曲面,作为单侧曲面的典型例子就是莫比乌斯带,但是我们以后讨论的曲面都假定是双侧的.在坐标系中,双侧曲面所处的位置不同,可以分为上侧与下侧,左侧与右侧,前侧与后侧,外侧和内侧.

对于双侧曲面,可以用法线向量 $\boldsymbol{n}=(\cos\alpha,\cos\beta,\cos\gamma)$ 的指向来规定曲面的方向,任何双侧曲面只可能有两个不同的方向,当认定曲面的一侧为正向时,另一侧就为负向,像这样取定了法向量亦即选定了侧的曲面就称为有向曲面.

对有向曲面元素的投影的理解:有向曲面在坐标面上的投影是个数,该数是"代数投影区域面积",即有向曲面在坐标面上的投影是投影区域面积附以一定的正负号.具体而言,设有向曲面 $\sum$ 曲面元素 ΔS,ΔS 投影到 xOy 面上得一投影区域,这投影区域的面积(永远是正的)记为 $(\Delta\sigma)_{xy}$.假定 ΔS 上各点处的法向量与 z 轴的夹角 γ 的余弦 $\cos\gamma$ 有相同的符号(即 $\cos\gamma$ 都是正的或都是负的).规定 ΔS 在 xOy 面上的投影 $(\Delta S)_{xy}$ 为

$$(\Delta S)_{xy}=\begin{cases}(\Delta\sigma)_{xy} & \cos\gamma>0\\ -(\Delta\sigma)_{xy} & \cos\gamma<0,\\ 0 & \cos\gamma\equiv0\end{cases}$$

类似地可以定义 ΔS 在 yOz 面及在 zOx 面上的投影 $(\Delta S)_{yz}$ 及 $(\Delta S)_{zx}$.

对第二型曲面积分的概念的理解:

(1) 积分沿曲面而进行时,函数 $f(x,y,z)$ 虽然是三元函数,但是动点 (x,y,z) 是限制在曲面上变动的,所以 $f(x,y,z)$ 实质上只有两个相互独立的变量,这就为我们提供了将曲面积分化为二重积分来计算的可能性;

(2) 第一型曲面积分是为了计算曲面的面积、质量等,dS 大于 0,因此,不存在曲面"侧"的问题,而第二型曲面积分是为了计算通过曲面的流量、电通量等,所以,要注意到曲面"侧"的问题;

（3）第二型曲面积分中的 $\mathrm{d}x\mathrm{d}y$ 与二重积分中的记号 $\mathrm{d}x\mathrm{d}y$ 不同,在二重积分中 $\mathrm{d}x\mathrm{d}y$ 象征着面积元素,永远是正的,而在第二型曲面积分中的 $\mathrm{d}x\mathrm{d}y$ 象征着曲面元素的投影,可正可负,这正如有向线段可正可负一样.

对第二型曲面积分的性质 $\iint\limits_{\Sigma^-}P\mathrm{d}y\mathrm{d}z+Q\mathrm{d}z\mathrm{d}x+R\mathrm{d}x\mathrm{d}y=-\iint\limits_{\Sigma}P\mathrm{d}y\mathrm{d}z+Q\mathrm{d}z\mathrm{d}x+R\mathrm{d}x\mathrm{d}y$ 的理解:

这是由于 Σ^- 与 Σ 的法线方向正好相反,它们的方向余弦都相差一个符号的缘故,这性质的物理意义是明显的,它表示同一流体流向曲面两个不同侧的流量,其绝对值相同,而符号正好相反,因此,沿不同侧的第二型曲面积分,两者相差一个符号. 所以,与第二型曲线积分需要指明路线的方向一样,第二型曲面积分也必须指明是沿曲面的哪一侧积分,这是第二型曲面积分与第一型曲面积分的一个重要差别,在学习时要特别注意.

2. 曲面积分的计算.

计算曲面积分的基本思想就是将它化为二重积分,然后再化为累次积分来解决. 注意在计算曲面积分时,将它们与同类型的曲线积分计算进行对照比较,可以收到事半功倍的效果.

（1）第一型曲面积分的计算法.

第一型曲面积分的计算和第一型曲线积分一样,比较简单,大多是先将曲面 Σ 投影到某个坐标平面上,然后把它转化为二重积分来计算. 把曲面投影到哪个坐标平面上,要取决于曲面 Σ 的显函数的表示形式. 当 Σ 由方程有或能化为 $z=z(x,y)$ 的形式,可将其投影到坐标平面 xOy,确定 Σ 在 xOy 面上的投影区域为 D,把变量 z 换成 $z(x,y)$（以 x,y 为自变量）,面积元素 $\mathrm{d}S$ 换为 $\sqrt{1+z_x^2(x,y)+z_y^2(x,y)}\,\mathrm{d}x\mathrm{d}y$,就把第一型曲面积分化为二重积分,即

$$\iint\limits_{\Sigma}f(x,y,z)\mathrm{d}S=\iint\limits_{D}f[x,y,z(x,y)]\sqrt{1+z_x^2(x,y)+z_y^2(x,y)}\,\mathrm{d}x\mathrm{d}y$$

上述步骤可以概括为两句话:"一投二代三换",特别是,当 $f(x,y,z)\equiv1$ 时,$\mathrm{d}S$ 表示曲面的面积,其计算方法就是二重积分的应用中曲面面积的计算公式.

同样,如果曲面方程为 $x=x(y,z)$,或 $y=y(x,z)$ 的形式,可将其投影到坐标平面 yOz 或 xOz 上,可得到第一类曲面积分化为二重积分计算的公式.

注意1 当 Σ 是母线平行坐标轴的柱面时上述公式不能用. 例如 Σ 为圆柱面 $x^2+y^2=a^2$ 时,就不能使用上述第一个公式,因为这时 Σ 的方程不能化为 $z=z(x,y)$ 的形式. 从集合上看,Σ 在坐标平面 xOy 上的投影是曲线（圆周）,而不是区域,其面积为 0. 当然对一般的曲面都能用上述公式转化.

注意2 由于第一类曲面积分不考虑曲面的侧,利用对称性的情况与重积分类似,且解题中同样要充分利用,此外还可利用物质曲面的质心（形心）简化计算.

注意3 有时利用对称性计算能简化计算

命题1（第一类曲面积分的对称性） ① 若曲面 Σ 关于坐标平面 xOy 对称,曲面 Σ_1 为 Σ 位于坐标平面 xOy 的上方部分,且 $f(x,y,z)$ 在曲面 Σ 上连续,则

$$\iint\limits_{\Sigma} f(x,y,z)\mathrm{d}S = \begin{cases} 0, & f(x,y,-z) = -f(x,y,z), \\ 2\iint\limits_{\Sigma_1} f(x,y,z)\mathrm{d}S, & f(x,y,-z) = f(x,y,z). \end{cases}$$

类似地,可得到 Σ 关于其他坐标面对称时的结论.

② 若曲面 Σ 关于直线 $x=y=z$ 对称,即其方程关于 x,y,z 具有轮换对称性,$f(x,y,z)$ 在 Σ 上连续,则

$$\iint\limits_{\Sigma} f(x)\mathrm{d}S = \iint\limits_{\Sigma} f(y)\mathrm{d}S = \iint\limits_{\Sigma} f(z)\mathrm{d}S.$$

(2) 第二型曲面积分的计算法. 主要有四种计算方法:

法一:投影法,即化为投影区域上的二重积分计算.

以计算 $\iint\limits_{\Sigma} R(x,y,z)\mathrm{d}x\mathrm{d}y$ 为例的计算步骤:

① 由于面积元素为 $\mathrm{d}x\mathrm{d}y$,所以要将曲面投影到与面积元素两个变量同名的坐标平面 xOy 上得投影区域 D_{xy};

② 因被积函数 $R(x,y,z)$ 定义在积分曲面 Σ 上,x,y,z 应在曲面上取值,所以,在右端的二重积分的被积函数中,需要将 x,y,z 中变量 z 用已给曲面 Σ 的方程 $z(x,y)$ 来代替,把被积函数化为与面积元素 $\mathrm{d}x\mathrm{d}y$ 相同的两个变量的函数,即把曲面方程 $z=z(x,y)$ 代入被积函数中,得到 $\iint\limits_{\Sigma} P(x,y,z)\mathrm{d}x\mathrm{d}y = \pm\iint\limits_{D_{xy}} R(x,y,z(x,y))\mathrm{d}x\mathrm{d}y$;

③ 若曲面 Σ 是由方程 $z=z(x,y)$ 所给出的曲面上侧,取正号,否则取负号. 原因是右端各项二重积分前面正负号的选取,根据曲面 Σ 的法线向量来确定. 如曲面积分是取在曲而 Σ 的上侧,这时法向量与 z 轴成锐角($\cos\gamma > 0$),此时积分号前取正号;如取在曲面的下侧,则法向量与 z 轴成钝角($\cos\gamma < 0$),此时积分号前取负号. 类似地,对于 $\iint\limits_{\Sigma} P(x,y,z)\mathrm{d}y\mathrm{d}z$(或 $\iint\limits_{\Sigma} Q(x,y,z)\mathrm{d}z\mathrm{d}x$),若曲面积分是取在曲面 Σ 的前侧(或右侧),此时,积分号前取正号;若取在曲面 Σ 的后侧(或左侧),则此时积分号前取负.

上述三点即为第二型曲面积分化为二重积分来计算的一般步骤,可以概括为"一投(影)二代三定向,曲积化为二重积".

另外两个积分 $\iint\limits_{\Sigma} P(x,y,z)\mathrm{d}y\mathrm{d}z$ 及 $\iint\limits_{\Sigma} Q(x,y,z)\mathrm{d}z\mathrm{d}x$ 可类似计算.

对一个完整的积分(含三部分)$\iint\limits_{\Sigma} P(x,y,z)\mathrm{d}y\mathrm{d}z + Q(x,y,z)\mathrm{d}z\mathrm{d}x + R(x,y,z)\mathrm{d}x\mathrm{d}y$ 需向三个坐标面投影,得上式 $= \pm\iint\limits_{D_{yz}} P[x(y,z),y,z]\mathrm{d}y\mathrm{d}z \pm \iint\limits_{D_{zx}} Q[x,y(z,x),z]\mathrm{d}z\mathrm{d}x \pm \iint\limits_{D_{xy}} R[x,y,z(x,y)]\mathrm{d}x\mathrm{d}y$.

利用上述方法计算曲面积分时,仍需注意利用奇偶性、对称性简化计算.

法二：合一投影法.

如果曲面方程由 $z = z(x, y)$ 给出，也可由下述命题将三个坐标面上的积分转化为一个坐标面上的积分. 此法常称为合一投影法.

若定曲面 $\sum$ 由方程 $z = z(x, y)$ 给出，$\sum$ 在平面 xOy 上投影区域为 D_{xy}，$z(x, y)$ 在 D_{xy} 上有连续的偏导数，P, Q, R 在 $\sum$ 上连续，则 $\iint\limits_{\sum} P \mathrm{d}y \mathrm{d}z + Q \mathrm{d}z \mathrm{d}x + R \mathrm{d}x \mathrm{d}y$

$$= \pm \iint\limits_{\sum} P(x, y, z(x, y))\left(-\frac{\partial z}{\partial x}\right) + Q(x, y, z(x, y))\left(-\frac{\partial z}{\partial y}\right) + R(x, y, z(x, y)) \mathrm{d}x \mathrm{d}y$$

其中正负号由 $\sum$ 的定向确定：法向量指向上侧取正号，否则取负号.

其中的 $\mathrm{d}y \mathrm{d}z, \mathrm{d}z \mathrm{d}x$ 统一到 $\mathrm{d}x \mathrm{d}y$ 的推导如下：设曲面 $\sum$ 由方程 $z = z(x, y)$ 给出，当 $\sum$ 取上侧时，有 $\cos \alpha = \dfrac{-z_x'}{\sqrt{1 + z_x'^2 + z_y'^2}}$，$\cos \beta = \dfrac{-z_y}{\sqrt{1 + z_x'^2 + z_y'^2}}$，$\cos \gamma = \dfrac{1}{\sqrt{1 + z_x'^2 + z_y'^2}}$，

而 $\mathrm{d}x \mathrm{d}y = \cos \gamma \mathrm{d}S$，$\mathrm{d}z \mathrm{d}x = \cos \beta \mathrm{d}S$，$\mathrm{d}z \mathrm{d}y = \cos \alpha \mathrm{d}S$，故 $\mathrm{d}S = \dfrac{\mathrm{d}y \mathrm{d}z}{\cos \alpha} = \dfrac{\mathrm{d}z \mathrm{d}x}{\cos \beta}$ $= \dfrac{\mathrm{d}x \mathrm{d}y}{\cos \gamma}$，

即 $\quad \mathrm{d}y \mathrm{d}z = \dfrac{\cos \alpha}{\cos \gamma} \mathrm{d}x \mathrm{d}y = -z_x' \mathrm{d}x \mathrm{d}y$，$\mathrm{d}z \mathrm{d}x = \dfrac{\cos \beta}{\cos \gamma} \mathrm{d}x \mathrm{d}y = -z_y' \mathrm{d}x \mathrm{d}y$.

于是 $\iint\limits_{\sum} P \mathrm{d}y \mathrm{d}z + Q \mathrm{d}z x + R \mathrm{d}x \mathrm{d}y = \iint\limits_{\sum} (-z_x' P - z_y' Q + R) \mathrm{d}x \mathrm{d}y$，

这样三个坐标面上的积分就转化为一个坐标面上的积分.

同样，若曲面 $\sum$ 由方程 $x = x(y, z)$ 或 $y = y(x, z)$ 表示且将 $\sum$ 投影到坐标平面 yOz 或 zOx，也可得类似公式.

一般地，如果曲面方程由 $z = z(x, y)$ 给出较简单（例如，曲面为平面或为旋转抛物面等），可用上述合一投影法求其上的第二类曲面积分.

法三：利用两类曲面积分的关系计算.

对第二类曲面积分可先求出曲面 $\sum$ 侧的方向余弦 $\cos \alpha, \cos \beta, \cos \gamma$，通过

$$\iint\limits_{\sum} P \mathrm{d}y \mathrm{d}z + Q \mathrm{d}z \mathrm{d}x + R \mathrm{d}x \mathrm{d}y = \iint\limits_{\sum} (P \cos \alpha + Q \cos \beta + R \cos \gamma) \mathrm{d}S$$

将第二类曲面积分转化为第一类曲面积分计算，这一方法有时会使解题简单，特别是当曲面 $\sum$ 为平面时，由于 $\sum$ 上任意一点的法向量的方向余弦为常数（平面上任意一点的法向量方向相同），常用上法计算第二类曲面积分.

法四：使用高斯公式计算第二类曲面积分.

有下述几种情况：

① 曲面积分 $\iint\limits_{\sum} P \mathrm{d}y \mathrm{d}z + Q \mathrm{d}z \mathrm{d}x + R \mathrm{d}x \mathrm{d}y$ 满足高斯公式的多个条件（$\sum$ 为封闭曲面，取外侧，P, Q, R 在 Ω 上有连续的一阶偏导数），

则 $\iint\limits_{\Sigma} P\mathrm{d}y\mathrm{d}z + Q\mathrm{d}z\mathrm{d}x + R\mathrm{d}x\mathrm{y} = \iiint\limits_{\Omega}\left(\dfrac{\partial P}{\partial x} + \dfrac{\partial Q}{\partial y} + \dfrac{\partial R}{\partial z}\right)\mathrm{d}V$，利用该公式可把对坐标的曲面积分转化为三重积分计算.

一般计算三重积分比计算对坐标的曲面积分容易.计算过程要注意使用曲面方程化简被积函数,使用奇偶对称性及曲面与坐标面的垂直性、物质立体(物质曲面)的质心等简化计算.

② 若 Σ 不是封闭曲面,有时可引入辅助曲面 Σ_1,使 $\Sigma + \Sigma_1$ 成为取外侧或取内侧的封闭曲面,取内侧时高斯公式中即三重积分前补加一负号.

补加的曲面的方向要与 Σ 的方向一致,应尽量简单,容易计算其上对坐标的曲面积分.一般情况下尽可能地选择平行于坐标面的平面,例如取 $z =$ 常数时,有 $\mathrm{d}z\mathrm{d}x = 0$, $\mathrm{d}z\mathrm{d}y = 0$,这样只需计算 $\iint\limits_{\Sigma} R\mathrm{d}x\mathrm{d}y$ 即可,于是将所求的曲面积分转化为简单的三重积分及辅助面上的曲面积分的计算.

③ 计算被积函数在封闭区域上有不连续点的第二类曲面积分.一般用下述方法去掉不连续点:将曲面方程代入被积函数,或用小(椭)球抠掉不连续点,再用高斯公式计算.把所求的曲面积分转化为求另一个易求的积分,也可用分面投影法直接计算.

④ 计算曲面既不封闭,被积函数又不连续的第二类曲面积分.需添加辅助面使之构成封闭曲面,同时又要设法抠掉不连续点,最后用高斯公式求.

另外:第二类曲面积分的计算也有奇偶对称性,第二类曲面积分的奇偶对称性与第一类曲面积分相反,有下述结论.利用此结论可简化计算.

命题　设 Σ 关于坐标平面 yOz 对称,则

$$\iint\limits_{\Sigma} P(x,y,z)\mathrm{d}y\mathrm{d}z = \begin{cases} 2\iint\limits_{\Sigma_1} P(x,y,z)\mathrm{d}y\mathrm{d}z, & P(x,y,z) \text{ 关于 } x \text{ 为奇函数}, \\ 0, & P(x,y,z) \text{ 关于 } x \text{ 为偶函数}, \end{cases}$$

其中 Σ_1 是 Σ 在坐标平面 yOz 的前侧的部分.

这里对坐标 y 和 z 的第二类曲面积分只能考虑 Σ 关于坐标平面 yOz 的对称性,而不能考虑其他面,这一点也与第一类曲面积分不同.对其他坐标的第二类曲面积分也有类似结果.

(四) 高斯公式、通量与散度

1. 高斯公式.

高斯公式和牛顿-莱布尼兹公式、格林公式有个共同的特点:

公式名称	公式	特点
牛顿-莱布尼兹公式	$\displaystyle\int_a^b f(x)\mathrm{d}x = F(b) - F(a)$	把一个区间上的定积分同这个区间端点的原函数值联系起来
格林公式	$\displaystyle\iint\limits_{D}\left(\dfrac{\partial Q}{\partial x} - \dfrac{\partial P}{\partial y}\right)\mathrm{d}x\mathrm{d}y = \oint_L P\mathrm{d}x + Q\mathrm{d}y$	把一个平面区域上的重积分和该区域边界的第二型曲线积分联系起来

续表

公式名称	公式	特点
高斯公式	$$\iiint\limits_{\Omega}\left(\frac{\partial P}{\partial x}+\frac{\partial Q}{\partial y}+\frac{\partial R}{\partial z}\right)\mathrm{d}v$$ $$=\iint\limits_{\Sigma}P\mathrm{d}y\mathrm{d}z+Q\mathrm{d}z\mathrm{d}x+R\mathrm{d}x\mathrm{d}y$$ $$=\iint\limits_{\Sigma}(P\cos\alpha+Q\cos\beta+R\cos\gamma)\mathrm{d}S$$	把一个空间区域上的三重积分和该区域边界的曲面积分联系起来

从这点上来说，牛顿－莱布尼兹公式、格林公式和高斯公式，实质上是同一关系在不同维空间的表现形式.

应用高斯公式计算向向封闭曲面上的第二型曲面积分时，有三个好处，一是把曲面积分化为三重积分计算时，可不再考虑曲面 Σ 的方向，减少定二重积分前面的正负号时易产生的差错；二是一般说来计算一个三重积分要比计算三个第二型曲面积分的计算量小；三是计算三重积分可根据不同的情况，化为相应的坐标系下的累次积分，计算方法比较灵活.

与应用格林公式计算第二型曲线积分类似，当已给的曲面 Σ 不是封闭曲面时，可适当地添加一些曲面使其成为封闭曲面，再利用高斯公式化成三重积分，然后再减去所添加曲面上的曲面积分，即得所求结果.

2. 通量与散度.

通量与散度是场论中的重要概念，下面从不同角度理解这两个概念.

（1）通过具体的例子理解通量. 如：① 在流速向量 v 分布的流速场中通过曲面 Σ 的流量 $\Phi=\iint\limits_{\Sigma}v\cdot n\mathrm{d}S$ ，② 在磁感应强度向量 $\vec{B}$ 分布的磁场中穿过曲面 Σ 的磁通量 $\Phi=\iint\limits_{\Sigma}\vec{B}\cdot n\mathrm{d}S$ ，这些都是具体的通量，从类似这些具体的例子抽象出一般的向量场 $\vec{A}(M)$ 的通量 $\Phi=\iint\limits_{\Sigma}\vec{A}(M)\cdot n\mathrm{d}S$ ，通量的其他表示形式为：

$$\Phi=\iint\limits_{\Sigma}\vec{A}(M)\cdot n\mathrm{d}S=\iint\limits_{\Sigma}A_n\mathrm{d}S=\iint\limits_{\Sigma}\vec{A}\cdot\vec{\mathrm{d}S}=\iint\limits_{\Sigma}P\mathrm{d}y\mathrm{d}z+Q\mathrm{d}z\mathrm{d}x+R\mathrm{d}x\mathrm{d}y$$

（2）通过以流速场 $v(M)$ 为例来说明通量为正、为负、为零时的物理意义，来理解通量这个概念. 注意，流体通过闭曲面 Σ 的流量 $\Phi=\iint\limits_{\Sigma}v\cdot\vec{\mathrm{d}S}$ 是表示从内穿出的正流量与从外穿入的负流量的代数和，

当积分值 $\Phi>0$ 时，它表明流体穿过 Σ 从内部流出的量多于从外部流入的量，这说明 Σ 内部有正源（泉源），它不断流出流体.

当积分值 $\Phi<0$ 时，它表明流体穿过 Σ 从内部流出的量少于从外部流入的量，这说明 Σ 内部有负源（汇或洞），它不断吸收流体.

当积分值 $\Phi=0$ 时，它表明流体穿过 Σ 从内部流出的量等于从外部流入的量，这说

明 $\sum$ 内部可能既没有"源",也没有"洞",或可能既有"源",也有"洞",但"源"发散出的流量和"洞"吸收入的流量相等.

(3) 通过通量与散度的关系理解散度. 通过对通量的理解,在一般向量场 $\vec{A}(M)$ 中,对于穿过闭曲面 $\sum$ 的通量 Φ,我们可以视其为正或为负,而说明对闭曲面 $\sum$ 所包围着的空间 Ω 内总体说来是不是有"正源"或"负源"的情况;但它并不能解决"源"在 Ω 内的局部分布情况,所以,为刻画出向量场中每点的发散或吸收情况,需在向量场 $\vec{A}(M)$ 中取一点 M,作一个充分小的包含 M 点在内的任一闭曲面 $\sum$,设其所包围的空间区域为 Ω,以

ΔV 表其体积,用极限方法引出散度这个概念的积分形式 $\operatorname{div}\vec{A} = \lim\limits_{\Omega \to M} \dfrac{\displaystyle\iint\limits_{\sum} \vec{A} \cdot \vec{\mathrm{d}S}}{\Delta V} = \lim\limits_{\Delta V \to 0} \dfrac{\displaystyle\iint\limits_{\sum} \vec{A} \cdot \vec{\mathrm{d}S}}{\Delta V}$.

注意:散度 $\operatorname{div}\vec{A}$ 是一个数量,它表示场中一点处通量对体积的变化率,即通量密度,也就是在该点处对一个单位体积来说所穿过的通量,所以,它也表示该点处"源"的强度.

(4) 通过散度的物理意义理解散度. 现仍以流速场 $\vec{A}(M)$ 为例来说明散度的物理意义:

当 $\operatorname{div}\vec{A} > 0$ 时,它表明在该点 M 处有发散通量(流出流体)的"正源";

当 $\operatorname{div}\vec{A} < 0$ 时,它表明在该点 M 处有吸收通量(吸收流体)的"负源";

当 $\operatorname{div}\vec{A} = 0$ 时,它表明在该点 M 处无"源"(既不发散也不吸收流体).

所以,散度在物理上表示场的有源性,表征空间各点矢量场发散的强弱程度(散发通量的是正源,吸收通量的是负源,还有无源).

一般的,把 $\operatorname{div}\vec{A} \neq 0$ 的向量场称有源场,把 $\operatorname{div}\vec{A} = 0$ 的向量场称为无源场(或管状场),向量场的每一点都有一个散度,散度是数量,所以,向量场的散度构成一个数量场,这个场称为散度场.

(5) 从高斯公式的物理背景理解散度. 设 Ω 的体积为 V,由高斯公式得 $\dfrac{1}{V}\iiint\limits_{\Omega} \left(\dfrac{\partial P}{\partial x} + \dfrac{\partial Q}{\partial y} + \dfrac{\partial R}{\partial z}\right) \mathrm{d}z = \dfrac{1}{V}\iint\limits_{\sum} v_n \mathrm{d}S$,其左端表示 Ω 内源头在单位时间单位体积内所产生的流体质量的平均值. 由积分中值定理得 $\left(\dfrac{\partial P}{\partial x} + \dfrac{\partial Q}{\partial y} + \dfrac{\partial R}{\partial z}\right)\Bigg|_{(\xi,\eta,\zeta)} = \dfrac{1}{V}\iint\limits_{\sum} v_n \mathrm{d}S$. 令 Ω 缩向一点 $M(x,y,z)$ 得 $\dfrac{\partial P}{\partial x} + \dfrac{\partial Q}{\partial y} + \dfrac{\partial R}{\partial z} = \lim\limits_{\Omega \to M} \dfrac{1}{V}\iint\limits_{\sum} v_n \mathrm{d}S$. 上式左端称为 $\vec{A}(M)$ 在点 $M(x,y,z)$ 的散度,记为 $\operatorname{div}\vec{A}$,即 $\operatorname{div}\vec{A} = \dfrac{\partial P}{\partial x} + \dfrac{\partial Q}{\partial y} + \dfrac{\partial R}{\partial z}$,这就是散度的微分形式,它较之散度的积分形式有着计算简便的明显优点.

利用散度的微分形式,高斯公式又可写成如下的向量形式 $\iiint\limits_{\Omega} \operatorname{div}\vec{A} \mathrm{d}v = \iint\limits_{\sum} \vec{A} \cdot \boldsymbol{n} \mathrm{d}S$,

这公式表明，单位时间内通过曲面 Σ 的通量等于 Σ 所包围的空间区域 Ω 内所有点的发散量的总和，这就是高斯公式的物理意义.

（五）斯托克斯公式、环量与旋度

1. 斯托克斯公式.

高斯公式可以看作是平面上的格林公式在三维空间的翻版，斯托克斯公式是格林公式的直接推广（用曲面块来代替格林公式中的平面图形），这个公式把沿着某一曲面块 Σ 的确定一侧所取的曲面积分与沿着 Σ 的边界曲线 Γ 所取的某一个空间曲线积分联系起来，换句话说，这个公式对于曲面所解决的问题正是格林公式对于平面所解决的那个问题，即当曲面 Σ 是 xOy 平面上的闭区域时，相应的斯托克斯公式就是格林公式.

斯托克斯公式的证明比较复杂，一般不作要求，但对于斯托克斯公式中曲线积分的正方向和曲面的正侧之间服从右手法则的规定以及斯托克斯公式的基本思想，要清楚理解.

斯托克斯公式的形式比较复杂，要记住往往感到困难，为了帮助大家记忆，利用符号行列式，将它形式地记成

$$\iint_{\Sigma} \begin{vmatrix} dydz & dzdx & dxdy \\ \dfrac{\partial}{\partial x} & \dfrac{\partial}{\partial y} & \dfrac{\partial}{\partial z} \\ P & Q & R \end{vmatrix} = \oint_{\Gamma} Pdx + Qdy + Rdz ,$$

在应用斯托克斯公式将曲线积分化为曲面积分时，主要应考虑的几个问题归纳如下：

（1）被积函数是否能化简，以便于计算；

（2）选择适当的以积分曲线 Γ 为边界线的曲面 Σ，可以证明，斯托克斯公式中的曲面积分，与曲面的选择无关，而只与边界曲线有关，所以曲面的选取是可以任意的，曲面选取的是否恰当，对计算的难易程度影响较大，这是极为关键的问题；

（3）要注意给定曲线的方向，按右手法则定出 Σ 的侧；

（4）确定用第一型曲面积分或第二型曲面积分去计算，不过有时用第一型曲面积分，再投到一个坐标面上去计算，会使问题简单.

2. 环量.

在流体力学中，积分 $\displaystyle\int_{\Gamma} \vec{A} \cdot \vec{dl} = \int_{\Gamma} Pdx + Qdy + Rdz = \int_{\Gamma} A_{\tau} dl$ 叫做向量场 $\vec{A}$ 沿有向闭曲线 Γ 的环流量. 其中，向量场 $\vec{A} = (P(x,y,z), Q(x,y,z), R(x,y,z))$，$P(x,y,z)$，$Q(x,y,z)$，$R(x,y,z)$ 均连续，曲线 Γ 是 $\vec{A}$ 内分段光滑的有向闭曲线，$\vec{dl}$ 是 Γ 上点 (x, y, z) 处的单位切向量.

在流速场 $\vec{A}$ 中，环量刻画了流体沿曲线 Γ 作环形流动时，流动的涡旋及流动效果的强弱，但是，环量只刻画了涡旋总的效果，却不知道在流速场中每一点处涡旋的情况和强弱. 设 M 为流速场 $\vec{A}(M)$ 中的一点，在 M 点处取定一个方向 $\boldsymbol{n}$，再过 M 作一个微小曲面 ΔS（ΔS 也表示其面积），且以 $\boldsymbol{n}$ 为其在点 M 处的法向量，其边界 Γ 的正向与 $\boldsymbol{n}$ 符合右手螺旋规则，于是，得平均环量，即单位面积的环量 $\dfrac{1}{\Delta S}\displaystyle\int_{\Gamma} \vec{A} \cdot \vec{dl}$，这个量表示围绕垂直

ΔS 方向的平均涡旋. 当曲面 ΔS 在点 M 处保持以 $\boldsymbol{n}$ 为法向量的条件下,以任意方式缩向 M 点时,其极限 $\lim\limits_{\Delta S \to M} \dfrac{1}{\Delta S} \oint_{\Gamma} \vec{A} \cdot \vec{\mathrm{d}l}$ 为流速场在点 M 围绕 $\boldsymbol{n}$ 方向的涡旋,即流速场点 M 处在方向 n 上单位面积的环量. 于是,一般向量场 $\vec{A}$ 在点 M 处沿方向 $\boldsymbol{n}$ 的环量面密度(亦即环量对面积的变化率) $\lim\limits_{\Delta S \to M} \dfrac{1}{\Delta S} \oint_{\Gamma} \vec{A} \cdot \vec{\mathrm{d}l}$.

3. 旋度.

在高等数学中旋度这个概念比较抽象,是最难理解的一个概念. 如同数量场中方向导数一样,环量面密度是一个与方向有关的概念,对于不同的方向,其环量面密度是不一样的. 然而,在数量场中,找出了一个梯度向量,在给定点处,它的方向表示了最大方向导数的方向,它的模为最大方向导数的数值,而它在任一方向上的投影,就给出了该方向的方向导数,这种情况,自然给我们一种启发,也希望能找到这样一种向量,它与环量面密度的关系,正如梯度与方向导数的关系一样,即希望找到的这向量,对于给定点处,它的方向为环量面密度最大的方向,它的模为最大环量面密度的数值,它在任一方向 $\boldsymbol{n}$ 上的投影,就给出了该方向上的环量面密度,这个量,就是向量场 $\vec{A}$ 的所谓旋度 $\mathrm{rot}\vec{A}$,于是

$$(\mathrm{rot}\vec{A})_n = \lim_{\Delta S \to M} \frac{1}{\Delta S} \oint_{\Gamma} \vec{A} \cdot \vec{\mathrm{d}l} ,$$

其中,$\boldsymbol{n}$ 的方向与 Γ 的方向按右手螺旋法则确定. 旋度是一个向量,它的一个重要性质是:旋度向量在任一方向 $\boldsymbol{n}$ 上的投影,等于该方向上的环量面密度,即有

$$(\mathrm{rot}\vec{A})_n = \lim_{\Delta S \to M} \frac{1}{\Delta S} \oint_{\Gamma} \vec{A} \cdot \vec{\mathrm{d}l}.$$

在磁场 $\vec{H}$ 中,旋度 $\mathrm{rot}\vec{H}$ 是这样一个向量,在给定点处,它的方向是最大电流密度的方向,其模即为最大电流密度的数值,而且它在任一方向上的投影,就给出了该方向上的电流密度,在电学中称 $\mathrm{rot}\vec{H}$ 为电流密度向量.

同样,在流速场 v 中,旋度 $\mathrm{rot}v$ 是一个向量,在给定点处,它的方向是最大环流密度的方向,其模即为最大环流密度的数值,而且它在任一方向上的投影,就给出了该方向上的环流密度.

旋度的上述定义,显然是与坐标系的选取无关. 但在许多情况下,都是在直角坐标系中来研究场的,所以,要用到旋度的坐标表达式. 设有向量场

$$\vec{A}(x,y,z) = P(x,y,z)\boldsymbol{i} + Q(x,y,z)\boldsymbol{j} + R(x,y,z)\boldsymbol{k},$$

旋度的计算公式为 $\mathrm{rot}\vec{A} = \left(\dfrac{\partial R}{\partial y} - \dfrac{\partial Q}{\partial z}\right)\boldsymbol{i} + \left(\dfrac{\partial P}{\partial z} - \dfrac{\partial R}{\partial x}\right)\boldsymbol{j} + \left(\dfrac{\partial Q}{\partial x} - \dfrac{\partial P}{\partial y}\right)\boldsymbol{k}$,或者

$$\mathrm{rot}\vec{A} = \nabla \times \vec{A} = \begin{vmatrix} \boldsymbol{i} & \boldsymbol{j} & \boldsymbol{k} \\ \dfrac{\partial}{\partial x} & \dfrac{\partial}{\partial y} & \dfrac{\partial}{\partial z} \\ P & Q & R \end{vmatrix},$$ 旋度也称涡度,rot 有些书上记为 curl.

应用旋度,斯托克斯公式可改写为 $\iint\limits_{\Sigma} (\mathrm{rot}\vec{A}) \cdot \vec{\mathrm{d}S} = \oint_{\Gamma} \vec{A} \cdot \vec{\mathrm{d}l}$

（其中 Γ 的正向与 $\sum$ 的侧应符合右手规则），它表明：向量场 $\overrightarrow{A}$ 沿有向闭曲线 Γ 的环量等于向量场的旋度场通过 Γ 所张的曲面 $\sum$ 的通量.

向量场 $\operatorname{rot}\overrightarrow{A}$ 为什么称为向量场 $\overrightarrow{A}(M)$ 的旋度，可以从一刚体以等角速度 $\overrightarrow{\omega}$ 绕定轴 l 转动，刚体内任一点 M 处的速度 v 的旋度 $\operatorname{rot}v=\overrightarrow{2\omega}$ 来说明：当角速度大时，旋度的模也大，表明刚体旋转也快，当角速度为零时，旋度也等于零，表明刚体不旋转. 所以旋度模的大小，可以表示旋转的快慢. 速度场的旋度具有角速度的性质，"旋度"名词的来源，正是从这里而得名.

对一般的向量场，旋度的物理意义并不如此明显，实际上，在许多物理问题中，旋度往往是在使用了斯托克斯公式或其等价形式后才出现的，因此，不必太深究旋度的物理意义，以免使自己的产生迷惑.

二、典型例题

（一）计算第一类曲线积分

例 1 设平面曲线 L 为下半圆 $y=-\sqrt{1-x^2}$，则曲线积分 $\int_L(x^2+y^2)\mathrm{d}s=$ _____ .

解一： 因在 L 上有 $x^2+y^2=1$，故原式 $=\int_L 1\mathrm{d}s=\int_L\mathrm{d}s=\pi$.

解二： $L:y=-\sqrt{1-x^2}(-1\leqslant x\leqslant 1)$，$\mathrm{d}s=\sqrt{1+y'^2}\,\mathrm{d}x=\dfrac{1}{\sqrt{1-x^2}}\mathrm{d}x$，则

原式 $=\int_{-1}^{1}(x^2+1-x^2)\dfrac{1}{\sqrt{1-x^2}}\mathrm{d}x=\int_{-1}^{1}\dfrac{1}{\sqrt{1-x^2}}\mathrm{d}x=\arcsin x\Big|_{-1}^{1}=\pi$.

例 2 计算曲线积分 $\int_{\Gamma}(z+y^2)\mathrm{d}s$，其中 Γ 为球面 $x^2+y^2+z^2=R^2$ 与平面 $x+y+z=0$ 的交线.

解： 因为曲线 Γ 的方程对变量 x,y,z 具有轮换对称性，故

$$\int_{\Gamma}z\mathrm{d}s=\int_{\Gamma}x\,\mathrm{d}s=\int_{\Gamma}y\mathrm{d}s=\frac{1}{3}\int_{\Gamma}(x+y+z)\mathrm{d}s=0,$$

$$\int_{\Gamma}y^2\mathrm{d}s=\int_{\Gamma}z^2\mathrm{d}s=\int_{\Gamma}x^2\mathrm{d}s=\frac{1}{3}\int_{\Gamma}(x^2+y^2+z^2)\mathrm{d}s.$$

因而 $\int_{\Gamma}(z+y^2)\mathrm{d}s=\dfrac{1}{3}\int_{\Gamma}[(x+y+z)+(x^2+y^2+z^2)]\mathrm{d}s$.

将 Γ 的方程代入被积函数，化简得到 $\int_{\Gamma}(z+y^2)\mathrm{d}s=\dfrac{1}{3}\int_{\Gamma}(0+R^2)\mathrm{d}s=\dfrac{R^2}{3}\cdot 2\pi R=\dfrac{2}{3}\pi R^3$.

例 3 计算 $\int_L(x\sin\sqrt{x^2+y^2}+x^2+4y^2-7y)\mathrm{d}s$，$L$ 是椭圆 $\dfrac{x^2}{4}+(y-1)^2=1$，设 L 的全长为 l.

解： 因 L 关于 y 轴对称，被积函数中第一项关于 x 为奇函数. 于是由奇偶对称性知，$\int_L x\sin\sqrt{x^2+y^2}\mathrm{d}s=0$. 将 L 的方程改写为 $x^2+4y^2=8y$，代入被积式中得：原式 $=\int_L y\mathrm{d}s$. 根据

L 的形心坐标公式,$\bar{y} = \int_L y\,ds \Big/ \int_L ds = 1.$ 于是形心 $= \int_L y\,ds = \int_L ds = l.$

注意:若曲线具有对称性,虽然整个被积函数不一定关于 x(或 y)为奇、偶函数,但可进一步考察其某一部分是否具有奇偶性,尽量利用对称性简化计算.

(二) 计算第二类曲线积分

类型一:积分与路径无关

例 1 设曲线积分 $\int_L [f(x) - e^x]\sin y\,ds - f(x)\cos y\,dy$ 与路径无关,其中 $f(x)$ 具有连续的一阶导数,且 $f(0) = 0$,则 $f(x)$ 等于(   ).

A. $(e^{-x} - e^x)/2$ B. $(e^x - e^{-x})/2$

C. $(e^x + e^{-x})/2$ D. $1 - (e^x - e^{-x})/2$

解:$\dfrac{\partial P}{\partial y} = \dfrac{\partial}{\partial y}\{[f(x) - e^x]\sin y\} = [f(x) - e^x]\cos y,$

$\dfrac{\partial Q}{\partial x} = \dfrac{\partial}{\partial x}[-f(x)\cos y] = -f'(x)\cos y,$

由积分与路径无关得 $f'(x) + f(x) = e^x$,解得 $f(x) = e^{-x}\left(\dfrac{1}{2}e^{2x} + C\right)$,由 $f(0) = 0$

得 $C = -\dfrac{1}{2}$,故 $f(x) = \dfrac{e^x - e^{-x}}{2}$,仅 B 正确.

例 2 能否选取常数 a, b 使得在区域 $D = \{(x, y) \mid x^2 + y^2 > 0\}$ 上,$[(y^2 + 2xy + ax^2)dx - (x^2 + 2xy + by^2)dy]/(x^2 + y^2)^2$ 为某函数 $u(x, y)$ 的全微分? 若能,求出 $u(x, y)$.

解:记 $P(x, y) = \dfrac{y^2 + 2xy + ax^2}{(x^2 + y^2)^2}$,$Q(x, y) = \dfrac{-(x^2 + 2xy + by^2)}{(x^2 + y^2)^2}$. 若存在 $u(x, y)$,

使 $du = Pdx + Qdy$,$(x, y) \in D$,则必有 $\dfrac{\partial P}{\partial y} = \dfrac{\partial}{\partial y}\left(\dfrac{\partial u}{\partial x}\right) = \dfrac{\partial^2 u}{\partial x \partial y} = \dfrac{\partial}{\partial x}\left(\dfrac{\partial u}{\partial y}\right) = \dfrac{\partial Q}{\partial x}$,

$(x, y) \in D$,但 $(x, y) \neq (0, 0)$. 经计算得 $\dfrac{\partial P}{\partial y} = \dfrac{2y + 2x}{(x^2 + y^2)^2} - \dfrac{4y(y^2 + 2xy + ax^2)}{(x^2 + y^2)^3}$. 由对称性得

$$\frac{\partial Q}{\partial x} = -\frac{2x + 2y}{(x^2 + y^2)^2} + \frac{4x(x^2 + 2xy + by^2)}{(x^2 + y^2)^3}.$$

于是由 $\dfrac{\partial P}{\partial y} = \dfrac{\partial Q}{\partial x}$,$\forall (x, y) \in D$,但 $(x, y) \neq (0, 0)$,

得到 $(x + y)(x^2 + y^2) - y(y^2 + 2xy + ax^2) = x(x^2 + 2xy + by^2)$,即 $(a + 1)x^2 y + (b - 1)xy^2 = 0$,$\forall (x, y) \in D$,但 $(x, y) \neq (0, 0)$.

当 $xy \neq 0$ 时,有 $(a + 1)x + (b + 1)y = 0$,得 $a = -1, b = -1$.

下面求原函数 $u(x, y)$. 因 $\dfrac{\partial P}{\partial y} = \dfrac{\partial Q}{\partial x}$ 知 $\int_C Pdx + Qdy$ 与路径无关,为求出 $u(x, y)$,

取特殊路径积分,为此,先求 $v(x, y) = \int_{(1, 0)}^{(x, y)} Pdx + Qdy.$

$$v(x,y)=\int_1^x P(x,0)\mathrm{d}x+\int_0^y Q(x,y)\mathrm{d}y=\int_1^x \frac{-x^2}{x^4}\mathrm{d}x+\int_0^y \frac{-(x^2+2xy-y^2)}{(x^2+y^2)^2}\mathrm{d}y.$$

于是 $u(x,y)=v(x,y)+C=\dfrac{x-y}{x^2+y^2}+C$，$C$ 为任意常数.

类型二:积分与路径有关

若 $\dfrac{\partial Q}{\partial x}\neq\dfrac{\partial P}{\partial y}$，则曲线积分 $\displaystyle\int_L P\mathrm{d}x+Q\mathrm{d}y$ 与路径有关，因而不能改变其积分路径求积分,其值可用格林公式求之.该法是计算平面上第二类曲线积分的重要方法

例 1 设 L 为取正向的圆周 $x^2+y^2=9$，则曲线积分 $\displaystyle\int_L (2xy-2y)\mathrm{d}x+(x^2-4x)\mathrm{d}y$ 的值是_____.

析: 曲线积分满足格林公式的各个条件,可直接使用格林公式将曲线积分转换为二重积分求之.

解: L 所围区域记为 $D=\{(x,y)\,|\,x^2+y^2\leqslant 3^2\}$，且 L 取正向,由格林公式得

$$原式=\iint\limits_D [(2x-4)-(2x-2)]\mathrm{d}\sigma=-2\iint\limits_D \mathrm{d}\sigma=(-2)\times\pi\times 3^2=-18\pi.$$

例 2 计算曲线积分 $\displaystyle\int_L \mathrm{e}^x\sin y\mathrm{d}x+\left(\mathrm{e}^x\cos y+\dfrac{x^3}{3}\right)\mathrm{d}y$,其中 L 是沿圆周 $x^2+y^2=2x$ 的上半部分由点 $A(2,0)$ 到 $O(0,0)$.

析: 若曲线不封闭,添加辅助线(例如添加平行于坐标轴的直线段使之构成封闭曲线),然后用格林公式把求曲线积分转换为易求的二重积分及辅助线上的曲线积分.

解: 显然所给积分与路径 L 有关,而直接计算比较繁,下用格林公式求之.为此先添加直线段 $l:y=0(0\leqslant x\leqslant 2)$ 与 L 构成封闭曲线,其所围区域为 $D=\{(x,y)\,|\,x^2+y^2\leqslant 2x,y\geqslant 0\}$.令 $P=\mathrm{e}^x\sin y$，$Q=\mathrm{e}^x\cos y+\dfrac{x^3}{3}$，则 $\dfrac{\partial P}{\partial y}=\mathrm{e}^x\cos y$，$\dfrac{\partial Q}{\partial x}=\mathrm{e}^x\cos y+x^2$，故

$$\int_L \mathrm{e}^x\sin y\mathrm{d}x+\left(\mathrm{e}^x\cos y+\frac{x^3}{3}\right)\mathrm{d}y$$

$$=\int_{L+l}\mathrm{e}^x\sin y\mathrm{d}x+\left(\mathrm{e}^x\cos y+\frac{x^3}{3}\right)\mathrm{d}y-\int_l\left[\mathrm{e}^x\sin y\mathrm{d}x+\left(\mathrm{e}^x\cos y+\frac{x^3}{3}\right)\right]\mathrm{d}y,$$

而 $\displaystyle\int_{L+l}\mathrm{e}^x\sin y\mathrm{d}x+\left(\mathrm{e}^x\cos y+\frac{x^3}{3}\right)\mathrm{d}y=\iint\limits_D\left(\frac{\partial Q}{\partial x}-\frac{\partial P}{\partial y}\right)\mathrm{d}x\mathrm{d}y=\iint\limits_D x^2\mathrm{d}x\mathrm{d}y=$

$$\int_0^{\pi/2}\mathrm{d}\theta\int_0^{2\cos\theta}r^2\cos^2\theta\cdot r\mathrm{d}r$$

$$=4\int_0^{\pi/2}\cos^6\theta\mathrm{d}\theta=4\cdot\frac{5!!}{6!!}\cdot\frac{\pi}{2}=\frac{5}{8}\pi.$$ 又 $\displaystyle\int_l\mathrm{e}^x\sin y\mathrm{d}x+\left(\mathrm{e}^x\cos y+\frac{x^3}{3}\right)\mathrm{d}y=\int_0^2 0\mathrm{d}x$ $=0$,所以

$$\int_L \mathrm{e}^x\sin y\mathrm{d}x+\left(\mathrm{e}^x\cos y+\frac{x^3}{3}\right)\mathrm{d}y=\frac{5\pi}{8}-0=\frac{5\pi}{8}.$$

例 3 计算曲线积分 $I=\displaystyle\int_L \frac{x\mathrm{d}y-y\mathrm{d}x}{4x^2+y^2}$,其中 L 是以点 $(1,0)$ 为中心、$R(R>1)$ 为

半径的圆周,取逆时针方向.

析:L 所围区域含 P,Q 不连续点时,设法使用格林公式.这时 L 所围区域为复连通区域,设法去掉 P,Q 不连续的点,常用下述各法求出其积分.(1)将 L 的方程代入被积函数,有时可去掉其不连续的点.(2)构造单连通区域 D,常用抠除 P,Q 不连续的点的小(椭)圆与曲线 L 和其他曲线围成单连通区域 D,再在 D 上使用格林公式.

解法 1:L 所围区域 D 复连通域,在 D 上有奇点 $(0,0)$.先用足够小的椭圆 l:$4x^2+y^2=a^2$($a>0$,l 取顺时针方向),挖掉奇点,使 l 位于 L 的内部得到 $L+l^-$ 所围成单连通区域 D.

由 $\dfrac{\partial P}{\partial y}=\dfrac{y^2-4x^2}{(4x^2+y^2)^2}=\dfrac{\partial Q}{\partial x}$,$\forall (x,y)\neq (0,0)$ 及格林公式,有 $\displaystyle\int_{L+l^-}\dfrac{x\,\mathrm{d}y-y\,\mathrm{d}x}{4x^2+y^2}=0$,即

$$I=\int_L\frac{x\,\mathrm{d}y-y\,\mathrm{d}x}{4x^2+y^2}=-\int_{l^-}\frac{x\,\mathrm{d}y-y\,\mathrm{d}x}{4x^2+y^2}=\int_l\frac{x\,\mathrm{d}y-y\,\mathrm{d}x}{4x^2+y^2}=\frac{1}{a^2}\int_l x\,\mathrm{d}y-y\,\mathrm{d}x=\frac{1}{a^2}\times$$

$$2\left(\frac{1}{a}\int_l x\,\mathrm{d}y-y\,\mathrm{d}x\right)=\pi.$$

解法 2:写出积分曲线的参数方程化为定积分计算.

与路径有关又不便使用格林公式的第二类曲线积分,常化为定积分计算.为此选择合适的参数将积分曲线 L 用参数方程表示:$x=x(t)$,$y=y(t)$,$\alpha\leqslant t\leqslant\beta$,则可按下述公式

$$\int_L P\mathrm{d}x+Q\mathrm{d}y=\int_\alpha^\beta\{P[x(t),y(t)]x'(t)+Q[x(t),y(t)]y'(t)\}\mathrm{d}t$$

化为参数 t 的定积分计算,其中 α,β 分别对应曲线 L 的起点和终点.

类型三:计算空间第二类曲线积分

例 1 计算曲线积分 $\displaystyle\int_C(z-y)\mathrm{d}x+(x-z)\mathrm{d}y+(x-y)\mathrm{d}z$,其中 C 是曲线 $\begin{cases}x^2+y^2=1,\\ x-y+z=2,\end{cases}$ 从 Z 轴正向往 Z 轴负向看 C 的方向是顺时针的.

解法一:利用斯托克斯公式计算.取 $\sum$ 是平面 $x-y+z=2$ 上以 C 为边界的曲面,其外侧法向量与 Z 轴正向的夹角为钝角,曲面 $\sum$ 的侧是下侧,有向投影取负号,即 $-\mathrm{d}x\mathrm{d}y$,D_{xy} 为 $\sum$ 在坐标平面 xOy 上的投影区域:$x^2+y^2\leqslant 1$,$z=0$,

则原式 $=\displaystyle\iint_{\sum}\left[\frac{\partial(x-y)}{\partial y}-\frac{\partial(x-z)}{\partial z}\right]\mathrm{d}y\mathrm{d}z+\left[\frac{\partial(z-y)}{\partial z}-\frac{\partial(x-y)}{\partial x}\right]\mathrm{d}z\mathrm{d}x$

$+\left[\dfrac{\partial(x-z)}{\partial x}-\dfrac{\partial(x-y)}{\partial y}\right]\mathrm{d}x\,\mathrm{d}y=\displaystyle\iint_{\sum}2\mathrm{d}x\mathrm{d}y=-2\iint_{D_{xy}}\mathrm{d}x\mathrm{d}y=-2\pi\times 1^2=-2\pi.$

解法二:先将曲线 C 的方程化为参数方程:令 $x=\cos\theta$,$y=\sin\theta$,因 C 取顺时针方向,则 $z=2-x+y=2-\cos\theta+\sin\theta$,原式 $=\displaystyle\int_{2\pi}^0[2\cos 2\theta-2(\sin\theta+\cos\theta)+1]\mathrm{d}\theta$.注意到 $x=\cos\theta$,$y=\sin\theta$,以 2π 为周期,原式 $=-\displaystyle\int_0^{2\pi}[2\cos 2\theta-2(\sin\theta+\cos\theta)+1]\mathrm{d}\theta$

$=-2\pi.$

例 2 计算 $I=\int_L(y^2-z^2)\mathrm{d}x+(2z^2-x^2)\mathrm{d}y+3(x^2-y^2)\mathrm{d}z$，其中 L 是平面 $x+y+z=2$ 与柱面 $|x|+|y|=1$ 的交线，从 z 轴正向看去，L 是逆时针方向.

解一： 记 $\sum$ 为平面 $x+y+z=2$ 被柱面 $|x|+|y|=1$ 截下的部分平面的上侧，则平面的法向量的方向余弦为 $\cos\alpha=\cos\beta=\cos\gamma=1/\sqrt{3}$. 于是，由斯托克斯公式得到

$$I=\iint\limits_{\sum}\begin{vmatrix}\cos\alpha & \cos\beta & \cos\gamma \\ \dfrac{\partial}{\partial x} & \dfrac{\partial}{\partial y} & \dfrac{\partial}{\partial z} \\ y^2-z^2 & 2z^2-x^2 & 3x^2-y^2\end{vmatrix}\mathrm{d}S=-\frac{2}{\sqrt{3}}\iint\limits_{\sum}(4x+2y+3z)\mathrm{d}S.$$

设 $\sum$ 在 xOy 面上的投影域为 D_{xy}，则 $D_{xy}:|x|+|y|\leqslant 1$. 其面积为 $\sqrt{2}\times\sqrt{2}=2$，它关于 x 轴和 y 轴均对称，故 $\iint\limits_{D_{xy}}x\mathrm{d}x\mathrm{d}y=\iint\limits_{D_{xy}}y\mathrm{d}x\mathrm{d}y=0.$

又由 $z=2-x-y$，易求得 $z'_x=-1,z'_y=-1$，故 $\mathrm{d}S=\sqrt{1+z'^2_x+z'^2_y}\,\mathrm{d}x\mathrm{d}y=\sqrt{3}\,\mathrm{d}x\mathrm{d}y.$

$$I=-\frac{2}{\sqrt{3}}\iint\limits_{\sum}(4x+2y+3z)\mathrm{d}S=-\frac{2}{\sqrt{3}}\times\sqrt{3}\iint\limits_{D_{xy}}(x-y+6)\mathrm{d}x\mathrm{d}y$$

$$=-2\iint\limits_{D_{xy}}6\mathrm{d}x\mathrm{d}y=-12\iint\limits_{D_{xy}}\mathrm{d}x\mathrm{d}y=-24.$$

解二： 记 $\sum$ 为平面 $x+y+z=2$ 上 L 所围成部分的上侧，由斯托克斯公式知

$$I=\iint\limits_{\sum}\begin{vmatrix}\mathrm{d}y\mathrm{d}z & \mathrm{d}z\mathrm{d}x & \mathrm{d}x\mathrm{d}y \\ \dfrac{\partial}{\partial x} & \dfrac{\partial}{\partial y} & \dfrac{\partial}{\partial z} \\ y^2-z^2 & 2z^2-x^2 & 3x^2-y^2\end{vmatrix}=\iint\limits_{\sum}(-2y-4z)\mathrm{d}y\mathrm{d}z+(-2z-6x)\mathrm{d}z\mathrm{d}x$$

$+(-2x-2y)\mathrm{d}x\mathrm{d}y$，

再利用合一投影法，记 D 为 $\sum$ 在 xOy 面上的投影，由 $z=2-x-y$，有

$$I=\iint\limits_{\sum}[-z'_x(-2y-4z)-z'_y(-2z-6x)+(-2x-2y)]\mathrm{d}x\mathrm{d}y=-2\iint\limits_{D}(x-y+$$

$6)\mathrm{d}x\mathrm{d}y=-24.$

这是因为 D 关于坐标平面 yOz、xOz 对称，而 x,y 分别为其上的奇函数，则

$$\iint\limits_{D}x\mathrm{d}x\mathrm{d}y=0,\iint\limits_{D}y\mathrm{d}x\mathrm{d}y=0.$$

类型四： 计算积分曲线具有对称性的第二类曲线积分

第二类曲线积分的奇偶对称性与第一类曲线积分相反，有下述结论.

命题 1 设 L 为平面上分段光滑的定向曲线，$P(x,y),Q(x,y)$ 连续.

(1) L 关于 y 轴对称，L_1 是 L 在 y 轴右侧部分，则

$$\int_L P(x,y)\mathrm{d}x=\begin{cases}0, & P(x,y)\text{ 关于 }x\text{ 为奇函数}, \\ 2\displaystyle\int_{L_1}P(x,y)\mathrm{d}x, & P(x,y)\text{ 关于 }x\text{ 为偶函数}; \end{cases}$$

$$\int_L Q(x,y)\mathrm{d}y = \begin{cases} 0, & Q(x,y) \text{ 关于 } x \text{ 为偶函数}, \\ 2\displaystyle\int_{L_1} Q(x,y)\mathrm{d}y, & Q(x,y) \text{ 关于 } x \text{ 为奇函数}. \end{cases}$$

（2）L 关于 x 轴对称，L_1 是 L 在 x 轴上侧部分，则

$$\int_L P(x,y)\mathrm{d}x = \begin{cases} 0, & P(x,y) \text{ 关于 } y \text{ 为偶函数}, \\ 2\displaystyle\int_{L_1} P(x,y)\mathrm{d}x, & P(x,y) \text{ 关于 } y \text{ 为奇函数}; \end{cases}$$

$$\int_L Q(x,y)\mathrm{d}y = \begin{cases} 0, & Q(x,y) \text{ 关于 } y \text{ 为奇函数}, \\ 2\displaystyle\int_{L_1} Q(x,y)\mathrm{d}y, & Q(x,y) \text{ 关于 } y \text{ 为偶函数}. \end{cases}$$

（3）L 关于原点对称，L_1 是 L 在 y 轴右侧或者 x 轴上侧部分，则

$$\int_L P(x,y)\mathrm{d}x + Q(x,y)\mathrm{d}y = \begin{cases} 0, & P(x,y), Q(x,y) \text{ 关于 } (x,y) \text{ 为偶函数}, \\ 2\displaystyle\int_L P\mathrm{d}x + Q\mathrm{d}y, & P(x,y), Q(x,y) \text{ 关于 } (x,y) \text{ 为奇函数}. \end{cases}$$

（4）L 关于 $y=x$ 对称，则

$$\int_L P(x,y)\mathrm{d}x + Q(x,y)\mathrm{d}y = \int_{L^-} P(y,x)\mathrm{d}y + Q(y,x)\mathrm{d}x = -\int_L P(y,x)\mathrm{d}y + Q(y,x)\mathrm{d}x.$$

即若 L 关于 $y=x$ 对称，将 x 与 y 对调，则 L 关于直线 $y=x$ 翻转，即 L 化为 L^-. 因而第二类曲线积分没有轮换对称性.

例 1　设 L 为取正向的圆周 $x^2 + y^2 = 9$，则曲线积分 $\displaystyle\int_L (2xy - 2y)\mathrm{d}x + (x^2 - 4x)\mathrm{d}y$ 的值是_____.

解：因 L 关于原点对称，且 xy 关于 x 与 y 为偶函数，由命题 1（3）知 $\displaystyle\int_L 2xy\mathrm{d}x = 0$.

又 L 关于 y 轴对称，且 x^2 关于 x 为偶函数，由命题 1（1）知 $\displaystyle\int_L x^2\mathrm{d}y = 0$. 故

$$\int_L (2xy - 2y)\mathrm{d}x + (x^2 + 4x)\mathrm{d}y = \int_L (-2)y\mathrm{d}x - 4x\mathrm{d}y.$$

注意到 L 关于 $y=x$ 对称，利用命题 1 得到

$$\int_L (-2)y\mathrm{d}x - 4x\mathrm{d}y = -2\int_{L^-} x\mathrm{d}y - 4\int_L x\mathrm{d}y = 2\int_L x\mathrm{d}y - 4\int_L x\mathrm{d}y$$

$$= -2\int_L x\mathrm{d}y = (-2) \times \pi \times 3^2 = -18\pi.$$

例 2　已知平面区域 $D = \{(x,y) \mid 0 \leqslant x \leqslant \pi, 0 \leqslant y \leqslant \pi\}$，$L$ 为 D 的正向边界，试证：

（1）$\displaystyle\int_L x\mathrm{e}^{\sin y}\mathrm{d}y - y\mathrm{e}^{-\sin x}\mathrm{d}x = \int_L x\mathrm{e}^{-\sin y}\mathrm{d}y - y\mathrm{e}^{\sin x}\mathrm{d}x$；

（2）$\displaystyle\int_L x\mathrm{e}^{\sin y}\mathrm{d}y - y\mathrm{e}^{-\sin x}\mathrm{d}x \geqslant 2\pi^2$.

证：（1）法 1：因 L 关于 $y=x$ 对称，由命题 1 得

$$\int_L x\mathrm{e}^{\sin y}\mathrm{d}y - y\mathrm{e}^{-\sin x}\mathrm{d}x = \int_{L^-} y\mathrm{e}^{\sin x}\mathrm{d}x - x\mathrm{e}^{-\sin y}\mathrm{d}y = -\int_L y\mathrm{e}^{\sin x}\mathrm{d}x - x\mathrm{e}^{-\sin y}\mathrm{d}y$$

$$=\int_L x\,\mathrm{e}^{-\sin y}\mathrm{d}y-y\mathrm{e}^{\sin x}\mathrm{d}x.$$

法 2：根据格林公式，得 $\int_L x\mathrm{e}^{\sin y}\mathrm{d}y-y\mathrm{e}^{-\sin x}\mathrm{d}x=\iint\limits_D(\mathrm{e}^{\sin y}+\mathrm{e}^{-\sin x})\mathrm{d}\sigma,$

$$\int_L x\,\mathrm{e}^{-\sin y}\mathrm{d}y-y\mathrm{e}^{\sin x}\mathrm{d}x=\iint\limits_D(\mathrm{e}^{-\sin y}+\mathrm{e}^{\sin x})\mathrm{d}\sigma$$

因 D 关于 $y=x$ 对称，$\iint\limits_D(\mathrm{e}^{\sin y}+\mathrm{e}^{-\sin x})\mathrm{d}\sigma=\iint\limits_D(\mathrm{e}^{-\sin y}+\mathrm{e}^{\sin x})\mathrm{d}\sigma.$ （1）得证.

（2）由 $(\mathrm{e}^{\sin x}+\mathrm{e}^{-\sin x})/2\geqslant\sqrt{\mathrm{e}^{\sin x}\cdot\mathrm{e}^{-\sin x}}=1$ 得到 $\mathrm{e}^{\sin x}+\mathrm{e}^{-\sin x}\geqslant2.$ 同样有 $\mathrm{e}^{\sin y}+\mathrm{e}^{-\sin y}\geqslant2.$ 因而得

$$\int_L x\,\mathrm{e}^{\sin y}\mathrm{d}y-y\mathrm{e}^{-\sin x}\mathrm{d}x=\frac12\iint\limits_D[(\mathrm{e}^{\sin y}+\mathrm{e}^{-\sin y})+(\mathrm{e}^{\sin x}+\mathrm{e}^{-\sin x})]\mathrm{d}\sigma\geqslant\frac12\iint\limits_D(2+2)\mathrm{d}\sigma$$

$$=2\pi^2$$

（三）计算第一类曲面积分

例 1 计算 $\iint\limits_\Sigma(xy+yz+zx)\mathrm{d}S$，其中 Σ 是圆锥面 $z=\sqrt{x^2+y^2}$ 被柱面 $x^2+y^2=2ax$ 所截的部分.

解一：Σ 在坐标平面 xOy 上的投影区域是 D_{xy}：坐标平面 xOy 上的圆周 $x^2+y^2=2ax$ 所包围的区域. 由 $\sqrt{1+z_x'^2+z_y'^2}=\sqrt{1+x^2/(x^2+y^2)+y^2/(x^2+y^2)}=\sqrt2,$

故 $\iint\limits_\Sigma(xy+yz+zx)\mathrm{d}S=\iint\limits_{D_{xy}}(xy+y\sqrt{x^2+y^2}+x\sqrt{x^2+y^2})\sqrt2\,\mathrm{d}x\mathrm{d}y.$

又因圆周的极坐标方程为 $r=2a\cos\theta$，故

$$D_{xy}:0\leqslant r\leqslant2a\cos\theta,-\frac\pi2\leqslant\theta\leqslant\frac\pi2,$$

所以 $\iint\limits_\Sigma(xy+yz+zx)\mathrm{d}S=\sqrt2\int_{-\pi/2}^{\pi/2}\mathrm{d}\theta\int_0^{2a\cos\beta}[r^2\cos\theta\sin\theta+r^2(\cos\theta+\sin\theta)]r\mathrm{d}r$

$$=8\sqrt2a^4\int_0^{\pi/2}\cos^6\theta=8\sqrt2a^4\cdot\frac45\cdot\frac23=\frac{64}{15}\sqrt2a^4.$$

解二：利用坐标面的对称性及函数关于某个变量的奇偶性简化计算.

因 Σ 关于坐标平面 xOz 对称，且被积函数的部分函数 xy 及 yz 关于 y 是奇函数，故

$$\iint\limits_\Sigma xy\mathrm{d}S=0,\quad\iint\limits_\Sigma yz\mathrm{d}S=0.$$

下面再计算 $\iint\limits_\Sigma xz\mathrm{d}S.$

Σ 在坐标平面 xOy 上的投影区域 D_{xy} 为 $x^2+y^2\leqslant2ax$，化成极坐标为 $D_{xy}:0\leqslant r\leqslant2a\cos\theta,-\pi/2\leqslant\theta\leqslant\pi/2,$

故 $\iint\limits_\Sigma xz\mathrm{d}S=\iint\limits_{D_{xy}}x\sqrt{x^2+y^2}\sqrt2\,\mathrm{d}x\mathrm{d}y=\sqrt2\int_{-\frac\pi2}^{\frac\pi2}\mathrm{d}\theta\int_0^{2a\cos\theta}r^3\cos\theta\mathrm{d}r$

$$=4\sqrt{2}\,a^4\int_{-\pi/2}^{\pi/2}\cos^5\theta\,\mathrm{d}\theta=\frac{64}{15}\sqrt{2}\,a^4\,,\text{所以,}\iint\limits_{\Sigma}(xy+yz+zx)\mathrm{d}S=\frac{64}{15}\sqrt{2}\,a^4.$$

例 2　计算$\iint\limits_{\Sigma}(ax+by+cz)\mathrm{d}S$,其中$\Sigma:x^2+y^2+z^2=2Rz.$

解一: 曲面Σ关于坐标平面yOz、zOx均对称,故$\iint\limits_{\Sigma}x\,\mathrm{d}S=\iint\limits_{\Sigma}y\,\mathrm{d}S=0.$ 只需计算

$\iint\limits_{\Sigma}z\,\mathrm{d}S.$ 因曲面Σ的方程不是单值函数,必须将Σ分为上半球面Σ_1和下半球面Σ_2分别

求之,即

$$I=\iint\limits_{\Sigma}cz\,\mathrm{d}S=\iint\limits_{\Sigma_1}cz\,\mathrm{d}S+\iint\limits_{\Sigma_2}cz\,\mathrm{d}S\,,$$

$\Sigma_1:z=R+\sqrt{R^2-x^2-y^2}\,,\mathrm{d}S=\sqrt{1+z_x'^2+z_y'^2}\,\mathrm{d}x\,\mathrm{d}y=(R/\sqrt{R^2-x^2-y^2}\,)\mathrm{d}x\,\mathrm{d}y.$

Σ_1 在坐标平面xOy上的投影区域为$D_{xy}:x^2+y^2\leqslant R^2$,则

$$\iint\limits_{\Sigma_1}cz\,\mathrm{d}S=c\iint\limits_{D_{xy}}(R+\sqrt{R^2-x^2-y^2}\,)\frac{R}{\sqrt{R^2-x^2-y^2}}\mathrm{d}x\,\mathrm{d}y=\iint\limits_{D_{xy}}\frac{cR^2}{\sqrt{R^2-x^2-y^2}}$$

$\mathrm{d}x\,\mathrm{d}y+Rc\iint\limits_{D_{xy}}\mathrm{d}x\,\mathrm{d}y=I_1+I_2\,,$

其中 $I_1=cR^2\int_0^{2\pi}\mathrm{d}\theta\int_0^R\dfrac{r\,\mathrm{d}r}{\sqrt{R^2-r^2}}=2\pi cR^3\,,I_2=Rc\iint\limits_{D_{xy}}\mathrm{d}x\,\mathrm{d}y=\pi cR^3\,,$故$\iint\limits_{\Sigma_1}cz\,\mathrm{d}S=I_1+$

$I_2=3\pi cR^3.$

同法,可求得$\iint\limits_{\Sigma_2}cz\,\mathrm{d}S=c\iint\limits_{D_{xy}}(R-\sqrt{R^2-x^2-y^2}\,)\dfrac{R}{\sqrt{R^2-x^2-y^2}}\mathrm{d}x\,\mathrm{d}y=\pi cR^3\,,$

从而$\iint\limits_{\Sigma}(ax+by+cz)\mathrm{d}S=\iint\limits_{\Sigma_1}cz\,\mathrm{d}S+\iint\limits_{\Sigma_2}cz\,\mathrm{d}S=3\pi cR^3+\pi cR^3=4\pi cR^3.$

解二: 由曲面Σ的质心公式$\bar{z}=\iint\limits_{\Sigma}z\,\mathrm{d}S\Big/\iint\limits_{\Sigma}\mathrm{d}S$可得$\iint\limits_{\Sigma}z\,\mathrm{d}S=\bar{z}\iint\limits_{\Sigma}\mathrm{d}S.$ 因而

原式$=\iint\limits_{\Sigma}cz\,\mathrm{d}S=c\bar{z}\iint\limits_{\Sigma}\mathrm{d}S\,,$

其中Σ质心的z坐标$\bar{z}=R$,$\iint\limits_{\Sigma}\mathrm{d}S=4\pi R^2$,因此,原式$=cR\cdot4\pi R^2=4\pi cR^3.$

利用第一类与第二类曲面积分之间的关系,有时将第一类曲面积分化为第二类曲面积分,再用高斯公式:

$$\iint\limits_{\Sigma}(P\cos\alpha+Q\cos\beta+R\cos\gamma)\mathrm{d}S=\iint\limits_{\Sigma}P\,\mathrm{d}y\,\mathrm{d}z+Q\,\mathrm{d}z\,\mathrm{d}x+R\,\mathrm{d}x\,\mathrm{d}y=$$

$$\iiint\limits_{\Omega}\Big(\frac{\partial P}{\partial x}+\frac{\partial Q}{\partial y}+\frac{\partial R}{\partial z}\Big)\mathrm{d}V$$

或利用斯托克斯公式化为第二类曲线积分 $\iint\limits_{\Sigma} \text{rot}\vec{F} \cdot \boldsymbol{n}\,dS = \oint\limits_{\Gamma} \vec{F} \cdot \vec{ds}$ 计算.

例 3　计算积分 $I = \iint\limits_{S}(x^2\cos\alpha + y^2\cos\beta + z^2\cos\gamma)dS$ ，其中 S 是抛物面 $z = x^2 + y^2$ 被 $z = 4$ 截下的有限部分的上侧，$\cos\alpha, \cos\beta, \cos\gamma$ 是 S 上各点法线方向的余弦.

解：补一块 $S_1 : z = 4, x^2 + y^2 \leqslant 4$，取下侧，故

$$I_1 = \iint\limits_{S_1} x^2\,dy\,dz + y^2\,dz\,dx + z^2\,dx\,dy = -\iint\limits_{x^2+y^2\leqslant 4} 4^2\,d\sigma = -64\pi.$$

由高斯公式得 $I_2 = \iint\limits_{S+S_1} x^2\,dy\,dz + y^2\,dz\,dx + z^2\,dx\,dy = -2\iiint\limits_{\Omega}(x + y + z)\,dx\,dy\,dz.$

由 Ω 的对称性知 $\iiint\limits_{\Omega} x\,dx\,dy\,dz = \iiint\limits_{\Omega} dx\,dy\,dz = 0$，

则 $I_2 = -2\iiint\limits_{\Omega} z\,dx\,dy\,dz = -2\int_0^4 z\,dz\iint\limits_{D(z)} dx\,dy = -\dfrac{128\pi}{3}.$

故 $I = I_2 - I_1 = -128\pi/3 + 64\pi = 64\pi(1 - 2/3) = 64\pi/3.$

（四）计算第二类曲面积分

例 1　计算曲面积分 $I = \iint\limits_{S}\dfrac{x\,dy\,dz + z^2\,dx\,dy}{x^2 + y^2 + z^2}$ ，其中 S 是由圆柱面 $x^2 + y^2 = R^2$ 及两平面 $z = R, z = -R(R > 0)$ 所围成立体表面的外侧.

解一：所给曲面为闭曲面，下面用分面投影法直接计算.

首先根据第二类曲面积分的奇偶对称性知，S 关于坐标平面 xOy 对称，被积函数 $z^2/(x^2 + y^2 + z^2)$ 关于 z 为偶函数，则 $\iint\limits_{S}\dfrac{z^2\,dx\,dy}{x^2 + y^2 + z^2} = 0$，因而 $I = \left(\iint\limits_{S_{顶}} + \iint\limits_{S_{底}} + \iint\limits_{S_{侧}}\right)\dfrac{x\,dy\,dz}{x^2 + y^2 + z^2}.$

因 $S_{顶}, S_{底}$ 垂直于 yOz 面，其在坐标平面 yOz 上的投影均为一直线段，故

$$\iint\limits_{S_{顶}}\dfrac{x\,dy\,dz}{x^2 + y^2 + z^2} = \iint\limits_{S_{底}}\dfrac{x\,dy\,dz}{x^2 + y^2 + z^2} = 0,\ I = \iint\limits_{S_{侧}}\dfrac{x\,dy\,dz}{x^2 + y^2 + z^2}.$$

在 $S_{侧}$ 上将 $x^2 + y^2 = R^2$ 代入得 $I = \iint\limits_{S_{侧}}\dfrac{x}{R^2 + z^2}\,dy\,dz.$

设 S_1 为 $S_{侧}$ 的前片，在 yOz 的投影记为 $D_{yz} : -R \leqslant y \leqslant R, -R \leqslant z \leqslant R.$ 由对称性知

$$I = \iint\limits_{S_{侧}}\dfrac{x\,dy\,dz}{R^2 + z^2} = 2\iint\limits_{S_1}\dfrac{x\,dy\,dz}{R^2 + z^2} = 2\iint\limits_{D_{yz}}\dfrac{\sqrt{R^2 - y^2}}{R^2 + z^2}\,dy\,dz = 2\int_{-R}^{R}\sqrt{R^2 - y^2}\,dy\int_{-R}^{R}\dfrac{dz}{R^2 + z^2}$$

$$= 2 \times 2 \times 2\int_0^R \sqrt{R^2 - y^2}\,dy\int_0^R \dfrac{dz}{R^2 + z^2} = 8 \times \dfrac{1}{4}\pi R^2 \times \left(\dfrac{1}{R}\arctan\dfrac{z}{R}\right)\Big|_0^R = \dfrac{1}{2}\pi^2 R.$$

解二：由对称性与高斯公式，$I = \iint\limits_{S}\dfrac{x\,dy\,dz}{R^2 + z^2} = \iiint\limits_{\Omega}\dfrac{\partial}{\partial x}\left(\dfrac{x}{R^2 + z^2}\right)dV = \iiint\limits_{\Omega}\dfrac{dV}{R^2 + z^2}.$

下面用先二后一法求出上述三重积分. 注意到 $D(z)$ 是圆域：$x^2+y^2 \leqslant R^2$，有

$$I = \iiint\limits_{\Omega} \frac{\mathrm{d}V}{R^2+z^2} = \int_{-R}^{R} \mathrm{d}z \iint\limits_{D(z)} \frac{1}{R^2+z^2} \cdot \mathrm{d}x\,\mathrm{d}y = 2\int_0^R \frac{\mathrm{d}z}{R^2+z^2} \iint\limits_{D(z)} \mathrm{d}x\,\mathrm{d}y = 2\pi R^2 \int_0^R \frac{\mathrm{d}z}{R^2+z^2}$$

$$= \frac{1}{2}\pi^2 R.$$

例 2　计算曲面积分 $I = \iint\limits_{\Sigma} 2x^3\,\mathrm{d}y\,\mathrm{d}z + 2y^3\,\mathrm{d}z\,\mathrm{d}x + 3(z^2-1)\,\mathrm{d}x\,\mathrm{d}y$，其中 Σ 是曲面 $z=1-x^2-y^2 (z\geqslant 0)$ 的上侧.

解： 注意到曲面 Σ 的方程为旋转抛物面 $z=1-x^2-y^2 (z\geqslant 0)$，可利用合一投影法把所给的第二类曲面积分转化为一个坐标平面（xOy 平面）上的二重积分计算.

Σ 的方程为 $z=1-x^2-y^2 (z\geqslant 0)$，它在坐标平面 xOy 上的投影区域 $D_{xy}：x^2+y^2 \leqslant 1$，又 $z'_x=-2x, z'_y=-2y$，由于 Σ 取上侧，代入公式得到

$$I = +\iint\limits_{D_{xy}} \{2x^3(-z'_x) + 2y^3(-z'_y) + 3[(1-x^2-y^2)^2-1]\}\mathrm{d}x\,\mathrm{d}y$$

$$= \iint\limits_{D_{xy}} [4x^4 + 4y^4 + 3(x^4+y^4-2x^2-2y^2+2x^2y^2)]\mathrm{d}x\,\mathrm{d}y$$

注意到 D_{xy} 关于 $y=x$ 对称，有 $\iint\limits_{D_{xy}} x^4\,\mathrm{d}x\,\mathrm{d}y = \iint\limits_{D_{xy}} y^4\,\mathrm{d}x\,\mathrm{d}y$，作极坐标变换得到

$$I = 8\iint\limits_{D_{xy}} x^4\,\mathrm{d}x\,\mathrm{d}y - 6\iint\limits_{D_{xy}} (x^2+y^2)\,\mathrm{d}x\,\mathrm{d}y + 3\iint\limits_{D_{xy}} (x^2+y^2)^2\,\mathrm{d}x\,\mathrm{d}y$$

$$= 8\int_0^1 r^5\,\mathrm{d}r \cdot \int_0^{2\pi} \cos^4\theta\,\mathrm{d}\theta - 6\int_0^{2\pi} \mathrm{d}\theta \cdot \int_0^1 r^3\,\mathrm{d}r + 3\int_0^{2\pi} \mathrm{d}\theta \int_0^1 r^5\,\mathrm{d}r = -\pi.$$

法二： 使用高斯公式求之.

例 3　设 Ω 是由锥面 $z=\sqrt{x^2+y^2}$ 与半球面 $z=\sqrt{R^2-x^2-y^2}$ 围成的空间区域，Σ 是 Ω 的整个边界的外侧，则 $\iint\limits_{\Sigma} x\,\mathrm{d}y\,\mathrm{d}z + y\,\mathrm{d}z\,\mathrm{d}x + z\,\mathrm{d}x\,\mathrm{d}y =$ _____.

解： 空间区域 Ω 的球坐标表达式为 $0\leqslant\varphi\leqslant\frac{\pi}{4}, 0\leqslant\theta\leqslant 2\pi, 0\leqslant\rho\leqslant R$.

由高斯公式，$\iint\limits_{\Sigma} x\,\mathrm{d}y\,\mathrm{d}z + y\,\mathrm{d}z\,\mathrm{d}x + z\,\mathrm{d}x\,\mathrm{d}y = 3\iiint\limits_{\Omega} \mathrm{d}V = 3\int_0^{2\pi} \mathrm{d}\theta \int_0^{\pi/4} \mathrm{d}\varphi \int_0^R \rho^2\sin\varphi\,\mathrm{d}\rho = (2-\sqrt{2})\pi R^3.$

例 4　计算曲面积分 $\iint\limits_{\Sigma} x^2\,\mathrm{d}y\,\mathrm{d}z + y^2\,\mathrm{d}z\,\mathrm{d}x + z^2\,\mathrm{d}x\,\mathrm{d}y$，其中 Σ 是球面

$(x-a)^2+(y-b)^2+(z-c)^2=R^2$，积分沿它的外侧.

解： 由高斯公式，有 $\iint\limits_{\Sigma} x^2\,\mathrm{d}y\,\mathrm{d}z + y^2\,\mathrm{d}z\,\mathrm{d}x + z^2\,\mathrm{d}x\,\mathrm{d}y = 2\iiint\limits_{\Omega} (x+y+z)\,\mathrm{d}x\,\mathrm{d}y\,\mathrm{d}z.$

因 Ω 的质心为 $(\overline{x},\overline{y},\overline{z})=(a,b,c)$，故 $\iiint\limits_{\Omega} x\,\mathrm{d}x\,\mathrm{d}y\,\mathrm{d}z = \overline{x}\iiint\limits_{\Omega} \mathrm{d}x\,\mathrm{d}y\,\mathrm{d}z = \frac{4}{3}a\pi R^3.$

类似地，可得 $\iiint\limits_{\Omega} y\,dx\,dy\,dz = \dfrac{4}{3}b\pi R^3$，$\iiint\limits_{\Omega} z\,dx\,dy\,dz = \dfrac{4}{3}c\pi R^3$．故原式 $=$ $\dfrac{8\pi R^3(a+b+c)}{3}$．

三、教学建议

1. 课程思政.

本章内容最为抽象，通过培养对抽象概念的理解能力、基本理论的运用能力，激发对数学的好奇心和求知欲，培养良好的学习习惯和思维品质，勇于探索、勤于思考的科学精神，渗透唯物辩证法的思想，树立科学的世界观，提高数学涵养和综合素质.

2. 思维培养.

通过物理背景，经历曲线、曲面积分概念的产生过程，培养抽象思维，以类比、推广的数学思维方法，深入体会极限、积分的数学思想.

3. 融合应用.

背景：侦察卫星主要用于对其他国家或地区进行情报搜集，其携带的广角高分辨率摄像机能监视其"视线"所及地球表面的每一处景象并进行摄像. 利用卫星搜集情报既可避免侵犯领空的纠纷，又因操作高度较高，可避免受到攻击. 具有侦查面积大、速度快、效果好、可长期或连续监视以及不受国界和地理条件限制等优点. 现有一侦察卫星在通过地球两极上空的圆形轨道上运行，要使卫星在一天的时间内将地面上各处的情况都拍摄下来，试测算卫星距离地面的高度以及侦察卫星的覆盖面积.

问题：已知地球半径为 $R = 6400$ km，重力加速度 $g = 9.8$ m/s^2，卫星运行的角速度 ω 与地球自转的角速度相同. 问卫星距地面的高度 h 应为多少？并计算该卫星的覆盖面积.

四、达标训练

一、填空题

1. $\cos\alpha,\cos\beta,\cos\gamma$ 是光滑闭曲面 Σ 的外法向量的方向余弦，又 Σ 所围空间闭区域为 V，设函数 $u(x,y,z)$ 在 V 上具有二阶连续偏导数，则用高斯公式化曲面积分为重积分时，有 $\iint\limits_{\Sigma}\left(\dfrac{\partial u}{\partial x}\cos\alpha + \dfrac{\partial u}{\partial y}\cos\beta + \dfrac{\partial u}{\partial z}\cos\gamma\right)ds$ _____.

2. 设有平面向量场 $\vec{A} = -y\boldsymbol{i} + x\boldsymbol{j}$，它沿圆周 $x^2 + y^2 = a^2$ 正向的环流量为_____.

3. 设光滑闭曲面 Σ 所围成的空间闭区域为 V，则用高斯公式化曲面积分为重积分时，有 $\oiint\limits_{\Sigma^{+}} y^3\,dz\,dx + x^3\,dy\,dz + z^3\,dx\,dy = $ _____，这里 Σ^{+} 表示 Σ 的外侧.

4. 光滑曲面 $z = f(x,y)$ 在坐标平面 xOy 上的投影域为 D，那么该曲面的面积可以用二重积分表示为_____.

5. 设 Ω 是由光滑闭曲面 Σ 所围成的空间闭区域，其体积记为 V，则沿 Σ 外侧的积分 $\iint\limits_{\Sigma}(z-y)\,dx\,dy + (y-x)\,dx\,dz + (x-z)\,dz\,dy = $ _____.

6. 设 $f(x,y)$ 在 $\dfrac{x^2}{4}+y^2\leqslant 1$ 上具有连续的二阶偏导数, L 是椭圆 $\dfrac{x^2}{4}+y^2=1$ 的顺时针方向,则 $\oint_L [3y+f_x(x,y)]dx+f_y(x,y)dy$ 的值等于_____.

7. 设光滑闭曲面 Σ 所围成的空间闭区域为 V,则高斯公式化曲线积分为重积分时,有 $\oiint_\Sigma xz\,dx\,dy+zx\,dz\,dx+yz\,dy\,dz=$ _____.

8. 向量场 $\vec{A}=(xy^2,yz^2,zx^2)$ 在 $(1,-1,2)$ 处的散度 $\mathrm{div}\vec{A}$ _____.

9. 设 L 是由 $A(-2,3)$ 沿 $y=x^2-1$ 至点 $M(1,0)$ 再沿 $y=2(x-1)$ 到 $B(2,2)$ 的路径,则 $\int_L y\,dx+x\,dy=$ _____.

10. 若 $\dfrac{(x-y)dx+(x+y)dy}{(x^2+y^2)^m}$ 是某二元函数的全微分,则 $m=$ _____.

11. 设 Σ 是球面 $x^2+y^2+z^2=a^2$ 的外侧,则积分 $\oiint_\Sigma z\,dx\,dy=$ _____.

二、选择题

1. 设 L 是从点 $A\left(1,\dfrac{1}{2}\right)$ 沿曲线 $2y=x^2$ 到点 $B(2,2)$ 的弧段,则曲线积分 $\int_L \dfrac{2x}{y}dx-\dfrac{x^2}{y^2}dy=$ ( ).

A. -3 B. 0 C. $\dfrac{3}{2}$ D. 3

2. 设 AEB 是由 $A(-1,0)$ 沿上半圆 $y=\sqrt{1-x^2}$,经点 $E(0,1)$ 到点 $B(1,0)$,则曲线积分 $I=\int_{AEB} x^2y^2dy=$ ( ).

A. 0 B. $2\int_{AE} x^2y^2dy$ C. $2\int_{EB} x^2y^2dy$ D. $2\int_{BE} x^2y^2dy$

3. 曲线积分 $\oint_L (x^3-x^2y)dx+(xy^2-y^3)dy=$ ( ), L 沿圆周 $x^2+y^2=a^2$ ($a>0$)负向一周.

A. $-\dfrac{\pi a^4}{2}$ B. $-\pi a^4$ C. πa^4 D. $\dfrac{2\pi}{3}a^3$

4. 设 MEN 是由 $M(0,-1)$ 沿 $x=\sqrt{1-y^2}$ 经 $E(1,0)$ 到 $N(0,1)$ 的曲线段,则曲线积分 $I=\int_{MEN} |y|dx+y^3dy=$ ( ).

A. 0 B. $2\int_{EN} |y|dx+y^3dy$

C. $2\int_{EN} |y|dx$ D. $2\int_{EN} y^3dy$

5. 设 L 是从 $A(1,0)$ 到 $B(-1,2)$ 的线段,则曲线积分 $\int_L (x+y)ds=$ ( ).

A. $\sqrt{2}$ B. $2\sqrt{2}$ C. 2   D. 0

6. 设 L 为包含原点在内部的一条简单闭曲线，则向量 $\boldsymbol{a} = \mathbf{grad}(\ln\sqrt{x^2+y^2})$ 沿着 L 的正向环流量是（   ）

A. 2π B. 0   C. 1   D. -2π

7. 设 L 是从 $A(1,0)$ 到 $B(-1,2)$ 的线段，则曲线积分 $\displaystyle\int_L (x+y)\mathrm{d}s = ($)

A. $\sqrt{2}$ B. $2\sqrt{2}$ C. 2   D. 0

8. 已知 $\vec{F} = x^3\boldsymbol{i} + y^3\boldsymbol{j} + z^3\boldsymbol{k}$，则在点 $(1,0,-1)$ 处的 $\mathrm{div}\,\vec{F}$ 为（   ）

A. 6   B. 0   C. $\sqrt{6}$ D. $3\sqrt{2}$

三、计算题

1. 计算曲线积分 $\displaystyle\int_L (2x^2 - y^2 + x^2\mathrm{e}^{3y})\mathrm{d}x + (x^3\mathrm{e}^{3y} - 2xy - 2y^2)\mathrm{d}y$，其中 L 为椭圆 $x^2 + \dfrac{y^2}{9} = 1$ 从点 $A(-1,0)$ 经第二象限至 $B(0,3)$ 的弧段.

2. 计算积分 $\displaystyle\oiint_\Sigma (x+y+z)\mathrm{d}x\,\mathrm{d}y$，其中 Σ 是由曲面 $z = \sqrt{1 - \dfrac{x^2}{4} - \dfrac{y^2}{4}}$ 与平面 $z=0$ 所围立体 Ω 的表面外侧.

3. 计算 $\displaystyle\iint_\Sigma (3x - 2y + 5z)\mathrm{d}S$，式中 Σ 是球面 $x^2 + y^2 + z^2 = 4$ 上满足 $z \geqslant 1$ 的部分.

4. 计算 $\displaystyle\oiint_\Sigma \dfrac{x}{r^3}\mathrm{d}y\,\mathrm{d}z + \dfrac{y}{r^3}\mathrm{d}z\,\mathrm{d}x + \dfrac{z}{r^3}\mathrm{d}x\,\mathrm{d}y$，其中 $r = \sqrt{x^2 + y^2 + z^2}$，$\Sigma$ 为球面 $x^2 + y^2 + z^2 = a^2$ 的外侧.

5. 计算曲线积分 $\oint_L \dfrac{-y\,\mathrm{d}x + x\,\mathrm{d}y}{x^2 + y^2}$，其中 L 是由曲线 $y^2 = 2(x+2)$ 及直线 $x = 2$ 所围成的区域 D 的周界（取顺时针方向）.

6. 计算 $\displaystyle\iint_{\Sigma} \left(z + 2x + \dfrac{4}{3}y\right)\cos\gamma\,\mathrm{d}s$，其中 Σ 是平面 $\dfrac{x}{2} + \dfrac{y}{3} + \dfrac{z}{4} = 1$ 在第一卦限的部分，γ 是 Σ 的法线向量 $\left(\dfrac{1}{2}, \dfrac{1}{3}, \dfrac{1}{4}\right)$ 与 z 轴正向所成的角.

7. 计算曲线积分 $\displaystyle\int_L \dfrac{(x-c)\mathrm{d}x + y\,\mathrm{d}y}{\left[(x-c)^2 + y^2\right]^{\frac{3}{2}}}$ $(0 < c < a)$，式中 L 是由 $A(a,0)$ 沿 $y = \dfrac{b}{a}\sqrt{a^2 - x^2}$ 到 $B(0,b)$ 的弧段.

8. 证明：积分 $\displaystyle\int_L \dfrac{3y-x}{(x+y)^3}\mathrm{d}x + \dfrac{y-3x}{(x+y)^3}\mathrm{d}y$ 与路径无关，式中 L 是不经过直线 $x + y = 0$ 的任意路径，并求 $\displaystyle\int_{(1,2)}^{(3,0)} \dfrac{3y-x}{(x+y)^3}\mathrm{d}x + \dfrac{y-3x}{(x+y)^3}\mathrm{d}y$ 的值.

9. 计算 $\displaystyle\oiint_{\Sigma} x^2\,\mathrm{d}y\mathrm{d}z + y^2\,\mathrm{d}z\mathrm{d}x + z^2\,\mathrm{d}x\mathrm{d}y$，其中 Σ 是球面 $(x-a)^2 + (y-b)^2 + (z-c)^2 = R^2$ 的外侧.

10. 验证：当 $x^2 + y^2 \neq 0$ 时，$\dfrac{y\,\mathrm{d}x - x\,\mathrm{d}y}{x^2 + 2y^2}$ 是某二元函数 $u(x,y)$ 的全微分，并求 $u(x,y)$.

11. 计算 $\iint\limits_{\Sigma} xy^2 \mathrm{d}y\mathrm{d}z + yz^2 \mathrm{d}z\mathrm{d}x + zx^2 \mathrm{d}x\mathrm{d}y$，$\Sigma$ 是上半球面 $z = \sqrt{a^2 - x^2 - y^2}$ 的上侧.

12. 设 $f(x)$ 具有二阶连续导数，又 $\int_L [f'(x) + 2f(x) + \mathrm{e}^x] y \mathrm{d}x + f'(x) \mathrm{d}y$ 与路径无关，且 $f(0) = 0, f'(0) = 1$，计算 $\int_{(0,0)}^{(1,1)} [f'(x) + 2f(x) + \mathrm{e}^x] y \mathrm{d}x + f'(x) \mathrm{d}y$.

13. 计算 $\int_L (\mathrm{e}^x \sin y - my) \mathrm{d}x + (\mathrm{e}^x \cos y - mx) \mathrm{d}y$ 其中 L 是由点 $A(a, 0)$ 沿 $y = \sqrt{ax - x^2}$ 到 $O(0,0)$ 的上半圆.

14. 设空间区域 Ω 由曲面 $z = a^2 - x^2 - y^2$ 与平面 $z = 0$ 所围成，Σ 是 Ω 表面的外侧，V 为 Ω 的体积，证明 $\oiint\limits_{\Sigma} x^2 yz^2 \mathrm{d}y\mathrm{d}z - xy^2 z^2 \mathrm{d}z\mathrm{d}x + z(1 + xyz) \mathrm{d}x\mathrm{d}y = V$.

15. 确定常数 r 使得在不包含 x 轴的单连通域内，曲线积分 $\int_L \dfrac{x}{y}(x^2 + 2xy + 2y^2)^r \mathrm{d}x - \dfrac{x^2}{y^2}(x^2 + 2xy + 2y^2)^r \mathrm{d}y = \int_L P\mathrm{d}x + Q\mathrm{d}y$ 与路径无关，并在上述条件下求积分 $\int_{(-3,3)}^{(-1,1)} P\mathrm{d}x + Q\mathrm{d}y$.

16. 设 Σ 是光滑闭曲面，$\boldsymbol{n}$ 是其外法向量，$\vec{I}$ 为一固定向量，$\theta = (\boldsymbol{n}, \vec{I})$，证明：$\oiint\limits_{\Sigma} \cos \theta \mathrm{d}s = 0$.

17. 计算 $\oiint(xy^2\cos\alpha+yx^2\cos\beta+z^2\cos\gamma)\mathrm{d}s$ ，$\sum$是球体 $x^2+y^2+z^2\leqslant 2z$ 和锥体 $z\geqslant\sqrt{x^2+y^2}$ 的公共部分 V 的表面，$\cos\alpha$，$\cos\beta$，$\cos\gamma$ 是其外法线方向的方向余弦.

18. 设 $u=u(x,y)$，$v=v(x,y)$ 都是具有二阶连续偏导数的二元函数，且使曲线积分 $\displaystyle\int_{L_1}u\mathrm{d}x+v\mathrm{d}y$ 与 $\displaystyle\int_{L_2}v\mathrm{d}x-u\mathrm{d}y$ 都与积分路径无关，试证：对于函数 $u=u(x,y)$，$v=v(x,y)$ 恒有 $\dfrac{\partial^2 u}{\partial x^2}+\dfrac{\partial^2 u}{\partial y^2}=0$，$\dfrac{\partial^2 v}{\partial x^2}+\dfrac{\partial^2 v}{\partial y^2}=0$.

参考答案

一、填空题

1. $\displaystyle\iiint_V\left(\dfrac{\partial^2 u}{\partial x^2}+\dfrac{\partial^2 u}{\partial y^2}+\dfrac{\partial^2 u}{\partial z^2}\right)\mathrm{d}x\,\mathrm{d}y\,\mathrm{d}z$　　2. $2\pi a^2$　　3. $3\displaystyle\iiint_V(x^2+y^2+z^2)\mathrm{d}x\,\mathrm{d}y\,\mathrm{d}z$

4. $\displaystyle\iint_D\sqrt{1+\left(\dfrac{\partial z}{\partial x}\right)^2+\left(\dfrac{\partial z}{\partial y}\right)^2}\,\mathrm{d}x\,\mathrm{d}y$　　5. $3V$　　6. 6π　　7. $\pm\displaystyle\iiint_V x\,\mathrm{d}x\,\mathrm{d}y\,\mathrm{d}z$　　8. 6

9. 10　　10. 1　　11. $\dfrac{4}{3}\pi a^3$

二、选择题

1. B　2. A　3. A　4. A　5. B　6. B　7. B　8. A

三、计算题

1. -17；　2. $\dfrac{8}{3}\pi$；　3. 30π；　4. 4π；　5. -2π；　6. 12；　7. $\dfrac{1}{a-c}-\dfrac{1}{\sqrt{b^2+c^2}}$；

8. $\dfrac{4}{9}$；　9. $\dfrac{8\pi}{3}(a+b+c)R^3$；　10. $u(x,y)=\dfrac{1}{\sqrt{2}}\arctan\dfrac{x}{\sqrt{2}\,y}$；　11. $\dfrac{2}{5}\pi a^5$；

12. $\dfrac{1}{6}\mathrm{e}^{-1}+\dfrac{4}{3}\mathrm{e}^2-\dfrac{1}{2}\mathrm{e}$；　13. 0；　14. 提示：利用高斯公式；

15. $r=-\dfrac{1}{2}$　$\displaystyle\int_{(-3,3)}^{(-1,1)}P\mathrm{d}x+Q\mathrm{d}y=\int_{\overline{AB}}=0$；

16. 提示：设 $\boldsymbol{n}^0=(\cos\alpha,\cos\beta,\cos\gamma)$ 为与 $\boldsymbol{n}$ 同向的单位向量；$\vec{I}^0=(a,b,c)$ 为与 $\vec{I}$ 同向的单位向量；则 $\cos\theta=\cos(\boldsymbol{n},\vec{I})=a\cos\alpha+b\cos\beta+c\cos\gamma$，所以 $\displaystyle\iint_\Sigma\cos\theta\mathrm{d}s=\iiint_\Omega 0\mathrm{d}v=0$

17. $\dfrac{18}{5}\pi$；　18. 略.

五、单元检测

单元检测一

一、填空题（每小题 4 分，共 20 分）

1. 设 L 为椭圆 $\dfrac{x^2}{4}+\dfrac{y^2}{3}=1$，其周长为 a，则 $\oint_L (2xy+3x^2+4y^2)\mathrm{d}s=$ _____．

2. 设 $\sum$ 是球面 $x^2+y^2+z^2=a^2$ 的外侧，则积分 $\iint\limits_{\sum} z\,\mathrm{d}x\,\mathrm{d}y=$ _____．

3. 设 $\vec{A}=(x^2+yz)\boldsymbol{i}+(y^2+xz)\boldsymbol{j}+(z^2+xy)\boldsymbol{k}$，则 $\mathrm{div}\vec{A}=$ _____，$\mathrm{rot}\vec{A}=$ _____．

4. 圆锥面 $z=\sqrt{x^2+y^2}$ 被柱面 $z^2=2y$ 所截下的部分曲面 S 的面积等于 _____．

5. 设 c 为从 $(1,0)$ 沿 $x^2+\dfrac{y^2}{2}=1$ 至 $(0,\sqrt{2})$ 的曲线段（逆时针方向），则 $\displaystyle\int_c 2x\,\mathrm{e}^{x^2 y}\,\mathrm{d}x+y\,\mathrm{e}^{x^2 y}\,\mathrm{d}y=$ _____．

二、单项选择题（每小题 4 分，共 20 分）

1. 有物质沿曲线 $L:\begin{cases}x=t,\\[2pt] y=\dfrac{t^2}{2},\\[2pt] z=\dfrac{t^3}{3}\end{cases}$，$0\leqslant t\leqslant 1$ 分布，线密度 $\rho=\sqrt{2y}$，其质量 $M=(\quad)$．

　A. $\displaystyle\int_0^1 t\sqrt{1+t^2+t^4}\,\mathrm{d}t$ 　　　　　　B. $\displaystyle\int_0^1 2t^3\sqrt{1+t^2+t^4}\,\mathrm{d}t$

　C. $\displaystyle\int_0^1 \sqrt{1+t^2+t^4}\,\mathrm{d}t$ 　　　　　　D. $\displaystyle\int_0^1 \sqrt{t}\sqrt{1+t^2+t^4}\,\mathrm{d}t$

2. 设 $L_1:x^2+y^2=1$，$L_2:x^2+y^2=2$，$L_3:x^2+2y^2=2$，$L_4:2x^2+y^2=2$ 为四条逆时针方向的平面曲线，记 $I_i=\oint_{L_i}\left(y+\dfrac{y^3}{6}\right)\mathrm{d}x+\left(2x-\dfrac{x^3}{3}\right)\mathrm{d}y$ $(i=1,2,3,4)$，则 $\max\{I_1,I_2,I_3,I_4\}=(\quad)$．

　A. I_1 　　　　　B. I_2 　　　　　C. I_3 　　　　　D. I_4

3. 设 $\sum:x^2+y^2+(z-\pi)^2=1$ $(z\geqslant\pi)$ 的上侧，则曲面积分 $\iint\limits_{\sum} x^2 yz\,\mathrm{d}y\,\mathrm{d}z-xy^2 z\,\mathrm{d}z\,\mathrm{d}x+(z+x^2 y\sin z)\mathrm{d}x\,\mathrm{d}y=(\quad)$．

　A. $\dfrac{2\pi}{3}$ 　　　　B. $\dfrac{2\pi}{3}+\pi^2$ 　　　　C. $\dfrac{2\pi}{3}-\pi^2$ 　　　　D. $\dfrac{5\pi}{3}$

4. 设 $\Gamma:\begin{cases}\dfrac{x^2}{a^2}+\dfrac{y^2}{b^2}=1,\\[4pt] z=0,\end{cases}$ 从 z 轴正向看为顺时针方向，则向量场 $\vec{A}=(x+y)\boldsymbol{i}+(y-x)\boldsymbol{j}$ 沿闭曲线 Γ 的环流量是$(\quad)$．

　A. $-ab\pi$ 　　　　　　　　　　B. $ab\pi$

　C. $2ab\pi$ 　　　　　　　　　　D. $-2ab\pi$

5. 设 G 为区域 $x^2+y^2>1$, L 为 G 内一段光滑曲线,则曲线积分 $I=\int_L P\,\mathrm{d}x+Q\,\mathrm{d}y$ 与路径 L 的关系,正确的说法是(　　).

A. 因在 G 内有 $\dfrac{\partial Q}{\partial x}=\dfrac{\partial P}{\partial y}$,故 I 与路径 L 无关

B. 因在 G 内任意闭曲线上积分为零,故 I 与路径无关

C. 因 G 非单连通,故 I 与路径 L 有关

D. 因 G 内任意不包围圆域 $x^2+y^2\leqslant1$ 的闭曲线上积分为零,故 I 与路径无关

三、(10 分)计算 $I=\oint_L\dfrac{x\,\mathrm{d}y-y\,\mathrm{d}x}{4x^2+y^2}$,其中 $L:(x-1)^2+y^2=R^2(R>1)$,取逆时针方向.

四、(10 分)试证: $\displaystyle\iint_D\left(\dfrac{\partial^2 f}{\partial x^2}+\dfrac{\partial^2 f}{\partial y^2}\right)\mathrm{d}x\,\mathrm{d}y=\oint_c\dfrac{\partial f}{\partial \boldsymbol{n}}\mathrm{d}s$,其中 c 是围成区域 D 的闭曲线, $\dfrac{\partial f}{\partial \boldsymbol{n}}$ 表示 $f(x,y)$ 在曲线 c 上点 $M(x,y)$ 处沿 c 外法线 $\boldsymbol{n}$ 的方向导数.

五[*]、(10 分)设曲面 $\Sigma:|x|+|y|+|z|=1$,求 $\displaystyle\iint_\Sigma(x+|y|)\mathrm{d}S$.

六[*]、(10 分)设对于半空间 $x>0$ 内任意光滑有向闭曲面 S,都有 $\displaystyle\oiint_S xf(x)\mathrm{d}y\,\mathrm{d}z-xyf(x)\mathrm{d}z\,\mathrm{d}x-\mathrm{e}^{2x}z\,\mathrm{d}x\,\mathrm{d}y=0$,其中函数 $f(x)$ 在 $(0,+\infty)$ 内具有一阶连续导数,且 $\displaystyle\lim_{x\to0^+}f(x)=1$,求 $f(x)$.

七、(10 分)计算 $I=\displaystyle\iint_\Sigma[f(x,y,z)+x]\mathrm{d}y\,\mathrm{d}z+[f(x,y,z)+y]\mathrm{d}z\,\mathrm{d}x+[2f(x,y,z)+z]\mathrm{d}x\,\mathrm{d}y$,其中 $f(x,y,z)$ 为连续函数; Σ 为平面 $x+y-z=1$ 在第五卦限部分的上侧.

八、(10 分)计算 $I = \iint\limits_{\Sigma}(8y+1)x\,\mathrm{d}y\mathrm{d}z + 2(1-y^2)\mathrm{d}z\mathrm{d}x - 4yz\,\mathrm{d}x\mathrm{d}y$,其中 Σ 是由曲线

弧 $\begin{cases} z=\sqrt{y-1}, \\ x=0, \end{cases}$ $1 \leqslant y \leqslant 3$ 绕 y 轴旋转一周所成的曲面,其法向量与 y 轴正向的夹角

恒大于 $\dfrac{\pi}{2}$.

单元检测二

一、填空题(每小题 3 分,共 15 分)

1. 设平面曲线 Γ 为下半圆周 $y = -\sqrt{1-x^2}$,则曲线积分 $\int_{\Gamma}(x^2+y^2)\mathrm{d}s = $ _____ .

2. 设 Γ 是一条正向光滑闭曲线, $\boldsymbol{n} = \{\cos\alpha, \cos\beta\}$ 为 Γ 在 (x,y) 处的外法向矢量,则积

分 $\oint_{\Gamma}(x\cos\alpha + y\cos\beta)\mathrm{d}s$ 化为对坐标的曲线积分是 _____ .

3. 设 $\cos\alpha, \cos\beta, \cos\gamma$ 是光滑闭曲面 S 的外法向量的方向余弦, S 所围成的空间闭区域为

Ω (不含原点),则利用高斯公式化三重积分时,有 $\oiint\limits_{S}\dfrac{x\cos\alpha + y\cos\beta + z\cos\gamma}{\sqrt{x^2+y^2+z^2}}\mathrm{d}S$ _____

_____ .

4. 设 S 为球面 $x^2+y^2+z^2=1$ 的上半部分的下侧,则积分 $\iint\limits_{S}(z-1)\mathrm{d}x\mathrm{d}y = $ _____ .

5. 向量场 $\overrightarrow{A} = (2z-3y)\boldsymbol{i} + (3x-z)\boldsymbol{j} + (y-2x)\boldsymbol{k}$ 的旋度 $\mathrm{rot}\overrightarrow{A} = $ _____ .

二、选择题(每小题 3 分,共 15 分)

1. 设 Γ 是从 $A(1,0)$ 到 $B(-1,2)$ 的直线段,则积分 $\int_{\Gamma}(x+y)\mathrm{d}s = ($ ____ $)$.

　　A. $\sqrt{2}$ 　　　　　　B. $2\sqrt{2}$ 　　　　　　C. 2 　　　　　　D. 0

2. 设 Γ 为上半圆周 $x^2+y^2=2x$ 从点 $(0,0)$ 到 $(1,1)$ 的部分,则将对坐标的曲线积分

$\int_{\Gamma}P(x,y)\mathrm{d}x + Q(x,y)\mathrm{d}y$ 化为对弧长的曲线积分为(____).

　　A. $\int_{\Gamma}[P(x,y)(x-1) + Q(x,y)\sqrt{1-x^2}]\mathrm{d}s$

　　B. $\int_{\Gamma}[P(x,y)(1-x) - Q(x,y)\sqrt{1-x^2}]\mathrm{d}s$

　　C. $\int_{\Gamma}[P(x,y)\sqrt{1-x^2} + Q(x,y)(1-x)]\mathrm{d}s$

　　D. $\int_{\Gamma}[-P(x,y)\sqrt{1-x^2} + Q(x,y)(x-1)]\mathrm{d}s$

3. 设 $\varGamma$ 是 $A(-1,0)$、$B(-3,2)$ 及 $C(3,0)$ 为顶点的三角形区域的周界沿 $ABCA$ 方向，则曲线积分 $\oint_{\varGamma}(3x-y)\mathrm{d}x+(x-2y)\mathrm{d}y$ 等于(   ).

A. 16   B. -16 C. 8   D. -8

4. 设 S 为球面 $x^2+y^2+z^2=1$ 的外侧，S_1 为 S 的上半部分，则在下列各等式中成立的是(   ).

A. $\iint_{S}|z|\,\mathrm{d}S=2\iint_{S_1}|z|\,\mathrm{d}S$ B. $\iint_{S}|z|\,\mathrm{d}x\,\mathrm{d}y=2\iint_{S_1}|z|\,\mathrm{d}x\,\mathrm{d}y$

C. $\iint_{S}|y|\,\mathrm{d}x\,\mathrm{d}y=2\iint_{S_1}|y|\,\mathrm{d}x\,\mathrm{d}y$ D. $\iint_{S}|x|\,\mathrm{d}x\,\mathrm{d}y=2\iint_{S_1}|x|\,\mathrm{d}x\,\mathrm{d}y$

5. 设 S 为锥面 $z=\sqrt{x^2+y^2}$ 被平面 $z=1$ 所截得的有限部分的外侧，则积分 $\iint_{S}x\,\mathrm{d}y\,\mathrm{d}z+y\,\mathrm{d}z\,\mathrm{d}x+(z^2-2z)\,\mathrm{d}x\,\mathrm{d}y$ 等于(   ).

A. $-\dfrac{3}{2}\pi$ B. 0   C. $\dfrac{1}{2}\pi$ D. $\dfrac{3}{2}\pi$

三、解答下列各题(每小题 6 分，共 30 分)

1. 求曲线积分 $\displaystyle\int_{\varGamma}(x^{\frac{2}{3}}+y^{\frac{2}{3}})\mathrm{d}s$，其中 $\varGamma$ 为星形线 $x^{\frac{2}{3}}+y^{\frac{2}{3}}=a^{\frac{2}{3}}(a>0)$.

2. 设 $\varGamma$ 为直线 $y=1$，$x=4$ 和曲线 $y=\sqrt{x}$ 围成的正向闭曲线，求曲线积分 $\displaystyle\oint_{\varGamma}\dfrac{\mathrm{d}y}{x}+\dfrac{\mathrm{d}x}{y}$.

3. 求 $\dfrac{x\mathrm{d}x+y\mathrm{d}y}{(x^2+y^2)^{\frac{3}{2}}}$ 在右半平面 $x>0$ 内的原函数.

4. 计算曲面积分 $\displaystyle\iint_{S}x\,\mathrm{d}S$，其中 S 为球面 $x^2+y^2+z^2=R^2(R>0)$ 在第一卦限中的部分.

5. 求曲线积分 $\oint_{\Gamma} y\,\mathrm{d}x + z\,\mathrm{d}y + x\,\mathrm{d}z$，其中 Γ 为圆周 $x^2 + y^2 + z^2 = a^2$ 与 $x + y + z = 0$，若从 z 轴正向看去，Γ 取逆时针方向.

四、(8 分)试求均匀半圆周(线密度为 $\mu = 1$)对位于其圆心处单位质点的引力.

五、(8 分)设 $f(x)$ 具有一阶连续导数，积分 $\int_{\Gamma} f(x)(y\,\mathrm{d}x - x\,\mathrm{d}y)$ 对右半平面 $x > 0$ 内的任何曲线 Γ 与路径无关，试求满足条件 $f(1) = 1$ 的函数 $f(x)$.

六、(8 分)求曲面积分 $I = \iint_{S} z^2\,\mathrm{d}y\,\mathrm{d}z + y\,\mathrm{d}z\,\mathrm{d}x + z\,\mathrm{d}x\,\mathrm{d}y$，其中 S 为平面 xOz 上抛物线 $\begin{cases} z = 10 - x^2, \\ y = 0 \end{cases}$ 绕 z 轴旋转一周所得的旋转曲面介于 $z = 1$ 和 $z = 10$ 之间部分的上侧.

七、(8 分)计算曲面积分 $I = \oiint_{S} f(x, y, z)\,\mathrm{d}S$，其中 $S: x^2 + y^2 + z^2 = 4$，$f(x, y, z)$
$= \begin{cases} x^2 + y^2, & |z| \geqslant \sqrt{3}, \\ 0, & |z| < \sqrt{3} \end{cases}$.

八[*]、(8 分)设 $f(x, y)$ 为具有二阶连续偏导数的 n 次齐次函数，即对任何 x, y, t 成立 $f(tx, ty) = t^n f(x, y)$，证明：$\oint_{\Gamma} f(x, y)\,\mathrm{d}s = \dfrac{1}{n}\iint_{D} \Delta f(x, y)\,\mathrm{d}x\,\mathrm{d}y$，其中 $\Gamma: x^2 + y^2 = 1$，$D: x^2 + y^2 \leqslant 1$，$\Delta f = \dfrac{\partial^2 f}{\partial x^2} + \dfrac{\partial^2 f}{\partial y^2}$.

单元检测三

一、填空题(每小题 3 分,共 15 分)

1. 设 Γ 是 $x^2+y^2=1$ 在第一象限内的部分,则曲线积分 $\int_{\Gamma}(2x+y)\mathrm{d}s$ 等于 _____.

2. 设 $f(x,y)$ 具有一阶连续偏导数,则曲线积分 $\int_{\Gamma}f(x,y)(y\mathrm{d}x+x\mathrm{d}y)$ 在单连通域内与积分路径无关的充分必要条件是在该区域中成立 _____.

3. 设 S 为柱面 $x^2+y^2=1$ 介于 $z=0$ 和 $z=1$ 之间部分的外侧,则对坐标的曲面积分 $I=\iint_S P(x,y,z)\mathrm{d}x\mathrm{d}y+Q(x,y,z)\mathrm{d}z\mathrm{d}x$ 化为对面积的曲面积分为 _____.

4. 设 $f(x,y,z)$ 为连续函数,S 为平面 $x+y+z=1$ 在第一卦限部分的上侧,则 $I=\iint_S f(x,y,z)\mathrm{d}x\mathrm{d}y$ 表示成二次积分为 _____.

5. 设 $u=\ln\sqrt{x^2+y^2+z^2}$,则 $\mathrm{div}(\mathbf{grad}u)$ _____.

二、选择题(每小题 3 分,共 15 分)

1. 设 Γ 是从原点 $O(0,0)$ 沿折线 $y=1-|x-1|$ 至点 $A(2,0)$ 的拆线段,则曲线积分 $\int_{\Gamma}-y\mathrm{d}x+x\mathrm{d}y$ 等于( ).

   A. 0 　　　　　 B. -1 　　　　　 C. 2 　　　　　 D. -2

2. 若微分 $(x^4+4xy^3)\mathrm{d}x+(ax^2y^2-5y^4)\mathrm{d}y$ 为全微分(其中 a 为常数),则其原函数是( ).

   A. $\frac{1}{5}x^5+3x^2y^2-y^5+C$ 　　　　　 B. $\frac{1}{5}x^5+4x^2y^2-5y^4+C$

   C. $\frac{1}{5}x^5+2x^2y^3-y^5+C$ 　　　　　 D. $\frac{1}{5}x^5+2x^2y^3-5y^4+C$

3. 设 S 为 xOy 平面内的一个闭区域 D,则曲面积分 $\iint_S R(x,y,z)\mathrm{d}x\mathrm{d}y$ 等于( ).

   A. 0

   B. $\iint_D R(x,y,0)\mathrm{d}x\mathrm{d}y$ 或 $-\iint_D R(x,y,0)\mathrm{d}x\mathrm{d}y$

   C. $\iint_D R(x,y,0)\mathrm{d}x\mathrm{d}y$

   D. $-\iint_D R(x,y,0)\mathrm{d}x\mathrm{d}y$

4. 设 S 是三坐标面与平面 $x=a,y=b,z=c(a,b,c$ 均为正常数)所围成的封闭曲面的外侧,则积分 $\oiint_S(x^2-yz)\mathrm{d}y\mathrm{d}z+(y^2-zx)\mathrm{d}z\mathrm{d}x+(z^2-xy)\mathrm{d}x\mathrm{d}y$ 等于( ).

   A. $abc(a+b+c)$ 　　　　　 B. $a^2b^2c^2(a+b+c)$

   C. $ab+ac+bc$ 　　　　　 D. $(a+b+c)^2$

5. 设 $f(r)$ 为二次连续可微函数，$r = \sqrt{x^2 + y^2 + z^2}$，若 $\mathrm{div}(\mathbf{grad}\,f(r)) = 0$，则 $f(r)$ 等于（　　）（其中 C_1, C_2 均为常数）.

    A. $C_1 r + C_2$ B. $\dfrac{C_1}{r} + C_2$ C. $C_1 r^2 + C_2$ D. $\dfrac{C_1}{r^2} + C_2$

三、解答下列各题(每小题 6 分，共 30 分)

1. 设 Γ 为从点 $(1,1,1)$ 到的 $(2,3,4)$ 直线段，求积分 $\displaystyle\int_{\Gamma} x\,\mathrm{d}x + y\,\mathrm{d}y + (x + y - 1)\,\mathrm{d}z$.

2. 验证 $(3x^2 y + 8xy^2)\,\mathrm{d}x + (x^3 + 8x^2 y + 12y e^y)\,\mathrm{d}y$ 为全微分，并求其原函数 $u(x, y)$.

3. 求曲面积分 $\displaystyle\iint_S (x + y + z)\,\mathrm{d}S$，其中 $S: x^2 + y^2 + z^2 = a^2\,(z \geqslant 0)$.

4. 设 S 为以 $(1,0,0),(0,1,0)$ 和 $(0,0,1)$ 为顶点的三角形域的下侧，求曲面积分 $I = \displaystyle\iint_S x\,\mathrm{d}y\,\mathrm{d}z + y\,\mathrm{d}z\,\mathrm{d}x + z\,\mathrm{d}x\,\mathrm{d}y$.

5. 设 $\boldsymbol{r} = \{x, y, z\}$，$\boldsymbol{n}$ 为曲面 $S: \dfrac{x^2}{a^2} + \dfrac{y^2}{b^2} + \dfrac{z^2}{c^2} = 1\,(a > 0, b > 0, c > 0)$ 在 $\boldsymbol{r} = \{x, y, z\}$ 处的外法线单位向量，求曲面积分 $I = \displaystyle\oiint_S \boldsymbol{r} \cdot \boldsymbol{n}\,\mathrm{d}S$.

四、(8 分)球面 $x^2 + y^2 + z^2 = 25$ 被旋转抛物面 $z = 13 - x^2 - y^2$ 分成三部分，求该三部分典面面积之比.

五、(8 分)已知力场 $\overrightarrow{F} = yz\boldsymbol{i} + zx\boldsymbol{j} + xy\boldsymbol{k}$，问：将质点从原点 O 沿直线移动到曲面 $S: \dfrac{x^2}{a^2} + \dfrac{y^2}{b^2} + \dfrac{z^2}{c^2} = 1$ 的第一卦限部分上的哪一点时，力 $\overrightarrow{F}$ 所做的功最大？并求此最大功.

六*、(8分)设 $\Gamma:(x-1)^2+(y-1)^2=1$，$f(x)$ 为正值连续函数，证明：$\oint_{\Gamma} x f(y)\mathrm{d}y - \dfrac{y}{f(x)}\mathrm{d}x \geqslant 2\pi.$

七、(8分)计算曲面积分 $I=\oiint\limits_{S}(x-y)\mathrm{d}x\,\mathrm{d}y + x(y-z)\mathrm{d}y\,\mathrm{d}z$，其中闭曲面 S 由 $S:x^2+y^2=1, z=0, z=3$ 所围面的外侧.

八、(8分)计算曲线积分 $\oint_{\Gamma}(y^2-z^2)\mathrm{d}x+(z^2-x^2)\mathrm{d}y+(x^2-y^2)\mathrm{d}z$，其中 Γ 为 $z=x^2+y^2, x+y+z=1$，从 z 轴的正向看去 Γ 为逆时针方向.

单元检测一参考答案

一、1. $12a$. 2. $\dfrac{4}{3}\pi a^3$. 3. $2(x+y+z),(0,0,0)$. 4. $\sqrt{2}\pi$. 5. 0.

二、1. A 2. D 3. B 4. C 5. B

三、π.

四、提示：利用格林公式.

五、$\dfrac{4}{3}\sqrt{3}$.

六、$\dfrac{1}{x}\mathrm{e}^x(\mathrm{e}^x-1)$.

七、$-\dfrac{1}{2}$.

八、34π.

单元检测二参考答案

一、1. π. 2. $\int_{\Gamma}-y\mathrm{d}x+x\mathrm{d}y$. 3. $\iiint\limits_{\Omega}\dfrac{2}{\sqrt{x^2+y^2+z^2}}\mathrm{d}v$. 4. $-\dfrac{2\pi}{3}$.

5. $2\boldsymbol{i}+4\boldsymbol{j}+6\boldsymbol{k}$.

二、1. B 2. C 3. D 4. A 5. D

三、1. $6a^{\frac{5}{3}}$. 2. $\dfrac{3}{4}$. 3. $u(x,y)=-\dfrac{1}{\sqrt{x^2+y^2}}+C$. 4. $\dfrac{\pi}{4}R^3$. 5. $-\sqrt{3}\pi a^2$.

四、$\vec{F}=\left(0,\dfrac{2K}{R}\right)$，其中 K 是引力常数.

五、$f(x)=\dfrac{1}{x^2}$.

六、90π.

七、$\dfrac{16\pi}{3}$.

八、证：将 $f(tx,ty)=t^n f(x,y)$ 两边关于 t 求导数，再令 $t=1$ 得 $xf'_x(x,y)+yf'_y$ $(x,y)=nf(x,y)$，又 Γ 在 (x,y) 处的单位外法线向量为 $\boldsymbol{n}=(x,y)$，因此，由格林公式有 $\displaystyle\oint_{\Gamma}f(x,y)\mathrm{d}s=\frac{1}{n}\oint_{\Gamma}[xf'_x+yf'_y]\mathrm{d}s=\frac{1}{n}\oint_{\Gamma}[(x,y)\cdot(f'_x,f'_y)]\mathrm{d}s=\frac{1}{n}\iint_{D}\left(\frac{\partial f'_x}{\partial x}+\frac{\partial f'_y}{\partial y}\right)\mathrm{d}x\,\mathrm{d}y$
$=\dfrac{1}{n}\displaystyle\iint_{D}\Delta f(x,y)\mathrm{d}x\,\mathrm{d}y$.

单元检测三参考答案

一、1. 3. 　2. $xf'_x=yf'_y$. 　3. $\displaystyle\iint_{S}yQ(x,y,z)\mathrm{d}S$. 　4. $\displaystyle\int_0^1\mathrm{d}x\int_0^{1-x}f(x,y,1-x-y)\mathrm{d}y$.

5. $\dfrac{1}{x^2+y^2+z^2}$.

二、1. D　2. C　3. B　4. A　5. B

三、1. 13. 　2. $u(x,y)=x^3+4x^2y^2+12\mathrm{e}^y(y-1)+C$. 　3. πa^3. 　4. $-\dfrac{1}{2}$.

5. $4\pi abc$.

四、设被分成的三部分从上到下依次为 S_1，S_2 和 S_3，解方程
$$\begin{cases}x^2+y^2+z^2=25\\ z=13-x^2-y^2\end{cases}$$

得 $z=4$ 和 $z=-3$，因此 S_1 的方程为 $z=\sqrt{25-x^2-y^2}$，S_1 在 xOy 面的投影区域为 $D=\{(x,y)\,|\,x^2+y^2\leqslant 9\}$，于是计算得 S_1 的面积为 10π，

S_3 的方程为 $z=-\sqrt{25-x^2-y^2}$，S_3 在 xOy 面的投影区域为 $D=\{(x,y)\,|\,x^2+y^2\leqslant 16\}$，$S_3$ 的面积为 20π，由此得出 S_2 的面积为 70π，

因此三部分曲面的面积比为 $S_1:S_2:S_3=1:7:2$.

五、所求的点为 $\dfrac{1}{\sqrt{3}}(a,b,c)$，所作的最大功为 $W=\dfrac{\sqrt{3}}{9}abc$.

六、提示：先用格林公式，再利用轮换对称性.

七、$-\dfrac{9\pi}{2}$.

八、-6π.

第十二章　无穷级数

　　无穷级数概念的起源很早,远在公元前 3 世纪希腊哲学家就已认识到公比小于 1 的无穷几何级数,在我国魏晋时代数学家刘徽曾利用无穷级数来近似计算面积.17 世纪,苏格兰数学家格列哥里第一次明确指出无穷级数表示一个数,牛顿和莱布尼兹为了克服积分时的困难,曾将被积函数表示为项数为无穷多的多项式.1712 年,英国数学家泰勒提出了函数展开为无穷级数的一般方法.18 世纪末,拉格朗日给出了现在所谓的泰勒定理.在此之前,1742 年马克劳林得到了展开式在 $x=0$ 的特殊情况,即马克劳林定理.雅各伯努利,约翰伯努利兄弟俩和欧拉对无穷级数理论的发展也做了大量的工作.然而在相当长的一段时间内,人们在应用无穷级数时常常不受任何限制,而得到一些荒谬的结论.1810 年前后,波尔察诺强调必须考虑级数的收敛性,傅里叶给出了无穷级数较满意的定义,并指出级数收敛的必要条件为其通项的极限等于 0,德国数学家高斯第一个认识到需要把级数的使用限制在它们的收敛域内.1821 年,柯西给出了至今还沿用的级数收敛、发散定义后,广泛地论述了级数的收敛判别准则,并指出:如果余项趋于零,则泰勒级数收敛到导出该级数的函数.18 世纪,由于天文学的发展,引起了数学家们广泛研究三角级数,当时的著名数学家欧拉、克雷洛、达朗贝尔、拉格朗日等在这方面都作了不少开创性的工作,三角级数理论的进一步发展归功于法国数学家傅里叶,他用特殊的周期函数(三角函数)表示一般的周期函数,但是却都未能给出函数具有收敛的傅里叶级数的确切条件.1829 年,狄利克雷第一次论证了傅里叶级数收敛的充分条件——狄利克雷莱定理,对傅里叶级数理论的发展做出了杰出的贡献.

　　【教学大纲要求】

　　1. 理解无穷级数收敛、发散及收敛级数的和的概念,掌握收敛级数的基本性质及级数收敛的必要条件,掌握几何级数和 p 一级数的敛散性.

　　2. 了解正项级数的比较审敛法,掌握正项级数的比值审敛法,会用根值审敛法.

　　3. 掌握交错级数的莱布尼茨审敛法,理解任意项级数绝对收敛与条件收敛的概念及其与收敛的关系.

　　4. 了解函数项级数收敛域与和函数的概念,掌握简单幂级数收敛半径、收敛区间的求法,了解幂级数在其收敛区间内的基本性质,会求一些简单幂级数的和函数.

　　5. 了解函数展开为泰勒级数的充分必要条件;

　　掌握函数 e^x,$\sin x$,$\cos x$,$\ln(1+x)$,$(1+x)^{\alpha}$ 的麦克劳林展开式,会用它们将一些简单函数间接展开为幂级数;了解函数的幂级数展开式在近似计算中的应用.

　　6. 了解傅里叶级数的概念,了解用三角函数多项式逼近周期函数的思想;了解狄利克雷收敛定理,会将定义在$(-\pi,\pi)$和$(-l,l)$上的函数展开为傅里叶级数;会将定义在$(0,\pi)$和$(0,l)$上的函数展开为正弦级数与余弦级数.

【学时安排及教学目标】

讲次	课题	教学目标
第43讲	常数项级数的概念和性质	1. 结合实例阐述无穷级数收敛、发散及收敛级数的和的概念. 2. 根据收敛级数的基本性质及级数收敛的必要条件深入认识收敛级数. 3. 准确判断几何级数
第44讲	常数项级数的审敛法	1. 结合实例说出正项级数的比较审敛法. 2. 会用比值审敛法、根值审敛法判断正项级数的收敛性准确判断p一级数敛散性. 3. 会用莱布尼茨审敛法判断交错级数的收敛性. 4. 阐述任意项级数绝对收敛与条件收敛的概念及其与收敛的关系
第45讲	习题课	复习巩固第43—44讲内容
第46讲	幂级数	1. 能说出函数项级数收敛域与和函数的概念. 2. 会求简单幂级数收敛半径、收敛区间. 3. 说出幂级数在其收敛区间内的基本性质. 4. 会求一些简单幂级数的和函数
第47讲	函数展开成幂级数	1. 能说出函数展开为泰勒级数的充分必要条件. 2. 熟练准确写出函数$e^x,\sin x,\cos x,\ln(1+x),(1+x)^a$的麦克劳林展开式会用它们将一些简单函数间接展开为幂级数
第48讲	习题课 函数的幂级数展开式的应用	1. 复习巩固第46—47讲内容. 2. 知道如何用函数的幂级数展开式进行近似计算
第49讲	傅里叶级数（一）三角级数、函数展开成傅里叶级数	1. 能说出傅里叶级数的概念. 2. 说出狄利克雷收敛定理. 3. 知道用三角函数多项式逼近周期函数的思想. 4. 会将定义在$(-\pi,\pi)$上的函数展开为傅里叶级数
第50讲	傅里叶级数（二）正弦、余弦级数 一般周期函数的傅里叶展开	1. 会将定义在$(0,\pi)$上的函数展开为正弦级数与余弦级数. 2. 会将定义在$(-l,l)$上的函数展开为傅里叶级数. 3. 会将定义在$(0,l)$上的函数展开为正弦级数与余弦级数
第51讲	习题课	复习巩固第49—50讲内容

一、重难点分析

（一）常数项级数的概念

当函数项级数的自变量取定值时，它便是常数项级数，所以，常数项级数是函数项级数的基础．

1. 从本质上分析理解无穷级数．

无穷级数形式上是"无穷多个数的累加"，但这无穷多个数怎样累加？无穷多个数累加后有没有"和"？或者说结果是不是个有限数呢？从本质上来看无穷级数的和就是部分和数列的极限，无穷级数的敛散性也就是其部分和数列的敛散性，无穷多项相加只不过是级数的表现形式，它跟有限项的和并不一样，所以，研究级数应从本质上去分析，不能从形式上把有限相加的种种性质随意搬到无穷级数来应用．比如，普通加法（求有限项的和）所具有的结合律与交换律不能推广到无穷级数上来，虽然加括号后所成的级数发散，则原级数发散，但是加括号所成的级数收敛，则原级数却不一定收敛．对于收敛级数虽然加括号后所成的级数仍收敛于原来的和，但收敛级数去括号后所成的级数却不一定收敛．另外，对于无穷级数，一般是不能随便改变项的次序，项的次序的变动，不仅可以使它的和发生变化，而且还可能使收敛级数变为发散的，或使发散的级数变为收敛的．总之，对于一般的无穷级数来说，是不能随意地加括号、去括号或改变级数中各项的先后次序．无穷级数形式上虽然好像多项式，但因项数的无限增加，它就从量变发生了质变，而有收敛与发散两种情况，这充分体现了有限与无限之间互相转化的辩证关系，这就是运用辩证的观点正确的认识无穷级数．

2. 对敛散性的理解．

收敛性和发散性是无穷级数的内在性质，研究一个级数的敛散性，完全可以略去前面有限项或在前面加上有限项．当然，在级数收敛时，级数的前面添加或减少若干项，级数的和一般是要改变的．

3. 对收敛的必要条件的理解．

特别值得注意的是，$\lim\limits_{n\to\infty}u_n=0$ 是级数 $\sum\limits_{n=1}^{\infty}u_n$ 收敛的必要条件，但不是充分条件．因此，如果级数收敛，则 $\lim\limits_{n\to\infty}u_n=0$ 一定成立．反之，如果 $\lim\limits_{n\to\infty}u_n=0$ 成立，却不能由此判定级数一定收敛．那级数发散的充分条件是 $\lim\limits_{n\to\infty}u_n\neq0$，用反证法容易证明，若 $\lim\limits_{n\to\infty}u_n\neq0$，则级数一定发散，以此来判定级数的发散性十分有效．初学级数时，常常容易出现用 $\lim\limits_{n\to\infty}u_n=0$ 去判定级数 $\sum\limits_{n=1}^{\infty}u_n$ 收敛的错误，所以，再次强调，虽然 $\lim\limits_{n\to\infty}u_n=0$，但级数 $\sum\limits_{n=1}^{\infty}u_n$ 仍然可以发散，典型例子就是调和级数 $\sum\limits_{n=1}^{\infty}\dfrac{1}{n}$．

（二）常数项级数的审敛法判定

1. 判断级数敛散性的重要性．

级数敛散性十分重要，如果对于一个级数，不问收敛与否，一味地从形式上来处理和计算，那就可能得出荒谬的结论，试看下面的推导，因为 $S=1+2+4+8+16+\cdots=1+2$

$(1+2+4+8+\cdots)=1+2S$，所以，$2S-S=-1$，即 $S=-1$，但 S 是一些正数之和，不可能等于负数.问题就出在这个级数是发散的,不可以轻率地就认为它有和,并按照普通的数来进行运算.

2. 定义法判断级数敛散性.

直接根据定义（即求部分和的极限）来判定并不简单,关键是求部分和 S_n 并不容易,甚至求不出来.但是,只要我们能判定级数是收敛的,即使不知道它的和 S,仍可用部分和 S_n 去逼近级数的和,而且这种逼近可根据实际需要而达到任意的精确度,所以,判定一个无穷级数收敛与否是要比求它的和重要得多!

3. 正项级数收敛性判定法.

在级数敛散性上,正项级数的情形显得特别重要,因为许多级数敛散性问题的研究都要归结到正项级数上来.因为正项级数的部分和数列 $\{S_n\}$ 是单调增加数列,它的极限有两种情况:有穷或无穷,在第一种情形下正项级数收敛,在第二种情形下正项级数发散.另外,正项收敛级数经过项的置换后仍是收敛的,且它的和不变;正项发散级数经过项的置换后仍是发散的;并且正项级数无论加括号或者去括号,都不会影响它的敛散性.正项级数的这些特性,对研究正项级数十分有用.

（1）正项级数收敛的充分必要条件.正项级数收敛的充分必要条件是部分和数列 $\{S_n\}$ 有界,由于正项级数的部分和数列是单调增加的,因此,判定级数是否收敛,只需判定其部分和数列是否有上界即可.这是判定正项级数是否收敛的基本准则,正项级数收敛性的常用判别法都是以这条准则为基础建立起来的.

（2）比较判别法.比较判别法是正项级数的一个基本审敛法,应当牢牢记住"一般项较大的收敛,一般项较小的必收敛;一般项较小的发散,一般项较大的必发散".但是,要运用比较判别法却不容易,必须选一个已知其收敛或发散的级数作为基础级数（一般选取等比级数、调和级数及 P 级数作为比较的"尺子"或"镜子"）与之进行比较,而且这种比较往往不是一气呵成,必须经过反复试探才行,只有进行大量练习,才能较熟练地掌握.

（3）比较判别法的极限形式.比较判别法的极限形式在应用时较为方便,特别是当 $l=1$ 时的特殊情形.

（4）比值判别法（达朗贝尔判别法）.比较判别法是判定正项级数敛散性很有用的方法,但是选择什么样的级数才能使比较判别法有效,这却是一件比较困难的事情.为此,必须寻找更有效的方法.在实用上很方便的就是达朗贝尔判别法.这种判别法,不需另取标准,只要从已给定级数自身就能判定其敛散性,尤其是级数的一般项 u_n 是分式,就可试用比值判别法.但要注意,比值判别法是一个充分性的判敛法,当 $\rho=\lim\limits_{n\to\infty}\dfrac{u_{n+1}}{u_n}=1$ 或比值的极限不存在时,级数的敛散性应另择其他方法判定.还要指出的是,比值判别法的条件和结论与等比级数的敛散性有相似之处,这有助于记忆该判别法.

（5）根值判别法（柯西判别法）.根值判别法和比值判别法的结论一样,当级数的一般项是幂指函数型时,就可试用根值判别法.

（6）判定正项级数的敛散性的步骤．先判断级数收敛的必要条件 $\lim\limits_{n\to\infty}u_n=0$ 是否满足，如果条件不满足，则级数发散；如果条件满足，则先看它是否为等比级数或 P 级数，如果不是等比级数或 P 级数，则先用比值判别法判别（若一般项是 n 次方类型，则用根值判别法），如果比值判别法或根值判别法失效，再用比较判别法判别，如果用比较判别法又不易找到合适的用来作为比较的级数，这时可考虑用比较判别法的极限形式进行判别，如果用上述判别法仍不能得出结果，这时可考虑直接按敛散性定义进行判定．需要指出的是，上面关于判定正项级数敛散性的步骤是就一般情况而言的，并非固定的公式，在具体解题时，应根据具体情况灵活运用，尽可能选用较简单的方法．

4．任意项级数收敛性判定法．

任意项级数的各项可以有正数、负数或零，要判定任意项级数的敛散性，常可把各项取绝对值变为正项级数来研究．

（1）绝对收敛与条件收敛．由级数的绝对收敛性，把任意项级数的收敛性问题化为正项级数来讨论，因此判定任意项级数 $\sum\limits_{n=1}^{\infty}u_n$ 敛散性的一般步骤为：首先考虑正项级数 $\sum\limits_{n=1}^{\infty}|u_n|$ 是否收敛，如果 $\sum\limits_{n=1}^{\infty}|u_n|$ 收敛，则 $\sum\limits_{n=1}^{\infty}u_n$ 绝对收敛，绝对收敛必收敛．特别是，如果 $\lim\limits_{n\to\infty}\left|\dfrac{u_{n+1}}{u_n}\right|<1$ 或 $\lim\limits_{n\to\infty}\sqrt[n]{|u_n|}<1$ 时，级数 $\sum\limits_{n=1}^{\infty}u_n$ 绝对收敛．如果 $\sum\limits_{n=1}^{\infty}|u_n|$ 发散，则级数 $\sum\limits_{n=1}^{\infty}u_n$ 可能收敛也可能发散，这时需要用其他判别法进一步判定．但是，如果 $\lim\limits_{n\to\infty}\left|\dfrac{u_{n+1}}{u_n}\right|>1$ 或 $\lim\limits_{n\to\infty}\sqrt[n]{|u_n|}>1$，则由于一般项 $|u_n|$ 不能趋于零，不仅级数 $\sum\limits_{n=1}^{\infty}|u_n|$ 发散，而且级数 $\sum\limits_{n=1}^{\infty}u_n$ 也发散．

（2）交错级数．交错级数是任意项级数中最特殊的一种，判定交错级数收敛的有效方法是莱布尼兹判别法．但是，必须强调莱布尼兹判别法中两个条件合在一起是交错级数收敛的充分条件，而不是必要条件；当然条件 $2(\lim\limits_{n\to\infty}u_n=0)$ 是一般级数收敛的必要条件，因而也是交错级数收敛的必要条件，但是条件 1（单调递减）如果不满足，却不能断定交错级数一定发散，就是说，莱布尼兹判别法也是一个充分判别法，并不必要，不是任何收敛的交错级数都要满足莱布尼兹条件．例如，级数 $1-\dfrac{1}{2^2}+\dfrac{1}{3^3}-\dfrac{1}{4^2}+\cdots+\dfrac{1}{(2n-1)^3}-\dfrac{1}{(2n)^2}+\cdots$ 收敛，且为绝对收敛，但其一般项 u_n 趋于零时并不具有单调递减性．值得指出的是，如果只用莱布尼兹条件判定一个交错级数收敛，还要继续讨论它是否绝对收敛．

在莱布尼兹判别法中附带指出的关于余项的绝对值不大于级数所舍去各项的首项的绝对值，即 $|r_n|\leqslant u_{n+1}$ 这一重要性质，在近似计算中常常用来作 $|r_n|$ 的估计值以估计误差．另外，还要注意，莱布尼兹判别法只适用于交错级数，对于非交错级数即使满足莱布尼兹条件 1，2，也并不能保证它收敛，如调和级数，$\sum\limits_{n=1}^{\infty}\dfrac{1}{n}$．

最后，将收敛级数进一步区分为绝对收敛级数与条件收敛级数两类，在级数的研究上是十分必要的，因为这两类收敛级数具有不相同的性质.例如，对于绝对收敛的级数，可以逐项相乘，并且不因改变项的位置而改变它的和；但是，条件收敛级数就不具有这种可交换性，它不允许任意排列各项的次序，因为这样，其和可能改变，甚至收敛性也会破坏.

（三）幂级数及其收敛半径

幂级数在函数项级数中，不仅形式简单与多项式相似，而且可以施行四则运算和分析运算（微分与积分），尤其是幂级数可以用来表示函数、研究函数和作数值计算，所以它在理论及实际中都得到广泛的应用.

1. 幂级数.

幂级数的本质是"无穷多个非负整数幂的函数累加"，最简单也最常用的幂级数，是等比级数，它的收敛性及其和函数，必须牢牢记住.在分析幂级数的收敛性时，阿贝尔定理是重要的理论基础.

2. 收敛半径、收敛域的求法.

对幂级数 $\sum\limits_{n=0}^{\infty} a_n x^n$，应用比值判别法，得到的收敛半径 R 的计算公式

$$R = \lim_{n \to \infty} \left| \frac{a_n}{a_{n+1}} \right|, \quad (0 \leqslant R < +\infty),$$ 从而得到收敛区间 $(-R, R)$.

然后把端点 $x = \pm R$ 代入得数项级数 $\sum\limits_{n=0}^{\infty} a_n R^n$ 及 $\sum\limits_{n=0}^{\infty} a_n (-R)^n$，再利用有关数项级数判别法判定其敛散性，从而得出级数 $\sum\limits_{n=0}^{\infty} a_n x^n$ 的收敛域，显然收敛域不外是关于原点对称的开区间、闭区间或半开区间这三种情形.（注意收敛区间和收敛域的区别）

但是必须注意，对 x 的幂指数有跳项的幂级数，比如仅含偶数次幂的级数 $\sum\limits_{n=0}^{\infty} a_{2n} x^{2n}$，或是仅含奇数次幂的级数 $\sum\limits_{n=0}^{\infty} a_{2n+1} x^{2n+1}$，这时就不能用上述公式求收敛半径，而应把 $|a_{2n} x^{2n}|$ 或 $|a_{2n+1} x^{2n+1}|$ 作为正项级数的通项，用比值判别法来求收敛半径.另外，对形如 $\sum\limits_{n=0}^{\infty} a_n (x - x_0)^n$，$\sum\limits_{n=0}^{\infty} \dfrac{a_n}{x^n}$，$\sum\limits_{n=0}^{\infty} a_n [\varphi(x)]^n$ 等级数，应先作代换，使变为 $\sum\limits_{n=0}^{\infty} a_n t^n$ 形式，讨论后再代回.

（四）求幂级数和函数

利用幂级数的四则运算，在收敛区间内可以逐项微分、逐项积分的性质以及某些已知幂级数在收敛区间内的和函数，可以求出幂级数在其收敛区间内的和函数，基本方法有"先积后导"和"先导后积"法.

1. 先积后导法.

对于给定的幂级数，如果一般项像 $(2n+1)x^{2n}$，$n^2 x^n$ 等那样，常用"先积后导"的办法求出幂级数的和函数.

2. 先导后积法.

而对于给定的幂级数,如果一般项像 $\dfrac{x^{2n}}{2n}$,$\dfrac{x^n}{n(n-1)}$ 那样,常用"先导后积"的办法求和函数.

（五）函数展开成幂级数（泰勒级数）

1. 直接法.

用直接法将函数 $f(x)$ 展开成 $(x-x_0)$ 的泰勒级数的一般步骤是:

(1) 按公式 $a_n=\dfrac{f^n(x_0)}{n!}$ $(n=0,1,2,\cdots)$ 算出幂级数的系数 a_n;

(2) 求出 $f(x)$ 的泰勒级数 $\displaystyle\sum_{n=0}^{\infty}\dfrac{f^{(n)}(x_0)}{n!}(x-x_0)^n$ 的收敛区间 $(-R,R)$;

(3) 在收敛区间内考察余项 $R_n(x)$ 的极限 $\displaystyle\lim_{n\to\infty}R_n(x)=\lim_{n\to\infty}\dfrac{f^{(n+1)}[x_0+\theta(x-x_0)]}{(n+1)!}$

$(x-x_0)^{n+1}$ 是否为零（其实,因为 $\dfrac{(x-x_0)^{n+1}}{(n+1)!}$ 是收敛级数 $\displaystyle\sum_{n=0}^{\infty}\dfrac{(x-x_0)^{(n+1)}}{(n+1)!}$ 的一般项,故趋于零,所以只要考虑 $f^{(n+1)}(x)$ 在 $(-R,R)$ 内是否有界则可）.如果此极限等于零,则函数 $f(x)$ 展开成 $(x-x_0)$ 的泰勒级数.即有 $f(x)=\displaystyle\sum_{n=0}^{\infty}\dfrac{f^{(n)}(x_0)}{n!}(x-x_0)^n\ (-R<x<R)$,其中,收敛区间端点处的收敛情况需另作具体分析.

2. 间接法.

利用已知函数的展开式,采取变形、换元等手段或运用代数运算与分析运算,求出所给函数在指定点的幂级数展开式.由于展式的唯一性,它所得到的结果与直接展开法展开完全相同,所以在将函数展开成泰勒级数时多采用这种方法.但是,在间接展开中,

$$\mathrm{e}^x,\sin x,\cos x,\ln(1+x),(1+x)^a$$

这几个常用的基本展开式及其收敛区间都很重要,要求能熟练掌握.另外,由于间接展开法要求技巧性较高,所以,必须通过较多的练习进行培养和训练,才能达到得心应手的程度.

最后还要指出一点,幂级数的收敛域是函数的幂级数展开式不可分割的组成部分,它表明了展开式成立的范围,因此,无论用直接法或是间接法求函数的幂级数展开式时,不仅要求出其收敛半径 R,还要对收敛区间的端点用数项级数审敛法进行专门的讨论.

（六）函数展开成三角级数（傅里叶级数）

在自然界和人类生产中,常常会遇到一种周而复始的运动—周期运动,对客观世界中的周期运动,在数学上用所谓周期函数来反映.但是,任何复杂的周期运动都可以看作为若干个简单的简谐运动的合成.即,可将一般的周期函数展开成由简单的三角函数组成的级数,例如热传导、机械振动、电流传播、无线电波等,就不是一个正弦函数或余弦函数所能表示的,而需要用三角函数所组成的级数来表示.由于正弦波（余弦波）是一种最基本的周期波,而且在理论和实践中都便于分析和处理,因而把某些周期函数展开为三角级数十分重要.在以正弦或余弦函数为项的三角级数中,最常用的就是傅里叶级数,它

是研究非正弦周期函数的有力工具,在电子技术及其他周期性物理现象的研究中有着广泛的应用.

1. 狄利克雷定理的含义.

若周期函数 $f(x)$ 在一个周期 $[-\pi,\pi]$ 上满足狄利克雷条件:

(1) 连续或只有有限个第一类间断点(左、右极限存在的间断点);

(2) 只有有限个极小值点与极大值点;

则当 x 是 $f(x)$ 的连续点时,傅里叶级数与 $f(x)$ 之间画等号,这时 $f(x)$ 的傅里叶级数就是 $f(x)$ 的傅里叶展开式,即傅里叶级数收敛于函数 $f(x)$ 本身,或者说 $f(x)$ 在连续点展开成傅里叶展开式;在 $f(x)$ 的间断点处,傅里叶级数收敛于函数 $f(x)$ 的左极限与右极限的算术平均值.

2. 傅里叶级数与泰勒级数相比的优点.

一个函数展开成傅里叶级数的条件要比展开成泰勒级数的条件低得多.因为一个函数要展开为收敛于自身的泰勒级数,要求这函数具有任何阶导数,且泰勒余项趋于零;而一个函数要展开为收敛于自身的傅里叶级数,只要这个函数满足狄利克雷条件,满足狄利克雷条件的函数是极为广泛的一类函数,我们常见的函数都满足狄利克雷条件,因此,将函数展开为傅里叶级数的方法,在许多科学领域中有着广泛的应用,但傅里叶级数与泰级数相比也有缺点,就是傅里叶级数的收敛域要比泰勒级数的收敛域复杂得多.

3. 正弦级数和余弦级数.

在函数展开成傅里叶级数时,注意到奇偶函数的积分性质,当 $f(x)$ 是以 2π 为周期的偶函数,$b_n=0,n=1,2,\cdots,f(x)$ 的傅里叶级数为余弦级数;当 $f(x)$ 是以 2π 为周期的奇函数,则 $a_n=0,n=0,1,2,\cdots,f(x)$ 的傅里叶级数为正弦级数.因此,在将函数展开成傅里叶级数时,应注意到奇偶函数的傅里叶级数的特点,从而可以使计算量大为减轻.

如果需要把定义在区间 $[0,\pi]$ 上并且满足收敛定理条件的函数 $f(x)$ 展开成正弦级数(或余弦级数),我们可以进行所谓的奇延拓(或偶延拓).

4. 一般周期的傅里叶级数.

如果以 $2l$ 为周期的周期函数 $f(x)$ 在 $[-l,l]$ 上满足收敛定理条件,则可充分利用以 2π 为周期的周期函数展开成傅里叶级数的结果,即作一变换 $x=\dfrac{lz}{\pi}$,把以 $2l$ 为周期的函数 $f(x)$ 变换成以 2π 为周期的函数 $F(z)=f\left(\dfrac{lz}{\pi}\right)$,将 $F(z)$ 展开成傅里叶级数,再利用反变换 $z=\dfrac{x\pi}{l}$,得到 $f(x)$ 的傅里叶级数展开式.

二、典型例题

(一) 判别三类常数项级数的敛散性

例 1　判别级数 $\displaystyle\sum_{n=1}^{\infty}\dfrac{1}{n\sqrt[n]{n}}$ 的收敛性.

所给级数的一般项趋于零时,常寻找其一般项的等价(同阶或高阶)无穷小量,将敛散性的判定问题转化为一般项为等价(同阶或高阶)无穷小量的级数敛散性的判定问题.

解：用比较判别法，因 $\lim\limits_{n\to\infty} \sqrt[n]{u_n} = 1$，故存在正整数 N，当 $n \geqslant N$ 时，有 $\sqrt[n]{n} < 2$，从而

$\dfrac{1}{n\sqrt[n]{n}} > \dfrac{1}{2n}$，而 $\sum\limits_{n=1}^{\infty} \dfrac{1}{2n}$ 发散，故原级数 $\sum\limits_{n=1}^{\infty} \dfrac{1}{n\sqrt[n]{n}}$ 也发散.

例 2 设 $u_n = (-1)^n \ln\left(1 + \dfrac{1}{\sqrt{n}}\right)$，则级数（ ）.

A. $\sum\limits_{n=1}^{\infty} u_n$ 与 $\sum\limits_{n=2}^{\infty} u_n^2$ 都收敛 B. $\sum\limits_{n=1}^{\infty} u_n$ 与 $\sum\limits_{n=2}^{\infty} u_n^2$ 都发散

C. $\sum\limits_{n=1}^{\infty} u_n$ 收敛而 $\sum\limits_{n=2}^{\infty} u_n^2$ 发散 D. $\sum\limits_{n=1}^{\infty} u_n$ 发散而 $\sum\limits_{n=2}^{\infty} u_n^2$ 收敛

解：$\sum\limits_{n=1}^{\infty} u_n = (-1)^n \ln\left(1 + \dfrac{1}{\sqrt{n}}\right)$ 为交错级数. 因 $|u_n| = \ln\left(1 + \dfrac{1}{\sqrt{n}}\right) \to 0$ 且 $|u_n| \geqslant$

$|u_{n+1}|$，由莱布尼茨判别法则知，$\sum\limits_{n=1}^{\infty} u_n$ 收敛. 又因 $u^2 = \ln^2\left(1 + \dfrac{1}{\sqrt{n}}\right) \sim \dfrac{1}{n} (n \to \infty)$，故 $\sum\limits_{n=1}^{\infty} \dfrac{1}{n}$

与 $\sum\limits_{n=1}^{\infty} u_2^2 = \ln^2\left(1 + \dfrac{1}{\sqrt{n}}\right)$ 具有相同的敛散性，而 $\sum\limits_{n=1}^{\infty} \dfrac{1}{n}$ 发散，故 $\sum\limits_{n=1}^{\infty} u_n^2$ 发散. 仅 C 入选.

例 3 判别下列级数的敛散性：(1) $\sum\limits_{n=1}^{\infty} \dfrac{n^2 2^n}{3^n}$；(2) $\sum\limits_{n=1}^{\infty} \dfrac{a^n \cdot n!}{n^n} (a > 0$ 为常数$)$

解：(1) 设 $\sum\limits_{n=1}^{\infty} u_n = \sum\limits_{n=1}^{\infty} \dfrac{n^2 2^n}{3^n}$，则 $\lim\limits_{n\to\infty} \sqrt[n]{u_n} = \dfrac{2}{3} \lim\limits_{n\to\infty} \sqrt[n]{n^2} = \dfrac{2}{3} \lim\limits_{n\to\infty} (\sqrt[n]{n})^2 = \dfrac{2}{3} \cdot 1 = \dfrac{2}{3}$

< 1. 由根值判别法知，所给级数收敛.

(2) 因 $\lim\limits_{n\to\infty} \left[\dfrac{a^{n+1} \cdot (n+1)!}{(n+1)^{n+1}} \Big/ \dfrac{a^n \cdot n!}{n^n}\right] = \lim\limits_{n\to\infty} \dfrac{a}{(1 + 1/n)^n} = \dfrac{a}{e} = \rho$.

当 $a < e$ 时，$\rho < 1$，所给级数收敛；当 $a > e$ 时，$\rho > 1$，所给级数发散；当 $a = e$ 时，注意

到数列 $\left\{\left(1 + \dfrac{1}{n}\right)^n\right\}$ 单调递增趋于 e，因而 $a = e$ 时，$\dfrac{u_{n+1}}{u_n} = \dfrac{e}{\left(1 + \dfrac{1}{n}\right)^n} > 1$.

于是 $\{u_n\}$ 单调递增：$u_{n+1} > u_n$，$\lim\limits_{n\to\infty} u_n \neq 0$，原级数发散. 综上所述，当 $a < e$ 时，所给

级数收敛；当 $a \geqslant e$ 时，级数发散.

例 4 判别级数 $\sum\limits_{n=1}^{\infty} \dfrac{n}{2^n} \cos \dfrac{n\pi}{3}$ 是否收敛？是绝对收敛还是条件收敛？

解：由于 $\cos \dfrac{n\pi}{3}$ 可正可负，但其符号并非正负相间，因此它不是交错级数，而是任意

项级数. 各项取绝对值后，得到正项级数 $\sum\limits_{n=1}^{\infty} \dfrac{n}{2^n} \left|\cos \dfrac{n\pi}{3}\right|$. 由于 $u_n = \dfrac{n}{2^n} \left|\cos \dfrac{n\pi}{3}\right| \leqslant v_n = $

$\dfrac{n}{2^n}$，且 $\lim\limits_{n\to\infty} \dfrac{v_{n+1}}{v_n} = \lim\limits_{n\to\infty} \left(\dfrac{n+1}{2^{n+1}} \Big/ \dfrac{n}{2^n}\right) = \lim\limits_{n\to\infty} \dfrac{n+1}{2n} = \dfrac{1}{2} < 1$，由比值判别法知 $\sum\limits_{n=1}^{\infty} v_n$ 收敛，故

$\sum\limits_{n=1}^{\infty} \dfrac{n}{2^n} \left|\cos \dfrac{n\pi}{3}\right|$ 收敛，即原级数绝对收敛.

（二）幂级数的收敛半径、收敛区间及收敛域的求法

求收敛半径分两种情况采用不同方法.

1. 对不缺项的幂级数 $\sum\limits_{n=1}^{\infty} a_n x^n$，直接使用下述公式 $R = \lim\limits_{n\to\infty} \left| \dfrac{a_n}{a_{n+1}} \right|$ 或 $R = \lim\limits_{n\to\infty} \dfrac{1}{\sqrt[n]{|a_n|}}$ 求之，注意上述极限式是带绝对值符号的通项系数之比或是带绝对值符号的通项开 n 次方.

2. 对缺项级数（即某些幂次项的系数为 0），上面公式失效，可将缺项幂级数当作一般数项级数来处理. 可用比值判别法求其收敛半径，设 $\sum\limits_{n=1}^{\infty} u_n(x)$ 为缺项级数，由 $\lim\limits_{n\to\infty} \left| \dfrac{u_{n+1}(x)}{u_n(x)} \right| = |\varphi(x)| < 1$ 解出 $|x| < C$，则其收敛半径为 $R = C$. 再确定在区间端点的敛散性即可求得其收敛域.

3. 一般已知幂级数在某点收敛和（或）在另一点发散时，常用阿贝尔定理求解该幂级数有关收敛域的问题.

例 1　求幂级数 $\sum\limits_{n=1}^{\infty} \dfrac{(x-3)^n}{n \cdot 3^n}$ 的收敛域.

解：解法一，由 $\lim\limits_{n\to\infty} \left| \dfrac{u_{n+1}(x)}{u_n(x)} \right| = \lim\limits_{n\to\infty} \dfrac{n|x-3|}{3(n+1)} = \dfrac{|x-3|}{3}$，当 $\dfrac{|x-3|}{3} < 1$ 即 $0 < x < 6$ 时，该幂级数收敛. 当 $x = 0$ 时，原级数化为 $\sum\limits_{n=1}^{\infty} (-1)^n \dfrac{1}{n}$，该数项级数条件收敛. 当 $x = 6$ 时，原级数化为 $\sum\limits_{n=1}^{\infty} \dfrac{1}{n}$，该级数发散，故所求的收敛域为 $[0,6)$.

解法二，原级数可化 $\sum\limits_{n=1}^{\infty} \dfrac{1}{n} \left(\dfrac{x-3}{3} \right)^n \xlongequal{(x-3)/3 = t} \sum\limits_{n=1}^{\infty} \dfrac{t^n}{n}$，显然级数 $\sum\limits_{n=1}^{\infty} \dfrac{t^n}{n}$ 的收敛域为 $-1 \leqslant t < 1$，故 $-1 \leqslant \dfrac{x-3}{3} < 1$，即 $0 \leqslant x < 6$.

例 2　幂级数 $\sum\limits_{n=1}^{\infty} \dfrac{n}{2^n + (-3)^n} x^{2n-1}$ 的收敛半径 $R = $ _____.

解：这是一个缺项幂级数，由 $\lim\limits_{n\to\infty} \left[\left| \dfrac{n+1}{(-3)^{n+1} + 2^{n+1}} x^{2n+1} \right| \Big/ \left| \dfrac{n}{(-3)^n + 2^n} x^{2n-1} \right| \right] = \dfrac{x^2}{3}$. 故当 $\dfrac{x^2}{3} < 1$ 时，幂级数绝对收敛，当 $\dfrac{x^2}{3} > 1$ 时，幂级数发散. 由 $\dfrac{x^2}{3} < 1$ 解得 $|x| < \sqrt{3}$，即级数的收敛半径为 $R = \sqrt{3}$.

例 3　已知幂级数 $\sum\limits_{n=0}^{\infty} a_n(x+2)^n$ 在 $x = 0$ 处收敛，在 $x = -4$ 处发散，则幂级数 $\sum\limits_{n=0}^{\infty} a_n(x-3)^n$ 的收敛域为 _____.

解：由阿贝尔定理知，当 $|x+2| < |0+2| = 2$，即 $-4 < x < 0$ 时，幂级数收敛；而当 $|x$

$+2|>|-4+2|=2$ 即 $x<-4$ 或 $x>0$ 时,该幂级数发散. 可见,幂级数的收敛半径为

$2.$ 于是级数 $\sum\limits_{n=0}^{\infty} a_n(x-3)^n$ 当 $|x-3|<2$ 即 $1<x<5$ 时收敛,故 $\sum\limits_{n=0}^{\infty} a_n(x-3)^n$ 的收敛区间为 $(1,5)$.

(三) 求幂级数与数项级数的和

1. 先积后导法.

情形 1 直接先积后导,求 $\sum\limits_{n=1}^{\infty} nx^{n-1}$ 的和函数 $S(x)$,用先积后导法:

$$\int_0^x S(x)\mathrm{d}x = \sum\limits_{n=1}^{\infty} \int_0^x nx^{n-1}\mathrm{d}x = \sum\limits_{n=1}^{\infty} x^n = \frac{x}{1-x}(|x|<1),$$

则 $S(x) = \left(\int_0^x S(t)\mathrm{d}t\right)' = \left(\frac{x}{1-x}\right)' = \frac{1}{(1-x)^2}(|x|<1).$

或将其化为等比级数和函数的导数而求之:

$$\sum\limits_{n=1}^{\infty} nx^{n-1} = S(x) = \sum\limits_{n=1}^{\infty} (x^n)' = \left(\sum\limits_{n=1}^{\infty} x^n\right)' = \left(\frac{x}{1-x}\right)' = \frac{1}{(1-x)^2}(|x|<1)$$

情形 2 求 $\sum\limits_{n=1}^{\infty} nx^n$ 的和函数 $S(x)$. 利用类型 1:

$$\sum\limits_{n=1}^{\infty} nx^n = S(x) = x\sum\limits_{n=1}^{\infty} nx^{n-1} = \frac{x}{(1-x)^2}(|x|<1)$$

情形 3 求 $\sum\limits_{n=1}^{\infty} nx^{n+1}$ 的和函数 $S(x)$. 利用类型 1:

$$\sum\limits_{n=1}^{\infty} nx^{n+1} = S(x) = x^2\left(\sum\limits_{n=1}^{\infty} nx^{n-1}\right) = \frac{x^2}{(1-x)^2}(|x|<1)$$

或 $S(x) = x\left(\sum\limits_{n=1}^{\infty} nx^n\right) = x \cdot \frac{x}{(1-x)^2} = \frac{x^2}{(1-x)^2}(|x|<1)$

情形 4 求 $\sum\limits_{n=2}^{\infty} n(n-1)x^{n-2}$ 的和函数 $S(x)$. 简便求法是将其化为等比级数和函数的导数求得 $S(x) = \sum\limits_{n=2}^{\infty} n(n-1)x^{n-2} = \sum\limits_{n=0}^{\infty} (x^n)'' = \left(\sum\limits_{n=0}^{\infty} x^n\right)'' = \left(\frac{1}{1-x}\right) = \frac{2}{(1-x)^3}$ $(|x|<1)$

情形 5 $\sum\limits_{n=1}^{\infty} (-1)^n(n+1)nx^{n-1} = (-1)\sum\limits_{n=1}^{\infty} (n+1)n(-x)^{n-1} = (-1)\frac{2}{[1-(-x)^3]}$ $= \frac{-2}{(1+x)^3}(|x|<1)$

例 1 求级数 $\sum\limits_{n=1}^{\infty} n^2 x^{n-1}$ 的收敛域及和函数.

解: $R = \lim\limits_{n\to\infty}\left|\frac{a_n}{a_{n+1}}\right| = \lim\limits_{n\to\infty}\frac{n^2}{(1+n)^2} = 1.$ 当 $x=\pm1$ 时,原级数分别化为数项级数 $\sum\limits_{n=1}^{\infty} n^2$, $\sum\limits_{n=1}^{\infty} n^2(-1)^{n-1}$. 由于一般项不趋近于 0,故均发散,其收敛域为 $(-1,1)$. 设 $S(x)$

$$= \sum_{n=1}^{\infty} n^2 x^{n-1}, x \in (-1,1). \int_0^x S(t) dt = \sum_{n=1}^{\infty} n^2 \int_0^x t^{n-1} dt = \sum_{n=1}^{\infty} n x^n = \frac{x}{(1-x)^2}, x \in (-1,$$

$1)$. 上式两端再对 x 求导,得到 $S(x) = \left[\dfrac{x}{(1-x)^2}\right]' = \dfrac{1+x}{(1-x)^3}, x \in (-1,1)$.

2. 先导后积法.

情形 1 求 $\sum_{n=1}^{\infty} \dfrac{x^n}{n}$ 的和函数 $S(x)$. 先求导得到 $S'(x) = \sum_{n=1}^{\infty} x^{n-1} = \sum_{n=0}^{\infty} x^n = \dfrac{1}{1-x}(|x| < 1)$,

再积分得 $S(x) - S(0) = S(x)$(因 $S(x) = 0$) $= \int_0^x S'(x) dx = \int_0^x \dfrac{dx}{1-x}$,则

$$\sum_{n=1}^{\infty} \frac{x^n}{n} = -\ln(1-x)(-1 \leqslant x < 1).$$

情形 2 求 $\sum_{n=1}^{\infty} \dfrac{x^{n+1}}{n}$ 的和函数 $S(x)$. 利用情形 1, $S(x) = x \sum_{n=1}^{\infty} \dfrac{x^n}{n} = -x\ln(1-x)(-1 \leqslant x < 1)$

情形 3 求 $\sum_{n=1}^{\infty} \dfrac{x^{n-1}}{n}$ 的和函数 $S(x)$. 利用情形 1, $xS(x) = \sum_{n=1}^{\infty} \dfrac{x^n}{n} = -\ln(1-x)$

$(-1 \leqslant x < 1)$,

$$\sum_{n=1}^{\infty} \frac{x^{n-1}}{n} = S(x) = \begin{cases} -[\ln(1-x)]/x, & -1 \leqslant x < 0, 0 < x < 1, \\ S(0) = 1, & x = 0. \end{cases}$$

例 求幂级数 $\sum_{n=1}^{\infty} \dfrac{1}{n2^n} x^{n-1}$ 的收敛域,并求其和函数.

解:(1) 收敛半径 $R = \lim\limits_{n \to \infty} \left|\dfrac{a_n}{a_{n+1}}\right| = \lim\limits_{n \to \infty} \dfrac{(n+1)2^{n+1}}{n2^n} = 2$.

当 $x = 2$ 时,原级数化为 $\sum_{n=1}^{\infty} \dfrac{2^{n-1}}{n \cdot 2^n} = \sum_{n=1}^{\infty} \dfrac{1}{2n}$,发散;当 $x = -2$ 时,原级数化为

$\sum_{n=1}^{\infty} \dfrac{(-1)^{n-1} \cdot 2^{n-1}}{n \cdot 2^n} = \sum_{n=1}^{\infty} \dfrac{(-1)^{n-1}}{2n}$,收敛,故级数的收敛域为 $[-2,2)$.

(2) 设 $S(x) = \sum_{n=1}^{\infty} \dfrac{x^{n-1}}{n2^n}$,则 $xS(x) = \sum_{n=1}^{\infty} \dfrac{x^n}{n2^n} = \sum_{n=1}^{\infty} \dfrac{(x/2)^n}{n}$. 由情形 1 结论

$xS(x) = -\ln(1-x/2) = \ln 2 - \ln(2-x)$

当 $x \neq 0$ 时, $S(x) = -[\ln(1-x/2)]/x$;当 $x = 0$ 时, $S(0) = 1/2$,故其和函数为

$$\sum_{n=1}^{\infty} \frac{x^{n-1}}{n2^n} = \begin{cases} -[\ln(1-x/2)]/x, & -2 \leqslant x < 0, 0 < x < 2, \\ 1/2, & x = 0 \end{cases}$$

(四) 将简单函数间接展开成幂级数

一般用间接展开法将函数 $f(x)$ 展开成幂级数,即通过适当的变量替换、恒等变形及逐项微分、积分运算将 $f(x)$ 化为含诸如 $\dfrac{1}{1 \pm x}$, e^x, $\sin x$, $\cos x$, $\ln(1+x)$, $(1+x)^m$ 等基本初等函数的形式,然后利用其展开式,将 $f(x)$ 展成幂级数,再在所得的等式两边实施逆运算,从而得到 $f(x)$ 的幂级数的展开式.

例 1 将函数 $f(x) = \dfrac{1}{x^2 - 3x - 4}$ 展开成 $x-1$ 的幂级数,并指出其收敛区间.

解:$f(x) = \dfrac{1}{x^2 - 3x - 4} = \dfrac{1}{(x-4)(x+1)} = \dfrac{1}{5}\left(\dfrac{1}{x-4} - \dfrac{1}{x+1}\right)$

$$= -\dfrac{1}{15}\sum_{n=0}^{\infty}\left(\dfrac{x-1}{3}\right)^n - \dfrac{1}{10}\sum_{n=0}^{\infty}(-1)^n\left(\dfrac{x-1}{2}\right)^n$$

$$= \dfrac{1}{5}\sum_{n=0}^{\infty}\left(\dfrac{(-3)^{n+1} - 2^{n+1}}{6^{n+1}}\right)(x-1)^n,$$

其中 $|x-1| < 2$,即 $-1 < x < 3$.

例 2 将函数 $f(x) = \dfrac{1}{4}\ln\dfrac{1+x}{1-x} + \dfrac{1}{2}\arctan x - x$ 展开成 x 的幂级数.

解:先利用对数函数性质化简对数,即 $\ln\dfrac{1+x}{1-x} = \ln(1+x) - \ln(1-x)$. 再求导化为

有理分式,展为幂级数:$f'(x) = \dfrac{1}{4}\left(\dfrac{1}{1+x} + \dfrac{1}{1-x}\right) + \dfrac{1}{2}\dfrac{1}{1+x^2} - 1 = \dfrac{1}{1-x^4} - 1 =$

$\displaystyle\sum_{n=1}^{\infty} x^{4n}(-1 < x < 1)$. 注意到 $f(0) = 0$,最后积分,即得所求的幂级数:

$$f(x) = f(0) + \int_0^x f'(t)\,dt = \sum_{n=1}^{\infty}\dfrac{x^{4n+1}}{4n+1}(-1 < x < 1).$$

(五)将周期函数展为傅里叶级数

例 1 将函数 $f(x) = \sin ax (-\pi \leqslant x \leqslant \pi)$ 展开为傅里叶级数,其中 a 为非整数.

解:由于 $f(x)$ 为奇函数,故 $a_n = 0 (n=0,1,2,\cdots)$,

$$b_n = \dfrac{2}{\pi}\int_0^{\pi}\sin ax \sin nx\,dx \quad \dfrac{1}{\pi}\int_0^{\pi}[\cos(a-\pi)x - \cos(a+n)x]\,dx$$

$$= \dfrac{1}{\pi}\left[\dfrac{\sin(a-n)\pi}{a-n} - \dfrac{\sin(a+n)\pi}{a+n}\right],$$

因 $\sin(a\pi \pm n\pi) = \sin a\pi\cos n\pi \pm \cos a\pi\sin n\pi = (-1)^n\sin a\pi \pm \cos a\pi \cdot 0$
$= (-1)^n\sin a\pi$,

故 $b_n = \dfrac{1}{\pi}\left[\dfrac{(-1)^n\sin a\pi}{a-n} - \dfrac{(-1)^n\sin a\pi}{a+n}\right] = (-1)^n\dfrac{2n\sin a\pi}{\pi(a^2-n^2)}$,

因此 $\sin ax = \dfrac{2\sin a\pi}{\pi}\displaystyle\sum_{n=1}^{\infty}\dfrac{(-1)^n n}{a^2-n^2}\sin nx (-\pi < x < \pi)$,

在 $x = \pm\pi$ 处级数收敛于 $\dfrac{1}{2}[f(-\pi+0) + f(\pi-0)] = 0$

例 2 将函数 $f(x) = 2 + |x| (-1 \leqslant x \leqslant 1)$ 展开成以 2 为周期的傅里叶级数,并且由此求级数 $\displaystyle\sum_{n=1}^{\infty}\dfrac{1}{n^2}$ 的和.

解:(1) $f(x) = 2 + |x| (-1 \leqslant x \leqslant 1)$ 是偶函数,则 $b_n = 0 (n=1,2,\cdots)$;周期为 2,则 $l = 1$.

$$a_n = 2\int_0^1 (2+x)\cos(n\pi x)\mathrm{d}x = 2\int_0^1 x\cos(n\pi x)\mathrm{d}x = \frac{2(\cos n\pi - 1)}{n^2\pi^2}(n=1,2,\cdots).$$

由 $\cos(n\pi)=(-1)^n$，当 $n=2k+1$ 为奇数时，有 $\cos n\pi - 1 = \cos(2k+1)\pi - 1 = -2$；

当 $n=2k$ 为偶数时，$\cos n\pi - 1 = (-1)^{2k} - 1 = 0$. 显然 a_n 中没有包含 a_0，应单独求出.

$$a_0 = \int_{-1}^1 (2+|x|)\mathrm{d}x = 2\int_0^1 (2+x)\mathrm{d}x = 5.$$

因为所给函数在区间 $[-1,1]$ 上满足收敛定理的条件，且连续，又 $f(-1)=f(1)$，将 $f(x)$ 展开成以 2 为周期的傅里叶级数为 $f(x) = 2 + |x| = \dfrac{5}{2} + \sum_{n=1}^{\infty} \dfrac{2(\cos n\pi - 1)}{n^2\pi^2}$

$\cos(n\pi x)$

$$= \frac{5}{2} - \frac{4}{\pi^2}\sum_{k=0}^{\infty} \frac{\cos(2k+1)\pi x}{(2k+1)^2}(-1 \leqslant x \leqslant 1).$$

(2) 当 $x=0$ 时，有 $2 = \dfrac{5}{2} - \dfrac{4}{\pi^2}\sum_{k=0}^{\infty}\dfrac{1}{(2k+1)^2}$，从而 $\sum_{k=0}^{\infty}\dfrac{1}{(2k+1)^2} = \dfrac{\pi^2}{8}$.

又 $\sum_{n=1}^{\infty}\dfrac{1}{n^2} = \sum_{k=0}^{\infty}\dfrac{1}{(2k+1)^2} + \sum_{k=1}^{\infty}\dfrac{1}{(2k)^2} = \dfrac{\pi^2}{8} + \dfrac{1}{4}\sum_{k=1}^{\infty}\dfrac{1}{k^2} = \dfrac{\pi}{8} + \dfrac{1}{4}\sum_{n=1}^{\infty}\dfrac{1}{n^2}$

故 $\sum_{n=1}^{\infty}\dfrac{1}{n^2} = \dfrac{4}{3} \times \dfrac{\pi^2}{8} = \dfrac{\pi^2}{6}$.

三、教学建议

1. 课程思政.

培养对抽象概念的理解能力，基本理论的运用能力，激发对数学的好奇心和求知欲，培养良好的学习习惯和思维品质，勇于探索、勤于思考的科学精神，体会唯物辩证法的思想，树立科学的世界观，提高数学涵养和综合素质.

在判断常数项级数的敛散性中，等比级数是发散的，通过"国王赏麦"的故事渗透量化思维的重要性.

2. 思维培养.

用解析的形式逼近函数，即用有限项简单函数之和逼近复杂函数，用无限像简单函数之和表达复杂函数是无穷级数基本的思想方法，也是重要的思维方法. 在常数项级数的比较审敛法中，常用几何级数、调和级数和 P 级数作为参照对象，结合级数本身特征，通过相互比较从而判断级数是否收敛，是比较思维的体现. 在将简单函数直接展开成幂级数，或者将较为复杂函数间接展开成幂级数，在傅里叶级数展开中，通过周期延拓将非周期函数转化为周期函数，通过变量代换将一般周期函数转化为周期为 2π 的函数等都是基于化归思维的应用.

四、达标训练

一、填空题

1. $f(x) = \dfrac{1}{1-x} - \dfrac{1}{2-x}$ 的麦克劳林级数的收敛区间是_____.

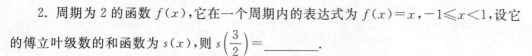

2. 周期为 2 的函数 $f(x)$，它在一个周期内的表达式为 $f(x)=x$，$-1\leqslant x<1$，设它的傅立叶级数的和函数为 $s(x)$，则 $s\left(\dfrac{3}{2}\right)=$ _____.

3. 已知级数 $\displaystyle\sum_{n=1}^{\infty}\dfrac{1}{n^2}=\dfrac{\pi^2}{6}$，则级数 $\displaystyle\sum_{n=1}^{\infty}\dfrac{1}{(2n-1)^2}$ 的和等于 _____.

4. 若在 $(-R,R)$ 内有 $f(x)=\displaystyle\sum_{n=0}^{\infty}a_n x^n$，则 $\dfrac{f(x)+f(-x)}{2}$ 的麦克劳林级数为 _____.

5. 函数 $\dfrac{1}{2+x}$ 的麦克劳林级数及收敛区间为 _____.

6. $f(x)=x^2-x$ 在 $0\leqslant x\leqslant 1$ 上的余弦级数的和函数为 $s(x)$，则 $s(x)$ 的周期为 _____.

7. 周期为 2 的函数 $f(x)$，设它在一个周期 $[-1,1]$ 上的表达式为 $f(x)=|x|$，设它的傅里叶级数的和函数为 $s(x)$，则 $s(-5)$ _____.

二、选择题

1. 正项级数 $\displaystyle\sum_{n=1}^{\infty}a_n$ 收敛是级数 $\displaystyle\sum_{n=1}^{\infty}a_n^2$ 收敛的（　　）.

    A. 充分条件，但非必要条件　　　　B. 必要条件，但非充分条件

    C. 充分必要条件　　　　　　　　　D. 既非充分条件，又非必要条件

2. 对正项级数 $\displaystyle\sum_{n=1}^{\infty}a_n$，则 $\displaystyle\lim_{n\to\infty}\dfrac{a_{n+1}}{a_n}=q<1$ 是此正项级数收敛的（　　）.

    A. 充分条件，但非必要条件　　　　B. 必要条件，但非充分条件

    C. 充分必要条件　　　　　　　　　D. 既非充分条件，又非必要条件

3. 设幂级数 $\displaystyle\sum_{n=0}^{\infty}\dfrac{a_n-b_n}{a_n+b_n}x^n$（$0<a<b$），则所给级数的收敛半径 R 等于（　　）.

    A. b　　　　　　　　　　　　　　B. $\dfrac{1}{a}$

    C. $\dfrac{1}{b}$　　　　　　　　　　　　D. R 的值与 a,b 无关

4. 设级数 $\displaystyle\sum_{n=1}^{\infty}u_n$ 是条件收敛的，又设 $U_n^{*}=\dfrac{u_n+|u_n|}{2}$，$U_n^{**}=\dfrac{u_n-|u_n|}{2}$，则级数 $\displaystyle\sum_{n=1}^{\infty}U_n^{*}$ 和 $\displaystyle\sum_{n=1}^{\infty}U_n^{**}$（　　）.

    A. $\displaystyle\sum_{n=1}^{\infty}U_n^{*}$ 和 $\displaystyle\sum_{n=1}^{\infty}U_n^{**}$ 都是收敛的　　B. $\displaystyle\sum_{n=1}^{\infty}U_n^{*}$ 和 $\displaystyle\sum_{n=1}^{\infty}U_n^{**}$ 都是发散的

    C. $\displaystyle\sum_{n=1}^{\infty}U_n^{*}$ 收敛，但 $\displaystyle\sum_{n=1}^{\infty}U_n^{**}$ 发散　　D. $\displaystyle\sum_{n=1}^{\infty}U_n^{**}$ 收敛，但 $\displaystyle\sum_{n=1}^{\infty}U_n^{*}$ 发散

5. 若级数 $\displaystyle\sum_{n=1}^{\infty}a_n(x-2)^n$ 在 $x=-2$ 处收敛，则此级数在 $x=5$ 处（　　）.

    A. 发散　　　　B. 条件收敛　　　　C. 绝对收敛　　　　D. 收敛性不能确定

6. 当 $|x| < 4$ 时，幂级数 $\dfrac{x}{4} + \dfrac{x^2}{2 \cdot 4^2} + \dfrac{x^3}{3 \cdot 4^3} + \cdots + \dfrac{x^n}{n \cdot 4^n} + \cdots$ 的和函数是（　　）.

    A. $-\ln(4-x)$　B. $-4\ln(1-x)$　　C. $-\ln\left(1 - \dfrac{x}{4}\right)$　　D. $\ln\left(1 + \dfrac{x}{4}\right)$

7. 若级数 $\displaystyle\sum_{n=1}^{\infty} a_n^2$ 收敛，则级数 $\displaystyle\sum_{n=1}^{\infty} a_n$（　　）.

    A. 必绝对收敛　　　　　　　　　B. 必条件收敛

    C. 必发散　　　　　　　　　　　D. 可能收敛，也可能发散

8. $\displaystyle\sum_{n=1}^{\infty} \dfrac{x^n}{n}$ 在 $|x| < 1$ 时的和函数是（　　）.

    A. $\ln(1-x)$　　B. $\ln\dfrac{1}{1-x}$　　　C. $\ln(x-1)$　　　　D. $-\ln(x-1)$

9. 级数 $\displaystyle\sum_{n=1}^{\infty} (\lg x)^n$ 的收敛区间是（　　）.

    A. $(-1,1)$　　B. $(-10,10)$　　C. $\left(-\dfrac{1}{10}, \dfrac{1}{10}\right)$　　D. $\left(0, \dfrac{1}{10}\right)$

10. 在下列级数中收敛的级数是（　　）.

    A. $\displaystyle\sum_{n=1}^{\infty} \dfrac{(-3)^n}{2^n}$　　　　　　　　　B. $\displaystyle\sum_{n=1}^{\infty} \dfrac{3^n n!}{n^n}$

    C. $\displaystyle\sum_{n=1}^{\infty} (-1)^n \cos\dfrac{1}{n}$　　　　　D. $\displaystyle\sum_{n=1}^{\infty} \dfrac{2^n n!}{n^n}$

11. 设任意项级数 $\displaystyle\sum_{n=1}^{\infty} a_n$，若 $|a_n| > |a_{n+1}|$，且 $\lim\limits_{n \to \infty} a_n = 0$，则该级数是（　　）.

    A. 必是条件收敛　　　　　　　　B. 必是绝对收敛

    C. 必发散　　　　　　　　　　　D. 可能收敛可能发散

三、解答题

1. 设 $f(x)$ 可在任意一点展开为泰勒级数，试求 $f(x+x_0)$ 的麦克劳林级数.

2. 判别级数 $\displaystyle\sum_{n=1}^{\infty} (-1)^{n+1} \dfrac{(n+1)^n}{2n^{n+1}}$ 是否收敛？如果是收敛的，是绝对收敛还是条件收敛？

3. 若幂级数 $\displaystyle\sum_{n=0}^{\infty} a_n(x-b)^n$ $(b \neq 0)$ 当 $x=0$ 时收敛，当 $x=2b$ 时发散，试指出此幂级数的收敛半径 R，并证明之.

4. 将函数 $f(x)=\ln x$ 展开成 $(x-1)$ 的幂级数，并指出其收敛域.

5. 判别级数 $\displaystyle\sum_{n=1}^{\infty}\left(\frac{n}{n+100}\right)^{2n}$ 的敛散性.

6. 求 $\displaystyle\sum_{n=1}^{\infty}\frac{x^{n}}{n}$ 的收敛域及和函数，并由此求下面级数的和，$\dfrac{1}{1\cdot3}+\dfrac{2}{2\cdot3^{2}}+\dfrac{1}{3\cdot3^{3}}+$
$\cdots+\dfrac{1}{n\cdot3^{n}}+\cdots$

7. 判断级数 $\displaystyle\sum_{n=1}^{\infty}\frac{2\cdot5\cdots\cdots(3n-1)}{1\cdot5\cdots\cdots(4n-3)}$ 的敛散性.

8. 求幂级数 $\displaystyle\sum_{n=1}^{\infty}nx^{n-1}$ 的收敛区间（端点要讨论）及和函数.

9. 将函数 $f(x)=\dfrac{1}{2x+1}$ 展开成 $x-1$ 的幂级数，并指出收敛区间.

10. 求幂级数 $\dfrac{1}{a}+\dfrac{2x}{a^{2}}+\cdots+\dfrac{nx^{n-1}}{a^{n}}+\cdots$ 在收敛域 $(-a,a)$ 内的和函数 $(a>0)$.

11. 若 $S(x) = \sum\limits_{n=1}^{\infty} b_n \sin nx \, (-\pi \leqslant x \leqslant \pi)$，且 $\dfrac{1}{2}(\pi - x) = \sum\limits_{n=1}^{\infty} b_n \sin nx \, (0 \leqslant x \leqslant \pi)$，求 b_n 及 $S(x)$.

12. 判断级数 $\sum\limits_{n=1}^{\infty} \sin\left(\pi\sqrt{n^2+1}\right)$ 是否收敛？如果收敛，是绝对收敛还是条件收敛？

13. 判断级数 $\sum\limits_{n=1}^{\infty} (-1)^n \dfrac{\ln(n+1)}{\mathrm{e}^n}$ 的敛散性.

14. 将函数 $f(x) = \dfrac{2x-\pi}{4} \; (0 \leqslant x \leqslant \pi)$ 展开成余弦级数.

15. 求幂级数 $\sum\limits_{n=1}^{\infty} \dfrac{x^{n+2}}{(n+1)(n+2)}$ 在收敛区间 $(-1,1)$ 内的和函数，并求 $\sum\limits_{n=1}^{\infty} \dfrac{1}{4(n+1)(n+2)2^n}$ 的和.

16. 判断级数 $\sum\limits_{n=2}^{\infty} \dfrac{(-1)^n}{\sqrt{n}+(-1)^n}$ 的收敛性.

17. 求幂级数 $\sum\limits_{n=1}^{\infty} (2n+1)x^n$ 的收敛域（端点要讨论）及和函数.

18. 将 $f(x)=\begin{cases} x+\dfrac{\pi}{2} & -\pi\leqslant x<0 \\[2mm] \dfrac{\pi}{2}-x & 0\leqslant x\leqslant\pi \end{cases}$ 展成以 2π 为周期的傅里叶级数,并求级数 $\displaystyle\sum_{n=1}^{\infty}$

$\dfrac{1}{(2n-1)^2}$ 之和.

参考答案

一、填空题

1. $(-1,1)$; 2. $-\dfrac{1}{2}$; 3. $\dfrac{\pi^2}{8}$; 4. $\displaystyle\sum_{k=0}^{\infty}a_{2k}x^{2k}$; 5. $\displaystyle\sum_{n=0}^{\infty}\dfrac{(-1)^n}{2^{n+1}}x^n,\ |x|<2$; 6. 2;

7. 1.

二、选择题

1. A 2. A 3. D 4. B 5. C 6. C 7. D 8. B 9. D 10. D 11. D

三、解答题

1. 解:记 $F(x)=f(x+x_0)$ 设 $\displaystyle\sum_{n=0}^{\infty}a_nx^n$ 是 $F(x)$ 的麦克劳林级数

式中 $a_n=\dfrac{F^{(n)}(0)}{n!}=\dfrac{f^{(n)}(x_0)}{n!}$ 故 $f(x+x_0)=F(x)=\displaystyle\sum_{n=0}^{\infty}\dfrac{f^{(n)}(x_0)}{n!}x^n$

2. 解:$|U_n|=\left|(-1)^{n+1}\dfrac{(n+1)^n}{2n^{n+1}}\right|=\dfrac{(n+1)^n}{2n^{n+1}}$ $\displaystyle\lim_{n\to\infty}\dfrac{|U_n|}{\dfrac{1}{n}}=\lim_{n\to\infty}\dfrac{1}{2}\left(1+\dfrac{1}{n}\right)^n=\dfrac{e}{2}$ 而

$\displaystyle\sum_{n=1}^{\infty}\dfrac{1}{n}$ 发散,所以级数 $\displaystyle\sum_{n=1}^{\infty}|U_n|$ 发散,又因为 $\dfrac{|U_n|}{|U_{n+1}|}=\left(\dfrac{n^2+2n+1}{n^2+2n}\right)^{n+1}>1$,故 $|U_n|>$

$|U_{n+1}|$,且 $\displaystyle\lim_{n\to\infty}|U_n|=\lim_{n\to\infty}\left[\dfrac{1}{2}\cdot\dfrac{1}{n}\left(1+\dfrac{1}{n}\right)^n\right]=0$,所以 $\displaystyle\sum_{n=1}^{\infty}(-1)^{n+1}\dfrac{(n+1)^n}{2n^{n+1}}$ 收敛,且为

条件收敛.

3. 证明:幂级数的收敛半径为 $R=|b|$

由于 $\displaystyle\sum_{n=0}^{\infty}a_n(x-b)^n$ 在 $x=0$ 处收敛,当 $|x-b|>|0-b|=|b|$ 时,$\displaystyle\sum_{n=0}^{\infty}a_n(x-b)^n$ 绝

对收敛,由于 $\displaystyle\sum_{n=0}^{\infty}a_n(x-b)^n$ 在 $x=2b$ 处发散,当 $|x-b|>|2b-b|=|b|$ 时,$\displaystyle\sum_{n=0}^{\infty}a_n(x-$

$b)^n$ 发散,所以收敛半径为 $R=|b|$

4. 解:因为 $\ln(1+x)=\displaystyle\sum_{n=1}^{\infty}\dfrac{(-1)^{n-1}}{n}x^n$ $(-1<x\leqslant1)$

所以 $\ln x=\ln[1+(x-1)]=\displaystyle\sum_{n=1}^{\infty}\dfrac{(-1)^{n-1}}{n}(x-1)^n$ $0<x\leqslant2$

5. 解：$\lim\limits_{n\to\infty}\left(\dfrac{n}{n+100}\right)^{2n}=\lim\limits_{n\to\infty}\dfrac{1}{\left(1+\dfrac{100}{n}\right)^{2n}}=\dfrac{1}{\mathrm{e}^{200}}$，当 $n\to\infty$ 时，u_n 不以 0 为极限，所以

$\sum\limits_{n=1}^{\infty}u_n$ 发散.

6. 解：因为 $\sum\limits_{n=1}^{\infty}x^{n-1}=1+x+x^2+\cdots+x^n+\cdots=\dfrac{1}{1-x}$ ，$-1<x<1$，所以，$\int_0^x(1$

$+x+x^2+\cdots+x^n+\cdots)\mathrm{d}x=\int_0^x\dfrac{1}{1-x}\mathrm{d}x=-\ln(1-x)$ ，即 $x+\dfrac{x^2}{2}+\dfrac{x^3}{3}+\cdots+\dfrac{x^n}{n}+$

$\cdots=-\ln(1-x)$，收敛域 $[-1,1)$，

令 $x=\dfrac{1}{3}$ 得 $\dfrac{1}{1\cdot3}+\dfrac{1}{2\cdot3^2}+\dfrac{1}{3\cdot3^3}+\cdots+\dfrac{1}{n\cdot3^n}+\cdots=-\ln\dfrac{2}{3}=\ln\dfrac{3}{2}$.

7. 解：由比值审敛法可得原级数收敛，

$\lim\limits_{n\to\infty}\dfrac{u_{n+1}}{u_n}=\lim\limits_{n\to\infty}\dfrac{2\cdot5\cdots\cdots(3n-1)\cdot(3n+2)}{1\cdot5\cdots\cdots(4n-3)\cdot(4n+1)}\cdot\dfrac{2\cdot5\cdots\cdots(3n-1)}{1\cdot5\cdots\cdots(4n-3)}=\lim\limits_{n\to\infty}\dfrac{3n+2}{4n+1}=\dfrac{3}{4}<1$

8. 解：由于 $\rho=\lim\limits_{n\to\infty}\left|\dfrac{a_{n+1}}{a_n}\right|=\lim\limits_{n\to\infty}\dfrac{n+1}{n}=1$，所以 $R=\dfrac{1}{\rho}=1$，当 $x=\pm1$ 时，级数

$\sum\limits_{n=1}^{\infty}(-1)^{n-1}n$ 与 $\sum\limits_{n=1}^{\infty}n$ 都发散，所以收敛域为 $(-1,1)$

设 $S(x)=\sum\limits_{n=1}^{\infty}nx^{n-1}$，两端积分得 $\int_0^x S(x)\mathrm{d}x=\sum\limits_{n=1}^{\infty}\int_0^x nx^{n-1}\mathrm{d}x=\sum\limits_{n=1}^{\infty}x^n=\dfrac{x}{1-x}$

所以 $S(x)=\dfrac{1}{(1-x)^2}$，$x\in(-1,1)$.

9. 解：$f(x)=\dfrac{1}{3+2(x-1)}=\dfrac{1}{3}\cdot\dfrac{1}{1+\dfrac{2}{3}(x-1)}$，

由 $\dfrac{1}{1+x}=\sum\limits_{n=1}^{\infty}(-1)^n x^n$，$-1<x<1$，可得

$f(x)=\dfrac{1}{3}\sum\limits_{n=1}^{\infty}(-1)^n\left(\dfrac{2}{3}\right)^n(x-1)^n=\sum\limits_{n=1}^{\infty}(-1)^n\dfrac{2^n}{3^{n+1}}(x-1)^n$，$-\dfrac{1}{2}<x<\dfrac{5}{2}$

10. 解：令 $s(x)=\sum\limits_{n=1}^{\infty}\dfrac{nx^{n-1}}{a^n}$ 在 $(-a,a)$ 内，

$\int_0^x s(x)\mathrm{d}x=\sum\limits_{n=1}^{\infty}\int_0^x\dfrac{nx^{n-1}}{a^n}\mathrm{d}x=\sum\limits_{n=1}^{\infty}\dfrac{x^n}{a^n}=\dfrac{x}{a-x}$

所以 $s(x)=\left(\dfrac{x}{a-x}\right)'=\dfrac{1}{(a-x)^2}\quad x\in(-a,a)$.

11. 解：因 $S(x)=\sum\limits_{n=1}^{\infty}b_n\sin nx(-\pi\leqslant x\leqslant\pi)$，且 $\dfrac{1}{2}(\pi-x)=\sum\limits_{n=1}^{\infty}b_n\sin nx(0\leqslant x\leqslant$

$\pi)$，所以 $S(x)$ 在 $[-\pi,\pi]$ 上为奇函数，又在 $0\leqslant x\leqslant\pi$ 上，$\dfrac{1}{2}(\pi-x)=\sum\limits_{n=1}^{\infty}b_n\sin nx$ 则在

$-\pi \leqslant x < 0$ 上 $S(x) = -\dfrac{1}{2}(\pi + x)$

所以 $S(x) = \begin{cases} -\dfrac{1}{2}(\pi + x) & -\pi \leqslant x < 0 \\[2mm] \dfrac{1}{2}(\pi - x) & 0 \leqslant x \leqslant \pi \end{cases}$　　且 $b_n = \dfrac{2}{\pi}\displaystyle\int_0^\pi \dfrac{1}{2}(\pi - x)\sin nx\, \mathrm{d}x = \dfrac{1}{n}$

12. 解：$a_n = \sin(\pi\sqrt{n^2+1}) = \sin[n\pi + (\sqrt{n^2+1} - n)\pi]$

$= \sin n\pi \cos(\sqrt{n^2+1} - n)\pi + \cos n\pi \sin(\sqrt{n^2+1} - n)\pi = (-1)^n \sin\dfrac{\pi}{\sqrt{n^2+1}+n}$

由于 $\displaystyle\lim_{n\to\infty} \dfrac{\left| \sin\dfrac{\pi}{\sqrt{n^2+1}+n} \right|}{\dfrac{1}{n}} = \pi$，所以 $\displaystyle\sum_{n=1}^\infty \sin(\pi\sqrt{n^2+1})$ 不绝对收敛，而

$\sin\dfrac{\pi}{\sqrt{n^2+1}+n} > \sin\dfrac{\pi}{\sqrt{(n+1)^2+1}+(n+1)}$　　$\displaystyle\lim_{n\to\infty}\sin\dfrac{\pi}{\sqrt{n^2+1}+n} = 0$

所以原级数条件收敛.

13. 解：$\because \displaystyle\lim_{n\to\infty}\dfrac{|u_{n+1}|}{|u_n|} = \lim_{n\to\infty}\dfrac{\ln(n+2)}{\mathrm{e}\ln(n+1)} = \dfrac{1}{\mathrm{e}} < 1$，原级数绝对收敛.

14. 解：将 $f(x)$ 作偶延拓，$a_n = \dfrac{2}{\pi}\displaystyle\int_0^\pi \dfrac{2x-\pi}{4}\cos nx\, \mathrm{d}x = \dfrac{1}{n^2\pi}(\cos n\pi - 1)$

$a_0 = \dfrac{2}{\pi}\displaystyle\int_0^\pi \dfrac{2x-\pi}{4}\mathrm{d}x = 0$，所以 $f(x) = \displaystyle\sum_{n=1}^\infty \dfrac{1}{n^2\pi}(\cos n\pi - 1)\cos nx$，$0 \leqslant x \leqslant \pi$.

15. 解：令 $s(x) = \displaystyle\sum_{n=1}^\infty \dfrac{x^{n+2}}{(n+1)(n+2)}$，则 $s'(x) = \displaystyle\sum_{n=1}^\infty \dfrac{x^{n+1}}{n+1}$　$s''(x) = \displaystyle\sum_{n=1}^\infty x^n = \dfrac{x}{1-x}$，所以，

$s'(x) = \displaystyle\int_0^x \dfrac{x}{1-x}\mathrm{d}x = -x - \ln(1-x)$，

$s(x) = \displaystyle\int_0^x [-x - \ln(1-x)]\mathrm{d}x = -\dfrac{1}{2}x^2 + (1-x)\ln(1-x) + x$

$\displaystyle\sum_{n=1}^\infty \dfrac{1}{4(n+1)(n+2)2^n} = s\left(\dfrac{1}{2}\right) = \dfrac{3}{8} - \dfrac{1}{2}\ln 2$.

16. 解：由于 $u_n = \dfrac{(-1)^n}{\sqrt{n}+(-1)^n} = \dfrac{(-1)^n[\sqrt{n}-(-1)^n]}{n-1} = (-1)^n\dfrac{\sqrt{n}}{n-1} - \dfrac{1}{n-1}$，

显然 $\displaystyle\sum_{n=2}^\infty \dfrac{1}{n-1}$ 发散，而对于 $\displaystyle\sum_{n=2}^\infty (-1)^n\dfrac{\sqrt{n}}{n-1}$　$\displaystyle\lim_{n\to\infty}\dfrac{\sqrt{n}}{n-1} = 0$　$\dfrac{\sqrt{n}}{n-1} > \dfrac{\sqrt{n+1}}{n}$

所以 $\displaystyle\sum_{n=2}^\infty (-1)^n\dfrac{\sqrt{n}}{n-1}$ 收敛，则由级数收敛性质可得原级数发散

17. 解：$\rho = \displaystyle\lim_{n\to\infty}\dfrac{2n+3}{2n+1} = 1$　$R = \dfrac{1}{\rho} = 1$

当 $x = \pm 1$ 时，级数 $\displaystyle\sum_{n=1}^{\infty}(2n+1)$，$\displaystyle\sum_{n=1}^{\infty}(-1)^n(2n+1)$ 均发散

所以收敛域为 $(-1,1)$，

由于 $\displaystyle\sum_{n=1}^{\infty}(2n+1)x^n = \sum_{n=1}^{\infty}2nx^n + \sum_{n=1}^{\infty}x^n = 2x\sum_{n=1}^{\infty}nx^{n-1} + \sum_{n=1}^{\infty}x^n$

令 $s_1(x) = \displaystyle\sum_{n=1}^{\infty}nx^{n-1}$，$s_2(x) = \displaystyle\sum_{n=1}^{\infty}x^n = \frac{x}{1-x}$

所以 $\displaystyle\int_0^x s_1(x)\mathrm{d}x = \sum_{n=1}^{\infty}\int_0^x nx^{n-1}\mathrm{d}x = \sum_{n=1}^{\infty}x^n = \frac{x}{1-x}$ $\quad s_1(x) = \dfrac{1}{(1-x)^2}$

则 $s(x) = 2x \cdot \dfrac{1}{(1-x)^2} + \dfrac{x}{1-x} = \dfrac{3x-x^2}{(1-x)^2}$

18. 解：将 $f(x)$ 作周期延拓，由于在 $[-\pi, \pi]$ 上，函数为偶函数，故 $b_n = 0$

$a_n = \dfrac{2}{\pi}\displaystyle\int_0^{\pi}f(x)\cos nx\,\mathrm{d}x = \dfrac{2}{\pi}\int_0^{\pi}\left(\dfrac{\pi}{2}-x\right)\cos nx\,\mathrm{d}x = \dfrac{2}{n^2\pi}(1-\cos n\pi)$

$a_0 = \dfrac{2}{\pi}\displaystyle\int_0^{\pi}\left(\dfrac{\pi}{2}-x\right)\mathrm{d}x = 0$

所以 $f(x) = \displaystyle\sum_{n=1}^{\infty}\dfrac{2}{n^2\pi}(1-\cos n\pi)\cos nx = \dfrac{4}{\pi}\left(\cos x + \dfrac{1}{3^2}\cos 3x + \cdots\right) x \in [-\pi, \pi]$

则 $\displaystyle\sum_{n=1}^{\infty}\dfrac{1}{(2n-1)^2} = \dfrac{\pi}{4} \cdot f(0) = \dfrac{\pi}{4} \cdot \dfrac{\pi}{2} = \dfrac{\pi^2}{8}$

五、单元检测

单元检测一

一、填空题（每小题 4 分，共 20 分）

1. 级数 $\displaystyle\sum_{n=2}^{\infty}\dfrac{1}{n^2-1}$ 的和 $s = $ _____.

2. 极限 $\displaystyle\lim_{n\to\infty}\dfrac{(n+1)!}{n^{n+1}} = $ _____.

3. 幂级数 $\displaystyle\sum_{n=1}^{\infty}\dfrac{1}{n}x^n$ 的收敛域为 _____.

4. 设 $f(x) = \begin{cases} \dfrac{\mathrm{e}^x-1}{x}, & x \neq 0, \\ 1, & x = 0, \end{cases}$ 则 $f^{(100)}(0) = $ _____.

5. 设函数 $f(x)$ 是以 2π 为周期的连续函数，其傅里叶系数为 a_n, b_n，记 $F(x) = \dfrac{1}{\pi}\displaystyle\int_{-\pi}^{\pi}f(t)f(x+t)\mathrm{d}t$ 的傅里叶系数为 A_n, B_n，则 $A_0 = $ _____.

二、单项选择题（每小题 4 分，共 20 分）

1. 若级数 $\displaystyle\sum_{n=1}^{\infty}u_n$ 绝对收敛，级数 $\displaystyle\sum_{n=1}^{\infty}v_n$ 条件收敛，则级数 $\displaystyle\sum_{n=1}^{\infty}(u_n+v_n)($ ___).

A. 绝对收敛　　　　　　　　　　　　B. 条件收敛

C. 发散　　　　　　　　　　　　D. 可能绝对收敛也可能条件收敛

2. 级数 $\sum\limits_{n=1}^{\infty}\dfrac{1}{n^p}$（　　）.

　A. 条件收敛　　　　B. 发散　　　　C. 绝对收敛　　　　D. 收敛性与 p 有关

3. 若正项级数 $\sum\limits_{n=1}^{\infty}u_n$ 收敛（　　）.

　A. $\sum\limits_{n=1}^{\infty}u_n^2$ 收敛　　B. $\sum\limits_{n=1}^{\infty}\sqrt{u_n}$ 发散　　C. 收敛 $\sum\limits_{n=1}^{\infty}\dfrac{1}{u_n^2}$　　D. $\lim\limits_{n\to\infty}\dfrac{u_{n+1}}{u_n}\leqslant 1$

4. 若级数 $\sum\limits_{n=1}^{\infty}a_n(x-3)^n$ 在 $x=-1$ 处收敛,则此级数在 $x=6$ 处（　　）.

　A. 条件收敛　　　　B. 绝对收敛　　　　C. 发散　　　　D. 收敛性不确定

5. 设函数 $f(x)=x^2(0\leqslant x\leqslant 1)$, $s(x)=\dfrac{a_0}{2}+\sum\limits_{n=1}^{\infty}a_n\cos n\pi x\ (-\infty<x<\infty)$,其中 $a_n=$

$2\displaystyle\int_0^1 f(x)\cos n\pi x\,\mathrm{d}x\ (n=0,1,2,\cdots)$,则 $s(-1)=(\quad)$.

　A. 0　　　　　　B. $\dfrac{1}{2}$　　　　　　C. 1　　　　　　D. -1

三、(10 分)判定级数 $\sum\limits_{n=1}^{\infty}(-1)^n\ln\left(1+\dfrac{1}{n}\right)$ 的收敛性(包括条件收敛、绝对收敛).

四、(10 分)设级数 $\sum\limits_{n=1}^{\infty}u_n$ 绝对收敛,证明:级数 $\sum\limits_{n=1}^{\infty}\sqrt{|u_n u_{n+1}|}$ 收敛,级数 $\sum\limits_{n=1}^{\infty}\left(1+\dfrac{1}{n}\right)^n u_n$ 绝对收敛.

五、(10 分)将 $f(x)=\sin^2 x$ 展开成 x 的幂级数.

六、(10 分)将 $f(x)=x+1(0\leqslant x\leqslant\pi)$ 展开成以 2π 为周期的余弦级数.

七、(10 分)求幂级数 $\displaystyle\sum_{n=1}^{\infty}\frac{2n-1}{2^n}x^{2n-2}$ 的收敛域与和函数，并求级数 $\displaystyle\sum_{n=1}^{\infty}\frac{2n-1}{2^n}$ 的和.

八、(10 分)判设有两条抛物线 $y=nx^2+\dfrac{1}{n}$，$y=(n+1)x^2+\dfrac{1}{n+1}$，记它们交点的横坐标的绝对值为 x_n，求

(1) 两条抛物线所围成的平面图形的面积 s_n；

(2) 级数 $\displaystyle\sum_{n=1}^{\infty}\frac{s_n}{x_n}$ 的和.

单元检测二

一、填空题(每小题 3 分,共 15 分)

1. 若级数 $\displaystyle\sum_{n=1}^{\infty}u_n$ 的前 n 项部分和是 $S_n=\dfrac{1}{2}-\dfrac{1}{2(2n+1)}$，则 $u_n=$ _____.

2. 设级数 $\displaystyle\sum_{n=1}^{\infty}\frac{1}{n^{p+2}}$ 收敛，则常数 p 的最大取值范围是 _____.

3. 函数 $f(x)=\dfrac{1}{x+2}$ 展开成 $(x-1)$ 的幂级数，则展开式中 $(x-1)^3$ 的系数是 _____.

4. $\displaystyle\int_0^1 x\left(1-\frac{x^2}{1!}+\frac{x^4}{2!}-\frac{x^6}{3!}-\cdots\right)\mathrm{d}x=$ _____.

5. 设 $f(x)$ 为 $(-\infty,+\infty)$ 上以 2π 为周期的周期函数，且在 $(-\pi,\pi]$ 上表达式为 $f(x)=\begin{cases}-\dfrac{1}{2}x, & -\pi<x<0 \\ x-\pi, & 0\leqslant x\leqslant\pi\end{cases}$，则 $f(x)$ 以 2π 为周期的傅里叶级数在 $[-\pi,\pi]$ 上的和函数为 _____.

二、选择题(每小题 3 分,共 15 分)

1. 下列命题中,正确的是( ).

　A. 若级数 $\displaystyle\sum_{n=1}^{\infty}u_n$ 与 $\displaystyle\sum_{n=1}^{\infty}v_n$ 的一般项有 $u_n<v_n(n=1,2,\cdots)$，则有 $\displaystyle\sum_{n=1}^{\infty}u_n<\sum_{n=1}^{\infty}v_n$

　B. 若正项级数 $\displaystyle\sum_{n=1}^{\infty}u_n$ 满足 $\dfrac{u_{n+1}}{u_n}\geqslant 1(n=1,2,\cdots)$，则 $\displaystyle\sum_{n=1}^{\infty}u_n$ 发散

　C. 若正项级数 $\displaystyle\sum_{n=1}^{\infty}u_n$ 收敛，则 $\displaystyle\lim_{n\to\infty}\frac{u_{n+1}}{u_n}<1$

　D. 若幂级数 $\displaystyle\sum_{n=1}^{\infty}a_nx^n$ 的收敛半径为 $R(0<R<+\infty)$，则 $\displaystyle\lim_{n\to\infty}\left|\frac{a_n}{a_{n+1}}\right|=R$

2. 若级数 $\sum\limits_{n=1}^{\infty}(u_{2n-1}+u_{2n})$ 收敛,则(   ).

   A. $\sum\limits_{n=1}^{\infty}u_n$ 收敛

   B. $\lim\limits_{n\to\infty}u_n=0$

   C. $\sum\limits_{n=1}^{\infty}u_n$ 未必收敛

   D. $\sum\limits_{n=1}^{\infty}u_n$ 发散

3. 设 $a>0$ 为常数,则级数 $\sum\limits_{n=1}^{\infty}(-1)^n\left(1-\cos\dfrac{a}{n}\right)$(   ).

   A. 绝对收敛

   B. 条件收敛

   C. 发散

   D. 敛散性与 a 有关

4. 若级数 $\sum\limits_{n=1}^{\infty}(-1)^n\dfrac{(x-a)^n}{n}$ 在 $x>0$ 时发散,在 $x=0$ 处收敛,则常数 $a=($).

   A. 1   B. -1 C. 2   D. -2

5. 设级数 $\sum\limits_{n=1}^{\infty}(-1)^n a_n 2^n$ 收敛,则级数 $\sum\limits_{n=1}^{\infty}a_n($).

   A. 条件收敛   B. 绝对收敛   C. 发散   D. 敛散性不确定

三、解答下列各题(每小题 6 分,共 30 分)

1. 已知 $\sum\limits_{n=1}^{\infty}(-1)^{n+1}a_n=2,\sum\limits_{n=1}^{\infty}a_{2n-1}=5$,求级数 $\sum\limits_{n=1}^{\infty}a_n$ 的和.

2. 判断级数 $\sum\limits_{n=2}^{\infty}\dfrac{1}{\sqrt{n}}\ln\dfrac{n+1}{n-1}$ 的收敛性.

3. 设幂级数 $\sum\limits_{n=1}^{\infty}a_n(x-2)^n$ 在 $x=0$ 处收敛,在 $x=4$ 处发散,求该幂级数的收敛域.

4. 求幂级数 $\sum\limits_{n=1}^{\infty}(2n+1)x^n$ 的和函数.

5. 求函数 $f(x)=x-1(0\leqslant x\leqslant 2)$ 的周期为 4 的余弦级数的系数 a_3.

四、(8 分)设 $u_n=(-1)^n\ln\left(1+\dfrac{1}{\sqrt{n}}\right)$，试判断 $\displaystyle\sum_{n=1}^{\infty}u_n$ 与 $\displaystyle\sum_{n=1}^{\infty}u_n^2$ 的收敛性，并指出它们是绝对收敛还是条件收敛.

五、(8 分)设有两曲线 $y=nx^2+\dfrac{1}{n}$，$y=(n+1)x^2+\dfrac{1}{n+1}$，$n=1,2,\cdots,$ 求：

(1) 两曲线所围成平面图形的面积 S_n；

(2) 级数 $\displaystyle\sum_{n=1}^{\infty}\dfrac{S_n}{a_n}$ 的和，其中 a_n 为两曲线交点的横坐标的绝对值.

六、(8 分)将函数 $f(x)=\ln(2x^2+x-3)$ 展开成 $(x-3)$ 的幂级数.

七、(8 分)求级数 $\displaystyle\sum_{n=1}^{\infty}\dfrac{(-1)^n}{2n-1}\left(\dfrac{3}{4}\right)^n$ 的和.

八、(8 分)设 $u_1=1,u_2=2$，当时 $n\geqslant 3$，$u_n=u_{n-1}+u_{n-2}$，证明：

(1) $0<\dfrac{3}{2}u_{n-1}<u_n<2u_{n-1}(n\geqslant 4)$；

(2) 级数 $\displaystyle\sum_{n=1}^{\infty}\dfrac{1}{u_n}$ 收敛.

单元检测三

一、填空题（每小题 3 分，共 15 分）

1. 级数 $\sum\limits_{n=2}^{\infty} \dfrac{1}{n^2-1} + \sum\limits_{n=2}^{\infty} \dfrac{(-1)^n}{n^2-1}$ 的和是_____.

2. 将十进制无限循环小数 $a=0.123123\cdots$ 化成分数是_____.

3. 已知 $\sum\limits_{n=1}^{\infty} \dfrac{1}{1+a^n}$ 收敛，则正常数 a 应满足条件_____.

4. 函数 $f(x)=\int_0^x e^{-t^2}\,dt$ 在 $x=0$ 处的幂级数展开式是_____.

5. 设 $f(x)=\begin{cases} x+\pi, & -\pi \leqslant x<0, \\ 0, & x=0, \\ 1, & 0<x\leqslant\pi \end{cases}$ 的以 2π 为周期的傅里叶级数的和函数为 $S(x)$，

则 $S(x)$ 在 $[-\pi,\pi]$ 上表达式为_____.

二、选择题（每小题 3 分，共 15 分）

1. 级数 $\sum\limits_{n=1}^{\infty} a_n^2$ 收敛的一个充分条件是（　　）.

A. $\sum\limits_{n=1}^{\infty} a_n^3$ 收敛　　B. $\sum\limits_{n=1}^{\infty} a_n$ 收敛　　C. $\sum\limits_{n=1}^{\infty} \sqrt{a_n}$ 收敛　　D. $\sum\limits_{n=1}^{\infty} a_n^4$ 收敛

2. 在下列条件中，能够由 $\sum\limits_{n=1}^{\infty} u_n$ 发散推出 $\sum\limits_{n=1}^{\infty} v_n$ 发散的条件是（　　），其中 $n=1$，$2,\cdots$.

A. $u_n \leqslant v_n$　　　B. $u_n \leqslant |v_n|$　　　C. $|u_n| \leqslant |v_n|$　　　D. $|u_n| \leqslant v_n$

3. 设 $\sum\limits_{n=1}^{\infty} a_n(x-1)^n$ 在 $x=-1$ 处收敛，则它在 $x=2$ 处（　　）.

A. 发散　　　　　　　　　　　B. 绝对收敛

C. 条件收敛　　　　　　　　　D. 敛散性与 a_n 有关

4. 设 $\sum\limits_{n=0}^{\infty} a_n x^n$ 与 $\sum\limits_{n=0}^{\infty} b_n x^n$ 的收敛半径均为 R，$\sum\limits_{n=0}^{\infty}(a_n+b_n)x^n$ 的收敛半径为 R_1，则必有（　　）.

A. $R_1=R$　　　　B. $R_1<R$　　　　C. $R_1 \geqslant R$　　　　D. $R_1 \leqslant R$

5. 设 $f(x)=\begin{cases} x, 0\leqslant x\leqslant\dfrac{1}{2}, \\ 2(1-x), \dfrac{1}{2}<x<1, \end{cases}$ $S(x)=\dfrac{a_0}{2}+\sum\limits_{n=1}^{\infty} a_n\cos n\pi x, x\in R$ 其中 $a_n=$

$2\int_0^1 f(x)\cos n\pi x\,dx$ $(n=0,1,2,\cdots)$，则 $S\left(-\dfrac{5}{2}\right)$ 等于（　　）.

A. $\dfrac{3}{4}$　　　　　B. $\dfrac{1}{2}$　　　　　C. $-\dfrac{3}{4}$　　　　　D. $-\dfrac{1}{2}$

三、解答下列各题（每小题 6 分，共 30 分）

1. 求级数 $\displaystyle\sum_{\substack{n=1 \\ n \neq 3}}^{\infty} \frac{1}{3^2 - n^2}$ 的和.

2. 判断级数 $\displaystyle\sum_{n=2}^{\infty} \int_n^{n+1} \frac{e^{-x}}{x} \mathrm{d}x$ 的收敛性.

3. 将函数 $f(x) = \displaystyle\int_0^x \frac{\arctan t}{t} \mathrm{d}t$ 展开成关于 x 的幂级数，并指出其收敛范围.

4. 求级数 $\displaystyle\sum_{n=2}^{\infty} \frac{1}{(n^2 - 1)3^n}$ 的和.

5*. 设 $f(x) = \displaystyle\sum_{n=2}^{\infty} \frac{x^n}{n}(|x| < 1)$，求 $f^2(x)$ 关于 x 的幂级数展开式.

四*、(8 分)无穷多个圆向边长为 a 的正三角形的三个顶点无限逼近，其中每个圆都与其他圆及三角形的边相切（如图），试求这些圆的总面积及它与三角形面积的百分比.

五、(8 分)求幂级数 $\displaystyle\sum_{n=0}^{\infty} \frac{(2n)!}{(n!)^2} x^{2n}$ 的收敛区间.

六、(8 分)设函数列 $\{f_n(x)\}$ 满足：$f_n'(x)=f_n(x)+x^{n-1}\mathrm{e}^x$，$f_n(1)=\dfrac{\mathrm{e}}{n}$，$n=1,2,\cdots$，求和 $\displaystyle\sum_{n=1}^{\infty}f_n(x)$.

七、(8 分)求函数 $f(x)=\mathrm{e}^{-x}$ $(-\pi<x\leqslant\pi)$ 以 2π 为周期的傅里叶级数，并求级数 $\displaystyle\sum_{n=1}^{\infty}\dfrac{1}{n^2+1}$ 的和.

八*、(8 分)证明级数 $\displaystyle\sum_{n=1}^{\infty}\left(\dfrac{1}{n}-\ln\dfrac{n+1}{n}\right)$ 收敛，且 $\displaystyle\lim_{n\to\infty}\dfrac{1+\dfrac{1}{2}+\dfrac{1}{3}+\cdots+\dfrac{1}{n}}{\ln n}=1$.

单元检测一参考答案

一、1. $\dfrac{3}{4}$.　2. 0.　3. $[-1,1)$.　4. $\dfrac{1}{101}$.　5. a_0^2.

二、1. B　2. D　3. A　4. B　5. C

三、条件收敛.

五、$\displaystyle\sum_{n=1}^{\infty}(-1)^{n+1}\dfrac{2^{2n-1}}{(2n)!}x^{2n}$ $(-\infty<x<\infty)$.

六、$\dfrac{\pi+2}{2}-\dfrac{4}{\pi}\displaystyle\sum_{n=1}^{\infty}\dfrac{1}{(2n-1)^2}\cos(2n-1)x$ 　$(0\leqslant x\leqslant\pi)$.

七、$(-\sqrt{2},\sqrt{2})$；　$\dfrac{2+x^2}{(2-x^2)^2}$；　3.

八、(1) $\dfrac{4}{3}\dfrac{1}{n(n+1)\sqrt{n(n+1)}}$；　(2) $\dfrac{4}{3}$.

单元检测二参考答案

一、1. $\dfrac{1}{(2n-1)(2n+1)}$.　2. $p>-1$.　3. $-\dfrac{1}{81}$.　4. $\dfrac{1}{2}\left(1-\dfrac{1}{\mathrm{e}}\right)$.

5. $s(x)=\begin{cases}-\dfrac{x}{2},\ -\pi<x<0, \\ x-\pi,\ 0<x<\pi, \\ -\dfrac{\pi}{2},\ x=0 \\ \dfrac{\pi}{4},\ x=\pi\end{cases}$.

二、1. B 2. C 3. A 4. B 5. B

三、1. 8； 2. 收敛； 3. $[0,4)$； 4. $\dfrac{1+x}{(1-x)^2}$； 5. $a_3=-\dfrac{8}{9\pi^2}$.

四、$\displaystyle\sum_{n=1}^{\infty}u_n$ 条件收敛，$\displaystyle\sum_{n=1}^{\infty}u_n^2$ 发散.

五、两曲线交点横坐标为 $a_n=\dfrac{1}{\sqrt{n(n+1)}}$，

(1) $S_n=\dfrac{4}{3}a_n^3$； (2) $\displaystyle\sum_{n=1}^{\infty}\dfrac{S_n}{a_n}=\dfrac{4}{3}$.

六、$f(x)=\ln 18+\displaystyle\sum_{n=1}^{\infty}\dfrac{(-1)^n}{n}\left[\left(\dfrac{2}{9}\right)^n+\left(\dfrac{1}{2}\right)^n\right](x-3)^n$.

七、$-\dfrac{\sqrt{3}}{2}\arctan\dfrac{\sqrt{3}}{2}$.

单元检测三参考答案

一、1. $S_{2n-1}=1-\dfrac{1}{2n+1}$，1. 2. $\dfrac{123}{999}$. 3. $a>1$. 4. $\displaystyle\sum_{n=0}^{\infty}\dfrac{(-1)^n}{n!\,(2n+1)}x^{2n+1}(-\infty<x<+\infty)$

5. $S(x)=\begin{cases}x+\pi,\ -\pi<x<0, \\ 1,\ 0<x<\pi, \\ \dfrac{\pi+1}{2},\ x=0, \\ \dfrac{1}{2},\ x=\pm\pi.\end{cases}$

二、1. C 2. D 3. B 4. C 5. A

三、1. 因为 $S_n=\dfrac{1}{8}+\dfrac{1}{5}+\left(-\dfrac{1}{6}\right)\left(1-\dfrac{1}{7}\right)+\left(-\dfrac{1}{6}\right)\left(\dfrac{1}{2}-\dfrac{1}{8}\right)+\cdots$

$+\left(-\dfrac{1}{6}\right)\left(\dfrac{1}{n-2}-\dfrac{1}{n+4}\right)$

$=\dfrac{13}{40}-\dfrac{1}{6}\left(1+\dfrac{1}{2}+\dfrac{1}{3}+\dfrac{1}{4}+\dfrac{1}{5}+\dfrac{1}{6}-\dfrac{1}{n-1}-\dfrac{1}{n}-\dfrac{1}{n+1}-\dfrac{1}{n+2}-\dfrac{1}{n+3}-\dfrac{1}{n+4}\right)$

故 $S=-\dfrac{1}{12}$.

2. 收敛.　3. $f(x)=\sum\limits_{n=0}^{\infty}\dfrac{(-1)^{n-1}}{(2n-1)^2}x^{2n-1}(-\leqslant x\leqslant 1)$.　4. $-\dfrac{4}{3}\ln\dfrac{3}{2}+\dfrac{7}{12}$.

5. 利用幂级数逐项相乘,得 $f^2(x)=\sum\limits_{n=2}^{\infty}\dfrac{2}{n}\left(1+\dfrac{1}{2}+\cdots+\dfrac{1}{n}\right)x^n(-<x<1)$.

四、通过几何方法可求得与三边相切的圆的半径为 $r_0=\dfrac{a}{2\sqrt{3}}$,其次,与该圆及两边

相切的圆的半径为 $r_1=\dfrac{\dfrac{a}{3}}{2\sqrt{3}}=\dfrac{1}{2\sqrt{3}}\dfrac{a}{3}$,依次类推,第 n 个小圆的半径为 $r_n=\dfrac{1}{2\sqrt{3}}\dfrac{a}{3^n}$,于是

所求圆的面积为:$S=\dfrac{\pi a^2}{12}+3\cdot\dfrac{\pi a^2}{12}\dfrac{1}{3^2}+3\cdot\dfrac{\pi a^2}{12}\dfrac{1}{3^4}+\cdots=\dfrac{11\pi a^2}{96}$,

由于三角形的面积为 $S_0=\dfrac{\sqrt{3}a^2}{4}$,因此所有圆的面积约占三角形面积的 83%.

五、收敛域为 $\left(-\dfrac{1}{2},\dfrac{1}{2}\right)$,提示:$\dfrac{(2n-1)!!}{(2n)!!}>\dfrac{1}{2\sqrt{n}}(n=1,2,\cdots)$.

六、$f_n(x)=\dfrac{x^n}{n}\mathrm{e}^x$,$\sum\limits_{n=1}^{\infty}f_n(x)=-\mathrm{e}^x\ln(1-x)(-1\leqslant x<1)$.

七、$f(x)=\dfrac{(\mathrm{e}^{\pi}-\mathrm{e}^{-\pi})}{2\pi}+\dfrac{(\mathrm{e}^{\pi}-\mathrm{e}^{-\pi})}{\pi}\sum\limits_{n=1}^{\infty}\dfrac{(-1)^n}{1+n^2}\cos nx+\dfrac{(\mathrm{e}^{\pi}-\mathrm{e}^{-\pi})}{\pi}\sum\limits_{n=1}^{\infty}\dfrac{(-1)^n n}{1+n^2}$

$\sin nx$,在 $x=\pm\pi$ 处级数收敛于 $\dfrac{\mathrm{e}^{\pi}-\mathrm{e}^{-\pi}}{2}$,令 $x=\pi$,则得 $\sum\limits_{n=1}^{\infty}\dfrac{1}{1+n^2}\cos nx=\dfrac{\pi(\mathrm{e}^{\pi}+\mathrm{e}^{-\pi})}{2(\mathrm{e}^{\pi}-\mathrm{e}^{-\pi})}-$

$\dfrac{1}{2}$.

八、证:$u_n=\dfrac{1}{n}-\ln\left(1+\dfrac{1}{n}\right)>0(n=1,2,\cdots)$,且 $\lim\limits_{n\to\infty}\dfrac{u_n}{\dfrac{1}{n^2}}=\dfrac{1}{2}$,所以 $\sum\limits_{n=1}^{\infty}u_n$ 收敛,设

$\sum\limits_{n=1}^{\infty}\left(\dfrac{1}{n}-\ln\left(1+\dfrac{1}{n}\right)\right)=c$,其部分和为 $S_n=1+\dfrac{1}{2}+\dfrac{1}{3}+\cdots+\dfrac{1}{n}-\ln(1+n)$,于是

$1+\dfrac{1}{2}+\dfrac{1}{3}+\cdots+\dfrac{1}{n}=S_n+\ln(1+n)$

由此得 $\lim\limits_{n\to\infty}\dfrac{1+\dfrac{1}{2}+\dfrac{1}{3}+\cdots+\dfrac{1}{n}}{\ln n}=\lim\limits_{n\to\infty}\dfrac{S_n}{\ln n}+\lim\limits_{n\to\infty}\dfrac{\ln(1+n)}{\ln n}=1$.

参考文献

［1］中国人民解放军军校教学大纲,第一册 生长军官,第一分册 通用文化基础课程,科学文化,高等数学(试行稿).军委训管部.

［2］《高等数学课程教学计划》.海军潜艇学院.

［3］同济大学数学系［M］.高等数学(上、下册)7 版.北京:高等教育出版社,2014.

［4］朱健民,李建平.高等数学(上、下册)2 版［M］.北京:高等教育出版社,2015.

［5］James Stewart. Calculus 微积分(上、下册)7 版［M］.北京:高等教育出版社,2014.

［6］张尊国.高等数学学习导引.北京:海洋出版社,1993.

［7］基础数学教研室.高等数学 I 课程教学执行计划.信息工程大学理学院,2013.

［8］王公宝,金裕红.高等数学方法与提高［M］.北京:科学出版社,2015.

［9］毛俊超,赵建昕.高等数学课程实战化教学改革探索［J］.潜艇学术研究,2019,37(4):68-71.

［10］毛俊超,李秀清.新型生长军官培养模式下大学数学课程教学的思考［J］.海军院校教育,2018(3):53-55.

［11］毛俊超,田立业,高建亭.对射击三角形中提前角的解算分析［J］.应用数学进展,2016,5(2):180-183.

［12］毛俊超,郝德玲."高等数学"课程中的数学思维培养"［J］.教育学文摘,2020(7):114-115.

［13］赵建昕,毛俊超,李长文.数学素养视域下比值审敛法的课堂教学实践［J］.大学教育,2020(3):86-89.

［14］但琦.高等数学军事应用案例［M］.北京:国防工业出版社,2017.

［15］李建平.高等数学典型例题与解法(上、下册)［M］.长沙:国防科技大学出版社,2003.

附　录

附录Ⅰ　三角公式

1. 常见的三角恒等式

(1) $\sin^2 x + \cos^2 x = 1$；(2) $\sec^2 x - \tan^2 x = 1$；(3) $\csc^2 x - \cot^2 x = 1$；

(4) $\sin^2 x = \dfrac{1-\cos 2x}{2}$；(5) $\cos^2 x = \dfrac{1+\cos 2x}{2}$；(6) $\sin 2x = 2\sin x \cos x$；

(7) $\cos 2x = \cos^2 x - \sin^2 x$；(8) $\sin x = \dfrac{2\tan \frac{x}{2}}{1+\tan^2 \frac{x}{2}}$；(9) $\cos x = \dfrac{1-\tan^2 \frac{x}{2}}{\sec^2 \frac{x}{2}}$；

(10) $\tan x = \dfrac{2\tan \frac{x}{2}}{1-\tan^2 \frac{x}{2}}$；(11) $\cot x = \dfrac{1-\tan^2 \frac{x}{2}}{2\tan \frac{x}{2}}$；(12) $\sec x = \dfrac{1+\tan^2 \frac{x}{2}}{1-\tan^2 \frac{x}{2}}$；

(13) $\csc x = \dfrac{1+\tan^2 \frac{x}{2}}{2\tan \frac{x}{2}}$

2. 积化和差与和差化积

(1) $\sin \alpha \cos \beta = \dfrac{1}{2}[\sin(\alpha+\beta)+\sin(\alpha-\beta)]$；

(2) $\cos \alpha \sin \beta = \dfrac{1}{2}[\sin(\alpha+\beta)-\sin(\alpha-\beta)]$；

(3) $\cos \alpha \sin \beta = \dfrac{1}{2}[\cos(\alpha+\beta)+\cos(\alpha-\beta)]$；

(4) $\sin \alpha \sin \beta = -\dfrac{1}{2}[\cos(\alpha+\beta)-\cos(\alpha-\beta)]$；

(5) $\sin \alpha + \sin \beta = 2\sin \dfrac{\alpha+\beta}{2}\cos \dfrac{\alpha-\beta}{2}$；

(6) $\sin \alpha - \sin \beta = 2\cos \dfrac{\alpha+\beta}{2}\sin \dfrac{\alpha-\beta}{2}$；

(7) $\cos \alpha + \cos \beta = 2\cos \dfrac{\alpha+\beta}{2}\cos \dfrac{\alpha-\beta}{2}$；

(8) $\cos \alpha - \cos \beta = -2\sin \dfrac{\alpha+\beta}{2}\sin \dfrac{\alpha-\beta}{2}$.

积化和差公式与和差化积公式很多学员在中学没有学习，求极限、求导和积分中会用到.

附录Ⅱ 积分表

1. 基本公式表

(1) $\int k\,\mathrm{d}x = kx + C\,(k\ \text{是常数})$ (2) $\int x^{\mu}\,\mathrm{d}x = \dfrac{1}{\mu+1}x^{\mu+1} + C$

(3) $\int \dfrac{1}{x}\,\mathrm{d}x = \ln|x| + C$ (4) $\int \mathrm{e}^x\,\mathrm{d}x = \mathrm{e}^x + C$

(5) $\int a^x\,\mathrm{d}x = \dfrac{a^x}{\ln a} + C$ (6) $\int \cos x\,\mathrm{d}x = \sin x + C$

(7) $\int \sin x\,\mathrm{d}x = -\cos x + C$ (8) $\int \dfrac{1}{\cos^2 x}\,\mathrm{d}x = \int \sec^2 x\,\mathrm{d}x = \tan x + C$

(9) $\int \dfrac{1}{\sin^2 x}\,\mathrm{d}x = \int \csc^2 x\,\mathrm{d}x = -\cot x + C$

(10) $\int \dfrac{1}{1+x^2}\,\mathrm{d}x = \arctan x + C$

(11) $\int \dfrac{1}{\sqrt{1-x^2}}\,\mathrm{d}x = \arcsin x + C$ (12) $\int \sec x \tan x\,\mathrm{d}x = \sec x + C$

(13) $\int \csc x \cot x\,\mathrm{d}x = -\csc x + C$ (14) $\int \tan x\,\mathrm{d}x = -\ln|\cos x| + C$

(15) $\int \cot x\,\mathrm{d}x = \ln|\sin x| + C$ (16) $\int \sec x\,\mathrm{d}x = \ln|\sec x + \tan x| + C$

(17) $\int \csc x\,\mathrm{d}x = \ln|\csc x - \cot x| + C$

(18) $\int \dfrac{1}{a^2+x^2}\,\mathrm{d}x = \dfrac{1}{a}\arctan\dfrac{x}{a} + C$

(19) $\int \dfrac{1}{x^2-a^2}\,\mathrm{d}x = \dfrac{1}{2a}\ln\left|\dfrac{x-a}{x+a}\right| + C$ (20) $\int \dfrac{1}{\sqrt{a^2-x^2}}\,\mathrm{d}x = \arcsin\dfrac{x}{a} + C$

(21) $\int \dfrac{\mathrm{d}x}{\sqrt{x^2+a^2}} = \ln(x+\sqrt{x^2+a^2}) + C$

(22) $\int \dfrac{\mathrm{d}x}{\sqrt{x^2-a^2}} = \ln|x+\sqrt{x^2-a^2}| + C$

2. 常见的凑微分

(1) $\mathrm{d}x = \dfrac{1}{a}\mathrm{d}(ax+b)$ (2) $\dfrac{\mathrm{d}x}{2\sqrt{x}} = \mathrm{d}(\sqrt{x})$

(3) $x\,\mathrm{d}x = \dfrac{1}{2}\mathrm{d}(x^2)$ (4) $-\dfrac{1}{x^2}\mathrm{d}x = \mathrm{d}\left(\dfrac{1}{x}\right)$

(5) $x^{\mu}\,\mathrm{d}x = \dfrac{1}{\mu+1}\mathrm{d}(x^{\mu+1})$ (6) $\dfrac{1}{x}\mathrm{d}x = \mathrm{d}(\ln|x|)$

(7) $\mathrm{e}^x\,\mathrm{d}x = \mathrm{d}(\mathrm{e}^x)$ (8) $\mathrm{e}^{-x}\,\mathrm{d}x = -\mathrm{d}(\mathrm{e}^{-x})$

(9) $\cos x \, \mathrm{d}x = \mathrm{d}(\sin x)$ $\qquad$ (10) $-\sin x \, \mathrm{d}x = \mathrm{d}(\cos x)$

(11) $\dfrac{\mathrm{d}x}{\cos^2 x} = \sec^2 x \, \mathrm{d}x = \mathrm{d}(\tan x)$ $\qquad$ (12) $\dfrac{x \, \mathrm{d}x}{\sqrt{1-x^2}} = -\mathrm{d}(\sqrt{1-x^2})$

(13) $\dfrac{\mathrm{d}x}{\sin^2 x} = \csc^2 x \, \mathrm{d}x = -\mathrm{d}(\cot x)$ $\qquad$ (14) $\dfrac{\mathrm{d}x}{1+x^2} = \mathrm{d}(\arctan x)$

(15) $\dfrac{\mathrm{d}x}{\sqrt{1-x^2}} = \mathrm{d}(\arcsin x)$